明清时代
六谕诠释史

陈时龙

著

中国社会科学出版社

图书在版编目（CIP）数据

明清时代六谕诠释史 / 陈时龙著. -- 北京 ：中国
社会科学出版社，2024．10．-- ISBN 978-7-5227-4362-2

Ⅰ．B824

中国国家版本馆 CIP 数据核字第 2024EM1304 号

出 版 人　赵剑英
责任编辑　李凯凯
责任校对　杨　林
责任印制　李寡寡

出　　　版　中国社会科学出版社
社　　　址　北京鼓楼西大街甲 158 号
邮　　　编　100720
网　　　址　http：//www．csspw．cn
发 行 部　010-84083685
门 市 部　010-84029450
经　　　销　新华书店及其他书店

印　　　刷　北京君升印刷有限公司
装　　　订　廊坊市广阳区广增装订厂
版　　　次　2024 年 10 月第 1 版
印　　　次　2024 年 10 月第 1 次印刷

开　　　本　710×1000　1/16
印　　　张　45．25
插　　　页　2
字　　　数　680 千字
定　　　价　228．00 元

目　录

上　编

下　编

上　编

导　论

儒家思想一直强调教化。孟子说："善政，不如善教之得民也。善政民畏之，善教民爱之。善政得民财，善教得民心。"① 在法律与教化的关系上，儒家强调"德主刑辅"，主张教化为主，刑罚为辅，强调"明刑弼教"，说刑罚是实现教化的手段。在以儒学为主流意识形态的两千多年传统社会中，从最高统治者的制礼作乐，到宋代以后士绅阶层不断翻新的基层教化措施，统治者一直将基于儒学的民众教化视为维护其统治的重要手段。由于隔着重重的官僚体制，作为最高统治者的皇帝对民众的教化，通常是偶发式的。皇帝出巡时与民众的直接交流，以诏书形式向民众发布的谕令，都能起到一定的教化效果。明清时代教化的特点在于，皇帝的谕令深入到普通庶民的日常生活。出身平民的朱元璋，是一个重视与平民直接交流的人，在位期间每年都愿意接见来自基层的高年老人、粮长等基层群众代表。他似乎也希望将他对于基层民众的期许贯彻到全国每一个角落。因此，配合里甲、里老人等基层社会制度的实施，他在精神层面上独特地推出"教民榜文"的做法，要求基层教化遵此进行，而教民榜文中相对集中地表达朱元璋基层社会治理思想的六句二十四个字——"孝顺父母，尊敬长上，和睦乡里，教训子孙，各安生理，毋作非为"——就此成为基层教化的教旨，经人们的耳听口诵，融入日常之中。

---

① 《孟子·尽心上》，参见朱熹《四书章句集注》，中华书局 1983 年版，第 353 页。

一 六谕在教化史上的地位

六谕是明太祖教民的六句话，即"孝顺父母，尊敬长上，和睦乡里，教训子孙，各安生理，毋作非为"，共六言二十四字。从某种意义上说，这二十四字是朱元璋对理想社会秩序的概括。不过，六谕的名称起源得很晚。最初它只是《教民榜文》中的六句话，后来被王恕等人从教民榜文中独立出来，才有了"圣训""圣谕六言""六谕"这样的名称。① 黄一农先生说，《教民榜文》中第十二条"宣讲圣谕六言"乃是榜文的精髓所在。明代洪武之后先后曾于嘉靖八年（1529）、隆庆元年（1567）和万历十五年（1587）在全国推行乡约，其主要内容与法源均以六谕为基础。② 从内容来说，这二十四字并没有超越以往的儒家伦理，但它更简洁，"易为传晓"③。萧公权认为六谕中的第一、二、三条指的是家庭关系和社会关系，第四条谈的是教育，第五条指生计，第六条涉及的是一般秩序，"整体上把儒家伦理的内容简化成最不加修饰的几个要点"④。戴宝村则认为，"六谕条文简明扼要，易懂易记，……透过伦理规范之遵行与教育，使人民各安其业，守法守纪，社会秩序得以维持"⑤。

朱元璋的六谕自然是有其思想渊源的。日本学者木村英一认为，圣谕六条应该是源于朱熹知漳州时所揭之劝谕榜——"孝顺父母，恭敬

---

① "六谕"之称，至迟晚明万历年间开始流行，至清初则颇为广泛。杨起元在罗汝芳文集序中已使用"六谕"一词。崇祯九年（1636），沈寿嵩说："窃意善世化俗，无过六谕！"参见沈寿嵩《太祖圣谕演训》，收入《孝经忠经等书合刊四种十卷》第五册，国家图书馆藏明雨花斋刻本，"目录"第5页下。

② 黄一农：《从韩霖〈铎书〉试探明末天主教在山西的发展》，《清华学报》新34卷第1期，2004年，第69页。

③ （明）张卤：《皇明制书》卷九《教民榜文》，《续修四库全书》影明万历七年张卤刻本，上海古籍出版社2003年版，第8页。

④ 萧公权：《中国乡村：论19世纪的帝国控制》，张皓、张升译，台北：联经出版公司2014年版，第220页。

⑤ 戴宝村：《圣谕教条与清代社会》，《台湾师范大学历史学报》第13期，1985年。

长上，和睦宗姻，周恤乡里，各依本分，勿为奸盗"。① 像 "各安生理"
一语在元朝则颇为常用。《元典章》卷二《圣政一·重民籍》"大德十
年五月十八日"条："诸色户籍，已有定籍，仰各安生理，毋得妄投别
管名色，影蔽差役，冒请钱粮。"② 像 "毋作非为" 这样的话，朱元璋
之前也常用。朱元璋祭邓愈文中曾写道："尔善能驭士抚民，不作非
为。"③ 种种迹象看来，朱元璋的六谕，很可能在洪武初年已经形成。
曾惟诚《帝乡纪略》载："木铎老人，洪武初年设立，城乡皆有，每月
朔望昧爽以木铎狗于道路，高唱圣训以警众，月给以粮。民有违犯教令
者，听其呈报有司治之。今惟城中遵行，若呈报之法，亦久不行矣。"④
或者可以推测，洪武初年即已创设的木铎老人高唱的 "圣训" 应该就
是六谕，而晚年颁行的教民榜文只是将这一木铎老人宣唱的制度以法律
的形式固定下来。

　　退一步言，至少，在《教民榜文》之前的朱元璋言论之中，我们
常能见到与六谕类似的思想表达。早在至正二十一年（1361）正月，
朱元璋往江西龙兴路抚谕民众云："尔等各事本业，毋游惰，毋作非为
以陷刑辟，毋交结权贵以扰害良善，各保父母妻子，为吾良民。"⑤ 其

　　① ［日］木村英一：《ジシテと朱子の学》，《东方学报》第 22 册，1953 年，转引自
［日］酒井忠夫《中国善书研究》，刘岳兵、何英莺译，江苏人民出版社 2010 年版，第 53 页。
陈熙远指出六谕可以追溯到朱熹任漳州知州时以朱襄（1017—1080）《劝谕文知仙居县日作》
为基础所作的劝谕榜文，且朱熹《揭示古灵先生劝谕文》中曾罗列类似教条，即："孝顺父
母，恭敬长上。和睦宗姻，周恤邻里。各依本分，各修本业。莫作奸盗，莫纵饮博，莫相斗
打，莫相论诉，莫相侵夺，莫相瞒昧，爱身忍事，畏惧王法。"六谕是在其基础上粹其精要，
化繁为简。参见陈熙远《圣人之学即众人之学：〈乡约铎书〉与明清鼎革之际的群众教化》，
《"中研院" 历史语言研究所集刊》第九十二本第四分（2021 年 12 月），第 705 页。陈襄本人
的劝谕文与六谕还是有较大差别的："为吾民者，父义母慈，兄友弟敬子孝，夫妇有别，子弟
子学，乡闾有礼，贫穷患难亲戚相救，婚姻死丧邻保相助，无惰农业，无作盗贼，无学赌博，
无好争讼，无以恶凌善，无以富吞贫，行者逊路，耕者逊畔，颁白者不负戴于道路，则为礼
义之俗。"参见［韩］金宅圭编《岭南乡约》，乡土文化研究会 1994 年版，第 349 页。
　　② 陈高华等点校：《元典章》，中华书局 2011 年版，第 63 页。
　　③ （明）朱元璋：《明太祖集》卷十七，黄山书社 2014 年版，第 410 页。
　　④ （明）曾惟诚：《帝乡纪略》卷五，《中国方志丛书》华中地方第 700 号，台北：成
文出版社 1968 年版，第 708 页。
　　⑤ （康熙）《新建县志》卷二十一《轶事》，国家图书馆藏清康熙十九年刊本，第 17 页下。

中各安生理、毋作非为的思想已经萌生了。洪武三年（1370）二月庚午，朱元璋召见浙西富民，对他们说："尔等当循分守法。能守法则能保身矣。毋凌弱，毋吞贫，毋虐小，毋欺老。孝敬父兄，和睦亲族，周给贫乏，逊顺乡里，如此则为良民。"① 洪武八年（1375）创设的社稷坛制度，要求会中宣读《锄强扶弱之誓》，则充分展现了和睦乡里、毋作非为的思想："凡我同里之人，各遵守礼法，毋恃力凌弱，违者先共制之，然后经官。或贫无可赡，周给其家，三年不立，不使与会。其婚姻丧葬有乏，随力相助。若不从众，及犯奸盗诈伪一切非为之人，并不许入会。"② 洪武十七年（1384）夏四月壬午，朱元璋谕礼部八事，命榜示天下，其一云："州县之官宜宣扬风化，抚字其民，均赋役，恤穷困，审冤抑，禁盗贼，时命里长告戒其里人敦行孝弟，尽力南亩，毋作非为，以罹刑罚。"③ 这里至少谈到六谕中的"孝顺父母"及"毋作非为"两条。洪武十八年（1385），朱元璋颁行《大诰》，其谕官生身之恩第二十四即用大的篇幅谈人子当如何孝顺父母，说："朕常命官，每谕生身之恩最重。其词云何，曰：汝知父母之慈乎？且如初离母身，乃知男子，母径闻父：生儿矣。父既闻之，以为祯辛。居两月间，夫妇阅，子寝笑，父母亦欢。几一岁间，方识父母，欢动父母。或肚踢，或擦行，或马跑，有时依物而立，父母尤甚欢情。然而鞠育之劳，正在此际。所以父母之劳，忧近水火，以其无知也。设若水火之近，非焚即溺。冬恐寒逼，夏恐虫伤。调理忧勤，劳于父母，岂一言可尽！及其长也，有志四方，能不致父母之忧，此为孝也，更能异间里之子，出民上，衣食丰奉于父母，温清之道以时，送终之期设备，人子之道，无以加矣。今为官者，往往不才，父母在堂者忘鞠育之恩而妄为。"④ 洪武

① 《明太祖实录》卷四九，洪武三年（1370）二月庚午条，台北："中研院"历史语言研究所1962年校勘本，第966页。

② （明）张卤：《皇明制书》卷七《洪武礼制》，《续修四库全书》史部第788册，第315—316页。

③ 《明太祖实录》卷一六一，洪武十七年夏四月壬午条，第2497页。

④ （明）朱元璋：《大诰》，载《明朝开国文献》第1册，台北：学生书局1966年版，第26—27页。

十九年颁行之《大诰续编》，于"生理""孝顺"诸条阐释尤多，尤如"互知丁业第三""再明游食第六""明孝第七"诸条。① 洪武二十八年（1395），朱元璋命户部谕百姓，百户一里应有互助和睦之风。他说："古者风俗淳厚，民相亲睦，贫穷患难，亲戚相救，婚姻死丧，邻保相助。近世教化不明，风俗颓敝，乡邻亲戚不相周恤，甚者强凌弱，众暴寡，富吞贫，大失忠厚之道。朕即位以来，恒申明教化，于今未臻其效，岂习俗之固未易变耶？朕置民百户为里，一里之间，有贫有富，凡遇婚姻、死丧、疾病、患难，富者助财，贫者助力，民岂有穷苦急迫之忧？又如春秋耕获之时，一家无力，百家代之，推此以往，百姓宁有不亲睦者乎？尔户部其谕以此意，使民知之。"② 可见，孝顺、尊敬、和睦、安生理等理念，是朱元璋统治时期一直强调的教化思想。

至于六谕在明初的影响，可以说教民榜文在明初有多普及，六谕就有多普及。按照朱元璋的规定，"每乡每里各置木铎一个，于本里内选年老或残疾不能理事之人，或瞽目者，令小儿牵引，持铎循行本里"，宣唱太祖六谕，"如乡村人民住居四散窎远，每一甲内置木铎一个，易为传晓"。③ 其后朝廷可能多次申明地方须行木铎之制（参见图0-1）。一般的宣唱，是在黎明之际。嘉靖十五年（1536）蒲城县儒学教授徐效贤说："国初制为训词，常于昧爽之前沿门绕市，提撕传诵。"④ 这种宣唱方法是朱元璋成功的创举。杨开道先生说："宣扬圣谕的方法，比较普通的文告较为精密，普通文告只能达到城市，而不容易及于乡村，只能激动一时，而不容易及于乡村，只能激动一时，而不容易维持长久……（明太祖让人宣讲六谕的做法）且击且诵，以惊悟人民，仿佛从前的暮鼓晨钟，现在的标语口号一样。"⑤ 因此，六谕宣唱一直行而

---

① （明）朱元璋：《大诰续编》，载《明朝开国文献》第1册，第99、103—104页。

② （明）《明太祖实录》卷二三六，洪武二十八年二月乙丑条（实当为"己丑"条），第3456—3457页。

③ （明）朱元璋：《教民榜文》，载张卤《皇明制书》卷九，《续修四库全书》史部第788册，第355页。

④ （明）唐锜：《圣训演》卷中，《北京大学图书馆藏朝鲜版汉籍善本萃编》第七册影明嘉靖朝鲜活字本，西南师范大学出版社、人民出版社2014年版，第474页。

⑤ 杨开道：《中国乡约制度》，商务印书馆2015年版，第105页。

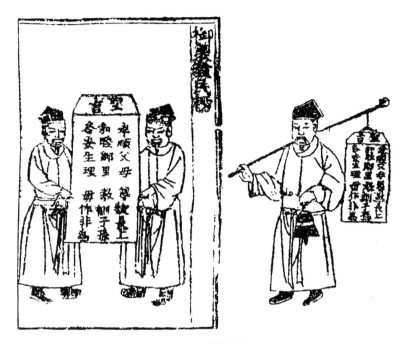

图 0-1　振铎图

资料来源：王树村：《中国民间美术史》，岭南美术出版社 2004 年版。

未衰。至少在成化十年（1474），朝廷即命"再行作新，置木铎，老人至晚摇铎唱谕，其间有良心未尽丧者，更静之余，闻此善言，或将以前之邪心感悟而顿改者有矣"①。地方官在晚明甚至到明末还偶有重新提倡明初这一古典做法的例子。例如，湖广永州府在隆庆三年（1569）复行木铎老人之制。隆庆《永州府志》载："我太祖混一之初，亲制谕俗六言，曰孝顺父母、恭敬长上、和睦乡里、教训子孙、各安生理、毋作非为，令耆民执铎，于朔望及每日五鼓朗诵街巷，使斯民夜气清明之际，忽闻此语，泠然省惕。各府废坠忽而不讲。隆庆三年，分守道行永州府，金报老人，其制始复，至今遵行云。"当时，仅永州府城所在的

---

① （明）佚名：《皇明条法事类纂》卷二一《申明通行置立木铎教民》，《中国珍稀法律典籍集成》乙编第四册，科学出版社 1994 年点校本，第 932 页。

零陵县即设木铎老人十二人。① 淮安人汪之光于崇祯十六年（1643）出任广东琼州府澄迈知县，"重士爱民，夜旦令老人振铎游巡，高宣六谕，醒觉人心"②。教民榜文都会悬挂在申明亭。从明初礼制来看，各县在洪武年间都曾建立过申明亭和旌善亭。清康熙《信丰县志》记载："申明亭，明洪武年间敕各县创建，悬教民榜文其中，差老人日直亭，剖理民间户婚田土争竞小讼，并书其过犯悬焉，遏恶也，其制善矣。"③不夸大地说，申明亭在明初就像一个小的司法所，可以处理和调解部分民事纠纷。而且，申明亭、旌善亭在明初是广布于里社的。康熙《信丰县志》记载："旧额申明、旌善亭各十，东南里二，合甫里四，文昌里、蓝田里一，巫山里一。"④ 申明亭和旌善亭的数量，可能超过每里一所，例如明代江西安福一县在明初便建置七十一处。⑤ 其后申明、旌善二亭虽然设置不复明初那样普及，但在府州县治的大门两侧一般都会设有二亭，而老人之制亦一直得以维系。嘉靖十九年（1540）刊行的《河间府志》中仍载府治大门东、西对立了申明和旌善亭，而且"今二亭设有四隅老人"⑥。

既然申明亭之制一直维系着，则教民榜文对民众的教化作用也会一直存在，而六谕对于民众而言就会是再熟悉不过的事物。行之既久，不免会有衰敝。嘉靖《广平府志》中说："大明会典载有申明、旌善二亭。申明者，申明太祖高皇帝教民榜之条，导民以孝悌忠信礼义廉耻诸事，欲人常川遵守。……夫申明主于导迪乎民心，旌善主于激劝乎民性，均之所以教民也。……太祖创制立法，布为规约，著之令甲，海内

① （隆庆）《永州府志》卷八《创设志》，《四库全书存目丛书》史部第201册，齐鲁书社1996年版，第637页。

② （康熙）《澄迈县志》（康熙四十九年）卷六《秩官·官师》，海南出版社2006年版，第426页。

③ （清）杨宗昌、曹宜光纂修：（康熙）《信丰县志》卷六《建设志》，《北京图书馆古籍珍本丛刊》第30册影印清康熙刻本，书目文献出版社1992年版，第1019页。

④ （清）杨宗昌、曹宜光纂修：（康熙）《信丰县志》卷六《建设志》，第1020页。

⑤ （同治）《安福县志》卷末《遗事》，江苏古籍出版社1996年影印本，第498—499页。

⑥ （明）郜相、樊深：（嘉靖）《河间府志》卷四《宫室志》，《天一阁藏明代方志选刊》第1册影印明代嘉靖刻本，上海古籍书店1964年版，第5页下。

共承。今则废而不修，或有其舍而不备其具，或存其名而通无其所，此固有司者之责也。"① 意思是说，嘉靖年间申明、旌善亭的亭内设置往往不备，或者有些地方不复有亭。但是，由于这也是祖制，朝廷自然会间歇性地要求对申明亭和旌善亭进行维护，如正统三年（1438）五月针对户部主事张清、平乐知府唐复等人提出的各地申明、旌善亭"近年有司视为文具，废弛不举"的现状，要求"天下府州县修葺二亭，复置板榜于内"②，以励风俗。次月，宛平县果然向皇帝奏称"本县旌善、申明二亭年远废弛，其基址皆沦为民居"，请求即既已裁减的税课司重建二亭。③ 正统八年（1443），扬州府通州知州魏复奏称："近岁以来，木铎之教不行，民俗之偷日甚，乞令天下乡里仍置木铎，循行告诫，庶人心有所警省，风俗日归于厚。"朝廷对此的答复是"从之"。④ 而且，至迟到 15 世纪后期，教民榜文中所规定的振铎之制——即由乡里老人一月六次振铎宣唱"六谕"的做法，一直还在流行。嘉靖初的大臣顾鼎臣（1473—1540）说："臣某童稚时，每日五更，闻持铎老人抗声诵此数语，辄惕然自警。盖夜气清明，真心未移，善言易入。虽凶人贱品，物欲未炽，得闻懿训，未有不犹厝火方萌而沈之以清冷之水也。"⑤ 顾鼎臣说他童稚之时还能听到持铎老人在清晨五更时分高声吟唱六谕，其时则在成化末年。徐鹏举，字九霄，四川泸州人，成化二十年（1484）进士，弘治二年（1489）出任两淮盐运司判官，自述其任期内行振铎之制云："各场设木铎老人一名，每夜叫诵皇祖圣训教民榜及五教辞，以振觉其善。"⑥ 可见，这种木铎叫唤的教化方式，在成化、

① （明）陈棐：(嘉靖)《广平府志》卷四《建置志》，《天一阁藏明代方志选刊》第四册，上海古籍书店 1962 年版，第 15 页下。

② 《明英宗实录》卷四二，正统三年五月庚子条，第 821 页。

③ 《明英宗实录》卷四三，正统三年六月己未条，第 833 页。

④ 《明英宗实录》卷一〇一，正统八年二月乙卯条，第 2049 页。

⑤ （明）顾鼎臣：《顾文康公三集》卷三《祖训六言书后》，载《顾鼎臣集》，上海古籍出版社 2013 年版，第 386—387 页。

⑥ （明）徐鹏举、史载德编纂：(弘治)《两淮运司志》卷四《名宦》，《扬州文库》第一辑第 27 册，广陵书社 2015 年版，第 5 页；卷五《建置沿革·社学》，第 14 页。

弘治年间尚存。嘉靖三十五年（1556）前后，时任吉安府通判的何坚（1540年举人）署峡江县政，"置牌铎宣圣谕，令木铎狗于道路，东西二乡各置牌，刻于上"①，似仍举行木铎之制。清初康熙三年任峡江知县的佟国才也在其所编方志某卷的后跋中说："余尝于政暇因民俗绎圣谕，命道人振铎狗于道路，朔望由甬路持入，朗声宣之，正佐各避席傍立，听宣毕，复由甬路出。置牌铎，仍同众参谒。"② 可见，清初传统的木铎宣唱之制仍在一些地方延续。

若要问六谕在明代有多普及？大概可以说，六谕是明代普通百姓可以脱口即出的"真言"。万历二十二年（1594），钟化民前往河南赈灾，回朝复命时，上《救荒图说》，内有《粥哺垂亡》一则，言："这是粥厂吃粥的贫民。……叶县光武庙一鼓而食者五千人。一老须眉皓然，顶'万岁皇恩'四字，忽从中起，大声曰：'受人点水之恩，当有涌泉之报。吾辈受皇恩养活，何以补报？今后各安生理，毋作非为。'慷慨悲歌，歌之三阕，五千人莫不泣下。"③ 在救灾之中，人救死不遑，必已无心于教化文字，然而脱口而出六谕"各安生理，毋作非为"语，可见明代六谕之脍炙人口。因此，一般庶民对六谕也很熟悉。据说在晚明一般庶民家庭里，家家户户"写一张，贴在壁上"④。清康熙初年山西阳信县一位应童子试不成功的低级绅士张拱，"居乡塾为木铎，教授生徒多人邑庠，朔望日高唱六谕"⑤。甚至，六谕还深刻影响着在朝廷看来是那么异类的民间宗教。韩书瑞认为在明清白莲教的经咒中，"有一种常见经咒直接取自明太祖的'六谕'，写着'孝父母，睦乡里'，更长的句式说，一个人应该'敬大天地，孝顺父母，尊敬长上，和睦

---

① （康熙）《峡江县志》卷七《秩官》，《国家图书馆藏清代孤本方志选》第1辑第22册，线装书局2001年版，第222页。

② （康熙）《峡江县志》卷六《农政》，《国家图书馆藏清代孤本方志选》第1辑第22册，第217页。

③ （明）钟化民：《赈豫纪略》，《丛书集成初编》本，中华书局1985年版，第10页。

④ （明）郝敬：《小山草》卷十《圣谕俗讲》，《四库全书存目丛书补编》第53册影明天启三年刻本，齐鲁书社2001年版，第187页。

⑤ （清）周虔森：（康熙）《阳信县志》卷九《耆硕》，国家图书馆藏清康熙二十一年刻本，第33页下。

四邻'"①。

当然，对于有知识的士大夫们而言，对六谕的夸赞怎么也不过分。在他们看来，六谕所蕴含的内容极广泛，由家庭伦理、家族伦理到社会伦理、职业伦理，在后来儒者的褒奖中它不但直接尧舜，而且几乎包尽了世间为人所应遵的一切伦理。顾鼎臣（1473—1540）说："惟我皇祖有训，才数语耳，明白浅近，若无深奥卓越，而导民成俗治国平天下之道，不外乎此。真所谓知崇礼卑，非大圣人孰能与此？"② 嘉靖年间的学者马理在《圣训演序》中说："圣训者何，我圣祖高皇帝之训，所谓教民义者是也。……盖皇极之敷言，简而尽，近而远，易而难，万世太平之要也。昔天厌胡元，秽兹中夏，乃诞我皇祖，一洗而清之，肆华夷复别，彝伦再叙，其大经大法，所以佑启天下后世者详矣，尽矣，然兹圣训实其要焉。……夫六言以鼓舞一世，若甚简也，然《易》之理、《书》之政、《礼》之体、《乐》之用、《春秋》之法，无弗备焉，诚无攸不该，包乎天下，无遗道矣，不亦简而尽乎？夫户庭乡里之行，非远也，然身必由是以修，家国天下必由是以齐以治以平，民以远罪，士以希贤，贤以希圣，举足而道存，放乎四海，优优乎而有裕焉，不亦近而远乎？愚夫愚妇所易知也，所能行也，然与民由之，欲博以济，圣神病焉，有能一日用其力于斯矣乎？未见力不足者，然至止实难。譬诸山海，登而弥高，望而弥远，虽终身践之，有弗能尽者，不亦易而难乎？是故自古迄今，天下国家，循之斯治，违之斯乱，而城郭兵食不与焉。夫非万世太平要典也耶？"③ 王阳明门人对六谕特别重视。邹守益曾经说："我高皇之锡福庶民也，创为敷言，以木铎狗于道路，视成周之教，易知易从。"④ 在邹守益看来，木铎宣唱六谕之制是一个最简便易

---

① 韩书瑞：《中华帝国后期白莲教的传播》，韦思谛编，陈仲丹译《中国大众宗教》，江苏人民出版社 2006 年版，第 34 页。

② （明）顾鼎臣：《顾文康公三集》卷三《祖训六言书后》，《顾鼎臣集》，第 386—387 页。

③ （明）马理：《溪田文集》卷二《圣训演序》，《马理集》，西北大学出版社 2015 年版，第 273—274 页。

④ （明）邹守益：《邹守益集》卷二《叙永新乡约》，凤凰出版社 2007 年版，第 54—55 页。

行的教化之法。王艮说:"我太祖高皇帝教民榜文以孝弟为先,诚万世之至训也。"① 同样作为泰州学派的重要代表人物,罗汝芳则说:"惟居乡居官,常经诵我高皇帝圣谕,衍为乡约,以作会规,而士民见闻处处兴起者,辄觉响应,乃知大学之道在我朝果当大明,而高皇帝真是挺生圣神,承尧舜之统,契孔孟之传,而问太平于兹天下万万世无疆者也。"② 他认为明太祖"谕民列款而式重孝慈",是符合孔子求仁之旨的,是"直接孔子《春秋》之旨,耸动忠孝之心"。③ 他甚至夸张地形容说,孔子求仁和孟子性善之说虽好,"然未有如我太祖高皇帝圣谕数语之简当明尽,直接唐虞之统而兼总孔孟之学者也"④。

万历初年,学者章潢则在《图书编》中说:"(我太祖高皇帝)又颁圣训六言,以木铎徇于天下,虽深山穷谷,咸使闻知。……恭睹《大诰》三篇、《教民榜文》及圣训六言,真可与《周礼》并传矣。"⑤ 万历间江东之说:"太祖高皇帝六谕,不越二十四言,謦欬成经,与日月并悬,即累千万言,未足以尽其解矣。"⑥ 晚明名儒邹元标(1551—1624)则说:"尝思我圣祖当戡戈橐矢之后,即以六谕训民,曰孝,曰敬,曰睦,曰训,后曰安业,曰无为非。大哉皇谟,与往圣达德九经三物之旨相为彪炳,即《诗》《书》所称何加焉?"⑦ 柳州府儒士王启元(1559—?)说六谕二十四言,字字珠玑,堪与六经相匹配,"合经三十也"⑧。万历年间在徽州讲学的学者余懋衡曾经对六谕进行诠释,曾称

---

① (明)王艮:《重镌心斋王先生全集》卷四《与南都诸友》,明刊本,第28页。

② (明)罗汝芳:《一贯编》下,收入《耿中丞杨太史批点近溪罗子全集》,《四库全书存目丛书》集部第129册影印明万历刻本,齐鲁书社1997年版,第582页。

③ (明)罗汝芳:《一贯编》上,收入《耿中丞杨太史批点近溪罗子全集》,第633、640页。

④ (明)罗汝芳:《一贯编·四书总论》,收入《耿中丞杨太史批点近溪罗子全集》,第667页。

⑤ (明)章潢:《图书编》卷九十二《保甲乡约社仓社学总序》,广陵书社2011年版,第3181、3196页。

⑥ (明)江东之:《瑞阳阿集》卷五《二十四善引》,《四库全书存目丛书》集部第167册,齐鲁书社1997年版,第99页。

⑦ (明)邹元标:《愿学集》卷五上《太平府重修儒学记》,上海古籍出版社1983年版,第167—168页。

⑧ (明)王启元:《清署经谈》卷一,京华出版社2005年版,第5页。

赞六谕说："大哉圣谟，约而该，明而当，示天下人民以会极归极之路，盖帝训也。"① 而他的兄长余启元（1574 年进士）也称赞六谕说："盖尝恭读高皇帝六谕，四言为一事，以六事该天下万事万物之理。大哉王言，牖民化俗，直与放勋命契之词，同条共贯。当是时，天下臣民渐仁义而泽于道德，甫再世，而仗节死义之臣至不可胜数，匪直黎民于变而已，则教化所渐磨，何其神哉！"② 周汝登则认为，六谕至简，能让人容易理解。他说："圣祖六谕之垂，木铎老人呼而语之，虽樵客、农夫、妇人、稚子，一闻辄醒，无不了然，称至易明者。……惟体此六谕，则彻下彻上，为佛为儒，无余事矣。"③ 广东学者区大伦（1589 年进士）则认为六谕的前五言劝善与后一言禁约，构成教民的最佳搭配，体现了明太祖教民的深谋远虑。他说："六谕之为训也，道［导］善之训五，禁非之训一。圣人固厚斯民以善，而亦不废非为之禁者。盖凡民之情，诏之从善或难，同俗习非则易，况善之失即为非，其端甚微，而惩恶不严，则迁善不力，皆圣人之所深虑也。"④ 明末大臣李邦华（1574—1644）夸赞六谕就如同六经，说："高皇帝之六谕，犹孔子所删述之六经也。六经以续千古精一之传，士绅讲求以明圣道。六谕以立万世德行之准，庶民讲读以遵王路。"⑤ 文翔凤（1610 年进士）在万历四十二年（1614）的议论也略相似，说："高皇帝盖聪明神武之圣人，其六谕可当孔夫子之六经。……上至天堂，下至地狱，此六言一网打尽，总在其照管之中。"⑥ 明末韩霖（1621 年举人）说："（六谕）凡廿

---

① （明）余懋衡：《沱川余氏乡约》，转引自卞利《徽州民间规约文献精编·村规民约卷》，安徽教育出版社 2000 年版，第 20 页。

② （明）余启元：《沱川余氏乡约·小引》，转引自卞利《徽州民间规约文献精编·村规民约卷》，第 19 页。

③ （明）周汝登：《东越证学录》卷九《题明亲社规》，《明人文集丛刊》，台北：文海出版社 1970 年影印本，第 763—765 页。

④ （明）区大伦：《区罗阳集》，《区太史诗文集》（外二种），齐鲁书社 2017 年版，第 574 页。

⑤ （明）李邦华：《文水李忠肃先生集》卷六《巡城约议疏》，《四库禁毁书丛刊》集部第 81 册影印清乾隆七年徐大坤刻本，北京出版社 2000 年版，第 279 页。

⑥ （明）文翔凤：《皇极篇》卷十六《五忠庙讲约教言》，《四库禁毁书丛刊》集部第 49 册影印明万历刊本，北京出版社 2000 年版，第 462 页。

四字，言简意尽，与唐虞五教、周官六行、孔孟真传异名同实，诚万世治安之本也。"① 清初顺治帝据说是接受了给事中阴润（1634 年进士）的条议，② 重颁六谕，故清代的士大夫尤其是清初士大夫亦以六谕为教，对六谕推崇备至。清初著名的理学家陆陇其（1630—1692）在《六谕集解序》中说："六谕明白正大，二十四字中，一部《大学》修齐治平之旨，犂然具备。"③ 清初人反思六谕之流行时说："古之乡约，率各自为约，如吕氏约可稽已。而今揭六言为约，是六言曷所不总括焉？首提其最初，而耸其所不容已，民于是蒸蒸知孝弟矣，岂有不亲不逊甘即于非者与？末敕以勿之一言，尤懔于申令，长民者诚毋忽为文具，一以真心行之，无虑民之不奉约也。"④ 武进的《延政王氏宗谱》中所载族规也说："我圣王立法，何等简顺明切，只此孝顺父母、尊敬长上、和睦乡里、教训子孙、各安生理、毋作非为六句，不动声色而自然使人悚然。"⑤

经过士大夫及官府的推广，在明代中晚期尤其是嘉靖后期以降的乡约和保甲之中，六谕几乎是一个精神的核心。乡约与六谕彼此紧密联系在一起，成为地方官的重要职责。正如崇祯间礼部主事郭之奇（1607—1662）在崇祯九年（1636）所上奏疏中说的那样，"宣谕则必行约"⑥。黄佐《泰泉乡礼》谈到行保甲之法时，首先即要立一块戒谕牌："钦奉太祖高皇帝戒谕，立牌一面，长一尺二寸，广如之，大书六语于上，置于乡社或乡校，则社祝读之，不必家至户到皆立此牌，徒为

---

① （明）韩霖著，孙尚扬、肖清和校注：《铎书校注》，华夏出版社 2008 年版，第 57 页。

② （康熙）《桐乡县志》卷三《政事部·学校》，国家图书馆藏清康熙十七年刻本，第 14 页上。按：阴润，号太峰，山西芮城县人，明崇祯七年（1634）进士，历官工科左给事中，以直言忤政府，被谪，寻召还，李自成入北京，逼其受职，乃逃于箕山，清初以征起，以原官用，一年不调，引病免官，著有《清晖园诗文集》。

③ （清）陆陇其著，王群栗点校：《三鱼堂文集》卷八，浙江古籍出版社 2018 年版，第 184 页。

④ （顺治）《临颍县志》卷四《乡约》，国家图书馆藏顺治十七年刊本，第 24 页。

⑤ （清）王庆洪修：《延政王氏宗谱》卷五《祠略》，《中华族谱集成》王氏第七册影光绪十九年刻本，第 47 页。

⑥ （明）郭之奇：《宛在堂文集》卷三十一《为储才莫先于学较（校）等事》，《四库未收书辑刊》第 6 辑第 27 册影明崇祯刻本，北京出版社 2000 年版，第 367 页。

文具。"① 从黄佐的话来看，当时行乡约者户立一牌的情况，估计还不少。嘉靖四十五年（1566），申嘉瑞在仪真县，行乡约，亦以六谕为核心。《仪真县志》卷八《学校考》载："乡约所，城市内外坊厢凡十五所，各乡镇凡六所，嘉靖四十五年知县申（嘉瑞）申明事例，每坊厢都图各设谕长、谕副、乡耆，凡朔望令会民于约所讲读太祖高皇帝圣谕六条，督劝之，以录其善良，识其顽梗，提撕鼓舞，大有补于世风。"② 部分因为乡约的缘故，六谕的内容也就写进族规家训之中。晚明何士晋的《何氏宗规》，第一条便是"乡约当遵"，内言："孝顺父母，尊敬长上，和睦乡里，教训子孙，各安生理，毋作非为，这六句包尽做人的道理，凡为忠臣，为孝子，为顺孙，为圣世良民，皆由此出。"③ 广西富州人甘汝迁万历十九年（1591）任广东三水知县，"单骑讲六谕，躬亲解说，必使众志晓白，不为虚文"④。广西隆安人李万宁万历十一年任龙门知县时，"每月吉集里民讲六谕暨诸条约"⑤。

即使在乱离之世，士大夫仍将之视为治理社会的良方。汤来贺（1640 年进士）在南明弘光朝出任广东佥事，"每月亲行州里，讲读六箴"⑥。由乡约进而也影响到族规家训，就是一般的书院讲学，也离不开六谕。高攀龙在《家训》中也说："人失学不读书者，但守太祖高皇帝圣谕六言，孝顺父母，尊敬长上，和睦乡里，教训子孙，各安生理，毋作非为，时时在心上转一过，口中念一过，胜于诵经，自然生长善根，消沉罪过。"⑦ 六谕在高攀龙看来，如同咒语真言一般灵异。事实上，六谕

① （明）黄佐：《泰泉乡礼》卷六《保甲》，《景印文渊阁四库全书》第 142 册，台北：商务印书馆 1985 年版，第 647 页。

② （明）申嘉瑞纂修：（嘉靖）《仪真县志》卷八《学校考》，《天一阁藏明代方志选刊》第 15 册，上海古籍书店 1963 年版，第 7 页。

③ （明）何士晋：《何氏宗规》，《中国历代家训集成》第 5 册，浙江古籍出版社 2017 年版，第 2872—2873 页。

④ （光绪）《广州府志》卷一百七《宦绩四》，《中国地方志集成》广东府县志辑第 2 册，上海书店 2013 年版，第 779 页。

⑤ （光绪）《广州府志》卷一百六《宦绩三》，第 763 页。

⑥ 钱海岳：《南明史》卷五十六《汤来贺传》，中华书局 2016 年版，第 2612 页。

⑦ （明）高攀龙：《高子遗书》卷十《家训》，《无锡文库》第四辑影乾隆七年华希闵刻《高子全书》本，凤凰出版社 2011 年版，第 324 页。

在明代也真起到驱逐淫祀的作用。李叔元《青阳五先生传》记载，庄用宾（1529 年进士）31 岁由刑部员外郎归乡，"乡故有石鼓岩，多黩祀，乃鸠木石而新之，中悬高皇六谕，而后祭乡先生，移诸赛报神像于两厢，示崇明黜幽之义，山川明秀，庭除清闿，遂为泉南乡约冠"①。同样主张讲乡约即讲学的明末清初学者翟凤翯，对六谕二十四字也极为推崇，说："昔贤注六言，归本六经，勿作非为作慎独工夫，此乡约之学即圣贤之学也。"② 可见，六谕从 14 世纪基层社会的教民榜文，到 15 世纪开始越来越受士大夫推崇和神化，经由士大夫的努力，进入乡约、族规家训和各类讲学活动之中，成了明清社会人们普遍的伦理规范的准绳。

二　明清士大夫的六谕诠释

六谕的核心，是引导人为善去恶。清人熊登在《乡约讲演序》中说："从善去恶，洗虑涤心，则莫如吕氏乡约四条、故明演义六谕矣。循其旧例，刊录成书，俾讲演之下得以家谕户晓，贯耳溶心，跃然悟，幡然改，善者益乐于为善，恶者迁悔而去恶，庶几风俗之浇者厚，人心之诡者正，仁义道德之理存，孝悌忠信之行出。"③ 其中，"讲演"是十分必要的。六谕只有二十四字，如果要让百姓明白其间的道理，就必得有相关的解说。明朝皇帝带头开始对六谕用口语化的语言来解释。永乐帝朱棣在永乐六年（1408）十二月初七日发布《敕北京所属官吏军民人等》，云："尔等宜遵守礼法，各务本业，孝于父母，敬于长上，和睦乡里，教训子弟，毋作过恶。"④ 次年，朱棣北巡发布的《谕北京耆

① （明）李叔元著，郑焕章点校：《鸡肋删》质部《青阳五先生传》，商务印书馆 2020 年版，第 107 页
② （清）翟凤翯：《涑水编》卷一《涑水书院序》，《四库全书存日丛书》集部第 212 册，齐鲁书社 1997 年版，第 23 页。
③ （清）熊登：《乡约讲演序》，（康熙）《武昌县志》卷八《艺文志·序》，武汉大学出版社 2022 年版，第 221 页。
④ （弘治）《保定郡志》卷四《诏令》，《天一阁藏明代方志选刊》第 4 册，中华书局上海编辑所 1966 年版，第 3 页。《明太宗实录》卷八十六"永乐六年十二月庚辰"条所载略异："尔等宜守分力本，孝亲敬长，教谕子弟，辑睦邻里。"（第 1137 页）

老诏》，相当于是六谕的批注："凡一家有家长，一乡一坊有乡坊之长。为家长者，教训子孙，讲读诗书，明达道理；父慈子孝，兄友弟敬，尊卑长幼，各循其序。如此，则一家和顺辑睦，有无穷之福。为乡坊之长者，教训其乡坊之人，农力于稼穑，毋后赋税，毋奸宄窃盗，毋藏匿逋逃。如此，则乡坊之内相安相乐，有无穷之福。"① 嘉靖帝朱厚熜于嘉靖十八年（1539）南巡承天府，临别前命礼官宣谕百姓云："我今事完回京，说与尔几句言语。尔各要为子尽孝，为父教子，长者抚幼，幼者敬长，勤生理，作好人，依我此言。"② 在明儒湛若水（1466—1560）看来，宣谕便是朱厚熜对太祖六谕的延展。他说："太祖高皇帝既敷训于前，今我皇上又宣谕于后，莫不同条而共贯。"③ 这种由皇帝或者官府发出的谕俗文字，往往以六谕为底本，进行适当的改写。例如，嘉靖十四年（1535），江西万安人朱麟任广德知州，其《谕讼文》写道："九乡之民，其各敬汝父母，友爱汝兄弟，和睦汝比邻，为好百姓，毋作非为以自陨，毋乐争斗以求胜，毋好终讼以自败。"④ 这显然也是六谕的通俗版。

　　尽管在一些士大夫看来，太祖六谕浅近易懂，根本就不需要赘解。例如，曾任惠安知县的叶春及在以六谕行乡约时就说："以六谕导万民……诸臣多有解，不录。圣谟洋洋，嘉言孔彰，何解为？"⑤ 但是，

---

① （明）俞继登：《典故纪闻》卷七，中华书局1981年版，第127页。

② 《明世宗实录》卷二百二十二，"嘉靖十八年三月戊子"条，第4621页。

③ （明）湛若水：《圣训约》，载《明清广东稀见笔记七种》，广东人民出版社2010年版，第305页。湛若水所录《皇上宣谕承天府百姓讲章》更口语化，云："各要为子的尽孝道，为父的教训子孙，长者抚那幼的，幼的敬那长的，勤生理，做好人，依我此言。" 这与《实录》所载有文字差异，可能实录文字经过了实录纂修官的润饰。另外，《御著大狩龙飞录》记载朱厚熜的宣谕是这样的："我今事完回京，说与你每几句言语：各要为子的尽孝道，为父的教训子孙，长者抚那幼的，幼的敬那长的，勤生理，做好人，依我此言语。况我也不能深文，这等与你每说，以便那不知文理之人教他便省的，你每可记着。" 参见窦德士《嘉靖帝的四季》，九州出版社2001年版，第165页。另按：宣谕是皇帝直接向黎民百姓发出的关于道德教化或日常行为规范的训令，通常在每年农历二月至十一月初一日由大兴、宛平两县代宣，参见尹钧科《明代的宣谕和清代的讲约》，《北京社会科学》1999年第4期。不过，皇帝出行，恰是亲民的极好机会，故似亦有特殊时期的宣谕。

④ （嘉靖）《广德州志》卷十《艺文志》，国家图书馆藏明嘉靖十五年刊本，第129页。

⑤ （明）叶春及著，郑焕章点校：《惠安政书》九《乡约篇》，商务印书馆2021年版，第347页。

对于大多数士大夫来说，六谕出自明太祖、清世祖之口，自然要视为经典，而要用以教化，还是需要对简单的六句话加以诠释，以便庶民理解和遵行。黄仕凤在《新建乡约所记》中就说："圣谕虽炳如日星，侯（揭阳知县潘维岳）犹广演其义，旁引曲喻，示民易晓。"① 为了让民众容易理解，适当的演说是需要的。明人耿橘说："圣谕虽止六条，而广大精深，实有终日言之而不能尽者，未可以一讲章拘定也。"② 因此，明清两代士大夫对六谕做了许多的诠释文本。在清初黄虞稷的《千顷堂书目》中，共收录了五种六谕注释文本，即许讚《圣训衍》三卷、湛若水《圣谟衍》一卷、尤时熙《圣谕衍》、马朴《圣谕解说》一卷和金立敬《圣谕注》一卷。③ 当然，明清时代的人诠释六谕文本的数量，远不止此。据笔者不完全统计，明清两代六谕诠释文本有153种，其中68种现存（参见下编"明清六谕诠释文本一览表"）。

明清士大夫对六谕的诠释，最早可追溯到洪武、永乐年间的朱逢吉。朱逢吉（1331—1410），字以贞，号懒樵，浙江崇德县人，洪武初年任中书省掾吏，授宁津知县，升湖广佥事，后以事谪关中，屯田数年，后起复任陕西按察佥事，召为大理寺右丞，洪武二十一年（1388）升右副都御史，永乐四年（1406）复任大理寺右丞，转左丞，卒于官，所著有《牧民心鉴》一书。刊行于永乐二年（1404）的《牧民心鉴》，主张各里设善俗堂，"教长出立于堂之中，向南设一卓［桌］，以所颁教民之文，朗然解说，令民听之，既毕，众皆圆揖，复依次就坐，教长居中，询问各村之父老，此月之内，曾有何人行何善事，或有何人作何

---

① （清）陈树芝纂修：（雍正）《揭阳县志》卷七，《日本藏中国罕见地方志丛刊》第18册，书目文献出版社1991年版，第497页。

② （明）张鼐：《虞山书院志》卷四《乡约仪》，《中国历代书院志》第8册，江苏教育出版社1995年版，第82页。

③ （清）黄虞稷：《千顷堂书目》卷十一、三十，上海古籍出版社2001年版，第302、314、733页。许讚、湛若水、尤时熙等人下文会详细论及。马朴，字敦若，陕西同州人，万历丙子（1576）举人，授景州知州，丁忧归，服阕，补易州知州，擢襄阳知府，官至云南按察副使。金立敬（1515—1591），字中夫，浙江临海县人，嘉靖二十九年庚戌（1550）进士，授兵部主事，历山西按察使，终养后补江西按察使，万历六年（1578）升顺天府尹，万历七年（1579）官工部左侍郎，致仕，万历十九年（1591）卒。

过恶"①，俨然是明初理想化的乡约形态。不过，比较让人疑惑的是，朱逢吉提到的"所颁教民之文"到底是朱元璋的《教民榜文》，还是他在《牧民心鉴》中所提到的希望朝廷新颁的一个教化民众的新文本。《牧民心鉴·立教条》中说："莅政之始，必先教化。……如人民，则以人民当知之事，述而教之。本之以三纲五常之要，酌之以百行百事之宜，谆谆然以开其心，恳恳焉以导其善，必申请于朝，命儒臣之通达有识者，以孝弟忠信、礼义廉耻、勤俭谦和等目，详具其法，行之民间。"② 如果是前者，则大概可以说早在永乐初年，有官员就已经提出了要对《教民榜文》进行解说，至于《牧民心鉴》这样的官箴书，是否真正曾得到实施，却也是一个疑问。

可以确定最早的六谕注释文本，是成化年间王恕的《圣训解》。王恕（1416—1508），字宗贯，号介庵、石渠，陕西三原人，正统十三年（1448）进士，成化年间先后巡抚荆襄、河南、云南、应天，弘治初年官至吏部尚书，是成弘间的名臣，也是明代中期著名的学者与经学家，本人出入经学、理学间，著有《石渠意见》《玩易意见》等经学著作。对六谕的注释，可以视为他注释经典的余波。王恕作《圣训解》的动机是什么，他自己没有交代。王恕对六谕的诠释并未保存在他个人的文集或著作中，以至于酒井忠夫先生误认为注释六谕的"尚书"不是吏部尚书王恕而是其子户部尚书王承裕。③ 不过，王恕的注解现存于其他文献的版本有四种，即弘治十二年（1499）扶沟县丞武威所刻《太祖高皇帝圣旨碑》、嘉靖十五年（1536）陕西巡按御史唐锜编纂《圣训演》、程瞳嘉靖三十七年（1558）刻印在家训《程氏规训》中的《圣谕敷言》、章潢收录在《图书编》中的《圣训解》。对这四个文本进行比较后可以发现，武威《圣旨碑》与章潢《图书编·圣训解》非常相似，为一系，唐锜《圣训演》与程瞳《圣谕敷言》比较相近，为一

---

① （明）朱逢吉著，川村贞四郎解：《牧民心鉴》，东京：良书普及会1924年版，第32页。

② （明）朱逢吉著，川村贞四郎解：《牧民心鉴》，第30页。

③ ［日］酒井忠夫：《中国善书研究》，刘岳兵、何英莺译，江苏人民出版社2020年版，第59页。

系统，构成王恕《圣训解》的两个文本系统。但这两种文本系统的演变发生的时间却不清楚。其实，在王恕的注解问世之后，曾经在山西、河南一带颇为流行，像山西长治雄山仇氏所作的乡约中就曾经刊印过王恕的注解。如果考虑到武威以及仇楫等人都在明代历史上以孝子闻名。他们对于六谕以及王恕注解的重视，很可能更多地出于六谕对孝的伦理的重视。之外，直至晚明，仍有不少记载表明有人重印或者施行过王恕的六谕诠释的例子。这可以看到王恕的《圣训解》作为六谕诠释的经典文本所产生的影响。王恕的注解，后来更多地同一位河南籍的官员许讚（1473—1548）的赞联系在一起。许讚出身赫赫有名的河南灵宝许氏家族。他的兄长许诰在以太常卿掌国子监时，建议"于太学中建敬一亭，勒御制《敬一箴》、注程子《四箴》、范浚《心箴》于石"①，受到了嘉靖皇帝的眷庞。大概是受到兄长奉承皇权得到眷注的鼓舞，许讚在嘉靖九年（1530）任刑部尚书时为朱元璋的六谕作赞。他在序言中说："太祖高皇帝教民榜训，先后六言，其于古今纲常伦理、日用事物之道，尽举而无遗，斯世斯民所当日夜儆省而遵行之者也。……先五言则凡善之所当为者，不可不勉。后一言，则凡恶之所不当为者，不可不戒。"② 许讚的赞保存在他的《松皋集》之中，也见于唐锜的《圣训演》与程曈的《圣谕敷言》。与王恕《圣训解》不同，许讚之赞不在于解释六谕中的内容，而是以每四字一句的韵文的方式把六谕所包含的伦理进一步分梳。比如说，"各安生理"一条之下，许讚就说："士安于学，方进于艾。农安于穑，力作为最。工业器用，利济无害。商通贩易，有无相侩。"③ 这是将各安生理的道理从士、农、工、商四个方面进行分梳。又如"毋作非为"条，许讚从几个方面列举应禁约的行为："寇攘奸宄，戒禁绝革。勿贪人财，勿冒人籍。勿侵人田，勿侵人宅。勿尚忿争，勿事博奕。"④

　　推动六谕诠释不断发展的最重要动力，是明代乡约在基层的展开。

---

① （清）张廷玉：《明史》卷一百八十六《许诰传》，中华书局 1974 年版，第 4926 页。
② （明）唐锜：《圣训演》卷上，第 403 页。
③ （明）唐锜：《圣训演》卷上，第 440 页。
④ （明）唐锜：《圣训演》卷上，第 446—447 页。

在王恕初作《圣训解》时，他并未有将他的作品与乡约结合的自觉。但是，16 世纪初山西长治县雄山仇氏在乡约施行时已经开始印行王恕的《圣训解》。此后对六谕的各种诠释，无一例外都出于推行教化的动机，无论教化的目标群体是乡众、族众，还是更为特殊的群体。正德末年王阳明《南赣乡约》虽然没有明言以六谕为纲，但《告谕新民》《南赣乡约》贯彻了六谕的思想，颇似对六谕的衍说。由于王阳明的政治事功及其在思想界的巨大影响力，《南赣乡约》对后世乡约以及六谕在乡约中的地位的影响是深远的。寺田浩明先生说，明代乡约运动先是以朱熹的增损吕氏乡约文本为范例，"在同时代的王阳明发起并实行'南赣乡约'之后，该乡约又成为新的范本并流传开来。……到明代末期及之后，作为乡约中心的伦理规定为《太祖六谕》或《圣谕广训》等皇帝下达的谕旨所取代"[①]。王阳明的不少门人，无论居乡或任地方官时都尝试行乡约，如薛侃《揭阳乡约》、季本《永丰乡约》。邹守益（1491—1562）在嘉靖初年仿其师王阳明《南赣乡约》在家乡安福县小范围地推行乡约，不久便感慨"无官法以督之，故不能以普且久"[②]，正道出基层教化推行有赖官方支持的沉重现实。可见，乡约的开展往往要借助官府的力量才得以持久。触目所见地方志中所记的各种乡约的举行与实施，没有官方背景的其实不多。

乡约与六谕的结合，一开始可能是相对松散的。初期不少乡约施行时虽然宣唱六谕，或者供奉六谕牌，但其宣讲内容还是以宋代以来的《吕氏乡约》为核心。直到 16 世纪中期，这种一方面奉行六谕，另一方面以《吕氏乡约》为核心的乡约仍在施行。嘉靖年间，以六谕为核心的乡约开始建立，最早的个案可能是陆粲在嘉靖十二年（1533）所行《永新乡约》。或许是受到《吕氏乡约》以四礼条件为纲、下列诸目的影响，六谕诠释也出现"疏之为目"的诠释方式。陆粲的《永新乡约》即下列"孝顺之目六，尊敬之目二，和睦之目六，教训之目五，

---

① [日] 寺田浩明：《明清时期法秩序中"约"的性质》，载 [日] 寺田浩明《权利与冤抑：寺田浩明中国法史论集》，王亚新等译，清华大学出版社 2012 年版，第 149、152 页。
② （明）邹守益著，董平整理：《邹守益集》卷十七，第 802 页。

生理之目四，毋作非为之目十有四"①。邹守益、程文德在《永新乡约》
与《揭阳乡约》的基础上行《安福乡约》，也是明确以六谕为核心。在
邹守益由家乡安福到南京上任时，他还将《安福乡约》带到了自己曾
经任官之地广德州，由广德州知州夏臣演为《广德乡约》，而《广德乡
约》则是"首以皇明圣训，而疏为二十四目"。但是，遗憾的是无论较
早的《揭阳乡约》，还是《永新乡约》《安福乡约》《广德乡约》，均已
无法见到全本。现在能看到的这种以六谕为纲、分梳若干细目的文本有
两种，一是嘉靖末年何东序的《新安乡约》，但不算是一个完整的文
本，二是章潢《图书编》内所辑的《圣谕释目》。《新安乡约》除了部
分保存在何东序的《九愚山房集》中之外，作为"各安生理"条下诸
目的第六目"定分"则生动地保存在何东序本人所修的嘉靖《徽州府
志》之中。何东序的《新安乡约》对六谕的注释，先是对每一条进行
解释，下列若干个目，而这些目的内容更多的是一些具体规定，例如
"定分"之目下就是对一般庶民士大夫家庭的衣冠服饰、墓制、居室的
具体规定，以防止庶民的僭越之举。从某种细节来观察，章潢《图书
编》中所收录的《圣谕释目》可能是泰和人曾才汉以泰和罗钦顺的
《云亭乡约》为基础在任太平知县时所行乡约中宣讲的《圣谕六训》，
时间则是在嘉靖时期。但从有限的文本看，纲目体的注释方式明显偏烦
琐。这也是之后六谕诠释越来越不采用纲目体方式的原因。理学家们的
参与，推动了乡约由"约"向"教"转化，而六谕的注释也从强调禁
约的纲目式向以引导为主的说理式转变。到嘉靖后期，以罗汝芳的六谕
诠释为代表的说理式诠释成为主流。说理式诠释方式的流行，与阳明学
流行有关。阳明学认为，道理明白了，便必定会行，体现在教化方面就
是把道理讲透，重在让民众明白为什么应该这么做，而不是怎么做。说
理式的诠释、歌诗式的诠释，在 16 世纪后期结合起来，成为六谕诠释
的主流。像万历年间著名学者郝敬的《圣谕俗解》，在形式与内容上都
继承罗汝芳的圣谕演。在嘉靖末年，像耿定向等学者对六谕的宣传也不

---

① （明）邹守益著，董平整理：《邹守益集》卷二《叙永新乡约》，第54—55页。

遗余力，督南畿学政时"以六谕俾父老转相告诫"①。

罗汝芳的诠释，还基本确立了在诠释中加入律例及果报的形式，并为后世各种诠释文本所承袭。六谕主教化，属于礼而不属于刑。最初时，一般士大夫也是这样看的。尤时熙作《圣谕衍》，即围绕一个"礼"字展开，认为人的行为发乎己，是良知的自然发用："父母我自出也，分也，曰孝曰顺，人情能自已乎？长上我所事也，曰尊曰敬，人情能自已乎？乡里我邻并者，分所必让，自不容已于和睦。子孙我钟情者，分所必爱，自不容已于教训。然非各安生理，则不能尽道，其不尽道者，不尽于分也，皆非伪也。是皆人情所不容已也。是故各安生理而后为尽分。夫是之谓真礼，是良知之著见于四体事为之本然也。"② 但是，在晚明变动剧烈的社会经济环境下，光凭本心和良知来行教化显然不够。蒋德璟（1593—1646）就认为，律与六谕都是朱元璋的思想精华，在《四书》《五经》不能根本解决教化问题时，可求之于六谕与律。他说："有《孝经》以配五经而六，有《小学》以佐《四书》而五，而又不率，则奈何？曰：'高皇帝之六谕与律在。律者，高皇帝之《春秋》，而六谕二十四字，则尧舜之精一十六字也。归而求之六谕，有余师。"③ 因此，才会有引律例入六谕诠释之举。罗汝芳的《太祖圣谕演训》在每一条诠释之后都有对律例的征引。在此之后，俞士章（1583 年进士）在六谕诠释中亦援引律例。崇祯《义乌县志》载："万历十五年，知县俞士章申明约训，令八乡即民祠之宽敞者立为约所，选择约长、约副，主其事，仿古属民读法之令，为约书，先圣谕，次条律，次《六歌》，俾月朔集众会讲，人斌斌向方矣。"④ 同年，四川提学副使郭子章编纂《圣谕乡约录》，"首刻圣谕六条，次三原王尚书注、

---

① （清）万斯同：《明史》卷三百二十八《耿定向传》，上海古籍出版社 2008 年版，第626 页。

② （明）尤时熙：《拟学小记》续录卷五《贺怀龙陈姻家晋礼部儒士序》，《四库全书存目丛书》子部第 9 册，齐鲁书社 1997 年版，第 884—885 页。

③ （明）蒋德璟：《蒋氏敬日草》卷二《小学大学解》，国家图书馆藏明崇祯刻隆武元年续刻本，第 33—34 页。

④ （明）熊人霖：（崇祯）《义乌县志》卷四《乡约》，《稀见中国地方志汇刊》第 17册，中国书店 1992 年版，第 400 页。

先师胡庐山先生疏并律条、劝戒为一卷，次朱文公增定蓝田吕氏乡约为一卷，敬书今上俞魏、沈二公疏冠于篇首"①。蒋录楚在太平县行乡约，其《乡约讲义》诠释六谕，"且于各条之中，附以律令"②。郭子章"敬录魏（时亮）、沈（鲤）二公疏于冠首"的做法也很有趣，因为两人之疏都进一步推动了六谕宣讲。而且，不得不说的事实是，律例更广泛地进入圣谕诠释也与朝廷的提倡有关，尤其与沈鲤之疏有关。沈鲤《覆十四事疏》数度提到"宜于所辖地方，酌量道里远近，随庵观亭馆之便置乡约所，以皇祖圣训、大明律例著为简明条示，刊布其中……每月一次，分投各所，集众前来听圣训、律例"③。在沈鲤这份礼部建议中，乡约所不仅是讲六谕的场所，还是简明刊布《大明律例》之处。这无疑促进了律例与六谕诠释的结合。万历十七年，崇阳知县陈洪烈自称其在任上"庄论六谕，僭为注释，爰附科条，镌刻成书"④。所"附科条"，大概无非是《大明律》。

　　乡约既不予刑罚，又如何让听讲的人们敬畏呢？其途有二：一是可以诉诸官府法律，二是可以祈求善恶报应。而且，为了保证乡约中六谕宣讲的效果，也需要发展新内容。晚明学者陆世仪（1611—1672）在崇祯十三年作《治乡三约》中说："讲约从来止讲太祖圣谕六言，习久生玩，宜将大诰、律令及《孝顺事实》与浅近格言等书令社师逐次讲衍，庶耳目常易，乐于听闻，触处警心，回邪不作。"⑤ 这反映了士大夫中提倡在乡约中进行律的教育，以及在乡约教化中多引入一些"故事"与"格言"的思想。善恶报应故事之进入六谕诠释，始于嘉靖十

---

① （明）郭子章：《蠙衣生粤草十卷蜀草十一卷》蜀草卷二《圣谕乡约录序》，《四库全书存目丛书》集部第154册影明万历十八年周应鳌刻本，齐鲁书社1997年版，第623页。

② （明）项如皋：《乡约讲义序》，（嘉庆）《太平县志》卷十一，《中国地方志集成》安徽府县志辑第62册，江苏古籍出版社1998年版，第259页。

③ （明）沈鲤：《覆十四事疏》，俞汝楫《礼部志稿》卷四十五，《景印文渊阁四库全书》第597册，台北：商务印书馆1986年版，第856页。

④ （明）陈洪烈：《乡约序》，（同治）《崇阳县志》卷五《礼乐·礼仪》，武汉大学出版社2019年版，第203页。

⑤ （清）陆世仪：《治乡三约》，收入《陆桴亭先生遗书》第18册，清光绪二十五年太仓唐受祺京师刻本，第2页上。

五年（1536）唐锜之《圣训演》。蒲城县学教谕徐效贤言及《圣训演》增入"善行"事例的必要性说："至欲将日记故事、《为善阴骘》、《孝经》、《小学》各摘数条以类相附讲论者，以六训备示为人之理，照哉明矣，然民性之蔽，或未易开，非古人已试之成效，无以歆动其心也，故必取证于此。"① 隆庆二年（1568），绍兴府推官黄希宪（1517—1586）以绍兴府推官署余姚知县，在诠解六谕时附上善恶报应故事。吕本说："（毅所黄公）自吾郡节推来署邑政，下车即诣学宫，进士大夫坐于明伦之堂，群邑中父老子弟环立堂下，宣布高皇帝圣谕，发明圣贤之教，证以善恶报应事，曲畅旁通，亹亹数千言不倦。"② 万历四年（1576），王录任定州知州，"作《圣谕演义》一册，著古今善恶之报以谕小民，凡犯六禁者，拘之图圄，令熟读《演义》乃释"③。王录的诠释以演义为名，似乎连说理都不用，而直接通过讲述善恶故事的方式来达到教民的目的。江东之在万历年间巡抚贵州时诠解六谕，作《振铎长言》，先揭六谕以为宗旨，次蒐二十四善以绎其义，而所谓二十四善则引自明成祖朱棣敕撰的《为善阴骘》。④ 这说明在罗汝芳的同时代，于六谕诠解中证以律条与善恶报应故事是流行的，所以才会有罗汝芳《太祖圣谕演训》的"本以心性，发以知能，申以国法，证以果报"的多样化诠释模型。⑤

嘉靖年间，尤其在 16 世纪 30 年代以后，六谕诠释在官员的基层教化、士大夫组织的乡约、宗族族规等方面全面渗透，而且摆脱了之前的线状传播状态，不再是由某一个人的六谕诠释影响到其他人，或一种六谕诠释被人携带着传播到另一地，而呈现出一种各自为政的创新性诠释新局面。从高级官员像许赞和湛若水，到一般的地方官、监

---

① （明）唐锜：《圣训演》卷二，第 481 页。

② （明）吕本：《期斋吕先生集》卷七《赠毅所黄公擢留都秋官序》，《四库全书存目丛书》集部第 99 册，齐鲁书社 1997 年版，第 474 页。

③ （民国）《定县志》卷十《文献志·职官篇·名宦》，国家图书馆藏 1934 年刻本，第 17 页。

④ （明）江东之：《瑞阳阿集》卷五《二十四善引》，《四库全书存目丛书》集部第 167 册，齐鲁书社 1997 年版，第 98 页。

⑤ （明）沈寿嵩：《太祖圣谕演训叙》，《明朝圣谕宣讲文本汇辑》，第 178 页。

察官如唐锜，再到兼有乡绅和宗族领袖身份的项乔等人，都开始着力通过诠释六谕来进行教化和社会秩序的维护。乡约与六谕的结合给六谕诠释带来了更多的发展可能，其中向宗族的发展与渗透尤其值得注意。由于乡约通常依托家族进行，使六谕更容易进入族规家训之中。项乔（1493—1552）在嘉靖十七年（1538）到嘉靖二十年（1541）间所作的《项氏家训》，是现今能看到的首次将六谕引入族规家训之中的文本，其所参照的注释则是王恕的注解，但添加了项乔所认为适合温州一带的风土人情的解释。在此之后，存在于家谱之中往往以族规家训形式出现的六谕诠释文本数量越来越多。程瞳的《程氏规训》辑入王恕的解与许赞的赞。隆庆六年（1572）祁门县文堂陈氏的《文堂乡约家法》则完整辑入罗汝芳的《圣谕演》。之外，通过六谕诠释来教化皇亲宗室，也是六谕与族规家训结合的延伸，在万历年间曾出现过《宗约》等文本，而李思孝所编《皇明圣谕训解》是其典型文本。

隆庆、万历以降，六谕诠释依然是乡约的精神内核。这既是之前60余年乡约发展与六谕结合的自然延续，也有赖于地方官员的提倡，更是响应朝廷的号召。《帝乡纪略》五《乡约》中记载："隆庆元年，巡按御史王公友贤，尊奉太祖高皇帝圣谕并名臣注解，令所属有司条陈两淮地方风俗之疵漓者，通行各府州县，印给书册，置立乡约所。"① 若与别的史料合而观之，则发现隆庆元年（1567）是一个朝廷自上而下推行乡约之年。康熙《南城县志》卷五《乡约》载："明隆庆元年，诏郡邑各立乡约。"② 康熙《休宁县志》卷二《约保》载："明隆庆元年，俞言官之请，令郡邑各立乡约，率众讲演孝顺父母六谕于建初寺，一再行之。未几懈涣。"③ 可见，这一年朝廷推行乡约，是言官上疏请求得到批准往下施行的。可以看到，隆万年间有不少以六谕行乡约的例

---

① （明）曾惟诚：《帝乡纪略》卷五，第708页。

② （清）曹养恒修，萧韵等纂：（康熙）《南城县志》卷五《乡约》，《中国方志丛书》华中地方第817号影清康熙十九年刊本，台北：成文出版社有限公司1975年版，第347页。

③ （清）廖腾煃修，汪晋徵等纂：（康熙）《休宁县志》卷二《约保》，《中国方志丛书》华中地方第397号影康熙三十二年刻本，台北：成文出版社有限公司1970年版，第294页。

子，而且产生了一些文本。例如，饶州府鄱阳县人史桂芳在任汝宁知府时，于隆庆二年"演圣谕六条为歌，使木铎警于途，朔望行乡约"①，作《圣谕六言解》以训民。汝宁府光山县人蔡光隆庆二年至五年间任江华知县，②"注圣谕六言解及谕民谕夷诗"以教化当地土人。③ 隆庆二年（1568），丘凌霄（1546 年举人）任泉州府南安县知县，"时太守朱炳如颁行六谕，疏释详明"，而丘凌霄乃将疏释"遍布邑中，谆谆劝勉，稍远者择其乡之庠士朝夕讲肄"④。朱应毂（1577 年进士）由进士授任山东东阿知县，"颁太祖六谕里社，起乡约"⑤。万历三年，杨四知（1574 年进士）出任福建巡按，在谕民息讼告示中提到六谕"其辞约，其义备"，而"近日建宁道复绎以六箴，翻刻印给将嘉惠吾民"⑥，时分守建宁道为参议漆彬（1571 年进士），南昌人，万历二年始任。⑦ 福清人林庭植（1571 年进士）万历五年任龙川知县，"揭太祖高皇帝六谕之条，日与斯民演而习之"⑧。陈载春（1580 年进士）于万历八年任六合知县，"颁行六谕，劝课诸生，士民翕然向治"⑨。遂安人方应时（1570年举人）万历八年任福建长泰知县时，"申皇祖六谕而衍迪之"⑩。万历十一年，将乐知县黄仕祯建乡约所，"每朔望日躬率通邑父老子弟敷宣

---

① （康熙）《鄱阳县志》卷十一《人物志·理学》，《国家图书馆藏清代孤本方志选》第 1 辑第 16 册影清康熙二十二年刻本，线装书局 2001 年版，第 701 页。

② （清）刘华邦：（同治）《江华县志》卷四《职官·文秩》，国家图书馆藏同治九年刊本，第 15 页上。

③ （明）王衡：《缑山先生集》卷十四《蔡默斋先生传》，《四库全书存目丛书》集部第 179 册，齐鲁书社 1997 年版，第 65 页。

④ （同治）《泉州府志》卷三十一《名宦三》，国家图书馆藏清同治九年刊本，第 20 页上。

⑤ （道光）《东阿县志》卷十一《宦绩》，《中国地方志集成》山东府县志辑第 92 册，凤凰出版社 2008 年版，第 109 页。

⑥ （万历）《将乐县志》卷一《舆地志·土风》，国家图书馆藏顺治年间吕奏韶刻本，第 30 页下。

⑦ （康熙）《建宁府志》卷十八《秩官上》，国家图书馆藏清康熙三十二年刻本，第 3 页上。

⑧ （明）沙道初：《北城乐建乡约亭记》，（嘉庆）《龙川县志》第四十册《艺文》，国家图书馆藏清嘉庆二十三年刻本，第 9 页。

⑨ （光绪）《六合县志》卷四《官师志》，国家图书馆藏清光绪九至十年刊本，第 6 页下。

⑩ （明）王应显：《长泰令方侯去思碑》，（乾隆）《长泰县志》卷十一《艺文》，《中国方志丛书》华南地方第 236 册，台北：成文出版社有限公司 1975 年版，第 68 页上。

讲解圣谕于此，成礼而退"①。

万历十五年，朝廷再一次强调了六谕诠释的必要性，并提出各地官员应该以俚言俗语和图像来增加六谕诠释的教化效果。万历十五年对于圣谕宣讲是一个标志性的年代，因为魏时亮请讲乡约获得皇帝与时任礼部尚书沈鲤的支持。在这一年中出现的六谕宣讲文本其实颇多，例如钟化民在陕西作的《圣谕图解》。万历十五年（1587），交河知县马中良也"于各该地方寺庙中举行（乡约）"，且"颁行新刊《圣谕集解》"②。万历年间历任金华府推官、荆州府同知、户部郎中、归德知府的徐万㐽（1583年进士），曾著有《圣谕解》。③ 光山人陈洪烈（1586年进士）初任长阳知县，万历十六年（1588）调任崇阳知县，次年设乡约所于西城外，且"注御制六谕，附二十六条，刻书晓民，月旦讲于其所"④。万历二十年，浙江平阳人蔡立身出任池州府青阳知县，次年即捐俸购地，鼎建乡约公署，"每月朔亲率父老子弟诣所讲明太祖圣谕"⑤。万历二十二年，万安张子理出任温州乐清知县，在知府刘芳誉的指导下行乡约。王叔杲（1517—1600）《乐清县乡约序》载："乐清介在山海，俗尚气而习于刚。……江右张侯甫下车，……爰立乡约，增修铎徇之遗，庶几乎户晓家喻，风移而俗易。……《圣谕六解》《女训》《士训》，附以兴革事宜，则大府刘公所编订而手授侯者，勒之不刊，持之无倦，月渐岁磨，挽浇漓而酿醇厚，岂曰小补之哉。"⑥黄得贵（1589年进士）万历二十四年（1596）任江西吉安府峡江知

① （万历）《将乐县志》卷二《建置志》，国家图书馆藏顺治年间吕奏韶刻本，第19页下。

② （明）马中良、蒋守伦纂修：（万历）《交河县志》卷二《建置志》，《原国立北平图书馆甲库善本丛书》第290册影印万历十六年刻本，国家图书馆出版社2014年版，第1603页。按：马中良，四川建昌卫籍，福建福清县人，选贡，万历十三年任交河知县，参见马中良、蒋守伦纂修：（万历）《交河县志》卷二《官师》，第1619页。

③ （光绪）《续修浦城县志》卷二十二《政绩》，《中国地方志集成》福建府县志第7册，上海书店出版社2000年版，第414页。

④ （同治）《崇阳县志》卷五《礼乐·礼仪》，第202页；卷六《职官·知县》，第228页。

⑤ （明）蔡立身纂修：（万历）《青阳县志》卷二《原宇篇》，《原国立北平图书馆甲库善本丛书》第322册影印明万历二十二年刻本，国家图书馆出版社2014年版，第897页。

⑥ （明）王叔杲：《王叔杲集》，张宪文校注，上海社会科学院出版社2005年版，第206—207页。

县，"举行乡约，申饬高皇帝六训而演布之"①。官应震（1598 年进士）万历二十七年（1599）任南阳知县，"邑内外设约所八，率佐领师生分讲，奉圣谕六条曲譬之，以动民孝弟廉耻之意"，万历三十二年（1604）补山东潍县知县，又"为乡约若干处，……期日合众讲圣谕六条，自为《六条训解》，使宣读易晓"②。冯日望万历二十九年任泸溪知县，"初，太祖制六谕为乡约法，有司久不举，日望进编氓，亲为讲劝"③。倪尚忠（1598 年进士）任广东顺德知县时，"首饬六谕，与民更始"④，遂使风俗淳厚。休宁县在万历年间的历任地方官曾乾亨、祝世禄、李乔岱也相继举行乡约。康熙《休宁县志》载："万历己卯（1579），吉水曾调令我邑，始申饬举行，隅都立约所者寖盛。己丑（1589），德兴祝令嗣之，每月朔宣谕后，特书善恶二簿以昭劝戒。迨法久渐玩，习为具文。甲辰（1604），关中李令力为振起，以休西南境接湤，盗贼靡常，遂议捍卫法，合乡约保甲并行之，申以六谕，附以律章，约以十三条，终以劝罚，纲目明备，风示境内。嗣后复请乡绅主盟，各乡奉行弗斁。"⑤ 王继夏（1573 年举人）出任陕西宁远知县，"举乡约，申六训"⑥。而且，除了朝廷以诏令的方式提倡乡约和六谕宣讲外，地方大僚也会申令在全省范围内行乡约。明代广东开建知县宋士辅《文昌阁记》中记载说，他在万历三十八年（1610）出任知县，次年"两台有乡约之令，宣解六谕，郡邑长

---

① （明）曾同亨：《黄侯去思碑记》，（康熙）《峡江县志》卷三《建置·书院》，《国家图书馆藏清代孤本方志选》第 1 辑第 22 册，线装书局 2001 年版，第 89 页。

② （明）官抚辰：《太常公行状》，湖北省人民政府文史研究馆、湖北省博物馆编：《湖北文征》第五册，湖北人民出版社 2014 年版，第 86 页。

③ （同治）《泸溪县志》卷七《宦业》，国家图书馆藏清同治九年刊本，第 2 页。

④ （明）周裔先：《邑侯倪公去思碑记》，（咸丰）《顺德县志》卷二十《金石略》，国家图书馆藏清咸丰三年刊本，第 52 页。

⑤ （清）廖腾煃修，汪晋徵等纂：（康熙）《休宁县志》卷二《约保》，《中国方志丛书》华中地方第 397 号影康熙三十二年刻本，台北：成文出版社有限公司 1970 年版，第 278 页。

⑥ （清）觉罗石麟修，储大文纂：（雍正）《山西通志》卷一百七，《景印文渊阁四库全书》史部第 545 册，台北：商务印书馆 1986 年版，第 674 页。

吏必躬必亲"①。这是地方大吏巡抚、巡按推行乡约六谕宣讲的例证。进而言之，府县等亲民官提倡乡约更是难以枚数，例如吉安知府周之屏在隆庆二年始任吉安知府，乃"作六谕以诏诸先"②。下层士绅如未曾获得过任何科举功名也并未任官的句容人张范，也会提倡六谕。③像永新贺贻孙（1605—1688）的岳父"九水翁"在明末躬承万历二十三年进士周文谟之家教，以周文谟的《固安县六谕注解》"与乡之良士共相激励，西鄙子弟悉化醇厚"④。

在朝廷不断提倡乡约与六谕宣讲的背景下，万历年间的六谕诠释文本更丰富。同时，万历年间也展现了几个新动向：其一是图绘方式的引入，其二是以六谕来作为结社的规范。结合图绘的六谕诠释，其代表性作品是钟化民《圣谕图解》、秦之英《六谕碑》，均以刻碑的形式保存至今。《圣谕图解》的图像更强调叙事性，而秦之英《六谕碑》更强调艺术性。曾经担任过礼部尚书的沈鲤，对于六谕诠解有过切实的推动作用。他的《文雅社约》虽然是一个文人结社的"约"，但却是以六谕为核心而展开的，而且还被沈鲤用以治家。明末清初，六谕诠释依然延续了 16 世纪以来的传统。天启二年（1622）张福臻在河南东明县行乡约，明末崇祯年间熊人霖在义乌行乡约，徽州休宁的乡绅金声行乡约保甲，均以六谕宣讲为其精神内核。

明清之际范鋐的《六谕衍义》是一个颇值得重视的文本。甚至可以说是罗汝芳的圣谕诠释文本之后又一个经典文本，尤其是在康熙年间传入琉球、日本之后在日本具有重大影响。然而，范鋐生平不详。现在

① （明）宋士辅：《文昌阁记》，（康熙）《开建县志》卷十《艺文》，《故宫珍本丛刊》广东府州县志第 23 册，海南出版社 2001 年版，第 80 页；卷四《秩官》，第 34 页。

② （明）尹台：《太守长沙周侯去思碑》，载（清）郭景昌、赖良鸣辑《吉州人文纪略》卷二十七，《四库全书存目丛书》史部第 127 册，齐鲁书社 1996 年版，第 463 页。

③ 张范，字子楷，与陈榛（1580 年进士）等同学，曾在科试中被录为头名，却为人中伤，未参加乡试，以诗文名于时，著有《千日酒醒》《孝经童训》《六谕衍讲》《洪范本义》等，其《六谕衍讲》据说"见张氏家乘"。参见（光绪）《续纂句容县志》卷二十《拾遗》，国家图书馆藏清光绪十二年刊本，第 18 页下；卷十八上《艺文·书目》，第 2 页下。

④ （清）贺贻孙：《水田居文集》卷三《固安县六谕注解叙》，《四库全书存目丛书》集部第 208 册，齐鲁书社 1997 年版，第 105 页。

可以确知的是，范鋐字声皇，浙江绍兴府人。因此，《六谕衍义》究竟是明末还是清初的文本，在学者间尚有争议。《六谕衍义》对六谕的每一条诠释也由诠说、律例、报应故事、诗歌四部分组成。它的诠说部分的篇幅是现今所见各种文本中最长的，而且逻辑和层次性很强，大量引证俗语，偶尔还会引用儒家经典如《诗经》《礼记》。整体的感觉是，范鋐应该是一位很有修养的儒家士大夫。① 诠释中儒学的特性很强，例如诠释尊敬长上何以要特别重视兄弟之伦，就特别强调儒家的"孝弟""为仁之本"，又强调儒学的"施由亲始"的差序原则。范鋐的解说，有不少内容看得出受到之前文本一定的影响，但似乎也没有任何一个文本对范鋐有根本性的影响。范鋐更多的是糅合了诸家之长，而且加入了许多创造性的诠释，例如谈毋作非为中"酒、色、财、气"与非为的关系等，以及毋作非为往往由"不曾读书""不知法度""希图侥幸""不择交游"引发等。② 范鋐对律例的引用也极为丰富，而且不只是象征性地引用。所引律条，覆盖了社会生活的诸多方面，具有较强的实用性。

入清以后，由于顺治皇帝在顺治九年（1652）重颁六谕而使六谕再度获得合法性。顺治年间，孔延禧在云南昆明府行乡约，沿袭罗汝芳的圣谕演而作《乡约全书》。之外，翟凤翥在做地方官时作《乡约铎书》，魏象枢在家乡讲圣谕而作《六谕集解》。从某种层面上来看，这些作品都是整合了明代不同的六谕诠释文本而成的。在康熙九年（1670）康熙皇帝颁行圣谕十六条之前，六谕一直是作为基层教化的教旨而得到重视。但是，康熙的圣谕十六条开启了一个新的圣谕宣讲的阶段——一个以圣谕十六条为基本教旨的基层教化阶段。从六谕到十六谕的转换，在康熙后期经历了一个过渡的阶段：有的地方的乡约施行迅速地从六谕向十六谕转换，如繁昌知县梁延年即立立依十六条作乡约，且作《圣谕像解》；有的地方的乡约施行，则采取在城中宣讲圣谕十六条而在乡村仍然宣讲

---

① 陈熙远的研究认为《六谕衍义》在内容上多沿袭清初名儒翟凤翥，连范鋐之跋都沿袭翟凤翥之序。如果有这样的传承关系，则《六谕衍义》注释水平之高也就可以理解了。参见陈熙远《圣人之学即众人之学：〈乡约铎书〉与明清鼎革之际的群众教化》，《"中研院"历史语言研究所集刊》第九十二本第四分（2021年12月）。

② （清）范鋐：《六谕衍义》，赵克生《明朝圣谕宣讲文本汇辑》，第269—270页。

圣谕六条的折中方式，如许三礼在海宁县的宣讲；有的地方的乡约仍然讲圣谕六条，如陆陇其康熙二十四年在灵寿县行乡约时所作《六谕集解》。大概要到雍正二年（1724）雍正帝对圣谕十六条的御注《圣谕广训》出台之后，圣谕十六条才完全取代了六谕在乡约中的核心位置。饶是如此，六谕仍以潜流的方式在族规家训等文本中存在，有族谱仍在扉页列有圣谕六条。到19世纪，六谕被重新提倡而活跃，地方官员、儒学士人以及宗教人士对六谕的兴趣被激活，在清末更出现了《宣讲拾遗》《宣讲新篇》《圣谕六训集解》等新型体裁的六谕诠释文本，脱离乡约而趋向于善书，之后故事情节越来越丰富而趋向于宣讲小说。①

在这一过程中，六谕进入族规家训是颇值得重视的方面，而六谕的诠释文本也大量地存在于族规家训之中，一般而言它们也都是由明清时代的读书人创造出来的。大致说，族规家训与六谕的结合依其结合之浅深而有不同形式：

（1）结合最浅者，只是强调族众要遵行六谕，视人们之了解六谕为当然，而六谕的本文并不见诸族规家训的正文之中。雷礼（1505—1581）谈到金坛许氏族绅许万相致仕归乡后，"岁以立春展祀"，祭毕，"族长向南坐，举国朝《教民榜文》训族人，又申明《家诫》凡十三事"②。万历中叶《商山吴氏宗法规条》强调族人须遵六谕，说："圣谕四言，至大至要。木铎以狥道路，妇竖亦当禀持。即有至愚至鲁之辈，纵难事事孝顺，亦岂可作忤逆？虽难事事尊敬，亦岂可肆侵侮？虽难事事和睦，亦岂可日寻争斗？虽难事事尽善，亦岂可甘为奸盗诈伪？"③ 其文中尽管体现了六谕所提孝顺、尊敬、和睦、毋作非为等观念，但族规只是强调族众要遵行六谕，却并不开列六谕的内容。

（2）有族规虽然开列六谕正文，但不加诠解，以为族众见文可以

---

① 参见游子安《从宣讲圣谕到说善书——近代劝善方式之传承》，《文化遗产》2008年第2期。

② （明）雷礼：《镡墟堂摘稿》卷九，《续修四库全书》第1342册影明刻本，上海古籍出版社2002年版，第309页。

③ （万历）《商山吴氏宗法规条》，转引自卞利《明清徽州族规家法选编》，黄山书社2014年版，第10—11页。

知义，或仅作小的引申，而非逐条诠解。姚舜牧（1543—1622）万历三十四年（1606）所撰《药言》即其家训，末一条云："凡人要学好，不必他求，孝顺父母，尊敬长上，和睦乡里，教训子孙，各安生理，毋作非为，有太祖圣谕在。"① 高攀龙（1562—1626）的《家训》也把圣谕六条录入，声称："人失学不读书者，但守太祖高皇帝圣谕六言，孝顺父母，尊敬长上，和睦乡里，教训子孙，各安生理，无作非为……在乡里作个善人，子孙必有兴者。各寻一生理，专专守而勿变，自各有遇。于毋作非为内，尤要痛戒嫖赌告状。此三者，不读书人尤易犯，破家丧身尤速也。"② 这种做法，颇像乡约初起时吸纳六谕的做法，是为寻求合法性而为。但是，越到明代后期，以六谕训化家族或家庭的做法就越常见。例如，马世奇也提到江西丰城的罗文炳（1557—1636），"每朔望鸠族众申明高皇帝六谕，触类引伸，讽厉良苦"③。常州府武进《延政王氏宗谱》的族规中提到，家族在明代时极重视六谕，"祭毕设馂时，各出位就座侧站立，如乡饮仪听。少者跪诵此六句，然后入座行酒，于此可以长善，可以遏恶，一民之秉彝"④。

在明代确实也有不少宗族为适应朝廷以六谕来治理宗族的潮流，在族规上着意加入六谕内容。例如，在《（休宁县）林塘范氏宗族族规》内收录的大约订立于万历二十年的《统宗祠规》，首条即提"圣谕当遵"，云："这六句包尽做人的道理。……今于七族会祭统宗祠时，特加此宣圣谕仪节，各宜遵听理会。"其十六款宗规末又云："右宗规十六款，总之皆遵圣谕之注脚。"⑤ "特加此宣圣谕仪节"数字，还让我们

---

① （明）姚舜牧：《药言》，《丛书集成初编》第 976 册，商务印书馆 1939 年版，第 18 页。按：姚舜牧《药言》亦收入姚舜牧《来恩堂草》，参见姚舜牧《来恩堂草》卷十三所收《家训》，《四库禁毁书丛刊》集部第 107 册，北京出版社 2000 年版，第 214 页。

② （明）高攀龙：《高子文集》卷六《家训》，《无锡文库》第四种，凤凰出版社 2012 年版，第 335 页。

③ （明）马世奇：《澹宁居文集》卷五《罗质斋先生暨配陈孺人墓志铭》，《四库禁毁书丛刊》集部第 113 册影清乾隆二十一年刻本，北京出版社 2000 年版，第 235 页。

④ （清）王庆洪修：《延政王氏宗谱》卷五《祠略》，《中华族谱集成》王氏第七册影光绪十九年刻本，第 47 页。

⑤ （万历）《休宁范氏族谱·谱祠·林塘宗规》，转引自卞利《明清徽州族规家法选编》，第 255 页。

感觉这是范氏家规为适应新形势而作的调整。

（3）第三种结合方式是不但录入六谕原文，而且还包括前人对六谕的注释，或稍加改动以适应族规家训之需要，如前述的项乔《项氏家训》。这种方式视六谕为族规家训的重要内容之一，而录入前人诠解的做法，自然是希望族人更深地理解和遵行六谕。

（4）第四种结合方式即是族规家训的订立者不仅视六谕为主要内容，而且按照家族的实际情况对六谕逐条进行解释，从而不仅使订立者的思想得以通过六谕注释的方式贯彻到族规家训之中，因此形成明清六谕诠释史中较为独特的一种文本。当然，有时族规作者不一定逐条对六谕作解释，只是对六谕中的一到两条进行解释，把它们作为族规的一款。例如，万历七年（1579），浙江余姚徐子初所作的《余姚江南徐氏宗范》中有一条云："伏睹太祖圣谕，孝顺父母，尊敬长上，务要子供子职，及时孝养，毋遗风木之悔。至如伯叔，去父母特一间耳。凡言动交接，俱宜循礼，毋要简亵侮慢，以乖长幼之节。怙终故犯者，轻则箠楚，重则呈官究罪。"① 这就仅是对六谕中的"孝顺父母"一款的发挥，但对丰富六谕诠释的认识也颇有作用。

综合地看，六谕及其诠释在明清时期的基层教化中体现出以下几个特点：其一，六谕不断地自上而下向最基层渗透。在基层教化形式上则是由乡约到族规，由族规到家训不断地渗透；从诠释者身份而言，则是由学者官僚向一般读书人不断延展。其二，六谕的诠释由相对文言的注解不断俚语化、口语化。像傅应桢万历二年注释六谕那样做到"谆谆如与父子家人语"②，万历十九年（1591）任三水知县的甘汝迁往往"单骑讲六谕，躬亲解说，必使众志晓白，不为虚文"③，始终立足于通俗解说。到晚明则更出现插入绘图的方式，从而使六谕及其诠释更为直

---

① 徐生祥：《（余姚）徐氏宗谱》卷八《族谱宗范》，上海图书馆藏民国五年木活字本，第3页上。

② （明）张元汴：《三贤祠记》，（万历）《溧水县志》卷八《艺文》，凤凰出版社2019年版，第144页

③ （嘉庆）《三水县志》卷十《秩官传》，《中国方志丛书》华南地方第8号，台北：成文出版社1966年版，第172页。

观、生动。其间，虽然也有一些士大夫提出通俗化并不是圣谕诠释的唯一方向。例如，讲求学理也是一个值得士大夫探索的方向。明末学者曹于汴（1557—1634）说："圣谕六言，彻上彻下，世所撰解多质，第为齐民设耳。士人解此，则当深究，如讲孝彻孔、曾之训，生理原性命之初，作为充知非之尽，尚有余道哉？"① 不过，主流向通俗的方向发展，这也是符合教民本旨。万历年间的河南南阳镇平知县张尔庚（1606 年举人），"甫下车，以教化为先，演六谕，作训诂，俾知书者随地朗诵，明白恳切，愚夫妇闻之泣下，如陆象山之讲《洪范》于上元也"②，是以其通俗化为目的。其三，伴随着士大夫们对六谕诠释的不断探索，法律条文的引入成为一种潮流，从而增加了六谕宣讲的实用性和威慑性。其四，善恶报应的故事成为越来越流行的方式，使六谕宣讲具有了一定的宗教性和故事性，从此善书化的倾向使得六谕宣讲中善恶报应故事成为主流，宗教人士越来越多地参与，③ 民间说唱人士也进而加入，其传播进一步向最底层社会渗透。

六谕除了在明清中国有影响外，还对邻近的韩国与日本都有影响。明万历二年（朝鲜宣宗七年，1574），朝鲜派遣的使臣赵宪奉使中国而还，上疏宣祖曰："窃见中国山海关以西，村立乡约所。问之，则曰每月朔约正、约副直月会于其所，会其约中之人，相与为礼而讲。其所教者，是孝顺父母、尊敬长上、和睦邻里、教训子弟、勤作农桑、不为非义等事，皆高皇帝所定之条也。其目详备虽不及吕氏乡约，而其纲简切，易以牖民，故民咸信之。村巷之间，多有列书于墙壁而相与习诵，是以父子兄弟虽多，异爨而不忍分门割户，妇姑娣姒不相勃磎。……臣闻高皇帝颁教条，既使守令集父老而告之，又使里

---

① （明）曹于汴：《共发编》卷三，载《仰节堂集》，上海古籍出版社 2018 年版，第 290 页。

② （清）刁包：《许州刺史张公暨配吕孺人墓志铭》，（康熙）《安平县志》卷八，国家图书馆藏康熙三十年至三十一年刊本，第 123 页下。

③ 在圣谕宣讲的历史上，在西南地区有较多的带有道教性质和教化性质并存的"圣谕坛"，其活动至民国年间停止，20 世纪 80 年代则又开始恢复活动。参见朱爱东《国家、地方与民间之互动——巍山民间信仰组织"圣谕坛"的形成》，《广西民族学院学报》2005 年第 6 期。

正执铎徇路遍晓之，虽有良知良能者，必善言善行之习于闻见，然后乃可思奋也。"① 赵宪（1544—1592），字汝式，号后栗、陶院，晚号重峰，万历二年（1574）作为朝鲜贺万寿节使团成员出使明朝。他在《东还封事》中叙述了在明朝的见闻，其中就提及明朝的乡约教化，而且提到明代当时的乡约以太祖朱元璋所定的六谕为教。但是，赵宪认为六谕虽"简切"，但却不如吕氏乡约详备。这大概也反映了朝鲜王朝大部分士大夫的观点。朝鲜王朝的乡约也确实并没有像明朝大多数乡约那样，实现由吕氏乡约向太祖六谕的转向。但是，明代乡约以六谕为核心进行宣讲，对朝鲜的乡约发展有一定的影响。例如，朝鲜儒者金圻（1547—1603）《安东乡约》的条目，多少受六谕的影响。《安东乡约》起首说"凡乡之约四，一曰德业相劝，二曰过失相规，三曰礼俗相交，四曰患难相恤"。其"德业相劝"一条解释文字则说："事父母尽其诚孝；教子弟必以义方；尊敬长上；和睦邻里；友爱兄弟；敦厚亲旧；待妻妾有礼；接朋友有信；立心以忠厚不欺；行己必恭谨笃敬；见善必行；闻过必改；至于读书治田、畏法令、谨租赋之类，皆宜自勉，下人徒知爱父母，而不知尊敬，尤不闲拜揖之礼。事父母不可不爱敬兼至，少者遇老者长者，行礼必敬，少者必代老者负戴。侪辈相敬，邻里相和，呈诉争讼，割耕占畔等事，一切勿为，以长忠厚之风。凡同约之人，上下各自进修，互相劝诱，会日相与推举其能者，如有卓尔笃行，约正告都约正，报官司论赏。"② 这段文字与吕氏乡约中"德业相劝"的原文相差甚大，基本包含了六谕中"孝顺父母、尊敬长上、和睦乡里、教训子孙"等四条的内容。金圻是否早就知道明朝乡约中以六谕为教旨？不得而知。但金圻对"德业相劝"的释文被后来一些著名的乡约继承，例如署为"仁祖戊子节目"的戊子年（1648）的《密阳乡约》。③ 在日本，清初范鋐的《六谕

---

① ［朝鲜］赵宪：《东还封事》，《燕行录全编》第 1 辑第 4 册，广西师范大学出版社 2020 年版，第 332 页。

② 《安东乡约》，金仁杰、韩相权主编《朝鲜时代社会史研究史料丛书（一）：乡约》，第 37 页。

③ 《密阳乡约》，金仁杰、韩相权主编《朝鲜时代社会史研究史料丛书（一）：乡约》，第 53 页。

衍义》因为在康熙四十七年（1708）被琉球人程顺则（1663—1774）翻印后带到琉球，进而流入日本，在日本影响很大。

三　六谕及相关诠释的研究

六谕研究的开始，是在圣谕宣讲作为一种制度仍然存续的清朝末年，而开创者是法国著名的碑志学家沙畹。在六谕还"活着"的时代，像《圣谕广训》一样，六谕作为圣谕之一是与人们的生活息息相关的：人们在家谱的扉页上钤上六谕等二十四个字，一方面象征整个家族对于皇权统治的遵从，另一方面或者还有表达其祈求福报的愿望；社会上的乡约及各种宣讲活动中，六谕是人们挂在嘴上的。因为习以为常，所以不知心动。但对于一个外部观察者来说，六谕及其宣讲带来的新鲜感就值得他们回味了。面对一块三百多年前刻有六谕及其阐释文字及相关图像的石碑时，法国人沙畹发出了许多感叹。19 世纪末，沙畹在西安碑林发现了明万历十五年（1587）钟化民的《圣谕图解》后，将明太祖的圣谕六条重新引入现代学术的视野之中。

沙畹在 1903 年的《法国远东学院院刊》上发表文章，首次介绍了《圣谕图解》，题目直译过来便是《1587 年刊刻并由钟化民插图的洪武皇帝圣谕》，[①] 陆翔译为中文后名为《洪武圣谕碑考》，[②] 冯承钧在介绍

---

① ［法］亨利 · 考狄：《爱德华 · 沙畹》，载邢克超选编《沙畹汉学论著选译》，中华书局 2014 年版，第 5 页。

② 《洪武圣谕碑考》的译者陆翔，是著名画家陆恢（1851—1920）之子，清末入吴江县学肄习。2015 年，曾有拍卖公司拍卖出过陆翔的《四书》义《一日克己复礼天下归仁焉义》，内题"唐大宗师岁试取入吴江县学第二名陆翔（云伯）"，则云伯为陆翔之字。民国时期，陆翔从震旦大学理学院毕业，居上海，在世界书局任编辑，偶尔到震旦高中兼课，精通法语，翻译过沙畹、伯希和等法国汉学家的作品，如《说文月刊》第二卷除刊其所译沙畹《洪武圣谕图碑考》外，还有其译沙畹《龙门石窟考》。陆翔曾将自己的译作辑成《国闻译证》，列入《齐鲁大学国学研究所丛刊》之二，收录了亚陆讷队长《猡猡安氏纪功碑探访记》、兰番佛巴德里《永部揽那国或八百媳妇国史迹考》、艾莫涅《扶南考》、兰番佛巴德里《泰族侵入印度支那考》、艾莫涅《古代暹罗考》、戈岱司《暹罗连古台朝王迹发源考》、羽培《缅甸蒲甘朝末叶史》等论文。另外，陆翔还有不少史学方面的著作，在国文方面也选编过不少教材。

沙畹著述时称之为《洪武圣训》。① 沙畹撰写这篇文章的具体时间，可能是他第一次在中国居留的四年间。1889 年 3 月 21 日沙畹抵达北京，之后除短暂回国结婚，在中国生活了四年。如众所知，碑铭学是沙畹的主要研究领域。沙畹非常重视碑铭材料，在中国居留时期也很注意收集各种拓片与铭文。他对《圣谕图解》碑的关注与介绍正是其对碑铭一贯关注的体现。戴仁《爱德华·沙畹——同时代汉学第一人》一文谈道："1900 年代初，通过加布里埃尔·莫里斯神父，沙畹获得了一套比较完整的西安碑林拓片。几年后，他在考察中又得到一套……沙畹谢世后，他收集的这碑铭分散在吉美博物馆、国家图书馆、亚细亚学会、塞尔努什基博物馆等几家法国机构……根据碑林拓片，沙畹还提炼了多份文献，并写出两篇文章：据 1587 年刊刻的《洪武皇帝（1368—1398）圣谕》和《防寒九日经九篇》。"② 这篇论文，被考狄视为"有奇怪的论文，内容涉及保存在西安的碑林博物馆的拓片"，"一篇论文涉及洪武皇帝的圣谕出版，钟化民插图，此人是陕西及其他地区的茶叶和马匹监察官。该文收录了明朝开国皇帝的六句格言、1671 年康熙帝颁布的圣谕十六箴言手迹及其子雍正帝在 1724 年对圣谕的注述"。③

从考狄对文章内容的介绍看，考狄对六谕、圣谕十六条、《圣谕广训》诸概念其实是完全混淆的。不过，沙畹并未混淆这些概念，他对于明清社会教化内容的演变在他那个时代已有清晰的认识了。他说："最近期间今上皇帝于西元 1891 年（光绪十七年）曾下诏谕——此谕刊入北京出版之公报中——谓康熙皇帝之父顺治帝（西元一六四四年至一六六一年）以满洲文书写之伦理学著作，近忽发现，命译成华文，定名为《劝善要言》，开雕于武英殿，刊成后，颁发印本一份于各省巡抚，命其照样翻刻，而以覆印本分发各州县学，每逢朔望，令与康熙圣谕，同时宣讲。北京政府公报并于一八九一年十一月二十四日条下，及

---

① 冯承钧：《沙畹之撰述》，李孝迁编校《近代中国域外汉学评论萃编》，上海古籍出版社 2014 年版，第 304 页。
② ［法］戴仁：《爱德华·沙畹》，载邢克超选编《沙畹汉学论著选译》，第 5 页。
③ ［法］亨利·考狄：《爱德华·沙畹》，载邢克超选编《沙畹汉学论著选译》，第 389 页。

一八九二年三月十六日条下，列福建巡抚及黑龙江将军之覆奏，云已接到《劝善要言》印本，并遵命办理翻刻颁发事宜。然清代之所以教育其人民者，亦恪遵前代成轨而已，吾侪可于西安碑林中获得一种证据。此碑立于西元一五八七年（明万历十五年），为明代季年刻石。"《劝善要言》的刊布引发了沙畹对《圣谕图解》及中国社会教化的进一步思考。他在文章起始就指出中国统治者对民众采取的是"养"与"教"相结合的策略："基于君权与父权相等之思想，中国政府对于人民所负之责任，一如父亲对于子女所负之责任，身体性灵，兼筹并顾，曰养曰教，均负全责，统治之人民，既有物质上之发展，复有德性之修治，藉此境界，乃称郅治。"① 因为沙畹的治学，于实证之外兼有社会学的视野。他在 1893 年 12 月 5 日在法兰西学院发表就职演讲的题目就是《中国文献的社会角色》。所以，在中国访学期间，沙畹不仅开始了《史记》的译注工作，广泛收集碑刻史料，还注重收集京师出版的刊物如《京报》《顺天时报》《政治官报》上的新闻，从而写成了"观察中国的类似文章"如"《光绪皇帝》（1900 年）、《拳民社会》（1901 年）、《洪武皇帝的圣训》（1903 年）、《中国的旌表德行节操的方式》、《中国人的道德观念》、《论中国民间艺术中表达的诸般祈愿》、《南宋光宗绍熙四年告诫太子书》等"②。一个关心碑刻史料并且同时关心中国社会的教化性质的汉学家，自然就很容易地受《劝善要言》刊布这样的新闻的刺激而联想到自己在西安碑林所收集的碑刻材料。

相比而言，中国士人身在其中，对此习焉不察，没有这样的敏感度。西安碑林的《圣谕图解》之所以未受到中国学者关注，还因为当时社会虽然仍有乡约宣讲，但宣讲内容主要是康熙的圣谕十六条与雍正的《圣谕广训》，而明太祖、清世祖的六谕作为一种潜流虽然在社会上有一定的流行度，但并不十分受重视。陆翔在翻译沙畹《洪武圣谕碑考》的识语中说："自阅沙畹此文，知清圣祖圣谕之前，而世

---

① ［法］沙畹：《洪武圣谕碑考》，陆翔译，原载《说文月刊》第二卷第四期（1940 年），收入香港明石文化国际出版有限公司影印《说文月刊》第二卷（下），第 440 页。

② 张广智：《沙畹——"第一位全才的汉学家"》，《史家、史学与现代学术》，广西师范大学出版社 2008 年版，第 162 页。

祖之《劝善要言》，其前尚有明太祖之圣谕。两朝教育其民之方针，后先一辙，历历可数，不可谓无裨于掌故者。然中土学子罕有注意及此，则以清代金石著作，除地方志附列之金石一门外，均不录明代石刻故也。此碑得沙氏而章，为考古家增一资料。"① 正如沙畹后来在1907—1908年第二次来华在华北考古所摄图片与记录大量保存了龙门云冈等地的资料一样，沙畹《洪武圣谕碑考》也保存了《圣谕图解》的重要资料。② 沙畹的《洪武圣谕碑考》也是最早研究六谕的现代学术作品。

　　不过，在20世纪初致力于扫荡皇权的中国社会大背景下，沙畹的作品没有引起人们的注意。直到20世纪30年代，随着乡村建设运动的展开，中国古代乡约作为一种乡治的传统资源受到人们重视，才又有一系列六谕有关的研究。首开先河的是王兰荫的《明代之乡约与民众教育》。③ 1935年，王兰荫在《师大月刊》第21期发表《明代之乡约与民众教育》一文。王兰荫在讨论明代乡约时，从《帝乡纪略》、万历《项城县志》等明代地方志材料中抄录出曾惟诚《圣谕解说》、王钦诰《演教民六谕说》等文本，并一直为后来的研究者沿用。不过，王兰荫显然误将"王钦诰"写成了"王钦若"，而且这个错误一直为人们所忽略。考万历《项城县志》，王钦诰为江西泰和县人，举人出身，万历二十二年（1594）任项城知县，在任时纂修了《项城县志》。④ 之后，受到梁漱溟乡村建设理论的影响，社会学家杨开道在1937年撰写了《中

---

　　① 陆翔识语，载［法］沙畹《洪武圣谕碑考》，陆翔译，《说文月刊》第二卷下，第443页。

　　② 按：《圣谕图解》碑现存西安碑林，字迹甚难辨。据李致忠主编《中国国家图书馆馆史资料长编》（国家图书馆出版社2009年版），1917年，陕西图书馆曾将所管碑林全林碑碣四百四十五种拓齐，将拓片呈交当时的京师图书馆（上册，第154页）。从《北京图书馆藏画像拓本汇编》影印的《圣谕图解》来看，图像也不清晰。沙畹《洪武圣谕碑考》较早将六谕注释、歌诗及六幅图注解文字逐字录出，清晰地揭示了《圣谕图解》的内容，是沙畹的学术贡献。

　　③ 王兰荫：《明代之乡约与民众教育》，收入吴智和主编《明史研究论丛》第二辑，台北：大立出版社1985年版。

　　④ （明）王钦诰修纂：（万历）《项城县志》卷五《职官志表》，收入《原国立北平图书馆甲库善本丛书》第346册，国家图书馆出版社2014年版，第4页上。

国乡约制度》，其中第六章即为"明代乡约的演进"。杨开道将六谕由教民榜文的一部分，到后来"和吕氏四条打成一片"后"加入了乡约的组织"，以及"以后续继发展，遂成为乡约的中心"这一过程描述了出来。他指出至少在王阳明的《南赣乡约》中，约前的咨文前四项同于六谕，后三项同于《吕氏乡约》，是明显的两者的杂糅，但到吕坤的乡约中，六谕牌便已成了乡约的中心。① 杨开道只是选取了明代最有名的两个乡约作为节点，认识到六谕之进入乡约与成为乡约中心的过程，但他并未忽略其实在嘉靖年间六谕就已经成为乡约的中心。他指出说，"因为圣训六谕到了嘉靖万历以后，成为讲解的蓝本，所以注释的人也颇多"。他接着对《图书编》中两种经典的注释分别称之为"释义"和"释目"，"释义只是解释本条意义，所以较为简单，释目便要先分细目，然后逐目解释，所以较为复杂"，并且对明人章潢《图书编》内所收的《圣谕释目》作了内容上的分析。② 杨开道先生还指出，六谕从明代到清代一直延续，是因为顺治九年（1652）清世祖将六谕颁行八旗各省，并且在顺治十六年（1659）令五城及直省府州县每月朔望举行乡约，宣讲六谕，之后虽然逐渐为康熙圣谕十六条所取代，但清代一直有人将其作为清世祖的六谕不懈地提倡。③

20 世纪 50 年代，无论乡约还是圣谕，都被当作地主阶级统治和麻痹劳动人民的工具而被批判被忽视。但是同期的日本学者却对中国传统乡村社会的研究投入了较多的关注。日本学者对六谕的关注，始于著名汉学家和田清的《明太祖の教育敕语に就いて》一文，其文已介绍了钟化民的《圣谕图解》。④ 清水盛光在 1951 年出版的《中国乡村社会论》一书的第三章专设"教化组织与乡党道德"一节，在讨论明代嘉靖八年（1529）之后圣谕宣讲时，重点利用道光《南城县

---

① 杨开道：《中国乡约制度》，第 105 页。
② 杨开道：《中国乡约制度》，第 106 页。
③ 杨开道：《中国乡约制度》，第 107—108 页。
④ ［日］和田清：《明太祖の教育敕语に就いて》，《白鸟博士还历纪念东洋史论丛》，东京：岩波书店 1925 年版。转引自［日］酒井忠夫《中国善书研究》，刘岳兵、何英莺译，第 64 页。

志》谈了隆庆元年（1567）名儒罗汝芳、知府凌立所立乡约以及万历六年（1578）知县范涞训演六谕以为乡约等事，也分析了《图书编》中所收的《圣训解》与《圣谕释目》中重点关于和睦乡里的内容。① 曾我部静雄《关于明太祖六谕的传承》一文关注明太祖时期教化机构之设置及其后的废弛，以此引出万历之后六谕之流行，强调礼部尚书沈鲤万历十六年（1588）之疏及其在万历一朝乡约推行中的作用，分析了范鋐《六谕衍义》等作品。② 这两位学者的一些观点无疑为明清善书研究的学者酒井忠夫所接受，例如嘉靖八年（1529）为明代乡约官方化的起点等观点，但时至今日似亦仍有重新检讨之必要。不过，明嘉靖八年（1529），朝廷要求士庶人等读法，而所读内容即《教民榜文》。这一做法对于之后的基层教化"读法"（实际即后来的讲约）的形式与六谕内容的结合，却是毫无疑义的。酒井忠夫在 1960 年出版《中国善书研究》，1999—2000 年出版增补版。这部书对于六谕的问题有较为集中的关注，如上卷第一章"明朝的教化政策及其影响——以敕撰书为主线"下的六、七、八三节，分别是"六谕的问题及乡约中的六谕""乡约与六谕""六谕与家训"，下卷的第一章"清朝的民众教化政策——关于圣谕宣讲"、第二章"《宣讲要集》与《宣讲拾遗》"，均较为集中地讨论到明清时代的六谕宣讲问题。酒井忠夫认识到，乡约与六谕的结合是逐渐越来越紧密的，"乡约中六言的比重从嘉靖末期开始增大，相反吕氏乡约变成从属的地位"。乡约中出现以六言为主的形式，酒井忠夫认为是始自唐锜的《圣训演》。③ 这当然是囿于史料的缘故，后文我们将看到在《圣训演》之前，像陆粲的《永新乡约》就是以六谕为主体的。酒井忠夫

---

① ［日］清水盛光：《中国乡村社会论》，岩波书店 1983 年版，第 363、374—375 页。

② ［日］曾我部静雄：《关于明太祖六谕的传承》，《东洋史研究》第 12 卷第 4 号（1953 年 6 月），第 323—332 页。日本学者一直将范鋐的《六谕衍义》当成明末作品，近来学者的研究却指出范鋐可能是清初人，而他的作品也是清初成书，而且基本上抄袭了翟凤翥的《乡约铎书》。参见陈熙远《圣人之学即众人之学：〈乡约铎书〉与明清鼎革之际的群众教化》，《"中研院"历史语言研究所集刊》第九十二本第四分，2021 年 12 月。

③ ［日］酒井忠夫：《中国善书研究》，刘岳兵、何英莺译，第 58 页。

认识到罗汝芳在推动六谕进入乡约核心起到了关键的作用。他说：
"作为更加积极地以乡约而实行六言的例子，是嘉靖末期罗近溪（汝
芳）在其任地安徽的宁国府所实行的情况，留下了有名的《宁国府
乡约训语》，在云南实行的《腾越州乡约训语》《里仁乡约训语》都
收入其乡约全书。"① 他还指出，罗近溪除了上述乡约训语之外，现
存还有《太祖圣谕演训》，即崇祯九年（1636）沈寿嵩序刻本。之
外，对于晚明的六谕诠释，酒井忠夫还注意到沈鲤的《文雅社约》、
余懋衡的《沱川余氏乡约》、王应遴《仁让乡约》（收入《王应遴杂
著》）、日本尊经阁文库藏的明末人俗解的《六言直解》、李长科
《圣谕六言解》，也注意清初康熙十年（1671）前后初刊、后来流行
于琉球和日本的范鋐《六谕衍义》，在文献发掘上做了重大贡献。并
且，酒井忠夫对清代圣谕宣讲的研究还表明，即便清人在讲圣谕十六
条时，也会参考或沿用明人讲六谕的文字，像"王又朴的《讲解圣
谕广训》确实是参照了明代的《圣谕衍义》书"②。在欧美地区，
1985 年，美国学者梅维恒发表了《〈圣谕〉通俗本中的语言及思想》
一文。他主要介绍的是清代对圣谕十六条的宣讲，但追溯了明代的六
谕宣讲文本如钟化民《圣谕图解》，以及范鋐《六谕衍义》，但是误
将范鋐视为"河南蠡城人"。③

　　20 世纪 90 年代以来，随着中国社会在市场经济的催动下不断焕
发活力，基层社会治理的问题也因之受到重视，对地方治理、地方教
化的关注日渐升温。中国古代的乡约重新进入学者的视野之中，六谕
研究亦因之重新得到重视。1996 年，美国学者郝康迪发表《十六世
纪江西吉安府的乡约》，则关注之前学者较忽略的嘉靖年间的乡约，
讨论陆粲、季本、罗洪先、邹守益等人所行乡约，并指出在陆粲的

---

① ［日］酒井忠夫：《中国善书研究》，刘岳兵、何英莺译，第 62 页。
② ［日］酒井忠夫：《中国善书研究》，刘岳兵、何英莺译，第 505 页。
③ Victor H. Mair, "Language and Ideology in the Written Popularizations of the Sacred Edict", *Popular Culture in Late Imperial China*, University of California Press, 1985, pp. 325-359. 中译本见赵世玲译《中华帝国晚期的大众文化》，北京师范大学出版社 2022 年版，第 497—544 页。

《永新乡约》中，"圣谕被接受成为乡约的一部分"。① 研究乡约、地方教化及思想史的学者们也直接或间接涉及六谕诠解的问题。刘永华利用《婺源沱川余氏宗谱》卷四十《礼俗》的材料，也专门谈到沱川余氏宣讲乡约的活动与仪式，其中有宣讲圣谕与读律的程序。② 至于宣讲六谕的根本的动力是什么，是秩序重建的热情，还是士绅们另有目的？蓝法典《"士大夫—乡绅"视野中的权力冲突与困境——以明中后期〈圣训六谕〉现象为中心》一文则认为晚明乡绅的六谕宣讲热情，更多的是为自身非正式的地方支配权寻找道德的合法性，因为明太祖形象所兼具的历史、政治权威更有利于塑造道德权威的崇高感，但士绅的操作最终也并不能完全落实为秩序的重建。③ 解扬《古典公共性的生成：乡约的合理性与明代思想史上的和会趋势》一文指出明代乡约虽然延续了蓝田吕氏乡约的传统，但因为六谕的融合，其与国家的关系具有更充分的合理性，也符合思想史上和会朱子、阳明、湛若水的趋势。④ 邓洪波、周文焰《化民成俗：明清书院与圣谕宣讲》一文讨论了明清时期六谕或清代圣谕宣讲在书院的展开及其意蕴，涉及耿橘在虞山书院所行的乡约六谕宣讲等案例。⑤ 冯尉斌《明清圣谕宣讲文本的诠释学考察》一文指出阳明学的平民化思想为明清圣谕诠释提供了重要的思想基础，阳明后学在各种诠释文本的形成中也起到了重要的作用，而总体言，圣谕宣讲诠释的目标是将圣谕经典化，目的是移风易俗，并一般遵从通俗

---

① Kandice Hauf, "The Community Covenant in Sixteen Century: Ji'an Prefecture, Jiangxi", *Late Imperial China*, Vol. 17, No. 2, 1996, pp. 1-50. 中译本见郝康笛《十六世纪江西吉安府的乡约》，余新忠译，张国刚、余新忠主编《海外中国社会史论文选译》，天津古籍出版社2010年版，第69—105页。

② 刘永华：《礼仪下乡：明代以降闽西四保的礼仪变革与社会转型》，生活·读书·新知三联书店2019年版，第203页。

③ 蓝法典：《"士大夫—乡绅"视野中的权力冲突与困境——以明中后期〈圣训六谕〉现象为中心》，《政治思想史》2021年第2期。

④ 解扬：《古典公共性的生成：乡约的合理性与明代思想史上的和会趋势》，《人文杂志》2022年第9期。

⑤ 邓洪波、周文焰：《化民成俗：明清书院与圣谕宣讲》，《湖南大学学报》2020年第5期。

易懂和"唤醒—体验"原则。①

进入 21 世纪，由乡约的研究逐渐过渡到圣谕诠释文本的研究。2000 年，朱鸿林对明代著名学者湛若水在增城县沙堤乡所行乡约及其在乡约中所宣讲的《圣训约》作了细致的探讨，涉及其举行的地点、组织、成员、经费、缘起、实施、仪式、效果等方面的内容，指出湛若水的《圣训约》对太祖六谕"口语讲解一番，在若干地方提示了明显的行为规范"②。20 世纪 90 年代以来，黄一农就对山西绛州一带的天主教及与之相关的韩霖《铎书》产生兴趣。黄一农还提到绛州士人中，理学家辛全（1588—1636）、李生光（1598—?）等人都有六谕诠释作品，即辛全《圣谕解》与李生光《圣谕通俗口演》。③2004 年，黄一农从其对明清之际的天主教徒的关注出发，发现山西绛州的天主教徒韩霖所作《铎书》，在六谕诠释中是特殊的一种，是"一本融合天、儒的乡约"，书中随处可见天、帝、主等词语，且在穿插故事时引述像早期天主教徒杨廷筠、传教士高一志以及当时对天主教友善的人士如茅元仪等人的言语及故事，明确在六谕诠释中贯彻天主教反对儒家士人纳妾的伦理主张。④2008 年，孙尚扬、肖清和还出版了其对铎书的注释本《铎书校注》。⑤2005 年，韩国学者洪性鸠《明代中期徽州的乡约与宗族的关系——以祁门县文堂陈氏乡约为例》重点考察了祁门陈氏隆庆六年所作的《文堂陈氏乡约家法》。⑥2006

---

① 冯蔚斌：《明清圣谕宣讲文本的诠释学考察》，《西华师范大学学报》2022 年第 6 期。

② 朱鸿林：《明代嘉靖年间的增城沙堤乡约》，收入朱鸿林《孔庙从祀与乡约》，生活·读书·新知三联书店 2015 年版，第 320 页。按：该文初刊于《燕京学报》新 8 期，2000 年。

③ 黄一农：《明清天主教在山西绛州的发展及其反弹》，《两头蛇：明末清初的第一代天主教徒》，上海古籍出版社 2006 年版，第 291 页。按：该文初刊于《"中研院"近代史研究所集刊》第 26 期，1996 年。

④ 黄一农：《从韩霖〈铎书〉试探明末天主教在山西的发展》，（新竹）《清华学报》新 34 卷第 1 期，2004 年；黄一农：《〈铎书〉：裹上官方色彩的天主教乡约》，《两头蛇：明末清初的第一代天主教徒》，上海古籍出版社 2006 年版，第 254—286 页。

⑤ （明）韩霖著，孙尚扬、肖清和校注：《铎书校注》，华夏出版社 2008 年版。

⑥ ［韩］洪性鸠：《明代中期徽州的乡约与宗族的关系——以祁门县文堂陈氏乡约为例》，《上海师范大学学报》2005 年第 2 期。

年，周振鹤出版了其对清代圣谕十六条及《圣谕广训》的诠释文本的汇编——《圣谕广训：集解与研究》。虽然该书主要是辑录清人对于康熙帝的圣谕十六条及雍正帝《圣谕广训》的诠解，但也充分地认识到清代的圣谕宣讲与明代六谕宣讲之间的继承关系，提到清末宣讲文本《（圣谕六训）宣讲醒世篇》（辽宁营口成文堂藏版）等，并且也辑入了清初魏象枢的《六谕集解》。① 2012 年，谢茂松研究了郝敬的《圣谕俗解》，从政治思想的角度，指出从《圣谕俗解》可见以郝敬为代表的明代士大夫"政治的优先价值选择，也可以说最高目的，乃是化民成俗"②。圣谕的诠释文本也成为不少硕博士学位论文的研究对象。林晋葳的《圣谕与教化：明代六谕宣讲文本〈圣训演〉研究》是对唐锜《圣训演》的专门研究。③ 近年集中探讨六谕诠释的文字，是王四霞《明太祖"圣谕六言"演绎文本研究》及赵克生《从循道宣诵到乡约会讲：明代地方社会的圣谕宣讲》两篇论文，共发掘了 23 种明人的六谕注释文本（注明其中 7 种已佚）。2014 年，赵克生出版《明朝圣谕宣讲文本汇辑》一书，汇编标点了 12 种现存的注释文本，将这方面的研究推进了一大步。④ 随着越来越多的学者对这一问题的兴趣的产生，越来越多的文本被发现。阿部泰记列举了清末到民国年间出现众多善书，其中如《宣讲集要》《宣讲拾遗》《圣谕六训醒世编》《千秋宝鉴》《宣讲管窥》均是六谕宣讲性质的善书。⑤ 张祎琛《清代圣谕宣讲类善书的刊刻与传播》中列举了清代圣谕宣讲类善书 24 种，⑥ 不过并未区分其中哪些是诠释六谕，又有哪些是诠释

---

① 周振鹤：《圣谕广训：集解与研究》，上海古籍出版社 2006 年版，第 625 页。

② 谢茂松：《政事、文人与化民成俗：从晚明经学家郝敬〈圣谕俗解〉看士大夫政治的优先价值选择》，《政治与法律评论》第三辑，2012 年。

③ 林晋葳：《圣谕与教化：明代六谕宣讲文本〈圣训演〉研究》，硕士学位论文，台北：台湾师范大学，2020 年。

④ 王四霞：《明太祖"圣谕六言"演绎文本研究》，硕士学位论文，东北师范大学，2011 年；赵克生：《从循道宣诵到乡约会讲：明代地方社会的圣谕宣讲》，《史学月刊》2012年第 1 期；赵克生：《明朝圣谕宣讲文本汇辑》，黑龙江人民出版社 2014 年版。

⑤ ［日］阿部泰记：《中日宣讲圣谕的话语流动》，《兴大中文学报》第 32 期，2012 年，第 102 页。

⑥ 张祎琛：《清代圣谕宣讲类善书的刊刻与传播》，《复旦学报》2011 年第 3 期。

圣谕十六条或《圣谕广训》的，其中所列举的如署名庄跋仙著的《全图宣讲拾遗》六卷和《宣讲选录》十二卷，应该都是六谕的诠释文书。王虹懿《从"圣谕宣讲"看清代少数民族地区的法制教育——以云南武定彝族那氏土司地区为例》探讨了顺治年间在云南颁行的《乡约全书》，认为这是清王朝向边疆民族地区推行法制与教化的重要措施。① 张爽《圣谕宣讲表演形式及故事文本研究》集中于清代的圣谕宣讲尤其是其后期的善书化趋向，其中对清代的六谕诠释文本《宣讲拾遗》加以阐释，认为《宣讲集要》最迟不会晚于同治十一年（1872）出现，而《宣讲拾遗》乃仿《宣讲集要》而作，之后在清末、民国间版本众多。② 曾勇《"圣谕六言"之阐扬与社会治理——以明儒罗汝芳为中心》则对罗汝芳的圣谕阐释进行研究，认为罗汝芳将君王治统与儒家道统相对接，开掘圣谕六言的人文意涵，并以乡约为平台，创新传播方式，将圣谕六言的宣扬贯穿于政治实践，取得了较好的综治成效。③ 陈瑞《牖民化俗：晚明徽州乡约实践中地方宗族对太祖圣谕六言的宣讲、演绎与阐释》对明代徽州地区出现的几种圣谕诠释文本，包括何东序《新安乡约》、休宁《文堂陈氏乡约家法》、休宁叶氏《保世》、江一麟《婺源萧江氏祠规》、余懋衡《沱川余氏乡约》等文本均有阐释。④ 丁坤丽的博士学位论文《清代山西教化研究》发现了清代康熙初年在山西的乡约教化中形成了不少六谕注释文本，⑤ 惜其多不存。陈熙远近来发现了庋藏于历史语言研究所明清内阁大库档案中的《乡约铎书》。该书系崇祯十年（1637）翟凤翥开始编纂，顺治十二年（1655）进呈。《乡约铎书》对六谕进行逐条演绎和解说，首解谕意，次引律例，结咏

---

① 王虹懿：《从"圣谕宣讲"看清代少数民族地区的法制教育——以云南武定彝族那氏土司地区为例》，《贵州民族研究》2017 年第 11 期。

② 张爽：《圣谕宣讲表演形式及故事文本研究》，硕士学位论文，四川师范大学，2018 年，第 71 页。

③ 曾勇：《"圣谕六言"之阐扬与社会治理 ——以明儒罗汝芳为中心》，《湖北大学学报》2018 年第 1 期。

④ 陈瑞：《牖民化俗：晚明徽州乡约实践中地方宗族对太祖圣谕六言的宣讲、演绎与阐释》，《安徽大学学报》2022 年第 4 期。

⑤ 丁坤丽：《清代山西教化研究》，博士学位论文，中国社会科学院大学，2022 年。

歌曲，其歌咏则承袭江右大儒罗洪先的七言诗。后来清初魏象枢的《六谕集解》多处实承袭自《乡约铎书》，范鋐《六谕衍义》不仅内容与形式仿照《乡约铎书》，连作者范鋐跋文也几乎抄袭翟凤翥序文。《乡约铎书》的发现，弥补了在明清更替过程中乡约宣讲的关键空缺。①

对范鋐的《六谕衍义》的研究，则一直是中日文化研究的重要课题。范鋐的《六谕衍义》因为在康熙四十七年（1708）被琉球人程顺则（1663—1774）翻印后带到琉球，进而流入日本，在日本影响很大，从而得到较多的关注。但是，范鋐《六谕衍义》的诞生时代是在明末还是在清初，尚无法厘清。程顺则在康熙年间在福建购买多达 1592 卷中国古籍，又将范鋐编撰的《六谕衍义》在福州翻印带回琉球，"成为琉球学校和民众修身的重要教材，并传播到日本等地"②。日本亨保四年（1719），《六谕衍义》经萨摩藩主岛津吉贵之手送呈德川幕府第八代将军吉宗。吉宗令儒臣荻生徂徕（1666—1728）对《六谕衍义》进行训点，再令室鸠巢（1658—1734）用日语作通俗化解释，最后分别在享保六年及次年刊刻徂徕训点的《官刻六谕衍义》和室鸠巢译的《官刻六谕衍义大意》。不过，吴震深刻地指出，《六谕衍义》在日本更多的是作为育儿识字书，围绕六谕的自上而下的宣讲系统也从未形成。③ 阿部泰记《中日宣讲圣谕的话语流动》也用了较大的篇幅讨论《六谕衍义》在日本的流传情况，列举了其在日本的训读本、翻译本《六谕衍义大意》、用以教小儿的续本《六谕衍义小意》、配以插图的《官许首书绘入六谕衍义大意》、重编或演申之作如《教训道志留边》（《六教解》）及《六谕衍义钞》《六谕衍义大意读本》《改正六谕衍义大意》等。④ 近年来，高薇对《六谕衍义》的研究颇多。高薇《明清

---

① 陈熙远：《圣人之学即众人之学：〈乡约铎书〉与明清鼎革之际的群众教化》，《"中研院"历史语言研究所集刊》第九十二本第四分（2021 年 12 月），第 706、734 页。

② 郑辉：《明清琉球来华留学生对琉球文教事业的贡献》，《东疆学刊》2007 年第 3 期。

③ 吴震：《中国善书思想在东亚的多元形态——从区域史的观点看》，《复旦学报》2011年第 5 期。

④ ［日］阿部泰记：《中日宣讲圣谕的话语流动》，《兴大中文学报》第 32 期，2012 年，第 93—130 页。

时期六谕思想的起源与发展》一文指出，《六谕衍义》一书于 18 世纪
经琉球传入日本后，在日本形成庞大的异本体系，是东传日本的道德修
养书中流通最广、被最多人诵读的书籍，对日本社会及思想文化等方面
产生了深远影响。① 她近期也出版了《〈六谕衍义〉在日本的传播与接
受研究》的著作。②

　　应该说，在近几十年中，包括六谕宣讲在内的明清时期的圣谕宣讲
也成为学者比较重视的研究领域。当然，要彻底清理这段明清时代的基
层社会教化史，还需要对六谕诠释历程的系统梳理，包括诠释的发展阶
段、诠释方式的演变、诠释内容的相互影响及其在不同时代的痕迹。

---

① 高薇：《明清时期六谕思想的起源与发展》，《广东外语外贸大学学报》2019 年第 2 期。
② 高薇：《〈六谕衍义〉在日本的传播与接受研究》，厦门大学出版社 2021 年版。

‖第一章‖

王恕的六谕诠释及其传播

作为明代中后期乡约的精神内核，明太祖的圣谕六条起到了基层教化教旨的作用。成化后期应天巡抚王恕的诠释，第一次将圣谕六条从《教民榜文》中独立出来，而王恕在成化、弘治年间的政绩与声誉，也使得其诠释文本获得声名并逐渐流行。现存最早的王恕六谕诠释文本是弘治十二年（1499）扶沟县丞武威所刻《太祖高皇帝圣旨碑》。正德年间，山西上党仇氏也曾刊行王恕的诠释文本。嘉靖九年（1530），许讚对六谕作赞，之后由王恕注和许讚之赞组成的"注赞合刻"形式逐渐流行。嘉靖十五年（1536）陕西巡按唐锜所编《圣训演》即是典型的注赞合刻文本，与《太祖高皇帝圣旨碑》相比较内容已有不小差异，且新版本在嘉靖年间流传更广。万历年间，章潢编《图书编》，重视收录已湮没的文本，其所辑《圣训解》与《太祖高皇帝圣旨碑》属同一系统。因此，现存王恕的六谕注释文本大概可以分为两个系统，较早的以《太祖高皇帝圣旨碑》为代表的文本系统，以及嘉靖九年以后发展出来的"注赞合刻"本系统。

王恕（1416—1508），字宗贯，号介庵、石渠，陕西三原人，是明代成化、弘治年间的名臣，官至吏部尚书。他同时是明代中期著名的学者与经学家，著有《王端毅公文集》《玩易意见》等书，其"以心考经"的经学观点在明代中期也一直受到重视。但是，王恕留下来影响最大的一部作品，不是他的经学著作，而是他对明太祖朱元璋圣谕六条的注释。正是王恕第一个将朱元璋的六谕——"孝顺父母、尊敬长上、和睦乡里、教训子孙、各安生理、毋作非为"——从《教民榜文》中独立出来，才使得六谕的重要性得到进一步凸显，进而开启了明清两代士大夫持续地注释六谕的历史。对于王恕的圣谕诠释，学界已有一定关注。之前赵克生将王恕的注释命名为《圣谕训辞》，而笔者命名为《圣训解》，① 之外少有其他研究。其实，王恕的诠释文本是明代六谕诠释最经典的几种文本之一，已知受其影响并以其为基础的诠释文本约在十种以上，现存仍有五种，而十分接近王恕原貌的有四种。本章试图通过对现存四种文本的内容比较与分析，结合其他文本的提要性信息，简要介绍王恕六谕诠释文本的传播与演变。

一 现存王恕六谕诠释的四种文本

王恕是现在确知最早对六谕进行诠释的学者。但是，王恕的文集中却没有留下六谕诠释文本，他本人也从未谈及诠释六谕之事。因此，王恕诠释六谕的时间和动机、文本的名称与内容，都是不清晰的。现存王恕六谕诠释有五个文本，其中项乔的《项氏家训》因为是"仿王公恕解说，参之俗习，附以己意"②，改动较大，不在讨论范围之内，另外四种都似乎是辑录王恕的注释而成，按其时代顺序排列，分别是：弘治十二年（1499）武威刻《太祖高皇帝圣旨碑》（以下简称《圣旨碑》）、嘉靖十五年（1536）唐锜编纂的《圣训演》、嘉靖三十七年（1558）程曈的《圣谕敷言》，以及万历年间章潢《图书编》内所辑《圣训解》。以下先介绍这四个文本的情况。

（一）《太祖高皇帝圣旨碑》

《圣旨碑》以碑的形式保存下来，现藏今河南周口市华威民俗博物馆。碑左首行题"钦差巡抚南直隶□（兵）部尚书兼都察院左副都御

---

① 赵克生：《循道宣诵到乡约会讲：明代地方社会的圣谕宣讲》，《史学月刊》2012 年第 1 期；陈时龙：《圣谕的演绎：明代士大夫对太祖六谕的诠释》，《安徽师范大学学报》2015 年第 5 期。

② （明）项乔：《项氏家训》，《项乔集》，上海社会科学院出版社 2006 年版，第 513 页。

史王注"。这首先解决了王恕注释六谕的时间问题。笔者之前以马理
"有注而行于巡抚时者，三原王端毅公臣恕是也"一语，① 推论王恕注
释六谕的时间在成化年间，而《圣旨碑》则将王恕注释六谕的时间具
体到其任南直隶巡抚时期。王恕《修巡抚厅事记》说："成化十五年
（1479），岁在己亥，恕以南京兵部尚书奉天子命改兵部尚书兼都察院
左都御史，巡南畿。"至成化十八年壬寅（1482），南京巡抚厅修筑完
善时，王恕仍在任上。② 吴廷燮《明督抚年表》记载王恕在应天巡抚任
上的时间始成化十五年（1479）正月，迄成化二十年（1484）四月。③
王恕注释六谕正在这一时间范围内。《圣旨碑》末题"弘治己未
（1499）春三月吉日开封府扶沟县丞古并武威重刊"。据民国《扶沟县
志》，县丞武威为"武乡人，弘治九年任"，继任扶沟县丞韩璋在弘治
十二年（1499）到任。④ 可见，武威应该在弘治十二年（1499）已经离
开扶沟县丞之任。另据乾隆《武乡县志》，武威是山西武乡县段村人，
以贡生任扶沟县丞，三年即弃官归养，以孝闻。⑤ 李梦阳《空同集》卷
四十三《武乡县武君墓碑》记载武威父亲武彪的事情说："武君者，武
乡县人也，讳彪，字势雄。生二男子，长曰威，次曰盛。弘治间，武威
为扶沟丞，三年，忽心动，即日趋治装归。归逾月，丧其母。逾年，又
丧其父，即武君也。"⑥ 可见，在弘治十二年（1499）四月立《圣旨
碑》后不久，武威便离开扶沟县回到山西家乡养亲。

---

① （明）马理：《溪田文集》卷二《圣训演序》，《四库全书存目丛书》第 69 册影明万
历十七年刻清乾隆十七年补刻本，齐鲁书社 1997 年版，第 435 页。

② （明）王恕：《王端毅公文集》卷一《修巡抚厅事记》，《明人文集丛刊》第一期，台
北：文海出版社 1970 年版，第 13—14 页。

③ 吴廷燮：《明督抚年表》，中华书局 1982 年版，第 352 页。

④ （清）熊灿修，张文楷纂：（光绪）《扶沟县志》卷五《官师表》，《中国方志丛书》
华北地方第 471 号影印清光绪十九年刊本，台北：成文出版社有限公司 1976 年版，第 327—
328 页。

⑤ （清）白鹤修，史传远纂辑：（乾隆）《武乡县志》卷二《选举》、卷三《孝义》，
《中国方志丛书》华北地方第 73 号影印清乾隆五十五年刊本，台北：成文出版社有限公司
1968 年版，第 267、319 页。

⑥ （明）李梦阳：《空同集》卷四十三《武乡县武君墓碑》，《景印文渊阁四库全书》第
1262 册，台北：商务印书馆 1986 年版，第 388 页。

（二）《圣训演》

《圣训演》三卷，上卷是对六谕的诠释，包括吏部尚书王恕、刑部尚书许讚的"名臣注赞"，① 以及时任陕西提学副使龚守愚辑录与六谕所谈伦理相关的历代的"嘉言"和"善行"，中卷为唐锜所颁《婚约》《丧约》各五条，附以西安府儒学教授张玠对《婚约》及《丧约》的演绎，下卷摘录古代论妇德、妇功的文字，亦张玠所作。因此，虽然该书常被著录为许讚、龚守愚著，实际主持者却是时任陕西巡按御史的唐锜。雍正《陕西通志》卷二十二载："巡按陕西御史……唐琦，云南蒙化人。"② 据谈迁《国榷》，嘉靖十三年（1534）十二月，推官"唐琦"升试监察御史。③ 这说明，虽然自署"唐锜"，唐锜之名见诸载籍时也经常写作"唐琦"。唐锜，字汝圭，浙江严州府淳安县人，后入籍云南，嘉靖五年（1526）进士。龚守愚，字师颜，号发轩，江西清江人，正德六年（1511）进士，授贵池知县，历南京工部主事、员外郎、郎中，升四川参议、云南提学、陕西提学副使，官至湖广参政，年四十九卒于官。龚守愚于嘉靖十五年（1536）《恭题圣训演后》中说："是录也，西土曷能专承？放诸四海，咸嘉赖之。守愚与闻风教，是用锓梓，布之郡邑。"④ 可见，《圣训演》编成于嘉靖十五年，且刊行成帙。《圣训演》扉页书"嘉靖二十年五月□日，内赐罗州牧使金益寿《圣训演》一件，命除谢恩，右承旨臣洪（花押）"文字，⑤ 表明《圣训演》刻

① 酒井忠夫依据乾隆《三原县志》卷一八"著述""史类"条目中出现有"乡约（王承裕）、乡仪（王承裕）"的记载，推断既然王承裕写了乡约的书籍，"恐怕也包含有《圣训演》卷上所收的六言注解"，从而推测三原王尚书指王恕之子户部尚书王承裕。参见［日］酒井忠夫《中国善书研究》，刘岳兵、何英莺译，第 59 页。当然，唐锜《圣训演》中的注是王恕的注无疑。王承裕推行过乡约并有相关著述，对其父六谕注解是否会有进一步的发展呢？这是一个值得继续追问的问题。

② （清）刘于义、沈青崖：（雍正）《陕西通志》卷二十二《职官三》，《景印文渊阁四库全书》第 552 册，台北：商务印书馆 1986 年版，第 191 页。

③ （清）谈迁：《国榷》卷五十六"嘉靖十三年十二月丙午"条，中华书局 1958 年版，第 3508 页。

④ （明）唐锜：《圣训演》卷下，《北京大学图书馆藏朝鲜版汉籍善本萃编》第 7 册，第 575—576 页。

⑤ （明）唐锜：《圣训演》卷首，《北京大学图书馆藏朝鲜版汉籍善本萃编》第 7 册，第 404 页。

行五年后便流入朝鲜，且被朝鲜国王以活字翻印赏赐臣下。龚守愚"放诸四海，咸嘉赖之"一语可谓不虚。在唐锜刊《圣训演》后不久，陕西泾阳县知县李引之（1522 年举人）亦曾重刊《圣训演》，由马理（1474—1556）作序。马理《圣训演序》说，唐锜《圣训演》先于"西安郡斋尝刊行"，而泾阳令李引之重刊。①

（三）《圣训敷言》

嘉靖三十七年（1558），徽州府休宁县学者程曈作《程氏规训》，内载圣谕六条及《圣谕敷言》《祖训敷言》等，其中《圣谕敷言》实际上就是"吏部尚书臣王恕注解"和"吏部尚书臣许瓒（讚）著赞"②。与《圣训演》一样，《圣谕敷言》对王恕解和许讚赞冠以"解曰""赞曰"的起首语，首有程曈嘉靖三十七年《程氏规训叙》，末跋语，似亦程曈所作。程曈跋语说："这六句包尽做人的道理，凡为忠臣，为孝子，为顺孙，为良民，皆由于此。无论贤愚，皆晓得此文义，只是不肯着实遵行，故自陷于过恶。祖宗在上，岂忍使子孙辈如此？宗祠内，宜仿乡约仪节，每朔日督率子弟，齐赴听讲，继宣祖训，各宜恭敬体认，共成仁厚之俗，尚其勉之。"③ 程曈，字启曒，号葼山，休宁富溪人，著有《新安学系录》。《新安学系录》有程曈正德戊辰（1508）自序。④ 另外，在嘉靖四十五年（1566）何东序所修嘉靖《徽州府志》内，已然立有《程曈传》，⑤ 则可以知道程曈主要生活在正德、嘉靖年间。

（四）《圣训解》

《圣训解》收录在章潢编纂的明代著名类书《图书编》卷九十二《乡约》之内。章潢（1527—1608），字本清，号斗津，江西南昌县人，万历二十年（1592）曾主持白鹿洞书院。章潢《图书编》的编纂始于嘉靖四十一年（1562），至万历五年（1577）类编成书。在《图书编·

---

① （明）马理：《溪田文集》卷二《圣训演序》，《马理集》，西北大学出版社 2015 年版，第 274 页。

② 佚名编：《富溪程氏祖训家规封邱渊源》，上海图书馆藏辛亥（1911）五知堂抄录本。

③ 佚名编：《富溪程氏祖训家规封邱渊源》，上海图书馆藏辛亥（1911）五知堂抄录本。

④ （明）程曈：《新安学系录》，黄山书社 2006 年版，第 1 页。

⑤ （明）何东序修，汪尚宁纂：（嘉靖）《徽州府志》卷十九《隐逸列传》，《北京图书馆藏古籍珍本丛刊》第 29 册，书目文献出版社 1993 年版，第 392 页。

乡约总叙》中，章潢说："凡乡约，一遵太祖高皇帝圣训：孝顺父母，尊敬长上，和睦乡里，教训子孙，各安生理，毋作非为。右六言，各处训释非一。"① 然后，章潢从"训释非一"的文本之中，选择性地收录了两个诠释文本，即《圣训解》与《圣训释目》。虽然这两个文本均未载明其始作者，但通过内容的考察可知，《图书编》所收《圣训解》就是王恕的《圣训解》。

二 现存四种王恕六谕诠释之同异

现存王恕六谕诠释的四个版本，大概可分为两个系统：武威弘治十二年（1499）刻《圣旨碑》与章潢《图书编》收录的《圣训解》为同一文本系统，可称之为文本系统A；嘉靖十五年（1536）唐锜刊《圣训演》及程瞳嘉靖三十七年（1558）收入程氏规训的《圣谕敷言》构成另一文本系统，可称之为文本系统B。以下逐一考察两个文本系统的差异，以及同一系统内不同版本间的差异。

（一）《圣旨碑》与《圣训解》的差异

弘治十二年（1499）刻《圣旨碑》与隆庆、万历年间收入《图书编》的《圣训解》，属同一文本系统，文字内容基本相近，不过仍有一些细小区别。首先，区别体现在小范围的字词节省或增加上。在"孝顺父母"条中，《圣旨碑》说："如父母偶行一事不合道理，有违法度，须要柔声下气，再三劝□。"《圣训解》则云："如父母偶行一事不合道理，有违法度，须要下气，再三劝谏。"后者少了"柔声"二字。② 在

---

① （明）章潢：《图书编》卷九十二，第3182页。

② 按：王恕的注解"须要柔声下气，再三劝□ [谏]"一语，其思想远可以上溯至《孝经》，近则可以直接追溯到朱熹《小学》。《孝经》以谏诤为孝道之一，说："父有争子，则身不陷于不义。故当不义，则子不可以不争于父。……从父之令，又焉得为孝乎？"参见胡平生《孝经译注》谏诤章第十五，中华书局2009年版，第32页。朱熹《小学》卷二载："《内则》曰：父母有过，下气怡色，柔声以谏。"[《朱子全书》（增订本）第13册，上海古籍出版社、安徽教育出版社2010年版，第401页]。王恕还增加了如果父母拒谏的情况下子弟所行的策略，而不只是像《小学》中所强调的更加"起敬越孝"，更有方法上的具体策略，即"请父母素所交好之人，婉辞劝谏，务使不得罪于乡党、不陷身于不义而后已"。可见，王恕的六谕诠释之所以能让社会接受，除充分吸收程朱理学思想之外，还常有贴近现实的具体应对之法。

"尊敬长上"条中，《圣旨碑》说："长上不一。本宗之长上……外宗之长上……乡党之长上。"《圣训解》说："长上不一。有本宗之长上……有外宗之长上……有乡党之长上。"《圣训解》改变《圣旨碑》的表述结构，连续用几个"有"字，语气连贯，又更近似口语。《圣旨碑》中说："遇□□［乡党］之长上，亦当为之礼貌。是先辈者则□［以］伯叔称呼，是同辈者则以兄长称呼。"《圣训解》则说："遇乡党之先辈者，则以伯叔称呼，同辈者则以兄长称呼。"两相比较而言，《圣训解》删去了"长上""亦当为之礼貌""是"数字。在"和睦乡里"条，《圣旨碑》称"□□□［岂能长］久相处"，而《圣训解》删减为"岂能久处"。在"教训子孙"条中，《圣旨碑》说："须要教以孝弟忠信，使之知尊卑上下。"《圣训解》则说："须要教以忠信孝弟，使知尊卑上下之分"，除了将"忠信"和"孝弟"位置进行调换之外，还删除了"使之知"的"之"字，又加了"之分"二字。在"教训子孙"条中，《圣旨碑》说："切不可令其骄惰放肆，自由自在。□□□［才骄惰］放肆、自由自在，□□饮酒赌博，无所不为。"《圣训解》则作"切不可令其骄惰放肆，自由自在，则饮酒赌博，无所不为"，在"自由自在"后删除了"才骄惰放肆，自由自在"这两个与上文同义反复的短句。在"毋作非为"条中，《圣旨碑》说："自然安稳无事，祸患不作。"《圣训解》则改易为"自然安稳无祸"，更为简洁。

其次，《圣训解》对《圣旨碑》的某些词语进行替换，或调整句子结构。例如，在"尊敬长上"条中，《圣旨碑》说："本宗与外亲之长上，服制□各不同，皆当加意尊敬。"《圣训解》则云："本宗外亲，制服虽各不同，皆当加意尊敬。"《圣训解》不仅少了《圣旨碑》中的"与""之长上"数字，更将"服制"颠倒为"制服"。"和睦乡里"条中，《圣旨碑》云："乡里之人，住居相近……若能彼此和睦，交相敬让，则喜庆必相贺。"《圣训解》则云："乡里之人，居处相近……若能彼此和睦，交相敬让，则喜庆相贺。"《圣训解》除了删除"喜庆必相贺"的"必"字，还将"住居"改为"居处"。"教训子孙"条中，

《圣旨碑》说："若性资庸下，不能读书□［者］，□□［亦要］使之谨守礼法。"《圣训解》说："若资性庸下，不能读书者，亦要谨守礼法。"《圣训解》除删了"使之"二字，还改"性资"为"资性"。在"各安生理"条，《圣旨碑》说："可以供父母妻子之养……不为乡人所非笑。"《圣训解》则说："可以供养父母妻子……不为乡人所笑。"不仅将"供……之养"的句子结构直接改为更易为普通人接受的"供养……"，改"非笑"为"笑"，使语句摆脱文言模式而近于平实。

再次，因为文本缺陷而形成的改变。在"毋作非为"条，《圣旨碑》说："大则身□□［亡家］破，小则吃打坐牢。"《圣训解》说："大则身破，小则吃打坐牢。"《圣训解》将"身亡家破"四字改成"身破"，殊难理解。但是，现存《圣旨碑》"亡家"二字恰恰磨灭。虽然很难断言其磨灭处在明代已形成，然而这种不易理解的反常的修改，却让我们可以有进一步假设，即：章潢《图书编》中所录《圣训解》可能来源于《圣旨碑》，且当时"身亡家破"中"亡家"二字已缺，才有章潢节改"身亡家破"为"身破"的做法。

最后，作为一条总原则，六谕诠释中每条最末一语，《圣旨碑》采取直述方式——"故教尔……"，而《圣训解》则更突出地冠以明太祖名义，增加了"圣祖"二字，称"故圣祖教尔……"

因此，《圣旨碑》与《圣训解》两个文本虽然大部分一致，但仍有几个新变化：比较拗口的词语被替换，如"性资"改为"资性"等；文言性质浓厚的语法和词语也更改为接近口语的更简洁的语法和词汇，如"供……之养"改为"供养"，其他"使之"句式的改变、"之"这一类助词的尽可能地删除，"非笑"改"笑"等；有些修改还有可能出于章潢所见文本本身的缺陷，而这或许更表明章潢所辑录的《圣训解》与《圣旨碑》间可能有更直接的联系。

（二）《圣旨碑》与《圣训演》之间的差异

从时间先后以及文本相似性来看，唐锜《圣训演》（1536）中的王恕诠释文本，应该是从《圣旨碑》（1499）这一系统的文本发展而来的。但是，相似性之外，由以《圣旨碑》为代表的文本系统 A 向以

《圣训演》为代表的文本系统 B 的发展，其表现出来的差异性也同样很突出，主要体现在以下几个方面。

其一，《圣训演》在圣谕六条每一条解释的起首处增加了对"孝顺""尊敬""和睦""教训""生理""非为"等关键词语的解释，① 而之前《圣旨碑》只是对"长上"这样相对费解的概念进行解释。而且，《圣训演》在对六谕逐条诠释完成后，还会对朱元璋所提的这六条伦理的重要意义作一个概括性的、内容更丰富的结语。之前《圣旨碑》只不过说上一句"此孝顺父母之道""此尊敬长上之道"，而《圣训演》往往加重笔墨。例如，《圣训演》在"孝顺父母"条最末云："此孝顺父母之道，为百行之本、万善之源。化民成俗，莫先于此。"在"尊敬长上"条的"此尊敬长上之道"一语后，《圣训演》也继续发挥："有谦卑逆顺之意，无乖争凌犯之罪，化民循礼，莫切于此。"之后各条，均增加相关文字，如"和睦乡里"条所加"化民和好，莫外于此"一语，"教训子孙"条所加"此子孙不可不教训也，家法之严，莫过于此"一语，"各安生理"条后所加的"化民勤业，莫切于此"一语，"毋作非为"条所加的"化民为善，莫要于此"一语。

其二，《圣训演》对六谕的诠释篇幅增长，不仅会增加句子来丰富诠释内容，或丰富具体的措施做法，偶尔还会加入反例，来强化伦理教育的效果，或通过增设反问句，来加强语气和情绪。例如，《圣训演》将"父母生身养身，恩德至大"一句加以扩展，称"父母生身养身，劬劳万状，恩德至大，无可报答"，而且还在人子孝行的具体措施上，于"向父母供衣食、侍汤药"外，加上"有事则替其劳苦"一项。《圣训演》"和睦乡里"条提到乡里之人"朝夕相见"，之后加了一句"出入相随"，且将之前《圣旨碑》中"彼此和睦，交相敬让"两句，扩展为"彼此和睦，不与计较，交相敬让，无争差"。在"教训子孙"条下，两种文本的差别更不少。《圣旨碑》说："人家子孙，自幼之时，须要教以孝弟忠信，

---

① 《圣训演》中对这些关键词分别解释说："事奉父母而不忤逆，便是孝顺"；"崇重长上，不敢怠慢，便是尊敬"；"交好乡里，不与争斗，便是和睦"；"指教子孙，使知礼法，便是教训"；"生理即是活计"；"非为即是不善"。在"毋作非为"条诠释最后，《圣训演》的诠释文本还对"毋作"两字也作了解释："且不曰不作，而曰毋作，是亦禁治之意。"

使之知尊卑上下。"这一层意思,到《圣训演》中文字更是扩充了数倍:"人家子孙,幼时便当以孝弟忠信之言教之,使知如何是孝,如何是弟,如何是忠与信,知道尊卑上下,自然不敢凌犯。切莫教他说谎,亦莫教他恶口骂人。"《圣训演》不但在教育和领悟两个方面都有所展开,而且还加了两个需要禁治的例子——"说谎"与"恶口骂人"。在"各安生理"条下,《圣训演》对不安生理者举例:"不安生理者,则是懒惰飘蓬、游手好闲、不顾身名无藉之徒也。"在"毋作非为"条下,《圣训演》谈到为非者下场,大则身亡家破,小则吃打坐牢,累及父母妻子,之后加了一个"有何便益",以强化语气。在"毋作非为"条诠释中,《圣旨碑》列举了"杀人、放火、奸盗、诈伪、抢夺、掏摸、恐吓、谁(诓)骗、赌博、撒泼、教唆词讼、挟制官府、欺压良善、暴横□□〔乡里〕"等14种"非为"的行为,而《圣训演》只列了13种,其中没有了之前的"抢夺""掏摸"二种,又改"教唆词讼"为"起灭词讼",另外增加了"行凶放党"一种。

其三,《圣训演》有时在不改变文本主要内容的前提下,会对句式进行调整。例如,《圣旨碑》释"长上"时,依次类举"本宗之长上""外宗之长上""乡里之长上",指出这都是哪些人,而《圣训演》的句式却是先说"长上不一,有本宗长上,有外亲长上,又有乡里长上",然后以"若……"的句式来举例说明哪些是"本宗长上",哪些是"外宗长上"。应该说,《圣训演》这种总分式的复句,较之《圣旨碑》的若干个排比句,更有归纳性。

其四,对"士"的教育成为《圣训演》文本的新内容。在"各安生理"条诠释中,《圣旨碑》只讲了农、工、商、贾以及佣工挑脚人的生理,而《圣训演》则首举"士之生理",称:"若攻读书史,士之生理。"在稍后诠释中,《圣训演》在"若能各安生理"后同样增加了一句,说:"士之读书,必至富贵荣华,欢父母,显祖宗",然后谈农工商贾"可以供父母妻子之养"。有意思的是,《圣训演》保留了"可以供父母妻子之养"这样不太常见的句式,似也表明其与《圣旨碑》文本有同一来源。但是,增加"士之生理"这样的一种发展,更值得注意。《圣旨碑》只谈农、工、商、贾之生理，而未谈及读书人之生理，或者表明王恕最早注解六谕时仍然把六谕视为统治阶级教化底层百姓的教化之词，而认为"士"是自然能够懂得这些道理的，故而不在受教之列，因此不谈"士之生理"。然而，发展到以《圣训演》为代表的文本系统时，假定的受教育对象则已包括士、农、工、商，且整合行商、坐贾之生理为同一生理，实际上涵盖了各个社会分层。从以上四点看，《圣训演》内的王恕诠释文本相对于《圣旨碑》虽然有很多改变，但并不是一个完全不同于《圣旨碑》的新文本，而是一个立足于《圣旨碑》之上的新的文本发展。

在《圣训演》之后，程疃的《圣谕敷言》虽与《圣训演》大致相同，但也有微小的文本差别，例如在"孝顺父母"条解释中，《圣谕敷言》在"父母偶行一事不合道理……再三劝谏"后加了一句，"务使父母不得罪于乡党"。但是，《圣谕敷言》所加的这一句，其实与后文"将父母平日交好之人请来，婉词劝谏，务使父母不得罪于乡党"中最后一句雷同，非但不必，而且累赘。在"尊敬长上"条下，《圣训演》的"长上不一，有本宗长上"，在《圣谕敷言》中"不一"二字却被删除，虽语意未变，语句节奏已变拖沓。因此，程疃《圣谕敷言》的改变只是掺入了个人表述习惯而已，对《圣训演》的文本并没有大的改变。

三　王恕六谕诠释文本的传播演变

有学者在讨论文本时说："文献的传衍，由一到多与由多到多并行发生，传承者在'定本'意识不具备的环境中，对经手的文本往往会以个人的意见重组。加之文献的物质性质素无法避免被时间摧蚀，很容易出现错乱、增删、讹脱等变貌。"① 这个论述似乎也适用于王恕六谕诠释文本演变的讨论。王恕在诠注六谕之后，他本人以及

---

① 李成晴：《回归文本与文本回归：一种学术范式的转向》，《中国学术》第39辑，商务印书馆2018年版，第272页。

他的儿子王承裕并未对此特别重视。但是,其诠注文本却在社会上流行开来,迅速地成为"公共素材"。由前述《圣旨碑》可知,王恕的六谕诠释是在成化后期在应天巡抚任上形成的,但是之后却先是在北方流传广泛,尤其在北方的河南、山西、陕西等地,后来也扩展到南方地区。基于现今可见的资料,从《圣旨碑》到《圣训解》之间近八十年内,可知大约曾出现约十种与王恕六谕相关的诠释文本。为方便纵览,列成表1-1。

表1-1　　　　　　　　　　王恕六谕诠释文本演变一览

序号	文献名称	责任者	文本形式	时间	地点	文本系统	存佚状况	备注
1	太祖高皇帝圣旨碑	武威	碑	1499	河南扶沟	A	存	
2	王公注释太祖高皇帝木铎训辞	仇楫	书册	?—1508	山西上党			
3	祖训六言	黄希雍	书册	?—1534	四川绵州	B		注赞合刻
4	圣训演	唐锜	书册	1536	陕西	B	存	注赞合刻
5	项氏家训	项乔	书册	1550	浙江永嘉	B	存	
6	三原王公解、灵宝许公赞	张良知	刻石	1539	河南许州			注赞合刻
7	圣谕敷言	程瞳	书册	1558	南直休宁	B	存	注赞合刻
8	圣训解	章潢	书册	万历年间		A	存	
9	丹徒乡约	甘士价	书册	万历初年	南直丹徒			
10	圣谕乡约录	郭子章	书册	1587	四川			

那么,如何理解这十种文本间的关系呢?我们又能否勾勒出王恕圣谕诠释文本的传播的轮廓呢?

在可知的王恕六谕诠释文本中,嘉靖九年(1530)许讚的赞出台之前，只有武威弘治十二年（1499）所刻《圣旨碑》与仇楫所刻《王公注释太祖高皇帝木铎训辞》。武威与其父武彪都有孝子之誉，仇楫同样以孝子闻于时。这似乎表明，王恕六谕注解的最初流行，与人们对其中"孝"的伦理的宣扬和重视有关。仇楫（1468—1520），字时济，山西潞州上党东火镇义门仇氏族人，援例入为国子生，弘治十五年（1502）选为宿州吏目，勤政爱民，次年七月丁外艰归，与其从弟仪宾仇森"同立家范训其宗，又举行乡约范其俗"，著《仇楫上党仇氏家范》二卷、《仇氏乡约集成》。① 何瑭为仇楫所作墓志铭载，仇楫曾"刊印三原冢宰王公注释太祖高皇帝木铎训辞数百册，本乡人给一册，劝其讲而行之"②。其刻印王恕诠释文本的时间大约在正德三年（1508）之前。从时间上看，两个文本相距很近，不出十年。从地理空间看，武威是武乡县人，仇楫是上党县人，而武乡县与上党县距离很近。因此，从武威《圣旨碑》到仇楫所刊的王恕注解，其间或许还有别的我们未能观测到的联系。如果将前述《圣旨碑》《圣训解》代表的文本系统称为系统 A，我们更倾向于推定仇楫刻印的"王恕注释"同样属于系统 A。不仅如此，在此之后直到嘉靖九年（1530）前的王恕六谕诠释文本，可能均属于系统 A，而且这一系统的文本的流传度还比较广泛。陕西三原人马理在《答潞州义门仇时淳书》中谈到王恕应从祀于仇氏东山书院时说："端毅之注圣教，见今率由。"③ 马理写信的对象仇时淳即仇楫之弟仇朴，写信时间约在嘉靖五年（1526）东山书院建后不久。在马理看来，至少到嘉靖初年，王恕注解已经广为世人所知，不过其流行版本大概尚是以《圣旨碑》为代表的系统 A。

那么，如果以《圣训演》为代表的王恕六谕诠释文本为文本系统 B，由文本系统 A 发展到文本系统 B，最可能是在什么时间段完成的？从表 1-1"王恕六谕诠释文本演变一览"可见，无论是《祖训六言》、

① （清）万斯同：《明史》卷一百三十五《艺文三》，上海古籍出版社 2008 年版，第 394 页。

② （明）何瑭：《柏斋集》卷十《宿州吏目仇公墓志铭》，《景印文渊阁四库全书》第 1266 册，台北：商务印书馆 1986 年版，第 614 页。

③ （明）马理：《溪田文集》卷四《答潞州义门仇时淳书》，第 488 页。

唐锜《圣训演》、程曈《圣谕敷言》，还是许州知州张良知的刻石，都采用了"注赞合刻"形式，既有王恕的注，又有许赞的赞。需要指出的是，在唐锜《圣训演》前，注赞合刻的形式已经流行。唐锜嘉靖十五年（1536）《圣训演后序》说："夫圣训，我高皇帝所以教民，是彝是训。昔太宰王公之注，今太宰许公之赞，备矣……往见有司昭宣训词，摹勒注赞，家给人授，蔼然尚德尚行之风。"① 这或许表明，嘉靖九年（1530）许赞的赞出台后不久，注赞合一文本便开始流传，而王恕诠释文本系统 B 也因之形成。现在可知早于《圣训演》存在过的一个文本是莆田人黄希雍所刻《祖训六言》。顾鼎臣（1473—1540）《祖训六言书后》说："太宰三原王公、灵宝许公，皆一代名德，而为之注赞，敷析综缉，斯道大明，而莆田黄君以明经领荐选锦州守，独能尊奉而表章之，以嘉惠斯民。"② "锦州守"所指不确。明代锦州为军事要冲，并无管民政的知州之设。实际上顾鼎臣所记，极有可能是曾任绵州知州的莆田人黄希雍，"锦州"乃"绵州"之误。黄希雍为福建莆田县人，正德二年（1507）举人，初守绵州，嘉靖十四年（1535）擢为苏州同知，其刻太祖六谕并附注、赞之举至少发生在嘉靖十四年（1535）前，即早于嘉靖十五年（1536）的《圣训演》。可以确信的是，注赞合一形式在当时已经流行，唐锜只是不加变异地将这一文本抄录到《圣训演》之中，因为从《圣训演》序跋中也未见有任何对王恕之注、许赞之赞进行修饰或改动的任何说明。因此，《圣训演》只不过是这种注赞合一形式的文本中影响较大且恰巧流传至今者而已。

在《圣训演》后，注赞合一的文本继续在各地出现。许州知州张良知在许州的刻石，或许可能受过《圣训演》的影响。张良知，字幼养，号条岩，山西安邑人，著名学者吕柟在解州任判官时的门人，嘉靖七年（1528）举人，嘉靖十七年（1538）任许州知州。嘉靖十八年（1539），张良知在许州建乡约所，内建圣训亭，"以奉安高皇帝教民榜

---

① （明）唐锜：《圣训演》卷末，第 571 页。
② （明）顾鼎臣：《顾文康公三集》卷三《祖训六言书后》，载《顾鼎臣集》，第 386—387 页。

文……刊训于石，三原王公解、灵宝许公赞勒于下"①。张良知的注赞合一文本，是有可能得自吕柟或吕柟好友马理的，当然也可能来自其他途径。之外，嘉兴人项乔嘉靖十七年（1538）开始编纂《项氏家训》，至嘉靖二十九年（1550）正式刊行《项氏家训》，其中六谕诠释的部分则明确说是"仿王公恕解说，参之俗习，附以己意"②。通过其文字看，《项氏家训》也是以王恕六谕诠释的文本系统 B 即《圣训演》一类文本为基础。另外，徽州休宁程瞳的《圣谕敷言》如前述，也采用注赞合一形式。当然，很难判定以上这些文本在传播上是否与《圣训演》有直接关系，而且注赞合一的文本在嘉靖初期的流传途径应该也不会是单线的。之后，万历年间甘士价的《丹徒县乡约》，以及郭子章万历十五年（1587）刻《圣谕乡约录》，都提到他们参考了王恕的注。万历初年，甘士价（1577 年进士）由黟县改知丹徒县，推行乡约，"首先圣谕六条，继以王三原公所为训释，又继以我丹阳风土习俗所宜……为增损四十六款"③。万历十五年（1587），郭子章在四川提学副使任上编《圣谕乡约录》，"首刻圣谕六条，次三原王尚书注、先师胡庐山先生疏并律条、劝戒为一卷，次朱文公增定蓝田吕氏乡约为一卷"④。但是，万历年间这两种文本均未能有更详细的信息。

因此，虽然还不能完全在"文本系统 B"与"注赞合刻"之间画上等号——项乔《项氏家训》以王恕的诠释文本（B）为基础，但未将许讃的赞纳入——但是两者之间的重叠，使我们较有理由推定：大概在许讃的赞出台不久，注赞合刻形式开始形成，并在嘉靖年间开始流行，最初可能流行于山西、陕西、河南地区，进而扩展到四川、南直隶、浙

---

① （嘉靖）《许州志》卷四《学校四》，《天一阁藏明代方志选刊》第 47 册，上海古籍书店 1981 年版，第 15 页。从嘉靖《许州志》的《许城图》及《乡约所图》看，乡约所在州治之东，在察院之西，而乡约所从南至北依次为许昌乡约坊、大门、二门、先教堂、先贤祠、讲学堂、圣训亭等。参见（嘉靖）《许州志》图，第 17 页。

② （明）项乔：《项氏家训》，《项乔集》，第 513 页。

③ （明）姜宝：《姜凤阿文集》卷十七《丹徒县乡约序》，《四库全书存目丛书》集部第 127 册，齐鲁书社 1997 年版，第 742 页。

④ （明）郭子章：《蠙衣生粤草十卷蜀草十一卷》蜀草卷二《圣谕乡约录序》，《四库全书存目丛书》集部第 154 册影明万历十八年周应鳌刻本，齐鲁书社 1997 年版，第 623 页。

江等地，直到一种更有竞争力的诠释文本——罗汝芳的六谕诠释——在1562年以后出现并开始逐渐取代它为止。万历年间，章潢《图书编》辑录了两种六谕诠释文本，即王恕《圣训解》和另外一种《圣谕释目》，而这两种六谕诠释文本在隆、万年间都几近"失传"。或许正是在这种背景下，它们才以其稀见而为博学的章潢所重，从而作为两种稀见乡约文献之一保存在《图书编》之中。

表1-2 现存王恕六谕诠释的四种版本

	《太祖高皇帝圣旨碑》（1499）	唐锜《圣训演》（1536）	程瞳《圣谕敷言》（1558）	章潢《圣训解》（1566—1577）
孝顺父母	父母生身养身，恩德至大。为人子者，当孝顺以报本。平居则供养衣食，□□□□□□，□□□□顺其颜色，□□□□身安神□，□至忧恼。如父母偶行一事不合道理，有违法度，须要柔声下气，再三劝□。□□不从，□□□□□交好之□□□□，务使父□□得罪于乡党，不陷身于不义而后已。此孝顺父母之道也。故教尔以此者，欲□□□□□□，以为孝子顺孙也。	事奉父母而不忤逆，便是孝顺。父母生身养身，劬劳万状，恩德至大，无可报答。为人子者，当于平居则供奉衣食，有疾则亲尝汤药，有事则替其劳苦。和悦颜色以承顺其心志，务要父母身安神怡，不至忧恼。如父母偶行一事不合道理，有违法度，须要柔声下气，再三劝谏。如或不从，越加敬谨。或将父母平日交好之人请来，婉词劝谏，务使父母不得罪于乡党，不陷身于不义而后已。此孝顺父母之道，为百行之本、万善之源。化民成俗，莫先于此。故圣祖首举以教民，欲我民间各尽事亲之仁，辈辈为孝子顺孙也。	事奉父母而不忤逆，便是孝顺。父母生身养身，劬劳万状，恩德至大，无可报答。为人子者，当于平日则供养衣食，有疾则亲尝汤药，有事则替其劳苦。和悦颜色，以承顺其心志，务要父母身安神怡，不致忧恼。父母偶行一事不合道理，有违法度，须要柔声下气，再三劝谏，务使父母不得罪于乡党。如或不从，越加敬谨。或将父母平日交好之人请来，婉词劝谏，务使父母不得罪于乡党、不陷身于不义而后止。此孝顺父母之道，为百行之本，万善之源。化民成俗，莫先于此。故圣祖首举以教民，欲我民间各尽事亲之仁，辈辈为孝子顺孙也。	父母生身养身，恩德至大。为人子者，当孝顺以报本。平居则供奉衣食，有疾则亲尝汤药，代其劳苦，顺其颜色，务使父母身安神怡，不至忧恼。如父母偶行一事不合道理，有违法度，须要下气再三劝谏。如或不从，则请父母素所交好之人，婉辞劝谏，务使不得罪于乡党、不陷身于不义而后已。此孝顺父母之道也。故圣祖教尔以此者，欲尔尽事亲之仁，以为孝子顺孙者也。

《太祖高皇帝圣旨碑》（1499）	唐锜《圣训演》（1536）	程疃《圣谕敷言》（1558）	章潢《圣训解》（1566—1577）
尊敬长上			

长上不一。本宗之长上，若伯叔祖父母、伯叔父母、姑兄姊、堂兄姊之类是也。外亲之长上，□□祖父母、母舅、母姨、妻父母之类是也。乡党之长上，有与祖同辈、与父同辈、与己同辈而年长者皆是也。本宗与外亲之长上，服制□各不同，皆当加意尊敬。远别则拜见，□□则作揖。行则随行，递酒则跪。命之起则起，不命之坐不敢坐。问则起而对，食则后举箸。遇□□之长上，亦当为之礼貌。是先辈者则□伯叔称呼，是同辈者则以兄长称呼。坐则让席，行则让路。此尊敬长上之道也。故□□□□□□□敬长之□，以为贤人□□□。

崇重长上，不敢怠慢，便是尊敬。长上不一，有本宗长上，有外亲长上，又有乡党长上。若伯叔祖父母、伯叔父母、姑兄姊、堂兄姊之类，便是本宗长上。若外祖父母、母舅、母姨、妻父母之类，便是外亲长上。乡党之间，有与祖同辈者，有与父同辈者，有与己同辈而年长者，便是乡党长上。本宗长上与外亲长上，服制虽不同，皆当加意尊敬。远别则拜见，常会则作揖。行则随行，递酒则跪。命之起则起，不命之坐不敢坐。问则起而对，食则后举箸。遇乡党长上，亦当谦恭，为之礼儿（貌）。是先辈者则以伯叔称呼，是同辈者则以兄长称呼。坐则让席，行则让路。此尊敬长上之道。有谦卑逊顺之意，无乖争凌犯之罪。化民循礼，莫切于此。故圣祖次举以教民，欲我民间各尽敬长之义，人人为贤人君子也。

崇重长上，不敢怠慢，便是尊敬。长上有本宗长上，有外亲长上，又有乡党长上。若伯叔祖父母、伯叔父母、姑兄姊、堂兄姊之类，便是本宗长上。若外祖父母、母舅、母姨之类、妻父母之类，便是外亲长上。乡党之间，有与祖同辈者，有与父同辈者，有与己同辈者而年长者，便是乡党长上。本宗长上与外亲长上，服制虽不同，皆当加意尊敬。远别拜见，常会则揖，行则随行。递酒则跪，命起则敢起；不命之坐不敢坐；问则起而对，食则后举箸。遇乡党尊长，亦当谦恭，为之礼貌，是先辈者，则以伯叔称呼；是同辈者，则以兄长称呼，坐则让席，行则让路。此尊敬长上之道。有谦卑逊顺之意，无乖争凌犯之罪。化民循理，莫切于此。故圣祖次举以教民，欲我民间各尽敬长之义，人人为贤人君子也。

长上不一。有本宗之长上，若伯叔祖父母、伯叔父母、姑兄姊、堂兄姊之类是也。有外亲之长上，若外祖父母、母舅、母姨、妻父母之类是也。有乡党之长上，与祖同辈者，与父同辈而年稍长者皆是也。本宗外亲，制服虽各不同，皆当加意尊敬。远别则拜，常会则揖。行则随行，递酒则跪。命之起则起，不命之坐不敢坐。问则起而对，食则后举箸。遇乡党之先辈者，则以伯叔称呼；同辈者，则以兄长称呼。坐则让席，行则让路，此尊敬长上之道也。故圣祖教尔以此者，欲尔尽敬长之义，以为贤人君子也。

	《太祖高皇帝圣旨碑》（1499）	唐锜《圣训演》（1536）	程瞳《圣谕敷言》（1558）	章潢《圣训解》（1566—1577）
和睦乡里	乡里之人，住居相近，田土相邻，朝夕相见。若能彼此和睦，交相敬让，则喜庆必相贺，急难必□□，□□必相扶持，婚丧必相资助，有无必相借贷。虽则异姓，有若一家。出入自无疑忌，作事未有不成。若不相和睦，则尔为尔，我为我，孤立□□，嫌疑□生，□□难成，□□□久相处? 故教尔以和睦乡里者，欲尔兴仁兴让，以成善俗也。	交好乡里，不与争斗，便是和睦。乡里之人，住居相近，田土相邻，朝夕相见，出入相随。若能彼此和睦，不与计较，交相敬让，无争差，则喜庆必相贺，急难必相救，疾病必相扶持，婚丧必相资助，有无必相那（挪）借。虽说异姓，有若一家，日相与居，自无疑忌，作事未有不成。若不相和睦，则尔为尔，我为我，孤立无助，嫌疑互生，作事难成，岂能长久相处? 化民和好，莫外于此，故圣祖亦举以教民，欲我民间兴仁兴让，以成仁厚之俗也。	交好乡里，不与争斗，便是和睦。乡里之人，住居相近，田池相邻，朝夕相见，出入相随。若能彼此和睦，不与计较，交相敬让，无所争差，则喜庆必相贺，急难必相救，疾病必相扶，婚丧必相资助，有无必相那借。虽说异姓，有若一家，日相与居，自无疑忌，作事未有不成。若不相和睦，则尔为尔，我为我，孤立无助，嫌疑互生，作事难成，岂能长久相处? 化民和好，莫切于此，故圣祖亦举以教民，欲我民间兴仁兴让，以成仁厚之俗也。	乡里之人，居处相近，田土相邻，朝夕相见，若能彼此和睦，交相敬让，则喜庆必相救，急难必相救，患病必相扶助，婚丧必相资助，有无必相借贷。虽则异姓，有若一家。出入自无疑忌，作事未有不成。若不相和睦，则尔为尔，我为我，孤立无助，嫌疑易生，作事难成，岂能久处? 故圣祖教尔以和睦乡里者，欲尔兴仁兴让，以成善俗也。
教训子孙	人家子孙，自幼之时，须要教以孝弟忠信，使之知尊卑上下。性资聪俊者，择明师教之，务使德器成就，以为国用，光显门户。若性资庸下，不能读书□，使之谨守礼法，勤做生理，切不可令其骄惰放肆，自由自在。□□□放肆、自由自在、□□饮酒赌博，无所不为，家门必被其败□，□业必被其浪费。故教尔以教训子孙者，欲尔后昆□□、家门□盛也。	指教子孙，使知礼法，便是教训。人家子孙，幼时便当以孝弟忠信之言教之，使知如何是孝，如何是弟，如何是忠与信，如道尊卑上下，自不敢凌犯。切莫教他说谎，亦莫教他恶口骂人。待稍长，性资聪俊者，择师教之读书，务要德器成就，为国家用，光显门户。若性资庸下不能读书者，亦要指教，使知谨守礼法，勤做生理，慎不可纵其骄惰放肆，自由自在。才骄惰放肆、自由自在，便去吃酒赌博，无所不为，家门必被其败坏，产业必被荡散。此子孙不可不教训也。家法之严，莫过于此。故圣祖亦举以教民，欲我民间后辈贤达，家门昌盛也。	指教子孙，使知礼法，便是教训。人家子孙，幼时便当以孝悌忠信之言教之，使知如何是悌，如何是忠，如何是信。知道卑尊上下，自然不敢凌犯。切莫教他说谎，亦莫教他恶口骂人。待稍长，资性聪者，择师教之读书，务要德器成就，为国家用，光显门户。若性资庸下，不能读书者，亦要指教，使知谨守礼法，勤做生理。慎不可放肆骄惰，自由自在，便去吃酒、赌博，无所不为。家门必被其败坏，产业必被其荡散。子孙所以不可不教训也。家法之严，莫过于此。故圣祖亦举此以教民，欲我民间后辈贤达，家门昌盛也。	人家子孙，自幼之时须教以忠信孝弟，使知尊卑上下之分。性资聪俊者，择明师教之，务使德器成就，以为国用，光显门户。若资性庸下，不能读书者，亦要谨守礼法，勤做生理，切不可令其骄惰放肆，自由自在，则饮酒赌博，无所不为，家门必被其败坏，产业必被其浪费。故圣祖教尔以教训子孙者，欲尔后昆贤达，家门昌盛也。

续表

《太祖高皇帝圣旨碑》(1499)	唐锜《圣训演》(1536)	程瞳《圣谕敷言》(1558)	章潢《圣训解》(1566—1577)
各安生理 耕种田地，农之生理也。造作器用，工□□□也。出入经营，商之生理也。坐家买卖，贾之生理也。至若无产无本，不谙匠□，□□□□□脚，亦是生理。若能各安生理，则衣食自足，可以□父母妻子之养，亦可以□门户，不为乡人之所非笑。□□□□□□□□衣□食，不饥不寒也。	生理即是活计。若攻读书史，士之生理也。耕种田地，农之生理也。造作器用，工之生理也。出入经营，坐家买卖，商贾之生理也。至若庸愚，不会读书，无产无本，亦不谙匠艺，与人佣工，甚至挑脚，亦是生理。不安生理者，则是懒惰飘蓬、游手好闲、不顾身名无藉之徒也。若能各安生理，士之读书必至富贵荣华，欢父母，显祖宗，农工商贾亦必衣食丰足，可以供父母妻子之养，亦可以撑持门户，不为乡人之所非笑。化民勤业，莫切于此。故圣祖亦举以教民，欲我民间力致荣贵，家给人足也。	生理即是活计。若攻读书史，士之生理也；耕种田地，农之生理也；造作器用，工之生理也；出入经营，坐家买卖，商贾之生理也。至若庸愚，不会读书，无产无本，亦不谙匠艺，与人佣工，甚至挑脚，亦是生理。不安生理者，即是懒惰飘蓬、游手好闲、不顾身名无藉之徒也。若能各安生理，士之读书，必至富贵荣华，欢父母，显祖宗。农工商贾，亦必衣食丰足，可以供父母、妻子之养，亦可以撑持门户，不为乡人所笑。化民勤业，莫切于此。故圣祖亦举以教民，欲我民间力致荣贵，家给人足也。	耕种田地，农之生理也。造作器用，工之生理也。出外经营，商之生理也。坐家买卖，贾之生理也。至若无产无本，不谙匠艺，与人佣工挑脚，亦是生理。若能各安生理，则衣食自足，可以供养父母妻子，可以持门户，不为乡人所笑。故圣祖教尔以各安生理者，欲尔有衣有食、不饥不寒也。
毋作非为 若杀人、放火、奸盗、诈伪、抢夺、掏摸、恐吓、诓骗、赌博、撒泼、教唆词讼、挟制官府、欺压良善、暴横□□，□□□当为之事，□□□。□□为之，大则身亡□破，小则吃打坐牢，累及父母妻子。若能安分守己，不作非为，自然安稳无事，祸患不作。故教□□□□□□□□不犯刑宪，保全身家也。	非为即是不善。若杀人、放火、奸盗、诈伪、恐吓、谁（诓）骗、赌博、撒泼、行凶放党、起灭词讼、挟制官府、欺压良善、暴横乡里，一应不善不当为之事，皆非为也。人若为之，大则身亡家破，小则吃打坐牢，累及父母妻子，有何便益？若能安分守己，不作非为，自然安稳无事，祸患不作。化民为善，莫要于此。故圣祖亦举以教民，且不曰不作，而曰毋作，是亦禁治之意，欲我民间不犯刑宪，保全身家也。	非为即是不善。若杀人、放火、奸盗诈伪、恐吓、诓骗、赌博、撒泼、行凶、放党、起灭词讼、挟制官府、欺压良善、暴横乡里，一应不善不当为之事，皆非为也。人若为之，大则身亡家破，小则吃打坐牢，累及父母、妻子，有何便益？若能安分守己，不作非为，自然安稳无事，祸患不作。化民为善，莫切于此。故圣祖亦举以教民，且不曰不作，而曰毋作，是亦禁治之意，欲我民间不犯刑宪，保全身家也。	若杀人、放火、奸盗、诈伪、抢夺、掏摸、恐吓、诓骗、赌博、撒泼、教唆词讼、挟制官府、欺压良善、暴横乡里，凡一应不当为之事，皆非为也。人若为之，大则身破，小则吃打坐牢，累及父母妻子。若能安分守己，不作非为，自然安稳无祸。故圣祖教尔以毋作非为者，欲尔不犯刑宪，保全身家也。

第二章

明代的纲目体六谕诠释文本

明太祖的六谕，从最初作为《教民榜文》中用于宣唱的六句话，到 15 世纪末经过王恕等人的诠释，从《教民榜文》中独立出来成为基层教化的重要文本。它的独立发展恰好与 16 世纪初开始兴起的明代乡约运动合拍。自 16 世纪始，明太祖的六谕进入乡约体系。只是，16 世纪的乡约发展很快就与六谕开始结合，最初是相对松散的结合，表现为以《吕氏乡约》为主体的乡约发展开始吸收六谕及其相关诠释文本为乡约宣讲的材料之一，然后是乡约开始越来越倾向于围绕六谕展开，但仍然还保留着旧式乡约"四礼条件"的形式。在这一结合的过程中，乡约宣讲者开始围绕六谕进行宣讲，仍受到宋代以来《吕氏乡约》四礼条件的纲目式的展开形式的影响。六谕在成为乡约宣讲的核心内容之后，相应的诠释之作增多。大约在北方的陕西、河南、山西一带流行王恕的略带经学诠解意味的六谕诠释文本的同时，在南方各地则流行以六谕为纲、下列若干细目以规范庶民生活的纲目型的六谕诠释，而且多与阳明后学相关，其传播与影响的痕迹亦时隐时现。阳明门人薛侃、季本、邹守益等人都是此类纲目型诠释的热衷者，而陆续影响过江西永丰、安福、南直隶广德州、徽州府、浙江太平县等地。但是，嘉靖年间大批学者投身六谕诠释，六谕诠解中说理的成分越来越多，而以具体规约或规定对人们行为加以禁约的诠解方式越来越少。在 16 世纪 30—60 年代，大约可以找到约五种纲目体六谕诠释文本，其中徽州知府何东序的《新安乡约》保留了其中部分文本，而章潢《图书编》所收《圣谕释目》较为完整，且推测为嘉靖年间的曾才汉在太平县所行乡约的宣讲文本《圣谕六训》。

一　六谕乡约之结合与纲目体文本

乡约萌起于北宋熙宁九年（1076）吕大钧的《吕氏乡约》。经过南宋大儒朱熹的增损之后，《吕氏乡约》大概与《家礼》的影响相差无几，分别成为儒家士人治乡与治家的重要文本，对后世影响深远。后世多有以《吕氏乡约》行于乡者。南宋时期，朱熹在徽州休宁县的门人程永奇（1151—1221）乡居时"用伊川先生宗会法以合族人，举行吕氏乡约，而凡冠昏丧祭悉用朱氏礼，乡族化之①。元代濮阳县留下的乡约文本《龙祠乡约》，所讲乃"死丧患难济救之礼，德业过失劝惩之道"，②渊源于《吕氏乡约》"德业相劝""过失相规""礼俗相交""患难相恤"无疑。明朝建立后，朱元璋对乡村控制及其社会秩序建设作了一整套的规定，在基层社会遍设申明亭、旌善亭，用以宣扬那些遵守教化的人和事，警告那些不遵守教化的人和事，"使人有所惩戒"③。在基层设老人，以推行教化并处理一般词讼。在其统治的最后两年，他还推出了极具个性的基层教化政策，命户部下令每里每月选年老或瞽者持铎宣唱六谕于道路，次年再以《教民榜文》形式确立六谕在基层教化中的核心地位。从此，以六谕为核心的振铎之制依托明初全覆盖的乡村里甲之制，深入到基层乡里，居住"四散骛远"的乡村则普及至每一甲，使明初的基层教化严密无遗。即便是基层各里的里社稷坛的祭制，除祭祀功能之外，也要宣读《锄强扶弱之誓》，"意在打造一个遵守礼法、守望相助的道义共同体"④。因此，提倡基层自我治理的乡约

---

① （宋）叶秀发：《格斋先生程君永奇墓志铭》，程敏政《新安文献志》卷六十九《行实》，黄山书社2004年版，第1703页。

② 马晓英：《元代儒学的民间化俗实践——以〈述善集〉和〈龙祠乡约〉为中心》，《哲学动态》2017年第12期。

③ 《明太祖实录》卷七十二，洪武五年二月，第1332—1333页。

④ 刘永华：《帝国缩影：明清时期的里社坛与乡厉坛》，北京师范大学出版社2020年版，第41页。

没有太大发挥空间，甚至可以说遭遇困境。

不过，《吕氏乡约》及其所代表的乡约精神一直是儒学士人乡治的理想。明初吉水学者解缙曾向明太祖朱元璋建议以《吕氏乡约》与《郑氏家范》教化乡里，但朱元璋没有予以回应。同为江西吉水人的刘观（1439 年进士）乡居时"取《吕氏乡约》表著之，以教其乡，冠婚丧祭悉如朱子《家礼》"①。但是，这种例子不多。弘治元年（1488），工部主事林沂提出"备七庙以尊祖，考修雅乐以感幽明，慎服赐以绝僭侈，取朱子所修《家礼》及《蓝田吕氏乡约》行之于世家大族及乡党遂序以教民亲睦"几条与礼有关的建议，礼部回复说："此言与我朝旧制颇窒碍难行。"② 让乡约窒碍难行的旧制，大概正是《教民榜文》主张的六谕振铎之制。在基层教化有着明显的自身特色的明初环境下，《吕氏乡约》更像是一种有助教化的实用性儒学书籍。正统六年（1441）吉水人周叙向朝廷建议取《农桑撮要》《蓝田吕氏乡约》及国朝训典制成一书颁行，"使人知劝，则民生厚而礼义兴"③，便是一例。然而，随着 15 世纪下半叶乡约活动的复兴，六谕因其所据的基层教化核心的地位而与乡约逐渐合流。乡约由《吕氏乡约》向六谕转变，在万历《黄冈县志》关于乡约的记载中体现得特别明显：该县初于城南有乡约堂，弘治十二年（1499）建，"以每月朔举行吕氏乡约，今废"，而现有的乡约所包括城内报恩寺、城外安国寺、团风镇禅寂寺、阳逻镇蓬莱寺，"有约长、约副、约史，择高年有行者，给帖，以朔望日教民圣谕六言"④。这种转变大致是从 16 世纪初开始的。

六谕与乡约之结合有其天然性，因为两者都以达成基层教化之美为目的。木铎之制衰微后，便替代性地出现乡约的基层教化形式，诚如耿

---

① （清）张廷玉：《明史》卷二八二《刘观传》，中华书局 1974 年版，第 7284 页。

② 《明孝宗实录》卷一三，弘治元年四月辛丑，"中研院"历史语言研究所 1962 年校印本，第 297 页。

③ 《明英宗实录》卷八六，正统六年十一月辛卯，"中研院"历史语言研究所 1962 年校印本，第 1732 页。

④ （明）茅瑞征、吕元音纂修：（万历）《黄冈县志》卷二《建置志·乡保》，《原国立北平图书馆甲库善本丛书》第 361 册，国家图书馆出版社 2014 年版，第 436 页。

定向（1524—1596）所说，"耆老滥巾，铎声绝响，始通之为乡约耳"①。15 世纪中期，这种结合已经有先例。嘉靖《广东通志初稿》载："何淡，字中美，顺德人，天顺丁丑进士，知山东滨州。劝相农耕，立乡约，演《教民榜》义。"② 郭棐《粤大记》记载，顺德人何淡"天顺丁丑（1457）进士，除知山东滨州……暇取《吕氏乡约》《教民榜》，每乡慎选老人，亲为演说大义，使训其闾里，按季查考"③。如记载属实，则已开六谕与乡约结合之先河。不过，六谕与乡约更普遍的结合是在 16 世纪初。正德六年（1511），山西潞安府上党县仇楫、仇朴兄弟推行乡约，以《蓝田吕氏乡约》为本，尤重"德业相劝""过失相规"两项，要求约众会时书善恶事于劝、惩二簿，以凭赏罚，而且还刊印王恕注释的太祖六谕数百册，"本乡人给一册，劝其讲行"。由正德六年（1511）到嘉靖初年，仇氏乡约一直举行，与约者多至三百余家，影响颇大。④ 仇氏所刻《王公注释太祖高皇帝木铎训辞》究竟于乡约中起何作用不太清楚。然而，仇氏乡约立善、恶二簿的做法，与明太祖朱元璋立申明、旌善二亭以劝善惩恶的精神是相通的。明廷在 15 世纪后期的修明祖制，对基层社会精英们似乎也起到了一定的感召作用。仇氏是一个大家族，仇朴、仇楫的兄弟仇森还是沈王府仪宾，举行乡约似乎特别注意向朝廷"输诚"，其乡约虽以《吕氏乡约》为主，却还是以某种方式将六谕吸收进来了。但是，可以看出，这一乡约在实施中虽然加入了六谕的内容，但六谕与乡约的结合还是松散的。

乡约与六谕在内容上的结合始于王阳明的《南赣乡约》，这是王阳明在明代乡约建设上的"首创"。⑤ 正德末年王阳明巡抚南赣时的《告

---

①　（明）耿定向：《耿定向集》卷十七《牧事末议》，华东师范大学出版社 2015 年版，第 662 页。

②　（明）郭大纶修，张岳纂：（嘉靖）《广东通志初稿》卷十二《宦迹》，《北京图书馆古籍珍本丛刊》第 38 册，书目文献出版社 1992 年版，第 14 页下。

③　（明）郭棐著，董国声、邓贤忠点校：《粤大记》卷十八，广东人民出版社 2014 年版，第 516 页。

④　朱鸿林：《明代中期地方社区治安重建理想之展现——山西、河南地区所行乡约之例》，《致君与化俗：明代经筵乡约研究文选》，香港：三联书店 2013 年版，第 128—130 页。

⑤　吴震：《阳明心学与劝善运动》，《陕西师范大学学报》2011 年第 1 期。

谕新民》《南赣乡约》，颇似对六谕的衍说。《南赣乡约》在明代乡约兴起中的典范意义，学者早有言说。明人叶春及就说："嘉靖间，部檄天下举行乡约，大抵增损王文成公之教，有约赞、知约等名，其说甚具，实与申明之意无异，直所行稍殊耳。"① 也就是说，明代中后期的乡约其实与明初的申明亭之制相近。寺田浩明说，明代乡约运动先是以朱熹的增损《吕氏乡约》文本为范例，"在同时代的王阳明发起并实行'南赣乡约'之后，该乡约又成为新的范本并流传开来。……到明代末期及之后，作为乡约中心的伦理规定为《太祖六谕》或《圣谕广训》等皇帝下达的谕旨所取代"②。当然，《南赣乡约》还没有完全围绕六谕来建构乡约，然而乡约与六谕在 16 世纪上叶越走越近却是事实。

新近卞利教授发现的《武峰乡约》，大概可能是乡约与六谕结合的最早例子。吴文之正德十四年《武峰乡约序》云："今年夏五月，予归自南徐，葛君鸣玉辈以书抵予，议行乡约，申旧诺也。……凡预约者，士必以济时行道为心，其次以服贾致养为事。言必依于礼，行不愆于度。反是，众必谕之；谕之而不悛，则有罚；罚又不悛，则绝之。时会岁计，咸有成规。……惟世之为乡约者，率祖蓝田，然非吕氏之始为之也。孟子曰：'乡田同井，出入相友，守望相助，疾病相扶持，则百姓亲睦。'先王养民之政固如是也。……惟吕氏之为乡约，其事近古，所谓'患难相恤、礼俗相交'，意独与孟子之言合。予旧读其书而嘉之，尝窃有志于斯事，以方事奔走，未暇举行。今诸君乃能率先为之，期于复古之道，变今之俗，厥志甚善。"吴文之称乡约以《吕氏乡约》为祖，其实更远的渊源在孟子之语。他在乡约中作《六言释义》，对六谕作诠释，作为乡约的内容。吴文之（1489—?），字与成，苏州府吴县洞庭东山人，正德五年（1510）举人，正德十六年（1521）进士，选庶吉士，然似未及授官而卒。洞庭东山多商人，故而"服贾致养为事"排在济时行道之后。吴文之的《六言释

---

① （明）叶春及著，郑焕章点校：《惠安政书》九《乡约篇》，第 346 页。

② ［日］寺田浩明：《明清时期法秩序中"约"的性质》，载［日］寺田浩明《权利与冤抑：寺田浩明中国法史论集》，王亚新等译，清华大学出版社 2012 年版，第 149、152 页。

义》，是可见的王恕之后的一个新出的诠释文本，而且体现出与王恕之诠释完全不一样的旨趣。他不是像王恕那样先着眼于"孝顺""生理"等字眼的训诂，虽然对"长上"等相对难以理解或者需要分疏的概念还是使用了一定的篇幅，体现了与王恕的诠释一定的继承性，但更多的情况则是直接就切入到孝顺、尊敬等伦理何以应当的问题，充分地阐明道理——如父母鞠育子女之艰难、兄弟之间"形体虽分，根本则一"，并且讲明伦理应如何实践——讲《曲礼》之"冬温而夏清，昏定而晨省"，《论语》之"无违"，讲如何事父母、如何奉养以及如何对待父母之病、丧、祭。又，"尊敬长上"用了一半的篇幅来说家族中敬与不敬的事，说："孟子曰：'人人亲其亲，长其长，而天下平。'可知尊敬长上是风化所关。张公艺九世同居，浦江郑氏二百年不别籍，其父慈子孝、兄友弟恭的光景，可想而知。只可怪世上这些不明道型的愚夫俗子，一味重富欺贫、敬贵凌贱，见族中有一个家资富饶的、科名出仕的，不论他名分卑、年纪小，都去趋奉他。若是贫穷老汉，纵然是一个合族之长，也没人去瞅睬他。人情如此恶薄，那得风俗淳厚？"这让人不由得认为吴文之的《六言释义》更多的是为宗族而发。"和睦乡里""教训子孙""毋作非为"等条则用大量的篇幅来讲不和睦之人被憎恶和嫌弃，以及子孙不教训而被耽误的例子，举例俚俗。① 后世说理、举例的诠释之法，在吴文之的诠释中已极具典型了。遗憾的是，吴文之在《武峰乡约序》中并没有提及他将以六谕为根底来行乡约，以及《六言释义》是否为正德十六年以后作，则六谕与乡约是否在吴文之的宗族中并行，尚存疑问。

六谕作为乡约的核心运行是从嘉靖年间开始的。嘉靖初年，乡约与六谕越走越近。嘉靖三年（1524），淳安知县姚鸣鸾（1521年进士）"给示印行民间"。告示中说："窃闻承君之令而致之民，臣之职也。伏睹我太祖高皇帝御制教民榜，有曰：'孝顺父母，尊敬长上，和睦乡里，教训子孙，各安生理，毋作非为。'明白简约，民生日用不可一日而无。敢稽首注释申谕吾民，盖相与诵习而服行之。盖孝顺父母，如事

---

① （康熙）《武山吴氏族谱·六言释义》，所引相关文字资料，均由卞利老师惠赐。

父母能竭其力；尊敬长上，如徐行后长者是已；和睦乡里，如相友相助
相扶持是已；教训子孙，如教子义方弗纳于邪是已；各安生理，四民各
执一业而无隳其职，则无不安生理者矣；毋作非为，循理而不敢违，畏
法而不敢犯，则无有作非为者矣。"① 注释很少，因此也被学者称为
"最简短的六谕批注"。② 姚鸣鸾的六谕诠释是否伴随着乡约宣讲，尚不
清楚。但是，姚鸣鸾的例子表明，到了嘉靖初年，地方官试图重新将六
谕塑造成为基层教化的核心。

　　不过，在嘉靖初年的一段时间里，乡约与六谕的结合并不稳固，有
时六谕根本进入不了乡约，有时讲六谕并不行乡约。例如，莆田人郑洛
书（1517 年进士）在正德十五年（1520）赴任上海知县，在任上行乡
约，"损益吕氏乡约，设长、正，颁示科条导之"③，行乡约而不讲六
谕。另一位莆田人郑玉（1511 年进士）嘉靖初年任徽州知府期间，"教
民六谕，令民相厉为善"④，而不言其行乡约。受仇氏乡约影响，名儒
吕柟嘉靖初谪任解州判官，于嘉靖四年（1525）行乡约于解梁书院，
内容较仇氏乡约更复杂，所讲除《蓝田吕氏乡约》外，还有《大诰》、
律令、《日记故事》、《谕俗恒言》等，但没有太祖六谕，借重的是朝廷
所颁律令而不是六谕，大概因《大诰》及律令更具有实用性——有
"不顺梗化之人，定依《大诰》、律令申禀上司究治"⑤。嘉靖初年不少
乡约仍以《蓝田吕氏乡约》的四礼为核心，或尊奉太祖六谕的同时遵
行《吕氏乡约》。无锡人费文，字宗泗，号思椿，"祠里社，揭明太祖
圣谕及《吕氏乡约》为乡之人劝"⑥。江西永新县人李俨嘉靖初年自御

---

① （明）姚鸣鸾：（嘉靖）《淳安县志》卷一《风俗》，《天一阁藏明代方志选刊》第 16
册，上海古籍书店 1981 年版，第 5—6 页。
② 王四霞：《明太祖"圣谕六言"演绎文本研究》，博士学位论文，东北师范大学，
2011 年，第 21 页。
③ （明）唐锦：《龙江集》卷五《郑侯去思碑》，《续修四库全书》集部第 1334 册，上
海古籍出版社 2002 年版，第 538—539 页。
④ （明）何乔远：《闽书》卷一一《郑玉传》，福建人民出版社 1994 年版，第 3295 页。
⑤ （明）吕柟：《泾野先生文集》卷二《致书解梁书院宷王二上舍》，《四库全书存目
丛书》集部第 61 册，齐鲁书社 1997 年版，第 246 页。
⑥ （明）安吉：《十二山人文集》卷四《明处士思椿费公传》，《无锡文库》第四辑影印
无锡县图书馆钞藏本，凤凰出版社 2012 年版，第 417 页。

史乞终养归乡，"遂不复起，居乡仿行蓝田乡约，率里人讲学，务实行，不为虚论"①。钱薇叔父钱公良（1469—1549）为正德三年（1508）进士，嘉靖八年（1529）致仕后在海盐县"用蓝田《吕氏乡约》，每月九日聚乡之长者读圣谕，以教乡人"②。又如昆山人顾梦圭（1523 年进士）曾说："吾邑老儒澹庵龚翁，增辑蓝田吕氏乡约辞全书四卷，而以圣祖振铎警众之言揭于编首。"③ 这是以吕氏乡约为蓝本编辑乡约全书并在书前尊奉六谕的例子。黄佐在嘉靖九年（1530）家居期间作《泰泉乡礼》，其乡约内容仍以《吕氏乡约》为基础，不过却也强调约正在讲乡约之前要领着约众恭读六谕，约正会率约众神坛前发誓，"自今以后，凡我同约之人，祗奉戒谕：'孝顺父母，尊敬长上，和睦乡里，教训子孙，各安生理，毋作非为'，遵行四礼条件"④。这也是六谕与四礼兼行的做法。嘉靖十三年（1534），吕柟门人余光巡盐运城，行乡约，"训者乃皇祖之训，所谓教民文字是也"，"约者《吕氏乡约》，古峰（余光之号）就加润泽者也"，兼《吕氏乡约》和六谕两者而行。⑤ 张良知在许州行乡约，也是一方面建圣训亭恭奉六谕，另一方面遵行其师吕柟在解州所行的以《吕氏乡约》为轮廓的解州乡约的模式。吕柟的另一位门人王材（1541 年进士）在嘉靖四十一年（1562）自南京太常卿署南京国子监祭酒任上致仕后，在家乡江西新城县"仿蓝田约，敷高皇帝彝令，为乡约"⑥。嘉靖三十三年（1554），福建龙岩县行乡约，使用的是吕氏乡约，不过向里社的神起誓时用的是六谕。⑦

---

① （清）谢旻等修：（雍正）《江西通志》卷七十八，《景印文渊阁四库全书》第 515 册，台北：商务印书馆 1986 年版，第 691 页。

② （明）钱薇：《海石先生文集》卷二十七《中宪大夫东畲叔状》，《四库全书存目丛书》集部第 97 册影万历四十一年至四十二年钱氏刻清增修本，第 414 页。

③ （明）顾梦圭：《疣赘录》续录卷下《题乡约全书后》，《四库全书存目丛书》集部第 83 册，齐鲁书社 1997 年版，第 182 页。

④ （明）黄佐：《泰泉乡礼》卷二《乡约》，《景印文渊阁四库全书》第 142 册，第 612 页。

⑤ （明）马理：《运城乡学养蒙精舍记》，载《马理集·辑佚》，西北大学出版社 2015 年版，第 580 页。

⑥ （同治）《江西新城县志》卷十《人物志·儒林》，《中国地方志集成》江西府县志辑第 57 册影同治十年刻本，江苏古籍出版社 1996 年版，第 358 页。

⑦ ［日］酒井忠夫：《中国善书研究》，刘岳兵、何英莺译，第 57—58 页。

嘉靖间安福人高熊"平生慕义门、蓝田事，习行之……邹祭酒（即邹守益）称其有古道"①。直到万历二年（1574），自朝鲜来的使臣赵宪在永平府抚宁县一带见到的乡约所据称"每以月朔与望相会……自去年秋，巡按令行吕氏乡约，每以朔朝诣所，……共会读法"②。晚明万历间的安福县人刘继华，"乡约遵吕氏，祖祠、祭义皆推原程伯子、朱文公"③。

　　如众所知，《吕氏乡约》是以四礼条件为纲，分别是"德业相劝""过失相规""礼俗相交""患难相恤"。"德业相劝"的纲之下，虽然是分别就德和业的两段文字解释，但其实也是具体可以实践的条目，如"德"要求入约之人"见善必行，闻过必改"，"能治其身，能治其家，能事父兄，能教子弟，能御僮仆，能事长上，能睦亲故，能择交游，能守廉介，能广施惠，能受寄托，能救患难，能规过失，能为人谋，能为众集事，能解斗争，能决是非，能兴利除害，能居官守职"。"业"则要求"居家则事父兄，教子弟，待妻妾"，"在外则事长上，接朋友，教后生，御僮仆，至于读书治田，营家济物，好礼乐射御书数之类，皆可为之"。"过失相规"的纲下则明确地列了"犯义之过六""犯约之过四""不修之过五"。"礼俗相交"虽然被杨开道先生批评为"《吕氏乡约》最不完整，最不健全的一部分"④，但其下实则也有若干具体可以实践的条目，涉及"婚姻丧葬祭祀之礼""乡人相接""庆吊""遗物婚嫁""助事"等。"患难相恤"之下列了"水火、盗贼、疾病、死丧、孤弱、诬枉、贫乏"等七个条目，每个条目之下都列了具体相恤的措施。⑤ 一般来说，以《吕氏乡

---

　　① （清）张召南修，刘翼张纂：(康熙)《安福县志》卷四《人物·惠义传》，《中国方志丛书》华中地方第 771 号影清康熙十八年刻本，台北：成文出版社有限公司 1970 年版，第 73页。

　　② [朝鲜] 赵宪：《朝天日记》，《燕行录全编》第 1 辑第 4 册，广西师范大学出版社 2010年版，第 272 页。

　　③ （清）张召南修，刘翼张纂：(康熙)《安福县志》卷四《人物·隐逸传》，第 66 页。

　　④ 杨开道：《中国乡约制度》，第 96 页。

　　⑤ （宋）吕大钧：《吕氏乡约乡仪》，陈俊民《蓝田吕氏遗著辑校》，中华书局 1994 年版，第 563—566 页。

约》为蓝本的乡约通常会对"德业相劝""过失相规""礼俗相交""患难相恤"四个方面逐条列举其相应的行为规范,所谓"各具条件,定为约规"①。这种逐条疏解的方式,对嘉靖朝前期以六谕为核心构建的乡约仍有一定影响。因此,嘉靖初年乡约对六谕的诠释也多采取条目的形式。"疏之为目"的诠解方式,还可能反映出 16 世纪初期的地方官员和士绅们最初实行乡约时仍然看重乡约的"约"的作用,重视乡约的规定性和约束性。用作行为规范,六谕二十四言无疑过于简化,故而要增加许多细目,以适应社会现状。以六谕为纲,疏之为目,逐条细化,以规范庶民的行为举止,这便是这种诠释方式出现的背景。

二 从《永新乡约》到《广德乡约》

乡约于嘉靖八年(1529)得到朝廷的支持与鼓励后,六谕与传统的乡约结合更为紧密。以六谕为核心行乡约产生的作用是几方面的:一方面,赋予《教民榜文》和六谕新的基层教化组织形式,更新了乡约的主要内容;另一方面,在应对乡约宣讲时,以《吕氏乡约》为代表纲目式的表达与六谕的精神进一步结合,从而形成以六谕为纲下设若干"约目"的纲目式六谕诠释文本。尽管对于六谕诠释来说,"疏之为目"是种新的诠释方式,但对乡约来说,分目设条是常见的做法。正德十四年(1519),阳明门人薛侃在家乡广东揭阳县行乡约,"约为十事,呈府给照"。其所约十事,分别指婚礼、丧礼、闺法、蒙养、谨言、处事、忍气、戒争、淫赌、自立。② 嘉靖五年(1526),广东揭阳县主簿季本在同门薛侃乡约十条的基础上,"酌为三十四条,普行一邑"③。在

---

① (明)章潢:《图书编》卷九十二《乡约总叙》,《景印文渊阁四库全书》第 971 册,第 786 页。

② (清)陈树芝纂修:(雍正)《揭阳县志》卷四《风俗·附薛侃乡约诸款》,第 330—331 页。按:《薛侃集》卷十一《乡约》系以十条增订而成,计二十二条,即冠婚、丧祭、祀先、闺法、蒙养、隆师、安分、谨言、处事、待客、忍气、戒争、淫博、弭盗、节财、自立、复古、长善、听讼、均益、约长、良知。

③ (明)薛侃撰,陈椰编校:《薛侃集》卷十一《乡约》,上海古籍出版社 2014 年版,第 392 页。

16 纪世纪初期乡约与六谕结合的过程中，以六谕为纲而逐条释为若干细目的诠释方式开始流行。

目前可知的最早以六谕为核心但同时仍采用《吕氏乡约》以来的纲目形式的乡约，是永新知县陆粲在嘉靖十二年（1533）所行的《永新乡约》。陆粲（1494—1551），字子余，号贞山，苏州府长洲县人，嘉靖五年（1526）进士，授工科给事中，嘉靖八年（1529）因为弹劾张璁、桂萼，被谪至贵州都镇驿，嘉靖十一年（1532）升任江西永新知县，次年冬乞休，即日就道归乡。① 在短暂的任职永新知县期间，他得到当地乡绅甘公亮等人的支持，在永新县行乡约。申时行称陆粲在永新"纂家礼，行乡约，修广庠序"②，政绩突出。顺治《吉安府志·儒行传》中载："长洲陆侯风裁振邑中，（甘公亮）特加敬礼，则为陈御盗殛奸诸要务，又佐之行乡约以化俗。"③ 邹守益《叙永新乡约》说："姑苏陆侯粲以司谏令永新，毅然以靖共自厉……乃询于大夫士之彦，酌俗从宜，以立乡约，演圣谕而疏之。凡为孝顺之目六，尊敬之目二，和睦之目六，教训之目五，生理之目四，毋作非为之目十有四。市井山谷之民，咸欣欣然服行之。"④ 从邹守益的记载来看，《永新乡约》的纲是"圣谕"，目是陆粲对六谕的诠释。陆粲的贡献是将明代乡约的内容从《吕氏乡约》完全替换成了六谕。值得注意的是邹守益对六谕的褒奖，称六谕比西周礼乐更简洁易从，这可以说是明太祖六谕地位抬升的萌起。更重要的作用是，在更新乡约内容的同时，《永新乡约》的做法使乡约的合法性得到了大幅提升——在明代，不可能会有人敢于指责明太祖所颁布的圣谕六条。在乡约中吸纳太祖六谕的做法，一方面表现了基层教化中对朝廷的尊崇，从而让乡约获得了更多的支持。借用阳明后

---

① （明）黄佐：《贞山先生给事中陆粲墓表》，载焦竑《献征录》卷八十，上海书店 1987 年版，第 3416 页。

② （明）申时行：《赐闲堂集》卷十八《给事中陆公传》，《四库全书存目丛书》集部第 134 册，齐鲁书社 1997 年版，第 357 页。

③ （清）李兴元、欧阳主生纂修：（顺治）《吉安府志·儒行传》，《中国方志丛书》第 272 册影清顺治十七年刻本，台北：成文出版社有限公司 1975 年版，第 431—432 页。

④ （明）邹守益著，董平编校整理：《邹守益集》卷一，凤凰出版社 2007 年版，第 54—55 页。

学中的名儒聂豹为《永新乡约》所作的序来说，"尊圣谕以利其势，敬也，智也"①。嘉靖二十三年（1544）广东增城沙堤乡约的约正伍万春在《甘泉圣训约序》中也有相似的观点，说湛若水等人在乡约之中提倡宣讲六谕有特别意义："宣以圣谕，不忘君也，忠也；……申以训词，教民睦也，顺也。"② 以至于，嘉靖年间像昆山老儒龚澹庵在增订《吕氏乡约》时，也心领神会地"以圣祖振铎警众之言揭于编首"③。但另一方面却不得不说，《永新乡约》保留了《吕氏乡约》惯有的纲目式诠释方式。遗憾的是，《永新乡约》不存，其中的"孝顺之目六，尊敬之目二，和睦之目六，教训之目五，生理之目四，毋作非为之目十有四"都是什么样的内容，不得而知。然而，值得重视的是其中毋作非为之目达到 14 目，在 37 目中占到了近百分之四十，从某种方面上来说乡约的禁约意味较重。陆粲的《永新乡约》所开启的尊崇六谕的乡约模式很快流传开来，最初是影响到邻近的安福县，即邑绅邹守益与知县程文德创行的《安福乡约》。

邹守益曾仿其师王阳明《南赣乡约》的做法，在家乡安福县小范围地推行乡约，但深感需要得到官方的督促，对季本、陆粲等人以地方官行乡约十分羡慕。其《乡约后语》云："益始见阳明先师以乡约和南赣之民，归而慕之，以约于族于邻，亦萧萧然和也。顾无官法以督之，故不能以普且久，心恒疚焉。及观彭山季子以乡约治榕城，叹曰：'同志亦众矣，胡不一得彭山子也！'及观贞山陆子以乡约治永新，复叹曰：'封壤亦迩矣，胡不得一比永新也！'乃今松溪子酌于二约，以协民宜，复参以先师保甲之法，移风易俗，将为百世大利。"④ 所谓"酌于二约"，就是参考了季本《揭阳乡约》和陆粲《永新乡约》的意思。既然参酌了以六谕为中心的《永新乡约》，在六谕的地位不断抬升的背

---

① （明）聂豹著，吴可为编校整理：《聂豹集》卷三《永新乡约序》，第 50 页。

② （明）湛若水著，徐林标点：《圣训约》，载李龙潜等编《明清广东稀见笔记七种》，第 294 页。

③ （明）顾梦圭：《疣赘录续编》，《四库全书存目丛书》集部第 83 册，齐鲁书社 1997 年版，第 182 页。

④ （明）邹守益著，董平整理：《邹守益集》卷十七，第 802 页。

景下,《安福乡约》自然不会放弃六谕之精神内核。这从邹守益的其他文字可以得到验证。邹守益说:"松溪程侯之立乡约也,敷圣训以贞教,联保甲以协俗,遴耆俊以董事。"① 又有诗赞曰:"高帝敷六言,松溪宣万姓。"② 这都表明《安福乡约》是以六谕为核心的。《安福乡约》实施的时间,大约是在嘉靖十五年(1536)。程文德(1497—1559),字舜敷,号质庵、松溪,嘉靖八年(1529)进士,嘉靖十四年任安福知县,赴任时行至赣州府,以病归,③ 次年才到任安福,遂与邹守益行乡约,"居三月而且有南曹之迁"④。《安福乡约》的内容因文献不存,就不清楚了。但是,《安福乡约》曾刊行,所谓"亟寿诸梓,图永其传",且一直到万历年间安福知县吴应明行乡约时,仍然是"仿松溪程侯乡约而兼举阳明王先生十家牌法合而录之",纂成《乡约从先录》。⑤ 邹守益本人则希望《安福乡约》能在更大范围内得到推广,并为此不遗余力。

嘉靖十七年(1538)邹守益出任南京吏部考功司郎中。赴任途中,他经过曾经任官的广德州,将《安福乡约》赠予知州夏臣。夏臣,字伯邻,号弘斋,江西贵溪人,嘉靖七年(1528)举人。邹守益《广德乡约题辞》云:"东廓邹子起废入考功,以《安福乡约》贻于广德新守。弘斋夏子取而参酌之。首以皇明圣训,而疏为二十四目:孝父母、敬兄长,曰以立本也;重礼节、戒骄奢,严内外,立族规,曰以正学也;厚积蓄,节食用,劝农桑,警游惰,禁抛荒,曰以阜财也;供贡赋,曰以昭分也;修祀典,曰以享鬼神也;崇信义,尊高年,恤寡独,周贫困,通借贷,曰以致睦也;端蒙养,正士习,曰以育才也;息争讼,贱欺诈,征奸盗,曰以罚恶也;去异端,曰以淑人心也。而复为或

---

① (明)邹守益著,董平整理:《邹守益集》卷十七《书乡约义谷簿》,第817页。

② (明)邹守益:《邹东廓先生诗集》卷二《城隍庙会乡约有感呈当道诸君子》,上海图书馆藏明刊本。

③ (明)程文德:《程文德集》卷二《陈情疏(时升安福知县)》,上海古籍出版社2012年版,第22页。

④ (明)程文德:《程文德集》卷十《复古书院记》,第144页。

⑤ (明)刘元卿:《刘聘君全集》卷四《安福乡约从先录后序》,《四库全书存目丛书》集部第154册影清咸丰二年重刻本,齐鲁书社1997年版,第93页。

问，以衍其义，将以敷于士民。"① 从《广德乡约》的内容来看，它应该是在一定程度上保留了薛侃《揭阳乡约》的影响，比如说"重礼节"与"婚礼""丧礼"二目，"严内外"与"闺法"，"修祀典"与"祀先"，"端蒙养"与"蒙养"，"息争讼"与"戒争"，"节食用"与"节财"，似乎都存在着一定对应关系。然而，由于季本的《揭阳乡约》34 条与《永新乡约》37 目、《安福乡约》的内容都不可知，我们不能确定其各目的演进是如何发生的。

三 从《圣谕六训》到《圣谕释目》

章潢《图书编》辑《圣谕释目》一篇，向来为治六谕的学者所关注。② 《圣谕释目》将六谕分释为 36 目，分别是孝顺父母 6 目（常礼、养疾、谏过、丧礼、葬礼、祭礼）、尊敬长上 2 目（处常、遇衅）、和睦乡里 4 目（礼让、守望、丧病、孤贫）、教训子孙 4 目（养蒙、隆师、冠礼、婚礼）、各安生理 4 目（民生、士习、男务、女工）、毋作非为 16 目（毋窝盗贼、毋受投献、毋酗博讪讼、毋图赖人命、毋拖欠税粮、毋斗夺、毋伪造、毋霸占水利、毋违例取债、毋侵占产业、毋强主山林、毋纵牲食践田禾、毋纵下侮上、毋傲惰奢侈、毋崇尚邪术、毋屠宰耕牛）。章潢《图书编》卷九十二《乡约总叙》云："凡乡约一遵太祖高皇帝圣训：孝顺父母，尊敬长上，和睦乡里，教训子孙，各安生理，毋作非为。右六言，各处训释非一，言虽异述，义则同归。每会，举一处所释者徐读而申演之。"由此可知，《图书编》所辑《圣谕释目》，就像前述的《圣训解》乃辑汇王恕作品一样，也是辑汇的他人作品，而并非章潢自撰。从内容看，《圣谕释目》应该是某县举行乡约、保甲的作品。例如，在其释"毋作非为"第三目"毋酗博讪讼"中，

---

① （明）邹守益著，董平整理：《邹守益集》卷十七，第 825 页。
② 杨开道、清水盛光等学者对《圣谕释目》都有过讨论，赵克生《明朝圣谕宣讲文本汇辑》也曾将《圣谕释目》收录。参见杨开道《中国乡约制度》，第 106 页；［日］清水盛光《中国乡村社会论》，岩波书店 1983 年版，第 363、374—375 页。

称："凡此邑之大蠹，宜痛加省改。"① 其"毋作非为"的第十六目
"毋屠宰耕牛"中说："自今即行禁革，敢有仍蹈前恶，呈县重治。"②
称"此邑""呈县重治"，表明这就是某个县的文献。《圣谕释目》还
提及"约正、（约）副"及"保长"等称谓。例如，释"和睦乡里"
第二目"守望"时说："凡同约，所以更相守望，保御地方无事。……
如有临事而坐视不赴者，各保长告于约正副，呈县治罪，仍量罚银两，
给被害之家，为约中不义之戒。"③ 又如"各安生理"第一目"民生"
中说，"或地二熟只种一熟，何以仰事俯育"，则其县当为南方的县。
但是，《圣谕释目》究竟是何人于何时何地行乡约时对六谕的注释，一
直不清楚。

　　不过，嘉靖《太平县志》卷五《职官下》有乡约之目，记载说：
"先是御史周公汝员巡按两浙，檄谕守令举行乡约，有司率视为具文。
今知县曾君才汉至，乃令每都为一约，推举年高德望者一人为约正，多
不过二人，以有才力能干济者为约副，人无定数。约所立大木牌一座，
楷书圣教六训置于上方，而以泰和云亭乡约、四礼条件谕令约正、副相
参讲行。凡同族或乡里有争，先以闻于约副为直之，不服则以闻于约
正，又不服则以闻于县及官司，有律重情轻或恩义相妨事理，亦判牒送
约所为直，繇是吾邑健讼之风寖衰焉，是用志之以告于继君为政者。"④
文中提到的周汝员，号冷塘，江西吉水人，嘉靖八年（1529）进士，
王阳明门人，嘉靖十六年（1537）巡按浙江。知县曾才汉，是嘉靖十
九年（1540）编定的《太平县志》的主修者。负责县志主纂的人是叶
良佩。曾才汉，字明卿，号双溪，泰和人，出身官宦家庭，其父曾宪于
正德三年（1508）曾任广东顺德县知县。曾才汉中嘉靖七年（1528）
举人，由举人授将乐县知县，未任，丁外艰，起复，改除浙江太平知

① （明）章潢：《图书编》卷九二，第3186页。
② （明）章潢：《图书编》卷九二，第3187页。
③ （明）章潢：《图书编》卷九二，第3184页。
④ （明）曾才汉修，叶良佩纂：（嘉靖）《太平县志》卷五《职官下》，《天一阁藏明代
方志选刊》第17册影印嘉靖庚子刻本，上海古籍书店1963年版，第2页下至第3页上。

县，于嘉靖十七年（1538）六月到任，① 嘉靖二十二年（1543）调任茶陵知州。② 在茶陵州任上，曾才汉政绩优异。《明世宗实录》卷三一一载："嘉靖二十四年（1545）七月……丁丑，巡按湖广御史伊敏生言，岳州府知府陆埒、茶陵州知州曾才汉政绩卓异，宜示劝奖。上以埒有捄荒实政，诏升四品京堂官。曾才汉升俸一级，遇缺推用。"③ 之后，曾才汉历任工部员外郎、江西参议、湖广参议，嘉靖三十三年（1554）任湖广按察佥事，分守荆西道。④ 曾才汉曾经师从王阳明，为阳明门人。叶良佩《省观堂记》称，曾才汉"问道阳明先生，得其正传"⑤。他在嘉靖三十四年曾据黄直、钱德洪等人所抄录同门汇编的阳明遗言刊刻《阳明先生遗言录》，后为钱德洪删定为《传习录》下卷。⑥ 其在太平县所设社学，亦"取阳明先生《小学教约》畀之"⑦，则其倾向于阳明学的学术宗旨是很明确的。

曾才汉任太平知县六年，其间以六谕行乡约以励风俗，而所据则分别是"云亭乡约、四礼条件"。四礼条件即《吕氏乡约》的四礼条件——"德业相劝""过失相规""礼俗相交""患难相恤"，而云亭乡约是曾经在曾才汉的家乡泰和在嘉靖十年（1531）所行的乡约。罗钦顺《云亭乡约序》记载："嘉靖十年四月甲子，吾乡大夫士会于龙福寺中者，凡十有七人，议乡约也。众志素协，议即时以成。夫礼之当由，人莫不知然，或为习俗所夺，有不能无悖于礼者，见者闻者既皆以为非，是亦何惮而不改耶？此无他，莫或为之倡焉耳。夫习俗之不美，固非一人一家之失，而仁让之兴，鲜不自一人一家始。乡约之议，其诸大学之所谓机也。一人倡之，众人辄从而和之；一家行

---

① （明）曾才汉修，叶良佩纂：（嘉靖）《太平县志》卷四《职官志上》，第5页下。

② （清）谭钟麟等纂：（同治）《茶陵州志》卷十五《官守》，《中国地方志集成》湖南府县志辑第18册影同治十年刻本，江苏古籍出版社2002年版，第136页。

③ 《明世宗实录》卷三一一"嘉靖二十四年七月丁丑"条，第5724页。

④ （明）孙文龙纂：（万历）《承天府志》卷八《秩官》，《日本藏罕见中国地方志丛刊》，书目文献出版社1990年版，第138页。

⑤ （明）曾才汉修，叶良佩纂：（嘉靖）《太平县志》卷四《职官志上》，第13页下。

⑥ 吴震：《〈传习录〉精读》，上海人民出版社2023年版，第48—49页。

⑦ （明）曾才汉修，叶良佩纂：（嘉靖）《太平县志》卷四《职官志上》，第9页下。

之，一乡辄从而效之。俗之变而归于厚也何有哉？凡今日之约，皆目前近事，易知易行。会议之人，不出一乡之外，亦取其近而易集耳。然始于近易，而远大固可推也。变自一乡，而他乡亦可动也。此吾辈之志也。议初发于西涧曾公，天机所触，诸君子应之如响，卜日征会，一惟西涧之听。……编刻首条约、次则乡先正尹文和公书、又次西涧初议，而终之以会中所赋之诗。"① 云亭乡在泰和县南。嘉靖十年（1531）的《云亭乡约》，主持者除泰和名儒罗钦顺（1465—1547）之外，还有尹氏、曾氏两姓，而西涧曾公在其中发挥了重要的作用。还因为罗钦顺的影响，在嘉靖末年，在曾于乾（1519—1561）以及曾氏族人的推动下，曾氏族中还曾经复行《云亭乡约》。② 即便到万历年间，安福知县吴怀溪行乡约，仍是"按程公旧籍（即程文德所行安福乡约），参取云亭、吉水条规"③，可见《云亭乡约》在吉安府影响之大。现在尚不确知曾才汉是否曾经与《云亭乡约》有过密切联系，但他肯定是知道家乡泰和所行的《云亭乡约》，并且在十几年后将其内容带到自己的为官之地——浙江省太平县。著名朱子学者罗钦顺的《云亭乡约》，在阳明门人曾才汉的传播下将到另外一个地方开花结果，却无任何违和感。可见，在社会基层治理上，朱子学者与阳明学者有共同的理想。

曾才汉在浙江太平县的乡约宣讲，产生了一种新的六谕注释文本——《圣谕六训》。嘉靖《太平县志》记载："《圣谕六训》：孝顺父母目凡六，尊敬长上目凡二，和睦乡里目凡四，教训子孙目凡四，各安生理目凡四，毋作非为目凡十六。"④ 虽然没有看到其完整内容，但却发现它的目的数量与《圣谕释目》完全相同。这种现象比较奇特，因

---

① （明）罗钦顺：《整庵存稿》卷七《云亭乡约序》，《景印文渊阁四库全书》第1261册，台北：商务印书馆1985年版，第102—103页。

② （明）胡直：《衡庐精舍藏稿》续编卷八《亡友月塘曾君墓志铭》，《景印文渊阁四库全书》第1287册，台北：商务印书馆1985年版，第745页。

③ （明）王时槐：《友庆堂存稿》卷十《安福乡约从先录跋》，复旦大学图书馆藏万历三十八年萧近高刻本，第4页。

④ （明）曾才汉修，叶良佩纂：（嘉靖）《太平县志》卷五《职官下》，第2页下至第3页上。

为在所有的纲目体的六谕文本中，纲下目数完全相同的两个文本，仅此一例。最大的可能性是，章潢所汇辑的《圣谕释目》来源于曾才汉的《圣谕六训》。

四　《新安乡约》与纲目体之终结

纲目体的六谕诠释，注释方式比较琐碎，征引繁多，内容庞杂，有时征引洪武年间的礼制，显得不合时宜，也不利于文化层次较低的平民理解。因此，尽管在乡约初行的阶段由于受《吕氏乡约》四礼条件纲举目张的排列方式的影响一度颇为流行，但至嘉靖朝后期便逐渐为说理式的诠释方式所取代。以六谕为纲，以禁约性的条款为目的纲目体六谕诠释文本，最后的一份应是嘉靖四十三年（1564）至嘉靖四十五年（1566）间徽州知府何东序在徽州府境内所行的《新安乡约》。

何东序（1531—1606），字崇教，号肖山，山西平阳府蒲州猗氏县（治所在今山西临猗县猗氏镇）人，嘉靖三十二年（1553）进士，授户部主事，历郎中，以疾归，起补为刑部郎中，嘉靖四十三年（1564）出任徽州知府，隆庆元年（1567）调任浙江衢州知府，隆庆二年升兵备副使，守紫荆关，隆庆四年升右佥都御史巡抚延绥，后以功升副都御史，隆庆五年以忤高拱致仕归，乡居四十年，万历三十四年（1606）卒，年七十六，所著有《九愚山房集》九十七卷、《徽州府志》二十卷。① 他是一个对于乡约很有热情的人。在任衢州知府的上计稿中，他给朝廷的《时政疏》中就提议行保甲乡约，说："至各州县乡村，原设有申明亭，历年久远，废缺无闻，苟及时修举，俾官司往来有所舍止，督行乡约，申明保甲，其于祖宗化民成俗寓兵讲武之意未必无少补矣。"② 因此，在嘉靖四十三年至四十四年任徽州知府的三年时间里，他推行了《新安乡约》。何东序《新安乡约引》说：

---

① 参见李怡霖《明代延绥巡抚何东序生平考》，《宁夏师范学院学报》2022 年第 8 期。
② （明）何东序：《九愚山房集》卷五十九，国家图书馆藏万历二十八年刻本，第 10 页上。

惟政治以风俗为先，风俗以教化为本。我太祖高皇帝继天立极，法古致治，既设为庠序学校之教，申之以孝悌礼义之则，乃犹置为木铎，宣以圣谕，徇行道路，晓示间阎，诚欲使愚夫愚妇之微，咸跻于兴仁兴让之域，家不殊俗，屋皆可封，甚盛德也。然议道置民，本皆人君作则，而承流宣化，根在有司力行。惟仕者无任职之心，治尚苟简，斯民也无慕善之志，世渐浇漓，即有善者，或置身于一齐众楚之乡，孤立莫助，纵使恶者愈得志于杯水车薪之势，朋比为奸，事变纷起，讼狱繁兴，虽法网为益密，徒厉阶之为梗。泽不下究，民则何辜。惟兹新安，自古名郡，俗以不义为羞，衣冠不变，士多明理之学，邹鲁称名。顾承平既久，日异而月不同。污俗相传，上行而下尤效。职责在拊循，心求称塞，尚赖风俗之一变，庶免瘝旷于万分。窃念正民之德，在服习于耳目常接之间，易人心之恶，贵预止于念虑未发之际。择取古人遗训，汇集乡约成编，本之伦理以正其始，昭之鬼神以析其几，易则易知，简则易从，秉执之性有常，作善降祥，作恶降殃，感应之几不爽。务期事简刑清，和乐溢于上下，风移俗易，忠厚格于神明。有丰亨裕泰之休，无水旱凶灾之谴，苟可裨于治道，敢徒事乎虚文。凡我僚属，庶其寡尤，率尔群黎，愿言多福。谨遵圣谕，申告于尔士庶，常目在之焉。[1]

按照何东序修于嘉靖四十五年（1566）的《徽州府志》，其在徽州所行乡约事作如下之规定："一、约会依原编保甲，城市取坊里相近者为一约，乡村或一图或一族为一约。其村小人少附大村，族小人少附大族，合为一约。各类编一册，听约正约束。一、每约择年高有德为众所推服者一人为约正，二人为约副，通知礼文者数人为约赞，导行礼仪，为司讲，陈说圣谕。又得读书童子十余人歌咏诗歌，其余士民俱赴约听

---

[1] （明）何东序：《九愚山房集》卷十六，第14页上至第15页下。

讲。有先达缙绅家居，请使主约。"① 何东序的政令在当时各县应该得到了有效的推广。嘉庆《绩溪县志》载："嘉靖四十四年，知县郁兰奉府何东序乡约条例，令城市坊里相近者为一约，乡村或一图一族为一约，举年高有德一人为约正，二人为约副，通礼文数人为约赞，童子十余人歌诗，缙绅家居请使主约，择寺观祠舍为约所，上奉圣谕牌，立迁善改过簿。……宣讲孝顺父母六条。"② 至于士民听讲时所听的内容，即何东序基于六谕所作的乡约，是以六谕为纲，而且逐条注释为目的。《徽州府志》中说："其约以圣谕训民榜六条为纲，各析以目，孝顺父母之目十有六，尊敬长上之目有六，教训子孙之目有五，各安生理之目有六，……毋作非为之目有十，详载《新安乡约》中。"③《新安乡约》的全文已不可见。然何东序《九愚山房集》收录了何东序对六谕的解释：

> 孝顺父母
>
> 孟子曰：孩提之童无不知爱其亲者，则孝本天性然也。及其既长，或移于妻子利禄，始有不能尽道其间，而人子之义亏矣。是故必先有以教之。圣训教民，以孝为首务，示民知所本也。嗟呼，使事亲者能不失其赤子之心，虽大舜何以加焉。
>
> 尊敬长上
>
> 孔子曰：出则事公卿，入则事父兄，此弟子之职也。先王制为上下尊卑之礼，虽坐作进退应对之间，无不品节详明，凡以名分至严，不可毫发僭差尔。圣训以此教民，所以明有分也。
>
> 和睦乡里
>
> 孟子曰：乡田同井，出入相友，守望相助，疾病相扶持，则百姓亲睦。盖井田之法也。后世此法虽废，而乡里之义固存焉。圣训教民以此，次于孝弟之后，诚欲使仁让之风，合家国而一之也。嗟

---

① （明）何东序修，汪尚宁纂：（嘉靖）《徽州府志》卷二《风俗》，第68页。
② （乾隆）《绩溪县志》卷三《乡约》，国家图书馆藏清乾隆二十一年刊本，第34页。
③ （明）何东序修，汪尚宁纂：（嘉靖）《徽州府志》卷二《风俗》，第68—69页。

呼，人能明乎乡里之义，斯天下无事矣。

教训子孙

孔子曰：老者不教，幼者不学，俗之不祥也。夫不祥亦多端矣，而有取于教与学何哉？以人之子孙多姑息于童蒙之时，习为不善，久则难变也。蒙以养正，则终身之道恒必由之。圣训诸条，当以此为先务焉。

各安生理

王者办物居方，勿使四民杂处，俾少而习，长而安，不见异物而迁，所以守职业，消乱萌也。盖安则各得其所，各遂其生，反是则侵凌争夺之患起，而天下多事矣。是故圣训教民，以各务植生理为本。

毋作非为

按孟子引放勋曰：劳之来之匡之直之辅之翼之，使自得之，又从而振德之，盖命契之辞也。尧之忧民，既教以人伦矣，乃复申谕谆谆若此，非以下民之性易于流荡而惧其或犯于有司以戕其生邪？是故圣训教民，必以此终，戒焉。①

在总的对六谕的分条诠解之下，又以其每一条为纲，下分若干目，作具体规定。嘉靖《徽州府志》则节略了其关于"各安生理"诠释的第六目"定分"，说："其六曰定分。□□□青果鸡豕有数，衣丧宫室有制。昔贾谊太息侈□□□而上无制度，其由于庶人不知礼义。徽土庶人其尤者，墙屋、器皿、衣服、坟墓□越制。伏睹高皇帝制礼坊欲，大哉皇猷。今举会典志十□□以□其侈云。（1）洪武三年，令庶民男女衣服并不得僣用金绣锦绮、纻丝绫罗，许用纻绢素纱，其首饰钏镯并不许用金玉珠翠，止用银。（2）洪武五年，令凡民间妇人礼服惟用紫染色绵，不用金绣。凡妇女袍衫，止用紫、绿、桃红及诸浅淡颜色，不许用大红、鸦青、黄色。带用蓝绢布。（3）洪武六年，令庶民巾环不得用金玉、玛瑙、珊瑚、琥珀。（4）洪武二十四年，令农民之家许穿纻纱绢布，商贾之家止许绢布，如农民之家但有一人为商贾者，亦不许

---

① （明）何东序：《九愚山房集》卷十六，第15页下—17页下。

穿绸纱。（5）士庶妻首饰许用银镀金，耳环用金珠，钏镯用银，服浅色，团衫许用纻丝绫罗绸绢。（6）一、伞盖，庶民并不得用罗绢凉伞，许用油纸雨伞。（7）一、庶民所居房舍，不过三间五架，不许用斗拱及采色妆饰。（8）一、庶民酒注用锡，酒盏用银，余磁器。（9）一、庶人茔地九步，穿心一丈八步，止用圹志。国朝居室衣饰之制，略其如上。其饮食之节，有温公《家训》。"①

为方便分析，笔者为诠释文本中的引文标上序号，逐一分析其引用的来源。通过比对，发现：第（1）（3）条引自正德《大明会典》卷五十八《士庶巾服》。②第（2）条引自正德《大明会典》卷五十八《士庶妻冠服》，第（5）条载见《大明集礼》，亦见于正德《大明会典》卷五十八《士庶妻冠服》;③第（4）条的内容见于正德《大明会典》卷五十八《士庶巾服》，但时间不是"洪武二十四年"，而是"洪武十四年"，④何东序在引用时出现了一个小错误。以上基本是原文引用。第（6）条伞盖的内容不是原文引用，而是对一品至九品官伞盖用绢而庶民只能用油纸雨伞的规定的一个概括。⑤第（7）条与第（8）条基本上是原文引用正德《大明会典》里的话，唯第（8）条的原文是"庶民酒注用锡，酒盏用银，余磁、漆"⑥。显然此时民间瓷器的使用远甚于漆器，故而此处只言瓷器。这也是何东序因时制宜而做的一个改变。第（9）条也引自正德《大明会典》卷一百六十二《职官坟茔》，不过原文作"庶人茔地九步，穿心一十八步，止用圹志"⑦，而不是"一丈八步"。看得出来，何东序在"定分"的基础上，选择了庶民最常用的衣着穿戴、饮食之器、房屋与茔地等养生送死之所等与生活最为密切相关的事项为庶民进行讲解，在原文方便易

---

① （明）何东序修，汪尚宁纂：（嘉靖）《徽州府志》卷二《风俗》，第68—69页。
② （正德）《大明会典》卷五十八《士庶巾服》第二册，东京：汲古书院1989年版，第51页。
③ （正德）《大明会典》卷五十八《士庶妻冠服》第二册，第52页。
④ （正德）《大明会典》卷五十八《士庶巾服》第二册，第51页。
⑤ （正德）《大明会典》卷五十九《房屋器用等第》第二册，第59页。
⑥ （正德）《大明会典》卷五十九《房屋器用等第》第二册，第59页。
⑦ （正德）《大明会典》卷一百六十二《职官坟茔》第三册，第398页。

懂时则用原文，在原文繁复时则加以删减概括。然而，即便如此，这种诠解方式还是繁复，虽有禁约的效果，但却未必能达到让人悚然警醒的效果。

令人感慨的是，何东序《新安乡约》的诠释虽然还保持着《圣谕释目》那样的纲目体模式，但是却也部分地吸收了"说理式"诠释方式，甚至可以说是说理式诠释方式与纲目式诠释方式的融合，即：前半部分是对六谕的逐条解说，后半部分是以六谕为纲下列若干目对人们的行为进行规范。其中，说理式的诠释方式以俚近的俗语把六谕二十四字的道理细致地解释清楚，从某种程度上来说是延续了王恕《圣训解》以来的传统。在乡约中除了对六谕进行解说外，要加入禁约的条目，这种做法在后来还有延续。例如，翟栋于万历四十六年（1618）任陵县知县，见当时"乡约六谕，上下视为具文"，乃"手注圣谕六解、五休、五要刊示，于朔望日躬亲讲解，悚人听闻"①。所谓"五休、五要"大概是要求治下平民须遵守的禁约及行为规范，这些条款的布列是在说理性解释"六解"之后。江西信丰县人甘士价（1553—1608），字维藩，号紫亭，万历五年（1577）进士，初令黟县，万历九年（1581）调丹徒知县，②万历十四年（1586）十月行取为御史。③治丹徒期间，他推行乡约，"首圣谕六条，继以王三原公所为训释，又继以我丹阳风土习俗所宜，公为增损四十六款"④，似乎也是先列说理性的《圣训解》，再根据丹徒县的具体情况作了四十六条规约。但是，相比于纯粹说理式的诠释文本，纲目类的六谕诠释文本越来越少。酒井忠夫先生就认为，到嘉靖末年，以罗汝芳的《宁国府乡约训语》为代表的那种以白话俗文宣讲六谕的乡约新形式最终确立。⑤正因此，纲目体的诠释文

---

① （明）康丕扬：《邑侯翟公传》，载（光绪）《陵县志》卷十六，光绪元年增刻本，第25页。

② （清）刘诰修、徐锡麟纂：（光绪）《重修丹阳县志》卷十六《名宦》，光绪十一年刻本，第7页上。

③ （清）谈迁：《国榷》卷七十三"万历十四年十月辛巳"条，第4544页。

④ （明）姜宝：《姜凤阿文集》卷十七《丹徒县乡约序》，第742页。

⑤ ［日］酒井忠夫：《中国善书研究》，弘文堂1960年版，第49页。

本流传甚少，今存的唯有章潢《图书编》中所录《圣谕释目》（极有可能为泰和人曾才汉在浙江太平县所行乡约文本《圣谕六训》）以及部分可见的何东序在嘉靖末年徽州府所行的《新安乡约》片段，而《新安乡约》对于《明会典》不厌其烦地引证或许也正是这一种诠释文本的绝响。

第三章

16 世纪前期六谕诠释的发展

嘉靖年间，六谕借助乡约发展迅速。对于六谕的关注，风气已开。从上层官僚到下层士人无不注意及此。上层官僚如刑部尚书许讃、南京吏部尚书湛若水等人作圣训赞等，下层士绅如颜钧、汪济、谢显等人亦为六谕作各种训释性的注解歌咏。嘉靖十五年（1536）唐锜的《圣训演》与嘉靖二十三年湛若水的《圣训约》是这一时期具有代表性的诠释文本。所不同的是，唐锜似乎对于乡约并不完全认同，他所中意的仍然是明朝前中期的振铎宣讲之制，而湛若水却在门人的推动下在其家乡增城实行乡约，并且留下了《圣训约》的诠释作品。相同的则是，虽然二者均包含六谕的诠释，并且以"圣训"为名，但其关于圣谕注释的部分在其整个文本中却只占较小的一部分。这种既作为精神内核但在篇幅上却又不占优的六谕诠释，可以视为嘉靖前期六谕缓慢成为教化的精神内旨的开端，与后来的若干文本完全围绕圣谕六条而展开似乎有一定区别。

一 唐锜《圣训演》

在明代的六谕诠释文本中，唐锜《圣谕演》是最早独立成书的一种，也是最为研究者所关注的一种。① 现存《圣训演》三卷为朝鲜刻

---

① 除酒井忠夫《中国善书研究》对《圣训演》的研究之外，近期林晋葳的论文《圣谕与教化：明代六谕宣讲文本〈圣训演〉研究》（硕士学位论文，台湾师范大学，2020 年）对此有专门的研究。

本，上卷包括吏部尚书王恕、刑部尚书许讚的"名臣注赞"，以及增录事类，即时任陕西提学副使龚守愚辑录与六谕所谈伦理相关的历代"嘉言"和"善行"；中卷为《察院公移》及徐效贤、张玠对公移的敷演；下卷为张玠所摘录论妇德、妇功的文字；前附许讚序，末附唐锜后序及龚守愚《恭题圣训演后》。主持编定该书的作者是时任陕西巡按御史的唐锜，书成于嘉靖十五年（1536）。① 关于作者唐锜及龚守愚等人生平，前文已述及，此处不赘。

《圣训演》上卷收录的名臣注赞，分别是王恕之注与许讚的赞。王恕注已在前文做过详细的讨论，兹再谈许讚的赞。许讚（1473—1548），字廷美，河南府灵宝县人，出身明代著名的灵宝许氏家族，为吏部尚书许进第三子，弘治九年（1496）进士，历大名府推官、陕西道御史、翰林院编修、山西提学副使、四川参政、按察使、浙江布政使、光禄寺卿、刑部右侍郎、左侍郎、刑部尚书、户部尚书、吏部尚书，入阁兼文渊阁大学士。嘉靖七年（1528），许讚升任刑部尚书。嘉靖九年（1530），时任刑部尚书的许讚为六谕作赞。《圣训演》卷首载有刑部尚书许讚嘉靖九年（1530）九月初十日为赞所作之序："臣讚伏睹我太祖高皇帝教民榜训，先后六言，其于古今纲常伦理、日用事物之道，尽举而无遗。斯世斯民，所当日夜儆省而遵行之者也。夫道二，善与不善而已矣。圣训先五言，则凡善之所当为者不可不勉，后一言，则凡恶之所不当为者不可不戒。……臣讚本以菲才，荷蒙圣上擢掌邦禁，深愧辜明刑之任，昧弼教之方，窃惟率土之民举遵圣训，则比屋可封，人人君子，而刑无事于用矣。刑以无为功。臣仰读圣训，重复思绎，谨著赞语各二十二句，尚愧无以发扬圣祖之洪谟显烈，而期望斯民遵圣训、远刑法，以少裨圣上重熙累洽之化，则区区犬马之诚，不容自已者

---

① 该书藏本甚少，日本尊经阁文库、蓬左文库有藏，北京大学图书馆藏朝鲜活字本。《北京大学图书馆藏古籍善本书目》（北京大学出版社1999年版）著录："《圣训演》三卷，明许讚、龚守愚编，明嘉靖朝鲜活字本印。"（第224页）然该书的实际主持者是唐锜，而时任陕西提学副使龚守愚是刻印者，蒲城县儒学教谕徐效贤、西安府儒学教授张玠对此书也有贡献。《北京大学图书馆藏朝鲜版汉籍善本萃编》于2014年将该书影印出版。

焉。"① 从许讚序可以看出三点：第一，许讚的赞最早是独立的，并未与王恕之注并行；第二，许讚序极力颂谀六谕，称其包罗古今伦常、日用事物之道，实为晚明神化六谕之滥觞；第三，序中说遵行六谕可以"远刑"，这一思想符合许讚作为刑部尚书须"明刑弼教"之责，可能对之后罗汝芳、郝敬等人在诠释六谕时常把六谕与《大明律》放在一起讨论是有一定影响的，而且可以说为之后六谕诠释时增入律例的做法提供了理论先导。许讚为六谕所作的赞词，是整齐的四言二十二句，很方便人们宣讲朗诵。其内容虽然是陈旧说教，但反映出当时的社会问题，如"勿作非为"的赞词写道："勿贪人财，勿冒人籍。"这反映出冒籍在当时是一个普遍的社会问题。虽然最早是独立成篇的，但很快人们便将许讚的赞与王恕的解并称了。但是，王恕和许讚的注赞文本虽有流行，但民间宣讲不力，"诵之弗知也，知之弗悟也，悟之弗行也"②，徒为具文。因此，六谕要真正成为基层教化的根本宗旨，关键仍在于"讲"。为此，陕西巡按唐锜在嘉靖十五年着力要恢复明初的木铎宣讲之制，并因此催生了包括注赞在内的一个新的注释文本，即《圣训演》。

《圣训演》的上卷是其核心的内容，中卷和下卷实际上更多的是配合六谕诠释而附的，实则是使六谕诠释如何落地的一些更符合地方实情的措施与规约。唐锜《察院公移》要求：

> 御制训词及三原王尚书注解，深切著明，人所易知易行。但日久教弛，有司者视为末务，木铎者苟具虚名，民不知教，狱讼繁兴，无怪其然也。先王之治，先养而后教，出礼斯入刑。……今之所教者学校，而学校之教则又止于作文章取科第而已，学校之外百姓无闻焉。……木铎虽设而皆阘茸之人，训词虽宣而皆事故之应，且被役者以为贱役而羞为之，观听者以为贱役而非笑之，何望其能化人也？仰各拣选乡中抵业笃实者充为木铎老人，

---

① （明）唐锜：《圣训演》卷首，第405页。
② （明）唐锜：《圣训演》卷末《圣训演后序》，第571页。

使各整衣振冠，仍将训词朱牌金书，上刻圣谕，分刻王尚书注解
于下，沿乡劝谕，望日则集里中老稚于各社庙逐一训谕，朔日则
负牌摇铎，由甬道直入公堂，以示优礼。然木铎但可训谕，而蒙
养则系于社学，二者固相表里也。仍选教读分投各乡训诲，各选
蒙童声音洪亮者六名，将训谕注解熟读朗诵，望日各同木铎在
乡，朔日同城中童生赴有司，训谕注解，逐款高声诵说，在官一
应点卯人役及坊厢老稚分立月台之下，左右静听，仍将《日记故
事》《为善阴骘》《孝经》《小学》各摘数条有关伦理者，以类相
附讲论，各乡俱照举行。又各置空白文簿一扇付木铎老人收执，
每遇乡中有恶善，明白戒劝，仍将戒劝过姓名实迹随即登簿。如
有争讼，亦听劝化。季终赴各司查比，申明戒劝，年终通行赏
罚。行之既久，人心知劝，则又选举一二人大家照乡约举行，以
厚风俗。①

可见，唐锜所主张的基层教化既不同于明初简单的振铎老人每月六
次宣唱圣谕六条，也不同于当时一些地方所行的乡约，而是将两者结合
起来，由振铎老人望日在乡、朔日在城分别宣讲，而宣讲的做法包括立
善恶二簿的做法，其实很近似于当时的乡约，虽无乡约之名，所行则乡
约之实。

所讲内容，则除王恕、许讚的"名卿注赞"之外，还从《日记故
事》《为善阴骘》《孝经》《小学》等书中摘录与伦理有关者，以类相
附讲论，遂使六谕诠释内容于王恕、许讚的"名卿注赞"外补充一
"嘉言"和"善行"。"嘉言""善行"的收录，大概是模仿了朱子《小
学》外篇专纪"嘉言""善行"的做法，但其中的内容是完全不同的。
其中总共引用的"嘉言"26条，分别出自《礼记》（7条）、《论语》
（6条）、《孟子》（4条）、朱子《小学》（3条）、《孝经》（1条）、《诗
经》（1条）、《左传》（1条）、《国语》（1条）、《蓝田吕氏乡约》（1
条），还有未详出处的朱子语1条，可见所录不尽出《孝经》《小学》，

---

① （明）唐锜：《圣训演》卷二《察院公移》，第469—472页。

反而其中出自四书五经的居多。善行的例子，有 40 例。（参见表 3-1）

"嘉言"与"善行"，作为圣谕六条诠释的引证与例证，成为六谕诠释的有机组成部分。但是，显然《圣训演》的作者认为仅六谕的六条无法赅全所有伦理，例如"忠"和"信"的伦理。然而却又不能对六谕本身进行改易，只能从"嘉言"与"善行"这类引证、事证上稍加补充，于是便在此之外多出了"增录事类"，分"忠类""信类""妇德"，下面再分"嘉言"与"善行"，又共计录了嘉言 10 条，多出自《论语》与朱子《小学》，以及 23 个事例，而妇女节孝的例证多至 9 例（参见表 3-1）。至于缘何要从这些书中选取嘉言善行来教诲民众，蒲城县学教谕徐效贤解释说："六训备示为人之理，昭哉明矣。然民性之蔽或未易开，非古人已试之成效，无以歆动其心也，故必取证于此，欲其知某也以孝亲弟长立身鸣世，某也以和睦教训康身裕后，某也以勤生业而成功名、享富贵，某也以不作非为而受安逸，获寿考，则前人之陈迹、后人之明鉴孰不笃信而力行乎？"① 林晋葳发现，《圣训演》中的善行故事，"多有出自元代编纂的著名启蒙类书《日记故事》者，亦可推衍《日记故事》流传至明代的影响"②。

表 3-1　　　　　　　　《圣训演》卷上的"嘉言"与"善行"

	嘉言		善行	
孝敬父母	4 条	《孝经》1 条；《礼记》2 条；《孟子》1 条	10 例	闵损、孟宗、盛彦、王延、潘综、吴逵、王崇、李咨、夏侯诉、吴二
尊敬长上	5 条	《礼记》4 条；《孟子》1 条	8 例	杨厚、王览、刘洛、崔孝芬、赵彦霄、李善、庾衮
和睦乡里	4 条	《论语》2 条；《孟子》1 条；《蓝田吕氏乡约》1 条	6 例	疏广、张湛、郭震、吴奎、李士谦、赵秋

① （明）唐锜：《圣训演》卷中，第 482 页。
② 林晋葳：《圣谕与教化：明代六谕宣讲文本〈圣训演〉研究》，第 4 页。

续表

	嘉言			善行	
教训子孙	4条	《论语》1条；《小学》2条；朱子语1条	6例	孟母、马援、诸葛亮、柳玭、范质	
各安生理	5条	《诗经》1条；《论语》2条；《孟子》1条；《左传》1条	5例	宛孔氏、庞公、吕正献公、李珏、刘留台	
毋作非为	4条	《论语》1条；《礼记》1条；《国语》1条；《小学》1条	5例	郭解、周处、陈寔、赵抃、司马光	
			增录事类		
忠类	4条	《小学》1条；《论语》1条；《孟子》1条；诸葛亮语1条	7例	王蠋、豫让、张巡、朱云、申屠刚、陈尧佐、张洎	
信类	3条	《论语》2条；《资治通鉴》司马光语1条	7例	季札、魏文侯、郭伋、范式、刘安世、种世衡	
妇德类	3条	《周易》1条；《小学》2条	9例	陈孝妇、郑义宗妻卢氏、王凝妻李氏、尹氏、杨氏、闻氏、李仲義妻刘氏、傅驴儿妻岳氏	

《圣训演》的卷中更像是彼时唐锜等人推行基层教化过程中的文件汇编，包括《察院公移》及蒲城县儒学教谕徐效贤对唐锜察院公移文字的进一步演申。前引唐锜的公移中明确地展现了他重新颁行王恕的六谕诠释的动机就是要推行基层教化。徐效贤对《察院公移》中唐锜所说的"民不知教，狱讼繁兴""出礼入刑，听狱者弗之悯""学校之教止于作文章取科第""气质稍偏，未保其弗纳于邪""严衣冠以示优礼"等语，一一进行解释与发挥，进一步说明为什么唐锜要推行教化，以及在这一过程中应注意哪些问题。其中，徐效贤就唐锜在木铎之外，依托社学及教读来进一步宣阐德教的做法也作了说明："切原俗学之弊，由失养于小学也。于是谨社学之教，详童蒙之训焉，而稽考善恶壹簿，则又以治人举治法之实迹。……夫训谕专于木铎，教可行矣，而兼重教读之选者何也？以木铎之振足以警众，而或艰于

辞说，教读之立，颇通文意，而可责其讲明，蒙童又良心未丧，易于保养，木铎、教读诚相为表里也。"① 徐效贤认为，木铎老人的振铎而呼，固然可以"警众"，但其中的道理却未必阐发得明白，所以需要通过社学教读来教育儿童肄习熟练，一则可以将道理进一步向幼童传授，二则也借此可以在基层社会得到更广泛的传播，收到实效。徐效贤还解释为什么"在乡之童蒙及木铎以望日集于社庙讲说"，乃是因为"穷乡僻地，文教难于周洽"，通过"聚听"这样的方式可以使"一社之长幼卑尊皆惕然以省，翕然以悟"②。应该说，通过社学及其教读来加强地方教化，是明代中期以来的一种趋势，从而使原本以教育童蒙为主的社学日益趋于与乡约等基层教化合流。例如，嘉靖四年（1525）十一月，莆田进士朱道澜任增城知县后，即命每乡举保年高行检一人为会长，每月率乡人会于一堂，"令社学师设案，诵《为善阴骘》一遍而退"③。从社学教读到地方儒学教官，是唐锜此次推行基层教化的主要组织者与责任人。这从徐效贤对唐锜缘何要在坊乡宣讲圣谕以及如何推行所作的阐释或落实就可以验证。例如，唐锜要求："各乡俱照举行，又各置空白文簿一扇付木铎老人收执，每遇乡中有恶善，明白戒劝，仍将明白戒劝过姓名实迹随即登簿。"而蒲城县学教谕徐效贤便对善恶二簿的记载之法作了要求："簿内所书，不出六训，如某人孝顺父母，则书某年月日为父某、母某何如竭力尽孝，与平昔孝行如何，必卓有实迹，为通社人所共知，不徒泛以孝顺字样塞责。苟有不孝者，亦据事实书。其尊敬长上以下五训皆然。提调衙门亦将逐乡各里立过社会备置总簿，使每月朔日木铎集聚之时，各令即将所记过善恶实迹类书于上。"④ 另外，还提议在善恶簿之外"另置一簿，立为兴仁、集义等样名目"⑤。

---

① （明）唐锜：《圣训演》卷中，第478—479页。
② （明）唐锜：《圣训演》卷中，第480页。
③ （嘉靖）《增城县志》卷三《名宦》，《天一阁藏明代方志选刊续编》第65册，上海书店1990年版，第3页下至第4页上。
④ （明）唐锜：《圣训演》卷二，第482—484页。
⑤ （明）唐锜：《圣训演》卷中，第484页。

《察院公移》两条，除上一条之外，另有一条，则为"正婚丧以敦风化事"，要求依礼嫁娶丧葬："今后婚姻止照婚礼以类匹配，果酒布绢之外，不许女家多索掯勒。死葬亦照《家礼》称家有无，逾月埋葬。其有女年二十、男年三十及停枢在家年久者，俱限一月以里各要依期嫁娶安葬。敢有故违……问罪。"① 其中婚约一则要求婚嫁不得"讲论礼物"，二则要求女子既聘"无再字之理"，三则不主张"妇人再醮"，四则不主张商人在外游商多年不归而妇女改嫁适人，五则强调嫁娶不得惑于阴阳之说。② 丧约五条，则要求"亲丧无饮食酒肉之礼"，不得"饭僧修醮，供设道场"，"丧具称家有无"，丧葬不宜"侈于祭奠"，卜兆择期宜据大统历，不得惑于阴阳风水之说。③ 而西安府儒学教授张玠亦对婚丧诸条逐一解释。他说："巡按察院以厥赋惟均，感无不善，乃祇承圣祖御制训辞与名卿注赞，昭示秦邦，广教思也。然犹以婚丧二条痛革浮靡，以附其后，岂无谓欤？盖婚丧人道之始终，诚不可忽。"④ 故而"察院深知其弊，布为宪条，申饬圣祖训辞、名贤注赞，旁采古人嘉言善行，集诸简端，复以婚丧之礼斟酌垂戒于后"⑤。之外，卷中还附乡饮、厉祭诸礼图。因此，其实《圣训演》虽然以圣训诠解为名，但实则是唐锜在陕西所实施的一系列基层教化资料的汇编。

卷下则似完全是讨论妇德的女教书，首"统论妇德"，则录曹大家《女诫》七章、汉司空荀爽《女戒》、魏太守程晓《女典》、晋中书监张华《女史箴》、宋张载《女戒》、宋陈淳《小学礼诗》十章、元杨维桢《女史咏》十八首、国朝御制《为善阴骘》诗六章，次"专论妇功"，则分别录楚荀卿《蚕箴》二赋、唐礼官享先蚕乐章五首、宋梅尧臣蚕具诗十五章、宋秦观蚕书十篇、宋楼璹织图诗二十四章、元赵孟頫织图诗十二章。所录每段资料之后，都会有西安府儒学教授张玠的注

① （明）唐锜：《圣训演》卷中，第 487 页。
② （明）唐锜：《圣训演》卷中，第 488、489、492、493 页。
③ （明）唐锜：《圣训演》卷中，第 496、498、500、501、503 页。
④ （明）唐锜：《圣训演》卷中，第 489 页。
⑤ （明）唐锜：《圣训演》卷中，第 505 页。

释。显然这部分资料也是在唐锜的计划之中的，而全书的完成则有赖于时任陕西提学副使龚守愚。唐锜在《圣训演后序》中说："夫圣训，我高皇帝所以教民，是彝是训。昔太宰王公之注、今太宰许公之赞，备矣。其附以嘉言善行，而详及夫闺门之教者，则锜之意，提学副使龚君守愚成之也。"①

因此，《圣训演》是一部以六谕为基础伦理，辅以忠、信、妇德等伦理的，结合各种当时颁行的规条、劝谕、事例而成的复杂的汇编之书，其始编在嘉靖丙申（1536），而唐锜的后序作于嘉靖丁酉（1537）三月晦日，则其成书已在次年三月底。其在六谕诠释史上的意义在于，一是保存了王恕、许讚等人的注赞，二是开创了以"事类"即古代的嘉言善行来诠释六谕的做法。不过，有意思的是，"善行"部分只讲善的例子，而不讲反面例证。报应也讲得很少，虽然偶尔会有一些，例如刘留台浴室还金，后"子孙在仕途者二十三人"等，② 但不是其要强调的重点。这表明，嘉靖前期那些具有官方背景的六谕诠释，都还保持着一种端庄的态度，没有展现主动迎合下层民众的趋向。

二　湛若水《圣训约》

湛若水（1466—1560）是明代嘉靖年间与王阳明齐名的学者。嘉靖十九年（1540），湛若水致仕归乡，于嘉靖二十三年（1544）在家乡广东增城县的沙堤乡举行乡约。对于该乡约，朱鸿林先生有相当细致的研究。不过，从六谕的诠释史来看，湛若水作为嘉靖年间一位著名的学者，他是如何回应当时渐渐兴起的六谕诠释之风的，以及如何将六谕与他所行的乡约相结合的，还有再加以探讨的必要。

为了叙述方便，先赘述一下沙堤乡约的大概。先一年嘉靖二十二年（1543）的四月，湛若水的门人伍克刚专门启请湛若水在乡行乡约，称

---

① （明）唐锜：《圣训演后序》，《圣训演》，第571页。
② （明）唐锜：《圣训演》卷一，第445页。

其"退休于乡，主张是会，风俗之盛，在兹一举"①。伍万春在同年的《甘泉圣训约序》中将其所行乡约的源始及仪节有细致的描述："我泉翁先生谢大司马居乡……念我乡父老少与之游，壮而与之宦别，今以俸金置馔，延乡戚旧宴约，仿乡饮仪节，而真率与焉，似香山之会，而礼意过之。……主之者，翁也。副之者，我兄春山也。岁以四举，举以四仲。先约，躬诣乡宾请焉。至日黎明，宾肃焉以集，延入约庭。先之以宣圣谕，其序则以爵，既而延坐，其序则以齿，盖以宣谕则朝廷也，故尚爵，延会则乡党也，故尚齿。始歌《皇极敷言》也，再歌《鹿鸣》首章也，歌《南山有台》首章以乱也。……宣以圣谕，不忘君也，忠也。宴饮以序齿，不恃贵也，逊也。歌以敷言，示王道也。鹿鸣南山，乐宾以锡福也。申以训词，教民睦也，顺也。"② 从中可见，沙堤乡约每年行四次，在春夏秋冬四季的第二个月举行，举行的过程中充分对明太祖的"六谕"加以尊重，不但以"宣圣谕"为始，而且在歌诗环节结束之后的"讲"的过程中，第一个环节仍然是讲六谕，所谓"宣以圣谕""申以训词"，以表达一个退休官员对于朝廷的尊敬。这似乎也是很符合湛若水的性格的。湛若水从来就是一个很愿意逢迎朝廷的官员，在任官时期还作过《圣学格物通》向朝廷进呈。即便致仕避居林下，他仍然强调对六谕的尊崇，以及对当时在位的嘉靖皇帝的尊崇，故而在乡约仪节中专门加了一个"皇上宣谕承天府百姓讲章"，将六谕的诠释及其与在位皇帝的教民思想进一步联系起来。这说明湛若水对于现实政治有很高的敏感性。如果我们仔细排列一下乡约的仪节，大概分为以下环节：（1）宣圣训（包括圣祖圣训和皇上宣谕，即朱元璋的六谕与嘉靖帝的宣谕）；（2）恭讲圣训、宣谕各一道；（3）讲《皇极敷言》；（4）乐工歌《皇极敷言》，歌《鹿鸣》《南山有台》；（5）读约；（6）讲《孟子》"死徙无出乡"一章；

① （明）伍克刚：《甘泉沙堤圣训约·录请起乡约启》，《圣训约》，收入《明清广东稀见笔记七种》，第 295 页。
② （明）伍万春：《甘泉圣训约序》，《圣训约》，收入《明清广东稀见笔记七种》，第 294 页。

（7）书纪善、纪过册，乡正举保甲之人善恶以告。① 摒去其余出入、揖拜、宴饮的环节，整个乡约仪注大概包含以上七个环节。其中的"乡约"包括"尚礼仪、恤患难、立臧否、行保甲、亲巡省"等五条。立保甲则仿行王阳明保甲法遗意，"或十家、二十五家为一甲，甲内互相保察，互相亲睦，务相勉为善，不许为非"，算是有实际内容便于施行，而其他诸条仍是笼统地讲一些居乡所应行的伦理。至于乡约首宣六谕，确实也不是湛若水的创举。不过，湛若水的沙堤乡约中所作的六谕宣讲以及包括对嘉靖帝宣谕的宣讲，略加分析还是可以看到一些新的内容。

湛若水对六谕的诠释，当然仍是要将"孝顺父母"等伦理用浅近的话讲出来。他的诠释，一般都以"何谓孝顺父母""何谓尊敬长上"开头，然后再缕叙其道理。自然，湛若水并不能讲出很多异于常人的道理来，因为本来六谕就是浅近的道理，但还是体现了一些不同于前人的特点：其一，在正面讲道理的时候，湛若水偶尔会举一些反面的不当为的事理，来提醒众人。讲"孝顺父母"，他就提出，"无得好货财、私妻子，不顾父母之养"；在讲"各安生理"时，湛若水说："若游手好闲，饱食终日，无所用心，即自丧其生之理也。"至于在"毋作非为"中，则更是直接切入当时增城县特别严重的赌博之风。他说："且如今之赌博，正是非为之大者。试观今之逆父兄，疾妻子，斗邻里，破散祖业、穿窬淫放，莫不因赌博而致其极也。"② 朱鸿林先生曾利用明代增城的地方志说明当地赌博之风盛行。嘉靖《增城县志》卷一八《风俗》载："恃资财者，事游手而习赌博。"卷四《名宦》记载当时的为官者对增城风俗的观察说："增城之民顽悍，多习赌博、盗窃。"卷二《编年》则记载后来赌博者对城市进行的劫掠："（嘉靖三十九年）十月五日，有贼劫增城县库，皆邑之赌博无赖者。"③ 这种对伦理正面阐释之

---

① （明）湛若水：《圣训约·仪注》，《明清广东稀见笔记七种》，第302—303页。

② （明）湛若水：《圣训约·圣训约讲章》，《明清广东稀见笔记七种》，第304页。

③ 朱鸿林：《明代嘉靖年间的增城沙堤乡约》，《孔庙从祀与乡约》，第296—297页。

外的反例提醒，当然在王恕的诠释中也常见，如王恕常以"切不可"如何如何来提醒世人何者可为，何者不可为。这种正反面结合的反复譬喻之法，在后来的像罗汝芳等人的诠释中，会越来越常见。那种将六谕伦理与地方风俗密切结合起来的做法，后来也越来越适用，像不久之后的项乔在讲毋作非为的时候就特别注意密切结合温州等地的风俗。其二，作为一名致仕的官员和乡绅，湛若水的讲解中很注意如何引导民众去遵守统治者所规定的秩序。例如在"尊敬长上"条中，就把长上由辈分比自己尊和年龄比自己长的概念扩散开去，认为官府作为治民者的存在本身就是尊长，因此要求民众"谨守律法而不敢犯，早纳官粮而不敢违，就是尊敬长上"。其三，六谕的讲解也跟他正在实施的保甲法密切地结合到一起。在"和睦乡里"中，他说："二十五家为里，一万二千五百家为乡。"这当然不是明太祖所说的赋役基层单位的一百一十户的里，而是湛若水行保甲法时以二十五户为一甲的基层单位。当然，进位就会更奇怪了。在湛若水那里，一里二十五家，一乡就必须是二十五里，所以才会有"一万二千五百家为乡"的统计。当然，这是湛若水理想中保甲的状态。增城县甚或沙堤一地是否真正有效地实施这样规范的保甲法，是存疑的。

对于嘉靖帝宣谕的讲解，其实可以看作六谕诠释的延伸。朱鸿林认为湛若水在沙堤乡约里加入了其他乡约少见的明世宗的《承天府宣谕》，体现了湛若水"个人的小心之处"，也"表现了湛氏成熟的官场技巧和政治敏感"，认为"这其实是个细腻的保护性举动，它至少可以令对湛若水并不信任的明世宗没有指责的借口"。[①] 但是，湛若水的做法，一方面是一种自我保护，另一方面也应该是一种逢迎——这对曾经进献《圣学格物通》的学术官僚湛若水而言，不过是驾轻就熟。不过，宣谕短短的几句话——"各要为子的尽孝道，为父的教训子孙，长者抚那幼的，幼的敬那长的，勤生理，做好人"——其实就是六谕的口语版。湛若水在讲解中也不断地将宣谕的几句话还原为

---

① 朱鸿林：《明代嘉靖年间的增城沙堤乡约》，《孔庙从祀与乡约》，第350页。

六谕。他说："何谓为子的尽孝道？如服劳奉养，和颜色，养父母之志，即太祖高皇帝圣训孝顺父母也"；"何谓长者抚那幼的，幼的敬那长的？……即太祖高皇帝圣训尊敬长上也"；"何谓勤生理做好人？谓如农工商贾，为良民善众，即太祖高皇帝圣训各安生理、毋作非为也。"① 通过这种还原法，可以使约众对于之前所宣的六谕有进一步认识。更重要的是，宣谕的宣讲意在告知民众，当今皇帝仍在以太祖六谕谆谆教民，民众何可忘却六谕？

不可否认的是，尽管湛若水所行乡约的文本《圣训约》以"圣训"为名，体现了乡约对六谕的尊崇。但是，除了最初开始行乡约时对太祖六谕及嘉靖帝宣谕的宣唱与宣讲之外，接下来的环节中就逐渐离却六谕，而专注于歌诗、读约、记善恶等环节。作为乡约核心的五条——"尚礼仪、恤患难、立臧否、行保甲、亲巡省"，与其说是对圣谕六条的具体化，更不如说是《吕氏乡约》的延续，尤其其中"尚礼仪、恤患难"更可能是直接从《吕氏乡约》"礼俗相交、患难相恤"两条发展过来的。这似乎也说明，在湛若水的时代，乡约虽然越来越强调对六谕的尊崇，但这种尊崇只是体现在形式和仪式上，而乡约的核心内容仍然没有完全以六谕为核心。也就是说，这时候的乡约还没有完全围绕六谕宣讲来构筑其约的体系。真正完成以六谕为核心的乡约建设，并且在全国范围内影响深远，从而使之后明代的乡约几乎与六谕可以画等号，是罗汝芳的六谕诠释与乡约建设。

三　项乔《项氏家训》

乡、里不是中国传统社会基层教化的末端，家族与家庭才是传统社会中有组织教化的末梢，大量族规家训的存在就是显证。既然六谕在明清基层社会如此流行，它是否也会进入族规家训？宗族与家庭对六谕的

---

① （明）湛若水：《圣训约·圣训约讲章》，《明清广东稀见笔记七种》，第305页。

接受度如何？关于六谕与家规族训的融合，尽管已有不少研究作过回答，① 但六谕何时以及如何进入族规家训，六谕在族规家训中以何种形式存在，以及族规家训中六谕诠释的特点等问题，仍值得进一步探讨。诚如前述，在邹守益带到广德之后由知州夏臣形成的《广德乡约》中，对六谕诠释中即有"立族规"一目，体现了六谕与族规的结合。更重要的是，作为明代基层教化教旨的六谕，由于其切近于家庭伦理，到16 世纪开始大量地出现在士大夫编纂的族规家训中。从某种意义上来说，思想上的接近，使六谕进入族规家训有其"天然"的因素，因为六谕所提倡的伦理符合民众进行宗族的、家庭的教育要求。罗汝芳的门人曾维伦有一首《六谕》诗说得好，"六谕由于钦孝弟，始知道只在家庭"②。六谕切近日用的伦理内容，极易被族规家训所采纳，因为像孝、悌、训子、治生等观念也正是族规家训的核心思想。③ 高攀龙说："他的言语（指太祖六谕），原是我们家常日用最安乐的事。"④ 正是这种思想上的合拍，有志于宗族建设的士绅，才会把六谕及六谕相关诠释拿来

---

① 冯尔康在《中国宗族史》中谈到明代不少宗族在族规中明确要求宣讲六谕，如江西乐安董氏、安徽太平崔氏、安徽休宁范氏、古林黄氏、商山吴氏等。徐少锦《中国家训史》认为六谕对明代家训内容产生了很大影响，不少家训要求子弟须恪守六条圣谕，如高攀龙《家训》、姚舜牧《药言》。程李英对徽州地区族规家训的研究则指出，明清族规家训常写入明清帝王圣谕，如《休宁宣仁王氏族谱》家规开篇就说"圣谕当遵"，歙县《仙源吴氏族谱》开卷是《圣谕广训》，从而使圣谕成了家法族规的纲领，而家法族规反而成了"圣谕的注脚"。李雪梅认为"皇帝圣谕教导对宗族制度及族规的发展起到直接促进作用"，而"许多宗族都将圣谕刊于家谱扉页，或刻石立碑，以使族众熟记不忘，也有的宗族通过族规对圣谕内容进行补充或细化"。刘广成则指出明清家族常把圣谕原文直接用作家规条目，再结合本家族情况加以具体的注解说明。常建华先生以徽州为例，指出明代其他各族的族规家训中不少宣称"圣谕当遵"，宣称族规是六谕的"注脚"，而最具代表性的当数休宁范氏《统宗祠规》《商山吴氏宗法规条》及祁门《陈氏文堂乡约》。参见冯尔康《中国宗族史》，上海人民出版社 2009 年版，第 236—237 页；徐少锦《中国家训史》，人民出版社 2011 年版，第 502 页；程李英《论明清徽州的家法族规》，硕士学位论文，安徽大学，2007 年，第 2 页；李雪梅《碑刻史料中的宗法族规》，《中西法律传统》（2003 年），第 95—96 页；刘广成《论明清的家法族规》，《中国法学》1988 年第 1 期；常建华《明代徽州的宗族乡约化》，《中国史研究》2003 年第 3 期。

② （明）曾维伦：《来复堂集》卷二十，《四库全书存目丛书》集部第 169 册，齐鲁书社 1997 年版，第 581 页。

③ 王卫平、王莉：《明清时期苏州家训研究》，《江汉论坛》2015 年第 8 期。

④ （明）高攀龙：《高子文集》卷二《同善会讲语》，第 323 页。

当作构建其家法族规的基础。实际上，明代嘉靖以降六谕诠释的流行，也恰与族规家训编撰的流行在时间上重合，故而六谕所蕴含的儒家伦理以及其正统性使六谕与族规家训合流。①

嘉靖年间六谕诠释的一个新的进展，便是六谕也迅速地进入族规家训之中。现今可知的最早将六谕及其相关诠释引入族规家训之中的例子，是温州人项乔的《项氏家训》。项乔（1493—1552），字迁之，温州府永嘉县人，嘉靖八年（1529）会试第二名，中进士，历任南京工部主事、福宁州同知、抚州知府、庐州知府、河间知府、湖广按察副使，官至广东布政司左参政，晚年隐居府城南门九曲巷，号九曲山人。② 他与罗洪先、唐顺之、王畿、欧阳德等阳明学者都有交往，任官广东时与广东学者也多有交往，对于理学及心学深有研究，但却不像当时许多理学家那样喜欢讲学，而是通过传统的做读书札记或者书信问答、面谈等方式来探讨性命之学，其学虽有阳明学的渊源，但崛起孤立，不主一家，对朱子学和阳明学都不完全赞同。③

嘉靖十七年（1538）夏，时任庐州知府的项乔丁母忧，回到永嘉。读礼家居期间，项乔致力于宗族构建工作。项乔《请立族约以守官法》云："先于嘉靖十七年（1538）修族谱，立宗祠，出祠田，刻《家训》，已传示族人守法。"④ 可见，《项氏家训》名为家训，实为族规，不仅教育家庭成员，更为传示和训诫族人。不过，《项乔集》所载《项氏家训》又题"大明嘉靖辛丑春三月望日文山府君六世孙乔撰"，而嘉靖辛丑为嘉靖二十年（1541）。这一年他居丧三年期满，于该年十一月起任河间府知府。前后自叙中两个时间上的差异，大概表明《项氏家训》草拟于嘉靖十七年，但直到嘉靖二十年项乔丁忧期满一直在完善。《项

① 刘广成：《论明清的家法族规》，《中国法学》1988 年第 1 期。

② （光绪）《永嘉县志》卷十四《人物·名臣》，《中国方志丛书》华中地方第 475 号影光绪八年刊民国二十四年补刻本，台北：成文出版社有限公司 1983 年版，第 1325—1327 页。

③ 朱鸿林：《项乔与广东儒者之论学》，《儒者思想与出处》，生活·读书·新知三联书店 2015 年版，第 323—358 页。

④ （明）项乔：《请立族约以守官法》，《项乔集》，上海社会科学院出版社 2006 年版，第 541 页。

氏家训》正训三十八条，续训六条，附《祠祭诗六首》《阳明先生谕俗四条》《普门张氏族约二十条》，以及项乔的《初立祠堂记》《族谱序》《祠祭论》《添盖祠堂记》等文字。项乔自称训"四十七条"[①]，亦不知道是因为计算方式的不同，还是初拟四十七条，后又有删正。附录王阳明的谕俗文字，表明项乔对王阳明讨论社会秩序的思想是接受的。普门张氏则是嘉靖间内阁大学士张璁的家族，而项乔曾师从张璁，所以《项氏家训》附载张氏族约以资参考。正训三十八条，对族长、族正之设置、宗子掌祭祀、勤俭持家、教子嫁女、冠婚礼仪均有规定。续训六条，则主要就买田置产、祭器、祠产收入、禁族人参与龙舟竞渡、禁族人诡寄田亩等事进行补充，而内有"项氏宗祠之立已余十年"，则续训之作距嘉靖十七年（1538）已过了十余年，或当在嘉靖二十九年（1550）项乔续立族约之时，已近项乔晚年。可见，《家训》是项乔一生都很重视的工作。

《项氏家训》反复提到圣谕六条。正训第五条提及六谕："不朽事业诚在人品。圣训六句，乃做人之大略，尤为生员为人师友者所当讲解体念。"[②] 在项乔看来，六谕包含了做人的大道理。嘉靖二十九年（1550）《请立族约以守官法》中谈道："如能使一族之中人人知孝顺父母，知尊敬长上，知和睦乡里，知教训子孙，知毋作非为，知各安生理，三年之中并无官司之忧，又合听将族长、正、司礼鸣之府县，量加奖劳。"[③] 可见，六谕中所蕴含的社会秩序是项乔治家的目标。项乔还将六谕及相关诠释置于《项氏家训》之首，使六谕类似为《项氏家训》的总纲。《家训序》云："家难而天下易，自天子达于庶人一也。然必先其难，而后可及其易。予家居，既立祠堂，修族谱，仍作训诏族人者以此。然训虽四十七条，要皆推广圣谕六句之意。"[④] 在项乔看来，六谕对家训起到提纲挈领的统率作用，而家训诸条则是对六谕之意的推广和注脚。而且，项乔认为，齐家比治乡、治天下更难，要有好的社会秩

---

① （明）项乔：《家训序》，《项乔集》，第105页。
② （明）项乔：《项氏家训》，《项乔集》，第517页。
③ （明）项乔：《项氏家训》，《项乔集》，第540页。
④ （明）项乔：《家训序》，《项乔集》，第105页。

序，与其以六谕为乡约，不如以六谕齐家始。在《家训》之首，项乔对借六谕以齐家的做法进行说明："伏读太祖高皇帝训辞，曰孝顺父母、尊敬长上、和睦乡里、教训子孙、各安生理、毋作非为。呜呼，这训辞六句，切于纲常伦理、日用常行之实。使人能遵守之，便是孔夫子见生。使个个能遵守之，便是尧舜之治。"① 可见，六谕贴近家庭伦理，切近于日用常行，是族规家训引入六谕的思想基础。《家训序》还说："训虽四十七条，要皆推广圣谕六句之意。其有不共，国有常刑。吾族人不念家训，独不念国法乎？"这句话隐然透露的逻辑是：家训推广圣谕之意，违背家训的行为就是有违圣谕，将以国法加以惩治。这部分揭示了项乔引六谕入族规家训的动机：以太祖六谕为纲，则巧妙地赋予了《项氏家训》一定的合法性。明代士大夫欲齐其家，在道德宣讲之外，并无制度化的权力，而将六谕引入族规家训，就强化了族规家训的合法性，且对违背族规家训者产生"国有常刑"的威慑。

《项氏家训》引入六谕，并不是简单地把六句话放在家训前作纲领，而是每一句话之下都有一段文字诠释。这些文字诠释主要出自明成化、弘治间的大臣王恕（1416—1508）为六谕所作的《圣训解》，但项乔对它有一定程度的改动。王恕《圣训解》是明代士大夫中最早对太祖六谕进行诠释的作品，撰成于成化年间，在正德、嘉靖年间颇为流行。项乔没有提及他从何处接触到《圣训解》，但明确说《项氏家训》中的六谕诠释乃是"仿王公恕解说，参之俗习，附以己意"②。若将《项氏家训》中的六谕诠释与嘉靖十五年（1536）唐锜刻《圣训演》之内的"名卿注赞"中王恕"注"进行比较，发现两者差别不大，但叙述上改变了《圣训解》那种解题式的直接进入方式。例如，不再像王恕那样直陈"事奉父母而不忤逆便是孝顺"，③ 而改以设问开头——"怎的是孝顺父母"，然后用几句话进行说理，解释何以人要孝顺、尊敬，再然后才照录《圣训解》中所谈人应如何孝顺、尊敬、安生理等

---

① （明）项乔：《项氏家训》，《项乔集》，第513页。
② （明）项乔：《项氏家训》，《项乔集》，第513页。
③ （明）唐锜：《圣训演》卷上《名卿注赞》，第409—418页。

事项，末结以"请我族众大家遵守"，以使诠释的语境重新回到家族训诫上来。① 至于"参之俗习"，则主要是针对温州府永嘉县风俗而言，如"教训子孙"条的诠释中要求族人"毋玩法而淹杀子女，毋贪财而不择妇婿，毋信僧道而打醮念佛，毋惑阴阳讳忌、风水荫应而停顿丧灵"②，就对浙东溺女之陋习有一定的针对性。③ 诠解"毋作非为"时，项乔除沿用王恕对"非为"的举例之外，还加入了一条极有地域色彩的内容："至于生长海滨，不能不鬻贩鱼盐以资生理，但因此通同海贼贩卖贼货，结党装载私盐贩卖，拒殴官兵，尤是非为者。"④ 温州府是明朝政府抗倭防海第一线。闽浙沿海武装走私行为在嘉靖初也非常猖獗，双屿岛上葡、日商人与走私商人间的贸易开始抬头，这都是项乔所称的"尤是非为者"，而项乔的态度也是当时厉行海禁意见占绝对优势的一种反映。⑤

---

① （明）项乔：《项氏家训》，《项乔集》，第513—516页。

② （明）项乔：《项氏家训》，《项乔集》，第515页。

③ 明人王宗茂（1547年进士）任温州府平阳县丞时，即专门在当地"厉禁其弃女者"，可见温州一带弃养女孩之习。参见过庭训《明朝分省人物考》卷二十九，广陵书社2015年版，第610页。

④ （明）项乔：《项氏家训》，《项乔集》，第516页。

⑤ 参见郑樑生《明代中日关系研究》，台北：文史哲出版社1985年版，第43—44页。

第四章

诗以寓教：罗洪先六谕歌的传播

以诗歌来阐释六谕的做法很常见。明代以俗语或歌诗来教化乡人是行之既久的做法。贺钦（1437—1510）在义州教化乡里童子，将周敦颐的希圣希贤之章"悉以俚语易其辞，揭诸壁，使童蒙熟诵"①，且重视以诗化乡人，曾说："今人于晏会，若制为歌诗，辞语明白，不必文饰，令左右人歌之。"② 在一般的宣讲场合，无论是书院讲学，还是乡约宣讲，童子歌诗都是一个重要的环节。例如，明代东林书院的讲会仪式中，就有童子们歌先儒之诗的环节，所歌之诗二十四首，内有王阳明的《咏良知》及《夜半与诸生歌于天泉桥》二诗。③ 在明人的乡约实践或讲会之中，也多有童子歌诗的环节。嘉靖末年徽州知府何东序在徽州府行乡约时即要求，乡约除了约正、约副、约赞之外，"又得读书童子十余人歌咏诗歌"④。更重要的是，诗歌具有韵律，朗朗上口，易于传习，更容易打动人，因此是面对普通民众最好的教化与传播手段。在明代六谕诠释史上，较早以诗歌的方式诠释六谕并且留下了重要的影响的，是阳明学派的学者罗洪先。

---

① （明）贺钦著，武玉梅校注：《医闾先生集》卷一《言行录》，辽宁人民出版社 2011 年版，第 6 页。

② （明）贺钦著，武玉梅校注：《医闾先生集》卷二《言行录》，第 21 页。

③ 陈时龙：《明代中晚期讲学运动（1522—1626）》，复旦大学出版社 2007 年版，第 212 页。

④ （明）何东序修，汪尚宁纂：（嘉靖）《徽州府志》卷二《风俗》，第 68 页。

一　罗洪先与《训族录》

罗洪先（1504—1564），字达夫，号念庵，江西吉水人，嘉靖八年（1529）进士第一人，授翰林院修撰，迁左春坊赞善，嘉靖十九年（1540）以上疏忤旨被黜为民，自此家居不再出仕，隆庆初赠光禄少卿，谥文恭。他是16世纪阳明后学中最杰出的代表人物，被归入江右王学，更以其学术上崇尚归寂主静而与聂豹（1487—1563）同被归入阳明后学的归寂派，归寂派区分体用为二，重视培植根本，在体上用功，与当时一元论的趋势不相符，故其后学衰微。① 阳明学者对于基层社会的投入与关注，已为不少学者揭示。作为一个阳明学的信徒，罗洪先对于基层教化有强烈的兴趣，并且亲身实践，留下了有影响的文本。有学者指出，在罗洪先的政治思想中，比较重要的一点即"导其自适"的教化思想。② 他确实曾说："圣人之为教，非以绳束也，导其自适而已。"③ 教化对罗洪先来说，是优先考虑的。罗洪先晚年乡居时，尤其重视宗族建设与乡约教化，为相关乡约撰写序言。④ 嘉靖三十八年至三十九年（1559—1560），罗洪先曾在家乡吉水县同水乡推行乡约。⑤ 在嘉靖朝后期参与乡约教化，而当时乡约的教旨已然以六谕为核心，则无论如何自然会关注到六谕。罗洪先曾经为教化乡里而作《谕俗文》，提倡庶民自食其力、邻里以谦和退让为尚、训子弟、教诗书，这都隐然是

---

① ［日］冈田武彦：《王阳明与明末儒学》，上海古籍出版社2002年版，第117—119页。

② 贾乾初：《为政惠人与导其自适——罗洪先政治思想发微》，《燕山大学学报》2015年第3期。

③ （明）罗洪先著，徐儒宗整理：《罗洪先集》卷十三《赠靳两城序》，凤凰出版社2007年版，第582页。

④ 张卫红：《罗念庵的生命历程与思想世界》，生活·读书·新知三联书店2009年版，第135—138页。

⑤ （明）罗洪先著，徐儒宗整理：《罗洪先集》卷十六《刻乡约引》，第703页；胡直：《明故赐进士及第左春坊左赞善兼翰林修撰经筵讲官赠奉议大夫光禄少卿谥文恭念庵罗先生行状》，《罗洪先集》附录一，第1384页。

六谕的精神所在。①

罗洪先对六谕的重视，有过直接的表露。他曾说："宗族邻里，以谦和退让为尚，不可校量是非，久之情意浃洽，争讼自解。盖今人小不能忍，一言之间，据欲求直。报复相寻，毕竟何益？……训子弟，教诗书、守道理为第一事，不得假之声势，诱以利欲。盖年少习惯成性，既长变化甚难，此系家道兴衰，不可不慎。"② 这无异于是对六谕中"和睦乡里""教训子孙"的诠解，也可以理解为他在以某种无意的方式对六谕作诠解。罗洪先还曾为其族人创立族约，而其中族约十九条，据他自述，即由六谕演绎而成。罗洪先《秀川族约序》中说："我太祖高皇帝教民榜文，以孝顺父母、尊敬长上、和睦乡里、教训子孙、各安生理、毋作非为六者为首务。又令百户内立老人一人，持木铎号于道路，宣布警众，每月六举，言既简直易晓，实皆包括无余。果能守此，风俗便可还古，此真三代遗法也。里胥惰废，渐失初制……迩者会祀戡村新祠，诸族各以所患来告，且谓家约不立，无可据守。命之不肖者三，而三不敢答，迫之不已，姑取人情甚便者，列为条禁，凡十有九。疏节阔目，令其易行，无非体我高皇之意而推广其说。春祀聚会，诵扬大略，用警惰废，使一族之人皆有据守，免于戮辱。"③ 秀川罗氏即罗洪先的家族。他在族中自始祖计为第七世。其为族中所列条禁十九条现在未能见到，但其对六谕的解释，却幸运地保存在泰州学派的学者王栋的记叙中。

王栋（1503—1581），字隆吉，号一庵，是王艮的堂弟、门人。他在万历七年（1579）作族规，便借用了六谕以及罗洪先的训族录六解。王栋在序中说："自古名家巨族，皆必有祖宗遗训，令子孙守而行之，不敢违犯，所以世美相承，令名不坠。吾家祖上原未有遗，今欲自我立之，虑恐我后子孙视我菲薄，不肯俯首听信，万不得已，乃取我太祖皇

---

① 衷海燕：《儒学传承与社会实践——明清吉安府士绅研究》，世界图书出版公司 2012 年版，第 185 页。

② （明）罗洪先著，徐儒宗整理：《罗洪先集》，凤凰出版社 2007 年版，第 710 页。

③ （明）罗洪先著，徐儒宗整理：《罗洪先集》卷十二《秀川族约》，第 564 页。

帝教民榜文六句，各系以近时罗状元念庵先生《训族录六解》，书而示之。末复略赘鄙言以足其意，敬与我宗族子孙共遵行之。"① 从王栋的转录来看，罗洪先的《训族录六解》分别是对明太祖六谕中六句话的解释，每一条解释又可以分为"解"与童子的"歌诗"。歌诗部分下节再论，先看罗洪先对六谕的"解"：

> 圣谕第一句教民孝顺父母。念庵解曰：父母生身，受尽多少辛苦，保抱提撕，日望成立。为子者不思此身从何得来，偏听妇言，不求报答，是何居心？子一闻亲命，实力奉行。家虽贫，甘旨之供未尝有缺。亲苟有过，婉言谏劝，决不能激而生怒。盖身为子孙观法，我不孝亲，谁肯孝我。俗说："孝顺还生孝顺子，忤逆还生忤逆儿。"天理昭昭，断然不错。不幸父娶后母，侍奉为难，须知加意敬礼，处得后母，方能安得父心。至为妇，与为子一般。今日试思，有父母者，曾孝顺否？

> 圣谕第二句教民尊敬长上。念庵解曰：人生惟三党之亲为最重，次则里巷往来。凡与父祖同辈之长上，虽亲疏不同，皆当致敬。一有傲慢，便似傲慢我父祖一般。何为尊敬，乍见必揖，久别必拜，议论必让先，行走必随后。盖高年经历既多，行事有准，言语当听，亦有年齿不高，而行辈在前者也，当执卑幼之礼，不能稍尢。若在道旁遇斑白拱立以俟，亦善推所为之一道也。今日试思有长上者，曾尊敬否？

> 圣谕第三句教民和睦乡里。念庵解曰：乡里与我往来惯熟，患难相救，有无相通，情谊之亲，有如骨肉。妒富压贫，欺孤弱寡，固为不可，即自恃门弟，妄生骄傲，亦非桑梓敬恭之道。孟子云："爱人者，人恒爱之。敬人者，人恒敬之。"意味深长，最宜潜玩。今日试思，处乡里时，曾和睦否？

---

① （明）王栋：《规训》（万历七年），见《王氏续谱》卷首纪事，收入《三水王氏族谱》，见 http：//szb. taizhou. gov. cn/module/download/downfile. jsp？ classid ＝ 0&filename ＝ 76eaa7a9d9d54b0ea7a8a1a29a909f3e. pdf，2022 年 7 月 5 日。

圣谕第四句教民教训子孙。念庵解曰：子孙不肖，只为自小溺爱，不曾教得，或是吝惜费用，不肯延师，遂成放旷。殊不知中材多介成败之间，须在才有知觉时教他爱亲敬长，谨守训言，酒色财气勿使沾染，老成时加亲近，慎勿结交匪人。有不听者，设法引导，勿遽加弃绝，以尽为父之道。今日试思有子孙者，曾用心教训否？

圣谕第五句教民各安生理。念庵解曰：士农工商，各有职业，是为生理。但用力经营，自顾一身一家，其生理小。读书明理，系国家治乱，其生理大。生理小者，安分守己，不要懒惰。生理大者，安贫乐道，着实修为。能如此，便为一世好人，一家肖子。若游手好闲，终身贫窭，不安本分，钻入公门，皆为不安生理。今日试思所安生理何在。

圣谕第六句教民毋作非为。念庵解曰：大明法律，如干名犯义、窝盗藏奸、飞诡钱粮、扛帮词讼等事，上干王法，下累妻孥，所谓一朝失错，千古贻羞者也。夫过无大小，皆缘轻身误入，遂至弄假成真，俗云"做贼只因偷鸡起"，盖有味言之也。今日试思各人曾犯非为否？

由于是对族众而发，罗洪先的诠解特别地贴近生活。例如，他在"孝顺父母"条中尤其指出有一等不孝之人"偏听妇言，不求报答"，以及日常生活中如何做到孝顺与"父娶后母，侍奉为难"的矛盾等问题，显然这是在日常的家庭生活中最常遇到的。又如在"教训子孙"，罗洪先指出了当时的农村社会中一般家庭极易在教育子女方面"吝惜费用，不肯延师，遂成放旷"，以及一般的父母不能遵循教育规律，容易在子女教育问题上放弃，不能持之以恒。他劝告为父母者对于自己的孩子，"有不听者，设法引导，勿遽加弃绝，以尽为父之道"，这才是"用心教训"的好做法。罗洪先的诠解既引用经典的格言，如《孟子》"爱人者，人恒爱之；敬人者，人恒敬之"一语，但引用得更多的则是俗语，如"孝顺还生孝顺子，忤逆还生忤逆儿"

"做贼只因偷鸡起"等。即便重视俚俗之语，罗洪先仍然要向民众坚持输出读书明理是世间最大的学问的道理。他在"各安理"条说："士农工商，各有职业，是为生理。但用力经营，自顾一身一家，其生理小。读书明理，系国家治乱，其生理大。"他也坚持认为"钻入公门"做一名吏员是"不安本分"的行为。这代表了明代士大夫轻视吏员的政治态度。

二 六谕歌的两个版本

根据王栋的说法，罗洪先在行族约时，在用言语解释六谕之后，紧接着就会有一个"皆坐，童子升歌"的环节。这反映出宣讲六谕时，约众应该都是站立着听讲的。童子升阶而唱的诗歌，是罗洪先对六谕的进一步演绎。在明清六谕诠释史上，罗洪先为教化乡里而作的六谕歌，是六谕诠释中诗歌类注解的经典。罗洪先的六谕歌没有收入他的文集中。① 所幸的是，泰州学派学者王栋的《规训》，便收录了罗洪先的六谕诗。

从时间上来说，王栋《规训》作于万历七年（1579），其所录六谕诗是现在能看到的最早的版本。王栋《规训》所载的罗洪先六谕歌，共6首，每首14句七言诗，98字，共588字。它表现出以下几个特点：其一，以教化族人为目的，所以每首诗都以"我劝吾族……"开头，亦以"我劝吾族……"为结。其二，体现了作为状元读书人罗洪先喜用典故的特点，所涉典故包括孝顺父母诗中用《诗经·蓼莪》之典，教训子孙诗中用"周公捝禽""孔庭训鲤"之典，各安生理中所用的"击壤歌衢"之典。《诗经·小雅·蓼莪》篇，感念父母的劬劳且感慨无以为报。罗洪先诗中说："试读《蓼莪》诗一篇，欲报罔极空回首。"其中"欲报罔极"四字就是借用《蓼莪》一

---

① 罗洪先所著诗文刊本颇多，徐儒宗整理成《罗洪先集》（凤凰出版社2007年版），然所佚仍多，乃有朱湘钰编《罗洪先集补编》，近又有辑佚之作，但似乎都未提及《六谕歌》。参见钟彩钧主编，朱湘钰点校《罗洪先集补编》，"中研院"中国文哲研究所2009年版；许蔚《罗念庵佚文辑暨文集版本诸问题》，《阳明学研究》第四辑，人民出版社2019年版。

诗"欲报之德，昊天罔极"。"击壤歌衢帝力忘"一语中所用，则是《击壤歌》"日出而作，日入而息，凿井而饮，耕田而食，帝力于我何有哉"一诗的浓缩。这也可以看出罗洪先的诗并不通俗，相反则是自然地体现了他本人很高的文化素养。这其实无论是对于歌诗童子还是对于一般的受教的大众而言，都是不易解的，包括一些词语都很费解，例如"故人夷俟曾受杖"中的"夷俟"表示箕踞而坐，就不易解。其三，六谕诗由于面向大众，罗洪先似乎多少还是采用了大量生活中常见的俗语和俗典，例如"乌鸟犹知父母恩，人不如物至可丑"，或者用俗语来浅显地讲明一些道理，如"见人争斗莫挑唆，闻人患难犹己事""黄金本从勤俭生，安居乐业荣无比""一念稍差万事裂，一朝不忍终身危"等。其四，由于面对族众而言，有些道理讲来特别贴切于家庭。例如"教训子孙"一条，不但指出家长不应该溺爱自己的孩子而使孩子得不到好的教育，所谓"近人知爱不知劳，遂令蠢子如猪豚"，还提出家长教育应该持之以恒，不能轻易放弃，指出"纵使不才休遽弃，教育还须父母恩"，与其《训族录六解》中"勿遽加弃绝，以尽为父之道"的说法是相呼应的，都特别有针对性和教育意义。

不过，今国家图书馆藏《孝经忠经等书合刊四种十卷》（明雨花斋刊本）之中，有沈寿嵩的《太祖圣谕演训》二卷。《太祖圣谕演训》首崇祯九年（1636）沈寿嵩序，上卷为乡约会讲图、会讲事宜，次罗汝芳《圣谕演训》，下卷为善报、恶报事例及附律，附诗歌二十六首。所附的诗歌二十六首，分别是罗汝芳歌八首、罗洪先歌六首、汪有源歌六首、沈寿嵩歌六首。沈寿嵩《太祖圣谕演训》所录罗洪先的六谕歌，则与王栋所录有较大的区别，两者可以说形成了两个不尽相同的版本（为了叙述方便，有时简称为王栋本、沈寿嵩本）。不同于王栋本的是，沈寿嵩本的罗洪先六谕歌篇幅要短一些，少两句，虽然仍对应圣谕六条而作六首诗，但每一首诗却只是十二句七言诗，每首84字，共504字。

王栋本与沈寿嵩本两者相比较，内容上也有不少差异。我们且以

"孝顺父母"条为例，来作比较。王栋《规训》中所录罗洪先六谕歌的"孝顺父母"条是以下内容："（1）我劝吾族孝父母，父母之恩尔知否。（2）生我育我苦万千，朝夕顾复不离手。（A）饥雏嗷嗷方待哺，甘脆怎能入母口？（3）每逢疾病更关情，废寝忘餐无不有。（4）乌鸟犹知父母恩，人不如物至可丑。（5）试读《蓼莪》诗一篇，欲报罔极空回首。（6）谁人不受父母恩，我劝吾族孝父母。"为了叙述及与沈寿嵩本进行对比，将其以阿拉伯数字进行编号，而对其中明显没有对应的两句以拉丁字母表示。与之相对应，沈寿嵩《太祖圣谕演训》所录罗洪先六谕歌是："（1）我劝人人孝父母，父母之恩尔知否？（2）怀胎十月苦难言，乳哺三年曾释手？（3）每逢疾病最关心，才及成人求配偶。（4）岂徒生我受劬劳，终身为我忙奔走。（5）试读《蓼莪》诗一章，欲报罔极空回首。（6）莫教风木泪沾襟，我劝人人孝父母。"两相比较，它们在结构上对应关系是明确的：第（1）句王本与沈本极为相近；第（2）句文辞不同，但表达的意义相近；第（3）句前半句王本与沈本同，但后半句所要表达的意见不同：王本讲父母当孩子疾病时忧心得废寝忘餐，而沈本则跳跃到另一个层面上，不再讲孩子疾病，而讲孩子成人之后父母要为其"求配偶"所受的操劳；第（4）句，王本与沈本差别比较大，王本已由阐述父母之辛苦转入为子者当报恩的叙述，而沈本"岂徒生我受劬劳，终身为我忙奔走"一句仍然还是在总结父母之辛苦；第（5）句王本与沈本完全相同；第（6）句作为结束语，后半句基本相同，但王本的前半句以"谁人不受父母恩"为问，激发听众的反思，而沈本的前半句以"莫教风木泪沾襟"为劝，不仅接续了前文的"欲报罔极空回首"的语境，而且用了风木之典，以"树欲静而风不止，子欲养而亲不待也"的遗憾来提醒世人应及时孝顺父母。这是两者之间的差别。当然，还有一个差别：王本面对"吾族"而言，沈本则是对"人人"而言，所面对的听众又不同。另外，王栋本"饥雏嗷嗷方待哺，甘脆怎能入母口"一句，则为沈寿嵩本所未有。实际上，王栋本与沈寿嵩本为圣谕六条每一条所作的诗句，有时均难以一一对应。

相对来说，沈寿嵩《太祖圣谕演训》所录罗洪先的六谕歌用典更多。例如，"尊敬长上"条中"诗人抑抑讼武公，尼父谆谆戒阙党"，就借用了卫武公作诗《抑》讥刺周平王，以及《论语》孔子认为阙里童子不是追求上进的人的典故，举的是两个不能"尊敬长上"的故事。对应的，王栋本则是"童子将命非求益，故人夷俟曾受杖"两句，相对更为直白。在"各安生理"条中，沈寿嵩本的诗句"筑岩钓渭是何人""三复《豳风》与《葛覃》"，前者借喻了傅说从事版筑和吕尚在渭水垂钓的典故，而后者借《豳风》来表示重视农业，以及借《葛覃》来歌颂妇女志于女红、勤俭节用，而这在王栋本中几乎完全不见，变成了"耕耘收获无越思，规矩方员〔圆〕法不弛。舟车辐辏宜深藏，货殖居奇戒贪鄙。饶他异物不能迁，自然家道日兴起。黄金本从勤俭生，安居乐业荣无比"这样浅白的话。又如，在"教训子孙"条有诗句"箕裘弓冶武当绳"，则是借用了《礼记·学记》中"良冶之子必学为裘，良弓之子必学为箕"的典故，来说明子承父业、绳其祖武的重要性。因此，虽然沈寿嵩的《太祖圣谕演训》所录罗洪先的六谕歌出现在崇祯年间，时间上要比万历七年（1579）王栋的《规训》晚，但是从内容的典雅程度看，却似乎更接近罗洪先这样著名的儒学人士的原著。

无论如何，罗洪先的六谕歌现在可知两个版本：一为万历七年王栋《规训》所载，一为崇祯九年（1636）沈寿嵩《太祖圣谕演训》所载。前者的宣讲对象是族人，较为浅白，为七言十四句，篇幅稍长，而后者的宣讲对象是"人人"，是世人，没有具体的对象，文字更典雅，喜欢用典，七言十二句，篇幅稍短。现在很难断定哪一个版本是罗洪先六谕歌的原作，又或者二者都是在罗洪先原作上的改编。可以断定的是，这两个版本都有一定的影响，且广为流传，化身于后来的六谕诠释文本之中。

三　六谕歌的传播演变

罗洪先的六谕歌是明清时代的六谕诠释史上三个最经典文本之一，

其影响之深远可以与王恕的《圣训解》及罗汝芳的六谕演说相媲美。相比而言，王恕与罗汝芳的六谕解释得到的关注较多，而罗洪先六谕歌几乎从未得到学者关注。推究其原因，大概是罗洪先本人的文集中从未将六谕歌收录，而六谕歌在流传过程又为不同的作者所改动，以至于后人见到罗洪先六谕歌，往往只知其改编者，而不知道作品的原创者。其实，罗洪先六谕歌的影响，不仅及于族内以及当地乡约中，还流转到外地，先是可能经浙江巡抚温纯改编，以《温军门六歌》的形式曾在浙江一带流传，又被杭州人钟化民在任官陕西时刻入《圣谕图解》，后来又编入清初魏象枢的《六谕集解》之中，另外在清初孔延禧的《乡约全书》及范鉝的《六谕衍义》中都有继承。

现在可以找到的最早流传演变的一个版本，是曾任浙江巡抚的温纯所作的《温军门六歌》。温纯（1539—1607），字希文，号抑庵，三原人，嘉靖四十四年（1565）进士，授寿光知县，选给事中，万历十二年（1584）至十五年（1587）间以兵部右侍郎右佥都御史巡抚浙江，[1] 官至左都御史，著有《温恭毅集》。《温军门六歌》亦不见于《温恭毅集》，但载于崇祯年间熊人霖所修《义乌县志》。[2] 温纯在《孝经序》中说："纯奉命抚浙，遵高皇帝劝民御制为歌，冀与民更新，而日鳃鳃，惧无能承德意万一也。"[3] 照温纯的说法，似乎《温军门六歌》是其自创。然而，如果我们通过《温军门六歌》与王栋《规训》中所录的罗洪先《六谕歌》进行比较，就可以清楚地看到温纯的作品对罗洪先作品的直接的承袭。例如，罗洪先以"我劝吾族孝父母"起，而以"我劝吾族孝父母"为结，这样的结构在《温军门六歌》中基本上保存下来，只是由"我劝吾族"改为了"我劝吾民"，从而体现了温纯以巡抚身份教化庶民的特点，是有区别于像罗洪先那样一个普通的居乡士大夫或族老的语气的。像"试读《蓼莪》

---

① 吴廷燮：《明督抚年表》，第 443 页。

② （明）熊人霖：（崇祯）《义乌县志》卷四《乡约》，《稀见中国地方志汇刊》第 17 册，第 400 页。

③ （明）温纯：《温恭毅集》卷七《孝经序》，《景印文渊阁四库全书》第 1288 册，台北：商务印书馆 1986 年版，第 555 页。

诗一章，欲报罔极空回首"这样引经据典的诗句，也一模一样地保留了。温纯《温军门六歌》也在总体上保留了七言，但篇幅缩短了一点，例如第二首"和睦乡里"诗则将原来的四句七言句——"见人争斗莫挑唆，闻人患难犹己事。邻里睦时外患绝，太和翔洽从此始"——破碎为几句三言短句，改为"谚有言，邻里和，外侮止，百姓亲睦自此始"；第四首教训子孙诗中则插入"何乃禽犊爱，忍令子孙昏"两句五言诗。不规则短句的插入，使整首诗更显得口语化。还有一些字词上的差异，例如"孝顺父母"条中将"乌鸟尚知父母恩"改为"虎狼尚知父母恩"。虽然温纯对罗洪先的诗作了不小的改变，但是他是在罗洪先《六谕歌》的基础上进行改造的。温纯的《温军门六歌》既然称为"温军门六歌"，表明它必定是在温纯万历十二年至十五年（1584—1587）任浙江巡抚时所创。我们无从得知温纯从什么样的途径获知罗洪先的《六谕歌》，但温纯的改创使罗洪先的《六谕歌》获得了新的生命力。

温纯的《温军门六歌》还有另外两个版本，一个是保留在汤沐、柳应龙《圣谕演义》之中的"督抚温《劝民歌》"，与《义乌县志》的版本完全相同而更完整，[①] 另一个版本即保留在今西安碑林博物馆的崇祯二年的《皇明圣谕·劝世歌》，署名温纯，书碑者为陕西三原人来复，温纯之子温自知刻。来复，字阳伯，万历四十六年（1618）进士，温纯的门人，官至山西布政使。《皇明圣谕·劝世歌》碑为长方形，高 29 厘米，长 140 厘米，58 行，行 12—13 字不等，行书，其文曰："皇明圣谕。孝顺父母，尊敬长上，和睦乡里，教训子孙，各安生理，毋作非为。南京吏部尚书臣温纯□□劝世歌。"末署"岁崇祯己巳孟春上浣里门人来复沐手书，不肖男温自知勒石"。显然，《劝世歌》是温纯逝世多年之后由其子温自知、门人来复刻石的作品。正文为六段各自咏诵圣谕六言的诗，与《温军门六歌》几乎没有差别，

---

① 例如，"督抚温《劝民歌》"可以补足《温军门六歌》"毋作非为"条末几句——"此时堪怜悔退迟。莫道机谋能解脱，国法森严神鉴之。及早觉迷犹尚可，我劝吾民勿非为"。参见柳应龙《新刊社塾启蒙礼教类吟》卷六《圣谕演义》，《故宫珍本丛刊》第 476 册，海南出版社 2001 年版，第 448 页。

但是一则可以补《温军门六歌》之中各安生理、毋作非为两诗之缺，再则可以将崇祯《义乌县志》中未识读的字词依此识读出来。明显的差异有几处：其一，所有的"我劝吾民"都改成了"我劝世人"。其二，"尊敬长上"条中，《温军门六歌》的"辈分前后宁相亢"改为"辈分前后宁相抗"；"阙党欲连非求益"，在《劝世歌》中作"阙党欲速非求益"，当以后者"欲速"为是。其三，"各安生理"条中，《温军门六歌》的"民生安业无如是"，在《皇明圣谕·劝世歌》中作"民生安业无乃是"。① 这些字词上的差异，基本上可以忽略不计。将"我劝吾民"改为"我劝世人"，是因为文本摆脱了《温军门六歌》的巡抚的官员身份，不再需要使用以上教下的"吾民"的称呼，而以"我劝世人"的称呼也更符合"劝世歌"的普遍教化的定位。但是，结合《义乌县志》中所载的《温军门六歌》以及《皇明圣谕·劝世歌》来看，温纯对六谕所作的诗歌的诠释，前后并没有发生重大的变化，在他离开浙江巡抚之任后只是对《温军门六歌》作了很少的调整，便将其遗之子孙后世了。

就在温纯任浙江巡抚的最后一年，陕西茶马御史钟化民（1545—1596）在陕西刻《圣谕图解》。钟化民，字维新，号文陆，万历己卯年（1579）举人，万历八年（1580）进士，万历年间著名的循吏。正如我们接下来要谈到的，《圣谕图解》是钟化民落实万历十五年（1587）朝廷以图像诠解六谕政策最早的一幅作品，刻石的时间就在万历十五年。《圣谕图解》对圣谕六条每一条的解释都分为说理解释、诗歌、图像、图像的说明等四个部分。其中"诗"的部分，就继承了罗洪先的《六谕歌》。将《圣谕图解》与《温军门六歌》相比较，发现彼此既同又异。同的部分占绝大比例，像第五部分的"各安生理"诗就完全相同。不同的部分，包括："孝顺父母"条中，《温军门六歌》作"虎狼犹知父子恩"，而《圣谕图解》作"虎狼犹知父母恩"，恰巧与王栋《规训》所载罗洪先六歌"虎狼犹知父母恩"相同。在"尊敬长上"条中，

① 高峡主编：《西安碑林全集》卷三四《碑刻》，广东经济出版社、海天出版社1999年版，第3394—3403页。

《圣谕图解》较《温军门六歌》多了一句"老吾老兮亲自敦，尊高年兮齿相尚"，而这一句亦见王栋《规训》所载罗洪先六歌。在"和睦乡里"条中，将原来温纯的"谚有言，邻里和，外侮止，百姓亲睦自此始"复改为七言句，改成了"邻里睦时外侮消，百姓亲睦自此始"，《圣谕图解》在这两句七言之前，又加了两句七言——"见人争讼莫挑唆，闻人患难犹自己"，则看起来更像是从王栋《规训》所载罗洪先六歌的"见人争夺莫挑唆，闻人患难犹己事，邻里睦时外患绝，太和翔洽从此始"变化而来，只不过将"太和翔洽"之类难懂的话变为更易懂的"百姓亲睦"。在"教训子孙"条中，温纯的五言是"何乃禽犊爱，忍令子孙昏"，而《圣谕图解》作"自幼何为禽犊爱，忍令子孙愚且昏"，但是在王栋的《规训》所录罗洪先《六谕歌》中也未能找到源头。从这些比较来看，《圣谕图解》一方面与《温军门六歌》有明显的继承关系，另一方面偶尔也会与王栋《规训》所载的罗洪先《六谕歌》相同，说明它不完全由《温军门六歌》演化而来，当然更不大可能从《规训》六谕歌演化而来。再看之后清初理学家魏象枢（1617—1687）的《六谕集解》，则除了个别字词的差异，如第六首诗中的"事"写成"势"等细小的差别之外，几乎是完全不动地转录了钟化民《圣谕图解》中诗歌的内容。然而，清初顺治十八年（1661）云南府知府孔延禧刻《乡约全书》以教民，其中的歌诗部分，以及清初范鋐《六谕衍义》的歌诗部分，与沈寿嵩《太祖圣谕演训》所收罗洪先六谕诗基本相同。① 当然，范鋐的《六谕衍义》使用俗语更频繁，也明显异于其他版本，例如"尊敬长上"条的"身先尊敬为榜样""后船眼即照前船，檐前滴水毫不爽""满则招损谦受益"，"和睦乡里"条的"若遇告状相劝止""同乡共井如至亲"，"教训子孙"条的"良玉不琢不成器，若还骄养是病根""养子不教父之过，爱而勿劳岂是恩"，"各安生理"条的"妄想心高百无成""厌常喜新没终始""艺多不精不养身，游手好闲穷到底"等。

---

① （清）孔延禧：《乡约全书》，载楚雄彝族文化研究所编《清代武定彝族那氏土司档案史料校编》，中央民族学院出版社1993年版，第265页。

因此，综合看来，在我们现在可以看到的七个版本中，王栋的《规训》时间虽然最早，但却并不一定是所有版本的共同源头。例如，在"和睦乡里"条中，另外六个版本都有"东家有粟宜相赒，西家有势勿轻使"一句，而王栋《规训》中却是作"每过匮乏宜相赒，无多才气勿轻使"。这表明另外六个版本的此句均可能另有源头。七个版本中，可以分为两个系统（见表4-1），王栋《规训》所录罗洪先《六谕歌》也是一个相对特别的一个版本（A1），温纯的《温军门六歌》与《皇明圣谕训解·劝世歌》均出自温纯之手，自然是相近的，为第二种版本（A2），钟化民的《圣谕图解》与魏象枢《六谕集解》极为接近，为第三种版本（A3），沈寿嵩《太祖圣谕演训》与孔延禧《乡约全书》、范鋐《六谕衍义》接近，但整体上与前三个版本差别都比较大，可以视为第二种系统的版本（B1—B3）。它们应该有共同的源头，即罗洪先的《六谕歌》。在罗洪先的同时代及其身后，以六谕诗助行基层教化之风经久不衰。

四 六谕诗教化的盛行

以诗歌来阐释明太祖的六谕，在十六七世纪是一种很流行也很实用的做法。以歌咏的方式来诠释六谕，罗洪先或许不是最早尝试的人，但无疑是最成功的一个。他的《六谕歌》影响最大，流传最广。当然，在罗洪先前后，以诗歌诠释六谕以行教化的方式一直都有，在之后也一直延续，并且越来越讲求节奏、音调，体现了教化过程中六谕诗说理性、艺术性与实用性的结合。

泰州学派的王栋、颜钧等人的诗歌诠解，都未能达到像《六谕歌》那样不断版本创新、变换流传的程度。明代以平民讲学闻名的泰州学派学者，喜欢以歌诗的手段来诠解六谕。王艮的门人王栋（1503—1581）、再传门人颜钧（1504—1596）等人，对六谕均有诗歌诠解之作。王栋著有《乡约谕俗诗六首》和《乡约六歌》。《乡约谕俗诗六首》存五首，缺颂"孝顺父母"一诗，每首七言八句，五十六字。《乡约六歌》存《孝顺父母》《尊敬长上》二歌。[①] 以"尊敬长上"为例，《乡约谕俗诗六首》云："天地生人必有先，但逢长上要谦谦。鞠躬施礼宜从后，缓步随行莫僭前。庸敬在兄天所叙，一乡称弟士之贤。古今指傲为凶德，莫学轻狂恶少年。"[②] 既然是谕俗诗，它就不是让人们在书斋中摇头晃脑吟唱的，而是普通百姓能脱口而出的。《乡约谕俗诗六首》就具备这样的韵律。颜钧著《箴言六章》，自注"阐发圣谕六条"，每章各为数十句四言箴言，再各附诗二首，用语俚俗，全不讲究修辞。《箴言六章》内孝顺父母章附诗云："孝顺父母好到老，孝顺父母神鬼保。孝顺父母寿命长，孝顺父母穷也好。"[③] 这样的诗，是不讲文法的，目的只有一个，就是要让不识字的人能听会记。显然，泰州学派的平民风格，使王栋、颜钧更倾向于选择以诗歌的形式诠释。这些诗歌虽然没有特别之处，但却最能打动底层的庶民。

罗汝芳也曾为六谕作了八首歌，分别是："（1）劝吾民，要孝亲，原是父母生此身，承欢养志分内事，打骂劳苦莫怨嗔；（2）劝吾民，莫分异，弟敬哥哥兄爱弟，夜间莫听妇人言，忍耐张公同九世；（3）劝吾民，要睦邻，邻居本是百年亲，出门举足常相见，礼义相先号里仁；（4）劝吾民，莫争讼，公庭刑罚无轻纵，裂肤破产先受亏，赢得官司何益用？（5）劝吾民，要守成，祖宗基业本难擎，但愿儿孙多克肖，常将勤俭振家声；（6）劝吾民，勤生理，士农工商勤为美，大富由命小由勤，游手好闲身无倚；（7）劝吾民，莫赌博，家园荡尽声名恶，纵使场中局局赢，算来几个不零落；（8）劝吾民，多积善，天公报应疾如箭，积善之家庆有余，若还积恶天岂眷？"[④] 其中，一、二两首分别对应孝顺父母和尊敬长上，而尊敬长上集中于强调兄弟之间爱

---

① （明）王栋：《明儒王一庵先生遗集》卷二《论学杂吟》，《王心斋全集》，江苏教育出版社 2001 年版，第 199—200 页。

② （明）王栋：《王一庵先生遗集》卷二《论学杂吟》，《明儒王心斋先生全集五种》本。

③ （明）颜钧著，黄宣民标点：《颜钧集》卷五《箴言六章》，中国社会科学出版社 1996 年版，第 39 页。

④ （明）沈寿崈：《太祖圣谕演训》卷下，《孝经忠经等书合刊四种》，国家图书馆藏明雨花斋刻本，第 39 页下至第 40 页上。

敬，三、四两首是从正反两面对应和睦乡里一条，对世人在乡里间要和睦，毋争讼打官司，五、六、七三首分别对应教训子孙、各安生理、毋作非为等三条，而最后一条似乎是总论人宜积善行事。

罗汝芳的门人陈昭祥在作《文堂陈氏乡约家法》时，除了将罗汝芳的圣谕诠释引入外，还为六谕自作了六谕诗，每一条圣谕两首，一为七言四句，一为四言十二句，则更像是箴言。其中七言诗较为俚俗，而四言十二句的诗却颇为典雅。以"教训子孙"条为例，陈昭祥的教训子孙诗写道："有好子孙方是福，无多田地不为贫。世人只解遗金玉，何不贻谋淑后人"；"贻尔典则，克昌厥后。淫佚沉冥，惟家之疢。素丝无蛮，玄黄代起；胥诲尔子，式穀以似。宁静致远，浮靡易衰。茂兹令德，永迪遐规"①。"有好子孙方是福，无多田地不为贫"是俗语，之前项乔在《项乔家训》中也用过，这里直接便入诗了。四言十二句的诗，不但语词典雅，而且充满了典故，对于庶民无疑是难解的，教育的实用性应该不大。不过，陈昭祥《文堂陈氏乡约家法》对其所附六谕诗有详细的演奏与配乐说明："凡升歌，其声各有主卑长短，今为●○□■四谱识之，高而长者○，卑而徐者●，高而疾者□，卑而短者■。每歌，始鼓五；每字，先击钟一，发声。每字毕，击磬一收之；随击钟一，以起下字。每句毕，仍击一鼓，琴随钟磬之声鼓之。"② 如果是这样，那么，一个字一个字地集体吟诵，配以钟磬，其感染的效果在整齐划一，又不在语言文字间。罗汝芳门人曾维伦也曾作六谕诗。曾维伦，字惇吾，江西乐安人，万历八年（1580）进士，官至嘉兴府同知，任嘉兴府同知时摄海盐知县，曾行乡约。③ 李绂《来复堂集序》中说："惇吾先生少志于理学，长仕于楚，与耿天台交，因并交焦弱侯、罗近溪。未强仕即归休，杜门讲

① 卞利：《明清徽州族规家法选编》，第219页。
② 卞利：《明清徽州族规家法选编》，第219页。
③ （明）曾维伦：《来复堂遗集》卷十七《祭少松翁滕老先生文》，《四库全书存目丛书》集部第169册影清乾隆九年刻本，齐鲁书社1997年版，第531页。

学，著《理学见解》。"① 与泰州学派学者罗汝芳、焦竑等人的往来，必然使曾维伦的学术观点与泰州学派很接近。其实，据其自言，曾维伦以罗汝芳为师。他曾自言"东崖与予同罗夫子近溪先生之门"②，于罗汝芳"执弟子礼礼之"③。曾维伦《来复堂集》卷二十有《圣谕》《诗歌孝顺父母》《诗歌尊敬长上》《诗歌和睦乡里》《诗歌教训子孙》《诗歌各安生理》《诗歌毋作非为》等七篇。七篇之中，第一首《圣谕》特别能反映日用即道的泰州学派学者的主张："六谕由于钦孝弟，始知道只在家庭。"④ 他的六谕诗，像"尊敬长上"诗，却不是从家庭、家族间强调尊敬，而更多从官方立场言："国中社稷要人扶，扶到安时节大夫。劝取读书还读律，致君尧舜有訏谟。"⑤ 此种尊敬长上，是要人明习法律、尊敬君上。

同为罗汝芳门人、同样出身于祁门陈氏的陈履祥，有一个门人叫汪有源，也曾作《六谕诗》。汪有源，字惟清，宁国府太平县人，学者称昆一先生。施闰章《汪惟清先生小传》云："汪有源，字惟清，少酷贫废学，……万历戊戌（1598）就郡试，师祁门陈九龙履祥，受《罗旴江集》，以万物一体为己任，与宣城施弘猷联集六邑同仁会，时有陈门曾颜之目。……居维扬，起十州县大会，谒泰州王心斋祠，慕其风，聚诸海滨之民，告以圣人可学而至，所在弦歌习礼。……在金陵，数主阳明祠，与焦澹园、周海门、杨复所、高景逸诸公往复，讲会尤盛。其学以复还本体为则。"⑥ 可见，汪有源也是晚明热衷于与庶民讲学之人。他的六谕诗共六首，各七言四句，语词浅近易懂。以教训子孙为例，其诗云："谁人不爱子孙贤，教训当知一着先。但令日亲君子们，何愁家业不绵延？"⑦

---

① （清）李绂：《来复堂集序》，曾维伦《来复堂遗集》，第 261 页。
② （明）曾维伦：《来复堂遗集》卷四《义斋记》，第 352 页。
③ （明）曾维伦：《来复堂遗集》卷十一《宗儒寿学篇寿陈古池八十》，第 448 页。
④ （明）曾维伦：《来复堂遗集》卷二十《圣谕》，第 581 页。
⑤ （明）曾维伦：《来复堂遗集》卷二十《诗歌尊敬长上》，第 581 页。
⑥ （清）施闰章：《施闰章集》文集卷十六《汪惟清先生小传》，黄山书社 2014 年版，第 334—335 页。
⑦ （明）沈寿嵩：《太祖圣谕演训》卷下，《孝经忠经等书合刊四种》，第 41 页。

此外，十六七世纪不少学者士大夫、官员都曾在讲学或乡约中以诗诠解六谕。湛若水（1466—1560）黟县门人汪济，字君楫，曾经在家乡"创里仁讲会，作六歌以励俗"①。"六歌"大概也是六谕的诗歌注解。陈大宾（1516—1571），字敬夫，号见吾，湖广江陵人，嘉靖二十三年（1544）进士，授上虞知县，选南京御史，升河间知府，力行乡约、保甲之法，升河南副使，后历官藩、臬，以副都御史巡抚云南，官至工部侍郎总理河道。他可能在任按察使时著有《乡约集成》。后来，宁晋人蔡叆（1496—1572）乡居时曾建三所小学以教乡邻之子弟，"乃树石中亭，上刻皇明圣谕"，又将"宪使江陵陈见吾先生所著《乡约集成》内圣谕演及歌给散乡邻，令其朝夕诵以为劝惩"②。这表明，陈大宾《乡约集成》既有演绎，也有诗歌。嘉靖三十八年（1559），碣石卫经历郭文通署任广东大埔知县，③ 行乡约。饶相在其离任的《去思碑》中说郭文通曾在大埔县"立乡约，宣扬圣谕，演为说文、诗歌，颁布各社"④。隆庆二年（1568），宁国府知府钟一元（1553 年进士）"恭奉高皇帝圣谕六条，敷演意义，叶以诗歌，定为乡约仪式，汇辑成编，刊布郡邑"⑤。游有常（1561 年举人）于万历五年（1577）任井陉知县，⑥ "立社师，演六谕，为歌劝谕之"⑦。万历六年（1578），江西南城知县范涞（1574 年进士）"训演圣谕六章，并为诗以咏，而设条

---

① 嘉庆十七年修，道光五年续修《黟县志》卷六《人物·儒行》。

② （明）蔡叆：《洨滨蔡先生文集》卷二《书三小学碑后》，《北京图书馆藏古籍珍本丛刊》第 107 册影印嘉靖四十二年李登云刻本，书目文献出版社 1992 年版，第 273 页。

③ （清）张鸿恩纂修：（同治）《大埔县志》卷十四《职官》，国家图书馆藏光绪二年刊本，第 4 页下。

④ （民国）《新修大埔县志》卷三十六，《中国地方志集成》广东府县志辑第 22 册影民国三十二年刻本，上海书店出版社 2013 年版，第 18 页。

⑤ （明）梅守德：《宁国府乡约序》，（万历）《宁国府志》卷十三《艺文》，《中国方志丛书》影明万历五年刊本，台北：成文出版社有限公司 1975 年版，第 19 页。

⑥ （清）钟文英：（雍正）《井陉县志》卷五《官秩》，国家图书馆藏清雍正九年刊本，第 3 页下。

⑦ （清）丁廷楗、卢询修，赵吉士等纂：（康熙）《徽州府志》卷十四，《中国地方志丛书》华中地方第 237 号影康熙三十八年万青阁刻本，台北：成文出版社有限公司 1975 年版，第 42 页。

约，以便循习"①。万历二十年（1592），乐平知县金忠士（1592年进士）到任后，"先奉圣谕以开民心，次讲明正学以端士习，中复杂为诗歌，刊布四境，令家喻户晓"。② 万历二十三年出任江西崇仁知县的晋江人陈瑛（1595年进士），任内"率父老子弟讲读乡约，又亲制孝顺六条歌，俾家传户习之"③。万历二十四年（1596），江东之（1577年进士）任贵州巡抚，以诗歌形式诠释六谕，作《振铎长言》，且说："古乐之不作久矣。今之声歌象舞，犹有古意存焉。是最入时眼里耳，而易动人观听，故董戒之外，又劝之以歌。……惟是上揭皇祖六谕以阐扬其旨，次蒐二十四善以寻绎其义，近撷五传以寄遐景。"④ 这些作品多已不存。

崇祯十一年（1638），江西进贤人熊人霖（1604—1666）莅任浙江义乌知县，⑤ "单骑循行，申六谕，继以雅歌，一唱三叹，闻者皆感慨悱恻，动容易志，有《亲民绎序》"⑥。《熊知县六歌》每首为四言八句。熊人霖将"毋作非为"改成了"莫作非为"，还改变了之前的六谕顺序，将"莫作非为"提到了"各安生理"之前。他也强调了自己的地方官立场，在"尊敬长上"歌中尤其强调人对君上、官长的尊敬："世沐朝廷养育恩，设官保护汝生存。法严分定无争害，今日方知长上尊。"之后才强调对族长、乡尊、长者的尊敬："族长乡尊总要恭，随

① （清）曹养恒修，萧韵等纂：（康熙）《南城县志》卷五《乡约》，《中国方志丛书》华中地方第817号影清康熙十九年刊本，台北：成文出版社有限公司1975年版，第347页。

② （明）金忠士：《泊阳书院记》，载（同治）《乐平县志》卷四《学校·书院》，《中国地方志集成》江西府县志辑第31册影同治九年鳌山书院刻本，江苏古籍出版社1996年版，第63页。

③ （雍正）《增修崇仁县志》卷四《列传·名宦传》，《国家图书馆藏清代孤本方志选》第1辑第18册影清顺治间刻雍正十二年增刻本，线装书局2001年版，第743页。

④ （明）江东之：《振铎长言引》，载（万历）《贵州通志》卷二十三，《日本藏中国罕见地方志丛刊》影万历二十五年刊本，书目文献出版社1990年版，第48页；又见江东之《瑞阳阿集》卷五《振铎长言序》，第98页。

⑤ 熊人霖生平，可参见马琼《熊人霖〈地纬〉研究》，博士学位论文，浙江大学，2008年，第43—45页。

⑥ （嘉庆）《义乌县志》卷九《宦迹》，《中国方志丛书》华中地方第82号影清嘉庆七年刻本，台北：成文出版社有限公司1975年版，第226页。

行后长圣贤从。□□莫倚凌前辈，他日须为白首翁。"作为《六歌》中最末一句的各安生理，熊人霖不仅强调了士农工商，还强调了为官之人公门好修行："劝君安分好生涯，本分求财好养家。士农工商皆随分，栽得根深定放花。衣禄生来莫强求，丰年能俭定无忧，男耕女织家兴旺，方便公门更好修。"①这都是《熊知县六歌》跟许多六谕诠释诗所不同的特点。祥芝蔡氏的蔡葵就曾经作《六谕同归孝顺歌》六首。蔡葵不知何时人，然其序中称"太祖高皇帝就五伦衍为六谕"，而不是将六谕归为清世祖顺治皇帝所作，则可能应该是明人。蔡葵《六谕同归孝顺歌》的特点在于，将六谕的最核心概念定义在孝顺上。他说："人所以立身天地间，而不与禽兽为群者，以其知礼义，惜廉耻，敦叙五伦，恩相爱，文相接，而总之自孝顺始。此太祖高皇帝就五伦衍为六谕，以教我百姓，而先之以孝顺也。六谕同归一谕也。……若孝顺之心葆而勿失，则卑以自牧，谦尊而光和以处众，相好无尤，此孝此顺也。身范在庭，燕翼可贻，生计日充，横祸不及，此孝此顺也。……葵在官时，有教民之责，当［尝］将六谕衍而成诗歌，发其同归孝顺，于人约时叮咛而告诫焉！今教不及民矣，愿与族戚共闻其说。"六谕根底在孝顺，这其实也是罗汝芳等人分析六谕逻辑结构时所秉持的观念。蔡葵诠释的特点则在于以诗歌的形式，将尊敬、和睦、教训、生理、毋作非为等另外五条都最终落脚到是否孝顺父母上。按照他的逻辑，"尊长原属父母行"，故当尊敬，"睦家尤宜睦里邻"，故当和睦乡里，不肖子孙容易"玷祖辱宗不堪闻"，故当教训子孙，安生理则可以"甘旨奉亲乐晨昏"，故当各安生理，为非作歹的人最终会使"惨伤父母没依归"，故人当毋作非为。②

　　然而，无论是王栋、颜钧、曾维伦这些学者，还是熊人霖、蔡葵这些官员，他们所作之诗在诠释六谕上并无多少创意，无法与罗洪先诗相提并论。但是，这些诗歌确实是可以唱的。耿橘《乡约诗》要求"按

---

①　（明）熊人霖：（崇祯）《义乌县志》卷四《乡约》，第401页。

②　陈聪艺、林铅海选编：《晋江族谱类钞》，厦门大学出版社2010年版，第152—154页。

法而歌"，是指按照歌旁所标方法吟唱，诗中每一个字都会有平、舒、折、悠、振、发等吟字之法，乡约时还会串以钟磬，每首诗最末一句须重复吟唱，以表达"有余不尽之意"①。熊人霖在《熊知县六歌》之末还标注在乡约中如何歌诗："以上六歌，每歌中前二人齐唱，第四句六人重叹一句。"② 一咏三叹，可以加强人的感性认识。崇祯年间项如皋在为太平知县蒋录楚《乡约讲义》所作序中说："系以声诗，盖长言之不足，又咏歌之，则感者易兴。"③ 清代许三礼在宣讲魏象枢《圣谕集解》的诗时也强调"肄之管弦"，讲时有"作乐"环节，该环节的内容就是歌唱自罗洪先以来流行的"我劝吾民孝父母"六谕诗，还配有工尺谱，④ 可见，这种诗教的辅助手段在后来越来越发达，使六谕诗可以用一定的韵律歌唱起来。这种歌咏的方法，让六谕的宣讲更为生动，更易动人，也就更有效。耿橘就认为，他所为的乡约诗如果能够"时时歌咏，处处歌咏，人人歌咏，自然心平气和，自然孝亲敬长，自有无限好处，比之念佛诵经，功德相倍万万也"⑤。至清代，以诗歌的方式来诠解六谕的做法仍然盛行，而且越来越俚俗化。收入乾隆十五年刊本《莆田沙堤晋江安平金墩黄氏宗谱》之中的黄氏《劝民六歌》，不知何人所作，六首，每首前两句为五言，后十二句为七言，而最后两句之前插入"呜呼"的感叹句。《劝民六歌》颇为俚俗，不少语句完全借用口语，例如"孝顺父母"在前两句"天施兮地生，父精兮母血"之后，就会有"可怜两个为甚来，指望济得老时节。谁知生就羽毛呵，倒把爷娘甘旨阙"这样很口语化的诗句。又如"和睦乡里"诗，也有"幽有鬼神明有法，何曾放过你些乎"这样几乎谈不上为诗的口语化的句子。⑥

---

① （明）张鼐：《虞山书院志》卷四《乡约仪》，第82—84页。

② （明）熊人霖：（崇祯）《义乌县志》卷四《乡约》，第401页。

③ （明）项如皋：《乡约讲义序》，（嘉庆）《太平县志》卷十一，第259页。

④ （清）陈秉直、魏象枢：《上谕合律乡约全书》，收入杨一凡《古代乡约及乡治法律十种》第一册，黑龙江人民出版社2005年版，第507、544页。

⑤ （明）张鼐：《虞山书院志》卷四《乡约仪》，第85页。

⑥ 陈聪艺、林铅海选编：《晋江族谱类钞》，第171—172页。

表4-1　罗洪先、温纯、钟化民、魏象枢等不同版本的《六谕歌》之比较

王栻《规训》(A1)	温纯《温军门六歌》(A2)	钟化民《圣谕图解》(A3)	温纯《皇明圣谕训解·劝世歌》(A2)	沈寿嵩《大祖圣谕演训》(B)	魏象枢《六谕集解》(A3)	孔延禧《乡约全书》(B)	范鉉《六谕衍义》(B)
我劝吾族孝父母，父母之恩尔知否。生我育我苦劬劳，朝夕顾复饥维哺方。待能母乳口？怎能疾病母亲？每逢疾病母更关，忘食，废寝无不有。知父母恩，乌犹知父母至切。人不如物至可丑。试读蓼莪诗一篇，欲报罔极空回首。谁人不受父母恩，我劝吾族孝父母。	我劝吾民孝父母，父母之恩尔知否。生我育我苦万千，朝夕顾复离手。乳哺三年何曾离手。岂但三年乳哺艰，甘脆何曾入其口？每逢疾病更关情，废寝忘食，虎狼不有。扰知父母恩，人不如曾亦可丑。试读《蓼莪》诗一章，欲报罔极空回首。人谁不受劬劳恩，吾民孝父母。	我劝吾民孝父母，父母之恩尔知否。生我育我苦万千，朝夕顾复离手。岂但三年乳哺艰，甘脆何曾入其口？每逢疾病更关情，废寝忘食，虎狼不有。扰知父母恩，人不如曾亦可丑。试读《蓼莪》诗一章，欲报罔极空回首。劬劳恩，我劝吾民孝父母。	我劝世人孝父母，父母之恩尔知否？生我育我顾我苦万千，复顾夕离手。岂但三年乳哺艰，甘脆何曾入其口？每逢疾病无不有，虎狼不有，父子之亲尔如曾亦可丑。试读《蓼莪》诗一章，欲报罔极空回首。莫教风木泪沾襟，我劝人人孝父母。	我劝人人孝父母，父母之恩尔知否？怀胎十月苦难言，乳哺三年曾释手？每逢疾病最关心，及成人求配偶。岂徒生我受劬劳，终身劳为我。弃走《蓼莪》诗，欲报罔极空回首。莫教风木泪沾襟，我劝人人孝父母。	我劝吾民孝父母，父母之恩尔知否？生我育我苦万千，朝夕顾复离手。乳哺三年但口？岂但三年乳哺艰，甘脆何曾入其口？每逢疾病更关情，废寝忘食，虎狼不有。扰知父母亦可丑。试读《蓼莪》诗一章，欲报罔极空回首。劬劳恩，我劝吾民孝父母。	我劝吾民孝父母，父母之恩尔知否？怀胎十月苦难言，乳哺三年何释手？每逢疾病更关心，及成人求配偶。岂徒生我受劬劳，终身劳为我。试读《蓼莪》诗一章，欲报罔极空回首。莫教风木泪沾襟，吾民孝父母。	我劝世人孝父母，父母之恩尔知否？怀胎十月苦难言，乳哺三年何释手？每逢疾病更关心，成人求配偶。岂徒生我受劬劳，终身为我。养时亲不在，子欲《蓼莪》诗，欲报罔极空回首。莫教风木泪沾襟，劝世人孝父母。

续表

王栋《规训》(A1)	温纯《温军门六歌》(A2)	钟化民《圣谕图解》(A3)	温纯《皇明圣谕训解·劝世歌》(A2)	沈寿嵩《大祖圣谕演训》(B)	魏象枢《六谕集解》(A3)	孔延禧《乡约全书》(B)	范鑅《六谕衍义》(B)
我劝吾族敬长上。少小无如崇让。便当崇让退让。分定尊卑不可逾，辈分前后宁相亢？童子将命非求益，故人夷侯曾叠受杖。几杖追随负戴迈，共儙仰老今亲，亦从仁口来。老舜之同休损，凌节亦薄其如仁，疾徐舜从浮。之同无损，我劝吾族敬长上。	我劝吾民敬长上，少小无如崇退让。分定尊卑不可逾，辈分前后宁相亢？口宛党欲连，原壤受杖。道路崎岖争负戴，几杖追随共儙仰。老今亲自敬，尊高年今齿相亲。尧舜亦从，凌徐之同休损。亦薄其如仁，疾徐放。我劝吾民敬长上。	我劝吾民敬长上，少小无如崇退让。分定尊卑不可逾，辈分前后宁相亢？口宛党欲连，原壤受杖。道路崎岖争负戴，几杖追随共儙仰。老今亲自敬，尊高年今齿相亲。尧舜亦从，仁让之同休损。凌节亦薄其如浮，我劝吾民敬长上。	我劝世人敬长上，少小无如崇退让。分定尊卑不可逾，辈分前后宁相亢？欲速非求益，原壤受杖。道路崎岖争负戴，几杖追随共儙仰。老今亲自敬，尊高年今齿相亲。尧舜德，凌徐之同休损。无损亦薄，我劝世人敬长上。	我劝人人敬长上，少小无如崇退让。分定尊卑不可逾，岂居尊卑先后宁相容。亢？诗人抑抑父，尼父诵谆谆戒阙党，天叙天秩戒礼本全。行徐行后长时，傲为凶。德莫猖狂，谦在真心休勉强，福祸从来。我劝人人敬长上。	我劝吾民敬长上，少小无如分定。崇退让。分定尊卑不可逾，辈分前后无相连。口宛党欲连，原壤受杖。道路崎岖争负戴，几杖追随。老今亲自敬，尊高年今齿相亲。尧舜亦从，仁让之同休损，凌节亦薄其如浮，我劝吾民敬长上。	我劝吾民敬长上，少小无如分定。崇退让。分定尊卑不可逾，岂居尊卑先后宁相容。亢？诗武公，尼父诵谆谆戒阙党，天叙天秩戒礼本全。时当讲，傲为凶。德莫猖狂，谦在真心休勉强，福祸从来。[民]此处分，我劝吾民敬长上。	我劝世人敬长上，身先长敬为榜样。眼即照前船，后船。檐前滴水毫不爽。分定尊卑岂可迁，岂宁逆理犯上刻难容，徐行后长。时当讲，傲自招非。凶温良恭自休让。人尽仰，满则招损，谦受益，我劝世人敬长上。

134

续表

王栋《规训》（A1）	温纯《温军门六歌》（A2）	钟化民《圣谕图解》（A3）	温纯《皇明圣谕训解·劝世歌》（A2）	沈寿嵩《太祖圣谕演训》（B）	魏象枢《六谕集解》（A3）	孔延禧《乡约全书》（B）	范鋐《六谕衍义》（B）
我劝吾族和乡里，古谊重。由来桑梓为一家，何乃仁人四海为一家，何乃比邻分开彼此。有酒开口共醵酌，有田并力同耘耔。东家有粟宜相周，西家有势云宜相周，每过匮乏云轻，无多才气勿轻使，见人争斗莫挑唆，闻人患难扶持己事。邻里睦时外患绝，大和此始，翱洽从欢会合人，醺嚣，我劝吾族和乡里。	我劝吾民睦乡里，自古人情重。四海为一家，何乃仁人桑梓，四海为一家，何乃比邻分彼此。有酒共醵酌，有田并力同耘耔。东家有粟宜相周，西家有势勿轻使。见人争讼莫挑唆，闻人患难扶持己。邻里睦时外侮消，百姓自此始。亲睦比屋皆可封，我劝吾民睦乡里。	我劝吾民睦乡里，自古人情重桑梓。四海为一家，何乃仁人比邻分彼此。有酒共醵酌，有田并力同耘耔。东家有粟宜相周，西家有势勿轻使。见人争讼莫挑唆，闻人患难扶持己。邻里睦时外侮消，百姓自此始。亲睦比屋封，我劝吾民睦乡里。	我劝世人睦乡里，自古人情重桑梓。仁人为一家，何乃四海比邻分彼此。有酒共醵酌，有田并力同耘耔。东家有粟有势勿轻使，邻里谚有言，外侮自此始。百姓亲睦比屋皆可封，我劝世人睦乡里。	我劝人人睦乡里，仁里原须从和睦始。四海须知皆兄弟，一乡安得邻居分彼此。酒熟共醵酌，田连并力同耘耔。东家有粟宜相周，西家有势勿轻使，必扶持，依倩何殊唇齿。比屋咸可封，我劝人人睦乡里。	我劝吾民睦乡里，自古人情重桑梓。四海为一家，何乃仁人比邻分彼此。有酒共醵酌，有田并力同耘耔。东家有粟宜相周，西家有势勿轻使。见人争讼莫挑唆，闻人患难扶持己。邻里睦时外侮消，百姓自此始。亲睦比屋封，我劝吾民睦乡里。	我劝吾民睦乡里，仁里还须从和睦始；四海须知皆兄弟，一乡安得邻居分彼此。酒熟开尊共醵酬，田联力同耘耔。东家有粟宜相周，西家有势勿轻使。患难必扶持，遇有州县依倩何殊唇齿；古来比屋可封，咸可吾民睦乡里。	我劝世人睦乡里，仁里原须从和睦始；海内皆兄弟，须知安得邻居分彼此。从来和气能致祥，自古乡情称美水。东家有粟宜相周，西家有势勿轻使。患难必扶持，若遇告状相劝止；同乡共井，如至亲，我劝世人睦乡里。

续表

王栐《规训》(A1)	温纯《温军门六歌》(A2)	钟化民《圣谕图解》(A3)	温纯《皇明圣谕训解·劝世歌》(A2)	沈寿嵩《大祖圣谕演训》(B)	魏象枢《六谕集解》(A3)	孔延儒《乡约全书》(B)	范鋐《六谕衍义》(B)
我劝吾族教子孙、子孙好丑关键在。周公挞禽为圣父，孔庭训鲤著鲁论。丝经染就成章采，玉匪磨砻不润温。近人知爱不知劳，遂令猪豚蠢子如。蝼蚁尚能化异类，燕翼裕后昆。纵使不才也难弃，长养还须父祖恩。教育子孙绍述光，庭户，我劝吾族教子孙。	我劝吾民教子孙、子孙好丑关家门。周公挞禽为圣父，孔庭训鲤见鲁论。何乃今令子孙爱，忍令子孙口。黄金满匮何足贵，一经犹存。教子蝼蚁尚能化异类，燕翼裕后昆。纵使不才也难弃，长养还须父祖恩。子孝孙顺乐何如，我劝吾民训子孙。	我劝吾民训子孙、子孙好丑关家门。周公挞禽，孔庭训鲤见鲁论。自幼何为忍令子孙爱，忍令子孙口。黄金满匮何足贵？一经犹存。言犹存尚能化异类，燕翼尚能裕后昆。纵使不才也难弃，长养还须父祖恩。子孝孙顺乐何如，我劝吾民训子孙。	我劝世人教子孙、子孙好丑关家门。周公挞禽为圣父，孔庭训鲤何乃今令子孙爱，忍令子孙口。黄金满匮何足贵，一经犹存。教子蝶嬴，燕翼尚能化异类，燕翼裕后昆。纵使不才也难弃，长养还须父祖恩。子孝孙顺乐何如，我劝世人训子孙。	我劝人人训子孙、子孙成败视家门。挞禽为圣人，胎有教，箕裘当绳。冶武当绳，黄金诗书万两有时尽，书一卷可卷存。蝶嬴尚能化异类，燕翼岂难裕后昆。纵使不才母遗弃，善养还须父母恩。世间不肖从姑息，我劝人人训子孙。	我劝吾民训子孙、子孙好丑关家门。挞禽称圣人。孔庭训鲤见鲁论。自幼何为忍令子孙爱，忍。禽接爱，黄金忍。子孙满匮何足贵？一经教子蝶嬴。言犹存尚能化异类，燕翼尚能裕后昆。纵使不才母遗弃，教育须父母恩。子孝孙顺乐何如，我劝吾民训子孙。	我劝吾民训子孙、子孙成败关家门。视听皆有教；寝坐箕裘当绳。冶武当绳。诗书有时存，金万两可卷存。蝶嬴化异类，燕翼岂难裕后昆。纵使不才母遗弃，善养还须父母恩。世间不肖从姑息，我劝吾民训子孙。	我劝世人训子孙、子孙成败关家门。不琢不成器，良玉若还骄养是视病根。胎有教，箕裘弓冶武当绳。黄金万两有时尽，诗书可卷存。养子不教父之过，寝坐两傍爱而勿劳岂是恩？世间不肖，因愚不成，我劝世间人训子孙。

续表

王栻《规训》（A1）	温纯《温军门六歌》（A2）	钟化民《圣谕图解》（A3）	温纯《皇明圣谕训解·劝世歌》（A2）	沈寿嵩《太祖圣谕演训》（B）	魏象枢《六谕集解》（A3）	孔延礼《乡约全书》（B）	范鋐《六谕衍义》（B）
我劝吾族安生理，处世无如守分美。过分不求自有余，求还丧己。农者但向耕耨收，规矩。方员法不池，舟车辐辏宜殖货。居者戒他贫乡鄙，饶他异物不能迁，自然家道日兴起。在业本从勤俭生，安居乐业荣枯无比。击壤歌衢帝力忘，我劝吾族安生理。	我劝吾民安生理，处世无如守分美。不求自有余，过分多求还丧己。农者但向耕耨间，工者但向锥刀里，商者行路要深藏，贾者居市休贪乡鄙，饶他异物不能迁，自然家道日兴起。在人间，守分守业无如是，我劝吾民安生理。	我劝我民安生理，处世无如守分美。不求自有余，过分多求还丧己。农者但向耕耨间，工者但向锥刀里，商者行路要深藏，贾者居市休贪乡鄙，饶他异物不能迁，自然家道日兴起。在人间，守分守业无如是，我劝吾民安生理。	我劝世人安生理，处世无如守分美。不求自有余，过分多求还丧己。农工商贾，士得失命难逃，工者但向锥刀里，商者行路市休贪乡鄙，饶他异物不能迁，自然家道日兴起。在人间，民生守分守业无如是，我劝世人安生理。	我劝人人安生理，处世无如守分美。过分多求自有余，求还丧己。农工商贾，士得失命难逃，工农商业莫徒。克勤克俭日常，无辱无荣筑若谁。可比，霖岩钓谓是何人，扬修鹰忽起。三复幽飘风与葛草，我劝人人安生理。	我劝我民安生理，处世无如守分美。不求自有余，过分多求还丧己。农者但向耕耨间，工者但向锥刀里，商者行路要深藏，贾者居市休贪乡鄙，饶他异物不能迁，自然家道日兴起。在人间，民生守分守业无如是，我劝吾民安生理。	我劝吾民安生理，处世无如守分美。不求自有余，过分多求还丧己。农工商贾，士命年失，工商业莫徒。克勤克俭日常，无辱年有优。筑辩谁可，约约谓是何人，霖雨鹰扬修愁，起三复幽飘风，与葛草，我劝吾民安生理。	我劝世人安生理，素位而行。称君子，得失命安排。士农工商业莫徒，安想心高。百事无成，庆年终始。喜新没终始，艺多不精不好闲，游手好闲。身，穷则有心人，不负有心人。须知安分能守己。更知做率断难行，我劝世人安生理。

续表

王栎《规训》(A1)	温纯《温军门六歌》(A2)	钟化民《圣谕图解》(A3)	温纯《皇明圣谕训解·劝世歌》(A2)	沈寿嵩《太祖圣谕演训》(B)	魏象枢《六谕集解》(A3)	孔延嵩《乡约全书》(B)	范鋐《六谕衍义》(B)
我劝吾族毋非为,非为是祸基。原来差万一,一念稍差万,一朝终身危,倚弱寡何用?弱寡孤不自疑,暗中鬼神知,罗网势败归,此翻怜梅根忌。解脱,国人算不及天,善巧终有到头时,及早觉迷犹未晚,我劝吾族毋非为。	我劝吾民勿为非,非为由来是祸基。稍错万事裂,一念稍错万,一朝终身危。常相因,淫赌窃劫,势争夺与诈欺,白昼难逃三尺法,不胜那有怜梅侯,鬼神知。力劳事败网罗人,[此时堪怜梅侯忌。②莫道天谋,法森严神鉴之。及蚤觉迷犹尚,可,我劝吾民勿非为。]①	我劝吾民勿为非,非为由来是祸基。稍错万事裂,一念稍错万,一朝终身危。常相因,淫赌窃劫,势争夺与诈欺,白昼难逃三尺法,鬼神知。力劳事败网罗人,谋败脱,奸雄消得几多时?及早觉迷犹尚,可,我劝吾民勿非为。	我劝世人勿为非,非为由来是祸基。一念稍错万事裂,万,一朝终身危,淫赌窃劫身危,常相因,淫赌窃劫,讼争夺与诈欺,不胜白昼难逃三尺法,心。一胜那有怜梅侯网罗随,鬼神知。力劳事败网罗人,谋机械,法森严神鉴之。及蚤觉迷犹尚,可,我对世人勿非为。	我劝人人莫非为,非为由来从是祸基。微纰错,一念身罗网随,诈伪网随,诈伪常相因,流管夺与诈欺,抛妻弃子身难保,披枷带锁梅是迟。纵然神遗,官刑应决无,及蚤觉迷犹,可,劝人人莫非为。	我劝吾民勿为非,非为由来是祸基。稍错万事裂,一念稍错万,一朝不忍终身危。危必至,淫赌窃劫,势争夺与诈欺,白昼难逃三尺法,暗中尤有鬼神知。力劳事败网罗人,势败脱,奸雄消得几多时?及早觉迷犹,可,我劝吾民毋非为。	我劝吾民莫非为,非为由来原来是祸基,只因一念微纰错,谁料终身罗网随。奸盗诈伪,常相贯,奸盗诈伪,鞭杖已巳便宜。抛亲弃子身难保,披枷带锁梅是迟。逃年官刑过,神明报应决无遗,[故]可,我劝吾民莫非为。	我劝世人莫非为,非为是祸基。只因一点微差,诅料终身自吃亏。奸盗盗流,方才起,奸盗即相随。绞斩尸露脊骨身难保,披枷带锁梅是迟。逃得官刑应不差,神明报应可欠数,我劝世人莫非为。

① "[ ]"内据柳应龙《新刊社塾启蒙礼教类吟》卷六《圣谕演义》朴,第448页。

② "白昼难逃三尺法,暗中尤有鬼神知。力劳事败网罗人,此际堪怜梅侯忌"四句,沙喥录文无,今据碑林拓本补。

第五章

罗汝芳对六谕的经典诠释

　　明太祖六谕在 16 世纪中晚期开始成为乡约的核心，而在其中起到最重要作用的无疑是罗汝芳。罗汝芳（1515—1588），字惟德，号近溪，江西南城县人，泰州学派的著名学者。在明代乡约的相关研究中，罗汝芳及其乡约著作也自然是重要的议题，酒井忠夫、程玉瑛等先生都曾讨论过罗汝芳的《宁国府乡约训语》等作品。① 在十五六世纪开始的乡约与六谕结合的潮流中，罗汝芳当然不是第一个将六谕与乡约结合的人。吴震先生曾指出，罗汝芳称六谕"直接孔子《春秋》之旨"，而且明儒有此倾向的不仅罗汝芳一人。② 但是，罗汝芳却是第一个将六谕提升到"道统"位置，并且建立了一个以六谕为核心的乡约体系的学者。在明代，罗汝芳可能是最重视明太祖六谕，并且持之不懈地将其贯彻于自己的理学修行之中且能终身服践之人。直到他临终前，罗汝芳仍对诸孙说："圣谕六言，直接尧舜之统，发明孔孟之蕴，汝能合之论孟以奉行于时，则是熙然同游于尧舜世矣！"③ 可见，六谕是罗汝芳终身服行的！无论是为官还是居乡，罗汝芳始终以六谕为核心行乡约，以此推行基层教化。其对六谕的诠释，本之良知学，以说理见长，在晚明流传甚广，影响极大。晚明的乡约或族规家训，不少以罗汝芳的六谕诠释为蓝

---

　　① ［日］酒井忠夫：《中国善书研究》，刘岳兵、何英莺译；程玉瑛：《晚明被遗忘的思想家——罗汝芳诗文事迹编年》，广文书局 1995 年版。

　　② 吴震：《罗汝芳评传》，南京大学出版社 2005 年版，第 134 页。

　　③ （明）罗汝芳：《明德夫子临行别言》，《耿中丞杨太史批点近溪罗子全集》，第 2 页。

本，或模仿，或稍加增削，从而形成了多种不同的诠释文本。

一 德统君师：罗汝芳对六谕的推崇

作为泰州学派最后一位名满天下的嫡传学者，罗汝芳极力表彰明太祖六谕在道统中的位置。罗汝芳是颜钧的门人，颜钧是王艮弟子徐樾的门人。如前述，泰州学派的学人如王栋、颜钧等人都对六谕有诠释之作。罗汝芳对六谕的信从，或许也是受到了颜钧的一定影响。但是，罗汝芳不仅仅是将六谕作为一种教化思想来秉承，更将六谕作为自己哲学的有机部分来处理。罗汝芳论太祖六谕的逻辑起点，是孔子的"仁"以及孟子所论的"孝弟"。他认为，《中庸》所引孔子"仁者，人也，亲亲为大"一语，以及《孟子》"人性皆善，尧舜之道，孝弟而已矣"一语，都非常简洁地表达了《中庸》《大学》的精义；后儒没有体会其精义，朱熹只"见得当求诸六经"，而王阳明只"见得当求诸良心"，都没有以孝、弟、慈为本。① 那么，罗汝芳认为他对于《大学》之道的体贴，在于实践明太祖朱元璋的六谕。他说："芳自幼学即有所疑，久久乃稍有见，黾勉家庭，已数十年，未敢著之于篇。惟居乡居官，常绎诵我高皇帝圣谕，衍为乡约，以作会规，而士民见闻处处兴起者，辄觉响应。乃知《大学》之道在我朝果当大明，而高皇帝真是挺生圣神，承尧舜之统，契孔孟之传，而开太平于兹天下。"②

孝弟的观念，又与罗汝芳常讲求的万物一体之仁关系非常密切。朱熹在《中庸章句》中对"仁者，人也"一语没有多作解释，说："人，指人身而言。具此生理，自然便有恻怛慈爱之意，深体味之可见。"但是，罗汝芳从孔子的"仁者人也"一语，却作了更多的发挥。罗汝芳说："仁者，人也。人，天地之心，而生理盈腔，与万物为一体者

---

① （明）罗汝芳：《一贯编》上，《耿中丞杨太史批点近溪罗子全集》，第5页。
② （明）罗汝芳：《近溪子集·礼》，载方祖猷编校《罗汝芳集》，凤凰出版社2007年版，第5页。

也。"① 他又说："仁既是人，便从人去求仁矣！"② 而且，在罗汝芳那里，"仁""身""生"等概念是同一的。他曾说："夫仁，天地之生德也。天地之德，生为大；天地之生，人为大。"③ 天地、万物与我，莫非生，亦莫非仁。所以，身乃天地万物之本。然而，人既然就是此身，就必然联系着父母、兄弟、妻子，从而推出孝、弟、慈数义。他曾在讲学过程中，忽起身走到众人中央，说："诸人又试想，我此人身从何所出，岂不根着父母？连着兄弟？而带着妻子也耶？二夫子（指孔孟）乃指此个人身为仁，又指此个人身所根所系所连所带以尽仁，而曰仁者人也。"④ 他主张，孝弟才是仁之本。面对学生的提问，他非常生动地说："贤只目下思，父母生我，千万辛苦，而未能报得分毫；父母望我千万高远，而未能做得分毫，自然心中悲怆，情难自已，便自然知疼痛。心上疼痛的人，便会满腔皆恻隐，遇物遇人，决肯方便慈惠，周恤博济。"⑤ 因此，孝弟而又有慈的观念。吴震先生曾概括说："孝弟慈是近溪思想的宗旨之一。"⑥ 吕妙芬也认为，罗汝芳便把自然天成的"孝弟慈"认作不学不虑的良知明德，当作宇宙古今人人共同分享的天命之性，因此是人学习的根据、圣贤教化的基础。⑦ 罗汝芳认为，人生不过父母、兄弟、妻子（或孝、弟、慈）三伦常而已："此个孝、弟、慈，原人人不虑而自知，人人不学而自能，亦天下万世人人不约而自同者也。……古先帝王，原有此三件大学术也。"⑧ 有时候，罗汝芳专谈孝、慈。讲究孝、慈，俨然成了罗汝芳讲学的宗旨了！他的学生评价他

①　（明）罗汝芳：《仁斋说》，《罗明德公文集》卷三，崇祯年间陈懋德刻本，第83页。

②　（明）罗汝芳：《近溪罗先生庭训记言行遗录》，载方祖猷整理《罗汝芳集》，第416页。

③　（明）罗汝芳：《寿林宗伯夫妇序》，《罗明德公文集》卷二。《罗明德公文集》卷三《天衢展骥册序》则曰："夫仁，天地之生德也。天地之大德曰生，生生而无尽曰仁。"

④　（明）罗汝芳：《近溪子集·乐》，《耿中丞杨太史批点近溪罗子全集》，第46页。

⑤　（明）罗汝芳：《近溪子集·礼》，载方祖猷编校《罗汝芳集》，第14页。

⑥　吴震：《罗汝芳评传》，第211页。

⑦　吕妙芬：《晚明士人论〈孝经〉与政治教化》，《台大文史哲学报》第61期，2004年，第223—260页。

⑧　（明）罗汝芳：《一贯编》上，《耿中丞杨太史批点近溪罗子全集》，第6页。

说："老师以孝弟慈吃紧提掇性体。"① 或以"发明德之旨""证孝慈之用"来概括其一生学问。② 万煜则说："我师之学，直接孔氏，以求仁为宗，以天地万物为体，以孝弟慈为实功。"③ 甚至，曾经有学生疑惑地问他："古今学术种种不同，而先生主张独以孝弟慈为化民成俗之要，……将不益近迂疏乎？"④ 当然，罗汝芳是不会这样认为的。他找到更实用的路径。在这一方面，六谕所主张的孝弟伦理，与罗汝芳嘉靖三十一年（1552）所悟的"孝弟慈为天生明德"的思想默然契合。⑤ 从"孝弟慈"观念出发，罗汝芳选择以六谕作为化民成俗的进路，是因为"（太祖）谕民列款而式重孝慈""圣谕首以孝弟慈和为治"。⑥ 为此，在罗汝芳的语录中，我们能看到他对明太祖及其六谕的各种推崇。直至他临终前，尚且语诸孙说："圣谕六言，直接尧舜之统，发明孔孟之蕴。汝能合之《论》《孟》以奉行于时，则是熙然同游于尧舜世矣，于作圣何有？"⑦ 其孙罗怀智"问道"，罗汝芳回答说："圣谕六言尽之。"问功夫，罗汝芳说："圣谕六言行之。"再请益，罗汝芳又说："圣谕六言达之天下。"罗怀智说："如斯而已乎？"罗汝芳说："舍圣谕六言而修，是修貌也，非修身矣。……圣谕六言，其直接吾人日用常行，不可须臾离之道乎？"⑧ 这一临终前不久的对话，始终不离六谕。

罗汝芳给明太祖在道统中安排了很重要的位置。他说："高皇帝真是挺生圣神，承尧舜之统，契孔孟之传，而问太平于兹天下万万世无疆者也"，"尝谓高皇六谕，真是直接孔子《春秋》之旨，耸动忠孝之心。"⑨ 又说："孝顺父母、恭敬长上数言，直接尧舜之统，发扬孔孟之

---

① （明）罗汝芳：《一贯编·四书总论》，《耿中丞杨太史批点近溪罗子全集》，第10页。

② （明）罗汝芳：《耿中丞杨太史批点近溪罗子全集·宣城门人赞》，第3页。

③ （明）万煜：《罗近溪师事状》，载方祖猷编校《罗汝芳集》，第852页。

④ （明）罗汝芳：《近溪子续集》卷上，《耿中丞杨太史批点近溪罗子全集》，第24页。

⑤ 方祖猷：《罗汝芳年谱》，载方祖猷编校《罗汝芳集》，第895页。

⑥ （明）罗汝芳：《一贯编下·论语》《一贯编·四书总论》，《耿中丞杨太史批点近溪罗子全集》，第22、30页。

⑦ （明）罗汝芳：《明德夫子临行别言》，载方祖猷编校《罗汝芳集》，第296页。

⑧ （明）罗汝芳：《明德夫子临行别言》，载方祖猷编校《罗汝芳集》，第301页。

⑨ （明）罗汝芳：《一贯编》上，《耿中丞杨太史批点近溪罗子全集》，第5、11页。

蕴，却是整顿万世乾坤也。"① 他认为，自《大学》《中庸》绝于圣殁之后，"异论喧于末流，二千年来不绝如线。虽以宋室儒先力挽，亦付无奈。惟是一入我明，便是天开日朗，盖我高皇之心精独至故"②。这种论调，还只是说朱元璋六谕超迈宋儒，远契孔孟之传而已。罗汝芳在宗祠讲《论语》《孟子》，浅近易俗，民众跃然，罗汝芳感叹说："我太祖皇帝'孝顺父母、尊敬长上'六言，真浑然尧舜之心，而今日把来合之《论语》《孟子》，以昌大于时时处处，又真是熙然同游乎尧舜之世矣。"③ 他还曾说："惟我太祖即真见得透彻，故教谕数言，即唐虞三代之治道尽矣。惜当时无孔、孟其入佐之，亦是吾人无缘即见隆古太平也。"④ 这已是要孔孟"入佐"了！又说："孟子曰：'人性皆善，尧舜之道，孝弟而已矣。'其将《中庸》《大学》亦是一句道尽。然未有如我太祖高皇帝圣谕数语之简当明尽，直接唐虞之统而兼总孔孟之学者也。……盖我太祖高皇帝天纵神圣，德统君师，只孝弟数语，把天人精髓尽数捧在目前，学问枢机顷刻转回脚底。以我所知，知民所知，天下共成一个大知。以我所能，能民所能，天下共成一个大能。"⑤ 此论已是将明太祖朱元璋赞颂成"兼总孔孟之学者"以及"德统君师"之人了！当然，对开国皇帝的赞誉，再怎么露骨也决不致招来非议。但是，应当见到罗汝芳在对明太祖的赞颂中始终兼顾道统、政统两个方面，而决不单纯就学术讨论学术。在他的赞颂中，继尧舜、兼孔孟，是与求太平、整顿万世乾坤这样的治道理想结合在一起的。此外，罗汝芳还继续在学统方面充分发挥，认为明太祖非但承孔孟之蕴，而且开明代心学陈献章、王阳明之先。他说："我太祖高皇帝挺生圣神，始把孝顺父母六言以木铎一世聋瞆，遂致真儒辈出，如白沙、阳明诸公，奋然乃敢直指人心固有良知，以为作圣规矩。英雄豪杰，海内一时兴振者不啻十百千万，诚为旷古盛事。"读到此处，同时的耿定向都不由得感叹了："真

① （明）罗汝芳：《近溪子集·乐》，《耿中丞杨太史批点近溪罗子全集》，第48页。
② （明）罗汝芳：《近溪子续集》卷上，《耿中丞杨太史批点近溪罗子全集》，第19页。
③ （明）罗汝芳：《近溪子集·乐》，载方祖猷编校《罗汝芳集》，第66页。
④ （明）罗汝芳：《一贯编·孟子》，《耿中丞杨太史批点近溪罗子全集》，第31页。
⑤ （明）罗汝芳：《一贯编·四书总论》，《耿中丞杨太史批点近溪罗子全集》，第17页。

能发人所未发!"① 说朱元璋开陈献章、王阳明学术之先，只能算是信口开河了。无疑，罗汝芳在竭其所能地神化明太祖及其六谕。

罗汝芳论学的出发点，依旧是王艮的"知本""保身"等思想。如何才是知本？如何方能保身？近溪认为谨守"孝""弟""慈"数种伦常，即可保身，是谓知本。罗汝芳宣讲六谕时，依旧是保持着泰州学派重视孝弟等观念的传统；近溪的学问，也秉持着泰州学派极高明而道中庸的特点。他把六谕抬得很高，但是却又把六谕讲得浅近易懂。这正是极高明而道中庸的体现。的确，在近溪那里，学问即是做人，"须要平易近情，不可着手太重"。由泰州学派重视孝弟的思想，经由王艮、王栋、颜钧等人对六谕的重视，到罗汝芳时便确立明太祖六谕在道统中的地位。

二　极力敷演：罗汝芳的六谕宣讲

罗汝芳门人杨起元（1547—1599）说他的老师罗汝芳"每称高皇帝道并羲轩，六谕乃天言帝训，居官居乡极力敷演"②。这是实情。从嘉靖三十二年（1553）任太湖知县起，罗汝芳开始倡讲六谕。《盱坛直诠》载："（太）湖赋素难办，……立乡约，饬讲规，敷演圣谕六条，惓惓勉人以孝弟为行。行之期月，争讼渐息。"③ 正如前述，整个嘉靖年间，六谕与乡约的结合，已经越来越趋于紧密了。罗汝芳在太湖县行乡约讲六谕的举动，可以说是时代潮流与他个人的思想很自然的一种结合。嘉靖四十一年（1562），罗汝芳升任宁国知府，次年便刊行了《宁国府乡约训语》。天一阁藏万斯同《明史稿·罗汝芳传》中亦称："释圣谕六条，日与吏民及土官子弟讲解，词旨恳恻，音吐洪畅。"④ 宁国府乡约的概貌，从《宁国府乡约训语》可以推测一二。首先，宁国府的乡约与保甲的推行是同时举行，相辅相成的，当时"城内外则以铺

---

① （明）罗汝芳：《近溪子集·书》，《耿中丞杨太史批点近溪罗子全集》，第 14 页。
② （明）罗汝芳：《罗明德公文集》卷首，附杨起元语。
③ 方祖猷：《罗汝芳年谱》，载方祖猷编校《罗汝芳集》，第 896 页。
④ （清）万斯同：《明史稿》第二册《罗汝芳传》，宁波出版社 2008 年版。

号，乡中则以村落，将各户挨门填注某一门共几人，习何职业，尽一铺一村而止，为一簿"①。这样的乡约簿起到保甲册的作用。在实际运行中，"即前立约簿，每簿内择年壮有力一人为保长，每三十户置锣一、铳一、枪竿或十或五，遇有寇急，鸣锣声铳，互相救援"②。其次，宁国府乡约也是既有继承，又有创新，既继承了明初以来的木铎宣唱，又将嘉靖一朝以来乡约宣讲的创新优点进一步稳定下来。宁国府的乡约要求，"木铎老人每月六次，于申明亭宣读圣谕。城中各门，乡下各村，俱择宽广寺观为约所，设立圣谕牌案，令老人振铎宣读，以警众听"③，从而将明初的振铎之制延续下来，将其与固定场所的乡约宣讲结合到一起。最后，罗汝芳在宁国府乡约与社学、社仓等基层教育、保障机制的运行也衔接起来。举行乡约时，"各约内教读，率领乡馆童生侍列歌诗"，所歌则为《诗经》的《南山》一诗，而"每簿内照户贫富，各出义谷若干，以户之空闲仓廪收贮……遇水旱有急，方许散赈"④。因此，罗汝芳的乡约是一个集合了保甲防卫、乡约教化、义仓救灾等机制的立体化的乡约体系，唯其精神则始终系于圣谕六条无疑。

隆庆元年（1567），罗汝芳丁父忧守制期间，曾在家乡南城仍行里仁乡约。康熙《南城县志》载："明隆庆元年，诏郡邑各立乡约，惟时乡宦罗汝芳率众讲演钦颁孝顺父母六谕。知府凌立复制《乡约全书》以风示之。其约所，或即书馆为之，亦多假道院梵宇及坛社为之。"⑤时有人对罗汝芳说："里中自前峰先生偕碧崖、纯斋诸公，讲里仁社会，将数十余年，今更通诸一乡一邑，真是君子之德风也。"罗汝芳回答则颇能反映当时乡约严肃静穆的气氛。他说："吾乡老幼，聚此一

---

① （明）罗汝芳：《近溪罗先生乡约全书·宁国府乡约训语》，方祖猷等整理《罗汝芳集》，第 750—751 页。

② （明）罗汝芳：《近溪罗先生乡约全书·宁国府乡约训语》，方祖猷等整理《罗汝芳集》，第 751 页。

③ （明）罗汝芳：《近溪罗先生乡约全书·宁国府乡约训语》，方祖猷等整理《罗汝芳集》，第 751 页。

④ （明）罗汝芳：《近溪罗先生乡约全书·宁国府乡约训语》，方祖猷等整理《罗汝芳集》，第 751—752 页。

⑤ （清）曹养恒修，萧韵等纂：（康熙）《南城县志》卷五《乡约》，第 347 页。

堂，有百十余众，即使宪司在上，也不免有喧嚷，是岂法度不严？奈何终难静定。及看此时，或起而行礼，或坐而谈论，各人整整齐齐，不待分付一言，从容自在，百十之众，浑如一人。天时酷暑，浑如凉爽；虽自朝至暮，浑如顷刻，更无一毫声息扰动，亦无一毫意思厌烦。……今日大家到此，听高皇帝圣谕，叫起孝父母、敬尊长等事，句句字字，触着各人本来的真心，则谁无父母，谁无兄弟，亦谁不曾经过孩提爱敬境界？今虽年纪或有老的，或有壮的，或有尚幼的，固皆相去赤子已久，然一时感通，光景宛然。……故自然不待拘检而静定，胜如官府在上，岂止一身受用？且其天机活泼，生生不已。坐间看着乡里，便大众思要和睦；看着子孙，大众思要教训。"① 罗汝芳的乡约，更活泼泼地像一节明太祖六谕的现场课。

在云南任参政时，罗汝芳巡历各地，先后在昆明五华书院、昆阳州、永昌府腾越州等地讲乡约。五华书院平时也是罗汝芳与云南省的方面官员及诸生们讲学之所。例如，他曾与官员、生员们于万历二年（1574）群集于此，命诸生讲《论语》"仕而优则学""颜渊、季路侍""富与贵，是人之所欲"数章。② 在武定府，除与诸生讲学外，还应知府之约"观乡约"，在乡约举行毕后对约众说："汝等听此圣谕，觉动心否？"③ 可见当时武定府所行乡约，亦以六谕为旨归，只是不知所讲是否与罗汝芳相关。巡行期间，罗汝芳还曾应昆阳知州夏某之邀，"举行乡约于海春书院"④。讲约时，罗汝芳有时亲讲，更多时候是诸生代诵，自己充当主持者和点评者的角色。例如，腾越州的乡约举行，与时任知州张治方有关。张治方，字撰所，贵州思南府人，以举人入仕，万历二年（1574）始任腾越州知州。万历四年（1576），罗汝芳巡历至腾越州，举行乡约宣讲，时"值墟市之期"，"万众且愿来听乡约"，临时将地点改选在演武厅进行，"逾时，鼓三通，而远近奔趋遍塞场中，不下四五万众，步履纵横，声气杂沓，跪拜宣扬，虽讲生八九人，据高台

① （明）罗汝芳：《近溪子集·射》，《耿中丞杨太史批点近溪罗子全集》，第 140 页。
② （明）罗汝芳：《近溪子集·书》，《耿中丞杨太史批点近溪罗子全集》，第 147 页。
③ （明）罗汝芳：《近溪子集·书》，《耿中丞杨太史批点近溪罗子全集》，第 150 页。
④ （明）罗汝芳：《近溪子集·书》，《耿中丞杨太史批点近溪罗子全集》，第 167 页。

同诵，亦咫尺莫闻也"，数歌之后，方才"万和洋洋，充满流动，而万象拱肃，寂若无人"①。云南腾越州的乡约仪式中，"讲生八九人据高台同诵"，所诵则为六谕的诠释。等诸生林时誉等人讲毕，罗汝芳再"进父老前"，进行小范围的阐释。罗汝芳曾自记其事云："（腾越）州、（腾冲）卫及诸乡士夫复请大举乡约于演武场，讲圣谕毕，父老各率子弟以万计，咸依恋环听，不能舍去。"于是，罗汝芳进而阐释说："今日太祖高皇帝教汝等孝顺和睦，安生守分，间阎之间，亦浑然是一团和乐。和则自能致祥，如春天一和，则禽兽自然生育，树木自然滋荣，苗稼自然秀颖，而万宝美利，无一不生生矣。"② 与之前的宁国府乡约不同的是，此次腾越州举行的乡约没有设纪善纪恶簿。时座中诸友感慨地说："往见各处举行乡约，多有立簿以书善恶，公论以示劝惩，其约反多不行，原是带着刑政的意思在。若昨日，公祖（指罗汝芳）只是宣扬圣训，并唤醒人心，而老幼百千万众俱踊跃，忻忻向善而不容自已，真如草木花卉一遇春风，则万紫千红，满前尽是一片生机矣。"③ 可见，到了万历初年，罗汝芳所行乡约，只是讲六谕，即便纪善纪恶这样的乡约常有的仪节也省略了，也真是符合自王阳明至罗汝芳以来众多阳明学者所要追求的唤醒人心的目标，其余的都是余事。

此外，即便在以经书为内容的、学术味较浓的讲会之中，罗汝芳在点评时也往往要谈及明太祖六谕。在万历二年（1574）季冬五华书院的讲会中，武定诸生讲"天命之谓性"一章结束以后，罗汝芳作了一番点评："吾辈有志在家，要做好人，只是循着良知良能，以孝亲敬长而须臾不离，便做得好人。……今我明圣谕首以孝弟慈和为治，而先儒阳明诸老又惓惓以良知良能为教，则诸生视前人已是万幸，正好趁此发愤，做个真正好人。"④ 宣讲太祖六谕，是罗汝芳始终专注的事业。

---

① （明）罗汝芳：《近溪罗先生乡约全书·腾越州乡约训语》，方祖猷等整理《罗汝芳集》，第762页。

② （明）罗汝芳：《近溪子集·书》，《耿中丞杨太史批点近溪罗子全集》，第167页。

③ （明）罗汝芳：《近溪罗先生乡约全书·腾越州乡约训语》，方祖猷等整理《罗汝芳集》，第762页。

④ （明）罗汝芳：《一贯编·四书总论》，《耿中丞杨太史批点近溪罗子全集》，第30页。

三 文本之一：《宁国府乡约训语》

罗汝芳在乡约宣讲过程中应该留下了若干文本。隆庆元年知府凌立所刻罗汝芳《乡约全书》的模样已不可知，然今日留下的由其门人左宗郢所刻《近溪罗先生乡约全书》却保存了下来，主要包括三个文本，分别是：《宁国府乡约训语》《里仁乡约训语》《腾越州乡约训语》。

所有现存罗汝芳的六谕诠释文本中，最早的是嘉靖四十二年（1563）刊行的《宁国府乡约训语》。《宁国府乡约训语》主要包括三部分内容：一是举行乡约时相关的七条规定，二是对明太祖六谕的演说，三是讨论六谕与《吕氏乡约》的"德业相劝，过失相规，礼俗相交，患难相恤"四句之间的关系，其中六谕演说按"孝顺父母，尊敬长上""和睦乡里，教训子孙""各安生理，勿作非为"等分别演说，占据了《宁国府乡约训语》相当大的篇幅。因此，六谕为乡约宣讲的最核心的主体，是《宁国府乡约训语》的特点之一。用较大的篇幅来说六谕与《吕氏乡约》四礼条件之间的关系，也是为了进一步确立六谕的乡约核心教旨的地位。罗汝芳说："此六条圣谕，细演其义，不过是欲人为善事，戒恶事。然'善恶得失相规、礼俗相交、患难相恤'这四句言语，虽则与圣谕不同，其实互相发明。"①罗汝芳没有将《吕氏乡约》的四礼条件完整地说出来，"德业相劝"没说，而"过失相规"改成了"善恶得失相规"，比较充分地显示出其讲演时的口语化。他进而解释说，能够有一个能孝顺、尊敬、和睦等"事事要学好"的"心上的好念头"，便是《吕氏乡约》中"德业相劝"的"德"，而"把这几件干将去，件件做得，是件件做得成，没一不到处，成就得个孝弟忠信礼义廉耻的人"，"这便是业了"。只是自己有德业了还不够，还要彼此更相劝勉，大家都来遵行六谕。从这个逻辑上来说，《吕氏乡约》中的"德业相劝"，德业都是遵行六谕的念头与行动。至于六谕中

---

① （明）罗汝芳：《近溪罗先生乡约全书·腾越州乡约训语》，方祖猷等整理《罗汝芳集》，第755页。

的"和睦乡里"一条，罗汝芳认为更需要通过《吕氏乡约》中的四条来落实。他说："至于圣谕'和睦乡里'一条，吕氏约中尤备。所谓和睦者，不只是声音笑貌伪为于外，亦不是专事烦文，耗蠹财用。……出入起居，冠婚丧祭，拜起坐立，往来交际，凡仪文节奏之间，既要循礼，又要从俗。"这便是说，和睦乡里首先要做到乡里之间能够"礼俗相交"。但仅此还不够，还要能够做到乡里之间的患难相恤。罗汝芳说："这礼俗相交，却只说平日处常时和睦乡里的事。至于人家有患难，却尤要周急，方见是个彻底的好人。……今要和睦，必须患难相恤。所谓患难相恤者，即如邻里亲族中或遇水火，则彼此营救，或遇盗贼，则彼此捍捕，或遇疾病，则彼此讯问。如此之类，种种不一，难以悉举。"① 正因如此，圣谕六条与《吕氏乡约》的四礼条件，才可相辅而行。罗汝芳对大众说："会众等仰悉高皇帝教民至意，将以前六条躬行实践，又将《吕氏乡约》四句相兼着体会而行，则人人皆可为良民，在在皆可为善俗。"②罗汝芳通过将六谕与《吕氏乡约》四礼条件两者的关系之间的拈举，确立了六谕在乡约中作为伦理的、主脑的作用，也进一步确认了《吕氏乡约》作为具体的行为准则的补充的、辅助性的作用，从而克服了之前种种乡约在六谕与《吕氏乡约》四礼条件之间摇摆的情形。之外，《宁国府乡约训语》的俗语化趋向更明显。罗汝芳以白话讲六谕，代表了明代中期以来六谕注释的新形式。在此之前，人们对六谕的注释，多采取注（如王恕）或者疏（如陆粲、夏臣）的方式。但是，面对庶民开讲的泰州学派学者，无论是王栋（1503—1581）还是颜钧（1504—1596），都采用相对更容易记忆或者说朗朗上口的方式对六谕进行诠释。王栋的《乡约谕俗诗》和《乡约六歌》以及颜钧四字一句的《箴言六章》，都是用比较通俗易懂的语言写成的。罗汝芳《训语》更强调以浅显易懂的口语作道理的解析。他的这种对圣谕的口

---

① （明）罗汝芳：《近溪罗先生乡约全书·宁国府乡约训语》，方祖猷等整理《罗汝芳集》，第757页。

② （明）罗汝芳：《近溪罗先生乡约全书·宁国府乡约训语》，方祖猷等整理《罗汝芳集》，第757页。

头语、非韵体的注解方式，成为此后明清圣谕注释的主流。① 因此，酒井忠夫认为，罗汝芳的《宁国府乡约训语》不仅开创了乡约用白话俗文的体例，而且确立了以六谕为主的乡约新形式。② 吴震先生也明确地认为，《宁国府乡约训语》是"第一部明确地以《圣谕》为思想指导而制定的《乡约》"③。

除了将六谕作为乡约的核心的主要特征之外，罗汝芳的《宁国府乡约训语》的六谕演说还具有多种特点。

其一，《宁国府乡约训语》充分应用了王阳明的"良知"学说。由于不再采用诗、箴言这类半文言的方式，而改用白话娓娓道来，罗汝芳能在六谕宣讲中更多地掺入自己的思想。例如，在诠释"孝顺父母"时，罗汝芳起首就用了孟子的"孩提之童，无不知爱其亲"，从孩提之知说起，再说父母之辛勤，而后说："凡此许多孝顺，皆只要不失了原日孩提的一念良心，便用之不尽。即如树木，只培养那个下地的一种子，后日千枝万叶，千花万果，皆从那个果子仁儿发将出来。"④ 以种子喻诚孝之心，而以树枝喻孝顺行为，是王阳明曾用过的譬喻。王阳明曾对徐爱说："譬之树木，这诚孝的心便是根，许多条件便是枝叶，须先有根然后有枝叶，不是先寻了枝叶然后去种根。"⑤ 在这里，罗汝芳通过对六谕的诠释，反复阐释和发明良知的本体性。又如讲"尊敬长上"，先是对尊敬长上四字的内涵作了解释，说："又如尊敬长上，或是府县官司、或是家庭宗祖、伯叔、哥哥，或是外面亲戚、朋友、前辈，皆所当尊敬者也。"时任宁国知府的罗汝芳，自然地强调了"府县官司"等代表政府权力者应该成为普通大众的"长上"。但在接下来的

---

① 关于明清两代的圣谕注释的口语化，参见 ［美］梅维恒（Victor H. Mair）《圣谕普及注释中的语言与正统》（Language and Ideology in the Written Popularizations of the Sacred Edict），载《中华帝国晚期的大众文化》（*Popular Culture in Late Imperial China*），University of California Press，1985，pp. 325-359；周振鹤《圣谕广训集解与研究》，上海古籍出版社 2006 年版。

② ［日］酒井忠夫：《中國善書の研究》，弘文堂1960年版，第49页。

③ 吴震：《明末清初劝善运动思想研究》，台北：台大出版中心 2009 年版，第 72 页。

④ （明）罗汝芳：《近溪罗先生乡约全书·宁国府乡约训语》，方祖猷等整理《罗汝芳集》，第753页。

⑤ 陈荣捷：《王阳明传习录详注集评》第3条，台北：学生书局1983年版，第30—31页。

论证中，罗汝芳回到了以良知、良心论证"尊敬长上"的必要性的途径上来。他说："孟子说'孩提稍长，无不知敬其兄'，亦是他良心明白，知得个次序，自不敢乱去干犯。今日只要依着那个幼年不敢干犯哥哥的心，谨谨将去，莫着那世习粗暴之气染坏了，则遇着官府，逢见宾客、族长，其分愈尊，则其心愈敬，如竹之节，如树之枝，从下至上，等级森然，又岂有毫发僭差也哉？"① 这样的表达，几乎是良知学的通俗讲法了！

其二，《宁国府乡约训语》在论证中也充分借用了明代哲学中"万物一体之仁"的概念。他在诠释和睦乡里时尤其使用了这一概念。他说："人秉天地太和之气以生，故天地以生物为心，人亦以同生为美。张子《西铭》说道：民吾同胞，物吾同与。盖同是乾父坤母一气生养出来，自然休戚相关。即如今人践伤一个鸡雏，折残一朵花枝，便勃然动色。物产且然，而况同类为民乎？民已不忍，又况同居一处而为乡里之人乎？夫乡里之人，朝夕相见，出入相友，守望相助，内如妇女妯娌相唤，幼如童稚侪等相嬉，年时节序，酒食相征逐，其和好亦是自然的本心，不加勉强而然。"② 如果我们认可明代哲学中的主基调之一是基于"良知""万物一体之仁"之上的"生生不容已"，③ 则可知罗汝芳的六谕诠释是如何地贴合时代的思潮。

其三，罗汝芳在讲六谕时，仍然始终强调孝弟等基本伦理，潜心挖掘六谕中涉及孝弟的内容，认为孝弟是六谕的核心，也是为人的根本，是治道与教道的根本。在《宁国府乡约训语》最后，罗汝芳对六谕有一番总论，说："此六条圣谕，细演其义，不过是欲人为善事，戒恶事……孝弟是个为人的根本，一孝立而百行从，一弟立而百顺聚。故尧舜以圣帝治天下，而其道也只是孝弟而已矣。孔子以圣师教天下，而其

---

① （明）罗汝芳：《近溪罗先生乡约全书·宁国府乡约训语》，方祖猷等整理《罗汝芳集》，第753页。

② （明）罗汝芳：《近溪罗先生乡约全书·宁国府乡约训语》，方祖猷等整理《罗汝芳集》，第753页。

③ ［日］岛田虔次：《明代思想的一个基调》，《日本学者研究中国史论著选译》（七），中华书局1998年版，第125页。

道也只是孝弟而已矣。"①

其四，罗汝芳的六谕诠释同样也会继承之前的六谕诠释的文本，例如诠释"毋作非为"时所说的"大则身亡家破，小则刑狱伤残"一语，② 则大概是受到王恕诠释文本中"大则身亡家破，小则吃打坐牢"的影响。

《里仁乡约训语》虽然没有记载乡约中对圣谕六条所作逐条解释，但记载了罗汝芳在乡约举行完毕之后与父老之间的对话，其中颇涉及对六谕的一些解释。罗汝芳在谈到乡约举行时静穆的景象后说："盖是吾人之生，不止是血肉之躯，其视听言动，个个灵灵明明，有一个良知之心以主宰其中。往常乱走乱为，只是听凭血肉，如睡梦一般，昏昏懵懵，不自觉知，以故刑罚也齐一不来。今日大家到此，听高皇帝圣谕，叫起孝父母、敬尊长等事，句句字字，触着各人本来的真心，则谁无父母，谁无兄弟，亦谁不曾经过孩提爱敬境界？今虽年纪或有老的，或有壮的，或尚幼的，固皆相去赤子已久，然一时感通，光景宛然，良知良能，如沉睡忽醒……天机活泼，生生不已。坐间看着乡里，便大众思要和睦；看着子孙，大众思要教训；看着清平世界，大众思要安生乐业，以共享太和。"③ 看得出来，罗汝芳在六谕宣讲时始终从良知、万物一体之仁等哲学的观念出发，却又以浅近的语言来开譬听众。《腾越州乡约训语》同样不是对圣谕六条所作逐条解释，而是诸生八九人在宣讲完标准的六谕诠释之后，对父老作的一番阐释。这些阐释，虽然偶尔放开来讲，但始终还是围绕六谕的。罗汝芳联系乡约宣讲中由杂沓到寂静的过程，对父老们说："汝辈诸人，不省适才所讲孝顺父母者，何如为孝顺？盖能不逆不指，说静便静，即孝顺也。适才所讲尊敬长上，如何

---

① 这段话在《耿中丞杨太史批点近溪罗子全集·乡约全书》（《四库全书存目丛书》影明万历刻本）中恰巧因缺页而残损。方祖猷先生整理《罗汝芳集》（第758页）以为文字"完全不同"，遂以《庭训记言行遗录》补缺。

② （明）罗汝芳：《近溪罗先生乡约全书·宁国府乡约训语》，方祖猷等整理《罗汝芳集》，第755页。

③ （明）罗汝芳：《近溪罗先生乡约全书·里仁乡约训语》，方祖猷等整理《罗汝芳集》，第755页。

为尊敬？盖能拱手端立，一心悚听，即尊敬也。适才所讲和睦乡里、教训子孙，如何为和睦教训？盖在此同立同听者，不是你们的乡里，便是你们的子孙，今能顺从而不违，恭敬而不怠，则乡里即成和同，而子孙亦好看样，乃为和睦教训也。夫无我、无人、无老、无少，皆能一般孝顺，一般尊敬，则岂不是各安其生理，而各各免作非为也耶？"① 接着，他又进而将尊敬、孝顺仍向不待思虑的良知上引领，说："盖此个孝顺，此个尊敬，缘何却得身上如此好？盖由你们原来心上晓得如此好也。原来心上晓得好，便是孟夫子所谓良知，不待你们思虑计较生出来，自自然然便都晓得。"② 可见，在乡约实施的实际中，罗汝芳在不同时间、地点都会有即兴的发挥。③ 那次乡约宣讲，恰处于腾越州邻近的思箇遭到来自缅甸的莽应龙侵袭，而罗汝芳临时代署金齿、腾冲兵备的时期。于是，罗汝芳的六谕宣讲，就紧密联系到当时边事，说："盖由皇天初生得我朝好太祖高皇帝，立下这个好教民榜文，……才得与乡士夫及父母师长各官同为你们讲明此个好乡约会也。若不是这个好缘好分积累将来，则三宣抚地方的人，其初晓得爱亲敬长，与你们一般，只为远了王化，便做成夷俗，不能如你们好了。三宣抚还可，至于迤西、木邦、猛密的人，则又不好了。迤西等处还可，至于暹罗、老挝、车里、八百，现受莽酋之凌辱杀害，其不好又更甚了。"④

因此，现今所存的三种乡约训语，除嘉靖四十二年（1563）《宁国府乡约训语》有相对完整的罗汝芳对六谕的逐条诠释文字外，隆庆年间的《里仁乡约训语》、万历四年的《腾越州乡约训语》都缺少对六谕的完整诠释，使我们失去了考察罗汝芳六谕诠释在嘉靖、隆庆、万历年

---

① （明）罗汝芳：《近溪罗先生乡约全书·里仁乡约训语》，方祖猷等整理《罗汝芳集》，第759页。

② （明）罗汝芳：《近溪罗先生乡约全书·里仁乡约训语》，方祖猷等整理《罗汝芳集》，第759页。

③ 万历三十四年（1606），耿橘建虞山书院，举行乡约，"讲章用前县赵公太室所撰者，讲毕，本县（即耿橘）临时随宜更讲数句，以申圣谕"。参见张萧编《虞山书院志》卷四《乡约仪》，第27页。

④ （明）罗汝芳：《腾越州乡约训语》，《耿中丞杨太史批点近溪罗子全集·乡约全书》，第318—320页。

间演变的机会。

四 文本之二：《太祖圣谕演训》

《太祖圣谕演训》分上下两卷，上卷为对六谕的诠释，下卷为六谕逐条的善恶报应故事，末附《罗近溪歌》八首、《罗念庵歌》六首（即罗洪先的《六谕诗》），以及汪有源歌六首、沈寿嵩歌六首，署名沈寿嵩编。沈寿嵩生平无考，从书序的署名"崇祯丙子（1636）孟春宛陵沈寿嵩"看，是明末宁国府府城所在的宣城县人。他在《太祖圣谕演训叙》中谈及《太祖圣谕演训》一书的形成过程："我太祖圣谕炳揭日星，普天佩率。顾口耳玩熟，未免视为陈谈。近溪罗先生守宁国时，深悲教化信同，因为演说，本以心性，发以知能，申以国法，证以果报，惟祈在在尊守。象明何先生理刑四明，间取是本，恺切申饬，其中不无增削，兹并为订入。私意所窥，少有窃附，因果之说，妄为品骘，总以极世变，昭伦纪，析祸福之机，决从违之理，俾览者有所省，闻者知所惧。编中所述，又皆家常茶饭、闾巷俚言，无论贤愚，悉皆了晓。吾乡冲南詹先生正苦斯世斯人之不偕遵大道也，阅是编而喜，合巽仲及嵩共谋之梓，欲广此以公四方士庶，且以见近溪先生尊宪高皇至意，振觉斯人苦心。予辈小子，抑得藉是以知近溪先生本身征民之学之大也。崇祯丙子孟春宛陵沈寿嵩谨叙。"① 沈寿嵩的叙中点明了以下几个层面的信息：其一，《太祖圣谕演训》的基础是罗汝芳在宁国府行乡约时的六谕诠释。其二，罗汝芳在宁国府的乡约文本既包括基于心性、良知良能概念的"演说"，还包括对《大明律》的引用，以及一些因果报应故事的列举，所谓"申以国法，证以果报"。其三，罗汝芳在宁国府的乡约文本先是经过了宁波府推官何象明的"增削"，又加入了沈寿嵩本人的"私意"。何象明即何士晋（1598 年进士），字象明，万历二十七年（1599）出任宁波府推官。其四，同时参与刊刻此书的人除了沈寿嵩兄弟外，还有宣城县回族学者詹应鹏。詹应鹏，字冲南、翀南，副都御史

---

① （明）沈寿嵩：《太祖圣谕演训》卷首叙，第 1 页。

詹沂之子，万历四十四年（1616）进士，崇祯四年（1631）辞官回乡，"有深厚的汉文化素养，对伊斯兰教的研究甚有造诣"①。其五，刊印《太祖圣谕演训》一书，足以"见近溪先生尊宪高皇至意，振觉斯人苦心"，可见《太祖圣谕演训》一书距罗汝芳在宁国府乡约讲学时的本来面目不远。因此，今天我们也完全可以用《太祖圣谕演训》作为另外一个文本来进一步观察罗汝芳六谕诠释的思想。

正文之前，又有罗汝芳本人的序言。罗汝芳的"叙"重温了其对孝弟、仁的观念的重视，以及对明太祖六谕的推崇。他说："孔子曰：'仁者人也。'孟子曰：'尧舜之道，孝弟而已矣。'我高皇帝圣谕直接尧舜之统，兼总孔孟之学者也。……我大明今日又更奇特，古先谓善治从真儒而出，若我朝则真儒从善治而出。盖我高祖天纵神圣，德统君师，只孝弟数语，把天人精髓尽数捧在目前，学问枢机顷刻转回掌上。……我太祖高皇帝，独以孝、弟、慈望之人人，而谓天地命脉全在乎此者，则真千载而一见者也。……此学者自微言绝于圣没，异端喧于末流，二千年来，不绝如线，虽以宋儒力挽，亦未如之何。惟一入我明，便是天开日朗。盖我高皇之心精独至，故造物之生理自神。……我高皇才止数语，而万年天日一时朗豁。"② 可以看到，这样的序言完全延续了罗汝芳强调的孝弟慈伦理及其对朱元璋及六谕的推崇。

《太祖圣谕演训》的正文篇幅较长，分上下两卷。上卷是开讲与六条的诠释，下卷是报应及律文。罗汝芳的诠释有以下几个特点：其一，继续宣扬阳明学的良知说及万物一体之仁的思想。它继承了《宁国府乡约训语》中往往以良知为教的做法，强调做人行事须依自己的良知、良能、良心。他论孝顺父母说："孟子曰：孩提之童，无不知爱其亲者。是说人初生之时，百事不知，个个会争着父母怀抱，顷刻也离不得，即此便是良知。既知如此，即便能此，便谓之良能。良知良能，完完全全没有一毫欠缺。"③ 又说："那不孝顺的人，只是失了孩提知爱的

---

① 白寿彝：《回族人物志·明代》，宁夏人民出版社1988年版，第118页。

② （明）沈寿嵩：《太祖圣谕演训》叙，第2—5页。

③ （明）沈寿嵩：《太祖圣谕演训》卷上，第3页下。

那一点良心，若能提醒，使此良心常在，便用之不尽。"① 又如说"尊敬长上"，《太祖圣谕演训》则说："这尊敬二字，不是外面假做得的，是你们一点谦谨逊顺的真心。如何唤作真心……自然而然，无所假借，存得这点真心，方才做得个善人君子。"② 在讲"和睦乡里"的时候，罗汝芳继续发挥其万物一体之仁的思想，甚至还引用了宋儒张载"民胞物与"的提法。罗汝芳说："天地是个大父母，人皆天地所生，就如兄弟一般。所以古人云：乾父坤母，民吾同胞，物事同与。盖此世上人，不是在天地外地，同在天地一气之中，好恶休戚，自然无间。今人无故踏死一只鸡雏，折损一枝花木，打碎一片砖瓦，便怵然痛心，觉道可惜，何况同辈为人者乎！万物一体，四海一家。"③ 就是在善恶故事的选择上，也能体现出罗汝芳理学家的立场。在"和睦乡里"的善故方面，他选了当时的一个人物丘原高的故事："丘原高，字时让，幼聪颖，日记千言，久之，厌弃时俗，从督学镇山朱公讲学，独见器重。欛柄未得，无处下手，复从安成邹东郭、吉水罗念庵两先生游，屡空自若，常曰：'吾昔凭吾意气，今凭诸理。昔日信诸理，今日信吾心，而后知学之能变化气质，而人情事故之弗齐者，皆吾学贯之矣。'归而明道漳南，乡人闻二先生之风者，无不仰止之思，而圣学一脉至今不绝，皆其力也。此皆和睦乡里之善报也。"④ 仅就故事本身而言，并不容易看到通俗意义上和睦乡里获得善报的情节。在罗汝芳看来，将王阳明、邹守益、罗洪先等一脉阳明心学传到漳州，便是和睦乡里之行，而在当地"圣学一脉至今不绝"，便是丘原高和睦乡里之报。

其二，罗汝芳《太祖圣谕演训》的诠释，通篇使用白话，大量引用俗语，颇为易解，且说理清楚，层次分明。其中引用了大量俗语，如"天下无不是的父母""十个指头咬得般般疼""孝顺还生孝顺子，忤逆还养忤逆儿""千金买邻，八百买宅""只有千里人情，没有千里威风"

---

① （明）沈寿嵩：《太祖圣谕演训》卷上，第9页下至第10页。
② （明）沈寿嵩：《太祖圣谕演训》卷上，第14页。
③ （明）沈寿嵩：《太祖圣谕演训》卷上，第15页。
④ （明）沈寿嵩：《太祖圣谕演训》卷下，第12页下。

"有好子孙方是福，无多田地不为贫""桑条从小熨""万事不由人计较，一生都是命安排"。从其说理层次来看，一般都是先讲概念内涵，又讲其正当性与合理性，然后再讲如何行事，每一层次又正反两方面说，如说"尊敬长上"，就"长上"的种类就有各种的列举，包括"本宗的长上""外亲的长上""乡党的长上""成就你的长上"等等，① 然后讲如何尊敬。例如说如何孝顺，则是"第一要安父母的心，第二要养父母的身"。讲如何和睦，罗汝芳则分不同的人而采取不同的策略，如对"强似你的乡里"便"小心尊敬"，对"不如你的乡里"则"存你一点怜恤之心"，对"不好的乡里"就"谨防他，礼待他"，"凭一点至诚心感动他，方便感化他"，对贤人君子则"时时亲就，事事请教"，对"你我平等的乡里"，则"你来我往，如兄若弟"。作为事物的反面，不和睦则主要出于"忌刻的心"和"好胜的心"。② 可见，他所列举的具体措施，往往是可以为普通人生活中的困惑提供实用解决的方案。再如，继母、父亲待妾的问题，肯定是当时民众生活中很容易遇见的问题。罗汝芳劝告民众对待继母应如生母一般，对待父亲的妾也应尊重，说："或父有后妻，这是你继母了。因父有母，所以《大明律》服制也是斩衰三年，与嫡母、生母一般。今人不知道理，便说继母不曾生我，不曾养我，又不曾怀抱我，如何做得我的母亲。不知你这等待继母，便是你不知有父了……或父有侍妾，也一般敬重。"③ 罗汝芳的诠释还总是可以敏锐地抓住很多生活中的细节。例如，他讲孝顺父母，就提到"乌鸦尚且反哺，羔羊犹然跪乳"④。这个细节后来频繁为各种诠释文本引用。

其三，《太祖圣谕演训》继承了以往六谕诠释文本的成果。例如，最早的六谕诠释者王恕诠释"孝顺父母"时，充分发挥《孝经》"故当不义，则子不可以不争于父"的观点，提出："如父母偶行一事不合道理，有违法度，须要柔声下气，再三劝谏。如或不从，越加敬谨。或将

---

① （明）沈寿嵩：《太祖圣谕演训》卷上，第 11 页下。
② （明）沈寿嵩：《太祖圣谕演训》卷上，第 16 页上至第 17 页上。
③ （明）沈寿嵩：《太祖圣谕演训》卷上，第 6 页上、第 7 页上。
④ （明）沈寿嵩：《太祖圣谕演训》卷上，第 5 页上。

父母平日交好之人请来，婉词劝谏，务使父母不得罪于乡党，不陷身于不义而后已。"① 罗汝芳则在"孝顺父母"的诠释中也说："倘若父母有不是处，需要委曲讽谏，使父母中心感悟，不致得罪于乡党亲戚。父母或不喜我，至于恼怒打骂，仍要和悦顺受，不可粗言盛气，将父母平日交好的人请来劝解，务祈父母欢喜改从，方免陷亲不义。"② 两者间文字虽不尽同，但渊源似是清楚的。

其四，《太祖圣谕演训》还体现了罗汝芳的身份与思想立场。作为地方官，他的诠释严格地体现了地方官的立场，强调民众对官府的"尊敬"。例如说尊敬长上，起始就说："比如当今皇帝陛下就是天下人的长上，一方亲临公祖父母官及学校长师，就是一方人的长上，这个当尊当敬，你们个个都晓得了。"③ 作为一名佛学的热衷者，罗汝芳的六谕诠释虽然立足于儒学思想，但偶尔引入释语，如说"佛经云，人何处求神佛，堂上双亲是神佛"等。④

其五，在《太祖圣谕演训》中，罗汝芳不再像《宁国府乡约训语》中那样对六谕与《吕氏乡约》四礼条件之间的联系作说明，但其"和睦乡里"的诠释中仍然融合了四礼条件的内容："吉凶庆吊，必须成礼；有事相托，有话相商，必须尽心；有疾病相看问，有患难相扶持。有词讼相解劝，不可搬弄扛帮。有火盗相救护，不可幸灾乐祸。"⑤ 这基本上是"礼俗相交、患难相恤"的白话版。但是，罗汝芳的创新做法则是对圣谕六条彼此之间的关系进行了说明，第一条为六条之根本。在其开讲的最后，罗汝芳仍强调孝悌是仁的根本，强调六谕中的第一句乃是六谕之本。他说："大凡孝弟的人那，非为的事，自然不做，所以孝弟是为仁的根本。一孝立，而百行从，一弟立而百顺聚。故尧舜以帝道治天下，不外一个孝弟。孔子以师道教天下，也只是一个孝弟。"⑥

---

① （明）唐锜：《圣训演》卷上，第409页。
② （明）沈寿嵩：《太祖圣谕演训》卷上，第7页下。
③ （明）沈寿嵩：《太祖圣谕演训》卷上，第11页下。
④ （明）沈寿嵩：《太祖圣谕演训》卷上，第10页上。
⑤ （明）沈寿嵩：《太祖圣谕演训》卷上，第17页上。
⑥ （明）沈寿嵩：《太祖圣谕演训》卷上，第3页上。

只是因为人们不能醒悟，所以有最后一条。罗汝芳说："第一句是从天理人心上劝化你们，若是有善根的，只消这一句，便说得肝肠断尽，血泪交流，一点良心透露，便做了一个彻骨彻髓的仁厚君子，哪里还有半点非为得到心上。却有一等中下的人，心性傲，气量粗，善根浅，所以要第二、第三句，教他谦谨，教他和睦，若是知痛痒的，也只消这两句，便转头了，还怕你不醒？却又仔细叮咛你们教子教孙，安分守己。说到这里，少不得隄防着你了，再不醒悟，还到那里去？所以末后一句，斩钉截铁，咬断线头，一声喝醒，叫你毋作非为。仔细想着，这一句话，一霎时间，枷锁刑杖，都在面前了。"①

五　新形式：附以律例与证以果报

宋明以来的儒者轻视法律。宋初的学者柳开就认为："法者，为政之末者也，乱世之事也。皇帝用道德，帝者用仁义，王者用礼乐，霸者用忠信，忘者不能用道德、仁义、礼乐、忠信，即复取法以制其衰坏焉。"② 虽然这可能是较为极端的一种观点，但轻法律重教化的倾向在宋明时代的儒者身上还是比较明显的。因此，六谕诠释中加入法律的内容，推动教、刑的统一，是一种创举。在六谕的诠释中加入律例和善恶两个方面的报应故事，是罗汝芳的创举。在此之前，唐锜在《圣训演》有"嘉言""善行"，要通过善行的故事来感化人，讲"善行"时偶尔也会有一些报应的情节，但总体上不讲究善恶报应。在此之前的乡约，嘉靖后期项乔行族约已开始有将人送官府治罪的措施了，《圣谕释目》中规定一旦违犯便要让约正、约副呈请有司治罪的条款，但还没有直接在乡约中附以律条的做法。罗汝芳在六谕诠解中加入律例和善恶报应故事，目的是要增加乡约的约束力。

一方面，正如清初陈瑚所言，"以乡约治野人"③，就要求乡约有具

---

① （明）沈寿嵩：《太祖圣谕演训》卷上，第 34 页。

② （宋）柳开：《柳开集》卷七《请家兄明法改科书》，中华书局 2015 年版，第 98 页。

③ （清）陈瑚：《讲院碑记》，载《确庵文稿》，《四库禁毁书丛刊》集部第 184 册影清康熙毛氏汲古阁刻本，北京出版社 1997 年版，第 392 页。

体的、现实的约束力，所谓"理喻之未已又势禁之"①。但另一方面，乡约自初起时，即主于教化而不寄希望于强制力。15 世纪下半叶，明人章懋在《复罗一峰》一书中曾规劝行乡约的罗伦："乡约之行，欲乡人皆入于善，其意甚美。但朱吕之制，有规劝而无赏罚，岂其智不及此。盖赏罚天子之柄，而有司者奉而行之，居上治下，其势易行。今不在其位，而操其柄，已非所宜，况欲以是施之父兄、宗族之间哉?"②乡约既不与刑罚，又如何让听讲的人们敬畏呢? 其途有二：一是可以祈求善恶报应，二是可以诉诸官府法律，所谓"鬼责人非王法在"③。罗汝芳在《宁国府乡约训语》对"各安生理、毋作非为"的解释中强调："眼前作恶之人，昭昭自有明鉴。"④ 这便是寻求果报的力量。颜钧有《箴言六章》就用律例来警示世人，说："大明律例，一部礼经。礼法立教，出礼入刑。人知守礼，自不非为。非为不作，刑法何拘? 不犯刑法，不作非为。……毋作非为，圣谕明睹。同会同心，警戒为主。"这是开始寻求法律的强制力。日本学者寺田浩明也认为，不能完全以国家法律与民间私约之截然对立来看待"约"的性质。约的内在结构中包含"合约的形成与规范的宣示""自发与强制"等似乎相互对立的内容，因此在"宣讲会上同时也进行律的解释宣传"⑤。而且，为了保证乡约中六谕宣讲的效果，也需要发展新内容。吴震先生说，晚明"对《圣谕》的重视已经不是个别心学思想家的兴趣爱好，而几乎成了整个社会的风气……而且不仅仅是将《圣谕》与《乡约》相结合，还出现了一个新动向：将律法及报应思想融入其中。"⑥ 在罗汝芳之前，隆庆四年出任大名知府的王叔杲《大名府乡约》已明确在六谕诠释中结合律例与报应故事。王叔杲《乡约告示》说："照得彰善瘅恶，必先于

---

① （明）项如皋：《乡约讲义序》，（嘉庆）《太平县志》卷十一，第 259 页。
② （明）章懋：《枫山章先生集》卷二《复罗一峰》，商务印书馆 1935 年版，第 44 页。
③ （明）耿橘：《六谕诗》，载张鼐《虞山书院志》卷四《乡约仪》，第 84 页。
④ （明）罗汝芳：《近溪罗先生乡约全书·宁国府乡约训语》，方祖猷等整理《罗汝芳集》，第 755 页。
⑤ ［日］寺田浩明：《明清时期法秩序中"约"的性质》，第 152 页。
⑥ 吴震：《阳明心学与劝善运动》，《陕西师范大学学报》2011 年第 1 期。

教，而化民成俗，恒始于乡。所以古有乡约之设，诚以上之人不能家喻户晓，而令乡之人互相劝谕，所以化愚民，广德意，法莫善焉者也。……本府受命来守是邦，……思所以易俗移风，舍乡约不可也。乃刊刻成书，颁行州县。先以事宜数条，继演圣谕六款，载律法使民知惩，列报应示民知劝。至于俗习移人，渐渍罔觉，故揭弊禁于乡约之终。"① 所谓"载律法""列报应"，就是在六谕演说中结合律例与果报故事。

罗汝芳在六谕的说理之外，附以律例与果报的做法，很典型地反映了这种社会思潮。之前在《宁国府乡约训语》中，罗汝芳更多的是从正面来讲，只是在最后警示听众时说，若能遵从六谕，"不惟一身交享福利，其子孙亦久久昌炽"，"若或反道悖德，弗若于训，是乃梗化之顽民，小则不齿于乡，大则必罹于法，而身家亦不能保矣"②，将报应和法律惩戒向会众提示。到《太祖圣谕演训》，律例的引入与善恶报应就成为重要的内容了。罗汝芳在开读中就讲果报的必然性，说："愿我大众，乘此胜会，思……如何富贵的或负悔尤而后不昌，如何贫贱的或享清闲而后反盛？常值福祥者，是何因果？动遭凶咎者，是何因缘？今人但见为恶的未必恶报，遂恣己所为，不知天网恢恢，疏而不漏。一家稽其三代，一世验之百年，福善祸淫，丝毫不错。"③ 罗汝芳在开读中还谈到使用善恶报应故事来教化民众的必要性，说："你们犯罪，笞杖徒流绞斩，一定要到你们身上。即使逃得王法，天报也断乎不爽。俗云：王法无情，天理最近。你们若求免祸，莫如谨遵六谕，勤讲乡约。……今人但见为恶的未必恶报，遂恣己所为，不知天网恢恢，疏而不漏，一家稽其三代，一世验之百年，福善祸淫，丝毫不错。"④ 因此，他的"教训子孙"条诠释体现了更浓厚的因果报应思想。罗汝芳说："人家要好子孙，莫过积德行善。孔子云：积善之家，必有余庆；积不

---

① （明）王叔杲：《王叔杲集》卷十八《杂著》，张宪文校注，第384页。

② （明）罗汝芳：《近溪罗先生乡约全书·宁国府乡约训语》，方祖猷等整理《罗汝芳集》，第757页。

③ （明）沈寿嵩：《太祖圣谕演训》卷上，第2页上。

④ （明）沈寿嵩：《太祖圣谕演训》卷上，第2页上。

善之家，必有余殃。子孙好不好，又全在你积善不积善。积善之道非一，只是与人方便第一，处处方便，自是诸恶不作，众善奉行，便是积善，子孙自然昌盛。……倘人年长无子，不必怨天求神，只是行善，自然生子，子又必贤，与那强求的不同。所以黄山谷诗云，'肯与贫人共年谷，必有明珠生蚌胎'。仁者有后，理不断爽。"① 读这样的内容，几乎让人感觉读的是晚明袁了凡等人的宣讲。这或许也是晚明报应思想流行的影响。在"毋作非为"条的诠释中，因果报应思想更浓厚："古人云：'人间私语，天闻若雷；暗室亏心，神目如电。'此等说话，字字真切，你莫硬不信。你若道自己乖巧，能欺官能欺人，鬼神暗中随着你走，丝毫也欺他不得。你不怕人不怕官，难道鬼神也不怕？天也不怕？你不怕天，天却不饶你。你不怕鬼神，鬼神却不饶你。纵不遭官刑，也折福损寿，克子殃孙。纵然生子生孙，不与人还债，便是与你讨债。及你子孙破败，人人畅快，都道是有天理横来竖去，到底只是害了自家。……你莫道小之恶可为。便是小之恶，必有报应。你莫道我是富贵的人，那小不善的事，无人奈得我何，不知顺逆影响，少有不善，不于其身，于其子孙，况子孙见祖父如此所为，后必甚焉。恶样定招恶报，天与鬼神不可欺也。"②

为了让民众能信服果报思想，罗汝芳在自己的六谕诠释中加入了善恶两面的因果报应的例证。罗汝芳的《太祖圣谕演训》下卷为圣谕每一条详细地列举正面和反面的报应，如"孝顺父母"条有"孝顺父母报应"与"不孝顺父母报应"。如果将罗汝芳的善报故事与唐锜的《圣训演》中的善报人物相比，竟无一例重合，这也说明罗汝芳没有像唐锜那样从《群书类编》《为善阴骘》等书中选例子。非常有意思的是，两相统计，善报与恶报共计均为43例。这些报应故事基本上是以人物为核心。人物既有历史人物，约37例，也有明代当朝的人物，约49例。（参见表5-1）其中数则，如唐龙教子唐汝楫、郧阳钟都司等事，则引陈良谟（1482—1572）语，或出自陈良谟的《见闻纪训》。可见，

---

① （明）沈寿嵩：《太祖圣谕演训》卷上，第24页。
② （明）沈寿嵩：《太祖圣谕演训》卷上，第32页下至第33页上。

罗汝芳在引用善恶故事的时候特别注意用本朝的善恶故事来教育民众。

表 5-1 　　　　　　　《太祖圣谕演训》下卷的报应故事

		善报		恶报
孝敬父母	4 例	（宋）苏颂、（宋）李宗谔、（元）卜胜荣、朱文恪公（朱善）	11 例	鄱阳王十二、洛阳李留哥、郑县张法义、虹县民、福州长溪民、（宋）袁州陈隆、睢阳栗珠、河南王彦儒、凤阳汤里长之子、吉安指挥、漳浦卫氏妯娌
尊敬长上	6 例	（汉）马援、（东晋）颜含、（宋）王震、（元）周司、杨文定公（杨溥）、张畏晷	7 例	（晋）桓温、（宋）叶得乎、（宋）周好义、（宋）洪州崇真坊一人、（宋）周德旺、（元）刘君启、（宋）刘澈
和睦乡里	7 例	（汉）伏湛、（宋）陈自量、（宋）曾重、倪文毅（倪岳）、杨暮、林埍、丘原高	3 例	（唐）吕时用、（宋）秀州华亭吏、江阴黄田镇臧某
教训子孙	4 例	刘忠宣公（刘大夏）、罗整庵公（罗钦顺）、杨文懿公（杨守陈）、林鹗母程淑人	3 例	（五代）越州袁淑、（元）定州王瑶、吉安州樊毅
各安生理	11 例	（晋）黔南樵者柳应芳、（宋）郑玄、（宋）上官谟、南通州马贞、杨荣、章懋、曾文恪公、唐龙、李东阳、张庄简公（张悦）、如皋钱彻	3 例	（宋）杨大同、（元）长洲沈秀（沈万三）、太仓王应禄
毋作非为	11 例	（唐）黄昭、（五代）吕默、（宋）黄彦臣、南昌王得仁、宁晋曹蒲、常熟吴讷、太仓陆容、薛西原先生（薛蕙）、峡州富人程夷伯、信州周妇、镇江卫左所范某之妻	16 例	（唐）澧州黄士英、（唐）季登、（五代）李彦真、（五代）张瑗、（宋）邢州范叔龙、（宋）薛敷、（宋）季叔卿、中江县里正景世庠、太仓沈姓者、聂司务、乐观陆道士、芝里朱某、武进一乡宦、娄庠生刘诚斋、郧阳钟都司、麻阳郑和
合计	43 例	16 例历史人物；27 例明朝人物	43 例	21 例历史人物；22 例明朝人物

在六谕诠释中增入法律条文，也是罗汝芳的创造。这一点在罗汝芳的开讲中体现得非常清晰，可以增加乡约的约束力。罗汝芳认为实在不可以教化的人，只能以法治罪。他在嘉靖后期的《宁国府乡约训语》中就已经说："若其他一发不修德业，不遵圣谕的，这就是作非为的人，全然不可劝化的，必须官法惩治了。"① 为了落实，将官法向民众讲解便有更大的警示作用。罗汝芳的开讲是从《大明律》开始的。他说："古今圣贤动称化民成俗，可见教民是要紧一着。太祖高皇帝开辟天下，造了一部《大明律》，颁行海内，单是问人的罪名，加人的刑法。"然后才说："若不先好好教他，恐人难免罪犯，所以又有这圣谕六言，使老吏振铎朗诵，无非要人个个学好，个个为人。"② 作为实践，在下卷之中，罗汝芳在圣谕六条的诠释中分别引用了2条、5条、8条、6条、5条、19条，共45条。在"尊敬长上"条下，罗汝芳除了以此强调一般的家庭伦理之外，还强调了家长对"奴婢""雇工人"的尊长的身份，引用了"奴婢殴家长者，皆斩。若雇工人殴家长，杖一百，徒三年"的律文。③ 在"和睦乡里"条下，罗汝芳征引的律文包括与斗殴相关的两条律文，以及涉及户婚田土、奴婢、田宅等经济方面的法律条文。"教训子孙"条下所引律条，分别关注继嗣、子女婚约、家庭共财、奴婢娶良人为妻等问题。"各安生理"条所引的五条律文，分别关注田地洒派避赋、赌博、伪造印信和茶盐引等、揽纳税粮、私放钱债及典当财物每月取利过三分等违法问题。向来学者在"毋作非为"条的诠释中设置的禁条是最多的，罗汝芳在"毋作非为"的诠释中也引用了更多的律条，19条中，涉及奸的内容4条，涉及为盗及强取财物的8条，涉及杀人者2条，涉及寺观僧道及民间宗教者4条，涉及投匿名文书及教唆词讼者1条。

综合看来，罗汝芳的《太祖圣谕演训》对六谕的诠释通俗易解、逻辑清晰、层次分明，其所附录的律例、因果报应也使得其六谕诠释更

---

① （明）罗汝芳：《近溪罗先生乡约全书·宁国府乡约训语》，方祖猷等整理《罗汝芳集》，第756页。

② （明）沈寿嵩：《太祖圣谕演训》，赵克生《明朝圣谕宣讲文本汇辑》，第183页。

③ （明）沈寿嵩：《太祖圣谕演训》，赵克生《明朝圣谕宣讲文本汇辑》，第208页。

具有威慑力，因而在之后的乡约实施中得到越来越多的支持。

六　罗汝芳六谕诠释的传播与影响

　　宁国府与徽州府在地理上相邻，士人之间的来往密切，晚明万历年间流行的徽宁池饶四府大会便是明证。在六谕宣讲与乡约流行的背景下，曾任宁国府知府的罗汝芳的六谕诠释，迅速地在徽州府等地流行开来。此外，罗汝芳的乡约宣讲，在其曾经任职的云南也留下很深的影响。直到清初，昆明知府孔延禧实行乡约，仍以罗汝芳的诠释为蓝本，而其所行的《乡约全书》，又为武定彝族那氏土司谨守奉行，收藏至今。① 除此之外，罗汝芳的乡约宣讲对于明末、清初的乡约宣讲都有重大的影响，不少士人行乡约时取罗汝芳的宣约宣讲为蓝本，稍加改动，作为自己行乡约时的宣讲文本。

　　黄一农说，徽州府休宁县的地方官在隆庆元年（1567）曾采用罗汝芳的《训语》为乡约。② 现在可以见到的在明代徽州地区流行的明显受到罗汝芳六谕诠释影响的文本有两种，均流行于家族所行乡约、族规之中，一为祁门县的《文堂陈氏乡约家法》，一为休宁县叶氏的家规《保世》。祁门陈昭祥所纂《文堂陈氏乡约家法》，向来被学者视为 16 世纪宗族乡约化的重要材料。③《文堂陈氏乡约家法》包括序、圣谕屏之图、《会仪》《会诫》《文堂陈氏乡约》《圣谕演》、后序等几个部分的内容。其中的《圣谕演》，学者向来以为乃文堂陈氏诸人对太祖六谕的阐发，而不知其实际上只是沿用罗汝芳的六谕诠释。赵克生已指出"祁门文堂陈氏《乡约家法》中的《圣谕演》，实际是直接抄录了罗汝

---

① 楚雄彝族文化研究所编：《清代武定彝族那氏土司档案史料校编》，第 261—286 页。

② 黄一农：《两头蛇：明末清初的第一代天主教徒》，上海古籍出版社 2006 年版，第 256 页。

③ 参见卞利《明清时期徽州乡约简论》，《安徽大学学报》2002 年第 6 期；常建华《明代徽州的宗族乡约化》，《中国史研究》2003 年第 3 期；洪性鸠《明代中期徽州的乡约与宗族的关系——以祁门县文堂陈氏乡约为例》，《上海师范大学学报》2005 年第 2 期。

芳的《圣谕演训》，只在篇末又附以'六谕诗'而已"①。陈氏一族在族规中采用罗汝芳的六谕诠释，则显然是由陈昭祥、陈履祥等人与罗汝芳的密切关系所决定的。陈履祥是罗汝芳的门人，曾从学于南京，晚年甚至还到宁国府宣城县创办同仁会馆，宣讲罗汝芳之学，笃信并遵从其师之学。因此，陈履祥、陈昭祥等人在族内行乡约并宣讲六谕时，取罗汝芳之六谕演训以为蓝本，便极正常不过了。

万历年间，休宁知县祝世禄以罗汝芳《乡约训语》行乡约。祝世禄，字延之、无功，江西德兴人，万历十七年（1589）进士，授休宁知县。他在休宁县行乡约时使用罗汝芳的六谕诠释，因此使罗汝芳的六谕演说进入之后休宁县一些家族的族规之内。崇祯年间编纂的《休宁叶氏族谱》内，其卷九《保世》即由罗汝芳的六谕诠释演绎而来。其叙云："家乘俾传之有永，特为演皇祖六谕，以示宪章，……作《保世》第九。"至于其内容的演变，则亦有交代："恭惟我太祖高皇帝开辟大明天下，为万代圣主，首揭六言以谕天下万世。……语不烦而该，意不刻而精。大哉王言！举修身、齐家、治国、平天下之道，悉统于此矣。二百年来，钦奉无斁，而又时时令老人以木铎董振传诵，人谁不听闻？而能讲明此道理者鲜。于是，近溪罗先生为之演其义，以启聋聩。祝无功先生令我邑时，大开乡约，每月朔望，循讲不辍，期于化民善俗，又即罗先生演义，删其邃奥，摘其明白易晓可使民由者，汇而成帙，刻以布传。虽深山穷谷，遐陬僻壤，靡不家喻户晓。时当神宗皇帝以仁厚理天下，重熙累洽，庶几唐虞三代之盛，猗欤休哉！吾家藉以兴仁让而保族滋大，其渐于教化者深也。"② 可见，《保世》的内容继承了祝世禄的乡约，而祝世禄的乡约却又以罗汝芳的六谕诠释为蓝本。从内容来看，《保世》的内容反而与后来沈寿嵩所录的罗汝芳《圣谕演训》极为相近，基本上没有溢出《圣谕演训》的内容。

罗汝芳六谕诠释在休宁县的影响延续到明末。明末徽州府休宁人金

---

① 赵克生：《从循道宣诵到乡约会讲：明代地方社会的圣谕宣讲》，《史学月刊》2012年第1期。

② 卞利：《明清徽州族规家法选编》，黄山书社2014年版，第58—66页。

声即极重视罗汝芳的六谕诠释。他在崇祯五年（1632）写给婺源知县的信中说："近溪先生乡约讲义并奉上，幸刻而布之，时时与士民痛切讲行。以翁兄之治，略加之以此，□以化民成俗，如高屋建瓴耳。婺源三代，何足道也?"① 以金声对罗汝芳、祝世禄行乡约之表彰而推测，他为休宁知县行乡约而撰讲义，"原本先辈，而因发其素心积思见为实然者，以宪章大义，而复思切中此方风俗习尚"②，应该也是参考罗汝芳的六谕诠释而为的。康熙《休宁县志》记载说："明季乡绅举行于本都，里人相联为约，朔望轮一族主，读六谕暨罗近溪先生六解，余族聚其厅事而共听之。"③ 此一记载与金声在明末的提倡当不无关系。这可见罗汝芳的六谕解在徽宁等地的影响深远。云南曾经是罗汝芳任兵备副使之地，而且罗汝芳也在当地宣讲六谕。清代的云南知府孔延禧在清初曾任宣城知县，后随清军入云南，任昆明知府。孔延禧的《乡约全书》，完全是以罗汝芳的六谕诠释为蓝本的，只是为适应新王朝作了一小的改动，例如在乡约引中加入"顺治皇帝""平西王"开示之由头，将《大明律》改为《大清律例》，等等。

除了在其为官宦游之地留下了较大的影响之外，罗汝芳的六谕诠释在晚明的精英士人群体中流行也很广泛。杨起元的《圣谕发明》、郝敬的《圣谕俗解》，都是深受罗汝芳六谕诠释影响的作品。杨起元（1547—1599），字贞复，号复所，广东惠州府归善县人，万历五年（1577）中进士，适罗汝芳以参政入贺，遂从学于罗汝芳，是罗汝芳嫡传门人之一。杨起元《圣谕发明序》云："太祖高皇帝奄有四海，肇修人纪，以六谕教万民。……爰及先师盱江近溪先生，承积善余庆，家学渊源，天性孝友，参学勤苦，彻三才之至理，透千圣之根宗，谓学必宗孔孟，宗孔孟必由孝弟慈而欲以此自学，以此教人，必宪章高皇六谕。是以居乡则行于乡，而发挥不厌其烦；居官则行于官，而宣说不遗余力。常对门弟子叹曰：'奇哉！自古皆言善治从真儒而出，今日真儒实

---

① （明）金声：《金正希先生文集辑略》卷三《与刘用潜》（壬申），《明别集丛刊》第五辑第70册，黄山书社2016年版，第496页。

② （明）金声：《金正希先生文集辑略》卷三《与邑令君》，第510页。

③ （清）廖腾煃修，汪晋徵等纂：（康熙）《休宁县志》卷二《约保》，第294页。

从善治出也。'先生平生讲学孚友，徙足所至，同志毕集，随所征诘，辄举六谕昌言之。或讥之曰：'将为木铎老人耶？'先生曰：'道至矣，虽欲不为木铎老人，其可得哉！'不肖受业于门二十余年，初如嚼蜡耳。久之，如饧入口，甘矣，转尚觉其酸也，至于今则如谷食之疗饥，不可一日废也。汇其语为《圣谕发明》，方思所以孝养吾亲，以无负君师之教。……会守道公祖朱存敬先生至，才下车，首举行乡约。……吾知是编必不见弃于公也。邑父母邓侯亦谓于公之举有裨焉。予曰唯唯。是以录而就正焉，因序其意如此。"① 据乾隆《归善县志》卷九《职官》，邓姓县令名邓镶，晋江人，万历十七年（1589）进士，万历二十二年（1594）任归善知县。② 可见，《圣谕发明》是杨起元记录的罗洪先不同时间不同地点对六谕的诠释，并且在乡居时呈送给了惠潮海防分巡道朱存敬和归善知县邓镶。从时间上说，杨起元辑《圣谕发明》大概在万历二十二年前后，惜其书不存。

郝敬（1558—1639），字仲舆，号楚望，湖广京山人，万历十七年（1589）进士，是明代著名的经学家。他在万历二十八年（1600）至万历三十二年（1604）出任江阴知县，行乡约，讲六谕，形成了《圣谕俗解》。二十五年后，他将其"录附家乘"，作为教育子弟的文本，亦收入其文集《小山草》。郝敬在之前加按语说："此余宰江阴时口授邑父老子弟，距今二十五年矣。繙阅一过，转增不逮之耻。呜呼，其家不可教而能教人者无之。因录附家乘后，诒我子孙。情至语质，愚不肖可与知焉，正不必其辞之文也。"③ 崇祯《江阴县志》内的《郝敬传》亦云："首重乡约，著训规一册，解圣谕几万言，刊给举行。"④ 所给人的感觉是，郝敬在没有参考任何其他文献的基础上，

---

① （明）杨起元：《续刻杨复所先生家藏文集》卷三《圣谕发明序》，《四库全书存目丛书》集部第 167 册影明杨见晙刻本，齐鲁书社 1997 年版，第 250 页。

② （乾隆）《归善县志》卷九《职官》，《中国方志丛书》华南地方第 1329 号影乾隆四十八年刊本，台北：成文出版社有限公司 1975 年版，第 94 页。

③ （明）郝敬：《小山草》卷十，第 186 页。

④ （崇祯）《江阴县志》卷四，《美国哈佛大学哈佛燕京图书馆藏中文善本书汇刊》第 14 册，商务印书馆、广西师范大学出版社 2003 年版，第 209 页。

独立完成了对圣谕的俗解。谢茂松先生为此曾从政治思想来解读《圣谕俗解》，认为反映了以郝敬为代表的明代士大夫"政治的优先价值选择，也可以说最高目的，乃是化民成俗"①。然而，郝敬并不是凭空创作《圣谕俗解》的。《圣谕俗解》正文首列"圣谕"六条，接下来是"俗解"，俗解则先有《总论》，然后再逐条俗讲，而其《总论》从明太祖创制官府和《大明律》谈起，再谈到六句说话，这个逻辑是《圣谕演训》中的"开讲"所秉持的。至于正文，《圣谕俗解》与《圣谕演训》极其相近。以第一条讲"孝顺父母"略加比较，22段文字中，《圣谕俗解》与《圣谕演训》《保世》内容接近的有16段（参见表5-2，其中，A8与B6、C6相近），当然，其中《圣谕演训》的内容最长，而《保世》《圣谕俗解》乃自《圣谕演训》删减而成的痕迹很明显。不过，《圣谕俗解》却偶有几个段落为《圣谕演训》所无，例如关于孔子作《孝经》以及虞舜之孝的故事（A17）（参见表5-2），表明郝敬在编《圣谕俗解》的时候，除利用罗汝芳的圣谕诠释为蓝本进行删减和改动外，确实也增加了部分内容。因此，郝敬没有提及《圣谕俗解》对罗汝芳圣谕诠释的继承性，但实际上《圣谕俗解》的蓝本必定是罗汝芳的六谕诠释。

其实，罗汝芳的诠释文本对后来各种诠释文本的影响是深远的、潜移默化的，除了其说理加律例、善恶报应故事的格式外，还有说理文字的间接影响。例如，清代《新会玉桥易氏家训、黜例、祠款》中的《易氏家训》（又称《六箴演义》）对"尊敬长上"的诠解，第一句便是"皇帝是天下人长上。一方亲临公祖父母、学校师长是一方人长上"。② 这无疑是《太祖圣谕演训》中"比如当今皇帝陛下就是天下人的长上，一方亲临公祖父母官及学校长师，就是一方人的长上"的翻

---

① 谢茂松：《政事、文人与化民成俗：从晚明经学家郝敬〈圣谕俗解〉看士大夫政治的优先价值选择》，《政治与法律评论》第三辑，2012年，第104—128页。

② 《六箴演义》，载《新会玉桥易氏家训、黜例、祠款》，收入清易道藩等修《［广东］新会玉桥易氏族谱》（清同治十二年刻本），转引自上海图书馆编，陈建华、王鹤鸣主编，周秋芳、王宏整理《中国家谱资料选编·家规族约卷》，上海古籍出版社2013年版，第469—473页。

版。又如，《易氏家训》中诠释教训子孙时说："间有不肖子孙，不宜忿嫉太甚，亦不当诿之于命。父子主恩，决无可忍之心，亦无可弃之理。鸟兽虫鱼，尚可感化，况于人子，况于父子乎？"反观《太祖圣谕演训》，罗汝芳则说："又或人生有不肖子孙，亦不宜忿疾已甚，亦不当委之于命。父子主恩，决无可忍之心，亦无可弃之理。大凡禽兽虫鱼，皆可感化，何况父子？"两相比较，《易氏家训》中诸多诠解六谕的话头、善恶报应的故事，包括像对"生理"的解释，曹鼐、吴讷、薛蕙等人的善报故事，均与罗汝芳的诠释相近，其渊源于罗汝芳《太祖圣谕演训》无疑。一直到清末出现的《宣讲拾遗》，其对六谕的衍说部分中关于"各安生理"的文字，基本上与前述休宁叶氏的族规《保世》相同，① 应该也同样是渊源于罗汝芳的圣谕诠释。

以上讨论了六种与罗汝芳六谕诠释有关的文本，除《圣谕发明》不存外，其他五种均保存至今。在这些文本中，隆庆六年《文堂陈氏乡约家法》中的《圣谕演》，与罗汝芳的《宁国府乡约训语》可以说是一个系统，语词比较驯雅，篇幅也较短。但是，这一系统的文本流传似乎不广，而且时间的跨度也不大，从嘉靖末到隆庆年间也就流行了不到十年，且局限于徽、宁一带。相比较而言，《保世》《圣谕俗解》《太祖圣谕演训》《乡约全书》则代表着罗汝芳圣谕诠释的另一个系统，语词更俚俗，篇幅较长，且话头涉于律例、报应之类。这一系统不仅在徽、宁地区流行（《保世》《太祖圣谕演训》），而且扩展到南直隶、浙江宁波以及云南等地，时间跨度更自明万历朝延续到清初顺治年间，显示出极强的生命力。从表5-2来看，有时候四种文本中两两之间的叠合，似乎还意味着即便这一较俚俗的系统内，在罗汝芳本人那里可能已形成了至少两种不同的诠释文本。当然，由于文献不足，加以有文本的编纂者的讳言或者不加留意，使整个罗汝芳六谕诠释的文本流传过程仍然扑朔迷离。然而，通过以上的简单列举，至少可以看到罗汝芳这位晚明时被人称为"舌胜笔"的哲学伟人，如何让自己的思想以简单易懂的方式呈现出来，作为社会教化的重要力量在民间不断地被复制和流转。

---

① 佚名：《宣讲拾遗》卷五，光绪八年西安省城重刻本，第1—3页。

表5-2 《圣谕俗解》《保世》《圣谕演训》《乡约全书》"孝顺父母"条的比较

	《圣谕俗解》（A）	《保世》（B）	《圣谕演训》（C）	《乡约全书》（D）
1	如何是孝顺父母？人生世间，不论贫愚贵贱，都有这一个身子。谁人身子不是父母生的？	如何是孝顺父母？人世间，不论贵贱贫富，那一个不是父母生的？	如何是孝顺父母？人生世间，谁不晓得孝顺父母？亦难提孟子，是说人初生之时，着父母怀抱，即此着父母爱其亲者，便是良知。既知如此，顷刻也离不得，便谓之良能。良知良能，完完全全没有一毫欠缺。	如何是孝顺父母？人生世间，不论贵贱贫富，那一个不是父母生的？
2	你们今日在会的众人，各各回头思想，当日你父母未生你时节，在各人父母身上，把你做一块，莫把你做一个看。你身与父母身，一口气，原是一块骨肉，一点滴下你身上一点骨血，才生出你来。	你们众人各各回头思想，这身与父母身，一口气，原是一块骨肉，一点骨血。	盖鉴此身原是父母一体分下，形虽有二，总是一块肉，一口气，一点骨血，分割不开的。	你们今日在会的众人，各各回头思想，当日你父母未在何处时，你的身子在这里不是？父母身上的一块肉，莫把你做一个看。你身与你的父母做一个看。你身与你的父母，一块肉，一口气，原是一块血，一点骨血。
3	到而今，你只认得是你，把父母看做他人。钱财也道是你的，妻子也道是你的，把父母隔了一层看待。这等待，还成个甚么儿子？	如何把你父母隔了一层？	如何才生出你来，到如今你却认你是你，把父母另看做一个了。钱财也道是你的，妻子也道是你的，还父母都隔了一层，这等样心？	如何把你的父母隔了一层，看做是两个的？

续表

《圣谕俗解》(A)	《保世》(B)	《圣谕演训》(C)	《乡约全书》(D)
你们众人各各思想，当初父母生养你时节，如何抚育你来？十个月怀你在胎中，万苦千辛，十病九死；三年抱你在怀中，万苦千辛，受了多少惊恐，受了多少辛勤？冷暖也失错不得。但有病痛，不根孩儿难养，反根自己失错，可怜可怜。先怕儿饥，未曾吃饭，先怕儿寒，未曾穿衣。想父母这等的恩爱，今朝却忤逆他，这成个甚么儿子？你们众人各各思想，你父母如何指望你来？便指望儿分像人时节，便指望成人。爬得成人，便指望读书。才生儿下来，便指望长进，指望兴家立业。教得儿分像人时节，便不胜欢喜。听教训时节，父母便不胜忧闷，死量一生无靠，死也失错的心肠，今也割不断，父母这等的心肠，今日不孝顺他，还成个甚么儿子。	且说你父母如何生养你来。十个月怀你在胎中，三年抱你在怀中，十病九死；三年抱你在怀中，万苦千辛。担了多少惊恐，受了多少劬劳？冷暖也失错不得。但有病痛，先怕儿饥，未曾吃饭，先怕儿寒，未曾穿衣，便延师教训长，便定亲婚配。教你做人，教你勤俭，望你读书分像人时节，便教得你分像人。爬得成人，便不胜欢喜。若教得你分像人时节，便不胜欢喜。若不听教训，便死也不瞑目。	你们众人，各各思想，你父母如何抚养你来。十个月怀你在胎中，万苦千辛，担了多少惊恐，受了多少劬劳。冷暖也失错不得，先怕儿饥，但有病痛，不怨儿饥，先怕儿寒，反根自己失错，求医求神，可怜可怜。眠忘食，恨不将身代替。可怜爬得长大，才生下来，便定亲婚配。教你做人，望你兴家立业。望你读书分几光阴。一时出外，久不见归，切切悬望，直等到家，方免牵挂。教得你分像人时节，便不胜欢喜。若是不听教训，他便死也不瞑目，待你儿看来，今日是爬活息息养起来，分明是命活息息养起来的，有一时一事放得下？父母活分明是命分明是父母分像人时节，父母便一生无靠了，那父母活分分明是爬活息息养起来的，今日这知觉分明是父母心心念念放作的，满身无高地厚，真是天高地厚，如何报得！	且说你父母如何生养你来。十个月怀你在胎中，十病九死，三年抱你，万苦千辛。担了多少惊恐？冷暖也失错不得，饥饱也失错不得。但有病痛，不怨儿难养替代，反怨自己失错，可怜可怜，先怕儿饥，未曾吃饭，先怕儿寒，未曾穿衣。爬得成人，教你做人，便延师教训，望你兴家立业。望你读书？若教放了几分光阴，那曾一刻放下？若教儿几分像人时节，便不胜欢喜。割不断父母这等心肠，待你儿看来，今日是爬活息息养起来的，今日这知觉分明是父母心心念念放作的，满身百骸九药，一毛一发，无不是父母之恩，为子的从头一一思想，如何报得？

续表

《圣谕俗解》(A)	《保世》(B)	《圣谕演训》(C)	《乡约全书》(D)
5	及到为子的身日长一日，而父母的身日老一日了。若不及时孝顺，终天之根，如何解得，我看今世上人，将父母生养他，教训他，婚配他，皆做该的，所以鲜能孝顺。	及到为子的身，日长一日，那父母的身，日老一日了，若不及时行孝，终天之根，如何解得？我看今世上人，把父母生养他，教训他，婚配他，都看做该当的，所以不能孝顺。	及到为子的身日长一日，而父母的身日老一日，若不及时孝顺，终天之根，如何解得？我看今日世上人将父母生养他，教训他，婚配他，皆认做该当的，所以鲜能孝顺。
6	当知慈乌[鸟]也晓得反哺，羔羊也晓得跪乳。你们都是个人，反不如那禽兽。	当知乌鸦尚且反哺，羔羊孝顺，你们都是个人，或因小节偶被谗间，即便忤逆，却禽兽不如了，可叹可叹。	当知慈乌也晓得反哺，羔羊也晓得跪乳。你们都是个人，反不如那禽兽，可叹可叹！

续表

	《圣谕俗解》（A）	《保世》（B）	《圣谕演训》（C）	《乡约全书》（D）
7	但世上不孝顺的事也多，略说几件。假如父母要一件东西，不值甚么紧，不慪甚惜，父母应承，不肯甚难干，个懞个惜的心，不肯去托付一桩事，甘心忍受，被别人忍受打一下，自己的父母骂一句，甘反眼相看，不肯吐付一东。似这等甚么儿子？又有一等，都成个甚么儿子？又有一等，背了父母，偏爱自己的妻妾，撇了父母，只顾自家的儿女。自己饱食暖衣，父母受饥冻。似这等忤逆不孝的人，又有一等，自己的儿女病，只当寻常。自己儿女死，哭天动地，惊天动地，自己父母死，若是六七八九十岁死的，以为当然，反自解说：世上儿子都希罕我一个？	今人不孝顺的事也多端，且只说眼前与你们说。假如父母要一件东西，值甚么紧？就生一个吝惜的心。父母分付一件东西，值甚难干，没甚难干，就生一个吝惜的心。父母一桩事，甘心忍受，背了父母，只爱自己的妻妾，自己的儿女。只顾自家的妻，号天动地，哭也不痛。父母死了，偏然号天动地，哭也不痛。若是六七十岁、八九十岁死了，反以为当然，反被外人嘲骂，却道世上儿子多是如此。	且就眼前说。假如父母要一件东西，值着甚么，就生一个吝惜的心，不肯与他。父母分付一件事，没甚难干，就生一个吝惜的心，不肯去推干的人，无所不至。奉承势利的人，忍受别人打骂，别人打，就生甘心忍受的心，反眼相看。又或父母有过，反埋怨父母慈母，对人乐说，是你有弟妹，这是你不知子女，号天动地。儿女死了，爬〔巴〕不得他富贵荣华齐整，服制虽有三年，这是微言讽动，委曲弥缝，又或父母有幼子女，是你不曾照顾，因父母年幼。或父母年幼，不用心看顾他了。因父母年幼，所以大明律父母后妻，生母一般，又不知继待有父。今人不知道理，便说继母不曾养我，不知有父，不知有异种，明人是个异种，你却有父？况且继母后边贤的，你做儿子，不是贤的，也有贤的，只有父便生荆棘，立着禽兽，切齿怨恨他。如以上这等不孝的人，有人说他，他却不知翻悔，只道世上儿子都是这等，那希罕我一个。	今人不孝顺的事也多端，且就这眼前与你们说。假如父母要一件东西，值甚么紧？就生一个吝惜的心。父母分付一件事，没甚难干，不肯去推干，就生一个吝惜的心，反眼相看。又有一等人，背了父母，丢了父母，只爱自家妻儿女。哭天动地，偏然号天动地，哭也不痛。父母死了，断肝肠，还有那甘心忍受骂的，只是被人打。六七十岁、八九十岁死了，反以为当然，反被人嘲骂，却道世上儿子多是如此，那希罕我一个？

续表

	《圣谕俗解》(A)	《保世》(B)	《圣谕演训》(C)	《乡约全书》(D)
8	这等的人，禽兽不如。慈乌也晓得反哺，羔羊也晓得跪乳。			
9	这等的人，便是豺狼枭獍，天不容，地不载，死人地狱，是天下第一等凶恶之徒。	此等样人，何不将你爱妻妾，疼儿女的念头回想一想？此是豺狼枭獍，天不容，地不载。	这等人何不将爱妻妾的念头，疼儿女的念头，回想一想，此真个豺狼枭獍，天不容，死人地狱。	这等样人，何不将你爱妻妾的念头，疼儿女的念头，回想一想？此真是个豺狼枭獍，天不容，地不载，生必遭刑。
10	我今劝你们众人，第一要孝顺父母。孝顺的事多，紧要的只有两件：第一要孝顺父母的心；第二要养父母的身。	我今奉劝你们众人，快要孝顺父母。孝顺也不难，只有两件事：第一要安父母的心；第二要养父母的身。	我今奉劝在会众人，快快孝顺父母。孝顺也不难，只有两件事：第一要安父母的心；第二要养父母的身。	我今奉劝你们众人，快快要孝顺父母。孝顺也不难，只有两件事：第一要安父母的心；第二要养父母的身。
11	如何是安父母的心？你平日居家，存好心，做好人，莫撞祸，父母安乐，使你一家也安乐里也安乐，教你儿孙，早晚大家好生承奉，莫要使气违拗，莫要出言触犯，父母上面有祖父母，也要体父母的心如亲爷娘一般，好生看承，小兄弟，小姊妹，也要体父母，加意看待，使父母在一日，宽怀一日。这便是安父母的心。	如何安父母的心？你平日在家里行好事，做好人，莫撞祸，父母安乐，一家岂不快活？教你妻妾，教你儿孙，大家好生承奉，莫要违拗，凡父母所欲，一一所敬，好生承奉，宽怀一日，使父母在生一日，这便是安父母的心。	如何安父母的心？你平日在家，不论劳逸，莫闯祸，一家安乐，父母岂不快活？教你妻妾，教你儿孙，大家来声下气，小心奉承，莫要违拗，莫要触犯，父母上面有祖父、祖母，父母身边有小兄弟，好生看承，小姊妹，或父母看妾，使父母看在一日，般敬重，这便安父母生一日，宽怀一日。	如何是安父母的心？你平日在家里，行好事，莫撞祸，父母岂不快活？教你妻妾，教你儿孙，大家来声下气，小心奉承，莫要违拗，莫要触犯，父母上面有祖父、祖母，父母身边有小兄弟、小姊妹，好生看承，好生看待，使父母在生一日，宽怀一日。这便是安父母的心。

续表

	《圣谕俗解》(A)	《保世》(B)	《圣谕演训》(C)	《乡约全书》(D)
12	如何是养父母的身？随你家私，随你的心，尽你的力量，早晚殷勤，四时八节，饥则奉食，寒则奉衣，以礼庆贺，生辰以礼祝拜，有事替父母代他劳，有疾病请医药仔细细调治。这便是养父母的身。	如何是养父母的身？随你的力量，尽你的心，饥则奉食，寒则奉衣，早晚好生殷勤。有事替医代他劳，疾病请医调治的身。	如何是养私，你家私，尽你力量，早晚殷勤，饥进食，寒奉衣，曲时节以礼拜庆，遇生辰，有病迎医，朝夕调治。这便是养父母的身。	如何是养父母的身？随你的力量，尽你的家私，饥则奉勤，寒则以礼庆衣，早晚好生殷勤，遇时节以礼庆贺，生辰以礼祝拜，有事替他代劳，有疾病请医调治。这便是养父母的身。
13		倘或父母所行有不是处，须要婉谏儿谏，使父母不至得罪于乡党亲戚。	倘若父母有不是处，需要委曲讽谏，不致得罪于乡党亲戚。父母或不悦顺受，不可粗言盛气骂，务将父母平日交好的人请来劝改从，方免陷亲不义。	倘父母所行有不是处，须婉词儿谏，不至得罪于乡党。父母或不喜欢，又要和言悦色，柔顺听之，不可粗言盛怒，以致激怒。或将父母平日交好之人请来解劝，务使父母回心喜悦。
14	万一天年告终，春秋以礼殡葬，辰昏香火奉祀，这都是孝顺父母的事。你们这等孝顺，你的子孙依然是孝顺，天地鬼神，昭报不差。	万一天年告终，尽心尽力，以礼殡葬，四时八节，以时祭祀。这都是孝顺父母的事。	万一天年告终，尽心尽力，以礼殡葬，务殖生产，不堕家声，都是你们该当的事。	万一天年告终，尽心尽力，以礼殡葬，四时八节，以时祭祀。这个都是孝顺父母的事。

续表

	《圣谕俗解》(A)	《保世》(B)	《圣谕演训》(C)	《乡约全书》(D)
15	常见世间有一等儿子，不孝父母，怎奈父母要孝顺，我却难为。这却见父母的身，儿子与父母即是一，天生出的身，父母原是父母与你，儿子与父母即是一，天生生，也由得天，秋来霜雪打死了，也由得天。父母生出来的身子，生也由得父母，死也由得父母，说得甚么长短？《大明律》勿论。古人云，如何说父母难为你，你便不孝顺的话？	今人不能孝顺的，却又有一个病根。他说道：怎奈父母要孝我，我却难为。这益见父母的身，儿子与父母即是一了。父母生出来父母，死生俱由父母。怎么爱憎？所以古人云：天下无不是的父母。	常见世间有等儿子不孝父母，却又说本要孝顺，怎奈父母分授不平，或见父母不说你，才说与父母，此身原是父母生的。父母即如天，尝如得天，春来发生也由得天。父母生出得父母，父母也由得父母。生也由得父母，死也由得父母，说得甚么长短？所以古人云，天下公不公，天下无不是的父母，怎么说父母不公？说得不孝，你便干得不孝顺的话？	今人不能孝顺的，却又有一个病根。他说道。我就见我，怎奈父母要孝我，母不爱我，此身原是差了。刚才与你父母，儿子与父母原是一。论不得是非。父母即如天，天生出来得天，秋来霜雪杀也由得天。父母，父母也由得父母，死也由得父母，生也由得父母，说甚么长短；天下无不是的父母，如何说得父母不爱你，你便说不孝顺的话？
16			况且父母天地之心，岂有不爱着你的道理。俗话说，十个指头咬着散散疼，何尝两样看待。只是儿子有那不学好的，父母嫌恶他浪荡，若像偏厚那好的……（略）	

续表

	《圣谕俗解》(A)	《保世》(B)	《圣谕演训》(C)	《乡约全书》(D)
17	而今世上有一等极愚极蠢的，也晓得怕鬼神，也晓得拜土地，偏不晓得家中有一个老爹、老娘，活土地、活菩萨，就是活土地。你若肯发孝心，十分灵感。此实暗中神明点头，莫便不信。	而今世上有一等极愚极蠢的人，也晓得供菩萨，拜土地，偏不晓得家中有个老爹、老娘，就是活菩萨，活土地。若肯发孝心，默默护佑明，虚空神。	如今世上极愚极蠢的，也晓得敬天地，敬神佛，殊不知父母是天，堂即是地。佛经云，人间处求神佛，双亲即是逆天逆地，便是毁神谤佛慢佛。	而今世上有一等极愚极蠢的人，多有人家晓得敬神，却不晓得家中有个老爹老娘就是活菩萨、活土地。若肯发一孝心，虚空神明，默默护佑，莫便不信。
18	孔夫子是个圣人，教人只说个孝字，做出一本书，名唤《孝经》，万古流传。古有一个孝子，名唤虞舜，打鱼烧窑为生，平地里做了皇帝，也只为他是个孝子。			
19	而今人有多少富贵的，但不孝顺父母，人便不数他富贵，骂他。假如贫穷小民，晓得孝顺父母，乡里亲戚也乌奖他，官府也旌表他，说此人是一个孝子。		就是富贵人家，有那样不孝顺父母的，说起来人都骂他，不褒扬他。贫穷小民能孝他，官府也旌表他，虽天地鬼神亦自保佑他，他的子孙依然孝顺，家道昌隆，孙枝绵远，寿算延长。若不孝顺的，看他招非惹祸，家道萧条，雷霆显击，十分灵应。此是实话，莫便不信。	

续表

	《圣谕俗解》（A）	《保世》（B）	《圣谕演训》（C）	《乡约全书》（D）
20		况且我为人子，我若不孝顺父母，我的儿子也决不孝顺。古人说得好，"孝顺还生孝顺儿，忤逆还生忤逆儿"。	况且我为人子，我亦有所生之子。我若不孝顺父母，谁来孝顺我？古人说得好，"孝顺还生孝顺儿，忤逆还生忤逆儿"。天道昭昭，如屋漏水，一滴赶着一滴，报应报然不爽。	况且我为人子，我亦有所生的儿子。我若不孝顺父母，后没有好样看。我的儿子亦不肯孝顺我。古人说得好："孝顺还生孝顺儿，忤逆还生忤逆儿。"这个报应，断然不爽。
21		我太祖皇帝对百姓们孝顺父母，正欲吾民辈辈为孝子顺孙也。		我皇上劝百姓们孝顺父母，吾民试思：有父母的可曾孝顺与否？
22	若是不孝顺的，《大明律》上，开做十恶，比强盗罪还重哩。	你若不孝顺，朝廷有律例，决不轻贷。	就是《大明律》上也开那不孝，叫做十恶不赦。	你若不孝顺，朝廷有律例，决不轻贷。
23	可见，孝顺是世间第一件极好的事，不孝顺是世间第一件极恶的事。这是孝顺父母的说话。		可见孝顺是第一件大好事，不孝的是第一件大恶事。仔细听着，这便是孝顺父母的说话。	

第六章

刻为图说：六谕诠释的图解形式

赵忠仲在《刊刻传播与集体记忆的认同——以明清圣谕为对象的考察》一文中引用了康纳顿《社会如何记忆》中的概念，指出圣谕的历史传播进程中，重视亲身在场传达的"体化实践"和"刻写实践"是同步并行的。[①] 刻即指刻碑、刻牌。当然，圣谕牌的设置在乡约实施中是普遍的，但一般只录六谕而不附诠释。刻碑规模稍大，一般都会附有诠释文本。将六谕诠释刻碑以永其传，并不是新鲜事。前述武威在弘治十二年（1499）所刻的《太祖高皇帝圣旨碑》，以及嘉靖十八年（1539）许州知州张良知在许州将六谕及王恕解、许讚的赞合刻于石，都是例证。可见，除了在乡约中宣讲之外，官员和士大夫们也利用一切介质来将其应用于教化。不仅在常见刻碑的北方，就是在南方，也出现像郑明选的《圣谕碑粗解六条》等文献。进入万历时期，刻碑的形式又有新的变化，即刻在碑石之上的不仅有训释的文字，还有辅助的图像。这样的一种新的诠解趋势从什么时候开始的呢？大致始于万历年间。万历十五年（1587），都察院左副都御史魏时亮（1529—1591）上疏请行乡约。疏云："得士召和之本。士蓬累

---

① 赵忠仲：《刊刻传播与集体记忆的认同——以明清圣谕为对象的考察》，《青年记者》2017 年第 23 期。

时，在明德义。明德义，无如行乡约，讲习高皇帝圣谕六事。"奏疏
下到礼部覆议，得到时任礼部尚书沈鲤的赞成。于是，朝廷乃"下其
议各省直，令督学官勤率郡县有司著图说，编俚语，俾闾巷士民易遵
循"①。这是万历年间令举行乡约宣讲圣谕的明旨。像同年在义乌县
举行乡约的俞士章，或即受此启发，编《乡约》，首"圣谕六条"，
"次之以时政六条"，则分别是严保甲、禁溺女、禁匿婢、禁格杀、
禁争婚、挽颓风，将圣谕之宣讲与地方风俗之纠治结合起来。② 万历
十五年推行诏令的明旨，因为提倡有司"著图说"，还推出了一个以
图说、俗语来诠释六谕的高潮。万历年间行乡约并且刻碑以释六谕的
例子不少。例如，武世举，字文荐，乡贡，"万历中知阳信县事，讲
读圣谕，刊为图解"③。江东之万历二十四年（1596）任贵州巡抚时
作《振铎长言》，其中"揭皇祖六谕，次搜二十四善，近撷五贤人
传，图绘笺释，旁引曲喻"④。不过，保存至今的仅有三例，一是万
历十五年（1587）陕西茶马御史钟化民编纂的《圣谕图解》，二是郑
明选的《圣谕碑粗解六条》，三是崇祯年间河南武陟县知县秦之英留
下的两块《六谕碑》，其中钟化民《圣谕图解》及秦之英《六谕碑》
均有图解。

---

① （明）郭子章：《蠙衣生粤草十卷蜀草十一卷》蜀草卷二《圣谕乡约录序》，第 623 页。
② （崇祯）《义乌通志》，《稀见中国地方志汇刊》第 17 册，第 400 页。
③ （清）周虞森：（康熙）《阳信县志》卷七《职官》，国家图书馆藏康熙二十一年刊
本，第 30 页上。按：武世举所作图解，亦称《圣谕图解》。（康熙）《阳信县志》卷二《建
置乡约所》载："乡约所，或于寺观庙宇、村镇公所之处，每月朔望次日，用乡约所推德行
耆老，充乡约正副及木铎宣讲诸职，鸣钟齐集乡民子弟，为之讲说圣谕六条，以训告万民。
前大同武公、阳城张公，皆躬临约所，亲自讲解，加意劝诫，并刻《圣谕图解》以及《感
应篇》《为善阴骘》等书颁布民间，一时群黎徧听。"（第 11 页下）所谓"大同武公"，即
武世举。"阳城张公"，即张志芳，据卷七《职官》，乃"山西阳城人，万历四十年由乡贡
知阳信县……置乡约所，宣读圣谕，自为注疏数□，□□人情王法，备极精祥，刊布里社，
初二、十六日□临讲解，化美俗淳"（第 37 页下至第 38 页上）。
④ （明）李时华：《抚黔纪略引》，载（民国）《贵州通志·艺文志十》，国家图书馆
藏 1948 年刊本，第 25 页上。

一 钟化民《圣谕图解》

《圣谕图解》碑，现存陕西西安市碑林博物馆，[①] 是明人钟化民在万历十五年（1587）任陕西茶马御史期间所刻，内容是将明太祖圣谕六条逐条注解，各辅以一幅图像，以教化民众，称为图解，刻碑以存。最早对该碑作过介绍的人是法国汉学家沙畹。沙畹 1903 年在《法国远东学院院刊》刊文，介绍《圣谕图解》，并将此碑上的六谕注释、六谕歌及图解文字录出。此后，很少有人注意此碑，更谈不上研究。美国学者梅维恒因为对语言的关注，在其《圣谕诠释中的语言与正统性》一文称《圣谕图解》是清代圣谕诠释的一个"更为清晰的典范"，其内容"包含了以下部分：以古典语言表达的道德准则；对道德准则所作的散文式的诠释，语言风格从极为口语化到一简单的文言；韵律整齐的一首诗（歌），语言则是更为纯粹的文言；一幅带有说明文字的图像；以及以白话讲述的故事，偶而夹杂一文言"，以上"这些要素常出现在清代的圣谕诠释中"。[②] 孟久丽与柯律格对此碑在图像史上的价值也多有提及。[③] 除此之外，对钟化民及《圣谕图解》的研究十分稀少。《圣谕图解》最令人印象深刻之处有二：一是其绘图之形式，二是其刻碑以存的做法，这使其在六谕诠释时颇具特色。这也让我们好奇，钟化民是如

[①] 据《西安碑林博物馆藏碑刻总目提要》（线装书局 2006 年版），该碑馆藏信息如下："7117，圣谕图解，明万历十五年，通高 291（厘米），宽 86（厘米），钟化民绘。每图说明文字不等，满行 14 字，楷书，西安碑林旧藏。12/103/196。每部分由图、解、歌共同组成。……碑阳为《正己格物说》。"（第 24 页）《北京图书馆藏画像拓本汇编》第十册（书目文献出版社 1993 年版）著录拓片信息是："明万历十五年十月刻。石在陕西西安。拓片通长 158 厘米，宽 82 厘米。"（第 17 页）沙畹《洪武圣谕碑考》注称："碑石高一百六十公分，宽八十公分。"参见沙畹《洪武圣谕碑考》，陆翔译，香港明石文化国际出版有限公司影印《说文月刊》第二卷（下），第 443 页。

[②] Victor H. Mair, "Language and Ideology in the Written Popularizations of the Sacred Edict", *Popular Culture in Late Imperial China*, University of California Press, 1985, pp. 325−359.

[③] ［美］孟久丽：《道德镜鉴——中国叙事性图画与儒家意识形态》，何前译，生活·读书·新知三联书店 2013 年版，第 167 页；［英］柯律格：《明代的图像与视觉性》，黄晓明译，北京大学出版社 2011 年版，第 53—54 页。

何诠释六谕的？《圣谕图解》内容和图像有何特点？这一诠释与此前诠释传统有何关联？又有何创新？

钟化民（1545—1596），字维新，号文陆，万历七年（1579）举人，次年举进士，授惠安知县，迁乐平知县，擢御史，首疏请立国本，后巡陕西茶马，转巡按陕西，改巡按山东，万历二十年（1592）由行人司正升礼部员外郎，历郎中、光禄寺丞，万历二十二年（1594）兼河南道监察御史衔，赈河南灾，同年还朝，升太常寺卿，兼佥都御史衔巡抚河南，万历二十四年（1596）卒于官。钟化民是万历一朝的循吏，为官清廉，所至治绩突出，其一生尤为人所重者，在争国本、赈豫灾二事，殁后也被朝廷赠为副都御史，河南建祠以祭，万历帝赐祠名"忠惠"。①

仅仅将钟化民视为一个专注于政事的官员是不够的。钟化民还有很高的理学修养。晚明著名理学家史桂芳（1518—1598）对钟化民在江西乐平县令任上的治绩有高度评价，且称他在当时即已有用以修身的《自警录》，且与士子讲学。史桂芳万历十三年（1585）所作《钟文陆自警编序》中记载说："乐平自开治以来千余年，其间为廉能者凡几，进而为循良者又为几？而有志者独一杨慈湖，又五百年仅一钟文陆。其奋迅激昂之气，具在录中，可按而知也。而功课条目，录未之及，乃发之会所。昨年冬孟，大会四方来学，士民沉默。久之，奋然曰：'修德、讲学、迁善、改过，此四者求仁功课也。'归而事神使民，礼师生士大夫，吐握邑中长者，散衙就馆，理典谟旧业，此课当无断续。"② 《自警编》是晚明士人的修身日记一类的作品，似已不存，然而自史桂芳的序看，则钟化民对于理学家迁善改过一套工夫似有相当的关注。明人徐象梅《两浙名贤录》对钟化民理学倾向有更详细的记载，说："（钟化民）闻道甚早，一以兴起斯文

---

① （清）万斯同：《明史》卷三三四《钟化民传》第 7 册，上海古籍出版社 2008 年版，第 46 页；（明）徐象梅：《两浙名贤录》卷二十《巡抚河南都察院右佥都御史钟维新化民》，《北京图书馆古籍珍本丛刊》第 17—18 册，书目文献出版社 1987 年版，第 617—619 页。

② （明）史桂芳：《皇明史惺堂先生遗稿》卷二，《四库全书存目丛书》集部第 127 册影印万历二十七年史简等刻史氏增修本，齐鲁书社 1997 年版，第 54 页。

为己任，正色立朝，不顾利害，尤崇理学，重节义，汲汲表扬，以风来世。其为政以育人材、兴学校为首务，……独不喜世之立门户分异同者，故交徧贤豪而中立无所倚……所著有《读易钞》《日省录》《体仁图说》《励学编》《私淑编》《敷言大旨》《经济录钞》《应变录》《孙子批评》《亲民类编》《求生录》《中州政书》，各十余万言。"① 从其著作看，涉及经学中的《易》，还有著作涉及诸子中的《孙子》，而多数著作偏重理学，《日省录》可能亦类似于《自警编》，同为理学家自修笔记。但是，遗憾的是，上面所列的著作皆已不存。集中反映钟化民理学思想的，是其保存于西安碑林的一篇《正己格物说》。兹录文于下：

> 昔人有问御史于程明道先生者，明道曰："正己格物。"夫激扬振肃，此御史事也，明道独云云者何哉？化民常侍长者之侧，而窃闻格物之说矣。《大学》叙古明明德于天下，而归于致知在格物。格之云者，吾心之灵明透彻万物而无纤毫间隔之谓也。是故上而君父，中而寮友，下而吏民，岂非所称一体者耶？而吾以不正之身处于其间，恐精神意气必有所隔焉而不通者。何也？无本故也。然所谓正己者，非曰寂乎其声、俨乎其容也，惟曰慎独焉耳。盖隐微幽独之中，一念方起，鬼神莫知，万化之原实基于此。苟能辨之于蚤，察之于微，湛然无欲，纯然无我，好恶出于太虚，不属形骸，屈伸付之应感，不缘思虑，则一念精诚，可对天地，可质鬼神，何君父之不可孚、寮友之不可信、吏民之不可喻哉？是故无自欺一语，乃大人正己之真诠，而上格天，下格地，幽格鬼神，明格人物，皆自此一念之诚出也。虽然，物岂象数形骸之物耶？《诗》云：有物有则。物虽亡，物则常在我。仁敬慈孝信，此吾心之善物也。吾止于仁敬，而天下同止于仁敬，则仁敬之物格。吾止于慈孝，而天下同止于慈孝，则慈孝之物

---

① （明）徐象梅：《两浙名贤录》卷二十《巡抚河南都察院右佥都御史钟维新化民》，第619页。

格。吾止于信，而天下同止于信，则与国人交之信之。物格如己，有一之不正，物不可以言格，物有一之不格，己不可以言正。此己之外，别无所谓物。正己之外，别无所谓格物也。此之谓激扬振肃之本。道岂远乎哉？是道也，自天子以至于庶人，莫不然者。程子特因问而发之，见即事即心，无非此学耳。嗟夫，正人易，正己难，徇物易，格物难。化民根尘不断，内省多惭，障蔽未除，反躬多咎，其如正心格物之谓何？由兹以往，敢不志大人之学，践明道之言，绎曾氏之传，溯宣尼之脉，以期上孚于君父，中信于寮友，下喻于吏民耶？化民作慝是惧，述此自警，且愿与观风者共励焉。万历岁次戊子季夏拾有陆日钦差巡按陕西监察御史庚辰进士武林钟化民书于正己格物堂。①

　　万历戊子为万历十六年（1588），时钟化民已由之前万历十五年（1587）的陕西巡视茶马御史改任陕西巡按。他由程颢答人问御史时提到的"正己格物"四字进行发挥。钟化民认为，御史所应该具备的品质在一般人看应该是"激扬清肃"，而根本则在"正己格物"。格物本是《大学》八条目之一，先儒多有注解。钟化民对格物之格的解释，既不像朱熹，也不像王阳明那样主张"正其不正以归于正"，而提出格是"吾心之灵明透彻万物而无纤毫间隔之谓也"。钟化民进一步认为，格物之本在正己，而正己的关键是"慎独""无自欺"。不过，物也不只是"象数形骸之物"，还包括仁敬慈孝善等伦理。从这种意义上来说，格物与正己是一体的，"正己之外，别无所谓格物也"。钟化民甚至将自己在陕西的居所称为"正己格物堂"。因此，《正己格物说》既反映了其对于正己、格物等理学概念的理解，也表达了他任御史时更好地履责尽职的自我要求。

　　循吏与理学家的双重角色，使钟化民注意到了太祖六谕，并且拿来为己所用，创造出一个颇具理学色彩的教化新文本——《圣谕图

---

① 高峡主编：《西安碑林全集》第33卷，第3255页。影印拓片磨灭不易辨认处，则参考了网络文章，http://blog.sina.com.cn/s/blog_62b4ba600102ztc1.html。

解》。钟化民为乐安知县时，曾以六谕教民。据徐象梅《两浙名贤录》记载，钟化民"年四十始成进士，出宰惠安……举清廉第一，移剧乐平……时时亲历村落，为百姓谆复说高皇帝六谕，亟以孝弟力田……课绩亦如惠安，称第一，以廉能卓异拜山西道御史"[1]。这表明，重视六谕，在钟化民那里是一贯的。恰在万历十五年（1587）前后，明朝政府也提倡演讲六谕。于是，很快便有了钟化民的《圣谕图解》碑。

钟化民的《圣谕图解》碑，通高291厘米，宽86厘米，碑阴刻钟化民撰写的《正己格物说》，碑阳顶端刻楷书"圣谕图解"四字，其下是对明太祖朱元璋的圣谕六条——"孝顺父母，尊敬长上，和睦乡里，教训子孙，各安生理，毋作非为"的图文解释。碑阳左右设四列，上下设六行，共有二十四格，呈田字格的四格为一组，共分六组，按照由右上到左下的顺序分别对圣谕六条中的每一条进行图文解说。每组之中均包含四部分内容：（1）位于右上格的是对六谕的口语化的解说，首录六谕中的一句原句，之后是对这句话的口语化的解说；（2）位于左上格的是六谕歌中的某一句；（3）位于右下格为本句话所配的图像；（4）位于左下格的是对图像的文字图解。二十四格左侧题有"陕西等处茶马监察御史臣钟化民绘图演义"，右侧题有"万历十五年十月颁发各州县翻□刷印，每甲散给十张，各乡耆、保长朔望劝谕百姓，共成仁让之俗。"（见图6-1、图6-2）

《圣谕图解》中六谕解说的篇幅很短。孝顺父母、尊敬长上、和睦乡里、教训子孙、各安生理、毋作非为的解说分别是81字、94字、92字、86字、90字、92字。从六谕诠释史上看，钟化民的解说并不见有特别色彩，但口语成分明显增加了，例如每一条解说的开始一句都是"这是高皇帝晓谕我民说道"，具有强烈的口语性质。至于解说在伦理思想上的特点，比较令人印象深刻的则是《圣谕图解》更强调贵贱之

---

① （明）徐象梅：《两浙名贤录》卷二十《巡抚河南都察院右佥都御史钟维新化民》，第616—617页。

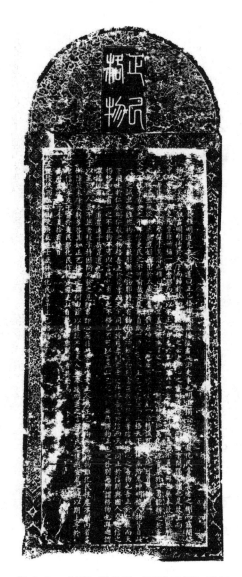

图6-1　（明）钟化民《圣谕图解》碑阴
现藏陕西碑林博物馆

图 6-2 （明）钟化民《圣谕图解》碑阳

现藏陕西碑林博物馆

别。例如，"尊敬长上"一条，成化年间王恕（1416—1508）最初诠释时往往强调晚辈尊敬长辈、以少事长，其所言之"长上"更着重于辈分与齿序。钟化民"尊敬长上"条解说更直白地强调："凡少事长，贱事贵，不肖事贤，都要尊敬。"在讲"各安生理"时对士的要求，不仅仅是攻读书史，而又有一旦做官要洁己爱民的要求："士农工商，各有生理，务当安分守己。为士的须要勤苦读书，出仕须要洁己爱民。"这既是钟化民一生为官清廉的投影，也有他当时身为监察御史的讲求。对新近流行的世弊，钟化民借解释六谕中的"毋作非为"条的机会指出："若作非为，或赌博奸拐，或教唆词讼，或包揽钱粮，或偷盗财物，必致天诛地灭，犯法遭殃。"在这"非为"的内容中，包揽钱粮的"非为"开始出现，或者说明晚明包揽钱粮的弊端更加突出。

《圣谕图解》的第二部分为六谕歌。以诗歌形式诠解六谕的做法，自嘉靖以来即比较常见，泰州学派的王栋、颜钧都有诠解六谕的诗歌，不少六谕诗为了配合乡约实践还会以工尺谱及一些符号来标明诗歌吟唱时的高低缓急。钟化民六谕诗的内容，几乎与温纯的《温军门六歌》完全相同。温纯（1539—1607），字希文，三原人，嘉靖四十四年（1565）进士，万历十二年至十五年（1584—1587）以兵部右侍郎右佥都御史巡抚浙江，[①] 官至左都御史，著有《温恭毅集》。《温军门六歌》亦不见《温恭毅集》，但载于崇祯《义乌县志》。[②] 西安碑林还保存了温纯的《皇明圣谕·劝世歌》，[③] 与《温军门六歌》相近。温纯在《孝经序》中说："纯奉命抚浙，遵高皇帝劝民御制为歌，冀与民更新，而日鳃鳃惧无能承德意万一也。"[④] 可见，《温军门六歌》是温纯巡抚浙江时所作，但从其渊源上来说可能来自罗洪先的《六谕歌》。罗洪先

---

① 吴廷燮：《明督抚年表》，中华书局 1982 年版，第 443 页。

② （崇祯）《义乌县志》卷四《乡约》，《稀见中国地方志汇刊》第 17 册影明崇祯刻本，中国书店 1992 年版，第 400 页。

③ 《皇明圣谕·劝世歌》，温纯撰，来复书，温自知勒石。碑呈横长方形，高二十九厘米，宽一百四十厘米。刻文五十八行，行十二至十三字不等，行书，西安碑林藏，明崇祯二年（1629）刻。参见高峡主编《西安碑林全集》第 103 卷，第 3394 页。

④ （明）温纯：《温恭毅集》卷七《孝经序》，《景印文渊阁四库全书》第 1288 册，台北：商务印书馆 1986 年版，第 555 页。

（1504—1564）较早以诗歌方式诠释六谕。尽管罗洪先的文集中并未收入他的释六谕诗，但明末沈寿嵩在崇祯九年（1636）《太祖圣谕演训》收入《罗念庵歌》。① 温纯对罗念庵的六谕诗做了一些改动。首先，将起首语的"我劝人人孝父母"改为"我劝吾民孝父母"，另外六条亦同改。这样的改动，可以看到作为巡抚的温纯在改编此歌的时候，对象不再是泛泛的"人人"，而是其治下的"吾民"。虽然从罗洪先的《罗念庵歌》到温纯的《温军门六歌》有一些明显改变，甚至有时会将整齐的七言打破，出现三言、五言，但两者之间的渊源清晰，不仅一些内容完全重复，更有在不改变原来的意思的基础上作的字句改变。《温军门六歌》虽多为七言，但对六谕的每一条的歌咏并不齐整，偶尔还会插入不规则的短句，如《和睦乡里》诗"谚有言，邻里和，外侮止"的几句三言短句，《教训子孙》诗中的"何乃禽犊爱，忍令子孙昏"两句五言诗。到钟化民《圣谕图解》，可能为了文字齐整，同时为刻碑美观，钟化民对《六歌》作了小的修改，都改为七言十四句，其中的短句也敷衍或合并成为七言诗句，如"谚有言，邻里和，外侮止"被改为"邻里睦时外侮消"一句七言诗，而"何乃禽犊爱，忍令子孙昏"改成了"自幼何为禽犊爱，忍令子孙愚且昏"。钟化民是浙江杭州府仁和县人，在陕西任茶马御史，温纯是陕西人，之前数年恰恰又在杭州任官。因此，钟化民有可能从浙江的乡人处得到温纯咏六谕之歌，但也可能在陕西任官时才受到温纯《温军门六歌》的影响。

《圣谕图解》每一条诠解的第三、四部分，其实是一个整体，即图与图解。六谕的每一条选择了一幅图，分别是王祥卧冰、司马光侍兄、黄尚书让地、孟母断杼、陶侃运甓、陈寔遗盗。这些故事被绘成图像，附以图解。比较值得探讨的是，到现在为止，尚未发现在钟化民之前有以图解的方式来诠释六谕的做法，钟化民的创新做法在选择典故与图像上会有什么样的考虑呢？

王祥卧冰，始见于晋干宝《搜神记》以及唐人所修《晋书·王祥

---

① （明）沈寿嵩：《太祖圣谕演训》卷下，收入《孝经忠经等书合刊四种十卷》第五册，国家图书馆藏雨花斋刻本，第39页下至第40页上。

传》，后来进入朱熹《小学》中，元代以后作为二十四孝之一，更是人们习闻的故事。

司马光侍兄的故事，在朱熹《小学》与《宋史·司马光传》中曾经出现。钟化民的图解也几乎完整地引用了朱子《小学》的记载："奉之如严父，抚之如婴儿。每食少顷，必问曰：'得无饥乎?'天少冷，必抚其背曰：'衣得无薄乎?'"① 而且，值得指出的是，在明初的敕撰书系列中，朱瞻基所编的《五伦书》也曾经采入朱熹此段记载。② 经由理学大师朱熹与本朝宣宗皇帝朱瞻基的宣扬，司马光侍兄的故事自然有资格进入六谕诠释的图解序列之中。当然，在更早的万历七年，泰州学派学者王栋在"尊敬长上"的诠释中曾引入司马光侍兄为例证。

第三则故事"黄尚书让地"图解中写道："这写诗的是宋时黄尚书。旧居为邻侵越，子孙欲诉于官，公批纸尾曰：'四邻侵我我从伊，毕竟思量未有时。试上含光殿基望，秋风秋草正离离。'"沙畹欲考证黄尚书的姓名而不可得，于小注中推测黄尚书乃是"宋代之黄中（字通老），生于1096年，卒于1180年，官至兵部尚书，然此节故事不见于《宋史》本传"③，但也未说明理由。这首诗最早是五代后唐时人杨玢所作，洪迈《容斋随笔·五笔》最早记载这则故事，后来流传广泛，但故事主角却时常改易姓氏。王世贞（1526—1590）《刘大夏传》说："尝有李某并其世产，族人走书告公。公署其尾曰：'昔詹尚书家亦有是，詹报家人诗曰：四邻侵我我从伊，毕竟须思未有时。试上含光殿基望，秋风秋草正离离。我虽不及古人，望尔辈弗为詹氏子孙也。'"④ 而詹尚书的名字亦付阙如。可以想见，这是一个未必真实却传播很广的故事。钟化民此处作宋时黄尚书，或亦是一种说法。

第四则故事为孟母断杼。最早载见于刘向的《列女传》，宋王应麟

① （宋）朱熹：《小学》卷十《外篇·善行第六中》，朱杰人等主编《朱子全书》（修订本）第13册，上海古籍出版社、安徽教育出版社2010年版，第473页。

② （明）朱瞻基：《五伦书》卷六十，《续修四库全书》第936册，上海古籍出版社2002年版，第347页。

③ ［法］沙畹：《洪武圣谕碑考》，陆翔译，第443页。

④ （明）王世贞：《兵部尚书刘公大夏传》，焦竑《献征录》卷三十八，第1572页。

《三字经》中有"昔孟母，择邻处，子不学，断机杼"之语，使这一故事流传很广。

陶侃运甓的故事，最早见于颜之推《颜氏家训》，也见于朱子《小学》。在唐宋时人的诗文中，"运甓"已成为一个常用的典故，明代人如贝琼有《运甓斋记》一文对陶侃运甓有深入的思考，甚至明代还出现了《运甓图》，① 可见其已久在明代士人的日常知识之中。有学者也指出，钟化民万历十二年至十四年任乐安知县时，可能还受到当时乐安人史桂芳的影响，而史桂芳在万历元年曾赠过将乐县民潘环"乡约图"，且史桂芳曾向家人反复提及"陶侃运甓"的故事，因此钟化民的《圣谕图解》选择陶侃运甓的故事，背后可能有史桂芳的影响在。②

第六个故事陈寔遗盗，出《后汉书》卷六十二《陈寔传》，不过陈寔的故事也收录到天顺年间编纂的《大明一统志》中，③ 而且在明代中后期往往与训民化俗结合到一起。例如，邵宝在成化二十一年（1485）出任河南许州知州，次年赴任，二十三年作诸乡社学，④ 而社学即在其所修的陈太丘祠旁，乃即祠为社约，"首遵太祖高皇帝教榜文之旨，及采右灵陈先生诲民之辞，总为一编，名曰《社约》，刊行于民，大要使民各自进修，互相劝勉，用成美俗之意则一也……以先生可祀于社，于是构堂四楹，设先生之祠，而社约行焉"。⑤ 考其年谱，邵宝立社约在弘治三年（1490）复任许州知州之年。⑥ 邵宝在别处还曾经提到，"乡有陈寔，则有颖［颍］川之化"⑦，可见邵宝一直以来对陈寔的推重。

① 徐华：《从"运甓"到"搬砖"看古今语词的文化内涵》，《中国社会科学报》2020年9月22日。

② 吴兆丰：《晚明儒者史桂芳的思想特色及其社会教化实践》，《明代临清与大运河国际学术研讨会暨第二十二届明史国际学术研讨会论文汇编》（上册），第210页。

③ （明）李贤：《大明一统志》卷二十七，东洋文化研究所藏天顺五年刊本，第6页上。

④ （明）高攀龙：《邵文庄公年谱》，《北京图书馆藏珍本年谱丛刊》第42册，北京图书馆出版社1999年版，第316、322页。

⑤ （明）吕璋：《太丘祠记》，（嘉靖）《许州志》卷二，《天一阁藏明代方志选刊》第47册，第14页上。

⑥ （明）高攀龙：《邵文庄公年谱》，第340页。

⑦ （明）邵宝：《容春堂集》前集卷十二《瑞州府名宦乡贤祠记》，《景印文渊阁四库全书》第1258册，台北：商务印书馆1986年版，第123页。

这也说明，陈寔遗盗的故事在明代流传较广。吕柟任解州判官行乡约时也重点提到过陈寔，要求诸生"摘其开心明目、关系身家风化，孝如曾参酒肉、伯俞泣秋，弟如田真荆树，友如管鲍分金，化盗如陈寔、王烈等类，一一俗语讲譬，令其归里转化乡村街坊及家人子孙"①。唐锜于陕西所刻《圣训演》于"毋作非为"条的善行中也记载了陈寔的例子："时岁荒民俭，有夜盗便入其室，止于梁上。寔阴见之，乃起，自整拂，呼命子孙，正色训之曰：'夫人不可不自勉，不善之人未必本恶，习以性成，遂至于此，梁上君子是矣。'盗大惊，自投于地，稽颡归罪。寔徐譬之曰：'视君状貌，不似恶人，宜深克己反善，然此当由贫困。'令遗绢二匹，一邑无复盗窃。"② 想来这一故事在陕西当地也会有一定程度的流传。总体来看，为了达到教化的目的，钟化民选择了六个流传很广的故事，其中数则故事都很有可能是受到朱熹《小学》的影响。

从 16 世纪起，采用"图说""图解"形式的图书数量似乎在迅速增长。人们最熟悉的莫过于万历年间张居正《帝鉴图说》、焦竑《养正图解》，更早的如嘉靖十八年（1539）霍韬与邹守益合编的《圣功图说》。③ 这都是进呈入皇宫的作品。嘉靖、万历年间，绘图以进是一种潮流。在钟化民前往河南赈灾之前，河南灾荒，杨东明绘《饥民图》以进，这才引起最高层统治者惶惶不安，委任钟化民前往河南。④ 救灾归来，钟化民也曾经"仿郑侠《流民图说》"，绘《救荒图说》以进，"得旨褒嘉，敕吏部优叙"，而后来钟化民出任河南巡抚期间反对矿监税使，则又曾"模写开采情状，绘为图说"⑤。在钟化民的著作中，以图说为名者至少有四部，《体仁图说》与"模写"开矿情状的"图说"似均已不存，《救荒图说》保留在《赈豫纪略》中，有说而无图，唯一

---

① （明）吕柟：《泾野先生文集》卷二十《致书解梁书院宬王二上舍》，第 246 页。

② （明）唐锜：《圣训演》卷上，第 449—450 页。

③ 陈时龙：《讲读官的羽翼之功：嘉靖朝的皇子教育与朝局》，《紫禁城》2019 年第 8 期。

④ 《明神宗实录》卷二七〇，"中研院"历史语言研究所 1967 年校刊本，第 5010 页。

⑤ （明）徐象梅：《两浙名贤录》卷二十《巡抚河南都察院右佥都御史钟维新化民》，第 618 页。

留存至今有图有解的完整作品，是其任陕西茶马御史期间所镌刻的《圣谕图解》。

钟化民《圣谕图解》的六幅图中，表达"孝顺父母"的《王祥卧冰》是著名的孝子故事（见图6-3）。宋代以来，"王祥卧冰"题材的图像并不少见。[①] 绝大部分宋金时期的图像会选择"卧冰"这一情节进行描绘，通常描绘出人物半仰侧卧的姿势，以人与鱼的对视为主，场景以山石、树木表现的野外为主，并且较为简略，如北宋晚期洛阳关村庙砖雕拓片中的王祥图像、河南焦作市郊王庄邹琼墓出土金承安四年（1199）石刻中的王祥图像、金代山西长子县小关村金墓壁画《王祥卧冰》（1174）。[②] 在陕西甘泉的金代壁画墓的《王祥卧冰》图景中，则将卧冰的场景由郊野移到室外，在王祥身侧画出宅室的一角。[③] 至于王祥之外的人物，我们可以在宋元时期甘肃出土砖雕的《王祥卧冰》中看到继母形象的出现，但是继母与王祥的形象各自独立，彼此之间没有交流。在河南洛宁县东宋乡大宋村北坡出土宋墓石棺画《王祥》中，仙人形象开始出现：一位仙翁站立在王祥脚旁，手比画出"二"，示意可以获得两条鱼。[④]《圣谕图解》中的"王祥卧冰"对之前此类图像情节均有所继承。它采取异时同构的手法表

<hr />

① 王祥卧冰是宋代开始新出现的孝子题材，但是在社会上流传很广泛。考古发现的各种王祥的图像有：1. 洛阳宋王十三秀才画像石棺（15幅孝子图）；2. 河南孟津宋张君墓画像石棺（24幅孝子图）；3. 河南巩县宋墓石棺（24幅，与孟津张君墓同，1125年）；4. 重庆井口宋壁画墓（8幅孝子图，有"王延元求鱼"）；5. 河南嵩县宋壁画墓（15幅孝子图）；6. 鞍山汪家峪画像石墓（16幅孝子图）；7. 山西永济石棺画（二十四孝图）；8. 山西长子石哲金壁画墓（二十四孝图，1158年）；9. 山西长治安昌金壁画墓（二十四孝图，1195年）；10. 山西芮城元宋德方墓（四孝子图）；11. 山西芮城元潘德仲墓（二十四孝子图）；11. 济南柴油机厂元代壁画墓（十孝子图）；12. 辽会同四年内蒙古科尔沁旗耶律羽墓鎏金錾花银壶（8幅孝子图）；13. 山西永乐宫元代潘德冲墓石椁石刻图。参见雷虹霁《历代孝子图的文化意蕴》，《民族艺术》1999年第3期；《山西长治市魏村金代纪年彩绘砖雕墓》，《考古》2009年第1期；李庆玲《宋元墓葬中二十四孝图像研究综述》，《河南工程学院学报》2018年第4期。

② 洛阳市文物工作队：《洛阳洛龙区关林庙宋代砖雕墓发掘简报》，《文物》2011年第8期；王勇刚：《陕西甘泉金代壁画墓》，《文物》2009年第7期。

③ 王勇刚：《陕西甘泉金代壁画墓》，《文物》2009年第7期。

④ 李献奇、王丽玲：《河南洛宁北宋乐重进画像石棺》，《文物》1993年第5期。

现了该故事的三个情节：绘于画
面下部的"卧冰"情节；绘于上
部左侧的"取以给母"情节；上
部右侧一角的"格天"情节，表
现的是王祥卧冰感动了上天，因
而一位仙人驾祥云而至。三个不
同的情节通过背景中的院墙和建
筑进行间隔，使得故事情节更加
容易辨识。《圣谕图解》中的"王
祥卧冰"的描绘手法也较为精致
细微，例如王祥与继母互动的表
情，背景中的建筑、陈设、植物
的细节等均被细致地刻画。对于
观众来讲，这些表现特质明显增
加了观看的细节和观看的趣味。

图6-3 （明）钟化民《圣谕图解》
之《王祥卧冰》

如此种种的做法使得《圣谕图解》比起以往同题材图像，在图像的
叙事性上获得了很大的提升。

《圣谕图解》中《王祥卧冰》图的图解写道："这卧冰的是晋时王
祥，继母病，思生鱼，天寒水冻不可得。祥脱衣剖冰求之。冰忽自解，
双鲤跃出。祥取给母，病遂愈。今人事亲母尚不肯孝养，况继母乎？有
食且不肯供养，况剖冰求乎？祥衣不解带，药必亲尝，至孝格天，报以
厚禄，故位至三公，可谓事亲者劝矣。"图解中"这卧冰的是……"的
措辞，以及其他五则图解中"这侍立的是……坐着的是……""这写诗
的是……"，类似的措辞表明在宣讲的过程中，图解和图像会配合讲
解，呈现一种"看图说话"的效果，每张图旁的图解是宣讲的文字底
稿。明代圣谕的诠释大约以嘉靖朝为界限，可分为前后两个阶段：前一
阶段从洪武三十年延续到正德朝，采取"里老人徇道宣诵"模式；后
一阶段自嘉靖至明末，圣谕宣讲与乡约相结合，以"定点会讲"为主
要模式；前一阶段的宣讲方式主要是"直言叫唤"，后一阶段发展为

"阐明事理""讲行合一"。① 从明代吕坤的《实政录》中的《乡甲会图》和清代李来章的《圣谕图像衍义》的讲约图中，大略可以看到圣谕宣讲和乡约相结合的场景，圣谕被写在匾上，向听者宣讲展示。钟化民《圣谕图解》的榜题"万历十五年十月颁发各州县翻□刷印，每甲散给十张，各乡耆、保长朔望劝谕百姓，共成仁让之俗"，告诉我们碑上的内容被拓印，发放到各级地方。不过与众不同的是，讲解运用了图像，图像增添了趣味，可以提高观者的兴趣。《王祥卧冰》尤其重视图像的叙事性，这是提高趣味性的手段。

钟化民《圣谕图解》的六幅图中，宣扬"教训子孙"的"孟母断杼"图反映的是流传广泛的孟母教子的故事。孟母断杼的图像，依托"列女传""母仪""闺范"之类的故事，在历史上频繁出现，载体类型丰富，包括画像石、画像砖、墓室壁画、卷轴画、刊本插图等，表现要素也较为固定，通常会绘出织布机、孟母及孟轲。在《圣谕图解》"孟母断杼"的图像中，孟母坐于织布机前，孟轲跪在旁边，似在聆听母亲的教诲。这一图式最早可以上溯到著名的东汉武梁祠中同为教子故事的"曾母投杼"画像石中，二者由于情节相似性，存在图像混同情况，只是"孟母"的故事在后世流传更广。刊于明代万历四十年（1612）的《闺范》中"孟母三迁"插图的表现方式与《圣谕图解》如出一辙。在明代题为仇英所绘的《绘图古列女传》刊本中，"邹孟轲母"的图像则显示出了些许的差异，图中虽然也绘制了织布机、孟母、孟轲这三个要素，但是却将孟母和孟轲处理成站立的形象，显示出此图依从既有图式又不满足于既有图式的富于创造性的一面，而《圣谕图解》展现的显然是一种更为常见的表现样式。

《圣谕图解》中"司马光侍兄""黄尚书让地""陶侃运甓""陈寔遗盗"四幅图似乎很难找到前代直接的图像材料，但四者在图像样式上却十分近似，采取了在明代十分常见的程式化的图像方式，即以屏

---

① 赵克生：《从循道宣诵到乡约会讲：明代地方社会的圣谕宣讲》，《史学月刊》2012年第1期。

风、墙壁、地面以及少量的陈设标示出一种居室的场景，同时画面中的竹木、山石、祥云等又表明了一种室外的场景。这是一种看似具有"歧义"的空间处理手法，但这样的手法却有很强的适应性：在相似的背景中安置不同的人物，就可满足不同的描绘要求；如果在有榜题或者其他提示文字的情况下，及即使画中人物不做过多有特征的处理，都可以满足表现的需要。这一图式在明代的寺观壁画、版画插图、各类图谱及器物图案中常常见到。《圣谕图解》采用这样一种程式化的图像方式，人们也许会诟病此种处理方式缺乏所谓艺术上"标新立异"式的创新，但在明代这样的处理方式却方便图像大量的增衍，并且共用同一种图像程式利于不同媒介中图像的相互触发，使观看者即使面对新图像时也会减少陌生感，便于解读。明代许多"图说""图解"书籍，如万历年间张居正《帝鉴图说》、焦竑《养正图解》等中也常见类似的图像操作方式。

选择六谕作为教化的素材，一方面是钟化民的个人兴趣，另一方面则是朝廷的申令，两者之结合便有了万历十五年（1587）刻图宣讲六谕的政令颁行不久之后的《圣谕图解》。在六谕诠释史上，将六谕诠释文字刻碑以传的做法最早可以追溯到明代弘治十二年（1499）河南扶沟县丞武威所刻的《太祖高皇帝圣旨碑》，而此后在嘉靖年间许州知州张良臣也曾将王恕的注释与许讚的六谕赞刻到石碑上。钟化民的《圣谕图解》的载体形式不是刊本或其他形式，而是碑这一载体，也正是借助碑可以"刻之不朽"的特点，借此"永以流传"。碑的形式，更可以"以一化十"地广为传播，同时也是更具有公共性的一个载体形式，通过拓印颁发的方式，为各级地方提供了一个便于操作的统一的宣讲模板，一个相当细致的标准化的操作方式。这或许是钟化民将其六谕诠释刻碑上石的初衷。以图解的方式来宣讲六谕，更是钟化民的创举。他通过选取故事，借助图像，利用口语化的宣讲，来尽可能丰富圣谕宣讲的形式，对太祖六谕敷陈义理而加以引申，着眼于适应基层百姓的理解能力。从图像绘制来看，钟化民的《圣谕图解》一方面对以往图像加以继承和发展，另一方面则尽量采用相对程式化的图像方式，而减少艺术上"标新立异"式的创新，减少观看者面对新图像时的陌生感，从而更便于解读和领悟。

二 郑明选《圣谕碑粗解六条》

郑明选（1555—?），字侯升，号春寰，浙江湖州府归安县人，万历十七年（1589）进士，观政吏部，授安仁知县，万历二十三年（1595）擢南京刑科给事中，① 在当时以诗名。郑明选习《尚书》，其中进士时，与祝世禄（1540—?）同属于杨起元的《书》二房。② 郑明选在安仁的次年，写信给杨复所，极陈其为治之感说："安仁之俗，重利喜讼，玩不畏法，寡廉而鲜耻，其相袭旧矣。今欲化而福之，其道何由？其地多盗贼，真盗善于自脱，而平民多所妄逮，辨之甚难。今何以戢盗而安良？其田土瘠薄，兼以累岁凶荒，贫民力不能办官钱，富而有力者又性好逋负，习以为常，缓则病国，急则病民，何术而两全之？若其败伦伤化，则父母生女辄不举，若弃粪土，妇人淫荡多私，无所顾忌，而夫亦轻去其妻，朝聚而夕鬻之。假令贾生见之，更乃太息。某亦殷勤申谕，未见变化，何教之难行。凡此数者，颊首思惟，卒无石画，常恐上孤朝廷，下负黔首，以为日夜忧。"③ 杨起元（1547—1599），字贞复，号复所，广东惠州府归善县人，万历五年（1577）进士，罗汝芳的门人，也是一个对六谕极为感兴趣的人，曾辑罗汝芳论六谕语为《圣谕发明》。④ 当然，150 年后的乾隆《安仁县志》对本地风俗的评价是不一样的："安仁夙有醇风，其人喜儒，故其俗不鄙，士能敬业，农不违时，商止江淮荆衡，工无奇技淫巧，妇女勤纺绩，慕义守贞，交际婚约，仪从俭约。……商贾，俗多土著恋乡，商鲜流寓，坐贾亦无奇货

① 《万历十七年进士履历便览》，《天一阁藏明代科举录选刊·登科录》，宁波出版社 2007 年版，第 12 页。

② （明）郑明选：《郑侯升集》卷二十八《与休宁宰祝石林年丈》，《四库禁毁书丛刊》集部第 75 册，北京出版社 2000 年版，第 488 页。

③ （明）郑明选：《郑侯升集》卷二十八《上座师复所杨太史》，第 489 页。

④ （明）杨起元：《续刻杨复所先生家藏文集》卷三《圣谕发明序》，第 250 页。

厚积，视重利轻别离者殊异。"① 杨起元是不是给郑明选回信了不可知，但郑明选后来的《圣谕碑粗解六条》，显然是跟他教化安仁百姓有关。其"各安生理"条的注解末云："本县旧称多盗，故于非为中特揭言之。凡我百姓，静思毋忽。"②

从《圣谕碑粗解六条》的题名来看，郑明选在安仁时立有"圣谕碑"，以教化民众，但在地方志中皆未记载。郑明选的诠释，还是从官府的角度出发，重在维护一地的秩序。他释"孝顺父母"自然也强调父母养育之恩，但更多的是从不要做坏事辱了父母的角度来强调一个人的孝顺，说："若无父母，便无此身，如何不孝顺？夫所谓孝顺者，不止服劳奉养之事，最要学做好人，保全父母所生之身。一不学好，被傍人一言笑骂，被官府一杖刑责，辱及此身，便为不孝，不消打爷骂娘、不肯供养才为不孝。"③ 为人不得犯法，不得自投死路，是郑明选在各条中反复强调的。他诠释"教训子孙"条说："（子孙）一不能教，未免不善，致犯刑法。我极爱惜的子孙，今却犯刑受苦，到此爱惜不得，皆自家不教之过也。"④ 诠释"各安生理"时，郑明选说："但人心不肯安，别生妄想，每每舍却生理，投入死门，甚可怜悯。"⑤ 诠释"毋作非为"条说："律文所载自死罪以至笞杖，皆非为所致也。凡作非为，只是好利，不知生理中各自有本等应得之利，舍而别求不应得之利，至于犯法，则求利而害随之矣。"⑥ 对于安仁县扰乱社会秩序最为严重的"盗贼"行为，他在"毋作非为"条中用了一半以上的篇幅来诉盗贼之恶及将要受到的严惩："非为之中，最可耻者，莫甚于盗贼。当其劫夺之时，自以为扬扬得意，一经缉捕，潜踪遁迹，惟恐人知。一朝被获，拷讯之，监禁之。妻子在家，日夕恓惶，寝息不安，纵恃有党

① （清）魏鈜修：（乾隆）《安仁县志》卷一《风俗》，国家图书馆藏乾隆十六年刊本，第35页。

② （明）郑明选：《郑侯升集》卷二十一《圣谕碑粗解六条》，第400页。

③ （明）郑明选：《郑侯升集》卷二十一《圣谕碑粗解六条》，第399页。

④ （明）郑明选：《郑侯升集》卷二十一《圣谕碑粗解六条》，第399页。

⑤ （明）郑明选：《郑侯升集》卷二十一《圣谕碑粗解六条》，第400页。

⑥ （明）郑明选：《郑侯升集》卷二十一《圣谕碑粗解六条》，第400页。

与阴行救援，然先已独当其苦矣。拷讯监禁，犹可言也。一遇处决，白刃加颈，岂不自怜?"①

郑明选对六谕的诠释，较特色之处，还包括他对"和睦乡里""各安生理"的理解。例如，他所理解的"和睦"，"只是两情相浃，不是昵狎谑会之乐"，原因是"和从敬生，若太亵，则争又从亵生矣"②。这不仅是对中庸之道的强调，而且也体现了他对于基层秩序的细致观察。对于"各安生理"四字，他除了强调士农工商四民之业外，甚至认为"虽极穷苦至孤贫乞丐，亦是生理"③，总之民众要安于现世，安于自己的身份。因此，他尤其强调"各安生理"中的"安"字，认为"圣谕安之一字，最为有味"④。这种对"安"字的强调，与后来的吉安知府祁承爜的诠释有一些类似。

很难知道郑明选在多大程度上因为杨起元而受到罗汝芳的影响。但是，在郑明选的诠释中还是有一些罗汝芳诠释的影子。例如，罗汝芳诠解尊敬长上时，就在尊敬长上诗中对一直流传的罗洪先的尊敬长上诗作了一些改变，将"老吾老兮亲自敦，尊高年兮齿相尚"一句改为"傲为凶德莫猖狂，谦在真心休勉强"（参见前文表4-1）。郑明选的"尊敬长上"继续发挥了"傲为凶德"之说："世人不敬长上，只是气傲。傲乃凶德。象与丹朱之恶，只傲之一字而已。"⑤ 罗汝芳诠释"教训子孙"时，说："常言教妇初来，也要如教训女儿一般。"郑明选在诠解"教训子孙"时也说："谚云，教妇初来，教子婴孩。"⑥ 这样的相近，似乎也不完全是巧合，因为在明代的诠释文本中，很难再找到相似的例子。这种巧合中，也许暗含着郑明选经由杨起元而受到过罗汝芳的诠释文本的影响。

---

① （明）郑明选：《郑侯升集》卷二十一《圣谕碑粗解六条》，第400页。
② （明）郑明选：《郑侯升集》卷二十一《圣谕碑粗解六条》，第399页。
③ （明）郑明选：《郑侯升集》卷二十一《圣谕碑粗解六条》，第400页。
④ （明）郑明选：《郑侯升集》卷二十一《圣谕碑粗解六条》，第400页。
⑤ （明）郑明选：《郑侯升集》卷二十一《圣谕碑粗解六条》，第399页。
⑥ （明）郑明选：《郑侯升集》卷二十一《圣谕碑粗解六条》，第400页。

三 秦之英《六谕解》

秦之英的《六谕解》碑原藏武陟县文庙，现藏河南武陟县博物馆。《中国画像石全集·石刻线画》第二二四、二二五录有这两块碑的拓片（参见图6-4、图6-5），分别作"武陟 尊敬长上图""武陟 和睦乡里图"，其图版说明则云："二二四，武陟 尊敬长上图，明万历，高一九五，宽六八厘米，河南武陟县文庙，原址保存"；"武陟 和睦乡里图碑，明万历，高一九五，宽六八厘米，河南武陟县文庙，原址保存。"① 尽管图录对于碑的具体内容及责任人没有任何介绍，但经过文献考察可知两图系明万历年间武陟知县秦之英行乡约所留下《六谕解》六碑其中两块碑的碑阴之图，刻碑者则为周万书。对于这两幅图，更为准确的称法应该是万历《武陟县志》所主张的"《杨津尊敬图》"和"《刘宽和睦图》"。由于历时久远，图的题记已磨灭难识。

民国《续武陟县志》载："秦之英石刻：尊敬长上解，和睦乡里解，在文庙，万历年立。考万历《志》，明祖六谕碑全存，今仅余此二石。……按，秦字子才，万历间任武陟令，爱民多惠政，尤善草书，故所书各石刻至今人宝爱之。"② 秦之英是在万历三十四年（1606）始任武陟知县的。光绪《武陟县志》卷二十四《名宦传》有秦之英的传记，云："秦之英，字子才，三原人，万历三十四年（1606）由选贡任武陟令，讲学明经，解释圣谕并绘图勒石，修文庙，创书院，设义学，建求言楼，立题名碑，缮完东城门及预备仓，捐赎清徭，治先体要，不愧循吏。"③ 秦之英在任时，还编纂了万历《武陟县志》。

---

① 《中国画像石全集》编辑委员会编：《中国画像石全集》第8册，河南美术出版社2000年版，第178—179页，图版说明第60页。

② 史延寿纂修：(民国)《续武陟县志》卷十三《金石志》，《中国方志丛书》华北地方第107号据1931年刊本影印，台北：成文出版社1968年版，第426—427页。

③ （清）王荣升修，方履篯纂：(道光)《武陟县志》卷二十四《名宦传》，《中国方志丛书》华北地方第481号影清道光九年刊本，台北：成文出版有限公司1976年版，第1030页。

图 6-4　武陟《尊敬长上图》碑　　　　　图 6-5　武陟《和睦乡里图》碑

万历《武陟县志》辑录秦之英《六谕解》全文如下：

孝顺父母解。父母不止是生身的是我父母，凡高、曾、祖父母及伯、叔父母皆是。《诗》曰："岂弟君子，民之父母"，凡今长官皆是。我劝尔民，生身的父母须要晨昏定省，竭力尽分，着实孝顺他。如今尔民父子另住，至于骂詈本宗、抗违官长都不是孝顺处，故圣祖第一条特揭孝顺父母，示训惓惓，令尔等尽子民之道也。（外有《闵子孝顺图》刻于碑阴）

尊敬长上解。长上非必自己的同胞兄长，即堂、从及姑姨众亲与夫朋友乡党间兄长皆是，又如今之官长凡有分住着皆是。故曰长上尊敬者，尽为弟为下，道理不敢违抗，唯命是从。孟子曰："出以事其长上。"味一"出"字，而长上之说了然矣！（外有《杨津尊敬图》刻于碑阴）

和睦乡里解。二十五家为里，一千五百家为乡。夫人多知此，是乡里不和。以天下论，道省为乡。以一省论，又一府一州一县各自为乡。且说别省府州县人在武陟住，难道不是同乡？又如武陟人在别省府州县住，亦难道便非同乡？和睦者，彼此相敬相让，无一毫忌毒心，待本乡人固是如此，即处外人来也是如此，即在外处偶见本乡人，也是如此，方才是个和睦乡里。（外有《陈［刘］宽和睦图》刻于碑阴）

教训子孙解。子孙非必自己的子孙，但伯叔堂从子孙皆是。谓之曰：教训不但是请师访友，教他读书，就把圣谕来教他，且如父母来教他如何孝顺，长上教他如何尊敬，乡里教他如何和睦，一味安其生理，毋作非为，又要时时提醒他，但有不足处，轻则叱呵，重则责打，令子孙都成个好人，必如是，方谓之教训。（外有《范文正教训图》刻于碑阴）

各安生理解。生理犹如士农工商各归本业，凡各人所职守的便是。秀才就要读书，农夫就要耕种，僧道就要礼佛演教。凡本分之外，但有一件妄为，便不是生理。曰：各安大有滋味，尔民若依圣谕，个个都做本等生理，那有奸诡盗贼等项，而一邑号称良民矣。
（外有《徐孺子各安图》刻于碑阴）

　　毋作非为解。非为非必是赌博做贼，捏告窝访。即如不孝顺、
不尊敬、不和睦，但不各安我生理处便是。又如揽收钱粮、侵欺官
银，与凡殴打公差，一切结党害人之事皆是。曰作者，言非为自我
而生，故曰作也。太甲曰："天作孽，尤可违，自作孽，不可活。"
又《传》曰："作善降之百祥，作不善降之百殃。"尔民凡丧身之
家之祸，皆有作起乎！毋作之说，圣祖之为吾民虑也远矣。（外有
《戴渊毋作图》刻于碑阴）

　　秦之英的《六谕解》，当然仍是以说理式的诠释为主，但有不少
特别之处。与常见的"孝顺父母"的诠释不同的是，秦之英在孝顺
父母中加入了通常被置于长上之列的"高、曾、祖父母及伯、叔父
母"和各处的"长官"。历来的六谕诠解中，"父母"虽然可能包括
继父母、嗣父母，都从来没有扩大到如此宽泛的范围，以至于"骂詈
本宗"和"抗违官长"都成了不"孝顺"的行为。在"尊敬长上"
解中，虽然对于兄长的尊敬是其基本的诠释，但秦之英还是格外强调
了兄长之外的"长上"，包括亲戚之兄长、朋友乡党之兄长以及官长
等。在这一点上，秦之英的诠解与之前的诠释相比没有特别不同，但
却通过强调孟子的"出以事其长上"的"出"字而突出了"尊敬长
上"的外向之意。秦之英对和睦乡里的诠解，实际上也不拘传统意义
上的"乡里"。用他的话说，就天下而言，一省一道均为乡里，就一
省而言，一府一州一县均为乡里。此外，外地人如果居住在本地，在
外地遇上同乡，均须"和睦"。这在晚明人口流动加剧的大背景下，
有着格外的教化意义。教训子孙解，则将子孙由自己的子孙也扩展到
伯叔堂从的子孙，而教训的内容不但是要求教育子孙识字读书，更倡
议以六谕为教条对子孙进行教化，教其孝顺、尊敬、安于生理和毋作
非为等。秦之英对各安生理的诠解，对于佛道人士展现出特别的宽
容，认为"礼佛演教"是僧道的生理，其中则隐含着对僧、道的认

可，而与极端正统的反对僧道的儒学态度有异。毋作非为解中，秦之英没有对非为进行过多的例释，但认为极端的"非为"之外，凡违背之前六谕各条而不能孝顺、尊敬的也都可以视为"非为"。比较有意思的是秦之英对于"毋作非为"的"作"的解释。他认为明太祖朱元璋所用的"作"字，是指违背自我的"作"，是"作孽"的"作"。

为配合《六谕解》并使六谕的教化作用更为直接，知县秦之英请周万书为《六谕解》配了六幅图，刻于碑阴。万历《武陟县志》卷六《艺文志》亦载："圣谕六解：孝顺父母解，碑阴刻《闵子孝顺图》；尊敬长上解，《杨津尊敬图》；和睦乡里解，《陈［刘］宽和睦图》；教训子孙解，《范文正教训图》；各安生理解，《徐孺子各安图》；毋作非为解，《戴渊毋作图》。"① 陈宽当为刘宽之误。可见，当初万历年间刻碑时，碑的正面为秦之英的六谕解，碑阴为周万书所绘与六谕相应的故事图。但是，到民国时期，六碑仅剩其二。民国《续武陟县志》载："周万书石刻：《杨津尊敬图》，系《尊敬长上解》碑阴。《刘宽和睦图》，系《和睦乡里解》碑阴，在文庙。……按，周号鹤台，性高洁，以书画名当世，各石均万、启间摹刻，极可宝贵。……至尊敬长上、和睦乡里两图，合之秦书、江刻，乃当时所称为三绝碑者。"② 由此可见，现存的《杨津尊敬图》和《刘宽和睦图》，甚至包括当初的六块碑的碑阴之图，均为明代武陟周万书所绘。

《和睦乡里图》碑榜题之末署："大明万历弐十柒季秋八月武陟县知县三原秦之英刻于求书□南，礼部儒士邑人周万书图，佺牧读周鋐书"，③ 则图为周万书所绘，榜题为周万书佺周鋐所书。周万书为武陟

---

① （万历）《武陟县志》卷七《艺文志》，国家图书馆藏万历刊本，第1页上至第3页上。

② 史延寿纂修：（民国）《续武陟县志》卷十三《金石志》，《中国方志丛书》华北地方第107号，第427、429—430页。按：据网络上《文化古村西小虹，书画名家周万书》一文所述，周万书遗留至今的书法绘画作品有六件：周万书后人周有中存有《白衣大士像题识》，西小虹村文庙存有《三教图赞》《文殊师利菩萨像赞》，妙乐寺有《释迦牟尼像赞》，以及存于武陟县博物馆的《尊敬长上图》《和睦乡里图》。参见 https://www.meipian.cn/12g4eezq，2020/1/20。

③ 《中国画像石全集》编辑委员会编：《中国画像石全集》第8册，第179页，图版说明第60页。

县小虹村周氏族人，是明代万历年间武陟县的书画名家。① 道光《武陟县志·方技传》载："周万书，号鹤台，礼部考授儒士，性高洁，家贫好施，以书画得盛名，书工篆隶，画宗宋元，一时名公交引重焉。真迹近颇散逸，惟石刻犹存。同时有朱梦豸书法入妙，江以通刊石极精，与周称三绝。"② 周万书逝世后亦葬于虹村。道光《武陟县志》还记载说："周万书墓，在小虹桥西北沁水上，沁水当其墓前，已二百年，屡经涨溢，墓终无损。"③ 至少在民国《续武陟县志》编纂之时，当地尚存的周万书的石刻除《杨津尊敬图》《刘宽和睦图》外，还有《秦公生祠记并像赞》《关帝像赞》《关帝像赞碑阴镌随山刊木图》《魁星像赞》等，或作篆书，或作隶书。虽然《六谕解》碑阴之图只剩其中两幅，但图画极为精美。除了周万书图以及"秦（之英）书"之外，"江刻"亦构成《杨津尊敬图》《刘宽和睦图》等"三绝"之一。江刻，即江以通刻石。道光《武陟县志·方技传》载："同时有朱梦豸书法入妙，江以通刊石极精，与周称三绝。"④《尊敬长上图》的右下角也留下"□□江以通、□钱况□全□"数字，则表明刻石的人除江以通外还另有别人。不过，钱况□的情形无考。

《杨津尊敬图》的主人公是北魏杨津。杨津，字罗汉，弘农华阴人，《北史》附见其兄杨播传内。《北史》载："播家世纯厚，并敦义让，昆季相事有如父子。播性刚毅，椿、津恭谦，兄弟旦则聚于厅堂，终日相对，未曾入内，有一美味，不集不食。厅堂间往往帏幔隔障，为寝息之所，时就休偃，还共谈笑。椿年老，曾他处醉归，津扶侍还室，仍假寝阁前承候安否。椿、津年过六十，并登台鼎，而津常旦暮参问，子侄罗列阶下，椿不命坐津不敢坐。椿每近出，或日斜不至，津不先饭，椿还，然后共食。食则津亲授匙箸，味皆先尝，椿命食然后食。津为司空，于时府主皆自引僚佐，人有就津求官者，津曰：'此事须家兄

---

① 史延寿纂修：（民国）《续武陟县志》卷十三《金石志》，第428—430页。
② （清）王荣升修，方履篯纂：（道光）《武陟县志》卷三十二《方技传》，第1178页。
③ （清）王荣升修，方履篯纂：（道光）《武陟县志》卷十九《古迹志》，第812页。
④ （清）王荣升修，方履篯纂：（道光）《武陟县志》卷三十二《方技传》，第1178页。

裁之，何为见问？'初津为肆州，椿在京宅，每有四时嘉味，辄因使次附之。若或未寄，不先入口。椿每得所寄，辄对之下泣。……一家之内，男女百口，缌服同爨，庭无间言。魏世以来，唯有卢阳乌兄弟及播昆季当世莫逮焉。"①《尊敬长上图》大约是描写杨津等他的兄长杨椿回来一齐吃饭的场景。画中，杨津在屋内亲自布置餐桌，门口两童子侍立，而不远处的桥梁上出现的人影应该就是杨津的兄长杨椿。画旁的榜题已然漫漶不清，依稀可辨的内容是："尊敬长上图。杨津事兄椿如父……"秦之英何以会选择杨津作为其"尊敬长上"的主人公？推测可能部分受到河南布政使司曾经刊行的《皇明圣谕训解》的影响。《皇明圣谕训解》中对"尊敬长上"的解释中说："又如杨津，敬兄杨椿如父，后来兄弟，并登台鼎。"②《刘宽和睦图》的主人公刘宽，也是弘农华阴人，东汉末年人。《后汉书》载："刘宽，字文饶，弘农华阴人也。宽尝行，有人失牛者，乃就宽车中认之。宽无所言，下驾步归。有顷，认者得牛而送还，叩头谢曰：'惭负长者，随所刑罪。'宽曰：'物有相类，事容脱误，幸劳见归，何为谢之？'州里服其不校。"③《刘宽和睦图》描写的场景，则正是失牛人将牛牵走而刘宽自己步行而归的图景。榜题中写道："和睦乡里图说。刘宽常乘牛车，有失牛者□□之，□□下车□□□□得牛□□□□□□□□□□乡里服其不校。□封□□特进……大明万历弍十柒季秋八月武陟县知县三原秦之英刻于求书□南，礼部儒士邑人周万书图，佺牧读周鋐书。"选择两位陕西历史上的人物作为故事的主人公，不能不说跟秦之英的陕西三原人身份或有一定的关系。

《尊敬长上图》《和睦乡里图》二图均为竖长构图，描绘全景山水，通过画中点景人物来体现故事情节。《尊敬长上图》在竖长的画面中组织构图，山体坡石分为近景、中景、远景呈"之"字形依次退后排开，中间空白表示开阔的水面，近景中开敞的房屋中一人于桌前布置，表现

---

① （唐）李延寿：《北史》卷四十一《杨播传》，中华书局1974年版，第1499页。

② （明）李思孝：《皇明圣谕训解》，《域外汉籍珍本文库》第二辑史部第九册，西南师范大学出版社、人民出版社2011年版，第553页。

③ （宋）范晔：《后汉书》卷二十五《刘宽传》，中华书局2000年版，第886页。

的应当是杨津亲自备食，屋外侍立二人，屋外小桥上一人归来，当为杨津的兄长杨椿。画面描绘的当是"椿每近出，或日斜不至，津不先饭，椿还，然后共食"的场景。《和睦乡里图》中山水构图与《尊敬长上图》相近，也是"之"字形，只是山石林木更为浓密，中间留白减少，近景与中景水面上各有一座小桥，近景桥上一人牵牛而归，中景桥上二人步行，画面左侧山脚小路上停着一辆已经卸了驾的牛车，描绘的正是失牛人将牛牵走以及刘宽步行而归的图景。秦之英的《尊敬长上图》和《和睦乡里图》，所选取的杨津和刘宽的两则故事在绘画史籍上未见有前人描绘的记载，两幅图很有可能具有原创性。明清时期叙事性绘画常呈现出一种程式化的表现方式，即不取全景式的构图，以简化的边角山石、花木体现自然景致，以简化的敞开式的一间屋宇作为各类建筑的象征，以屏风象征室内环境，这几种图像要素可以灵活搭配构成背景，人物活动插置其间。这样的描绘方式简便，易于操作，被广泛运用于明清时期的卷轴画、版画、瓷器图案、竹木牙雕图案等各类图像中。同样为"六谕"做图解的万历十五年（1587）钟化民编纂的《圣谕图解》中的六幅人物故事画便采用了这种程式化的表现方式。与之不同的是，秦之英的《尊敬长上图》和《和睦乡里图》采取了全景山水式的表现形式，画面结构复杂，山水树木描绘精细，人物形象准确，甚至体现了近大远小的空间关系，这与明中后期兴起的过分强调笔墨趣味，形象"脱略"的山水画作法明显不同，显示出近似于职业画家的风格，从中可以看到绘画者周万书出众的造型能力。万历《武陟县志》记载当时周万书为"书画名家"，"书法篆隶，画法山水"[1]，在山水画上有其特别的造诣。或者正因为其具备这样的造型能力，所以在为"六谕"作图解的时候，周万书并不满足于套用流行的图像程式，而是去创作更具难度的表现形式，来体现自己的能力及"原创性"。这两幅图可以让我们管窥到明代后期一位地方上的儒士画家的风格取向，以及其运用图像满足实际需求的实例。

回到《六谕解》的功能讨论上来，我们不得不说，秦之英以图绘

---

① （万历）《武陟县志》卷六《人物志·诸耆宾》，国家图书馆藏万历刊本，第16页上。

为主体辅以榜题的处理方式，对于故事的宣讲并不能有直接的效果。因此，与其说秦之英绘图立碑是为了教化民众，毋宁说他更希望通过精美的图绘、书法、刻碑技巧来使人瞻仰，也因此使自己的政绩得以留传。

第七章

家国一道：六谕向族规家训的渗透

在整个 16 世纪，六谕与乡约的深度结合成为不可逆转的趋势。地方官教化的主要方式也是乡约和六谕。但在此之外，六谕向族规家训的渗透也值得注意。早在嘉靖年间项乔的《项氏家训》，六谕与族规的结合便显示出强大的活力。随着地方官主导之下的乡约，一方面以六谕为精神内核，另一方面多以家族为实施单位，以及朝廷以六谕训宗人的风示，都推动了六谕与族规家训的进一步融合。进入隆庆、万历年间后，六谕更为普遍地进入族规家训之中，其中既有经由乡约、族约而化为族规的，也有为宗族长老及士绅自觉引入的，或者体现为相对松散的结合。族规家训以各种形式接纳六谕，就会在六谕的诠释中更多地体现宗族法规的特性。

一　六谕进入族规：自觉的引进

明嘉靖年间将六谕引入族规家训的，除了前述项乔的《项氏家训》外，还有徽州府休宁人程瞳（1480—1560）。程瞳，字启曦，号练江、羡山，休宁富溪程氏第十九世，[①] 明代著名朱子学者，著有《闲辟录》《新安学系录》。嘉靖三十七年（1558），程瞳作《程氏规训》，将圣谕

---

① 程瞳生卒年，据解苗苗《新安理学家程瞳思想研究》，硕士学位论文，安徽大学，2009 年，第 3 页；程瞳世系据其《新安学系录》附录《富溪程氏人物考》，黄山书社 2006 年版，第 347 页。

六条诠释引入族规。《程氏规训》现已无法见到原貌。宣统《富溪程氏中书房祖训家规封丘渊源考》所收《休宁县富溪程氏宗族祖训家规》所载次第依次为：（1）洪垣万历七年《富溪程氏家规叙》；（2）程瞳嘉靖三十七年《程氏规训叙》；（3）圣谕；（4）《圣训敷言》；（5）《圣祖仁〔仁〕皇帝上谕十六条》；（6）《祖训敷言》；（7）《申训条规》；（8）《训规条约》；（9）后叙，包括隆庆元年程文潞后叙、同治三年程执琳后叙、同治四年钟显谟后叙。① 这很明显地体现了家规家训不同时代叠加的特点。自其内容推断，《程氏规训叙》、圣谕、《圣训敷言》、《祖训敷言》四部分大概是程瞳首订《程氏规训》的大致内容。程瞳《程氏规训叙》云："家、国，一道也。国有法，家有规，均所以制治防危而不可废者也。……吾家自宋中书舍人府君起家，迨今五百祀矣，世守祖训，钦遵圣谕，由是义声文献赖以弗坠。历吾高祖而降，孙枝蕃盛，虽服逾祖免，而同堂共居犹自若也。窃恐生齿日繁，人情日异，于是倡会族属，振复祖训，纪之以条规，申之以惩劝。"② 《叙》中所称"家国一道也"，表明了六谕进入家规的"天然"趋向，而所称历世"钦遵圣谕"，也使得他将六谕引入家训的行为既自然，又显得很必要。像项乔一样，程瞳同样没有自行诠释六谕，而是将"吏部尚书王恕注解"（即《圣训解》）与"吏部尚书许讚著赞"合为《圣谕敷言》，与六谕一道尊列于族规之首。虽然他自己没有对六谕自行逐条解释，但在作为家训条规的《祖训敷言》中，他对六谕思想也作了一些引申。《祖训敷言》分孝父母、友兄弟、谨夫妇、教子孙、睦宗族、和乡里、勤问学、重本业、崇礼教、推周恤等十条，虽不是逐条对六谕阐释，却也是六谕精神的具体落实。

将六谕自觉地引入族规家训，到晚明万历年间已成为一种潮流。在徽州府的婺源县，江一麟主动地将六谕引入祠规之中；在扬州府泰州，泰州学派著名学者王栋则通过引入罗洪先的六谕诠释，并加入自己的诠解，形成了王氏的家规《规训》。江一麟（1520—1580），婺源江湾村

---

① 佚名编：《富溪程氏祖训家规封邱渊源》，上海图书馆藏辛亥（1911）五知堂抄录本。
② 佚名编：《富溪程氏祖训家规封邱渊源》，上海图书馆藏辛亥（1911）五知堂抄录本。

人，嘉靖三十二年（1553）进士，授安吉州知州，官至户部右侍郎兼都察院右佥都御史，督办漕运。《祠规》首有江一麟序，云："麟不毅，谬膺皇眷，徽有爵秩，历通显，昕夕兢兢。……今尽捐岁余俸入，崇建宗祠，奉先灵，岁申孝祀。兹既落成，私衷稍用浣慰。苟不立之宗规，何所约束群情，萃涣修睦，作求世德，引诸有永？故特立规若干条，勒之贞砥，昭示族众。首以太祖高皇帝圣谕，遵王制也；继以宗祠、保墓、祀田，报宗功也。"① 是知祠规乃江一麟鼎建宗祠后所立。宗祠建成于万历六年，则祠规之定或也在当时。《祠规》的内容很短，不足千字。从内容上看，其文字与王恕的《圣训解》比较接近，大量借用了唐锜《圣训演》中王恕的"解"的文字。但是，江一麟的《祠规》在孝顺父母、和睦乡里条中加入了王恕的《圣训解》中完全没有的东西。江一麟的诠释中说："或遇后母，岂尽不慈？尤当加意尽礼。处得偏爱父母及后母的，方名孝顺。"又说："虽佃仆佣赁之人，亦必一体待之。"② 对待继母、佃仆的问题，显然具有明确的处理家族或家庭事务的指向性，说明江一麟在将六谕诠释引入族规时注意使其更贴近宗族事务。有趣的是，江一麟每诠释一条后就加一"听"字，这似乎也是受到宋濂编定的浦江义门《郑氏规范》的影响。③

泰州学派王艮的门人王栋在万历七年（1579）为家族所作《规训》，其诠释则明显地打上了泰州学派的学术烙印。王栋解释"孝顺父母"条说："看来父母之恩万般，只是生身为重，以是知人子行孝，亦只是保爱父母遗体为重。故圣人一部《孝经》，劈头便说身体肤发受之父母，不敢毁伤，孝之始也。故凡人子行孝，知得保身是重，则于一切博弈饮酒贪财恋色好勇斗狠冒险乘危凡百可忧虑，一霑染即思或致伤

① （明）江一麟：《明万历婺源县江湾萧江氏宗族祠规》，转引自卞利《明清徽州族规家法选编》，第286页。

② （明）江一麟：《明万历婺源县江湾萧江氏宗族祠规》，转引自卞利《明清徽州族规家法选编》，第287页。

③ 《郑氏规范》云："朔望，家长率众参谒祠堂，出坐堂上，男女分立堂下。击鼓二十四声，令子弟一人唱云：'听！听！听！凡为子者，必孝其亲；为妻者，必敬其夫；为兄者，必爱其弟；为弟者，必恭其兄。听！听！听！毋徇私以妨大义……'"转引自费成康《中国的家法族规》，上海社会科学院出版社1998年版，第254页。

身，敢不节忍？敢不戒慎？"① 在这里，王栋很好地把传统的保身之孝与其师王艮的"保身"的哲学结合起来了。一方面，朱子《小学》曾经引曾子语说，"身也者，父母之遗体也。行父母之遗体，敢不敬乎？居处不庄，非孝也；事君非忠，非孝也；莅官不敬，非孝也；朋友不信，非孝也；战阵无勇，非孝也。五者不遂，灾及其亲，敢不敬乎？"另一方面，"保身"的哲学，则是泰州学派王艮思想的重点。王栋在此发挥了其师"保身"的哲学。他也在行文中时常引用王艮的言论。例如，在"教训子孙"条中，王栋就说："本族我师心斋先生曰：'教子无他法，但令日亲君子而已。'此一言，又更紧要，不可忽过。"更进一步追根溯源，王栋也自然不忘偶尔引用王艮之师王阳明的言论与思想。"教训子孙"条的诠释中，他要求族人"乘其幼时，便为慎择明师良友，养其良知良能"。良知二字虽源出孟子，但至晚明经王阳明阐释后，已是典型的阳明学的概念了。"和睦乡里"条中，王栋正面不过提倡人们行《吕氏乡约》中"礼俗相交，患难相恤"二条，却更突出王阳明在《谕俗四条》中劝诫人们不得争忿斗气的思想，并且直接引阳明的原话说："阳明先生有曰：'我欲求胜于彼，则彼亦欲求胜于我。'仇仇相报，不至于杀身亡家不已也。"在"尊敬长上"条中，王栋的重要贡献是突出兄弟之间的亲睦为"尊敬长上"条的重要内涵。这里显然有一个转换，即由泛泛的尊敬长上转向弟对兄的尊敬。在此之前，罗汝芳虽然在其《太祖圣谕演训》"孝顺父母"一条中尤其强调"和兄弟"，称"和兄弟，乃是孝顺父母"②，但在"尊敬长上"条中对于弟对兄之尊敬，却并未加以强调。然而，到万历六年王栋作《规训》中，却沿着这一思路在"尊敬长上"的诠释中强调兄弟之间的亲近。王栋说："抑又思人家有手足同胞兄弟，又与泛常各色长上不同。盖亲兄亲弟，原是我父母所生之子，劬劳鞠育，原与我一般痛爱之人。兄弟一或

---

① （明）王栋：《规训》（万历七年），见《王氏续谱》卷首纪事，收入《三水王氏族谱》，http：//szb. taizhou. gov. cn/module/download/downfile. jsp？classid = 0&filename = 76eaa7a9d9d54b0ea7a8a1a29a909f3e. pdf，2022 年 7 月 5 日。以下皆引自《三水王氏族谱》，不赘注。

② （明）沈寿嵩：《太祖圣谕演训》，赵克生《明朝圣谕宣讲文本汇辑》，第 184、187 页。

参商，便即谓之逆亲不孝。故《诗》云：念鞠子之哀。今人不笃兄弟之情，只是不念父母之爱。古之人若司马温公，爱其兄伯康，奉之如严父，保之如婴儿，每食少顷，则问曰：得无饥乎？天少冷，则拊其背，曰：衣得无薄乎？"这也是所见明代各种诠释文本中最早在"尊敬长上"条中引入司马光侍兄的例证的，在稍后钟化民的《圣谕图解》中更以图像的方式表现了出来。王栋这么做，无非是进一步使六谕的诠释更符合家规的要求，更贴近家庭伦理而不是社会伦理。正如王栋在这一条诠释的最末所说——"吾愿吾宗族子孙，个个能友爱同胞兄弟以及本族宗枝，又于各色长上皆能尊敬"，族规中家庭伦理、家族伦理优先于社会伦理的特征与目的是明确的。作为族规，王栋在对"毋作非为"的诠释中，也增加了对行非为的族众不得入宗祠的惩戒，"生不许入祠奉祭，死不容跻袝受祭，虽有孝子慈孙，百世不能改"。

二　六谕进入族规：乡约的路径

把明太祖六谕与族规家训结合到一起的《项氏家训》，其实已表明六谕作为基层教化的教旨贯通于乡、族之间。然而，无论《程氏规训》或《项氏家训》，其引入六谕诠释最初皆与乡约无关。不过，到明代中晚期族规家训中越来越多地采纳六谕，则确实与当时的乡约发展有关。乡约一方面以六谕为精神内核，另一方面在实施时又常以家族为单位，这促成了六谕与族规家训的结合。如果说《项氏家训》和《程氏规训》更多地体现六谕与族规家训相结合思想上的"天然性"，则六谕以乡约为中介进入族规家训则更多地看到"人为"的成分，其中既有地方官员或地方士绅举行乡约的推波助澜，也有来自朝廷的功令所起到的重要推动作用。

伴随 16 世纪乡约的发展及与此并生的"宗族乡约化"趋势，六谕越来越多地进入族规家训。常建华先生认为这一时期宗族的组织化过程中，宗族乡约化起了很大的作用，而这种宗族乡约化就是"在宗族内部直接推行乡约或依据乡约的理念制定宗族规范"，并且这种宗族乡约化的趋势在南方直隶地区、江西、浙江地区广泛存在。^① 16 世纪以降族规家训大批出现，恰恰也与乡约同时。据费成康先生言，现存出自民间的明代家法族规，大多制订于嘉靖、万历、天启年间。^② 常建华先生则指出，明代后期有宗族乡约化趋势，即 "在宗族内部直接推行乡约或依据乡约的理念制定宗族规范、设立宗族管理人员约束族人"，"它可能是地方官推行乡约的结果，也可能是宗族自我实践产生"。这包括两种情况：一是地方官依托宗族推行乡约，因而乡约的规范性内容进入族规；二是宗族长者主要推行乡约，从而使乡约的内容也进入族规之中。^③ 乡约教化的重点在乡里，而乡里的主要社会结构是村落与宗族。徽州知府何东序在嘉靖四十五年（1566）行乡约，在乡村中的基础实施单位便是村落与宗族。何东序当时要求："约会依原编保甲。城市取坊里相近者为一约，乡村或一图或一族为一约。其村小人少，附大村，族小人少，附大族，合为一约。各类编一册，听约正约束。"^④ 从何东序的规定看，至少在以徽州府为代表的南方，乡约举行在空间上依赖坊里乡村，而乡村则依赖于宗族，从而使一族一约，或数族一约。这样的布置，在宗族相对发达的地区应该都不会少见。于是，不少宗族因举行乡约而广泛宣讲六谕。可见，乡约宣讲的听众，依然多是以族为单位。在这种情况下，乡约与宗族结合自然便日益紧密，而六谕与乡约的结合已久，则六谕之进入宗规族约也就当是必然。

以宗族为基础举行乡约，从而使六谕顺理成章进入族规。早在嘉靖年间，便已有以家族为单位举行乡约的例子。前述湛若水的增城沙堤乡约，大概是以伍氏家族为主题的。又如邹守益的门人龙起文也曾在万载石塘龙氏仿程文德的《安福乡约》举行家约。嘉靖二十九年（1550），龙起文曾邀邹守益入其家，"率昆弟子姓仿松溪程侯乡约，以联属其

---

①　常建华：《明代徽州的宗族乡约化》，《中国史研究》2003 年第 3 期；常建华：《明代江浙赣地区的宗族乡约化》，《史林》2004 年第 5 期。

②　费成康：《中国的家法族规》，上海社会科学院出版社 2002 年版，第 18 页。

③　常建华：《明代宗族研究》，上海人民出版社 2005 年版，第 258、266—267 页。

④　（明）何东序修，汪尚宁纂：（嘉靖）《徽州府志》卷二《风俗》，第 68 页。

宗，而推乃翁石崖为约长"①。邹守益《观龙生起文家举乡约》中夸赞说："一笑蓝田举石塘，高皇木铎焕云章。"② 以宗族行乡约，在隆庆六年（1572）祁门县文堂陈氏的《文堂乡约家法》中表现得最为典型。《文堂乡约家法》的内容包括：（1）汪尚宁隆庆六年《文堂乡约家法序》；（2）圣谕屏之图、文堂乡约家会坐图；（3）会仪、会诫；（4）《文堂陈氏乡约》；（5）《圣谕演》附；（6）隆庆六年陈征序、陈昭祥叙、陈明良序。从"文堂乡约家会坐图"可知，在文堂陈氏族中，乡约与家会已合二为一。汪尚宁序云："祁闾之西乡，文堂陈氏居之，编里二十，为户二百有奇，口数千。鼎立约会，则自今兹始。……予闻文堂陈氏，风俗敦醇，近不若昔，父老有忧焉。仿行吕、仇遗轨，呈于官。邑伯衡南廖公梦衡嘉之。……既数月，四境骎骎行，而滥觞则文堂始。"③ 可见，先是隆庆四年陈氏家族在族中行约会并呈报官府，而祁门知县廖希元再推广至全境。而且，虽然汪尚宁自言这一乡约乃是仿《吕氏乡约》而行，但或许受嘉靖以来乡约实践的影响，太祖六谕也已成为陈氏所行乡约的核心——约中设"圣谕屏"（屏上写六谕）就是证据。陈征《文堂乡约序》云："我太祖高皇帝混一区宇，廓清夷风，以六言胥训于天下。为民有父母也，故教以孝；为民有长上也，故教以弟；为民有乡里也，故教以和睦；为民有子姓也，故教以学校。以至不安生理而作非为者，教之以安生理、毋非为终焉，俨然先王三物之遗意也。惟我陈人，是训是凭。迩惟族繁人衍，贤愚弗齐，父老有忧之。皇帝六年春，适邑侯衡南廖公来莅兹土，民被其化，咸图自新。于是，遵圣训以立乡约，时会聚以一人心。行之期年，善者以劝，恶者以惩。人之惕然以思，沛然日趋于善者，皆廖侯之功也。愿我族人罔替厥初，躬行不惰，则民行一，风俗同。"④ 根据陈征的说法，文堂陈氏父老对

---

① （明）邹守益著，董平编校整理：《邹守益集》卷二十三《万载石崖龙君墓志铭》，第1068页。

② （明）邹守益著，董平编校整理：《邹守益集》卷二十六，第1295页。

③ （明）汪尚宁：《文堂乡约家法序》，《文堂陈氏乡约家法》，转引自卞利《明清徽州族规家法选编》，第210页。

④ （隆庆）《文堂乡约家法》，转引自卞利《明清徽州族规家法选编》，第219—220页。

于族内贤愚不齐的担忧，与知县廖希元行乡约的想法一拍即合，于是乡约宣讲的核心内容六谕进入族规之中。

族内父老是最初的动议者，不过陈征礼貌地将举行乡约之功全部推到了廖知县身上。至于行之一族之乡约何以要向知县廖希元申请，则显然是想要获得官方的肯定和支持。陈明良《文堂陈氏乡约序》云："予族之初，约未有也。迨惟生齿繁伙，风习浇讹，至以古先圣王之道为姗笑者十人而九矣。诸父老方虑其溃而莫或堤之。乡约之举，盖将约一乡之人同归于善，不抵于恶，同趋于利，不罹于害。而参差不齐，龃龉不合，非资之官，莫可通行也。爰复请于邑父母廖侯。侯曰：'嘻，奚啻一乡哉，虽以之式通邑可也。'惟阖族遵依，归而月朔群子姓于其祠，先圣训以约之尊，次讲演以约之信，次之歌咏以约其性情，又次之揖让以约其步趋。"① 可见，"非资之官，莫可通行"乃族内缙绅之共识，故而欲化族约为乡约，就必然要采纳乡约的精神内核——六谕及其诠释。陈征序中也是首先就提到了"六言"，并对六谕的教化功用作了阐释。另一位族约的实际主持人陈昭祥在叙中也提到六谕的相关诠释。他说："兹幸父老动念，欲议复古乡约法一新之，属昭祥与弟侄辈商其条款，酌其事宜，定之以仪节，参之以演义，乐之以乐章，以复于诸父老。父老咸是其议，因以请于邑父母廖侯，侯复作成之。"② 陈昭祥没有功名，但是族中一名颇有才学的隐士。《文堂陈氏族谱》有其像及其侄陈儒所为之像赞，是这样说的："字不让晋，诗不让唐。潜心诗字，匿迹韬光。先生之风，山高水长。"③ 陈昭祥大约在书法与诗歌上有较高的造诣。④ 他提到的"弟侄辈"就包括陈履祥。陈履祥，字光庭，号文台，万历三十二年（1604）贡士，后历官吉水县学训导、宁国府学教谕。⑤

---

① （隆庆）《文堂乡约家法》，转引自卞利《明清徽州族规家法选编》，第221页。
② （隆庆）《文堂乡约家法》，转引自卞利《明清徽州族规家法选编》，第220页。
③ （清）陈淦：《文堂陈氏族谱》，上海图书馆藏清道光八年刻本，卷首像。
④ ［韩］洪性鸠：《明代中期徽州的乡约与宗族的关系——以祁门县文堂陈氏乡约为例》，《上海师范大学学报》2005年第2期。
⑤ （清）陈淦：《文堂陈氏族谱》，上海图书馆藏清道光八年刻本，卷首《文堂历朝绅衿》。

其中提到的"演义"即族规所附《圣训演》，正是陈履祥的老师罗汝芳（1515—1588）所作的《圣谕演》。这种选择可能既有师承的影响，也或因为徽州府与宁国府接近，而曾任宁国知府的罗汝芳在嘉靖末年所行宁国府乡约在晚明影响最大。

文堂程氏的做法，是化族约而为乡约。但是，当乡约因为人事变化而无法维持时，士大夫也常常极力在族内继续维持乡约，化乡约为族约。这也就间接影响到族规家训的内容。实际上，士绅对于社会的影响，多自宗族邻里始。嘉靖年间安福名儒邹守益在为安福知县程文德所行乡约的序中感叹说，在程文德到来之前，他虽仰慕其师王阳明的乡约之法，也只能尝试在族内行乡约，所谓"以约于族于邻"①。当乡约不再得到官府的支持时，士绅欲再行乡约，也只能退回到一族或数族之内。姜宝谈到甘士价任丹徒知县时欲行乡约，姜宝便主动向甘士价说："予族众六七百人，公既许自为约行诸家祠中，服行公之训，请自予家始。予有家规在祠，方仗官法行于我有众。服行公之训，请先自予始，可乎？"②甘士价离任后，姜宝称"他约皆停寝，而独予家请于府，改乡约为宗约，以宗约行"③。可见，乡约与族约的界限，原是彼此模糊的，且经常互相转换。这也正是六谕诠释之进入族规家训的大背景。

由于万历年间乡约经朝廷的提倡更为发达，也进一步影响到基层的家族。像隆庆间的文堂陈氏一样，不少规模较大的家族，都是乡约实施的天然的基层组织。晚明江西九江府德化县的乡绅万衣（1518—1598）在隆庆初年之后罢官乡居近三十年，在家族中推行宗约，每年于春正月上元日、十月下元日，"设圣谕于堂上，叙辈列坐"，仪节中有"宣读圣谕"的环节，且最末"立听戒言"，戒言曰："自宴之后，恪遵圣谕，黾勉为善，共成美俗，如有悖逆，小子鸣鼓而攻之"，听毕而退。④ 至

---

① （明）邹守益：《邹守益集》卷十七《乡约后语》，凤凰出版社 2007 年版，第 802 页。

② （明）姜宝：《姜凤阿文集》卷十七《丹阳县乡约序》，第 742 页。

③ （明）姜宝：《姜凤阿文集》卷二十《议行乡约以转移风俗》，第 64 页。

④ （明）万衣：《万子迂谈》卷六《万子宗约》，《四库全书存目丛书》集部第 109 册，齐鲁书社 1997 年版，第 136—137 页。

于何以要在宗约中设圣谕，万衣在《宴席图》中解释说："圣谕，遵制也，训也。列坐，尊君也，尊祖也。"① 通过这样的活动，达到尊祖与尊君的统一。甘士价自黔县调任南直丹徒县，以圣谕六条及王恕之注为基础，增损为四十六款，欲行乡约，即以乡绅姜宝之族始。② 在这一过程中，乡约与族规的结合也就越发紧密。在万历年间，以六谕作为族规来实施教化的例子还不少。福建福安人郭应诏也在万历年间以六谕教族人。光绪《福安县志》载："郭应诏，字邦言……万历间膺选荐授大田训导……迁东流教谕，辞归家居，绝干谒，置义田，时明六谕于宗祠。"③ 化乡约为族规，在明崇祯年间休宁县叶氏宗族的族规《保世》中看得最为清晰。《保世》起首就提到："恭惟我太祖高皇帝开辟大明天下，为万代圣主，首揭六言以谕天下万世。……语不烦而该，意不刻而精。大哉王言！举修身、齐家、治国、平天下之道，悉统于此矣。二百年来，钦奉无斁，而又时时令老人以木铎董振传诵，人谁不听闻？而能讲明此道理者鲜。于是，近溪罗先生为之演其义，以启聋聩。祝无功先生令我邑时，大开乡约，每月朔望，循讲不辍，期于化民善俗，又即罗先生演义，删其邃奥，摘其明白易晓可使民由者，汇而成帙，刻以布传。虽深山穷谷，遐陬僻壤，猗欤休哉！吾家藉以兴仁让而保族滋大，其渐于教化者深也。兹特载其演义于谱，俾世世子孙奉若者〔著〕蔡，勿以寻常置之，将吾族兴隆昌炽，永保于无穷矣。"④ 可见，《保世》的蓝本原是祝世禄的乡约书，而祝世禄的乡约书又以罗汝芳在宁国府的《乡约训语》为蓝本。时过境迁，当乡约不再由官方的治理者提起时，地方的缙绅会转而将乡约载入族谱，演变成族规。到万历末年，晚年赋闲家居的余懋衡还通过乡约的方式，将其对六谕的诠释《圣谕衍义》构建为余氏族规的组成部分。

---

① （明）万衣：《万子迂谈》卷六《万子宗约》，第137页。
② （明）姜宝：《姜凤阿文集》卷十七《丹阳县乡约序》，第742页。
③ （光绪）《福安县志》卷二十二，《中国方志丛书》影清光绪十年刻本，台北：成文出版社1967年版，第19页。
④ 《明崇祯休宁县叶氏宗族保世》，转引自卞利《明清徽州族规家法选编》，第58页。

三　六谕与族规的松散结合

当然，六谕与族规的结合，也会有若干种情形。其一，在族规中声称要遵行六谕的。例如，万历四十六年修的《泾川张氏宗谱》，其凡例有一条，即"遵制"，云："首录洪武教民六训，每时祭毕，必宣布讲明，遵圣谕也。"① 在清初王士晋《宗规》十六条出现之后，不少被引入各个宗族的族规之中，而其首条即"乡约当遵"，说："孝顺父母、尊敬长上、和睦乡里、教训子孙、各安生理、毋作非为这六句，包尽做人的道理。凡为忠臣，为孝子，为顺孙，为圣世良民，皆由此出。无论贤愚，皆晓得此文义，只是不肯著实遵行，故自陷于过恶。宗祖在上，岂忍使子孙辈如此？今于宗祠内仿乡约议［仪］节，每朔日族长督率子弟齐赴听讲，各宜恭敬体认，共成美俗。"②

其二，有些族规家训不是完全地移植六谕，而是会选择六谕中的一条或几条进入，其中孝顺父母、尊敬长上会较多地被移植。例如，南雄新田《李氏族谱》内的族约第一条为孝顺父母，其下说："凡人之生，气禀于父，形成于母。十月怀胎，三年乳哺。及长而谋其衣食，延师教读，学习技业，择娶婚配。父母费尽许多心力，无限劬劳。人子纵竭力事亲，常患不能报其万一，况敢逞气使性，忤逆双亲之命而不尊？喜吃好穿，缺少二人之养而弗顾，甚至媚顺妻子，怨置父母，别异财产，背亲各爨，人心安在？天理何存？嗣后族中子孙有如是不孝者，经族长、长房扭至祠堂，重责三十板，令其速至悔悟。尚始终不悛，送官按律重究，断毋宽恕。"其第二条为"尊敬长上"，其下云："凡人父母而外，必有同胞伯叔兄长及同堂大功小功缌服伯叔兄弟，固当循分尽礼，即同族尊长，虽五服已尽，而尊卑既分，则名分莫越，也当尊敬毋违。若夫骄傲自恃，不论亲疏老幼，目无尊长，伦理有亏。嗣后族中子孙有如是

---

① （明）张春编修：《泾川张氏宗谱》，《中国珍稀家谱丛刊·明代家谱》第 25 册影万历四十六年刊本，凤凰出版社 2013 年版，第 9927—9928 页。

② 佚名纂：《李报本堂族谱》卷首《宗规》，民国五年木活字本，第 42 页；佚名纂：《湖南湘乡彭氏族谱彭氏续谱》卷首《家训》，清光绪二十八年和宗堂木活字本，第 11 页上。

不弟者，经族长、长房至祠公论，轻则拜谢，重必责罚。倘恃强不服，联名公请，禀官究治，以惩骄抗。"不过，再往后诸条如和睦族宗、勿犯奸罪等，则已非六谕之原文了。①

又如仁化尤得堂《连氏族谱》内载族规十七条，即第一条即"孝顺父母"，第三条即"恭敬长上"，亦自六谕中移植而来。其"孝顺父母"条下云："人之初生，懵如也。饥不能自食，寒不能自衣，赖父母乳哺之，鞠育之。三年怀抱，推干就湿，备极苦辛。稍长，又为之送读书，谋婚姻，其深恩固昊天罔极也。为人子者，思身自何来，今日何以能成立，乃怀存私意，或听妇言，不求报答父母之恩，致有忤逆。此等人天必不佑矣。惟能诚心孝顺，使父母常得其欢心。其或家贫，亦必力求奉养。有病必亲行调医，有事必为服劳，有过必当几谏。孝亲之道，实难尽言，惟务随其本分而善事之，则可以得父母之心。然不但子道当如是，实留在后人样看。我不孝顺，谁肯孝我？俗语云：孝顺还生孝顺子，忤逆还生忤逆儿。天理昭昭，定然不错。至于嫡母生母不存，其不得不有后母者，势也，尤当分外加意，以爱敬事之，庶乎宗族称孝焉。"其"恭敬长上"下解曰："凡与父同行及年长于我二十岁以上，曰尊；凡与兄同行及年长于我十岁以上，曰长者。凡年上下不满十岁，曰敌者；凡少年于我十岁以下者，曰少者。凡少于我二十岁，曰幼者。今明知其长上，则不论其为父族、母族、妻族，为乡党邻里，当尽吾恭敬之心以待之。虽有亲疏不同，皆不得将以傲慢。凡遇见必揖，久别必问，座席必隅，饮食必让，议论必让先，行路必随后。此不过常礼节，自然出以恭敬之实心。况年高之人，老成练达，本宜钦敬。亦有年不高而行辈长于我者，我亦当执卑幼之礼，不得相凌侮。即道路遇斑白老人，亦一般逊让，斯乡党称弟耳。"②

始兴顿岗《陈氏宗谱》之宗规十条，则载有"孝顺父母""尊敬长上""教训子孙"数条，其"孝顺父母"条云："孝为百行之原，人生重大事也。幸得高堂无恙，庭帏最乐。古人一日养不以三公换。但昊天

---

① 苗仪、黄玉美：《韶关族谱家训家规集萃》，暨南大学出版社 2018 年版，第48—49页。

② 苗仪、黄玉美：《韶关族谱家训家规集萃》，第61—62页。

罔极，慰德难报。粗举大略，倘率循罔越焉。百顺首重立身，次则事业显扬，至服劳奉养随分自尽，肥甘可致敬，菽水亦承欢。下气怡色柔声，时时须谨。不幸父母有过，更当起孝起敬，积诚感动，几谏无形，引咎归己，有善归亲嫩，甚而挞之流血，何敢反唇诟谇？慎毋好货财，私妻子，交匪人，疏兄弟，博弈饮酒，懒惰嫖淫，逞凶戮辱，妄身及亲。若夫出外远游，纵非闲荡，当思桑榆暮景，朝夕不能奉侍，更使倚门挂心，以及狃恩恃爱，直义无隐，总非得亲顺亲。凡此孝行，天地神明，吸呼可通。试看大舜，烈风雷雨弗迷，祖诚昭然，问心更明，勖哉！""尊敬长上"条曰："长幼有序，经垂五典，辨人禽。少离小浇凌，传列大逆，贻祸福。诚念天显而笃友庆，则大和洋溢于家庭。况义在从兄，推准咸顺，达之宗族有公叔，移之州里有官师，各循名分尊卑，更为心安情洽。末世兄弟尔尔，风俗浇漓，或以富贵骄，或以智力抗，或恃顽泼，或狃亵昵。凡此不逊为贼，圣人会扣其胫，国典既有常刑，家法岂无重警？"其"教训子孙"条曰："人谁不爱其子孙。子孙爱之在教训。谁人子孙不教训？教训之道在义方。择良师，束修供膳须殷勤，邀好友，子来赠答必贤仁。耳提面命无匪侧，切磋琢磨有规箴。稽古十百贤圣订一堂，居今三五君子赞一室，子弟未有不成立者。末俗轻师慢友，教亦无成。骄奢淫逸，市井征逐，纵外人议论纷纭，子恶竟为不知，迄致坠厥家声，督责频加，追悔何及！总由禽犊爱憎也。再，修身为家教之本，己为弗纳于邪僻贪污，则不言而子孙之仪型早正。"[1]

其三，则是或将六谕中的六条减一字而入家规者。例如，乳源铁士坪《吴氏族谱》家规八条中，即有"孝父母""敬长上""和乡里""莫非为"，殆即"孝顺父母""尊敬长上""和睦乡里""毋作非为"之简化。其"孝父母"条云："人非父母不生，生而教养成人，其恩罔极。为人子者，必常侧左右就养，过则从容几谏，病则服侍汤药，死则经营葬祭。在家则婉容愉色，奉命惟谨，出仕则移孝作忠，显亲扬名，方尽子职。若违逆执拗，堕行辱亲，听妻子之言，而结仇怨怼，此不孝之罪，上通于天，五刑所以首严也。"其"敬长上"条曰："长上不一，

---

① 苗仪、黄玉美：《韶关族谱家训家规集萃》，第112页。

有在官在家之长，有同姓异姓之长上，不仅名爵一端，凡年龄先我者，皆是也。自宜称谓各正，隅坐徐行，揖让谦恭，罔敢戏豫。若干犯名分，目无尊长，或以贤智先生而鳞轹前辈，或以血气自恃而污谩高年，或矜富贵，或夸门庭，皆为狂悖，不得姑纵。"其"和乡里"条曰："同乡共井，相见比邻，虽不敌家人骨肉之亲，然亦当和睦以相尚，故必出入相友，守望相助，疾病相扶，有无相济。若势相恃，富相欺，强弱相凌，大小相拼，或因微利相争讼，或小忿相仇杀，此为陋恶之俗。凡吾族中，当以戒之。"其"莫非为"条云："人无论智愚，皆有所当为与力所能为之事，不得谓之非为。惟纵酒赌博，逞凶斗狠，足以败名丧节、杀身亡家者当之。族有此人，父兄宜亟加惩戒，无致寡廉鲜耻，为猰为枭，贻害族姓。至于渎伦伤化，鼠窃狗偷，上辱宗祖，下玷家声，此王法不容者也。"①

四　六谕对家训的渗透

相对于族规来说，家训的教化对象更具体、范围更窄。当然，在不少情况下，族规与家训是有一定的混同的。家训在族众愈分愈多的情况下，就会化为族规。晚明的六谕非但因士人之自觉进入族规，更进入家训。这是因为士人很自然地会将六谕用来训诫子弟。休宁人吴有威，字重之，雁塘人，"静养心田，作止有则，闺门雍肃，每朔必率子侄于堂，宣六谕，并以父所注小学解授之"②。康熙《含山县志》载："聂际明，号宾廷，万历辛丑（1601）准贡，侯［候］选京师。捐金置和含馆，州县绅士至今受其赐。任广东罗定州同知，升云南五井盐课司提举。秩满归里，输俸立家庙，买义田。每月朔望，集子弟讲明六谕，终其世无家讼。"③嘉庆《山阴县志》记载："潘同春，字皆生，……崇祯丁丑（1637）成进士。初守蒲州，父著《六谕衍义》及《劝惩录》

① 苗仪、黄玉美：《韶关族谱家训家规集萃》，第66—67页。
② （道光）《休宁县志》卷十五《人物·乡善》，《中国地方志集成》安徽府县志辑第52册，江苏古籍出版社1999年版，第370页。
③ （康熙）《含山县志》卷二十《孝义》，国家图书馆藏清康熙二十三年刻本，第8页上。

示之。"① 潘同春父亲的《六谕衍义》不可见，但显然是以六谕作为家训教旨而加诠释的例子。实际上，明代万历年间以六谕为基础制定家训的例子越来越多。

万历年间，兰州人颜樹作《家训六条》。《家训六条》收入光绪十二年刊本甘肃《金城颜氏家谱》之中，谱录《家训》三篇，其中《家训六条》"按前明老谱补出"，故知为明人所撰，又有"七世孙樹沐手敬立"字样，则知《家训六条》的作者乃颜樹。谱中另有万历二十八年（1600）颜樹所作《颜氏世系碑记》，则知颜樹乃万历年间人。颜樹对六谕的诠释没有特别之处。不过，他在诠释结束后说："以上六条，樹所切责近实者，乃前两条。如有犯者，绝不姑贷。其后四条，顾各兄弟侄孙，自尽如何耳。勉之，不失为良善君子；违之，不特为丑恶小人，一旦灾祸及身，悔之晚矣。"② 在颜樹看来，虽然是以六谕诠释为家训，但家训的性质并未超越，所要防范的是违背家庭伦理的行为，即不孝顺和不尊敬的行为，至于和睦、教训、各安生理与毋作非为，一则视各人的能力如何，再则有社会规范和法律的制约，反而不是家训所要特别强调的。这在家训中特点则尤其明显且适用。福建晋江的祥芝蔡氏的家训中，即有《六谕同归孝顺歌》，而作者蔡葵在序言中说："太祖高皇帝就五伦衍为六谕，以教我百姓，而先之以孝顺也。六谕同归一谕也。盖孝顺为恻怛敦恳之良心，不孝顺为傲虐骄狠之恶念。……若孝顺之心葆而勿失，则卑以自牧，谦尊而光和以处众，相好无尤，此孝此顺也。身范在庭，燕翼可贻，生计日充，横祸不及，此孝此顺也。……语云：人子聚百顺以事其亲。葵亦曰：子能事亲，而百顺之福自我集也。葵在官时，有教民之责，当［尝］将六谕衍而成诗歌，发其同归孝顺，于入约时，叮咛而告诫焉！今教不及民矣，愿与族戚共闻其说。庶几口诵心惟，相勉相劝，上不失朝家教民至意，下成一礼义廉耻之世族云。"③

---

① （嘉庆）《山阴县志》卷十四，《中国地方志集成》影清嘉庆八年刻本，上海书店出版社 1993 年版，第 50 页。

② （明）颜樹：《颜氏家训六条》，载（甘肃）《金城颜氏家谱》光绪十二年刊本，转引自冯尔康《清代宗族史料选辑》，天津古籍出版社 2014 年版，第 859—860 页。

③ 陈聪艺、林铅海选编：《晋江族谱类钞》，厦门大学出版社 2010 年版，第 152—154 页。

后人更有以六谕实际充当家训甚至六谕与家训并称的。民国《林县志》记载："郭云峰，贤城村人，庠生。……好讲理学，以化导乡俗为己任。……所著有《修省篇》《六谕家训》。"① 虽然《六谕家训》的面貌不清楚，但顾名思义，其以六谕为家训之精神内核则是明确的。

万历年间，王演畴编《家训类编》，亦辑入圣谕六条及其诠释。王演畴《家训类编自序》中说："余筮仕为令，奉上檄举行乡约，窃谓成俗化民可倚而俟耳。既振铎，宣谕读法，并纪善恶，行赏罚，悉如功令所申饬，靡不犁然具备。乃民间率以空文相应，其赴会如观场，其赏其罚如观登场者之故为悲欢而漠然无动于中，则尘饭涂羹之类也。因请于当路，并谋诸乡绅之贤者，令各大家分行宗约，盖父兄约其子弟，尊长约其卑幼，分相制，情相通，不似执涂之人众为政耳。……因衷集古今家训付之约所。……后备员南曹，就正座师焦先生。……首《易·家人》《诗·国风》《孝经》《曲礼》，示民尊经。自尊经外，采文公家礼，建宗祠，置义田，以及诸大家戒子、曹大姑女诫，尊制外将六条演为四种，及乡社、乡厉、古今训诫箴铭，以永其深长之思，采徐太史农书以为为善之助。"② 一些士绅在家居时，也会将六谕诠解作为家族教育的重要读物颁行族中。例如，福建平和人张一栋（1586 年进士）万历后期自姚安知府任上罢官家居后，"立宗祠，置祀田，为赠君竖表坊，表勒《家范通考》《圣谕演义》"③，其中的《圣谕演义》虽不可见，但显然是对六谕的诠解。

之外，还有一种情况向来人们较少注意，即原本士大夫自撰的乡约解说，后来也会移植到他自己的族规家训之中。郝敬的《圣谕俗解》，最早是他在任江阴知县时仿罗汝芳《圣谕演》而拟写的六谕诠释，后来归

---

① （民国）《林县志》卷八《人物上》，《中国方志丛书》影 1932 年石印本，台北：成文出版社 1968 年版，第 54 页。按：郭云峰传所附徐武堂为清道光年间人物，故推测郭云峰为清道光年间人。

② （明）王演畴：《古学斋文集》卷一，《四库未收书辑刊》第五辑第 17 册，北京出版社 1997 年版，第 655 页。

③ （清）王相纂：（康熙）《平和县志》卷九《人物志》，《中国地方志集成》福建府县志辑，上海书店 2000 年版；转引自孙新梅《〈居家必备〉的编纂和社会生活史价值研究》，《历史教学》2018 年第 8 期。

乡家居时即用以教其子孙。郝敬《圣谕俗解》序云："此余宰江阴时口授
邑父老子弟，距今二十五年矣。翻阅一过，转增不逮之耻。呜呼，其家
不可教而能教人者无之。因录附家乘后，诒我子孙。"[1] 可见，势移境迁，
原本用以教化大众的乡约解说，便转变为教育子孙的族规家训。

五　六谕与族规家训结合的特征

六谕与族规家训在嘉靖年间的结合，既体现六谕教化由乡向家延伸
的趋势，也体现了宗族构建寻求合法性的努力。项乔为了强化家训对合
族成员的约束力，在晚年便积极推动族约建设，并在嘉靖二十九年
（1550）十二月向永嘉县呈文，得到知县齐誉的批复。因此，六谕之最
早进入族规家训虽然未经乡约之途径，但《项氏家训》出台后向族约
转化，却表明了这种结合注定要寻求制度的保护与官方的认可。在
《圣训敷言》的末尾，程瞳也说："这六句包尽做人的道理，凡为忠臣，
为孝子，为顺孙，为良民，皆由于此。无论贤愚，皆晓得此文义，只是
不肯著实遵行，故自陷于过恶。祖宗在上，岂忍使子孙辈如此？宗祠
内，宜仿乡约仪节，每朔日督率子弟，齐赴听讲，继宣祖训，各宜恭敬
体认，共成仁厚之俗，尚其勉之。"这表明，隆庆六年程瞳曾号召宗祠
内举行族约，宣诵包含六谕在内的族规家训。这均是 16 世纪以来流行
的宗族乡约化之显证。正是由于程氏家规乃"奉飏六训以绳约其子姓
者"，因而才具有更广的乡约示范性效果，"在家而家，在乡而乡"，到
万历年间被休宁知县祝世禄"录而为程氏劝，为程则为吾休劝"，成为
祝世禄行乡约时的宣讲文本之一。另一名休宁知县施天德甚至要将
《程氏家训》推广到全县范围，"为吾休（宁）劝"。因此，虽然项乔、
程瞳等人将六谕引入族规完全是个人的行为，而没有官方、乡约的背
景，所谓"非有公督责而自为家谋"[2]，但他们却是主动地寻求与官方

① （明）郝敬：《小山草》卷十《圣谕俗解》，《四库全书存目丛书补编》第 53 册影印明
天启三年刻本，齐鲁书社 2001 年版，第 186—198 页。
② 佚名编：《富溪程氏祖训家规封邱渊源》，上海图书馆藏辛亥（1911）五知堂钞录本。

提倡的制度与实践作进一步结合。令人印象深刻的是，项乔和程瞳均在序言中谈到家国之间的关系，谈到国法与家规之间的联动。诚如费成康先生所言，"许多家法族规的制订者都认识到，家法族规应参照国法、合乎国法"，不能违背国法，甚至"有家法族规的订立者还将这规范当作国法的补充"①。他们的家规虽然是自己的思想的体现与贯彻，却又能与政府提倡的社会秩序建设相关。社会新事物寻求国家认同，而代表国家的地方官员对符合正统意识形态的新思想也予以积极确认，从而形成社会治理的良性互动。因此，16世纪六谕与族规家训的结合，既有士绅的努力，也是地方官主导的乡约实践发展的成果，同时也是朝廷功令风示的结果。士绅、地方官、朝廷共同推动六谕这一基层教化的教旨向最底层的家庭与族推进。因此，这种结合的趋势不仅延伸到万历年间，也一直延续到清代。明末清初浙江绍兴的范鉷在《六谕衍义》自序中说："忆余自成童居里时，亦得随宗族长者厕于宣讲之列。"② 所讲自然仍包括六谕。一直到清代，以六谕为核心的族规家训仍然不少，如安徽龙舒的《龙舒秦氏家训》《南丰澂溪傅氏族训》等。③

六谕与族规家训相结合，就形成了解释六谕的一类新文本。这类文本也许与王恕那样的经典解释、罗汝芳那样为乡约而作的诠释有千丝万缕的联系，但以宗族为依托自然会给六谕诠释带来一些变化。这些变化体现在以下几个方面。

其一，更口语化。虽然同样面对平民，但较之乡约由乡绅、生员主持宣讲，家规族训则要适应宗族内人群文化层次可能更低的情况，口语化的特点因而会更强。例如，《项氏家训》虽然依王恕《圣训解》以

---

① 费成康：《中国的家法族规》，第27页。

② （明）范鉷：《六谕衍义·自序》，载［日］鱼返善雄编《汉文华语康熙皇帝遗训》，大阪屋号书店，出版年不详，第2页。

③ （清）秦忠：《龙舒秦氏家训》，原载（清）秦忠纂修《（安徽龙舒）秦氏宗谱》，清咸丰二年友鹿堂木活字本，转引自周秋芳、王宏整理《中国家谱资料选编·家规族约卷》，上海古籍出版社2013年版，第395—400页；《南丰澂溪傅氏族训》，载（清）傅汝澄等修《南丰澂溪傅氏九修宗谱》，清同治九年木活字本，转引自周秋芳、王宏整理《中国家谱资料选编·家规族约卷》，第450—451页。

衍，但却比《圣训解》更口语化，如在行文中会增加一些特定的引语与结束语，而且在每条诠释的开头都会以"怎的是孝顺父母"一类的问语，结尾则谆谆劝导"请我族众大家遵守"。这样的表述风格，可以强化宣讲者与听众间的互动。而且，《项氏家训》的语词也更白话，更俚俗。例如，《圣训解》中"食则后举箸"一语，到《项氏家训》中，"食"字就改成了口语的"吃饭"，而《圣训解》中的"皆"字，也都换成了口语的"都是"。

其二，族规家训中的六谕诠释明显更强调一些适应家族特点的内容。例如，《南丰澂溪傅氏族训》内《圣谕六条释文并四言诗》释六谕时，就经常结合宗族传统来阐讲。如讲"尊敬长上"条，便说："吾宗世习诗礼，可偃蹇裾傲，不遵长幼之序，效三家村俗子规模，于汝安乎？"[1] 这是结合自己宗族出过读书人的实际来讲的。又比如，家庭伦理会得到刻意的强调，对一些家族或家庭间常出现的陋习也有更具体的指向。项乔针对家族内违背礼法之事，在"教训子孙"一条的诠释中加入了一些内容："到长便当教以冠昏丧祭之礼，学为成人之道，毋玩法而淹杀子女，毋贪财而不择妇婿，毋信僧道而打醮念佛，毋惑阴阳讳忌、风水荫应而停顿丧灵。"这些问题显然与一般的六谕诠释中泛泛地要求子孙不得游手好闲之类的话更有针对性，是切实地针对当时社会上比较常见的与家庭伦理相关的陋俗。王恕《圣训解》说"攻读书史"乃是"士之生理"。项乔却把士之生理释为"读书举业"。显然，在科举社会下，任何家庭或家族显然更迫切地希望子孙专意"举业"，而不是"经史"。而且，项乔认为，不仅"信僧道而打醮念佛"不宜，更应禁绝的是出家的行为。他释"各安生理"条时，把"为僧为道"与"懒惰飘荡""游手好闲""为流民光棍、身名无藉之徒"列在一起，同样视为"不安生理"的行为。[2] 王栋也将"出家簪剃为僧人者"与酗酒赌博、好勇斗狠、风流唱戏等并列，视为子孙"幼而失教，长而

---

① （清）傅汝澄：《南丰澂溪傅氏九修宗谱》，清同治九年木活字本，转引自周秋芳、王宏整理《中国家谱资料选编·家规族约卷》，第450—451页。

② （明）项乔：《项氏家训》，《项乔集》，第515页。

难禁"的一种结果。① 这也是适应族规家训特点的内容，因为出家就等于抛弃家庭伦理，是大不孝。清代不少族规对此有极严厉的规定，如予以谱牒除名，甚至宁乡回龙铺熊氏的族规要求处死不肯归宗的出家人。②

其三，家规族训中的六谕诠释经常有更具体的指向，涉及后母、继子、佃仆、义子、女子教育等内容。前述《婺源县江湾萧江氏宗族祠规》中的六谕诠释很重视家族事务，增加了专门谈到对待继母和对待佃仆的问题。清代的《南雄松溪董氏家规》中也强调要像孝顺生母一样孝顺继母、庶母，说："厚继如嫡以念父，事庶若慈而同母。"③《南雄松溪董氏家规》还强调和睦在宗族内部尤其重要，所谓"至于宗族，情义尤厚，即逢宿怨，亦顾名义"④，也就是再有积累深久的矛盾，也要顾及同宗同族的名义，将矛盾消解，至少不使矛盾表面化和升级。讲各安生理，《南雄松溪董氏家规》还特意强调"奴婢而忠顺，皆生理所当安也"⑤。沈鲤在《文雅社约》中就"教训子孙"条的诠释中要求教子孙耕读的本领，而耕的方面至少得会遴选合适的佃户，"遴佃户如遴才，亦教家急务也"⑥。此种言论均有明确的应对家族事务的指向性。在清代族规家训中，引入六谕诠释的内容中也多有家族治理的特征，如征引与家族建设相关的法律条文。《新会玉桥易氏家训》释"教训子孙"时就援引了两条律文："律：一、乞养异姓义子以乱宗族者，杖六十，以子与异姓为嗣者罪同，其子归宗。一、立嗣虽系同宗，而尊卑失序者罪亦如之，其子归宗，改立应继之人。"⑦ 明清时代比较重视女子教育。这也常是族规家训中的六谕诠释在"教训子孙"一条中突出强

① （明）王栋：《规训》（万历七年），见《王氏续谱》卷首纪事，收入《三水王氏族谱》（乐学堂）。

② 费成康：《中国的家法族规》，第54页。

③ 苗仪、黄玉美辑录：《韶关族谱家训家规集萃》，暨南大学出版社2018年版，第174—176页。

④ 苗仪、黄玉美辑录：《韶关族谱家训家规集萃》，第174—176页。

⑤ 苗仪、黄玉美辑录：《韶关族谱家训家规集萃》，第174—176页。

⑥ （明）沈鲤：《文雅社约·劝义十一》，《四库全书存目丛书》子部第86册，第585页。

⑦ （清）易道藩：《（广东）新会玉桥易氏族谱》，清同治十二年刻本，转引自《中国家谱资料选编·家规族约卷》，第469—473页。

调的。之前的六谕诠释文本在教训子孙条内也常会谈女子教育的问题，但族规家训内的六谕诠释对女子教育更重视。例如，《龙舒秦氏家训》屡屡谈及女子教育问题，其相关言论遍布于"尊敬长上""和睦乡里""教训子孙""各安生理"诸条诠释之中。其"尊敬长上"条中说："至于女子，亦要敬丈夫，敬公婆，敬一切尊长，自然不犯礼法，做得一个贤妇。"论"和睦乡里"条中说："就是女子，亦要晓道理，善处乡邻，不得弄唇辞去，不得生计较，不得耸丈夫生气，才是贤妇。"其教训子孙条的诠释中说："至于女子，亦当教训，不但教以纺绩、井臼，亦当教以孝顺、尊敬、和睦的道理，他日为人妇才能尽妇道。倘不教训，必然傲慢公婆，欺凌妯娌，搬唇舌，间骨肉，累丈夫，辱父母，为害无穷。"释"各安生理"条中则说："若妇人女子，亦要各安妇人女子的生理，晓得孝顺、尊敬、和睦，教之训道安心，勤纺绩，操井臼，以养其生，则内外有别，淫乱不生。"①

就族规家训中的六谕诠释文本而言，它们的形成既可能出自一些士绅对于六谕或某些六谕诠释文本的思想上的认同，并在宗族构建活动中将它们引入，使它们成为族规家训中的核心部分，也可能是因为乡约宣讲活动在宗族中的落实与施行，而转化为族约、族规及家训。这两种路径，前者可谓是"自下而上"的、"天然"的，而后者是"自上而下"的属于官府着力推行的，其"人为"的痕迹更重。但是，无论因哪一种路径进入，族规家训的订立者也都会按照家族的实际情况，对六谕逐条进行解释，或者对所采纳的六谕诠释文本作适应性的改动，从而不仅使订立者的思想得以通过六谕注释的方式贯彻到族规家训之中，而且也形成明清六谕诠释史中较为独特的一种文本。关注族规家训的六谕诠释，既可以看到明清六谕诠释文本在层次上的丰富性，也可以看到统治者宣扬的伦理如何经过官府、士人、宗族管理者进入基层社会，有助于我们理解明清时代的基层社会生活史。

---

① （清）秦忠:《（安徽龙舒）秦氏宗谱》，清咸丰二年友鹿堂木活字本，转引自《中国家谱资料选编·家规族约卷》，第395页。

第八章

由教民向训士：六谕教化对象的升级

　　到 16 世纪末期，六谕距离王恕最早的注解已经过了百年。经过百年的变化，教民榜文不再只是一般的用以教化庶民的知识，而是被士大夫的各种诠释文本丰富成了一个饱含儒家伦理、理学思想、日常行为规范、图像知识的知识体系。而且，士大夫还利用乡约之外一切可能的公共场合来宣讲六谕，像传统的会社、明代流行的讲会等场合，都出现以六谕为宣讲内容的集体活动。可能早在隆庆年间，六谕就通过"社"这样的组织形式来宣讲。例如，河南光山县人官思恕（1555 年举人），字守仁，以"所居白沙关山毗连楚省，民俗顽悍，乃结社其间，讲明正学，并发挥高皇帝圣训，听者如堵"①，而柴山盗四十八人因此受感化，愿自新，并得到时任汝宁知府史桂芳的赦免。② 广东新会人潘阶（1605 年贡生）"尝从萧自麓（1546 年举人）先生讲学，立大圆州社以讲六谕，设社规十款教其乡里"③。康熙十八年的《安福县志》亦记载安福有行社会讲六谕的传统："乡有约，社有会，所以奉王宪而宣德化也。邑四乡每朔望合衿耆者幼于公所中，申讲六条，环拱肃听，设簿，

---

　　① （清）杨殿梓修：（乾隆）《光山县志》卷二十八《文学》，清乾隆五十一年（1786）刻本，第 4 页上。
　　② （康熙）《鄱阳县志》卷十一《人物志·理学》，《国家图书馆藏清代孤本方志选》第 1 辑第 16 册，第 701 页。
　　③ （康熙）《新会县志》卷七《选举》，《日本藏中国罕见地方志丛刊》，书目文献出版社 1991 年版，第 174 页。

善者奖录之，有过则记，使之改。"① 在此之外，晚明清初的同善会有会有讲，所讲亦包含六谕。康熙《昆山县志稿》卷六载："邑有同善会，其法始于梁溪高忠宪公。明季邑诸绅老仿而行之，每岁一季一举，人出其赢余，以九为数，盖计日积一，则三月当余九。出银者多至九两，少止九分。出钱者称是，至会日悉储之主会，散给邑中之贫不能为生者，而以其余制區，褒奖已故及现在忠孝节烈之家。即于会日，公请一老成有望者敷讲六谕。崇祯十六年夏季，知县万曰吉主会，乡先生顾天叙主讲，为最盛。"② 可见，晚明六谕已深入各种会、社之中。除了进入会社，六谕还向书院讲学、蒙学等教育方式渗透，甚至主要面向各府州县学的学生。这样的做法，进一步丰富了六谕的诠释文本。

一 依托会社：沈鲤《文雅社约》

沈鲤（1531—1615），字仲化，号龙江、潜斋，河南归德府虞城县人，嘉靖四十四年（1565）进士，是晚明的名臣，官至礼部尚书、内阁大学士，卒谥文端。他在万历十二年（1584）十月至十六年九月间任礼部尚书。③ 万历十五年（1587）礼部覆都察院左副都御史魏时亮请行乡约疏的覆议，以及让各省督学官率郡县有司对六谕"著图说，编俚语，俾闾巷士民易遵循"的建议，④ 应该就出自当时的礼部尚书沈鲤。可见，他一向重视乡约、六谕的教化作用。他的《覆十四事疏》中说："一、圣训六言，劝化民俗，而设木铎徇于道路，则所以提撕警觉之也。近年以来，此举久废，合无行令各掌印官查复旧制，于城市坊厢乡村集店量设木铎老人，免其差役，使朝暮宣谕圣训。……一、乡约之设，所以训民，即古道德齐礼之遗意也。为有司者，能鼓舞有术，民未有不劝于善者。宜于所辖地方酌量道里远近、随庵观亭馆之便，置乡

① （康熙）《安福县志》卷一《风俗》，《中国方志丛书》华中地方第 177 号，台北：成文出版社 1984 年版，第 12—13 页。
② （康熙）《昆山县志稿》卷六，江苏科学技术出版社 1994 年版，第 79 页。
③ （清）张廷玉：《明史》卷一百一十二《七卿年表》，第 3477—3478 页。
④ （明）郭子章：《蠙衣生粤草十卷蜀草十一卷》蜀草卷二《圣谕乡约录序》，第 623 页。

约所，以皇祖圣训、大明律例著为简明条示，刊布其中。即于本里择众所推服者一二人，以为约长，使其督率里众，劝勉为善。"①他所说的"圣训六言""皇祖圣训"，即明太祖六谕。自万历十六年（1588）致仕，直到万历二十九年（1601）起兼东阁大学士次年入朝止，沈鲤一直家居。正是在这一段时间里，沈鲤和一批志同道合者创立了文雅社。②

与沈鲤志同道合者，包括同乡杨允通、尹之才、乔巽甫和沈鲤之弟沈鳞五人，结社于归德府城东南的文雅台，据传为孔子讲学处。这是文雅社的由来。结社的目的，是"期挽世风，稍还古昔"，因此每及社饮时，"具有约言"，从而形成了《文雅社约》。《文雅社约》总分为16类，163款。③16类分别是书札、宴会、称呼、揖让、交际、冠服、闲家、驭下、田宅、器用、劝义、明微、冠婚、丧祭、身俭、心俭。这种晚明士大夫协力维持世道的做法，其实在当时是较为普遍的。比较有意思的却是其中的第11类，即劝义十一。虽然说在社饮礼上讲太祖六谕并非初创，例如之前嘉靖年间江西安福县的阳明门人刘阳（1496—？）也曾在社饮之会上讲六谕。④但是，沈鲤的《文雅社约》行之更切。劝义十一起首便说："恭惟圣训六条，曰孝顺父母，尊敬长上，和睦乡里，教训子孙，各安生理，毋作非为，俱日用切要之言。士庶宜终身佩服者也。乃乡俗多忽焉不讲，岂乡士大夫犹未有倡之者耶？今约同社诸公，各书一牌，尊奉于门屏冠冕处所，使家众子弟朝夕出入仰瞻明命，当有兴起，而乡俗亦必有傚而行之者矣。"⑤可见，《文雅社约》非但一

----

① （明）沈鲤：《覆十四事疏》，俞汝楫《礼部志稿》卷四十五，《景印文渊阁四库全书》第597册，第856页。

② 牛健强、朱莉敏：《明代后期河南士绅与地方教化——以归德府沈鲤的文雅社为中心》，《黄河文明与可持续发展》第19辑，河南大学出版社2020年版，第41—58页。

③ （明）沈鲤：《文雅社约·总目》，《四库全书存目丛书》子部第86册，齐鲁书社1997年版，第568—569页。

④ 刘阳《社会序》云："社饮之会，少长咸集，独儒服者每五日而后罢，读高皇帝训，阳绎之以鄙言，俾人人仰遵成训。"参见（康熙）《安福县志》卷七《词翰志》，《国家图书馆藏孤本旧方志选编》第21册影康熙五十二年刻本，线装书局2004年版，第452页。

⑤ （明）沈鲤：《文雅社约·劝义十一》，第584页。

乡之社约，沈鲤也希望它成为与社诸人各家各族之规训。以劝义为名，其实就是沈鲤认为提倡六谕不仅可以教育家众子弟，还可以因此改善乡俗。只是，这样一位家居的士大夫，在诠释六谕以齐家化乡时会有什么样的特点呢？

由于是同辈之人在会社中相约，故而是士人之约。例如，在谈到毋作非为时，沈鲤就尤其强调士人要爱惜羽毛，因为一旦非为，则平生皆失。他说："常人无非为，则保其家。士大夫无非为，则保其身名。盖常人不可责以苛细，士大夫一失其身，则举其生平尽弃之，故比于常人尤不可不致谨也。"① 这显然是针对士人而言的。然而，沈鲤还希望士人同好们能再用此社约以教家人，则《文雅社约》的劝义六条也就必然要朴实而有实用性，有针对性而能解惑。例如，强调人应"尊敬长上"，便说："尊敬长上，不专在仪文交际间。假如为士而讲求经济，化导乡俗，庶人而谨办征徭，输心捍卫，便即是恪修职业、尽忠朝廷，不必有官守而后为效忠尽职也。"② 这便将尊敬长上四字简约化了，不是只要求人行坐间规矩仪动敬人，而提倡尽职守分，当然也更容易落实了，其实在晚明的环境中也显得不那么迂腐。再如，在强调"和睦乡里"时，沈鲤说："今人只看得和睦乡里不甚紧要，所以不消去和睦，又看得和睦乡里的常要存几分忠厚，费了些财物，却又不肯去和睦，所以乡里间情谊乖离，俗不长厚也……彼此缓急，胥相倚赖，何费之与有？"③ 这便是针对一般人既要和睦而又悭吝不能施财的心理而发的。

实用性最强的部分，无疑是教训子孙的部分。这也符合沈鲤想让社友将劝义六条"使家众子弟朝夕出入仰瞻明命"的宗旨。他在"教训子孙"条中说："教子孙，无先于耕读两事。今之教读者，则何如。且只以作文论，亦大有可异者。国家于五经四书，各取一师说布之学宫，盖出自诸儒会议，明圣折衷，陈之艺极，使天下学者知所趋向而不惑于二三之议，所以昭同文之治也。今士子既列在儒林，亲受功令，自宜恪

---

① （明）沈鲤：《文雅社约·劝义十一》，第586页。
② （明）沈鲤：《文雅社约·劝义十一》，第585页。
③ （明）沈鲤：《文雅社约·劝义十一》，第585页。

守。顾舍此而创为新奇，别立意见，反戈助攻，无复有尊周之意。以人心觇世道，盖不胜隐忧矣。凡我同志，教家子弟者，慎勿为此诡遇哉。论教农则北方田地宽广，农事无法，人有遗力，地有遗利矣。吾今欲刻意讲求，如读书说文意选文字的一般，但得一耕耘种植之法，蚕桑果疏之事，便一一籍记之，久之而著以成书，传之境内，使人知农桑要务，而又使拾粪如拾金，趋时如趋利，锄莠如锄盗，遴佃户如遴才，亦教家急务也。因次之读书后。"① 沈鲤在"教训子孙"条里重点只谈了两点，教子读书和教子务农。由于他曾经做过礼部尚书，在任时曾对当时科举中士子的文体不正很有感触，曾在《正文体疏》中说："近年以来，科场文字渐趋奇诡，而坊间所刻及各处士子之所肄业者，更益怪异不经，致误初学。……今书籍有益于身心治道，如四书、五经、性理、司马光《通鉴》、真德秀《大学衍义》、丘濬《衍义补》、《大明律》、《会典》、《文献通考》诸书已经颁行学宫及著在令甲，皆诸生所宜讲……非是不得旁及焉。"② 他反对士子初学者不去学习朝廷颁行的重要经典图书，而追逐新奇，以图侥幸。至于教子孙学习农事，他的方法尤其有趣而实用，"遴佃户如遴才"倒是也颇有趣地反映了晚明主佃关系的复杂化。

二　以教童蒙：柳应龙《圣谕演义》

作为明代基层教化的教旨，六谕在晚明已经深入到基层教育之中。各级学校的明伦堂不仅常作为讲乡约讲六谕的场所，地方官不时兴起的社学也往往与六谕的宣讲结合到一起。例如，万历四十三年（1615），天长知县李自蕃建四城并各乡村的乡社所三十四处，"中奉六谕，朔望亲临讲解，延社师教其子弟"③，即使各处社学兼有六谕宣讲之所的功能。在这种背景下，社学教读可能除了尽到为幼儿开蒙识字之责外，还

① （明）沈鲤：《文雅社约·劝义十一》，第585—586页。
② （明）沈鲤：《亦玉堂稿》卷一《正文体疏》，《景印文渊阁四库全书》第1288册，台北：商务印书馆1986年版，第218—219页。
③ （嘉庆）《备修天长县志稿》卷二上《疆域一》，《中国方志丛书》华中地方第94号，成文出版社1970年版，第87页。

有向庶民子弟传递以六谕为代表的意识形态思想的义务。这也就使得六谕的内容进而向童蒙教育渗透。

以圣谕六言教习童蒙，柳应龙的《新刊社塾启蒙礼教类吟》是一个典型的例子。汤沐于万历二十二年（1594）在《新刊社塾启蒙礼教类吟序》中提到，自己初任钱塘知县时，县中社学仅有十所、社师柳应龙等数人，而柳应龙乃"出日程一帙，则昕夕教童子类吟也"："首教规，次小学，次日记故事，次八行，次五伦，次皇祖教民六言，各演为诗歌，注释其义，并述古诗附之，月朔望俾童子习礼竟歌焉，冀其口耳习熟，而诸篇大义自然晓畅矣。此其甚为简易，大有裨于蒙养者。……是籍虽俚，等于歌谣，讽诵之，亦能和调性情，感发奋起，以自植于纲常伦理之中。"① 正是认识到该书有助于童蒙教育，汤沐命工刊刻了柳应龙该书。柳应龙生平不详。稍后署钱塘县事的李登甲在跋中说："其人敦笃好学，坚志潜修，随蒙资禀，立教日著，小学等书，发明旨向，而圣贤曲成万物之心亦得窃会其毫末，因纂其书为启蒙类吟。杭之学士家，往往高其行谊，慕其教益，人人相庆为蒙养得师，里之童子父兄，亦相与楷模有年矣。"② 但是，作为一名塾师，他再无别的记载和事迹留下。

柳应龙在《教规总意》中说："尝谓移风易俗，以教化为先，而尤以养蒙为本。盖凡民之情，方其幼也，情窦未开，其为教易入。……乃蚤夜以思，苦志著述启蒙礼教类吟，与群弟子吟讲，首教规，次小学、故事，次八行、五伦，终则诵祖训焉。使弟子朝而吟，夕而咏，则家庭间皆孝弟声，出入间皆贤圣语。……家传人诵，诚足令人易行回心者。"③ 通篇主要是以制作适合童子吟唱的歌词为主，④ 但却辅以一定的释义，

---

① （明）汤沐：《新刊社塾启蒙礼教类吟序》，载柳应龙《新刊社塾启蒙礼教类吟》，《故宫珍本丛刊》第476册，海南出版社2001年版，第360页。

② （明）李登甲：《新刊社塾启蒙礼教类吟后跋》，载柳应龙《新刊社塾启蒙礼教类吟》，第449页。

③ （明）柳应龙：《新刊社塾启蒙礼教类吟》卷一《教规总意》，第363页。

④ 赵克生认为，《新刊社塾启蒙礼教类吟》典型地反映了社学礼教的"诗歌化"趋势。参见赵克生《童子习礼：明代社会中的蒙养教育》，《社会科学辑刊》2011年第4期。

以便让童蒙知道所吟之意。柳应龙对六谕的诠释名为《圣谕演义》，在《新刊社塾启蒙礼教类吟》卷六。其卷六首有乡约总意、乡约图、乡约目。然而，从汤沐的序中其实并未见钱塘县在当时行乡约的做法。柳应龙《乡约目》中约长、约正、约副、约赞、约讲、约率、约警、歌生、诗鼓、诗磬等诸多的执事人员的设置，[①] 似乎也反映这只是柳应龙理想的乡约配备。实际上，《圣谕演义》只是柳应龙教习童蒙并且适当地配备解说的一篇文字。因此，这篇文字的解说部分并没有特别和新奇之处。就是吟唱，也不过是借用了万历十二年（1584）至十五年间以兵部右侍郎右佥都御史巡抚浙江的温纯所改编的《温军门六歌》，再加以自己模仿《诗经》而作的《诗歌》。但是，《圣谕演义》最精彩之处大概是对大明律等法律的引用。例如，在"和睦乡里"条下，柳应龙重点引用了斗殴与纵火等方面的法律："凡斗殴，不成伤者笞三十，成伤者笞四十；拔发方寸以上者，笞五十；若血从耳目中出及内损吐血者，杖八十。以秽污人头面者，罪亦如之。折人一齿及手足一指、眇人目、抉毁人耳鼻，若破人骨及用汤火、铜铁汁伤人者，杖一百；以秽物灌人口鼻内者，罪亦如之"；"凡放火延烧官民房屋及积聚之物者，徒三年。因而盗取财物者，斩杀伤人者，以故杀伤论。若放火故烧官民房屋及公廨仓库系官积聚之物者，皆斩。其故烧人空闲房屋及田场积聚之物者，各减一等，并计所烧之物，尽犯人财产赔偿。"[②] 显然，作为一名长期在乡间教塾的社师，他深知民间不和睦而引发的斗殴与泄愤式的纵火是最为常见的案件。所引律条，虽然只是节引《大明律》，但柳应龙的引用却多少反映了晚明的法律知识确实普及程度较深。

以六谕训童蒙的例子，还有沈长卿的《训蒙》。沈长卿，字幼宰，杭州府仁和县人，万历四十二年（1614）举人，著有《沈氏弋言》十卷、《沈氏日旦》六卷。[③]《沈氏日旦》是沈长卿在崇祯年间的逐日笔

① （明）柳应龙：《新刊社塾启蒙礼教类吟》卷六《乡约目》，第436页。
② （明）柳应龙：《新刊社塾启蒙礼教类吟》卷六《圣谕演义》，第442页。
③ （清）万斯同：《明史》卷一三五《子部》，第409页。

记之作，取名"日旦"，是因为他认为"一日一旦之顷，倏先朝露，则精神雅尽矣"，所以他本人要以"无尽者藏之纪载，一开卷而我之精神风雅宛然如故"①，其实是以记载之留存抗衡岁月之倏忽而逝。《训蒙》在《沈氏日旦》卷十，为沈长卿崇祯三年（1630）所作。他在《训蒙》起首便说："训蒙之书，如小儿开口乳，《千字文》《百家姓》殊不相宜，谨遵圣谕六条，各释一章，以便句读，亦宪章意也。"② 既然训蒙书是幼儿启蒙的开口乳，除了认字之外，自然宜让幼儿获得更多的伦理知识，而圣谕六条便成了沈长卿的选择。当然，为了方便幼儿诵读和记忆，沈长卿对六谕的诠解是四字一句箴言式的解说。每条圣谕，用20个四言的句子共80个字来解释。例如，其喻各安生理，说："汝愿虽奢，各有职分。士安于黉，农安于粪。工安于营，商安于齐。易位而居，犹如乱阵。万物之灵，不乏英俊。极意图谋，制于命运。"③ 句与句之间押韵，朗朗上口，至于意涵的追求反而在其次，故而又不足以再多言了。

六谕进入童蒙的文本虽不多见，但是六谕通俗化的极致，大概也是要让儿童明白其间的伦理。正如康熙初年黄陂知县杨廷蕴在其《乡约议》中所说，行乡约的目的，是要"使儿童妇女咸晓六谕之应遵，绝域穷乡皆识为善之可乐"④。在清末教习民众习字的杂字书之中，六谕的二十四字亦是要求民众自小掌握的。清嘉庆九年河南偃师刘涧裴金璋所纂《分类俗言杂字便览》人事类中起首即列举"孝顺父母尊礼长上，爱敬亲戚和睦乡党，教训子孙管教儿郎"⑤，虽不完全以六谕二十四字为教，然六谕的大部分字及其精神尽见其中。由此可见，六谕向童蒙的渗透越来越深。清末咸丰年间秘云书的《六谕诗衍》，大概也是一种童

---

① （明）沈长卿：《日旦自序》，《沈氏日旦》，《续修四库全书》第1131册，上海古籍出版社2002年版。

② （明）沈长卿：《沈氏日旦》卷十，第546页。

③ （明）沈长卿：《沈氏日旦》卷十，第547页。

④ （同治）《黄陂县志》卷十五《艺文中》，《中国方志丛书》华中地方第336号，台北：成文出版社有限公司1976年版，第1851页。

⑤ （清）裴金璋：《分类俗言杂字便览》，江西师范大学温海波教授藏嘉庆九年刊本。

蒙读物。秘云书，字篆鸿，号轩卿，直隶故城县人，咸丰、同治间以镇压太平天国荐，历任山阴、会稽、钱塘、仁和、萧山、鄞县等地知县。[①] 其自序中说："窃惟敦风化以立教为先，正人心以成童为始。盖降衷秉彝，人所同得，孩提就正，性乃不迁。是故肆人鲍鱼，久不知臭，室多兰芷，久不觉香。习染日深，贤愚途判。恭阅世祖章皇帝圣训六谕，实垂教万方，蔑已有加之至道。斯民也，苟闻见之常遵，定知能之不泯，贤关圣域，卓尔当前矣。用谨恭依圣训，分衍韵言，凡得六十首。敢将蚓奏推明圣教之闳深，譬彼鸡筹惊起人惰于晓旦。"[②] 从序中可以看到，《六谕诗衍》的教育对象就是孩提之童。

三　进入书院：耿橘《常熟乡约》

讲学原本主要是讲理学，依托于四书、五经讨论性理。然而，晚明社会秩序的淆乱，使得士大夫讲学时不得不将注意力放在社会秩序的重建上，并试图找到社会秩序重建的钥匙。让讲学内容回归程朱是一种做法，但在阳明学繁盛的晚明其实不太容易做到。一些士大夫则寻求向明初秩序回归，而明初太祖的六谕则无疑是当时那种静态而有序的社会秩序的重要保障。无论是出于对明初秩序的怀念，还是对明太祖圣谕所具有的合法性的依归，一些士大夫倾向于认为讲学的根本是要回到讲深六谕所宣扬的那套伦理上去，因此号召"讲学即是讲乡约"，反之亦然，即"讲乡约即是讲学"。从地方官的角度来说，教士与教民都是他的重要责任。清人李铠在其《读书杂述》中就说，一个地方官"于士民无所不当教，课文艺为教士，讲六谕为教民，此二事行之有恒，而至诚恻怛，多所开悟，亦端士习、善民俗之渐"[③]。这一责任有可能在书院等设施的营建中被结合。因此，在晚明便出现了在书院、讲会中宣讲六谕

---

① （光绪）《续修故城县志》卷七《人物》，《中国地方志集成》河北府县志辑第 54 册，上海书店出版社 2006 年版，第 404 页。

② （清）秘云书：《圣谕诗衍序》，（光绪）《续修故城县志》卷十一《文翰》，第 600 页。

③ （清）李铠：《读书杂述》卷八《官箴》，《续修四库全书》子部第 1135 册，上海古籍出版社 2001 年版，第 431 页。

的例子。

万历初年，祁门知县常道立便在祁门的东山书院讲乡约。常道立（1560—1619），字孟庸，号五巇，湖广汉阳府汉阳县人，万历十四年进士，授青阳知县，万历十六年调祁门知县。常道立《训民碑记》中说："祁民素淳，迩来渐敝。……予俗吏也，而窃有志焉。奉皇祖六谕，行之学宫，命博士弟子次第讲约事宜敷陈演说刊布之。已乃卜城之会所于东山书院，朔望率诸士大夫父老子弟讲述之。书院故崇祀有宋紫阳朱夫子暨门人谢竹山先生，国初汪环谷先生并附焉；夫三贤者，非兹土之笃生者欤？而讲约于斯院，亦景仰思齐之意也。第历年既久，栋宇多颓，与士民商之，属其耆老董治修造，同郡讲学诸名公，云集星聚，兴起斯文，其讲院一新之会，而乡约千载之光乎！"① 可见，万历初年的东山书院，既是一邑讲学之会所，也是一邑讲乡约之会所。在湖广永明县，万历末年的知县黄宪卿（1616 年进士）为吉安府大儒王时槐门人，"任内建濂溪祠，遴诸俊乂课业其中，朔望行乡约法，集父老子弟讲圣谕六条于祠"②，使濂溪祠既是讲学之地，又是行乡约教化之地。时人在记中说："每立期会，讲六谕堂上，则矜绅奎聚，叟童鳞集，听之人人矜奋，非仅为昭揭图书吟弄风月地而已。"③ 在黄宪卿看来，讲学之地实乃教化之所。

在宁国府萧雍的《赤山会约》中，已经有六谕诠释的内容。萧雍，号慕渠，宁国府泾县人，万历十一年（1583）进士，授工部主事，升员外郎，出为江西参议、浙江提学副使，致仕归，后以荐复补广东副使、广东左参政、按察使，累疏乞休归。生长于讲学风气甚浓的宁国府的萧雍，对于讲会的教化功能更为重视。他说："吾乡会所，颇多性命之学，名公论之详矣。独计地方风俗寖失其初，及今不返，后何底止，

---

① （光绪）《祁门县志补》不分卷，《中国地方志集成》安徽府县志辑第 55 册，江苏古籍出版社 1998 年版，第 531 页。

② （康熙）《永明县志》卷四《秩官·名宦》，《中国地方志集成》湖南府县志辑第 49 册，江苏古籍出版社 2013 年版，第 51 页。

③ （明）蒲秉权：《濂溪祠碑记》，（康熙）《永明县志》卷九《艺文·记》，第 111 页。

止将一二应遵事宜，胪列如左。"①《赤山会约》是萧雍举行讲会时所设会约，下列遵谕、四礼、营葬、睦族、节俭、正分、广仁、积德、慎言、忍气、崇宽、勤业、止讼、禁赌、备赈、防盗、举行、黜邪、戒党、置产、恤下、闲家、端本等 23 条。遵谕，即遵从圣谕，亦即遵从太祖六谕。萧雍解释说在书院讲学中首遵六谕的原因，乃是"圣谕六条，修身正家之道备矣，……凡为臣民，所当庄诵而恪守之者也。会中宜以是劝"②。萧雍的解说，并没有特别新奇之处。然其"教训子孙"条中说："凡为祖、父者，谁不知教训子孙。其所以教人非也，下者教子孙尚武健，……次之教子孙习举业，取科第，为家计而已。武健原非美事，科第自有分数，不若教子孙孝悌忠信、谦恭退让、切身做人的道理。"③ 从中倒是可以见到晚明民间教子，又不独以科举为先。其释"各安生理""毋作非为"，则合而为一，只因为"安生、非为二句相因，人只为不安生理，便要胡行乱做"④。虽然诠释无多创意，然而在讲学中以六谕为先，可能与罗汝芳之前在宁国府的讲学及乡约宣讲有关，也算是开了晚明、清初高攀龙、翟凤翥等人"讲学即是讲乡约"主张的先河。万历年间以后，在书院中讲六谕的情况渐多。其实书院中讲乡约也算是罗汝芳以来的传统了。四川屏山县有楼山书院，隆庆间府同知吴宗尧"朔望令民讲行乡约于兹，以所撰《圣谕广训注疏》给之，语民以伦理之大"⑤。江西乐平县北乡两河书院在万历四十五年（1617）建成后，"岁时集缙绅、孝廉、父老子弟讲说六谕"⑥。其中较为典型的是耿橘在苏州府常熟县虞山书院的乡约宣讲。

耿橘，字庭怀，河间府献县人，万历二十二年（1594）举人，万历三十二年（1604）出任苏州府常熟知县，修复虞山书院。他在常熟

①　（明）萧雍：《赤山会约》，《丛书集成初编》第 733 册，商务印书馆 1936 年版，第 1 页。

②　（明）萧雍：《赤山会约》，第 2 页。

③　（明）萧雍：《赤山会约》，第 2 页。

④　（明）萧雍：《赤山会约》，第 2 页。

⑤　（明）杨养湛：《楼山书院遗化亭记》，《明代书院讲学考》卷十二，国家图书馆藏抄本。

⑥　（明）邹元标：《两河书院记》，《明代书院讲学考》卷七。

与东林顾宪成、高攀龙等讲学，又于虞山书院行乡约，讲六谕，擢御史而去。虞山书院的会约中规定，即便讲学之会也是可以允许民众来听的，"有志听讲，俱先一日或本日早报名会簿，吏书领至月台上，望圣叩头，就台上东西相向坐于地，人众则后至者坐于庭前地，俱要静默，不许喧哗"，但是"若百姓来会者众，即先讲乡约，讲毕先散"①。而且，在耿橘看来，这样的"变通"一点都不显得迁就，也不会损害讲学会讨论理学的本质，因为"高皇帝乡约就是学道一个好方子，莫说专教小人，吾辈终日所言，何尝出于六谕之外！"② 在耿橘任上，虞山书院是常熟县城中专门举行乡约之所。其所定《乡约仪》中详述了在书院举行乡约的仪式：

1. 凡书院讲乡约，堂上设圣谕牌，台上设讲案（若乡镇讲，不必堂台，但择宽大地场，前设讲案，后设圣牌，圣牌用一黄伞）。

2. 发鼓一通，各照图式班位，东西相向而立。约赞唱"排班"，各就本班中转身向上立。唱"班齐"。

3. 唱"宣圣谕"，铎生出班，诣讲案前，南面立。唱"皆跪"。首铎唱："听着。太祖高皇帝教你们孝顺父母。"次铎唱："教你们尊敬长上。"三铎唱："教你们和睦乡里。"四铎唱："教你们教训子孙。"五铎唱："教你们各安生理。"六铎唱："教你们勿作非为。"众齐声应曰："诺。"齐叩头。

4. 唱"平身"。铎生归班，拜圣。唱"揖、拜、兴、拜、兴、拜、兴、拜、兴、拜、叩头、兴、拜、平身"，唱"分班"，各就本班中转身，东西相向，交拜。唱"揖、拜、兴、拜、兴、平身"。唱"皆坐"，各就本班中本位而坐。官府乡宦坐椅，诸生、约正、副等坐凳，余众坐于地，各不许喧哗。

---

① （明）张鼐：《虞山书院志》卷四《会约》，《中国历代书院志》第8册，江苏教育出版社1995年版，第73页。

② （明）张鼐：《虞山书院志》卷四《会约》，《中国历代书院志》第8册，第74页。

5. 唱"鸣讲鼓"。击鼓五声。

6. 唱"初进讲"。讲生二人出班，诣案前立。唱"皆兴"，各起身。唱"排班听讲"，各转身向上，倾耳肃容，听讲孝顺父母、尊敬长上二条讫。唱"揖、平身"，大众皆揖，平身。诸生复班。

7. 唱"分班坐"，各转身东西相向坐。唱"歌诗"。歌生二人出班，诣案前，歌孝顺父母、尊敬长上诗二章。会众俱和，歌钟鼓之节，俱依阳明先生旧法。歌讫，歌生复班，坐。

8. 唱"进茶"。茶毕，静坐片时。

9. 唱"亚进讲"。讲生二人出班，诣案前立。唱"皆兴"，各起身。唱"排班听讲"，各转身面上，倾耳肃容听讲和睦乡里、教训子孙二条讫。

10. 唱"揖，平身"，讲生复班。唱"分班坐"，各转身东西相向坐。唱"歌诗"。二人出班诣案前，歌和睦乡里、教训子孙诗二章讫，复班坐。

11. 唱"进茶"。茶毕，静坐片时。

12. 唱"三进讲"。讲生二人出班，诣案前立。唱"皆兴"，各起身。唱"排班听讲"，各转身面上，倾耳肃容听讲各安生理、勿作非为二条讫。

13. 唱"揖，平身"，讲生复班。唱"皆坐"，各转身，东西相向坐。唱"歌诗"，歌生二人出班，诣案前，歌各安生理、勿作非为诗二章讫，复班坐。

14. 唱"进茶"。茶毕，静坐片时。

15. 唱"终进讲"。讲生二人出班，诣案前，讲本地方见在孝子悌弟义夫节妇、见监碟斩绞军人等各事实及官府奖励参审词语，高声诵读一遍讫。

16. 讲生复班，坐。唱"歌诗"。歌生齐出班，诣案前，歌孝弟诗三章讫，复班，坐。

17. 唱"进茶"。茶毕，唱"皆兴"，各起身。唱"排班"，各转身向上。唱"揖、平身"。

18. 唱"礼毕"，撤圣谕牌。大众一齐跪请本县教训。本县随宜覆说数句分付。散，各义手缓步而散，不得喧哗笑语。无礼无仪，非吾民也。三尺之童，皆宜遵守。①

整个仪式看似非常烦琐，但却会在约赞的"唱"的指挥下有条不紊地进行。其中主要的环节是两个环节，即铎生宣唱六谕和讲生宣讲六谕。讲生宣讲分四次，每次两人，前三次分别是各讲六谕中的两句，最后一次则是讲地方上的善恶事例。在每次讲生宣讲之后，都有一个歌诗、进茶的环节，所歌之诗即跟六谕的诠释诗有关。这样的安排从教化的形式上可以说很科学，歌诗既重复温习了前面所讲六谕中两条的精神，而舒缓的节奏也可以让会众放松一下紧张的心情，而进茶则可以让会众得到休息，为接下来的听讲做准备。歌诗的为歌生，每次也是两人。唯独在最后一次宣讲善恶人事之后的歌诗，是六名歌生一齐出场，所歌的为《孝弟诗》。礼毕散场之前，耿橘本人还会临场说几句话。临近宣讲时的鼓声、每次宣讲时的歌声、茶毕静候，都能让整个乡约仪式显得肃穆安静。歌生们所歌之诗，则主要是耿橘配合乡约宣讲作了解释六谕的《乡约诗》，以及《孝弟诗》：

孝顺父母诗
问尔何从有此身？亲恩罔极等乾坤。纵然百顺娱亲志，犹恐难酬覆载恩。
尊敬长上诗
等伦交接要谦恭，卑幼尤当肃尔容。慢长凌尊三尺在，谦乂皆吉傲多凶。
和睦乡里诗
同里同乡比屋居，相怜相敬莫相欺。莫因些小伤和气，退让三分处处宜。

① （明）张鼐：《虞山书院志》卷四《乡约仪》，《中国历代书院志》第 8 册，第 81—82 页。

教训子孙诗

人家成败在儿孙，败子多缘犊爱深。身教言提须尽力，儿孙学好胜遗金。

各安生理诗

本分生涯各听天，但能勤俭免饥寒。穷通贫富天排定，守分随缘心自安。

勿作非为诗

为非但顾眼前肥，一作非为百祸随。鬼责人非王法在，看谁作孽得便宜！

孝弟诗

子养亲兮弟敬哥，光阴掷过疾如梭。庭闱乐处儿孙乐，兄弟和时妯娌和。孝义传家名不朽，金银满柜富如何？要知美誉传今古，子养亲兮弟敬哥。要知美誉传今古，子养亲兮弟敬哥。

子养亲兮弟敬哥，天时地利与人和，莫言世事常如此，堪叹人生有几何。满眼繁华何足贵，一家安乐值钱多。贤哉孝弟称乡党，子养亲兮弟敬哥。贤哉孝弟称乡党，子养亲兮弟敬哥。①

耿橘所拟的《乡约六谕诗》，除了在乡约举行时吟唱，也要求平时吟唱。耿橘说："歌诗须会众齐声和歌者，以宣畅人心之和气也。凡我百姓，无论老幼，俱要熟读乡约诗，家常无事，父子兄弟相与按法而歌，感动一家良心，销镕大小邪念，莫切于此。"② 所谓按法而歌，是指歌旁标有吟唱之法，有平、舒、折、悠、振、发等吟字之法，串以钟磬，而每首诗最末一句须重复吟唱。《乡约诗》的内容并无新奇之处。不过，耿橘在《乡约诗》之后还有《孝弟诗》三首，专论孝顺及兄弟之间的互敬。③ 这也可见耿橘于六谕六言之中最重视前孝顺与尊敬二言。讲生们所讲的乡约讲章，根据耿橘的自述，则是以万历二十七年

---

① （明）张鼐：《虞山书院志》卷四《乡约仪》，《中国历代书院志》第 8 册，第 82—85 页。

② （明）张鼐：《虞山书院志》卷四《乡约仪》，《中国历代书院志》第 8 册，第 82—84 页。

③ （明）张鼐：《虞山书院志》卷四《乡约仪》，《中国历代书院志》第 8 册，第 84—85 页。

（1599）出任常熟知县的赵国琦（1595 年进士）的乡约讲章为蓝本的。耿橘说："讲章用前县赵公太室所撰者，用毕本县临时随宜更讲数句，以申圣谕之义，以开百姓之心。"①只可惜，无论是赵国琦的讲章，还是耿橘的临时申讲，都没有留存下来。

在晚明清初时期，书院中建六谕楼的事例也开始多起来。崇祯十一年（1638），真定知府范志完（1602—1643，1631 年进士）重修恒阳书院，在书院内建六谕楼，尽管两年后的崇祯十三年（1640），书院即被改废成督学公署。②六谕楼应该即是一个讲六谕的场所。范志完且在真定府时著有《六谕解》。③在清代的山西潞安府，集六谕宣讲之地、讲学之地以及寺庙为一身的心水书院，反映晚明以来六谕向传统书院的渗透一直延续到清初。缪彤（1627—1697）康熙初年所作的《心水书院记》中说："余同年萧君青令为山西潞安太守，政事之暇，于府治左数十武得隙地，葺而治之，以为讲学之所，而名之曰圣泉寺。寺之中有池，大不过三亩，深不过丈余，其水冬夏不涸，盖有源之水也，池之上筑堂三楹，刻六谕于其上，朔望具冠服率寮属使父老申孝弟之义，子弟歌雅颂之诗，听者如环堵，一时士民翕然丕变，诚哉讲学之明验也。"④萧青令即萧来鸾，江西南昌人。⑤李中白《圣泉寺碑记》云："甲辰（1664）夏，豫章萧公来守是邦，……履斯地，乃步斯冈，见澄然一泓，游鱼可数，斯非圣德沦浃恩泽下逮见于斯池者乎，乃改名为圣泉寺。捐俸鸠工，于农隙之暇经营池之西岸，创为六谕堂三楹，楹南北厢各三楹，月朔望进诸父老子弟阐宣圣谕六条，谆切而提命之。"⑥可见，六谕堂虽然在圣泉寺内，但却是一个讲学和讲六谕之地。因此，缪彤于康熙七年戊申（1668）过上党时，为改圣泉寺名为心水书院，使得其

---

① （明）张鼐：《虞山书院志》卷四《乡约仪》，《中国历代书院志》第 8 册，第 82 页。

② （乾隆）《正定府志》卷六《事纪》，国家图书馆藏清乾隆二十七年刻本，第 49 页上。

③ （乾隆）《虞城县志》卷六《人物》，国家图书馆藏乾隆八年刊本，第 18 页下。

④ （清）缪彤：《心水书院记》，（乾隆）《潞安府志》卷三十四，国家图书馆藏清乾隆三十五年刻本，第 36 页下。

⑤ （乾隆）《潞安府志》卷十六《职官下·国朝》，第 1 页上。

⑥ （清）李中白：《圣泉寺碑记》，（乾隆）《潞安府志》卷三十四，第 32 页下。

更名副其实。

四 教先彝伦：乔时杰《训士六则》

用六谕来教育和规范生员，可以说早在嘉靖十五年唐锜利用学校的教官们来作《圣训演》的时候，就已开其滥觞了。当时的六谕注解，已然不再以"民"为唯一的教育对象，也重视对"士"的教化。但是，毕竟当时还没有完全出现拿六谕来作为士的教育的规范教本。但是，到了晚明，以六谕来规范生员的做法就已经出现。康熙《鄱阳县志》记载鄱阳人江光斗在县学之中以六谕为教："江光斗，字实卿，……万历丙子（1576）以明经授丰城训导。时士风渐偷，斗以邑人徐匡岳理学著名，朔望迎至彝伦堂发杨［扬］理蕴，以风多士，讲毕，复申明六条大义，晓示初学，如是五载，然后儒行始超于厚。"[1] 前述常道立万历十六年任祁门知县后"奉皇祖六谕，行之学官"，亦是一例。但是，直接以六谕阐释为基础来作一个"训士"的文本，清初的乔时杰大约是第一个。

乔时杰，字千秋，河南嵩县人，顺治丙戌（1646）科举人，顺治初任商水县教谕，曾与知县吴道观创修县学之明伦堂。商水在河南省，历明末清初的战乱极为衰败，亟须恢复社会秩序，当地的理学家如耿介、张沐都有积极的作为。[2] 乔时杰至迟到顺治十五年（1658）仍任商水教谕，有该年的《赠同寅商邑令高公》诗为证，而且他还参与顺治十五年《商水县志》的修纂。在任上，他与知县吴道观在以六谕行教化方面理念接近。吴道观，字颙若、容若，号远田，桐城人，顺治六年（1649）进士，授商水知县，顺治十年曾重修商水县城，后以治最行取，不果，反中吏部考功司议，罢黜。因此，吴道观的仕途从商水起，也在商水县终结。吴道观是继原英煌后的第二任商水知县，恢复社会秩序为当务之急。顺治帝重颁的明代六谕，被吴道观拿来当作教化的重要

---

① （康熙）《鄱阳县志》卷十一《人物志·宦迹》，第753—754页。

② 参见何淑宜《清初河南理学家与地方秩序的恢复》，《明代研究》第22期，2014年。

工具，当然更有因为顺治帝重颁六谕的影响，所以其《乡约六说》中的首句就常常是"圣谕有曰"如何如何。① 乔时杰当时的身份是县学教谕。他协助吴道观在教育方面做了一些贡献，包括在大成殿之侧重修了商水县学的明伦堂。② 在六谕的宣讲上，乔时杰著有《训士六则》，以教化士子。

教化对象的特殊性决定了《训士六则》的独特性，即除了一般地讲述六谕所蕴含的孝顺、尊敬等道理外，还要反复以读书的士子为取譬开喻的对象。例如，在"孝顺父母"条的解释中，乔时杰在说完父母养育之恩后说："今人做了秀才，便说我是天上人，那老汉老婆中甚用，不去理他，甚至还要打骂。"③ 秀才便是明清时代府州县学生员的俗称。乔时杰接着说："父母教我做好秀才，我就奋志勤学，必期文章出众，如此则父母之心便常欢喜，不烦恼，可谓孝子，可谓顺人，异日翱翔皇路，亦可以为忠臣矣。"④ 在"尊敬长上"条，乔时杰起首便说："读书人存心要公而大，不可私而小。盖此心公便大，私便小。公而大，是大人度量，大学问、大识见、大作为，大故能容物，能干大事，不屑屑在己身上计较。私而小，是小人度量，小学问、小识见、小作为，小不能容物，不能干大事，只屑屑在己身上计较。然何以能公能大？惟好义而不好利之故。义者，天理之宜。好义之士，此心明于分谊，刚强不屈，真见得此身亲生之，君食之。"⑤ 大概因为面对的是士子，乔时杰讲的便是大道理。而且，正像前述讲孝顺父母时最后落脚到"可以为忠臣"五字上，面对读书人所讲，最后都得讲忠君报国的大道理。"尊敬长上"条接着说："凡吾之身，若非食君长之水土，何以得成此身？吾身之功名，若非蒙君之恩典，何以得成此名？今将此身去报君恩，尚恐报称无地，反忍以此身去抗傲君长乎？必此心时时顶戴君

① （民国）《商水县志》卷十三《丽藻志》，《中国方志丛书》华北地方第 454 号影民国七年刊本，台北：成文出版社有限公司 1975 年版，第 591—598 页。
② （民国）《商水县志》卷九《学校志》，第 459 页。
③ （民国）《商水县志》卷十三《丽藻志》，第 600 页。
④ （民国）《商水县志》卷十三《丽藻志》，第 601 页。
⑤ （民国）《商水县志》卷十三《丽藻志》，第 601 页。

长，无事时早完国税以尊敬之，有事时急公赴难以尊敬之，方是个秀才。"① 至于一般的对伯叔父兄执子弟之礼的道理，反而只是在最后的部分稍加叙述而已。且如"各安生理"一条，虽然起首讲士农工商皆有生理，但却用极大的篇幅讲士子应如何读书："秀才以读书为事，便当安于此，而不可妄为。早起晚眠，昼夜勤苦，书中理趣，实实穷究明白，看通章主意何在，上下血脉贯通处与发端结穴处，俱要得其神情。且圣贤言语，不独是说他身上道理，便是人人共有的道理，须要将他言语体贴到我身上，存心制行，毫不敢违，方能读书有得。至于文字，要选脉落清真、词语风雅、法度高古者熟读详玩，每读一遍，便要将此题在自心中揣摩一番。我要这等做，却去看此文是如何做，必尽得其窍妙。若我所揣摩者有合于他，亦可自信，其不合他处，便可正我之非，细心体贴，方有进益，方可放过。此便是安于读书生理。"②

由于对象是读书人，虽然所讲内容总体上通俗，但较之面对民众讲得更深奥一些。在"和睦乡里"条，乔时杰一则延续自罗汝芳以来惯用的由万物一体的哲学思想延伸到和睦乡里的叙事逻辑。他说："圣贤视万物为一体而不忍伤，况乡里乎？"又说："吾谓万物一体，非甚难事，只要存个大公无我之心，不可只顾自己，不管他人死活，须是见人有福，即如自己得福而为之庆幸，见人有祸，即如自己得祸而为之愁苦。不然，尔即嫉他有福，岂因尔之嫉而减其福？尔好乐他有祸，岂因尔之乐而更加其祸？此等心肠，徒折自己之福，丛自己之祸耳。存此心者，断不能与人和睦。"③ 但是，在这一章中他不仅强调读书人要和睦乡里，更强调士子要做乡里教化的表率。他说人们之所以不和睦，是因为没有人"以仁义之道开明其心"，而需尽此责任的人便是读书人，要"为庶人倡"。他说："今秀才固俨然士也。士为四民之道，有表率之责焉。"④ 有时候，乔时杰不免与士子们咬文嚼字。例如，在"和睦乡里"

① （民国）《商水县志》卷十三《丽藻志》，第601—602页。
② （民国）《商水县志》卷十三《丽藻志》，第605—606页。
③ （民国）《商水县志》卷十三《丽藻志》，第603页。
④ （民国）《商水县志》卷十三《丽藻志》，第603页。

条中，乔时杰甚至还分"和"与"睦"为二，称："和者一团和气，不乖戾，不忿争也；睦者，相亲相厚，不离心，不离德也。"① 在"毋作非为"条中，乔时杰说："毋者，禁止之辞。作，即是行。非是邪僻。为是干的事。非为者，不由正道不是天理路上事也，如盗窃、奸淫、酗酒、赌博等事，俱非正道。"②

---

① （民国）《商水县志》卷十三《丽藻志》，第604页。
② （民国）《商水县志》卷十三《丽藻志》，第606页。

第九章

教化宗藩：从宗约到《皇明圣谕训解》

六谕本是朱元璋颁布的《教民榜文》的内容，其针对的对象是庶民群体。在15世纪王恕的诠释中，六谕的目标群体可能只是底层的庶民，甚至不包括读书人的士人群体，"各安生理"中很少列举"士"的读书应举作为生理之一就是证据。官员们的诠释，逐渐使六谕不仅面向庶民，也面向士大夫。到了嘉靖十五年（1536）唐锜《圣训演》的时候，士人的读书应举便成为重要的"生理"之一，显然士大夫是教化的对象。随着六谕宣讲的重要性不断提升，以及士人对其诠释的重视、朝廷的反复提倡，越来越多的人认识到六谕所包含的道不仅仅是"愚民"所需要了解的，也同样是读书人、为官者所应该掌握的。到16世纪后期，更多的变化发生在六谕的目标群体上——明朝皇帝的宗室子弟也成为六谕"教民"的目标群体。当然，面对宗藩子弟，六谕的诠释方向与教民不同，诠释时的取材也会不同。以教育宗藩为目标的六谕诠释文本《皇明圣谕训解》，在万历年间明代宗室最集中的地区——河南——开始出现。

一　宗约和以六谕教化宗室

在皇室藩王间实行乡约，现在最早的例子是15世纪末16世纪初的鲁王府，有收入《鲁藩别乘》的朱阳铸（约1445—?）的《族约》为例，是以《吕氏乡约》为蓝本。① 以六谕来教化宗室，约始于万历二十二年（1594）。该年二月癸酉，巡抚山西右佥都御史魏允贞请兴宗学，立宗约，令长史、教授择齿德者任之，得到朝廷允准。②《明神宗实录》记载："（万历二十二年二月）癸酉，山西巡抚魏允贞请于无宗学王府立宗约，令长史、教授群聚宗室，择有齿德者为表率，每月定期讲解圣谕、《大明律》并有关伦诸书，宗人犯罪，重则参处，轻则启知亲郡王戒饬，仍令有司稽核长史、教授勤惰。部覆，得允。"③ 选择年龄较大、有德行的宗人为宗约，类似于乡约之中择高齿有行的乡人为乡约、约正的做法。实际上，朝廷在宗室之间推行宗约，正是完全借鉴了乡约的做法，而其讲圣谕、讲《大明律》的做法也与乡约若合符节。毫无疑义，宗约的实施就是晚明乡约向皇室宗亲推广的结果。所称的"讲圣谕"，大概是讲圣谕六条。但是，万历二十二年（1594）在各地宗室之间立宗约之做法虽得朝廷允行，但实际上似乎并没有得到广泛的施行。万历三十七年（1609）十一月，山西巡按乔允升（1592 年进士）就上言"宗室宜兼教刑之用"。其疏云："大同系代藩分封之地，山西系晋、沈两藩分封之地，总计衣租食税共七千八百八位，其无名封庶宗不与焉。大同苦宗室，甚于苦虏。晋、沈两亲王所辖，如靖安、沁水、西河诸王，皆号称贤王。惟蒲州山阴、襄垣之交恶不解，绛州俊末、充鳜等骨肉相残，霍州怀仁之宗民交构，泽州朱玉桃之殴死人命，皆出代藩分支，岂其性与人殊哉？教化疏而制统废也。臣以为宜听亲王、郡王各管理府事，督率各宗立宗约所，有长，有讲，有史，有督，有友，而教授、审理等官亦各任其职事，一如乡约例，讲明高皇帝训典及经史诸书，登记善恶于籍。其有成德达材可堪作养者，听提学道考较入学。讲之三年，果有成效，亲王类报于朝廷而旌奖加焉。至于长恶不悛，难以化诲者，祖宗法制未尝不严，请以其权统制于两亲王，如近晋者辖于晋，近沈者辖于沈。其有名封将军、中尉等爵，所犯不法，皆请命于

① 吴艳红：《鲁藩的〈族约〉——明代宗藩的自治主张》，《古代文明》2024 年第 1 期。
② （清）谈迁：《国榷》卷七六，万历二十二年二月癸酉条，第 4723 页。
③ 《明神宗实录》卷三二三，万历二十二年二月癸酉条，第 5019—5020 页。

王，重加处治，岁终报命朝廷，或亦保全之一道乎？"① 当时皇帝以其议下礼部议，后来回复及批准的情况不明。乔允升提出来的"刑"的改易，就是让晋、沈二王可以兼治代府宗室，而"教"的内容，则主要是立宗约所，设"长、讲、史、督、友"等职，使宗约真正地运行起来，而其运行规制则"一如乡约例"，除了要讲明太祖高皇帝的训典及经史诸书之外，还像民间的乡约一样立善恶二簿以籍记督察。

宗约在万历年间的推行虽然看起来效果并不明显，但像所有的乡约实施一样，有约必有讲，有讲就必有文本。宗约推行的同时确实留下了《宗约》这样的文献。明人王一鸣《宗约序》云："郭中丞填楚，请剞劂《宗约》。上可其议，明诏宇内于所请，其虑深远矣。约以圣谕六言为标，言各附令甲、注疏、劝戒，洋洋如也，纚纚如也。豫州跨恒倚岱，列六大国，相错如绣，宗室附肺且几数万万人，其被湛𬇙之泽而受约束之教，惟豫州最先且广。"② 王一鸣，字子声，又字伯固，号石廪，又号参上，湖广黄州府黄冈县人，万历十四年（1586）进士，授太湖知县，调临漳知县，卒于官。在湖广地区请求刊刻《宗约》的"郭中丞"，当为万历间曾任湖广巡抚的郭惟贤。郭惟贤（？—1606），字哲卿，号希宇，晚年更号愚庵，福建泉州府晋江县人，万历二年（1574）进士，授清江知县，升南京御史，以弹劾冯保谪江山县丞，随即复官御史，改南京大理评事、南京户部主事、南京吏部郎中、南京尚宝司丞、南京通政司参议、应天府丞、顺天府丞，万历二十一年（1593）以佥都御史巡抚湖广，万历二十三年（1595）召入京，后升左副都御史。黄克缵在为郭惟贤所撰行状中说："壬辰，……以佥都御史巡抚湖广。楚固大藩，为世宗龙飞之地，分封八王，宗人强悍。……江夏令听讼，误刑一庶宗，诸宗群噪，欲甘心于令。公以理开譬之，且上疏请薄罚令，而申明宗约，令无轻犯有司，楚宗贴然。"③ 郭惟贤之所

---

① 《明神宗实录》卷四六四，万历三十七年十一月戊戌条，第8764—8765页。

② （明）王一鸣：《朱陵洞稿》卷二十九，国家图书馆藏清抄本。

③ （明）黄克缵：《数马集》卷四十六《通议大夫户部左侍郎赠都察院左都御史谥恭定愚庵郭先生暨配累封恭人赠淑人包氏行状》，商务印书馆2019年版，第579—580页。

以在湖广申明《宗约》，也是因为湖广是明代藩王分封较密的地区。

王一鸣所序《宗约》产生于湖广（楚），经王一鸣携入河南（豫），在河南进一步得到地方官员的支持和流布。王一鸣《宗约后序》云："不佞由荆适豫，则载方伯泰和郭公《宗约》以行，既上谒大中丞，则知上以郭中丞请付杀青，遍教诸侯王。"① 王一鸣"由荆入豫"的时间，应是在万历二十二年（1594）。② 《宗约》作者"方伯泰和郭公"，则可能是曾任湖广右布政使的郭子章。郭子章（1543—1618），字相奎，号青螺，江西泰和县人，隆庆五年（1571）进士，万历二十一年（1593）冬十月到万历二十三年（1595）冬十月间任湖广右布政使。③ 年谱记载郭子章万历二十二年（1594）处理宗藩禄米之事："九月，公散楚藩禄米数万金。惩旧额中渔，辄以原封面发宗室。诸宗室感激欢舞，镌碑颂公德政。"④ 可见，郭惟贤、郭子章在湖广时，要处理的宗室事务委实不少。或者正是在这种背景下，他们都觉得将朝廷在宗室中推广乡约的政策落实下来是有必要的。郭子章在万历十五年（1587）冬十二月曾作《圣谕乡约录》，⑤ "首刻圣谕六条，次三原王尚书注、先师胡庐山先生疏，并律条、劝戒为一卷，次朱文公增定蓝田吕氏乡约为一卷，敬书今上俞魏、沈二公疏冠于篇首，题曰圣谕乡约录"。其作品中辑录了王恕注、胡直疏、相关律条、劝戒故事以及《吕氏乡约》，以及当年请求推行乡约的左副都御史魏时亮和沈鲤的疏。⑥ 不过，郭子章所作的《宗约》现不可见。从王一鸣《宗约序》来看，《宗约》是以明太祖六谕为纲，圣谕六言的每一句话之后都会附以法律（令甲）、注疏和用以劝戒的善恶故事（劝诫）。对于郭子章来说，也不过是将一个熟悉的教化模式从庶民与士人转向宗室人士而已。然而，在

① （明）王一鸣：《朱陵洞稿》卷二十九，国家图书馆藏清抄本。

② 《传是楼书目》著录王一鸣《甲午中州武录》一本，抄本。参见徐乾学《传是楼书目》第五册，国家图书馆藏刘氏味经书屋清道光八年刊本，第33页上。

③ （明）郭孔延：《资德大夫兵部尚书郭公青螺年谱》，《北京图书馆藏珍本年谱丛刊》第52册，北京图书馆出版社1999年版，第535—536页。

④ （明）郭孔延：《资德大夫兵部尚书郭公青螺年谱》，第535—536页。

⑤ （明）郭孔延：《资德大夫兵部尚书郭公青螺年谱》，第529页。

⑥ （明）郭子章：《蠛衣生粤草十卷蜀草十一卷》蜀草卷二《圣谕乡约录序》，第623页。

明清时代的六谕诠释史上，这无疑又是六谕诠释的一种新的形式。教育的目标对象既上升到明代的宗室贵族，也就会有新的诠释内容与特点。

二　编纂缘起及内容特点

宗约出现在湖广，而后又刊行于河南，但可惜今未见存本。然而，万历晚年以教化宗藩为目的的另一种六谕诠释文本《皇明圣谕训解》，[①]也同样出现在河南。河南是明代宗藩最繁盛的地域。早在嘉靖初年，霍韬（1487—1540）在疏中就指出，"洪武初，在河南开封府惟分封一周府而已，今郡王已增三十九府，辅国将军增至三百一十二位，奉国将军增至二百四十四位，中尉、仪宾不计也，举一府而天下可知也"[②]。因此，以宗藩为教育对象的六谕诠释文本反复地出现在河南，是可以理解的。而且，推动以六谕对宗藩进行教化的，仍是省一级的官员与机构——河南巡抚及河南布政司。

《皇明圣谕训解》首载《河南等处承宣布政使司为条议劝善以维宗风事》，详细地记载了编纂缘起。万历三十八年（1610）九月初三日，巡抚河南右佥都御史李某与巡按曾某商议说，河南"周藩宗室最为繁衍，中间循理向善者固多，至于恣纵非为者亦每每有之"，于是命布政司会同按察司"逐一查议周藩宗室中有未曾读书不知礼法者，作何劝谕，应以何项书籍何项条例讲解训戒"。布政、按察两司随即札行王府周长史、苏长史，而两长史随即具启周王。周王令旨，命"长史司即便会同开封府，用何项书籍条例有裨于劝惩宗室者，摘查紧要数款回复，一面行各郡府教授启王及管理府事，谕令各宗务要恪遵法纪"。之后，王府长史司即"会同开封府署印马同知查将圣谕六言备开于前，

---

① 《皇明圣谕训解》，不分卷，不著撰人姓名，日本东京大学东洋文化研究所藏明万历间刊本，仁井田陞教授旧藏，《域外汉籍珍本文库》第二辑史部第九册影印，西南师范大学出版社、人民出版社2011年版，其提要称其"每半页有界栏，九行二十字，小字双行，四周双边"。赵克生《明朝圣谕宣讲文本汇辑》亦收录。

② （明）严讷：《谨□为际遇□时竭愚忠以少图报塞事》，《宗藩条例》，《北京图书馆古籍珍本丛刊》第59册，第338—339页。

略采历朝宗室奖戒事实及《宗藩要例》《大明律例》复缀于后，集成一帙"，"启知国主，请于东书堂设立圣谕牌位并置纪善、纪恶二簿，令纪善官董其事，各该管王府亦如之，令教授等官董之。每遇朔望之期，各该教授启王并管理府事知会，先期于本王府点集所属各宗，将圣谕并要例熟讲一二徧，随即率领至端礼门，候国主升殿朝点毕，齐赴东书堂，于圣谕牌位香案前如仪行五拜三叩头礼，毕，各拱立静听讲解，不许参差喧哗，狎侮圣言，违者听纪善所等官纠之。如一次、二次不到听讲者，量加罚治，仍令各教授同各门头公举各宗所为善恶事迹直书于簿，不得狥私隐护。如善行多者，本王府奖外，仍开报上司，置扁优奖，恶行多者，本王府罚外，仍报上司移文戒饬。又有始为不善后能改行为善者，亦准开报，一体依纪善例奖赏，庶几闻圣谕之谆切，则竦然感发其善心，睹要例之森严则凛然潜消其逸志"。之后，王府长史司又"开具款目书册会呈到（布政）司"，布政司与按察司以为其书"首圣谕以动其祖德之思，演条款以指示趋向之的，附之律文用昭朝廷法纪，撮之藩例取其切于事情，而又置立文簿，摘记行事善者可备旌奖，恶者许以自新，斯皆于风厉宗藩之术足有裨益，相应准呈，伏乞本院再赐裁酌，以凭刊布书册，颁示讲读"，"因备开劝解款目古今事实书册并纪善纪恶文簿具由于十月初五日呈"，"蒙抚院李详批如议刊布，着实举行"，而巡按要求"该司仍圈点明白，俾令易晓，刊布书册，分发各王府查照着实举行"。① 可见，此书编纂之缘起乃是万历三十八年（1610）九月初三日巡抚李某、巡按曾某的提议，并且得到时任周王朱肃溱的支持，具体编纂者则是周府长史周某、苏某及开封府同知，且在十月初编成，而负责圈点与刊刻则是河南布政使司。

这一系列参与编纂《皇明圣谕训解》的人物，有生平大致可以考出。时任巡抚河南右佥都御史的李思孝，直隶大名府东明县人，历昌乐知县、御史，官至佥都御史，巡抚河南。他身为河南一省的高官，是能深切感受到藩王对地方社会所造成的压力的。巡按或为曾同升，万历三

---

① （明）李思孝：《皇明圣谕训解》，《域外汉籍珍本文库》第二辑史部第九册，第547—548 页。

十五年（1607）授御史。时任周王为朱肃溱（1563—1635），隆庆六年（1572）封为周世子，万历十四年（1586）袭封周王，崇祯八年（1635）八月二十四日逝世，享年七十三，谥端。负责具体编纂的周姓和苏姓长史不可考。开封府同知当即马致道，直隶任丘县人，万历三十七年（1609）始任开封府同知。在编纂的过程中，周王府的两位长史和开封府同知马致道是直接负责具体编纂的人物。《皇明圣谕训解》编纂完成后，在周王府还开展了宗约的教化活动，并由王府长史司呈报河南布政使司，再由布政使司与按察使司呈报河南巡抚李思孝。李思孝充分肯定了《皇明圣谕训解》的价值，要求河南布政司刊布。《皇明圣谕训解》的编纂与刊行皆由李思孝动议，因此往往署名李思孝编。

　　《皇明圣谕训解》对六谕中每一条的诠释都大致分为四部分：其一，对六谕的演绎；其二，宗室子弟何以尤其要遵六谕的道理，列举古代及当朝宗室相应的正反事例，或称为"古今事实"[1]；其三，征引《大明律例》和《宗藩要例》；其四，列举善恶报应两方面的事例，即"报应二条"。

　　对于六谕道理的诠释，《皇明圣谕训解》并无特别之处，如"孝顺父母"条的诠释，也是先讲为何要孝顺父母，先说父母生育的艰难，再说孩童孺慕父母的自然之心，又以乌鸦反哺、羊羔跪乳的例子来讥刺不孝之人不如禽兽，然后讲如何孝顺父母，包括父母平居、有疾、有命及有过时应如何行事，[2] 基本不离王恕、罗汝芳诠释的框架。具有特点的是六谕诠释的第二部分，即宗室子弟应当且如何遵行六谕。这一部分，通常是以"况有宗室"一语转折而来。"孝顺父母"条的诠释中，《皇明圣谕训解》在诠释完孝顺父母的大道理之后，说："况我宗室，衣租食税，皆是父母承太祖深恩传与我的，比那庶民劳神苦形营置些须田产以遗子孙者恩德更大，如何可以不孝顺？"[3] 然后接着以历史上的、本朝的宗室的正面的或反面的事例来教导宗室听众。"孝顺父母"条

---

① （明）李思孝：《皇明圣谕训解》，第 554 页。
② （明）李思孝：《皇明圣谕训解》，第 549 页。
③ （明）李思孝：《皇明圣谕训解》，第 549—550 页。

中，正面的例子有汉东海王刘臻、南齐宜都王萧鑑，反面的则有汉常山宪王之子刘勃、唐巢剌王李元吉，又举本朝的正面的例子弘治年间韩府的辅国将军朱征钵、鲁府镇国将军朱阳铢、嘉靖间周府鄢陵王朱睦杓，反面的例子如汉庶人之子朱瞻圻、正德间庆成王弟朱奇涧、嘉靖间岷王朱彦汰。① 第三部分征引律例，像"孝顺父母"则引了《大明律例》"凡子孙违犯祖父母父母教令，及奉养有缺者，杖一百"一条及《宗藩要例》中"宗室中有孝友兼至，及妇女守节贞烈，足以激励风化者，各具实迹奏闻以凭核勘明白，或立坊旌表，或请敕奖谕，或加赠封号，长史教授官并宗仪人等，不许需索抑勒，亦不许扶同欺罔，有孤恩典"，② 而《宗藩要例》所征引的一条却似乎与"孝顺"并无关联。第四部分为"报应二条"，即善报与恶报。例如，"孝顺父母"条列举了陆政、熊衮、董永三人孝顺的善报，以及王三十、张法义、虹县张宁、福州郭长清等四人不孝顺的恶报。③ 对圣谕六言的其他五句话的诠释也大致依此逻辑和层次展开，有时候第二、三部分的次序会进行倒换，例如"尊敬长上""教训子孙"条便是先引《大明律》或《宗藩要例》，然后再列举古代及当朝宗室相应的正反事例。④

充分譬喻开导宗室子弟何以尤其要遵六谕，是《皇明圣谕训解》中最大的特色。由于教育的对象是身份尊贵的皇族宗室，如何劝谕他们尊敬长上、和睦乡里、毋作非为，就显得尤为重要。"尊敬长上"条中说："况我宗室中长上，皆是天潢尊辈，更比民间不同，为卑幼的，敢不尊敬？就如地方官长，都是朝廷命臣，可不加敬？此皆尊敬长上之类，若自恃我是皇家宗派，将高年的任意欺凌，便违却尊敬之谕，戒之戒之。……凡人家子弟，多因少时骄傲成性，不知以礼义自束，或以卑凌尊，或以幼傲长，或以疏贱辱尊贵，此等气度，宗藩尤易染也。"⑤ 之后再举南齐豫章王萧嶷、唐韩王李元嘉为正面的例子，汉楚王刘戊、

---

① （明）李思孝：《皇明圣谕训解》，第549—550页。
② （明）李思孝：《皇明圣谕训解》，第549—550页。
③ （明）李思孝：《皇明圣谕训解》，第549—551页。
④ （明）李思孝：《皇明圣谕训解》，第552页。
⑤ （明）李思孝：《皇明圣谕训解》，第552页。

唐濮王李泰为反例。此后，"尊敬长上"条便极论明初祖训中的嫡庶之序，不仅举明成祖朱棣以嫡长子朱高炽为太子，以及明仁宗朱高炽禁蜀府华阳王朱悦耀谋夺嫡孙朱友垍之位，作为正面的例子，还举了荆府中朱载墭、朱载塎之交构，广元王府朱宪㮴致摄之纵恣等反面的典型。[①] "和睦乡里"条谈到明代宗室的特性说："我宗室本无乡里，但住址相邻，田土接壤的，便是乡里。今宗枝繁衍，同四民治业，有耕于野者，有贾于市者，有学于乡校者，在在皆是乡里。……公族为朝廷枝叶，乡里又公族枝叶。"[②] 公族即宗室。经数百年繁衍和若干代的传承，宗室中远支贫庶之人，虽然身份上仍与四民不同，但居住与生活业计却渐渐地混同于四民了。"和睦乡里"条讲古今事实时，除举明太祖敕太子访求故老、敕诸王勿侵民田为正面的例子外，还批评了当时宗室的横行乡里："今日宗室，在一城则一城苦之，在一乡则一乡苦之，在一里则一里苦之，非祖宗本意。当思我辈禄粮，皆从乡里田野中来。吾而暴横乡里，则人民逃散，禄粮谁与供办？"[③] "和睦乡里"条进而提议说，富厚的宗室"当思邻里乡党，有相胡之义。吾幸世禄有余，或建书院以养士，或立义仓以哺民，水旱凶荒，不吝赈济，乡邻攸赖，免于盗贼"，这样做"不特为乡党，且以为国家"[④]。宗室身份特殊，因此教训子孙也就更为重要。"教训子孙"条中说："况我宗室子孙，承祖宗荫庇，安衣坐食，最易游荡。"[⑤] 教训子孙的正面的事例，举了隋蔡王杨智积、唐郁林王李祎，反面的例子则有唐蜀王李愔，明朝的正面例子则是朱元璋训子，好的效果如蜀王朱椿之好学，不好的效果则是齐王朱榑之骄纵。

至于各安生理，对于宗室成员来说最是微妙。宗室子弟享受朝廷的俸禄，原是不需要理会生存之道的。"各安生理"条针对宗室的要求，就是要求他们在朝廷颁给的俸禄之内节俭行事、周济宗人，鼓励

① （明）李思孝：《皇明圣谕训解》，第552页。
② （明）李思孝：《皇明圣谕训解》，第554页。
③ （明）李思孝：《皇明圣谕训解》，第554—555页。
④ （明）李思孝：《皇明圣谕训解》，第555页。
⑤ （明）李思孝：《皇明圣谕训解》，第556页。

宗人自食其力，说："四民之业，虽不可尽责之宗室，而本分中之生理，愿与诸贤宗共安之。今各宗禄粮未支，先已借贷，一领到手，俱归债主，问其所以，非为酒食游燕之费，则为赌博淫荡之资，此岂能安生理者哉。当念我朝制禄之艰，小民供奉之苦，服食婚丧，俱崇节俭，则禄之厚者，一季即可充一年之用，禄之少者，一位亦可供一家之养，不必营求，自无失所。又有禄粮最厚，蓄积最多者，当于宗室中有名无禄、饥寒难度、婚丧难举者，量加赈济，是又亲亲之仁，又从安生理中推以及人者也。"① 并且感慨说："今城禁少弛，耕贾不禁，一切无名无禄之宗，不为生计，徒恣赌博荡淫，废时失事，何不謷謷自枵其腹哉！"② 雷炳炎对明代宗室犯罪的研究指出，"正德以后，宗室内部两极分化问题不断严重，宗禄问题导致下层宗室生活无着，宗室胡作非为十分普遍，并发展为地方社会的公害"③。在这种情况下，宗室能否节俭、适当从事耕贾等生产活动，是有重要意义的。"毋作非为"作为六谕中具有禁止力的一条，并不因教化对象是宗室而有所放宽，所谓"明有国法，幽有谴报，虽是天潢，谁能逃得"④。相反，由于明代朝廷对王府设置了诸多的限制，又因王府犯罪而不断以例的方式补充，这一部分显得特别丰满和充分。雷炳炎先生指出，"嘉隆万时期，宗室犯罪成为与宗禄问题并难处置的社会问题"⑤。劝宗室各安生理可以协助解决宗禄问题，而"毋作非为"条的诠释，则对宗室犯罪的禁约意味更重。

《皇明圣谕训解》末附实行宗约时的纪善簿、纪恶簿的内容。其中，善款八条，分别是救人贫苦、尚节俭、能受辱容忍、赡宗亲、劝化宗人、劝解宗人间争闹、修桥补路等，恶款九条，分别是：第一，不孝父母，服内宿娼开筵作乐者；第二，卑幼欺慢尊长、兄弟互结冤

① （明）李思孝：《皇明圣谕训解》，第 558 页。
② （明）李思孝：《皇明圣谕训解》，第 560 页。
③ 雷炳炎：《明代宗藩犯罪问题研究》，中华书局 2014 年版，第 63 页。
④ （明）李思孝：《皇明圣谕训解》，第 560 页。
⑤ 雷炳炎：《明代宗藩犯罪问题研究》，第 64 页。

仇者；第三，宠妾凌妻、夺嫡立庶、弃长立幼、侵压孤寡、逼嫁夺产、欺压卑幼、占业坑资者；第四，逞凶泼骂人打人、强买货物、硬主事情者；第五，淫恶光棍刁拐良家妇女者；第六，虚捏文约赖人财产或放债还完索利无厌，将受债人擅拷者；第七，造私钱假银、信邪人烧炼、结党白莲无为夜聚明散、奸污妇女者；第八，造言生事、弄巧行奸、好讲闺门是非、惯帖匿名谣语、破败人家好事、离间人家骨肉者；第九，开场赌博、帮闲绰揽、打鸡斗狗、酣饮无节者。但是，也提出了，像"斋僧济道、修寺建塔、塑神念经、吃斋设醮"等事，乃是"诳渎鬼神，妄徼阴福"，不算善事，不足纪录，若有善事在"条件外者"不妨纪录，而像围棋、双陆、投壶之类，乃是闲暇消散乐事，不算乐事，若有恶行在九款"条件外者"，"不妨尽录"。① 从中可以看到，纪善簿、纪恶簿的设计除一般的道德提倡与禁约之外，对宗室间的互助与和睦提出额外要求。例如，纪善簿共 6 条，其中的第四、五、六条涉及宗人的善事，均与宗室相关，强调"宗亲贫老无依，能收养给衣食者为善"，"宗人有不省事胡为的，能以理劝化不陷于辱者为善"，"同宗争闹，能解释平和者为善"。② 收养宗亲中贫老无依一条，最能反映晚明宗室贫困的现状，尤其是在"贫宗"尤多的河南，万历二十二年（1594）的统计显示河南的贫宗有 4000 余位。③ 而纪恶簿中所列九种恶行，恰恰反映了晚明宗室的胡作非为到了非常严重的地步，像其中恶行的第四条——"宠妾凌妻，夺嫡立庶，弃长立幼"——在晚明宗室中越来越常见。

三　对本朝事例及律例的征引

与其他泛泛地谈论孝顺、尊敬伦理的六谕诠释文本不同，《皇明圣

---

① （明）李思孝：《皇明圣谕训解》，第 565—566 页。
② （明）李思孝：《皇明圣谕训解》，第 565 页。
③ 参见梁曼容《贫困的贵族：明代下层宗室的阶层固化与特权异化》，《中国史研究》2022 年第 2 期。

谕训解》因为专为宗室而作，其针对性更强，现实性也更强。《皇明圣谕训解》的诠释中，本朝宗室的事例以及关于宗室的法律规定特别丰富。考察一下它们的来源，是有意思的。

《皇明圣谕训解》"孝顺父母"条中采纳了宗室朱徵铧割股疗亲、朱阳铢、朱睦㭎孝友的故事，又记载了朱瞻圻、奇涧、彦汰不孝之事。前者都是朝廷褒奖过的宗室典型。《明孝宗实录》卷一四八载："（弘治十二年三月）乙亥，……韩府辅国将军徵铧以其父镇国将军范堁病笃，刲股和药以进，既而父病愈。……韩王偕灊以闻，并请如例赐敕奖谕。从之。"[1]《明武宗实录》卷八载："（弘治十八年十二月）乙亥……鲁王奏钜野王府镇国将军阳铢……少丧父，即知哀慕，触地流血，几致殒生，长能事母，备甘旨，谨医药，有疾蕲以身代，比殁，哀毁葬祭咸与礼合，兹年近六十，言及犹哽涕不已。其兄弟友爱笃至，预修同室之圹，即死亦不忍离。山东旱饥，又尝疏减常禄以助赈恤。愿建坊其门，特赐嘉名，以褒扬之。礼部议覆。上曰：'宗室中有贤行如此，朕甚嘉之。其赐坊名曰彰善嘉义，俾宗室有所劝焉。'"[2] "睦㭎"实则是"睦㭏"之误。王世贞《弇山堂别集》卷三十四《郡王》载："周府……鄢陵王……今王睦㭏嗣，乐善孝友，年七十二时世宗嘉之，今九十余。"[3] 不过，《实录》中并无嘉靖帝嘉奖朱睦㭏的记载。朱瞻圻为汉王朱高煦第二子，洪熙元年（1425）二月以汉王诉其不孝不忠，斥凤阳闲住。[4] 所引朱奇涧兄庆成王上奏请冠带之事，实录不载，唯《礼部志稿》卷七四记载说："正德三年十一月，庆成王奏弟奇涧授封镇国将军，缘事降革，乞要比照钟铪事例，赐给冠带。该本部题，奉武宗皇帝圣旨：'奇涧所犯，系是抗拒父命，不孝之名难道，却又打死平人等，情重事实，难准与冠带，惩部里还行文与长史司，启王知会，再不必奏扰。'钦此。"[5] 朱彦汰不孝之事，实录有记载。《明世宗实录》卷五九

① 《明孝宗实录》卷一四八，弘治十二年三月乙亥条，第2606页。

② 《明武宗实录》卷八，弘治十八年十二月乙亥条，第256—257页。

③ （明）王世贞：《弇山堂别集》卷三四，中华书局1985年版，第605页。

④ 《明仁宗实录》卷七上，洪熙元年二月上，第231页。

⑤ （明）俞汝楫：《礼部志稿》卷七四，"请复先爵"条，第271页。

载："初南安王彦泥以岷王彦汰浸凌致忿，奏其忤逆不孝，欺诳朝廷等事。彦汰亦奏称彦泥通番劫财，杀人害众，奸淫内乱，大伤国体，不服钤束。上命司礼监左少监李瓒、大理寺左少卿徐文华、锦衣卫署都指挥使王佐往按之。至是，以状闻。都察院覆议，谓情罪俱当，难以轻纵。上以彦泥奸贪淫纵，残忍不仁，杀人害众，有亏伦理，妃李氏惨毒凶悖，肆意荒淫，有玷宗室，俱革封爵，发南阳高墙，彦汰幽囚嫡母，至于焚死，亲逼多官，令其称臣，僭分干名，不守国法，革爵，本府随住，仍敕令改过，及赐书各王知之。"①

"尊敬长上"条的正面例子是明太祖朱元璋、明成祖朱棣所确立的嫡长制继承制以及明仁宗在王府嫡庶问题上相应的坚持。其记成祖立仁宗事说："成祖时，议建储，藩府旧臣善汉庶人，称二殿下功高。成祖曰：'居守功高于扈从，储贰分定于嫡长，汝等勿复妄言。'"② 这段记载，似是剪裁自陈懿典的《汉庶人传》，③据称是陈懿典万历二十二年（1594）参修明朝国史撰就的《同姓诸王传》的一篇。④ 明仁宗在蜀王府世孙朱友垍与华阳王悦燿的继承权争夺中明确支持朱友垍，进一步确认了嫡庶之分。"尊敬长上"条中记载说："仁祖怒，抵奏地下，曰：'嫡庶大伦，干分诬亲，独不畏鬼神乎？'"⑤ 这段记载，与焦竑《献征录》中《蜀王传》的记载十分接近。《献征录》卷一《蜀王传》记载："仁宗怒，抵奏地下，曰：'适庶大伦，干分诬亲，独不畏鬼神乎？'"⑥ 当然，在《皇明圣谕训解》编纂之时，《献征录》并未成书。考虑到《献征录》传记资料汇编的性质以及焦竑曾与陈懿典同编国史的经历，这一故事的史源极有可能可以追溯到陈懿典的《同姓诸王传》。在这里，《皇明圣谕训解》完全将"尊敬长上"条中的长幼尊卑

---

① 《明世宗实录》卷五九，嘉靖四年闰十二月乙丑条，第1399页。
② （明）李思孝：《皇明圣谕训解》，第552页。
③ （明）陈懿典：《陈学士先生初集》卷十《正史汉庶人传》，《四库禁毁书丛刊》集部第79册，北京出版社2000年版，第151页。
④ 李小林：《陈懿典及其所撰三种明人传记》，《史学集刊》1996年第4期。
⑤ （明）李思孝：《皇明圣谕训解》，第552页。
⑥ （明）焦竑：《献征录》卷一《宗室一·蜀王传》，第35页。

转换成了皇室的嫡庶之分，是因为即便明代皇室确立了严格的嫡长子继承制度，各地藩王的嫡庶之争还是非常频繁。《皇明圣谕训解》这样的转换，说明嫡庶之分始终是明代宗室不可逾越的大防。至于一般的兄弟之间的矛盾，像"今日楚中荆府则有载城、载埌之交构，广元王府则有宪袯致摄之纵恣"，① 反而是轻轻一笔带过。这便充分体现了《皇明圣谕训解》教育皇亲宗室的特性。"教训子孙"条的正面例子举了蜀王朱椿"蜀秀才"的故事，反面例子则是齐王朱榑。其记朱榑事称："齐庶人榑骄纵。成祖曰：'齐王凶悖纵恣，性习使然，开谕至六七不悛，教授辈奈王何？'乃并其子夺爵。"②《献征录》卷一《宗室一·齐庶人传》记载："榑之国，骄纵，……上曰：'齐王凶悖纵恣，性习使然。朕与王君臣兄弟，出之图圄，宠以禄爵，恩礼渥洽，诚心温词，开谕至六七不悛，教授辈奈王何？'……父子并夺爵。"③ 当然，这可能同样出自陈懿典的《同姓诸王传》。

对于相关法律的广泛征引，是《皇明圣谕训解》的重要特点。这也是《皇明圣谕训解》适应晚明宗室犯罪渐多而形成的特点。所征引者，除"大明律例"之外，还包括《宗藩要例》《祖训录》《皇明祖训》《大明会典》等。《大明律》及相关的例，是其征引的主要对象。"孝顺父母"条引"大明律例"云："凡子孙违犯祖父母、父母教令及奉养有缺者，杖一百。"④ 这出自《大明律》之《刑律五·诉讼》"子孙违犯教令"条。⑤ 然而，"尊敬长上"条诠释亦引"大明律一条"云："凡同居卑幼若弟妹骂兄姊者，杖一百。"⑥ 虽然称引《大明律》，诠释中所录却并非《大明律》的原文。《大明律》卷二十一《刑律四》

---

① （明）李思孝：《皇明圣谕训解》，第552页。
② （明）李思孝：《皇明圣谕训解》，第557页。
③ （明）焦竑：《献征录》卷一《宗室一·齐庶人传》，第30—31页。
④ （明）李思孝：《皇明圣谕训解》，第550页。
⑤ 黄彰健：《明代律例汇编》卷二十二《刑律五·诉讼》"子孙违犯教令"条，下册，"中研院"历史语言研究所1994年版，第882页
⑥ （明）李思孝：《皇明圣谕训解》，第552页。

中有"骂尊长"一条，规定："骂尊长……若兄姊者，杖一百。"① 显然，这条律文被《皇明圣谕训解》编纂者作了改动。在"毋作非为"的诠释中，引大明律例三条，主要针对宗室兜揽钱粮、越关来京、擅自容留投充等违制问题。其一，"凡王府、将军、中尉及仪宾之家，用强兜揽钱粮，侵欺及骗害纳户者，事发参究，将应得禄粮价银扣除完官给主，事毕方许照旧关支。在京勋戚有犯者亦照此行"。② 这一条不是《大明律》的律文，而是后来形成的例，应该是录自万历《问刑条例》，因为嘉靖《问刑条例》无"在京勋戚有犯者亦照此行"数字。③ 其二，《皇明圣谕训解》引律例说："凡宗室悖违祖训，越关来京奏扰，若已封者，请先革为庶人伴回，其无名封及花生、传生等项，径札顺天府递回，宗妇宗女顺付公差人等伴送回府。其奏词应行巡按衙门查勘，果有迫切事情，会启王转奏，而辅导官刁难，会具告抚按守巡等衙门，而各衙门阻抑者，罪坐刁难阻抑之人，其越关之罪，题请恩宥，已封者叙复爵秩。若会经过府州县驿递等处，需索折乾，挟去马匹铺陈等项，勘明仍将禄米减去。若非有近切事情，不曾启王转奏及具告各衙门，辄听信拨置，蓦越赴京，及犯有别项情罪，有封者不复爵秩，送发闲宅居住，给与口粮养赡，其无名封及花生传生等项，着该府收管，不送闲宅，致冒口粮，宗妇宗女有封号者，革去封号，仍罪坐夫男，削夺封职，奏词一概立案不行。其同行拨置之人，问发极边卫分，永远充军。辅导等官，失于防范者，听礼部年终类奏。一府岁至三起以上者，仍于王府降调。一起、二起者，行巡按御史提问。成化十五年十月二日，节该钦奉宪宗皇帝圣旨：管庄佃仆人等，占守水陆关隘抽分，揞取财物，挟制把持害人的，都发边卫永远充军。"④ 这一条不是《大明律》的条文，而是万历《问刑条例》中所载之例，因为之前嘉靖三十四年《续准问刑条例》中所载之例只是说"及犯有别项情罪，应合降革送发高墙等项，

---

① 黄彰健：《明代律例汇编》卷二十一《刑律四·骂詈》"骂尊长"条，下册，第850页。

② （明）李思孝：《皇明圣谕训解》，第562页。

③ 黄彰健：《明代律例汇编》卷一《名例律》"应议者犯罪"条，上册，第265页。

④ （明）李思孝：《皇明圣谕训解》，第563页。

悉照节年题准事例施行"，而没有"及犯有别项情罪"以下内容。① 其三，《皇明圣谕训解》引律例说："投充王府及镇守总兵、两京内臣、功臣、戚里、势豪之家作为家人伴当等项名色，事干赫骗财物、拨置打死人命、强占田土等项，情重者，除真犯死罪外，其余俱发边卫充军，各该势豪之家容留及占恡不发者，参究治罪。"② 这一条是很早就已形成的例，在弘治条例以及嘉靖、万历的《问刑条例》中均有出现。③ 可见，《皇明圣谕训解》在引用法律时，除了节略《大明律》的条文之外，还参考了万历《问刑条例》。这几条例的引用也特别有针对性。正如有学者所指出的，"正统以后，宗室的犯罪……更多地反映为宗藩对藩禁的突破、宗藩的种种违法乱制、宗藩因为利益的钩心斗角……明代中期的宗室犯罪更多地表现为骄奢、荒淫、乱伦等行为"④。因此，严格藩禁既可以防止宗室越制，还可以避免宗室与外界交往，扰乱地方社会。

除了引用《大明律》及例，《皇明圣谕训解》还大量引用了《大明会典》以及涉及宗藩问题的规定。例如，"毋作非为"条中引《大明会典》六条。所引《大明会典》六条，始自弘治十三年（1500），终于嘉靖四十四年（1565），前三条防范闲杂人等出入王府与王府交结，后三条则涉及宗室犯罪处置，均出自万历《明会典》卷五七礼部十五《王国礼三·过犯》。⑤ 作为面向宗室的教化书，《皇明圣谕训解》始终紧扣其教化对象宗室，因此在诠释六谕时除了较多引用朝廷为宗藩所制定的法律法规。其中引用最多的，大概是万历十年（1582）编定的《宗藩要例》。"孝顺父母"条引《宗藩要例》一条："宗室中有孝友兼至及妇女守节贞烈足以激劝风化者，各具实迹奏闻，以凭核勘，或立坊旌

① 黄彰健：《明代律例汇编》卷一《名例律》"应议者犯罪"条，上册，第263、267页。

② （明）李思孝：《皇明圣谕训解》，第563页。

③ 黄彰健：《明代律例汇编》卷一《名例律》"应议者之父祖有犯"条，上册，第294页。

④ 雷炳炎：《明代宗藩犯罪问题研究》，第60、63页。

⑤ （明）申时行：《明会典》卷五八，中华书局1989年版，第359—360页。

表，或请敕奖谕，或加赠封号。长史、教授官并宗仪人等不许需索抑勒，亦不许扶同欺罔，有孤恩典。"①"教训子孙"条再征引《宗藩要例》一例，说："宗室中有读书好礼奏讨书籍及以书院请名者，本部俱与题覆请给，但不许假借虚名，以滋欺罔。书籍部数、书院名额俱取自上裁。其盖造书院，止令自备工料，不得因而干涉有司，烦扰百姓，违者许抚按官参治。"② 张居正主持并且在万历十年（1582）编定的《宗藩要例》已然不存，但主要内容已入《明会典》。所引数条，分别见万历《大明会典》卷五十七礼部十五《王国礼三·奖谕》《王国礼三·宗学》等条。③

"毋作非为"条也引用《宗藩要例》一条："一、议刑责。凡封爵名粮宗室有犯，除重大事情听抚按参奏外，其余应戒饬者，所在官司移文长史司、教授等官，即便启王及管理戒饬，不得虚应故事。其无名无禄宗人及花生、传生之辈，如有肆恶犯禁，告发到官，酌量情罪，与同齐民，一体问拟究治，仍移长史、教授知会，徒罪以上照律拟议奏请，如系强盗人命重情，听从法司拿问。"④ 然而，万历《大明会典》并没有这一条规定。从这一条规定来看，其核心的内容就是区别有封爵名粮的宗室与无名无禄的宗室在犯罪时的处分。这一刑责区分的划定，应该是由万历十一年（1583）以后礼科都给事中万象春（1577 年进士）等人陆续提出来的。万历十一年四月戊午，朝廷"差礼科都给事中万象春往河南、山、陕等处议处宗藩事宜"⑤。万历十四年（1586）六月，礼部题："昔年我皇上轸念宗困，差给事中万象春按行三省，议处宗藩事宜，凡一十六款。中有可行者十款，未善者六款。所谓十款可行者，乃议额禄，议催征，议余禄，议封爵，议城禁，议刑责，议选婚，议庶宗，议另城，议王官。其间议论详切，

① （明）李思孝：《皇明圣谕训解》，第 550—551 页。

② （明）李思孝：《皇明圣谕训解》，第 557 页。

③ （明）申时行：《明会典》卷五七礼部十五《王国礼三·奖谕》，第 359 页。

④ （明）李思孝：《皇明圣谕训解》，第 562 页。

⑤ 《明神宗实录》卷一三六，万历十一年四月戊午条，第 2532 页。

诚可以革夙弊，便宗藩。……其六款未善者，乃议开业，议奏请，议报生，议报孕，议宗学，议仪宾臣。……先经言官建议，均禄、限封诸条欲因时变通，以为经久之计，已经题奏行各抚按及各该亲郡王条议，到日大集廷臣会议。"① 这是万历十四年经过数年的调研之后，万象春等人提出了十六条建议，再据言官建议，向各地巡抚、巡按及亲王征求意见。到了万历十八年六月，秦王的条议也到了，礼部题覆，使这项调研与立法工作有了一个相对完整的结果。《明神宗实录》记载："（万历十八年六月）礼部议奏处宗藩事宜。一、议刑责，凡宗室有犯，其无名粮者与同齐民一体问拟。……如议行，仍附入《要例》。"② 可见，《皇明圣谕训解》所录的这一条规定，应该是万历十八年礼部议定宗藩事宜时所形成的例，并且附入《宗藩要例》之中。与此相近的是，"各安生理"条的诠释中说引《宗藩事宜》云："一、宗室之家，仰给县官，虽与齐民异，至于无名无禄及花生传生之辈，既不得食禄，又不能出仕，合无各从父兄家长取便起名，另造一册，报知长史、教授及所在有司衙门，各依世次，略为序记，任其随便居住，各营四民生理，庶有资身之策，不至流落失所。"③ 这一条可能即礼部所上酌处"宗藩事宜"的第四条"议开业"。《明神宗实录》中将"议开业"中对无名无禄花生传生宗人的规定，简要地化略为"其无名粮花生、传生，农商之业听其自便"④。

此外，《皇明圣谕训解》在诠释中还大量引用《皇明祖训》。毕竟，《皇明祖训》作为明太祖训其子孙的法律性文件，更为其子孙所熟知。朱元璋的祖训对宗室规定甚细，在《皇明圣谕训解》的诠释中反复被引用。"尊敬长上"条中谈嫡庶之分时说："高皇帝严为祖训，……尝曰：'凡王世子，必以嫡长。以庶夺嫡，降庶人，重则远窜。'"⑤ 朱元

① 《明神宗实录》卷一七五，万历十四年六月辛未条，第 3217—3218 页。
② 《明神宗实录》卷二二四，万历十八年六月乙酉条，第 4164 页。
③ （明）李思孝：《皇明圣谕训解》，第 559 页。
④ 《明神宗实录》卷二二四，万历十八年六月乙酉条，第 4164 页。
⑤ （明）李思孝：《皇明圣谕训解》，第 552 页。

璋《祖训录》规定："亲王嫡长子年及十岁，朝廷授以银册、银印，立为王世子，如或以庶夺嫡，轻则降为庶人，重则流窜远方。"① 《皇明祖训》则规定："亲王嫡长子年及十岁，朝廷授以金册金宝，立为王世子，如或以庶夺嫡，轻则降为庶人，重则流窜远方。"② 可见，《皇明圣谕训解》对朱元璋祖训的引用，也有一些改动。"和睦乡里"条中说："若谨守祖训，不侵人土地，不夺人货财，不占人子女，不听人拨置，皆是和睦乡里好处。"③ 有时候则是节引，略去了中间或前后部分文字。例如，"教训子孙"条则引《祖训·持守章》曰："凡吾平日持身之道，无优伶近狎之失，无酣歌夜饮之欢。或有浮词之妇，察其言非，即加诘责。"这里所引两句，皆见《皇明祖训》，④ 只是略去中间言正宫、妃嫔不得自纵宠恣等语。"教训子孙"条又引《祖训·内令》云："凡庵观寺院，烧香降神、祈禳星斗，已有禁律，违者及领香送物者皆处死。"⑤ 这也基本是《皇明祖训·内令》的原文，只是将最末"处以死"三字简化为"处死"。⑥ 由于朱元璋在《皇明祖训》中提到"不作非为"四字，《皇明圣谕训解》在"毋作非为"条的解释中不忘援引此条："凡王居国，若能谨守藩辅之礼，不作非为，乐莫大焉。"⑦ 这毫无疑问是《皇明祖训·首章》中"凡自古亲王居国……若能谨守藩辅之礼，不作非为，乐莫大焉"的节引。⑧

四　对《演教民六谕说》的借鉴

从九月初三日李思孝与巡按曾同升谈起宗室教化事起，到十月初五

---

① （明）朱元璋：《祖训录·职制》，载《明朝开国文献》第三册，第1742页。
② （明）朱元璋：《皇明祖训·职制》，载《明朝开国文献》第三册，第1645页。
③ （明）李思孝：《皇明圣谕训解》，第554页。
④ （明）朱元璋：《皇明祖训·持守》，载《明朝开国文献》第三册，第1599页。
⑤ （明）李思孝：《皇明圣谕训解》，第556—557页。
⑥ （明）朱元璋：《皇明祖训·持守》，载《明朝开国文献》第三册，第1636页。
⑦ （明）李思孝：《皇明圣谕训解》，第560页。
⑧ （明）朱元璋：《皇明祖训·首章》，载《明朝开国文献》第三册，第1595—1596页。

日《皇明圣谕训解》由两司进呈巡抚李思孝，中间仅有短短的一个月时间。可见，《皇明圣谕训解》是一部速成的书。要在短时间里编写出来一部教化宗室的六谕诠释文本，必定会借鉴此前社会上流行的六谕诠释文本。在六谕的说理部分，像"孝顺父母"条下的"你看乌鸦尚知反哺，羊羔亦知跪乳""倘父母有过，亦须委婉劝谏，不致陷于不义"，"尊敬长上"条下的"如何是长上？大凡年纪比我大的，辈数比我尊的，本管的官长，皆是长上""同行须让前，同席须让上，命坐方坐，命食方食"，"和睦乡里"条中的"不得以强凌弱，不得以众暴寡……不得因畜伤人"，"教训子孙"条中的"如小时才会说话，教他信实，不要说谎，不要恶口骂人"，"各安生理"条中的"生理即俗云活计之谓""须是士安读书的生理，农安务农的生理，工安造作的生理，商安买卖的生理"，① 都是自王恕、罗汝芳等人以来六谕诠释中常见的话语。当然，确切可知《皇明圣谕训解》应该直接参考过的文本是明人王钦诰的《演教民六谕说》。

王钦诰，江西泰和人，万历十年（1582）举人，万历二十二年（1594）任河南开封府项城知县，主修过万历《项城县志》。据其《乡约序》自言，他在抵达项城后不久便开始实施乡约以教民，"乃击铎聚父老于公宫，群师生缙绅，取乡约而讲于朔望之次日"，然后又"与学博蔡君道充、杨君维学、郜君尚贤等商订，取皇明六谕重演之，尤虑僿蒙之肺肠未醒也，捃古昔善恶之报、我明不法之条，编次成帙，续以歌戒，面命而耳提之"②。时任项城县学教谕蔡道充在《六谕善恶报应序》中也说："乡约六言，则我高皇帝制也。……迩者平成已久，寖寻于故事，朔望木铎，仅一唱题，外无他术。……王先生钦诰来莅项事，取先后所申饬奉为首务，朔望之明日合集群姓，礼而列之，歌而鼓之。于此六言，谆切晓告。……乃先生退食之暇，

---

① （明）李思孝：《皇明圣谕训解》，第549、551、553—554、556、558页。

② （明）王钦诰：《乡约序》，（万历）《项城县志》卷十《艺文》，万历刻本，第48页上。

笔取古今行善稔恶之报，汇为一册，翼宣圣谕之所未发。"① 王钦诰、蔡道充等人注释六谕的文本，在万历《项城县志》中作《演教民六谕说》。现所见《演教民六谕说》仅录其对六谕的说理部分及"古昔善恶之报"，并不见"我明不法之条"及"歌戒"部分，可能是万历《项城县志》只是节录其文本。然而，即便就此文本来看，也可以看出《演教民六谕说》与《皇明圣谕训解》之间的渊源。例如，《演教民六谕说》中的"毋作非为演"一条中说："人于本分生理，该当为的，孝父母，敬尊长，教子孙，和乡里，此外若有一妄想妄为，就是非为了。如杀人放火，奸盗诈伪，赌博诓骗，起灭词讼，挟制官府，陷害师长，欺压良善，行使假银，兴贩私盐，略买略卖，刁拐子女，酗酒宿娼，强占产业，侵欺官银，飞诡粮差，违禁取利，结藏白莲邪术，都叫做非为。"② 《皇明圣谕训解》"毋作非为"条的诠释说："如何是非为，但不是正经生理，如杀人放火、奸盗诈伪、设计诓骗、赌博撒泼、行凶结党、起灭词讼、挟制官府、欺压良善、行使假银、兴贩私盐、略卖人口、刁拐子女、酗酒宿娼、好勇斗狠、强占产业、侵欺官银、违禁取利、飞诡钱粮、习学邪术、结拜师尼，都是非为。"③ 两相比较，《皇明圣谕训解》保留了《演教民六谕说》中"非为"类型的绝大部分，只是将其中"赌博诓骗"析分为"设计诓骗""赌博撒泼"，改"陷害师长"一条为"行凶结党"，又加入"好勇斗狠"一条，将"略买略卖，刁拐子女"合并为"略买人口"，"结藏白莲邪术"改为"习学邪术、结拜师尼"，其他十二项"非为"的行为完全相同，排列的顺序也几乎一致。项城县隶属开封府。周王府长史、开封府同知在编纂《皇明圣谕训解》时，有可能参考十年前项城知县王钦诰所编的《演教民六谕说》。

此外，《皇明圣谕训解》所列的报应事例，与《演教民六谕说》

---

① （明）蔡道充：《六谕善恶报应序》，（万历）《项城县志》卷十《艺文》，第49页。
② （明）王钦诰：《演教民六谕说》，（万历）《项城县志》卷十《艺文》，第72页。
③ （明）李思孝：《皇明圣谕训解》，第560—561页。

略同而加详，甚至文句亦甚相近。例如，《演教民六谕说》"孝顺父母"条列善恶报事例云："熊衮行孝，家不能举丧，天雨钱三日。董永卖□□父，天降织女为妻。郭巨养妻，天赐黄金一窖。这是孝顺的报应。昔鄱阳有个王三十，将松材换了父母自置的好棺木，一雷击死，倒植其尸，不许家人收葬。郑县张法义张目骂父，两目流血而死。福州长溪有一民居海上，以渔为业，每藏其鱼，不与父母食，后有一鱼化蛇，啮喉而死。这是不孝顺的报应。"①《皇明圣谕训解》则举例云："他如熊衮行孝，家贫不能举丧，天赐雨钱三日。董永卖身葬父，天降织女为妻。此皆是孝顺善报，人所共知。鄱阳有个王三十，家极富厚，不孝父母，后来他父母有病，自买一个好棺木，及死后，三十又将松木换了，没多时，天忽阴云骤合，三十被雷打死，倒置其尸，尸上有字云不许家人收葬。三十的儿子，将尸埋一土壑，夜复风雷大作，将尸击为数块四散，其子亦不敢收。只因忤逆不孝，致犯天威如此。又如张法义，睁目骂父，两眼流血而死。……福州郭长清，以渔为生，不养父母，后一鱼死化蛇，缠喉而死。此皆是不孝顺恶报，人所共知。"②此外，《皇明圣谕训解》与《演六民教谕说》在"尊敬长上""毋作非为"两条诠释中所选的善报恶报的例子也基本相近。在《皇明圣谕训解》所选录的26个报应故事中，与可知的《演教民六谕说》的18个事例，有10个案例是相同或相近的。不过，这些案例中很有可能更早曾为罗汝芳所用，在沈寿嵩《太祖圣谕演训》以及后来以罗汝芳为蓝本的清初孔延禧的《乡约全书》中也出现过相应的报应故事。但是，显然有些故事既不载见王钦诰的《演教民六谕说》，也不见沈寿嵩的《太祖圣谕演训》。例如，《皇明圣谕训解》所选的案例如尹旻之父、洞庭蒋举人、欧阳修母等，就不见诸书所载，所以很可能出自明人所辑的别的关于德行的典故之书。可见，《皇明圣谕训解》在善恶报应故事的选择上，既可能参考了王钦诰的《演教民六谕说》，还可能参考了罗汝芳所讲的报应故事，而且还参

---

① （明）王钦诰：《演教民六谕说》，（万历）《项城县志》卷十《艺文》，第68页。

② （明）李思孝：《皇明圣谕训解》，第551页。

考了若干别的讲修德行善之书。

表 9-1　　　《皇明圣谕训解》与《演教民六谕说》等在选择
报应事例上的相似性

		王钦诰《演教民六谕说》	李思孝《皇明圣谕训解》	张福臻《圣谕训解录》	沈寿嵩《太祖圣谕演训》	孔延禧《乡约全书》
孝敬父母	善报	大舜、姜诗、熊衮、重[董]永、郭巨	陆政、熊衮、董永	姜诗、董永	宋南安苏颂、宋李宗谔、元高邮卜胜荣、朱文恪公	黄香、王祥、熊襄[衮]、董永
	恶报	鄱阳王三十、郑县张法义、福州长溪有一民	王三十、张法义、虹县张宁、福州郭长清	王三十、虹县人（张宁）	鄱阳王三十、洛阳李留哥、郑县张法义、虹县民、福州长溪民、宋袁州陈隆、睢阳栗珠、河南王彦儒、凤阳汤里长、漳浦境内妯娌三人	郑县张法义、洛阳李留哥、鄱阳王三十、河南王彦伟
尊敬长上	善报	河内王震、元末潭州周司	元周司、杨津、司马光、王震	赵彦霄	汉马援、东晋颜含、宋河南王震、元末潭州周司、杨文定公、江阴张畏嵒	河内王震、潭州周司
	恶报	宋绍兴洪州崇真坊一人	洪州人吴明、胡顺、张幹	叶得浮、洪州一人	晋桓温、宋叶得孚、宋周好义、宋洪州崇真一人、宋真州周德旺、元黄州刘君祥、宋南丰朱轼	建安叶得孚、洪州崇真人

		王钦诰《演教民六谕说》	李思孝《皇明圣谕训解》	张福臻《圣谕训解录》	沈寿嵩《太祖圣谕演训》	孔延禧《乡约全书》
和睦乡里	善报	宋曾重	山阴高宗淅及同邑吴渊、周端	吴奎、朱承逸	汉平原守伏谌、宋三衢陈自量、宋曾重、倪文毅、杨焘、林士章、丘原高	张焘、眉山苏仲
	恶报	唐吕用时、国初蒋授	明吴中豪姓王氏及其子王翰	吕应明、蒋受	唐吕时用、宋秀州华亭吏陈某、成弘间江阴臧某	缙云吕用明、湘潭蒋释[授]
教训子孙	善报	？	窦燕山、欧阳修母韩国夫人	窦禹钧、邓禹	明刘忠宣公、罗钦顺、杨文懿公、林鹗	燕山窦禹钧
	恶报	？	定州人王瑶、袁淑	袁淑、王瑶	五代越州袁淑、元定州王瑶、正德樊毅	会稽袁淑、定北王瑶
各安生理	善报	？	历城尹氏尹旻之父	马真、柳应芳	晋黔南樵者柳应芳、宋泾原郑玄、宋上官谟、国初南通马贞、杨荣曾祖及祖、章懋、曾文恪公、唐龙、徐阶、张庄简、钱彻	刘留台、通州马真
	恶报	宋杨大同	洞庭山消夏湾蒋举人	杨大同、刘明	宋杨大同、沈秀、太仓监生王应禄	乐乡扬大同、梁时

续表

		王钦诰《演教民六谕说》	李思孝《皇明圣谕训解》	张福臻《圣谕训解录》	沈寿嵩《太祖圣谕演训》	孔延禧《乡约全书》
毋作非为	善报	宋张机、唐壁山黄昭（黄克明）	东海人张机、黄克明	周处、陈寔	唐黄昭、五代吕默、宋龙溪黄彦臣、南昌王得仁、宁晋曹蒲、常熟吴文恪、太仓陆容、薛蕙、峡州程夷伯、信州周妇	宜兴周处、东海张机
	恶报	宋永福人薛敷	宋郑和、薛敷	薛敷、郑和	正德间镇江卫左所范某妻、唐澧州黄姓、季登、南唐李彦真、吴越王钱镠、宋范叔龙、薛敷、季叔卿、景泰间景世庠、彭镛、吉州陈良谟、麻阳郑和	永福薛敷、麻阳郑和

第十章

明末乡约与六谕宣讲

　　明朝进入万历后期、天启、崇祯年间，正式进入明末的阶段。经济上灾荒频仍，财政压力一直无法得到缓解，政治上党争加剧且越来越恶化，由东北的后金政权以及陕西等地的农民起义带来的军事压力越来越大，社会动荡，明王朝显示出衰世的迹象。身处其间的士大夫不可能没有意识到这一点。负有地方保障之责的地方官员，一方面积极讲求兵农的实际效果，另一方面也希望从社会层面继续稳住民心。因此，对于在社会基层实施乡约教化，地方官仍有强烈的意愿，并不因兵事倥偬而减弱。万历后期韶州知府王以通（1580 年进士）在任内"敦行乡约，每朔旦以六谕反覆陈说"①。何士晋（1598 年进士）万历二十七年授宁波府推官，任间"出高皇帝六谕，衍其说，已又出四仪节，各汇秩，授诸读法，月朔延见征问"②。永新人贺贻孙（1605—1688）谈到固安知县周五禾曾"手注六谕，颁示四封，躬率乡约，讲读有程"③，而周五禾即周文谟，亦永新县人，万历二十三年进士。④ 陕西洋县人万乔岱万历二十九年（1601）出任休宁知县，"合乡约、保甲并行之，申以六

---

① （同治）《韶州府志》卷二十八《宦绩录》，《中国地方志集成》广东府县志辑第 8 册，上海书店出版社 2013 年版，第 589 页。

② （明）徐时进：《清澜观记》，载《董孝子庙志》卷四，《中国祠墓志丛刊》第 57 册，广陵书社 2004 年版，第 24 页。

③ （清）贺贻孙：《水田居文集》卷三《固安县六谕注解叙》，第 105 页。

④ 《万历二十三年进士履历》，收入《天一阁藏明代科举录选刊》，宁波出版社 2007 年版，第 13 页下。

谕，附以律章，约以十三条，终以劝罚，纲目明备，风示境内"，推行乡约。① 广东番禺举人孔宏达任柏乡知县，"课士劝农，宣讲六谕，僻乡亦必亲至"②。万历三十二年（1604）庄起元在其自述年谱中谈到，他在万历三十九年（1611）六月抵任浦江知县时，"即于其地或寺观或祠堂袞集耆老俊秀，讲乡约御制六条，士民翕然丕变，浦邑昔号顽敝，今称淳美矣"③。魏宏政（1588 年举人）于万历末年任浙江建德知县，"每至朔望与绅士辈讲读六谕，申明乡约"④。万历四十二年至四十四年间曾任双流知县的薛应期，在任期间"省刑罚，讲六谕"⑤。万历四十三年（1615），黄承玄（1586 年进士）任福建巡抚，推行乡约保甲，而邵武知县吴其贵（1610 年进士）奉宪檄行乡约，作《圣谟衍》。⑥ 万历四十三年至四十七年（1615—1619）任顺天巡抚的刘曰梧还曾著有《圣谕六言直解》，"取高皇帝圣谕六条，条为之诂，各数百千言，其言婉洽明凯，展转关生，动以天然之性与其不晦之心，使其还顾肤体"⑦。四川富顺人唐登儁万历四十四年任高淳知县，"常率乡耆子弟敷扬六谕，亲为剖晰，不厌谆详"⑧。万历四十六年任陵县知县的翟栋，"乡约六谕，为之批注刊示，朔望讲解，更置彰善瘅恶二坊"⑨。万历四十六年，华亭人蒋之芳由昆山训导升尤溪知县，在任内"释六谕

---

① （清）廖腾煃修，汪晋徵等纂：（康熙）《休宁县志》卷二《约保》，第 278 页。
② （民国）《柏乡县志》卷六《名宦》，《中国方志丛书》华北地方第 525 号，台北：成文出版社 1976 年版，第 359—360 页。
③ （明）庄起元：《鹤坡公年谱》，《北京图书馆藏珍本年谱丛刊》第 54 册影印民国二十五年铅印本，北京图书馆出版社 1999 年版，第 311 页。
④ （乾隆）《建德县志》卷六《治行志》，国家图书馆藏清乾隆十九年刊本，第 3 页下。
⑤ （明）王景：《修学碑记》，（民国）《双流县志》卷四《艺文》，国家图书馆藏民国二十六年刻本，第 10 页下。
⑥ （万历）《邵武府志》卷十《艺文》，国家图书馆藏万历四十七年刊本，第 15—17 页。
⑦ （明）刘康祉：《识匡斋全集》卷五《圣谕六言直解叙》，《四库禁毁书丛刊》集部第 108 册，北京出版社 2000 年版，第 244 页。
⑧ （乾隆）《高淳县志》卷十六《名宦列传》，《金陵全书》第 50 册，南京出版社 2013 年版，第 94—95 页。
⑨ （道光）《济南府志》卷三十六《宦绩四》，国家图书馆藏道光二十年刊本，第 52 页下。

以训民"①。吴甡（1613 年进士）任山东潍县知县三年，"讲六谕，申保甲"②。泰昌元年十一月，时任南京浙江道御史的傅宗皋疏陈兵民切要四事，其中第一条即"敦约讲以留人心之朴"，并且"附进高皇帝圣谕训语十册，以裨约讲"，可惜幼年的天启皇帝对此兴趣不大，"诏《训语》留览，余报闻"③。天启初年，薛邦瑞（1622 年进士）任福建晋江知县，"尤注意兴教化，厉文学，六谕之颁，申以约讲"④。天启初的南康知府陈瑾，任内"立乡约所，朔望讲解，使民知礼让"⑤。天启二年（1622），莱芜人亓之伟任成安知县，在任期间"申六谕，兴孝弟"⑥。天启六年（1626），董直愚任兰阳知县，⑦ 任内重教化，行乡约，"俗俭示礼，则刻《圣谕解》，躬行以导之，而民速于肖，且善恶有纪，乡约之能息讼已"⑧。崇祯初年李觉斯（1625 年进士）任应天府丞，"与府尹詹士龙立馆于城东，会诸乡约，修明六谕，进民间之秀者而教之，一时佻达之习顿改"⑨。裴章美（1618 年举人）与绛州辛全为理学友，崇祯七年（1634）授永清知县，"举行乡约，朔望讲读六言劝谕"⑩。崇祯十六年（1643），昆山知县万曰吉于"四月朔，集荐绅士

---

① （明）林馨春：《蒋侯禄祠德政碑记》，（民国）《尤溪县志》卷九《艺文》，国家图书馆藏民国十六年刊本，第 26 页上。

② （清）汤来贺：《内省斋文集》卷三十《吴鹿友先生行状》，《四库全书存目丛书》集部第 199 册，齐鲁书社 1997 年版，第 580 页。

③ 《明熹宗实录》卷三，泰昌元年十一月戊戌条，"中研院"历史语言研究所校印本 1967 年版，第 156 页。

④ （道光）《晋江县志》卷三十五《政绩志·文秩》，福建人民出版社 1990 年版，第 1064 页。

⑤ （清）陈奕禧修，刘文奣纂：（康熙）《南安府志》，《国家图书馆藏清代孤本方志选》第 1 辑第 20 册，线装书局 2001 年版，第 744 页。

⑥ （民国）《成安县志》卷十一下《人物》，国家图书馆藏天津文竹斋民国二十年刊本，第 33 页。

⑦ （清）高士奇：（康熙）《兰阳县志》卷五《职官·知县》，民国二十四年刊本，第 4 页。

⑧ （明）梁云构：《豹陵集》卷十三《贺董邑侯诞辰会公子举秀才序》，《四库未收书丛刊》集部第 7 辑第 17 册，第 307 页。

⑨ （同治）《上江两县志》卷二十一《名宦》，《中国地方志集成》江苏府县志辑第 4 册，江苏古籍出版社 1991 年版，第 504 页。

⑩ （清）觉罗石麟修，储大文纂：（雍正）《山西通志》卷一百七，《景印文渊阁四库全书》史部第 546 册，第 735 页。

民，讲高皇帝六谕，访于舆人，以奖善威恶"①。直到崇祯末年，李邦华（1604年进士）仍在请求从朝廷层面提倡乡约。他在《巡城约议疏》中请求改以前京城废置的首善书院为首善会所，"用为五城大乡约所"，"各城乡约则每月朔望举行，大乡约则一岁四举，订以四仲之朔日，集各城约保，宣布圣谕，启诱颛蒙，则口诵心维，渐化悍悖淫邪之习，其余月日，听士大夫之有意闻道者于此中穷究经义辨析疑难，则闻风兴起，必成家弦户诵之美，庶几孔子之学与高皇帝之教共为炳耀"②。而且，这一建议似乎在崇祯十七年一度实施。该年正月己亥，"在京五城两县各立乡约所，朝朔望集士民宣解圣祖六谕，仍立善恶二簿，咨访孝弟节义素行端良，即行推奖，其有忤逆淫荡赌博拿，讹者严惩，务以民俗之淳浇定各官之殿最"③。可见，整个明末士大夫阶层依然希冀以乡约和六谕宣讲来振刷社会风气。即便身无官职、功名的一般读书人，以六谕教化乡里的例子在明末也随处可见。例如，广东顺德县的吴务圣（1582—1675）在明末"每为里人讲论六谕，旁引曲譬，期见实行"④。这一时期的乡约，延续着16世纪、17世纪初的传统，在教旨上是以六谕为核心的，因而相应的留下若干传世的文本。

一 祁承㸁《疏注圣谕六条》

万历四十四年（1616），著名的藏书家祁承㸁出任江西吉安知府。祁承㸁（1563—1628），字尔光，号夷度，浙江绍兴府山阴县人，万历三十二年（1604），祁承㸁中进士，初授宁国知县，万历三十五年任长洲知县，万历三十八年升南京刑部主事，后官至江西右参政。

吉安府在明代素称好讼而难治。莅任数月之后，祁承㸁思考为治之

① （清）归庄：《归庄集》卷三《送昆山令黄冈万侯序》，上海古籍出版社2010年版，第225页。

② （明）李邦华：《文水李忠肃先生集》卷六《巡城约议疏》，第279页。

③ （明）东村八十一老人：《明季甲乙汇编》卷一，崇祯十七年正月乙亥条，收入《晚明史料二种》，全国图书馆缩微文献复制中心2001年版。

④ （乾隆）《顺德县志》卷十四《耆寿》，国家图书馆藏乾隆十五年刻本，第32页上。

良法，觉得需要在乡约上下功夫。他说："吉郡素称近古，习俗宜饶淳风，乃莅任以来，民不日让而日争，事不日简而日益，兼以盗警时闻，讼端更幻。夫下犯上，卑凌尊，淫破义，侵凌攘窃，违法行私，此至无等，至悖行也，岂宜于风淳俗厚者所时有哉？毋亦本府化导之无方，转移之无术乎？则师帅之任谓何，而安能觍颜于九邑之上也？展转思维，求可以家喻户晓而善俗安民者，终不能有出于乡约、保甲之外。"① 只是，乡约在吉安府也并非新鲜事物，"院道之明文每岁率再三下，勤恳诲谕，有加无已，遵行者非一日，行之者亦非一人，良法美意，犁然具在"②，所缺乏的只是推行的实效而已。为此，祁承㸁认为一是要加强对乡约中善恶的惩戒，所谓"鼓舞而振作者，惟在于严劝惩之两端"，要求"有善必闻，闻必录，有恶必发，发必刑，自始至终，必信必果"，二则对圣谕六条的注疏进行增订。祁承㸁本就对六谕比较重视。在任宁国知县时，他"暇则屏驺从，随意具蔬食，数问宁民疾苦，且饬六谕以勉"③。在吉安府，他"于原颁讲解之下各为注疏，其它紧要事宜，若原册之所已及者，则为申明，或原册之所未及者，则为补缀"，以达到"提撕警觉"的效果。④ 因此也就形成了祁承㸁的《疏注圣谕六条》。

祁承㸁虽然以藏书闻名于世，实则为阳明学之后学，师从王畿门人周汝登，信奉良知之学。他的祖父祁清（1547 年进士）本就信从阳明学。祁承㸁在万历二十九年（1601）会试下第，"更以性命理大，溯本于王父之宗，则王文成为上谱，因执弟子礼庄事海门周先生，析疑讨幽，阅三祀"⑤。他在进入吉安府任知府后不久，在白鹭洲书院与学者讲学。庐陵县学者贺沚说："今人惟恐知识为累，动欲铲除闻见，不知

① （明）祁承㸁：《澹生堂集》卷十九《吏牍·乡约（吉安府）》，国家图书馆出版社 2012 年版，第五册，第 124 页。

② （明）祁承㸁：《澹生堂集》卷十九《吏牍·乡约（吉安府）》，第五册，第 124 页。

③ （明）陈仁锡：《无梦园遗集》卷六《大参祁父母夷度先生传》，《四库禁毁书丛刊》集部第 142 册，北京出版社 2000 年版，第 226 页。

④ （明）祁承㸁：《澹生堂集》卷十九《吏牍·乡约（吉安府）》，第五册，第 124—125 页。

⑤ （明）陈仁锡：《无梦园遗集》卷六《大参祁父母夷度先生传》，第 226 页。

知识即良知之作用，不可分作两截。"祁承爜却认为这样的说法恐怕会削弱良知的根本性，说："知识与良知固不可无所分别，但能于良知本体了了分明，即知识皆为作用，如只笼统和会，恐知识为累不浅。"①周汝登信从现成良知以及无善无恶之旨，对祁承爜的影响显然不小。祁承爜在注释六谕时，也不免将其哲学观念贯注于其中。在释孝顺父母时，他即以稚子本心释孝顺。祁承爜说："这孝顺二字，三岁孩子亦能说得，多少豪杰却尽不得。粗言之，则一饮食，一动念，一举手，不忘亲者，皆可言孝。深言之，即大舜之底豫，鲁子之养志，亦时怀子职之□。"② 这与之前罗汝芳将一切善皆源于稚子孺慕父母之心以及一举一动之间发于自然的良心的做法是相近的。祁承爜对罗汝芳也是极为崇拜的，曾称赞罗汝芳"万万其物而毕竟无一物可以象吾心，万万其事而毕竟无一事可以象吾此学"一语说："此是近溪彻底为人处，正须于无一可象处脉脉理会"③。祁承爜论孝顺父母，着重从自身与父母乃是一体入手。他说："真正孝子，直须将此身径认是父母之身。凡身所可为之事，皆认为父母之事。故上之而为圣为贤，即如以圣贤在父母身上一般。次之而为乡党自好之士，亦如以一等好人名色加在父母身上一般，惟恐或不慎，而至于受刑受戮，即如以刑戮如在父母长身上一般。是这等体恤，是这等爱护，宁有不竭力聚顺承欢愉志者乎？方谓之孝顺。"④他还认为孝顺父母，是之后尊敬、和睦等伦理的根本，孝顺之人不可能不尊敬长上，不和睦乡里，不安生理而好作非为，这也是为什么古语说"求忠臣于孝子之门"的道理，所以圣谕"不必训忠，而忠自在矣"⑤。凡此种种，都依然让我们看到罗汝芳说孝顺父母时强调的道理，强调从保身、万物一体这样的哲学理念来说理。就是谈"尊敬"，也是从人须持有敬畏之心起讲。他说："尊敬长上，不特以我分在卑幼，理应谦谨逊顺，盖做好人与做邪人，只在此敬畏一念分途。惟有尊敬之心常常在

①　（明）祁承爜：《澹生堂集》卷十三《江行历》，第三册，第346页。
②　（明）祁承爜：《澹生堂集》卷十九《吏牍·乡约（吉安府）》，第五册，第126页。
③　（明）祁承爜：《澹生堂集》卷十三《江行历》，第三册，第346页。
④　（明）祁承爜：《澹生堂集》卷十九《吏牍·乡约（吉安府）》，第五册，第127页。
⑤　（明）祁承爜：《澹生堂集》卷十九《吏牍·乡约（吉安府）》，第五册，第128页。

中，凡我一言一动一步一趋，惟恐有不端的事，为长上所知觉，为长上所呵责，自然小心畏慎，少了许多过失。……今人一无尊敬之心，便成轻薄荡子。……君子小人之分，即你等庶民，亦愿为此不为彼，乃只在一念敬畏处做成，则尊敬长上其可以寻常之事忽乎哉?"① 这都依稀可见理学家重从心性言事理的特点。

祁承爜对"各安生理"四个字的解释最有特点。首先，他不像一些诠释者那样将生理诠释为"活计"（实际上即技能、手艺），而称之为"为生之理"。他说："人生在世，断不能如飞絮飘蓬，一无着落。过得一生，必有个为生之理。这个理，随你眼前日用中，人人有分。就如木栽在土，土即是木之生理，若离了土，木安能生? 如鱼在水，水即是鱼之生理，若离了水，鱼安能生? 人在世上，贫贱的，富贵的，读书的，务农的，以至一工一艺的，就他身上当做的，都谓之本等职业，都谓之生理。"②"这个理，随你眼前日用中，人人有分"一语，既有阳明学"见成良知"的影子，所谓洒扫应对都是良知，而这个理"人人有分"的说法，也有理学家讲"理一分殊"的味道。其次，祁承爜讲"各安生理"，特别重视"安"字。他说："生理原不在于身外，所以圣谕不曰各求生理，而曰各安生理。安之一字最好。人若勉强去做一事，此事必不能长久不变。惟此□在职业，日日如此，月月如此，年年如此，正所谓履其事而安焉者，岂如费尽心力求之不得者乎?"③"生理原不在身外"，也有理学家们理不外求的意味。祁承爜解"毋作非为"，将"非为"不仅理解为行为上的不合礼法，还强调"意念"上的不得有非为之念。他说："这非为之事，看作粗的，则一切违理犯法之事方谓之非为，若看作细的，凡立心起念一毫有愧于天理，有拂于人情，亦总来谓之非为。"④也就是说，就非为而言，起意即是恶。

以此来看，祁承爜虽然不以阳明学的学者为人称道，但其诠解六谕的路径，基本上是理学家的路径，而且充分体现了阳明学者重视心体而

---

① （明）祁承爜:《澹生堂集》卷十九《吏牍·乡约（吉安府）》，第五册，第129—130页。
② （明）祁承爜:《澹生堂集》卷十九《吏牍·乡约（吉安府）》，第五册，第133页。
③ （明）祁承爜:《澹生堂集》卷十九《吏牍·乡约（吉安府）》，第五册，第133—134页。
④ （明）祁承爜:《澹生堂集》卷十九《吏牍·乡约（吉安府）》，第五册，第137页。

不重视外在礼节的特点。当然，除理学家谈心说敬的特点之外，祁承爜的《疏注圣谕六条》偶尔也会引经据典。"和睦乡里"条不仅引《尚书》中"敦睦九族"，也引《易》中"近而不相得，则凶或害之，悔且吝"①。他甚至用很多的笔墨口舌来解释《易经》里的这句话，来说明近邻之间的和睦如果不能实现可能存在什么样的危害。但是，祁承爜往往只是告诉人们应当守哪些伦理，而很少在诠释中告诉人们如何行事，不去告诉人们如何孝顺、如何尊敬、如何和睦。只是"在教训子孙"条的诠释中，他提出要教训子孙，"惟是一味教训他老实做个好人，使他读得书成，做一个有道理的好秀才，发得科第，做一个有品格的好官，即不然，亦做一个有德行的好百姓"，而且教训须趁其年幼时进行，"全在孩提初晓人情物理时，便须严严执定，教导他了"②。

二　张福臻《圣谕讲解录》

张福臻（1584—1644），字惕生、澹如，山东高密县人，万历四十一年（1613）进士，历行唐、临颍、东明知县，天启间历兵部主事，升昌平兵备、浙江右参议，崇祯间历陕西参政、都察院右佥都御史巡抚延绥，改兵部侍郎蓟辽总督，后官至兵部尚书、宣大总督。他对乡约与六谕情有独钟，曾说："乡约古有之，所以迪民而善俗也。我高皇帝始约之以六言，是六言皆民身不可离者。"③又说："圣谕六言，句句字字皆切百姓身上。"④有人对他行乡约表示怀疑，说："乡约，文具耳，土苴委之者轻，故事行之者忽，儿戏玩之者亵，君何独奉之虔，行之力也？且城民议守，乡兵议练，当此泯泯纷纷之景，岂是兴仁兴让之时？其于缓急或未悉之稔乎？"他们认为讲乡约、讲六谕在明末议兵议守兵事倥偬之际，不免有点迂腐。张福臻却认为社会动乱，正因为教化不

①　（明）祁承爜：《澹生堂集》卷十九《吏牍·乡约（吉安府）》，第五册，第 131 页。
②　（明）祁承爜：《澹生堂集》卷十九《吏牍·乡约（吉安府）》，第五册，第 131 页。
③　（明）张福臻：《圣谕俗解序》，载《圣谕讲解录》，《中国古籍珍本丛刊·天津图书馆卷》第 26 册，国家图书馆出版社 2013 年版，第 225 页。
④　（明）张福臻：《圣谕讲解录·乡约告示》，第 226 页。

行，而弭盗也需要教化。他说："戍吾城，保吾堡，吾民即吾兵。礼义之不闻，有变则解体去耳，安从守？然则孝顺讲而后忠孝通也，尊敬讲而后上下一也，和睦讲而后井里环相保也，教训讲而后子弟急相依也，生理讲而后反侧可安，非为讲而后寇贼奸宄可绝迹也。"① 因此，万历四十七年（1619），张福臻出任临颍知县时，在境内推行乡约。张福臻《圣谕俗解序》说："余令颍，郑重大典，躬行无斁，而巩慵通渠，兴剔百振未遑，取旧解更为笔削，茁明始一为之，意必易晓，语必求俚，惟有益民俗者近是。……乡约俗解成，将颁诸各约所，因道意以弁诸首"，落款为"天启二年仲冬之吉……知东明县事高密张福臻题"②。也就是说，张福臻因此开始撰述对六谕的诠解，转任东明知县后，取旧日之乡约解重订并颁行至各约所，最终在天启二年（1622）冬刊行，且称其诠解为《圣谕俗解》，或作《圣谕讲解录》。张福臻临颍乡约的概貌不可得知，但东明县乡约的推行可知一二。东明乡约规定每月初二、十六日日出时分即往乡约所集合，卯时齐集约所，听乡约讲解，且设恶簿、善簿各一册登记善恶。善恶簿由地方保甲公举善恶登记，每月朔望送县以凭赏罚。乡约设约正一名董约事，约副一名司鼓，约讲二名司讲，约赞二名唱礼，童子四名歌诗。起首时司铎要高声朗宣圣谕六条一遍，之后由约讲讲圣谕，每次止讲二条。③ 当然，约讲所讲文本即张福臻所订的《圣谕讲解录》。

《圣谕讲解录》对圣谕六条的解释，大致分为三个层次：首先是说理，讲明何以要孝顺、要尊敬；其次为善恶报应故事；最后为歌，七言四句。张福臻在诠释时大概受到了罗汝芳的影响，因此《圣谕讲解录》对六谕各条的诠释从逻辑上到一些语句上都与罗汝芳的宣讲文本很接近。例如，罗汝芳讲孝顺父母时说："如今世上极愚蠢的，也晓得敬天敬地敬神佛，殊不知父即是天，母即是地。佛经云：人何处求神佛，堂上双亲即是神佛。……况且我为人子，我亦有所生之子。我若不孝顺父

---

① （明）张福臻：《圣谕俗解序》，载《圣谕讲解录》，第225—226页。
② （明）张福臻：《圣谕俗解序》，载《圣谕讲解录》，第225页。
③ （明）张福臻：《圣谕讲解录·乡约告示、乡约礼仪》，第226—227页。

母，没有好样与子孙看，谁来孝顺我？古人说得好，'孝顺还生孝顺儿，忤逆还生忤逆儿'。"① 《圣谕讲解录》中也有相应的诠释："又有一等愚人，千里外烧香拜佛，不知家中有父母，就是活佛。语云，在家敬父母，何须远烧香？这都是不孝顺了。……何况你将来也做人的父母，你的儿子不孝顺你，看你心下如何？古人说的好，'孝顺还生孝顺子，忤逆还生忤逆儿'。"② 罗汝芳讲"尊敬长上"条说："这尊敬二字，不是外面假做得的，是你们一点谦谨逊顺的真心。"③ 张福臻也说："这尊敬是一点谦恭的真心，不是虚张套子。"④ 在尊敬长上诠释方面，《圣谕讲解录》也发展了罗汝芳、王栋以来在尊敬长上中极重视"兄弟"之伦的特点："你们的哥哥，便是你同胞的长上。……在家时就敬事哥哥，不要听妻子言语、朋友教唆，离散了弟兄的和气。"⑤ 末附尊敬长上歌也称："长上莫如兄弟亲，其余先达亦当尊。"⑥ 再如谈和睦乡里，罗汝芳说："比如那做官做吏富贵胜似你的，这是强似你的乡里，你却安你贫贱的分，小心尊敬，不可得罪……也有极贫贱的，这是不如你的乡里，存你一点怜恤之心，看顾答救他。……也有一种不成人凶恶的，这是不好的乡里，也要谨防他，礼待他，百凡礼让他，凭一点至诚心感动他，方便劝化他。"⑦ 张福臻的诠解与之极相似："遇强似你的乡里，须要尊敬他。遇不如你的乡里，须要怜恤他。遇暴横难处的乡里，须要忍耐他。遇老实没用的乡里，不要欺负他。"⑧ 罗汝芳借出外之人见乡人自然亲切谈和睦："且是人在家乡还不觉得，及至出外，只听得同乡人的声口，不问贵贱，都觉相亲；或见故乡人来，便不胜欢喜。"⑨ 张福臻也说："你看那出外离家的，但见一个乡里的人，就欢天喜地，

---

① （明）沈寿嵩：《太祖圣谕演训》卷上，第10页。
② （明）张福臻：《圣谕讲解录》，第228页。
③ （明）沈寿嵩：《太祖圣谕演训》上卷，第14页。
④ （明）张福臻：《圣谕讲解录》，第230页。
⑤ （明）张福臻：《圣谕讲解录》，第230页。
⑥ （明）张福臻：《圣谕讲解录》，第231页。
⑦ （明）沈寿嵩：《太祖圣谕演训》卷上，第16页下—17页上。
⑧ （明）张福臻：《圣谕讲解录》，第232页。
⑨ （明）沈寿嵩：《太祖圣谕演训》卷上，第18页上。

和父子兄弟一般。"① 又若罗汝芳在"毋作非为"条中说："古人云：人间私语，天闻若雷；暗室亏心，神目如电。……你若道自己乖巧，能欺官能欺人，鬼神暗中随着你走，丝毫也欺他不得。……纵不遭官刑，也折福损寿……到底只是害了自家。"② 张福臻的说法类似，更为简洁："古人云，暗室亏心，神目如电。大凡事瞒得人，瞒不得自己，哄得人，哄不得天地鬼神。恶人在世，纵然徼幸免得一时，终是折福损寿，克子害孙。"③ 可见，在很多处，张福臻都借鉴了罗汝芳的诠释。

不过，张福臻的《圣谕讲解录》创新之处很多。他使用的俗言俚语更多，如"生前不能尽孝养，死后坟头枉奠浆"④ "土居三十载，无有不亲人"⑤ "子孙胜似我，要钱做什么？子孙不如我，要钱做什么"⑥ "一个老鸦只占一枝" "良田百顷，不如薄艺随身" "一年不务营生，一年忍饥受冻" "道路各别，都可养家，东扑西挞，苦杀憨瓜" "随高随低随缘好，越奸越狡越受穷" "前人骑马我骑驴，我视前人委不如，回头更有推车汉，比上不足比下有余"⑦ "平生不做亏心事，夜半敲门也不惊"⑧。在告诉百姓如何行事时，《圣谕讲解录》的举例也往往更贴切底层生活。例如，告诉民众要孝顺父母，《圣谕讲解录》说："你们要把父母常常阁在心上，时时想着孝顺。晚晌要问父母安寝么，早晨要问父母醒起么。每日饭食、四时衣服，也不必分外去求精美，就是家常衣食，只要敬心诚意，和颜悦色，去侍奉父母，父母自然欢喜。"⑨ 告诉百姓如何尊敬长上，则建议"同行让他在前，同坐让他在左，同食让他先吃，骑马路遇，要下来作揖。日久不见，见了要叙寒暖，问起居。……就是官宦、举监、生员，然乡党莫如齿也，不可自恃贵显，欺

---

① （明）张福臻：《圣谕讲解录》，第232页。
② （明）沈寿嵩：《太祖圣谕演训》卷上，第32页下—33页上。
③ （明）张福臻：《圣谕讲解录》，第238页。
④ （明）张福臻：《圣谕讲解录》，第228页。
⑤ （明）张福臻：《圣谕讲解录》，第232页。
⑥ （明）张福臻：《圣谕讲解录》，第234页。
⑦ （明）张福臻：《圣谕讲解录》，第235页。
⑧ （明）张福臻：《圣谕讲解录》，第237页。
⑨ （明）张福臻：《圣谕讲解录》，第228页。

长傲上。……遇学宫师尊、受业先生，要拱手站立，听他指教"①。这话，都是民众能体贴着的，因而更能让百姓共情，转思间可以做到、可以改正。在谈和睦乡里时，《圣谕讲解录》除了仍照着礼俗相交、患难相恤的路径讲之外，还列举了许多底层百姓要处理的问题及措置之法："借钱借物的，都要勉强应承。争斗告状的，都要委曲解劝。孩子妇人相戏嚷，就有屈心，也只说自家的，不可偏护。鸡狗牛羊相侵犯，就有亏情，也只说过就罢了，勿失体面。遇有酒食，要与大家作乐。就是原有些嫌疑，他不肯和睦我，我只管去和睦他，他也终来有悔心的日子，这便是和睦了。"② 为了让百姓更容易懂，更容易行，《圣谕讲解录》在有些方面分梳更细。例如，以往不少文本讲孝顺父母，也会提醒百姓不得为非作歹，以免贻辱父母，然而往往就是一句话了事。然而，在这一方面，《圣谕讲解录》却用了更多的篇幅，说："凡打人、骂人、赌博、宿娼、酗酒一切不好的事，恐羞辱了父母，使父母耽忧，都不敢去做。就是为百姓的，务庄农，作买卖，使人称说某人有个成家的儿子。做秀才的读书养德，勿叫人说轻论薄。做官的清廉公正，勿使人呪赃骂酷，也都是孝顺处。这便是孝顺了。"③ 之外，张福臻作为地方官员，尤其是负有钱粮之责的知县，自然不能忘记提醒民众要服从官府的管束，说："遇官长立的法度，要一一遵守，催征的钱粮，要早早完纳，这便是尊敬了。"④ 就是在"毋作非为"条中，"不当正经差役、不完自家钱粮"也被作为非为之一提出。⑤

三　余懋衡《圣谕衍义》

万历末年，晚明徽州府著名的学者余懋衡将其六谕诠释引入乡约之中，并成为余氏族规的核心内容。据其族兄余启元（1574 年进士）在

①　（明）张福臻：《圣谕讲解录》，第 230 页。
②　（明）张福臻：《圣谕讲解录》，第 232 页。
③　（明）张福臻：《圣谕讲解录》，第 228 页。
④　（明）张福臻：《圣谕讲解录》，第 230 页。
⑤　（明）张福臻：《圣谕讲解录》，第 237 页。

万历四十八年（1620）《沱川余氏乡约小引》中说："余弟廷尉衡，理官也，以出乎礼则入于刑，故于暇日演绎圣谕六义，而广以勤俭忍畏之说，为劝戒三十一则、保甲三则，附以律例所宜通晓者，为吾乡人告焉。"① 余懋衡，字持国，明徽州府婺源县人，万历二十年（1592）进士，授永新知县，征授御史，巡按陕西，以忧归，起掌河南道，擢大理右寺丞，寻引疾去，天启元年（1621）起官太常寺少卿，历大理寺左少卿、右佥都御史、右副都御史、兵部右侍郎，天启三年（1623）推为南京吏部尚书，力辞归，以阉党专权，削职，崇祯初复官。据《明神宗实录》，余懋衡由河南道御史擢大理寺右寺丞，乃在万历四十一年（1613）二月。② 因此，余氏乡约大概是在余懋衡自大理寺右寺丞职位上引疾归乡至天启元年起复之间的几年内实施的，用来教化族人的六谕诠释文本则是余懋衡自万历四十一年（1613）在任上就开始修订的，而乡约文本的刊行则在万历四十八年（1620）。

余懋衡在余氏族内实行乡约，不是创举，而是继承了万历二年（1574）沱川余氏族内行乡约的传统，当时的实施者还是余时英等人。③ 余氏乡约有严整的约仪。从约仪来看，余氏乡约在每月的十五日举行，执事者除约正、约副、约赞、约史、约纠、约讲外，还有党正、党副、各甲长负责组织。④ 其中，约正、约副掌管裁酌"一约之事"，"解纷息争"，约史在约正、约副及约众议论归一的基础上"纪善恶"，约讲讲六谕，要求"文义通晓，音吐洪响"，约赞唱礼，约纠纠仪，而四位负责场所洒扫及鸣鼓等人则由甲长充任。⑤ 乡约的规定也比较严格，要求族众"凡在家者必赴"，也"不许科头、赤脚、露体之人与跟随厮养上堂"，所讲除了讲六谕外，还读律，也像所有乡约一样要记《彰善簿》

---

① （明）余启元：《沱川余氏乡约小引》，《沱川余氏乡约》，转引自卞利《徽州民间规约文献精编·村规民约卷》，第 19 页。

② 《明神宗实录》卷五〇五，万历四十一年二月丁未条，第 9600 页。

③ 刘永华：《约族：清代徽州婺源的一种乡村纠纷调处体制》，《清华社会科学》第 2 卷第 2 辑，商务印书馆 2021 年版，第 46—47 页。

④ （明）余懋衡：《沱川余氏乡约·约仪》，第 20—21 页。

⑤ （明）余懋衡：《沱川余氏乡约·附劝戒三十一则》，第 27 页。

和《纪过簿》。① 万历四十八年所刊《余氏乡约》，在《圣谕衍义》之后，还附有《勤俭忍畏四言》，类似"嘉言"，又附《劝戒三十一则》，则是详细订立的族规，再有《保甲》三则，则与乡约相兼而行，又附大明律八十三条及例三十二条，则用来读律，以儆示族众，末附《国风》《小雅》十一篇、宋儒诗十四首、明儒诗十三首，除为教化材料之外，应该还有在乡约中咏唱的实用义。

作为乡约中讲约的主要内容，余懋衡的六谕诠释《圣谕衍义》对圣谕六条的彼此关系作了更深的阐发。他不像之前许多学者将六谕化约为孝顺，而是从生理二字来总论六谕中各个条目的关系。他说："夫孝敬和睦，生理也。不孝敬和睦，非生理也。出乎生理，则入乎非为，入乎非为，则速乎刑戮。汝不自生，谁能生汝，可不惧哉？凡为祖父者，俱以安生理为教，凡为子孙者，俱以安生理为学，则非僻之念自去，而向用之福可承。"② 他认为孝顺、尊敬、和睦诸条目，都是人生存的道理，不如此即进入非为，因此，家庭教训子孙也就以"安生理"为学，以祛非为之念。在六谕的六条目中，生理因此就成为最核心的内容。他的诠解中的"各安生理第五章"中所言，也基本重复这一道理："圣谕言生理。夫孝、敬、和睦之人，其于生理无有泪也，以之事君则必忠，以之莅官则必治，皆从此生生之机发焉。……事父母各尽其孝，事长上各尽其敬，处乡里各尽其和。"③ 至于人的生存技能与职业，余懋衡称之为业。他说："士、农、工、商、医、巫、卜、筮，业不同，而生理同也。"④ 其论非为，也呼应了整个六谕的诠释："圣谕言非为。夫非为者，不知孝，不知悌，不知和睦，而所为非也。礼之所弃，刑之所收也。"⑤

作为一位晚明著名的学者，余懋衡的《圣谕衍义》引用经典甚多。"孝顺父母"条引《诗》二条，引《礼》二条；"教训子孙"条引

---

① （明）余懋衡：《沱川余氏乡约·约仪》，第20—21页。

② （明）余懋衡：《沱川余氏乡约·圣谕衍义》，第21页。

③ （明）余懋衡：《沱川余氏乡约·圣谕衍义》，第23页。

④ （明）余懋衡：《沱川余氏乡约·圣谕衍义》，第23页。

⑤ （明）余懋衡：《沱川余氏乡约·圣谕衍义》，第23页。

《易》一条，《礼》一条。余懋衡对孝顺父母、尊敬长上的诠释，比较充分地吸收了前人的成果。例如，在解释孝顺父母时，于缘何要孝顺、如何孝顺，都用极简练的话点出。解缘何要孝顺，则强调父母"生我劬劳"；解如何孝顺，则不仅说"服劳奉养，愉色婉容，定省温清，出告反面，先意承志"，还说"生事之以礼，死葬之以礼，祭之以礼"，再说"立身行道，扬名于后世，以显父母"，指出这些皆为孝之事，又进而指出守身不坠，不使其父母蒙羞亦为孝顺之事。[①] 其论尊敬，则所尊敬的对象除了伯叔兄及内外亲尊长外，还包括"官长、乡老、师傅、父执"，而尊敬所应行的日常则包括"徐行，或侍立，或隅坐，或禀命，或往役，或听教"等行为中的"敛容肃气，以尽卑幼之分"[②]。凡此种种，其实在此前的各种诠释文本中都会谈到。不过，余懋衡的诠释由于是对余氏家族而言，故而对于家族间的是非尤加警觉。他说："凡干上碍下，损彼益此之邪说，及以是为非、以曲为直之幻辞，并宜易心平气，徐以词组定之，不得附和。有一于此，福去灾生。"[③] 这也是要求族众始终要有尊敬之心，不宜挑拨是非。对于家族中的尊长辈的教诲，也尤其强调其重要性。他说："长上有教，必非游言，多系阅历世故，揆度义理之格论，所谓子弟从之，则孝悌忠信者乎！宜加理会，以求进益，不得听之藐藐。若视为平常，漫不致思，愚心奚开？"[④]

四 钱肃乐《六谕释理》

崇祯十年（1637），新科进士钱肃乐授官太仓州知州。一年之后，他在太仓州行乡约，并且为六谕作了《六谕释理》的诠释文本。钱肃乐（1607—1648），字希声，号虞孙，学者称止亭先生，浙江宁波府鄞县人，崇祯十年（1637）进士，授太仓州知州，政绩卓著，擢刑部员外郎，明亡之际，适丁忧家居，后于顺治二年（1645）在宁波举义旗，

---

① （明）余懋衡：《沱川余氏乡约·圣谕衍义》，第22页。
② （明）余懋衡：《沱川余氏乡约·圣谕衍义》，第22页。
③ （明）余懋衡：《沱川余氏乡约·圣谕衍义》，第22页。
④ （明）余懋衡：《沱川余氏乡约·圣谕衍义》，第22页。

在南明官至东阁大学士兼兵部尚书，在明清之际以倡议抗清复明闻于世。

关于钱肃乐在太仓州的治绩，清修《明史》记载得很简略，说："崇祯十年成进士，授太仓知州。豪家奴与黠吏为奸，而凶徒结党杀人，焚其尸。肃乐痛惩，皆敛手。又以朱白榜列善恶人名，械白榜者阶下，予大杖。久之，杖者日少。"① 以朱白榜列善恶人名，其实就是乡约纪善恶的做法的延伸。雍正《宁波府志》记载他在太仓州行乡约事说："饮冰如蘖，与邑绅张采、张溥辈力行乡约，以崇教化。"② 他在太仓州时，还与张采修纂了《太仓州志》十五卷。③ 钱肃乐的弟弟钱肃图在《忠介公前传》中说："丁丑中会试，出陈公裴讳美发之门。殿试二甲十四名，授苏州府太仓州知州。……朔望集绅衿乡耆讲六谕，州分二十九都，每都设乡约正副，各授善恶册，具书姓名以报，廉得实。讲六谕毕后，则出朱榜，书善人姓名行事，奏乐旌赏，恶人则标白榜，当扭阶下杖责之。于六谕亲为阐释，反覆孝弟，与兴廉奖让，一时风俗率变。刻有《六谕释理》。"④ 张采亦记载钱肃乐"朔望集众高座，抗声疏解高皇六谕"⑤。其记叙钱肃乐行乡约之事较钱肃图更详："严保甲，饬乡约，朔望会绅衿庶老讲六谕。娄城郭旧分二十四铺，合境旧分二十九都，侯铺设约正副，都如之，各授善恶册，曰：得实，持以报。讲六谕毕，则出朱榜，书善人姓名行事，奏乐导送。恶人则标白榜，锒铛扭阶下，受大杖。乃立十禁，定乡约事宜，复请诸绅分讲城郭。乡约正分讲村镇。侯则以时会讲，行赏罚，且亲阐解，反复孝弟，兴廉奖让，冀革心一时。娄遂丕变。"⑥ 冯贞群为钱肃乐所订年谱将行乡约事系于崇祯十一年、十二年："戊寅崇祯十一年，三十二岁。与乡绅张采、张溥

① （清）张廷玉：《明史》卷二七六《钱肃乐传》，中华书局1974年版，第7080页。
② （明）钱肃乐著，卿朝晖点校：《钱肃乐集》卷首附《雍正宁波府志本传》，浙江古籍出版社2014年版，第36页。
③ （明）钱肃乐著，卿朝晖点校：《钱肃乐集》卷一《太仓州志序》，第49页。
④ （明）钱肃图：《忠介公前传》，《钱肃乐集》卷二十三《附录三》，第416页。
⑤ （明）张采：《知畏堂诗文存》文存卷二《全娄大业序》，《四库禁毁书丛刊》集部第81册，北京出版社2000年版，第558页。
⑥ （明）张采：《知畏堂诗文存》文存卷三《钱侯荣升序》，第574页。

辈力行乡约，立保甲法。……己卯崇祯十二年，三十三岁。朔望集绅衿乡耆讲六谕，一时风俗率变，刻有《六谕释理》。"① 是知钱肃乐的《六谕释理》成于崇祯十二年。据说，钱肃乐邀请陆世仪出任约正，为陆世仪所拒绝。②

《六谕释理》正文之前，有钱肃乐序，称："本州莅任二载，见民间诟谇成风，讼狱滋多，自媿训导不纯，而愚民陷焉，议所以浣濯之，使娄东比户有士君子之行，庶几太祖高皇帝化民成俗之旨。故率耆老于朔望日讲解六谕，更就自私自便之处，动以良知良能之性，附赘俚言，词无匿旨，尔民其绎思毋忽。"③ 钱肃乐说他的诠解六谕的策略乃是就民众"自私自便之处"，"动以良知良能之性"。事实上，他在诠解时也是这么做的。他的诠释很精练，但总体来说是从民众能够体会到的"利""害"来说孝顺、尊敬各条。例如，他说孝顺父母，除了讲出我们的身体来自父母，吃食物的"口"、穿好衣服的"体"，都是来自父母，孝顺父母，就应该爱惜口体。更关键的是，"你们有夫妻后来不做父母么？做父母不要儿子孝顺么？假如生儿子，有好衣好食只与妻子吃着，或三朋四友饮酒宿娼，任他老人家饥也不管，寒也不管，你夫妻不痛恨么？"④ 这就是从刺着民众的"自私自便之处"来反问了。又如讲尊敬长上，起始就问："问你每做卑幼时好凌侮长上，莫不做长上时反要人凌辱么？每见好凌侮人的，还受人凌侮，只一转眼。"⑤ 再如论和睦乡里，则说："试看善处乡邻的，生则欢乐之，死则痛惜之，不幸而遇水火盗贼疾病官司的事，则相率救护，若左右手。如其不然，见面便阳惜，背后便阴笑，又或离其所亲，助其所雠，此皆由不能和睦之故。你每试看，还是和睦的占得便宜多，还是不和睦的占得便宜多？"⑥ 论

① 冯贞群：《钱忠介公年谱》，《钱肃乐集》，第 492 页。
② 王慧燕：《陆世仪为何不治乡——一种尝试性的解读》，《东吴中文学报》第 28 期，2014 年，第 169—186 页。
③ （明）钱肃乐著，卿朝晖点校：《钱肃乐集》卷八《六谕释理》，第 167 页。
④ （明）钱肃乐著，卿朝晖点校：《钱肃乐集》卷八《六谕释理》，第 167 页。
⑤ （明）钱肃乐著，卿朝晖点校：《钱肃乐集》卷八《六谕释理》，第 168 页。
⑥ （明）钱肃乐著，卿朝晖点校：《钱肃乐集》卷八《六谕释理》，第 168 页。

教训子孙，钱肃乐则从子孙能否有出息会使父母荣光或受辱的角度言："人能教训子孙，后来上等的做秀才，中举人进士，必道某人当日做好人，其子孙有此好报……若乃生平不知教训，任他流浪胡为，或饮酒赌钱，或嫖妓串戏，甚至为贼为盗，旁人皆说是某人子孙，岂不辱没了祖宗？"① 尽管说以善报来诱民从善，或以恶报来儆戒民众，是六谕诠释一直以来的策略，但通篇的主体文字都在诉说遵从六谕之利和不遵从六谕之害，这样的诠释还是不多。这也充分反映了《六谕释理》处在晚明越来越讲究功利、功过格盛行的背景下，采取了更为直接、简单明了的劝谕之法。考虑到钱肃乐还曾在崇祯十四年（1641）倡行过一命浮图会这类善会，② 钱肃乐其实深受晚明善堂善会等思想的影响，应该是相信果报并且愿意以果报来劝诱人行善的。《六谕释理》在利害方面充分阐释，是希望能更直接地达到诱使民众行善改过。就是在《六谕释理》的最后，他也是说："以上六谕，百姓若能遵依，便是盛世良民，读书有文学的，便可以发科甲，下至细民，随其所为，各得善报。"③

　　身为知州地方官员，钱肃乐自然还得突出朝廷官员的合法性，要求民众"尊敬"。他在"尊敬长上"条的解释中说："长上不但家庭乡党，凡朝廷设官分职，以治尔等，皆有长上之分，为你每劝课农桑，疏通水利，锄戢强暴，剖平狱讼，使你每得养其父母，长其子孙。我尊敬他，原是为自家。"④当然，实际上晚明民众对于地方官员多有非议。钱肃乐进而诫谕说，这样的做法伤害不到地方官员。他说："就是长上不称其职，朝廷自有法度处他，你每百姓自当尽子弟之礼，只看平日做歌谣、刻图画谤讪长上，长上便不十分吃亏，自家却有甚么受用？"⑤ 太仓州临海，因此谈毋作非为时，钱肃乐的举例也自然地提到"下海通番，聚众打劫"⑥。这也都是因诠解者的身份以及受众的地域性而赋予

---

① （明）钱肃乐著，卿朝晖点校：《钱肃乐集》卷八《六谕释理》，第169页。
② 冯贞群：《钱忠介公年谱》，《钱肃乐集》，第493页。
③ （明）钱肃乐著，卿朝晖点校：《钱肃乐集》卷八《六谕释理》，第170页。
④ （明）钱肃乐著，卿朝晖点校：《钱肃乐集》卷八《六谕释理》，第168页。
⑤ （明）钱肃乐著，卿朝晖点校：《钱肃乐集》卷八《六谕释理》，第168页。
⑥ （明）钱肃乐著，卿朝晖点校：《钱肃乐集》卷八《六谕释理》，第170页。

诠释文本的特点。钱肃乐信从佛教，所以在最后的结语中，他对民众说，若能遵从六谕，则"生为盛世良民，殁便为西方佛子"①。

五 韩霖《铎书》

韩霖，字雨公，号寓庵，山西平阳府绛州人，天启元年（1621）举人，但未曾出仕，崇祯十七年投降李自成，授礼政府从事，李自成退出北京时脱离闯军，回到邻县稷山，顺治六年（1649）与两个儿子同遭土贼杀害。② 韩霖是当时著名的藏书家，建有卅乘藏书楼。他也是晚明天主教的早期信仰者之一，曾协助高一志、金尼阁在平阳府与太原府购屋建堂，并且著有《敬天解》等解释教义之作。

《铎书》是韩霖应知州孙顺之邀在乡约中宣讲形成的六谕诠释。孙顺，贵州思南府人，崇祯十年（1637）进士，崇祯十四年（1641）任绛州知州，约请韩霖举行乡约，宣讲明太祖六谕。乡约自宋代以来就是儒学士大夫教育乡里的工具，所讲求的是儒家的伦理。韩霖则借此机会进行了一种"跨文本的诠释方式，将天主教的伦理思想与中国伦理思想中的大传统（儒家的精英伦理）和小传统（受佛道影响的善书伦理）熔冶于一炉，尝试着进行一种不露斧凿之痕但本质上为天主教的伦理建构"③。不过，即便如此，从韩霖自述看，《铎书》相对于《敬天解》那样直接阐释其对于教义的理解的作品而言，已经是落于"第二义"了。换言之，韩霖自己也认为《铎书》之作，存在对儒学文化的妥协。从六谕诠释史来看，《铎书》也会因此提供一个有趣的案例，无论是思想倾向上还是诠释策略上。除了创新，《铎书》在哪些方面传承了之前的六谕诠释文化？

---

① （明）钱肃乐著，卿朝晖点校：《钱肃乐集》卷八《六谕释理》，第 170 页。

② 关于韩霖的生平考察，可参见黄一农《明清天主教在山西绛州的发展及其反弹》，《"中研院"近代史研究所集刊》第 26 期，1996 年 12 月；黄一农《天主教徒韩霖投降李自成考辨》，《大陆杂志》第 93 卷第 3 期，1996 年 9 月；《明末韩霖〈铎书〉阙名前序小考》，（澳门）《文化杂志》第 40—41 期，2000 年。

③ 孙尚扬：《铎书校注序》，《铎书校注》，华夏出版社 2008 年版，第 7 页。

释"孝顺父母"时，韩霖首先讲"天是大父母"①，进而解释"天"为造物主，巧妙宣传其基督教思想。接下来，韩霖讲人缘何要孝顺父母，以及如何孝顺父母，却几乎是完整地移植了王恕、罗汝芳以来的各种诠释文本的说理逻辑。举例证的时候，虽然也举闵损、王祥这类传统儒学提倡的孝子，但也举了晚明号称耶稣会士在华三大柱石之一的杨廷筠以及明神宗、明光宗的孝顺为例。释"尊敬长上"时，继续提出他的核心的"尊天"概念，说："人生第一当尊敬者，天也。"在接下来释"长上"的概念时，也借助了王恕《圣训解》的诠释，称："有宗族外亲之长上……如伯叔祖父母、伯叔父母、姑、兄、姊、外祖父母、母舅、母姨、妻父母之类。"但韩霖对"长上"作了更多的拓展，说："有爵位管辖之长上，此由于朝廷者也，如治民之于公祖父母，僚属之于堂官上司，兵军之于将帅，奴仆、雇工之于家主之类。齐民之于缙绅，虽无管辖，然朝廷尊官，亦当谓之长上。有传道受业受知之长上，此由于圣贤、朝廷者也，如业师、座主、荐师之类。百工技艺之师，虽与传道不同，亦当谓之长上。有邻里乡党、通家世谊之长上，有与祖同辈者，有与父同辈者，有与己同辈而年长者，此亦由于父母者也。"② 以往的诠释文本，对于因血缘而起的尊长、乡里因地缘而起的尊长讲得比较多，对于此处因朝廷而起的尊长，少量的诠释文本会强调要尊敬官府并且早完钱粮，但很少强调僚属堂官、士兵将帅、奴仆家主、庶民缙绅之间的尊卑。韩霖对此的强调，应该说是晚明社会秩序混乱颠倒背景下士大夫试图重塑社会秩序的反映，后面的阐释中也都对相关的尊敬作了一些阐释。在"尊敬长上"条中，韩霖发挥了明代的六谕诠释越来越重视"尊兄"的传统，用了较长的篇幅讨论兄弟之间的和或不和。韩霖说："若论名分之尊，莫过伯父、叔父。……兄之尊，亚于伯叔，而情亲过之，论不得爵位，论不得贤否。"③ 韩霖且举司马光尊敬兄长为例，而司马光尊兄的例子在前述王栋的《规训》、钟化民

---

① 孙尚扬：《铎书校注》，第60页。
② 孙尚扬：《铎书校注》，第68页。
③ 孙尚扬：《铎书校注》，第70页。

的《圣谕图解》中都有文字甚或图像的说明。

韩霖在释"和睦乡里"时，偏重从"敬天爱人"的角度来阐释。他提出"爱人实际处，必须分人以财，教人以善"①，与晚明的劝善思潮是密切配合的，却也方便韩霖对于耶稣会士罗雅谷《哀矜行诠》中"济人七端"的引用。在讨论的重点从"和睦乡里"转移到"施善"的时候，韩霖对施与提出了具体的原则"五要"，即"谦而无德色""真而勿为名""捷而勿姑待""斟酌而有次序""宽广而勿度量"，也同时举中、西两方面的例子。②接着，韩霖将《吕氏乡约》的"德业相劝""过失相规""礼俗相交""患难相恤"四礼条件纳入六谕的"和睦乡里"一目之中，用四礼条件的内容来阐释"和睦乡里"，③并且内容上基本涵摄了《吕氏乡约》的主体部分，从某种程度上保持了宋元明乡约发展的延续性，并且用较大的篇幅论居乡行善或居乡"令一乡怕我"所产生的正反两方面的影响。释"教训子孙"时，韩霖举明太祖朱元璋教育太子、诸王为例，又分胎教、小学诸层次。但在论儿童之教育时，除了引朱子《小学》外，更大量引用了传教士高一志的《教童幼书》，谈幼童教育"教之主""教之助""教之法""教之翼""学之始""学之次""防淫""知耻""缄默""言信""文学""正书""交友""衣食""寝寐""闲戏"等16个条目。④不过，无论其伦理还是教法，均与传统儒学所提倡的幼蒙教育是相通的。接下来，韩霖重在谈女教，用了较长的篇幅对《易》"家人"卦中诸爻进行详解，认为比古今许多的家教闺范都有精义。⑤最后谈使令奴仆之道，提出"慈爱""和缓""教诲""责罚""防闲""裁减"，而最后一条"裁减"，乃是提议势宦之家"仆从不必太多，太多不惟害人，且衣食于我者侈"⑥。末附《维风说》，则着眼于男女之防，尤其是要严革"妇女行路，男子

---

① 孙尚扬：《铎书校注》，第82页。
② 孙尚扬：《铎书校注》，第87页。
③ 孙尚扬：《铎书校注》，第88—89页。
④ 孙尚扬：《铎书校注》，第103—109页。
⑤ 孙尚扬：《铎书校注》，第112—117页。
⑥ 孙尚扬：《铎书校注》，第117—119页。

相聚而观之"的"末世陋风"，则其实已与教训子孙的本旨相距太远了。①

在释"各安生理"时，韩霖虽然也是从士农工商四民分业开始讲起，但却对向来士大夫用来教育庶民的安于宿命的理论大加驳斥。韩霖说："又有人说，万事不由人计较，一生都是命安排。……此说大不然。"他认为，"人有一分德，即有一分福以报之"②。这与晚明劝善思潮中强调积德行善以求福报的趋势相合。他认为，"安"其实只是"知足"，所谓"若要心安，莫妙于知足"，而"人生世间，如在逆旅"③，贪婪无益。他所举的安生理的典型，除了儒家的颜回、周敦颐外，还有晚明的何乔远，而安生理的首选，他却不像很多前人所强调的那样认为读书是第一事，而说："若论衣食之源，毕竟要注意农桑。金银珠玉，饥不可食，寒不可衣。试观兵革之际，人死为何？便知贵农桑为第一义。"④ 身处在明末兵革四起之际，韩霖深知农桑衣食的重要性。这与后来清初张履祥之重农，大概是出于同样的道理。"毋作非为"在许多诠释文本中都是重点，因为六谕之中前五条都是正面提倡，而唯有这一条是禁约性质的。韩霖也首先阐明前五条与最末一条之间的辩证关系："学之大端有三：一向天，即敬天之学。一向人，即爱人之说，如孝顺、尊敬、和睦、教训四事是也。一向己，修治身心，为学之本，而敬天爱人，一以贯之。各安生理，亦修己廉静之一端。至为圣为贤，只须'毋作非为'之一语，此高皇帝教人为善四字诀也。……非为，恶也。人不为善即为恶，不为恶即为善。"⑤ 在接下来的阐释中，除了延续儒家士大夫为善并畏法而不为非的言说外，韩霖大量地引用传教士庞迪我的《七克》、艾儒略的《涤罪正规》，最末则充分发挥袁了凡关于"与人为善""爱敬存心""成人之美""劝人为善""救人危急""兴建大利""舍财作福""护持正法""敬重尊上""爱惜物命"等十个方

---

① 孙尚扬：《铎书校注》，第119—121页。
② 孙尚扬：《铎书校注》，第126—127页。
③ 孙尚扬：《铎书校注》，第128—129页。
④ 孙尚扬：《铎书校注》，第137页。
⑤ 孙尚扬：《铎书校注》，第142—143页。

面的劝善改过理论。不过，与袁了凡较为功利的功过格理论不同，韩霖也提出善恶要以"意之邪正为本"，例如"广施普济，窃图善声，所行虽合理，是以丑意秽善行"①。从他的信仰出发，他也反对"修斋设醮，媚神祈福"，认为这种做法"自谓极大之功，不知乃莫大之罪也"②。他认为真正能让人向善和不敢为非，乃是天堂和地狱之说，并且用了不少的篇幅来讲人死升上天堂或降入地狱的区别，以此来儆怖世人。总之，韩霖在他的《铎书》中确实结合了多种思想资源，使《铎书》在整个明清时期的六谕诠释中呈现为特别奇异的一种。

　　作为社会教化的方式与手段，乡约与六谕宣讲并没有因为晚明时局的艰难而受到影响。相反，不少士大夫视乡约教化与六谕宣讲为提振社会道德、强化社会秩序的手段。像祁承爜、余懋衡、钱肃乐、张福臻等人，不仅获得了高级的功名，而且在晚明都有巨大的声望。他们既是教化者，也是学者。他们孜孜不倦地追求以六谕来教化地方或宗族，说明六谕在经过数百年的提倡之后依然有巨大的吸引力。考虑到后来的六谕在清初的重要影响，不得不说，时局的更替、政治上的王朝更迭，在社会层面尤其在精神层面上所造成的断裂很细微。晚明士大夫对六谕的诠释，当然也是充分地延续了16世纪的传统，这种继承或者是逻辑上的，或者是喻理上的，更或者是文本上的。地位与诠释的对象会决定他们的诠释的某种特征，例如祁承爜和张福臻、钱肃乐作为地方官时所颁的诠释，都会明显地站在官方的立场上要求民众安于现状，而余懋衡针对家族所行的乡约及其诠释则更多地体现家族法的特征。当然，即便是冠以"俗讲"和"俗解"，他们的六谕诠释的学术特征都很强。引经据典是他们共有的特征。另外，祁承爜和张福臻的诠释都有明显的罗汝芳六谕诠释的痕迹，充分说明这种文本之间的延续性与彼此影响，当然也更说明了罗汝芳六谕诠释的经典性。晚明这几位学者的六谕诠释，理学家的路径和以心性来释事理的特点还是很明显的。更为重要的是，16世纪王阳明提供的心学、良知良能在他们的诠释中得到贯彻。当然，晚明的

① 孙尚扬：《铎书校注》，第160页。
② 孙尚扬：《铎书校注》，第161页。

六谕诠释还有更多的特点，像钱肃乐的诠释，就明显地反映了晚明越来越讲究道德修养的功利性和功过格盛行的背景。由此种种看来，晚明的六谕诠释有新的特征，但总体上仍然延续了 16 世纪和 17 世纪初以来的诠释传统。

第十一章

由显至隐：清代的六谕诠释传统

六谕是明太祖朱元璋在洪武末年以《教民榜文》的形式正式颁布的，从供人宣唱的《教民榜文》中的六句话，到后来独立出来被称为圣训、圣谕六条、六谕，逐渐成为明代基层社会教化的精神核心。戴宝村认为，"明代晚期乡约盛行，此一制度和六谕条文均为入主中原的清政府所采用"①。明清易代之际，社会疮痍满目，底层士绅即欲以此恢复社会秩序。河南陈州自"闯贼去后，城内全无人居"，"州乡约"武澄清等"进城纠乡人修补城池，聚归者多，日至十字街宣讲圣谕，以各安生理、毋作非为，寥寥穷众，委安其业"②。在朝廷层面，六谕也并未失去它的合法性。清朝顺治帝于顺治八年（1651）正式亲政，翌年即顺治九年（1652）便重颁六谕，明令各直省地方设置圣谕六言的卧碑（图11-1），不久命各地据此行乡约。③甚至民间仍然行木铎警醒之教。例如清初礼部尚书沙澄（1646 年进士）的祖父沙梦石，"有司委以木铎之任，每逢朔望以六谕警教众人"④。陈熙远指出，清廷此举并

① 戴宝村：《圣谕教条与清代社会》，《台湾师范大学历史学报》第 13 期，1985 年。

② （乾隆）《陈州府志》卷十九《忠义孝弟》，国家图书馆藏清乾隆十二年刻本，第 40 页上。

③ 日本学者内藤虎之亮在《明清时风化之一斑》（《斯文》二十一七，1938 年 7 月）据清代《学政全书》《大清会典事例》等资料，认为顺治帝曾将明太祖六谕文中的"尊敬"改为"恭敬"，"毋作"改为"无作"。转引自酒井忠夫《中国善书研究》，第 484 页。然而，从留存至今的卧碑拓片来看，当时顺治帝并未将六谕的字词改换，参见图11-1。

④ （道光）《重修蓬莱县志》卷九《人物志》，《中国地方志集成》山东府县志辑第 50 册，凤凰出版社 2008 年版，第 153 页。

图 11-1　清顺治九年六谕卧碑

不是虚应故事，"其实具有稳定辖下汉人社群的积极作用"，"宣示国家
的礼法秩序乃沿承前朝，以期调控尚未平稳的政局，安抚仍在观望的人
心"①。据康熙《大清会典》载："顺治九年，颁行六谕卧碑文行八旗
直省。十六年议准：译书六谕，令五城各设公所，择善讲人员讲解开
谕，以广教化，直省府、州、县亦皆举行乡约。该城司及各地方官，责
成乡约人等，于每月朔望日聚集公所宣讲。"②《钦定学政全书》卷九
《讲约事例》则明确规定说："顺治十六年议准：设立乡约，申明六谕
诚谕，原以开导愚氓。从前屡行申饬，恐有司视为故事，应严行各直省

① 陈熙远：《圣人之学即众人之学：〈乡约铎书〉与明清鼎革之际的群众教化》，《"中研院"历史语言研究所集刊》第九十二本第四分（2021 年 12 月），第 706、734 页。
② （清）伊桑阿等纂，关志国、刘宸缨校点：《大清会典（康熙朝）》卷五十四《乡约》，第 618 页。

地方牧民之官，与父老子弟实行讲究。钦颁其六谕原文本明白易晓，仍据旧本讲解……每遇朔望，申明六谕诚谕，并旌别善恶实行，登记簿册，使之共相鼓舞。"① 这表明，至少到顺治九年（1652），明太祖的六谕通过清顺治帝的重颁而重新获得其合法性，更在顺治十六年（1659）通过乡约的施行而成为基层社会的行为准则。顺治年间，已有不少地方官员以六谕行乡约。马腾升顺治十六年任苏松巡按，于太仓州直塘镇建讲院，"凡月朔望，则少长咸集，拜先圣之位，宣六谕之教，以乡约治野人"②。清初顺治年间如魏象枢、孔延禧等人都有诠释六谕之作。康熙九年（1670），康熙帝颁行了圣谕十六条，但并未立刻、完全地将十六条推行到乡约之中。圣谕十六条之进入乡约，大概是在康熙十八年（1679）后。康熙《大清会典》又载："康熙九年，上谕十六条，通行晓谕八旗佐领，并直隶各省督抚，转行府、州、县乡村人等切实遵行。……十八年议准：浙江巡抚将上谕十六条衍说，辑为直解，缮册进呈，通行直省督抚照依奏进《乡约全书》刊刻各款，分发州县乡村永远遵行。"③ 从此开启了以圣谕十六条为乡约教旨的历史。从六谕到十六条的转变，经历了康熙年间的一个过渡时期，那是一个六谕与圣谕十六条共存于乡约之中的时代。即便在十六条完全取代六谕成为乡约核心时，六谕作为潜流在清代民间仍然时隐时现。

一 明代六谕诠释传统之延续

清朝顺治及康熙初年，由于六谕经顺治帝在顺治九年的重颁而获得合法性，顺治十六年且获准译书六谕，加以自明中叶以来一百多年以六谕教化基层百姓的诠释传统，地方官员仍以六谕为核心来行乡约，并为

---

① （清）索尔讷编纂，霍有明、郭海文校注：《钦定学政全书校注》卷74《讲约事例》，武汉大学出版社2009年版，第291页。
② （清）陈瑚：《确庵文稿》卷十六《讲院碑记》，《四库禁毁书丛刊》第184册，第392页。
③ （清）伊桑阿等纂，关志国、刘宸缨校点：《大清会典（康熙朝）》卷五十四《乡约》，凤凰出版社2016年版，第618页。

此编纂不少六谕诠释文本。例如，顺治十年（1653），龙门卫的"卫帅"张虎文暇时则"讲六谕，宣卧碑"①。漕运总督蔡士英（1605—1675）于顺治十三年、十四年水灾之后，力推教民，"整六谕，颁行讲章以训小民"②。顺天府文安县人井在，字存士，顺治十六年（1659）进士，历山西平阳府推官、广东惠州府永安知县、山西兴县知县，编纂《讲约六谕解》一卷。③ 张沐，字仲诚，号起庵，河南上蔡人，顺治十五年（1658）进士，康熙元年（1662）任内黄知县，任内"著《六谕敷言》，俾人各诵习，反复譬喻，虽妇孺闻之，莫不欣欣向善"④。清初黎城县人李占黄自天台知县致仕后，亦"率乡党讲六谕于公所"⑤。申锡于顺治十六年（1659）中进士，任福建福清知县，"于月吉必宣六谕，教民兴行"⑥。山西曲沃县王之旦顺治十八年（1661）中进士后，滞于选，家居十余年，"率乡人讲读六谕"⑦。清初顺治年间的翟凤翥"以古道期人，衍乡约六谕成纶，即所谓《铎书》者"⑧。康熙三年（1664）任潞安知府的萧来鸾于圣泉寺建莲池书院，于池之西创为六谕堂三楹，南北厢各三楹，"月朔望，进诸父老子弟，阐宣圣谕六条，谆切而提命之"⑨。徐日儁康熙四年（1665）任浙江天台县学教谕，"刻六谕以振浇风"⑩。康熙七年（1668），永新知县黎士弘"注六谕，躬率

---

① （清）李遵度：《文昌阁记》，（民国）《龙关县新志》卷十八《艺文志上》，国家图书馆藏民国二十三年刊本，第6页上。

② （顺治）《海州志》卷三《新建漕抚蔡公讲堂纪略》，中国科学技术出版社1994年版，第27页。

③ （清）缪荃孙纂：（光绪）《顺天府志·人物志十·先贤十》，北京出版社2018年版，第4814页。

④ （民国）赵尔巽：《清史稿》卷四七六《循吏一》，《二十五史》第12册，上海古籍出版社、上海书店1986年版，第10274页。

⑤ （乾隆）《潞安府志》卷二一《人物·名贤》，国家图书馆藏清乾隆三十五年刊本，第57页。

⑥ （康熙）《福清县志》卷三，国家图书馆藏清康熙十一年刊本，第32页下。

⑦ （清）王大作：《赣榆令王元夫传》，（乾隆）《新修曲沃县志》卷三八《艺文上》，国家图书馆藏清乾隆二十三年刊本，第109页。

⑧ （清）李霨：《副使翟公墓志铭》，（康熙）《平阳府志》卷三十六，国家图书馆藏清乾隆元年刊本，第107页上。

⑨ （清）李中白：《圣泉寺碑记》，（乾隆）《潞安府志》卷三四《艺文》，第33页下。

⑩ （嘉庆）《西安县志》卷三十四《文苑》，国家图书馆藏嘉庆十六年刊本，第8页下。

乡约讲读"①。赵吉士康熙七年任交城知县，任内宣讲圣谕，"公务之暇，率邑之誉髦同履四郊，申明六谕，劝谕农夫……于圣谕每句之下加以劝戒，一善一否，即以本县现在共知之事为之申说"，例如在"和睦乡里"条下便举例说："有本县秀才申典，好做状，好拿讹，即极相好的朋友也要吓诈他，所以人人都怕他，叫他申恶人。他如今改过了，就是好人了。若不改过，你们乡里也就容不得他了。这样不和睦乡里的人，总是自家吃亏。"② 赵吉士修讲乡约之典，朔望讲行乡约，"亲莅四郊，申明六谕，将交邑通俗共知之善恶，引谕于六谕之中。使知善恶报应，捷如影响③。康熙八年（1669），署猗氏县事万锦雯著《六谕衍义》，"刊行各乡村，仍以时属父老告戒子弟，咸知讲诵"④。康熙八年，高平人赵象乾（1640—1698）出任福建长泰知县，"乃颁六谕，月吉至公所，召诸父老子弟，亲为讲说，有听而泣下者"⑤。据清初曾任扬州府通判、太原府同知的巨鹿人张伟说，曾在扬州与他同事的邢台知府著有《守邢约言》，亦有六谕诠释作品，所谓"明伦则有注解六谕"⑥。魏裔介谈到康熙九年前后任栾城知县的广元人赵炳在县治仪门内建"六训坊"，且"注释六谕，春秋暇日，黄童白叟，咸耳提面命焉"⑦。康熙九年，嘉兴人盛民誉（1661 年进士）由推官转任桂阳知县，到任期年之后，乃在当时四川湖广总督蔡毓荣所颁《乡约全书》的指导之

① （清）贺贻孙：《周五禾先生固安县六谕注解序》，（同治）《永新县志》卷二十三《艺文志·文征》，国家图书馆藏清同治十三年刊本，第 14 页上。

② （清）赵吉士著，郝平点校：《牧爱堂编》卷六《详文·一件为请复衣顶以励悔过事》，商务印书馆 2017 年版，第 176 页。

③ （清）赵吉士：《牧爱堂编》卷九《训诫·为奖善励恶事》，第 298 页。

④ （清）宋之树修，何世勋纂：（雍正）《猗氏县志》卷一《典礼·乡约》，《中国方志丛书》华北地方第 1070 号，第 126 页。

⑤ （明）叶先登：《邑侯赵公永德碑记》，（乾隆）《长泰县志》卷十一《艺文》，《中国方志丛书》华南地方第 236 号，台北：成文出版社 1975 年版，第 74 页下。

⑥ （清）张伟：《守邢约言序》，（光绪）《钜鹿县志》卷十二《艺文上》，国家图书馆藏清光绪十二年刊本，第 78 页下。

⑦ （清）魏裔介：《兼济堂文集》卷八《栾城赵邑侯寿序》，中华书局 2007 年版，第 212 页；（同治）《栾城县志》卷二《舆地志·坊表》，国家图书馆藏清同治十一年、十二年刊本，第 26 页下。

下行乡约，又自辑《六谕诠释》。① 江西赣州府定南知县林堪于康熙十年"申明六谕，俾七堡耆儒朔望讲约而风俗益淳"②。康熙初年睢宁知县冯应麒建乡约所，作为"开讲六谕、安奉谕牌之所"③。这些文本多不存。顺治年间保存至今且基本延续了明朝六谕诠释传统的六谕诠解文本，是云南知府孔延禧的《乡约全书》。

顺治十八年（1661），清朝政府基本平定云南的南明永历政权后，时任云南府知府孔延禧刻《乡约全书》以教民。孔延禧，锦州人，贡生出身，顺治五年（1648）任泾县知县，顺治九年（1652）任山东东平知州，顺治十三年（1656）任长沙知府。随着清朝政府镇压南明的战线往西南推进并逐渐控制局势，孔延禧也在顺治十六年（1659）调任云南府知府，此后一直任职云南，顺治十八年（1661）升按察副使，分守金沧，康熙二年（1663）任云南按察使，康熙五年（1666）升右布政使。孔延禧在举行乡约的告示中说："本府庄诵圣谕六言，极直截易晓，极包涵无尽，诚所谓大哉王言，大哉王心者也。本府恐尔百姓贼营之习染已深，性生之良知久锢，谨以俚言敷演成篇，务期仰答我大清皇上宣谕之宏恩，尊行王爷、部院开示之至意，而又参以律条，证以报应，俾尔百姓明知若何当趋，若何当避。……幸勿以弁髦视之，而以乡约为故事也。"④ 作为清朝之臣，他将南明政权视为敌人，强调过往多年百姓在南明政权治下"贼营之习染已深，性生之良知久锢"，尤其需要以六谕来洗刷，全然忽视六谕始于明太祖朱元璋的事实。所谓"尊行王爷、部院开示之至意"，即遵从平西王吴三桂、总督赵廷臣、巡抚袁懋功等人之谕。孔延禧《乡约引》说："即今平西王与总督、抚院并各司道府县千方百计，也只是要百姓为善。从今以后，你们何不回心转

---

① （清）盛民誉：《六谕诠释自序》，（同治）《桂阳县志》卷十九《艺文志》，国家图书馆藏同治六年刊本，第17页。

② （同治）《定南厅志》卷四《名宦》，国家图书馆藏同治十一年刊本，第65页下至第66页上。

③ （光绪）《睢宁县志稿》卷六《建置志·公署》，国家图书馆藏光绪十二年刊本，第10页上。

④ （清）孔延禧：《乡约引》，楚雄彝族文化研究所编《清代武定彝族那氏土司档案史料校编》，第264—265页。

头，改行从善，不犯法，不遭刑，保身家，共享太平，岂不是好事？这为善的事也多，若要明白易晓，无如圣谕的六句话。"①

赵廷臣（？—1669），字君邻，铁岭卫人，顺治二年（1645）以贡生授山阳县知县，进江宁府同知，顺治十年（1653）随洪承畴为参军，授湖广兵备副使，分巡湖南，迁参政，从定贵州，顺治十五年（1658）授贵州巡抚，次年擢云贵总督，康熙元年（1662）调浙江总督，康熙七年（1668）兼管福建总督，康熙八年（1669）卒，谥清献。② 赵廷臣在《乡约全书序》中对六谕也大加尊崇，称："农遵此训则为醇农，工商遵此训则为良工商矣！智者日兢兢于规矩准绳之中，愚者不逾越于礼法伦常之外。"③ 袁懋功（1612—1671），字九叙，直隶顺天府香河人，顺治三年（1646）进士，授礼科给事中，累升至户部侍郎，顺治十七年（1660）以兵部左侍郎、都察院右副都御史巡抚云南，后改山东巡抚，康熙十年（1671）卒于官，谥清献。袁懋功于顺治十八年（1661）四月在云南启动清理乡约。其所颁《清乡约榜》内说："照得乡约之设，每一里中有齿德表率乡民者，该里公举一人，于朔望齐至公所，宣谕六事，使地方人等各知孝弟忠信礼义廉耻，奉行毋违……此教民为善之成例也。……输纳钱粮，总领自有里长，催征自有排年及里名下花户，即有拖欠，该县自有限期追比，未有乡约经管钱粮者。今查昆明一县，据县所委乡约多至四百余名，各里钱粮听其掌管。近查乡约人等，有系沐府庄头久惯嚼民者，又系地方积棍把持包揽者，有系衙门积蠹已经访革者，甚之有为有司鹰犬攫利分肥、假势压众者，藏奸匿究［宄］，种种难尽。"④ 这是指出，在南明治下的云南，乡约成为南明沐府残余势力、地方恶势力包揽钱粮和鱼肉平民之职，既滥且弊。为此，袁懋功提出，"昆明县二十六里，每里止许公举一人以为约正，其余乡

---

① （清）孔延禧：《乡约引》，楚雄彝族文化研究所编《清代武定彝族那氏土司档案史料校编》，第265页。

② （清）赵廷臣：《赵清献公集》卷首《恩恤全录》，国家图书馆藏清康熙二十二年赵延祺、赵延组刻本。

③ （清）赵廷臣：《乡约全书序》，《清代武定彝族那氏土司档案史料校编》，第261页。

④ （清）袁懋功：《清乡约榜》，《清代武定彝族那氏土司档案史料校编》，第261—262页。

约尽行裁革，凡通省州县所设乡约照例革除。……自本年四月初二日为始……凡里长名下花户某人应纳钱粮若干，止许里长会同排年逐户催征，公同上纳，不许乡约在内干预"①，将乡约限制在教化之责内，而不许其染手钱粮。

毫无疑问，孔延禧所行乡约，正是在这一背景下展开的：每里设约正、约副各一人，另设约赞二人、约讲二人、作为歌童的社学生四或六人；每月十五日行乡约，设上书六谕的圣谕牌一座，行礼毕后，朗声宣唱六谕，然后约讲分讲、歌童歌诗，整个乡约宣讲的仪式方才结束。②从孔延禧举行乡约的告示来看，他"谨以俚言敷演成篇"，似乎是他个人的作品。然而，《乡约全书》果真是他没有任何凭借的创造吗？整个《乡约全书》，从形式上看，可以分为六个主要部分：一是引言；二是说理；三是引用律例以示儆戒；四是举古今因果报应事例以劝导；五是歌诗；六是总讲。引言部分的逻辑是，"我皇上驱除妖氛，中外一统，做下一本书唤作《大清律》……这书中间说的都是斩绞徒流鞭杖的话。你们道皇上喜欢要做这本书，也只为你们百姓不肯学好，又不肯听教训，没奈何只得用刑罚"，在一番刑罚的恫吓之后，才转入劝人为善，"这为善的事也多，若要明白易晓，无如圣谕的六句话"，最后，再是一番恫吓，"若不遵依这六句话"，则《大清律》的刑罚以及鬼神的报应便都来了。③这在沈寿嵩的《太祖圣谕演训》中被称为"开读"。沈寿嵩《太祖圣谕演训》"开读"部分起首即说："太祖高皇帝开辟天下，造了一部《大明律》，颁行海内。单是问人的罪名、加人的刑法，若不好好教他，恐人难免罪犯，所以又有这圣谕六言，使老吏振铎朗诵，无非要人个个学好，个个为人。"逻辑固然相近，然而，孔延禧《乡约全书》的开讲部分的言辞，与明代郝敬《圣谕俗解》更相像。郝敬《圣谕俗解》起首开讲时说："我朝太祖高皇帝开辟天下……又做下一本书，唤作《大明律》。这书中说的，都是杀人打人问军问徒的话。你们

---

① （清）袁懋功：《清乡约榜》，《清代武定彝族那氏土司档案史料校编》，第262页。
② （清）孔延禧：《乡约事谊条例》，《清代武定彝族那氏土司档案史料校编》，第263页。
③ （清）孔延禧：《乡约引》，《清代武定彝族那氏土司档案史料校编》，第265页。

道太祖皇帝喜欢要这等杀人，要这等打人，也只为你们百姓不肯学好，又不肯听教训，没奈何只得用刑罚了。"转入劝善时说："但为善的事也多，教你们许多不得，若要明白易晓，只有太祖皇帝当日留下六句言语，劝谕天下后世，极是简要。"① 孔延禧与此的区别，不过是把"太祖"换成了"皇帝"与"平西王"。因此，孔延禧《乡约全书》似乎渊源于郝敬《圣谕俗解》。然而，《乡约全书》的说理部分，以及歌诗部分，却与沈寿嵩《太祖圣谕演训》相同，尤其是渊源于罗洪先的《六谕歌》几乎与沈寿嵩《太祖圣谕演训》内所收"罗洪先歌六首"完全相同，除了将首句与末句的"我劝人人"改为"我劝吾民"以外。无论是郝敬的《圣谕俗解》，还是沈寿嵩的《太祖圣谕演训》，都是在罗汝芳的《圣训演》的基础上发展而来的。② 据沈寿嵩交代，先是宁波府推官何士晋曾将罗汝芳的六谕演说稍加"增削"，而自己则"私意所窥，少有窃附，因果之说，妄为品骘，总以极世变、昭伦纪、析祸福之机，决从违之理"，从而形成了崇祯九年（1636）的《太祖圣谕演训》。孔延禧《乡约全书》不同的部分分别与《圣谕俗解》与《太祖圣谕演训》极为相近，最大的可能性不是孔延禧分别吸收《圣谕俗解》和《太祖圣谕演训》的优点，而是同样渊源于罗汝芳的《圣谕演》。孔延禧先在宁国府附郭县泾县任知县，后任云南知府，而宁国府和云南的昆明、腾越州等地都曾是罗汝芳任官和讲乡约之地，留下过《宁国府乡约训语》等作品。孔延禧获得罗汝芳六谕诠释的刻本是极有可能的，只是不像沈寿嵩那样坦陈，却与郝敬一样，都把这样的借鉴隐而不言，变成了自己的创作了。但是，这样的做法是可以理解的。清朝的谕令明确要求地方宣讲六谕时尽量保证其继承性，而不是创新。《钦定学政全书》载，顺治十六年（1659）议准，"设立乡约，申明六谕……其六谕原文本明白易晓，仍据旧本讲解"③。

---

① （明）郝敬：《小山草》卷十《圣谕俗解》，《四库全书存目丛书补编》第53册，第187页。

② 陈时龙：《罗汝芳"六谕"诠释的传播与影响》，《纪念罗汝芳诞辰500周年学术研讨会论文集》，江西高校出版社2016年版。

③ （清）素尔讷编纂，霍有明、郭海文校注：《钦定学政全书校注》卷七十四《讲约事例》，第291页。

孔延禧的《乡约全书》确实有其创造性的地方。其一，在说理时常常加入当时当地的具体情势。例如，论"各安生理"时，孔延禧说："今清朝恩宽，将一切田地各还原主管业，照万历年间上粮，眼下虽兵马云集，召买籴米，俟寇盗平靖之时，自然悉行蠲免。"又"毋作非为"条里说："日今妖人梅阿四、张琦、尹士镰等原系魍魉棍徒，不思顺服投诚，永为盛世之良民，安生乐业，乃敢造讹酿乱谋反，叛逆贻累。"① 其二，在引用律例时，则尤其有针对性地将适用当地积弊的法律条文拈出。例如，在"毋作非为"条所引律例中，第一条即"用财买休卖休和娶人妻者，各杖一百，离异，财礼入官"。从某种意义上说，这并不是严重的"非为"的罪行，而之所以首条拈出，则是因为当时云南一带这种因钱财而中断婚姻关系的风气特别严重。云贵总督赵廷臣在《鬻妻批》中指出："云南妇女，十分已去其三。今再卖不休，势必至于有男无女。……尤可恨者，媒人唆调，灭绝天理，代书下笔拆婚。"② 孔延禧的这一条律例的宣讲，确像在贯彻总督赵廷臣的批文。

二 清初理学名臣与六谕诠释

清初理学家尤为关注基层社会秩序的重建。他们自然而然地视顺治皇帝重颁的六谕为最佳的基层教化内容，并尝试将其演绎得更丰富。清初理学名臣中，魏象枢、魏裔介与陆陇其都对六谕较为关注，且编纂六谕诠解文本，保存至今的有魏象枢顺治十七年（1660）作《六谕集解》。

魏象枢（1617—1687），字环极，又字环溪，号庸斋，山西蔚州人，顺治三年（1646）进士，选庶吉士，顺治四年（1647）授刑科给事中，历工科右给事中、刑科左给事中、吏科都给事中、詹事府主簿、光禄寺珍羞署署正、光禄寺寺丞，顺治十六年（1659）受陈名夏牵连降调，以母老乞归，康熙十一年（1672）以大学士冯溥之荐起复贵州

---

① （清）孔延禧：《乡约引》，《清代武定彝族那氏土司档案史料校编》，第279、283页。
② （清）赵廷臣：《赵清献公集》卷五《鬻妻批》，第77页上。

道监察御史，历左佥都御史、顺天府尹、大理寺卿、户部右侍郎、户部左侍郎、都察院左都御史，加刑部尚书，康熙二十三年（1684）致仕，卒谥敏果。魏象枢是清初的理学名臣，曾为康熙帝三次宫中接见，并赐手书"寒松堂"。《六谕集解》是魏象枢顺治十七年（1660）家居时，在家乡蔚州应蔚州知州李英之请宣讲六谕时的作品。

魏学诚《寒松老人年谱》载："庚子，四十四岁。月吉，随州守宣讲乡约，因作《六谕集解》付讲，载入蔚志。"① 魏象枢有诗《陪州大夫李侯宣讲六谕余作集解付讲》云："万个形骸一点同，皇皇钟鼓启顽蒙。追陪祗尽遒人职，诰诫浑疑帝载通。臣子事归忠恕里，人禽关在圣狂中。兴朝化育真无外，共愿家庭荣泄融。"② 州守李侯，即李英，曾任蔚州知州三年，并修《蔚州志》。魏象枢《蔚州志后序》中说："州守李英……刺蔚三年，善政未易更仆数。"③ 李英在蔚州曾积极行乡约，提倡教化。当地一位孝子王三志，被他引入乡约所，亟加奖砺。④ 作为乡绅，魏象枢在乡约中也扮演着重要的角色。他说："余家居终养，荷圣恩者十年，每与州大夫同有移风易俗之志，而州大夫亦每以教化乡里望余为首倡。"⑤ 其首倡的角色，便是为乡民讲演六谕。

现在所见《六谕集解》，是许三礼康熙十三年（1674）在海宁任知县时所刻。面对普通百姓，《六谕集解》保持着浓郁的口语色彩，例如其间常有大量俗语的引用，如"打虎还得亲兄弟""儿孙自有儿孙福""千金买田，万金买邻"，而每一条诠释之后，必定都会有"大小人等，各尊圣谕"的口语化要求。由于面对蔚州乡人讲解，魏象枢还以本地人的例子来增加其感染力。《六谕集解·教训子孙》条中说："你不闻蔚州城中前辈有一邹先生讳铭，是个百姓，他心中最明圣贤的道理，就在家中坐着，听见街上官长过来，自身站起，儿孙都随他站起，地方饥

---

① （清）魏象枢：《寒松堂全集》附录《年谱》，中华书局1996年版，第695页。

② （清）魏象枢：《寒松堂全集》卷六，第214页。

③ （清）魏象枢：《寒松堂全集》卷八，第359页。

④ （乾隆）《蔚县志》卷二十，《新修方志丛刊》第198册，台北：学生书局1968年版，第405页。

⑤ （清）魏象枢：《寒松堂全集》卷八，第370页。

荒，捐米一百石救济，城外拾银子三百两，还与原主，上坟拜扫，遇着看田的打他，他只作揖，说'打的是'，把那恶人羞的跑了，又能积书万卷留与子孙，后来子与孙读他的书、靠他的德，两辈都是乡科，至今书香不绝，百姓人家教训子孙的都该学他。"① 据乾隆《蔚县志》，邹铭是明代成化、弘治间人，家业富饶，积书万卷，在蔚州有义士之誉，成化二十三年（1487）曾捐米一百二十石赈济灾民；其子邹理中举人，历官建德知县、巩昌府通判；孙邹森，字渐斋，嘉靖十年（1531）弱冠中举，闭门不出，一意读书，著书数十万言，有《观心约》十一篇，又曾助尹耕纂《四镇三关志》，② 魏象枢曾为作传，③ 又为之作《观心约序》。④ 但是，《六谕集解》毕竟出自一位著名的理学名臣之手，书中常见对《四书》中《孟子》《论语》的引用，但引用时有时不是原文引用，而只是意引，如称有子之语"为人孝弟而犯上者鲜"，实则是《论语》"其为人也孝弟，而好犯上者，鲜矣"一语的节引。有时还会使用理学家的术语。例如，在谈及"各安生理"一条时，魏象枢说："生是各人的营生，理是各人心中一点天理。"⑤ 这与之前湛若水《圣训讲章》解释"生理"为"人之所恃以为生之理也"，以及李思孝《皇明圣谕训解》所说"生理即俗云活计之谓"等解释相比，理学的意蕴大增。一般讨论生理的，基本上只讲士农工商的职分，但魏象枢却还谈到兵与吏两种。他说："还有做兵的不要生事害人，食粮亦可糊口，若遇用命之地，立功受赏都是有的。又有跟衙门的人，奉公守法，公门之中正好修行，不要作弊瞒官，不要昧心害人，那有流徒的重罪？"⑥ 这大概也是出于清初混乱的局面之下，兵与吏的危害性尤其严重的缘故。除说理外，《六谕集解》在每一条诠释的末尾附以《大清律》相关的律文一条，言触犯此禁的将会受到法律何种惩处，以示儆戒。

---

① （清）魏象枢：《六谕集解》，载周振鹤《圣谕广训：集解与研究》，第 502 页。
② （乾隆）《蔚县志》卷二十《人物》，第 367—368 页。
③ （乾隆）《蔚县志》卷三十《艺文》，第 646—647 页。
④ （清）魏象枢：《寒松堂全集》卷八《观心约序》，第 355 页。
⑤ （清）魏象枢：《六谕集解》，载周振鹤《圣谕广训：集解与研究》，第 502 页。
⑥ （清）魏象枢：《六谕集解》，载周振鹤《圣谕广训：集解与研究》，第 503 页。

说理后，则附以歌诗。歌诗部分沿袭了罗洪先、温纯、钟化民等人相传的六谕诗。不过，从其内容来看，《六谕集解》的歌诗部分，几乎是钟化民《圣谕图解》碑歌诗的翻版，只有极微小的差别。例如，在"尊敬长上"诗中，《圣谕图解》作"分定尊卑不可逾，辈分前后宁相亢"，而《六谕图解》作"分定尊卑不可逾，辈分前后无相亢"；"教训子孙"条，《圣谕图解》作"纵使不才也难弃，长大还须父祖恩"，而《六谕图解》作"纵使不才也难弃，教育还须父母恩"；"各安生理"条，《圣谕图解》作"农者但向耕凿问"，而《六谕集解》作"农者但向耕凿间"。因此，魏象枢的《六谕集解》基本照录钟化民的《圣谕图解》的歌诗部分。遗憾的是我们暂时无法重建从钟化民万历十五年（1587）在陕西所刻的《圣谕图解》与魏象枢顺治十七年（1660）在山西蔚州编《六谕集解》之间的传播路线。

陆陇其重视六谕，或许是受到魏象枢的影响，因为魏象枢对他有知遇之恩。陆陇其（1630—1692），初名龙其，后为避嫌改陇其，字稼书，浙江平湖人，世称当湖先生，康熙九年（1670）进士，座师为清初名儒魏裔介（1616—1686），[①] 授官嘉定知县，号称循吏，然而在康熙十六年（1677）被诬罢归，后得到魏象枢之荐复官，康熙二十二年（1683）出补灵寿知县，康熙二十九年（1690）补四川道试监察御史，次年罢归，卒于家。他是清初最著名的理学家之一，一生以尊朱黜王为旨归，雍正二年（1724）入祀孔庙，为清代第一位入祀孔庙的儒者。陆陇其的座师魏裔介对其在六谕方面是否有影响不可得知。但魏裔介曾撰有《六谕恒言》。姜希辙在康熙十七年的《教民恒言序》中说："六谕恒言，真（贞）庵魏相国所辑以牖民于善者也，乡社行之久矣。"[②]陆陇其受惠于魏象枢亦深。他在《祭蔚州魏公文》中说："陇其浙西之鄙士，江南之贱吏也，蒙先生之知最深，有不可解者。方陇其待罪嘉城，于先生未尝有一日之雅。先生千里贻诗，奖其菲菲，而策其驽骀，

---

① （清）陆陇其著，王群栗点校：《三鱼堂文集》卷十二《祭座师柏乡魏公文》，第253页。

② （清）姜希辙：《教民恒言序》，（民国）《开原县志》卷十一《艺文》，国家图书馆藏民国十八年刊本，第24页下。

且昌言于朝，不以为嫌。闻其罢黜，则搤腕不平，不顾恩怨，即陇其亦不知何以得此于先生也。及戊午入都，始得仰见高山。……及癸亥到都补官，谒见先生。"① 戊午即康熙十七年（1678）。癸亥即康熙二十二年（1683），是年陆陇其补灵寿知县。两年之后，陆陇其行乡约，著《六谕集解》。

《陆陇其年谱》卷下载："乙丑二十四年（1685），年五十六。正月……回县至北纪城讲乡约。北纪城者，邑村名也。先生恐乡愚无知，赴乡与之讲解，俾人人知善之当为，自此遍及各乡。此《六谕》集解所由作也。……三月，《六谕集解》成。先生与民讲解之言，汇成一帙，恐其久而易忘也，因梓以授之。其序略曰：'士读圣贤书，无有肯虐民者，然孔子谓不教而杀谓之虐。今之教，比古之司徒党正三物六行为何如也？有毫发不如古，而怒民之犯法，从而刑之，皆虐也。然则吾辈今日坐于民上，征奸锄暴，操三尺以从事，虽事事咸当厥辜，敢自谓不虐乎？曾子曰：如得其情，则哀矜而勿喜。痛哉言乎！朝廷未尝无教民之法，今州县所奉行六谕，明白正大，二十四字中，一部《大学》修齐治平之旨，犁然具备。虽蚩蚩之民，咸可通晓。与古之三物六行何异？而移风易俗未收其效，是有司之过也。余承乏灵寿，目击民情不古。每思孔、曾之言，不胜愧惧。间尝巡行村野，取六谕之义，为之讲解。又恐其入于耳者，不能不久而忘也，因梓以授之，冀其渐摩于仁义，而自远于刑罚。然七年之病，必三年之艾是求，车薪之火，非一杯之水能救。斯民之渐渍于薄俗久矣，岂区区一卷之书，朔望一读，其遂能胜残去杀，释吾愧惧耶？亦是以启其端云耳。若夫扩而充之，引而伸之，俾家喻户晓，沦肌浃肤，邪秽尽涤，渣滓尽融，则视乎继自今而往，行之何如耳？天下无不可化之民，而亦无易化之民。其必如程子之于上元、扶沟，朱子之于同安、南康，尽吾居敬穷理之学，劳来而匡直焉，庶几免于虐也夫。'《圣谕六条集解》，明白晓畅，读之人人可以兴起，至是刻成。讲行乡约礼，先生以会典无乡约仪注，惟前辈吕新吾讲乡约行五拜三叩头礼，灵邑万历

---

① （清）陆陇其著，王群栗点校：《三鱼堂文集》卷十二《祭蔚州魏公文》，第254页。

间知县姜昭齐行四拜礼，因从姜仪。"① 陆陇其对乡约是重视的。他在写给直隶巡抚于成龙的《时务条陈六款》中历叙缓征、垦荒、水利、积谷、存留、审丁六事之后，补充说："若夫乡约、保甲之当重也，……俱地方利弊之所在，以虚文视之则皆故套也，以实心为之则皆仁政也。"② 陆陇其的"实心为之"，是要求自己亲力亲为的。他在《乡约保甲示》中说："除乡甲条约渐次申明外，择于几月某日先于城举行乡约，随即查点保甲，以次单骑亲往各村庄，悉照在城例。"③ 知县乡约亲讲，对乡约更有积极的影响。

陆陇其的《六谕集解》没有保存下来，但他很重视《六谕集解》，曾将它送给学生。他在《答席生汉翼汉廷》的书信中谈读书之法，说："《小学》不止是教童子之书，人生自少至老，不可须臾离，故许鲁斋终身敬之如神明。《近思录》乃朱子聚周、程、张四先生之要语，为学者指南，一部性理精华，皆在于此。时时玩味此二书，人品、学问自然不同。外《六谕集解》，系此间新刊，虽为愚民而设，然暇时一览，亦甚有益。"④ 而且，陆陇其还与其他同时期的学者一直在交流对于六谕的诠释。

三　六谕向圣谕十六条的转换

尽管六谕因为顺治帝的重颁而具有合法性，但是这种合法性有时也会受到质疑。例如，归德府推官符应琦在顺治十七年（1660）的序中提到自己在任上"日与百姓讲解明洪武孝顺父母六谕"⑤，仍然习惯性地将六谕的"作者"视作明太祖而不是顺治帝。开封人申传芳在康熙四年（1665）任宁化县丞，"每月朔诣诸坊讲洪武六谕"，其县长官诮之说：

---

① （清）吴光酉等：《陆稼书先生年谱》卷下，载《陆陇其年谱》，中华书局1993年版，第124—126页。

② （清）陆陇其著，王群栗点校：《三鱼堂外集》卷一《时务条陈六款》，第254页。

③ （清）陆陇其著，王群栗点校：《三鱼堂外集》卷五《乡约保甲示》，第360页。

④ （清）陆陇其著，王群栗点校：《三鱼堂文集》卷七《尺牍》，第137页。

⑤ （清）符应琦：《归德府志序》，（顺治）《归德府志》卷首，国家图书馆藏清顺治十七年刊本，第3页下至第4页上。

"斯岂时王之训邪？"传芳曰："五经《四书》亦岂时王之训，又可不讲邪？顾其理万古不可易，自当遵行之耳。"① 可见，在像宁化知县那样的地方官看来，六谕毕竟是明太祖的六谕，而不是"时王"即当今圣上的圣谕。因此，对于急切推行基层教化的清廷来说，有一个全新的属于自己王朝的"时王之训"是迫切的。康熙九年（1670），圣谕十六条颁行，并开始逐渐取代六谕在乡约中的核心地位。陈熙远先生说，在圣谕六条之后新颁圣谕十六条，是"借'标新'以'立异'，展现满族征服王权的自信，借由树立崭新的道德教条，与前朝进行象征性的切割"②。

在康熙九年（1670）圣谕十六条出台后不久，康熙十一年（1672），浙江巡抚范承谟立即对圣谕十六条进行批注，"作十六句统解，每句分解，颜曰《上谕直解》"，颁行各县，"令县设坛，于每月朔望讲解"③。范承谟，字觐公，号螺山，大学士范文程次子，顺治九年（1652）进士，由翰林院编修擢秘书院侍读学士，迁国史院学士，康熙七年（1668）授都察院副都御史，巡抚浙江。在浙江平湖所立的《巡抚浙江遗爱碑记》中，范承谟及时遵行康熙帝圣谕是备受赞颂的："而所尤不及者，奉上谕所颁十六条致治化民之要，衍为直讲，颁示郡邑，朔望讲学，使民还醇古，渐致太平，此真以周程之理学，而敷为皋夔之治，化功不止政事，而在人心，德不止一时，而在千载也。"④ 此前在浙江的嵊县，康熙六年（1667）知县张逢欢曾行乡约，以六谕为教旨，"刻《六谕解》颁行各乡，朔望令司铎李守宪、刘鸣玉、袁思兼、卢应日警于道"。张逢欢在康熙十一年（1672）十月收到上峰所颁发的范承谟《上谕直解》之后，即设坛惠安寺，"十一月朔起集官绅士子父老耆民听讲"，⑤ 迅速实现了从六谕到圣谕十六条的更替。光绪

---

① （民国）《宁化县志》卷十七《循吏传》，厦门大学出版社 2009 年版，第 635 页。

② 陈熙远：《圣人之学即众人之学：〈乡约铎书〉与明清鼎革之际的群众教化》，《"中研院"历史语言研究所集刊》第九十二本第四分（2021 年 12 月），第 734 页。

③ （康熙）《嵊县志》卷三《风俗志》，《中国地方志集成》浙江府县志辑第 43 册影印康熙十年刻本，上海书店 1993 年版，第 81 页。

④ （清）范承谟：《范忠贞公集》卷七，《清代诗文集汇编》第 90 册影康熙三十九年清苑刘氏刻本，上海古籍出版社 2010 年版，第 533 页。

⑤ （康熙）《嵊县志》卷三《风俗志》，第 81 页。

《遂安县志》也提到康熙十一年"抚臣以向来止讲六谕，未能切实详明，恭就上谕详解，颁行乡约"，而知县乃于"每月朔望邠官率僚属、绅士、约正副人等集乡约所"讲十六条及范承谟的诠释。① 康熙十二年（1673）莅任的繁昌县知县梁延年，到任后不久即得到安徽巡抚靳辅《上谕十六箴》，在此基础上"僭加注释，急梓以行，俾阖邑家传户诵"，而其文本更是在康熙十五年由靳辅等人进呈康熙帝，后来遂在康熙二十年（1681）仿《帝鉴图说》《人镜阳秋》等书追加图绘而成《圣谕像解》。② 这也是一个迅速转到以圣谕十六条进行基层教化并不断进行诠释文本创新的典型。

　　不过，从六谕到十六条的转换是一个过程。这一进程中，地方官与士大夫的反应是不一样的。有些地方官并没有及时对十六条予以高规格的重视，乡约中仍然讲六谕。例如，在康熙十一年十一月的广东惠州府归善县，"知府钟明进、知县连国柱行乡约，讲六谕，每月朔望亲临府县坊厢祠庙宽闲处所，择生员有学行者六人为约讲，先奉圣谕牌于正座上，行礼毕，县官、乡绅、举贡分班就坐，约讲升座，详宣各箴注释，每箴注后分引清律及报应善恶以耸动劝勉之。……父老子弟环而听之有泣下者"③。山东莘县知县刘维祯在其康熙十一年《讲铎书乡约序》中声称，教化中"求简易明切人人可力行者，无如铎书六谕"，并遵命将巡抚颁下的铎书"刊布条约，择里之老成德望者董其事"④。康熙十四年（1675），陕西泾阳人马璐任德安知县，任上"躬率乡约生童讲明六谕，因刻《铎书训解》，颁及远方"⑤。但有的地方官员则变通性地采用

① （光绪）《遂安县志》卷五《文治志·乡约》，国家图书馆藏清光绪十六年刊本，第48页上。
② （清）梁延年：《圣谕像解序》，载梁延年《圣谕像解》，四川大学出版社2017年版，第18—25页。
③ （雍正）《归善县志》卷二《事纪》，《中国地方志集成》广东府县志辑第16册，第45页。
④ （清）刘维祯：《讲铎书乡约序》，（光绪）《莘县志》卷九《艺文志下》，国家图书馆藏光绪十三年刊本，第15页下。
⑤ （清）余惺：《政治略记》，（康熙）《德安县志》卷十《艺文》，康熙十五年刻本，第55页；（同治）《德安县志》卷八《秩官志·文职》，国家图书馆藏清同治十年刊本，第5页上。

十六条与六谕并存于乡约的方式，如海宁知县许三礼。许三礼（1625—1691），字典三，号酉山，河南安阳人，顺治十八年（1661）进士，康熙十二年（1673）授官海宁知县。受魏象枢的影响，他重视以六谕教民。在京师谒见魏象枢时，魏象枢将《六谕集解》赠予许三礼，说："持此化民型俗，可以无愧长吏矣。"① 许三礼上任海宁，"甫下车即出告绅士以及通国之向上者，刻以行约，公先生一片救世苦心施于天下者，不遗于一乡也"，刊行并宣讲魏象枢《六谕集解》。② 康熙《杭州府志》记载许三礼还著有《六谕直解》一书。③ 然而，不久，新任浙江巡抚陈秉直将个人对十六条进行注解的《上谕合律注解》（又称《上谕合律直解》）一书颁发到各州县，给原本以六谕施教的许三礼带来了冲击。

陈秉直（？—1686），满洲镶黄旗人，顺治六年（1649）由贡生授山东平阴县知县，升胶莱运判、泉州知府、山东盐运使、山西河东道、河南按察使、陕西按察使，康熙九年（1670）调江南按察使，康熙十二年（1673）改浙江布政使，次年升浙江巡抚。许三礼说："未期年，又奉抚台陈老大人颁发任江南臬宪时所刻《上谕合律注解》一本，内载圣谕十六条，剀切详明，广为刊布。恭绎二书皆以尧舜之道事君，而以尧舜之道治民，无非教化得宜、尚德缓刑之至意也。礼恭司牧事，敢不仰体实行？因设为章程，定为仪则，肆之管弦，于《合律全书》亲率耆硕通讲于城镇，于《六谕集解》分行各乡乡约朔望集讲，三年之内，亦既家喻户晓，聿观厥成矣。"④ 由此可见，陈秉直最早注解十六条是在其任江南按察使时期，也就是康熙九年（1670）至十一年（1672）期间，其规制据其后来自述，则是"逐条衍说，辑为直解一书，……复以现行律例，引证各条之后，使民晓然知善之当为而法之

---

① （清）魏象枢：《六谕集解》，载周振鹤《圣谕广训：集解与研究》，第499页。

② （清）许三礼：《上谕合律乡约全书跋》，载陈秉直、魏象枢《上谕合律乡约全书》，收入《古代乡约及乡治法律十种》第一册，黑龙江人民出版社2005年版，第543页。

③ （康熙）《杭州府志》卷三十八《艺文上》，国家图书馆藏康熙二十五年刊本，第20页上。

④ （清）许三礼：《上谕合律乡约全书跋》，载《上谕合律乡约全书》，第544页。

难犯"①，"大率以明白晓畅不事深文为主，首篇先发十六条之总指，次则分疏十六条之本义，又参以现行律例，分注逐条之后"②。许三礼在同时面对十六条与六谕两种文本时的选择是：在城镇讲十六条，在各乡讲六谕。即便讲六谕时，所谓的"六谕牌案"从"龙牌式"所示的圣谕牌形制看，龙牌上写圣谕十六条，下写圣谕六条，③宣唱时先唱"圣谕十六条，复宣孝顺父母六句"④。这是一种特殊的兼顾十六条、六谕的乡约讲解之法，却形象地展示了乡约教旨由六谕向十六条转换的特殊时期的典型措施。数年后，许三礼在康熙十七年（1678）将陈秉直的《上谕合律注解》与魏象枢的《六谕集解》两书合刻成为一书，即《上谕合律乡约全书》，康熙十八年（1679）由陈秉直刊行。

康熙十八年（1679）对于圣谕十六条在基层教化中的推行是一个标志性的年份。之前许多地方官员都只讲六谕。例如，康熙十一年始任榆次知县的金世祯，"下车后以移风善俗为首务，纂著《六言衍解》，曲喻福祸果报"，"每遇朔望，邑中无大无小从□于此庙（城隍庙），听讲圣谕"⑤，遂乃于康熙十六年重修城隍庙。康熙十二年纂修的《桐城县志》记载："每月初二、十六日，知县胡必选率乡约老人宣扬六谕以训众民。"⑥康熙十五年（1676）上任的阳曲知县戴梦熊曾刊印六谕，"令居民实贴门首，劝谕男妇老幼，但能时刻仰看遵行，共化美俗，可免灾祸"⑦，而且还在乡约中宣讲六谕并且注解。他在乡约告示中说："今将讲约事宜并逐款注解刊刻分发，劝谕开列于后。朝廷设立乡约，

---

① （清）陈秉直：《奏为治功已致昇平化理宜敷圣教恭衍上谕一书进呈御览请敕部议颁行事》，载《上谕合律乡约全书》，第268页。

② （清）陈秉直：《上谕合律注解序》，载《上谕合律乡约全书》，第285—286页。

③ （清）陈秉直、魏象枢：《上谕合律乡约全书》，第499—500页。

④ （清）许三礼：《海宁县许为颁行乡约规条事》，载《上谕合律乡约全书》，第497页。

⑤ 《榆次县重修城隍庙题名碑记》（清康熙十七年），王琳玉《三晋石刻大全·晋中市榆次区卷》，三晋出版社2012年版，第108—109页。

⑥ （康熙）《桐城县志》卷一《公署·乡约》，《中国地方志集成》安徽府县志辑第12册，江苏古籍出版社1998年版，第30—31页。

⑦ （清）戴梦熊：（康熙）《阳曲县志》卷七《乡约》，国家图书馆藏清康熙二十一年刻本，第3页下。

讲明六谕，原就尔百姓日用切实的事，务实心讲究……每遇朔望，宣明六谕，开导愚民，其后间各款注解，俱本县委曲劝导、鼓舞力行之意。"① 康熙十七年（1678），开原知县刘某还在以魏裔介的《六谕恒言》"颁布讲约，俾山陬海澨咸识为善之乐"②。

　　然而，到康熙十八年之后，戴梦熊也立即据陈秉直的注解刻行了《乡约全书》，宣讲十六条。康熙《大清会典》记载该年议准将浙江巡抚将上谕十六条衍说辑成的《乡约全书》，刊刻各款，分发州县乡村永远遵行。③ 其间所说的浙江巡抚及其《乡约全书》，即陈秉直所刻《上谕合律乡约全书》，而其颁行各省就意味着圣谕十六条的宣讲，会在更广范围内通过皇帝谕旨的形式得到确认。事实上陈秉直的《乡约全书》借朝廷之力使十六条的宣讲在全国铺开。例如，福建总督姚启圣即令在全省颁行《乡约全书》。康熙《漳平县志》中说："今上茂绩丕基，孜孜求治，悯庶民无教不兴于行，特颁谕十六条。圣谟洋洋，咸家喻而户晓矣。浙抚陈公，讳秉直，号襄平，复逐条衍说，辑为《合律直解》一书，参以魏庸斋先生（讳象枢）之《六谕解》，使义蕴悉昭，智愚共晓。吾闽总制姚公（讳启圣，号忧庵）、抚军吴公（讳兴祚，号伯成）又序而刊布之，我查公（讳继纯，号长淳）每月吉集绅衿耆庶于乡约所讲行不辍，久废之礼，一旦复兴，洵为圣朝盛治、下邑休风云。"④ 但是，《上谕合律乡约全书》是包括了魏象枢的《六谕集解》在内的，因此，有理由认为康熙十八年的谕令并未排斥六谕的宣讲。虽然康熙四十八年的《永明县志》认为在十六条出现后，"先朝六谕罢讲"⑤。但实际上此后相当长一段时间里，六谕的宣讲还在一些官员士大夫的推崇下得以延续。例如，康熙二十一年云贵总督蔡毓荣在《制土人疏》中就强调："请以钦颁六谕发诸土

---

　　① （清）戴梦熊：(康熙)《阳曲县志》卷七《乡约》，第4页下至第5页上。
　　② （清）姜希辙：《教民恒言序》，(民国)《开原县志》卷十一《艺文》，第24页下。
　　③ （清）伊桑阿等纂，关志国、刘宸缨校点：《大清会典（康熙朝）》卷五十四《乡约》，第618页。
　　④ （清）康熙《漳平县志》卷五《典礼志·礼仪》，国家图书馆藏康熙二十四年刊本，第14页。
　　⑤ (康熙)《永明县志》卷六《学校·上谕》，第74页。

司，令郡邑教官月朔率生儒耆老齐赴土官衙门，传集土人讲解开导，务令豁然以悟，翻然以改，将见移风易俗，即为久安长治之机。"① 山东阳信知县周虔森在康熙二十一年四月颁行的举行乡约的示谕中说："照得乡学之设，古所以兴民行而敦化源，著之条约，奉行有验久矣。今圣谕六事，远近胥颁，煌煌天语，翼以注解，俾家喻户晓，期入孝出弟，俗易风移。"② 高起凤康熙二十三年升任保德知州，作《劝民正俗歌》，共十一首，为六谕分别作了六首。③ 康熙二十四年刊刻的《长沙府志》仍记其时"讲六条"之制："每月朔望，清晨，耆老摇铎以徇于道路，大声诵圣谕六条，随赴府候升堂，由中门入，诵圣谕毕，仍由中门出。印官堂事举，率属下官民择城内空闲公所，悬圣谕于上，设坐两傍，有司列左，乡绅列右。选声音□亮者朗诵六条，用民间浅近俗语解释之。每条讲毕，童子数辈歌诗一章结之。士民环立拱听。是日，赏里人之善而罚其恶者。每月率以为常。"④ 又如前述陆陇其在康熙二十四年（1685）于灵寿县行乡约时即以六谕为教并辑《六谕集解》，康熙二十八年（1689）四月十七日，陆陇其还在日记中写道："范彪西寄辛复元《四书说》《六谕解》来。"⑤ 范彪西即编纂过《理学备考》的范鄗鼎（1626—1705），其所寄《六谕解》的作者为明末辛全（1573—1628）。康熙二十六年（1687），广东龙川潘好让作《劝民歌》，约略十条，分别是孝父母、睦兄弟、勤读书、务本业等，⑥ 虽不尽依六条，但精神却依然是六谕的精神。汾西知县孙渭在康熙中叶仍勤于宣讲六谕，阖邑士民颂其"讲六谕兮宣扬圣言"⑦。

---

① （清）蔡毓荣：《制土人疏》，（康熙）《云南府志》卷十八，《中国方志丛书》华南地方第 26 号，台北：成文出版社 1967 年版，第 428 页。

② （清）周虔森：（康熙）《阳信县志》卷二《建置·乡约所》，第 11 页下。

③ （康熙）《保德州志》卷十二《艺文下》，国家图书馆藏民国二十一年铅印本，第 31 页下至第 32 页上。

④ （康熙）《长沙府志》卷二十《学校志》，内阁文库藏康熙二十四年刊本，第 59 页下。

⑤ （清）陆陇其著，杨春俏点校：《三鱼堂日记》卷十己巳，中华书局 2016 年版，第 263 页。

⑥ （嘉庆）《龙川县志》第三十八册《风俗》，国家图书馆藏嘉庆二十三年刊本，第 5 页下。

⑦ （清）曹宪：（光绪）《汾西县志》卷四《名宦》，国家图书馆藏清光绪八年刻本，第 16 页上。

乾隆《泉州府志》载，朱奇珍，字平斋，号慕亭，长沙人，康熙五十一年由丙子举人知同安县，"朔望沿乡宣讲六谕，禁缉闰徒，严革刁风"①。这种种迹象都表明，六谕及其注解在整个康熙年间仍然还保持一定的热度。

　　大概可以推定，人们对六谕的关注到雍正帝《圣谕广训》于雍正二年（1724）刊布之后会逐渐降到最低点。如果说像陈秉直等人经由皇帝谕旨下颁的圣谕十六条的注解，尚不足以让全国各地的官员与民众遵行的话，《圣谕广训》作为雍正皇帝御制的对康熙圣谕十六条的解释，其所具有的法律效力与威严是之前的注本所无可比拟的，其被遵行也势必是更为广泛和普遍的。周振鹤先生认为，到清朝康熙二十八年（1689），乡村地方不讲圣谕十六条的情况可以视为"悖旨逆宪"，而到了雍正的《圣谕广训》之后，每半月一次讲解《圣谕广训》的集会已成为一种强制性的制度。② 雍正《江华县志》中说："先是颁赐铎书注解六谕，每月朔日耆老宣讲于官所，官民敬听，如《周礼》遒人以木铎徇于道路之义。自国朝圣谕十六条颁行天下，每月朔日府州县官朝服入明伦堂宣讲，士民咸集敬听。今上（指雍正皇帝）又颁《圣谕广训》，嗣后州县官集士民于明伦堂宣讲先朝六谕罢辍。"③ 地方志记载表明，各地遍设乡约所讲《圣谕广训》的做法是在雍正七年（1729）议准的。④ 在这种情形下，顺治帝重颁的六谕虽然还保持着合法性，但不一定广泛流行，六谕在整个18世纪相对隐于沉寂，我们可以看到不少十六条与《圣谕广训》的注本，但六谕的注释本极少见。

---

　　① （乾隆）《泉州府志》卷三十二《名宦四》，《中国地方志集成》福建府县志辑第22册，上海书店出版社2000年版，第34页下—35页上。

　　② 周振鹤：《圣谕、〈圣谕广训〉及其相关的文化现象》，载《圣谕广训：集解与研究》，第583页。

　　③ （雍正）《江华县志》卷六《学校·上谕》，《北京大学图书馆藏稀见方志丛刊》第278册，国家图书馆出版社2013年版，第401—402页。

　　④ （光绪）《桐乡县志》卷四《建置中·书院》载："康熙二十三年，浙江巡抚赵士麟恭衍上谕十六条，缉为直解刊发通行，共相讲读。雍正二年，奉颁《圣谕广训》万言，朔望宣讲。七年，奉文设立讲约之所，于举贡生员内选老成者一人为约正，朴实谨守者三四人为值月，每月朔望齐集，宣读《圣谕广训》。"（国家图书馆藏清光绪十三年刊本，第14页下）可见圣谕十六条及《圣谕广训》的推广也是一个过程。

然而在这种沉寂之中，六谕还以潜流的方式保存着其生命力，尤其在基层社会。在当时的乡约宣讲中，六谕仍然会出现。清乾隆《兴县志》卷十二《典礼》内载"讲乡约礼"，虽然所讲为康熙十六条，但其典礼中仍提到圣谕六条："择里民之年高品端者为乡约长，城内及四关、四路各立约长一人、约副一人，各择一洁净宽敞寺庙为乡约所，每月朔望为讲期。至期，知县率属官及生员、里民人等齐集约所听讲。知县出堂，乡约四人摇木铎，高声唱：尔俸尔禄，民膏民脂，下民易虐，上苍难欺。知县出衙，木铎四人沿途唱：孝顺父母，恭敬长上，和睦乡里，教训子弟，各安生理，无作非为。至约所，县官率各色人等望圣谕香案行三跪九叩头礼毕，择生员之善讲者，讲圣谕各条。"① 这表明，虽然乡约中讲的是圣谕十六条，而六谕因为其曾为顺治帝重颁，又兼简洁易唱，还是作为木铎唱词在教化仪式中发挥着作用。清乾隆《靖州志》中所载乡约仪式中，也仍然包括木铎老人的日常巡唱六谕："设约正值月以司讲约，设木铎老人以宣警于道路。……其六谕乃木铎口诵，其十六条及律例乃约正与值月讲读每一届或宣一两篇、十数条，终而复始。"② 也就是说，木铎老人的日常口诵六谕，是作为乡约中宣讲十六条的补充形式存在的。乾隆年间，江西赣州府龙南知县白贲也曾"谒明伦堂讲六谕"③。

在更广泛的基层社会，六谕的存在就更为普遍了。刘永华对福建四保地区上保约的研究表明，仁、义、礼、智、信五班轮值的上保约，"于每年正月初二日，在约所宰牲，上轮下接约。……每年七月初二日，行约一次，宣讲《圣［论］（谕）》六言，化民敦淳，严肃约束"，之后历载杨姓于康熙四十三年、雍正七年直至光绪五年历次接约之事，其中只提及圣谕六言，而似无圣谕十六条的补充或更替，而且邹

---

① （清）程云：（乾隆）《兴县志》卷十二《典礼》，《中国地方志集成》山西府县志辑第30册，凤凰出版社2005年版，第82页。

② （乾隆）《靖州志》卷十《礼仪八》，《故宫珍本丛刊》湖南府州县志第16册，海南出版社2001年版，第417页。

③ （清）徐士孜：《鼎建尊经阁记》，（光绪）《龙南县志》卷八上《艺文志·记》，国家图书馆藏光绪二年刊本，第70页上。

公庙旁的乡约所共有房屋五间，中厅所设的圣谕牌也是写的圣谕六言。①又例如，在族规家训中，圣谕十六条开始进入，但六谕却也没有因此而完全退出。休宁《富溪程氏宗族祖训家规》即在圣谕（即六谕）、《圣谕敷言》后，再附《圣祖任皇帝上谕十六条》，并对十六条的重要性也加以解释，且说《圣谕广训》有坊刻本，故不抄入。②清代广昌涂氏的《祖训家规十二条》中，首条即"遵圣谕"，云："世祖章皇帝谕六条：孝顺父母、尊敬长上、和睦乡里、教训子孙、各安生理、毋作非为。是六谕者已，有司申饬，令家传户谕，同耳闻而目见之诚，所为子孙者日以六条逊于尔心，躬行维谨，以此守身，则士习而善，民习而良，福禄流于子孙，身安而家庆矣。"③清乾隆刻本《夏氏家乘》于其凡例中即强调族人须孝顺父母和尊敬长上："一、学。孝顺父母、尊敬长上，乃百行之首、万善之源。今之人以能养为孝者何？盖缘不顾父母而私妻子、倒行逆施者众。彼善于此，故与之耳。殊不知孝之道岂养之一事所能尽哉？要必深爱婉容而承颜顺志，尊敬谨畏而惟命是从，稍有斯须欺慢违忤，或伤教败伦，取辱贻忧，虽日用三牲之养，犹为不孝也。孔子曰：至于犬马者皆能有养，不敬，何以别乎！"④举此数例，可见，六谕在相对的沉寂中，仍然是可以与圣谕十六条、《圣谕广训》并存而不悖的。

四　19世纪六谕诠释的复苏

进入19世纪，无论是嘉庆帝，还是道光、咸丰等皇帝，在发现圣谕宣讲越来越只是"具文"的时候，所发布的谕令更多的是强调要认

---

① 亲逊堂《宏农杨氏族谱》卷首《邹公庙乡约所》，第4—5页，转引自刘永华《礼仪下乡：明代以降闽西四保的礼仪变革与社会转型》，第222、227页。按：上约从晚明始，不间断地存续至20世纪初，前后存续了将近3个世纪。不过，刘永华先生也认为，在雍正二年之后，宣讲的文本应该是圣谕广训或此书的各种衍生版本。

② 卞利：《明清徽州族规家法选编》，第170页。

③ （清）涂永偾：（广昌）《豫章涂氏宗谱·祖训家规十二条》（同治十一年修），转引自冯尔康《清代宗族史料选辑》，天津古籍出版社2014年版，第785页。

④ （清）佚名纂：《夏氏家乘》，上海图书馆藏清乾隆刻本。

真宣讲《圣谕广训》，①似乎并没有从官方的角度重提六谕，然而，六谕诠释却奇迹般地多了起来。嘉庆四年（1799），山东滋阳县人张譓出任山西高平县知县。次年，他的《上谕六解》碑在高平县树起来。据保存至今的《康营村上谕六解碑记》记载，碑是在嘉庆五年（1800）树立的，内容是张譓所撰写的具体解释六谕的文字，上面还要求朔望士绅到"乡保"讲约。张譓要求，"各乡地保甲公举老成端方读书明理绅士二三人，预先择一公所地方，刻石其中，每逢岁时伏腊农隙之时以及朔望之日，该绅士先令乡保传知里中父老子弟，聚集一堂，为之细细讲明，俾知遵守"②。文字极短，兹录于下："第一条孝顺父母。父母恩德与天地一般，最是难报。所以为人子的必要尽孝，好衣好食必归父母，不要惹他生气。若不孝顺父母，便是禽兽。第二条尊敬长上。凡君长、师长、官长、家长，都是在上之人。你们在下的，皆当尊之而不敢亵，敬之而不敢慢，这就是卑幼事尊长的道理。第三条和睦乡里。邻里乡党如一家人一样，□要和气，不可打架兴讼，必以礼让为先，才是好风俗。第四条教训子孙。凡为祖为父的，皆要教训子孙，使他知道孝悌忠信礼义廉耻，务要学成好人。第五条各安生理。此言士农工商各有常业，为士的要读书上进，为农的要竭力耕作，为工的要专心学手艺，为商的要一意作买卖，不可一时懒散。□就是各安生理。第六条无作非为。这是说你们百姓，凡不当为的事，断不可为，如不孝不悌、不忠不信、无礼无义、寡廉鲜耻，及一切吃喝嫖赌、行凶霸道，做贼为匪，这皆是不当为的事，你们断不可为，这就是好百姓。"刻碑显然限制了张譓的发挥。因为合刻在一块石碑上，他的《六解》篇幅不大，每条在五十字至七十余字，文字俚俗，诠解也是平常道理。③令人奇怪的是，张譓令乡保讲约，为什么不讲圣谕十六条、《圣谕广训》，而是讲六谕？

夏善引光绪九年《增补六训集解跋》中所说也许可以给出部分解释。他说："世祖神宗，德洋恩普，本六行而颁六训，如绲如纶，俾各

---

① 程丽红：《清末宣讲与演说研究》，社会科学文献出版社 2021 年版，第 61 页。
② 王树新：《高平金石志》，中华书局 2004 年版，第 683 页。
③ 王树新：《高平金石志》，第 683—684 页。

郡以及各乡家晓户喻。……嘉庆初年，各地镇员行于城内，教官行之市镇，乡里父老，皆扶杖而观德化，所谓人存政举者欤？"① 至于何以六谕回到人们的视野，大概与 18 世纪以降圣谕十六条与《圣谕广训》的宣讲不力有关。安吉（1747—1813）曾谈到十六条宣讲在 18 世纪后半期渐难以起到教化之作用："我圣祖仁皇帝颁行圣谕十六条，俾中外臣工月吉会齐民讲读，所以化民成俗者，视胜国较详具备。今有司不复奉行，民皆后义先利，攘夺成风。"② 十六条虽然"较详具备"，然而毕竟不易牢记。或许正是在这种情况下，才会有回到六谕的冲动。夏善引提到嘉庆初年六谕似乎重新回到官员们的视野之中，这或者即是张谦《上谕六解》出台的背景。与之相似的，则有戴三锡衍写六谕为五言诗句六十章，以及谢延荣在湖南芷江颁行《注释六谕》。戴三锡（1768—1830），字晋藩，号羡门，江苏丹徒县人，乾隆五十八年（1793）进士，官至四川总督，道光元年（1821），他尚在任四川按察使期间，即曾演绎六谕，为五言诗六十篇。他在《整顿书院添设义学疏》中说："伏查道光二年二月钦奉上谕，令各省认真整顿书院。……臣于上年春间通饬各府州县晓谕士民，各按乡集城市添设义学，使贫民子弟咸得就读，延请通晓文义之人为师，首在宣讲《圣谕广训》。臣又敬绎钦定六谕，衍成五言诗句六十章，刊刻散布，并令塾师教以揖让之礼，使童而习之，以默化其气质之偏而渐复其性情之正。"③ 戴三锡衍六谕为诗六十章以教民，乃是其在道光五年乙酉（1825）实授四川总督后，④ 并影响到四川一地讲六谕的风气。道光五年出任巴县知县的刘衡（1776—1841），在其《庸吏庸言》中即谈道，"务将上年制宪戴（三锡）刊发圣训六谕及恭衍诗章六十首广为讲解"⑤。道光年间编纂的《綦江县志》

① （清）夏善引：《重刊圣谕六训集解跋》，《圣谕六训集解》，光绪九年刊本。

② （清）安吉：《十二山人文集》卷四《明处士思椿费公传》，第 417 页。

③ （清）戴肇辰：《学仕录》卷十六，收入《四库未收书辑刊》，北京出版社 1997 年版，第 727—728 页。

④ （清）陈用光：《太乙舟文集》卷八《尚书衔前署工部左侍郎戴公墓志铭》，《清代诗文集汇编》第 489 册，上海古籍出版社 2020 年版，第 712 页。

⑤ （清）刘衡：《庸吏庸言》卷下《劝谕生监敦品善俗以襄教化告示》，《官箴书集成》第六册，黄山书社 1997 年版。

也在风俗卷中感叹康熙、乾隆之后，"今圣天子三令五申，天语煌煌，重叠沛下，期以移风易俗，制府谆谆诰诫，读律之余，复以木铎宣示《圣训六谕衍》《蒙养□□》《劝孝歌》及《小学□教》《子弟规程》等"①。这里所说的《圣训六谕衍》，可能就指戴三锡的作品。此外，道光二十九年（1849），四川内江人谢延荣（1841 年进士）第二次出任芷江知县时刻行了《注释六谕》。《注释六谕》末云："皇祖章皇帝开天明道，仁育正义，颁发谕训六语。词简理赅，明切谆挚，揭敦本崇实之道，扩觉世牖民之谟。小民胥应奉行，万世允宜遵守。谨录绎其义，推衍其词，非敢妄为增益，惟求宣扬皇祖德意，诰诫蚩氓，家喻户晓，触目警心，是亦提撕诱掖之意。尔绅耆析理达意，身体力行，更须详细讲明，俾村叟牧竖，咸各通晓，敦伦饬纪，革薄从忠。书曰：'遒人以木铎徇于道路。'言广教也。"末署"道光二十九年知芷江县谢刊示"。这份在清末刻印的《六谕诠释》，现藏湖南芷江档案馆，唯"尊敬长上"条作"敬事长上"。从谢延荣引"遒人以木铎徇于路"之说，可能当时刻印乃为行乡约之便。《注释六谕》的内容篇幅也不大，共 1367 字，写在一张长 105 厘米、宽 84 厘米的宣纸上，句子两两相对，少则三字，多则七字，总之使人读来朗朗上口，如"孝顺父母"条云"科弟［第］勤学以显亲，耕贸兴家以养亲。随境遇，随力量。不拘贫贱富贵，总求得亲欢心"，又如"各安生理"则称"资生养生，有条有理"，②不为在意思上正解"生理"，而是求让人能记忆，能诵习。前述清末咸丰年间秘云书著有童蒙读物《六谕诗衍》，以教孩提。③ 李元度（1821—1887）还谈到曾任御史并在同治十二年任长沙知府的宋邦儛曾著《圣谕六言解》《劝戒十二条》④，其中的《圣谕六言解》应该是对六谕的诠释。

---

① （道光）《綦江县志》卷九《风俗》，《中国地方志集成》四川府县志辑第 7 册，第 57 页下。

② 唐召军、刘楚才：《清代〈劝善要言〉诠释公告》，《档案时空》2008 年第 5 期。

③ （清）秘云书：《圣谕诗衍序》，（光绪）《续修故城县志》卷十一《文翰》，第 600 页。

④ （清）李元度：《天岳山馆文钞》卷三十四《宋年伯母彭大夫人八十寿序》，《清代诗文集汇编》第 683 册，上海古籍出版社 2010 年版，第 520 页。

清末李溁的诗《郊行劝农》中有诗句云："谁将六谕理，说与细民知。"① 从中也可以看到，六谕在 19 世纪再度受到了关注。

除了官员们重拾六谕行教化之外，清末的六谕诠释更呈现了一种善书化倾向。何谓善书？游子安先生说："善书是劝善书的略称，是规劝人们'诸恶莫作、众善奉行'的通俗读物……主要是为劝戒民众行善止恶，所以文字通俗易懂，阐述的内容也力求深入浅出：或用因果事例，或配以插图，或用白话。写成后，由善信捐助，多以小册子的簿本形式在社会流通。"② 阿部泰记在《中日宣讲圣谕的话语流动》一文中说："到了清代末期，宣讲圣谕更接近了民众，民间的善堂编辑了说唱形式的宣讲集。因为民众喜欢听新鲜的故事，所以民间不断编辑新的宣讲集。"③ 因此，明清时代的圣谕诠释与宣讲教材，素来也被视为边缘性的善书，尤其在圣谕宣讲重视写因果报应题材的故事之后。④ 清末民间流行的《宣讲拾遗》是其中的代表。所谓《宣讲拾遗》，全称或作《圣谕六训宣讲拾遗》，⑤ 是以宣讲六谕为核心，先来一段衍说，文字与明代郝敬的《圣谕俗解》、休宁叶氏的《保世》极相近，应是同样渊源于罗汝芳的圣谕演训，然后是一个一个又有讲又有唱（宣）的善恶报应故事，题冷德馨、庄跛仙集。⑥ 作者没有更多的信息，也符合善书作者向来出于底层或伪托的特点。按照酒井忠夫先生的说法，《宣讲拾遗》约略产生于太平天国时期。⑦ 至于"拾遗"的名称，似乎意味着在圣谕十六条及《圣谕广训》占据主流的乡约宣讲位置之后，六谕宣讲只能以"拾遗"的方式得以继续传播。王尔敏先生说，"'宣讲拾遗'

---

① （清）李溁：《郊行劝农》，（光绪）《滋阳县志》卷十二，国家图书馆藏光绪十四年刊本，第 29 页下。

② 游子安：《劝化金箴：清代善书研究》，天津人民出版社 1999 年版，第 1 页。

③ ［日］阿部泰记：《中日宣讲圣谕的话语流动》，《兴大中文学报》第 32 期，2012 年，第 102 页。

④ 游子安指出清代的善书丛书《有福读书堂丛刻》内已收录《圣谕广训集证》，而贺箭村《古今善书大辞典》亦收入《圣谕六言解》。参见游子安《劝化金箴：清代善书研究》，第 31、276 页。

⑤ 参见佚名编《宣讲拾遗》，光绪八年西安钟楼南顺城巷马家杂货铺刻本。

⑥ （清）冷德馨、庄跛仙：《宣讲拾遗》，雷景春、庄俊良点校，华夏出版社 2013 年版。

⑦ ［日］酒井忠夫：《中国善书研究》，弘文堂 1960 年版，第 53 页。

原自承袭'宣讲圣谕'，其内容扩大至地方善书，使木鱼书担当社会教化使命，较之《圣谕》收效更宏"①。《宣讲拾遗》是否更有助于教化尚不清楚，但是其版本众多，多印行以赠送劝善，是人所共知的。光绪八年刊印的《宣讲拾遗》，就在扉页上印有"乐善印送，愿借不吝"的字样。② 值得注意的是，像《宣讲拾遗》不仅重拾起六谕，还重拾起了明儒罗汝芳的圣谕诠释，作为教化的工具。再往后到了晚清近代，便逐渐由宣讲圣谕发展到只宣讲案证故事的极具文艺色彩的圣谕宣讲或宣讲小说，如《宣讲集要》《汉川善书》等。③

善书的流行，通常又会有宗教的背景。清末流行一种《圣谕六训集解》，对"世祖章皇帝六训"逐条分男女的演讲对象进行解释，每条有"问答""歌话"，然后为附案，即善报恶报。仰圣子善明《重刊圣谕六训集解跋》云："复有蒙阳辅世坛，士民祈祷，邀集圣真，降芘八集。本圣谕以发挥，引经书而注释。列卦分爻，演易象而成宝训；救今从古，阐案证以作明征。犹为通明易晓，脍炙人口，可行于天下，可法于后世矣。十六条之诠释既多，而六训之集解又焉可少哉？……辅化坛夏生引善，早得《圣谕六训集解》一书，来自西蜀。集中所载，设为一问一答，一反一正，味之皆日用伦常之经，衍之悉至当不易之理。……爰与合志诸子，捐赀重刊，俾广流传，用公同善。"他提到"夏生引善"，其实应该是夏善引。夏善引光绪九年《增补六训集解跋》云："蒙我圣帝保奏，不忍愚氓惨遭涂炭，因仍本我朝之盛典，复振木铎，阐以圣谕诸书，开以劝善讲坛……余也早得川书贰卷，原名《宣讲新篇》，内解歌话，皆本六训以发端，中集案证，无非奉违之果报。……惜乎男女统谕，表里未精，因不揣固陋，率由旧章，仍本士农工商，意取明显，补以男女各谕……增以诸圣坛规……列分肆卷，号以元、亨、利、贞。范围既成，再三兑读，求校正于高明，拟为《圣谕六训集解》。始蒙仁人不弃，倾囊相助，无奈心与事违，四载始得完

① 王尔敏：《清廷〈圣谕广训〉之颁行及民间之宣讲拾遗》，《明清社会文化生态》，广西师范大学出版社2009年版，第20页。
② （清）佚名：《宣讲拾遗》卷五，扉页，光绪八年西安省城重刻本。
③ 参见林宇萍《〈汉川善书〉的历史变迁及其果报思想探讨》，《兴大中文学报》第23期。

成……复幸近邻印施百余部，故得善始而善终者也。"① 夏善引跋提到几个重要的信息：其一，六谕在重新进入宣讲后不久又被视为故常，但道教团体却开始借用六谕来做宗教的劝善活动，而出现石含珍编辑、川东报国坛原本的六谕诠释，然初名《宣讲新篇》；其二，夏善引在得到《宣讲新篇》之后，进一步做了修正，增加了"列圣坛规"这明显的道教内容，将宣讲内容按男女做了区分；其三，在编辑与刻印中，夏善引也是在别人的捐助下完成这项工作的，而新印《圣谕六训集解》一百部是用以免费施人的。可见，《圣谕六训集解》乃是清末的一种道教劝善书。六谕诠释发展到此其实就诠释的逻辑上已不再可能再有创新，但其内容却仍会随着时代的演进而丰富。《圣谕六训集解》为男子"非为"的列举，就有抽鸦片烟的列举了，说："有好吃，鸦片烟，更是犯禁。又伤财，又废事，损人血精。你但看，乡街中，饥寒受困。多半是，为吃烟，误了光阴。"② 这表明清末鸦片肆虐已引起普遍的社会反应了。值得重视的是，这种每句"三/三/四"的节奏，可能是当时的圣谕宣讲中最为流行的，例如保宁府1899年颁行的《圣谕宣讲歌》即全篇采用这种形式："众百姓/听本司/从头细讲，世上人/大半是/士农工商……"③

　　总之，清初顺治帝重颁明太祖六谕，使六谕在清代获得合法性，清初地方官及理学名臣均重视以六谕行教化，延续明代诠释传统而形成了像《六谕集解》等新的注解文本。康熙九年圣谕十六条颁行后，逐渐取代了六谕在乡约中的核心位置。由于以圣谕十六条和《圣谕广训》推行乡约，六谕诠释作为乡约内核的实用性和一时一地的针对性日益减弱，因此相当长的时间比较沉寂，但六谕仍以潜流的方式在族规家训等文本中存在。19世纪，六谕被重新提倡而活跃。嘉庆年间，六谕一度被重新提倡而活跃于社会。地方官员、儒学士人以及宗教人士对六谕的兴趣被激活，在清末更出现了《宣讲拾遗》《宣讲新篇》《圣谕六训集解》等新型体裁的六谕诠释文本，脱离乡约而趋向于善书。

---

① （清）夏善引：《重刊圣谕六训集解跋》，《圣谕六训集解》，光绪九年刊本。
② （清）石含珍：《圣谕六训集解》卷四《贞部》，第36页下。
③ 胡剑：《宣讲圣谕——清代的"精神文明建设"》，《四川档案》2015年第1期。

结　语

六谕诠释与明清意识形态建构

社会秩序与道德重建，很大程度是文化性的。在明清社会秩序的构建中，圣谕宣讲构成一项重要的教化内容。这样的基层教化在更早的历史阶段也都有成功先例。清康熙《广宗县志》说："《周礼》乡大夫之职，掌其乡之政教禁令，月吉受教于司徒而颁之乡；汉立三老，隋作五教，明设六谕，盖因之也。"① 历代统治者对基层教化的重视是一贯的。但是，最高统治者以圣谕方式教民却是创新。明太祖朱元璋颁行的六谕，在明代自始至终是基层教化的核心，进入清代后又因被顺治帝重颁而再度获得合法性，成了清代基层教化的指导思想之一，尽管在重要性上不如康熙帝所颁圣谕十六条和雍正帝《圣谕广训》。从根本上说，六谕宣讲开启了整个明清时代的圣谕宣讲。清代圣谕十六条和《圣谕广训》宣讲，不过是在沿袭六谕宣讲的做法而已。虽然在清代雍正、乾隆年间只能以一种潜流的方式存在，但六谕宣讲贯穿明清两代。那么，该如何理解这近六百年的六谕宣讲？

首先，要清晰地看到，六谕宣讲有一个社会层面的延展以及形式的不断创新。六谕最初仅仅是宣唱，即由乡里的木铎老人不断地沿坊村吟唱重复着明太祖的六句话。这种反复宣唱使六谕家喻户晓，而且自明代迄清初这种由木铎老人宣唱的教化方式并没有因为六谕与乡约的结合而完全被抛弃，地方官员也不时地强调这种"祖制"的存在。但到 15 世

---

① （同治）《广宗县志》卷五《典礼制·乡约》，国家图书馆藏清同治十三年刻本，第107页上至第108页上。

纪末，随着里甲制的逐渐崩溃，依附在相对静态的里甲社会之上的振铎老人之制虽然仍在延续，但教化效果和作用明显下降。这时候，一些士大夫选择复苏宋代吕大临等所倡行的乡约。然而，15世纪的乡约在基层教化中的地位并不明晰：一方面有人举行乡约而受到社会夸赞；另一方面则有人因借乡约而行私法遭到批评，像江西永丰的罗伦在族中行乡约，即遭到金华名儒章懋的批评。另外一些士大夫，谨守祖训，仍然坚信明太祖的六谕是基层教化的基本准则，主张于最初反复无谓的宣唱之外，适当加以诠释，向庶民把道理讲清讲深，让六谕的道理可感可行。成化年间的应天巡抚王恕，率先对圣谕六条进行注解，称为"圣训"。他这样一种做法，将六谕第一次正式地从《教民榜文》中独立出来了，从而也就表明六谕再也不只是依赖于木铎吟唱的形式而存在。在此之后，王恕的注解便以刻碑或单独印行的方式反复出现，像弘治十二年（1499）扶沟县丞武威所立的《太祖高皇帝圣旨碑》，以及正德年间山西上党仇氏家族刊入乡约中。王恕《圣训解》在上党乡约中的刊印，是六谕与乡约的最早结合。

与乡约的结合，是六谕宣讲的巨大创新。王阳明的《南赣乡约》是最早的案例，尽管其只是将六谕的精神而不是六谕的原文完全纳入乡约之中。16世纪最初的30年，是六谕与乡约松散结合的阶段：一方面，六谕在乡约中受到尊崇；另一方面，乡约的主要内容却是遵行《吕氏乡约》的四礼条件——德业相劝、过失相规、礼俗相交、患难相恤，而且六谕在基层教化中的展开在当时仍有时不依乡约而行，例如淳安知县姚鸣鸾在淳安注释六谕以教民就没有使用乡约的形式。但是，乡约和六谕越走越近却是不可阻挡的潮流，其根本原因在于作为祖制的明太祖圣谕六条，可以为正在寻求合法地位的乡约复兴运动提供护身符。当时的著名学者湛若水、聂豹等毫不掩饰地提到这一点。到16世纪中期，六谕逐渐演化为乡约的精神内核。其表现之一，则是乡约与六谕几乎可以画等号，讲乡约就是讲六谕，讲六谕便是行乡约，鲜有例外；表现之二，则是此后的乡约仪式必定要在案上供奉"六谕牌"。在整个16世纪，乡约复兴是推动六谕诠释发展的重要动力。为适应明代后期教化的需要，朝廷至少有过三次自上而下的提倡，分别在嘉靖八年、隆庆元年、万历十五年。具有儒学背景的地方官也会不同程度地支持乡约的发展。这使得六谕宣讲借由乡约在明代中晚期得到充分发展。

六谕诠释的发展既与乡约发展密切相关，又超越乡约而广泛地应用于族规家训，或活跃在士人结社和讨论理学的讲学会中。六谕最早进入族规的例证，是嘉靖二十九年（1550）项乔在浙江温州府永嘉县项氏家族推行的《项氏家训》。项乔诠采六谕入族规家训，是出于他作为一个儒家学者对六谕的认同。关于族规的修订和实施表明，他在家族中实行"约"，只是没有以"乡约"之名罢了，反映了乡约与六谕结合之后六谕对族规家训的渗透。在明清时代，六谕出于各种背景或轻或重进入族规家训，或因士绅对六谕及其诠释文本的认同，或因为乡约在宗族中的落地而最终转化为族规家训。六谕向族规家训的延伸，是其社会化或向基层教化进一步拓展延伸的重要内涵。此外，六谕宣讲还在若干个社会面延伸，向童蒙教育渗透，向文化气息极浓的文社活动和书院讲学延伸，甚至向特定的贵族群体延伸。讲学与乡约的密切联系，在嘉靖后期至万历初年罗汝芳身上体现得淋漓尽致。罗汝芳既是阳明学的重要讲学者，也是乡约推广者和六谕宣讲者，其不少的乡约宣讲就在书院中举行，如昆明的五华书院等。在晚明万历年间萧雍在宁国府的讲学会中，在沈鲤归德府的文雅社中，六谕也被安排成为讲学和社集活动的重要内容。沈鲤甚至要求同社的士大夫们将六谕悬在家中，时刻提醒家人们遵从。17 世纪初耿橘在常熟重修的虞山书院，既是明代东林讲学的重要基地，也是常熟县实行乡约的场所，在讲学会举行时若百姓来参会者多时，会先行举行乡约。直至晚明清初，乡约与讲学的合流趋势也是明显的，所以才会有高攀龙等人常说的"讲学即是讲乡约"。这也与东林学派所倡导的重振社会道德的主张是吻合的。清初的翟凤翥等人也继承了相应的观点和做法，曾作过《乡约铎书》，既是乡约的热心人，也是讲学的参与者。六谕也被应用到童蒙教学上，在明代则有沈长卿和教读师柳应龙等人将六谕编为童蒙教材，在清代后期的杂字书中，也会有收入六谕二十四字的做法。六谕宣讲在社会层面的延展，还体现在不只针对单纯的"民"的群体，"士"从早期嘉靖十五年的《圣训演》就成了六谕宣讲教化的对象，与书院、讲学的结合则进一步使六谕成为训士的教材，清初更出现只以读书的生员为对象的六谕诠释文本《训士六则》。更进而言之，明代的天潢贵胄也成为六谕的训诫对象。在晚明万历年间，对应宗室"社会化"，六谕也被应用于宗室教化，其最经典的文本是17世纪初河南巡抚李思孝主修的《皇明圣谕训解》。

其次，我们也清晰地看到，六谕宣讲的发展也体现了内容上的不断延展。从王恕开始的不同的六谕诠释文本，非但在规模上、诠释形式上使六谕化身万千，而且六谕在不断被诠释中也获得了更多的伦理学价值。六谕短短的六句话，经过王恕的注解，其间如孝顺、长上、非为、生理等需要对民众作番解释的词语，就悉被拈出。这是早期释义式的诠释，而且这种释义的诠释一直贯穿整个明清时代，为各类诠解者接受和应用。其后，在与乡约的结合过程中，最先出现了纲目式的诠释文本，即：乡约的各个条目都是分别排列在圣谕六条的每一条之下，以六谕为纲，每谕之下细列各目。这种纲目式的六谕诠释文本一度在长江以南极为流行，如陆粲的《永新乡约》、夏臣的《广德乡约》、曾才汉在浙江太平县行乡约时的《圣谕六训》、何东序的《新安乡约》等。纲目式的诠释文本使六谕的禁约性更以细目的方式呈现，但失之繁复。实际上如果只是抄录《会典》或各种礼书内的规范，六谕宣讲的效果是否会比木铎老人夜半时分的高声吟唱更动人心弦，反而是一个疑问。这也是后来纲目式六谕诠释文本在隆庆、万历年间日渐稀见的原因。相反，六谕宣讲者要考虑的不是让人们接受六谕时怎么做，而是从内心深处接受六谕所宣扬的伦理。因此，诠释形式的革新就非常重要。

乡约的仪式与程序，就间接影响了六谕的宣讲。例如，乡约举行时往往有歌诗的程序。学者因势利导，围绕六谕创作诗歌，既诠释六谕之理，又兼有实用之效。泰州学派学者王艮是较早的实验者。罗洪先、颜钧等阳明学者主张用朗朗上口的诗歌，配合乡约施行中的童子歌诗环节，使六谕通过歌咏的方式向普罗大众传播。这种诠释方式以其实用性、通俗性乃至部分娱乐性，在明清时代一直很流行，也几乎是所有经典文本的必要组成部分。其中最经典的六谕诗是由江右王学的著名学者罗洪先创作的。他的六谕诗在万历年间流传，为浙江巡抚温纯采用后则转而成为《温军门六歌》，在当时浙江所行乡约中流衍，又因杭州人钟化民之故，出现在钟化民任陕西茶马御史时所刻《圣谕图解》碑之中，后来清初魏象枢的《六谕集解》等也都沿用了罗洪先六谕诗。此外，以罗汝芳为代表的阳明学者，则不再株守条条框框的纲目式诠释，而纯粹以说理形式对六谕所包含的伦理向民众进行宣讲。嘉靖末年罗汝芳在南直隶宁国府的乡约讲学，催生了明清时代六谕诠释史上最经典的诠释文本。从一个主张日用即道的泰州学派学者的思想出发，罗汝芳在诠解六谕时以说理为主，重在打动人心，颇具感染力。收入其文集之中的《宁国府乡约训语》，以及后来由崇祯年间宣城人沈寿嵩所编的《太祖圣谕演训》，是罗汝芳圣谕诠释的主要作品，而《太祖圣谕演训》于说理外，还附有律例和报应故事。至此，一个相对完整的六谕诠释作品一般包含说理、律例、报应、歌诗等部分的经典体例，在罗汝芳的时代就最终形成了。罗汝芳的圣谕演说因此也确立了明代乡约迥异于宋代乡约以吕氏四礼条件为核心的新乡约体系。

从万历十五年（1587）开始，由于朝廷的提倡，以图解的方式对六谕进行诠释的做法也出现了。为了让更多不识字的人能理解六谕，万历十五年的朝廷谕令甚至要求地方有司在推行乡约和讲解六谕时采取图说形式，因此也催生了万历十五年钟化民的《圣谕图解》和万历三十四年（1606）武陟知县秦之英的《六谕碑》等作品。《圣谕图解》是以图像方式诠解六谕的经典作品。但是，《圣谕图解》碑中，图像部分只占到碑面的四分之一，采用相对程式化的图像方式，艺术上"标新立异"式的创新不多。秦之英《六谕碑》则满碑是一幅曲折的山水画，只是在榜题中略述与六谕伦理相关的故事。仅以这两幅图解而言，六谕图越来越趋向精美化和写意。

在整个诠解形式的变化过程中，六谕诠解的内容在扩充，从对文本的字面的解释，到哲理化的解释的引入，再到报应故事与律例的引入，以及图解的加入，使整个六谕诠解的内容日益丰富、多维。针对不同对象的六谕诠释也使六谕获得了更多的伦理学价值。例如，无论出于哪种情况，族规家训的订立者都会按家族的实际情况对所采纳的六谕诠释文本作适应性的改动，或将六条完整引入，或引入六条之中的部分条目，其诠释还会被赋予明显的家族法特征。晚明针对明代宗室的六谕诠解，就会大量地引用《皇明祖训》《宗藩条例》《宗藩要例》等制度文献。哲学家们对六谕的说理性解释，还会使六谕所规定的伦理由实践层面向动机层面上升，使得六谕不只是指导人们实践的规矩，更是引导人们向善的指南。在将近一百年的发展中，从经学家王恕开始，经由像罗汝芳等一批泰州学派平民讲学者的倡导，六谕诠释也越来越脱离了之前的训诂特征、学术化的风格，转而日趋平民化、俚俗化、口语化。正如晚明刘康祉在《圣谕六言直解》中所说，"所读者扬者，必阐为近民之迩言，抑扬唱叹，使与谣俗不相迕，而黄童白叟、田畯野虞乃始犂然入耳而心通"[①]，通俗化是教化类经典诠解的必由之路。

　　六谕诠释形式的多元发展，并未冲淡乡约作为六谕诠释主流的地位。在17世纪晚明最后的40年中，倡行乡约、宣讲六谕仍是士大夫坚持不懈的基层治理理想，在纷乱时让乡约与保甲结合越来越常见。入清以后，由于清初顺治帝重颁六谕，六谕在清代重新获得了合法性。清初顺治和康熙初年，地方官及理学名臣均重视以六谕行教化，明代开启的六谕诠释传统得以延续，像孔延禧的《乡约全书》即基本继承和发展了罗汝芳的六谕诠释，但在清初也形成了翟凤翥《乡约铎书》、魏象枢《六谕集解》等新的注解文本。康熙九年（1670），康熙帝颁行了圣谕十六条。地方官员也迅速跟进，为圣谕十六条作诠释，并通过进呈和钦命全国范围内照一定范本遵行的做法加以推广。在此情境下，一些地方采取在乡约中同时宣讲十六条和六谕、两者并行不悖的做法，如许三礼在海宁县所行乡约。但随着时间的演进，圣谕十六条逐渐取代了六谕在乡约中的核心位置。尤其在雍正帝《圣谕广训》出台之后，地方须以圣谕十六条和《圣谕广训》为核心来推行乡约。即便如此，六谕仍以

---

　　① （明）刘康祉：《识匡斋全集》卷五《圣谕六言直解叙》，《四库禁毁书丛刊》集部第108册，第244页。

潜流的方式在族规家训等文本中存在。到 19 世纪，六谕被重新提倡而活跃，地方官员、儒学士人以及宗教界人士尤其是道教的信仰者对六谕的兴趣被激活，在清末更出现了《宣讲拾遗》《宣讲新篇》《圣谕六训集解》等新型体裁的六谕诠释文本，脱离乡约而趋向于善书。六谕在清末的善书化的结局，其实反映了封建政府在基层教化上的功能弱化，以及宗教、民间力量在清末教化史上的兴起。

作为一个总体评判，我想说的是，皇帝的"圣谕"进入此前由士人主导的乡约，成为基层社会教化宣讲的核心内容，无疑是明清社会治理上的一个新动向和巨大改变。其一，圣谕诠释与宣讲成为儒学士人推行教化的重要手段。由于挟皇权之威严，儒学士人推行教化的正当性得到保证，不仅容易得到地方政府支持，而且容易得到基层民众支持。于是，圣谕不仅进入乡约，还经乡约而演变成族规家训，进入家谱。明清家谱的扉页常刻写着龙纹环绕的六谕或圣谕十六条，就是明证。在这种自上而下的思想传达过程中，儒学士人的角色重要而且自然。如果说宋代《吕氏乡约》还有士人刻意与朝廷立异的话（学者或认为《吕氏乡约》的兴起刻意与王安石所行保甲制立异），圣谕在明清时代进入乡约则消弭了士人这种刻意保持的独立精神。在明清时代，儒学士人是皇权向下延伸的触角，而地方官府强大力量的支持乃是儒学士人们实施乡村治理的后盾。其二，普通民众在乡约中跟着铎生们宣唱圣谕，对着写有六谕或圣谕十六条的"龙牌""圣谕牌"行礼，聆听儒学士人以"故圣祖教尔等""万岁爷教你们说"开头的伦理及善恶故事，会拉近自身与皇权的距离，不再感觉"天高皇帝远"。因此，从乡约和六谕这种最直接面向民众的制度出发来理解明清时代国家与社会的关系，或许可以认为：随着国家权力在明代后期不断地向乡约渗透，国家对社会的控制，包括思想与组织上的控制，已变得越来越严密，而儒学士人等精英阶层的存在是皇权和国家向社会的延伸，协助朝廷向社会施加了几乎绝对的管控。从现在可知的一百多种诠释文本来看，诠释者的身份绝大多数是现任官员，尤其是地方官。从地方志中的乡约记载来看，乡约的实施者也大部分是地方官员，以及少量的致仕官员，很少由拥有低级功名的儒学士人来组织实施。但是，低级绅士并不在乡约实施中占据主导地位，却可以在族规家训编纂中起作用，而族规家训中也无不弥漫着圣谕的精神。

进而言之，六谕的传播与诠释，浅解是一种社会教化，但从皇帝到一般士大夫，难道不是将其作为意识形态来建构的吗？六谕所包含的伦理，完全符合明清两代统治阶级着力要维护的统治思想——宋明理学，并且将其与基层教化实践相结合。六谕本身渊源于理学集大成者朱熹在漳州时的教民榜文。其所提倡的伦理——孝、尊敬、和睦、教育子女、安于自己的身份地位、不得违反法律和道德行事，不仅完全符合儒家的统治思想，而且更进一步将其与社会基层相结合。因此，六谕是儒学统治思想与基层社会现实结合的产物。六谕始由皇帝提出，经士大夫反复诠释，体现了整个统治阶级共同的统治思想。在封建时代，只有将最高统治者的思想作为社会行动的指南，意识形态建构才会顺利。15 世纪的士大夫没有充分地认识到这一点，所以他们在程朱理学、乡约、家族建设上的探索往往陷入争论。但是，从 16 世纪初开始，六谕逐渐进入乡约、族规家训、文会社约之后，思想便统一了。儒学士人们，无论信奉程朱之学，还是信奉阳明学，对六谕都众口一词地加以颂誉。王阳明、湛若水、罗钦顺是学术倾向不同的学者，却都表彰六谕，便是显证。而且，士大夫的诠释是关键。如果没有诠释，六谕的传播就会只是一加一式地不断累加，其社会影响也会随着时间与空间的远近而被弱化。士大夫对六谕的诠释却是在不同时间和空间里的扩音器，放大了六谕的教化效果，提升了普通民众对六谕的理解度与兴趣。多样化的诠释及其成果，丰富了六谕的思想体系。朱元璋及其子孙对六谕的解释，散见于《大诰》或历代皇帝对平民的宣谕之中，篇幅短小，没有太多发挥。但是，儒学士人们群策群力，对六谕的宣传与阐释不遗余力，篇幅规模大者则将二十四字的六谕演绎到数万字。诠释的方式也多样化，除了对二十四字所蕴含的伦理进行说理式的解说之外，还引用正反两方面的事例进行譬喻，引用法律条文来鼓励遵从六谕的行为，禁戒不遵从六谕的行为，且为了增进对庶民的影响力，通过立碑、绘制图像、演为诗歌等多种多样的方式进行诠释。规模宏大的诠释阵营、花样繁多的诠释手段，让六谕在明清社会普遍地流行。而且，越到晚明，通过六谕宣讲反对异端思想渗透的作用越来越被强调。河南固始人廖逢节（1556年进士）嘉靖四十三年（1564）任永平知府，"设立木铎，自府治达闾巷，晨昏以六谕号诏之，有崇古化民之意。时左道盛行，结众酿乱，公罪其倡首者，众始解散"①。黄汝亨（1558—1626）提到其家乡杭州府推官陈某为反对无为教的渗透而作《乡约谕言》，"奉高皇帝六谕，凡乡约所在在提诲者复为之申明正教，而举一切无为邪说显悖圣谕阴篡佛教者反复开陈，历历乎指黑之非白、贼之非子，令小民俯首倾心以听，若大梦斯觉，长夜得过，可谓振世之木铎矣"②。文翔凤在《五忠庙讲约教言》中说："为善去恶，此六谕已道尽。愿尔辈信圣人之言。不信六谕而谬入于无为、金蝉之教，诱淫而叛，正愚夫愚妇之执迷而不悟，尔之长实为尔健怜而切恫者也。"③ 山东徐鸿儒起义之后，泰安知州侯应瑜"督陈六谕，严斥左道，遍及遐陬，而间阎乃著彝常"④。陆陇其在灵寿县"刻《六谕解》，欲人家有其书"，目的是"崇正学，辟异端也"⑤。

尽管对六谕宣讲的效果可能还缺少更深的观察，例如六谕宣讲对明清的地方治理是否真正起到积极作用，其效果应当怎么评价等问题。而且，从乡约的相关记载来看，虽然明清时代的人大多数认为乡约有积极效果，但也有少量负面评价。申嘉瑞在隆庆《仪真县志》中对自己实施的乡约评价说："提撕鼓舞，大有补于世风。"⑥ 崇祯十一年、十二

---

① （康熙）《永平府志》卷十五《宦迹》，国家图书馆藏清康熙五十年刻本，第25页下。

② （明）黄汝亨：《寓林集》卷三十一《乡约谕言引》，《四库禁毁书丛刊》集部第42册，北京出版社2000年版，第653页。

③ （明）文翔凤：《皇极篇》卷十六《五忠庙讲约教言》，第463页。

④ （明）赵弘文：《侯公崇祀名宦序》，（康熙）《泰安州志》卷四《艺文志》，国家图书馆藏康熙十年刊本，第35页下；卷四《秩官志》，第37页上。

⑤ （同治）《灵寿县志》卷末，国家图书馆藏同治十二年刊本，第50页下。

⑥ （明）申嘉瑞：（隆庆）《仪真县志》卷八《学校考》，上海古籍书店1963年版，第7页下。

年，钱肃乐在太仓州行乡约，"一时风俗率变"①。但这是否意味着乡约的实施在明代很普遍呢？如果检阅明代地方志，则可以发现乡约并不是一个常有的记载类项。那些留下来的记载，多半是因为乡约实施者与地方志编纂者是同一人。如果时过境迁，乡约并不见得会为后任者提及。这也充分说明乡约的实施并不是一件非常重要的事情。而且，乡约在明代虽有朝廷提倡，但除了要宣讲六谕的内容有所规定外，乡约制度建设并未整齐划一，乡约的延续性也很差，城乡差别也很明显，地方官员与士绅在乡约六谕宣讲中的自主度也相当大，地方官员的乡约宣讲往往集中于府州县城，而很少能普及到乡村。②凡此种种，可以想见明代的乡约与六谕宣讲的效果会受到一定限制。但是，乡约六谕宣讲越来越普遍却也是一个不争的事实。表现之一，即乡约越来越重视场所的建设。③表现之二，便是六谕诠释主体的身份虽然仍以地方官员为主，但却也不断下移，越来越多的下层知识分子参与到六谕诠释中来，一些蒙学师、地方下层士绅都参与其中。到清末随着六谕与善书、小说相结合，就更在基层体现出教化和娱乐相结合的双重效应。因此，对于乡约及六谕宣讲的教化效应未必可以低估。仅从六谕而言，明清两代的诠释文本应该至少不下百种，而后来的圣谕十六条和《圣谕广训》的诠释文本就更多。它们在基层教化中发挥着重要的作用。从明清时代看，彼时的六谕诠释史，既是朝廷基层教化政策的演变史，也是一部文本流传与相互影响的历史，是明清时代基层教化史的一个侧影。

---

①　（明）钱肃图：《忠介公前传》，《钱肃乐集》卷二十三《附录三》，第416页。

②　例如，乡约领导者的名称就很不统一，有称约正的，但也有称谕正的。隆庆年间仪真县乡约，"每坊每厢各设谕长、谕副、乡耆，凡朔望会民于约所，讲读太祖高皇帝圣谕六条督劝之，以录其善良，识其顽梗"。乡约六谕宣讲的城乡差别也是客观存在的。明代的乡约宣讲重视城厢，而乡村因人口稀疏客观上不得不被忽视。隆庆年间仪真县乡约所的建设则是"城市内外坊厢凡十五所，各乡镇凡六所"。参见（隆庆）《仪真县志》卷八《学校考》，第7页下。

③　例如，万历十一年将乐知县黄仕祯初建乡约所于南忠臣祠，十三年乃于高滩、蛟湖、永康、池湖四都各设一所。参见（万历）《将乐县志》卷二《建置志》，国家图书馆藏顺治年间吕奏韶刻本，第19页下。

参考文献

一　古籍

《明实录》，台北："中研院"历史语言研究所 1962—1967 年校勘本。

《明朝开国文献》，台北：学生书局 1966 年版。

《皇明条法事类纂》，《中国珍稀法律典籍集成》乙编，科学出版社 1994 年点校本。

《天一阁藏明代科举录选刊·登科录》，宁波出版社 2007 年版。

（正德）《大明会典》，东京：汲古书院 1989 年版。

（万历）《明会典》，中华书局 1989 年版。

安吉：《十二山人文集》，《无锡文库》第四辑，凤凰出版社 2012 年版。

蔡瑷：《洨滨蔡先生文集》，《北京图书馆藏古籍珍本丛刊》第 107 册，书目文献出版社 1992 年版。

曹于汴：《仰节堂集》，上海古籍出版社 2018 年版。

陈秉直、魏象枢：《上谕合律乡约全书》，《古代乡约及乡治法律十种》第一册，黑龙江人民出版社 2005 年版。

陈瑚：《确庵文稿》，《四库禁毁书丛刊》集部第 184 册，北京出版社 1997 年版。

陈仁锡：《无梦园遗集》，《四库禁毁书丛刊》集部第 142 册，北京出版社 2000 年版。

陈懿典：《陈学士先生初集》，《四库禁毁书丛刊》集部第 78—79 册，北京出版社 2000 年版。

陈用光:《太乙舟文集》,《清代诗文集汇编》第 489 册,上海古籍出版社 2020 年版。

程敏政:《新安文献志》,黄山书社 2004 年版。

程曈:《新安学系录》,黄山书社 2006 年版。

程文德:《程文德集》,上海古籍出版社 2012 年版。

戴肇辰:《学仕录》,《四库未收书辑刊》第 2 辑第 26 册,北京出版社 1997 年版。

范承谟:《范忠贞公集》,《清代诗文集汇编》第 90 册,上海古籍出版社 2010 年版。

范晔:《后汉书》,中华书局 2000 年版。

高攀龙:《高子遗书》,《无锡文库》第四辑,凤凰出版社 2011 年版。

高攀龙:《邵文庄公年谱》,《北京图书馆藏珍本年谱丛刊》第 42 册,北京图书馆出版社 1999 年版。

耿定向:《耿定向集》,华东师范大学出版社 2015 年版。

顾鼎臣:《顾鼎臣集》,上海古籍出版社 2013 年版。

顾梦圭:《疣赘录》,《四库全书存目丛书》集部第 83 册,齐鲁书社 1997 年版。

归庄:《归庄集》,上海古籍出版社 2010 年版。

郭景昌、赖良鸣:《吉州人文纪略》,《四库全书存目丛书》史部第 127 册,齐鲁书社 1996 年版。

郭孔延:《资德大夫兵部尚书郭公青螺年谱》,《北京图书馆藏珍本年谱丛刊》第 52 册,北京图书馆出版社 1999 年版。

郭之奇:《宛在堂文集》,《四库未收书辑刊》第 6 辑第 27 册,北京出版社 2000 年版。

郭子章:《蠙衣生粤草十卷蜀草十一卷》,《四库全书存目丛书》集部第 154 册,齐鲁书社 1997 年版。

过庭训:《本朝分省人物考》,广陵书社 2015 年版。

韩霖著,孙尚扬、肖清和校注:《铎书校注》,华夏出版社 2008 年版。

郝敬:《小山草》,《四库全书存目丛书补编》第 53 册,齐鲁书社 2001

年版。

何东序:《九愚山房集》,国家图书馆藏万历二十八年刻本。

何乔远:《闽书》,福建人民出版社 1994 年版。

何瑭:《柏斋集》,《景印文渊阁四库全书》第 1266 册,台北:商务印书馆 1985 年版。

贺钦著,武玉梅校注:《医闾先生集》,辽宁人民出版社 2011 年版。

贺贻孙:《水田居文集》,《四库全书存目丛书》集部第 208 册,齐鲁书社 1997 年版。

胡直:《衡庐精舍藏稿》,《景印文渊阁四库全书》第 1287 册,台北:商务印书馆 1985 年版。

黄克缵:《数马集》,商务印书馆 2019 年版。

黄汝亨:《寓林集》,《四库禁毁书丛刊》集部第 42 册,北京出版社 2000 年版。

黄虞稷:《千顷堂书目》,上海古籍出版社 2001 年版。

黄佐:《泰泉乡礼》,《景印文渊阁四库全书》第 142 册,台北:商务印书馆 1985 年版。

江东之:《瑞阳阿集》,《四库全书存目丛书》集部第 167 册,齐鲁书社 1997 年版。

姜宝:《姜凤阿文集》,《四库全书存目丛书》集部第 127 册,齐鲁书社 1997 年版。

蒋德璟:《蒋氏敬日草》,国家图书馆藏明崇祯刻隆武元年续刻本。

焦竑:《献征录》,上海书店 1987 年版。

金声:《金正希先生文集辑略》,《明别集丛刊》第五辑第 70 册,黄山书社 2016 年版。

雷礼:《镡墟堂摘稿》,《续修四库全书》第 1342 册影明刻本,上海古籍出版社 2002 年版。

冷德馨、庄跛仙:《宣讲拾遗》,华夏出版社 2013 年版。

李邦华:《文水李忠肃先生集》,《四库禁毁书丛刊》集部第 81 册,北京出版社 2000 年版。

李铠：《读书杂述》，《续修四库全书》子部第 1135 册，上海古籍出版
　　社 2001 年版。

李梦阳：《空同集》，《景印文渊阁四库全书》第 1262 册，台北：商务
　　印书馆 1986 年版。

李叔元：《鸡肋删》，商务印书馆 2020 年版。

李思孝：《皇明圣谕训解》，《域外汉籍珍本文库》第二辑史部第九册，
　　西南师范大学出版社、人民出版社 2011 年版。

李延寿：《北史》，中华书局 1974 年版。

李元度：《天岳山馆文钞》，《清代诗文集汇编》第 683 册，上海古籍出
　　版社 2010 年版。

梁延年：《圣谕像解》，四川大学出版社 2017 年版。

梁云构：《豹陵集》，《四库未收书丛刊》集部第 7 辑第 17 册，北京出
　　版社 1997 年版。

刘康祉：《识匡斋全集》，《四库禁毁书丛刊》集部第 108 册，北京出版
　　社 2000 年版。

刘元卿：《刘聘君全集》，《四库全书存目丛书》集部第 154 册，齐鲁书
　　社 1997 年版。

柳应龙：《新刊社塾启蒙礼教类吟》，《故宫珍本丛刊》第 476 册，海南
　　出版社 2001 年版。

陆陇其：《三鱼堂文集》，浙江古籍出版社 2018 年版。

陆陇其著，杨春俏点校：《三鱼堂日记》，中华书局 2016 年版。

陆世仪：《陆桴亭先生遗书》，清光绪二十五年太仓唐受祺京师刻本。

吕本：《期斋吕先生集》，《四库全书存目丛书》集部第 99 册，齐鲁书
　　社 1997 年版。

吕柟：《泾野先生文集》，《四库全书存目丛书》集部第 61 册，齐鲁书
　　社 1997 年版。

罗洪先著，徐儒宗整理：《罗洪先集》，凤凰出版社 2007 年版。

罗钦顺：《整庵存稿》，《景印文渊阁四库全书》第 1261 册，台北：商
　　务印书馆 1986 年版。

罗汝芳：《耿中丞杨太史批点近溪罗子全集》，《四库全书存目丛书》集部第 129 册，齐鲁书社 1997 年版。

罗汝芳：《罗明德公文集》，崇祯年间陈懋德刻本。

罗汝芳著，方祖猷编校：《罗汝芳集》，凤凰出版社 2007 年版。

马理：《马理集》，西北大学出版社 2015 年版。

马理：《谿田文集》，《四库全书存目丛书》第 69 册，齐鲁书社 1997 年版。

马世奇：《澹宁居文集》，《四库禁毁书丛刊》集部第 113 册，北京出版社 2000 年版。

裴金璋：《分类俗言杂字便览》，嘉庆九年刊本。

祁承㸁：《澹生堂集》，国家图书馆出版社 2012 年版。

钱肃乐著，卿朝晖点校：《钱肃乐集》，浙江古籍出版社 2014 年版。

钱薇：《海石先生文集》，《四库全书存目丛书》集部第 97 册，齐鲁书社 1997 年版。

区大伦：《区太史诗文集》（外二种），齐鲁书社 2017 年版。

邵宝：《容春堂集》，《景印文渊阁四库全书》第 1258 册，台北：商务印书馆 1986 年版。

申时行：《赐闲堂集》，《四库全书存目丛书》集部第 134 册，齐鲁书社 1997 年版。

沈鲤：《文雅社约》，《四库全书存目丛书》子部第 86 册，齐鲁书社 1997 年版。

沈鲤：《亦玉堂稿》，《景印文渊阁四库全书》第 1288 册，台北：商务印书馆 1986 年版。

沈寿嵩：《太祖圣谕演训》，《孝经忠经等书合刊四种》，国家图书馆藏明雨花斋刻本。

施闰章：《施闰章集》，黄山书社 2014 年版。

石含珍：《圣谕六训集解》，清刊本。

史桂芳：《皇明史惺堂先生遗稿》，《四库全书存目丛书》集部第 127 册，齐鲁书社 1997 年版。

素尔讷编纂，霍有明、郭海文校注：《钦定学政全书校注》，武汉大学
　　出版社 2009 年版。

谈迁：《国榷》，中华书局 1958 年版。

汤来贺：《内省斋文集》，《四库全书存目丛书》集部第 199 册，齐鲁书
　　社 1997 年版。

唐锜：《圣训演》，《北京大学图书馆藏朝鲜版汉籍善本萃编》第 7 册，
　　西南师范大学出版社、人民出版社 2014 年版。

万斯同：《明史》，上海古籍出版社 2008 年版。

万衣：《万子迂谈》，《四库全书存目丛书》集部第 109 册，齐鲁书社
　　1997 年版。

王栋：《王心斋全集》，江苏教育出版社 2001 年版。

王栋：《王一庵先生遗集》，《明儒王心斋先生全集五种》本。

王艮：《重镌心斋王先生全集》，明刊本。

王衡：《缑山先生集》，《四库全书存目丛书》集部第 179 册，齐鲁书社
　　1997 年版。

王启元：《清署经谈》，京华出版社 2005 年版。

王时槐：《友庆堂存稿》，复旦大学图书馆藏万历三十八年萧近高刻本。

王世贞：《弇山堂别集》，中华书局 1985 年版。

王叔杲：《王叔杲集》，张宪文校注，上海社会科学院出版社 2005
　　年版。

王演畴：《古学斋文集》，《四库未收书辑刊》第 5 辑第 17 册，北京出
　　版社 1997 年版。

王一鸣：《朱陵洞稿》，国家图书馆藏清抄本。

魏象枢：《寒松堂全集》，中华书局 1996 年版。

魏裔介：《兼济堂文集》，中华书局 2007 年版。

温纯：《温恭毅集》，《景印文渊阁四库全书》第 1288 册，台北：商务
　　印书馆 1986 年版。

文翔凤：《皇极篇》，《四库禁毁书丛刊》集部第 49 册影明万历刊本，
　　北京出版社 2000 年版。

吴光西等:《陆陇其年谱》,中华书局 1993 年版。

夏善引:《圣谕六训集解》,光绪九年刊本。

项乔:《项乔集》,上海社会科学院出版社 2006 年版。

萧雍:《赤山会约》,《丛书集成初编》第 733 册,商务印书馆 1936 年版。

徐象梅:《两浙名贤录》,《北京图书馆古籍珍本丛刊》第 17—18 册,书目文献出版社 1987 年版。

许重熙:《晚明史料二种》,全国图书馆缩微文献复制中心 2001 年版。

薛侃撰,陈椰编校:《薛侃集》,上海古籍出版社 2014 年版。

颜钧著,黄宣民标点:《颜钧集》,中国社会科学出版社 1996 年版。

杨起元:《续刻杨复所先生家藏文集》,《四库全书存目丛书》集部第 167 册,齐鲁书社 1997 年版。

姚舜牧:《来恩堂草》,《四库禁毁书丛刊》集部第 107 册,北京出版社 2000 年版。

姚舜牧:《药言》,《丛书集成初编》第 976 册,商务印书馆 1939 年版。

叶春及:《惠安政书》,商务印书馆 2021 年版。

伊桑阿等纂,关志国、刘宸缨校点:《大清会典(康熙朝)》,凤凰出版社 2016 年版。

佚名编:《明代书院讲学考》,国家图书馆藏抄本。

佚名:《宣讲拾遗》,光绪八年西安省城重刻本。

尤时熙:《拟学小记》,《四库全书存目丛书》子部第 9 册,齐鲁书社 1997 年版。

俞继登:《典故纪闻》,中华书局 1981 年版。

俞汝楫:《礼部志稿》,《景印文渊阁四库全书》第 597 册,台北:商务印书馆 1986 年版。

曾维伦:《来复堂遗集》,《四库全书存目丛书》集部第 169 册,齐鲁书社 1997 年版。

翟凤翯:《涑水编》,《四库全书存目丛书》集部 212 册,齐鲁书社 1997 年版。

张采：《知畏堂诗文存》，《四库禁毁书丛刊》集部第 81 册，北京出版社 2000 年版。

张福臻：《圣谕讲解录》，《中国古籍珍本丛刊·天津图书馆卷》第 26 册，国家图书馆出版社 2013 年版。

张卤：《皇明制书》，《续修四库全书》影明万历七年张卤刻本，上海古籍出版社 2003 年版。

张鼐：《虞山书院志》，《中国历代书院志》第 8 册，江苏教育出版社 1995 年版。

张廷玉：《明史》，中华书局 1974 年版。

章潢：《图书编》，广陵书社 2011 年版。

章懋：《枫山章先生集》，商务印书馆 1935 年版。

赵尔巽：《清史稿》，《二十五史》第 11—12 册，上海古籍出版社、上海书店 1986 年版。

赵吉士著，郝平点校：《牧爱堂编》，商务印书馆 2017 年版。

赵廷臣：《赵清献公集》，国家图书馆藏清康熙二十二年赵延祺、赵延组刻本。

赵宪：《朝天日记》，《燕行录全编》第 1 辑第 4 册，广西师范大学出版社 2010 年版。

赵宪：《东还封事》，《燕行录全编》第 1 辑第 4 册，广西师范大学出版社 2020 年版。

郑明选：《郑侯升集》，《四库禁毁书丛刊》集部第 75 册，北京出版社 2000 年版。

钟化民：《赈豫纪略》，《丛书集成初编》本，中华书局 1985 年版。

周汝登：《东越证学录》，《明人文集丛刊》，台北：文海出版社 1970 年版。

朱逢吉：《牧民心鉴》，东京：良书普及会 1924 年版。

朱熹：《四书章句集注》，中华书局 1983 年版。

朱熹著，朱人杰等主编：《朱子全书》（增订本），上海古籍出版社、安徽教育出版社 2010 年版。

朱元璋：《明太祖集》，黄山书社 2014 年版。

朱瞻基：《五伦书》，《续修四库全书》第 936 册，上海古籍出版社 2002 年版。

庄起元：《鹤坡公年谱》，《北京图书馆藏珍本年谱丛刊》第 54 册，北京图书馆出版社 1999 年版。

邹守益：《邹东廓先生诗集》，上海图书馆藏明刊本。

邹守益：《邹守益集》，凤凰出版社 2007 年版。

邹元标：《愿学集》，上海古籍出版社 1983 年版。

李贤：《大明一统志》，东京：东洋文化研究所藏天顺五年刊本。

曾惟诚：《帝乡纪略》，《中国方志丛书》华中地方第 700 号。

郭棐著，董国声、邓贤忠点校：《粤大记》，广东人民出版社 2014 年版。

（弘治）《保定郡志》，《天一阁藏明代方志选刊》第 4 册，中华书局上海编辑所 1966 年版。

（弘治）《两淮运司志》，《扬州文库》第一辑第 27 册，广陵书社 2015 年版。

（嘉靖）《广东通志初稿》，《北京图书馆古籍珍本丛刊》第 38 册，书目文献出版社 1992 年版。

（嘉靖）《徽州府志》，《北京图书馆藏古籍珍本丛刊》第 29 册，书目文献出版社 1993 年版。

（嘉靖）《河间府志》，《天一阁藏明代方志选刊》第 1 册，上海古籍书店 1964 年版。

（嘉靖）《广平府志》，《天一阁藏明代方志选刊》第 4 册，上海古籍书店 1962 年版。

（嘉靖）《许州志》，《天一阁藏明代方志选刊》第 47 册，上海古籍书店 1981 年版。

（嘉靖）《广德州志》，国家图书馆藏明嘉靖十五年刊本。

（嘉靖）《淳安县志》，《天一阁藏明代方志选刊》第 16 册，上海古籍书店 1981 年版。

（嘉靖）《太平县志》，《天一阁藏明代方志选刊》第 17 册，上海古籍书店 1963 年版。

（嘉靖）《增城县志》，《天一阁藏明代方志选刊续编》第 5 册，上海书店 1990 年版。

（隆庆）《仪真县志》，《天一阁藏明代方志选刊》第 15 册，上海古籍书店 1963 年版。

（隆庆）《海州志》，《天一阁藏明代方志选刊》，上海古籍书店 1962 年版。

（隆庆）《永州府志》，《四库全书存目丛书》史部第 201 册，齐鲁书社 1996 年版。

（万历）《贵州通志》，《日本藏中国罕见地方志丛刊》，书目文献出版社 1990 年版。

（万历）《承天府志》，《日本藏中国罕见地方志丛刊》，书目文献出版社 1990 年版。

（万历）《邵武府志》，国家图书馆藏万历四十七年刊本。

（万历）《项城县志》，《原国立北平图书馆甲库善本丛书》第 346 册，国家图书馆出版社 2014 年版。

（万历）《宁国府志》，《中国方志丛书》影明万历五年刊本，台北：成文出版社有限公司 1975 年版。

（万历）《武陟县志》，国家图书馆藏万历刊本。

（万历）《交河县志》，《原国立北平图书馆甲库善本丛书》第 290 册，国家图书馆出版社 2014 年版。

（万历）《黄冈县志》，《原国立北平图书馆甲库善本丛书》第 361 册，国家图书馆出版社 2014 年版。

（万历）《溧水县志》，凤凰出版社 2019 年版。

（万历）《青阳县志》，《原国立北平图书馆甲库善本丛书》第 322 册，国家图书馆出版社 2014 年版。

（万历）《将乐县志》，国家图书馆藏顺治年间吕奏韶刻本。

（崇祯）《义乌县志》，《稀见中国地方志汇刊》第 17 册，中国书店

1992 年版。

（崇祯）《江阴县志》，《美国哈佛大学哈佛燕京图书馆藏中文善本书汇刊》第 14 册，商务印书馆、广西师范大学出版社 2003 年版。

（顺治）《吉安府志》，《中国方志丛书》第 272 册，台北：成文出版社有限公司 1975 年版。

（顺治）《归德府志》，国家图书馆藏清顺治十七年刊本。

（康熙）《永平府志》，国家图书馆藏清康熙五十年刻本。

（康熙）《徽州府志》，《中国地方志丛书》华中地方第 237 号，台北：成文出版社有限公司 1975 年版。

（康熙）《杭州府志》，国家图书馆藏康熙二十五年刊本。

（康熙）《平阳府志》卷三十六，国家图书馆藏清乾隆元年刊本。

（康熙）《南安府志》，《国家图书馆藏清代孤本方志选》第 1 辑第 20 册，线装书局 2001 年版。

（康熙）《建宁府志》，国家图书馆藏康熙三十二年刊本。

（康熙）《泰安州志》，国家图书馆藏康熙十年刊本。

（康熙）《保德州志》，国家图书馆藏民国二十一年铅印本。

（康熙）《南城县志》，《中国方志丛书》华中地方第 817 号，台北：成文出版社有限公司 1975 年版。

（康熙）《信丰县志》，《北京图书馆古籍珍本丛刊》第 30 册，书目文献出版社 1992 年版。

（康熙）《南城县志》，《中国方志丛书》华中地方第 817 号，台北：成文出版社有限公司 1975 年版。

（康熙）《休宁县志》，《中国方志丛书》华中地方第 397 号，台北：成文出版社有限公司 1970 年版。

（康熙）《阳曲县志》，国家图书馆藏清康熙二十一年刻本。

（康熙）《阳信县志》，国家图书馆藏康熙二十一年刊本。

（康熙）《桐乡县志》，国家图书馆藏清康熙十七年刻本。

（康熙）《昆山县志稿》，江苏科学技术出版社 1994 年版。

（康熙）《兰阳县志》，民国二十四年刊本。

（康熙）《武昌县志》，武汉大学出版社 2022 年版。

（康熙）《含山县志》，国家图书馆藏清康熙二十三年刻本。

（康熙）《新会县志》，《日本藏中国罕见地方志丛刊》，书目文献出版社 1991 年版。

（康熙）《安福县志》，《国家图书馆藏孤本旧方志选编》第 21 册，线装书局 2004 年版。

（康熙）《福清县志》，国家图书馆藏清康熙十一年刊本。

（康熙）《澄迈县志》（康熙四十九年），海南出版社 2006 年版。

（康熙）《漳平县志》，国家图书馆藏康熙二十四年刊本。

（康熙）《开建县志》，《故宫珍本丛刊》广东府州县志第 23 册，海南出版社 2001 年版。

（康熙）《德安县志》，康熙十五年刻本。

（康熙）《新建县志》，国家图书馆藏清康熙十九年刊本。

（康熙）《安平县志》，国家图书馆藏康熙三十年至三十一年刊本。

（康熙）《鄱阳县志》，《国家图书馆藏清代孤本方志选》第 1 辑第 16 册，线装书局 2001 年版。

（康熙）《永明县志》，《中国地方志集成》湖南府县志辑第 49 册，江苏古籍出版社 2002 年版。

（康熙）《桐城县志》，《中国地方志集成》安徽府县志辑第 12 册，江苏古籍出版社 1998 年版。

（康熙）《峡江县志》，《国家图书馆藏清代孤本方志选》第 1 辑第 22 册，线装书局 2001 年版。

（雍正）《江西通志》，《景印文渊阁四库全书》第 513—518 册，台北：商务印书馆 1986 年版。

（雍正）《陕西通志》，《景印文渊阁四库全书》第 552 册，台北：商务印书馆 1986 年版。

（雍正）《山西通志》，《景印文渊阁四库全书》史部第 542—550 册，台北：商务印书馆 1986 年版。

（雍正）《揭阳县志》，《日本藏中国罕见地方志丛刊》第 18 册，书目文献出版社 1991 年版。

（雍正）《井陉县志》，国家图书馆藏清雍正九年刊本。

（雍正）《江华县志》，《北京大学图书馆藏稀见方志丛刊》第 278 册，国家图书馆出版社 2013 年版。

（雍正）《增修崇仁县志》，《国家图书馆藏清代孤本方志选》第 1 辑第 18 册，线装书局 2001 年版。

（乾隆）《潞安府志》，国家图书馆藏清乾隆三十五年刊本。

（乾隆）《陈州府志》，国家图书馆藏清乾隆十二年刻本。

（乾隆）《武乡县志》，《中国方志丛书》华北地方第 73 号，台北：成文出版社有限公司 1968 年版。

（乾隆）《归善县志》，《中国方志丛书》华南地方第 1329 号，台北：成文出版社有限公司 1975 年版。

（乾隆）《安仁县志》，国家图书馆藏乾隆十六年刊本。

（乾隆）《兴县志》，《中国地方志集成》山西府县志辑第 30 册，凤凰出版社 2005 年版。

（乾隆）《新修曲沃县志》，国家图书馆藏清乾隆二十三年刊本。

（乾隆）《光山县志》，清乾隆五十一年刻本。

（乾隆）《龙川县志》，清乾隆四年刊本。

（乾隆）《虞城县志》，国家图书馆藏乾隆八年刊本。

（乾隆）《建德县志》，国家图书馆藏清乾隆十九年刊本。

（乾隆）《高淳县志》，《金陵全书》第 49—50 册，南京出版社 2013 年版。

（乾隆）《顺德县志》，国家图书馆藏乾隆十五年刻本。

（乾隆）《长泰县志》，《中国方志丛书》华南地方第 236 号，台北：成文出版社有限公司 1975 年版。

（乾隆）《靖州志》，《故宫珍本丛刊》湖南府州县志第 16 册，海南出版社 2001 年版。

（乾隆）《绩溪县志》，国家图书馆藏清乾隆二十一年刊本。

（嘉庆）《义乌县志》，《中国方志丛书》华中地方第 82 号，台北：成文出版社有限公司 1975 年版。

（嘉庆）《太平县志》，《中国地方志集成》安徽府县志辑第 62 册，江苏古籍出版社 1998 年版。

（嘉庆）《山阴县志》，《中国地方志集成》影清嘉庆八年刻本，上海书店出版社 1993 年版。

（嘉庆）《三水县志》，《中国方志丛书》华南地方第 8 号，台北：成文出版社 1966 年版。

（嘉庆）《备修天长县志稿》，《中国方志丛书》华中地方第 94 号，台北：成文出版社 1970 年版。

（嘉庆）《龙川县志》，国家图书馆藏嘉庆二十三年刊本。

（道光）《武陟县志》，《中国方志丛书》华北地方第 481 号，台北：成文出版社有限公司 1976 年版。

（嘉庆）《西安县志》，国家图书馆藏嘉庆十六年刊本。

（道光）《济南府志》，国家图书馆藏道光二十年刊本。

（道光）《晋江县志》，福建人民出版社 1990 年版。

（道光）《重修蓬莱县志》，《中国地方志集成》山东府县志辑第 50 册，凤凰出版社 2008 年版。

（道光）《休宁县志》，《中国地方志集成》安徽府县志辑第 52 册，江苏古籍出版社 1999 年版。

（咸丰）《顺德县志》，国家图书馆藏清咸丰三年刊本。

（同治）《泉州府志》，国家图书馆藏清同治九年刊本。

（同治）《韶州府志》，《中国地方志集成》广东府县志辑第 8 册，上海书店出版社 2013 年版。

（同治）《安福县志》，《中国地方志集成》江西府县志辑，江苏古籍出版社 1996 年版。

（同治）《永新县志》，国家图书馆藏清同治十三年刊本。

（同治）《江西新城县志》，《中国地方志集成》江西府县志辑第 57 册，江苏古籍出版社 1996 年版。

（同治）《茶陵州志》，《中国地方志集成》湖南府县志辑第 18 册，江苏古籍出版社 2002 年版。

（同治）《乐平县志》，《中国地方志集成》江西府县志辑第 31 册，江苏
　　古籍出版社 1996 年版。

（同治）《江华县志》，国家图书馆藏同治九年刊本。

（同治）《大埔县志》，国家图书馆藏光绪二年刊本。

（同治）《栾城县志》，国家图书馆藏清同治十一年、十二年刊本。

（同治）《泸溪县志》，国家图书馆藏清同治九年刊本。

（同治）《崇阳县志》，武汉大学出版社 2019 年版。

（同治）《黄陂县志》，《中国方志丛书》华中地方第 336 号，台北：成
　　文出版社 1976 年版。

（同治）《上江两县志》，《中国地方志集成》江苏府县志辑第 4 册，江
　　苏古籍出版社 1991 年版。

（同治）《定南厅志》，国家图书馆藏同治十一年刊本。

（同治）《桂阳县志》，国家图书馆藏同治六年刊本。

（同治）《德安县志》，国家图书馆藏清同治十年刊本。

（同治）《广宗县志》，国家图书馆藏清同治十三年刻本。

（同治）《灵寿县志》，国家图书馆藏同治十二年刊本。

（光绪）《顺天府志》，北京出版社 2018 年版。

（光绪）《广州府志》，《中国地方志集成》广东府县志辑第 2 册，上海
　　书店 2013 年版。

（光绪）《扶沟县志》，《中国方志丛书》华北地方第 471 号，台北：成
　　文出版社有限公司 1976 年版。

（光绪）《陵县志》，光绪元年增刻本。

（光绪）《重修丹阳县志》，光绪十一年刻本。

（光绪）《永嘉县志》，《中国方志丛书》华中地方第 475 号，台北：成
　　文出版社 1983 年版。

（光绪）《福安县志》，《中国方志丛书》影清光绪十年刻本，台北：成
　　文出版社 1967 年版。

（光绪）《汾西县志》，国家图书馆藏清光绪八年刻本。

（光绪）《续修浦城县志》，《中国地方志集成》福建府县志辑第 7 册，
　　上海书店出版社 2000 年版。

（光绪）《六合县志》，国家图书馆藏清光绪九年至十年刊本。

（光绪）《钜鹿县志》，国家图书馆藏清光绪十二年刊本。

（光绪）《睢宁县志稿》，国家图书馆藏光绪十二年刊本。

（光绪）《莘县志》，国家图书馆藏光绪十三年刊本。

（光绪）《桐乡县志》，国家图书馆藏清光绪十三年刊本。

（光绪）《龙南县志》，国家图书馆藏光绪二年刊本。

（光绪）《滋阳县志》，国家图书馆藏光绪十四年刊本。

（光绪）《续修故城县志》，《中国地方志集成》河北府县志辑第 54 册，
　　上海书店出版社 2006 年版。

（光绪）《祁门县志补》，《中国地方志集成》安徽府县志辑第 55 册，江
　　苏古籍出版社 1998 年版。

（光绪）《遂安县志》，国家图书馆藏清光绪十六年刊本。

（民国）《贵州通志》，国家图书馆藏民国三十七年刊本。

（民国）《新修大埔县志》，《中国地方志集成》广东府县志辑第 22 册，
　　上海书店出版社 2013 年版。

（民国）《林县志》，《中国方志丛书》影民国二十一年石印本，台北：
　　成文出版社 1968 年版。

（民国）《续武陟县志》，《中国方志丛书》华北地方第 107 号，台北：
　　成文出版社 1968 年版。

（民国）《定县志》卷十《文献志·职官篇·名宦》，国家图书馆藏民
　　国二十三年刻本。

（民国）《柏乡县志》，《中国方志丛书》华北地方第 525 号，台北：成
　　文出版社有限公司 1976 年版。

（民国）《双流县志》，国家图书馆藏民国二十六年刻本。

（民国）《尤溪县志》，国家图书馆藏民国十六年刊本。

（民国）《成安县志》，国家图书馆藏天津文竹斋民国二十年刊本。

（民国）《龙关县新志》，国家图书馆藏民国二十三年刊本。

（民国）《开原县志》，国家图书馆藏民国十八年刊本。

（民国）《商水县志》，《中国方志丛书》华北地方第 454 号影民国七年刊本，台北：成文出版社有限公司 1975 年版。

（民国）《宁化县志》卷十七《循吏传》，厦门大学出版社 2009 年版。

徐生祥：《（余姚）徐氏宗谱》，上海图书馆藏民国五年木活字本。

佚名编：《富溪程氏祖训家规封邱渊源》，上海图书馆藏辛亥（1911）五知堂抄录本。

佚名纂：《延政王氏宗谱》，清光绪刻本。

佚名纂：《李报本堂族谱》，民国五年木活字本。

佚名纂：《湖南湘乡彭氏族谱彭氏续谱》，清光绪二十八年和宗堂木活字本。

佚名纂：《夏氏家乘》，清乾隆刻本。

张春编修：《泾川张氏宗谱》，《中国珍稀家谱丛刊·明代家谱》第 25 册影万历四十六年刊本，凤凰出版社 2013 年版。

陈淦：《文堂陈氏族谱》，上海图书馆藏清道光八年刻本。

王庆洪修：《延政王氏宗谱》卷五《祠略》，《中华族谱集成》王氏第七册影光绪十九年刻本。

    二 资料汇编

卞利：《徽州民间规约文献精编·村规民约卷》，安徽教育出版社 2000 年版。

卞利：《明清徽州族规家法选编》，黄山书社 2014 年版。

陈聪艺、林铅海选编：《晋江族谱类钞》，厦门大学出版社 2010 年版。

陈俊民辑：《蓝田吕氏遗著辑校》，中华书局 1994 年版。

陈荣捷：《王阳明传习录详注集评》，台北：学生书局 1983 年版。

楚雄彝族文化研究所编：《清代武定彝族那氏土司档案史料校编》，中央民族学院出版社 1993 年版。

冯尔康：《清代宗族史料选辑》，天津古籍出版社 2014 年版。

高峡主编：《西安碑林全集》，广东经济出版社、海天出版社 1999

年版。

湖北省人民政府文史研究馆、湖北省博物馆编：《湖北文征》，湖北人民出版社 2014 年版。

黄彰健：《明代律例汇编》，"中研院"历史语言研究所 1994 年版。

金仁杰、韩相权主编：《朝鲜时代社会史研究史料丛书（一）：乡约》，保景文化社 1986 年版。

金宅圭编：《岭南乡约》，乡土文化研究会 1994 年版。

李龙潜：《明清广东稀见笔记七种》，广东人民出版社 2010 年版。

楼含生：《中国历代家训集成》，浙江古籍出版社 2017 年版。

上海图书馆编，陈建华、王鹤鸣主编，周秋芳、王宏整理：《中国家谱资料选编·家规族约卷》，上海古籍出版社 2013 年版。

汤更生主编：《北京图书馆藏画像拓本汇编》，书目文献出版社 1993 年版。

王树新：《高平金石志》，中华书局 2004 年版。

杨一凡：《古代乡约及乡治法律十种》，黑龙江人民出版社 2005 年版。

赵克生：《明代圣谕宣讲文本汇辑》，黑龙江人民出版社 2014 年版。

周振鹤：《圣谕广训：集解与研究》，上海古籍出版社 2006 年版。

《中国画像石全集》编辑委员会编：《中国画像石全集》第 8 册，河南美术出版社 2000 年版。

三　研究专著

白寿彝：《回族人物志·明代》，宁夏人民出版社 1988 年版。

常建华：《明代宗族研究》，上海人民出版社 2005 年版。

程丽红：《清末宣讲与演说研究》，社会科学文献出版社 2021 年版。

程玉瑛：《晚明被遗忘的思想家——罗汝芳诗文事迹编年》，广文书局 1995 年版。

［美］窦德士：《嘉靖帝的四季》，九州出版社 2001 年版。

费成康：《中国的家法族规》，上海社会科学院出版社 2002 年版。

［日］冈田武彦：《王阳明与明末儒学》，上海古籍出版社 2002 年版。

高薇：《〈六谕衍义〉在日本的传播与接受研究》，厦门大学出版社

2021 年版。

胡平生:《孝经译注》,中华书局 2009 年版。

雷炳炎:《明代宗藩犯罪问题研究》,中华书局 2014 年版。

李孝迁编校:《近代中国域外汉学评论萃编》,上海古籍出版社 2014
　　年版。

刘永华:《礼仪下乡:明代以降闽西四保的礼仪变革与社会转型》,生
　　活·读书·新知三联书店 2019 年版。

刘永华:《帝国缩影:明清时期的里社坛与乡厉坛》,北京师范大学出
　　版社 2020 年版。

苗仪、黄玉美辑录:《韶关族谱家训家规集萃》,暨南大学出版社 2018
　　年版。

[日] 酒井忠夫:《中国善书研究》,刘岳兵、何英莺译,江苏人民出版
　　社 2020 年版。

钱海岳:《南明史》,中华书局 2016 年版。

清水盛光:《中国乡村社会论》,东京:岩波书店 1983 年版。

吴廷燮:《明督抚年表》,中华书局 1982 年版。

吴震:《罗汝芳评传》,南京大学出版社 2005 年版。

吴震:《明末清初劝善运动思想研究》,台北:台大出版中心 2009
　　年版。

吴震:《〈传习录〉精读》,上海人民出版社 2023 年版。

萧公权:《中国乡村:论 19 世纪的帝国控制》,张皓、张升译,台北:
　　联经出版社 2014 年版。

邢克超选编:《沙畹汉学论著选译》,中华书局 2014 年版。

杨开道:《中国乡约制度》,商务印书馆 2015 年版。

游子安:《劝化金箴:清代善书研究》,天津人民出版社 1999 年版。

张卫红:《罗念庵的生命历程与思想世界》,生活·读书·新知三联书
　　店 2009 年版。

郑樑生:《明代中日关系研究》,台北:文史哲出版社 1985 年版。

衷海燕:《儒学传承与社会实践——明清吉安府士绅研究》,世界图书

出版公司 2012 年版。

四　相关论文

［日］阿部泰记：《中日宣讲圣谕的话语流动》，《兴大中文学报》第 32
期，2012 年。

常建华：《明代徽州的宗族乡约化》，《中国史研究》2003 年第 3 期。

常建华：《明代江浙赣地区的宗族乡约化》，《史林》2004 年第 5 期。

陈瑞：《牖民化俗：晚明徽州乡约实践中地方宗族对太祖圣谕六言的宣
讲、演绎与阐释》，《安徽大学学报》2022 年第 4 期。

陈熙远：《圣人之学即众人之学：〈乡约铎书〉与明清鼎革之际的群众
教化》，《"中研院"历史语言研究所集刊》第九十二本第四分，2021
年 12 月。

戴宝村：《圣谕教条与清代社会》，《台湾师范大学历史学报》第 13 期。

［日］岛田虔次：《明代思想的一个基调》，《日本学者研究中国史论著
选译》（七），中华书局 1998 年版。

邓洪波、周文焰：《化民成俗：明清书院与圣谕宣讲》，《湖南大学学
报》2020 年第 5 期。

丁坤丽：《清代山西教化研究》，博士学位论文，中国社会科学院大学，
2022 年。

高薇：《明清时期六谕思想的起源与发展》，《广东外语外贸大学学报》
2019 年第 2 期。

［美］韩书瑞：《中华帝国后期白莲教的传播》，韦思谛编《中国大众宗
教》，陈仲丹译，江苏人民出版社 2006 年版。

［美］郝康笛：《十六世纪江西吉安府的乡约》，余新忠译，张国刚、余
新忠主编《海外中国社会史论文选译》，天津古籍出版社 2010 年版。

［韩］洪性鸠：《明代中期徽州的乡约与宗族的关系——以祁门县文堂
陈氏乡约为例》，《上海师范大学学报》2005 年第 2 期。

黄一农：《明清天主教在山西绛州的发展及其反弹》，《"中研院"近代
史研究所集刊》第 26 期，1996 年。

黄一农：《从韩霖〈铎书〉试探明末天主教在山西的发展》，《清华学

报》新 34 卷第 1 期，2004 年。

黄一农：《〈铎书〉：裹上官方色彩的天主教乡约》，《两头蛇：明末清初的第一代天主教徒》，上海古籍出版社 2006 年版。

贾乾初：《为政惠人与导其自适——罗洪先政治思想发微》，《燕山大学学报》2015 年第 3 期。

蓝法典：《"士大夫—乡绅"视野中的权力冲突与困境——以明中后期〈圣训六谕〉现象为中心》，《政治思想史》2021 年第 2 期。

李小林：《陈懿典及其所撰三种明人传记》，《史学集刊》1996 年第 4 期。

李怡霖：《明代延绥巡抚何东序生平考》，《宁夏师范学院学报》2022 年第 8 期。

梁曼容：《贫困的贵族：明代下层宗室的阶层固化与特权异化》，《中国史研究》2022 年第 2 期。

刘广成：《论明清的家法族规》，《中国法学》1988 年第 1 期。

刘永华：《约族：清代徽州婺源的一种乡村纠纷调处体制》，《清华社会科学》第 2 卷第 2 辑，商务印书馆 2021 年版。

吕妙芬：《晚明士人论〈孝经〉与政治教化》，《台大文史哲学报》第 61 期，2004 年。

马琼：《熊人霖〈地纬〉研究》，博士学位论文，浙江大学，2008 年。

马晓英：《元代儒学的民间化俗实践——以〈述善集〉和〈龙祠乡约〉为中心》，《哲学动态》2017 年第 12 期。

牛健强、朱莉敏：《明代后期河南士绅与地方教化以归德府沈鲤的文雅社为中心》，《黄河文明与可持续发展》第 19 辑，河南大学出版社 2022 年版。

[法] 沙畹：《洪武圣谕碑考》，陆翔译，原载《说文月刊》第二卷第四期（1940 年），收入香港明石文化国际出版有限公司影印《说文月刊》第二卷（下）。

[日] 寺田浩明：《明清时期法秩序中"约"的性质》，[日] 寺田浩明《权利与冤抑：寺田浩明中国法史论集》，王亚新等译，清华大学出

版社 2012 年版。

唐召军、刘楚才：《清代〈劝善要言〉诠释公告》，《档案时空》2008
年第 5 期。

王尔敏：《清廷〈圣谕广训〉之颁行及民间之宣讲拾遗》，《明清社会文
化生态》，广西师范大学出版社 2009 年版。

王慧燕：《陆世仪为何不治乡——一种尝试性的解读》，《东吴中文学
报》第 28 期，2014 年。

王兰荫：《明代之乡约与民众教育》，吴智和主编《明史研究论丛》第
二辑，台北：大立出版社 1985 年版。

王四霞：《明太祖"圣谕六言"演绎文本研究》，硕士学位论文，东北
师范大学，2011 年。

王卫平、王莉：《明清时期苏州家训研究》，《江汉论坛》2015 年第
8 期。

吴震：《中国善书思想在东亚的多元形态——从区域史的观点看》，《复
旦学报》2011 年第 5 期。

吴震：《阳明心学与劝善运动》，《陕西师范大学学报》2011 年第 1 期。

谢茂松：《政事、文人与化民成俗：从晚明经学家郝敬〈圣谕俗解〉看
士大夫政治的优先价值选择》，《政治与法律评论》第三辑，法律出
版社 2013 年版。

解苗苗：《新安理学家程瞳思想研究》，硕士学位论文，安徽大学，
2009 年。

［日］曾我部静雄：《关于明太祖六谕的传承》，《东洋史研究》，第 12
卷第 4 期，1953 年。

曾勇：《"圣谕六言"之阐扬与社会治理 ——以明儒罗汝芳为中心》，
《湖北大学学报》2018 年第 1 期。

张广智：《沙畹——"第一位全才的汉学家"》，《史家、史学与现代学
术》，广西师范大学出版社 2008 年版。

张乃元：《〈沱川余氏乡约〉整理与研究》，硕士学位论文，江西师范大
学，2015 年。

张爽：《圣谕宣讲表演形式及故事文本研究》，硕士学位论文，四川师范大学，2018 年。

张祎琛：《清代圣谕宣讲类善书的刊刻与传播》，《复旦学报》2011 年第 3 期。

赵克生：《童子习礼：明代社会中的蒙养教育》，《社会科学辑刊》2011 年第 4 期。

赵克生：《从循道宣诵到乡约会讲：明代地方社会的圣谕宣讲》，《史学月刊》2012 年第 1 期。

郑辉：《明清琉球来华留学生对琉球文教事业的贡献》，《东疆学刊》2007 年第 3 期。

朱鸿林：《明代嘉靖年间的增城沙堤乡约》，《燕京学报》2000 年第 8 期。

朱鸿林：《明代中期地方社区治安重建理想之展现——山西、河南地区所行乡约之例》，《致君与化俗：明代经筵乡约研究文选》，香港：三联书店 2013 年版。

朱鸿林：《项乔与广东儒者之论学》，《儒者思想与出处》，生活·读书·新知三联书店 2015 年版。

下　编

明清六谕诠释文本一览表

	时间	诠释者	诠释者身份	作品名称	备注	
1	弘治十二年（1499）	王恕/武威	应天巡抚	太祖高皇帝圣旨碑		存
2	嘉靖初年	吴文之	翰林院庶吉士	六言释义		存
3	嘉靖四年（1525）	姚鸣鸾	淳安知县	六谕注释		存
4	嘉靖九年（1530）	许讚	刑部尚书	圣训赞		存
5	嘉靖十二年（1533）	陆粲	永新知县	永新乡约	37目	
6	嘉靖十五年（1536）	程文德	安福知县	安福乡约		
7	嘉靖十六年（1537）	唐锜	巡按御史	圣训演	3卷	存
8	嘉靖十七年（1538）	夏臣	广德知州	广德乡约	24目	
9	嘉靖十七年至二十二年	曾才汉	太平知县	圣谕六训		
10	嘉靖二十年（1541）	项乔	致仕官员	项氏家训		存

续表

	时间	诠释者	诠释者身份	作品名称	备注	
11	嘉靖三十三年（1554）	湛若水	致仕官员	圣训约		存
12	嘉靖三十八年（1559）	程瞳	乡绅	圣谕敷言		存
13	嘉靖三十八年（1559）	郭文通	大埔知县	圣谕说文诗歌		
14	嘉靖四十二年（1563）	罗汝芳	宁国知府	宁国府乡约训语		存
15	嘉靖四十五年（1566）	何东序	徽州知府	新安乡约	43目	存
16	嘉靖年间	彭簪	致仕官员	训俗纂要		
17	嘉靖年间	罗洪先	致仕官员	六谕解		存
18	嘉靖年间	罗洪先	致仕官员	六谕歌		存
19	嘉靖年间	刘阳	致仕官员	圣训绎		
20	嘉靖年间	汪济	乡绅	六歌	祁门人	
21	嘉靖年间	颜钧	乡绅	箴言六章	永新人	存
22	嘉靖年间	谢显	乡绅	圣谕演	祁门人	
23		张范	？	六谕衍讲	句容人	
24	隆庆元年（1567）	陈昭祥	乡绅	文堂乡约家法		存
25	隆庆二年（1568）	钟一元	宁国知府	宁国府乡约		
26	隆庆二年（1568）	史桂芳	汝宁知府	圣谕六言解		
27	隆庆二年（1568）	黄希宪	绍兴推官	余姚县乡约		
28	隆庆二年（1568）	朱炳如	泉州知府	六谕疏释		
29	隆庆三年（1569）	吴宗尧	叙州府同知	圣谕广训注疏		

续表

	时间	诠释者	诠释者身份	作品名称	备注	
30	隆庆四年（1570）	王叔杲	大名知府	大名府乡约		
31	隆庆年间	陈大宾	按察使	乡约集成	1544年进士	
32	隆庆万历间	章潢	乡绅	圣谕解/圣谕释目		存
33	万历二年（1574）	傅应桢	溧水知县	溧水县乡约		
34	万历二年（1574）	罗汝芳	云南按察副使	腾越州乡约训语		存
35	万历二年（1574）	陈吾德	饶州府知府	申明乡约圣谕六言首尾吟		
36	万历三年（1575）	漆彬	福建参议分守建宁道	六箴		
37	万历四年（1576）	王录	定州知州	圣谕演义		
38	万历四年（1576）	江光斗	丰城县学训导	申明六条大义		
39	万历五年（1577）	游有常	井陉知县	六谕歌		
40	万历五年（1577）	林庭植	龙川知县	圣谕演		
41	万历六年（1578）	范涞	南城知县	圣谕训演		
42	万历六年（1578）	江一麟	致仕官员	婺源县江湾萧江氏宗族祠规		存
43	万历七年（1579）	潘维岳	揭阳知县	揭阳乡约		
44	万历七年（1579）	甘士价	丹徒知县	丹徒乡约	46款	
45	万历七年（1579）	王栋	乡绅	规训		存

续表

	时间	诠释者	诠释者身份	作品名称	备注	
46	？	王栋	乡绅	乡约六歌/乡约谕俗诗		存
47	万历八年（1580）	方应时	龙门知县	六谕申衍		
48	万历年间	曾维伦	致仕官员	六谕诗		存
49	万历十一年（1583）	吴应明	安福知县	安福乡约从先录		
50	万历十二年至十五年	温纯	浙江巡抚	温军门六歌		存
51	？	温纯		皇明圣谕·劝世歌		存
52	万历十五年（1587）	钟化民	陕西茶马御史	圣谕图解		存
53	万历十五年（1587）	俞士章	义乌知县	义乌乡约		
54	万历十五年（1587）	郭子章	四川提学副使	圣谕乡约录		
55	万历十五年（1587）	马中良	交河知县	圣谕集解		
56	万历十六年（1588）	常道立	祁门知县	六谕敷陈演说		
57	万历十七年（1589）	陈洪烈	崇阳知县	注御制六谕附二十六条		
58	万历十七年（1589）	祝世禄	休宁知县	休宁乡约		
59	万历十九年（1591）	郑明选	安仁知县	圣谕碑粗解		存
60	万历十九年（1591）	甘汝迁	三水知县	六谕解说		
61	万历二十年（1592）	金忠士	乐平知县	乐平乡约		
62	万历二十年（1592）	蔡立身	青阳知县	乡约演义六条		存

	时间	诠释者	诠释者身份	作品名称	备注	
63	万历二十一年（1593）	郭惟贤	湖广巡抚	宗约		
64	万历二十二年（1594）	汤沐、柳应龙	钱塘知县、教读师	圣谕演义		存
65	万历二十三年（1595）	刘芳誉	温州知府	圣谕六解		
66	万历二十三年（1595）	周文谟	固安知县	固安县六谕注解		
67	万历二十三年（1595）	陈瑛	崇仁知县	孝顺六条歌		
68	万历二十四年（1596）	黄得贵	峡江知县	六训演		
69	万历二十四年（1596）	江东之	贵州巡抚	振铎长言		
70	万历二十六年（1598）	何士晋	宁波府推官	六谕衍		
71	万历二十七年（1599）	官应震	南阳知县	南阳乡约		
72	万历二十七年（1599）	赵国琦	常熟知县	六谕讲章		
73	万历二十七年（1599）	曾惟诚	泗州知州	圣谕解说		存
74	万历二十八年（1600）	王钦诰	项城知县	演教民六谕说		存
75	万历年间	沈鲤	致仕官员	文雅社约		存
76	万历年间	颜楀	乡绅	金城颜氏家训	1600 年前后	存
77	万历三十年（1602）	郝敬	江阴知县	圣谕俗解		存
78	万历三十年（1602）	张世臣	崇明知县	崇明乡约		存

续表

	时间	诠释者	诠释者身份	作品名称	备注	
79	万历三十二年（1604）	李乔岱	休宁知县	休宁乡约		
80	万历三十二年（1604）	官应震	潍县知县	六条训解		
81	万历三十二年（1604）	武世举	阳信知县	圣谕图解		
82	万历三十四年（1606）	耿橘	常熟知县	常熟县乡约六谕诗		存
83	万历三十四年（1606）	秦之英	武陟知县	六谕碑		
84	万历三十八年（1610）	李思孝	河南布政使	皇明圣谕训解		存
85	万历四十年（1612）	张志芳	阳信知县	六谕注疏		
86	万历四十三至四十七年	刘曰梧	顺天巡抚	圣谕六言直解	存刘康祉序	
87	万历四十四年（1616）	祁承爜	吉安知府	疏注圣谕六条		存
88	万历四十四年（1616）	吴其贵	邵武知县	圣谟衍		存
89	万历四十六年（1618）	翟栋	陵县知县	圣谕六解		
90	万历四十六年（1618）	蒋之芳	尤溪知县	释六谕		
91	万历四十八年（1620）	余懋衡	致仕官员	沱川乡约		存
92	万历年间	金立敬	致仕官员	圣谕注	1550年进士	
93	万历年间	马朴	致仕官员	圣谕解说	1576年举人	
94	万历年间	尤时熙	乡绅	圣谕衍		
95	万历年间	张一栋	致仕官员	圣谕演义	1586年进士	

	时间	诠释者	诠释者身份	作品名称	备注	
96	万历年间	徐万仞	？	圣谕解	1583年进士	
97	万历年间	萧雍	致仕官员	赤山会约		存
98	万历年间	汪有源	乡绅	六谕诗		存
99	万历年间	潘阶	乡绅	大圆州社规十款		
100	万历年间	陈某	杭州府推官	乡约谕言		
101	泰昌元年（1620）	傅宗皋	南京浙江道御史	圣谕训语		
102	天启二年（1622）	张福臻	东明知县	圣谕讲解		存
103	天启六年（1626）	董直愚	兰阳知县	圣谕直解		
104	崇祯三年（1630）	沈长卿	社学教读	训蒙		存
105	崇祯九年（1636）	沈寿嵩	乡绅	太祖圣谕演训		存
106	崇祯十一年（1638）	熊人霖	义乌知县	义乌乡约		存
107	崇祯十一年（1638）	钱肃乐	太仓知州	六谕释理		存
108	崇祯十一年（1638）	范志完	真定府知府	六谕解		
109	崇祯十四年（1641）	韩霖	乡绅	铎书		存
110	崇祯年间	金声	家居官员	休宁县乡约训语		
111	崇祯年间	蒋录楚	太平知县	太平县乡约讲义		

续表

	时间	诠释者	诠释者身份	作品名称	备注	
112	崇祯年间	潘同春父	乡绅	六谕衍义	潘同春为1637年进士，守蒲州，其父作以训子	
113	崇祯年间	休宁叶氏	？	保世		存
114	顺治六年至十年	吴道观	商水知县	乡约六说		存
115	顺治六年至十年	乔时杰	商水教谕	训士六则		存
116	顺治十二年（1655）	翟凤翯	饶州知府	乡约铎书		存
117	顺治十七年（1660）	魏象枢	乡居官员	六谕集解		存
118	顺治十八年（1661）	孔延禧	昆明知府	乡约全书		存
119	顺治末、康熙初	井在	？	六谕解	或作讲约六谕解，一卷	
120	清初	范鉱	？	六谕衍义		存
121	康熙元年（1662）	张沐	内黄知县	六谕敷言	又称《六谕敷言通俗》六卷	
122	康熙三年（1664）	佟国才	峡江知县	圣谕绎		
123	康熙七年（1668）	黎士宏	永新知县	六谕注		
124	康熙七年（1668）	赵吉士	交城知县	交城乡约		
125	康熙八年（1669）	万锦雯	署猗氏县事	六谕衍义		

续表

	时间	诠释者	诠释者身份	作品名称	备注	
126	康熙九年（1670）	赵炳	栾城知县	注释六谕		
127	康熙十年（1671）	盛民誉	桂阳知县	六谕诠释		
128	康熙十一年（1672）	金世桢	？	六言言解		
129	康熙十二年（1673）	许三礼	海宁知县	六谕直解		
130	康熙十四年（1675）	马璐	德安知县	铎书训解		
131	康熙十五年（1676）	戴梦熊	阳曲知县	阳曲乡约		
132	康熙二十三年（1684）	高起凤	保德州知州	劝民正俗歌		
133	康熙年间	魏裔介		六谕恒言		
134	康熙年间	佚名	邢台知府	注解六谕		
135	乾隆年间	晋江金墩黄氏	？	劝民六歌		
136	同治年间	龙舒秦氏		龙舒秦氏家训		
137	同治年间	南丰潋溪傅氏	？	圣谕六条释文	存	
138	同治年间	新会玉桥易氏		易氏家训黜例祠款		
139	嘉庆四年（1799）	张谯	高平知县	上谕六解碑记	存	
140	道光五年（1825）	戴三锡	四川总督	六谕诗六十章		
141	道光二十九年（1848）	谢延荣	芷江知县	注释六谕	存	

续表

	时间	诠释者	诠释者身份	作品名称	备注	
142	道光年间	晋江祥芝蔡氏	?	六谕同归孝顺歌		存
143	道光年间	郭云峰	乡绅	六谕家训		
144	同治十二年（1873）	宋邦傅	长沙知府	圣谕六言解		
145	同治年间	安徽龙舒秦氏	?	龙舒秦氏家训		存
146	?	佚名	?	宣讲拾遗		
147	?	冷德馨、庄跛仙	乡绅	宣讲拾遗		存
148	?	石含珍	乡绅	宣讲新篇		存
149	光绪九年（1883）	夏善引	?	圣谕六训集解		存
150	光绪二十三年（1897）	佚名	?	圣谕六言解		
151	?	海南黄氏	?	演训民六谕		存
152	?	乐昌天堂邓氏	?	乐昌天堂邓氏家训		存
153	?	南雄松溪董氏	?	南雄溪董氏家规		存

明清六谕诠释文本 67 种

武威《太祖高皇帝圣旨碑》

《太祖高皇帝圣旨碑》题"弘治己未（1499）春三月吉日开封府扶沟县丞古并武威重刊"，实则其内容为王恕《圣谕解》。王恕（1416—1508），字宗贯，号介庵、石渠，陕西西安府三原县（今陕西三原县）人。正统十三年（1448）进士，选翰林庶吉士，授大理评事，历左寺副，出为扬州知府，天顺中擢江西右布政使，转河南左布政使。成化间，升都察院右副都御史，抚治南阳诸府流民，丁母忧去职。以襄阳盗起，起复。会兵剿平，转左副都御史，巡抚河南，迁南京刑部左侍郎。丁父忧，服阕，改刑部左侍郎，巡视河防，复改南京户部侍郎。值云南多事，遂改左副都御史，巡抚云南，弹劾镇守中官不法事，直声动天下，进右都御史。寻改南京都察院右都御史，兼督巡江，又改南京兵部尚书，为同事者所忌，乃以尚书兼左副都御史巡抚南直隶，奏免苏、松税粮数十万，复参赞南京机务，寻加太子少保，不久命以尚书致仕。孝宗即位，召为吏部尚书，加太子太保，奖进人才，致仕归。正德三年（1508）四月己卯卒，年九十三，赠太师，谥端毅，著有《石渠意见》《玩易意见》等经学著作。《圣旨碑》顶上大字刊明太祖六谕的六句话，每一句话下以小字刊刻了每一句话的对应诠释，碑左题"钦差巡抚南直隶□（兵）部尚书兼都察院左副都御史王注"。从中大概可以判断其诠释内容为王恕对太祖六谕的注解，时间则是王恕任巡抚应天时，即成化十五年（1479）正月迄成化二十年（1484）四月之间。王恕也是现在确知最早诠释六谕的学者。武威是山西武乡县段村人，贡生，弘治九年（1496）任河南扶沟县丞，三年即弃官归养，以孝闻。《太祖高皇帝圣旨碑》，现藏河南周口市华威民俗博物馆，兹据碑文誊录。

太祖高皇帝圣旨碑

孝顺父母，尊敬长上。

和睦乡里，教训子孙。

各安生理，毋作非为。

大哉王言，揭日月于中天。

钦差巡抚南直隶□部尚书兼都察院左副都御史王　注。

父母生身养身，恩德至大。为人子者，当孝顺以报本。平居则供养衣食，□□□□□□，□□□□顺其颜色，□□□□身安神□，□至忧恼。如父母偶行一事不合道理，有违法度，须要柔声下气，再三劝□。□□不从，□□□□□□交好之□□□□□，务使父□□得罪于乡党，不陷身于不义而后已。此孝顺父母之道也。故教尔以此者，欲□□□□□，以为孝子顺孙也。

长上不一。本宗之长上，若伯叔祖父母、伯叔父母、姑兄姊、堂兄姊之类是也。外亲之长上，□□祖父母、母舅、母姨、妻父母之类是也。乡党之长上，有与祖同辈、与父同辈、与己同辈而年长者皆是也。本宗与外亲之长上，服制□各不同，皆当加意尊敬。远别则拜见，□□则作揖。行则随行，递酒则跪。命之起则起，不命之坐不敢坐。问则起而对，食则后举箸。遇□□之长上，亦当为之礼貌。是先辈者则□伯叔称呼，是同辈者则以兄长称呼。坐则让席，行则让路。此尊敬长上之道也。故□□□□□□□敬长之□，以为贤人□□□。

乡里之人，住居相近，田土相邻，朝夕相见。若能彼此和睦，交相敬让，则喜庆必相贺，急难必□□，□□必相扶持，婚丧必相资助，有无必相借贷。虽则异姓，有若一家。出入自无疑忌，作事未有不成。若不相和睦，则尔为尔，我为我，孤立□□，嫌疑□生，□□难成，□□□久相处？故教尔以和睦乡里者，欲尔兴仁兴让，以成善俗也。

人家子孙，自幼之时，须要教以孝弟忠信，使之知尊卑上下。性资聪俊者，择明师教之，务使德器成就，以为国用，光显门户。若性资庸下，不能读书□，□□使之谨守礼法，勤做生理，切不可令其骄惰放肆，自由自在。□□□放肆、自由自在，□□饮酒赌博，无所不为，家门必被其败□，□业必被其浪费。故教尔以教训子孙者，欲尔后昆□□、家门□盛也。

耕种田地，农之生理也。造作器用，工□□□也。出入经营，商之生理也。坐家买卖，贾之生理也。至若无产无本，不谙匠□，□□□□□脚，亦是生理。若能各安生理，则衣食自足，可以□父母妻子之养，亦可以□门户，不为乡人之所非笑。□□□□□□□□□□□衣□食，不饥不寒也。

若杀人、放火、奸盗、诈伪、抢夺、掏摸、恐吓、诓骗、赌博、撒泼、教唆词讼、挟制官府、欺压良善、暴横□□，□□□不当为之事，□□□□。□□为之，大则身亡□破，小则吃打坐牢，累及父母妻子。若能安分守己，不作非为，自然安稳无事，祸患不作。故教□□□□□□□□不犯刑宪，保全身家也。

一哉圣心，纳臣民于皇极。

弘治己未春三月吉日开封府扶沟县丞古并武威重刊。

吴文之《六言释义》

《六言释义》，题"翰林院庶吉士臣吴文之谨释"。吴文之（1489—?），字与成，明南直隶苏州府吴县洞庭东山人，正德五年（1510）举人，正德十六年（1521）进士，同年五月选庶吉士，未及授官而卒。因此，《六言释义》当作于正德十六年五月后。正德十四年，吴文之曾与友人行《武峰乡约》，但吴文之在《武峰乡约序》中并未提及他将以六谕为基础行乡约，而《六言释义》乃正德十六年后作，则六谕与乡约是否在吴文之宗族中并行尚存疑问。《六言释义》见康熙《武山吴氏族谱·六言释义》，南开大学卜利教授录校见示。

孝顺父母

我之身从何处来？是父母所生的。我之身何以得长成，是父母抚养长成的。《蓼莪》之诗曰："父兮生我，母兮鞠我。欲报之德，昊天罔极。"为人子，若欲报父母劬劳之德，譬如昊天之高大，无穷无尽。惟有孝顺，稍尽为子之心。孝为百行之首，王道之先，所以《圣谕》首句曰"孝顺父母"。如何谓之孝？《曲礼》曰："冬温而夏清，昏定而晨省。"冬月寒冷，将被席温暖；夏月炎热，将枕簟扇凉。晚间伺候父母安寝，早起问候父母安否。人子之孝于父母，原是说不尽的，为何只把这四件来说？可见时时刻刻要把父母放在心上，斯之谓孝。如何谓之顺？《论语》曰"无违。"《孝经》曰"从父之令"。《礼记》曰"父母之所爱，亦爱之；父母之所恶，亦恶之"。总之，要体贴父母之心，纤毫不敢拂拗，斯之谓顺。《孝经》一书，是孔圣人以孝道教人之书，上自天子，下至庶人，言之详矣。其《纪孝行》章曰："孝子之事亲也，居则致其敬，养则致其乐，病则致其忧，丧则致其哀，祭则致其严。"居谓居家，子之事亲，最易怠忽，有一毫怠忽，非孝也。事父母，如对神明，如接宾客，肃然有恭敬之心，这才是居则致其敬。养谓奉养，富贵之家，烹肥击鲜；贫贱之家，疏食菜羹，各自不同。若还他一日三餐，不问甘旨，如何非孝也？孔子曰："啜菽饮水，尽其欢。"斯之谓孝。如老莱子行年七十，着五色班衣，作婴儿戏以娱亲，这才是养则致其乐。父母有病，延医祈祷，人子之分所当。然若把延医、祈祷算做一件了门面的事，非孝也。《曲礼》曰："亲有疾，冠者不栉，怒不至詈，笑不至哂。"又《记》：王季有不安，文王色不满容，行不能正履。要晓得不是外面装这些模样，只因心上忧愁，故形于外者如此，这才是病则致其忧。父母之丧，为子者，那有不擗踊哭泣的？若对灵前而擗踊哭泣，退处若忘，非孝也。孔子曰："食旨不甘，闻乐不乐，居处不安。"高子皋泣血三年，未尝见齿，这才是丧则致其哀。祭飨之礼，陈器荐新，称家有无。若算做一件了故事的具文，非孝也。古人致祭，三日齐，七日戒，僾闻忾见，严恭俨恪，如在其上，这才是祭则致其严。五者全备，然后成一个孝顺父母的人子。我不孝顺父母，我之子孙自然也不孝顺于我。我能孝顺父母，子孙看好样、学好样，一个个都孝顺父母，岂不是个好人家？一乡之人看好样、学好样，一家家都孝顺父母，岂不是个好乡村？推之一国、天下，移风易俗，成一个太平气象，非难矣。

尊敬长上

孟子曰："人人亲其亲，长其长，而天下平。"可知尊敬长上是风化所关。张公艺九世同居，浦江郑氏二百年不别籍，其父慈子孝、兄友弟恭的光景，可想而知。只可怪世上这些不明道型的愚夫俗子，一味重富欺贫、敬贵凌贱，见族中有一个家资富饶的、科名出仕的，不论他名分卑、年纪小，都去趋奉他。若是贫穷老汉，纵然是一个合族之长，也没人去瞅睬他。人情如此恶薄，那得风俗淳厚？所以讲了"孝顺父母"，便要讲到"尊敬长上"这句圣谕了。家之长上，诸父、诸兄是也。父之同胞兄弟，是我之伯父、叔父，本我孝顺父母之念推之，自然要尊敬；伯父、叔父、我父之疏远兄弟，皆祖宗之胤也，尊敬疏远伯叔，正所以尊敬祖宗。至于兄弟，同气连枝，痛疼相关的。每见世人多慢忽其兄弟，甚有视兄弟如仇雠者。殊不思己之兄弟，即父之诸子，形体虽分，根本则一。徐行后长者，谓之弟；疾行先长者，谓之不弟。我不尊敬我兄，他日我之子更相视效，能禁其不乖否？其子因父之意，遂送不尊敬伯叔者有之。不尊敬伯叔，则不孝于父，亦其渐也。故欲我之诸子相亲爱，须以我之待兄弟者示之；欲吾子之孝于己，须以我之尊敬伯叔先之。能如是，其家道必昌，风俗亦厚矣。

和睦乡里

乡里之中，非亲即友，那一个可以凌虐得的？当年周处凶强，暴犯乡里。乡里之人，不欲其生，咸愿其死。邵康节居乡，蔼若春和，时或出游，童稚亦皆欢迎。看这两个古人，可知在乡里必要和睦。所以圣谕曰"和睦乡里"。最可恨者，乡里之中，有一等强梁、暴戾之人，拳粗臂壮，欺大吓小。里中有官事，是他讲差钱、打偏手；里中有交易，是他做居间、得中物；里中有婚丧，少他不得，又常使酒骂坐；里中有借放，瞒他不得，又要扣头索谢。总之，事事出尖，死活有分。此等人是乡里之霸，外面不得不接待他，心里实实不喜欢他。有一等没用欺心、专一幸灾乐祸的人，见他财富，便妒忌之；见他贫困，便侮弄之。用着他，要装乔做势；冷淡了他，又要轻嘴薄舌，搬斗是非，真正舌剑唇枪。说和公事，一味阳劝阴唆。此等人是乡里之蠹，非但心里不喜欢他，外面也就憎嫌他了。若论善有善报，恶有恶报，这两等坏人，吃乡里，着乡里，要想子孙昌盛，天也没眼睛了。我等立身行事，该把这坏人的所作所为，做一个鉴戒。乡里有不平之事，替他调停，任劳任怨，如自己的事一般。不足之家，婚丧无力，替他画策周济。倘若人有不及，可以情恕。或有非意相干，可以理遣。是这样一个人，难道乡里不喜欢他？孟子曰："乡田同井，出入相友，守望相助，疾病相扶持。"则百姓亲睦，这便是和睦乡里的条约了。处处乡里和睦，人乐太平年矣。

教训子孙

人家子孙，生下地来，那定得是贤是不肖？往往有时顽劣庸愚，傍人见了，说他是拆屋斧头。那晓得长大起来，人人称羡他的好。又往往有小时眉清目秀，百伶百俐，傍人见了，说他后来必能兴旺门第，那听得长大起来，却像换了个胞胎，人人说他的不好。这是甚么缘故？此无他，教训与不教训之分耳！不教训者，其一姑息之失，爱惜之至，不舍得打骂他，并不舍得劳碌他，由他偷闲自在，诨过日子，此等子孙，必不能练达世务；其一骄纵之失，心里喜欢他，外面必要正颜厉色对他才是。若有一分好，便称赞。做十分好，有十分差，反护短不说他差，此等子孙，必然放肆，少规矩，这倒是为父祖的误了他了。每每见为父祖者，但知子孙要紧，不知有了子孙，教训尤为要紧。所以圣谕其责于为父祖者曰"教训子孙"。如何教训呢？《曲礼》曰"坐毋箕"。不要行舒展两足，坐如簸箕也。"并坐不横肱"，与人同席，不可张开两臂也。"立毋跛"，双足并立，不可偏缩也。"立如斋"，时虽不斋，当如斋之时，必恭必敬也。毋诐言，毋剿说，当言则言，不可杂出不伦也。总之，小时节一举一动，都要教训，是说不尽的，年纪略大，把孝、弟、忠、信、礼、义、廉、耻八个字教训他。孝是孝顺父母，小则承欢膝下，大则扬名显亲；弟是友于兄弟，兄弟乃骨肉之亲，须要相亲相爱；忠是做人要真诚，凡事要存厚道，不可轻佻恶薄；信是做人要有恒心，说话要诚实，不可虚浮诈伪；礼是做人要循规蹈矩，彬彬然质有其文，不可放荡无稽；廉是财帛上要取予分明，一毫不苟，不可损人利己；耻是耻为不善，心地上光明正直，无不可对人言之事。父祖以此八个字教训子孙，子孙立身行己，依此八个字，事事不走样，岂不是个好子孙？一乡之中，人人如此，自然风淳俗美，太平有象矣。

各安生理

人家的生理，最是要紧的。草木逢春，报叶开花，这是造化的生机。天地间就有一种繁华的光景，秋、冬之际，草木萎黄，山川也就觉枯槁了。理者整治之意，譬如一把乱丝，将头绪理清楚了，才好上机织紃。一个人家，没有生财之道，自然坐吃山空了。虽有产业，不去整治他，自然要荒废了，所以生理最为要紧。士、农、工、商，谓之四民。士之子恒为士，雪案萤窗，黄卷青灯，此士之生理也；农之子恒为农，沾体涂足，力田逢年，此农之生理也；工之子恒为工，度长量短，制器利用，此工之生理也；商之子恒为商，肇牵车牛，懋迁有无，此商之生理也。若有游手游食，不习四民之事者，谓之"惰民"，必至寒无衣、饥无食，转展沟壑而后已。若四民不安其所习，见异而迁，又恐新学的未能熟谙，把本来的生理反疏失了，所谓"画虎不成反类狗"者也。所以圣谕曰"各安生理"。叫百姓立定主意，守其本业。皇天不负苦心人，读书的一朝发达，农、工、商、贾咸得成家，风俗富饶，化臻上理，岂不美哉！

毋作非为

人能安分循理，保身全家，这就是良民了。有一等愚夫，谓"饥饿以死，不如偷生"，遂敢于啸聚成群。亦有家事殷殖，不禁胸中魂礧，遂敢于冒犯法禁。更有粗豪少年，气力方刚，自谓无敌，敢于妄谋不轨。试看拔山盖世，如项羽、黄巢，有日势穷力竭，尚且斩头截颈，何况下此之辈？从来忠臣孝子，流芳百世；乱臣贼子，遗臭万年。还是流芳的好，遗臭的好？就今日庶民之家眼前光景说来，家有良田广厦，丰衣足食，儿孙满前。读书知礼，乡里推他为积善之家，可不是好？那一等浮浪子弟，好嫖好赌，以至破家荡产，饥寒切肤，势必入于下流，穿窬盗劫，无所不为。刑狱死亡，不可救援，贻羞祖宗，累及妻孥。到此地位，纵然追悔，已自无益了。所以圣谕严为禁止之辞曰"毋作非为"。百姓若能恪遵此六谕，将见人尽良民，户皆可封，岂不成太平世界耶？

姚鸣鸾《六谕注释》

姚鸣鸾（1487—1526），字景雍，福建兴化府莆田县（今福建莆田市）人，正德五年（1510）举人，正德十六年（1521）与堂叔父姚正同登进士，观政兵部，除浙江淳安知县，嘉靖五年（1526）以考绩至京，归途遘疾，四月三十日卒于德州之泊头镇，年四十，所著有《淳安县志》十七卷、《亦云集》六卷，参见林文俊《方斋存稿》卷八《故淳安县知县姚君墓志铭》。嘉靖三年（1524），姚鸣鸾"给示印行民间"，注释六谕以申谕民间，文字甚短，被称为"最简短的六谕批注"，载嘉靖《淳安县志》卷一《风俗》。

盖孝顺父母，如事父母能竭其力；尊敬长上，如徐行后长者是已；和睦乡里，如相友相助相扶持是已；教训子孙，如教子义方弗纳于邪是已；各安生理，四民各执一业而无隳其职，则无不安生理者矣；毋作非为，循理而不敢违，畏法而不敢犯，则无有作非为者矣。

许讃《圣训赞》

许讃（1473—1548），字廷美，河南灵宝县人，吏部尚书许进之子，弘治九年（1496）进士，授大名府推官，征为监察御史，改翰林院编修，刘瑾擅权时，出为临淄县知县，刘瑾被诛后升浙江按察佥事，历巡视海道及山西提学副使，升光禄寺卿、刑部右侍郎、左侍郎，升刑部尚书，改户部尚书，丁母忧归，即家起为吏部尚书，屡加少保兼太子太傅，入阁，兼文渊阁大学士，加太傅，引疾乞休，亦以此忤旨，削职归，嘉靖二十七年（1548）七月戊戌卒，后以其子陈请，赠少师，谥文简，所著有《松皋集》。许讚嘉靖七年（1528）升任刑部尚书，嘉靖九年为圣谕六条作赞。《圣训赞》现存于许讚《松皋集》卷二十三《杂著》之中（见第 7—10 页），之外还另外保存于两种文献之中：其一，嘉靖十五年（1536）陕西巡按唐锜所编《圣训演》。《圣训演》所载的"名卿注赞"中的赞，即许讚之赞。其二，嘉靖三十七年程瞳作《程氏规训》，内首载圣谕六条及《圣谕敷言》，而《圣谕敷言》实际上即王恕的注解与许讚的赞，收入清宣统《休宁县富溪程氏宗族祖训家规》。这三个版本之间，有微小差别，如《松皋集》尊敬长上的"分有尊卑"在《圣训演》中则改为"名有尊卑"，以避免与上文"分有长上"的"分"字不断重复；《松皋集》"教训子孙"条中的"成败由此"，《圣训演》作"成之于此"。《松皋集》"毋作非为"条有"寇攘奸究"，显然"究"字有误，《圣训演》作"寇攘奸宄"；《松皋集》"毋作非为"条有"勿夺人田"，《圣训演》作"勿侵人田"，以避下文"侵"字。显然，《圣训演》的文本在许讚原作上作了更合理的改进。今据《松皋集》卷二十三《恭赞圣训》录入。

刑部尚书臣许讚著赞：臣讚伏睹我太祖高皇帝教民榜训，先后六言，其于古今纲常伦理、日用事物之道，尽举而无遗，斯性斯民所当日夜儆省而遵行之者也。夫道二，善与不善而已矣。圣训先五言，则凡善之所当为者不可不勉，后一言则凡恶之所不当为者不可不戒。古昔帝王之治天下也，其目虽多，其要有四，曰惇典，曰庸礼，曰命德，曰讨罪。典礼者不出于纲常伦理日用事物之外，上率之，下由之，顺则命之，逆则讨之，治天下之道，又岂有外于此者乎？圣祖举以教民，至矣，尽矣，美矣，无复以有加矣！臣讚本以菲才，荷蒙圣上擢掌邦禁，深愧幸明刑之任，昧弱教之方，窃惟率土之民，举遵圣训，则比屋可封，人人君子，而刑无事于用矣，刑可以无为功。臣仰读圣训，重复思绎，谨著赞语各二十二句，尚愧无以发扬圣祖之洪谟显烈，而期望斯民遵圣训，远刑法，以少裨圣上重熙累洽之化，则区区犬马之诚不容自已者焉。嘉靖九年九月初十日资善大夫刑部尚书臣许讚稽首顿首谨序。

孝顺父母赞曰：天地生人，为物之首。分气于父，育形于母。父母之恩，天地为偶。孝养顺从，深恩莫负。随其职分，竭力何有？服劳供奉，几谏无咎。定省扶持，同子及妇。显亲扬名，大孝孰右？孝有大小，理无先后。天地鉴临，百福皆受。圣训明明，是遵是守。

尊敬长上赞曰：人以类聚，名分攸宜。分有长少，分有尊卑。以少凌长，狂孛〔悖〕之知。以卑犯尊，暴慢之为。尊之敬之，惟德之基。致恭尽礼，和气柔词。或坐或行，惟后惟随。饮食燕会，进劝欢怡。我敬长上，人亦我师。宗里远近，咸乐秉彝。圣训巍巍，是勉是思。

和睦乡里赞曰：斯人同处，鸟兽匪俦。乡里之交，亲近易求。仇则不计，好则广修。和不相争，睦不相尤。出入相友，患难相周。有无相济，喜庆相酬。维持夹护，同乐同忧。一乡同心，一里同谋。人无异虑，譬彼同舟。生聚休养，太平优游。圣训章章，是钦是由。

教训子孙赞曰：子以传家，孙以继子。才与不才，教之于始。贤与不贤，学之所使。教我子孙，成败由此。勿教骄惰，勿教邪诡。教以善道，训以义理。恭让接人，廉退行己。勤于耕读，精于艺技。克持家风，广衍宗祀。子子孙孙，世世继美。圣训昭昭，是敬是履。

各安生理赞曰：人之有家，生理为大。不力不食，无产无赖。安此生理，无慕乎外。士安于学，方进于艾。农安于稼，力作为最。工业器用，利济无害。商通贩易，有无相侩。惟勤惟俭，家计以泰。不安生理，渐习侈汰。家计窘落，追悔无奈。圣训赫赫，是领是会。

毋作非为赞曰：作善降祥，作非受厄。善恶之分，惟人所择。良心不泯，非心且格。寇攘奸宄，戒禁绝革。勿贪人财，勿冒人籍。勿夺人田，勿侵人宅。勿尚忿争，勿事博奕。凡此所为，目为恶逆。幽有鬼神，明有刑责。为善为恶，孰损孰益？圣训严严，是警是绎。

唐锜《圣训演》

唐锜（1493—1559），字汝圭，或谓字子荐，号池南，浙江严州府淳安县人，后入籍云南晋宁，嘉靖五年（1526）进士，授定远知县，嘉靖十三年升试监察御史（《国榷》称其由推官升监察御史），嘉靖十五年巡按陕西。《圣训演》三卷，上卷是对六谕的诠释，包括吏部尚书王恕、刑部尚书许讚的"名臣注赞"，以及时任陕西提学副使龚守愚辑录与六谕所谈伦理相关的历代的"嘉言"和"善行"，中卷为唐锜所颁《婚约》《丧约》各五条，附以西安府儒学教授张玠对《婚约》及《丧约》的演绎，下卷摘录古代论妇德、妇功的文字，张玠作。保存至今的《圣训演》为朝鲜刻本，扉页书"嘉靖二十年五月　日，内赐罗州牧使金益寿《圣训演》一件，命除谢恩，右承旨臣洪（花押）"文字，表明《圣训演》刻行五年后流入朝鲜，被朝鲜国王以活字翻印赏赐臣下。今录自《北京大学图书馆藏朝鲜版汉籍善本萃编》（西南师范大学出版社2014年版）第7册影印之朝鲜刻本《圣训演》。

孝顺父母

解曰：事奉父母而不忤逆，便是孝顺。父母生身养身，劬劳万状，恩德至大，无可报答。为人子者，当于平居则供奉衣食，有疾则亲尝汤药，有事则替其劳苦。和悦颜色以承顺其心志，务要父母身安神怡，不至忧恼。如父母偶行一事不合道理，有违法度，须要柔声下气，再三劝谏。如或不从，越加敬谨。或将父母平日交好之人请来，婉词劝谏，务使父母不得罪于乡党，不陷身于不义而后已。此孝顺父母之道，为百行之本、万善之源。化民成俗，莫先于此。故圣祖首举以教民，欲我民间各尽事亲之仁，辈辈为孝子顺孙也。

赞：天地生人，为物之首，分气于父，育形于母。父母之恩，天地为偶。孝养顺从，深恩莫负。随其职分，竭力何有。服劳供奉，几谏无咎。定省扶持，同子及妇。显亲扬名，大孝孰右。孝有大小，理无先后。天地鉴临，百福皆受。圣训明明，是遵是守。

尊敬长上

解曰：崇重长上，不敢怠慢，便是尊敬。长上不一，有本宗长上，有外亲长上，又有乡党长上。若伯叔祖父母、伯叔父母、姑兄姊、堂兄姊之类，便是本宗长上。若外祖父母、母舅、母姨、妻父母之类，便是外亲长上。乡党之间，有与祖同辈者，有与父同辈者，有与己同辈而年长者，便是乡党长上。本宗长上与外亲长上，服制虽不同，皆当加意尊敬。远别则拜见，常会则作揖。行则随行，递酒则跪。命之起则起，不命之坐不敢坐。问则起而对，食则后举箸。遇乡党长上，亦当谦恭，为之礼兒（貌）。是先辈者则以伯叔称呼，是同辈者则以兄长称呼。坐则让席，行则让路。此尊敬长上之道。有谦卑逊顺之意，无乖争凌犯之罪。化民循礼，莫切于此。故圣祖次举以教民，欲我民间各尽敬长之义，人人为贤人君子也。

赞：人以类聚，名分攸宜。分有长少，名有尊卑。以少凌长，狂悖之知。以卑犯尊，暴慢之为。尊之敬之，惟德之基。致恭尽礼，和气柔词。或坐或行，惟后惟随。饮食燕会，进劝欢怡。我敬长上，人亦我师。宗里远近，咸乐秉彝。圣训巍巍，是勉是思。

和睦乡里

解曰：交好乡里，不与争斗，便是和睦。乡里之人，住居相近，田土相邻，朝夕相见，出入相随。若能彼此和睦，不与计较，交相敬让，无争差，则喜庆必相贺，急难必相救，疾病必相扶持，婚丧必相资助，有无必相那（挪）借。虽说异姓，有若一家，日相与居，自无疑忌，作事未有不成。若不相和睦，则尔为尔，我为我，孤立无助，嫌疑互生，作事难成，岂能长久相处？化民和好，莫外于此，故圣祖亦举以教民，欲我民间兴仁兴让，以成仁厚之俗也。

赞：斯人同处，鸟兽匪俦。乡里之交，亲近易求。仇则不计，好则广修。和不相争，睦不相尤。出入相友，患难相周。有无相济，喜庆相酬。维持夹护，同乐同忧。一乡同心，一里同谋。人无异虑，譬彼同舟。生聚休养，太平优游。圣训章章，是钦是由。

教训子孙

解曰：指教子孙，使知礼法，便是教训。人家子孙，幼时便当以孝弟忠信之言教之，使知如何是孝，如何是弟，如何是忠与信，知道尊卑上下，自然不敢凌犯。切莫教他说谎，亦莫教他恶口骂人。待稍长，性资聪俊者，择师教之读书，务要德器成就，为国家用，光显门户。若性资庸下不能读书者，亦要指教，使知谨守礼法，勤做生理，慎不可纵其骄惰放肆，自由自在。才骄惰放肆、自由自在，便去吃酒赌博，无所不为，家门必被其败坏，产业必被荡散。此子孙不可不教训也。家法之严，莫过于此。故圣祖亦举以教民，欲我民间后辈贤达，家门昌盛也。

赞：子以传家，孙以继子。才与不才，教之于始。贤与不贤，学之所使。教我子孙，成之于此。勿教骄惰，勿教邪诡。教以善道，训以义理。恭让接人，廉退行己。勤于耕读，精于艺技。克持家风，广衍宗祀。子子孙孙，世世继美。圣训昭昭，是敬是履。

各安生理

解曰：生理即是活计。若攻读书史，士之生理也。耕种田地，农之生理也。造作器用，工之生理也。出入经营，坐家买卖，商贾之生理也。至若庸愚，不会读书，无产无本，亦不谙匠艺，与人佣工，甚至挑脚，亦是生理。不安生理者，则是懒惰飘蓬、游手好闲、不顾身名无藉之徒也。若能各安生理，士之读书必至富贵荣华，欢父母，显祖宗，农工商贾亦必衣食丰足，可以供父母妻子之养，亦可以撑持门户，不为乡人之所非笑。化民勤业，莫切于此。故圣祖亦举以教民，欲我民间力致荣贵，家给人足也。

赞：人之有家，生理为大。不力不食，无产无赖。安此生理，无慕乎外。士安于学，方进于艾。农安于稼，力作为最。工业器用，利济无害。商通贩易，有无相侩。维勤维俭，家计以泰。不安生理，渐习侈汰。家计窘落，追悔无奈。圣训赫赫，是领是会。

毋作非为

解曰：非为即是不善。若杀人、放火、奸盗、诈伪、恐吓、谁（诓）骗、赌博、撒泼、行凶放党、起灭词讼、挟制官府、欺压良善、暴横乡里，一应不善不当为之事，皆非为也。人若为之，大则身亡家破，小则吃打坐牢，累及父母妻子，有何便益？若能安分守己，不作非为，自然安稳无事，祸患不作。化民为善，莫要于此。故圣祖亦举以教民，且不曰不作，而曰毋作，是亦禁治之意，欲我民间不犯刑宪，保全身家也。

赞：作善降祥，作非受厄。善恶之分，惟人所择。良心不泯，非心且格。寇攘奸宄，戒禁绝革。勿贪人财，勿冒人籍。勿侵人田，勿侵人宅。勿尚忿争，勿事博奕。凡此所为，目为恶逆。幽有鬼神，明有刑责。为善为恶，孰损孰益？圣训严严，是警是绎。

项乔 《项氏家训》

项乔（1493—1552），字迁之，温州府永嘉县人，晚居府城南门九曲巷，号九曲山人，正德十四年（1519）举人，嘉靖八年（1529）进士，历官吏部主事、南京工部主事、抚州府知府、庐州府知府、河间府知府、湖广按察副使、福宁州同知、松江府通判、福建按察司佥事、广东布政司参议、河南按察副使、广东布政司左参政，宦游南北。《项氏家训》系项乔嘉靖二十年（1541）作，以诫族人。项乔在《请立族约以守官法》一文中却又谈道："先于嘉靖十七年（1538）修族谱、立宗祠、出祠田、刻家训，已传示族人守法。"这表明家训之作最早始于嘉靖十七年。《家训》共四十七条，其前六条是对明太祖六谕的诠释，"谨仿王公恕解说，参之俗习，附以己意"，依傍王恕《圣训解》以衍，但有不少调整：一是更加口语化；二是增加了一些"怎的是孝顺父母""请我族众大家遵守"之类的引语与结束语，以强化与族众的互动；三是添加了一些适应时代和地域变化的内容，如"毋作非为"条中对海上走私与倭乱的防范。《项氏家训》将对太祖的诠释引入家训，可能是明代六谕诠释进入家训族规最早的例子。《项氏家训》收入《项乔集》卷八（第513—525页），而《项乔集》卷二又有《家训序》，载第105页，今合录于此。

项氏家训

大明嘉靖辛丑春三月望日文山府君六世孙乔撰。

家训序：家难而天下易，自天子达于庶人一也，然必先其难而后可及其易。予家居，既立祠堂，修族谱，仍作训诏族人者以此。然训虽四十七条，要皆推广圣谕六句之意。其有不共，国有常刑。吾族人不念家训，独不念国法乎？念哉，念哉，毋使我诟之于难也哉。虽然，家不有本乎？身修而后家齐，反身之吉，言有物而行有恒者，岂异人任之？鸣呼！人生不满百年，岂敢虚度？天理万古一日，何代无人？予子文焕请寿诸梓，人给一编，以便传习，庶几勿替。引之作训序。

伏读太祖高皇帝训辞，曰："孝顺父母、尊敬长上、和睦乡里、教训子孙、各安生理、毋作非为。"鸣呼，这训辞六句切于纲常伦理、日用常行之实，使人能遵守之，便是孔夫子见生；使个个能遵守之，便是尧舜之治。谨仿王公恕解说，参之俗习，附以己意，与我族众大家遵守。

孝顺父母。怎的是孝顺父母？父母生子养子，劳苦万状，终身所靠者，有子而已。人无父母，身从何来？便使儿子十分孝顺，也难报这恩德。每见人家无子的甚苦极，有子不肯孝顺的更苦极。父母尊大如天。人若逆天，天理无有不报应者。不信只看檐头水，点点滴滴不差移。所以孝顺的，平居必供奉衣食，虽贫不辞。有病必亲奉汤药，虽久不怠。有事必代其劳苦，虽难不避。先意承颜，以养其志；立身行道，以扬其名。务使其身安神怡，不至忧恼。如父母溺于私意，及偶行一事不合道理，须要柔声下气，再三劝谏。如或不从，则请父母平日相好之人婉词劝谏，务使父母不得罪于乡党，不陷身于不义而后已。此孝顺父母之道，为百行之本。圣祖教民以此者，欲人人亲其亲而天下平。请我族众大家遵守。

尊敬长上。怎的是尊敬长上？长上不止一个，有本宗长上，有外亲长上，又有乡党长上。若伯叔祖父母、伯叔父母、姑兄姊、堂兄姊之类，便是本宗长上。若外祖父母、母舅母姨、嫡亲姑夫、妻父母之类，便是外亲长上。乡党之间，有与祖同辈者，有与父同辈者，有与己同辈而年稍长者，便是乡党长上。本宗长上与外亲长上，服制虽各不同，皆当加意尊敬。远别当拜见，常会则作揖。行则随行，把酒则跪。命之起则起，不命之坐不敢坐。有问当起而对，同吃饭而后举箸。议论事让其从容先说，不搀越杂乱喧哗。遇乡党长上，亦当谦恭礼貌，是先辈者则以伯叔称呼，是同辈者则以兄长称呼。坐则让位，行当让路。此尊敬长上之道。弟子既这等尊敬长上，长上岂有不亲爱弟子者耶？圣祖教民以此者，欲人人长其长而天下平也。请我族众大家遵守。

和睦乡里。怎的是和睦乡里？乡里之人，住居相近，田土相连，朝夕相见。若能彼此和睦，交相敬让，不妒其富，不欺其贫。喜庆必相贺，患难必相救，疾病必相扶持，婚丧必相资助，有无必相那借。虽说异姓，有若一家，自然争端不起，作事有成。若不和睦，相骂相打相讼，岂能长久相处？故圣祖教民和睦乡里者，欲使人人兴仁兴让，以成善俗也。请我族众大家遵守。

教训子孙。怎的是教训子孙？子孙所以接代门风者也。人家子孙，从幼便当教以孝弟忠信礼义廉耻八个字名义，及足容重、手容恭、目容端、口容止、声容静、头容直、气容肃、立容德、色容庄九件规样，使知蒙以养正，毋学说谎，毋学恶口骂人，毋学谈论人过恶，毋学滥交不好朋友。到长，便当教以冠昏丧祭之礼，学为成人之道，毋玩法而淹杀子女，毋贪财而不择妇婿，毋信僧道而打醮念佛，毋惑阴阳讳忌、风水荫应而停顿丧灵。其资质聪俊者则教之读书，立德立功立言，不贵徒取科甲。其质庸凡，则教之安常生理，不求分外名利。切不可纵其骄惰放肆、自由自在，便沉溺于酒色财气，无所不为。产业必被其浪费，家风必被其败坏矣。谚云：有好子孙方是福，无多田地未为贫；又云：子孙强是我，要钱做甚么？子孙不如我，要钱作甚么？此子孙诚不可不教训也。圣祖教民以此者，欲使人人后代贤达、家门昌盛也。请我族众大家遵守。

各安生理。怎的是各安生理？生理即是活计。若读书举业，士之生理也。耕种田地，农之生理也。造作器用，工之生理也。出入经营，坐家买卖，商之生理也。若无资质、无产业、无本钱、不谙匠作，甚至与人佣工挑担，亦是生理。惟是懒惰飘荡、游手好闲、为僧为道、为流民光棍、身名无藉之徒，便是不安生理。不安生理而能偷生于天地间者，无此理也。果能各安生理，则不相陵夺、不相假借，人人自有生民之乐矣。圣祖教民以此者，欲使民志定而礼义行也。请我族众大家遵守。

毋作非为。怎的是毋作非为？凡天地间一应善事，皆所当为者也。

非为即为是不善。若杀人放火、奸盗诈伪、抢夺掏摸、恐吓诓骗、喇唬撒泼、教唆词状、挟制官府、欺压良善、横暴乡里，都是非为。至于生长海滨，不能不鬻贩鱼盐以资生理，但因此通同海贼贩卖贼货，结党装载私盐贩卖，拒殴官兵，尤是非为者。有一于此，大则身亡家破，小则吃打坐牢，累及父母妻子，有何便益？若能安分守己，不作非为，凡所为者皆可告于天、可对人言，自然不犯刑宪，保全身家。圣祖教民，不曰不作非为，而曰毋作非为，其禁治之意亦深矣。请我族众大家遵守。

湛若水《圣训约》

湛若水（1466—1560），字元明，广东增城人，弘治五年（1492）举人，从陈献章问学，入南京国子监肄习，弘治十八年进士，选庶吉士，授翰林院编修，历官至南京吏部尚书，是明代嘉靖年间与王阳明齐名的学者。嘉靖十九年（1540），湛若水致仕归乡，于嘉靖二十三年（1544）在家乡广东增城县沙堤乡举行乡约。其乡约仪节包括宣圣训（包括朱元璋六谕与嘉靖帝宣谕），恭讲圣训、宣谕各一道，讲《皇极敷言》，乐工歌《皇极敷言》，歌《鹿鸣》《南山有台》，读约，讲《孟子》"死徙无出乡"一章，书纪善、纪过册等七个环节。其中讲圣训部分，即对圣谕六条的阐释与宣讲。今录自李龙潜主编《明清稀见广东笔记七种》（广东人民出版社 2010 年版）。

何谓孝顺父母？盖生我者为父，育我者为母。父母生我育我，甚是劬劳。为子必当遵依父母教训，思父母生成我，要我做好人；必体父母之心，所行必有常，所习必有业。有好衣好食，必先奉父母，无复好货财，私妻子，不顾父母之养，便是个孝子矣。

何谓尊敬长上？年高于我者谓之长，在我上者谓之上。子弟于长者之前，不敢戏笑，背后不敢非毁，谦卑逊顺而致敬尽礼，谨守律法而不敢犯，早纳官粮而不敢违，是谓尊敬长上。

何谓和睦乡里？二十五家为里，一万二千五百家为乡。处于乡里之中，无以贵忽贱，无以富欺贫，无以强凌弱。敬乡里之长者如敬己之父兄，爱乡里之幼者如爱己之子弟，则人亦爱敬我矣。

何谓教训子孙？我生者为子，子生者为孙。子孙乃我之遗体，子孙之不善即我为不善矣。为父母者必当教子孙说好话，行好事，做好人，朝夕审察其出入，毋与恶人交便是。

何谓各安生理？生理者，人之所恃以为生之理也。安者安心为之，更无他务也，如士农工商各安其业，即各安于所恃以为生也。若游手好闲，饱食终日，无所用心，即自丧其生之理也。

何谓毋作非为？人有非为，如为盗贼，为光棍，为非人所为，为非子所为，为不孝，为不义。如此所为，则心必不忍为之。且如今之赌博，正是非为之大者。试观今之逆父兄，疾妻子，斗邻里，破散祖业、穿窬淫放，莫不因赌博而致此极也。若能素戒此等而不为，则凡非为之事皆不为，则不患不为好人矣。凡乡里父老，归告乡邻及家之子弟，且须戒之毋犯。

程瞳《圣谕敷言》

程瞳，字启曚，号荛山，直隶徽州府休宁县富溪人，弱冠即弃举子业，潜心于涵养致知之学，著有《闲辟录》《新安学系录》等书。嘉靖三十七年，程瞳在族中作《程氏规训》，内首载圣谕六条及《圣谕敷言》，而《圣谕敷言》实际上即王恕的注解与许讚的赞，题下标"吏部尚书臣王恕注解、吏部尚书臣许讚著赞"，收入上海图书馆藏清宣统三年五知堂抄本《富溪程氏祖训家规封邱渊源合编》。

程瞳《程氏规训叙》：家国一道也。国有法，家有规，均所以制治防危而不可废为此也。是谓虽无老成，尚有典型，言上有道揆则下无违之法守也。吾家自宋中书舍人府君起家，迨今五百祀矣。世守祖训，钦遵圣谕，由是义□文献赖以弗坠。历吾高祖而降，孙枝蕃盛，虽服逾祖免而同堂共居犹自若也。窃恐生齿日繁，人情日异，于是倡会族属，振复祖训，纪之以条规，申之以惩劝。盖父母天地也，宜尊敬而奉养。兄弟手足也，宜友悌而急难相顾。妻子百世之始也，宜教勖之以振先业。

闺门万福之原也，宜警劝之以启后人。家庭天伦之修萃也，宜交相亲爱而和睦之是敦。乡党宗族之所在也，宜广加谦逊而骄傲之不作。祭祀先灵之在上也，宜诚敬而尽礼。坟墓先魄之所藏也，宜拜扫而以时。习士进者宜修饬而以起家为心，服农商者宜勤俭而以裕家为志，庶乎各安其职，以仰承圣谕祖训而不背于义矣。乌乎，郑氏之谓义门者，此也。石碏之谓义方者，此也。虽然，徒法莫行，人存政举，吾人勉夫，群从勉夫，世世勉夫。嘉靖三十七年季冬吉旦嗣孙瞳顿首拜书。

圣训敷言

吏部尚书臣王恕注解

吏部尚书臣许讚著赞

孝顺父母

解曰：事奉父母而不忤逆，便是孝顺。父母生身养身，劬劳万状，恩德至大，无可报答。为人子者，当于平居则供养衣食，有疾则亲尝汤药，有事则替其劳苦。和悦颜色，以承顺其心志，务要父母身安神怡，不致忧恼。父母偶行一事不合道理，有违法度，须要柔声下气，再三劝谏，务使父母不得罪于乡党。如或不从，越加敬谨。或将父母平日交好之人请来，婉词劝谏，务使父母不得罪于乡党、不陷身于不义而后止。此孝顺父母之道，为百行之本，万善之源。化民成俗，莫先于此。故圣祖首举以教民，欲我民间各尽事亲之仁，辈辈为孝子顺孙也。

赞曰：天地生人，为物之首，气分于父，形育于母①。父母之恩，天地为偶。孝养顺从，深恩莫负。随其职分，竭力何有。服劳供奉，几谏无咎。定省扶持，同子及妇。显亲扬名，大孝孰右。孝有大小，理无先后。天地鉴临，百福皆受。圣训明明，是尊②是守。

尊敬长上

解曰：崇重长上，不敢怠慢，便是尊敬。长上有本宗长上，有外亲长上，又有乡党长上。若伯叔祖父母、伯叔父母、姑兄姊、堂兄姊之类，便是本宗长上。若外祖父母、母舅、母姨之类、妻父母之类，便是

---

① 气分于父，形育于母，《圣训演》作"分气于父，育形于母"。
② 尊，《圣训演》作"遵"。

外亲长上。乡党之间，有与祖同辈者，有与父同辈者，有与己同辈者而年长者，便是乡党长上。本宗长上与外亲长上，服制虽不同，皆当加意尊敬。远别拜见，常会则揖，行则随行。递酒则跪，命起则敢起；不命之坐不敢坐；问则起而对，食则后举箸。遇乡党尊长，亦当谦恭，为之礼貌，是先辈者，则以伯叔称呼；是同辈者，则以兄长称呼，坐则让席，行则让路。此尊敬长上之道。有谦卑逊顺之意，无乖争凌犯之罪。化民循理，莫切于此。故圣祖次举以教民，欲我民间各尽敬长之义，人人为贤人君子也。

赞曰：人以类聚，名分攸宜。名有长少，分有尊卑①。以少凌长，狂悖之知。以卑犯尊，暴慢之为。尊之敬之，惟德之基。致恭尽礼，和气柔词。或坐或行，惟后惟随。饮食燕会，进劝欢怡。我敬长上，人亦我师。宗里远近，咸乐秉彝。圣训巍巍，是勉是思。

和睦乡里

解曰：交好乡里，不与争斗，便是和睦。乡里之人，住居相近，田池相邻，朝夕相见，出入相随。若能彼此和睦，不与计较，交相敬让，无所争差，则喜庆必相贺，急难必相救，疾病必相扶，婚丧必相资助，有无必相那借。虽说异姓，有若一家，日相与居，自无疑忌，作事未有不成。若不相和睦，则尔为尔，我为我，孤立无助，嫌疑互生，作事难成，岂能长久相处？化民和好，莫切于此，故圣祖亦举以教民，欲我民间兴仁兴让，以成仁厚之俗也。

赞曰：斯人同处，鸟兽匪俦。乡里之交，亲近易求。仇则不计，好则广修。和不相争，睦不相尤。出入相友，患难相周。有无相济，喜庆相酬。维持夹护，同乐同忧。一乡同心，一里同谋。人无异虑，譬彼同舟。生聚休养，太平优游。圣训章章，是钦是由。

教训子孙

解曰：指教子孙，使知礼法，便是教训。人家子孙，幼时便当以孝悌忠信之言教之，使知如何是孝，如何是悌，如何是忠，如何是信。知道卑尊上下，自然不敢凌犯。莫教他说谎，亦莫教他恶口骂人。待稍

---

① 名有长少，分有尊卑，《圣训演》作"分有长少，名有尊卑"。

长，资性聪者，择师教之读书，务要德器成就，为国家用，光显门户。若性资庸下，不能读书者，亦要指教，使知谨守礼法，勤做生理。慎不可纵其放肆骄惰，自由自在，便去喫酒、赌博，无所不为。家门必被其败坏，产业必被其荡散。子孙所以不可不教训也。家法之严，莫过于此。故圣祖亦举此以教民，欲我民间后辈贤达，家门昌盛也。

赞曰：子以传家，孙以继子。才与不才，教之于始。贤与不贤，教之所使①。教之子孙，成败由此②。勿教骄惰，勿教邪诡。教以善道，训以义理。恭让接人，廉退行己。勤于畊读，精于艺技。克持家风，广衍宗祀。子子孙孙，世世继美。圣训昭昭，是教是履③。

各安生理

解曰：生理即是活计。若攻读书史，士之生理也；耕种田地，农之生理也；造作器用，工之生理也；出入经营，坐家买卖，商贾之生理也。至若庸愚，不会读书，无产无本，亦不谙匠艺，与人佣工，甚至挑脚，亦是生理。不安生理者，即是懒惰飘蓬。游手好闲，不顾身名无藉之徒也。若能各安生理，士之读书，必至富贵荣华，欢父母，显祖宗。农工商贾，亦必衣食丰足，可以供父母、妻子之养，亦可以撑持门户，不为乡人所非笑。化民勤业，莫切于此。故圣祖亦举以教民，欲我民间力致荣贵，家给人足也。

赞曰：人之有家，生理为大。不力不食，无产无赖。安此生理，莫慕乎外④。士安于学，方进未艾。农安于稼，力作为最。工业器用，利济无害。商通贩易，有无相会。维勤维俭，家计以泰。不安生理，渐习侈汰。家计窘落，追悔□□。圣训昭昭⑤，是钦⑥是会。

毋作非为

解曰：非为即是不善。若杀人放火，奸盗诈伪，恐吓诓骗，赌博

---

① 教之所使，《圣训演》作"学之所使"。
② 成败由此，《圣训演》作"成之于此"。
③ 是教是履，《圣训演》作"是敬是履"。
④ 莫慕乎外，《圣训演》作"无慕乎外"。
⑤ 昭昭，《圣训演》作"赫赫"。
⑥ 钦，《圣训演》作"领"。

撒泼，行凶放党、起灭词讼，挟制官府，欺压良善，暴横乡里，一应不善不当为之事，皆非为也。人若为之，大则身亡家破，小则吃打坐牢，累及父母、妻子，有何便益？若能安分守己，不作非为，自然安稳无事，祸患不作。化民为善，莫切于此。故圣祖亦举以教民，且不曰"不作"，而曰"毋作"，是亦禁治之意，欲我民间不犯刑宪，保全身家也。

赞曰：作善降祥，作非受厄。善恶之分，惟人所择。良心不泯，非心且格。寇攘奸宄，戒禁绝革。勿贪人财，勿冒人籍。勿占①人田，勿夺②人宅。勿尚忿争，勿事博弈。凡此所为，目为恶逆。幽有鬼神，明有刑责。为善为恶，孰损孰益？圣训严严，是警是择③。

孝顺父母、尊敬长上、和睦乡里、教训子孙、各安生理、毋作非为，这六句包尽做人的道理。凡为忠臣，为孝子，为顺孙，为良民，皆由于此。无论贤愚，皆晓得此文义，只是不肯着实遵行，故自陷于过恶。祖宗在上，岂忍使子孙辈如此？宗祠内，宜仿乡约仪节，每朔旦督率子弟齐赴听讲，继宣祖训，各宜恭敬体认，共成仁厚之俗，尚其勉之。

罗汝芳《宁国府乡约训语》

罗汝芳（1515—1588），字惟德，号近溪，江西建昌府南城县（今江西南城县）人，嘉靖十九年（1540）师从泰州学派的颜钧，嘉靖二十二年（1543）举于乡，次年会试中式，不就廷试而归，读书讲学十年，嘉靖三十二年（1553）入京赴廷试，中进士，授太湖知县，升刑部主事，后出为宁国府知府，改山东东昌府知府，迁云南副使，升云南参政，入京进表，为言官所劾，致仕归，居乡以讲学为事，万历十六年卒，门人私谥"明德"。《宁国府乡约训语》为其任宁国府知府行乡约时对六谕的宣讲。《宁国府乡约训语》载见《耿中丞杨太史批点近溪罗

---

① 占，《圣训演》作"侵"。
② 夺，《圣训演》作"侵"。
③ 择，《圣训演》作"绎"。

子全集》（《四库全书存目丛书》影中国社科院文学所藏明万历刻本）内《近溪子外集·乡约》部分（第 312—324 页），然略有残损。方祖猷先生整理《罗汝芳集》以《庭训记言行遗录》补阙。今据方祖猷先生整理《罗汝芳集》迻录。

孝顺父母、尊敬长上

臣罗汝芳演曰：人生世间，谁不由于父母，亦谁不晓得孝顺父母？孟子曰孩提之童，无不知爱其亲者，是说人初生之时，百事不知，而个个会争着父母抱养，顷刻也离不得，盖由此身原系父母一体分下，形虽有二，气血只是一个，喘息呼吸，无不相通。况父母未曾有子，求天告地，日夜惶惶，一遇有孕，父亲百般护持，母受万般辛苦。十月将临，身如山重，分胎之际，死隔一尘。得一子在怀，便如获个至宝，稍有疾病，心肠如割。见儿能言能走，便喜欢不胜。人子受亲之恩，真是罔极无比。故曰：父即是天，母即是地。人若不知孝顺，即是逆了天地，绝了根本。岂有人逆了天地、树绝了根本而能复生者哉？故凡为人子，当常如幼年时，一心恋恋，生怕离了父母。冬温而夏清，昏定而晨省；出则必告，反则必面，远游则必有方。又当常如幼年时，一心嬉嬉，生怕恼了父母，好衣与穿，好屋与住，好饭与吃，好兄弟姊妹同时过活。又要常如幼时，一心争气，生怕羞辱了父母。读书发愤，中举做好官；治家发愤，生殖置产业。间或命运不扶，亦小心安分，啜□饮水也，尽其欢也，留个好名声在世上。凡此许多孝顺，皆只要不失了原日孩提的一念良心，便用之不尽，即如树木，只培养那个下地的些种子，后日千枝万叶、千花万果，皆从那个果子仁儿发将出来。又如尊敬长上。或是府县官司，或是家庭宗祖伯叔哥哥，或是外面亲戚朋友前辈，皆所当尊敬者也。然孟子说孩提稍长，无不知敬其兄，亦是他良心明白，知得个次序，自不敢乱去干犯。今日也，只要依着那个幼年不敢干犯哥哥的心，谨慎将去，莫着那世习粗暴之气染坏了，则遇着官府，逢见宾客族长，其分愈尊，则其心愈敬，如竹之节，如树之枝，从下至上，等级森然，又岂有毫发僭差也哉？况天地生人，代催一代，做子未了，就做人父母，做弟未了就做人哥哥，自己所行，别人看样。古人说，愿新妇他日儿孙亦如新妇今日孝敬。彼是妇人，且能如此！我等为丈夫者，又可作不孝不弟样子，而使子孙效法，受苦终身，贻笑后世也哉！会众宜各勉力孝顺父母、尊敬长上。

和睦乡里、教训子孙

臣罗汝芳演曰：人秉天地太和之气以生，故天地以生物为心，人亦以同生为美。张子西铭说道，民吾同胞，物吾同与。盖同是乾父坤母一气生养出来，自然休戚相关，即如今人残伤一个鸡雏，折残一朵花枝，便勃然动色。物产且然，而况同类而为民乎？民已不忍，又况同居一处而为乡里之人乎？夫乡里之人，朝夕相见，出入相友，守望相助，内如妇女姒娣相唤，幼如童稚侪等相嬉。年时节序，酒食相征逐，其和好亦是自然的本心，不加勉强而然。但人家偶因界畔田地、借换财物、迎接往来稍有相失，便至怀恨争斗，或官司牢狱，必欲置之死地，殊不知天道好还，人乖致异。我害乡里之人，乡里之人亦将害我。冤业相报，辄致身亡家破，犹不自省。孟子说得好，爱人不亲反其仁，礼人不答反其敬。今只自反，踏伤一只鸡雏，折伤一朵花枝，尚心不忍，岂可以同居之人，却忍下此毒手。此意一明，则不爱的人也爱他，不敬的人也敬他，至再至三，虽铁石的人也化过来爱我敬我，尽一乡之人如一母所生，自然灾害不生，外侮不入，家安人吉，物阜财丰，同享太平之福于无穷矣。以上孝敬和睦之事，既知自尽，又当以之教训子孙。盖我的父母即是子的祖、孙的曾祖；我的兄弟即是子的伯叔、孙的伯叔祖。我今日乡里，即是子孙他日同居的人。一时易过，百世无穷。既好了目前，也思久远之图。故古人说道：一年之计，莫如树谷，十年之计莫如树木，百年之计莫如树人。若人家有子孙者，肯用心教训，则孝敬和睦相延不了，读书者可望争气做官，治家者可望殷富出头。就是命运稍薄者，亦肯立身学好，如树木枝干栽培不歇，则所结果子，种之别地，生发根苗，亦同甘美，是光前裕后第一件事也。凡我会众，各宜劝勉，以和睦乡里、教训子孙。

各安生理、毋作非为

臣罗汝芳演曰：上来四条，孝亲、敬长、睦乡、教子，是自尽性分的事。此各安生理、毋作非为二句，是远祸害的事。盖人生有个身，即饥要食，寒要衣；有个家，便仰要事，俯要育。衣食事育，一时一刻不能少缺。若无生理，何处出办？便须去做生理。然生理各各不同，有大的，有小的，有贵的，有贱的，这个却是造化生成，命运一定。如草木一样种子，其所遇时候，所植地土，不能一般，便高低长短许多不同。人生在世，须是各安其命，各理其生。如聪明，便用心读书；如愚鲁，便用心买卖；如再无本钱，便习手艺及耕田种地，与人工活。如此方才身衣口食、父母妻子有所资赖。即如草木之生，地虽不同，然勤力灌溉，亦各结果收成。若生理不安，则衣食无出，饥寒相逼，妻子相闹，便去干那非理不善的事，求利未得而害己随之。大则身亡家破，小则刑狱伤残。眼前作恶之人，昭昭自有明鉴。凡我会众，各宜劝勉，以各安生理，毋作非为。

臣罗汝芳演曰：此六条圣谕，细演其义，不过是欲人为善事，戒恶事。[①] 然善恶得失相规，礼俗相交，患难相恤。这四句言语，虽则与圣谕不同，其实互相发明。且如我如今能孝顺父母，尊敬长上，能和睦乡里，教训子孙，能各安生理，不作非为。推此类，则事事要学好，这都是心上的好念头，身上的好事，便是德了。把这几件干将去，件件做得，是件件打得成，没一些不到处，成就得个孝、弟、忠、信、礼、义、廉、耻的人，这便是业了。德业虽是自己的事，若只要自好，不管别人，则是自己德业也有点亏损矣。所以又要与同族、同乡、同会之人，彼此更相劝勉：大家要孝顺父母，尊敬长上；要和睦乡里，教训子孙；要各安生理，不作非为。彼此相对，但有言语，便相劝这几件；但

---

① 按：自此以下，《耿中丞杨太史批点近溪罗子全集·乡约全书》的记载是："然善恶原无两立之理，若为善之心专一勤笃，则一切非理之事自是不肯去做。所以有子说：其为人也孝弟，而好犯上者鲜矣。不好犯上而好作乱者，未之有也。可见孝弟是个为人的根本，一孝立而百行从，一弟立而百顺聚。故尧舜以圣帝治天下，而其道也只是孝弟而已矣。孔子以圣师教天下，而其道也只是孝弟而已矣。而况孝是孝了你各人的父母，弟是爱敬了你各人的兄弟，一家和顺，是你各人自己受福；一家忤逆，是你各人自己受祸。报应无差，神明显赫，何苦不知感动，乃劳朝廷圣谕、官府乡约也哉！从今以后，务须各悔前非，各修新德，只要依原日孩提爱敬之良，便可做到圣贤地位，纵有不及，也不失一个令名。凡我会众，各宜猛省。"

有行动，相劝这几件。有能行得的，便大家推奖他，使他益肯学好，却又自反于己，说我亦有此好处否？都要做个好人，这却不是德业相劝么？德业是好事，所以要相劝勉。若其他一发不修德业，不遵圣谕的，这就是作非为的人，全然不可劝化的，必须官法惩治了。

至于能自劝勉德业，比此六条都能行得，但就法中稍有不到处，这个唤做过失。过是所行太过，欠停当得宜；失是无心失理，偶然差错。然这过失虽是自己做差的，自己却不知道，必须同族、同乡、同会之人或晓得某人做差了某事，事小的就直言无隐，若事违理法，及暧昧不明难以直言的，便宛转戒谕他，使他自改，又将他的过失自反于己，说我亦有此差失处？有则速改。我能如此，日后我有此过失，人也肯规戒，我做得个无过之人。所以要互相规讽，各各改过自新，方是今日立会的意思。若坐视不理，人有过，与己若不相干，如此做人，是在别人固是一件过失，自己不规戒他，就是自己一件过失了，过失岂可不相规？

至于圣谕和睦乡里一条，吕氏约中尤备。所谓和睦者，不只是声音笑貌伪为于外，亦不是专事烦文，耗蠹财用。在古人原自有个定礼，在一乡自各有个习俗，在今日生长同一方，源流同一族，交游姻戚同一亲厚，各有相与之情。所以出入起居，冠婚丧祭，拜起坐立，往来交际，凡仪文节奏之间，既要循礼，又要从俗。若不循礼，未免过当，若不从俗，便不通方，皆不是礼俗相交的道理。如今出入起居，则长者在前，少者在后。冠婚丧祭，则即今校酌文公《家礼》，奏要行之。拜起坐立，则叙尊卑长幼之分，不得僭逾。往来交际，则有岁时拜谒，不得简略。有饮食征召，不得虚靡谑浪；有问馈酬酢，各要称家有无，彼此相谅，大抵期于不失古礼，不悖时俗。果能如此，自然情谊浃洽，风俗淳厚矣。

然这礼俗相交，却只说平日处常时和睦乡里的事。至于人家有患难，却尤要周急，方见是个彻底的好人。如今往往见有一等小人，与人平时尽是交好，见人才有患难，便就漠然不理。这等样人，谁不厌恶鄙贱他？所以不能够和睦乡里。今要和睦，必须患难相恤。所谓患难相恤者，即如邻里亲族中，或遇水火，则彼此营救，或遇盗贼，则彼此捍捕，或遇疾病，则彼此讯问。有疾病而贫乏者，则助其医药，有死丧而贫乏者，则助其丧葬，有鳏寡孤独而无倚者，则资其赡养。如此之类，种种不一，难以悉举。要见都是人的紧急患难处，我能悯恤拯救得他，甚于平日之惠，况皆宗族、亲戚、朋友，原是我相厚的，到此田地，何忍坐视！如今与会的人，谁不有个乡里。若能把这相恤的事行得，那有不和睦的？况且自己若能救人，则人人都说我是个善人，万一自己也有患难处，人谁不来救我？如此互相矜恤，却不是患难相恤么？

会众等仰悉高皇帝教民至意，将以前六条躬行实践，又将吕氏乡约四句相兼着体会而行，则人人皆可为良民，在在皆可为善俗，不惟一身交享福利，其子孙亦久久昌炽。若或反道悖德，弗若于训，是乃梗化之顽民，小则不齿于乡，大则必罹于法，而身家亦不能保矣！尚共图之。

何东序《新安乡约》

何东序（1531—?），字崇教，号肖山，山西平阳府蒲州猗氏县（治所在今山西临猗县猗氏镇）人，嘉靖三十二年（1553）进士，授户部主事，历郎中，以疾归，起补为刑部郎中，嘉靖四十三年（1564）出任徽州知府，隆庆元年（1567）调任浙江衢州知府，隆庆二年升兵备副使，守紫荆关，隆庆四年升右佥都御史巡抚延绥，后以功升副都御史，隆庆五年以忤高拱致仕归，乡居四十年，万历三十四年（1606）卒，年七十六，所著有《九愚山房集》九十七卷、《徽州府志》二十卷。嘉靖四十三年至四十五年任徽州知府的三年间，他推行了《新安乡约》。何东序《新安乡约引》说："惟政治以风俗为先，风俗以教化为本。我太祖高皇帝继天立极，法古致治，既设为庠序学校之教，申之以孝悌礼义之则，乃犹置为木铎，宣以圣谕，狥行道路，晓示闾阎，诚欲使愚夫愚妇之微，咸跻于兴仁兴让之域，家不殊俗，屋皆可封，甚盛德也。然议道置民，本皆人君作则，而承流宣化，根在有司力行。惟仕者无任职之心，治尚苟简，斯民也无慕善之志，世渐浇漓，即有善者，或置身于一齐众楚之乡，孤立莫助，纵使恶者愈得志于杯水车薪之势，朋比为奸，事变纷起，讼狱繁兴，虽法网为益密，徒厉阶之为梗。泽不下究，民则何辜。惟兹新安，自古名郡，俗以不义为羞，衣冠不变，士多明理之学，邹鲁称名。顾承平既久，日异而月不同。污俗相传，上行而下尤效。职责在拊循，心求称塞，尚赖风俗之一变，庶免瘰旷于万分。窃念正民之德，在服习于耳目常接之间，易人心之恶，贵预止于念虑未发之际，择取古人遗训，汇集乡约成编，本之伦理以正其始，昭之鬼神以析其几，易则易知，简则易从，秉执之性有常，作善降祥，作恶降殃，感应之几不爽，务期事简刑清，和乐溢于上下，风移俗易，忠厚格于神明。有丰亨裕泰之休，无水旱凶灾之谴，苟可裨于治道，敢徒事乎虚文。凡我僚属，庶其寡尤，率尔群黎，愿言多福。谨遵圣谕，申告于尔士庶，常目在之焉。"按照何东序修于嘉靖四十五年（1566）的《徽州府志》，其在徽州所行乡约事作如下之规定："一，约会依原编保甲，城市取坊里相近者为一约，乡村或一图或一族为一约。其村小人少附大村，族小人少附大族，合为一约。各类编一册，听约正约束。一，每约择年高有德为众所推服者一人为约正，二人为约副，通知礼文者数人为约赞，导行礼仪，为司讲，陈说圣谕。又得读书童子十余人歌咏诗歌，其余士民俱赴约听讲。有先达缙绅家居，请使主约。"士民听讲时所听的内容，即何东序基于六谕所作的乡约，是以六谕为纲，而且逐条注释为目的。《徽州府志》中说："其约以圣谕训民榜六条为纲，各析以目，孝顺父母之目十有六，尊敬长上之目有六，教训子孙之目有五，各安生理之目有六，……毋作非为之目有十，详载《新安乡约》中。"《新安乡约》全文已不可见。然何东序《九愚山房集》收录了何东序对六谕的解释，嘉靖《徽州府志》则收录了"各安生理"之第六目"定分"。隆庆间何东序在紫荆关一带任兵备副使时，还将《新安乡约》带到当地推行。今录自《九愚山房集》、嘉靖《徽州府志》。

孝顺父母

孟子曰：孩提之童无不知爱其亲者，则孝本天性然也。及其既长，或移于妻子利禄，始有不能尽道其间，而人子之义亏矣。是故必先有以教之。圣训教民，以孝为首务，示民知所本也。嗟呼，使事亲者能不失其赤子之心，虽大舜何以加焉。

尊敬长上

孔子曰：出则事公卿，入则事父兄，此弟子之职也。先王制为上下尊卑之礼，虽坐作进退应对之间，无不品节详明，凡以名分至严，不可毫发僭差尔。圣训以此教民，所以明有分也。

和睦乡里

孟子曰：乡田同井，出入相友，守望相助，疾病相扶持，则百姓亲睦。盖井田之法也。后世此法虽废，而乡里之义固存焉。圣训教民以此，次于孝弟之后，诚欲使仁让之风，合家国而一之也。嗟呼，人能明乎乡里之义，斯天下无事矣。

教训子孙

孔子曰：老者不教，幼者不学，俗之不祥也。夫不祥亦多端矣，而有取于教与学何哉？以人之子孙多姑息于童蒙之时，习为不善，久则难变也。蒙以养正，则终身之道恒必由之。圣训诸条，当以此为先务焉。

各安生理

王者办物居方，勿使四民杂处，俾少而习，长而安，不见异物而迁，所以守职业，消乱萌也。盖安则各得其所，各遂其生，反是则侵凌争夺之患起，而天下多事矣。是故圣训教民，以各务植生理为本。

……其六曰定分。□□□青果鸡豕有数，衣丧宫室有制。昔贾谊太息侈□□□而上无制度，其由于庶人不知礼义。徽土庶人其尤者，墙屋、器皿、衣服、坟墓□越制。伏睹高皇帝制礼坊欲，大哉皇猷。今举会典志十□□以□其侈云。○洪武三年，令庶民男女衣服并不得僭用金绣锦绮、纻丝绫罗，许用绸绢素纱，其首饰钏镯并不许用金玉珠翠，止用银。○洪武五年，令凡民间妇人礼服惟用紫染色紬，不用金绣。凡妇女袍衫，止用紫、绿、桃红及诸浅淡颜色，不许用大红、鸦青、黄色。带用蓝绢布。○洪武六年，令庶民巾环不得用金玉、玛瑙、珊瑚、琥珀。○洪武二十四年，令农民之家许穿绸纱绢布，商贾之家止许穿绢布，如农民之家但有一人为商贾者，亦不许穿绸纱。○士庶妻首饰许用银镀金，耳环用金珠，钏镯用银，服浅色，团衫许用纻丝绫罗绸绢。○一、伞盖，庶民并不得用罗绢凉伞，许用油纸雨伞；○一、庶民所居房舍，不过三间五架，不许用斗拱及采色妆饰。○一、庶民酒注用锡，酒盏用银，余磁器。○一、庶人茔地九步，穿心一丈八步，止用圹志。国朝居室衣饰之制，略其如上。其饮食之节，有温公《家训》……

毋作非为

按孟子引放勋曰：劳之来之匡之直之辅之翼之，使自得之，又从而振德之，盖命契之辞也。尧之忧民，既教以人伦矣，乃复申谕谆谆若此，非以下民之性易于流荡而惧其或犯于有司以戕其生邪？是故圣训教民，必以此终，戒焉。

罗洪先《六谕解/六谕歌》

罗洪先（1504—1564），字达夫，号念庵，江西吉水县人，嘉靖四年（1525）中乡举，嘉靖八年（1529）进士第一名，授翰林院修撰，次年正月请假告归，嘉靖十一年（1532）起复原职，同年五月丁父忧，嘉靖十八年（1539）再次起复，次年冬以上疏请皇太子来岁临朝受群臣朝贺忤旨，黜为民，居乡以讲学为事，是明代著名的思想家，嘉靖四十三年（1564）八月卒，隆庆初年赠光禄少卿，谥文恭。罗洪先《六谕解/六谕歌》载王栋为其家族所订《规训》。

孝顺父母

念庵解曰：父母生身，受尽多少辛苦，保抱提撕，日望成立。为子者不思此身从何得来，偏听妇言，不求报答，是何居心？子一闻亲命，实力奉行。家虽贫，甘旨之供未尝有缺。亲苟有过，婉言谏劝，决不能激而生怒。盖身为子孙观法，我不孝亲，谁肯孝我。俗说孝顺还生孝顺子，忤逆还生忤逆儿。天理昭昭，断然不错。不幸父娶后母，侍奉为难，须知加意敬礼，处得后母，方能安得父心。至为妇，与为子一般。今日试思，有父母者，曾孝顺否？

皆坐，童子升歌。

歌曰：我劝吾族孝父母，父母之恩尔知否。生我育我苦万千，朝夕顾复不离手。饥雏嗷嗷方待哺，甘脆怎能入母口？每逢疾病更关情，废寝忘餐无不有。乌鸟犹知父母恩，人不如物至可丑。试读《蓼莪》诗一篇，欲报罔极空回首。谁人不受父母恩，我劝吾族孝父母。

尊敬长上

念庵解曰：人生惟三党之亲为最重，次则里巷往来。凡与父祖同辈之长上，虽亲疏不同，皆当致敬。一有傲慢，便似傲慢我父祖一般。何为尊敬，乍见必揖，久别必拜，议论必让先，行走必随后。盖高年经历既多，行事有准，言语当听，亦有年齿不高，而行辈在前者也，当执卑幼之礼，不能稍亢。若在道旁遇斑白，拱立以俟，亦善推所为之一道也。今日试思有长上者，曾尊敬否？

皆坐，童子升歌。

歌曰：我劝吾族敬长上，少小便当崇退让。分定尊卑不可踰，辈分前后宁相亢。童子将命非求益，故人夷俟曾受杖。道途负载怜衰迈，几杖追随共偃仰。老吾老兮亲自敦，尊高年兮齿相尚。尧舜亦从仁让来，疾徐之间休轻放。凌节其如浮薄何，我劝吾族敬长上。

和睦乡里

念庵解曰：乡里与我往来惯熟，患难相救，有无相通，情谊之亲，有如骨肉。妒富压贫，欺孤弱寡，固为不可，即自恃门弟，妄生骄傲，亦非桑梓敬恭之道。孟子云：爱人者，人恒爱之。敬人者，人恒敬之。意味深长，最宜潜玩。今日试思，处乡里时，曾和睦否？

皆坐，童子升歌。

歌曰：我劝吾族和乡里，古谊由来重桑梓。仁人四海为一家，何乃比邻分彼此。有酒开壶共斟酌，有田并力同耘籽。每过匮乏宜相赒，无多才气勿轻使。见人争斗莫挑唆，闻人患难犹己事。邻里睦时外患绝，太和翔洽从此始。枌榆欢会人酣嬉，我劝吾族和乡里。

教训子孙

念庵解曰：子孙不肖，只为自小溺爱，不曾教得，或是吝惜费用，不肯延师，遂成放旷。殊不知中材多介成败之间，须在才有知觉时教他爱亲敬长，谨守训言，酒色财气勿使沾染，老成时加亲近，慎勿结交匪人。有不听者，设法引导，勿遽加弃绝，以尽为父之道。今日试思有子孙者，曾用心教训否？

皆坐，童子升歌。

歌曰：我劝吾族教子孙，子孙好丑关家门。周公挞禽为圣父，孔庭训鲤著鲁论。丝经染就成章采，玉匪磨砻不润温。近人知爱不知劳，遂令蠢子如猪豚。螟蛉尚能化异类。燕翼何难裕后昆。纵使不才休遽弃，教育还须父母恩。箕裘绍述光庭户，我劝吾族教子孙。

各安生理

念庵解曰：士农工商，各有职业，是为生理。但用力经营，自顾一身一家，其生理小。读书明理，系国家治乱，其生理大。生理小者，安分守己，不要懒惰。生理大者，安贫乐道，着实修为。能如此，便为一世好人，一家肖子。若游手好闲，终身贫窭，不安本分，钻入公门，皆为不安生理。今日试思所安生理何在。

皆坐，童子升歌。

歌曰：我劝吾族安生理，处世无如守分美。守分不求自有余，过分多求还丧己。耕耘收获无越思，规矩方员法不弛。舟车辐辏宜深藏，货殖居奇戒贪鄙。饶他异物不能迁，自然家道日兴起。黄金本从勤俭生，安居乐业荣无比。击壤歌衢帝力忘，我劝吾族安生理。

毋作非为

念庵解曰：大明法律，如干名犯义、窝盗藏奸、飞诡钱粮、扛帮词讼等事，上干王法，下累妻孥，所谓一朝失错，千古贻羞者也。夫过无大小，皆缘轻身误入，遂至弄假成真，俗云做贼只因偷鸡起，盖有味言之也。今日试思各人曾犯了非为否？

皆坐，童子升歌。

歌曰：我劝吾族毋非为，非为原来是祸基。一念稍差万事裂，一朝不忍终身危。作威倚势成何用？弱寡欺孤不自疑，白昼纵逃三尺法，暗中犹有鬼神知。力穷势败归罗网，到此翻怜悔恨迟。人算不及天算巧，善淫终有到头时。及早觉迷犹未晚，我劝吾族毋非为。

罗洪先《六谕歌》

罗洪先又有《六谕歌》，载见沈寿嵩崇祯九年《太祖圣谕演训》，文字与王栋《规训》所载略似，而微有差异。

我劝人人孝父母，父母之恩尔知否？怀胎十月苦难言，乳哺三年曾释手？每逢疾病最关心，才及成人求配偶。岂徒生我受劬劳，终身为我忙奔走。试读《蓼莪》诗一章，欲报罔极空回首。莫教风木泪沾襟，我劝人人孝父母。

我劝人人敬长上，少小无如崇退让。分定尊卑不可踰，齿居先后宁容兀？诗人抑抑讼武公，尼父谆谆戒阙党。天叙天秩礼本全，行徐行疾时当讲。傲为凶德莫猖狂，谦在真心休勉强。祸福从来此处分，我劝人人敬长上。

我劝人人睦乡里，仁里原从和睦始。四海须知皆弟兄，一乡安得分彼此。酒熟开壶共劝酬，田连并力同耘耔。东家有粟宜相周，西家有势莫轻使。偶逢患难必扶持，依倚何殊唇与齿。古来比屋咸可封，我劝人人睦乡里。

我劝人人训子孙，子孙成败关家门。寝坐视听胎有教，箕裘弓冶武当绳。黄金万两有时尽，诗书一卷可常存。螟蛉尚能化异类，燕翼岂难裕后昆。纵使不才休遽弃，善养还须父母恩。世间不肖从姑息，我劝人人训子孙。

我劝人人安生理，处世无如守分美。守分不求自有余，过分多求还丧己。荣枯得失命难逃，士农工商业莫徙。克勤克俭日常操，无辱无荣谁可比。筑岩钓渭是何人，霖雨膺扬倏忽起。三复豳风与葛覃，我劝人人安生理。

我劝人人莫非为，非为从来是祸基。只因一念微茫错，岂料终身罗网随。奸盗诈伪常相贯，徒流笞杖岂便宜。抛妻弃子身难保，披枷带锁悔何迟。纵然逃得官刑过，神明报应决无遗。及蚤回心犹可救，我劝人人莫非为。

颜钧《箴言六章》

颜钧（1504—1596），字山农，江西吉安府永新县（今江西永新县）人，二十四岁时受仲兄颜钥影响，接触王阳明的《传习录》，嘉靖十年（1531）后四处访学五年，曾从学于王阳明门人安福刘邦采，无所得，嘉靖十五年（1536）后再出访学，从学泰州学派的徐樾，嘉靖十八年赴泰州从学于王艮。颜钧热心于社会教化，曾在嘉靖六、七年间在家乡行"三都萃和会"，讲述孝顺、各安生理的伦理，隆庆五年被遣戍回乡后，也一直在家乡讲学，教化庶民。《箴言六章》为释六谕而作，但不知释于何时，收入黄宣民整理《颜钧集》内。

孝顺父母

天地生民，人各有身。身从何来，父母精神。形化母腹，十月艰辛。儿生下地，万般殷勤。儿饥啼食，儿冷啼衣。乳抱缝浣，惕惕时时。儿渐长大，择师教儿。儿长大矣，求妇配儿。人有此身，谁不赖亲。幼赖养育，长赖教成。儿幼赖亲，儿幼恋亲。娶妻生子，何忍忘亲！父母衰老，舍儿谁亲？儿不孝顺，亲靠谁人？亲不忍我，我忍忍亲？忍亲饥寒，饥寒我身。亲不逆我，我忍逆亲？我逆亲心，天逆我心。我若不孝，子孙效行。阳受忤逆，阴受零丁。儿幼亲怜，施德施恩。亲老儿痛，报德报恩。摩痛搔痒，喘息忧惊。老人多病，顺志体情。思之痛之，泪血淋淋。孝顺父母，圣谕化民。

附诗曰：孝顺父母好到老，孝顺父母神鬼保。孝顺父母寿命长，孝顺父母穷也好。父母贫穷莫怨嗟，儿孙命好自成家。勤求不遂大家命，孝顺父母福禄加。

尊敬长上

观彼蜂蚁，犹知有上。看彼鸿雁，亦知有长。蜂蚁鸿雁，尚知尊长。人灵万物，不敬长上？以己之心，度人之心。人作我尊，我作人尊。手足左右，左与右同。人为我兄，我为人兄。兄弟手足，血脉贯通。通则安泰，滞则疽痛。人来慢我，我必怒焉。我去慢人，人不我嫌？四海九州，个个好谦。谦则招敬，慢则招怨。要免人慢，敬自我先。尊敬长上，圣谕劝贤。

附诗曰：伯叔姑姊伯叔公，常循礼义要谦恭。有些言气休嗔较，原是同根共祖宗。更劝人家弟与兄，相恭相友莫相争。譬如大树分枝叶，当念同根共本生。

和睦乡里

鸟雀失群，飞跃呼寻。人生处世，和乡睦群。居住一乡，事同一体。一体相关，是非不起。是非不起，情和意美。出入相逢，如兄如弟。前缘前世，同住一乡。急难救济，好歹商量。有无借换，信确情长。情和信实，凡事相当。喜怒在乡，好恶在乡。一体相关，谁害谁伤？只喜只好，莫怒莫恶。乡里和睦，天喜人助。乡里和睦，近喜远慕。人助人慕，和气生福。贤良辈出，礼义风俗。和气生福，异姓骨肉。和睦乡里，圣谕锡福。

附诗曰：出入同乡块土生，莫因些小便相争。大家忍耐无边福，省好钱财全好情。和睦族邻莫斗争，好人劝解必须听。常施方便依天理，敬老怜贫阴骘深。

教训子孙

人遗子孙，田屋财物。不能教训，承受难必。教训子孙，看他资质。能言能走，就莫娇惜。粗衣淡饭，忠厚老实。教莫说谎，教莫刁谲。教莫骂人，教莫粗率。教莫戏舞，勤习纸笔。明亮说话，深圆作揖。缓缓行步，真真择术。根苗不伤，叶条秀出。他日变化，高大人物。不能教训，骄纵傲忽。任气任情，志卑身屈。祖父无靠，家业倾失。教训子孙，圣谕立极。

附诗曰：养儿骄纵失便宜。淡饭粗衣教读□。作揖出言和气好，小时周正大根基。儿孙幼小历艰辛，纵遇时衰也立身。若是骄奢无算计，一贫如洗步难行。

各安生理

人之生理，自心与身。礼法养心，衣食养身。养身养心，身心兼□。生理经营，信行天理。天理莫欺，信行为主。鬼神协赞，人情助辅。士农工商，生理各业。心尽利归，自有时节。若不居业，必然穷折。书读不成，田作不得。工不能工，客不像客。一生愁苦，十欠九缺。士勤文业，囊萤映雪。农勤田业，犁雨灌月。工勤工业，早作夜歇。商勤商业，忘寒忘热。如此居业，久则生发。运转时来，精神各别。男子外勤，妇人内助。内外勤助，身心自富。衣食日足，礼义日兴。各安生理，圣谕叮咛。

附诗曰：生理随时只要勤，有何大小富豪贫。人凭信行当钱使，无本皆因无信人。劝君勤俭度年华，谨慎长情莫谎奢。须信家由勤俭起，莫言勤俭不肥家。

毋作非为

大明律例，一部礼经。礼法立教，出礼入刑。人知守礼，自不非为。非为不作，刑法何拘？不犯刑法，不作非为。士农工商，安分随宜。刑具牢狱，人长见之。见之畏之，戒之警之。警戒畏惧，非为不生。心不戒惧，身必遭刑。非为初起，一念毫丝。忍之又忍，思之又思。再思再忍，愈忍愈思。自消自化，不敢非为。不忍不思，非为如虎。身受刑狱，心受愁苦。身心刑苦，身心囚虏。何颜人父，何颜人母。身体发肤，受之父母。不自爱敬，甘受刑苦。毋作非为，圣谕明睹。同会同心，警戒为主。

附诗曰：莫讼官司莫教唆，及时努力办差科。奉公守法兢兢过，纵使家贫乐也多。倚恋衙门结怨仇，己身漏网子孙忧。请观造恶欺天者，几个儿孙到得头。

陈昭祥《祁门县文堂乡约家法》

陈昭祥，明直隶徽州府祁门县人，读书隐居，不求仕达，有诗文名，著《颍西社集》《天游稿》等。隆庆年间，陈昭祥与陈履祥等人作《祁门县文堂乡约家法》，以六谕训族人。陈履祥为罗汝芳门人，故《祁门县文堂乡约家法》以罗汝芳《宁国府乡约训语》为蓝本。兹自卞利《明清徽州族规家法选编》转录，并与罗汝芳《宁国府乡约训语》作一比较。

孝顺父母条

人生世间，谁不由于父母，亦谁不晓得孝顺父母？孟子曰：孩提之童，无不知爱其亲者，是说人初生之时，百事不知，而个个会争着父母抱养，顷刻也离不得。盖由此身原系父母一体分下，形虽有二，气血只是一个，喘息呼吸，无不相通。况父母未曾有子，求天告地，日夜皇皇①，一遇有孕，父亲百般护持，母受万般辛苦。十月将临，身如山重，分胎之际，死隔一尘。得一子入怀②，便如获个至宝，稍有疾病，心肠如割。见子③能言能走，便欢喜④不胜。人子受亲之恩，真是罔极无比。故曰：父即天，母即地⑤。人若不知孝顺，即是逆了天地，绝了根本。岂有人逆了天地、树木⑥绝了根本而能复生者哉？故凡为人子者⑦，当常如幼年时，一心恋恋，生怕离了父母。冬温而夏清，昏定而晨省；出则必告，反则必面，远游则必有方。又当常如幼年时，一心嬉嬉，生怕恼了父母。好衣与穿，好饭与吃，好屋与住，⑧好兄弟姊妹，同时过活。又要常如幼年时⑨，一心争气，生怕羞辱了父母。读书发愤，中举做好官；治家发愤，生殖置好产业⑩。间或命运不扶，亦小心安分，啜□饮水，也尽其欢也，留个好名声在世上。凡此许多孝顺，皆只要不失了原日孩提的一念良心，便用之不尽。即如树木，只培养那个下地的些种子，后日千枝万叶、千花万果，皆从那个果子仁儿发出来⑪。

---

① 皇皇，《宁国府乡约训语》作"惶惶"。
② 入怀，《宁国府乡约训语》作"在怀"。
③ 子，《宁国府乡约训语》作"儿"。
④ 欢喜，《宁国府乡约训语》作"喜欢"。
⑤ 天即父，母即地，《宁国府乡约训语》作"天即是父，母即是地"。
⑥ 树木，《宁国府乡约训语》作"树"。
⑦ 故凡为人子者，《宁国府乡约训语》作"故凡为人子"。
⑧ 好饭与吃，好屋与住，《宁国府乡约训语》作"好屋与住，好饭与吃"。
⑨ 幼年时，《宁国府乡约训语》作"幼时"。
⑩ 好产业，《宁国府乡约训语》作"产业"。
⑪ 发出来，《宁国府乡约训语》作"发将出来"。

尊敬长上条

夫长上，^① 或是府县官司，或是家庭祖宗^②、伯叔、哥哥，或是外面亲戚、朋友、前辈，皆所当尊敬者也。然孟子说，孩提稍长，无不知敬其兄。亦是他良心明白，知得个次序，自不敢乱去干犯。今日也，只要依着那个幼年不敢干犯哥哥的心，谨慎将去，莫着那世习粗暴之气染坏^③，则遇着官府，逢见宾客^④，其分愈尊，则其心愈敬。如竹之节，如树之枝，从下至上，等级森然，又岂有毫发僭差也哉？况天地生人，代催一代，做子未了，就做人父母，做弟未了，就做人哥哥。自己所行，别人看样。古人说，愿新妇他日儿孙，亦如新妇今日孝敬。彼是妇人，且能如此！我等做^⑤丈夫者，又可作不孝不弟样子，而使子孙效法，受苦终身，贻笑后世哉^⑥！

和睦乡里条

人秉天地太和之气^⑦，故天地以生物为心，人亦以同生为美。张子《西铭》说道：民吾同胞，物吾同与。盖同是乾父坤母一气生养出来，自然休戚相关，即如践伤^⑧一个鸡雏，折残一朵花枝，便勃然动色。物产且然，而况同类而为民乎？民已不忍，又况同居一处而为乡里之人乎？夫乡里之人，朝夕相见，出入相友，守望相助，内如妇女妯娌相与^⑨，幼如童稚侪辈^⑩相嬉。年时节序，酒食相征逐，其和好亦是自然的本心，不加勉强而然。但人家偶因界畔田地、借换财物、迎接往来稍稍^⑪

---

① 夫长上，《宁国府乡约训语》起首是"又如尊敬长上"。
② 祖宗，《宁国府乡约训语》作"宗祖"。
③ 染坏，《宁国府乡约训语》作"染坏了"。
④ 宾客，《宁国府乡约训语》作"宾客族长"。
⑤ 做，《宁国府乡约训语》作"为"。
⑥ "哉"，《宁国府乡约训语》前有"也"字，后有"会众宜各勉力孝顺父母、尊敬长上"数字。
⑦ 《宁国府乡约训语》"气"字后有"以生"二字。
⑧ 践伤，《宁国府乡约训语》作"今人残伤"。
⑨ 相与，《宁国府乡约训语》作"相唤"。
⑩ 侪辈，《宁国府乡约训语》作"侪等"。
⑪ 稍稍，《宁国府乡约训语》作"稍有"。

相失，便有①怀恨争斗，或官司牢狱，必欲置之死地。殊不知天道好环②，人乖致异。我害乡里之人，乡里之人亦将害我。冤业相报，辄致身亡家破，犹不自省。孟子说得好，爱人不亲反其仁，礼人不答反其敬。今只自反，踏伤一只鸡雏，折残③一朵花枝，尚心不忍，岂可以同居之人，下④此毒手。此意一回⑤，则不爱的人也爱他，不敬的人也敬他，至再至三，虽铁石人⑥也化过来爱我敬我，尽一乡之人如一母所生，自然灾害不生，外侮不入，家安人吉，物阜财丰，同享太平之福于无穷矣。

教训子孙条

以上孝敬和睦之事，既知自尽，又当以之教训子孙。盖我的父母即是子的祖、孙的曾祖；我的兄弟即是子的伯叔、孙的伯叔祖。我今日乡里，即是子孙他日同居的人。一时易过，百世无穷。既好了目前，也思子孙⑦久远之图。故古人说道：一年之计，莫如树谷，十年之计，莫如树木，百年之计，莫如树人。若人家有子孙者，用⑧心教训，则孝敬和睦相延不了，读书者可望争气做官，治家者可望殷富出头。就是命运稍薄者，亦须⑨立身学好，如树木枝干栽培不歇，则所结果子，种之别地，生发根苗，亦同甘美，是光前裕后第一件事也。⑩

各安生理、毋作非为条

上来四条，孝亲、敬长、睦乡、教子，是自尽性分的事。其⑪"各安生理、毋作非为"二句，是远祸⑫的事。盖人生有个身，即饥要食，

---

① 便有，《宁国府乡约训语》作"便至"。
② 好环，《宁国府乡约训语》作"好还"。
③ 折残，《宁国府乡约训语》作"折伤"。
④ 《宁国府乡约训语》"下"字前有"岂忍"二字。
⑤ 回，《宁国府乡约训语》作"明"。
⑥ 铁石人，《宁国府乡约训语》作"铁石的人"。
⑦ 《宁国府乡约训语》无"子孙"二字。
⑧ 《宁国府乡约训语》"用"字前有"肯"字。
⑨ 亦须，《宁国府乡约训语》作"亦肯"。
⑩ 《宁国府乡约训语》末有"凡我会众，各宜劝勉，以和睦乡里教训子孙"一段文字。
⑪ 其，《宁国府乡约训语》作"此"。
⑫ 远祸，《宁国府乡约训语》作"远祸害"。

寒要衣；有个家，便仰要事，俯要育。衣食事育，一时一刻不能少缺。若无生理，何处出办？便须去做非为①。然生理各各不同，有大的，有小的，有贵的，有贱的，这个却是造化生成，命运一定，如草木一样种子，其所遇时候，所植地土，不能一般，便高低长短许多不同。人生在世，须是各安其命，各理其生。如聪明，便用心读书；如愚鲁，便用心买卖；如再无本钱，便习手艺及耕田种地，与人工活。如此方才身衣口食、父母妻子有所资赖。即如草木之生，地虽不同，然勤力灌溉，亦要②结果收成。若生理不安，则衣食无出，饥寒相逼，妻子相闹，便去干那非理不善的事。求利未得，而害已随之，大则身亡家破，小则刑狱伤残。眼前作恶之人，昭昭自有明鉴。③

　　夫此六条④，细演其义，不过是欲人为善事，戒恶事。然善恶原无两立之理，若为善之心专一勤笃，则一切非理之事自是不肯去做。所以有子说：其为人也孝弟，而好犯上者鲜矣。不好犯上而好作乱者，未之有也。可见孝弟是个为人的根本。一孝立而百行从，一弟立而百顺聚。故尧舜以圣帝治天下，而其道也只是孝弟而已矣。孔子以圣师教天下，而其道也只是孝弟而已矣。而况孝是孝了你各人的父母，弟是弟⑤了你各人的兄弟，一家和顺，是你各人自己受福；一家忤逆，是你各人自己受祸。报应无差，神明显赫。务⑥须各悔前非，各修新德，只要依原日孩提爱敬之良，便可做到圣贤地位。凡⑦我士人⑧，各宜猛省。

陈昭祥《六谕诗》

　　隆庆《（祁门）文堂陈氏乡约家法》除引入罗汝芳《圣谕演》外，

---

　①　非为，《宁国府乡约训语》作"生理"。
　②　要，《宁国府乡约训语》作"各"。
　③　《宁国府乡约训语》末有"凡我会众，各宜劝勉，以各安生理，毋作非为"一语。
　④　夫此六条，《宁国府乡约训语》作"此六条圣谕"。
　⑤　弟，《宁国府乡约训语》作"爱敬"。
　⑥　"务"字前，《宁国府乡约训语》有"何苦不知感动，乃劳朝廷圣谕、官府乡约也哉！从今以后"数字。
　⑦　"凡"字前，《宁国府乡约训语》有"纵有不及，也不失一个令名"一语。
　⑧　"士人"，《宁国府乡约训语》作"会众"。

还有六谕诗，转引自卞利《明清徽州族规家法选编》，第 218—219 页。

孝顺父母诗

父母生来有此身，一身吃尽二亲辛。昊天罔极难为报，何事儿曹不顺亲？

怙恃宠恩，天高地深；烝乂有孝，格彼玩嚚。禽有慈乌，尚能反哺；兽有羔羊，尚能跪乳。祇服未遑，矧伊顺志；懋兹不匮，以永锡类。

尊敬长上诗

贵贱尊卑自有伦，明明令典恪当遵；愚民不识纲常重，甘作清时一罪人。

嗟彼蜂蚁，能知有上；惟彼鸿雁，能知有长。物蠢于人，乃尔有灵；矧伊人矣，不物之能。敬作福基，慢成祸胚；灼有明鉴，尚其勿迷。

和睦乡里诗

物与同胞本是亲，百年烟火对荆榛。出门忧乐还相共，莫把天涯作比邻。

桑梓连阴，鸡犬相闻；剖破藩篱，洽比其邻。村巷园蔌，和群者鹿；胡同此乡，不胥其谷。乖气致戾，和则致祥；珍此颓风，以登淳庞。

教训子孙诗

有好子孙方是福，无多田地不为贫。世人只解遗金玉，何不贻谋淑后人！

贻尔典则，克昌厥后。淫佚沉冥，惟家之疚。素丝无蛮，玄黄代起；胥诲尔子，式穀以似。宁静致远，浮靡易衰。茂兹令德，永迪遐规。

各安生理诗

本分生涯不可抛，蚩蚩终日谩心劳；穷通贫富皆前定，信步行来自向高。

天生四民，各率其业。淫巧蹶生，竟为驰骋。鼯鼠五枝，狡兔三窟。技多则穷，智多则拙。谋生靡常，惟适所安；无以芳华，易我管管。

毋作非为诗

人生有欲本无涯，作恶由来一念差。幽有鬼神明有法，身亡家破重堪嗟。

法网重重，密如凝脂。鬼神至幽，挟诈难欺。□慝攸分，起于一念。毫厘少差，砆玙莫辨。慕善若登，畏恶探物。毋遇尔躬，以兑卒瘅。

凡升歌，其声各有主卑长短，今为●○□■四谱识之，高而长者○，卑而徐者●，高而疾者□，卑而短者■。每歌，始鼓五；每字，先击钟一，发声。每字毕，击磬一收之；随击钟一，以起下字。每句毕，仍击一鼓，琴随钟磬之声鼓之。

章潢《图书编》

章潢（1527—1608），字本清，号斗津，江西南昌府南昌县（今江西南昌市）人，构此洗堂联同志讲学，从游者甚众，嘉靖四十一年（1562）至万历五年（1577）间类辑《图书编》127 卷，被荐，从吏部侍郎杨时乔请，遥授顺天训导，如陈献章、来知德故事，有司月给米三石赡其家，万历二十年（1592）曾主持白鹿洞书院，卒于万历三十六年，年八十二。《图书编》卷九七收入《圣训解》《圣训释目》两个文本。其中《圣训解》即王恕《圣训解》，文字与唐锜《圣谕演》所载有细微差异，而与武威《太祖高皇帝圣旨碑》密近。《圣谕释目》是纲目体诠释文体的代表性作品，将六谕分释为 36 目，分别是孝顺父母 6 目（常礼、养疾、谏过、丧礼、葬礼、祭礼）、尊敬长上 2 目（处常、遇衅）、和睦乡里 4 目（礼让、守望、丧病、孤贫）、教训子孙 4 目（养蒙、隆师、冠礼、婚礼）、各安生理 4 目（民生、士习、男务、女工）、毋作非为 16 目（毋窝盗贼、毋受投献、毋酗博讪讼、毋图赖人命、毋拖欠税粮、毋斗夺、毋伪造、毋霸占水利、毋违例取债、毋侵占产业、毋强主山林、毋纵牲食践田禾、毋纵下侮上、毋傲惰奢侈、毋崇尚邪术、毋屠宰耕牛）。从内容看，当为施于南方某县的乡约宣讲作品。从目数的完全相同看，《圣谕释目》极有可能便是太平知县曾才汉在嘉靖十七（1538）至十九年（1540）间在太平县行乡约时的宣讲文本《圣谕六训》。

圣训解

父母生身养身，恩德至大。为人子者，当孝顺以报本。平居则供奉衣食，有疾则亲尝汤药，代其劳苦，顺其颜色，务使父母身安神怡，不至忧恼。如父母偶行一事不合道理，有违法度，须要下气再三劝谏。如或不从，则请父母素所交好之人，婉辞劝谏，务使不得罪于乡党、不陷身于不义而后已。此孝顺父母之道也。故圣祖教尔以此者，欲尔尽事亲之仁，以为孝子顺孙者也。

长上不一。有本宗之长上，若伯叔祖父母、伯叔父母、姑兄姊、堂兄姊之类是也。有外亲之长上，若外祖父母、母舅、母姨、妻父母之类是也。有乡党之长上，与祖同辈者，与父同辈者，与己同辈而年稍长者皆是也。本宗外亲，制服虽各不同，皆当加意尊敬。远别则拜，常会则揖。行则随行，递酒则跪。命之起则起，不命之坐不敢坐。问则起而对，食则后举箸。遇乡党之先辈者，则以伯叔称呼；同辈者，则以兄长称呼。坐则让席，行则让路，此尊敬长上之道也。故圣祖教尔以此者，欲尔尽敬长之义，以为贤人君子也。

乡里之人，居处相近，田土相邻，朝夕相见，若能彼此和睦，交相敬让，则喜庆相贺，急难必相救，患病必相扶持，婚丧必相资助，有无必相借贷。虽则异姓，有若一家。出入自无疑忌，作事未有不成。若不相和睦，则尔为尔，我为我，孤立无助，嫌疑易生，作事难成，岂能久处？故圣祖教尔以和睦乡里者，欲尔兴仁兴让，以成善俗也。

人家子孙，自幼之时须教以忠信孝弟，使知尊卑上下之分。性资聪俊者，择明师教之，务使德器成就，以为国用，光显门户。若资性庸下，不能读书者，亦要谨守礼法，勤做生理，切不可令其骄惰放肆，自由自在，则饮酒赌博，无所不为，家门必被其败坏，产业必被其浪费。故圣祖教尔以教训子孙者，欲尔后昆贤达，家门昌盛也。

耕种田地，农之生理也。造作器用，工之生理也。出外经营，商之生理也。坐家买卖，贾之生理也。至若无产无本，不谙匠艺，与人佣工挑脚，亦是生理。若能各安生理，则衣食自足，可以供养父母妻子，可以持门户，不为乡人所笑。故圣祖教尔以各安生理者，欲尔有衣有食、不饥不寒也。

若杀人、放火、奸盗、诈伪、抢夺、掏摸、恐吓、诓骗、赌博、撒泼、教唆词讼、挟制官府、欺压良善、暴横乡里，凡一应不当为之事，皆非为也。人若为之，大则身破，小则吃打坐牢，累及父母妻子。若能安分守己，不作非为，自然安稳无祸。故圣祖教尔以毋作非为者，欲尔不犯刑宪，保全身家也。

圣谕释目

孝顺父母

其一，常礼。凡子事亲，晨省昏定，出告反面，饮食衣服不违其志，奔走服役不敢辞劳，每事必禀命而行，无或专制。父或移于后母，溺于妾媵，偏于幼子，亦当不见父之非，委曲承顺。若妇事舅姑，宜同子道，一或有违，子当以礼戒之，甚者出之。若父亡，子事祖父母与嫡母、继母、庶母，如父存日，方可为孝。

其二，养疾。父母有疾，人子当常在左右扶持，衣不解带，药必先尝，寻访名医，以求治疗之方。若俗尚祈祷设斋醮，均系无益，宜禁之。若父母必欲，则勉从以安其心。

其三，谏过。《礼》曰：事父母几谏。父母行事，偶有失道理、违法度者，须下气柔声谏之。如不从，则请父母素所交好之人，婉辞讽谕，所谓敬不违，劳不怨，必改方已。若过则称亲，善则称己，不孝孰加焉？

其四，丧礼。人子居丧之礼，只当哀痛，不顾其他，择子弟知礼者一二人为护丧，悉遵文公《家礼》行之。衣衾棺椁，务极诚信。修荐求福之事，一切禁戒。三年之内，不得饮酒食肉，混处家室。尤可恨者，俗拘年月不利，遂不发哀，不孝极矣，深戒！深戒！

其五，葬礼。葬者，藏也。藏者，安也。人子于亲，求以安之而已。惟择藏风聚气、水蚁不侵之所，足矣，慎勿拘泥风水祸福报应之说。其有侵占他人山地者，有冒认他人祖坟或利诱他人子孙迁葬窃买者，有因无主旧坟弃尸窃葬者，有连年暴露不知痛恤者，甚至火化尸棺不以为惨，所谓安其亲者何在哉？至于营造坟墓，宜称家有无，富者吝财，贫而厚葬，均于不孝。若俗以纸作金银山锭、狮象驼马，送丧设酒席绢帛待客，则悖礼，当戒也。

其六，祭礼。孔子曰：事死如事生，孝之至也。祭岂可忽？自始丧至追远，常祭务遵文公《家礼》。其祭品在精不在丰，在洁不在华，称家之有无，行之必尽其诚可也。

尊敬长上

其一，处常。事长之道，当谦卑逊顺，常见则揖，远别则拜，进酒则跪，食则后，长者不命之坐不敢坐，问则起而对，不问则不敢言。或有事理当辨论，有疑难当质问者，必俟长者言毕，乃陈己意，无得搀夺。其称呼并不许以名以字，与父同辈者则称呼以伯叔而父事之，十年以长则称呼以兄长而兄事之，五年以长则肩随之，于道路则父之齿随行，兄之齿雁行。若子弟谒外父母，礼当侍坐。旧有失者，今宜改正。其余长幼往来迎送之礼，悉依《居乡杂仪》而行。

其二，遇衅。凡本宗外亲尊长，或遇之非礼，或偶然起衅，必反求诸己，曲果在彼，当婉辞谢之，或理势有不可已者，当躬委曲陈其是非，如不听，则告相知者讽谕之，又不听，则告约正、副断之。乡党之长有争，亦必婉辞请相知者谕以是非，不听，告约正、副断之，皆毋得厉声抵触，以致诉署讦讼，有伤和气。

和睦乡里

其一，礼让。乡里所以不睦者，多因计较礼节，责望施报。今后凡事当存恕心。古人谓，人有不及，可以情恕，非意相干，可以礼遣。闻一好事，协力赞助。见一过失，尽言规讽。毋谓我富而彼贫可欺，毋谓我壮而彼老可侮，毋占便宜，毋尚诈伪，毋面是背非，毋因饮食细故辄兴斗讼，有一如此，皆非居乡之谊，悉宜省戒。

其二，守望。凡同约，所以更相守望，保御地方无事，则彼此获安。有变则同心协力，如盗贼所生发，水火不测，邻保务相应援救护，此谓患难相扶持也。如有临事而坐视不赴者，各保长告于约正、副，呈县治罪，仍量罚银两给被害之家，为约中不义之戒。乘机抢掠者，计赃以窃盗论。

其三，丧病。凡有父母兄弟妻子之丧不能举者，有患病不能延医措药者，约内议处措之，或劝有力者济之，若借贷，但令其偿，不责利息。

其四，孤贫。凡无子孙供养，无父母兄弟可依者，谓之孤。饥无食、寒无衣者，谓之贫。约内当恤之济之。若有反行欺侮凌害者，此盗贼残忍之性也，约正等呈官治之。

教训子孙

其一，养蒙。人教子孙，多姑息于婴孩之时，殊不知幼而不教，养成骄惰，长遂难改。自其识人颜色、知人喜怒之时，便加教诲，导以礼节，防其欺诳，使为则为，使止则止，有犯则严训以禁之。稍长入塾，教以入事父兄、出事长上，而于孝弟忠信礼义廉耻等语，时常解讲，证以日用实事，俾之易晓。十五以上，量其材质，各守一艺，以责其成。

其二，隆师。今人延师，只求易供应，薄贽仪，不知师道尊重，则师徒严惮，而教化易行。反是，则玩易而规矩不立。故须择端重诚悫、刚明特达之士为师，以教其子，俾有所视效。其人品卑污、举止轻佻、语言慢易及作文怪僻者，虽有时名，亦不足取，庶几言动不涉于浮薄，文辞不病于新奇，而德器之成就可望矣。其各里大姓，能创建义塾，延师教里中子弟有成效者，约正、副以闻于官，加奖异焉。

其三，冠礼。《礼》曰：冠者，成人之道也。三加一醮之礼，亦简易易行。其延宾币帛牲酒不必丰侈。约正、副时率子弟演习，使观感而兴，习以为常，庶几古道可复。中户以下力不及者，亦不责备。

其四，婚礼。婚礼之废，久矣。女家责聘礼不充，男家责妆奁不备，遂至嫁娶愆期，甚有淹溺子女者。又有一等过简，便将聘礼折银，私自授受，或止换庚帖，举族莫知，遂至日后弃贫悔婚，冒认强娶。争讼之端，实由此起。自今婚定之后，详审良贱，凭媒通知，各从所愿，具一茶告报宗族。凡诸仪节，悉遵《家礼》行。若仍有溺女悔婚，冒认强娶，及孀妇夫死未寒，辄行聘定，甚至聚众拦抢者，俱从法重治。

各安生理

其一，民生。凡民各有生理。且如为农而勤于耕种，则稼穑有秋，而农之生理安矣。其间或有惰于农业，耕耘不皆及时，或地二熟只种一熟，何以仰事俯育？今后务宜勤力，毋自怠惰。至于商贾皆然。农为衣食之本，故特举之。

其二，士习。士者，民之望也。进德修业，无欲速，无见小，斯无愧于为士。迩来教道不明，士习不善，或谑浪欢狎，取媚市童，或诗酒豪放，妄自高大，或纵谈道德，不敦躬行，或依托师友，以文奸慝，皆士之蠹也。有则改之，无则加勉。如躬亲驵验之务，手操吏胥之笔，或嘱托官府，营殖己私，或凌铄族间，不恤人言，数者有一于此，名教罪人，岂可列于冠裳乎？约正、副从实告官，以行止有亏论。

其三，男务。《礼》男不言内。治外者，男之生理也。男子于士农工商各专一以奉公，或售艺医卜以济物，至于转贩以自食，皆男之所有事也。若不安生理，而懒惰飘蓬，为家长者，当谕以礼法，检束教导，至必不可禁制，然后以法治之。

其四，女工。《礼》女不言外。治内者，女之生理也。苦操井臼，勤纺织，纫衣裳，治酒浆，谨祭祀，皆女之所有事也。其或内外混淆，帷薄不谨，抵触公姑，以及毁骂妯娌、欺凌宗族、伤败风化者，罪坐夫。

毋作非为

其一，毋窝盗贼。地方不宁，莫甚于盗贼。盗贼滋蔓，实由于窝隐。窝隐无地，盗何所容？今后各保内，或家长，或子弟辈，凡百里之外出，不拘归期久近，俱要报于同保及约正、副，回日如前报知。其有外府县投住者，或亲，或有货物商人，不拘在家久近，初到与起程之日，亦一体如前报知。同保仍察其来历，如有出没无定、形迹可疑者，约正副共戒饬之。盗情显露，明知窝隐者，报官以法处之。虽不知情，难逃不检之罪，约正、副率众攻之。

其二，毋受投献。今之奸民，有将互争产业及混占他人田土，投献势豪之家，或称典当，或称转卖，或资酒食，或得半价，又有身为不善，恐事败露，仗其庇覆，以滋凶恶者。势豪知利而不知义，公然掩为己业，收为爪牙。不知一日势去，则此业、此辈又将转而为他人矣。尔之子孙，能保守乎？约内凡有投献者，约正、副核实，劝谕召原主而归之，亦不许奸刁之徒乘此冒认，辄行告争。

其三，毋酗博讪讼。酗谓纵酒无赖，博谓赌博财物。每见市井五七成群，诱良家子弟赌博、饮酒、宿娼，耗用无经，倾败立至。讪谓毁谤善人，以无为有，以有为无，颠倒是非，其类不一。讼谓欺压良善，诬人罪名，教唆代告，以讼为主是也。凡此，邑之大蠹，宜痛加省改。怙终不悛者，约正、副告官处之。

其四，毋图赖人命，尚气轻生。世之薄俗，有偶因争讼忿，或负欠钱谷，一家服毒图赖，一家亦服以相抵，两人俱死。及或兄弟夫妇争利，亦然。又有或将老幼残疾，教令服毒，或投水，或自缢，或将病故之人妄捏打死，图赖财物，烦扰官司，其祸甚惨，其情可恶。今后凡有此者，约正、副率同约验实情轻，责令自行埋葬，仍重加责罚。故杀情重者，率被害人赴官告理。

其五，毋拖欠税粮。先公后私，庶民定分。奸顽之民，不肯及时完纳税粮，负累里长杖并赔贩，殊不知己享租利之入，使人剥肤椎髓，是何心哉？今后税粮，不许恃顽愆期，亦不许粮里巧立名色，逼宰贫民。又有买田未经收粮，贻累田主输纳者，其恶尤甚于拖粮，所当戒之。

其六，毋斗夺。斗有三。今俗有忿集众执持凶器相殴者。有因忿以酒食相胜，争觅异品，盛设筵宴，或出银谢中，多至数十两，其作中者利于得谢，愈搬弄是非，构成大衅，报复相寻。又有因时节赛会，妆饰神船，搬演戏文，施张灯火，鸣金放铳，彼此相角，亦谓之斗。是皆败俗糜财，有损无益。夺亦有二，有市井无赖白昼拦街夺人财物者，有当客商要路邀截货物牲口，或假称盘诘，公然夺去者，或贱价强买者。凡此，皆宜速改。犯者，约正等请官以法治之。

其七，毋伪造。近来一种奸贪之徒，专一伪造低假之银，名为神仙、包铜、贯铅、盐烧、青花、光铁等项不一，俱充白银行使，小民被其骗害，至有夫妇自缢者。此其为害，足以杀人，犯者约正送官惩治。至于升斗等秤，亦无得大小轻重，以滋奸弊。

其八，毋霸占水利。水利关系民用甚大。官豪坡圳及民间公塘，往往有恃强霸占者，以至柔善之田，荒旱无收。自今务在均平。凡陂塘之当疏浚者、当筑堤者，约正、副率众及时为之。遇耕耘之日，挨次车放灌救，毋得阻占及乞坏陂圳，利己损人。

其九，毋违例取债。凡借放钱债，贫富均为有益。富无贫者，所干利息何由而生？贫无富者相假，患难何从而给？若富而取盈，谓之不仁，贫而负骗，谓之不义，各宜省改。今后放债，利息不得过二分、三分。如有年月过期，迭算不休，或故令残疾老幼填门，或捉锁私家、准折田亩，而负债硬赖不偿，反为刁告者，是皆自速其祸，约正、副告官，从重治之。

其十，毋侵占产业。凡乡里中争竞，多起于田业。买者或揹留价值不付，或套典不与杜绝，或其成片不与赎回，或恃强侵占，那（挪）移年月，假立契券。卖者或盗卖重卖与强卖，或多勒价钱。又有强梁之徒，卖田与人，不由田主换佃者，有耕人田土，不肯依时输租者，有遇天年荒旱，仍要佃户纳租者，有豪强欺凌贫弱，占人田产者，皆为可恶，各宜省改。

其十一，毋强主山林。山林之利，民用所资。除用价所买及坟山管业久远明白外，其余官山、官地及阴注坡湖，原无定主者，听人樵采潴水。若豪强冒认称主，树立界牌，阻人得利，及放人故烧茅岭松山，沿烧人房屋，并盗伐他人坟茔内树木者，约正、副告官，一体从重究治。

其十二，毋纵牲食践田禾。畦菜豆麦，皆民生衣食之资。豪横之徒，每纵放牛马猪羊鹅鸭践食，佃人告白，反致嗔怒。反而思之，我之所种者，他人纵牲畜食践，我能容乎？己所不欲，自当勿施于人。

其十三，毋纵下侮上。良贱上下，不可不严。近来豪右，多养豢猾桀之徒为伴当、义男，以张威势，纵其强暴，肆无忌惮。虽属亲党师友，亦肆欺侮凌辱。及告其主，略不加意，殊不知豪奴悍仆，恶不可纵。今日欺其主之亲属，他日安知不欺其主之子孙乎？自今严加戒饬，如有不悛，罪归其家长焉。

其十四，毋傲惰奢侈。俗有浮薄子弟，倚势自傲，恃富自惰，曾不思傲乃丧德，惰乃丧家，害不在人。又乡俗本来尚俭，近日富家渐侈，居室舆马，饮食衣服，日见华靡，犯分伤财，弊不可长。自今持己当谦勤，处家当节俭，毋蹈前非，自取倾覆。

其十五，毋崇尚邪术。民俗有等，非僧非道之人，倡北方白莲之教，往往全家斋素，诱引妇女，败伤风化，此左道乱政者也，律有重刑，毋贻后悔。如有违教不悛，仍在地方者，约正、副即便呈官治之。

其十六，毋屠宰耕牛。私宰耕牛，法例严禁。各该地方有等交通贼徒，盗牛开剥，病农肆奸。及牧牛之家牛壮则用其力，力尽则付之屠宰，忍心至此，其恶尤甚于盗者。自今即行禁革，敢有仍蹈前恶，呈县重治。

罗汝芳《腾越州乡约训语》

罗汝芳《腾越州乡约训语》，记罗汝芳万历二年（1574）在云南对腾越州、腾冲卫军民讲六谕之事，内有诠释六谕内容，今自方祖猷先生整理《罗汝芳集》迻录，见《罗汝芳集》（凤凰出版社 2007 年版，第759—760 页）。

汝辈诸人，不省适才所讲孝顺父母者，何如为孝顺？盖能不逆不拂，说静便静，即孝顺也。适才所讲尊敬长上，如何为尊敬？盖能拱手端立，一心悚听，即尊敬也。适才所讲和睦乡里、教训子孙，如何为和睦、教训？盖在此同立同听者，不是你们的乡里，便是你们的子孙，今能顺从而不违，恭敬而不怠，则乡里即成和同，而子孙亦好看样，乃为和睦教训也。夫无我、无人、无老、无少，皆能一般孝顺，一般尊敬，则岂不是各各安其生理，而各各免作非为也耶？

江一麟《婺源县江湾萧江氏宗族祠规》

江一麟（1520—1580），字仲文，南直隶徽州府婺源江湾村人，嘉靖三十二年（1553）二甲进士，授安吉州知州，历广东副使、参政、按察使，浙江左、右布政使，升右副都御史，巡抚南赣，万历五年（1577）由南赣巡抚升户部右侍郎兼都察院右佥都御史，督办漕运兼巡抚凤阳，卒于任上，著有嘉靖《安吉州志》八卷。《祠规》首有江一麟序，云："麟不毅，谬膺皇眷，微有爵秩，历通显，昕夕兢兢。……今尽捐岁余俸入，崇建宗祠，奉先灵，岁申孝祀。兹既落成，私衷稍用浣慰。苟不立之宗规，何所约束群情，萃涣修睦，作求世德，引诸有永？故特立规若干条，勒之贞珉，昭示族众。首以太祖高皇帝圣谕，遵王制也；继以宗祠、保墓、祀田，报宗功也。"是知祠规乃江一麟鼎建宗祠后所立。宗祠之建成在万历六年，则祠规之定或也在当时。从文字上看，在"孝顺父母"条内谈对待继母，在"和睦乡里"条下谈对待佃仆的问题，具有明确的处理家族或家庭事务的指向性。今据卞利《明清徽州族规家法选编》誊录。

高皇帝《教民榜文》第一件孝顺父母，第二件尊敬长上，第三件和睦乡里，第四件教训子孙，第五件各安生理，第六件毋作非为。

何为孝顺父母？为人子者，当思父母生我劬劳，得罪父母是逆天地，必要小心承顺，竭力奉养。有疾亲视汤药，有事身代劳苦，有过委曲劝谏。凡事不可惑听妻言，妄生忤逆，重伤亲心。纵父母或有偏爱，亦当甘心承受。或遇后母，岂尽不慈？尤当加意尽礼。处得偏爱父母及后母的，方名孝顺。你们为子，不论父母待你如何，但自尽着孝心。天理昭昭，必生孝顺子孙，家门昌大。是谓孝顺父母。听。

何谓尊敬长上？有本宗长上，有外亲长上，及有爵位官长、乡达先生，皆当加意尊敬，谦卑逊顺，奉命听教。隅坐随行，让席让路。毋侮老成，毋恣强性，毋伤体面。盖人孰不做长上？我卑幼时解尊敬长上，我做长上，人亦解尊敬我。是谓尊敬长上。听。

何谓和睦乡里？无分异姓同姓，与我同处，田土相连，守望相依，各宜谦和敬让，喜庆相贺，患难相救，疾病相扶持，彼此协和，略无顾忌。不可因着小忿闲气，宿怨挟谋，交相启衅，亡身破家。虽佃仆佣赁之人，亦必一体待之。是谓和睦乡里。听。

何谓教训子孙？子孙幼冲时，必教之以孝弟忠信，慎择严师贤友，教之正学，造就其才，光显门户。或资识少敏，不能读书，亦必教之谨守礼法，农工商贾，勤治生业，不可恣其骄惰放肆，饮酒赌博，扛抬浪荡，淫佚废产，破坏家门。是谓教训子孙。听。

何谓各安生理？执艺不同，皆有常生之理。为士者必安于勤励明经，为农者必安于耕种田地，为工者必安于造作器用，为商者必安于出入经营，为贾者必安于家居买卖。至若无产与赀，不知匠艺，则为人佣作，皆是生理。能安生理，衣食亦自安足，俯仰无累，门户可支。是谓各安生理。听。

何谓毋作非为？如奸盗诈伪与干名犯义、放僻邪侈、拐骗扛抬、赌博、淫荡、游戏及侮文弄法、武断健讼，乾没官银，修炼炉火，一切逆天理、拂人心、犯国宪，不应得为之事，皆属非为，皆当谨守，不可一毫妄作，重取罪殃。是谓毋作非为。听。

圣训六条，无非化民成俗，为善致祥。凡我族人，务要洗心向善，有过即改，共成仁里，永振宗祊。听，听，听。

王栋《规训》

王栋（1503—1581），字隆吉，号一庵，直隶扬州府泰州姜堰人，泰州学派思想家王艮的堂弟，嘉靖五年（1526）补泰州州学生员，师知州瑶湖王先生，次年同林东城等师事族兄王艮，受格物之旨，躬行实践，得家学之传，嘉靖三十七年（1558），应岁贡，授江西建昌府南城县学训导，先后主讲白鹿洞书院、南昌府正学书院，创太平乡等处讲学会，集布衣为会，人多兴起，丁内艰，嘉靖四十五年（1566）起补山东泰安州学训导，未几，迁江西南丰县学教谕，隆庆五年（1571）迁深州学正，万历元年（1573）致仕归乡，万历三年（1575）曾主讲泰州安定书院，万历四年（1576）主会海陵安定书院，朝夕与士民讲学，万历九年（1581）卒，学者称一庵先生。王栋《规训》作于万历七年，以罗洪先六谕解及六谕诗为基础，附以按语。载《王氏续谱》卷首纪事，现收入《三水王氏族谱》（乐学堂），2014 年版。

自古名家巨族，皆必有祖宗遗训，令子孙守而行之，不敢违犯，所以世美相承，令名不坠。吾家祖上原未有遗，今欲自我立之，虑恐我后子孙视我菲薄，不肯俯首听信，万不得已，乃取我太祖皇帝教民榜文六句，各系以近时罗状元念庵先生训族录六解，书而示之。末复略赘鄙言以足其意，敬与我宗族子孙共遵行之。款列于后：

圣谕第一句教民孝顺父母。念庵解曰：父母生身，受尽多少辛苦，保抱提撕，日望成立。为子者不思此身从何得来，偏听妇言，不求报答，是何居心？子一闻亲命，实力奉行。家虽贫，甘旨之供未尝有缺。亲苟有过，婉言谏劝，决不能激而生怒。盖身为子孙观法，我不孝亲，谁肯孝我。俗说孝顺还生孝顺子，忤逆还生忤逆儿。天理昭昭，断然不错。不幸父娶后母，侍奉为难，须知加意敬礼，处得后母，方能安得父心。至为妇，与为子一般。今日试思，有父母者，曾孝顺否？皆坐，童子升歌。

歌曰：我劝吾族孝父母，父母之恩尔知否。生我育我苦万千，朝夕顾复不离手。饥雏嗷嗷方待哺，甘脆怎能入母口？每逢疾病更关情，废寝忘餐无不有。乌鸟犹知父母恩，人不如物至可丑。试读《蓼莪》诗一篇，欲报罔极空回首。谁人不受父母恩，我劝吾族孝父母。

今按念庵训族言至悉矣。看来父母之恩万般，只是生身为重，以是知人子行孝，亦只是保爱父母遗体为重。故圣人一部《孝经》，劈头便说身体肤发受之父母，不敢毁伤，孝之始也。故凡人子行孝，知得保身是重，则于一切博奕〔弈〕饮酒贪财恋色好勇斗狠冒险乘危凡百可忧虑，一霑染即思或致伤身，敢不节忍？敢不戒慎？如此，则做了一家孝子，便即做了一世好人，而于君子修身慎行工夫，思过半矣，又能于寻常答言受命之时，和颜悦色，不要变脸，纵有不便于己、不合于心之事，亦当委曲听顺，只为天下无不是底父母，不得不然。如此，则虽家贫啜菽饮水，无不得其欢心，况留此孝顺样子，传与儿孙，我将来亦必得此贤孝报应，此亦天理人心自然不爽的道理。吾观慈乌小鸟，尚知反哺，岂有人禀天地至灵之性，乃反不如者乎？只缘为父母溺爱娇养，积乖成戾，亦或望成心急，责善生离，所以如此。吾愿吾宗族子孙个个皆能共为子职，行孝事亲，方才是个尚礼义的大人家子孙，庶不贻羞于宗庙也。

圣谕第二句教民尊敬长上。念庵解曰：人生惟三党之亲为最重，次则里巷往来。凡与父祖同辈之长上，虽亲疏不同，皆当致敬。一有傲慢，便似傲慢我父祖一般。何为尊敬，乍见必揖，久别必拜，议论必让先，行走必随后。盖高年经历既多，行事有准，言语当听，亦有年齿不高，而行辈在前者也，当执卑幼之礼，不能稍亢。若在道旁遇斑白，拱立以俟，亦善推所为之一道也。今日试思有长上者，曾尊敬否？皆坐，童子升歌。

歌曰：我劝吾族敬长上，少小便当崇退让。分定尊卑不可踰，辈分前后宁相亢。童子将命非求益，故人夷俟曾受杖。道途负载怜衰迈，几杖追随共偃仰。老吾老兮亲自敦，尊高年兮齿相尚。尧舜亦从仁让来，疾徐之间休轻放。凌节其如浮薄何，我劝吾族敬长上。

今按榜文教民，原是兼包各色长上，竭尽无余。盖兄姊伯叔，本我一气流传。姑舅表亲，亦系至亲骨肉，所以当尊敬。我能如此尊敬长上，其长上必定爱我敬我，我虽为人卑幼，而能致长上爱敬相看，此是何等抬举。故《易》曰谦尊而光。若或纵情任性，傲慢轻狂，彼亦谓我为凶恶少年，嫌恶不礼，所以古人指傲为凶德，可不畏乎？抑又思人家有手足同胞兄弟，又与泛常各色长上不同。盖亲兄亲弟，原是我父母所生之子，劬劳鞠育，原与我一般痛爱之人。兄弟一或参商，便即谓之逆亲不孝。故《诗》云：念鞠子之哀。今人不笃兄弟之情，只是不念父母之爱。古之人若司马温公，爱其兄伯康，奉之如严父，保之如婴儿，每食少顷，则问曰：得无饥乎？天少冷，则拊其背，曰：衣得无薄乎？又苏琼太守谕百姓乙普明曰：难得者兄弟，易得者田地，假令得田地，失兄弟，心如何？斯皆古人善行嘉言，吾人所当效法者也。今人或争较些须赀产不平，或因一时语言不合，遂即阋墙仇恨，不如友生，何其悖哉！吾愿吾宗族子孙，个个能友爱同胞兄弟以及本族宗枝，又于各色长上皆能尊敬，使人称曰：还是有祠堂底人家子孙自然知礼节，识高低也。

圣谕第三句教民和睦乡里。念庵解曰：乡里与我往来惯熟，患难相救，有无相通，情谊之亲，有如骨肉。妒富压贫，欺孤弱寡，固为不可，即自恃门弟，妄生骄傲，亦非桑梓敬恭之道。孟子云：爱人者，人恒爱之。敬人者，人恒敬之。意味深长，最宜潜玩。今日试思，处乡里时，曾和睦否？皆坐，童子升歌。

歌曰：我劝吾族和乡里，古谊由来重桑梓。仁人四海为一家，何乃比邻分彼此。有酒开壶共斟酌，有田并力同耘耔。每过匮乏宜相赒，无多才气勿轻使。见人争斗莫挑唆，闻人患难犹己事。邻里睦时外患绝，太和翔洽从此始。枌榆欢会人酣嬉，我劝吾族和乡里。

今按乡里是我生身之地，非邻则友，不故则亲。幼时共相嬉游，长大共相出入，纵有为商作宦，终必回返本乡，所谓耳不离腮，唇不离齿也，故不得不相和睦。和睦之事虽非一端，大率不过处常处变，如吕氏乡约所谓礼俗相交、患难相恤二事尽之矣。但今世俗常情，平居不动气时，二事皆能尽之，偶因小事争着闲气，则便相斗相讼，结怨结仇，不思所居既已相近，则恩仇易相报复。阳明先生有曰：我欲求胜于彼，则彼亦欲求胜于我。仇仇相报，不至于杀身亡家不已也。故欲相睦乡里，必自先惩小忿，不要轻易动气。此为第一紧要大事。又不但我与乡里不要忿争，但见乡里亲戚中与人忿争，则必力劝解纷，不使告状而破财。又或见其为人欺压，则必力与调护，不使抑郁而成恨。吾观世俗常情，不但不能劝解，或反出力帮助之。推原其心，亦自以是为和睦之道，不知和得一边，失了一边。《论语》云：君子周而不比。故和睦之道须要公共周普，岂以是私比各党者为善道哉？我能以是而和睦一乡，则一乡亦必以是而和睦于我。彼此相济，岂不便宜？吾愿吾宗族子孙居此一乡，务期勉行和睦，同在春风和气之中，共享太平无事之乐，斯不亦大快乎哉？以是知和睦二字，真是我自己保身保家良法妙道，非止是为乡里而已。

圣谕第四句教民教训子孙。念庵解曰：子孙不肖，只为自小溺爱，不曾教得，或是吝惜费用，不肯延师，遂成放旷。殊不知中材多介成败之间，须在才有知觉时教他爱亲敬长，谨守训言，酒色财气勿使沾染，老成时加亲近，慎勿结交匪人。有不听者，设法引导，勿遽加弃绝，以尽为父之道。今日试思有子孙者，曾用心教训否？皆坐，童子升歌。

歌曰：我劝吾族教子孙，子孙好丑关家门。周公挞禽为圣父，孔庭训鲤著鲁论。丝经染就成章采，玉匪磨砻不润温。近人知爱不知劳，遂令蠢子如猪豚。蜾蠃尚能化异类，燕翼何难裕后昆。纵使不才休遽弃，教育还须父母恩。箕裘绍述光庭户，我劝吾族教子孙。

今按念翁此解，详悉痛快。为人父祖者，不可不思。又本族我师心斋先生曰：教子无他法，但令日亲君子而已。此一言，又更紧要，不可忽过。吾家宗支繁庶，子孙贤愚不等，然而天赋秉彝，无不可使为善，但愿为祖父者，真见得此事关系重大，乘其幼时，便为慎择明师良友，养其良知良能。耳听善言，眼见正事，一切骄奢之习，不可容他妄行，一切淫邪之人，不许与他相接视，其才堪应举则教以经学作文，志可希贤乃迪以身心大业。他日竟其志，则可以道德荡世，达其才则以科目发身。时不利者，只做秀才在学，是为衣冠之儒。家不给者，但能作馆资身，不失斯文之脉，斯皆上等之教训也。其次医乃卫身之仁术，农为力本之正图，习曲艺以任百工，作商贾而通百货。凡此四民之业，皆为本分之求用。训子孙，无所不可，唯若父祖不以是为急务，而因循怠慢，致使子孙娇惰，随人诱引，则刚者放恣而不忌，弱者流荡而无聊。于是酗酒赌博者有之，好刚斗狠者有之，风流唱戏者有之，出家簪剃为僧人者有之。又或为全真烧炼，为长斋集会，为师巫惑众者有之，如此之类，皆由幼而失教，长而难禁致之也。然又当知上者下之观瞻，父祖者子孙之式法，故为人父祖又须自端身教，自裁好样，不纵耳目之欲，不逞血气之强，不竞奢侈之风，不徇邪巫之俗。嫁聚装奁必朴实，宾客饮食必简约，治丧不盛设，斋醮喜庆不搬演戏文，如是则子孙有所观法，而教化无不可行矣。

圣谕第五句教民各安生理。念庵解曰：士农工商，各有职业，是为生理。但用力经营，自顾一身一家，其生理小。读书明理，系国家治乱，其生理大。生理小者，安分守己，不要懒惰。生理大者，安贫乐道，着实修为。能如此，便为一世好人，一家肖子。若游手好闲，终身贫窭，不安本分，钻入公门，皆为不安生理。今日试思所安生理何在。皆坐，童子升歌。

歌曰：我劝吾族安生理，处世无如守分美。守分不求自有余，过分多求还丧己。耕耘收获无越思，规矩方员法不弛。舟车辐辏宜深藏，货殖居奇戒贪鄙。饶他异物不能迁，自然家道日兴起。黄金本从勤俭生，安居乐业荣无比。击壤歌衢帝力忘，我劝吾族安生理。

今按生理去者，人生天地间，皆必有一件治生的道理，方才有个活路，得以养生。念翁谓只有士农工商四样，果然从古到今，只此四件为正经本分生理。出此四民之外，别寻勾当，则便不唤作良民。故此四民生理，都要各安心意，守定本途，不可卤莽粗疏，东思西想。如为士只管潜心读书，俟时待用，便是士安士之生理。为农只管及时耕种、粪田、纳粮，便是农安农之生理。为工只管受直任事，手艺高强，便是工安工之生理。为商只管贸易公平、货物真正，便是商安商之生理。如是则可以各成其业，各遂所求，不惟一身可以治生，而子孙亦有定志，岂不是好良民、贤子弟乎？若不安心于此，做我本等职业，则不是宴安游惰，便是妄生别途，则或钻衙门为书算，弄刀笔为状词，而不念其行险徼倖，成何生理。至如充做经纪，卖酒屠猪，固差胜于前二项矣，然牙行肆口于笼络，酒肆伴身于沉湎，屠宰忍心于杀伤，既不在四民之列，则亦以五十步而笑百步焉耳。孟子谓矢人不如函人，故术不可不慎。但令治其生而不失其理，便是个名门内有正气的子孙。

圣谕第六句教民毋作非为。念庵解曰：大明法律，如干名犯义、窝盗藏奸、飞诡钱粮、扛帮词讼等事，上干王法，下累妻孥，所谓一朝失错，千古贻羞者也。夫过无大小，皆缘轻身误入，遂至弄假成真，俗云做贼只因偷鸡起，盖有味言之也。今日试思各人曾犯了非为否？皆坐，童子升歌。

歌曰：我劝吾族毋非为，非为原来是祸基。一念稍差万事裂，一朝不忍终身危。作威倚势成何用？弱寡欺孤不自疑，白昼纵逃三尺法，暗中犹有鬼神知。力穷势败归罗网，到此翻怜悔恨迟。人算不及天算巧，善淫终有到头时。及早觉迷犹未晚，我劝吾族毋非为。

今按世人所作百般非为，总不出上五条中事，谓如子孙违犯教令及奉养有缺，甚至毁骂殴打，是不孝父母之非为也。卑幼殴本宗及外姻兄姊伯叔，或外孙殴外祖父母，或告欺亲尊长，是不尊敬长上之非为也。乡里切近之人，动经斗殴相伤，扛帮诬陷，又或放债违例，准折畜产，非不和睦乡里之非为乎？子孙幼小之时，乃或纵容懒惰，不禁诱引，以致酗酒赌博，非不教训子孙之非为乎？一切越理犯法放恣无忌，如前所胪举者，非不安生理之非为乎？这般非为，既曾作了，则鬼神鉴临，必然发露。对头受害，必定告官。宪法难容，律条具载，自作自受，何怨何尤？吾家子孙，万一有此，则亦生不许入祠奉祭，死不容跻祔受祭，虽有孝子慈孙，百世不能改也。今此谆谆相嘱，其各开心见诚，将圣谕六解逐一潜思，改邪从正，共为圣世良民，便是我王门贤孝子孙，于祠堂俎豆，百倍增光也。祖宗神灵在上，共默相之。万历七年仲春吉日七世孙栋著。

王栋《乡约谕俗诗六首》《乡约歌》

王栋《乡约谕俗诗》，不知作于何时，载《王一庵先生遗集》（收入《明儒王心斋先生全集五种》）卷二《论学杂吟》。

乡约谕俗诗六首

（其一阙）

天地生人必有先，但逢长上要谦谦。鞠躬施礼宜从后，缓步随行莫僭前。庸敬在兄天所叙，一乡称弟士之贤。古今指傲为凶德，莫学轻狂恶少年。（右尊敬长上）

生来同里共乡邻，不是交游是所亲。礼尚往来躬自厚，情关休戚我

先恩。莫因小忿伤和气，遂结深仇起斗心。报复相戕还自累，始知和睦是安身。（右和睦乡里）

子孙有教是诒谋，失教还为祖父忧。不独义方昭训迪，更寻师友择交游。才须学也夸贤嗣，爱勿劳乎等下流。骄惰养成为不肖，败家荡产是谁尤。（右教训子孙）

士农工贾各勤劳，自有荣华自富饶。好是一心攻本业，莫垂双手待明朝。精神到处天心顺，术艺成□□□□。勿漫起贪登垄断，羡鱼还恐失檐樵。（右各安生理）

凡百非为不可为，为非何日不招非。无端自作风波恶，有犯休嗟命运亏。起念一差何所忌，回头万悔不能追。□□□□□君子，我不欺人人怎欺？（右毋作非为）

乡约歌（存二首）

父天母地兮，五伦之纲；生我育我兮，其恩莫忘。饥寒痒痛兮，求切彷徨。推干受湿兮，辛苦备尝。儿失学兮急义方，儿远出兮萦柔肠。呜呼一歌兮歌正长，为子不孝兮孰若豺狼！

爱兄敬长兮，人性之良。悖逆犯上兮，生民之殃。凡尊我兮父之齿，凡长我兮兄之行。徐行后长兮谓之弟，疾行先长兮谓之狂。呜呼再歌兮歌不忘，学敬不失兮邦家其昌。

曾维伦《六谕诗》

曾维伦，字惇吾，江西乐安县人，万历八年（1580）进士，官至嘉兴府同知。其学出姚江，与焦竑、李材、罗汝芳等共阐良知之旨。《六谕诗》载曾维伦撰《来复堂集》卷二十，有《圣谕》《诗歌孝顺父母》《诗歌尊敬长上》《诗歌和睦乡里》《诗歌教训子孙》《诗歌各安生理》《诗歌毋作非为》等七篇，见第581—582页。

圣谕：六谕由于钦孝弟，始知道只在家庭。通乎天下朝廷上，无犯丝纶即太平。

诗歌孝顺父母：闻道诗人第一章，无生逆子恼爷娘。更须化得爷娘

□，大孝巍巍万古香。

诗歌尊敬长上：国中社稷要人扶，扶到安时节大夫。劝取读书还读律，致君尧舜有訏谟。

诗歌和睦乡里：乡里由来故有情，更看头上字分明。目无青白人人好，口不雌黄事事平。

诗歌教训子孙：人家子弟欲中才，须信中才养上来。乐得养成何以报，真教兄与父俱谐。

诗歌各安生理：有生谁不问长安，得到长安天地宽。惟有文王能驻节，孝慈五者敬为端。

诗歌毋作非为：六谕言言似晓筹，通乎天下使人由。须知一一身为本，齐治均平在止修。

温纯《温军门六歌》

温纯（1539—1607），初字淑文，又字希文，陕西西安府三原县人，嘉靖四十四年（1565）进士，授寿光知县，征为户科给事中，屡迁兵科都给事中，隆庆末以反对俺答封贡，为高拱出为湖广参政，请疾归，万历初年以荐起为河南参议，万历十二年（1584），以大理卿改兵部右侍郎兼右副都御史，巡抚浙江，万历十五年（1587）入为户部左侍郎，进右副都御史，督仓场，丁母忧去职，进南京吏部尚书，召拜工部尚书，以父老乞终养，后召为左都御史，万历三十二年（1604）主京察，忤首辅沈一贯，遂致仕归，卒赠少保，万历三十八年（1610）赠南京吏部尚书，天启初年谥恭毅。温纯于万历十二年（1584）至十五年以兵部右侍郎、右佥都御史巡抚浙江。地方志中以"温军门六歌"名其六谕诠释，则其颁于任浙江巡抚时可知。《温军门六歌》收录在崇祯《义乌县志》（《稀见中国地方志汇刊》影明崇祯刻本）卷四《乡约》，第25—26页。

我劝吾民孝父母，父母之恩尔知否？生我育我苦万千，朝夕顾复不离手。岂但三年乳哺艰，甘脆何曾入其口？每逢疾病更关情，废寝忘食无不有。虎狼犹知父子恩，人不如兽亦可丑。试读《蓼莪》诗一章，欲报罔极空回首。人谁不受劬劳恩，我劝吾民孝父母。

我劝吾民敬长上，少小无如崇退让。分定尊卑不可逾，辈分前后宁相亢？□党欲连非求益，原壤不逊曾受杖。道路崎岖争负戴，几杖追随共偃仰。尧舜亦从仁□来，疾徐之间休轻启。□□无损亦薄德，我劝吾民敬长上。

我劝吾民睦乡里，自古人情重桑梓。仁人四海为一家，何乃比邻分彼此。有酒开□共斟酌，有田并力同耘耔。东家有粟宜相□，西家有势勿轻使。谚有言，邻里和，外侮止。百姓亲睦自此始。亲睦比屋皆可封，我劝吾民睦乡里。

我劝吾民教子孙，子孙好丑关家门。周公犍禽为圣父，孔庭训鲤见鲁论。何乃禽犊爱，忍令子孙昏。黄金满□何足贵，一经教子言犹存。螟蠃尚能化异类，燕翼岂难裕后昆。纵使不才也难弃，长养还须父祖恩。子孝孙顺乐何如，我劝吾民训子孙。

我劝吾民安生理，处世无如守分美。守分不求自有余，过分多求还丧己。农者但向耕凿问，工者但向锥刀里，商者行路要深藏，贾者居市休贪鄙。饶他异物不能迁，自然家道日兴起。华胥蓬莱在人间，民生安业无如是。

我劝吾民勿为非，非为由来是祸基。一念稍错万事裂，一朝不忍终身危。淫赌窃劫常相因，健讼争夺与诈欺。不胜犹或生止心，一胜那能有已时。力穷事败网罗随。

温纯《皇明圣谕·劝世歌》

《皇明圣谕·劝世歌》以碑刻形式存在。碑现存于西安碑林博物馆。碑呈横长方形，高二十九厘米，宽一百四十厘米。刻文五十八行，行十二至十三字不等，行书，首题"皇明圣谕"，次分别自上至下列"孝顺父母、尊敬长上""和睦乡里、教训子孙""各安生理、毋作非为"六谕，次题"南京吏部尚书臣温纯□□劝世歌"，以下为对六谕分别诠释的六谕劝世歌，末署"岁崇祯己巳孟春上浣/里门人来复沐手书

('来复'印、'阳伯'印) /不肖男温自知勒石"。来复，陕西西安府三原人，字阳伯，万历四十六年（1618）进士，官至山西右布政使。温自知，温纯之子，著有《海印楼诗文集》。碑文收录在《西安碑林全集》（第三十四卷，第3394—3403页），文字与《温军门六歌》大同小异，但较《义乌县志》所载更为完整，尤其是关于"各安生理、毋作非为"两条的解释。

皇明圣谕

孝顺父母　和睦乡里　各安生理

尊敬长上　教训子孙　毋作非为

南京吏部尚书臣温纯□□劝世歌

我劝世人孝父母，父母之恩尔知否？生我育我苦万千，朝夕顾护不离手。岂但三年乳哺艰，甘脆何曾入其口？每逢疾病更关情，废寝忘食无不有。虎狼犹知父子恩，人不如兽亦可丑。试读《蓼莪》诗一章，欲报罔极空回首。人谁不受劬劳恩，我劝世人孝父母。

我劝世人敬长上，少小无如崇退让。分定尊卑不可逾，辈分前后宁相抗？阙党欲速非求益，原壤不逊曾受杖。道路崎岖争负戴，几杖追随共偃仰。尧舜亦从仁让来，疾徐之间休轻放。凌节无损亦薄德，我劝世人敬长上。

我劝世人睦乡里，自古人情重桑梓。仁人四海为一家，何乃比邻分彼此。有酒开壶共斟酌，有田并力同耘耔。东家有粟宜相□，西家有势勿轻使。谚有言，邻里和，外侮止。百姓亲睦自此始。亲睦比屋皆可封，我劝世人睦乡里。

我劝世人训子孙，子孙好丑关家门。周公挞禽为圣父，孔庭训鲤见鲁论。何乃禽犊爱，忍令子孙昏。黄金满籯何足贵，一经教子言犹存。螟蛉尚能化异类，燕翼岂难裕后昆。纵使不才也难弃，长养还须父祖恩。子孝孙顺乐何如，我劝世人训子孙。

我劝世人安生理，处世无如守分美。守分不求自有余，过分多求还丧己。农者但向耕凿间，工者但向锥刀里，商者行路要深藏，贾者居市休贪鄙。饶他异物不能迁，自然家道日兴起。华胥蓬莱在人间，民生安业无乃是。守分守分莫何如，我劝世人安生理。

我劝世人勿为非，非为由来是祸基。一念稍错万事裂，一朝不忍终身危。淫赌窃劫常相因，健讼争夺与诈欺。不胜犹或生止心，一胜那能有已时。力穷事败网罗随，此时堪怜悔复迟。万道机谋能解脱，国法森严神鉴之。□蚤觉迷犹尚可，我劝世人勿非为。

岁崇祯己巳孟春上浣

里门人来复沐手书（"来复"印、"阳伯"印）

不肖男温自知勒石

钟化民《圣谕图解》

钟化民（1545—1596），字维新，号文陆，万历七年（1579）举人，次年举进士，授惠安知县，迁乐平知县，擢御史，首疏请立国本，后巡陕西茶马，转巡按陕西，改巡按山东，万历二十年（1592）由行人司正升礼部员外郎，历郎中、光禄寺丞，万历二十二年（1594）兼河南道监察御史衔，赈河南灾，同年还朝，升太常寺卿，兼佥都御史衔巡抚河南，万历二十四年（1596）卒于官。钟化民是万历一朝的循吏，为官清廉，所至治绩突出，其一生尤为人所重者，在争国本、赈豫灾二事，殁后被朝廷赠为副都御史，河南建祠以祭，万历帝赐祠名"忠惠"。《圣谕图解》碑为钟化民万历十五年刻，现藏陕西西安市碑林博物馆。今据沙畹《洪武圣谕碑考》誊录。

孝顺父母

这是高皇帝晓谕我民。说道：人生天地间，此身原从何来？皆是父母生育，万苦千辛，始得成立。人子须顺父母之心，常思我若与人争论，便辱骂我父母，即时忍耐。我若身为不善，便玷辱我父母，即时改过。这是做人的根本，就是子孙的样子。

歌曰：我劝吾民孝父母，父母之恩尔知否？生我育我苦万千，朝夕顾复不离手。岂但三年乳哺艰，甘脆何曾入其口。每逢疾病更关情，废寝忘食无不有。虎狼犹知父母恩，人不如兽亦可丑。试读《蓼莪》诗一章，欲报罔极空回首。人不谁受劬劳恩，我劝吾民孝父母。

孝顾父母图。

解曰：这卧冰的是晋时王祥，继母病，思生鱼，天寒水冻不可得。祥脱衣剖冰求之。冰忽自解，双鲤跃出。祥取给母，病遂愈。今人事亲母尚不肯孝养，况继母乎？有食且不肯供养，况剖冰求乎？祥衣不解带，药必亲尝，至孝格天，报以厚禄，故位至三公，可谓事亲者劝矣。

尊敬长上

这是高皇帝晓谕我民说道：凡少事长，贱事贵，不肖事贤，都要尊敬。如在家，事兄如事父，事嫂如事母。在乡，坐必让席，行必让路。在官，遵其约束，服其教化。年长我一辈，父事之，长我十年，兄事之，长我五年，肩随之，虽同辈朋友，亦要谦恭，不可亵慢。

歌曰：我劝吾民敬长上，少小无如崇退让。分定尊卑不可踰，辈分前后宁相亢。阙党欲连［速］非求益，原壤不逊曾受杖。道路崎岖争负戴，几杖追随共偃仰。老吾老兮亲自敦，尊高年兮齿相尚。尧舜亦从仁让来，徐疾之间休轻放。凌节其如浮薄何，我劝吾民敬长上。

尊敬长上图。

解曰：这侍立的是宋朝司马光，这坐的是长兄伯康，光奉之如严父，抚之如婴儿，每食少顷，必问曰："得无饥乎？"天少冷，必抚其背曰："衣得无薄乎？"夫司马光身为宰相，爱敬长兄，授之食矣，犹恐其饥，授之衣矣，犹恐其寒。世人未得一命之荣，便傲视其长上者，视此有余愧矣。

和睦乡里

这是高皇帝晓谕我民说道：同乡共里之人，是我生身所在，子子孙孙不离，最要和气。乡里和气，有火盗便来相救，有患难便来相恤。如不和睦，谁人顾你。凡富贵的不要凌虐贫贱，贫贱的不要嫉妒富贵，情意浃洽，礼让敦崇，总是善处乡里。

歌曰：我劝吾民睦乡里，自古人情重桑梓。仁人四海为一家，何乃比邻分彼此。有酒开壶共斟酌，有田并力同耘籽。东家有粟宜相赒，西家有势勿轻使。见人争讼莫挑唆，闻人患难犹自己。邻里睦时外侮消，百姓亲睦自此始。亲睦比屋皆可封，我劝吾民睦乡里。

和睦乡里图。

解曰：这写诗的是宋时黄尚书，旧居为邻侵越。子孙欲诉于官，公批纸尾曰："四邻侵我我从伊，毕竟思量未有时。试上含光殿基望，秋风秋草正离离。"夫世人争尺寸地，且讼于官，况侵旧居乎？虽匹夫犹求胜，况尚书乎？试看古今废兴，几番春梦，尝思未有时节，所须无多，何与人争讼之有？

教训子孙

高皇帝晓谕我民说道：子孙承继宗祀，最要教训，自幼便当教以孝弟忠信，如何孝弟？如何忠信？有犯则严诃以禁之，鞭挞以威之，稍长则择师以教之，务期成就德业，谨守礼法，学做好人。后日保身成家，扬亲显祖，皆由于此。

歌曰：我劝吾民训子孙，子孙好丑关家门，周公挞禽称圣人，孔庭训鲤见鲁论。自幼何为禽犊爱，忍令子孙愚且昏。黄金满□何足贵？一经教子言犹存。螟蛉尚能化异类，燕翼尚能裕后昆。纵使不才也难弃，长大还须父祖恩。子孝孙顺乐何如，我劝吾民训子孙。

教训子孙图。

解曰：这断机的是孟母，跪的是孟轲。孟母教子，凡三迁。孟轲读书一年归，孟母引刀断其机曰："学之不成，犹断斯织也。"轲三年不归，卒成大儒。夫今人教子不过习举业，中科第耳。孟母一妇人也，乃教子学为圣人，其见抑何卓哉。奈何丈夫之自学与其教子者，不以孔子为师？皆孟母罪人也！

各安生理

这是高皇帝晓谕我民，说道：士农工商，各有生理，务当安分守己。为士的须要勤苦读书，出仕须要洁己爱民；为农工的耕种需要及时。造作须要坚固。为商贾的须要公平交易。读书者必为朝廷立功业。农工商贾亦足衣食丰足，家道昌盛。

歌曰：我劝我民安生理，处事无如守分美。守分不求自有余，过分多求还丧己。农者但向耕凿问，工者但向锥刀里，商者行路要深藏，贾者居市休贪鄙。饶他异物不能迁，自然家道日兴起。华胥蓬莱在人间，民生安业无如是。守分守分美何如，我劝吾民安生理。

各安生理图。

解曰：这运甓的是晋时陶侃，为广州刺史，朝运百甓于斋内，暮运百甓于斋外，语人曰："大禹圣人，尚惜寸阴，至于吾人，当惜分阴。"不但做官要勤，凡百生理都要勤。勤则劳，劳则善心生；逸则怠，怠则骄心生，人知分阴可惜，夙作夜思，则勋业树当时，声光流后世。彼优游殁世者，良可悲夫。

毋作非为

这是高皇帝晓谕我民说道：人能不作非为，则心地安闲，那有烦恼？家门清静，那有横祸？若作非为，或赌博奸拐，或教唆词讼，或包揽钱粮，或偷盗财物，必致天诛地灭，犯法遭殃，辱及父母，累及亲邻。凡有非为，各宜禁止，不可妄作，自贻罪戾。

歌曰：我劝吾民勿为非，非为由来是祸基。一念稍错万事裂，一朝不忍终身危。淫赌窃劫势必至，健讼纷争与诈欺，莫道机谋能解说，奸雄消得几多时。及早觉迷犹尚可，我劝吾民勿非为。

毋作非为图。

解曰：这正衣冠坐的是陈寔，夜有盗入其室，止于梁上，寔阴见之，乃呼子孙训曰："不善之人未必本恶，习与性成，遂至于是也。"盗惊，自投于地。寔遗绢二匹，其人改过，一境无盗。夫人孰无羞恶之心？苟能自反其良心，未有不可为善者。世有陈寔之表正乡里，则彼为非者将自息矣。

蔡立身《乡约演义六条》

蔡立身，字师曾，浙江温州府平阳县人，万历元年（1573）应天乡试举人，万历二十年任直隶池州府青阳县知县，次年即鼎建乡约公署，每月朔与民讲六谕，后升高唐州知州。《乡约演义六条》即蔡立身讲六谕的诠释文本。其解六谕极通俗，如称"父母即爷娘"。又解生理，对应便是死路，亦是独特的诠解。收入万历《青阳县志》卷六《原艺篇》，载《原国立北平图书馆甲库善本丛书》第 322 册，第 985—987 页。

孝顺父母。父母即爷娘也。人□不有爷娘。人生出来，谁不在爷娘怀抱中，那一个不见爷娘面欢欢喜喜。一步步不肯相离，□来衣，饿求食，疾痛苦楚叫爷娘，见自己爷娘便欢爱，见别人爷娘便不同，这□自□。想着那拾月怀胎，三年乳哺，方始知爱，□便是天性之恩，生下来自然如此，何尝不孝顺？只待年纪渐长，渐渐有知觉，便渐渐崖异，自话自是，见那爷娘，言语便不中听。及到长大有妻儿，见自己妻儿便好，见爷娘便冷落。或富足之家，兄弟众多，争田争地，爷娘说几句公道话，便怨爷娘偏心。或贫穷之人求趁度日，只图自己醉饱，愁妻儿饥寒，更不顾爷娘饥寒。这等样人，把那起初良心都丧尽了，却不回头思一思，前头见爷娘如此好，今却见爷娘如此不好了，是何心？且莫说天雷打人打那不孝人，《大明律》问罪问那不孝的人，这个人面兽心，便不叫做人了。所以太祖高皇帝圣谕叫人孝顺父母。孝顺云者，如《小学》中所载，鸡初鸣，咸盥漱，栉縰笄总，冬温而夏清，昏定而晨省，言都是孝顺事。但恐粗卤人一时行□到，只如日用间下气柔色，听从父母教训，勿□往，勿硬声抵□。有衣时先思衣父母，有吃时先思供父母，早晚间常常看顾，勿忤其意，勿使□苦。出必告，反必面。父母有疾病，调汤药，为祈祷，凡百事谨慎做，勿胆大犯法，羞辱父母。勿与人争竞，贻累父母。又其大者，如读书成名，修身行道，以显父母，这都叫做孝顺。这二字极浅近，极深远，充之塞天地、横四海，所以孔子曰予亦有三年之爱于其父母乎？所以发动那愚呆之人，使之回头，一觉而返其本心，非谓必算定有三年之爱者，然后孝顺。世间亦有生下来不曾见父母面者，岂忍把父母都忘了！

尊敬长上。长上有几等，在家有祖父母、伯叔辈、兄辈，出外有亲戚尊辈，有乡里老成辈，在衙门有官府，均谓之长上。这皆是天生来自然次序。以少事长，以贱事贵，亦是天生定自然名分。这个道理，人人心中自有，何尝不尊敬？只为有等傲性的人，自小无教训，未尝习礼仪，到长大便骄惰坏了。见伯叔不顾，见兄长不顾，行要向前行，言要向前言，相见时不肯执礼，坐次间不学谦让，掉臂摇手，以悍然不顾为高，无大无小，把那名分都坏了。鸿雁且有次序，人无名分，却禽兽不如了。所以太祖高皇帝圣谕叫人尊敬长上。尊敬云者，必坐则隅坐，行则随行。在长上之前，尊辈说话，少者则当听受，不可搀语。或朝暮相见，齐立拱手，不得侧目而过。有酒席，挨次而坐，不得越乱。有田地产业交加，自当依次序分受，有不直，请尊长理论，不得因而相骂相打，争田土而坏名分。如古人张九龄，年拾岁，能让梨，后来做出许多好事业，只为充那尊让之心，所以事事好了。所以孔子责原壤曰：幼而不孙弟，长而无述焉，老而不死，是为贼。夷踞小事，何至遽名为贼。盖充那不孙不弟之心，越礼犯分，毕竟要到极处。

和睦乡里。万二千五百家为乡，二十五家为里，比邻而居。有酒食相招，有姻娅相媾，出入相友，守望相助，何尝不和顺！只为有等古怪之人，偏要立异，与人不和，或因田地毗连，便要侵扰他。或因语言相接，便要欺压他。见己富，则欺乡里之贫，千般百样凌侮他。见己贫，则妒乡里之富，千般百样暗害他。不知贫乃是他命偶然所遭，安知后日不富贵？你今日笑他，焉知他后日不笑你。富亦是他命好所致，非是夺诸我。纵妒他害他，难将命换了。立这等心肠，到处与人不和顺，不能害他人，祗以害自己。所以太祖高皇帝圣谕叫人和睦乡里。和睦云者，岂必将酒请人，将财送人，只是随处相亲相爱，凡事忍耐三分，有田业相关，各自守本分，不得越界。乡里有好事，便相赞成。乡里有患难，便相扶救。乡里有老成的，我敬他。乡里有幼小的，我教导他。你持了一点好心待人，人也持一点好心待你，两边便和睦了。所以宋朝杨尚书玢有诗云：四邻侵我从伊，毕竟须思未有时，试上含光殿基望，秋风吹草正离离。但能持了此心，处乡里何有不和睦者哉！

教训子孙。人谁不愿有子孙，亦谁不愿子孙贤。但起初人性本相近，只是习于善则善，习于恶便恶了。今人富贵之家，但知骄养其子，惟其欲是从，自少不教督，以开发其良心。到长，习与性成，便难改了。又有贫难之家，但知衣食为急，不暇戒约其子。但得些小便宜，便道是儿子伶俐，所以子孙生出来见利不见义，到长便奸盗诈伪，无所不为。所以太祖高皇帝圣谕叫人教训子孙。教训者，岂必人人教习作文章登科及第，然后谓之教训，只是家庭之间早晚讲明孝弟忠信礼义廉耻八字，使之自少听闻，入于其心，到长便见得道理当如此，不至胡行乱做。其有等好资质者，读书成名，愈进而上，做出无穷好事业，亦是此子孙，乃教训之功。即中才者，平日晓些理义，亦做个谨厚的人，不至为乡里所谈耻。保身保家，族属益蕃，后日自有贤人出，亦是此教训之功。所以孟母教子，其子问东邻杀猪何为，曰以啖汝，毕竟买肉啖之，不肯教他说谎。后来孟子长大，遂成大贤。大凡自少要教训他，到长大来教训，已迟了。

　　各安生理。生理者，有生之理。孔子曰：人之生也直。朱文公解曰：生理本直，这个生理就是那个生理。世间人非一等，生理亦非一件。譬如读书人以读为生理，农田人以耕为生理，做卖买人买卖生理，当官府人当官府生理，做佣工人佣工生理，各各自有条活路。只要照此活路上走，读书者发愤用功，朝益暮习，自然功名成就，何等阔大。若不读书，而钻刺营求，致被摘发，反受重罪，便是死路。农田者暮雨朝烟，深耕易耨，自然仓库满盈，何等充足！若不力农，而偷人一束菜，窃人一升稻，获着便同罪，便是死路。商贾者，将本取利，日进一文，何尝不好？如用强抑勒，或装假银骗人，或赊货到手不还，告出返受亏，便是死路。当官府者，一日差遣有一日工食，何尝不足？如挟官府之威，恐吓凌虐取人财，或通同卖法、舞文受罪，便是死路。佣工者肩担手挈，日趁一分，亦是生路。如见人财物，起意偷他一把，便是死路。天下只有两条路，一条生路，一条死路。出了生路，便入了死路。所以太祖高皇帝圣谕叫人各安生理。安云者，教你心安于此命定分定，勿胆大心粗，勿求高望远，想着那非分之福，便做出越分的事，返惹出无穷祸端。人谁不乐生畏死，只为一念头起差了，不肯安生理，倒入了死路。到彼之时，虽悔何及！

　　毋作非为。人各有所当为。生理者，正所当为也。当为而为，是谓君子。出乎生理，即所不当为。不当为而为之，是谓非为。如人不修本分，或游手好闲，或饮酒宿娼，或掠骗人财物，或拐诱人子女，或造言诽谤，或教唆词讼，或篡集事件，窝访害人，有这样人，何尝不道自己聪明，逞自己伎俩，得人畏怕，获人钱财，希图做家。不知这样事无有不犯，犯出毕竟问徒问军，坐牢坐狱，大则毙于桎梏，小则破荡家产。想其起初，只是要做家，岂期到破家。只为不当为而为之，天理不肯容了。所以太祖高皇帝圣谕叫你毋作非为。毋者，禁止之辞，叫人快不要做。今世人皆知有强盗、窃盗。这两件事，大恶大罪，固不当为。至于一切非分之事，也当禁止，如不读书而钻刺，不务农而攘窃，不营为而撮骗，不守分而索诈，在家不孝顺父母，不教训子孙，出外不尊敬长上，不和睦乡里，这皆当禁止。能禁止所不当为，则所为者皆当为，便做了天地间快活安闲无烦恼的好人，充之，虽圣贤亦由此进步。

已上六条，皆恭奉太祖高皇帝圣谕，就众人所能知能行而聊共推明之者也。但欲正人，必先正己，无诸己而后非诸人。今日乡约之行，本县固欲令民孝顺父母矣。然反求诸身，吾有父母，虽哀哉不可即矣，而德言在耳，尚忍忘乎？假令今日弃清白之矩，私囊橐之图，违慈爱之规，恣敲朴之用，使人怨人怒，以羞辱其先，是即吾之不孝不顺也，尚何以责人之孝顺乎？不敢也。乡约固欲民尊敬长上矣。然反求诸身，吾长上虽不在前，然今日各院道府，是即吾之长上也。如有德意不实心奉行，而谩以空文应，或有事务不悉心经理，而姑以迟延待，玩心一生，娇诈并至，是即吾之不尊不敬也，尚何以责人之尊敬乎？不敢也。乡约固欲令民和睦乡里矣。然今日接壤邻封暨学职幕寮，虽不必共桑梓，以分言则皆吾里邻也。假令有善则忌之，有过则扬之，或浮慕而阴挤之，凡事求多于人，有情实不以相告，是即吾之不和不睦也，尚何以责人之和睦乎？不敢也。乡约固欲令民教训子孙矣。然衙门内外，防范攸存，假令约束不勤，防闲不密，致使群小辈或得以依附其间，是即吾之不能教训也，尚何以责人之教训乎？不敢也。乡约固欲令民各安生理、毋作非为矣。然吾身既受一命，自有当得禄秩，循而安之，是即吾之生理也。假令不务尽其所当为，而徒侥幸于非分之外，行一非仁非义之事，做了贪昧隐忍之人，或狥私以灭公，或咈民以从欲，这就是非其有而取之者，盗也，与那作非为的人何差别，尚何以责人之安生理、不非为乎？不敢也。夫天下道理，本自明白，取自正大，人患弗能知。知之而不能行，犹夫弗知也。行之而不能守，犹夫弗行也。唯知之，能行之，能固守之，不徒粉饰示人，而务实有诸己，不徒袭取一时，而务持之永久，然后谓之能知能行。今日乡约，岂徒欲众人举民间之善，纠民间之恶，凡本县日逐所行，有不要于天理、不合于人心不能自知处，烦缙绅先生寮友耆老共相指明，使得闻过而改，以不失为君子路上人，其益最大。圣人有言，道德齐礼，民耻且格。本县凉薄，何敢以语于此，但欲与约中人众时时共提醒此心，使不失坠耳。幸缙绅父老惠教之！

郑明选《圣谕碑粗解六条》

郑明选（1555—?），字侯升，号春寰，浙江湖州府归安县人，万历十七年（1589）进士，观政吏部，授安仁知县，万历二十三年（1595）擢南京刑科给事中，在当时以诗名。《圣谕碑粗解六条》乃郑明选撰，收入《郑侯升集》卷二十一，《四库禁毁书丛刊》集部第75册影明万历三十一年郑文震刻本，第399—400页。

今人莫不自爱其身。然此身从何长大？皆是父母万般辛苦中鞠养得来。若无父母，便无此身，如何不孝顺？夫所谓孝顺者，不止服劳奉养之事，最要学做好人，保全父母所生之身。一不学好，被傍人一言笑骂，被官府一杖刑责，辱及此身，便为不孝，不消打爷骂娘、不肯供养才为不孝。凡我百姓，但思想身所从来，则孝心自生矣。

长上者，在家有家之长上，在外有外之长上。世人不敬长上，只是气傲。傲乃凶德。象与丹朱之恶，只傲之一字而已。夫长幼有序，譬如阶级一般，一级捱一级，原有次第，岂可越等而上？故以卑承尊，自是分所当然，不为卑屈。《小学》一书，今人多不经目，其间洒扫应对，进退之节，最是详细。若循行此礼，自觉彬彬可观。试观飞雁有行，人皆喜他，谓之雁行。人能行礼，岂不好看。

同乡共井，朝夕相与，亦是人生缘分。若彼此和睦，患难相救，疾病相恤，自觉大家有利。今人一毫小忿，便生衅隙，小则私相争詈，大则讼之官府。凡斗者必两伤，何益之有？故《周礼》六行孝友之后，睦即次之。然所谓和睦者，只是两情相浃，不是昵狎谦会之乐。盖和从敬生。若太亵，则争又从亵生矣。

人生子孙，皆会养他，不会教他。牛羊鸡犬，皆会爱惜其子，若不会教，与他何异？天生豪杰，不待教而善者极少，一不能教，未免不善，致犯刑法。我极爱惜的子孙，今却犯刑受苦，到此爱惜不得，皆自家不教之过也。然教训子孙须要趁他小时候便教，常把忠孝节义廉耻道理并古人故事讲解与他，使他种得善根在心，到底终身行止十分不坏。谚云，教妇初来，教子婴孩。

人生天地间，有耳目口鼻，便自各有生理，如士有士生理，农有农生理，工有工生理，商有商生理。虽极穷苦至孤贫乞丐，亦是生理。但人心不肯安，别生妄想，每每舍却生理，投入死门，甚可怜悯。圣谕安之一字，最为有味。

不安生理，便作非为。律文所载自死罪以至笞杖，皆非为所致也。凡作非为，只是好利，不知生理中各自有本等应得之利，舍而别求不应得之利，至于犯法，则求利而害随之矣。非为之中，最可耻者，莫甚于盗贼。当其劫夺之时，自以为扬扬得意，一经缉捕，潜踪遁迹，惟恐人知。一朝被获，拷讯之，监禁之。妻子在家，日夕恓惶，寝息不安，纵恃有党与阴行救援，然先已歔当其苦矣。拷讯监禁，犹可言也。一遇处决，白刃加颈，岂不自怜？本县旧称多盗，故于非为中特揭言之。凡我百姓，静思毋忽。

王钦诰《演教民六谕说》

王钦诰，江西吉安府泰和县（今江西泰和县）人，万历十年（1582）举人，万历二十二年（1594）任项城知县，主修万历《项城县志》。王钦诰自撰《乡约序》云："令之始抵项也，会连桥之寇起。……当道捣其穴而火其庐。虽幸旦夕宁乎，回思先哲化诲之道已远矣。乃击铎聚父老于公宫，群师生缙绅，取乡约而讲于朔望之次日。犴狴中有扞网者，反接而伏之堂下，俾其耳圣谕而回而更虑焉。初讲虽聚听载道，觉犹莫解也。至再而巨侠积猾扪心退矣，三四讲而奸豪诬讼十戢五七矣。乃窃叹曰：天生烝民，厥有恒心，畴云梗顽终难化诲哉？养无道，教无素，纳赤子于三尺，将谁咎也？以不佞讲约，未三月而刁讼渐息，藉第令月讲日讨，家训户迪，将比屋成可封之俗，奚寇烽足虞哉？乃与学博蔡君道充、杨君维学、郄君尚贤等商订，取皇明六谕重演之，尤虑僬蒙之肺肠未醒也，掯古昔善恶之报、我明不法之条，编次成帙，续以歌戒，面命而耳提之。俾闻者前有趋，后有避，且洒洒然踊跃以向往。编既成，会大中丞张公、直指使涂公、守道萧公、巡道贾公、太府刘公、州守杨公爰下令甲，饬令讲行，而乡约官黄天爵、徐思勤，耆民丁奇、张礼、韩光祖等群前请曰：兹上司谕也，宜付之剞劂，遍布穷闾以广宣德意。"教谕蔡道充撰《六谕善恶报应序》云："乡约六言，则我高皇帝制也。……迩者平成已久，寖寻于故事，朔望木铎，仅一唱题，外无他术。……王先生钦诰来莅项事，取先后所申饬奉为首务，朔望之明日合集群姓，礼而列之，歌而鼓之。于此六言，谆切晓告。……乃先生退食之暇，笔取古今行善稔恶之报，汇为一册，翼宣圣谕之所未发，诚谓俟命顺受，惟君子能焉。……既而曰孝之报何若，不孝之报何若，天神届鉴，利害不疏，譬之声九仞而响随谷应，何其敫速哉。即有衡肆之夫，睥睨宪戒，胥莫不捧手改容，愿得洗脾濯胆，犹所谓前觊金而后脱虎也。"是则《演教民六谕说》为王钦诰与当时在项城的同官诸人所制。《演教民六谕说》全文，载万历《项城县志》卷十，第 68 页上至第 72 页下。

孝顺父母演：人有父母，才有此身。想母亲怀胎十月，乳哺三年，受几多苦楚，父亲耽几多愁虑。见儿说得话行得步时，何等欢喜！儿有疾，父母茶汤不能下口，恨不得将身替。儿到八九岁，就请师教儿，又思量为儿取媳妇，那一件事不费心，不费财，只指望成人，与父母争气。这等深恩，怎么报得？所以人当孝顺，才叫做人。每日间备办父母衣食，富者好衣好食，贫者清茶淡饭，只要使父母常常欢喜，不冻饿，不生气，也不枉生子一场。小时听父母教道，大时莫听妻子之言，薄了父母。如教我读书，教我做生意，教我莫生事闯祸，一一听信。或父母年老，行事有错，务要细细劝说。或亲父后母，有偏心处，有难为你处，务要安心和顺，休得粗言怒气恼撞。父母有疾，求请好医调理，药要尝过，昼夜要不离，问父母疼痛，问父母思量要吃甚么物？你看羊也知跪乳，鸟也知反哺，只因这个孝心是我们生下来就知的。今人幼时还知孝父母，只有了妻子，便爱妻子，有了钱，便舍得父母，舍不得钱。俗言说，养儿方知父母恩，所以太祖皇帝首就教我们孝顺父母。古有一个圣人叫大舜，能行孝道，虽顽父嚚母，亦且感格底豫，享禄位名寿，为天下后世法。姜诗行孝，地涌泉水，灌流一方，至今享受祭祀不缺。熊衮行孝，家不能举丧，天雨钱三日。重永卖□养父，天降织女为妻。郭巨养亲，天赐黄金一窖。这是孝顺的报应。昔鄱阳有个王三十，将松材换了父母自置的好棺木，一雷击死，倒植其尸，不许家人收葬。郑县张法义张目骂父，两目流血而死。福州长溪有一民居海上，以渔为业，每藏其鱼，不与母食，后有一鱼化蛇，啮喉而死。这是不孝顺的报应。报应如此，你们岂可不孝顺父母？

尊敬长上演：凡长上不一，有族长，有乡长，有官长，有师长，有兄长。但是年大似你者，分尊似你的，都叫做长上。他是长上，你是卑幼，自然该尊敬的。于一家宗族的长上，远别则拜，常见则揖，有事就请问他，他有教训就要听他。于乡里亲戚的长上，同行让他先行，同坐让他先坐，有事让他说话，不可多言搀搅。长上好处，我便学他，有不是处，都要忍耐。若遇官长，小心伏伺，守他法度，不要违抗，若是傲慢，官法如鑪，怎么悔得？如悔慢宗族乡长，一家人轻贱你，一乡人轻贱你，到处说你轻薄，所以人遇尊长，务要恭敬，使尊长个个道我学好，切莫越分大胆。昔日河内王震，平日尊敬前辈，年六十四岁病死，过二日忽醒起，说死去有人引至一大官前跪，上坐者看书，高声曰：王震阳寿虽满，谦厚有德，增寿一纪。乡人闻之，皆为感化。元末潭州有一人曰周司者，平日尊敬前辈，一日过渡，至江中，风浪大起，船中人几溺死，及上岸，闻一渔翁说：昨夜水边有人言，明午船中二十人俱该溺死，但有周不同在上，不可坏此好客。中有一人善解，言曰：少一画不成同字，舡中之不坏者，皆周司之福。这是尊敬长上的善报。昔日宋绍兴间，洪州崇真坊一人倚酒毁骂族叔，其叔善懦不能奈何，乃哭祷于本地社坛中。后五日，其人发昏，自说：我不认得尊长，狂口骂人，舌头不好。后甦醒时，不觉自家咬碎舌头。这是不尊敬长上的恶报。报应如此，你们岂可不尊敬长上？

　　和睦乡里演：乡里乃是左右邻舍，同街同村住居，田土都在一块，早晚常见的人。你们穷时，靠乡里救济。若有盗贼、疾病、嫁女、取媳妇、丧葬等事，靠乡里护帮往来。我若与他和睦，他就来亲爱我，该让的就让他，该厚的莫薄他，好人亲近他，愚拙的怜惜他，富者不要忌妒，穷者量力周济，强者莫要打斗，孤寡老年一一看顾。放债的半行方便，不得威逼私债，夺准田地妻子。借债的亦当感人济急，不得逞倚刁巧老病，骗赖不还。家人小厮，莫要得罪乡里。婚嫁盗贼，彼此借贷，齐心救护，莫因财谋人，莫以势凌人，莫以些小私怒牵告邻里。我若和睦，他必敬我。我有事，他必看顾。若不和睦，一乡一里之人都嫌我，一时遭着不好的事，个个道此人凶暴，不认乡里，都来欺弄。所以处乡里最不可不和睦。昔日宋时，有曾重者，系剑南望村人，平昔谦恭，与人最好，若一日出外，一村都来探问此老何处去了。一日不见，人都想他。后八十余岁死，乡人哭之如骨肉，虽至贫者皆来奠祭。一月后，本村有牧童名象儿，见此老骑大马，跟随甚众。牧童忘其死，近前问曰：曾公公何处来？曾老答曰：上帝说我为人善处乡里，将我封为本地社神，纠察一乡善恶。言毕不见。象儿回说，乡人立祠祀之，有病祷之，无不灵应。这是和睦乡里的善报。昔日唐时，有吕用时者，缙云木香村人也，平素欺压乡里，哄人争竞，唆人词讼，年三十一，忽发狂，如被人捆打模样，口口说我再不敢害人，三日而死。国初有一人蒋授者，专一害乡里，乡里无不怨恨。一日患病，人皆烧香愿某速死。其妻王氏往土主庙祈保，其晚王氏梦见神报云：你夫平日造恶，百口怨他，刑曹欲加罪，祈保何用？这是不和睦乡里的恶报。报应如此，你们岂可不和睦乡里？

教训子孙演：人家子孙，所以承继嗣祀，守祖宗坟墓，侍养父母年老，撑持门户，人人都要好子孙，但不知教训。幼小时偏爱不教，长大时随他放荡，惟恐恼着儿子。又一般糊涂护短的，子孙本不好，却说好，本做得不是，只要说是，都养坏了子孙，全不怕王法，全不保家业。富的饮酒赌钱，奸占人妻，贫的诓骗人财物，没廉没耻，这几项子孙，大则灭身破家，小则乞丐为贼，皆因不知教训，却是父祖害了他。若子孙幼时教他孝弟，教他忠实，教他学礼读书，早晚一一训戒，如读不得书，就叫他种田做生艺，勤苦节俭，有犯则严□以禁之，朴责以威之，莫要任他懒惰，游手好食，与那□起不学好的人相处，纵子为恶，玷辱祖宗，败散家业。至于女儿，亦当教训，莫要多说，莫要好吃，学做鞋，做衣，做茶饭，做酒殽，他日嫁与人家，听公婆教训，敬丈夫，和妯娌，若骄狠弄舌，惹人唾骂，其败害人家，祸亦不小。俗语说：养儿不教，卖了祖坟。养女不……

各安生理演……宋时有杨大同者，荆门乐乡村人也，有田七十顷，不肯耕种，日日与人下棋，将田卖尽后，贫苦不能度日，怨恨天地。一日出游，遇一少年说：有一个好处，我引你去，不愁不富。至一仙境，少年不见，欲出无路，正寻门之时，忽有一人高声叫喊云：有贼。数人齐出，将同拿住乱打。大同始知是暮夜入人家。将大同送至官，不容分说，即时打死，竟不知少年是何鬼神。这是不安生理的恶报。报应如此，你们岂可不自安生理！

毋作非为演：人于本分生理，该当为的，孝父母，敬尊长，教子孙，和乡里，此外若有一些妄想妄为，就是非为了。如杀人放火，奸盗诈伪，赌博诓骗，起灭词讼，挟制官府，陷害师长，欺压良善，行使假银，兴贩私盐，略买略卖，刁拐子女，酗酒宿娼，强占产业，侵欺官银，飞诡粮差，违禁取利，结藏白莲邪术，都叫做非为，上违王法，下害良心。人若不作非为，在家就是孝子，在乡就是善士，官长爱你是好百姓，子孙尊你是贤父兄，无忧无祸，妻子相保，邻佑敬重，宗族仰赖。若作非为，身家不保，吃打坐监，问军问徒，妻离子散，世间犯法的人，哪里躲得罪，免得祸来？俗言说，大胆寸步难行。又说，自作自受谁埋冤！所以人不可作一毫非为。昔日宋时有张机者，东海人，为人安分守己，见人有生事者，即便劝化。后生一子名张元，读书赴选，途间因脚疾不能行，投一古庙中宿，因怕孤栖，睡不着，至二更时，闻一人说：父之隐德，当及其子。叩其人，不见，知其为鬼。次早起行赴场，果中举，连第，做显官。壁山黄昭，唐玄宗时人，平生好善，见善人即下拜，年七十五而死，同乡有一人邬林者，因载盐柴，挨舡在大河坝，月下彷佛见二人作揖，一人曰：昨日由丰都来，见黄克明领旨除授壁山城隍，上马时托我传信，教他子孙学他为善，但阴阳殊路，无由说知，奈何？奈何？邬林知是鬼，次日到家说与其子黄茂并一镇之人。盖克明乃黄昭之字。这是不作非为的善报。昔日宋时永福人姓薛名敷，专一扛帮人斗气，教唆人告状，家道由此殷富。一日，请道士郑法林作斋，进表时，法林俯伏良久，起来说：上帝看表，批言"家付火司，人付水司"。不十日，厨内火起，房屋家财烧尽一空。半年后，薛敷因过江溺水死。这是作非为的恶报。报应如此，你们岂可作非为！

柳应龙《圣谕演义》

柳应龙，明万历年间浙江杭州府钱塘县的社学教读师，生平不详。柳应龙编《新刊社塾启蒙礼教类吟》为其教习生蒙所作，以吟唱为主，分教规、小学、日记故事、八行、五伦、圣谕演义等六部分，在万历二十二年（1594）由钱塘县知县汤沐刊行。汤沐生平亦不详，安陆人，万历二十二年任钱塘知县。其中《圣谕演义》即对六谕的注释，每条的诠释有注解、引用律例、转引温纯的吟唱、自创诗歌等四部分，载《新刊社塾启蒙礼教类吟》，《故宫珍本丛刊》第476册（海南出版社2001年版，第438—448页）。

乡约总意：尝谓上有教化，而后下有美俗。钦惟我太祖高皇帝首制《教民榜文》，颁行天下，薄海内外，亦既彬彬向化矣。迩年以来，礼教渐弛，时俗日偷，无惑乎狱讼繁而民伪滋也。今思民心之善，感于乡讲，乃举圣谕六言，厘为演义，引之律条，以见明有法惩，征之报应，以见幽有鬼责，而又声之诗歌，抑扬反复以启其良心，使民易知易从，而自然礼让之相先焉。然其功不可以俄顷奏也，必月讲之，岁行之，渐以仁，摩以义，则德教之 涵濡已久，自不觉动人耳目，人人心志，而群黎百姓，归于有德矣。乡讲之功，孰大于此？而近今县主汤遵行提学道萧条约及督抚军门王劝民为善语，并圣朝五事，内欲兴兆民之礼教，无乃兴于是乎？龙每朔望绳趋尺步是诲，正望幼学成他日中才之贤父兄，今日不得不豫为未中才之子弟告。

孝顺父母

人生天地间，若无父母，此身何来？想母亲怀我拾个月，身如山重，痛苦不可胜言。生我之时，命在顷刻，父亦极其忧苦。乳哺三年，推干就湿，不离怀抱。才会笑说，父母不胜欢喜。稍有疾病，父母食不下口，恨不得将身替儿，服药求神，无所不至，时时刻刻指望成人。父母之恩如此，所以人当孝顺父母也。孝顺之道何如？当思父母深恩，昊天罔极，必事父如天，事母如地，冬温夏清，昏定晨省，平居则供奉饮食，称家有无，有疾则亲尝汤药，护持调理；有事则替其劳苦，小心顺从。行好事，常使父母欢喜；不生事，恐怕父母啕气。倘父母有不是处，子当婉辞劝谏，务使中心感悟，不致得罪于乡里亲戚。父母或至怒骂，子当和颜悦色，柔顺听从，毋得粗言盛气，抵触父母。你看那羊知跪乳，鸦能反哺，禽兽尚然可以，人而不如禽兽乎？人能孝顺，则父母爱之，乡人荣之，天地鬼神自然保护，家必昌盛，命必延长，日后子孙亦孝顺你矣。若不孝顺，则父母恶之，乡人贱之，天地鬼神不来保护，家口不宁，门户不吉，日后子孙亦不孝顺你矣。当时董永卖身葬父，天降织女为妻。郭巨埋儿养亲，天赐黄金一窌。此行孝之报也。洛州李留哥推母跌齿，官剐于市。郑县张法义睁目骂父，目流血死。此不孝之报也。其报应如此，人何不为孝子，而甘为不孝之人哉？凡在吾会并听讲者，皆当孝顺父母可也。

大明律法。一、凡子孙殴祖父母、父母，及妻妾殴夫之祖父母、父母，皆斩。杀者，皆凌迟处死。一、凡骂祖父母、父母，及妻妾骂夫之祖父母、父母，并绞。

吟曰（督抚温《劝民歌》）：我劝吾民孝父母，父母之恩尔知否？生我育我苦万千，朝夕顾复不离手。岂但三年乳哺艰，甘脆何曾入其口？每逢疾病更关情，废寝忘食无不有。虎狼犹知父子恩，人不如兽亦可丑。试读《蓼莪》诗一章，欲报罔极空回首。人谁不受劬劳恩，我劝吾民孝父母。

诗歌：相彼乌矣，习习其羽。集于灌木，亦反其哺。

乌飞爰止，其子在林。人亦有言，莫慈匪禽。

乌之鸣矣，夙夜其音。君子听之，式怀我心。

（慈乌三章，章四句。）

尊敬长上

长上不一。有本宗之长上，如祖父母、伯、叔、姑母、兄嫂、姐行之类。有外亲之长上，如外祖父母、母舅、舅母、姨娘、妻之父母、妻之兄嫂、姐行之类。有乡党之长上，如年比我长、分比我尊、德比我高之类。亲疏虽不同，皆当尊敬者也。尊敬之道何如？如远别则下拜，如常见则作揖，坐必让席，行必让路。凡问话则起对，不命坐不敢坐。前辈年长者，称伯称叔。同辈年大的，称兄长，称先生。如遇官府之长上，令之则行，禁之则止。如遇师友之长上，遵其善言，法其善行。此皆尊敬长上之道。人能尊敬长上，则宗族中爱我，乡党中爱我，凡小于我者敬我，亦如我之敬人矣。若我傲慢长上，则族人嫌我，乡人嫌我，凡小于我者慢我，亦如我之慢人矣。昔元时周司，敬前辈如父母，待同辈如兄弟。一日渡江，风浪大作，一船人几覆。及登岸，夜闻一人说昨舟当覆，取人二十，但有好人周不同在上，救了一船人。众察不同是司字，知皆周司福，此敬长之报也。宋时，洪州有一民倚酒骂族叔，叔善懦，哭告天地。五日后，其人发昏，自言我不认尊长，枉口骂人，嚼碎舌而死，此不敬长之报也。其报应如此，人何不肯敬让，而甘为高傲之人哉？凡在吾会并听讲者，皆当尊敬长上可也。

大明律法。一、凡卑幼殴本宗及外姻兄妹，杖一百。小功杖六十，徒一年。大功杖七十，徒一年半。笃疾者，绞；死者，斩。一、凡弟妹殴兄姊者，杖九十，徒二年半。伤者杖一百，徒三年。折伤者，杖一百，流三千里，刃伤及折肢、瞎其一目者，绞；死者，皆斩。若叔[侄] 殴伯叔父母、姑，及外孙殴外祖父母，各减一等；故杀者，皆凌迟处死。一、凡骂兄姊者，杖一百；伯、叔、父母、姑、外祖父母，各加一等。若告期亲尊长、外祖父母，虽实，杖一百。

吟曰（督抚温《劝民歌》）：我劝吾民敬长上，少小无如崇退让。分定尊卑不可逾，辈分前后宁相亢？阙党欲速非求益，原壤不逊曾受杖。道路崎岖争负戴，几杖追随共偃仰。尧舜亦从仁让来，疾徐之间休轻启。凌节无损亦薄德，我劝吾民敬长上。

诗歌：瞻彼行苇，秩秩其枝。哲人于宗，亦惟斯仪。

维木载升，其节不逾。哲人于野，维敬之隅。

本升在原，其露维繁。哲人于公，其仪孔闲。

（行苇三章，章四句。）

和睦乡里

乡里者，同乡同里之人也。住居相近，田地相连，朝夕相见，有火盗靠救护，有疾病靠扶持，有贫乏靠周济，所以乡里要和睦。和睦何如？凡事不嫉妒，言语不计较，行事不猜疑，彼此不争竞，德业相劝，过失相规。人能和睦乡里，有事自然互持，有火盗也不怕，疾病也有付托，贫乏也能借贷。若与乡里不和睦，则各自顾各自，孤立无助。火盗生发，束手闭门，都不管他；疾病贫乏，敛足裹囊，都不问他。有些事儿，我弄你，你弄我，富的吞贫的，强的欺弱的，贫弱的暗地里害富强的。或为田产界限，或为牲口相犯，轻则言语相骂，重则殴打告官，陷人性命，荡人家产，无所不至，都只因乡里不和。昔宋时曾剑南，平生和气。一日不在家，一村人都想他。老来死去，乡邻哭之，如丧骨肉，虽贫家也来设祭。后一牧童见曾老骑马过，问曰："曾老伯何来？"曾老曰："上帝说我为人好，封我为本地社神。"言毕不见。后乡人立庙祈祷，无不灵应。此和睦之报也。唐时吕用时，欺压乡里，能哄人争竞。忽一日发狂，如被人捆打模样，说我再不害人了，三日而死。此不和睦之报也。其报应如此，人何不肯和睦乡里，而甘为不善之人哉？凡在吾会并听讲者，皆当和睦乡里可也。

大明律法。一、凡斗殴，不成伤者笞三十，成伤者笞四十；拔发方寸以上者，笞五十；若血从耳目中出及内损吐血者，杖八十。以秽污人头面者，罪亦如之。折人一齿及手足一指、眇人目、抉毁人耳鼻，若破人骨及用汤火、铜铁汁伤人者，杖一百；以秽物灌人口鼻内者，罪亦如之。一、凡放火延烧官民房屋及积聚之物者，徒三年。因而盗取财物者，斩。杀伤人者，以故杀伤论。一、若放火故烧官民房屋及公廨仓库系官积聚之物者，皆斩。其故烧人空闲房屋及田场积聚之物者，各减一等，并计所烧之物，尽犯人财产赔偿。

吟曰（督抚温《劝民歌》）：我劝吾民睦乡里，自古人情重桑梓。仁人四海为一家，何乃比邻分彼此。有酒开壶共斟酌，有田并力同耘耔。东家有粟宜相赒，西家有势勿轻使。谚有言，邻里和，外侮止。百姓亲睦自此始。亲睦比屋皆可封，我劝吾民睦乡里。

诗歌：维桑与梓，于印之里。眷言有怀，亦既勤止。

维梓与桑，于印之乡。穆穆厥风，其音孔良。

维里有舟，泛于中流，共言楫之，维德之求。

（桑梓三章，章四句。）

教训子孙

子孙者，承继宗祀。祖宗坟墓，靠他为主。父母年老，靠他养活，家产靠他保守，门户靠他撑持，死后靠他葬祭，是我身后一大事，所以子孙当要教训。教训何如？子孙幼时，当教以孝弟忠信礼义廉耻之道，一切浮言游语，不使入于耳；一切无益之事，不使行于身。有犯则严诃禁之，鞭挞威之。稍长，择悫先生教之读书学礼学诗，勤习课业，谆谆要他成就规矩中做一个好人。上等者做秀才，做官，光显门户，次者谨守礼法，人称善良，再次者勤做生意，不致游手好闲，各成一个好人家。若不教训，从幼时姑息骄养，及长大，一字不知，随他性子，自由自在，长傲无礼，必不成人。或饮酒，倒街卧巷，或行凶，打人骂人，或飘流，迷恋花柳，或赌博，褴褛衣裳。家门被他败坏，产业被他凋零。穷了之时，或卖奸，或做贼，玷辱祖宗，累及父母、兄弟、妻子，俱不得所。只因不肯教训，骄养惯了，所以至此。至于女子，尤当慎之。必训之以和顺，教之以勤俭，如纺绩、厨爨、井臼之类，皆当躬执其事。今日为人女，他日为人妇，一有不教，骄狠悍泼，搬嘴弄舌，累及父母、丈夫，所以亦当教训也。昔周时孟母，三迁教子，孟子遂成大贤，血食文庙，名垂后世，此教子孙之报也。元时，王瑶养二子，都不教训，争分家财，骂父不公。父告官，俱打死。后瑶死，有城隍庙庙祝刘进，夜闻一人在庙告求清明祭祀。神怒云：你不教子，自家绝了代，谁与你祭？令鬼打出。次早，庙祝访于市，乃王瑶也。此不教子孙之报也。其报应如此，人何不教子孙，而陷子孙于不善之地哉？凡在吾会并听讲者，皆当教训子孙可也。

大明律法。一、凡子孙违犯祖父母、父母教令及奉养有缺者，杖一百。一、凡外姻有服，尊长、卑幼共为婚姻，及聚［娶］同母异父姊妹若妻前夫之女者，各以奸论；其父母之姑舅两姨姊妹及姨，若堂姨，母之姑、堂姑，己之堂姨及再从姨、堂外甥女，若女婿及子孙妇之姊妹，并不得为婚姻，违者各杖一百。一、若娶己之姑舅两姨姊妹者，杖八十并离异。一、凡逐婿嫁女或再招婿者，杖一百。一、凡同姓为婚者，各杖六十，并离异。

吟曰（督抚温《劝民歌》）：我劝吾民教子孙，子孙好丑关家门。周公挞禽为圣父，孔庭训鲤见鲁论。何乃禽犊爱，忍令子孙昏。黄金满籝何足贵，一经教子言犹存。螟蛉尚能化异类，燕翼岂难裕后昆。纵使不才也难弃，长养还须父祖恩。子孝孙顺乐何如，我劝吾民训子孙。

诗歌：燕翼于飞，亦集于杞。胡不义方，诒我公子。

燕翼于飞，亦止于楰。胡不嘉谋，诒我公姓。

燕翼于飞，下上其仪。诒我孙子，勿替引之。

（燕翼三章，章四句。）

各安生理

生理者，即是活计。如读书，便是秀才的生理。耕种田地，便是农夫的生理；造作器皿，便是工匠的生理。出外经营，坐家买卖，便是商贾的生理。若性愚不会读书，又无田地耕种，又无本钱做买卖，又不会手艺，或与人佣工，或与人挑脚，也是生理。各安何如？读书的专心读书，务农的专力务农，买卖的专买卖，公平交易；手艺的专手艺，造作如法；佣工的专佣工，老实做活；挑脚的专挑脚，不去躲懒。人能各安生理，读书的必然荣贵，光显门户。农、工、商贾的必然衣食丰足，财用不缺；手艺的必然赚钱，养活身家；便是佣工、挑脚的，也不受饥寒。若不安生理，懒惰飘荡、游手好闲，则读书的必不成器，农夫的必无收成，商贾的必然折本，手艺的无人倩他工作，佣工挑脚的无人寻他做活搬运，真天地间一废人也。宋时张机，东海人，为人安分守己，非理之事一毫不为，见人有不安生理者，多方劝化。后生子名张元，读书聪俊，二十一岁赴选，至途间，天晚了，投宿古庙，夜梦人说，你父有阴德，当及此子。次日赴科场，果中举连第，做显官。此安生理之报也。宋时杨大同，荆门人，家富饶，违逆父师教诲，少不习诗书，长不务生理，日与无赖之徒游戏浪荡，饮酒着棋，后贫困为乞焉，骸骨无收，此不安生理之报也。其报应如此，人何不安生理而甘为分外之求哉？凡在吾会并听讲者，皆当各安生理可也。

大明律法。一、凡入籍纳粮田地，无水旱灾伤之故而荒芜及应种桑麻之类而不种者，以十分为率，笞二十，每一分加一等，里长同罪。一、凡欺隐本户田粮、脱漏版籍，不行报官者，一亩至五亩，笞四十，每五亩加一等，其田入官，所隐粮税依数征纳。减瞒粮额及诡寄田粮、影射差役并受寄者，罪亦如之。一、凡民户逃避差役者，杖一百，发还原籍当差。

吟曰（督抚温《劝民歌》）：我劝吾民安生理，处世无如守分美。守分不求自有余，过分多求还丧己。农者但向耕凿间，工者但向锥刀里，商者行路要深藏，贾者居市休贪鄙。饶他异物不能迁，自然家道日兴起。华胥蓬莱在人间，民生安业无乃是。守分守分美何如，我劝吾民安生理。

诗歌：蟋蟀在途，日用其徂。亟其蓄畚，嗟我农夫。

蟋蟀在户，岁聿云暮。杼轴其空，嗟我子妇。

蟋蟀在堂，无以太康。职思其居，日用其将。

（蟋蟀三章，章四句。）

毋作非为

非为者，是不良之事，如杀人放火，奸盗诈伪，抢夺掏摸，恐吓诈财，拐贩诓骗，结党赌博，撒泼行凶，启灭词讼，挟制官府，欺压良善，略买人口，强占产业，行使假银，匿名投状，违禁取利，飞诡钱粮及窝盗卖访一应不当为之事，皆非为也。毋作何如？一心行正道，不行邪道，则家道安闲，祸患不作，爱惜身体，保守家业，不受辱父母妻子，不连累亲戚邻里。若作非为之事，小则吃打坐牢，充徒参军，流徙他乡，大则家产荡费，身毙囹圄，骨肉零丁，子孙受害。你看眼前坏法之人，那一得好结果？皆是自作自受，怨着何人？昔晋人马真，夫妻打蔴鞋度日。有一人说：你打鞋不趁钱，与我去别做件事。马真说：我命穷，不做别事。其妻梅氏夜梦，一官说，你夫妻不作非为，赐你一好子。梅氏后果生子，长大买卖致富，马真夫妻受用不尽，盖此不作非为之报也。宋时郑和，麻阳人，有一妻一妾，又去诱人美妾，又去诱人赌博，无所不为，自以为得计，二十九岁病死，子女皆无。有一邻女沈萃英，梦在阴司见郑和，身无寸衣，受刀尖之苦。此作非为之报也。人何不守本分，而甘作非为之事哉？凡在吾会并听讲者，皆当毋作非为可也。

大明律法。一、凡教唆词讼，及为人作词状诬告人者，与犯人同罪。一、凡诬告人笞罪者，加所诬罪二等，流、徒、杖罪，加所诬罪三等。一、凡越诉者，笞五十。一、凡投隐匿姓名文书告言人罪者，绞。一、凡赌博财物者，不分首从，皆杖八十，摊场财物入官，其开张赌坊之人同罪。一、凡势豪之家以私债强夺人畜产者，杖八十，依数遣还。若准折人妻妾、子女者，杖一百，强夺者加二等，因而奸占妇女者，绞，人口给亲，私债免追。一、凡师巫假降邪神烧香集众，夜聚晓散，佯修善事，扇惑人民，为首者绞，为从者各杖一百，流三千里。一、凡和奸，男女各杖八十，有夫，各杖九十，强奸者，男子处绞。一、凡强盗，不分首从，得财者皆斩，若窃盗拒捕，杀伤人及因盗而奸者，斩。一、凡窃盗已行而不得财，笞五十。但得财者，并赃论罪。初犯并于右小臂膊上刺"窃盗"二字，再犯，刺左小臂膊，三犯者绞（掏摸罪同）。一、凡恐吓人取财物者，计赃准窃盗加一等，免刺。一、凡设方略而诱取良人及略卖良人为奴婢者，皆杖一百，流三千里，为妻妾子孙者，杖一百，徒三年。若假以乞养过房为名色，买良人家子女转卖者，罪亦如之。若窝主及买者知情，并与犯人同罪，各追价入官。一、凡私铸铜钱者绞，匠人同罪。

吟曰（督抚温《劝民歌》）：我劝吾民勿为非，非为由来是祸基。一念稍错万事裂，一朝不忍终身危。淫赌窃劫常相因，健讼争夺与诈欺。不胜犹或生止心，一胜那能有已时。力穷事败网罗随，此时堪怜悔退迟。莫道机谋能解脱，国法森严神鉴之。及早觉迷犹尚可，我劝吾民勿非为。

诗歌：鸿罹于网，其音嗷嗷。哀彼狂夫，胡即于慆。

维鸿有羽，言飞戾天。胡网之惧，自贻之愆。

维鸿有羽，言渐于磐。言渐于磐，亦孔之安。

（鸿网三章，章四句。）

曾惟诚《圣谕解说》

曾惟诚，四川富顺县人，举人，万历二十七年（1599）任泗州知州，万历三十二年任河南开封府同知。《圣谕解说》，见曾惟诚《帝乡纪略》（《中国方志丛书》影明万历二十七年刊本）卷五，第763—764页。王兰荫《明代之乡约与民众教育》亦抄录此解说，见第290—291页。解说不分条注解。

洪武是我朝第一个皇帝，流传六句说话，教诲天下，后世百姓依着这说话的，便是好百姓，不依着这说话的，便不是好百姓。旧时讲乡约都是做的文章做的诗，我等不曾读书，不容易晓得，如今父母官将洪武皇帝六句说话照口头常言俗语，做成讲章，叫我们讲与大家听，汝等俱要用心听讲，回家便照依这说话行。有父母即当孝顺，有长上即当尊敬，是乡里即当和睦，是子孙即当教训，各人安各人生理，不去为非作歹，自然保存身家，不遭官府刑宪，就是皇帝也管我不着。各人都要醒悔，不可只当耳边风。

颜榭《金城颜氏家训六条》

颜榭，生平不详。《金城颜氏家谱》卷五《七世祖榭公传》云："祖讳榭，万历二十七年理户事，垂家训六条以教族人，一曰孝顺父母，二曰尊敬长上，三曰和睦乡邻，四曰教训子孙，五曰各安生理，六曰毋作非为，至今永以为训。创修家谱。后运军需，转运粮草，与族人均其辛苦，盖吾族同患难之家长也。"（第6页）是知颜榭乃金城颜氏之族长。族谱卷五另有万历二十八年（1600）颜榭所作《颜氏世系碑记》。颜榭撰《金城颜氏家训》，收入颜豫春修《金城颜氏家谱》（上海图书馆藏清光绪十二年刊本）卷三《家训》，第3页上—4页下。谱录《家训》三篇，其中《家训六条》"按前明老谱补出"，故知为明人所撰，又有"七世孙榭沐手敬立"字样，则知《家训六条》的作者乃颜榭。

家训六条

一曰孝顺父母。夫父母鞠育人子，一念真情，不隔形骸。三年乳哺，不离母怀，如何不孝顺？凡我同气，左右就养，承颜顺志者固多。其间容有不报亲恩，忤逆抵触者，访出或父母首告，定行呈究，律有明条。

二曰尊敬长上。夫长上不同，或同宗共祖，或五服乡亲，尊卑上下，自有伦叙。凡我同支，兄友弟恭，长幼有次者固多，其间容有以下犯上、以少凌尊者，访出或本人揭告，罚照前行。

三曰和睦乡里。夫乡里乃住居相近、田土相连，必须德业相劝、疾病相扶，如何不和睦？凡我同志，相亲相爱者固多，其间容有武断乡曲、不肯忍耐者，访出或本人揭告，罚照前行。

四曰教训子孙。夫子孙乃承宗继嗣，撑持门户赖之。子孙之淑慝，系祖宗之积德，如何不教训？凡我同宗，义方有训、垂裕后昆者固多，其间容有养奸纵恶、玷辱祖宗者，访出，定以家法重处。

五曰各安生理。夫生理乃人之活计，养生送死，赋税差役，皆从此出，如何不各安？凡我所束，肇牵车牛，远服商贾者固多，其间容有不作生理，妄意希图，必招祸尤，听其自取。

六曰毋作非为。夫非为，如奸盗诈伪、设智诓骗、起灭词讼、讪上慢下者皆是，如何作之？凡我所钤，保守身家、安分无辱者固多，其间容有伤伦败俗、恣意行凶，小者吃打受辱，大则亡身丧家。势所必至，亦各自听。

以上六条，榭所切责近实者，乃前二条。如有犯者，绝不姑贷。其后四条，顾各兄弟姪孙，自尽如何耳。勉之，不失为良善君子；蹈之，不特为酗恶小人，一旦灾祸及身，悔之晚矣。各宜劝勖，庶不负榭拳拳致望各兄弟姪孙之至意。

沈鲤《文雅社约》

沈鲤（1531—1615），字仲化，直隶苏州府昆山县（今江苏昆山市）人，河南归德卫（今河南商丘市）籍。嘉靖四十四年（1565）进士，改庶吉士，授检讨，隆庆间为太子讲官。神宗即位后，进翰林院编修，旋进左赞善，丁父母忧，万历九年（1581）还朝，次年擢翰林院侍讲学士，再迁礼部右侍郎，改吏部，进左侍郎，万历十二年（1584）冬拜礼部尚书，修《会典》成，加太子少保。在礼部年久，请封皇长子母、复建文年号、复位景帝实录并勿称郕戾王等，多有建白，以故得罪贵戚内臣，为万历帝诘责夺俸，乃有去志，屡疏请辞，归。万历二十二年（1594）起南京礼部尚书，辞弗就，万历二十九年（1601）以礼部尚书兼东阁大学士，入参机务，屡辞不允，次年七月始入朝，数请罢矿监税使，后与沈一贯同致仕，家居五年卒，年八十五，赠太师，谥文端。《文雅社约》乃沈鲤所撰，收入《四库全书存目丛书》子部第 86 册，第 584—586 页。《劝义十一》乃《文雅社约》第十一条。首云："圣训六条，曰孝顺父母，尊敬长上，和睦乡里，教训子孙，各安生理，毋作非为，俱日用切要之言。士庶宜终身佩服者也。乃乡俗多忽焉不讲，岂乡士大夫犹未有倡之者耶？今约同社诸公，各书一牌，尊奉于门屏冠冕处所，使家众子弟朝夕出入仰瞻明命，当有兴起而乡俗亦必有仿而行之者矣。"

人无不爱其子孙者，独有不孝顺父母的。此何故？夫子孙我所生，而父母生我者，其天性至亲，岂异乎？且除却罔极深恩不具论。夫以罔极之深恩，而不得与襁褓之婴孩同一视，亦真可痛哭流涕矣。人只一不孝，便百行俱不必言。人只一不孝，便五刑无出其上。夫岂得无悔乎，亦岂得无惧乎？（右恭解孝顺父母）

在家有家长，出外有师长，一城中有官长，通天下有君长，此皆吾长上也。人若能循理守法，便即是尊敬长上，不专在仪文交际间。假如为士而讲求经济，化导乡俗，庶人而谨办征徭，输心捍卫，便即是恪修职业，尽忠朝廷，不必有官守而后为效忠尽职也。（右恭解尊敬长上）

和睦乡里的，便即是春融景象，人己物我，均一畅适。烈日严霜，凄风苦雨，有望而畏之耳。人于斯二者何处焉？今人只看得和睦乡里不甚紧要，所以不消去和睦，又看得和睦乡里的常要存几分忠厚，费了些财物，却又不肯去和睦，所以乡里间情谊乖离，俗不长厚也。古昔盛时乡田同井，出入相友，守望相助，疾病相扶持，是何等亲密，何等笃厚。然谓之相友、相助、相扶持，则彼此缓急，胥相倚赖，何费之与有？假令人人如是，处处皆然，将太和景象且在宇内，何况一乡哉而谓为不紧要者也？（右恭解和睦乡里）

父母无不知教训子孙者，惟其所为教，与子孙之所为成立者常相反。盖子孙之成立以勤，而父母怜以惰。子孙之成立以俭，而父母导以奢。子孙之成立以安，而父母遗以危。子孙之成立以正，而父母趋以邪。是知教而不知所以为教之道也。故圣训犹复谆谆焉。若曰：虽有教，与不知教训者等耳。教子孙，无先于耕读两事。今之教读者，则何如。且只以作文论，亦大有可异者。国家于五经四书，各取一师说布之学宫，盖出自诸儒会议，明圣折衷，陈之艺极，使天下学者知所趋向而不惑于二三之议，所以昭同文之治也。今士子既列在儒林，亲受功令，自宜恪守。顾舍此而创为新奇，别立意见，反戈助攻，无复有尊周之意。以人心觇世道，盖不胜隐忧矣。凡我同志，教家子弟者，慎勿为此诡遇哉。论教农则北方田地宽广，农事无法，人有遗力，地有遗利矣。吾今欲刻意讲求，如读书说文意选文字的一般，但得一耕耘种植之法，蚕桑果疏之事，便一一籍记之，久之而著以成书，传之境内，使人知农桑要务，而又使拾粪如拾金，趋时如趋利，锄莠如锄盗，遴佃户如遴才，亦教家急务也。因次之读书后。（右恭解教训子孙）

人各赖常业以生，然不谓生业，而谓生理者，以循理则生，不循理则不能安其生也。盖本分之外，无所营求，方始为循理者已。（右恭解各安生理）

常人无非为，则保其家。士大夫无非为，则保其身名。盖常人不可责以苛细，士大夫一失其身，则举其生平尽弃之，故比于常人尤不可不致谨也。（右恭解毋作非为）

郝敬《圣谕俗解》

郝敬（1558—1639），字仲舆，号楚望，湖广京山人，万历十七年（1589）进士，是明代著名的经学家。万历二十八年（1600）至万历三十二年（1604）出任江阴知县，行乡约，讲六谕，形成了《圣谕俗解》。二十五年后，他将其"录附家乘"，作为教育子弟的文本，亦收入其文集《小山草》（《四库全书存目丛书》补编第53册）卷十之内，第186—198页。郝敬在按语中说："此余宰江阴时口授邑父老子弟，距今二十五年矣。繙阅一过，转增不逮之耻。呜呼，其家不可教而能教人者无之。因录附家乘后，诒我子孙。情至语质，愚不肖可与知焉，正不必其辞之文也。"郝敬是在万历三十二年（1604）离开江阴知县任。因此，《圣谕俗解》的创作时间大约在17世纪的最初几年。《圣谕俗解》，乃是为讲乡约而作，故首有《江阴乡约题辞》。正文首列"圣谕"六条，接下来是"俗解"，先总论，再逐条俗讲，再总论。全篇俗语，"怎么""哩"等口语化的词随处可见。

此余宰江阴时口授邑父老子弟，距今二十五年矣。繙阅一过，转增不逮之耻。呜呼，其家不可教而能教人者无之。因录附家乘后，诒我子孙。情至语质，愚不肖可与知焉，正不必其辞之文也。

《江阴县乡约题辞》：江阴令曰：九江之东，大海之滨，是为敷浅原。其土气浮，其俗窳惰。市井之民，不务生而务讼。郊野之民，不学耕而学偷。岂其天性不善，上不教而下不率也。圣谟洋洋，嘉言孔彰。诗书所载，辞旨深远。吾提耳而诲汝，日亦不足。伏惟我太祖高皇帝天挺生知，要言不烦。六语二十四字，古今天地民物之蕴，礼乐刑政教化之源毕举矣。二百年来，导民者奉为蓍蔡，家传而户诵之。其词简，其理明，其意婉，其情切。呜呼！顽石朽木，亦当点头，况吾子弟，有血气心知者哉？勉之矣。

我朝太祖高皇帝开辟天下，当初设立这等许多官府，你们道是为何？只为你们百姓不肯安分，不肯学好，却教这许多官来箝束你们。若是你百姓们，人人安分，个个学好，便这些官府也不消用的。太祖高皇帝又做下一本书，唤作《大明律》。这书中说的，都是杀人打人问军问徒的话。你们道太祖皇帝喜欢要这等杀人，要这等打人，也只为你们百姓不肯学好，又不肯听教训，没奈何只得用刑罚了。假如你百姓们个个听教训，个个学好，这一本《大明律》，当初也不消做的。这等思量起来，便晓得为君的，千方百计，只要你百姓们为善。做官的，千方百计，也只要你百姓们为善。从今以后，你们何不回心转头，体太祖皇帝的心，体我们为官的心，大家改行从善，不犯法，不遭刑，保身保家，岂不是好事。但为善的事也多，教你们许多不得，若要明白易晓，只有太祖皇帝当日留下六句言语，劝谕天下后世，极是简要。我今说与你们。第一句孝顺父母。第二句尊敬长上，第三句和睦乡里，第四句教训子孙，第五句各安生理，第六句勿作非为。这六句言语，那一个人不记得，那一家不写一张贴在壁上，都做了一场空话，都不曾讲明这道理，都不曾思量这意味，今日与你们细讲一遍，仔细听着。

如何是孝顺父母？人生世间，不论贤愚贵贱，都有这一个身子。谁人身子不是父母生的？你们今日在会的众人，各各回头思想，当日你父母未生你时节，你身子在何处？在各人父母身上做一块，莫把你做一个看，把你父母另做一个看。你身与你父母身，原是一块肉、一口气。父母身上滴下一点骨血，才生出你来。到而今，你只认得你是你，把父母看做他人。钱财也道是你的，妻子也道是你的，把父母隔了一层看待。这等样心，还成个甚么儿子？你们众人各各思想，当初父母生你时节，如何抚育你来？十个月怀你在胎中，十病九死。三年抱你在怀中，万苦千辛。担了多少惊恐，受了多少辛勤？冷暖也失错不得，饥饱也失错不得。但有些子病痛，不恨孩儿难养，反恨自己失错。可怜可怜。未曾吃饭，先怕儿饥。未曾穿衣，先怕儿寒。想父母这等的恩爱，今朝却忤逆他，这还成个甚么儿子？你们众人各各思想，你父母的心肠，当初如何指望你来？孩儿才生，便指望成人。爬得成人，便指望长进，指望兴家立业。教得几分像人时节，便不胜欢喜。不听教训时节，父母便不胜忧闷，思量一生无靠，死也不瞑目，死也割不断。父母这等的心肠，今日不孝顺他，还成个甚么儿子。但世上不孝顺的事也多。今略说几件。假如父母要一件东西，不值甚么紧，就生一个悭吝的心，不肯应承。父母分付一桩事，没甚难干，就生一个推托的心，不肯担任。被别人骂，别人打，甘心忍受，自己的父母骂一句，打一下，就生一个嗔恨的心，反眼相看。似这等的情状，都成个甚么儿子？又有一等，背了父母，偏爱自己的妻妾，撇了父母，只顾自家的儿女。自己饱食暖衣，父母受饥忍冻。似这等忤逆不孝的人，还成个甚么儿子。又有一等，自己的儿女病，惊天动地，父母病，只当寻常。自己儿女死，哭断肝肠。父母死，哭也不痛。若是七八十岁死的，以为当然，及被外人嘲骂，反自解说：世上儿子都如此，希罕我一个？这等的人，禽兽不如。慈乌也晓得反哺，羔羊也晓得跪乳。这等的人，便是豺狼枭獍，天不容，地不载，生遭刑宪，死入地狱，是天下第一等凶恶之徒。我今劝你们众人，第一要孝顺父母。孝顺的事多，紧要的只有两件：第一件要安父母的心；第二件要养父母的身。如何是安父母的心？你平日居家，存好心，做好人，莫撞祸，莫生事，使一家安乐，父母的心里也安乐，教你妻妾，教你儿孙，早晚大家好生承奉，莫要使气违拗，莫要出言触犯。父母上面有祖父母，也要体父母的心如亲爷娘一般。父母身边有小兄弟、小姊妹，也要体父母的心，加意看待，使父母在一日，宽怀一日。这便是安父母的心。如何是养父母的身？随你力量，随你家私，尽你的心，早晚殷勤，寒则奉衣，饥则奉食，四时八节，以礼庆贺，生辰以礼祝拜，有事替父母代劳，有疾病请医药仔细调治。这便是养父母的身。万一天年告终，尽心尽力，以礼殡葬，春秋以礼祭祀，辰昏香火奉祠，这都是孝顺父母的事。你们这等孝顺，你的子孙依然是孝顺你。天地鬼神，昭报不差。常见世间有一等儿子，不孝父母，却说道：我要孝顺，怎奈父母难为儿子。这却见差了。刚才与你们道此身原是父母的身，儿子与父母，论不得长短。父母即是天，天生出的一茎草，春夏雨露发生，也由得天，秋来霜雪打死了，也由得天。父母生出来的身子，生也由得父母，死也由得父母，说得甚么是非，较得甚么长短？《大明律》凡父母以理打死儿子，勿论。古人云：天下无不是的父母。如何说父母难为你你便不孝顺的话？而今世上有一等极愚极蠢的，也晓得怕鬼神，也晓得拜菩萨，供城隍，赛土地，偏不晓得家中有一个老爷老娘，就是活菩萨、活城隍、活土地。你若肯发孝心，暗中神明点头，十分灵感。此实在话，莫硬不信。孔夫子是个圣人，教人只说个孝字，做出一本书，名唤《孝经》，万古流传。古有一个孝子，名唤虞舜，打鱼烧窑为生，平地里做了皇帝，也只为他是个孝子。而今人有多少富贵的，但不孝顺父母，人便不数他富贵，定要唾骂他。假如贫穷小民，晓得孝顺父母，乡里亲戚也夸奖他，官府也旌表他，说此人是一个孝子。若是不孝顺的，《大明律》上，开做十恶，凌迟处死，比强盗罪还重些哩。可见，孝顺是世间第一件极好的事，不孝顺是世间第一件极恶的事。这便是孝顺父母的说话。

如何是尊敬长上？许大的世界，许多的人民，都只是一个名分管定，一个礼安排。定名分，就是这个长上了。礼，就是这个尊敬了。如臣敬君王，子敬父，都是这名分逃不得，礼上少不得。且如当今皇帝陛下，是天下百姓的长上。一方上司官府，就是一方百姓的长上。这个当尊敬的。你们自然晓得了。至如你们家庭间，各有祖父母、父母、伯叔父母、兄嫂，一切内外眷属，凡是行辈在你上面的，年纪在你前面的，这是你家庭的长上。又有你母党的亲戚，凡是行辈在你上面的，年纪在你前面的，这都是你外亲的长上。至于乡党朋友，虽然不是亲眷，但遇年高有德的，不论贵贱贫富，长你几年的，便是你父辈，长你几日的，便是你兄辈。论分，都是长上；论礼，都该尊敬。有等之人，不循礼，不安分，一味粗野，一味强梁，只倚自家有钱势，富贵强似己的，便趋奉他，贫穷弱似己的，便欺侮他。这等之人，无长无上，心中狠，眼中空，胸中无一点谦让的意思。这等之人，气高胆大，越理犯分，无所不为。世间那里安插得此等之人？所以人在天地间，除了孝顺父母，第二件就要尊敬长上。长上如何便当尊敬？你看他，年纪大似你，行辈先似你，识见多似你，你自然是卑幼，他自然是尊长，你如何敢戏狎他？行当随行，坐当旁坐，问则谨对，有命则应承，当揖就揖，当拜就拜，不可一毫失礼，不可一毫违傲。这等都是尊敬了。有一等人，见得长上们大模大样，便使气，说道你我一般样人，我尊他敬他，他不加礼于我，却使性子傲慢起来。不知长江后浪催前浪，一辈新人捹旧人。你后日做别人的长上时节，少不得也是这等模样。他既是长，你便是幼。他既是尊，你便是卑。名分坐定了，礼法管定了，如何说这不安分、不循礼的话？又有一等人，外面假做小心奉承，其实心里刚狠，便与长上做一个揖，也是勉强，便与长上施一个礼，也是虚套。这等之人，人面兽心，到底轻薄，得志便是一个乱臣贼子。我今与你说破这尊敬两字，不是外面假做得的，是你们一点谦谨畏惧的真心。即如你们今日在会上，你心里真有一点尊圣谕、敬官府的心，才叫做尊敬。若只随班行礼，无有这一点真心，在此听讲，也是虚应故事。口里尊敬，心里傲慢，如何成得？必要心中真有这一点尊敬长上的心，外面才有这尊敬长上的容貌，假粧不得。即如本县近日驱逐的棍头秦日升、宣邦仁、李孝、童虎等，这五六十个人，不遵父母官的教训，好告状，好造访，好打行，惯包揽，窝盗贼，渺官府，如同儿戏，正是不尊敬长上了。及见官时节假小心，出外便大胆。这等之人，在家里定然干名犯义，在官定然欺君罔上，如何肯尊敬长上？所以要一点真心，方才成得。这一点真心，处处少不得。不但你的长上，就不是长上，也欺侮他不得。便是你的儿子，你的妻妾，你的奴婢，也不可倚势压制他，也不可恃强蹦践他。人是一般人，处处要谦谨，个个要体恤。我敬人，人亦敬我。我尊人，人亦尊我。到处小心，方才是个善人。这便是尊敬长上的说话。

如何是和睦乡里？大凡人家灾祸，多因与人不和睦起。亲戚不和睦，他还顾些体面。只有乡里不和睦，决定灾祸立至。古人云，行要好伴，住要好邻。人生同在天地间，少不得有一个安插的所在，少不得有几个乡里相处。古人云：八百买宅，千金买邻。乡里最是要紧。虽然不是亲眷，到比那隔远的亲眷，更相关些。虽然不是兄弟，到比那不仁的兄弟，更得力些。有等不知事的，只道各家门，别家户，有甚相干。不知田地相连，屋宇相接，起眼相见。别处人要寻害你，却隔得远。只有乡里间，生事害人却易得。一块土上，脱不去，躲不开，是非也是乡里间易得结。相处得好，乡里便是亲戚；相处得不好，乡里便是冤家。所以乡里关系最紧，决要和睦。但乡里也不同，也有做官做吏的，极富极贵的，这是强似你的乡里。安你贫贱的分，小心尊敬，不可得罪于他。也有极贫极贱的，这是不如你的乡里，存一点怜悯的心，常要看顾他。也有一种极凶极恶的，这是不好的乡里，要谨慎防避他，以礼待他，凭一点至诚心感动他，百凡事让他忍他。中间或更有一等贤人君子，为善积德的好人，这是一方的祥瑞、百家的师表，讬在他比邻，更要去亲就他，有事去请教他，待他要如父兄一般，敬他要如师长一般。又有一等尔我平等寻常一般样的乡里，此往彼来，如兄如弟，早晚相见，必须谦恭，四时八节，婚葬庆弔，必须以礼。有事相讬，有话商议，必须同心。有患难必须相扶持，有疾病必须看问，些小不平必须尽心相劝，不可般［搬］弄是非，使他构怨生事。盗贼火烛，彼此救护，不可欣灾乐祸。这便是休戚相关，一团和气，才成一个乡里。有一等不知事的，见乡里待我不好，我也去怪他。古人云：冤家是结的，他仇你不仇，冤家到底结不成。他不和睦，你只管和睦，一个愚，一个贤，到底他有悔的时候。若他仇你，你仇他，冤深害结，唇齿相连，到头有一场大祸，岂是保身安家之道？这便是和睦乡里的说话。

如何是教训子孙？大凡人家兴旺，也是子孙；人家消败，也是子孙。所以古人云：有好子孙方是福，无多田地不为贫。子孙好与不好，只争父祖教与不教。世上人那一个生下来就是贤人，都是教训成的。那一个生下来就是恶人，都是不教训坏了的。也有大户人家生出来的子孙，辱门败户；也有贫寒人家生出来的子孙，光祖泽宗。可知全在教训。人生一世，子孙便是后程。子孙不好，任你平生有天大的事业，总没交割。眼光落地时节，都做了一场话柄。就是手艺人家，也要一个接代的儿孙。所以人家子孙要紧，教训子孙越发要紧。有等富贵人家，只图有子孙，便说道见在吃不了、穿不了，只要有人，就不教他也罢，后来毕竟坏了。又有一等贫贱人家，父母不肯责望，说道富贵不得到我家里来，由他的命罢，也无师友，也无家法，到后来越是没下稍了。间或有知道教训的，动辄便说教子孙读书做文章，指望他中科第做官，这却又不是。世间读书的多，中科第做官的有限。多少读书做官的，取笑乡里，遗臭万年。多少耕田隐逸的，清风高节，流芳百世。子孙若贤，不在做官。做官要命，教训不成的。做好人不要命，教训得成的。劝你们有子孙的，好生教训。如何便是好生教训？古人云：严父出好子。又云：桑条从小蓄。趁他年纪小，知识未深，趁你年纪未老，作得主，早晚急忙教训。若待他知识大了，唤他不转。待你年纪衰了，钤束他不下。却有五件事要紧。常见人家父骄养儿子，与他好的吃，好的穿，到大来惯了，要齐整奢华，不知撙节，卖田借债，由这等来。人家父母疼儿子，随他喜的，便依从他。随他恼的，便替他打骂出气。到大来惯了，使性子，撞祸生事，由这等来。人家父母说儿子幼，不惺事，非礼之言，非礼之事，只管戏弄，到大来惯了，全没些忌惮。歪斜不志，诚由这等来。人家父母见儿子小，不责备他礼貌，行坐没好样，饮食没好像，到大来惯了，全然不知礼节。卤莽粗俗，由这等来。人家父母，喜欢儿子交朋处友，不管好歹，与市井游徒往来，引诱他摊场赌博，酗酒宿娼。丧命破家，由这等来。已上五件事，切记要紧，早宜隄防。未曾教他读书，先教他习礼，逢人揖让，举止端庄，言语谨慎，颜色温和。教他谦恭下人，莫教他佯风诈冒欺人。且休教他学做家，先教他学做人。教他做好人，先教他存好心。心是根本，心好方得人好。心好人好，自然增福延寿，兴家立业，耀祖荣宗。至于人家养女，也要紧。养得好底，虽不能勾承家立业；养得不好的，真个辱门败户，更要好生教训，加意防范。如近日武进县徐平的两个女儿，被光棍奚根、孙良相诱哄，走到江阴夏熟地方来，被保正盘获。这个便是不教训的样子。更有一说，人家父母，即是师傅。平日家庭间，子孙在眼前，父母说一句话，行一件事，早晚儿孙听着看着，一一都照个影子在心，不记自记，不会自会，如白布落染缸，不觉变成青蓝了。所以古人道，言行要留好样与儿孙。假如你平日在家，孝顺父母，子孙一定也学你孝顺。你平日尊敬长上，你子孙一定也学你尊敬。你平日和睦乡里，子孙一定也学你和睦。你平日在家非为，你子孙决也学你非为。你平日不务生理，你子孙决也学你不务生理。更有一说，每见人家父母，一等不教训的，纵容子孙为恶。一等教训的，又责望太过，使之无所容身。父母如天地，天地不宽，人向何处安生？枉费严厉，子孙越发躲闪，情意乖离，不祥之兆也。须是从容耐烦，早晚温存提携，不必动加鞭朴，恶言怒骂。虽然暂听，不过面从而已。语云：父慈则子孝。古人称，父母是严君。正家以礼，尊卑有序，内外有防，言行有则，即此是严君，非鞭朴怒骂乃为严君也。这便是教训子孙的说话。

如何是各安生理？这生理两字，你们还醒得么？生便是人的性命，理便是这道理。人若重性命，必须安道理。人若要作死，必然背了道理。凡事安理，方才安生。背理，必然讨死。所以叫做生理。你百姓们那一个不要安生，却有几个安理？所以叫你众人各安生理。世上生理也多。俗语云：道路各别，养家一般。士农工商，各居一业，但肯各人各分，都是生理。只奈人心不足，不肯安分守己。我说与你听着。且如极穷的小民，饥寒无奈，安自己贫穷，就乞食叫化、挑肩做工，也将就度日。这也是安生理。他却不守贫穷，要去东偷西抹，作贼为盗，自投法网，这就是第一等不安生理。又一等，将就过得日子，小小资本，微微利息，也是一个生理。他心高，妄想发积，却说人无横财不富，苟且贪图，胡行妄作，这正是不肯各安生理。又有一等人，家资钜万，田连阡陌，但肯为善积福，保守现在，才是安生理，他却倚仗财大势大，斗胆横行，欺公犯法，后来破家荡产，杀身丧命，这都为不肯各安生理。大凡不安生理的人，那有他生理的分？望高转低，弄巧成拙。古人说得好，万事分已定，浮生空自忙。譬如一茎草，自然一点露水养他。但各人安分守己，各有一条生路。休恨我不如人，人尚有不如我的。知足常足，切莫妄想。曾见许多赚大钱的，行险遭凶，不如小买小卖的，自在平稳。许多心高妄想的，分外营求，不如守艺农田的，长久安乐。古人云：万事不由人，都是命安排，所以教尔民各安生理。这生理却也多。你们众人且道还是那一个生理好？你们一定说，万般皆下品，惟有读书高了。这两句话，其实误人。你们道读书做官的，受享朝廷爵禄，这便是第一等生理。不想世上能有几多人做得官来。必定要做官生理，你们小百姓都傍壁死了。不知那做官的人，风波危险。好做官之家，骄奢放肆。虽然吃些好的，不是家常饭，穿些好的，不是家常衣，又骄养了子孙，又懒惰了奴仆。所以古人云：朱门生饿莩。若论生理，第一是农田好。所以古人耕田叫做力本，买卖叫做逐末。若是有田的人家，领着子弟奴仆，勤耕勤种，一粒落地，万颗归家，比买卖的利有十倍。园中栽桑，地里种棉，有穿的；池里畜鱼，家下畜牲，园中蓄菜，有吃的。便是天年水旱，广种薄收，尽勾糊口。眼不见官府，脚不踏城市，山中宰相，地上神仙。这是第一件生理。假如无田的人家，租得几亩，典得几坵，勤耕勤种，完了主人租，落得几斗米，妻子对食，也得安心落肠。虽是清茶淡饭，到比那膏粱美味吃得安稳。虽是粗衣大布，到比那锦绣绫罗穿得久长。妻子也不骄奢惯了，儿孙也不游荡惯了。本分生理，此为第一。这个便是各安生理的说话。

如何是勿作非为？这一句话，是我太祖皇帝教你百姓们利害切骨的言语。一部《大明律》，也只为这一句话做的。这许多官府，也只为这一句话设的。如何叫做非为？凡行一切不善之事，大小都叫作非为。一部《大明律》，笞杖徒流绞斩，以至五逆十恶凌迟处死，都是一个作非为的样子，说不尽，数不尽。譬如这江阴一县，好百姓多，作非为的也不少。生事告状，如朱学、童四等；放囊赌博；如秦日晓、季九等；打行絷囮，如李孝、李忠、宣大、宣二等；造访害人，如王前溪、尹心野等；捏写词状，如陈道、朱抱恒等；包告包中，如周奉津、陆应南等；

窝盗私贩，如徐元真、朱大邦等；明火打劫，如梅可学、王景荣等；强奸人妻，如严勋、杨二等；假捕诈人，如夏四、钟二等；包揽侵欺，如刘震峰、顾江等；行□□□，如顾橄、徐龙等。这一班人，都是作非为的，重则斩绞，轻则徒流。已犯者老死囹圄，拖尸牢洞。未犯者，恶贯满盈，终遭宪纲。这都是作非为的样子，都是你们眼见的，可是哄你么？他们到这个田地，方才知悔。你们众人不曾到这个田地，那晓得怕？今日不怕，将来也要悔。今日悔的，当初只因不怕。仔细听着，我说与你们一个端的。凡事千差万差，只因心上一念之差。一念错起，直错到那悔不得的田地。你们今日在会的众人，各向自己心头打点一切作非为的心，还是有，还是无？凭你瞒得人，瞒得官，瞒不得你自己的心。你自己的心，昭昭明白，天看见你心，鬼神看见你心。古人云：人间私语，天闻若雷；暗室亏心，神目如电。此等说话，字字真切，莫硬不信。你若道自己乖巧，能欺官，能骗人，鬼神暗地随着你走，丝毫藏不得。你不怕人，不怕官，不怕律法，难道鬼神也不怕？天也不怕？你不怕天，天决不饶你。你不怕鬼神，鬼神决不饶你。不遭官刑，也折福损寿，尅子害孙，纵然生子生孙，不与你讨债，便是与你还债。你等回去，闲中无事时，夜半睡醒时，念头初起时，仔细思量，但有一点非为的心，急忙回头，便是做好人、行好事的根基。古人云：诸恶莫作，众善奉行。又云：但行好事，莫问前程。这便是勿作非为的说话。

以上这六句话，是我太祖高皇帝教百姓的一点肫肫切切、没奈何的真心。我今与你逐句细说过了，只恐你们还理会不及。我今再从头与你总说一遍，仔细听着。太祖高皇帝当初平定天下时，杀了多少不学好的人，留下这几句话，劝你们天下后世人。这等样婉曲，这等样丁宁。前面五句，就是父母教儿子，也只是这等慈悲了。第一句从天理人心上劝化你们。若是有善根的人，只销一句孝顺父母，说得肝肠断、眼泪流。这一点良心发现，便做了一个彻骨彻髓的仁厚君子，那里还有半点非为的心？却有一等中下的人，心性傲，气习粗，所以再说第二句，教你小心谦恭，尊敬长上。又怕你生事害人，再说第三句，教你安静平易、和睦乡里。若是知痛痒的，再销这两句，自然转头了。又怕你们还不醒悟哩，仔细加意，丁宁嘱付你，教你保身保家，教子孙安分守己，各寻生路。说到这里，少不得隄防着你了。你若再不醒悟，还到那里去？所以末一句，斩钉削铁，苦口厉言，叫你勿作非为。仔细思量，这一句话，一霎时枷锁刑杖，都在面前了。仔细仔细，好生听着。可知我太祖高皇帝圣意，原是大慈大悲菩萨的心肠，要普天下的人，个个孝子，个个仁人，那肯把一些不好的心来计较你们。争奈你们百姓愚顽，说到没可说处，劝到没可劝处，少不得与你们直言判定了。你们还不肯回头哩。聪明的人，一句孝顺父母，千了百当。若是顽钝的人，教他勿作非为，他偏要非为，到此时节，只得用刑杖了，只得动刀斧了，驮枷带锁，粉尸碎骨，到这时节，还埋怨谁哩？所以古人云：君子点头便知，愚人千唤不转。你们若是醒得，也不销我再讲。若是不醒得，只将这六句圣谕当做六句符咒，早晚念诵，将这二十四字，当二十四颗明珠，珍重把玩，将本县今日与你们讲的，各归家温习，早晚思想，依此奉行。休道是做一个好人，便是要做圣贤，只此六句话，也彀了；便要成佛修仙，只此六句话，也彀了。若肯奉行，家家君子，个个好人，便《大明律》也不销用得，官府也不销要得，何况刑杖枷锁，要他怎么？同享太平之福，同登羲皇之世，何时得到此田地？大家努力。

张世臣《崇明乡约》

张世臣，字忠鼎，河南新野县人，举人，万历二十九年（1601）任崇明知县。任内重视教化，"移檄造士则缝掖好修，立约劝民则顽梗向化"，政绩卓著。《崇明乡约》为其万历三十年纂注。张士臣释六谕时的一个重要创新性内容，即是将"孝顺"二字拆开，以为"顺"是较之孝更进一层的境界，即在养亲之外，要能"翕兄弟、宜室家、乐妻孥，以顺父母之心，而又惩忿窒欲，不以一朝之忿亡身及亲"。其解生理，也有其特出处，虽然说生理"以正则士农工商，以余则僦佣隶卒，并蚕媪织妇诸品，莫不有业落于中也"，但同时也说生理二字相须而成，颇有明代理学家的辩证、融通的思维："曰生者，天之所赋以象形也。曰理者，人之所藉以主生者也。生中含理，理中藏生。故欲生者，必须秉理，而违理者，决然丧生。其机相须，捷若桴鼓。见若影竽，毫不假借。"其最有趣者，莫过莫作非为中谈到当时人的各种"非为"中有"灌水肉、沙鸡"等行为，灌水肉当即注水肉，而沙鸡当是鸡在售前食中拌沙以增加鸡的重量。今录自万历《崇明县志》卷十《艺文志》，载《上海府县旧志丛书·崇明县卷》上册，第148—151页。

《乡约仪注叙》：崇明令曰：不佞谬司民牧，一邑之风俗，实纲纪之。载味尼父训云："斯民直道而行，则无论叔季与三代矣。"乃崇明屹立海表，隶吴会，习俗岂乏善良？惟是一二蚬讦鹜讼之辈无所回向，遂以悍犷驰声。先有司往往薄之，此讵独其天性固然，子弟之率不谨，而父兄之教不勤也。不佞躬修多阙，言不纯师，行不纯表，愧无以挽归于正已，而思导民之方，即纏纏载在诗书中，叠闻罕漫，凡民靡得而喻云。钦惟我太祖高皇帝天纵神奇，真训六语，□举天地民物之蕴，悬诸日月，洋溢八区。当时士有不谭王道者，则樵夫□之，而矧今区区一海陬，圣风有不云靡者也。不佞为此惧，复规注成册，立为乡约，以化导□民。每朔望，进诸缝掖，诣约所，娓娓讲解。□□□弟蝇药而耳之，阁迷于听行之，仅一吏事□见环扉而听者，罔不首肯意饱而去。吁嗟乎！淳风渐□，秋云难拟，良心未凝，直道自在，谁谓民之不三代若哉？即贾傅讥薄□，魏徵惧浇漓，苏言变俗，周论极重不返，总皆有激而言，非尼父宗旨也。嗟嗟！尔等父老子弟，人之所好而不足者，善也。尔等倘有善乎？亟交相劝勉，日强其所不足。人之所丑而有余者，不善也。尔等得无不善乎？亟交相惩戒，日拂其所有余。去其不善者以就其善者，□在此二十四字中矣。此不佞纲纪民风意也。尔约正，其乃尊之惜之已经耳。万历三十年岁舍玄默摄提格皋月之吉，知崇明县事南阳张世臣手识。

孝顺父母议。尔辈要认得身从何来，乃父母生尔者也。束妊十月，何等苦辛。临产弥月，何等惊惧。生得一男，何等喜欢。怀抱三年，何等劳顿。自学步而总角，何等爱护。自总角而冠娶，何等周全。父母之恩至极矣！彼太朴未雕，无不知爱其亲者，至好色则慕少艾，有妻子则慕妻子，而视父母若漠然不加意。其间曲意承顺者未必无人，然揆之叔季，实千百而一二也。吁嗟哉！乌知反哺，羔识跪乳，尚有反本之思，岂灵为人，而反鸟兽之不若耶？是可叹已。诚能未寒思衣，未饥思食，导尔妇称家有无，随分敬具甘旨，而疾言怒色不一加怵于前，偶疾则尝药，遇作则服劳，此颇足称孝矣，而未可称顺也。所谓顺者，必翕兄弟、宜室家、乐妻孥，以顺父母之心，而又惩忿窒欲速，不以一朝之忿亡身及亲，且尤延访邑之经明行修者，虚心领教，询古何人能孝？何人能顺？今生何孝可先？何顺可承？拜昌言，佩懿训，而日见之躬行，不以昭昭改，不以冥冥堕，则自然承欢膝下，真爱流行，而处庭闱居党闬绝无一毫拂经悖理之祸矣。此大顺之道也。圣祖言孝而又下得顺字，极好。盖孝顺为百行之原。不孝乎亲，不可以为人。不顺乎亲，不可以为子。古今通议也。然顺以成孝，包日用当，为事极广，最为吃紧字面，故揭之首句，俾人从养亲处先加力，而尤极意于收敛身心，不致贻父母羞辱，此正为人为子养志顺成一段大道理，所宜不愧屋漏而无忝尔生者也。尔辈其细思之，约正宜以此相谕。

尊敬长上议。长上者何如？祖父母一辈，父母一辈，及长兄嫂一辈，与一切宗族戚属，凡行列年齿居己之上者皆是。又有里闬中年高德邵，平生与父祖交契往来，名曰祖执、父执，非可与乡人类视，亦得称长上。尔辈见此等人，行则随行，坐则隅坐，有问则对，有命则承，当揖则揖，当拜则拜，切不可丝毫违慢，又不可芥蒂愠颜，以蹈失礼之咎。且毋恃尔势力，逞尔机锋，而富则趋之，贫则凌之，方是尊敬道理。又有一等貌若似恭，而中怀刚戾，礼若似逊，而实出勉然，安所称尊敬也？盖敬由心生，匪衷则伪。圣祖恐人之伪也，揭而名之曰尊敬，欲人以一敬持心，懋终始祗承之实，方是真尊长上。不然，内外罔孚，能保不渝，亦难矣！抑又有说焉。如官长、师长以至所长司总，亦尔长上也，皆尔所宜尊敬也。尊敬之道，岂以趋避迎谒为象恭哉。倘士人壹禀礼度以上接，齐民一循法纪以上承，军士并受约束以上听，则上下肃肃雍雍，蔼然一尊敬之俗矣。第虑风漓叔季，世变江河，而军民或未必尽然也。尔辈其细思之，约正宜以此相谕。

和睦乡里议。乡里者，同乡共井之人也。古云：千金买邻。语曰：里仁为美。可见和睦极居乡第一义矣。且乡里与尔阡陌联界，灯篝接火，出入起居相颜面，庆吊守望相殷勤，一时空乏相赈贷，岂眇鲜哉？缘汝将人己异视，彼此殊分，故鲜姻睦之实耳。世谓远亲不若近邻，此言虽小，可以喻大。今为尔计，若邻有善良，是吾师表，则隆礼以敦其敬，谦益以大其亨。设不己若也，尔则矜彼未逮，秉志诚以匡直之、劝牖之，务使均善而后已。其富贵耶，于己何加，而不之忮。其贫贱耶，于己何损，而不之傲。介之以和易，令人可亲。居之以忠信，令交可固。不以强凌弱，不以众暴寡。火盗则急尔缨冠，有无则通尔输济，疾病则多尔扶持，不以小忿兴讦，不以寸长挟矜，不以纤昧起猜，不以琐嫌介意，此方是和睦真率之道。虽其他端绪却繁，非笔舌所罄，而大概似不越此。若但知争竞其房屋，而务为取胜，贪利其界壤，而肆为梭[唆]讼，不至倾败彼家不已。第恐敛怨丛谤之生，必致出尔反尔之报，则谚云千年百主之说可味也。老子曰：其事好还。斯言岂欺我哉！事兴之日，纵尔噬脐悔，亦何及！尔辈其细思之，约正宜以此相谕。

教训子孙议。凡人生刻意营建，多为子孙百世计。一旦遭不肖子荡费无余，人方咎子孙之无良，而罔识教诏之不豫，父兄亦与有责矣。孟子曰：中也，养不中；才也，养不才。故人乐有贤父兄也。惟是过庭必咨，义方必训，夫然后父兄之教可不肃而严，子弟之学可不劳而成。古今率是道矣。如宿根不假戒饬，而自骎骎焉底有成者，此殆天授之资，谅不易得也。大都善教训者，当韶角之年，必养其良知良能，教以爱亲敬长，春夏诗书，秋冬礼乐，择师傅之良者以善迪，远朋友之匪者以端趋，令之甘淡茹冲而发董帷之愤，不使淫纵破义而酿叔段之邪，则文学优长，行谊端悫，计当脱颖而显扬有待，岂患无期。如资禀庸劣之徒，听其甘习力作，然亦不可令彼恣睢自肆，堕落罪尤，以陨家声而覆宗祐也。如曰吾享盈赀而得子孙以续，后亦足矣，任之使服纨绮而餍鼎俎，列雕缶而盛驺舆，谓足以利我子孙，博我声誉，而讵知侈为恶之大，孰与俭为德之共乎？古所称以燕翼子诒厥孙谋之道，真有在彼不在此者。今崇邑郭郊闻颇盛家塾，未知曾议及此否？无则加勉可也。尔辈其细思之，约正宜以此相谕。

各安生理议。生理者，以正则士农工商，以余则儎佣隶卒，并蚕媪织妇诸品，莫不有业落于中也。安者，各安其所之谓也。世之愦愦者，但知骋我机心，鸡鸣而起，孳孳焉惟利是向。若曰：我生理在是矣。而畴知生理之奥义，类非庸俗所易知也。曰生者，天之所赋以象形也。曰理者，人之所藉以主生者也。生中含理，理中藏生。故欲生者，必须秉理，而违理者，决然丧生。其机相须，捷若桴鼓。见若影竿，毫不假借。而间有杀机未著，小人幸免，遂曰天理无有，何预吾事，而不必安也。讵思得理则虽死犹生，失理则虽生犹死。甚矣，生理二字。吾人所以植立宇宙间者，籍以此尔。人能看得真正，于本分外不为妄图，而安此天命之常，则父母自然孝顺，长上自然尊敬，乡里自然和睦，子孙自然教训，举天下之纤者、巨者，靡一不就吾条理中。此真一贯之道所流通也，而亦知命之学所触类也。倘四民等不识生理自天，务反其常而竭心力以图之。士人曰何以利吾家，而奔兢之途辟矣。农人曰何以利吾家，而影射之弊滋矣。工人曰何以利吾家，而滥恶之术售矣。商人曰何以利吾家，而捏补之讼起矣。下此罔不皆然，是循生理之名，反不胜营利之扰，而失生理之实，竟昧其从出之原。纵利可袭取，而孽衅且踵接矣。尔辈真细思之，约正宜以此相谕。

毋作非为议。嗟乎，人心之放久矣。大都形于为者，悉原于心，故君子素位而行，不愿乎外，此根心之说也。宋人曰：吾昼之所为，夜必焚香告天，不敢告者，不敢为也。又曰：吾无一事不可与天知，无一句不可对人言。遐哉！先哲所以洗涤心源而伟然树正大光明之业者，职此由耳。然此可为君子道，难与众人言也。今姑与尔辈评之。所称非为者，原不出前五者之外，如孝顺，如尊敬，如和睦，如教训，如安生理，皆民所当作为者也。如不依五者，便是非为矣，而尔等可作乎？推言之，其大若造窝访以恣倾陷，名打行以肆横暴，扎火囤以害善良，或起灭而倾人之产，或盐贩而越人之货，或违抗官府，或匿名梭［唆］谤，或略卖人口，或人命图诈，或窝藏盗究，或威逼侵占，或飞洒诡寄以图便益，次或沉湎酒色，或摴蒲博掷，或低铅杂骗，或剪截袖包，或两设天平斗斛，或多灌水肉沙鸡，一切荐理之事，皆非为类也。试于平旦时一揣度之，果属正乎？抑属非乎？果当为乎？抑不当为乎？灵台之良知自启矣，若曰癏室谁闻，中藏谁识，而吾复谁顾也，讵意共视共指，莫见莫显，昭昭若脯肝然，而又谁掩耶？倘悔迁有日，将前孝顺五句从头一一理会，而□谢□百端邪辟之行，便□一个良民，驯俗保身保家以至显亲亢宗。天地间所号大作为者，端不逾此。孟子曰：人有不为也，而后可以有为。此言宜写一通，铭之座右，以长作韦弦之警，方得再拈，不尔□则明有宪法，幽有神威，决尔殛无赦。缘善恶两途，皆由此一心中造出也。尔辈其细思之，约正宜以此相谕。

萧雍《赤山会约》

萧雍（1550—?），字思贤，号慕渠，直隶宁国府泾县人，万历十一年（1583）进士，授工部主事，升员外郎，出为江西参议，历浙江提学副使，致仕归，后以荐复补广东按察副使，升广东左参政、按察使，累疏乞休归。《赤山会约》是萧雍在赤麓书院举行讲会时所设会约，下列遵谕、四礼、营葬、睦族、节俭、正分、广仁、积德、慎言、忍气、崇宽、勤业、止讼、禁赌、备赈、防盗、举行、黜邪、戒党、置产、恤下、闲家、端本等23条。遵谕，即遵从圣谕，亦即遵从明太祖六谕。今据丛书集成初编本（商务印书馆1936年版）誊录。

圣谕六条，修身正家之道备矣。遵时，顺也；违令，罪也。恭绎其义，冠于篇首。

父母生我，恩同天地，无能为报。人少时，何曾一刻离得父母？后来情欲日深，孝心渐衰。富厚者享用现在，不念父母辛苦所致，争多嫌少。贫者不肯将无做有，竭力奉养。羊跪乳，鸦反哺，禽兽尚然，人反弗如，宁不愧死？顺字要细心体贴，就使奉养十分，周旋言语欠婉，颜色欠和，纵有三牲五鼎，亲心乐乎？曰孝顺，德也，百行之原，首谕之。

人生过恶，皆起于傲之一字。傲，凶德也。少凌长，下凌上，卑凌尊，仿效成风，大非美俗。存一敬字，处同辈且不敢慢，况长上乎？相见深揖，道逢下马，坐必依礼，行必让先，名分所在，岂宜轻忽？史称万石君家，人称礼义世族，不亦美乎！

同井曰乡里。朝夕相见，出入相友，守望相助，最近而亲者，乡里也。田地相连，牛马相侵，语言相闻，最易起争者，亦乡里也。人生世间，前乎千亿万年，后乎千亿万季，中间百年，幸而生同时，居同里，亦是前缘，奈何不相和睦，而为无益之争乎？我争人，人亦争我，讨多少懊恼。我让人，人亦让我，讨多少便益。强者以大恤小，弱者以小事大。有事和解，毋以小隙而成大讼。有患相恤，勿幸灾祸而起贪心。百事忍耐，出言谦逊，一团和气，不生嫌隙，生前乡里敬重，殁后乡里嗟叹，岂不称善？何事招怨而蒙恶声也！

凡为祖、父者，谁不知教训子孙。其所以教人，非也，下者教子孙尚武健，逞威风，见有口辩喜生事者，辄以为能；次之教子孙习举业，取科第，为家计而已。武健原非美事，科第自有分数，不若教子孙孝悌忠信、谦恭退让、切身做人的道理，自小养得气质平和，日后定为贤达君子，大则显祖光宗，次亦保身兴家，于前人有光。《易》曰：蒙以养正，圣功也。则教何可以不端也？

安生、非为二句相因。人只为不安生理，便要胡行乱做。若肯各安生理，士勤读，农勤耕，工勤业，商贾勤市肆，业有专攻，心无越思，决不肯放倒廉耻，甘心做非理犯分之事，自干刑宪。眼见世上人安生理的平稳自在，何尝有妄祸及他。作非为的天网难逃，何尝有一个做得穿头。安字要玩。勤生理是安。设生理不遂，肯安命亦是安。不勤本业而好骄惰，与不安义命而起妄心，皆危道也。生理穷促，饥寒迫身，欲不非为，不可得已。

以上六条，圣训昭然。凡为臣民，所当庄诵而恪守之者也。会中宜以是劝。

耿橘《乡约诗》

耿橘，字蓝阳，又字朱桥、庭怀，直隶河间府献县人，万历二十二年（1594）举人，万历二十九年进士，万历三十二年（1604）出任苏州府常熟知县，修复虞山书院，与东林顾宪成、高攀龙等讲学，又于虞山书院行乡约，讲六谕，擢御史而去。《乡约诗》为乡约举行时所吟唱。而且，耿橘还要求说："凡我百姓，无论老幼，俱要熟读乡约诗，家常无事，父子兄弟相与按法而歌，感动一家良心，销镕大小邪念，莫切于此。"所谓按法而歌，是指歌旁标有吟唱之法，有平、舒、折、悠、振、发等吟字之法，串以钟磬，而每首诗最末一句需重复吟唱。诗凡六首，配合六谕而行。《乡约诗》载见张鼐《虞山书院志》卷四《乡约仪》，第82—84页。

孝顺父母诗

问尔何从有此身？亲恩罔极等乾坤。纵然百顺娱亲志，犹恐难酬覆载恩。

尊敬长上诗

等伦交接要谦恭，卑幼尤当肃尔容。慢长凌尊三尺在，谦爻皆吉傲多凶。

和睦乡里诗

同里同乡比屋居，相怜相敬莫相欺。莫因些小伤和气，退让三分处处宜。

教训子孙诗

人家成败在儿孙，败子多缘犊爱深。身教言提须尽力，儿孙学好胜遗金。

各安生理诗

本分生涯各听天，但能勤俭免饥寒。穷通贫富天排定，守分随缘心自安。

勿作非为诗

为非但顾眼前肥，一作非为百祸随。鬼责人非王法在，看谁作孽得便宜！

秦之英《六谕解》

秦之英，字子才，陕西西安府三原县人，万历三十四年（1606）由选贡任武陟令，讲学明经，修万历《武陟县志》，解释圣谕并绘图勒石。秦之英的《六谕解》碑原藏武陟县文庙，现藏河南武陟县博物馆，仅剩《杨津尊敬图》和《刘宽和睦图》。万历《武陟县志》艺文内辑录秦之英《六谕解》全文。

孝顺父母解。父母不止是生身的是我父母，凡高、曾、祖父母及伯、叔父母皆是。《诗》曰："岂弟君子，民之父母"，凡今长官皆是。我劝尔民，生身的父母须要晨昏定省，竭力尽分，着实孝顺他。如今尔民父子另住，至于骂詈本宗、抗违官长都不是孝顺处，故圣祖第一条特揭孝顺父母，示训惓惓，令尔等尽子民之道也。外有《闵子孝顺图》刻于碑阴。

尊敬长上解。长上非必自己的同胞兄长，即堂、从及姑姨众亲与夫朋友乡党间兄长皆是，又如今之官长凡有分住着皆是。故曰长上尊敬者，尽为弟为下，道理不敢违抗，唯命是从。孟子曰："出以事其长上。"味一"出"字，而长上之说了然矣！外有《杨津尊敬图》刻于碑阴。

和睦乡里解。二十五家为里，一千五百家为乡。夫人多知此是乡里，不知以天下论，道省为乡，以一省论，又一府一州一县各自为乡。且说别省府州县人在武陟住，难道不是同乡？又如武陟人在别省府州县住，亦难道便非同乡？和睦者，彼此相敬相让，无一毫忌毒心，待本乡人固是如此，即处外人来也是如此，即在外处偶见本乡人，也是如此，方才是个和睦乡里。外有《陈[刘]宽和睦图》刻于碑阴。

教训子孙解。子孙非必自己的子孙，但伯叔堂从子孙皆是。谓之曰教训，不但是请师访友，教他读书，就把圣谕来教他，且如父母来教他如何孝顺，长上教他如何尊敬，乡里教他如何和睦，一味安其生理，毋作非为，又要时时提醒他，但有些不足处，轻则叱呵，重则责打，令子孙都成个好人，必如是，方谓之教训。外有《范文正教训图》刻于碑阴。

各安生理解。生理犹如士农工商各归本业，凡各人所职守的便是。秀才就要读书，农夫就要耕种，僧道就要礼佛演教。凡本分之外，但有一件妄为，便不是生理。曰各安，大有滋味，尔民若依圣谕，个个都做本等生理，那有奸诡盗贼等项，而一邑号称良民矣。外有《徐孺子各安图》刻于碑阴。

毋作非为解。非为非必是赌博做贼，捏告窝访。即如不孝顺、不尊敬、不和睦，但不各安我生理处便是。又如揽收钱粮、侵欺官银，与凡殴打公差，一切结党害人之事皆是。曰作者，言非为自我而生，故曰作也。太甲曰："天作孽，尤可违，自作孽，不可活。"又《传》曰："作善降之百祥，作不善降之百殃。"尔民凡丧身之家之祸，皆由作起乎！毋作之说，圣祖之为吾民虑也远矣。外有《戴渊毋作图》刻于碑阴。

李思孝《皇明圣谕训解》

李思孝（1561—?），字百原，直隶大名府东明县人，嘉靖四十年二月初四日生，万历十七年（1589）进士，历昌乐知县，擢江西道监察御史，万历二十四年巡按山东，又巡按陕西，升太仆寺卿，巡抚山西，万历三十七年升右佥都御史，巡抚河南，万历四十年罢官，卒，天启三年赠兵部左侍郎，所著有《绿雨亭稿》二卷。《皇明圣谕训解》由河南布政使司刊行于万历三十八年，今《域外汉籍珍本文库》第二辑史部第九册（西南师范大学出版社、人民出版社2011年版）影印。

孝顺父母

人生在世，那个不本于父母？怀胎十月，乳抱三年，生养深恩，如天罔极。人做孩儿时，个个知爱父母，只因长成后，好财产，私妻子，便把父母看如路人，不知孝顺。你看乌鸦尚知反哺，羊羔亦知跪乳。人若不孝，反比禽兽不如。故为人子者，当孝顺父母。平居供奉饮食，有疾亲尝汤药，有事身代劳苦。父母爱的，我亦爱之。父母有命，我都从之。倘父母有过，亦须委婉劝谏，不致陷于不义。至于丧则尽哀，祭则尽敬，随富随贫，不逆不悖，此孝顺之道也。

况我宗室，衣租食税，皆是父母承太祖深恩传与我的，比那庶民劳神苦形营置些须田产以遗子孙者恩德更大，如何可以不孝顺？昔汉东海王臻，母卒，吐血毁瘠，顺帝诏曰"至孝纯备、仁义兼弘"，增封五千户。南齐宜都王铿，三岁失母，及有识时，问左右知之，便思慕，求一梦见，六岁果梦见之，物色如平生，闻者悲之。其不孝顺者，如汉常山宪山有病，子勃不侍，及薨，六日出舍，竟陷不义以灭国。唐巢刺王元吉，悍鸷不顺，即乳母陈善意，命壮士拉死，终不免禁门之说，皆恶报也。大都世禄子孙，习于宴安，父母鞠育之艰、顾复之劳，尤易忽忘。圣祖首揭孝顺父母一件，非特为齐民设，亦为子孙训。是故节孝者，奖谕有例，不孝顺者，律例有禁。试观宗室，孝顺的，如弘治间韩辅国将军徵𨱏，割股捄父，病获痊，赐玺书奖谕。鲁镇国将军阳铢，孝友兼尽，赐坊彰善嘉义。嘉靖间，周鄢陵王睦杓，比年七十二岁，乐善孝友，敦宗睦族，遣官褒谕存问，何其荣也。其不孝顺的，如成祖时，汉庶人子瞻圻憾父杀其母，屡发父过恶。成祖曰：尔父子何忍也！后庶人悉上瞻圻前后觇报中朝事，又曰：廷议旦夕发兵取乐安。仁祖召示瞻圻曰：汝处父子兄弟间，谗构至此，稚子不足诛。遣凤阳守皇陵。正德间，庆城王奏弟奇涧降革，乞给冠带，圣旨：奇涧所犯，系是抗拒父命，不孝之名难逭，不准与冠带。嘉靖间，岷王彦汰，坐幽囚嫡母焚死，革爵为庶人，又何辱也？语曰：吾刑之属三千，罪莫大于不孝。为帝王家子孙，又何不爱惜美名，甘犯大不韪哉？《大明律例》：凡子孙违犯祖父母父母教令，及奉养有缺者，杖一百。《宗藩要例》：一、宗室中有孝友兼至，及妇女守节贞烈，足以激励风化者，各具实迹奏闻以凭核勘明白，或立坊旌表，或请敕奖谕，或加赠封号，长史教授官并宗仪人等，不许需索抑勒，亦不许扶同欺罔，有孤恩典。

一、报应二条。五代时有个陆政，事亲最孝顺，有好衣好饭，先奉事他父母。自己常是粗衣淡饭。他的母亲好食鱼，后来迁居北方无鱼，陆政恐他母亲食不如意，各处讨来，辛苦奔忙，饮食俱废，因此感动天地。他院内忽一泉涌出，日日有鱼在里边，取给母膳，乡人感叹，把泉叫做孝鱼泉，至今尚在。他如熊衮行孝，家贫不能举丧，天赐雨钱三日。董永卖身葬父，天降织女为妻。此皆是孝顺善报，人所共知。

鄱阳有个王三十，家极富厚，不孝父母，后来他父母有病，自买一个好棺木，及死后，三十又将松木换了，没多时，天忽阴云骤合，三十被雷打死，倒置其尸，尸上有字云：不许家人收葬。三十的儿子，将尸埋一土壑，夜复风雷大作，将尸击为数块四散，其子亦不敢收。只因忤逆不孝，致犯天威如此。又如张法义，睁目骂父，两眼流血而死。虹县张宁，因遁荒弃母，被家犬咬喉而死。福州郭长清，以渔为生，不养父母，后一鱼死化蛇，缠喉而死。此皆是不孝顺恶报，人所共知。

尊敬长上

如何是长上？大凡年纪比我大的，辈数比我尊的，本管的官长，皆是长上。虽有亲疏不同，都不可不敬。如同行须让前，同席须让上，命坐方坐，命食方食，勿傲言，勿傲色，常见须揖，久别须拜。官府法令，无不敬守；业师言行，无不听从。这便是尊敬之道。我能尊敬长上，先为比我卑幼的立个样子，我以下那卑幼的，亦自然尊敬我矣，尊敬长上，岂不是好？

况我宗室中长上，皆是天潢尊辈，更比民间不同，为卑幼的，敢不尊敬？就如地方官长，都是朝廷命臣，可不加敬？此皆尊敬长上之类，若自恃我是皇家宗派，将高年的任意欺凌，便违却尊敬之谕，戒之戒之。《大明律》一条："凡同居卑幼若弟妹骂兄姊者，杖一百。"凡人家子弟，多因少时骄傲成性，不知以礼义自束，或以卑凌尊，或以幼傲长，或以疏贱辱尊贵，此等气度，宗藩尤易染也。昔周封建亲戚，以藩王室，文昭武穆，序不可乱。虽有三命，不逾父兄。南齐豫章王嶷，高帝第二子，兄武帝以事失旨，高帝颇有代嫡之意，而嶷事武帝愈恭，故武帝友爱亦深。唐韩王元嘉，与其弟鲁哀王灵夔甚相友爱，兄弟集见，如布衣礼。此古人之尊敬长上也。汉楚王戊连谋七国，季父休侯常使人谏戊，戊曰：季父不吾与，我起先取。季父休侯，思奔京师，而戊卒亡楚。唐濮王泰，乘太子承乾病蹇，以计倾之，谋为太子。太宗遂幽泰而罢其官。此古人之不尊敬长上也。我高皇帝严为祖训，无非欲子孙敦昭穆之典，崇谦让之风，戒长傲之习，广亲睦之化。尝曰：凡王世子，必以嫡长，以庶夺嫡，降庶人，重则远窜。成祖时，议建储，藩府旧臣善汉庶人，称二殿下功高，成祖曰：居守功高于扈从，储贰分定于嫡长，汝等勿复妄言。蜀献王时，友堉为世孙，华阳王悦燿谋夺嫡，走京师诬友堉，仁祖怒，抵奏地下，曰：嫡庶大伦，干分诬亲，独不畏鬼神乎？徙之澧州。长幼之分，在祖宗时其严如此。今日楚中如荆府，则有载城、载埘之交搆，广元王府则有宪袄致摄之纵恣，此皆章章著闻者。其不闻于官者，尚多也。诚自思念，嫡不凌庶，庶不夺嫡，尊不暴卑，卑不抗尊。尊高皇帝勿失亲亲之训，守文皇分定嫡长之说，严仁皇干分诬亲之戒，则伦序以明，恩义益笃。语不云乎，君子笃于亲则民兴于仁。诸贤宗室，幸相与守之。

一、报应二条。元朝有个人，名叫周司，为人极是谦下，不但宗族亲戚比他长的不敢轻慢，就处乡里间见前辈如父执，待同辈如敬兄。一日过江，风浪大作，一船人几乎溺水。及到岸上，闻一打鱼人说：昨夜水边有人说，明日午时当覆一船，取二十人，但有周司在上，不可坏此好人。只因他平日尊敬长上，以此感动鬼神，连一船人都救了性命。又如杨津，敬兄杨椿如父，后来兄弟并登台鼎。司马光事伯兄友爱甚笃，后做宰相。王震年六十病死，三日复甦，见阴司人引至一官府说，王震阳寿虽终，平日谦厚有德，增寿一纪。此皆是尊敬长上的善报。

宋绍兴十九年，有洪州人吴明，专日倚酒，毁骂亲族。其叔柔懦，常被他欺殴，乃哭诉于本地神司。后三日，吴明忽然昏倒在地，自说我不尊敬亲长，毁骂宗亲，割的我是，将舌头自家咬烂，双眼化脓而死。又有名胡顺者，恃财欺压尊长，过江落水，寻尸不出。张幹恃勇，手殴尊长，日后大病，临死跪于床上。此皆是不尊敬长上的恶报。

和睦乡里

何谓和睦？只是不相嫉妒，不相猜疑。有言语相触，只欢笑说开，不要计较。有田土未明，只请中讲明，不要互混。宁我让人，无人认我。不得以强凌弱，不得以众暴寡，不得以富吞贫，不得乘机挟骗，不得用言嘲笑，不得占便益，不得习轻薄，不得因小失大，不得因畜伤人，如此则情意浃洽，有盗贼也不怕，有穷乏也肯借贷。若不和睦，则孤立无助，有盗贼闭门不管，有穷乏饿死不顾。有些事，你弄我，我弄你，经官告司，倾家破产。可见乡里不和，为患不小。我宗室本无乡里，但住址相邻，田土接壤的，便是乡里。今宗枝繁衍，同四民治业，有耕于野者，有贾于市者，有学于乡校者，在在皆是乡里。若谨守祖训，不侵人土地，不夺人货财，不占人子女，不听人拨置，皆是和睦乡里好处。谚云，土居三十载，无有不亲人。孟子云，出入相友，守望相助，疾病相扶持，则和睦之说也。公族为朝廷枝叶，乡里又公族枝叶，均之所赖庇荫者。如之何不相和睦？

一、古今事实。周厉王子封于郑，百姓皆便之爱之，史称其和。集周民河雒之间，无不欢说。宋营浦侯为益州，存问故老，见父时人吏，皆泣对之，士民多归心。唐霍王元轨，谨慎自守，与物无忤，与处士刘玄平为布衣交。玄平曰：人有所短，所以见长，王无所不备，吾何以称之。此俱有和睦遗意。晋济南王勋为人酷暴。州之豪右，言语忤意，即欲坐枭斩之，或引弓自射，西土患其凶虐，卒为桓温所杀。长乐王幼良，为凉州都督，聚不逞之徒为左右，市里苦之，帝赐之死。此和睦与不和睦之大较也。高皇帝敕辽、宁诸王，据边场孳牧，勿侵民田。尝谕懿文太子曰：儿生长富贵，习于宴安，今出游览山川，即祖宗故居，访求父老，以知创业不易。夫敕王勿侵民田，敕太子访求父老，岂非导子孙以和睦之道乎？今日宗室，在一城则一城苦之，在一乡则一乡苦之，在一里则一里苦之，非祖宗本意。当思我辈禄粮，皆从乡里田野中来。吾而暴横乡里，则人民逃散，禄粮谁与供办？至于富厚者，当思邻里乡党，有相赒之义。吾幸世禄有余，或建书院以养士，或立义仓以哺民，水旱凶荒，不吝赈济，乡邻攸赖，免于盗贼。此不特为乡党，且以为国家也。凡我宗室，其无自恃门第，草菅乡邻而虐之，幸矣。

一、报应二条。山阴高宗浙，字叔胥，处乡党积而能散，尝捐山七十亩为义阡，给椁以葬贫者。里有衣冠之裔，盗其牛。或以其人告，辄讳而隐之，不忍污其世。正统庚申，大饥，籴旁郡米七百斛，归给乡人，全活甚众。明年，又饥，复出私廪助公贷，时同邑吴渊、周端并出粟千石助赈，有司上其事，诏遣行人廖恂赍敕旌之。三氏子孙，至今昌大，为山阴世家。这样善行得福，岂不当勉为之？

吴中有豪姓王氏，暴虐乡里，莫敢撄其锋。其子王翱，景泰中登第，任御史，人咸怪之。后具疏劝易储与南城禁锢事甚力。及英宗复辟，乃言前二事之非，又攻于肃愍及其党与不已，复被近幸，赐予甚厚。论者益为不平。一日，上御文华殿，驻驾便室，历朝章疏留中者具在，忽骤风飘一本至上前，取而面阅之，则翱劝易储与南城禁锢也。急命宣翱。翱以为复行赏赉，大悦。既至，发前疏示之。翱稽颡出血请死，遂磔于市，举家遭刑，乃知天道果不爽已。这样恶行得祸，岂不当痛惩乎？

教训子孙

谚云，谁人不愿子孙贤。孟子云，中也养不中，才也养不才，故人乐有贤父兄也。是子孙之贤，由父兄之贤成之，则教训急矣。然教训之道，亦不外圣谕前孝顺尊敬和睦数款。如小时才会说话，教他信实，不要说谎，不要恶口骂人。稍有知识，便教他礼让，不要争竞。八九岁时，教他读书。资质愚鲁者，亦要教他谨慎勤俭，成个家业。大凡子弟，所急忌者，华服美食、淫词艳曲、乐工戏子、棋枰双陆、妖幻符咒、烧茅炼丹之类。有一于此，皆是坏心术、坏身家之由。须是父兄者，一切屏绝，把自己做个好样子，方去教戒子孙，岂有不尊守者？岂有不学好者？

况我宗室子孙，承祖宗荫庇，安衣坐食，最易游荡。若不加教训，干出不好事来，则声名基业，都被尽坏，丧亡立至，岂不是父兄不教之过？又如冠婚丧祭之礼，乃古道所最重。冠礼废则天下无成人，丧礼废则天下无孝子，婚礼废则天下无家道。凡宗室人家，须将《大明会典·礼义》及文公《家礼》讲明行之，以为齐民之倡，惟可随贫富为丰俭，不可因习俗而沮废。无信僧道而设斋妄费，无惑阴阳而停柩暴露，庶几古礼克复，而风俗长厚矣。然男子当教，而女子尤不可不教。

要必训以孝慈恭敬，勤俭静朴，四德三从，《孝经》《列女传》之类。一有不谨，骄很毒恶，搬唇斗舌，为父母羞，为夫子祸，可不谨乎？女子年十岁以上，尤宜隐秘珍惜，不许从兄弟、外兄弟相见，不许窥瞯外室及听曲观戏等事。至于饮酒，尤非所宜。虽至亲之家，亦不许往来，无故不出中门，夜行必以烛之类皆是。若凌驾夫子，干预阃外，媒言无耻，淫狎妒忌，便是晨鸣之牝鸡、长舌之鸱枭，家道亦从此不振矣。伏读《祖训·持守章》曰：凡吾平日持身之道，无优伶近狎之失，无酣歌夜饮之欢，或有浮词之妇，察其言非，即加诘责。呜呼，所以训子孙者至矣。妇女亲族，有为僧道巫尼三姑六婆之类，绝其往来。三姑者，尼姑、道姑、卦姑也。六婆者，牙婆、媒婆、虔婆、药婆、稳婆、师婆。此辈皆与三刑六害同。伏读《祖训·内令》，凡庵观寺院，烧香降神、祈禳星斗，已有禁律，违者及领香送物者皆处死。是足为内则矣。《宗藩要例》：一、宗室中有读书好礼，奏讨书籍，及以书院请名者，本部俱与题覆请给，但不许假借虚名，以滋欺罔，书籍部数、书院名额，俱取自上裁。其盖造书院，止令自行工料，不得因而干涉有司，烦扰百姓，违者许抚按官参治。隋蔡王智积，好读书，有五男，不为营产业，止教读《论语》《孝经》，亦不令交通宾客。唐郁林王祎，治家严，教子有法度，故三子岨、峰、岘皆显。蜀王愔数畋游，为非法，太宗频责教不悛，怒曰：禽兽可扰于人，铁石可为器，愔曾不如之。乃削封户，废为庶人。古人教诲，其惓惓如此。我高皇帝初年念七子渐长，宜习劳，令内使制麻履行縢，凡出城稍远，马行十七，步十三。设王相府，令博士孔克仁授诸子经。六年，赐诸王《照鉴录》，又赐《祖训录》《永鉴录》，且曰：惟俭养德，惟侈荡心，居上能俭，可以导俗。居上而侈，必至厉民。当草创之初，所以训子孙者，无不毕具。蜀王读书好善，近儒生，能文章，高皇帝呼为蜀秀才，益深嘉之。齐庶人榑骄纵，成祖曰：齐王凶悖纵恣，性习使然，开谕至六七不悛，教授辈奈王何？乃并其子夺爵。今日圣化渐渍，既设宗学，使之肄业，复设宗正主领其事，宗生有放肆不检淫纵破义者，小则径自训责，大则参奏降革，法亦严矣。然则推广祖训，发明宗法，以振礼义之风，岂非父兄之责与？虽然，教诲者，父兄也。所以尊其教而若于训者，又在贤子弟也。东平乐善，河间好学，彼何人斯，有为若是？

一、报应二条。窦燕山善教子，他五子皆登科做贤官。石奋善教子，一家同时为二千石者五人，世称万石君家。韩国夫人，以芦荻画地，教子欧阳修读书，遂中礼部第一，为世大儒，此皆是教训子孙的善报。定州人王瑶，生二子，王明、王白，通不教训。后争家财，骂父不公，告官俱打死。后来王瑶死城隍庙。庙住持刘进闻庙中有人喧哗，隔墙孔看时，认的是王瑶，执状求清明祭祀。城隍大怒说，你有子不教，自家绝了，谁与你入祭，令鬼卒乱打押出，瑶遂绝后。又袁淑四子，通不教训，长子遭人命破家，三子买卖杭州，宿娼饮酒，遂死他乡，资本尽没。陈子明生三子，不教训，任他习拳棒，饮酒宿娼，家业荡尽，后为江洋大盗，捕获俱斩。此是不教训子孙的恶报。

各安生理

生理，即俗云活计之谓。如人死吃，死穿，不做一点营运，便不是活。人各有职分，如见在何等职分，依本分去做。须是士安读书的生理，农安务农的生理，工安造作的生理，商安买卖的生理。此是各安生理也。然四民之业，虽不可尽责之宗室，而本分中之生理，愿与诸贤宗共安之。今各宗禄粮未支，先已借贷，一领到手，俱归债主，问其所以，非为酒食游燕之费，则为赌博淫荡之资，此岂能安生理者哉。当念我朝制禄之艰，小民供奉之苦，服食婚丧，俱崇节俭，则禄之厚者，一季即可充一年之用，禄之少者，一位亦可供一家之养，不必营求，自无失所。又有禄粮最厚，蓄积最多者，当于宗室中有名无禄、饥寒难度、婚丧难举者，量加赈济，是又亲亲之仁，又从安生理中推以及人者也。至于男子，固当治外，女人亦须治内，尚纺织，勤蚕桑，幂酒浆，缝衣裳，内外相济，彼此相资，自然饥寒不作，淫乱不起。故贞妇曰内助，曰中馈。苟女人不事正业，衣食无资，何能相其夫以治生理？又有一等贪饮好事，摇唇鼓舌的，则非理不正之事，必将冒而为之。岂知有生理而安之耶？宗藩事宜：一、宗室之家，仰给县官，虽与齐民异，至于无名无禄及花生传生之辈，既不得食禄，又不能出仕。合无各从父兄家长，取便起名，另造一册，报知长史教授，及所在有司衙门，各依世次，略为序记，任其随便居住，各营四民生理，庶有资身之策，不至于流落失所。昔后稷树艺五谷，教民稼穑。汉光武居南阳，从事田业。晋扶风王骏，镇关中，劝督农业，与士卒分役，已及僚佐并将帅兵士等人，限田十亩。梁晋熙王大圜常曰：知止知足，萧然无虑，沽酪牧羊，协潘生之志，畜鸡种黍，应庄生之言，田畯相过，剧谈稼穑。夫古之圣帝明王，犹不忘生理如此。彼纵情赌博、放意游猎、逞志斗鸡狗马之习者何哉？我高皇帝封诸王之国，令辞皇陵，曰：若等观祖宗肇基之地，当知王业艰难，又令左右导太子等之农家，遍观其衣食器用，且曰：吾自有天下以来，未尝暇逸于诸事务，惟恐毫发失当，有负上天付托之重。所以惓惓训谕者，无非欲后之宗支法勤厉而务生业也。正统间，宗人有上言，愿如唐宋故事，得应举效用者，有请田自养者。嘉靖间，枣阳王祐禔上言，乞许宗人执业为士农，得自赡，免饥寒，当时议者虽不可，而其仰承圣意，图安生理，尤为得策。今城禁少弛，耕贾不禁，一切无名无禄之宗，不为生计，徒恣赌博荡淫，废时失事，奈何不警警自梏其腹哉。

一、报应二条。历城尹氏，家贫无资，卖糕为生理。一日，息于道阴，客有啖糕者，解鞍饮马，遗囊而去。尹举之弗胜，知其白金也，密徙而覆之。及暝，客不返，乃以锡缶装金，坎土埋之。植柳为表。客故山西大驵也，行贾以万计，折阅，仅余五百金，业以失之，不敢归见父母，遂流丐于外。越数年，柳且拱矣。客复过故处，尹仍旧卖糕，不复识也。客据地而恸。尹氏叩之，乃得其故，谓曰：若无恸，第于柳下取之。遂掘柳得金。客复恸曰：惟公所取，与我其余。尹氏不可。曰：中分之乎？亦不可。客不能强，乃申谢而去。后来生子昱，慧爽异常，举进士，为本朝名臣。这是安生理的好报应。洞庭山消夏湾，有蒋举人者，屡试不第，遂弃儒业，效垄断居积，算入骨髓，虽至亲不拔一毛。后钱神为祟，盗乃劫之，遭其炮烙，惨于官刑，所有席卷一空。盗喜过望，缚牲载酒，赛愿于小雷山神。山在湖中，断岸数十里。群盗泊舟其下，祭毕，酣饮大醉，不虞舟人解缆以去。盗醒，觅舟不得。商舶过者，知其盗也，戒弗敢近。时值严冬，冻馁之极，骈首就毙。这蒋氏过取被劫，群盗祈福得祸，舟人僵然有之，亦不知所终。意外之利，意外之变，相寻无穷，都是不安生理的明鉴，宜痛戒之。

毋作非为

如何是非为，但不是正经生理，如杀人放火、奸盗诈伪、设计诓骗、赌博撒泼、行凶结党、起灭词讼、挟制官府、欺压良善、行使假银、兴贩私盐、略卖人口、刁拐子女、酗酒宿娼、好勇斗狠、强占产业、侵欺官银、违禁取利、飞诡钱粮、习学邪术、结拜师尼，都是非为。人能不作非为，则身家保全，祸患不作，不玷辱父母妻子，不连累亲朋邻佑，谁不称羡？一作非为之事，小则吃打坐牢，大则身亡家破，贻累父母亲邻，谁不唾骂？你看如今犯法的人，那一个得好？我宗室中动遵礼法、爱惜廉耻的，官府敬重，士民称仰，谁不道个好字？却有一等不读书、不学好的，交游非类，听令拨置，结党成群，如已上所云，开场赌博，烧炼铅汞，一切奸淫诈伪，招纳亡命，杀人放火等项，难以枚举。及至败露，则明有国法，幽有谴报。虽是天潢，谁能逃得？皆因起于一念之差，终至不可解救。嘻，其亦不思而已矣。此后须猛省更改，凡起一个念头，必思此事当为与不当为，稍有悖于理、干于法者，立时回头，转向好路上去。此是毋作非为也。《大明会典》九条：弘治十三年奏准，各处乐工，纵容子女，擅入王府，及容留各府将军中尉及在家行奸，并军民旗校人等，与将军中尉赌博，诓哄财物，及擅入府内，教诱为非者，俱关发边卫充军，该管色长革役。十六年，禁各处军民人等不得私交王府，因而借索财物，诱请游宴，拨置为非，违者所在官司体访拿问。郡王以下，教授等官谏阻不从，启亲王奏闻区处。正德四年议准，王府如有无藉之徒，假以烧丹炼药等项为由，往来诓惑，以致坏事者，镇巡等官从重问发。又令，王府不许僧尼女冠出入宫禁，及私自建立寺观。十六年，诏各处无籍奸人、游食术士及无名内使，私自净身人等，有托故擅入王府，因而拨置害人，贻累宗室者，抚按官严加禁治。正德四年议准，宗支罪犯深重降革爵秩者，郡王将军而下，不准代为请复，违者罪坐辅导官。嘉靖十六年奏准，宗室有犯事情轻者，照常奏请，犯该杀死平人及事情重大者，从重奏请定夺，投充拨置之人，查照见行事例问拟。四十四年议准，郡王以下有非法不道、怙恶违训者，俱降为庶人，押发高墙居住。又议准，宗室有罪，降革迁发省城内闲宅者，子孙不得渎奏幸脱。《宗藩要例》：一、议刑责。凡封爵名粮宗室有犯，除重大事情，听抚按参奏外，其余应戒饬者，所在有司移文长史司教授等官，即便启王及管理戒饬，不得虚应故事。其无名无禄宗人及花生传生之辈，如有肆恶犯禁，告发到官，有司酌量情罪，与同齐民，一体问拟究治，仍移长史、教授知会。徒罪以上，照律拟议奏请。如系强盗人命重情，听法司拿问。《大明律例》：一、凡王府将军中尉及仪宾之家，用强兜揽钱粮，侵欺及祸害纳户者，事发参究，将应得禄粮价银扣除完官给主，事毕方许照旧关支。□京勋戚有犯者，亦照此行。一、凡宗室悖违祖训，越关来京奏扰，若已封者，即奏请先革为庶人伴回，其无名封及花生传生等项，径札顺天府递回，宗妇宗女，顺付公差人等，伴送回府。其奏词应行巡按衙门查勘，果有迫切事情，会启王转奏，而辅导官刁难，会具告抚按守巡等衙门，而各衙门阻抑者，罪坐刁难阻抑之人。其越关之罪，题请恩宥，已封者叙复爵秩。若会经过府州县驿递等处，需索折乾，挟去马匹铺陈等项，勘明仍将禄米减去。若非有迫切事情，不曾启王转奏，及具告各衙门，辄听信拨置，蓦越赴京，及犯有别项情罪，有封者不复爵秩，送发闲宅居住，给与口粮养赡。其无名封及花生传生等项，着该府收管，不送闲宅，致冒口粮。宗妇宗女有封号者，革去封号，仍罪坐夫男，削夺封职。奏词一概立案不行。其同行拨置之人，问发极边卫分永远充军。辅导等官，失于防范者，听礼部年终类参。一府岁至三起以上者，仍于王府降调。一起二起者，行巡按御史提问。成化十五年十月二十二日，节该钦奉宪宗皇帝圣旨，管庄佃仆人等，占守水陆关隘抽分，揣取财物，挟制把持害人的，都发边卫永远充军。一、投充王府及镇守总兵、两京内臣、功臣戚里势豪之家，作为家人伴当等项名色，事干嚇骗财物，拨置打死人命，强占田土等项，情重者除真犯死罪外，其余俱问发边卫充军。各该势豪之家，容留及占吝不发，参究治罪。

一、古今事实。汉光武时，宗室诸侯王皆奉遵绳墨，至或乘牛车，齐于编人。齐始兴王鉴，性甚清慎，在蜀积年，未尝有所营造。王俭叹云：始兴王虽尊贵，而行履都是素士。后魏彭城王勰，屡辞宠任，孝文帝遣诏宣帝曰：汝叔父勰清规懋赏，与白云俱洁，松竹为心，宜遂其冲挹之性。古之不作非为如此。至于汉之濞戊、晋之伦颖、唐之璘琪，自作不类，贻臭后代，无足算矣。我高皇帝祖训有曰：凡王居国，若能谨守藩辅之礼，不作非为，乐莫大焉。成祖又发明祖训，因诸王屡骄恣纵横，赐书戒饬。洪永之初，天潢未衍，《祖训》《昭鉴》《永鉴》等书甚严，然当其时，已有谷庶人、汉庶人等，所为不法，皆置之典。至于今二百余年，玉牒日蕃，宗派日夥，其间败义败礼者，岁形于牍，以故隆万之际，始集《宗藩条例》，后集《宗藩要例》，事为之规，人为之防，小则启王戒饬，墩锁数月，稍重则革为庶人，幽之闲宅，极重则押发高墙，或令自尽。夫不作非为者，享荣名，食天禄，传之世世。作非为者，破灭身家，祸贻子孙，相去何啻天渊，而其始别则在善与恶一念之分耳。人非甚愚，奈何去荣显而就戮辱也？弗思耳矣。

一、报应二条。东海人张机，安分守己，不作非为，后生一子名张元，读书，二十一岁，越选宿古庙中。二更时，闻一人说他父之阴德，当及此子。元赴科场，果连登做显官。又有黄克明者，素亦好善，不肯为非，七十九岁而死，同乡一人名邬林，夜在河岸上见二人相揖，一人曰：我由酆都城来，见黄克明领旨，除北山城隍，上马时托我传信与他子孙，都要学他为善。邬林知是鬼。明日说与他子黄茂，一镇人皆化为善。此是不作非为的善报。宋时有一人郑和，一妻一妾，只宠那妾，将妻每日打骂，又去诱人妻妾，无所不为。三十九岁病死，子女皆无。同县有一沈萃英，会过阴，见郑和身无寸衣，受刀尖之苦，牌上写着：不守本分，不顾廉耻，嫌妻爱妾，淫人子女，受罪满日，生徽州陆通明家，做一母猪。又有一薛敷，专替人写状，捏假成真，家道因而致富。一日，请道士做斋，焚一通表。当夜，道士梦见上帝批表云：家付水火司府。不十日，厨下火起，房屋钱财烧尽。半年后，薛敷过江，遭风堕水而死。这是作非为的恶报。

余懋衡《圣谕衍义》

余懋衡，字持国，明徽州府婺源县人，万历二十年（1592）进士，授永新知县，征授御史，巡按陕西，以忧归，起掌河南道，擢大理右寺丞，寻引疾去，天启元年（1621）起官，历大理寺左少卿、右佥都御史、右副都御史、兵部右侍郎，天启三年（1623）推为南京吏部尚书，力辞归，以阉党专权，削职，崇祯初复官。余懋衡《沱川余氏乡约》，首有余启元（1574 年进士）万历庚申年（1620）作的《乡约小引》，云：“余弟廷尉衡，理官也，以出乎礼则入于刑，故于暇日演绎圣谕六义，而广以勤俭忍畏之说，为劝戒三十一则、保甲三则，附以律例所宜通晓者，为吾乡人告焉。”自其序观之，则余懋衡《圣谕衍义》之作乃在余懋衡为理官时即万历末年任大理寺右寺丞之时。《沱川余氏乡约》分三卷，卷一为《约仪》九款、《圣谕衍义》六章、附《勤俭忍畏》四言、《劝戒》三十一则、《保甲》三则；卷二为所附律例；卷三为《国风》《小雅》十一篇、宋儒诗十四首、明儒诗十三首。其中《圣谕衍义》为余懋衡对六谕的诠释。今据卞利《徽州民间规约文献精编》誊录。

圣谕：孝顺父母，尊敬长上，和睦乡里，教训子孙，各安生理，毋作非为。

大哉圣谟，约而该，明而当，示天下人民以会极归极之路，盖帝训也。夫孝敬和睦，生理也。不孝敬和睦，非生理也。出乎生理，则入乎非为，入乎非为，则速乎刑戮。汝不自生，谁能生汝，可不惧哉？凡为祖父者，俱以安生理为教，凡为子孙者，俱以安生理为学，则非僻之念自去，而向用之福可承。一家而遵守，一家之福也。一族而遵守，一族之福也。一乡而遵守，一乡之福也。一邑而遵守，一邑之福也。郡国而遵守，郡国之福也。天下而遵守，天下之福也。敬以六谕衍为六义，以便讲贯，以便服行。凡我乡族，愿相与保极。

孝顺父母第一章。圣谕言父母，则该祖父母。哀哀父母，生我劬劳，欲报之德，昊天罔极，忍不孝乎？服劳奉养，愉色婉容，定省温清，出告反面，先意承志，知年爱日，皆孝之事也。生事之以礼，死葬之以礼，祭之以礼，皆孝之事也。立身行道，扬名于后世，以显父母，皆孝之事也。孝道无穷，孝行非一，毫有不尽其心，即不得言孝。《诗》云："明发不寐，有怀二人。"又云："永言孝思，孝思维则。"绎二诗之义，敢顷步忘孝哉？不敢不孝亲，则不敢不守身。《礼》曰："不敢以父母之遗体行殆。"又曰："不辱其身，不羞其亲。"为子孙者，欲孝亲，须守身焉。

尊敬长上第二章。圣谕言长上，则该亲伯叔兄与内外亲尊行，迄官长、乡老、师傅父执，分谊所在，不可忽也。或徐行，或侍立，或隅坐，或禀命，或往役，或听教，俱当敛容肃气，以尽卑幼之分，不可谑浪倨侮，自开罪戾。凡干上碍下，损彼益此之邪说，及以是为非、以曲为直之幻辞，并宜易心平气，徐以片语定之，不得附和。有一于此，福去灾生。长上有教，必非游言，多系阅历世故，揆度义理之格论，所谓子弟从之，则孝悌忠信者乎！宜加理会，以求进益，不得听之藐藐，若视为平常，漫不致思，愚心奚开？鄙质孰牗？彼童而角，实虹小子，冥行取咎，虽悔何及？（虹，溃乱也。）

和睦乡里第三章。圣谕言乡里，指同里同乡者言也。推而广之，同邑、同郡、同省，皆认乡焉。今就同里同乡者论之。吾人生同一里，处同一乡，缘不薄也。古人乡田同井之时，出入相友，守望相助，疾病相扶持，情不隔也。今得无有以刀锥相竞者乎？得无有以气力相雄者乎？得无有以机械相倾者乎？得无有以势焰相陵者乎？是圣贤之所鄙也。孔子于乡党，恂恂如也，似不能言者。文王之邦，耕者让畔，行者让路，则圣贤之提躬与动物可知矣。夫觞酒豆肉，让而受恶，彼有遗秉，此有滞穗。伊寡妇之利，礼诗所载，何德让也？何留余也？人能勘破利字，将自身与乡里之人一例看，不觉胸次油然，面前田地放得宽阔，胜心客气，于何投抵？我消其私，人亦黜其妄。即有强横，久自媿屈，非臆说也。

教训子孙第四章。圣谕言子孙，夫子孙未有不知所教而成者也。

《易》曰："蒙以养正，圣功也。"《记》曰："禁于未发之谓豫。"夫自为乱髫而教已行，与情窦开而后教、韶华长而后教者，功相百也，是人家兴替之机也。教以何道？曰，父子有亲，君臣有义，夫妇有别，长幼有序，朋友有信。能尽此道则为人，不能尽此道则非人。曰以五伦之理提撕警觉，俾其脉脉感动而已。然其要则在令子孙日亲君子，慎择师友，必以孝悌博闻有道术者卫之，不令巧佞柔猾之流厕迹其间，则有熏陶之益，无蛊惑之损。子孙习与智长，故后来自别，化与心成，故中道若性，盖与善人居，如入芝兰之室，久而不闻其香，则与之化焉，是教子孙第一义也。

各安生理第五章。圣谕言生理。夫孝敬和睦之人，其于生理无有汩也，以之事君则必忠，以之莅官则必治，皆从此生生之机发焉。士农工商，医巫卜筮，业不同而生理同也，各习其生业，各安其生理。事父母各尽其孝，事长上各尽其敬，处乡里各尽其和。人与人相砥，家与家相摩。惟恐一失生理，不得比于人数。观于里，里无忤逆暴慢强梁之人；观于乡，乡无忤逆暴慢强梁之人。仁厚朴实之风行，而嚣凌诟谇之俗变。吾里吾乡，岂不居然三代也哉？风之所流，近乡亦兴。近乡既兴，远乡亦兴。太和之气，弥漫充溢，宁有阻隔，特赖有倡之耳。

毋作非为第六章。圣谕言非为。夫非为者，不知孝，不知悌，不知和睦而所为非也。礼之所弃，刑之所收也。宗伯不能折，司徒不能闲，则有司寇之法在。如恶逆、强盗、窃盗、窝主、谋杀、故杀、殴杀、不孝、奸淫、诈伪、放火、发冢、行凶、抢夺、掏摸、啜拐、恐吓、扛诱、教唆、威逼、撒泼、图赖、威力制缚、匿名文书、左道乱正、侵欺、诈欺、诓骗、假银、赌博各犯，罪戴律例，重者磔，或斩，或绞，次则永远军，终身军，轻则流、徒，或杖、枷，刑书森然，县之象魏。自非下愚，谁肯以身膏鈇钺，萦圜土也。大者不保首领，小者不齿齐民。若鞭扑肌肤，桎梏手足，虽科下刑，亦所不免。夫岂无良心哉？物欲蔽之，邪党煽之，而不意其陷于刑辟也，亦可悲矣。故凡不法之事，无论大小，一切不为，庶免为天之戮民。不为戮民，则为良民。去祸即福，何等快乐！

祁承煠《疏注圣谕六条》

祁承煠（1563—1628），字尔光，号夷度，浙江绍兴府山阴县人，万历三十二年（1604）进士，初授宁国知县，万历三十五年任长洲知县，万历三十八年升南京刑部主事，后出任江西吉安知府，官至江西右参政。万历四十四年（1616），著名的藏书家祁承煠出任江西吉安知府。《疏注圣谕六条》为祁承煠在吉安府行乡约时所作。今据《澹生堂集》（国家图书馆出版社 2013 年版）卷十九誊录。

《乡约》（吉安府）：照得吉郡素称近古，习俗宜饶淳风，乃莅任以来，民不日让而日争，事不日简而日益，兼以盗警时闻，讼端更幻。夫下犯上，卑凌尊，淫破义，侵凌攘窃，违法行私，此至无等，至悖行也，岂宜于风淳俗厚者所时有哉？毋亦本府化导之无方，转移之无术乎？则师帅之任谓何，而安能靦颜于九邑之上也？展转思维，求可以家喻户晓而善俗安民者，终不能有出于乡约、保甲之外。顾院道之明文，每岁率再三下，勤恳诲谕，有加无已，遵行者非一日，行之者亦非一人，良法美意，犁然具在。然而精神贯彻、指臂相联者，九邑之中果皆可封之俗乎？倘亦以习见习闻为奉行之成格已乎？夫倦之欲息也，而惧能迫之起，劳者之欲逸也，而喜能使之趋，则所以鼓舞而振作者，惟在于严劝惩之两端，而劝惩之法惟在于上下之间各以实心相应。有善必闻，闻必录；有恶必发，发必刑。自始自终，必信必果，期于自践其硁硁之见而已。因举圣谕六条，于原颁讲解之下各为注疏。其它紧要事宜，若原册之所已及者，则为申明，或原册之所未及者，则为补缀，总以附于提撕警觉之义。本府受事已五阅月矣，前此固不欲轻有所条布，即后此亦不必再有所更张，惟此一腔赤心白意，矢诸士民，其与九邑之长令共为风俗民生计者尽此矣。至于佐有司之不及者，尤望贤士大夫必欲以此率之庶民，贤父兄必欲以此训之子弟，德业相规，利害相恤，使小民知有为善之乐，而为不善之惧，则地方实嘉赖之。所有条款，开列于后。

《疏注圣谕六条》：

○孝顺父母。这孝顺二字，三岁孩子亦能说得，多少豪杰却尽不得。粗言之，则一饮食，一动念，一举手，不忘亲者，皆可言孝。深言之，即大舜之底豫，鲁子之养志，亦时怀子职之□。如今有一等人，较量兄弟之亲疏，争论财产之厚薄，甚至荧惑妇言，愁怨父母，此皆良心已泯、人理不存，固不足道。即进此而知哀哀父母，图报为难，聚顺庭帏以酬罔极，此其心固亦竭力以事父母之心，然犹从亲恩上起念，便如常人之论恩论怨者矣。故真正孝子，直须将此身径认是父母之身。凡身所可为之事，皆认为父母之事。故上之而为圣为贤，即如以圣贤在父母身上一般。次之而为乡党自好之士，亦如以一等好人名色加在父母身上一般，惟恐或不慎，而至于受刑受戮，即如以刑戮如在父母长身上一般。是这等体恤，是这等爱护，宁有不竭力聚顺承欢愉志者乎？方谓之孝顺。如此之人，岂有不尊敬长上，不和睦乡里，不安生理，好作非为者乎？这便是真正孝子。语曰：求忠臣于孝子之门。此圣谕所以不必训忠，而忠自在矣。

○尊敬长上。这长上不但是家庭中伯叔父兄，凡乡里宗族中有德有齿有爵有位，俱谓之长上。尊敬长上，不特以我分在卑幼，理应谦谨逊顺，盖做好人与做邪人，只在此敬畏一念分途。惟有尊敬之心常常在中，凡我一言一动一步一趋，惟恐有不端的事，为长上所知觉，为长上所呵责，自然小心畏慎，少了许多过失。即如今蒙童小子，总有跳梁不守礼法，同学书生，必群然欲告蒙师。这跳越者，不觉手足顿止，只是他一念畏惧先生朴责，故自然收敛。今人一无尊敬之心，便成轻薄荡子。凡雌黄长上之长短，捏造长上之得失，阴持长上之私事，无所不至矣。又有一等人自负才高意广，托言玩世，或遇长上，一般揖逊，亦一般拱听，然意向只是夷然不屑，腹诽唇讥，此尤为无忌惮之小人，于世道之害尤为不浅。且他既不把长上看在心里，必至恃强凌弱，凭众暴寡，倚富欺贫，未有不身罹宪纲者。所以夫子说畏大人，畏圣人之言，便为君子，狎大人，侮圣人之言，便是小人。君子小人之分，即你等庶民，亦愿为此不为彼，乃只在一念敬畏处做成，则尊敬长上其可以寻常之事忽乎哉？

○和睦乡里。《书经》上说个敦睦九族。语云：和气致祥。和睦二字，是人生涉世第一件有便宜的事。况在邻里乡党，出入相闻，朝夕相见，若因些小言语之隙、界限之微，怒气相加，忿争相迫，甚且讦告公庭，丑言恶语，无所不至。及事体已过，忿气稍平，即岁时节旦，吉凶庆吊，相会着时，彼此将这副颜面藏在何处？且如你既仇根着人，人安肯忘怀于你？邻里中纤悉皆闻，你说的那一句不知？你做的那一事不晓？若都怀着忿恨，展转相寻，仇陷无穷，往往有一朝之忿而结累世之怨者。所以《易经》上说，近而不相得，则凶或害之，悔且吝。夫相近莫如乡里，既不相得，无时无事不抱忧虞之心矣。故古人有言，三世为邻，戈不相向。惟是平心易气，和煦待人，不但我之一身与世无忤，即遇着与别人争斗，亦竭力解释，为别事落难，亦悉力救援。看一乡之人，就如我一家之人，这方谓之和睦。然小民处邻里最难睦者，其故有二：胸中既不明理义，一味只看得人不是，耳边又软，一心只听着傍人之言。不知男子汉须是自作主张，傍人未有不乘兴唆哄，做事事败，即掉臂不顾者矣。大凡邻里亲戚，总有不是。我只不与他计较，自然加我不得。这是你和睦乡里的根本。岂但你平等的人欺压他不得，便是官府驭下，也要和气，便是朝庭之上，也要和衷，况庶民乎？

○教训子孙。这教训不单指着读书的说。凡人从父母生下来，就如土在地上一般，遇着砖坯便做成砖，遇着瓦坯便做成瓦。又如钢铁在冶上一般，是炉灶铸成是炉，是甑灶铸成是甑，全是陶铸做工夫。故要子孙做好人，昌大门户，教训是真正为子孙计。但世人将教训的题目认做差了，一味从讨人便宜处计较，私智小慧处行险，侥幸处教得他熟惯。只说我儿孙乖巧，能争气，不知这教训却是害了他，后日长大，必然机械变诈，驰马试剑，嫖流赌博，无所不至。惟是一味教训他老实做个好人，使他读得书成，做一个有道理的好秀才，发得科第，做一个有品格的好官，即不然，亦做一个有德行的好百姓。如此之人，在家成家，在身保身，在世道有益于世道，父母将生他时许多照前顾后的忧虑都丢开去了，岂不是第一长策？然这教从何时着紧？全在孩提初晓人情物理时，便须严严执定，教导他了。昔曾参之妻将适市，其子啼哭，妻语之曰：汝无啼，吾从市归，为尔杀彘。及妻归，曾子果欲烹彘与之。妻曰：吾戏言之耳。曾子曰：竖子何知，以父母之言为信，安可失信于孩提？此便是真能教训子孙者。古人有言慈母多败子，严家无格虏，此言可以三思。

〇各安生理。这生理二字，你诸人大须识得。人生在世，断不能如飞絮飘蓬，一无着落。过得一生，必有个为生之理。这个理，随你眼前日用中，人人有分。就如木栽在土，土即是木之生理，若离了土，木安能生？如鱼在水，水即是鱼之生理，若离了水，鱼安能生？人在世上，贫贱的，富贵的，读书的，务农的，以至一工一艺的，就他身上当做的，都谓之本等职业，都谓之生理。这生理又不在远处，何须去求得？只将眼前事业，读书的苦志用功，务农的深耕易耨，为商贾工匠的勤勤切切，贫贱者安贫守困，富贵者乐善好施，惟就实地上行将去，这一生自不至浮游飘荡，就如木之栽根着土，鱼之游泳在水，长养生息，自无穷期。生理原不在于身外，所以圣谕不曰各求生理，而曰各安生理。安之一字最好。人若勉强去做一事，此事必不能长久不变。惟此现在职业，日日如此，月月如此，年年如此，正所谓履其事而安焉者，岂如费尽心力求之不得者乎？今世人有一等心志好高的，把见在职业不屑去做。有一等胡行妄想的，看得天下事无不可做，究竟来百事无成，一生虚度。与其枉费心机气力，何如安常守分生理见前其为便宜多矣。

〇毋作非为。只这一句，可该得上面五句。盖天下只有一个理法。在理法中就说为是，略逾理法之外就说为非。这非为之事，看作粗的，则一切违理犯法之事方谓之非为，若看作细的，凡立心起念一毫有愧于天理，有拂于人情，亦总来谓之非为。人若于此二字能执得定，兢兢业业，循理守法，在百姓终成一个必信必果之人，在士君子终成一个无愧无怍之士。此非为二字，正与上生理二字相反。生理是人现成在身上的，故说各安。非为是人去讨出来做的，故说毋作。谓之作者，盖一切谋心设计，机械变诈，去做出这违理犯法的事来。人但能安常守分，在家孝顺父母，居乡尊敬长上，能和乡里，能教子孙，如此便是各安生理，便是毋作非为矣。然这非为之事，初间做起时极易入头，凡小忿□怨、贪心私欲，一时做去，殊亦快心，及一旦败露，小则受刑受罚，大则家荡人亡，身罹重辟，父母欲见不能，妻子悲号无益，噬脐之悔，亦复何及？况且天下无有不败露之事。如今人为盗为奸，俱在暗室屋漏之中，自做自知，何等人前隐瞒。然方其做事之时，已有人指点数说他了，纵使能涂抹得人，彼神明默鉴，天理难逃。你辈见从来作非为的人，有几个能保全身家？语曰：天网恢恢，疏而不漏。可畏哉！

吴其贵《圣谟衍》

吴其贵，字俨武，广东英德县人，万历三十八年进士，历秀水知县，丁忧归，万历四十四年起为邵武知县，遵黄承玄檄行乡约，后以治绩征入为御史。吴其贵讲六谕，声称"奉□□圣谟，衍为日用之常，复采宪典精意，勒为浅近之肤言，令其家谕户□，或可醒迷振瞆"，著有《圣谟衍》。黄承玄（1586 年进士）于万历四十三年（1615）出任福建巡抚，推行乡约保甲。《圣谟衍》载万历《邵武府志》卷十，国家图书馆藏万历四十七年刊本，第 15—17 页。

孝顺父母。何谓孝顺父母？夫人一身，那个不是父母生来的？你试从头想起，十月怀胎，三年怀抱，以至饥寒疾病，抚摩顾虑，受许多辛苦。稍长延师教训，求婚立室，望尔显亲扬名，望你兴家立业，心肠无一刻放下。人子念此，不及时孝顺，到不如乌晓反哺，羊晓跪乳。你们快快去孝顺。极要安父母心，勿做不顺之事以致其忧，又要养父母身，服劳奉养，须尽力尽诚，有病请医调治，有过微词婉谏，不可谓父母不爱我，我便不孝顺。古云：天下无不是的父母。又云：孝顺还生孝顺子，忤逆还生忤逆儿。我太祖高皇帝劝你百姓孝顺父母，正欲吾民为孝子顺孙也。你若不孝顺，朝廷有律例，决不轻贷。古有能孝顺者，熊衮行孝，上天雨钱。王祥卧冰取鲤，后位至三公。黄香夏扇冬温，后官至尚书。此等皆有善报。有不孝顺者，张法家睁目骂父，两眼流血而死。李留哥推母跌落二齿，官戮于市。此等皆有恶报，今后你们还敢萌不孝顺的念么？众齐声应曰：不敢。还敢做不孝顺的事么？众齐声应曰：不敢。

尊敬长上。何谓尊敬长上？人生世间有个名分管定，便有个礼安排定。循名分而尽礼，便是尊敬长上。如伯叔祖父母、伯叔父母、姑兄姊之类，是本宗长上。外祖母、舅母、姨妻父母之类，是外亲长上。乡党中有与祖父同辈或与己同辈而长者，是乡党长上。如教训之师与技艺之师，是受业长上。本处亲临大小官员，是有位长上。此等人，都该尊敬，逞一毫贤智不得，倚一些富贵不得，礼貌言词，俱要恂恂敬让。我太祖高皇帝劝你百姓尊敬长上，正欲吾民为贤人君子也。你若不尊敬长上，朝廷有律例，决不轻贷。古有能尊敬者。王震谦厚有德，病死复生，添寿一纪。周司好善谦抑，渡江，风浪几溺舟，忽得神助，福及众人。此等皆有善报。有不能尊敬者，叶得孚弃祖母为盗所杀，呕血而死。崇真人毁骂族叔，舌烂而死。此等皆有恶报。今后你们还敢萌不尊敬的念么？众齐应声曰：不敢。还敢做不尊敬的事么？众齐应声曰：不敢。

和睦乡里。何谓和睦乡里？乡里是人所生之地。那一个离得？所以要和睦。和睦之道，只要让忍两字。户婚田土，无相侵越。婚丧庆吊，必须成礼。患难相恤，疾病相扶，解纷息争，长善救恶，勿以强凌弱，勿以众暴寡，勿以富贵欺贫贱，勿以智术络昏愚，这便是休戚相关、一团和气，才成一个乡里。有等相忌相妒、结雠构怨，必非保身全家之道也。我太祖高皇帝劝尔百姓和睦乡里，正欲吾民兴仁兴让也。尔若不和睦，朝廷有律例，决不轻贷。古有能和睦者。张耋秉性仁厚，恐驴声惊邻儿，卖驴途行。苏仲轻财好施，后生子名洵，孙轼、辙，时号三苏。此等皆有善报。有不能和睦者，吕用明欺压乡里，发狂蚤死。蒋受惯害乡里，妻祷莫保其命。此等皆有恶报。今后尔们还敢萌不和睦的念么？众齐声应曰：不敢。还敢做不和睦的事么？众齐声曰：不敢。

教训子孙。何谓教训子孙？人家子孙智愚贤否，未必生成，总教与不教。盖子孙是人后程。子孙不好，纵有天大事业，竟亦成虚。所以有子孙便要从幼教训，恐长大难以钤束。子孙而聪明，延师造就，图个上进，光耀门间，此是第一美。子孙而愚钝，业儒不成，农工商贾务要教他一件本分生理，更要教他欲做好人，先存好心，心好方得人好，一切非仁非义非法等事通要戒他。其在祖父母，尤宜当先做好样子，才得子孙听信。至女子亦不可不教，做女时少教，到做媳妇时恐怕习与性成，贻累丈夫，辱及父母者，亦多有之。故人家子孙不问男女，皆当教训。我太祖高皇帝劝尔百姓教训子孙，正欲吾民后代贤达、家门昌盛也。你若不教训，朝廷有律例，决不轻贷。古有能教训者，窦燕山建院延师，教五子成器，俱做显官。柳公绰夫人教子勤苦，后子仲郢为大官。此等皆有善报。有不能教训者。袁淑家财十余万，四子不教，多败亡。王瑶生二子不教，后骂父，兄弟相杀，被官司打死。此等皆有恶报。今后尔们还敢纵你的儿子做恶么？众齐声应曰：不敢。还敢纵你的子孙做恶么？众齐声曰：不敢。

各安生理。何谓各安生理？凡做人先要寻个生理。生是人的生命，理是道理。今人但知好生，不知循理，所以要各安生理。如士农工商及佣工挑脚，俱是生理。各人只要做自家本等事，不要高心妄想。认得这条道路，可以度活，即安意为之，任他大有大成就，小有小下落，这便是各安生理。有生理而不安，终是堕坑落堑，做不得好人。古云：自在不成人。又云：安常即是福，守分过一生。语语良药。故论本分生理，除了读书，就是畊田最好，手艺次之，买卖又次之。诸术中惟医卜略可，余皆虚诳，不可去习他。我太祖高皇帝劝尔百姓各安生理，正欲吾民自守本分，家给人足也。尔若不安生理，朝廷有律例，决不轻贷。古有能安生理者。刘留台浴堂拾金一袋，坐待还商，后官至留守。马真夫妻安分打麻鞋，不听人改业，后生子享大富。此等皆有善报。有不安生理者。杨大同弃耕博奕，家私尽败，被官打死。梁时公子骄奢淫乐，后丧业为丐。此等皆有恶报。今后尔们还敢萌不安生理的念么？众齐声应曰：不敢。还敢做不安生理的事么？众齐声应曰：不敢。

毋作非为。何谓毋作非为？这一句说话就是一部《大明律》二载。笞杖徒流绞斩，以至五逆十恶、凌迟处死，都是一个作非为的样子。你看那枷的、杖的、问徒的、问军的、拟绞拟斩的，那一个不是念头起差，到犯出来，欲悔无及，只落得甘受刑法，埋怨着谁？有一样人，去做欺心坏法的事，只说欺瞒得人，然自家心上明白，天看见，鬼神看见，不遭官刑，亦多折福。尔等仔细思量，但有一点非为的心，作急回头省改，便是好根基。古云：诸恶莫作，众善奉行。又云：平生不作亏心事，半夜敲门也不惊。我太祖高皇帝劝你百姓毋作非为，正欲吾民不犯刑宪，保全身家也。你若作非为，朝廷有律例，决不轻贷。古有不作非为者。周处改励除害，卒为善士，州县交辟。张机安分过己，积有阴德，后生子仲举，连登科第，此等皆有善报。有作非为者。薛敷教唆害人，后家被火烧，人溺水死。郑和诱人妻妾，蚤死受阴司刀尖之苦。此等皆有恶报。今后尔们还敢萌非为的念么？众齐声应曰：不敢。还敢做非为的事么？众齐声应曰：不敢。

汪有源《六谕诗》

汪有源，字惟清，直隶宁国府太平县人，万历二十六年（1598）从学于罗汝芳门人陈履祥，与施弘猷等联集宁国府同仁讲学，移居扬州，起十州县大会，在南京，数主阳明祠，与焦竑、周汝登、邹元标、杨起元、高攀龙等学者往复会讲，其学以复还本体为宗旨，晚年在太平县结归源会，年八十卒，学者称昆一先生。《六谕诗》载沈寿嵩《太祖圣谕演训》卷下，第40页。

父母劬劳有万般，不思报答岂心安。直须曲尽终身慕，留与儿孙作样看。

从来长上分尊严，隅坐随行岂是谦。我不敬人谁敬我，比见傲慢便生嫌。

乡里同居不偶然，吉凶缓急可周旋，大家和睦无生隙，揖让成风乐舜天。

谁人不爱子孙贤，教训当知一着先。但令日亲君子们，何愁家业不绵延。

生理由来养命源，各宜随分去求安。莫教懒惰荒时日，饥则谁饥寒亟寒。

见是非为切莫为，为非定要成灾危。但依本分求生活，祸不侵兮福自基。

沈长卿《训蒙》

沈长卿，字幼宰，浙江杭州府仁和县（今浙江杭州市）人，万历四十年（1612）举人。《训蒙》作于崇祯三年（1630），载沈长卿《沈氏日旦》卷十，《续修四库全书》第1131册，第546—547页。首云："训蒙之书，如小儿开口乳，《千字文》《百家姓》殊不相宜，谨遵圣谕六条，各释一章，以便句读，亦宪章意也。"

孝顺父母

父母之恩，等于覆载。自幼提携，惟恐滋殆。业望其长，过期于改。教养倦倦，情深如海。昔有老莱，斑衣舞彩。子欲养兮，亲不我待。及时承欢，无贻后悔。永诀终天，事亡如在。移孝作忠，为子孙楷。百行之原，万善之宰。

尊敬长上

长幼之伦，惟天所定。一体而分，原非异姓。凌竞不恭，谓之衡命。愧彼鹡鸰，飞鸣求应。或听妇言，乖其天性。或因争财，相讼争胜。或志趣殊，臂攘目瞪。古有象兮，欲害虞圣。千载恶声，引以自镜。同气戈矛，比于枭獍。

和睦乡里

乡里之情，难施狞触。盗贼救援，疾病匍匐，于中缔交，等于骨肉，于中密娱，胜于宗族。窥我最真，知我最热，此而相尤，道路以目。汉万石君，家风诚笃。贵而能谦，靡有边幅。何况士民，可施轻薄。保甲法兴，闾阎井收。

教训子孙

子孙不贤，辱及祖父。庭训攸光，象贤接武。及早玉成，免于外侮。性由习移，全凭鼓舞。惟有诗书，可破愚鲁。教儿婴孩，姑息斥斧。继体承祧，关系门户。孟母三迁，芳名千古。生平多愆，式谷可补。岷庶之家，倏焉公辅。

各安生理

汝愿虽奢，各有职分。士安于黉，农安于粪，工安于营，商安于斋。易位而居，犹如乱阵。万物之灵，不乏英俊。极意图谋，制于命运。跃冶之金，造化默愠。触藩之羝，率尔躁进。人如天何，杳不可问。巧拙同归，彼苍甚近。

毋作非为

人性本良，云胡作恶。只为贫穷，急于求索。逞凶不休，必至劫掠。陷身囹圄，如鱼困涸。三尺罔宽，五刑何乐。一切歪邪，孽皆自作。富贵天尸，分定不错。报应乘除，如花开落。狎昵匪人，善报日削。知止见几，缮身良药。

张福臻《圣谕讲解录》

张福臻（1584—1644），字恺生、澹如，山东高密县人，万历四十一年（1613）进士，历行唐、临颍、东明知县，天启间历兵部主事，升昌平兵备、浙江右参议，崇祯间历陕西参政、都察院右佥都御史巡抚延绥，改兵部侍郎蓟辽总督，后官至兵部尚书、宣大总督。《圣谕讲解录》为张福臻撰，明天启二年（1622）刻蓝印本，影印收入《中国古籍珍本丛刊·天津图书馆卷》（国家图书馆出版社2013年版）。

圣谕俗解序

乡约古有之，所以迪民而善俗也。我高皇帝始约之以六言，是六言皆民身不可离者。讲解不明，字义不晓，欲反躬实践，难矣。然讲只修辞构句，成得一篇好文字，于百姓仍贸贸耳。余令颍，郑重大典，躬行无斁，而巩慵通渠，兴剔百振未遑，取旧解更为笔削，苴明始一为之，意必易晓，语必求俚，惟有益民俗者近是。或曰："乡约，文具耳，土苴委之者轻，故事行之者忽，儿戏玩之者亵，君何独奉之虔，行之力也？且城民议守，乡兵议练。当此泯泯纷纷之景，岂是兴仁兴让之时？

其于缓急或未悉之稔乎？"余曰："嘻，见晚矣。凡余行，必实心载之。往不具，如兹邑缮学建仓，招兵置械，创保甲，诫兜收，诸种种，孰是文具，而犹于乡约致疑焉。即曰莲妖崔盗，尚自狰狞，政此教不先之故。孟子曰：'经正，庶民兴，斯无邪慝。'此本论也。况成吾城，保吾堡，吾民即吾兵。礼义之不闻，有变则解体去耳，安从守？然则孝顺讲而后忠孝通也，尊敬讲而后上下一也，和睦讲而后井里环相保也，教训讲而后子弟急相依也，生理讲而后反侧可安，非为讲而后寇贼奸宄可绝迹也？当今之急务，孰先于此？吾所为诘戒有间，及时奋举，有深意矣。若曰五石未炼，必待河清，恐一官传舍，倏忽更翻，天下事皆可以待之一字诿责矣，何论乡约哉！"时《乡约俗解》成，将颁诸各约所，因道意以弁诸首。天启二年仲冬之吉赐同进士出身授阶文林郎知东明县事高密张福臻题。

乡约告示

每次先读告示，即行礼开讲。

东明县为申明讲乡约之法以教民为善事。照得圣谕六言，句句字字，皆切百姓身上，百姓不能实实身体力行，以讲解者不明，听讲解者不专耳。为此出示晓谕，凡初二、十六日日出时候，地方即催该管居民齐赴乡约所，听乡约赞唱礼，齐向圣谕牌前行五拜三叩头礼，然后肃班站立，静听《乡约讲解》。讲毕一条，即往自己身上嘿想一想，如听讲孝顺父母，即往身上想想，我有父母，我果孝顺否？如听讲尊敬长上，即往身上想想，我有长上，我果尊敬否？其余俱照此往身上看，往身上行就是。孝顺一言，终身用不尽矣。敢有抗拒不到及当面喧哗，背后窃笑，是视圣谕为故纸，讲解为儿戏，奸恶莫甚，教化不容，许乡约地方指名禀县，定重责枷号，载入恶人簿中。恐孝子慈孙，百世不能改矣。其恶簿、善簿、乡约，俱要预置一本，候讲毕，令地方保甲公举善恶，各载簿中，朔望送县以凭赏罚，庶人有所畏，更有所慕耳。然而化行自身，如乡约口讲孝顺，却身为悖逆，口讲尊敬，却身为欺慢，形既不正，影将自邪，即讲，其谁信之？本县犹惓惓厚望吾乡约矣，须至示者。

乡约礼仪

一、每所约正一名，董约事。约副一名，司鼓。约讲二名，司讲。约赞二名，唱礼。童子四名，歌诗。

一、每次止讲圣谕二条，周而复始。少则愚民易记也。

一、初二、十六日卯时，齐至约所。乡约先向圣谕行礼毕，各分东西对立。约众肃班静听，约赞唱排班，班齐，鞠躬，伏，兴，伏，兴，伏，兴，伏，三叩头，兴，平身。再唱跪，宣圣谕。司铎者振铎，高声朗宣圣谕六句，再唱俯，伏，兴，平身，分班，员揖，平身，再唱，鸣讲鼓，约副击鼓三下。司讲至案前，西向。童子东向。司讲讲毕一条，童子随歌诗一首。谕毕各一揖而退，即举善恶登簿中，仍逐名点卯毕。约赞唱合班，揖，平身，礼毕。

圣谕

孝顺父母

如何叫做孝顺父母？你们这个身子，都是父母生的。你父母未生你时，怀胎十月，睡卧不安，受了多少的苦楚？临生你时，气血亏损，性命呼吸，耽了多少的惊怕？既生了你，终日偎屎擦尿，移干就湿，耐了多少的心烦，刚才熬的你离了怀抱。自家吃不成穿不成，百般都只为你。怕饿着你，又怕馁着你，怕冻着你，又怕热着你，费了多少的殷勤。一时有病，日夜愁恼。求神取药，算卦问卜，恨不得把身子替你。你有了知觉，就要请师傅教导你，指望你成人。你长大了，就要与你娶妻室，指望你成家。父母爱儿的心肠，那一时放下？父母的恩情，真昊天罔极，如何使得不孝顺？你们要把父母常常阁在心上，时时想着孝顺。晚晌要问父母安寝么，早晨要问父母醒起么，每日饭食、四时衣服，也不必分外去求精美，就是家常衣食，只要敬心诚意，和颜悦色，去侍奉父母，父母自然欢喜。该做的事，须禀命于父母，分咐做才做。遇有事出外，必明告父母，要往那方，有呼即回，勿使父母挂心。父母所敬亦敬，所爱亦爱，不可忤拗。父母爱做的好事，爱济人的衣食，不可拦阻。父母有疾病，即求医问药，务保安全。父母有患难，即殚心竭力，务求解脱。父母或在，兄弟间有些偏爱，要将顺应从，使父母心里自在，即不幸遇继母相虐，也要当亲娘孝顺，自然感悟得他。父母在乡党间，或有差错处，要下气怡色，柔声以谏，务使父母悦从。即或恼怒，打你骂你，然天下无不是的父母也，都要和颜受了。凡打人、骂人、赌博、宿娼、酗酒一切不好的事，恐羞辱了父母，使父母耽忧，都不敢去做。就是为百姓的，务庄农，作买卖，使人称说某人有个成家的儿子。做秀才的读书养德，勿叫人说轻论薄。做官的清廉公正，勿使人咒赃骂酷，也都是孝顺处。这便是孝顺了。若是忘了父母，只爱自己的妻子，自吃酒肉，父母或粗茶淡饭，自穿绸帛，父母或破衣烂裳，自骑鞍马，父母或不免步行，自享荣华，父母或受劳苦。父母有钱财，指望多得些他的钱，一个不到父母手内。父母嘱付句话，只当耳边风，一毫不肯听从。甚至父母别门远居，少米没柴，求死不望活，也漠然不动其心。就有个聪明能干的儿子，亦能成家，却说父母不如他，动辄自主自是，间有稍尽些孝顺，便说他十分孝顺，只是父母老糊涂，过琐碎他。又有一等愚人，千里外烧香拜佛，不知家中有父母，就是活佛。语云，在家敬父母，何须远烧香？这都是不孝顺了。我想世上就是不孝顺的人，口内也说父母当孝顺，只因从小父母骄养，长大利欲迷惑，朝出暮入，只忙自己的营生，耳闻目见，又无个孝顺的样子，所以把小时依恋父母的心肠渐渐都改变了。试一想为儿的年纪，一日长似一日，父母的年纪一日老似一日，若不及时行些孝顺，后来如何悔得？语云，生前不能尽孝养，死后坟头枉奠浆，可为堕泪。何况你将来也做人的父母，你的儿子不孝顺你，看你心下如何？古人说的好，孝顺还生孝顺子，忤逆还生忤逆儿，一还一报，天理不差，我且说几个孝顺的古人，几个不孝顺的古人，你们听着。

古人有个姜诗，与妻庞氏同行孝顺。母好饮江水，庞氏每日往汲，不避艰难。天怜其孝，宅内涌出一泉，味与江水相同。母病，想鲤鱼吃，泉中跃出双鲤。

又有个董永，家贫无妻，事父母甚孝。父死，力不能葬，遂把身子卖了，得财葬父。天降下织女，与他为妻。这都是孝顺的，天就好报他，你们都愿学他么？众应声曰：愿学。

古人有个王三十，系鄱阳人，平日不养父母。父母自置棺木防老，又卖钱花费了。一雷击死，倒置其尸，上写云：不许家人收葬。

又有个虹县人，夫妇逃躲差役，至半路，嫌母带累，缚于树而去，后被家中养的犬当咽喉一口咬死。这都是不孝顺的，天就不好报他。你们还敢学他么？众应声曰：不敢。

歌曰：父母劬劳生此身，万般教养始成人。恩同天地应难报，孝顺如何不究心？

尊敬长上

如何叫做尊敬长上？长是年高于你的人，上是分尊于你的人。有亲长，有族长，有官长，有师长，有乡长。如你们的哥哥，便是你同胞的长上。你们的祖父母、伯叔父母、姑娘姐姐，便是宗族的长上。你们的外祖父母、母舅、母姨、外父母、外内兄长，便是亲戚的长上。你们乡里中，行辈大的，年纪高的，便是乡党的长上。你们本县的官府、学宫的师尊、受业的先生，便是官师长上。大凡长上的人，经历的多，事体必定老练，理上就该尊敬他。且他既是长，你便是幼的。他既是上，你便是下的。幼敬长，下敬上，皆是天定的名分，礼义少不得的。你们要把长上的看在眼里，放在心上，念念要谨慎，事事要谦让，在家时就敬事哥哥，不要听妻子言语、朋友教唆，离散了弟兄的情义，不要为些小家事争多争少，伤了弟兄的和气。在外遇宗族、亲戚、乡党一切的长上者，要情意亲热，礼节殷勤，言语软款，同行让他在前，同坐让他在左，同食让他先吃，骑马路遇，要下来作揖。日久不见，见了要叙寒暖，问起居，遇忠厚的长上，倍加小心，遇傲慢的长上，只是和气。就是年纪虽小，系是上辈，都要一样尊敬。就是官宦、举监、生员，然乡党莫如齿也，不可自恃贵显，欺长傲上，听那俗人奉承，说尊敬人坏了体面。且这尊敬是一点谦恭的真心，不是虚张套子，当面是如此，背后也是如此，富贵的是如此，贫贱的也是如此。至遇学宫师尊、受业先生，要拱手站立，听他指教。遇官长立的法度，要一一遵守。催征的钱粮，要早早完纳。这便是尊敬了。若是有钱的，以财为德，把长上放不在心上，有势的，倚势降人，把长上看不在眼里，伶俐的，舌巧口辩，说长上讲不过他。强梁的,眼高气壮,说长上打不过他。长上说句好话,却笑他是迂阔。长上行件好事,反嗤他是古板。甚或侮他老耄,卑他没用。就是长上担待过他,反说是怕了他。就是师长官长面前,全无一些忌惮。又有一样薄恶人,见富贵的人,不论年纪都去尊敬,见贫穷的人,就是尊长,也都傲慢,以致幼凌长,下犯上,往往告状,成甚风俗!这便是不尊敬了。试思人做长上,你尊敬他。你做长上,人必定尊敬你。古人说的好,爱人者,人恒爱之,敬人者,人恒敬之。出尔反尔,人情好还。我且说几个尊敬的古人,几个不尊敬的古人,你们听着。

古人有个赵彦霄,他亲哥赵彦云赌传宿娼,把自己家财费尽了。彦霄置酒请他哥同居,门户锁钥都交付与他哥掌管,他哥也悔悟了。其后彦霄父子都中了举,都做好官。又有个王震,年六十四岁病死,宗族乡党都来痛哭,二日后又活了,说阎王爷因他谦厚有德,能尊敬长上,着他再活十年。这都是尊敬长上的,天就好报他。你们都愿学他么?众应声曰:愿学。

古人有叶得浮,秉性倨傲,每过长上,全不敬礼,一旦呕血身死。又有个洪州男子,毁骂族叔,忽然昏迷风狂,不久身死。这都是不尊敬长上的,天就不好报他。你们还敢学他么?众应声曰:不敢。

歌曰:长上莫如兄最亲,其余先达亦当尊。应须安分施恭敬,休得矜夸去傲人。

和睦乡里

如何叫做和睦乡里?大凡同街共村,左邻右舍,住在一块土上的人,都叫做乡里。不是门户相接,就是地土相连,朝朝暮暮,常常相见,自少至老,常常相处。俗语说,远亲不如近邻,近邻不如对门。你们相好的乡里,就是亲戚,也不如他们。何况土居三十载,无有不亲人。所以当和睦他。如何是和?不争不嚷,无嫌无忌,便是和了。如何是睦?相亲相爱,相让相敬,便是睦了。会后你们都要把邻里乡党看做一家人相似,不拘大小人,不拘大小事,只要和他结好。遇强似你的乡里,须要尊敬他。遇不如你的乡里,须要怜恤他。遇暴横难处的乡里,须要忍耐他。遇老实没用的乡里，不要欺负他。有吉事就去庆贺，有凶事就去吊望，有疾病就去看问，有盗贼就去救助。借钱借物的，都要勉强应承。争斗告状的，都要委曲解劝。孩子妇人相戏嚷，就有些屈心，也只说自家的，不可偏护。鸡狗牛羊相侵犯，就有些亏情，也只说过就罢了，勿失体面。遇有酒食，要与大家作乐，就是原有些嫌疑，他不肯和睦我，我只管去和睦他，他也终来有悔心的日子，这便是和睦了。若凡事只认的自家，不与乡里往来，立心只要做好汉，不怕乡里咒骂，见富贵的便嫉妒他，见贫贱的便笑话他，见人有件好事，便说是侥幸，见人有件不好事，便幸灾乐祸。或因些小地土成杀人冤雠，或因小儿戏斗，致大人吵闹，或因老婆舌头，致男子恼怒，又或当面奉承，笑里藏刀，又或唆人不济，唆人告状，本是害他，却说是向他，不思人各有心，终必败露，这便是不和睦了。你们乡里终日相处，不见亲厚。你看那出外离家的，但见一个乡里的人，就欢天喜地，和父子兄弟一般。可见乡里不该轻视了。古人说的好，饶人不是痴，过后得便宜。又说，做个无用汉，头上有青天。又说，终身让畔，不失一段，终身让路，不差百步。些小事情，何苦与人争竞？我且说几个和睦的古人、不和睦的古人，你们听着。

古人有个吴奎，置义田几顷，收的粮食俱周济乡里贫人。乡里王彭年出外身死，奎使自家儿子去葬埋他，后来赠兵部尚书。又有个朱承逸，遇着一个乡里，因欠人债，被债主逼的急了，领着妻子欲投河死，承逸出钱三千，替还债主，全了他一家性命，后来儿孙中举中进士。这都是和睦乡里的，天就好报他。你们都该学着他。

古人有个吕应明，专一欺压乡党，乡党都惧怕他。一日昏狂，满身似捆打形状，三日身死。又有个蒋受，素好搬弄是非，教唆词讼，谋害乡里，众人埋怨。一日有病，妻王氏往庙烧香祷告，黑夜庙神托梦说，你夫众人咒骂，你祷告何用？果然数日身死。这都是不和睦乡里的，天就不好报他。你们都不要学他。

歌曰：乡里非亲即是邻，何须分别富和贫，大家和好相周济，自古皇天佑善人。

教训子孙

如何叫做教训子孙？人有子孙，指望承继宗祀，撑持门户，老来靠他奉养，死后靠他葬祭。所以俗语云，有子万事足。子孙亦有好歹不同，你看那富贵人家，积下许多金银，许多田土，养着个不肖的子孙，一时便花费尽了。那贫穷人家，养着个好子孙，就成家立业，替父祖增多少光显。所以人家都爱好子孙。殊不知，要好子孙，全在做父母祖宗的教训他。你们人人都有子孙，都要教训他。才会说话，教他不要说谎。才会走，教他不要胡行。会顽耍，教他不要学博戏吵闹。见亲友，教他不要侮慢。那伶俐的，就教他读书，晓些理义。那愚鲁些的，就教他做一般生意，或作庄农，或作买卖，不要着他游手好闲，惯的懒惰了。就有那下愚的子孙，不听说，不听导，却要自家正正当当做几件好事，鼓领着他做，这便是会教训了。若娇生惯长，从做小孩时就姑息他，见他会骂人会打人便喜欢，以为伶俐，就是打爷骂娘，欺兄凌长，也不禁他。见他会哄人，会赖人，便喜欢，以为乖角。就是没廉没耻，没亲没疏，也不嗔他。要吃好的，穿好的，都依随他。见师傅严紧些，便护短说不是。见他会饮酒赌嫖，都摩弄着，不斥诃他。就是做下不是，还替他遮饰，惹下祸患，还怨天恨地，埋怨别人，只说他儿孙是好。把一个好好的儿孙，养成一个自由自在凶暴不良的性子，在富贵人家必然酗酒宿娼，倾家败产，在贫贱人家必然作奸犯科，身命不保，岂不是为父母的害了子孙？这便是不会教训了。古人说的好，子孙胜似我，要钱做甚么？子孙不如我，要钱做甚么？又说，待要儿孙好，教训须当早。极是有理。我且说几个能教训的古人、不教训的古人，你们听着。

古人有个窦禹钧，生五个儿子，终日教他读书，一夕梦天神说道，窦禹钧善教子，将你延寿三纪，五子大贵。后来五儿都中进士，人称燕山五桂。又有个邓禹，生十个儿子，长子承袭高密侯，其余九子各执一业，勤苦立身，后来邓氏世世显官。这都是教训子孙的，天就好报他。你们都愿学他么？应声曰：愿学。

古人有个袁淑，积银一十五万。有子三人，不能教训，都放逸为非。长子袁伏中，犯了斩罪。二子袁伏和、三子袁伏乐，买卖杭州，恣意宿娼，得病身死，家财都被他人得去了。又有个王瑶，生二子，王明、王白，通不教训。因分家财，骂父不公，持鎗杀父。官府拿去打死。就绝了嗣息。这都是不教子孙的，天就不好报他。你们还敢学他么？众应声曰：不敢。

歌曰：人人要得好儿孙，一切教训须留心。士农工贾执一艺，都堪倚仗立家门。

各安生理

如何叫做各安生理？世间诸般事，但做得一件，撰得钱财，养身养父母妻子，都是生活的道理，都叫做生理。如读书是为士的生理，种田是庄农的生理，造作器皿是匠人的生理，买卖经营是商贾的生理，如阴阳医卜佣工卖柴挑脚虽是极琐屑的事，大有大营运，小有小成就，也都是各人的生理。但一人止做得一件。俗语说，一个老鸦只占一枝，不要心高妄想，分外妄求，才是各安生理。你们百姓，各有本等生理，都要照依本等，平平稳稳，妥妥当当，循天理上做去。如为士的，就安心读书，圣贤史籍每日温习，分外闲事，一些不管。为农的就安心做庄农，粪的要到，耕的要熟，种的要及时，锄的要仔细，一切桑绵菜果、头畜猪羊，都是农家过活，都要用心培养。为工作的，就安心做手艺，不拘那样，做得一般精巧，自然挣得钱来。为商贾的，就安心做买卖，心细手谨，脚勤身俭，只以公平求利，自然便有利息。至阴阳医卜佣工卖柴挑脚之人，各将所干营生专心致力向前做去。常言良田百顷，不如薄艺随身，那事不可养活？这便是各安生理了。若是一样懒惰人，游手好闲，或倚靠父兄，或托赖亲戚，及至倚赖不着，忍饥受冷，却咎命运不好。古云，一年不务营生，一年忍饥受冻。又有一样混账人，一心想东，又一心想西，才做这个，又要做那个，千巧百能，到底一事无成。俗语云，道路各别，都可养家，东扑西捱，苦杀憨瓜。又有一样乖谲人，不守本分，专弄奸险，只想诳诱愚俗，阴啚贿利，终来番巧成拙，不得便宜。俗语云，随高随低随缘好，越奸越狡越受穷。又有一样贪心人，营营逐逐，今日置庄宅，明日置田土，即至钱堆粟朽，犹然钱上生钱，产上挣产，不到眼闭不休。俗语云，前人骑马我骑驴，我视前人委不如，回头更有推车汉，比上不足比下有余。这话都可玩味。这都是不安生理了。你看圣谕一生字，何等生意！一安字，何等安稳！只此两字，便一生受用不尽。我且说几个安生理的古人、不安生理的古人，你们听着。

古人有个马真，打麻鞋为生。邻人张鹗教他说，打鞋得利微细，不如别干生理。马真说，我原没有别本事，将就干此度日。夜梦一官，提笔指之曰：你能守本分，不生别念，赐你个好儿。后果生一聪明儿子，享大富贵。又有个柳应芳，卖柴为业。一日到山打柴，见一老人，说你终日打柴，受苦何不干些省力的事？应芳说，我命本是打柴汉，无有别样福气。老人说，你这等守分，我与你干柴一根，一日劈一块卖用。应芳拿至家，才知是沉香才，卖了许多钱受用，不复卖柴。这都是安生理的，天就好报他。你们都该学看他。

古人有个杨大同，有地七百亩，不想耕种，只去下棋，后将地卖尽，贫穷不能过日。遇一少年，邀至一处，天色已晚，少年忽不见，有人高叫有贼，将大同拿住乱打，次日送官司打死。又有个刘明，家中也不少吃穿，只恨不足。既做庄农，又学买卖，千巧百计，要撰得钱来，因与人争钱二文，被人打死。这都是不安生理的，天就不好报他。你们都不要学他。

歌曰：世间生计非一般，般般都可免饥寒，须要本等效勤苦，休得强图分外钱。

毋做非为

如何叫做毋做非为？凡分内不当为的，法上不应为的，都叫非为。非为不止一件，如不忠不孝的、打街骂巷的、酗酒赌博的、犯奸宿娼的、侵占田土略诱子女的、挟制官府武断乡曲的、教唆词讼扛帮硬证的、不当正经差役不完自家钱粮的、谋赖婚姻欺压良善凌虐孤贫的、违禁放债准折人口地土的、久恋衙门枉法受财的、大斗小秤低钱假银诓骗拐带宰杀耕牛烧人房屋毁人田禾的，又有奉佛做醮讲道说法白莲无为异端左道的，甚或明火持杖劫掠做贼，不曾得甚么银钱，只分得几件破衣服烂家事，就把命送了。又或窝藏贼盗，如近日王鹤年、田生兰辈，只图一时快乐，以致斩头亡身，家产都被上司变卖了。又或窝访害人，图报私仇，一旦被人讦出，问军问徒。这都叫做非为。你们百姓今后要行些好事，不要为非作歹。每日将睡起时，先将心想一想，说今日定要行些好事，及到临事时，又将心存一存，说这事合理不合理，该做不该做。须是合理该做，方才做去。及至晚睡下时，又将心想一想今日所为的事，有不合理不该做的么，如有即发恨追悔，定要更改才罢。凡不孝不弟等事，一毫不可妄为。就是有权有势，不要倚恃着为非。就是多才多智，不要安排着为非。就是门第高，兄弟多，亲戚好，不要假借着为非。就是可对妻子说，不可对他人说，不要勉强着为非。一味老老实实，做个好人，自然官法不犯，天地鬼神保佑，无风无波，无忧无虑，白日里走一走也放心，黑夜里睡一觉也自在。古云，平生不作亏心事，半夜敲门也不惊，何等快活，何等安稳。这便是不作非为了。若是狂荡放肆，只任心性做去，不顾好歹，不论利害，如忤逆暴横，酗赌奸淫，做贼窝访的事，都无所不为，其中也有欲迷了窍，利昏了智，不肯思前想后而冒为的，也有见识不到被人诱哄而误为的，也有强梁跋扈大胆欺人而敢为的，也有暗用心机损人利己而私为的，直到事体败坏，人人怨恨，鬼神恼怒，犯了刑罚，自家也追悔不得，妻子也替他不得，父母兄弟也救他不得，官府也怜恤他不得，只留下个恶名在世，万代唾骂，有甚么便宜。这便是好作非为了。古人云，暗室亏心，神目如电。大凡事瞒得人，瞒不得自己，哄得人，哄不得天地鬼神。恶人在世，纵然侥幸免得一时，终是折福损寿，克子害孙，何况做恶人的现世报，就在眼前。你们把耳闻目见的细细数来，天亏了那一个好人？饶过那一个恶人？古人又说，善恶到头终有报，只争来早与来迟，是极实的话。我且说几个不作非为的古人、几个好作非为的古人，你们听着。

古人有个周处，好作非为，一日意问乡里父老曰：今年丰，如何不乐？父老回说，南山有猛虎噬人，桥下有蛟龙吞人，并汝为三害，何乐之有？周处遂入山射死猛虎，下水杀死蛟龙，改行为善，立志读书，为御史大夫。又有个陈寔，平心率物，不作歹事。有贼入屋，藏在梁上，陈寔点灯叫子孙说：不善的人，习与性成，梁上君子是也。盗投地谢罪。说，你穷乏为此，与绢三疋。后盗感悟为善。陈寔做乡大夫，子孙世世贤良。这是不作非为的，天就好报他。你们都愿学他么？众应声曰：愿学。

古人有个薛敷，专一教唆词讼。一日请道士修醮进表，道士伏跪良久，起说，天帝看表，批云：薛敷好作非为，家赴火司，人赴水司。不十日，家中失火，诸物烧尽。未半年，薛敷过江，被水淹死。又有个郑和，逞特乖巧，专好淫人妻女，三年病死。同县有一女沈翠英识字，善走阴司，见郑和身无寸衣，受刀山之苦，上写云：郑和好作非为，不顾廉耻，淫人妻女，受罪满日转生畜类。这都是好作非为的，天就不好报他。你们还敢学他么？众应声曰：不敢。

歌曰：为非作歹祸相随，古往今来放过谁。常把一心行正道，自然天理不相亏。

沈寿嵩《太祖圣谕演训》

沈寿嵩生平无考，从书序的署名"崇祯丙子（1636）孟春宛陵沈寿嵩"看，是明末宁国府府城所在的宣城县人。《太祖圣谕演训》分上下两卷，上卷为对六谕的诠释，下卷为六谕逐条的善恶报应故事，末附《罗近溪歌》八首、《罗念庵歌》六首（即罗洪先的《六谕诗》），以及汪有源歌六首、沈寿嵩歌六首，署名沈寿嵩编。同时参与刊刻此书的人似多为沈氏家族中人，如沈寿嵓等，以及詹应鹏、熊秉时、张五权等。《太祖圣谕演训》现收入国家图书馆藏《孝经忠经等书合刊四种》第五册，明雨花斋刻本。

太祖圣谕演训叙：为正之要，务在信从。信理之必可据，则必莫敢或悖矣。信法之必当守，则必莫敢或违矣。我太祖圣谕，炳揭日星，普天佩率。顾口耳玩熟，未免视为陈谈。近溪罗先生守宁国时，深悲教化信同，因为演说，本以心性，发以知能，申以国法，证以果报，惟祈在在尊守。象明何先生理刑四明，间取是本，恺切申饬，其中不无增删，兹并为订入。私意所窥，少有窃附，因果之说，妄为品骘，总以极世变、昭伦纪、析祸福之机，决从违之理，俾览者有所省，闻者知所惧。编中所述，又皆家常茶饭、闾巷俚言，无论贤愚，悉皆了晓。吾乡冲南詹先生正苦斯世斯人之不偕遵大道也，阅是编而喜，合巽仲及嵩共谋之梓，欲广此以公四方士庶，且以见近溪先生尊宪高皇至意，振觉斯人苦心。予辈小子，抑得藉是以知近溪先生本身征民之学之大也。崇祯丙子孟春宛陵沈寿嵩谨叙。

先臣江西参政罗汝芳曰：孔子曰："仁者，人也。"孟子曰："尧舜之道，孝弟而已矣。"我高皇帝圣谕，直接尧舜之统，兼总孔孟之学者也。先儒谓太平原无景象，又云皇极之世不可复见。岂知大明开天，千载一日，造物之底蕴既可旁窥，举世之心元亦从直指。尽九州四夷之地，何地非道？尽朝野蛮貊之人，何人非道？虽贫富不同，供养父母则一；虽贤愚不等，而教训子孙则一；虽贵贱不均，而勤谨生理则一。故芳至不才，敢说天下原未尝不太平，太平原未尝无景象，王道极其荡平，亦且极其正直，原不容作奸作恶于其间。然则皇极世界，舍大明今日，更何从求也哉？前时皆谓千载未见善治，又谓千载未见真儒，计此两段，原是一个。我大明今日又更奇特，古先谓善治从真儒而出，若我朝则真儒从善治而出。盖我高祖天纵神圣，德统君师，只孝弟数语，把天人精髓尽数捧在目前，学问枢机顷刻转回掌上。以我所知，知民所知，天下共成一大知；以我所能，能民所能，天下共成一大能。知能尽出天然，聪明自可不作，岂非圣治之既善，儒道之自真也哉？故论治理于今日，非求太平之为难，但保太平之为急；谈学问于今日，不须外假乎毫末，自是充塞乎两间。如此光景，百千万年乃获一见，而吾侪出世，忽尔遭逢，于此不思仰答天恩，勉修人纪，敢谓其非夫也已。或问俅太之急，既闻教矣，不知所谓俅太者，作用必须何如？曰：天下太平者非他，即人心和平之极也。人心和平非他，即《中庸》之各率其性而为孝为弟为慈，平平而遍满寰穹，常常而具在目前也。只此平平常常，虽历万古不变，总是天命生生万古流行而不已者也。三代以前，帝王所以为治，圣贤所以为学，总是知天命而畏之，戒谨恐惧，不惟自己不敢怠忽，即于臣民人物，亦是一体，不敢或至伤残。所以古先圣人，每谓惟皇降衷，民有恒性；天生烝民，好是懿德。而天地之性，必称民为贵也。今《诗》《书》之训具在，如一有戍役，一有征求，悲歌存恤，不是念及父母，即是念及兄弟；不是念其兄弟，即是念及妻孥。无非保合乎天和，联属乎家国天下也。故曰从古帝王，以人道待人，又曰帝王之命主于人心，皆的论也。及至春秋、战国，以至秦皇、楚伯，则草薙禽㹠，无所忌惮，极甚而莫可返。嗣是而汉晋唐宋，英君义辟，未必无人，然求如我太祖高皇帝独以孝、弟、慈望之人人，而谓天地命脉全在乎此者，则真千载而一见者也。芳窃有臆见，天下之事，惟恐根芽种核之未真，不患枝柯花果之不结。盖种核入地，则生意自充，人虽不觉，而势将难已。此学者自微言绝于圣没，异端喧于末流，二千年来不绝如线，虽以宋儒力挽，亦未如之何。惟一入我明，便是天开日朗。盖我高皇之心精独至，故造物之生理自神，所以不疾而速，不行而至。在今日不惟太平景象昭布莫掩，虽俟太枢机亦运掌而无难矣。又曰：大易之乾，惟称庸言之信、庸行之谨。盖非此日用平常，则天命之生化何自而显著，人心之活泼何自而因依，故即此便是真诚，天下万世所当共作防闲。盖有正便有邪，有诚便有伪，自古为然，岂独末世乃始纷乱。但孔孟费多少气力，防之闲之，于春秋战国，竟无少补。我高皇才止数语，而万年天日一时朗豁。故芳敢谓皇极之世，惟我明今日方是。盖以天命之知，得诸天纵圣心；而率性之道，宣诸立极神语。即天地幽明，皆相敬德；八荒四极，靡弗钦承。芳共诸君，止须稽首赞扬，无容更多长说。又曰：人无所不至，惟天不容伪，此所以仁亲性善之旨，自孔孟已将涓滴，至我高皇一旦而洋溢四海，二百年来，日新月盛，岁异不同。今若自上逮下，由寡及众，合力扬波，沛然达而充之，则尽洗炎蒸之苦，共登清凉之界，不过举手间，而乐将熙熙于万宇矣。钦哉！慨戊午迄今，中边劳攘，而流寇蠢动，荼毒最烈。岂上帝好生，忍残物命，总人不向善，自取天厌。窃意善世化俗，无过六谕。先臣罗郡守详哉其言之矣。倘能在在遵守，则人皆善良，何有流寇，又何天意之不可回也哉？

开读：古今圣贤，动称化民成俗，可见教民是要紧一着。太祖高皇帝开辟天下，造了一部大明律，颁行海内。单是问人的罪名，加人的刑法，若不好好教他，恐人难免罪犯，所以又有这圣谕六言，使老吏振铎朗诵，无非要人个个学好，个个为人。然这六句话，若说不得明白恺切，未免人心玩愒，胡涂过了，可不是一场空话，辜负圣意？我今对你们说，那部大明律，岂是空做的？你们犯罪，笞杖徒流绞斩，一定要到你们身上。即使逃得王法，天报也断乎不爽。俗云：王法无情，天理最近。你们若求免祸，莫如谨遵圣谕，勤讲乡约。今请言其大概。古人云：天地之间人为贵。人而为男子，又生中国，躬逢车书一统之盛，得被衣冠文物之化，岂非至幸！宋儒周濂溪曰：天地间至难得者人，人而至难得者，道义有于身。道义本于师友。今日会众师友凑集，岂非严惮切磋之地？此尤人生所最难遇的。愿我大众，乘此胜会，思上天如何生我，思我如何做人，如何便是圣贤，如何便是禽兽，如何为乡党之善士，如何为闾巷之恶人，如何富贵的或负悔尤而后不昌，如何贫贱的或享清闲而后反盛？常值福祥者，是何因果？动遭凶咎者，是何因缘？今人但见为恶的未必恶报，遂恣己所为，不知天网恢恢，疏而不漏。一家稽其三代，一世验之百年，福善祸淫，丝毫不错。上帝好生，原要人趋吉避凶，无奈自作之孽，自不容逭。在会众人，闻此劝谕，大家猛省。为善的愈加勉励。为恶的痛自创惩。明粹者，本此而达心性，顽劣者，警此而免灾刑。由迩及远，足此通彼，同为良善，同享太平，何风俗之难同，道德之难一哉？若能如此，远迩无不爱敬，天地鬼神，无不鉴佑。所谓为善最乐，正是此等。我劝同会诸人，动以古人自待，莫以善小不为，莫以恶小无妨。古语云：好人难做终须做，恶事易为不忍为。又云：君子乐得为君子，小人枉着做小人。今日难得在此讲明圣谕，须是用心听着。大凡孝弟的人，那非为的事，自然不做，所以孝弟是为仁的根本。一孝立，而百行从，一弟立而百顺聚。故尧舜以帝道治天下，不外一个孝弟。孔子以师道教天下，也只是一个孝弟。况孝是孝顺了你各人的父母，弟是爱敬了你各人的兄长，一家和顺，各人自己受福。一家乖逆，各人自家受祸，何苦不知感动，乃劳朝廷圣谕、官府乡约为哉。若只依你原日爱敬之良，便可做到圣贤地位，纵有不及，也不失个令名，身家尽有受用。

所以，太祖高皇帝第一说孝顺父母。如何是孝顺父母？人生世间，谁无父母，亦谁不晓得孝顺父母？孟子曰孩提之童无不知爱其亲者，是说人初生之时，百事不知，个个会争着父母怀抱，顷刻也离不得，即此便是良知。既知如此，即便能此，便谓之良能。良知良能，完完全全，没有一毫欠缺。盖由此身原是父母一体分下，形虽有二，总是一块肉，一口气，一点骨血，分割不开的，如何才生出你来。到如今你却认你是你，把父母另看做一个了。钱财也道是你的，妻子也道是你的，把父母都隔了一层。这等样存心，还成个甚么儿子？你们众人，各各思想你父母如何抚养你来。十个月怀你在胎中，十病九死。三年抱你在怀内，万苦千辛，担了多少惊恐，受了多少劳碌。冷暖也失错不得，饥饱也失错不得。未曾吃饭，先怕儿饥。未曾穿衣，先怕儿寒。但有些病痛，不怨儿子难养，反恨自己失错。求医求神，忘眠忘食，恨不得将身代替。可怜可怜。才生下来，便指望成人。爬得长大，便定亲婚配，教你做人，教你勤谨，望你兴家立业，望你读书光显。一时出外，久不见归，切切悬望。直等到家，方免牵挂。若教得你几分像人时节，便不胜欢喜。若是不听教训，父母便一生无靠了，他便死也不瞑目，死也割不断，那有一时一事放得念下。父母这等心肠待儿子看来，这个身子分明是父母活活分下来的。这个性命分明是父母息息养起来的。今日这些知觉作为，分明是父母心心念念教出来的。满身无一毫不是父母之恩，真是天高地厚，如何报得！及到为子的身日长一日，那父母的身日老一日了，若不及蚤行孝，终天之恨，如何解得。我看今世上人，把父母生养他、教训他、婚配他，都看做该当的，所以不能孝顺。岂知乌鸦尚且反哺，羔羊犹然跪乳。你们都是个人，反不孝顺，或听妇言，或因小节偶被谗间，即便忤逆，却禽兽不如了，还成个甚么人，可叹可叹。且就眼前说。假如父母要一件东西，值着甚么，就生一个吝惜的心，不肯与他。父母分付一件事，没甚难干，就生一个推托的心，不肯从他。奉承势利的人，无所不至。就是被别人骂，别人打，也有甘心忍受的，只自己的父母骂了一句，就生一个嗔恨的心，反眼相看。又有一等人，背了父母，只爱自己的妻妾，丢了父母，只疼自家的儿女。儿女死了，号天恸地，哭断肝肠。父母死，哭也不痛，还有那假哭的。若是六七十岁、八九十岁死了，反以为当然。又有那富贵人家，服制虽有三年，爬不得满了孝，尽他奢华齐整。这是丧心的人了。又或父母有过，被人指摘，不去微言讽劝，委曲弥缝，反埋怨父母惹事，对人乐道，责备父母。父母有幼子女，是你弟妹，不用心看顾照管，任其失所。或父有后妻，这是你为母了。因父有母，所以《大明律》服制也是斩衰三年，与嫡母、生母一般。今人不知道理，便说继母不曾生我，不曾养我，又不曾怀抱我，如何做得我的母亲。不知你这等待继母，便是你不知有父了。胡人是个异种，不知有父。禽兽是个异类，不知有父。你却不是胡人，不是禽兽，岂可不知有父？况且继母有不贤的，也有贤的，有初然不贤后边贤的，你做儿子，只尽自家的道理，纵然不慈，也须好好奉承，如何便生荆棘，立藩篱，切齿怨恨他。如以上这等不孝的人，有人说他骂他，他却不知翻悔，只道世上儿子都是这等，那希罕我一个。这等人何不将爱妻妾的念头、疼儿女的念头、奉承势利的念头，回想一想，此真是个豺狼枭獍，天不容，地不载，生遭刑宪，死入地狱。我今奉劝在会众人，快快要孝顺父母。孝顺也不难，只有两件事。第一件要安父母的心；第二件要养父母的身。如何安父母的心？你平日在家，不论穷达，做好人，行好事，莫闯祸，莫告状，一家安乐，父母岂不快活？教你妻妾，教你儿孙，大家柔声下气，小心侍奉，莫要违拗，莫要触犯。父母上面有祖父、祖母，也要体父母的心，一般孝顺。父母身边有小兄弟、小姊妹，也要体父母的心，好生看待。或父有侍妾，也一般敬重。使父母在生一日，宽怀一日。这便是安父母的心。如何是养父母的身？随你力量，尽你家私，饥进食，寒奉衣，早晚款曲殷勤。遇时节以礼拜庆，遇生辰以礼祝贺。有事代劳，有病迎医，朝夕调治，这便是养父母的身。倘若父母有不是处，需要委曲讽谏，使父母中心感悟，不致得罪于乡党亲戚。父母或不喜我，至于恼怒打骂，仍要和悦顺受，不可粗言盛气，将父母平日交好的人请来劝解，务祈父母欢喜改从，方免陷亲不义。万一天年告终，尽心尽力，以礼殡葬。四时八节，以时祭祀。务殖生产，不堕家声。这都是孝顺父母的事，都是你们该当的。常见世间有等儿子不孝父母，却说我本要孝顺，怎奈父母分授不平，或不爱我。咳，却见差了。才说你此身原是父母生的，儿子与父母论不得是非。父母即如天，譬如天生一茎草，春来发生也由得天，秋来霜打死了也由得天。父母生出你来，生也由得父母，死也由得父母，说得甚么长短？所以古人云：天下无不是的父母。怎么说父母不公不爱，你便干得不孝顺的事，说得不孝顺的话？况且父母天地之心，岂有不爱你的道理。俗话说，十个指头咬着般般疼，何尝两样看待？只是儿子有那不学好的，父母嫌恶他浪荡，若像偏厚那好的。然父母的意思，也只是那不长进的深悔改过，又要那长进的想着父母爱他的心肠，愈加学好，体贴父母，照顾兄弟。迹虽不同，总是一片不得已的苦心。若是孝顺的，纵使父母偏向，不但不忍言，且不见得父母有偏处。况且父母所爱的，我便当爱。岂有父母爱的，我敢拂逆了父母的意思。《中庸》说道："兄弟既翕，和乐且耽。"孔子想像他一家的光景，不觉赞叹说父母其顺矣乎。可见能和兄弟，乃是孝顺父母。若兄弟不和，怎么叫做孝顺？古诗云：兄弟同胞父母生，莫因些小便相争。一年相见一年老，能有几年作弟兄。我见世人尚有结拜异姓，做兄弟的，如何嫡亲手足反因身外浮财，以至兴词构讼，甚且身家前程都不顾惜，彼此只想取胜，到底同归破败。本要争多，反大有失。仔细思量，你好愚痴，你们这等相残，父母即在九泉，魂灵也是不安的。大抵多由听信妻子以致歹人挑唆起事，于中取利，致使到此田地。及有好人善言劝解，反不依从，曾不想我今日做对头的不是别人，是我父母一脉分下来的。那孝顺的人自有主意，决不被人愚弄。况争多兢少，总之要命。你若命好，虽少必渐丰厚；若是命薄，纵多也难消受。俗说男儿不吃分时饭，女儿不穿嫁时衣，也要自家勤勉。且是父母有这些家私，分与你们，你们有得争兢。比如没有，争些甚么？所以那分少的，当退步打算，只作父母只遗得这些，何必争兢？在过得好的，当体亲心，周恤兄弟，既不参商了情意，又可安慰了双亲，且可常保了家业，岂不至妙也哉？又要晓得那不孝顺的人，只是失了孩提知爱的那一点良心，若能提醒，使此良心常在，便用之不尽。昔有一人为父所嗔，却负气不顺呼遣，其父从仓卒间忽呼其名，其人不觉答应，比行几步，乃思父亲无故嗔我，我正气恼，难道就去不成，且慢慢去。当其呼之即应，乃是不虑不学乍见的良心，及至转念，便是地狱种子。如今世上极愚蠢的，也晓得敬天敬地敬神佛，殊不知父即是天，母即是地。佛经云：人何处求神佛，堂上双亲即是神佛。人若不孝顺父母，便是逆天逆地，便是毁神慢佛。就是富贵人家，有那样不孝顺父母的，说起来人都是唾骂他，不羡他的富贵。贫穷小民能孝顺的，乡里亲戚都赞叹他，官府也旌表他，虽天地鬼神亦自保佑他，他的子孙依然孝顺，他家道昌隆，孙枝绵远，寿算延长。若不孝顺的，看他招非惹悔，家道萧条，雷霆显击，十分灵应。此是实话，莫硬不信。况且我为人子，我亦有所生之子。我若不孝顺父母，没有好样与子孙看，谁来孝顺我？古人说得好，"孝顺还生孝顺儿，忤逆还生忤逆儿"。天道昭昭，如屋漏水，一滴赶着一滴，报应断然不爽。就是《大明律》上也开那不孝的，叫做十恶不赦。可见孝顺是第一件大好事，不孝顺的是第一件大恶事。仔细听着，这便是孝顺父母的说话。

第二说尊敬长上。如何是尊敬长上？许大的世界，许多的人民，却只是一个名分管定，一个礼安排。名分就是长上了，礼就是个尊敬了。即如臣敬君，子敬亲，也只是这名分逃不得，礼上过不去，所以凡遇长上，原该尊敬。比如当今皇帝陛下就是天下人的长上，一方亲临公祖父母官及学校长师就是一方人等的长上，这个当尊当敬，你们个个都晓得了。至于你家内如祖父母、父母、伯叔父母、姑姊兄嫂，一切内外眷属，凡是行辈在你前的，年纪长于你的，这是你本宗的长上。又有那外祖父母、母舅、母姨、妻夫母之类，及行辈在你前的，年齿大于你的，这是你外亲的长上。至若乡里朋友，虽非姻戚，却有与祖同辈的、与父同辈的，有与己同辈而年长的，这是你乡党的长上。如教学先生与艺术授受及僧道受戒、受具传度之师，这是成就你的长上。又各处有司官长、乡绅先达，这是有位的长上。又有年齿不高，应当礼貌，如人家所延的塾宾，道路所遇班白的老人，诸如此类，不论贵贱，不论贫富，论名分都是长上，论礼都该尊敬。又有那贤人君子，德隆望重，可为师范的，犹当虚心受益，礼下于他。有等狂妄之人，不循理法，不顾名分，一味粗野，一味性气，恃自己势力，或逞自己智巧，任意胡行。如见族间与外亲尊长有衰弱的，便不服气尊称他。见那高年老成的，便道他是个古板子，不要放他在眼里。见达官长者，便说休要畏缩奉承他，只管大模大样。不该抗礼的，也强与他抗礼，相率以此为有气概，有胆量，不知他年纪大似你，行辈先似你，名位高似你，识见多似你，跋历的又老练似你，你是卑幼，他是尊长，如何敢戏狎他，如何敢欺侮他。假使他人轻忽你的父母，你必不喜。下面人犯你，你必不堪。比你略卑幼些的，少不顺你，你便愤然不服。何不将你自家的念头，转想一想，体贴将去，且你存着这点骄亢的心，眼底无人，必至越理犯分，做出放胆的事来。世间那里安插得你这等不和顺的人，决非全身保家的消息。所以人在天地间，除了孝顺父母，第二件就是尊敬长上。如何尊敬？行坐必让，问答必谨，接见必恭，谦会必逊，教诲必从，有赐必谢，有名必趋，当揖就揖，当拜就拜，毋敢放肆，毋敢触犯，逞不得一毫聪明，倚不得一毫富贵，如此方是尊敬。我闻前辈家风，凡事只凭尊长吩咐，卑幼唯唯听命。近来世法，倒是卑幼骄傲，尊长谦逊，若有尊长略自立些崖岸，后生小子便要使气，说他是我一般样的人，如何我尊敬他，他不尊敬我，便傲慢起来。不知他既是长，你便是幼，他既是上，你便是下，名分坐定，名分坐定，礼管定，天理节文原该如此，你如何起这样不安分的念头，说这般不安分的说话？况且后浪催前浪，一辈趱一辈，今日的长上，却是旧日的子弟，他也曾尊敬过别人来。我今日虽是子弟，他日就是长上，也少不得受别人的尊敬。如今不肯尊敬别人，日后做别人的长上，也少不得是这等模样了。又有一等人，外面假作奉承，心中其实傲慢，道这老者有何知见，便与长上做个揖，也是勉强低头，便与长上施个礼，也是一团虚套，这样人便唤做人面兽心。我今与你说破，这尊敬二字，不是外面假做得的，是你们一点谦谨逊顺的真心。如何唤作真心？《论语》云："孝弟为仁之本。"为人孝弟，自然不犯上作乱，可见孩提知爱，稍长知敬，既能顺亲，便能敬长，自然而然，无所假借，存得这点真心，方才做得个善人君子。就是那尊长也来亲爱你，乡党也来称赞他，后辈自然来效法。你若少有些轻薄，乡里谁不恶你远你，那个来钦敬你？纵才高发达，也终做不得人品，可见这点谦逊的真心，处处少他不得。不但你的长上，就不是长上，也欺压他不得。便是你的子孙，你的妻妾奴婢，又如做官管辖的百姓，也不可欺他，也不可非礼凌辱他，是法平等，是人一般。所以孔子说，无众寡，无小大，无敢慢。孟子说：老吾老及人之老，长吾长及人之长，幼吾幼及人之幼。四海都是一家，宇宙一团和气，就是遇着鳏寡孤独的人，也要怜恤他；无知犯法的人，也要哀矜他。处处谦慎，个个优容。我敬人，人敬我；我尊人，人尊我。在家在邦，以和召和，和气致祥，天必祐之，自然长幼相安，变乱不作。这便是尊敬长上的说话。

第三说和睦乡里。如何是和睦乡里？天地是个大父母，人皆天地所生，就如兄弟一般。所以古人云：乾父坤母，民吾同胞，物吾同与。盖此世上人，不是在天地外的，同在天地一气之中，好恶休戚，自然无间。今人无故踏死一只鸡雏，折损一枝花木，打碎一片砖瓦，便怵然痛心，觉道可惜，何况同辈为人者乎?！万物一体，四海一家，且不要说。只说人生在世，少不得一个安插的所在，就少不得有几个相处的人，这也不是偶然。试想古今来，前后几千万年，各省直各府州县，各坊厢各村镇，东的东，西的西，南的南，北的北，不知如何隔绝，幸与这些人同生一时，同住一处，岂不是有缘？俗云，千金买邻，八百买宅。可见乡里也最要紧，虽不是亲眷，到比那隔远的亲眷更相关。虽不是兄弟，到比那不和好兄弟更得力。有等不知事的人，只道各家门，各家户，我与他有甚相干。偶因田地财物交加，往来报施相左，便至怀恨结仇，官司狱讼。殊不知邻里间屋宇相接，地产相连，起眼相见，一块土上，躲闪不去，是非也是乡里易生，冤家也是乡里易结。相处得好，乡里便是亲人；相处不好，乡里便是仇敌。且是乡里生事寻害你，比别处人不同。别处人隔乡隔村，未必就怎么得你；乡里害你，却极容易，早晚防备他不及，成年成月分手不开。又与亲戚成怨的不同。亲戚还有顾名分的，存体面的，想着往日情意的。乡里不和，便这些都说不得，所以乡里决要和睦。如何和睦？比如那做官做吏富贵胜似你的，这是强似你的乡里，你却安你贫贱的分，小心尊敬，不可得罪，若有负欠，作速完杜，不但恐他下人讨走多遭，仗主行势，且后来还好借贷。也有极贫贱的，这是不如你的乡里，存你一点怜恤之心，看顾答救他。就是佣工做小生意的，宁可与足，不可克他。远年债尾，还不来的，宽让他些，不可苦逼他。也有一种不成人凶恶的，这是不好的乡里，也要谨防他，礼待他，百凡礼让他，凭一点至诚心感动他，方便劝化他。中间或有贤人君子为善积德的，这是一方的祥瑞，众人的师表，却要时时亲就，事事请教，待他如父兄师长一般。又有你我平等一样的乡里，都要你往我来，如兄若弟；早晚相见，必须谦恭；四时八节，吉凶庆吊，必须成礼；有事相托，有话相商，必须尽心；有疾病相看问，有患难相扶持。有词讼相解劝，不可搬弄扛帮。有火盗相救护，不可幸灾乐祸；莫妒富欺贫，莫凌孤弱寡，莫坐视人急，莫反因人危，莫讨占便宜，莫妄自骄大，莫容六畜践人禾苗，莫容儿辈损人坟墓，莫轻生以人命赖人，莫废业以财博相戏。些少不平等，着实含忍；祖父积衅，渐次消释。酿成一团和气，才成一个乡里。这样人，谁不亲近你，称颂你。你家有事，谁不来趋附你。官府见你这等尚义，也嘉奖你。就出处相逢，个个都是相好的，不消用得一毫心事，何等快乐。你若用一点心待人，人也用一点心待你。时时隄防忧虑，何等苦楚。所以人只平易待人，便有许多受用。且是人在家乡还不觉得，及至出外，只听得同乡人的声口，不问贵贱，都觉相亲；或见故乡人来，便不胜欢喜。这点心却是和睦乡里的真心。人若以出外的心待乡里，那有乡里不和睦的？那不和睦的弊病，却有两件，一是忌刻的心，惟恐他高似强似我，我便被他压了，显不得我好。不知你只该做你的人，何必忌他，若一方都好了，可不更好？一是好胜的心，比如小有触犯，便道我若让了他这着，人都来欺负我，便做不得好汉了，定要取胜。你只看有受用的人，都是会吃亏的人。俗云，只有千里人情，没有千里威风。若一乡都怕你，岂是好事？又有一等，见乡里待我不好，我也去待他不好。古人云：冤家是结的。他仇你不仇，冤家到底结不成。若他仇你，你仇他，冤深害结，唇齿相连，必有一场大祸，岂是保身安家之道？他不和睦，你只管和睦，一个愚，一个贤，到底他有悔悟的日子。孟子说得好，爱人不亲反其仁，礼人不答反其敬。今人只提一点不忍的心，觉得误伤一生，误损一物，误毁一器，尚且过意不去，岂可同类同里之人，却忍下此毒手？此意一回，多少仁慈？我敬人，人敬我；我爱人，人爱我。潜孚积润，虽铁石人也化他过来，使一乡之人，尽如一父母所生，和气薰蒸，天必祐之，自然灾害不生，祸患不作，风俗归厚，同享太平之福于无穷矣。这便是和睦乡里的说话。

第四说教训子孙。如何是教训子孙？人家兴也是子孙；人家败也是子孙。古人云：有好子孙方是福，无多田地不为贫。人生一世，子孙是后程。子孙不好，任你有天大的事业，总无交割，眼光落地，都做了一场话橹，所以好子孙要紧。然好与不好，只争个教与不教。世上哪个生下来就是好人？都是教训成的。那个生下来就是恶人？多是不教训坏了的。也有大人家的子孙，辱门败户；也有小人家的子孙，立身扬名，可见全在教训。常见有等富贵人家，只图个子孙，便说道现在的福分够他享用，吃不了穿不了，他的造化生定的，就不教他了罢，后来毕竟坏了。有等贫贱人家，父母无所指望，只说道富贵也不得到我家，由他命罢，只是学些乖巧，趁钱养家就够了，那里又教他甚么做人的道理，后来越是没有下稍。又见人家爱儿子的，定要好食与他吃，好衣与他穿，吃惯了好的，大来自家做人，奢华浪费，不甘淡薄，卖田卖屋，是这等来。又见人疼儿女的，怕他啼哭，尽他要的，即便与他，尽他恼的，即便替他打骂出气。不思依他惯了，大来自家做人，自由自纵，打人骂人，闯祸生事，是这等来。又常见人家父母喜欢儿子，专一调笑哄他，非礼之言，只管戏狎，诡诈之事，只管作弄，任他杀害生命，作践天物，不想纵佚惯了，大来自家做人，苟且歪斜，奸盗诈伪，是这等来。及至犯法到官，身遭刑罚，那时家业被他破败，家声被他废坠，祖宗被他玷辱，父母兄弟妻子被他连累，傍人群聚讪笑，说道某人家子孙，今日到这个田地，那父母既难割舍，又难解救，恓恓惶惶，只落得叹几口气，悔也迟了。以此一想，子孙何可不教？今人教子孙，又只晓得望子孙强过人，不肯使子孙退让人，少年习气，易得骄暴，反被父母教坏了，切记不可。又有教训的，动辄要子孙读书做官，这也不是。不但世间读书的多，做官的少，只要那做官的话头浸灌子孙口耳，比及文义粗通，才有进身，便侈然有骄父兄、傲长上之意。纵然做得官来，人品先自坏了，有何用处？且是做官要命，这是教不成的；做好人却不要命，这是教得成的。你们如何不教子孙做人？比如你们见一株好树，一本好花，便要栽种培植，朝夕灌溉；见一件好器皿，便要收顿安稳，这是良知良能，人人的真心。况于子孙，岂不愿他长进，胜过自己？然多不遂意愿，只为自小不曾教得。古人云，严父出好子。又说：桑条从小煣。趁他年纪尚小，知识未深，趁你年纪未老，正好做主。若习惯成了，便唤他不转。若你年老了，便钤束他不下。所以人家子孙，必自幼时便想他后来结果，急忙教训。教训如何？未教他读书，先教他做人。莫要他强过人，只要他低下于人。休教他做官，先教他做人。教他做好人，先要他存好心，养其良知良能，教以爱亲敬长。第一莫说谎，次惜廉耻、谨言行。进退应对，俱有节度。酒色财气，莫使沾染。资质明敏的，教他读书，明师良友，与之切磋，圣经贤传，令其体认，造成德器，以为国用，光显门闾。若资性庸下的，不能读书，切莫担阁他终身，农工商贾，随他所近，各守一业，毋致失所。却都要教他循礼法，勤生理，做好人，存好心，切莫任他骄惰放荡，游手好闲，虚花度日，又莫令他说人长短，慕人声华，侮慢前辈，凌虐下人，以及奸淫争斗，酗酒赌钱，皆当防禁。再一事要紧，要他做好人，先须习好，伴好朋好友，与他相处，自然见样学样，做个好人。浪子游徒，勿令相近。古人云：善人同处则日闻嘉训，不善人同游则日生邪情，可见择伴要紧。更有一说，人家父母便是师傅，平日在家说话行事，早晚子孙看着听着，都照个影子在他心里，不记自记，不会自会，如白衣下染缸，不觉变成颜色。所以古人重胎教，又说言行要留好样与儿孙。若父祖歪邪，便把圣贤道理日日与子孙讲，总不信你，可见教训子孙，必须先自学好。又见人家父母，多有溺爱偏向的，父母在时，子孙或还怕惧，然已有背后言语，兄弟未免二心。及父母身后，手足参商，相残不已，彼此俱终拖累坏了。

为父母的，若想到此，便知偏疼他反是贻害了他，偏厚他的财物，正是薄他的兄弟，岂是教法？况且私蓄与他，子孙若好，还知谨守，即不私厚，也自过得，若不成立的，手宽荡费，厚他何益？常言道，养儿不如我，要钱做甚么？养儿强似我，要钱做甚么？这等看来，不如只是公平，使他兄弟常久和睦，即有消长，各听天命，岂不是好？这都是教训子孙的事。至于女子，也最要紧，一有不慎，日后未免玷辱父母，贻累丈夫，所以更要着意防闲，教以和顺，训以贞洁，谨口慎面，端坐徐行，不可令他放逸，不用纵他奢华。勿使傲其公姑，凌其妯娌；勿使搬唇弄舌，间其兄弟；勿使打奴骂婢熟了，勿使轻狂躁急惯了。纺绩庖厨，都要亲操；浆洗针线，都要学习。至若公姑待媳妇，固不当难为他，也不可姑息他。常言教妇初来，也要如教训女儿一般。诸如男女不亲授受，不通乞贷，夜行以火，昼不游庭等项，都要教他。更有一说，人家要好子孙，莫过积德行善。孔子云：积善之家，必有余庆；积不善之家，必有余殃。子孙好不好，又全在你积善不积善。积善之道非一，只是与人方便第一，处处方便，自是诸恶不作，众善奉行，便是积善，子孙自然昌盛。好子孙也不单是读书做官，只要人好。读书人不好，那祖宗积的德，未免被他剥削了，世代未免不绵远，总是积德不厚，所以只读书做官便就报了他。且是还有多少做官的，覆宗灭祀。若是积德有好人，则前代所积的，他又培植得厚了，代代相传，自然长久，比那一时富贵便报尽了的不同。倘人年长无子，不必怨天求神，只是行善，自然生子，子又必贤，与那强求的不同。所以黄山谷诗云，"肯与贫人共年谷，必有明珠生蚌胎"。仁者有后，理不断爽。又或人生有不肖子孙，亦不宜忿疾已甚，亦不当委之于命。父子主恩，决无可忍之心，亦无可弃之理。大凡禽兽鱼虫，皆可感化，何况父子？若只说道是我当为子孙辛苦则可，若说我命当有不肖子孙，随他去罢，则生意已自本身斩了，自己先是不肖，如何贯通得不肖的子孙？故人生万一有个极不肖的子孙，必须与之同生死患难，感通化导，力有时而尽，心无时而解，这才是慈道之极。已慈已极，子孙又安有不可化之理？大抵世人责人厚，责己薄，就是父子也是这等。程子云，细思吾身在天地间，有多少不尽分处。想到此处，又再想，我生这等子孙，定是我罪孽深重，招此显报，则心地当时清凉，怨毒亦不深结，愈加忏悔，愈加修省，恶可化为善，乖可致为和，这便是教训子孙的说话。

　　第五说各安生理。如何是各安生理？这生理两字，你们还醒得么？生便是人的生命，理便是道理。凡人要生，必须循理，作死必然背理。凡事顺理方才得生，逆理必然取死，所以唤作生理。你们众人那个不要生？却有几个肯循理？所以说要安生理。生理也多，有大的，有小的，有贵的，有贱的。俗语云：道路各别，养家一般。比如士农工商，各执一业，这便是生理了。士勤讲习，农力耕种，工造作，商营运，都是做自家的本等，不去心高妄想。就是眼前，未必就好。将来随分有个下落。譬那种花木的，虽有迟早不同，只管勤力灌溉，日后也有个结果成熟的时节，这便是安生理。有那一等人，做了这件，听得那件好，便丢下这件去做那件，一心想东，一心想西，千般百异，到底一事无成，这便是不安生理。又如极穷的小民，饥寒无以安自己的贫穷，东偷西摸，自投法风，定致打死，便是不安生理。又有一等，将就过得日子，小小资本，微微利息，夫勤妻俭，日进几文，也是个生理。你那心高妄想，苟且贪图，胡行乱作，自取罪戾，这便是不安生理。又有富家子弟，顶家立业，尽不容易，也尽靠不得父祖，必须自己劳苦支撑，为善作福，保守现在，方能成立，这是安生理。你却倚财恃势，闯祸生事，这便是不安生理。又有一等做官积俸，家道蕃昌，但肯循理乐善，不欺诈平人，不逞意妄为，恤苦怜贫，多行阴骘，这是安生理。你却说我是做官的人，所在官司没奈何，一切平民任我主张，把祖宗积德生你出来的那些福分一时都用尽了，还更造下孽来，不于其身，于其子孙，这便是不安生理。又有一等书吏皂快，事奉官府的，若能奉公守法，谨慎小心，随事方便，不敢欺心罔上，若是生非，这便是安生理。你却狐假虎威，黑心白欺，只管自己（赚）钱，不顾他人死活。我且问你，有多大的福分，这样作孽消受得去？一朝犯出，身家破尽，发配成军，妻子也顾不得。俗云：公门里面好修行。你见世上有多少衙役的得好结果，这便是不安生理。又有那掣霍扯空，不去自己经营，只寻靠人度日，诳骗一钱，随场打混的。又有那懒惰不思前算后，只说且过眼前，哪里管得后面，游游荡荡，如痴如呆的，及至饥寒流落，自家也没摆布，只得做歹事了。大凡人勤谨，便生好念；懒惰便起邪心。一个人有一件着己的事放在身上，那讨功夫去想别事。若闲走闲坐，遇着两个没正经的人，就做出没搭撒的勾当来了。俗云，成人不自在，自在不成人。你试看那赌博的，下贱偷盗的，可是有生理的人？以此思想，便知生理一日也丢不得。又有那聪明伶俐的，想赚大钱，行险遭凶，倒不如小卖小买的自在平稳。又有那痴心扒结的，不安本分，忒煞营谋，倒不如那手艺农田的长久安乐。古人云，万事不由人计较，一生都是命安排。命运好，不求自至，命运不好，枉费心机。纵使偶然侥幸，毕竟弄巧成拙，望高转低，哪见有三心二意，凭你自家算计的。便拗得命运过，终不然那造化随你算了去不成？这都是不安生理的人。你既不安生理，那有生理把你安。古人云，万事分已定，浮生空自忙。譬如一茎草，自然一滴露养活他。各各安分，自然有条生路。休恨不如人，人多不如我的。翻转一思，多少快活。古人云，食前方丈，不过一饱；大厦千间，夜眠八尺。又云，安常即是福，守分不为贫。知足常足，切莫妄求。我今问大众，哪件生理好？你们定说万般皆下品，只有读书高了。难道读书不是第一等生理？但世人万万千千，能有几个读书的做得官？必要做官生理，你百姓们都被他哄老了也不能勾。况那读书的也要积善勤学，方能成名，尽不易得。已下的人却被这两句话误了一生。且那做官的人，虽落得眼前好看，风波险恶，不知受了多少艰辛。那做官之家虽享了些朝廷爵禄，骄奢放肆，不知染了多少习气；虽然吃些好的，不是家常茶饭；穿些好的，不是家常衣服，又娇惯了子孙，又放纵了奴仆。所以古人云，朱门生饿殍。你见那做官的，能有几家长久，你们莫去羡他。我今指你们一条绝好的生理，古人叫务农是力本，叫买卖是逐末。若是有田的人统领子弟勤耕勤种，一粒落地，万颗归家，比那买卖的有千倍万倍的利。园中栽桑，地里种棉，广种薄收，也可糊口。上无官逋，下无私债，身不入公庭，脚不踏城市。明无是非，幽无鬼责。山中宰相，地上神仙。说什么做官，说什么做买卖。假如无田的人家，租得几亩田，典

得几坵地，勤耕勤种，完了主人租，落得几斗米，妻子对食，也得落
肠。虽是粗茶淡饭，到比那膏粱米味吃得安稳；虽是粗衣大布，到比那
锦绣罗绮穿得长久。这叫做天地间良民，无有罪犯，无有孽报。妻子也
不娇惯了，儿孙也不游荡惯了。本分生理，此为第一。若是那商贾的生
理，虽是极平心的人，也少不得有几分算计，虽是极淡薄的利，也少不
得有几分营谋。我处赚了一份，人上毕竟亏了一分，比那力田的尽自家
力量，靠天地的收成到底不同，所以买卖叫逐末。今人见人说某人安本
分，做生理，就都喜他；某人不安本分，不做生理，便就恶他。此心之
明，是非较然，反到身上便自昧了。你若因人反己，惕然去干自己的生
理，不论大小贵贱，都是好人了。还有一说，存好心又是安生理的根
本。这便是各安生理的说话。

　　第六说毋作非为。如何是毋作非为？这一句话是我太祖皇帝教人最
切骨的言语。一部《大明律》，也只为这句话做的。如何叫做非为？凡
一切不善之事，不论大小，都叫做非为。行一切不善之事，不论大小，
都叫作非为。那《大明律》上笞杖徒流绞斩，以至五逆十恶，凌迟处
死，都是一个作非为的样子，说不尽数不尽。且如一府一州一县一城一
村镇之人，好的固多，作非为的也不少。究他端的，也只起初一念之
差，直错到那悔不得的田地。然他是非的真心，到底昧不得。比如人所
至恶的，莫如盗贼，平日有人看他是个盗贼，便赧然面赤，及至事露，
对人又有许多遮掩。可是非为的事，就是他自己也晓得做不得。只缘下
劣之人，或因色欲迷心，财利动念，不知好歹而冒为的；也有识见不
定，被人愚弄自欠斟酌而误为的；也有道理解说见得该当的，也有因哄
作笑惹成大祸的，总是心粗胆大，任气而不任理，知利而不知害，所以
有那非为的事出来。今且略数几件，与你们听着。如好勇斗猛，使乖弄
巧，游手好闲，成群逐戏，生事告状，放囊赌博，打行扎囤，买访害
人，捏写词状，诓骗客商，倾使低银，略卖人口，宰割牛只，侵占房
田，谋夺寺院，贪图风水，掘人坟墓，图赖人命，挟持官府，奸淫妇
女，包娼宿窠，斗牌跌钱，酗饮串戏，包揽侵欺，窝盗私贩，纳叛招
亡，白捕打诈，明火劫掳，以卑而凌尊，或以贫而讦富，或以富而欺

贫。这等样人，都叫作非为的事。到犯得出来，官府也顾不得你了，你那时节求救无门，改悔无及，只落得垂首丧气，甘受刑法。你看那枷的、杖的、锁的、禁的，问徒问军，累死他乡的，或绞或斩，分身法场的，已犯者老死囹圄，拖尸牢洞；未犯者恶贯满盈，终遭宪网。身名污了，家业废了，父母兄弟妻子连累了，这都是你自作自受、埋怨着谁？即或有侥倖过了一生的，临死不免见神见鬼，到底也须害子害孙，这都是你我眼见的耳闻的，可是哄你吓你么？你们到此方才知悔，不曾到这田地，哪晓得怕？今日不怕，将来一定要悔；今日悔的，当初只因不怕。你们在会大众，各将自家心上打点一番，看一切非为的心，还是有还是没有？凭你瞒得人瞒得官，瞒不得你自己的心。你自己的心昭昭明白，天日看见，鬼神看见，这便是天堂地狱的种子。古人云：人间私语，天闻若雷；暗室亏心，神目如电。此等说话，字字真切，你莫硬不信。你若道自己乖巧，能欺官能欺人，鬼神暗中随着你走，丝毫也欺他不得。你不怕人不怕官，难道鬼神也不怕？天也不怕？你不怕天，天却不饶你。你不怕鬼神，鬼神却不饶你。纵不遭官刑，也折福损寿，克子殃孙。纵然生子生孙，不与人还债，便是与你讨债。及你子孙破败，人人畅快，都道是有天理横来竖去，到底只是害了自家。思量到此，何苦做这样人？你等回去闲中无事时，夜半睡醒时，念头初起时，仔细想想，但有一点非为的心，作急转念回头便是。做好人、行好事，招好报的根基。你莫道些小之恶可为。便是些小之恶，必有报应。你莫道我是富贵的人，那些小不善的事，无人奈得我何，不知顺逆影响，少有不善，不于其身，于其子孙，况子孙见祖父如此所为，后必甚焉。恶样定招恶报，天与鬼神不可欺也。这便是毋作非为的说话。

以上六谕不过二十四字，天经地义，圣作明述，尽备在此。想我太祖神武定天下，起初杀了多少不学好、犯法的恶人，留下这几句好言语，劝化天下后世，总是一点谆谆切切、没奈何的苦心。大哉王言，其于民生日用最为急切，世人切不可将这说话当做空言故事，听的要用心听，讲的要切实讲。今再与你们总说一番，前面那五句就是父母教儿子，也只是这等慈悲了。第一句是从天理人心上劝化你们，若是有善根的，只消这一句，便说得肝肠断尽，血泪交流，一点良心透露，便做了一个彻骨彻髓的仁厚君子，哪里还有半点非为得到心上。却有一等中下的人，心性傲，气量粗，善根浅，所以要第二第三句，教他谦谨，教他和睦，若是知痛痒的，也只消这两句，便转头了，还怕你不醒？却又仔细叮咛你们教子教孙，安分守己。说到这里，少不得隄防着你了，再不醒悟，还到那里去？所以末后一句，斩钉截铁，咬断线头，一声喝醒，叫你毋作非为。仔细想着，这一句话，一霎时间，枷锁刑杖，都在面前了；仔细可见我太祖圣意，原是大慈大悲菩萨心肠，要普天下的人个个为孝子，个个为仁人，那肯把那不好的心看待着你。怎奈与你说到没可说处，劝到没可劝处，还不醒悟，仍作非为，到这个时节，也只得用杖打了，也只得动刀杀了，你还埋怨着谁？所以古人云，君子点头便知，愚人千唤不转。若醒得的，也不消我说；若是不醒，可将六句圣谕当六句真言，早晚持诵，将这二十四个字做二十四锭金子，每日恭奉。将今日会中与你们讲的，各印一本，对众宣扬。如此奉行，莫说是做一个好人，就是要读书做圣贤的，只此六句话也够了。便是要看经成佛作祖，只此六句话也够了。若能处处遵守，便家家是君子，个个是好人，《大明律》也不消用了，官府也不消要了，何况刑杖枷锁，要他怎的？同登羲皇之世，同享太平之福，方不负太祖垂训至意，不负今日讲说这番。大家努力，大家努力。

熊人霖《熊知县六歌》

熊人霖（1604—1666），字伯甘，别字鹤台，号南荣子，江西进贤县人，熊明遇之子，崇祯十年（1637）进士，崇祯十一年（1638）任义乌知县，崇祯十五年擢南京工部都水司主事，明亡后仕南明福王政权，后寓居福建建阳，隐居授经。《熊知县六歌》，载崇祯《义乌县志》卷四《乡约》。在《熊知县六歌》中，"莫作非为"歌排在了"各安生理"歌的前面。所谓"歌"，确实是用以歌咏的，在"各安生理"歌后，熊人霖写道："以上六歌，每歌中前二人齐唱，第四句六人重叹一句。"今据《义乌县志》（《稀见中国地方志汇刊》第 17 册）卷四《乡约》誊录，第 401 页。

孝顺父母歌曰：天高地厚海波长，这样恩同父与娘。不信亲恩难报答，问君怎样痛儿郎。劳心劳力万万千，总因儿女计周全。养心养志须兼尽，草木如何报答天。

尊敬长上歌曰：世沐朝廷养育恩，设官保护汝生存。法严分定无争害，今日方知长上尊。族长乡尊总要恭，随行后长圣贤从。□□莫倚凌前辈，他日须为白首翁。

和睦乡里歌曰：难把黄金买好邻，相规相劝是相亲。休将闲气轻争讼，黾勉同心做好人。富汉周贫是福田，贫人怨富祸相连。施财济物阴功大，巧取从来不聚钱。

教训子孙歌曰：娇儿不教大来痴，及早教他莫要迟，记得桑条从小郁，儿贤方得守家赀。或读诗书或种田，总叫勤俭做家缘，儿孙不教亲之过，忠信存心作圣贤。

莫作非为歌曰：一念非为必不祥，天刑王法总昭彰，心劳日拙因机械，作善心闲福更长。天道无亲与善人，奸欺诈害祸非轻，万般善恶终须报，远在儿孙近在身。

各安生理歌曰：劝君安分好生涯，本分求财好养家。士农工商皆随分，栽得根深定放花。衣禄生来莫强求，丰年能俭定无忧，男耕女织家兴旺，方便公门更好修。

◎以上六歌，每歌中前二人齐唱，第四句六人重叹一句。

钱肃乐《六谕释理》

钱肃乐（1607—1648），字希声，号虞孙，学者称止亭先生，浙江宁波府鄞县人，崇祯十年（1637）进士，授太仓州知州，政绩卓著，擢刑部员外郎，明亡之际，适丁忧家居，后于顺治二年（1645）在宁波举义旗，在南明官至东阁大学士兼兵部尚书，明清之际以倡议抗清复明闻于世。《六谕释理》，钱肃乐撰，载《钱忠介公集》（四明丛书第 5 册，广陵书社 2006 年版）卷八，第 2556—2658 页。正文前有钱肃乐序，称："本州莅任二载，见民间讦谇成风，讼狱滋多，自媿训导不纯，而愚民陷焉，议所以浣濯之，使娄东比户有士君子之行，庶几太祖高皇帝化民成俗之旨。故率耆老于朔望日讲解六谕，更就自私自便之处，动以良知良能之性，附赘俚言，词无匿旨，尔民其绎思毋忽。"

孝顺父母释：问你每有口体，莫不要吃好食穿好衣么？回头一想，此口何来？此体何来？假无父母生我时，如何得在世间享用？我今不教你别的，只教你爱惜口体，不当孝顺父母么？你每有夫妻，后来不做父母么？做父母不要儿子孝么？假如生儿子有好衣好食，只与妻子吃着，或三朋四友饮酒宿娼，任他老人家饥也不管，寒也不管，你夫妻不痛恨么？回头一想，当日我待父母何如？古人有言，孝顺须生孝顺子，忤逆还生忤逆儿。孝顺父母，你每有甚么吃亏？不孝顺父母，你每有甚多便宜？思之思之。

尊敬长上释：问你每做卑幼时好凌侮长上，莫不做长上时反要人凌辱么？每见好凌侮人的，还受人凌侮，只一转眼。且长上不但家庭乡党，凡朝廷设官分职，以治尔等，皆有长上之分，为你每劝课农桑，疏通水利，锄戢强暴，剖平狱讼，使你每得养其父母，长其子孙。我尊敬他，原是为自家。就是长上不称其职，朝廷自有法度处他，你每百姓自当尽子弟之礼，只看平日做歌谣刻图画谤讪长上，长上便不十分吃亏，自家却有甚么受用？思之思之。

和睦乡里释：问你每乡邻相处，原是拆不开的好友，不是解不开的冤家，有何大故，便至相争相讼。夫人无两是，亦无两非，各认一半，意气自平。他多骂我一句，我便让他一句，不但他以后开口不得，连前多骂的一句亦觉没趣了。以至儿童妇女传述的，只作不闻，如此乡邻争讼自少。试看善处乡邻的，生则欢乐之，死则痛惜之，不幸而遇水火盗贼疾病官司的事，则相率救护，若左右手。如其不然，见面便阳惜，背后便阴笑，又或离其所亲，助其所雠，此皆由不能和睦之故。你每试看，还是和睦的占得便宜多，还是不和睦的占得便宜多？思之思之。

教训子孙释：人家不教训子孙，便是不孝顺父母。仔么说？人能教训子孙，后来上等的做秀才，中举人进士，必道某人当日做好人，其子孙有此好报。就不然也，说这是某人子孙，岂不是荣亲耀祖？就是勤身苦体，做得一分人家，一生不识府县，终身不受刑罚，人皆说是好人家子孙。这也是一句好话柄。若乃生平不知教训，任他流浪胡为，或饮酒赌钱，或嫖妓串戏，甚至为贼为盗，旁人皆说是某人子孙，岂不辱没了祖宗？人于父母长上乡里尚须委曲开导，至于子孙，谁不要好？病不专在姑息，只且由他四字，堕坏儿孙一生。苟回想到父母面上，如何使得？如何使得？

各安生理释：凡人妄想邪心，都只缘不安一念，如种田的劳碌一年，那得没有荒歉，做工贾的算计千万，那得没有亏折？这都你自家的命，安常做去也，自有好受用处。假如你的命不好，你就不安，却便有甚么受用？每见弄聪明的人，朝农暮贾，五马六羊，到底越穷越拙，连自家本来生理都废，至乞丐饿莩以终其身，可不慎哉？

毋作非为释：非为事岂是父母生你时便带下来的么？这是不安本分平白地自己造作来的孽障。譬如耕食织衣、货物交易、男女婚嫁，自有正经道理。作非为的，他却要便宜从邪路上走去，不过一点贪私苟得的心，做下迷天罪案。你看下海通番，聚众打劫，一时或者侥幸过去，久久必至败露。及至败露，累及父母，戮及子孙，官府宽恕不得，乡里救护不得。试看那安分守己的，便或食不充口，衣不蔽体，却有父母妻子的乐。作非为的，或经年累岁幽囚图圄之中，或头足异处弃尸草野，两者并观，究竟那一个便宜？思之思之！

已上六谕，百姓若能遵依，便是盛世良民，读书有文学的，便可以发科甲，下至细民，随其所为，各得善报。生为盛世良民，殁便是西方佛子。乡里都敬重他，便官府也礼待，不消爵位，不消党羽，做甚么糍团百子百鼻、天罡地煞、乌龙十龙的会。不然，任你做尽糍团，救不得生前冤业，任你做尽乌龙，护不得你阶前皮肉。凡我百姓，细绎余言。

韩霖《铎书》

韩霖，字雨公，号寓庵，山西绛州人，天启元年（1621）举人，尝学兵法于徐光启，学铳法于传教士高一志。崇祯十四年，绛守行乡约，请韩霖讲六谕，遂有六谕之衍，乃为《铎书》。崇祯十六年（1643），时山西巡抚蔡懋德集山西士子于三立书院，聘知州魏权中、举人韩霖、桑拱阳等讲学，月约三集，初集讲圣谕六句，或亦以《铎书》为讲资。《铎书》一卷，首大意，次分疏六条，即韩霖讲圣谕所作，首有明人李建泰、李政修序。陈垣先生《铎书序》中说本书"取太祖圣谕六言，以中西古近圣贤之说，为之逐条分疏演绎详解，而一本于敬天爱人之旨，独标新义，扫除一切迂腐庸熟之谈"。《铎书》不易见。以下录自孙尚扬、肖清和校注《铎书校注》（华夏出版社 2008 年版），而文字句读稍有改易。

　　铎书大意。天生下民，赋以恒性，立之君师，俾以圣人在天子之位，如上古之世，帝尧、帝舜是也。即有圣人为之臣，如禹平水土，稷教稼穑。当斯时也，百姓耕田而食，凿井而饮，饱食暖衣矣。又恐逸居无教，近于禽兽，使契为司徒，敬敷五教，在宽。五教者何？父子有亲，君臣有义，夫妇有别，长幼有序，朋友有信也。孔夫子谓之达道。达道者，天下古今所共由之路也。孟子谓之人伦，曰：人伦明于上，小民亲于下。《中庸》曰：天命之谓性，率性之谓道，修道之谓教。是人伦本于天性，此外别无所谓道与教也。外此而言道与教，即是异端邪说矣。古之帝王，总是敬天爱人。故《皋陶谟》曰："天工人其代之。天叙有典，敕我五典五惇哉。"三代相沿，立学明伦，至箕子之陈洪范，指出彝伦，曰："皇极之敷言，是彝是训，于帝其训。"盖以非君之训，乃天之训也。《周礼·大司徒》："以乡三物教万民，而宾兴之。"有六德、六行、六艺。本于心者曰德，体于身者曰行，见于事者曰艺。六行之目，曰孝、友、睦、姻、任、恤。注曰：孝谓孝于父母，友谓友于兄弟，睦谓亲于九族，姻谓亲于外族，任谓信于朋友，恤谓振于贫穷。以乡八刑纠万民，一曰不孝之刑，二曰不睦之刑，三曰不姻之刑，四曰不弟之刑，五曰不任之刑，六曰不恤之刑，七曰造言之刑，八曰乱民之刑。此古圣君教民之大略也。上以此为教，下以此为学。顺此则为善而吉，逆此则为恶而凶。《夏书·胤征》曰："每岁孟春，遒人以木铎徇于道路。"遒人，宣令之官。木铎，宣令之具。施政教时，振以警众，此木铎之始。《周礼·小宰之职》："正岁，率治官之属而观治象之法，徇以木铎，曰：不用法者，国有常刑。"小司徒、小司寇亦如之。至于乡大夫之职，各掌其乡之政教禁令。正月之吉，受教法于司徒，遵而颁之于其乡吏，使各以教其所治。州长、党正、族师，咸以时属民读法焉，即今乡约之始也。我太祖高皇帝以圣人而膺天命，为华夷主，本天教人，于京师立太学，名其堂曰彝伦，于郡县立儒学，名其堂曰明伦，颁五经、《四书》及子史诸书，谓廷臣曰："君子知学则道兴，小人知学则俗美。"又诏天下郡县闾里皆立社学，延师儒以教民间子弟，有司以时程督之。御制之书三十余种，敕修之书三十余种，无非教人为善。丙午年，征儒士熊鼎、朱梦炎至建康，修《公子书》及《务农技艺》《商贾书》，皆恒辞直解，俾通晓大义。化民成俗之心，无所不至。穷乡下邑，不能人人见之，见亦不能人人读之。于洪武三十年九月，命户部下令天下人民每乡里各置木铎一，内选年老者持铎徇于道路，曰：孝顺父母，尊敬长上，和睦乡里，教训子孙，各安生理，毋作非为。凡廿四字，言简意尽，与唐虞五教、周官六行、孔孟真传异名同实，诚万世治安之本也。列圣三令五申，今上敬天法祖，圣谕谆谆，以宣讲六言为急务。绛守古唐孙大夫捧接丝言，奉命惟谨，每朔望次日举行乡约，召乡士大夫、学官、诸生明经饬行者与俱，若文翁在蜀时，父老子弟环而听者以千计，天威咫尺，咸屏息而听焉。有劝有戒，数月绛俗丕变矣。顾诸家之解，意义肤浅，多学究常谈。大夫谓霖宜衍其义。霖愚陋，不足以知圣言，然管窥蠡测，或有一得。恐宣讲难遍，付之梨枣，皇帝敬天爱人之旨，家传户诵焉。父兄教其子弟，社师以训童蒙，沉潜玩味，使自得之。即寇贼奸宄，曾读书识字之人，提醒良心，亦可翻然向善。际周官悬象，挟日而敛者，有久暂之殊矣。草莽之臣窃比遒人之徇，中多创解，皆本咫闻，或录群言，因其说之不可易耳，非敢郭因向注也。《说命》曰：非知之艰，行之惟艰。子曰：躬行君子，则吾未之有得。余与斯人共勉旃哉。崇祯辛巳建子月古绛韩霖撰。

孝顺父母

圣人之言，言近指远。今人闻孝顺父母，只当平常之语，谁人不知？不知中间包涵道理渊深广大。吾人要知天为大父母。《诗》云："悠悠昊天，曰父母且。"非苍苍之天也。上面有个主宰，生天生地生神生人生物，即唐虞三代之时五经相传之上帝。今指苍苍而言天，犹以朝廷称天子也，中有至尊居之，岂宫阙可以当天下乎？古今帝王圣贤，皆天所生以治教下民者。天子之尊，其祀昊天上帝之文曰嗣天子臣某。故自天子以至于庶人，皆以敬天为第一事。盖天既生人，即付以性，与禽兽不同。自生时至死后，皆天造成、培养、管辖之，时刻不离，有求斯应，善有永赏，恶有永罚，总是爱人之意。所以吾人第一要敬天。敬者，尊无二上之谓。凡神圣无可与之比者，因敬天而及于爱人，后详言之。

次则皇上为大父母。《书·洪范》曰："天子作民父母，以为天下王。"业四民者，践土食毛；登科第者，光前裕后。七尺之身，皆祖宗与今皇所教养也。若只图富贵饱暖，不思报效朝廷，便是罪人。昔太祖高皇帝《大诰续编·申明五常》曰："臣民之家，务要父子有亲，率土之民，要知君臣之义。有不如朕言者，乡里高年，并年壮豪杰者，会议而戒训之。七次不循教者，拿送有司治之。"凡我臣民，为士者当修治身心，敦崇实行为学问之源，次当博通经济，务积实学为经世之具，不可专重文辞，但以科第为荣。及至出仕，国尔忘家，即尽瘁殒身，有所不顾。为民者，恪遵圣谕六言，做好人，存好心，早输租税均徭，勿抗官府。当今贼寇猖獗，圣主焦荣，官府因钱粮革职降级为何？只是为护我们地方，保我们赤子。朝廷劳心，我辈忍不劳力哉？凡遇年节、冬至、圣寿，或于府州县随班拜贺，或在家恭设香案，向阙五拜三叩头，此臣子之礼也。

次则孝顺父母，若祖父母，与父母同。事父母者，温清定省，生养死葬，此是正理。但有本原之论。天之生人，要爱人。人离父母之体，便是人与己对。孝顺者，爱人之第一端也。《孝经》曰：不爱其亲而爱他人者，谓之悖德。然不爱其亲亦无爱他人，理何也？邪爱非真爱也。

真爱人者，必从爱父母起。人在世间，哪一个不是父母生的？试想未生以前，你身在何处？于父母之身，原是一块肉、一口气、一点骨血，既生以后，似乎已与人对，实为己之本原。十月怀胎，三年怀抱，父母宁不食，不令子饥，宁不衣，不令子寒，宁受劳苦，不令子病。《蓼莪》之诗曰：父兮生我，母兮鞠我，拊我畜我，长我育我，顾我复我，欲报之德，昊天罔极。试一诵之，哪一人不受父母如此之恩？及其长也，教训婚配，经营田产，竭尽心力。在世一日，受一日儿女之忧，做人一时，还一时儿女之债，直至于死而后已。看来我们这个身子，分明是父母活活分下来的。这个生命，分明是父母息息养起来的。这些知觉，分明是父母心心念念教出来的。这些享用，分明是父母汗血点点滴下来的。及到为子者日长一日，而父母日老一日了。若不及时孝顺，终天之恨，如何解得？我看世人，将父母之恩，皆作该当的，所以鲜能孝顺。不孝之事多端，只就眼前与你们说。假如父母要一件极小之物，就吝惜不与，父母命一件极易之事，就推托不行。养生送死，俱极苟简，未能尽敬尽哀。及至奉承势利之人，爱自己的妻子，却无所不至。仔细思量，今人受人一扇，领人杯酒，尚要思量回礼还席。我受父母何等大恩，如何反不孝顺？或有三兄四弟，彼此推委，一碗饭食，不肯轻自取出，各受丰足，忍使父母饥寒，温饱不得其时。这样儿子，即有千万，要他何用？至于父母老者、病者、鳏寡与贫乏者，需于孝子尤切，若遇不肖之子，使父母忍气吞声，苦情莫诉，这样人比那慈乌反哺、羔羊跪乳的禽兽不如。明有王法，幽有神明，断然难免灾祸。

孝顺之事亦多端，今先讲两件事：一是养父母的身，竭己之力，罄家之有。凡有绵帛的，父母未衣，不忍先着体。凡有美味，父母未食，不忍先入口。有事服劳，岁时庆祝。不幸有疾，医药调治。这便是养父母的身。一是安父母的心，做好人，行好事，勿履险构怨，以危父母，勿招灾受戮，以辱父母，勿与人戏谑，詈及父母，和其兄弟，教其妻子。父母上有祖父祖母，一样孝顺，使父母在生一日，宽怀一日，这便是安父母的心。倘父母所行不是，须婉辞几谏，使父母中心感悟。或父母不喜，至于恼怒，又要和颜悦色，以回其心，或将父母平日交好之人请来劝解。杭州有杨京兆讳廷筠，父讳兆坊，负其所学，未归正教。京兆委曲开喻不得，则至斋嘿于天，每日一饭，久而臞甚。父怪之，问，得其故，洗心于事天之学，夫妇大鳌，此尤超世之大孝也。若父母天年告终，尽哀尽力，以礼殡葬，勿火化以习羌胡之俗，勿招僧以从浮屠之教，勿焚楮钱以受鬼魔之欺，勿惑堪舆以信葬师之说。此数端者，先儒辨之甚详，时贤更有笃论，明理者必不其然。洁净祠堂，出入必告，刑牲以奉烝尝，这都是孝顺的事。

今人不能孝顺的，说道：我本要孝顺，奈何父母不肯爱我。不知父母于子，岂有不爱之理？毕竟是孝顺有不到处。若果尽孝顺的分量，父母未有不感格，所以古人云：天下无不是的父母。若我能孝顺父母，我之子有好样看，亦必孝我。俗言说：孝顺还生孝顺子，忤逆还生忤逆儿。又说：养子方知父母恩。此语当时时在念，如父母养我时，事奉父母便是孝子。人或因是继母，不肯尽孝。但思为父之配，尊与父同，继母之中尽有贤者，即使不慈，如闵损、王祥，因以孝名千古。祥母朱氏屡欲杀祥，祥一味尽孝，朱爱如己子。母终，祥居丧毁瘠，杖而后起，后官至太保，寿八十五岁。可见天报善人，断然不爽。又或因父母于兄弟有所钟爱，遂怨偏私。当知父母之心，本然至公。其所怜悯，必有不足之处。哀多益寡，适为至公。若能推父母之心，先人后己，方是孝子用心。世俗又有父子异居，或同居异爨，假当食时，亲犹未食，吾能下咽耶？当亲食时，不知旨否，吾心能安耶？夫妻异姓而同室，父子天性而相离，是孝子之心所不忍也。传闻神宗皇帝、光宗皇帝宫中事亲之仪，曲尽恭谨。今上永言孝思，即尧舜文武，何以加焉？士民所当效法。汉之列宗庙号，皆有孝字，故汉治近古。古今举士，皆有孝弟力田。可见自古及今，自贵及贱，至德要道，未有加于孝者也。自此推之，如曾子曰：居处不敬，非孝也；事君不忠，非孝也。莅官不敬，非孝也；朋友不信，非孝也。战阵不勇，非孝也。可见孝之道大，无所不通。《孝经》云：夫孝始于事亲，中于事君，终于立身。言事亲事君，究竟也在立身也。立身者何？立身行道，扬名于后世，以显父母。行道者，不出敬天爱人之事，而功名富贵不与焉。设使立身不端，羞父母，纵三公之贵、万钟之富、三牲五鼎之养，宁足为孝乎？

尊敬长上

人生第一当尊敬者，天也。其生我养我也则为父，其临我治我也则为君，其引我翼我也则为师。尊敬者，畏爱二情之所发也。然二情不并容。畏情胜，爱情必衰。畏者，小人之心也。爱者，君子之德也。尊敬者，尤当以爱情为主。天之下，君父之恩最大，世间无相等埒者。惟古之圣人恩大，与君父同，如羲、农、黄帝、尧、舜、禹、汤、文、武之为君，稷、契、皋陶、周公之为臣，孔子之为师，功德常在天地间。假如中国无此数圣，我辈披发左衽，弱肉强食，不知成何世界？此之谓君、亲、师。凡所谓长上者，皆从此三者来，所以当尊敬之。有宗族外亲之长上，此由于祖宗父母者也，如伯叔祖父母、伯叔父母、姑、兄、姊、外祖父母、母舅、母姨、妻父母之类。有爵位管辖之长上，此由于朝廷者也，如治民之于公祖父母，僚属之于堂官上司，兵军之于将帅，奴仆、雇工之于家主之类。齐民之于缙绅，虽无管辖，然朝廷尊官，亦当谓之长上。有传道受业受知之长上，此由于圣贤、朝廷者也，如业师、座主、荐师之类。百工技艺之师，虽与传道不同，亦当谓之长上。有邻里乡党、通家世谊之长上，有与祖同辈者，有与父同辈者，有与己同辈而年长者，此亦由于父母者也。

然尊敬之中，有分别焉。在宗族外亲之长上，当以仁之和蔼为主。在爵位管辖之长上，当以礼之森严为主。在传道受业受知之长上、邻里乡党通家世谊之长上，当以义之恰当为主。今人有藐视尊长、越礼犯分者，固不足言，亦有貌为尊敬而未尽其实者，杂引古今之事以明之。昔晏平仲相齐，父族无不乘轩，母族无不足于衣食者，妻族无冻馁。韩魏公合族百口，衣食均等无异。范文正公常语子弟曰：吾宗族甚众，然以吾祖宗视之，则均是子孙，固无亲疏也。且自祖宗积德百年余，而始发于吾，得至大官。若独飨食富贵而不恤宗族，异日何颜见祖宗？亦何颜以入家庙乎？即天子之贵，致书诸王，亦有叔祖、叔父之称，情意何等蔼然。近日蒲州少师韩公所得恩例，兄之子孙受之独多，己乃贷粟而食，贷钱而用，未尝有几微德色见于颜面，形于语言，受之者亦以为当然，人谓弟于乃兄是固然，不知此老兄中以为皆是祖父子孙，视己子孙无异也。昔汉明帝封诸子，裁令半楚、淮阳诸国，曰：我子不当与先帝子等。此明于尊敬之本原者也。人若明此本原，三党宗戚必不因贵贱、贫富、贤愚过为分别矣。

若论名分之尊，莫过伯父、叔父，盖与己父同胞一气，所以兄弟之子犹子也。故伯叔父母，服制但减父母一等。幼无父母者，苟有伯叔父母，则不至于无所养。老无子孙者，苟有犹子，则不至于无所归。世或失尊敬之道者，或由兄弟不和，而子各为其父，或由财产互兢，而人各为其家。论道理，当责卑幼。然亦有倚尊凌卑，无故侵害者。卑幼方将仇人视之，何尊敬之有？先大夫终鲜兄弟，惠及三党，缌功之亲，雍睦无间。所以感叹而言者，见世俗伯叔犹子之谊大较衰薄也。

兄之尊，亚于伯叔，而情亲过之，论不得爵位，论不得贤否，论不得同母异母。使兄居卿相，于兄之分无所增。弟居卿相，于兄之分无所减。昔司马温公贵为宰相，与其兄伯康友爱，每食少顷，则问曰：得无饥乎？天少冷，则拊其背曰：得无寒乎？兄弟乖离，大抵只因财物。归安施氏兄弟，俱为知州，争产有隙，亲友处分不能解。同邑严公凤素以孝友著闻。一日，遇其弟舟中。弟语以故，凤颦蹙曰：吾兄懦，吾正苦之，使得如令兄力量，可以尽夺吾田，吾复何忧？因挥涕不已。弟恻然感悟，遂同凤至兄家，且拜且泣，深自悔责，兄亦涕泣慰解，各欲以田相让，友爱终身。《涌幢小品》载严公一事：公以御史归家，族兄某老而贫，养于家。凡宴客，必令兄递盏，自执箸以从。一日，进箸稍迟，兄反顾，怒批其颊，欣然受之，终席尽欢。既醉，送兄归卧而后出。日未明，已候榻前，问昨饮畅否，卧安否。其兄卞急光景可笑，前所谓吾兄懦者，不知即此人否？严公尚能忍让如此。从来至性，未有不因拂逆而显者也。王览乃王祥之异母弟也。母朱氏遇祥无道。览年数岁，见祥被楚挞，辄涕泣抱持，至于成童，每谏其母，其母少止凶虐。朱屡以非礼使祥，览与祥俱，又虐使祥妻，览妻亦趋而共之。朱患，乃止。览仕至光禄大夫，子孙贵盛，千古无比。想生平至行，不止爱兄一端，故天报之如此。古今孝友，难更仆数，但以祥、览为模楷，足矣。若遇人伦之大变，当以人伦之至者为师。昔象日以杀舜为事，舜为天子，封之有庳。尝极论之，推舜之心，恨不与象同为天子，而理有不可，恨不与象同为匹夫，而势又不能。舜有天下而不与者也，富贵不在心上。象，庸人也，故富贵之，又使吏治其国，不得暴虐其民。舜爱弟并爱民，遂为千古封建良法之祖。兄既可以如此待弟，弟亦可以如此待兄。颜渊曰：舜何人也，予何人也，有为者，亦若是。此等言语，不是惊天动地事，只是吃饭穿衣，是吾人力量做得的。《棠棣》之诗曰：凡今之人，莫如兄弟。末言：是究是图，亶其然乎！人将此八章诗仔细思量，自然生友于之念。《斯干》之诗曰："兄及弟矣，式相好矣，无相犹矣。"犹，似也，人情施之，不报则辍。兄弟之间，各尽己所宜施者，无学其不相报而废恩也。《角弓》之诗曰："此令兄弟，绰绰有裕。不令兄弟，交相为瘉。民之无良，相怨一方。"言善者相容相爱，不善者相病相责也。假使父母在堂，兄弟争斗，宁不痛心疾首？凡手足相残者也，称不得孝子了。程伊川先生曰："今人多不知兄弟之爱，且如闾阎小人，得一食，必先以食父母，以父母之口重于己口也。得一衣，必先以衣父母，以父母之体重于己之体也。至于犬马亦然，待父母之犬马，必异乎己的犬马。独爱父母之子，却轻于己之子，甚者至若雠敌，举世皆如此，惑之甚矣。"《书·康诰》曰："于弟弗念天显，乃弗克恭厥兄，兄亦不念鞠子哀，大不友于弟。"至于元恶大憝，人岂有甘为元恶大憝者乎？乃或斗讼雠恨，毕世参商，世俗往往有之。若争父母财物，只当父母原无所遗。若争自己财物，只当自己浪费。况人福分由天，自有乘除之数。得之于此，安知不失之于彼。失之于此，安知不得之于彼？若与兄弟相争，俗所谓"锅里不争碗里争"也。夫兄弟有各尽之道焉，曰"兄友弟恭、长幼有序"，即一步也不敢先。友者，待之如友，非臣也，非子也。曾子曰："弟之行若中道，则正以使之，弟之行若不中道，则兄事之。"隋牛弘为吏部尚书，弟弼尝醉，射杀弘驾车牛。弘还宅，妻迎，谓曰："叔身杀牛。"弘无所怪问，惟答曰："作脯。"坐定，妻又曰："叔身杀牛，大是异事。"弘曰："已知。"颜色自若，读书不辍。若此人者，于兄弟之爱，岂财产妇女所能夺乎？大抵兄弟虽然不睦，良心到底尚存，其不和者，半由妇女以言激怒其夫。盖妇女所见，不广不远，不公不平，故轻于割恩，易于修怨。非丈夫有远识者，必为其役而不觉。又或仆婢传言，小人无端谗构，究至怨恨，牢不可解。昔吕豫石先生司理兖州，有费县程廷佐、程廷佑兄弟两人因小嫌忿争，互相告讦。吕公不论是非，但以同胞至情劝谕，因言兄弟不过小嫌，其间必有人谗构，反复谕之。两人忽然抱头痛哭一场，极悔被人离间，情愿认罪和好。吕公遂治教唆之人，谕令和处。次日，两人登堂叩谢，喜悦而去，遂为兄弟如初。可见世间兄弟，良心未尝尽灭，但为谗人锢蔽，彼此情意不得相通耳。凡兄弟不和，必致子侄不睦，久之渐成路人矣。若有强悍侵凌，必然御侮不力，家之兴废，恒必由之。陶渊明《与子俨等疏》曰："鲍叔管仲，分财无猜，归生伍举，班荆道旧，遂能以败为成，因丧立功。他人尚尔，况同父之人哉？"吐谷浑阿豺有子廿人，命诸子献箭，取一则折之，取十九不能折，谕之曰："孤则易折，众则难摧，戮力同心，可以宁家保国。"然则同心御侮，兄与弟皆所当念也。不幸而有急难之事，即有多金良友，岂能为力哉？且己之诸子，即他日之弟兄。我之兄弟不和，诸子更相效法，能禁不乖戾否！吾欲诸子之和，须以吾之处兄弟者示之。倘人心不同，或不相谅，但自尽其情，一时不知，久必知之，人或不知，天必知之。昔人有诗云："同气连枝各自荣，些些言语莫伤情，一回相见一回老，能得几时为弟兄。"请向夜气清明中，反复诵之，不然，即位至公卿，田连阡陌，子孙满前，独无兄弟之乐，亦索然而无味矣。

若爵位管辖之长上，官有尊卑，决是朝廷命吏。尝闻卫辉潞王，神宗皇帝之亲弟也，好微行驰马，遇汲县典史，策马避之，曰："微行非礼，彼天子之臣也，吾固当避之。"今市井小人，藐视官长，视此如何？堂官上司之于僚属，将帅之于兵军，权固足以制之。至于不肖之缙绅，有因求田问舍而暴横里闾，强悍之乡民，或见故家凌替而肆行慢侮，均非盛世所宜有也。

奴仆之可敬可传者，古今得两人焉。李善，南阳李元苍头也。建武中，元家死于疫。一子名续，才生旬日，赀产千万。诸仆私计杀续，共分其产。善潜负续逃匿山阳瑕丘界中，哺养之，乳为生汁。推燥居湿，备尝艰勤劳致富。方孩抱，有事，辄长跪请白。续至十岁，善与归乡里，理旧业，告奴婢于县，捕杀之。邑长钟离意上善行于朝，拜太子舍人。显宗时，以能理剧，迁日南太守。道过李元冢，未到一里，脱朝服，持鉏去草，拜墓哭，尽哀。自炊爨，执鼎俎以祀，泣呼曰："君、夫人，善在此。"留数日乃去。居官惠爱，迁九江守，续亦为河间相。阿寄，徐氏仆也。徐氏昆弟别产而居，伯得一马，仲得一牛。季寡妇也，得阿寄。阿寄年五十余矣。寡妇泣曰："马则乘，牛则耕，踉跄老仆，乃费我藜羹。"阿寄叹曰："噫，主谓我不若牛马耶？"乃画策营生，示可用状。寡妇悉簪珥之属，得银一十二两，畀寄则入山贩漆，期年而三其息，谓寡妇曰："主无忧，富可立致矣。"又二十年，而致产数万金，为寡妇嫁三女，婚两郎，赍聘皆千金，又延师教两郎，既皆输粟为太学生，而寡妇则卓然财雄一邑矣。顷之，阿寄病且死，谓寡妇曰："老奴马牛之报尽矣。"出箧中二楮，则家计巨细，悉均分之，曰："以此遗两郎君，可世守也。"言讫而终。徐氏诸孙或疑寄私蓄者，窃启其箧，无寸丝粒粟之储焉，一妪一儿，仅敝缊掩体而已。阿寄虽老，见徐氏之族，虽幼必拜。骑而遇诸途，必控勒将数百武以为常。见主母，女使虽幼，非传言，离立也。呜呼，此两人者，虽士大夫明理义者，何以加？

师道多端。七十子之后，如光风霁月，道德之师也，教授苏湖经术，经世之师也，泰山北斗，文章之师也。今日有举业之师、童蒙之师，有座师、荐师，国学、提学、儒学之师，百工技艺之师，情谊重轻，皆以义起。若邻里乡党、通家世谊，亦有轻重焉。今天下最重年谊，盖于势利之中存道义之意。

父执严于南而宽于北，盖以父执之难其人耳。平日无德业相劝、过失相规、疾病患难相扶持之古风，而自处于伯父、叔父间，责人以犹子之礼，岂足服人哉？然乡党尚齿，亦古道也。

凡尊敬之道，全要一点真心，不是外貌礼文。世人一代催一代。我尊敬别人，将来也受别人之尊敬。我不尊敬别人，为人长上，人亦不肯尊敬我，将如之何？为长上者，又当知长上为用爱之位，非用暴之位。如此，而后可以望人之尊敬。尊敬之貌，可强也，尊敬之情，不可强也。

和睦乡里

自古至今，九州万国，人以亿兆计，遡其初只是一夫一妇所生。父与子相续而成古今，兄与弟分布而成天下。列国封疆，赐姓命氏，遂各亲其亲，各子其子，世风浇薄，至于兄弟之间，便成陌路，甚则为吴越矣。语以四海为家，万物一体，真如朝菌不知晦朔，蟪蛄不知春秋。不知圣贤道理，实实如此。论其大原，斯人同是天之所生，同是天之所爱，所以敬天爱人者，要爱人如己。高皇帝教人和睦乡里，先从最近处言之。《周礼》族师相保受，五家相受相和亲，而劝善惩恶，亦必自比间始。孟子所谓"出入相友，守望相助，疾病相扶持"，盖其遗法乎？末世风俗薄恶，狱讼繁兴，皆由乡里之不和，盖因其间有富有贫，有贵有贱，有贤有愚，有德有怨，纷纷不齐之故。譬如一人之身，有热冷干湿之四情，必四者调和，身躯始得安然无恙。若有一肢一节不知痛庠，必其四情之不和也。其肉已死，便叫做不仁之病。吾人处世，若与斯人痛痒不相关，必其各自为而不和也。其心已死，便是不仁之人。可见仁人处世，只要一团和气。知痛知痒之谓，必从富贵而贤者体天之心、以德服人起，即天下可致太平，何况乡里乎？凡富贵之人，皆是天之所厚，或借祖宗之荫，或从自己勤俭中来，必先有克己济人之功，而后享安富尊荣之报。若常常爱人，福泽必然绵远，子孙必然蕃昌。譬如人身，头颅腹心，虽觉无病，而四肢受伤，不知痛痒，未有不为头颅腹心忧者也，所以当存爱人如己之心。而爱人实际处，必须分人以财，教人以善。昔孟子论此两者，如有不足之意，不过抑扬其词，以辟许行。即此两端，有大榜样两人焉，稷、契是也。稷、契皆是帝喾之子、帝尧之弟，富贵而圣人者也。他不为一身一家之谋，而为天下万世之计。一教稼穑，一教人伦，斯不亦分公财、教人以善之最大者乎？契之后生出孔子来，稷之后生出孟子来。试看孔子大公无我心肠，老者安之，朋友信之，少者怀之，何等恳恻，何等广大！只此三语，教养兼备矣。孟子往来齐梁之间，分田里，兴庠序学校而正人心，距杨墨，辩了一生。在庸人视之，便以为与己何关矣。已上三圣一贤，正是四海为一物为一体的。余尝恭谒阙里，徘徊邹鲁，功在万世，天亦以万世尊敬报之，此亦稷、契之遗泽也。今日之人，大半是稷、契子孙，取法乎上，仅得乎中，莫言圣贤之事我辈不可学他。其次有范文正公推恩族党，已见尊敬长上解中，置义田，好施予，如麦舟散绢事，载厄史笔录中者，不可悉举。己乃食不重肉，妻子仅给衣食。邵康节先生讲学于家，乡里化之。其与人言，必依于孝弟忠信，乐道人之善，而未尝及于恶，故贤者乐其德，不贤者服其化焉。其次如砀山黄某，晁补之为作墓志云：家积谷数屋，凶年可得十倍利，以丰年平价粜之，而家益丰，其孙汝翼举进士中第。晁铭有云：吾是以知富与贵不可以力求而可以德竞，所谓既以与人，己愈多也。严君平卖卜成都，与子言依于孝，与臣言依于忠，与弟言依于弟，此岂人所不能者耶？可见分人以财，教人以善，是和睦乡里之根本。论道理，教人之功为大，论缓急，济人之事为先。《哀矜行诠》论济人七端，一曰食饥者，二曰饮渴者，三曰衣裸者，四曰舍旅者，五曰顾病者，六曰赎虏者，七曰葬死者。余广其义于《救荒书》中，作《记予》一卷，又作《劝施要言》而自注之，共三十余类。

凡乡里之病，多是富贵者不怜贫贱，贫贱者嫉妒富贵。请观叛寇所到之处，富贵之家究竟也作何结果，贫贱者亦要陪着性命，孰若富贵怜贫贱，贫贱卫富贵，和气格天，协力固围为愈哉？然首当责之富贵者。与其费多金为一瞬之乐，孰若活冻馁之千人。与其不惜财为无益之施，孰若周眼前之同类？有一种人坐视穷人而不救，反去斋僧建寺，塑象妆金，又妄想渡蚁登第，救雀获宝，此颠倒见也。隆万时，赈荒最多者，溧阳史太仆赈谷二万石，嘉善丁司空赈银三万两，富平李少川以布衣赈银二万两，湖州茅止生以诸生赈粟二万石。此皆大贤豪杰事，固不敢望人人为之。然富人一文钱，贫人便当一两；富人一升粟，贫人便当一石。施仁种德，亦不论多寡也。此外或以力，或以言，皆可济人。若说我尚不足，安能济人？昔人有言：若待有余而后济人，终身无济人之日矣。施予又有五要焉：一曰谦而无德色。凡人所与，皆天所赐，非我物也。如以管吸水灌物，自我吸之，非我水也。《书》曰："汝惟不矜，天下莫与汝争能；汝惟不伐，天下莫与汝争功。"昔齐桓公九合诸侯，一匡天下，葵丘之会，微有震矜，叛者九国。司马迁论游侠，亦曰："不矜其能，羞伐其德。"盖矜伐向人，志士难堪，古人所以不因人热，不受人怜也。山阴徐渭，文人侠客也。张文恭出诸狱中，终身不复相见。及文恭殁，然后抚棺大恸，涕泗交流道："惟公知我，所以不相见者，惟恐有德色耳。"浙人至今传诵之。故受人之恩不可忘，施恩于人当忘之，若施而望报，非恩主，乃债主也，岂仁人之心哉？二曰真而勿为名。凡右手施，勿令左手施，甚言施恩之不宜自炫也。昔贤有言："阴德如耳鸣，惟己闻之。"西方一圣，家颇丰赡，邻一长者，三女未嫁，心甚忧之。圣人度其食资若干，乘夜潜掷其家，长者得之，嫁其长女。其嫁次女也，复然。至嫁三女，密伺之，得掷金者，跪而谢之。圣人曰："尔勿颂我，即报我矣。"三曰捷而勿姑待。凡捷与与屡与等，言人得用而功德倍之也。盖施予原为周急，迟则缓不及事矣。抑或俟求之再三而后与，是市恩，非施恩也。惟未求而先与，或一求而即与，既济其急，且适其愿，功乃百倍矣。四曰斟酌而有次序。何人宜先，何物为当，何时可行，由亲及友，由友及众，各依本愿遂之。五曰宽广而勿度量。譬之稼穑，多种多收。凡施与者，如积财而置之天上，盗不窃，虫不啮，永久不坏。我不望报，报必百倍。我所费者，不过有价之物，天必报以无价之福。若施时度量，报时亦如之矣。

或曰：天为贫贱而生富贵之人。不知天为富贵而生贫贱之人，不然，富贵者何所施德而立功乎？至若闾巷小民，莫说人自我，我自我，世间哪有孑然独立的人？有那极富极贵的，是强似你的。安贫贱之分，小心尊敬，不可得罪于他。也有极贫极贱的，是不如你的，存一点矜恤之心，常要看顾他。即趁工出力之人，宁可与足，不要刻薄他。远年钱债还不来的，宜宽让他，也有一种极凶极恶的，要谨谨防避他，凡事让他忍他，凭一点至诚心感动他。中间有等贤人君子，为善积德的，这是一方祥瑞，百家师表，要常常敬礼他，事事请教他。又有一等尔我寻常一般样的，都要你往我来，如兄似弟。

若论彼此相助，高皇帝《教民榜文》言之矣。大意云：婚姻、死丧、吉凶等事，谁家无之，本里人户，宜互相周给。如某家子弟婚姻，一时难办，一里人户资助之，岂不成就？日后某家婚姻，亦依此方，轮流周给，若遇死丧，周给亦如之。如此，则力出众人，措办极易。闻中州尚存此风，似可通行各省者也。士流欲兴美俗，则有《蓝田吕氏乡约》之规，一曰德业相劝，二曰过失相规，三曰礼俗相交，四曰患难相恤。何谓德业相劝？德，谓见善必行，闻过必改，能治其身，能治其家，能事父兄，能教子弟，能御童仆，能肃政教，能事长上，能睦亲故，能择交游，能守廉介，能广施惠，能受寄托，能救患难，能导人为善，能规人过失，能为人谋事，能为众集事，能解争斗，能决是非，能兴利除害，能居官奉职，这个叫做德。业，谓居家则事父兄，教子弟，待妻室，在外则事长上，接朋友，教后生，御童仆，至于读书治田，营家济物，畏法令，谨租赋，好礼乐射御书数之类，皆可为之，非此皆为无益。这个叫做业。凡是德业，同约之人务要互相劝勉。何谓过失相规？过失，谓犯义之过六，犯约之过四，不修之过五。何谓犯义？一曰酗博斗讼，二曰行止逾违，三曰行不恭逊，四曰言不忠信，五曰造言诬毁，六曰营私太甚。何谓犯约？一曰德业不相劝，二曰过失不相规，三曰礼俗不相交，四曰患难不相恤。何谓不修？一曰交非其人，二曰游戏怠惰，三曰动作无仪，四曰临事不恪，五曰用度不节。凡是过失，同约之人，务要各自省察，互相规戒。何谓礼俗相交？凡一切尊幼辈行、造请拜揖、请召送迎、庆吊赠遗之类，当行就行，俱不得违慢。何谓患难相恤？患难，谓一曰水火，二曰盗贼，三曰疾病，四曰死丧，五曰孤弱，六曰诬枉，七曰贫乏。凡是患难同约之人，当救恤者，不得坐视。此前哲芳规，若踵而行之，自成美俗。

总之，同乡同里，必须相敬相爱。若要人敬，须是自己敬人。若要人爱，须是自己爱人。若责人以汝不敬我，汝不爱我，或强人以汝必敬我，汝必爱我，断断乎无此道理。又有一种虚假谦恭，以知术笼络人者，可以欺愚人，不可以欺明眼人。岂婴儿鸟兽可以诈术诒哉？君子真心处世，必不如是。《袁氏世范》论言忠信行笃敬，如财物相交，不损人而益己，患难之际，不妨人而利己，所谓忠也。有所许诺，纤毫愀偿，有所期约，时刻不易，所谓信也。处事近厚，处心诚实，所谓笃也。礼貌卑下，言辞谦恭，所谓敬也。然敬之一事，于己无损，世人颇能行之，而矫饰假伪，其中心轻薄，是能敬而不能笃者，君子指为谀佞矣，最中情理。然人未免有贤有愚，有德有怨，或争气争产，争利争名，始而嫌隙，既而雠恨，斗讼倾陷，无所不至。仁爱之人，以恕存心。宁人负我，勿我负人。宁我容人，勿人容我。若有非礼相加，譬行荆棘之中，只顾缓行徐解而已。薄俗之人，道让了人这着，人皆欺我，定要争胜。争胜不已，丑态多端，或使酒骂坐，或鸠众聚殴，或捏造影响谣揭，或诬人闺阃。夫胜负何常之有，我可以此加人，人亦可以此加我。如毁人人毁，必依托虚词，饰成颠末。听者虽不尽信，必半信之。故詈人者，是易口而自詈也。殴人者，是贷手以自殴也。刘邵释争曰："让人者，胜之也；下众者，上之也。"若以势力服人，令一乡怕我，虽为流俗所羡，未免为有道所笑。到那盈满之日，自己不知，天道人事，必有乘除之数。舜以耕稼陶渔之人，所居之地至成都邑，只是心服。秦政威灭六国，不免博浪一椎，其心不服也。你看有受用的人，多是能吃亏的人。昔杨公鬵为修撰，邻家失鸡，指其姓而詈焉。家人以告，公曰："不独我姓杨。"又一邻居甚隘，雨后公家必受污湿之患。家人复告，先生曰："晴日多，雨日少。"其德量如此。至于田宅，虽不可无，尤须存忠厚之道，具达人之观。昔沈龙江之说，具《文雅社约》中。世人爱占便宜，思为子孙长久之计。试观眼前田宅，数十年中又数易主人矣。昔杨公玢为尚书，致仕，归长安，旧居为邻里侵占。子弟欲诣府诉其事，以状白玢。玢批纸尾云："四邻侵我我从伊，皆竟须思未有时。试上含元殿基望，秋风秋草正离离。"子弟复不敢言。若假贷钱谷，责令还息，正是贫富相资。乃为富不仁之人，百端渔利，倾人之资，败人之产，甚至丧人之命。法禁虽宽，天网不漏。祖父如是取于人，子孙复如是偿于人，所谓富儿更替做也。至于因争起讼，可已则已。大抵事势相持，莫妙于一让。横逆相加，莫妙于一忍。能让能忍，讼何自生？每见好讼之人，所争甚小，所费实多。不忍一朝之忿，而受无穷之辱。至结局之日，悔之晚矣。凡相讼不解，半由讼师讼证构成。有夏资深者，晓法律，为人代书作状，必深文巧诋，使听讼者荧惑而不能断，两争者连结而不能解，甚至破人之家，虽两悔矣，为资深牵制而不得息。资深于中厚收其利，后至两目双盲，冻馁而死。有萧兰者，为人作状，必先十分劝息，不得已，然后叩其情实下笔焉。家贫不能举火，宁忍饿，不肯为人枉造一语。后发愤习武，官至一品都督。有顾揆者，长洲生员也，有才有胆，尝为人作讼证，其师责之，揆曰："吴民甚刁，往往兴讼破产。自某为证，是是非非，问官从我言断决，人皆惧我，不直者不敢讼矣。或有小民，被势豪欺压，有屈无伸，某为直之，是修行，非造孽也。"师曰："虽然，终非美事。"癸亦谨佩师言，而邑中由是讼减，后领乡荐。善恶报应，人亦可以知所择矣。

古人独行厚德，又迥出恒情。如陈仲弓平心率物，见盗入室，曰梁上君子，遗绢二匹以归，自是一邑无盗。王彦方少师仲弓，以义行称乡里，闻盗牛者有耻，遗布一端，卒能改行，还老父遗剑。曹州于令仪者，市井人也，长厚不忤物。一夕，盗入其家，诸子擒之，乃邻舍子也，予钱十千，复恐逻者诘之，留之至明使去。盗大愧，卒为良民。此三君者，以善化盗。若与乡人处，又何小嫌可以介意哉？或以为小嫌可释，怨雠必报。古人云：冤家是结的。他不和睦，你只管和睦，一个愚一个贤，到底他有悔的日子。若他雠你，你雠他，怨深害结，必有一场大祸。西极艾先生论怨雠有别，凡杀身者谓之雠，其横逆之侮皆怨也。晋侯伐曹，晋侯伐卫，两书晋侯，讥复怨也。秦穆公忘晋之怨，作《秦誓》以自悔。至于见伐而不报，《春秋》以王事许之，而列于《书》，引于《大学》，则怨之不必报也著矣。奉劝世人，除冤雠之必不可不报者，明告官司，凭公处断，其余只是忘怨的好。况怨无大小，天未有不报者。我有罪，望天赦。人有罪，我不赦乎？先儒有言："恩怨分明，非有道者之言。"俗言无毒不丈夫，此语大坏人心术，不知引多少人下了地狱。凡量狭之人，睚眦必报，都是血气用事，到病笃垂危，良心发现，自己之善恶，审判必要分明。即刘、项兴亡，可以置之不较，而况区区是非得失间哉？今人皆谓"以直报怨"夫子之言，不知《说苑》所载"转祸为福，报怨以德"，亦夫子之言也。娄师德唾面自干，可谓忍事矣。更有进于是者，有人掌尔右颊，则以左颊转而待之，有欲告尔于官，夺尔一物，则以二物倍与之。有圣人为雠祷天之文曰："看顾难为我者，荣福笑侮我者，保存谋害我者。误我事者，赐他顺利；坏我物者，赐他财物；说我是非，扬我过失者，则他高名令闻。"故报雠者，众人事也。忘雠者，圣人事也。使忍到至极之处，雠自见其丑焉。是忍有光也，故曰："仁者如火。"有大火焉，所投之物，辄化为火；有大仁焉，所值之事，辄益其仁。

今人止知责人，不知责己。形容人过，只象个盗跖。回护自家，只象个尧舜。不知却是以尧舜望人，以盗跖自待也。有两人相詈于途，甲曰："你欺心。"乙曰："你欺心。"甲曰："你没天理。"乙曰："你没天理。"一师语其弟子曰："小子听之。二人谆谆然讲学也，言心言天理，但知求诸人，不知求诸己耳。"此虽戏言，实是至理。若以责人之心责己，恕己之心恕人，人人圣贤矣。许鲁斋曰："责己者可以成人之善，责人者适以长人之恶。"即人因我而复罪，皆我罪也。请看好刚使气，动辄凌人者，几人善终？若乃柔恶之人，笑里藏刀，暗中放箭，自谓得计，明眼人静观细数，一一遭天刑，招奇祸，即不然，亦必受地狱永苦。聪明智巧，一一害到自己身上。只是良善之人，至底便宜。

然有善必有恶，亦自然之理。天生恶人，有四意焉：罚恶人之罪过，一也；练善人之心性，二也；广善人之识见，三也；显善人之功德，四也。吾人存心制行，君子该是自己做的，小人该是别人做的。凡两君子无争，一君子一小人亦无争，两小人则争矣。凡有所争，莫说公道。公道二字，在贫贱者便是本分善人，在富贵者便是刻薄之人了。又莫说理当如此，理是行己之道，对君子可以言之，假如人遇流寇，难道说理上不当如此，惟有谨避之耳。颜光衷曾言，有周翁者，谑之亦笑，骂之亦笑，怒之打之亦笑。若说到自反之学，直把自己看做至愚至贱、无识无知之人，随所遇的都是好人，都要爱敬供奉他，自然与物同春，有何争竞？阳明先生论舜能化象之傲，其机括只是不见象之不是，若见象之不是，他是傲人，必不肯相下，如何感化得他？凡人脾胃好，百物可吃，见天下可恶可恼处多，必其脾胃之不和也。我自反到至极处，便是一服补脾圣药。若论本原，因人己同是一体，必没相爱，可恶可恼之人，皆可怜可悯之人也。凡不相爱之病根，皆因骄妒贪吝四字。己有余，必骄必吝；己不足，必妒必贪。一味利己损人，尊己卑人，闻人善事，偏要洗垢索瘢，闻人恶事，偏要喜谈乐道，闻人喜事，如夺己之荣，闻人凶事，如泄己之忿。或众以暴寡，或强以凌弱，或巧以取愚，或诈以骗良。若人人如此，步步荆棘，处处戈矛，一团恶气，成何世界？人自反于心，不拔骄妒贪吝之根，如四虫之互啮其心，勿论待人接物，惹怨招尤，此心时时烦恼乖戾，自己不能快自己意，如何他人却能尽快我意？所以君子要敬人爱人、济人教人，凡事让人，成人之美，扬人之善，慰人之忧，拯人之难，息人之争，俱是自己受用处。昔孔夫子论邦家无怨，只是敬恕二字。论邦家必达，只是德修于己而人信之。君子处世，不是要混俗和光，周旋世故。人情可以验天理，请体验之。一乡之人敬我乎，鄙我乎，爱我乎，恶我乎，赞我乎，笑我乎，祝我乎，诅我乎？故和睦乡里，正君子修德之效也。邵尧夫《君子吟》曰："君子与义，小人与利，与义日兴，与利日废。君子尚德，小人尚力，尚德树恩，尚力树敌。君子作福，小人作威。作福福至，作威祸随。君子乐善，小人乐恶，乐恶恶至，乐善善归。君子好誉，小人好毁，好毁人怒，好誉人喜。君子思兴，小人思坏，思兴招祥，思坏招怪。君子好与，小人好求，好与多喜，好求多忧。君子好生，小人好杀，好生道行，好杀道绝。"又有诗云："人心龃龉一身病，身体和谐四海春"；"平生不作皱眉事，天下因无切齿人。"所以在洛三十年，士大夫家听其车音，倒屣迎致，虽儿童奴隶，皆知欢喜尊奉之。昔人居乡，至使寇盗相戒不入其境。或为不善者，戒勿令某人知，皆士君子居乡之法也。今日急务，分人以财，教人以善。有二事焉，立社仓以备饥荒，立社学以训童蒙，将来里无饿夫，乡多善士，非富贵而贤者，谁望哉？总欲吾人敬天爱天，有四海一家、万物一体之意。盖一家之人，必当体父之心，不然便非孝子，一国之人必当体君之心，不能便非忠臣。天下之人，必当体天之心，不然便非仁人。论到究竟处，天堂之上，只是彼此相和，地狱之下，只是彼此不和。凡不和者，便是地狱光景，和睦者，便是天堂光景。乡里之人听之，想亦不忍不和，不敢不和矣。

教训子孙

父母、己身、子孙，譬一人之身而三分焉，所以古人说"夙兴夜寐，无忝尔所生"，又曰"教诲尔子，式谷似之"。子孙不肖，实祖父之辱也。每见世俗之人，子孙稀少，从小爱惜，任其所为，恐拘束有所损伤。子孙众多，道"儿孙自有儿孙福"，不甚经心。贫贱者但为糊口之计，教以些小营生，富贵者枉作千年之谋，惟恐资产不厚，亦有耳提面命，延师课读，不过是登科第做大官。或是鸡鸣而起，孳孳为利，坏子孙之心术，损祖宗之德泽，岂教诲之道哉？或讶此言过高，未为正论，不知末世之风，势利两字，入人骨髓，即使扁鹊仓公，犹恐难救。教猱升木，岂所望于贤祖父乎？况功名富贵，自有定分，教未必成，惟有为圣为贤，可教而成者也。

《论语》上说："弟子入则孝，出则弟，谨而信，泛爱众，而亲仁。"首两句，即是高皇帝圣谕"孝顺父母、尊敬长上"。言行二者，人道之大端也。谨是不放肆，信是不虚诳，即毋作非为之意。泛爱众，即是和睦乡里，而亲师取友，少年尤为吃紧，故曰"而亲仁"。然后读书明理，勤俭成家，皆教训之第二义也。高皇帝初年，念诸子渐长，宜习勤劳，使不骄惰，令制麻履行縢。凡出城稍远，马行十七，步行十三。洪武二年，令博士孔克仁授诸子经，谕之曰："教之之道，当以正心为本，心正则万事理矣。"又尝曰："与正人处则日习于正，与邪人处则日习于邪。"十二年，谕皇太子曰："君道以事天爱民为重，其本在敬耳。"圣祖所以教训子孙如此，公卿士庶之子，有不待教而成者乎？

古者有胎教，如太任之娠文王也，目不视恶色，耳不听淫声，口不出傲言。比生子，择于诸母，使为子师。当其在襁褓时，教固以行矣。八岁入小学，十五入大学。宋杨文公《家训》曰："童稚之学，不止记诵，养其良知良能，当以先入之言为主。日记故事，不拘今古，必先以孝悌、忠信、礼义、廉耻等事。"陈忠肃公曰："幼学之士，先要分别人品之上下，何者是圣贤所为之事，何者是下愚所为之事，向善背恶，去彼取此，此幼学所当先也。"朱文公著《小学·内外篇》。《内篇》有四，曰"立教"，曰"明伦"，曰"敬身"，曰"稽古"；《外篇》有二，曰"嘉言"，曰"善行"。而敬身之目，其别有四，曰"心术"，曰"威仪"，曰"衣服"，曰"饮食"。允矣，先圣之功臣，后生之教父矣。但敬身之说，未窥本原。西儒高则圣先生有《教童幼书》，补《小学》之阙者也，本其目而增损之。一曰教之主。父是也。谚曰："鱼之小，学大鱼而跃于渊；牛之小，学大牛而犁于田；鸟之小，学大鸟而戾于天。"禽兽皆欲其子肖，人独不欲其子肖耶？人欲富贵其子孙，而不以善教之，犹授戈童稚而不示以法，将害人并害己矣。必也习子于学问，进子于道德，然后美赀高爵，可渐致而长享也。二曰教之助。则延明师为最急矣。人有田，觅农之敏者治之；有畜，命童之勤者牧之；有舟，托工之智者操之；有子，将为田与畜与舟之主，而反不择师训之乎？夫家资器物种种，必图其良。子乃家督，乃独不欲其良哉？教之者，必使知天上有主宰治人物而当敬，国中有皇敷命大众而当忠。室内有亲，教养百凡，此乃教之大旨也。三曰教之法。言身二者，父与师之教法也。夫童稚之心，如未书素简；亲师之舌，如笔墨写书，必入之深而后存之久。陶器初染之气，终于不去；童稚初闻之语，毕世难忘。父师立训，所以必须正言也。然身教尤急焉。盖言教如雷，震响非不惊人，未几遂归乌有；身教如铳，大力兼能发弹，所遭之物未有不为之毁偃者。凡人目击较耳闻动心尤切，目所视通乎心者速，耳所闻达乎心者迟也。请观百工之事，学者虽闻细论，非见已成之器，艺无由成矣。初学绘者，摹古画；初学书者，临古帖；教子者，何独不然？四曰教之翼。有赏罚二端焉。如鸟双翼，如舟双桨，废一不可。盖德蒙誉者勉焉，恶遭辱者退焉。涓滴之水，渐成江河；两叶之树，渐成合抱。童幼之质，易于劝勉。习之久而欲正之，难矣。有人劝父之教子曰："宁使尔子见责而哭，勿令尔见子刑而哭也。"然诱掖奖劝之方不必过严。有善譬曰："风与太阳，争解人衣。风先暴起，击人之体，似欲强夺之者，人愈谨持其衣。太阳不然，旁射其光，薰人肌骨，使人不觉袒裼焉。"以是知徒严之不善教也。五曰学之始。凡学贵以序进焉。仁也者，诸善之本也，而仁之学又本于天，则以敬天为首务焉。古圣人"小心翼翼，昭事上帝"，人人所当效法者。盖幼者无所不短，而上帝无所不长，以长补短，宜也。凡大位高赀，犹弱草难久，惟敬天爱人，可永久依赖耳。人知敬天，未有不忠不孝者，未有不知敬天而能忠能孝者也。是以君子志道，从敬天而日进于高明，小人异端，从不敬天而日流于虚伪矣。六曰学之次。孝于二亲，乃天理人情之至切也者。人知敬天，二亲至近而未敬爱，天高远而能敬爱乎？余见"孝顺父母"解中。七曰防淫。镜之明、水之清，承三光之炤，纳万物之象，昏且浊焉不能矣。地之洁者，能艺嘉禾。瓦砾之地，不足播种也。夫童幼之心，贵于洁净，亦犹是矣。淫者听智言，则厌废之，犹以珍宝置豕前，弗顾也。欲心一入，理窍遂闭，污霾蒙晦，邪正不分矣。且不但晦灵心，又残气力，伐性命。故清修之士，必多方以免淫欲焉。童幼他过犹可补，邪淫之溺不可补矣。他恶犹可止，邪淫之习无底止矣。防淫者，不独身远之、念杜之，即口亦封而不敢言，耳亦塞而不敢闻。盖淫言多引邪念，而淫念多引淫行也。八曰知耻。人之最贵者，莫如羞恶之念，是心、性之郭也，德行之壳也，义理之师，捍恶之藩，而善俗之屏也。知耻者，虽染于邪，必有止期与复机焉，无耻则无改期矣。故童幼之色，欲其变红而不变黄。盖黄从惧心而发，乃卑贱之情。红从羞心而发，乃高志之兆耳。故羞色可比之光玉加诸幼额，辉光四射，使人可望而敬也。然羞心之发有二处：一人前，一独居。君子忌其目较人目尤严。盖他目有时可障，己目无时可避也。九曰缄默。造物主生人，欲其先习多闻也，则具双耳使便于听，结其舌不许速语。学未成而急于言，岂不违主之命乎？夫人心譬富库焉，口其门也。有库而不封其门，必致诲盗。心无口之封，必失其所得之美学矣。是以君子传学于心，则闭口而默蓄焉。昔有理学名贤，凡入其门者，先修七年之默，然后许言。盖未多闻，焉能言？则默乃教言之道也。故人愈知愈默，愈愚愈放言。荀子亦曰："小人之学，入乎耳，出乎口，口耳之间四寸耳，曷足以美七尺之躯哉？"十曰言信。真实者，众善之师也。进退则群德从之。《曲礼》曰："幼子常视勿诳。"刘忠定公见温公，问"尽心行己之要可以终身行之"者，公曰："其诚乎？"刘公问："行之何先？"公曰："自不妄语始。"盖与人交主于信，人而无信，辱莫大焉。故曰："真者言当誓，伪者誓不当言。"使伪者不遭他辱，而惟众人不信，是即辱之大者矣。十一曰文学。近视者需眼镜，乃可见远象焉。跛躄者需柱杖，乃可走长途焉。文学者，心之镜与杖也。航海者，仰视星日，俯视盘针，不则海不可渡也。行当世之险海，非文学指引，可乎？夫父与师，或不明，或不行，或张或弛，教诲之道未尽也。若文学者，至明无昧，至实无虚，至正无邪，永施无尽，从之有不受益者乎？其明智为众善之倡率、诸恶之捍御，患难之倚赖，平生之安宅，视往察今，周遍万事，解释诸疑，无所不备也。是以美质不学，譬之美躯无两目，寰宇无三光也。使入宝库而不用光焰，美宝不可见矣。夫美质之人犹宝库然，使无文学焰之，奚美之有？《颜氏家训》曰："夫所以读书学问，本欲开心明目，利于行耳。未知养亲者，欲其观古人之先意承颜，怡声下气，不惮劬劳，以致甘腴，惕然渐惧，起而行之也。未知事君者，欲其观古人之守职无侵，见危授命，不忘诚谏，以利社稷，恻然自念，思欲效之也。素骄奢者，欲其观古人之恭俭节用，卑以自牧。礼为教本，敬者身基。瞿然自失，敛容抑志也。素鄙吝者，欲其观古人之贵义轻财，少私寡欲，忌盈忘满，赒穷恤匮，赧然悔耻，积而能散也。素暴悍者，欲其观古人之小心黜己，齿敝舌存，含垢藏疾，尊贤容众，茶然沮丧，若不胜衣也。素怯懦者，欲其观古人之达生委命，强毅正直，立言必信，求福不回，勃然奋厉，不可恐惧也。历兹以往，百行皆然。纵不能淳，去泰去甚。学之所知，施无不达。世人读书，能言之，不能行之。"又有："读数十卷书，便自高大，凌忽长者，轻慢同列，人疾之如雠敌，恶之如鸱枭。如此以学，求益而反自损，不如无学也。"十二曰正书。蜂酿蜜，必择于花，其无益者不采也。幼为学，必择于书，其弗正者弗习也。读正书者，其心必不邪。读邪书者，其心必不正。正书者，道德之场也，义理之库也，圣贤之鉴也，度世之指南也，淳风之市肆也，患难之药石也。国君有过，众臣或不及知，知之或不敢谏，谏之或不敢直，或不能密。

若书之正者，不畏君之怒也，不图君之宠也，时刻陈善言焉。或厌弃而命之默则默，命之复言则言，是正书非特士人之严师，亦人君之直臣也。不幸遇不正之书，害不胜言也。古今善人君子，无不从正书而入。邪术左道，无不从邪书而传也。盖邪书或饰以美文焉。人喜其文，次喜其意，终从其教。如注鸩玉瓒而献之，岂可食哉？为人父者，严于小儿之饮食、衣服，而于其所习之书邪正不谨，何独忌其身之害，而反不忌其心之害耶！十三曰交友。与圣者交，必将入圣。与善者交，亦将为善。故曰："习于正人，居不能不正也。"犹生长于楚，不能不楚言也。向尔无病，但亲近于笃疾者，彼患将逮尔躬矣。向尔无香，但亲近于怀香者，彼气将散尔躬矣。盖严君明师之训，不如朋友之语能动人心也，故不知其人，但视其友，便知其存何心、行何事，如影随形，响应声焉。或问取友之道，曰："顺我于理，逆我于非。直言吾恶，简称吾善，乃益友也。"孟子曰："有人道吾善者，是吾贼也；道吾恶者，是吾师也。"故言取友之难，必同食盐数斛，然后定友焉。凡童幼之人，不可任意取友。孝子从父之善友，如承父之产业然，无故不绝也。十四曰衣食。明珠之贵，韫于粗蚌。蔷薇之芳，产于刺木。故愚鲁多藏于奇服，而明智多隐于陋衣。服之衣艳，骄傲之旗，邪淫之巢。火得干薪，傲得华丽，皆易发焉。《易》曰："冶容诲淫。"淫傲既入其骨髓，欲从学而务内修，可得乎？物愈真正，愈喜质朴。愈邪伪，愈喜妆饰也。然华美者，傲征也。秽恶者，亦污征也。学者有中道焉，与奢宁俭，与污宁洁。盖俭表心之廉抑，而洁证心之清明耳。食者何？救饥之药也。形神二物最相近，形神二养又最相远。身饫则神昏，身饥则神清。欲专志于学者，法莫善于养之薄也。盖文德全成，必欲气之清，以受外物之象焉。欲明悟之静澈，以洞达万物之理焉。欲志之高且定，以决诸疑而处诸事焉。丰食者，血气垢浊，记心漏散，明悟昏昧，志气颠踬，学何由成乎？譬之多食之禽，每卑飞不能举体而天游矣。至于酒为狂药，道德之敌也，洁净之雠也，神身之甘毒也。早习于酒者，必迟至于知，戒之哉！十五曰寝寐。童幼弱质，不可久困，寐乃孩童之饮食也，亦曰安心神力、清气消苦、夺忧润体之良药也。但不得其道，将溺精神而负美学矣。故寝寐非他，譬关市之征，将取吾光阴之半而去也。乃或未厌夜寝，又耽昼眠，其废时不可惜哉！世宝无贵乎时，穿窬盗微赀以去，犹亟补之，时为重宝，可委掷耶？或曰："寝者，死象也。"死者长寝，而寝者暂死。人之寿，财力不可使之延，甘分于寝卧而不惜乎？十六曰闲戏。人性如弓，一张一弛，岂可恒用力于正业乎？又如行路然，路遥而不息，行可远乎？学长且难，令无优游之时，岂可成欤？故教子虽严，而不废当然之戏也。闲暇之时，歌诗可，学书可，弹琴可，习弈可，较身可，击剑可，驰骑可，游山水、玩花马禽鱼可，而绝不可使之闲。盖无事之时，概为邪事之始也，而博掷非礼之戏为邪事第一端。盖一赌兼众恶焉，法所必禁，即闲戏亦勿太过也。膏腴之地，以法空之，无不倍益，太空必成荒田矣。童幼之学，以暂休之，过久必废正业矣。父师所当斟酌其中也，其详具《齐家西学》中。

若子孙众多，则在乎称家之有无，以给其衣食。吉凶礼仪等事，使皆有品节，而苗不均一。《达道纪言》曰："昆弟之势，欲均平如准，勿使或登或降焉。"盖凡人之情，彼此不异，若有所偏，必滞碍不得相和。或心有所欲，而口难直言，非推心体悉，有抑郁而难久处者矣。海内有簪缨世族，科第蝉联者数家，而兄弟不均，彼此相妒相雠，贻笑士林。其初不过饮食、称谓之间，究至于累世不睦，皆父母不均之所致也。子孙长，则重婚姻，别男女焉。司马温公曰："凡议婚，当先察其婿与妇之性行及家法何如，勿苟慕其富贵。婿苟贤矣，今虽贫贱，安知异时不富贵乎？苟为不肖，今虽富盛，安知异日不贫贱乎？妇者，家之所由盛衰也。苟慕一时之富贵而娶之，彼挟其富贵，鲜不轻其夫而傲其舅姑，养成骄妒之性，异日为患，庸有极乎？借使因妇财以致富，依妇势以取贵，苟有丈夫之志气者，能无愧乎？"又曰："世俗好于襁褓童幼之时轻许为婚，亦有指腹为婚者。及其既长，或不肖无赖，或身有恶疾，或家贫冻馁，或丧服相仍，或从宦远方，遂致弃信负约、连狱致讼者多矣。"是以先祖太尉尝曰："吾家男女，必俟既长，然后议婚，不数月，必成婚，故终身无此悔，乃子孙所当法也。"又云："文中子曰，昏取而论财，夷虏之道也。昏姻所以合二姓之好，上以事宗庙，下以继后嗣也。今世俗贪鄙，娶妇嫁女，先见资妆聘财，岂得谓士大夫婚姻哉？”安定胡先生曰：“嫁女必须胜吾家者。胜吾家，则女之事人，必钦必戒。娶妇必须不若吾家者，不若吾家，则妇之事舅姑，必执妇道。”《达道纪言》曰：“娶妇惟贤，否则生子必从其不贤之半。”皆名言也。夫妇正道，《齐家西学》言之甚详，而切要之语曰：“其夫不知有他妇，其妇不知有他夫。”《礼》曰：“男女有别，然后父子亲，父子亲，然后义生。义生，然后礼作。礼作，然后万物安。无别无义，禽兽之道也。”别嫌明微，余曾有《维风说》焉。

古今家教闺范甚多，读《易》之“家人”卦，而思过半矣。家人者，一家之人也。九五六二，内外各得其正，家人之义也。“家人，利女贞。”注曰：“言占者，利于先正其内也。以占者自身而言，非女之自贞也。盖女贞乃家人之本，治家者之先务。正虽在女，而所以正之者则在丈夫，故曰‘利女贞’。”《彖》曰：“家人，女正位乎内，男正位乎外；男女正，天下之大义也。家人有严君焉，父母之谓也。父父，子子，兄兄，弟弟，夫夫，妇妇，而家道正，正家而天下定矣。”注曰：“男女二字，一家之人尽之矣。父母亦男女也。曰男女，即卦名也。‘女正位乎内，男正位乎外’，正即卦辞之贞也，言女正位乎内，男正位乎外，男女正，乃天地间大道理，原是如此，所以利女贞。严乃尊严，非严厉之严也。尊，无二上之意，言一家父母为尊，必父母尊严，内外整肃，如臣民之听命于君，然后父尊子卑，兄友弟恭，夫制妇顺，各尽其道，然后家道正，正家而天下定矣。定天下系于一家，岂可不利女贞？此推原所以女贞之故。”《象》曰：“风自火出，家人，君子以言有物而行有恒。”注曰：“风自火出者，火炽则炎上而风生也，自内而及外之意。知风自火出之象，则知风化之不虚也。有恒者，能恒久也，行之不变也。言有物，则言顾行；行有恒，则行顾言；如此则身修家齐，风化自此出矣。”“初九，闲有家，悔亡。”注曰：“闲者，防也，阑也，其字从门从木，木设于门，所以防闲也。闲有家者，闲一家之众，使其父父子子、兄兄弟弟、夫夫妇妇也。”又曰：“初九以离明阳刚，处有家之始，离明则有预防先见之明，阳明则有整肃威如之吉，故有闲其家之象。以是处家，则有以潜消其一家之渎乱而悔亡矣，故其象占如此。"《象》曰："闲有家，志未变也。"注曰："九五为男，刚健得正；六二为女，柔顺得正；在初之时，正志未变，故易防闲也。"北齐颜之推曰："教子婴孩，教妇初来。"《内则》曰"男女不亲授受，不同椸枷，不共湢浴，叔嫂不通乞假"等，皆所以别嫌明微，使人束于教而不得越，如鸡豚之有闲也。闲之于初，志未变而预防之，故子弟之教，不肃而成。"六二，无攸遂，在中馈，贞吉。"注曰："攸者，所也；遂者，专成也；无攸遂者，言凡阃外之事，皆听命于夫，无所专成也。馈者，饷也，以所治之饮食，而与人饮食也。馈食，内事，故曰'中馈'，言六二无所专成，惟中馈之事而已。自中馈之外，一无所专成也。"又曰："六二柔顺中正，女之正位乎内者也，故有此象。占者如是，贞则吉矣。"显义曰：无攸遂，妇德也；在中馈，妇职也；一无遂事，而所遂惟中馈之事，所谓"无非无仪，惟酒食是议"，正一串说。彼为妇而攸遂，既昧三从之义，无遂而并废中馈，又缺四德之功，设娴于中馈，而又欲攸遂，此可言妇才，谓之敬夫而知礼，未也，故曰无才便是德。《象》曰："六二之吉，顺以巽也。"顺以巽者，顺从而卑巽乎九正之正应也。"九三，家人嗃嗃，悔厉，吉；妇子嘻嘻，终吝。"注曰："家人者，主乎一家之人也。惟此爻独称家人者，三当一卦之中，又介乎二阴之间，有夫道焉。盖一家之主，方敢嗃嗃也。嗃嗃，严大之声；嘻嘻，叹声；妇者，儿妇也；子者，儿子也。"又曰："九三过刚不中，为家人之主，故有嗃嗃之象。占者如是，不免近于伤恩，一时至于悔厉；然家道严肃，伦叙整齐，故渐趋于吉。夫曰嗃嗃者，以齐家之严而言也；若专以嗃嗃为主，而无恻怛联属之情，使妇子不能堪，而至有嘻叹、悲怨之声，则一家乖离，反失处家之节，不惟悔厉，而终至于吝矣。因九三过刚，故又戒占者以此。"《象》曰："家人嗃嗃，未失也；妇子嘻嘻，失家节也。"注曰："节者，竹节也，不过之意。不成于威，不过于爱也。处家之道，当威爱并行。家人嗃嗃者，威也，未失处家之节也；若主于威而无爱，使妇子不能容，则反失处家之节矣。""六四，富家，大吉。"注曰："巽为近市利三倍，富之象也。"又曰："六以柔顺之体，而居四得正，下三爻乃一家之人，皆所管摄者也。初能闲家，二位乎内而主中馈，三位乎外而治家之严，家岂不富？而四又以巽顺保其所有，惟享其富而已，岂不大吉？是以有富家之象，而占者大吉也。"显义曰："邹说委曲左右，以成夫与子之德，至于充溢。杨说则如戴记，父子笃，兄弟睦，夫妇和，家之肥也。方说父主教化，母主货财，则谨筦钥，善会计，使家用饶裕，亦妇人之事。合而言之，富家之说尽矣。"《象》曰："富家大吉，顺在位也。"注曰："以柔顺居八卦之正位，故曰顺在位。"注曰："以柔顺居八卦之正位，故曰顺在位。""九五，王假有家，勿恤，吉。"注曰："假，至也。自古圣王，未有不以修身齐家为本者，所谓'刑于寡妻，至于兄弟，以御于家邦'是也。有家，即初之有家也，然初之有家，家道之始；五之有家，家道之成。大意谓初闲有家，二主中馈，三治家严，四巽顺以保其家，故皆吉。然不免有忧恤而后吉也。若王者至于有家，不恤而知其吉矣。"又曰："九五刚健中正，临于有家之上。盖身修家齐，家正而天下治者也，不忧而吉，可知矣，故其占如此。"《象》曰："王假有家，交相爱也。"注曰："交相爱者，彼此交爱其德也。五爱二之柔顺中正，足以助乎五；二爱五之刚健中正，足以行乎二，非如常人情欲之爱而已。"显义曰：古字假格通用，格有感格、格去二义，不止是至于其家。五以阳刚中正居尊，二以柔顺中正应之，是能正外以正内者，所谓"雝雝在宫"，平日孚格有家素矣，吉乌容恤。又曰：家道主于严君，五尤属父，故特言齐家之要道。闲与节，不过正家之法。严与威，不过刑家之范，非其本也。其本在我爱人，人还爱我，满门和气，斯为父父子子、兄兄弟弟、夫夫妇妇，乃是家道正。"上九，有孚，威如，终吉。"注曰："一家之中，礼胜则离，寡恩者也。乐胜则流，寡威者也。有孚则至诚恻怛，联属一家之心而不至乖离。威如则整齐严肃，振作一家之事而不至渎乱。终吉者，长久得吉也。"又曰："上九，以刚居上，当家人之终，故言正家长久之道，不过此二者而已。占者能诚信、威严，则终吉矣。"《象》曰："威如之吉，反身之谓也。"注曰："反身，修身也，如言有物，行有恒，正伦理，笃恩义，正衣冠，尊瞻视，凡反身整肃之类皆是也。如是则不恶而严，一家之人，有不威之畏矣。"可见齐家之道，其要在于别男女，其法在于闲与节、严与威，其情在于交相爱，其本在于反身而修言行。修身齐家之道，不外于此矣。孔子曰："其身正，不令而行；其身不正，虽令不从。"孟子曰："身不行道，不行于妻子，使人不以道，不能行于妻子。"《大学》之释齐家，独反结之，见不修身者，断断乎不能齐其家也。

若使令仆役，亦教训子孙之类也。愚役智，贫役富，弱役强，势也；而愚者明之，贫者给之，弱者庇之，理也。其治之、教之也，当如官师之于士民；其抚之、养之也，当如父母之于子女。使令之道，首曰慈爱。慈情无，无险不通，无难不克，无远不治，无功不成，故曰："天上天下之力，莫大于慈主也。"主之爱仆也，当思生同父，死同归，寓同地，势岐尊卑，性情一也。衣之食之，疾病劳苦体之，小过恕之，视之宜同一体。一体中，股足虽贱，可无耶？如果未有不感恩者。感恩图报，禽兽有之，况人乎？二曰和缓。声不必太厉，言不必太疾，色不必太猛，势不必太迫。何也？与其使仆畏也，不若使仆爱。有二主于此，一猛一和，猛者发命如雷霆，其仆惧而避之，不得已而趋役焉；和者发命如春风，其仆喜而迓之，功不旋踵成矣。三曰教诲。造作者先造器。仆役，活器也，非家主琢磨之，能成乎？教必先以正道焉，使之明于万物本原、生死大事，始知趋善而避恶也。使徒知畏主，主不见，何畏焉？惟真知天上有主，明鉴其私，且权其生死，而报偿至功，将内外上下，必有所畏，以禁其念之邪。亦有所望，以奋其心之善矣。畏于天，必忠于主，顺于命，直于心，恳于情，信于言，勤于业，洁于迹，内外如一，顺逆不改。不知正道者，反是。主人尽心而启迪之，必实益于其家矣。四曰责罚。语云："鞭朴不可弛于家，刑罚不可废于国。"盖仆役之无过难得，有过而主不知，是不明也，知之而不罚，是不义也。仆之体染于疾，则治之。仆之心染于恶，顾不治耶？且一犯不惩，次犯即起。一恶既立，众恶相牵，如以环承环，渐结成琏矣。又如瘟疫鸩毒，染害他人，可不慎哉？然责役有三戒焉：心之怒，言之厉，刑之滥也。而戒心为首。盖心动怒时，不能自主，言将安发，刑将滥加矣。

一贤将笞其仆，觉怒萌，姑贷之，曰："怒止，必笞汝。"故督责而不至已甚焉，仁义兼尽之主也。五曰防闲。主一而已，仆役则众，能保人人忠、时时勤、处处慎乎？首严内外之防，凡垂髫以上，非有大故，不许入内庭焉。其所居止，主人日观察之，如官之巡行焉，以验其谨肆勤惰而杜其弊端。若毁誉之言，不可轻信也，必审其实。以肤受来愬，应曰："我不曾见。"驾言毁骂主翁者，应曰："我不曾闻。"则仆无所售其欺，而我不为所激矣。六曰裁减。主人好省事，仆役喜多事。势宦之家，尤易生弊。惟多事，则仆役亦势宦矣。假令一势宦十人，十势宦百人，则一处有百势宦矣。况兄弟子侄，皆以势宦行事，仆役亦然，气焰薰人，亲友有受其傲慢者，甚则鱼肉乡里，主人不知，利归于仆，而怨敛于己，何为乎？故仆从不必太多，太多不惟害人，且衣食于我者侈矣。若有不衣不食，而为我仆役者，则益不可。何也？彼藉我以行其私也。是我之役彼者，奔走之微劳。彼之役我者，此身之名节。奈何役人者而反为人役哉？纵不然，而堂阶之下，森然林立，车马之间，簇如云涌，岂是有道气象乎？

　　附《维风说》：造物主造物，分上中下三品。上品曰天神，中品曰人，下品曰禽兽。天神无欲，人与禽兽皆有欲。然人能制欲，禽兽为欲制。无欲故无配偶，制欲故无乱偶。惟为欲制，遂至无定偶。兹三品所由。是以圣人立教，于五伦中曰夫妇有别，盖欲近于天神，远于禽兽也。凡为人害者有三仇，一曰魔鬼，一曰肉身，一曰风俗，而于男女之际，渐染最易，祸害最巨。凡肉身有外五司，曰目，曰耳，曰鼻，曰口，曰体。外之感诱，惟目司最速，故圣人论克己，首曰"非礼勿视"，盖先于难克处用力也。末世陋风，妇女行路，男子相聚而观之，衣冠之族，恬不为怪。噫！此与禽兽何远也？既同里闾，半是姻党，聚观何为？纵非禽兽之行，亦禽兽之心矣。此风亦难骤革。男子聚观，是亦不可以已乎？昔公父文伯之母敬姜，季康子之叔祖母也，相见不逾户限，况外人乎？故男女之礼，不杂坐，不同椸架，不同巾栉，不亲授。嫂叔不通问，诸母不漱裳。女子许嫁缨，非有大故，不入其门。姑姊妹女子子，已嫁而反，兄弟弗与同席而坐，弗与同器而食，外内不共井，不共湢浴，不通寝席，不通乞假，不通衣裳。七岁男女不同席，不共食。寡妇之子，非有见焉，弗与为友。圣人制礼，何其严也！吕新吾先生曰："男女远别，虽父女、母子、兄妹、弟姊，亦有别嫌明微之礼。"此深于礼者也。汉金日磾，夷狄也，武帝时输黄门养马。帝游宴见马，后宫满侧，日磾等数十人牵马过殿下，莫不窃视，日磾独不敢。上奇之，即日拜为马监，后受遗诏封秺侯。西国王默德，有两臣，未知其心，令传语其后宫。其一还，王问曰："尔际后何若？"对曰："倾城倾国，绝世独立。"其一还，王问："如何？"对曰："王命臣传语，弗命视也，但闻其言温惠耳。"王大喜，厚赏任用之，谓先一臣曰："汝目不贞，汝心亦尔。"遽遣之。故男女之别，先戒其目。请革相聚而观之陋风，以避瓜田李下之嫌，远于禽兽而近于天神，三仇莫能害之，岂惟追古风行？且望天国矣。

各安生理

人赤身从母胎中出来，一毫也无所携；将来赤身入墓，一毫也将不去。即衣衾棺椁，不过尽为子之心，一毫也不中用。只是少不得每日三餐，冬一裘，夏一葛。要知堕地各有衣食之分，只要循理，无不得生。所以圣祖说"各安生理"四字，字字有味。每见诸家解说，读书便是士的生理，耕田便是农的生理，造作器用便是工的生理，买卖经营便是商贾的生理，未尝不是，却只说得外面一层，不曾见到里面一层。此等话，只好劝那游惰之民、市井无藉之辈，与那不安分、游谈无根之人，若对务四民之业者，却不是如此说。士农工商中，尽有高人。依着俗人之见，哪个不想做大官，营大利？然岂无苦志萤窗、文章命世白首无成者？及至成名，济世安民者尽多。间有肥家润己之辈，到究竟处与无成者一样，甚有杀其身而后已者。那民间非分营利，半由捐人利己中来。然或徒劳无功，或倏得倏失。亦有居积致富者，只道一生穿吃不尽，子孙享用不尽，毕竟弄巧成拙，破败多端。水火、盗贼、贪人、败子、旱蝗、疾疫皆散财之处。防避一端，一端陡起，非人意料所及。即身不见破败之事，而万般将不去，似有业随身。请细数数十年中富贵之家，子孙衰败，有因为善而贫者乎？可见循理得生，不循理不得生。

人若存敬天爱人之心，一意为善，吉祥自至。任意习四民之业，不愁养生之资不从天上落下来。凡费力费心，聪明智巧，都用不着。此是各安生理第一妙法。若以非义之财养生，犹以毒药疗饥也，鲜不毙矣。《论语》"颂富而可求"章曰："富贵要之不可求，求之，无不反招尤。何如且只从吾好，他若来时不自由。"有鸟名信天翁，食鱼而不能捕，俟鱼鹰所得偶坠者，取食之。兰廷瑞诗曰："荷钱荇带绿江空，唼鲤含鲨浅草中。波上鱼鹰贪未饱，何曾饿死信天翁。"余不善治生，爱"信天"两字，尝自称为信天翁云。

又有人说，万事不由人计较，一生都是命安排。命运好，不求自至；命运不好，枉费心机。一似君平、季主，有前知之明。福善祸淫，为不验之语。此说大不然。且将命字一讲。命者，天命也。如朝廷命官，俾之尽心教养，遂民之生乎？但使尔奉尔禄，养其妻子乎？如家长命仆，俾之奔走使令，代四体之役乎？但使饱食以嬉，暖衣以游乎？夫天心至公，赏罚祸福至当。均是人也，而富贵贫贱不同，必与其人善恶丝毫不爽。人有一分德，即有一分福以报之。所以前辈言："生来之福有限，积来之福无穷。"如有福十分，今日享用一分，前面只有九分；又享一分，前面只有八分。君子当深绎"积善余庆"之说，实为趋吉避凶之事。故富贵荣华，非积善之家，致他不来。非积善之人，亦消受不起。古人言："祸兮福所倚，福兮祸所伏。"凡人不足是好消息，有余是恶消息。盖人在困穷之时，百不如意，骄心不起，善念自生。夙夜勤劳，富贵可致。譬之于花，含蕊乃将开时，略放是正盛时，烂漫是衰谢时。若富贵之家，禄位重垒，犹再实之木，其根必伤，故曰："贵不与富期而富至，富不与粱肉期而粱肉至，粱肉不与骄奢期而骄奢至，骄奢不与死亡期而死亡至。"是以君子有持盈守满之道焉。

敬天爱人，常存至公无我之心，勿以自私自利为事。或富能周急，或贵能荐贤，未有周急而己贫者，未有荐贤而己贱者，便是长久生理。若乃小民之善者，谋生如蜜蜂然。群居花中，不相妒也，不争夺也；各急其所业，不怠惰也；各取其所美，不损花也；所酿之蜜，以其半养生，以其半供主。不善者犹蜘蛛然，日结网罗，取众虫而食之，大风坏网，蜘蛛之不死者幸耳。中人之心，饥寒则思饱暖，饱暖则思富足，得十想百，得百想千想万，即贵极富溢，而贪求不已。若要心安，莫妙于知足。古人云：良田万顷，日食三升，大厦千间，夜眠七尺。休恨不如人，人尚有不如你的。墨子曰：非无安居也，无安心也；非无足财也，无足心也。《衡门》之诗曰："衡门之下，可以栖迟，泌之洋洋，可以乐饥。岂其食鱼，必河之鲂？岂其取妻，必齐之姜？岂其食鱼，必河之鲤？岂其取妻，必宋之子？"人生奔忙，不过为居食之资、男女之欲。试一讽咏此诗，可以平多少躁心，消多少妄想？颜阖曰："晚食以当肉，安步以当车。"杜少陵诗曰："莫笑田家老瓦盆，自从盛酒长儿孙，倾银注玉惊人眼，共醉终同卧竹根。"苏长公《撷菜诗》曰："秋来霜露满东园，芦菔生儿芥有孙，我与何曾同一饱，不知何苦食鸡豚。"尝游松风亭，足力疲乏，意是如何得到。良久，忽曰："此间有什么歇不得处？"由是如挂钩之鱼，忽得解脱。人若深领颜、杜、苏三公之语，真烦恼世界中一服清凉散也。人生世间，如在逆旅，不是自己家中，养生之物即不齐备何妨？先儒有言："人于外物奉身者，事事要好。只有自家一个身与心，却不要好。苟得外物好时，却不知道自家身与心已自先不好了也。"古人又说："人生一梦，如邯郸南柯。富贵功名，都是幻境。"此却不然，人在梦中所为都无功罪。人图富贵，却不知造多少罪过。一家饱暖千家怨，半世功名百世冤。说到此处，令人毛骨悚然。陆放翁云："世之贪夫，溪壑无厌，固不足责。若常人之情，见他人服玩，不能不动，亦是大病。大抵人情慕其所无，厌其所有。但念此物，若我有之，竟亦何用？使人歆艳，于我何补？如是思之，贪求自息。"唐荆川云："今夫庸工乞丐之人，侥幸得十数钱，则买肴市酒，欣然大醉，自以为天下之乐莫逾于己。而千金之子，苦身仡仡以程锱铢，日夜恒不足。若以人之生于天地间，种种嗜好，无一之可少者。不知人之所甚爱而至不可少者，莫如七尺之躯。乃其住则此七尺之躯亦终不得自有矣，而又何种种嗜好之足有哉。"惑亦甚矣！若为子孙谋，岂不闻隘巷寒冰事乎？其不应冻饿死者，天自有以处之。昔徐勉不营产业，家无蓄积。门人故旧为言，勉曰："人遗子孙以财，我遗之清白。子孙才也，则自致辐辏。如其不才，终为他有。"南唐中书令周本好施，或劝之曰："公春秋高，宜少留余赀，以遗子孙。"本曰："吾系草履，事吴武王，位至将相，谁遗之乎？"王文成云："今人为子孙计，或至谋人之业，夺人之产，日夕营营，无所不至。昔人谓为子孙作马牛，然身没未寒，而业属之他人，雠家群起而报复，子孙反受其殃，是殆为子孙作蛇蝎也。吁，可戒哉！"况有徒费心机，毕竟不得者。昔人云："若想钱而钱来，何故不想？若愁米而米至，人固当愁。晓起依旧贫穷，夜来徒多烦恼。"

请言各安生理之大榜样。饭蔬食饮水，曲肱而枕之，孔夫子之生理也。一箪食，一瓢饮，在陋巷，颜子之生理也。食不重肉，一狐裘三十年，晏子之生理也。成都八百桑，薄田十五顷，诸葛武侯之生理也。环堵萧然，不蔽风日，短褐屡空，陶渊明之生理也。盖古今圣贤多处贫约者。昔二程受学周茂叔，每令寻孔颜乐处，若无所乐，岂能安贫。或疑所乐何事？《通书》盖自解之曰："夫富贵，人所爱也。颜之不爱不求，而乐于贫者，独何心哉？天地间有至贵可爱，至富可求，而异乎彼者，见其大而忘其小焉。尔见其大则心泰，心泰则无不足，无不足则富贵贫贱处之一也。处之一，则能化而齐。"又曰："君子以道充为贵，身安为富，故常泰，无不足，而铢视轩冕，尘视金玉。其爱无加焉尔。"其在《任所寄乡关故旧诗》曰："老子生来骨性寒，宦情不改旧儒酸。停杯厌饮香醪味，举箸常餐淡菜盘。事冗不知筋力倦，官清赢得梦魂安。故人欲问吾何竟，为道春陵只一般。"其仕南昌，止一弊箧，钱不满数百也。范文正公尝谓子弟曰："人苟有道义之乐，形骸可外，况居室哉？"世人必以富贵为福，贫贱为祸，试想祸福如何为真？则苦乐二字尽之矣。世人皇皇求福免祸者，只为求乐免苦耳。有如人生，毕世纯乐无苦，福莫大焉；人生毕世，纯苦无乐，祸莫大焉。顾苦乐何常？贫贱苦，富贵也苦，莫苦于神情之抑郁，惟恶人无入而不苦也。富贵乐，贫贱亦乐，莫乐于神情之舒泰，惟善人无入而不乐也。善人处富贵，淡然泊然，直因势之便达。吾之道，要以济世安人为快，即处贫贱，志不在温饱也，安见贫？志不在荣膴也，安见贱？恶人愈富愈忧贫，愈贵愈患失。图网人财，费多少机心；图夺人位，伤多少天理。食息癙痒，靡一刻宁。世俗方羡以为神仙中人，彼其苦，直不敢告人耳。一旦加以贫贱，烦恼弥甚。恶人原自苦贫贱，乃能苦之耳。然后知祸福苦乐，果不关富贵贫贱矣。《书》称："日拙日休。"《论语》称："坦荡荡，长戚戚。"此真乐真苦，真祸真福也。人请择于斯二者。

吾友李小有长科刻《纪训存实》，云："前辈某知县尝曰：'吾自某县归，简较囊赀，白金仅五千耳，黄金彩缯不及一千。'某司训尝曰：'勿谓学官贫，吾在某县所积俸资，并诸生馈遗，亦有六百金而归。'观知县之意，似以六千为少，而司训以六百为多矣。知县三子，兄弟不相容，各求异居。公所得六千金，买田筑室，悉以与三子，三子乃复疑其父，居一所，自衣食焉，未谷而粜，未丝而卖，应门无五尺之童。客至，一老婢供茶而已。知县日戚戚焉愁。比其卒也，葬不能成礼。今其诸孙皆已零替不振矣。司训四子，伯业医，仲掾藩司，叔季读书为生员，异食而同处，养其父甚欢。司训暮年悠悠自适，惟灌花种竹为乐。客至，未尝不留饮，饮必尽欢乃已。司训无一日不开口笑也。今其叔季三子，一掌教邵武，一令来安。诸孙为生员未艾。夫知县之财十倍于司训，而司训之受用顾十倍于知县，二公子孙贤不肖相去又不啻十倍。然则黩货谋身且不能终，况为子孙谋乎？"闽中有何镜山先生，初官礼部，因建言林居三十载，后光宗登极起用，官至南京工部侍郎，后赠尚书。每罢官之日，囊中不满一金。盖棺之日，家有白金二分而已。闽人称先生有伯夷之清而无其隘，有柳下惠之和而无其不恭，有伊尹之任而无去就之迹。其子九云，中壬子乡科。一子九说，官户部郎中，不曾见受了饥饿。当今之世，岂敢尽以伯夷望人，但只本分随缘，时时受用。人人有三公之贵、万金之富，但贪者不觉耳。洞庭山一举人，屡试不第，遂效垄断之徒，鸡鸣至日夕，执筹数缗，孳孳惟货贿是急。居积取盈，算入骨髓。周恤义事，虽至亲不拔一毛。不数年，称高赀矣。钱神作祟，盗斯劫之。鞭挞炮烙，惨于官刑。申而入，漏尽而出，罄其所有，席卷一空。盗喜过望，于是缚牲载酒，以所得之物，赛愿于小雷山神。山在湖中，断数十里，惟荒祠一区。群盗乃泊舟其下，悉登祭焉。

祭毕，酣饮大醉，自恃逻兵莫能踪迹也，不虞舟师载缆以去，扬帆挨舵，飘然长往。盗醒，觅舟不见，无如之何。时值严冬，冻馁之剧，骈首就毙，无一存者。夫某之积财诲盗，盗之祈福得祸，舟人偶然而有之，亦不知其何所终也。螳螂捕蝉，雀并啄之。雀未下咽，而弹射及矣，义外之利，意外之变，相寻于无穷。呜呼！岂非嗜利者之明鉴哉！盖血气之伦皆有争心，世间之财只有此数，我拥其余，必有受其不足者。故曰：富者，民之怨也。蕴利生孽，乃天道人事自然之理。循理之人未尝无富贵之日，所谓"君子居易以俟命也"。可见各安生理，即《中庸》所言"素位而行"，然不是容易到得的。须有正己反求一段工夫，然后可以不陵不援，不怨不尤，无入而不自得耳。

若论衣食之源，毕竟要注意农桑。金银珠玉，饥不可食，寒不可衣。试观兵荒之际，人死为何？便知重农贵粟为第一义。当今之世，开垦荒田，修举水利，是做不尽的工夫。古人制字，力田为男，同田为富，可见务农者治家之本也。《周礼·太宰》："以九职任万民，一曰三农生九谷，二曰园圃毓草木。""五亩之宅，树之以桑。"汉治近古，帝亲耕，后亲桑。诏曰：农事伤，饥之本也；女红害，寒之原也。国初但有隙地，皆令种植桑枣，且授以种植之法。又令益种棉花，率蠲其税，岁终且数以闻。而人情偷安，殊不尽然，岂其土有不宜乎？《豳风》曰："女执懿筐，遵彼微行，爰求柔桑。"是豳宜桑也。《将仲子》之诗曰："无折我树桑。"是郑宜桑也。《车邻》之诗曰："阪有桑。"是秦宜桑也。《氓》之诗曰："桑之未落，其叶沃若。"是卫宜桑也。《桑柔》之诗曰："菀彼桑柔，其下侯旬。"是周宜桑也。《禹贡》："兖州桑土既蚕。"是鲁宜桑也。《管子》："五粟之土……其麇其桑"，是齐宜桑也。"荆州厥篚玄纁"，是楚宜桑也。《十亩》之诗曰："桑者闲闲。"是魏宜桑也。"蚕业都蜀，衣青衣，教民蚕桑"，是蜀宜桑也。《鸨羽》之诗曰："集于苞桑。"是晋宜桑也。犹之农夫之于五谷，无地不宜，奈何取给外方。或种木棉，而不能纺织。今四方道梗，布帛翔贵，何不早为之计哉？此外乃及商贾手艺，诸术惟医可学，然须多读书，有传授方可治人。其余玄释二氏星相堪舆俱是悖天惑人之事，切勿习之。

总之，人生不可游闲，所谓"民生在勤，勤则不匮"。若各有一事，便无工夫想别事。闲坐闲行，邪人勾引，便要生出邪事来。陶侃在广州无事，朝运百甓于斋外，暮运百甓于斋内，盖恐过于优游耳。尝语人曰："大禹惜寸阴，吾辈当惜分阴。"至投蒲博之具于江中，是吾人所当法也。古人国奢示俭，今俗奢极矣，宜以俭救之。自饮食、衣服、屋宇、车马，以至冠婚、丧祭、宴会、往来之礼，务从俭约，敦崇古道，力挽骄奢，可以养德焉。淡泊宁静，神清体健，可以养寿焉。无求于人，无愧于己，可以养气焉。汪信民尝言："人常咬得菜根，则百事可做。"至于穷人，宁为奴仆，莫作优伶，宁为乞丐，莫作盗贼。盖奴仆乞丐未尝不可作好人，存好心，亦各安生理之事也。

毋作非为

学之大端有三：一向天，即敬天之学。一向人，即爱人之说，如孝顺、尊敬、和睦、教训四事是也。一向己，修治身心，为学之本，而敬天爱人，一以贯之。各安生理，亦修己廉静之一端。至为圣为贤，只须"毋作非为"之一语，此高皇帝教人为善四字诀也。孔夫子曰："道二，仁与不仁而已矣。"非为，恶也。人不为善即为恶，不为恶即为善。盖物之相反者，一无一必有。假如无光，必有暗。无暗，必有光。凡相敌者，必不相容故也。善恶等级相悬，如天距地，难以比例。朱子云："要做好人，上面煞有等级。做不好人，立地便至。"他日又曰："知得如此是病，即知不如此是药。"司马公曰："去恶从善，如转户枢，何难之有？"两说皆是也。由前而言，是为善之难，言造诣到圣贤地位；由后而言，是去恶之易，言初学下手工夫。

今自源达委，由粗入精而言之。盖天生万民，即将敬天爱人两念，铭刻人心。是性中有善，所以近于天神，而别于禽兽者也。与以自主之权，可以为善，亦可以为恶，然后善有功，恶有罪，而祸福随焉。性中有三司，曰司记、司明、司爱。司明尚真实，司爱尚美善，为万行本源。司爱有二心焉：向理者近于天神者也，向欲者近于禽兽者也。观人于一时一事，举两相拂戾之心可见。然向理之心，有权有力，如大君端拱堂皇，为臣工主，随时随事，得以自由。故曰："志之所至，气必至焉。"奋发有为，未有不能自主者，此毋作非为之大把柄也。

天又生出圣贤教人，如孔子之门，颜渊是第一大贤。夫子教他"非礼勿视，非礼勿听，非礼勿言，非礼勿动。"大意只是克己由己。又如曾子之慎独，子夏之战胜，孟子之强恕，可见圣贤亦由勉强而到自然，非天生成者。五经、《四书》，自"危微精一"传来，操存省治之功，致知力行之要，细心体贴到自己身上。无惑于先入之俗言，而参以后儒之意见，勿溺于二氏之邪说，那一句不是家常话？从之则吉，违之则凶。后儒主静之说，虽未见大头颅，然其谈学也，如饥食渴饮，必躬行实践焉，舍短取长，皆吾师也。

我太祖皇帝代天教民，千言万语，都是毋作非为之语。因人不遵守，不得已作《大明律》，定笞杖徒流绞斩之罪，以至十恶之罪，凌迟处死，都是刑罚作非为之人。试看枷的、杖的、问徒问军累死他乡的，拟绞拟斩拖尸牢洞的、分身法场的，皆因一念之差，到犯出来，官府也顾惜不得，父母兄弟妻子也拯救不得，只落得垂首丧气，甘受刑法而后已。若是自恃强梁结党聚众谋反作逆之人，却有甲兵作刑罚。且看十年以来，流寇几遍天下，那一个不就诛戮？虽然迟速不同，到底难免，所以"君子怀刑之心"与"怀德"并言，因人易陷非为故也。其罪重之人，圣贤之所不能化，国法之所未及加，所以天使寇盗、饥荒、瘟疫杀之，难以数计。论上天爱人之心，处之觉重，论人人悖天之罪，处之犹轻。人人各有良心，扪心自想，有罪无罪，当自知之。不受朝廷刑罚，不被寇盗杀死、饥荒饿死、瘟疫病死，便是上天莫大之恩。从此毋作非为，尚未迟也。

人至四五十岁，年纪大，阅历多，请细数从来所见所闻，某人善，某人恶，某人似恶而善，某人似善而恶，某人天报以福，子孙昌盛，某人被天诛，某人遭刑宪，或身死财散，或子孙零替，善恶祸福，断然不爽。是非之心，人皆有之，瞒得过谁？也有大奸巨恶，若漏网之鱼，却不知恶人受罚，乃其大幸，恶人得福，将来有无穷之殃。眼前则受害者譬之，受欺者怨之，旁观者讥诮之，正人君子疏远之。其大有关系者，纪名史册，遗臭万年。即为恶之人，天理亦未必尽绝，良心亦未必尽死。闲中无事时，夜半睡醒时，也有一隙之明，觉自己所为不是，而利欲昏心，机关弄熟，善心旋起旋灭。或每日忧愁，梦魂惊惧，图邪乐以强安其心，直至于下地狱而后已。可见天道、圣学、国法、清议、良心，都是合一的。

然非为之事须要辨明。前说敬天爱人，反之者即悖天害人也。此事又分三等：或念，或言，或行，每支又细分之。世人几于一念一愆，一言一尤，一动一疵矣。今且粗为指点，所当行者，已尽于前五言中，不行有罪。所当戒者，大端有三：贪、淫、杀是也。杀人不止以梃与刃，凡一念害人，一言伤人，皆与杀人同罪，而主谋杀人，与造言杀人者，较梃刃尤甚焉。或投身水火，自经沟渎，或见无罪将死之人而不救，生子女不育而溺死，皆杀人类也。淫字不止桑间濮上、狎邪青楼，凡正配之外，皆是苟合。盖一女不得有二男，一男独得有二女乎？防淫者不独身不为邪事，即目亦不睹邪书，口亦不道邪言，耳亦不闻邪声，而于邪念尤慎焉。此念有三级：初不过一念之微，次则欣喜之，次则实愿之矣。防之者，或禁于初起时，或禁于欣喜时，或禁于实愿时，总欲于心致严焉，而禁于初起者为有功。贪字尤是世人通病。充类而言，人人有罪。大概论之，凡欺人之不知而取者，窃盗也，强人以不得不与者，强盗也。

此外有罪宗七端，由爱荣名而生骄傲，由爱财物而生悭吝，由爱身体而生迷食、迷色与懈惰于善，所爱未得，则生忿怒。若未得而他人得之，则生嫉妒，是为七端，万罪之根、万祸之胎也。凡人罪入于心而不速悔者，即如有一重物压人下坠，使陷于他罪。盖罪与罪接，如患招患，前罪开后罪之衅，而后罪即前罪之刑也。试自体察，假如傲罪不克，则生荣位过人之念，见人逾己，则生妒心，妒必易怒所妒之人，因而生忿，忿则辄欲加害。不得则生忧心，忧于内，必求乐于外，故生财物之贪。有财物则丰食华衣，而迷于逸乐。逸乐通于色欲，色欲在心，则万德顿败，诸恶群入矣。故曰：罪罪相接，犹铁链相牵，犯一罪必不止于一罪矣。克七罪有七德：傲如猛狮，以谦伏之；妒如涛起，以恕平之；悭如握固，以惠解之；忿如火炽，以忍熄之；迷饮食如壑受，以节寡之；迷色欲如水溢，以贞防之；怠如驽疲，以勤策之。有《七克》一书，其中微言奥义，即未深领其旨者，皆喜读其书焉。

在先儒论之，只是理欲消长二端。朱子曰："人只有个天理人欲，此胜则彼退，彼胜则此退，无中立不进退之理。譬如刘项拒于荥阳、成皋间，彼进一步，则此退一步，此进一步，则彼退一步。初学要牢札定脚捱将去，此心莫退，终须有胜时。"吕新吾先生作《理欲生长极至之图》，其半右旋，自浮杂、烦躁、苟且、邪动、昏迷、纵肆、回光至于亡人，其半左旋，自沉静、虚明、善念、培养、扩充、坚定、浑融至于圣人。盖为恶之人，念头之始，浮泛纷纭，乱想胡思，略无张主。次则心一散乱，自不清宁，不知简点，不受拘束，遇正经事偏不耐烦。次则不论物理人情，不揣心头体面，一切简略粗疏，昏忘差错，任他人怨笑而莫之顾，次则邪事偏欢，邪人偏爱，自家管不住自家身心，愧悔虽切，改图实难。次则恶路日熟，良心日蔽，如晦夜浓云，海潮重雾，全无愧悔之意，深疾规谏之言。次则恣意任情，毫无忌惮，如中风狂人，脱缰奔马，何所不为，何所不至？次则如灯将灭，而光一乍大，从此添油，尚可返焰，良心将死，亦有猛然觉悟时，此是人鬼关，生死只争一线。次则众叛亲离，人亡家败，到来追悔，万万无及矣。为善之人，初则方寸之中，浮沉闹息，淡无嗜好，沉静则内欲不萌，外诱不入，胸中自无障碍。虚明则所发无不善念头，触处都是天理，善念初生柔脆微眇，持此应物，好生将息，无令物欲摧折。次则扩充之，自一念至万念，一分至万分，务令圆满尽足，无少欠缺。万善既备于己，须要执持坚定，九死百折，万感千触，勿令摇撼得动，是谓坚定。工夫到此，苦心极力之态，务令尽消，渣滓圭角之迹，必须都化，是谓浑融。地位到此，不着色相，不落思为，义精仁熟，道成德至矣。可见为舜为跖，不过从一念而起。虽善人未尝无欲念，虽不善人未尝无理念，但省察充治，存养扩充，善人能之，不善人不能，直至舜跖，相去万里耳。

吾人下手工夫，首要立志，次要虚心，次要知耻，次要追悔，次要改过迁善，其本则由于敬天。何谓立志？基不立无以成堂构之功，志不立何以到圣贤之域？程子曰："言学便以道为志，言人便以圣为志。"

邵子曰："远举必至之谓志。"朱子曰："未有心不定而能进学者。人心万事之主，走东走西，如何了得？"盖夫子十五志学时，即志于为圣人。譬如志于农者，必不为商；志于商者，必不为士。志于青衿，必不乡甲。志于富贵功名，必不道德。盖有有其志而无其功者矣，未有无其志而有其功者也。何谓虚心？陆象山曰："学者大病，在私心自用；私心自用，则不能克己，不能听言，虽使羲黄唐虞以来群圣人之言毕闻于耳，毕熟于口，毕记于心，只益其私，增其病耳。"又曰："学者不长进，只是好己胜，出一言，做一事，便道全是，岂有此理？"吕东莱言："凡见人一行一善，皆当学之。"由此推之，六经之表，四海之外，道理无穷，吾惟是之求耳。万事万物，因其当然，推及其所以然，更因各所以然，推及一总所以然，辨别指归，此学者之要务也。何谓知耻？孔子论士，以行己有耻为先。孟子曰："人不可以无耻。"周子曰："人之生，不幸不闻过，大不幸无耻，必有耻则可教。"古人所谓"不愧衾影，不愧屋漏"，皆知耻之说也。赵阅道、司马君实所为，无一不可与人知与人言者，果能之乎？不能，则当发愧心，思从前所作可羞可恶，真有不能自容者，然后可以改图也。盖人之别于禽兽者，只是羞恶之良，使无耻而可，将为禽兽而可乎？何为追悔？悔者，补神之药，刘恶之刃，诸德之率，真福之根也。人或为欲所昏，为魔所诱，为俗所染，而此心既明，自恨自责，不能自恕，何难改难改之忒，克难克之习，胜难胜之力哉？昔人有言："盖世功劳，当不得一矜字；弥天罪过，当不得一悔字。"一悔可以回天心焉，可以弥祸患焉，可以增道力焉，可以补积愆焉。余尝曰："愧为作圣之基，悔是升天之路。"西儒有《涤罪正规》，纪前代责身赎罪者，中多奇苦极痛，人所不堪；有终夜露处，默祷诵经，倦眼下垂，辄自怒骂，令醒觉者；有昂首向天，吁嗟叹泣，恳赦己罪者；有身被棕衣，恒叩首捶胸自责者；有致恭长跪，流涕湿地，或痛哭如丧父母者；有痛恨己罪，心中难忍，如狮之吼者；有寻思义理，心中凝结，如将死不省人事者；有长跪曝身烈日者；有俯首流涕于饥餐渴饮之际，和泪而吞者；有气喘舌出，甘受极渴以苦其身，饥止粒食，渴止滴饮，见食则避，云己无功，应不得食者；有求天降灾患，或求久病，或求盲瞽聋喑，或求被刑宪，或求死后弃沟壑，不堪受埋葬之惠者。忧愁痛责，以至形容枯槁，面目黧黑，与死者无异。吁，诸有道圣人，盛德无涯，仅一二罪过，犹不敢自宁，甘受惨苦，补赎其罪，仰天怜宥如此。我等众人，一日之间，身心不知犯罪几许，乃晏然不加省悔，终罹地狱永殃，是何心哉！改过之事，人各不同：成汤之改过不吝，孔夫子之欲无大过，是为圣人之改过；颜渊之知不复为，蘧伯玉之欲寡未能，子路之告过则喜，李延平变豪迈为朴野，吕东莱化褊急为平恕，是为贤人之改过；薛惟吉因太宗之问而尽革故态，张延符因其父之言而翻然易操，是为众人之改过；周处因父老不乐而终为忠臣孝子，贾淑因林宗受吊而终成善士，戴渊因陆机定交而仕至征西将军，是为恶人之改过。袁了凡先生论改过处，言多恳切，以为尘世无常，肉身易殒，一息不属，欲改无由。明则千百年负恶名，虽有孝子慈孙不能涤，幽则沉沦狱报，不胜其苦。务要奋然振作，如毒蛇啮指，速与斩除。既改之后，从前种种譬如昨日死，从后种种譬如今日生，此义理再生之身也。又要日日知非，日日改过。凡一日不知非，即一日安于自是。一日无过可改，即一日无步可进。然人之过，有从事上改者，有从理上改者，有从心上改者。从事改者，强制于外，病根终在，东灭西生，非究竟廓然之道也。善改过者，未禁其事，先明其理，如前日好怒，必思曰："人有不及，情所宜矜，悖理相干，于我何与？"又思："天下无自是之豪杰，亦无尤人之学问，行有不得，皆己之德未修、感未至也。吾悉以自反，则谤毁之来，皆磨炼玉成之地，我将欣然受赐，何怒之有？"又闻谤不怒，虽谗焰薰天，如举火焚空，终将自息。闻谤而怒，虽巧心力辨，如春蚕作茧，自取缠绵。怒不惟无益，且有害也。其余种种过恶，皆当据理思之。此理既明，过将自止。何谓从心而改？过有千端，惟心所造。吾心不动，过安从生？学者于种种诸过，不必逐类寻求，惟当一心为善，正念时时现前，邪念自然污染不上，如太阳当空，魍魉潜消。过由心造，亦由心改，如斩毒树，直断其根，奚必枝枝而伐，叶叶而摘哉？改过之后，必有效验，或觉心神恬旷，或觉智慧顿开，或处冗沓而触念皆通，或遇冤雠而回嗔作喜，皆过消罪灭之象也。然现无穷尽，改过岂有尽时？吾辈身为凡流，过恶猬积，而回思往事，常若不见其过者，心粗而眼翳也。然人之过恶深重者，亦有效验；或心神昏塞，转头即忘，或无事而常烦恼，或施惠而人反怨，或见君子而赧然，或闻正论而不乐，或夜梦颠倒，甚则妄言失志，皆作业之相也。苟一类此，即须改图。而克己最要者，莫先于骄妒二心、饕色二欲。力制四者，如射马擒王，众欲自尔退听，学问自此积累，而上达之基立矣。昔象山论惩忿窒欲曰："学者须是明理，须是知学，然后说得惩窒。"知学后惩窒与常人惩窒不同，故改过迁善二者相因，道理渊深广博，海墨为书，言之不尽，今略述一二。

袁了凡先生论"积善之方"曰："善有真有假，有端有曲，有阴有阳，有是有非，有半有满，有大有小，有难有易，皆当深辨。为善而不穷理，则自谓行持，岂知造业，枉费苦心，招殃愈烈，可惧也。""何谓真假？……人之行善，利人者公，公则为真；利己者私，私则为假。又根心者真，袭迹者假。""何谓端曲？今人见谨愿之士，类称为善而取之，其次则有守廉洁者，至于言高而行不逮者，则以为恶而弃之，人情大抵然也。然自圣人观之，则狂者行不掩言，最所深取，其次则狷，有所不为。至于谨愿之士，虽一乡皆好之，而必以为德之贼矣。是世人之善恶分明，与圣人相反。一私缠胸，黑白倒置。推此一端，则种种取舍，无有不谬。天道之福善祸淫，皆与圣人同是非，而不与世俗同取舍。凡欲积善，决不可徇耳目，惟从心源隐征处，默默洗涤，默默简点，纯是济世之心则为端，苟有一毫媚世之心则为曲，纯是爱人之心则为端，有一毫愤世之心则为曲，纯是敬人之心则为端，有一毫玩世之心则为曲，皆当细辨。""何谓阴阳？凡为善而人知之，则为阳善；为善而人不知，则为阴德。阴德天报之，阳善享世名。名亦福也。名者，造物所忌。世之享盛名而实不副者，多有奇祸，人之无他肠而横被恶名者，子孙往往骤发。阴阳之际，微矣哉！""何为是非？鲁国之法，鲁人有赎人于诸侯，皆受金于府。子贡赎人而不受金，孔子闻而恶之，曰：赐失之矣。夫圣人举事，可以移风易俗，而教道可施于百姓，非独适己之行也。今鲁国富者寡，而贫者众，受金则为不廉，何以相赎乎？

自今已后，不复赎人于诸侯矣。子路拯人于溺，其人谢之以牛，子路受之，孔子喜曰：自今鲁国多拯人于溺矣。自俗眼观之，子贡之不受金为优，子路之受牛为劣，孔子则取由而黜赐焉。他如非义之义，非礼之礼，非信之信，非慈之慈，皆当决择。”“何为半满？《易》曰：‘善不积不足以成名，恶不积不足以灭身。’《书》曰：‘商罪贯盈。’譬如贮物于器，勤而积之则满，懈而不积则不满，此一说也。譬如以财济人，一心清净，则斗粟可以种德，一文可以消罪。倘此心别有所为，虽施黄金万镒，福不满也，此又一说也。”“何谓大小？……明明德于天下为大，明明德于一身为小。志在天下国家，则善虽少而大，苟在一身，虽多亦小。”“何谓难易？先儒谓：‘克己须从难克处克将去。’夫子告樊迟为仁，亦曰‘先难’。必如西江舒翁，舍二年仅得之束修，代偿官银，而全人夫妇，与邯郸张翁舍十年所积之钱，代完赎银，而活人妻子，皆所谓难舍处能舍也。如镇江靳翁，虽年老无子，不忍以幼女为妾，而还之邻。此难忍处能忍也。故天之降福亦厚。凡有财有势者，其作福皆易，易而不为，是为自暴。贫贱作福皆难，难而能为，斯可贵乎？”

“随缘济众，其类至繁。”第一与人为善。“昔舜在河滨，见渔者皆争取深潭厚泽，而老弱则渔于急流浅滩之中，恻然哀之，往而渔焉。见争者皆匿其过而不谈，见有让者则揄扬取法之，期年，皆以深潭厚泽相让矣，其耕稼与陶皆然。夫以舜之濬明，岂不能出一言教众人哉？乃不以言教，而以身转之，此良工苦心也。吾辈处末世，勿以己之长而盖人，勿以己之善而形人，勿以己之多能而困人。收敛才智，若无若虚。见人过失，且涵容而掩覆之，一则令其可改，一则令其有所顾忌而不敢纵；见人有微长可取，小善可录，翻然舍己而从之，且为艳称而广述之。凡日用间，发一言，行一事，全不为自身起念，全是为物立则，此大人天下为公之度也。”第二爱敬存心。“君子与小人，就形迹上观，节义、廉洁、文章、政事之类，君子能之，小人亦或能之，常易相混。惟一点存心处，则善恶悬绝，判然如黑白之相反。故孟子曰：‘君子所以异于人者，以其存心也。君子所存之心，曰仁，曰礼；仁者爱人，有礼者敬人。'人有亲疏，有贵贱，有智愚不肖，万品不齐，皆吾同胞，皆吾一体，孰非当敬当爱者？《大学》言明明德于天下。舍天下则吾亦无明明德处矣。"第三成人之美。"玉之在石，抵掷则瓦砾，追琢则圭璋。故凡见人行一善事，或其人志可取而资可进，皆须诱掖而成就之，或为之奖借，或为之维持，或为白其诬而分其谤，务使之成立而后已。大抵人各恶其非类，乡人之善者少，不善者多，故见一善士，争非而共毁之。善人在俗，亦难自立。且豪杰铮铮，不甚修形迹，多易指摘。故善事常易败，而善人常得谤，常不能自完。惟仁人长者，能匡直而辅翼之。在一乡可以回一乡之元气，在一国可以培一国之命脉，其功德最大。"第四劝人为善。"生为人类，孰无良心？世路悠悠，最易没溺。凡与人相处，当方便提撕，开其迷惑。譬犹长夜大梦，而令之一觉。譬犹久陷烦恼，而披之清凉，为惠最普。韩文公云：'一时劝人以口，百世劝人以书。'较之与人为善，虽有形迹，然对症发药，时有奇效，不可废也。"第五救人危急。"患难颠沛，人所时有，偶一遇之，当如痌瘰之在躬，速为解救，或以一言伸其屈抑，或以多方济其颠连。崔子曰：'惠不在大，赴人之急可也。'"第六兴建大利。"小而一乡之内，大而一邑之中。凡有利益，最宜兴建。或开渠导水，或筑堤防患，或修桥路以便行旅，或施茶饭以济饥渴。随缘劝导，勿避嫌疑，勿辞劳怨。"第七舍财作福。"……世人以衣食为命，故财为最重。吾从而舍之，内以破吾之悭，外以济人之急，始而强勉，终则泰然，最可以荡涤私情，祛除执吝。"第八护持正法。"法者万世生灵之眼目也。不有正法，何以参赞天地？何以财成万物？何以脱尘解缚？何以经世出世？但所谓上报佛恩，则偏见也。"第九敬重尊上。大抵忠孝之语……第十爱惜物命，亦是恻隐之心，但未免为佛门所惑耳。中有玉石兼收，珠砾相混者，僭为汰之。

西儒之论善德曰：德者，积善于心而表诸身，从而称善者也。人之神，未书之素册焉耳。既书乃有字，既积乃有德矣。神主形，使之运动。德主神，使之善运动也。人有德于心，乃易行善于外焉。善以全名者，十分善乃为善。恶以缺名者也，一分恶即为恶矣。善，蜜也，恶，胆也。胆之少许，可以苦蜜之多许；蜜之多许，不足以甘胆之少许也。

定善恶所由多端，而约之以三：一曰系所向之事物焉。人之动作，未有无所向者。所向为正善，向之之动谓善矣。所向为邪恶，向之之动为恶矣。何以知事物之善恶也？以造物主所命之正理度之，正善顺命合理，邪恶反是。一曰动行之善系于节。节者，事物之外势也。约以七焉：一曰何人，如济人则思为富耶、贫耶、友耶、雠也？二曰何物，如施于人，则思衣耶、金耶、多耶、寡耶？三曰何地，如或施，或杀，思其暗处耶、明处耶、朝中耶、市中耶。四曰何器，如救人则思以身耶、财耶？五曰何故，如杀人则思复雠耶、护国耶？六曰如何，如救人则思其喜施耶、勉强耶？七曰何时，如施人则思平时耶、饥岁耶、己有时耶、己乏时耶？合节者善，违节者恶，进而求之甚细矣。一曰动行之善恶系于为，如广施普济，窃图善声，所行虽合理，是以丑意秽善行也，故以意之邪正为本焉。若意善事恶，终不为善，如行盗养亲是也。犯理以教万民且不可，况逾大闲乎？以此推之，所为滋高，行滋粹；所为滋陋，行滋贱。故君子起意必慎也。

又曰有德之中庸焉，有德之生息焉，有德之区品焉，有德之相须焉。择中庸者，由乎知德者也。德之中有二，一德左右有相背之慝，勇毅居惧狂二慝之中，好施居吝奢二慝之中也。一德向之物欲合理节，理节中也。物之中庸，或有定，或不定焉，如六为二与十之中数者，以隔于十、隔于二等四故也，此一定之中也。有无定分数，随人随时随事而择居之者，不定之中也。前中乃自定之中，后定乃理定之中，后中乃理定之中。德以治心治情，使合理节而称善也。所贵之中，后中也。德之生息者，言德如谷种，同人性生息，而成于学习者也。行德之时，须前行之遗迹决之，是以君子贵习焉。倘德未成就，有恶积于中，致力克之，而贻之美种，培之养之，既坚既好，不能动而坏之矣。德之区品者，知与行也。前所谓“司明尚真实，司爱向美善者”，二司尽职而德成矣。是故德之宗品惟二，一灵德，一习德。习德，智也。其支有二，一使人知以知，一使人知以行。习德者，使人习之而不肖者改为贤，无正邪善恶之相容也。其支有三：一廉，一毅，一文。故谈德者，定宗德四品焉。人之形，非得土、水、气、火四行之资不能养；人之神，非得智、廉、毅、义四德之资不能成也。所谓德之相须者，四德相和而成功，则从和之几何，推各德之厚薄浅深焉。其治情也，有三品三时。三品者，始修德，诸情犹悍，持之不使其侈也；继进德，诸情犹不尽和。更据德，诸情尽和无逆矣。三时者，幼、壮、老也。幼情猛，不能相须相从焉；壮老情和宗德，相须相从矣。德之适中合节，俱赖智之明炤引之，故在四品中为宗之宗焉。然智之立功，亦必须于他德，如向或明识所从避，而溺人欲而昏焉，非他德克之，功不成矣，是宗德未有不相资以成者。然人情虽不尽和，无妨也，盖德以情为美质焉。故曰：君子小人，非因无情与有情也，惟系治情之和不和耳，如绝情于心，不沦人于槁木也哉。

末一段，与宋儒天理人欲同行，异情同意。有《修身西学》十卷，较之先儒加细焉。可见古今圣贤之书，即是治人心性之药方。句句说着吾人病痛，读之而生欢喜心，如病人喜闻药香，便有起死回生之日；若读之而愀然不乐，如病人知针砭疼痛，尚是好消息，不至十分痿痹；若读之与自己绝不相关，如讳疾忌医，不可救药矣。教人所读之书，所作之事，有以邪为正，以恶为善者，如异端邪术，神佛经咒，自谓至妙之方，不知是至毒之药。修斋设醮，媚神祈福，自谓极大之功，不知乃莫大之罪也。夫至尊惟天，所以孔夫子说"知我其天""获罪于天"，又说"知天""畏天"，皆敬天之说也。三代以上，五经所载圣贤敬天之学，不可殚述。如《诗》云："敬天之恕，无敢戏豫；敬天之渝，无敢驰驱。"《书》曰："作善，降之百祥；作不善，降之百殃。"可谓深切著明矣。我太祖高皇帝宝训曰："人以一心对越上帝，毫发不诚，怠心必乘其机，瞬息不敬，私欲必乘其隙。"命吴沉等编《精诚录》，大要有三，曰敬天，曰忠君，曰孝亲。可见人不敬天，为臣必不忠，为子必不孝。非不忠不孝也，不能纯忠纯孝也。君为天之元子，吾人亦天之众子。敬天爱人，人人有责，恐庸众未必尽解。有俗语四条，一曰："天有心，记不错。善是善，恶是恶。常把心，摸一摸。凡百事，要斟酌。"二曰："天有口，不说话，喜不笑，怒不骂，善不欺，恶不怕，没要紧，莫为罢。"三曰："天有眼，认得人。假是假，真是真。你为恶，他不嗔。远在子，近在身。"四曰："天有耳，听得见。任你言，他不厌。说话的，讨方便。恼了他，无人劝。"字字真切，雅俗共解。今人患病患难，未尝不呼天也，或曰天命，或曰天心，或曰天理，或曰天报，或曰天罚，可见性中带来，非由勉强。问之，亦曰："吾敬天。"不知至尊不可有二上，至道不宜有二理，人心不可有二向，而积习迷之，不肯深心讲究，或所信从，反以神佛加天之上，是得谓之敬乎？

故学者要务，第一须知天帝惟一。自形体而言谓之天，自主宰而言谓之帝，至尊无二，全知全能，为万善万福之原本。人间善恶祸福，皆天自主之，无有在其上者，亦无有与之齐者。凡天之高、地之厚、万物之多、万圣之学之德，与天比例，犹有之与无，更复倍此。天地、万物、圣人，倍之又倍，以至无算。其为比例，亦复如是。世衰教废，本原渐迷，或曰"天者理而已矣"，或曰"天在吾心"，或以天地并尊，或以五帝相混，以至玉皇上帝、玄天上帝，为仙为佛为神，种种不一，皆邪说之惑人耳。传曰：一国三公，吾谁与从？譬吴楚僭王，而周天子若弁髦然。人心祸乱，较洪水、夷狄、禽兽更烈矣。地在天中，虽有载物养物之功，然较之日月星辰之天，其小无算，况可与主宰并乎？溯其本原，由《泰誓》言"天地万民父母"，先儒疑其书晚出，或非当时本文。即此一言，足证后世之伪矣。其次须知神鬼正义。神鬼者，无形、无色、灵明之全体也，受造于天，而共戴一尊。如朝廷之有百官，受命于天，而各司一事，如官职之有九品，但能为人代达于天，断无自主与人祸福之权。其善者，自初造时永定于善，而享天堂之福，是为天神；其恶者，自初造时相引于邪，而受地狱之罚，是为魔鬼。凡言"造化之迹、二气良能"，皆未得神鬼之情状者也。若云"人死而灵魂变神变鬼"者，亦非也。盖人兼灵魂肉躯而成，与神鬼之性，大相悬绝。凡讹传某人为神，某人为鬼，皆魔鬼为祟耳。阮宣子曰："今见鬼者，云着生时衣服，人死有鬼，衣服复有鬼耶？"可谓名言，详见《神鬼正纪》中。其次须知灵性不灭。凡人形体，受之父母，而性则天特畀，所谓"天命之谓性也"。天之生物，或能生长而无知觉，草木是也，或有知觉而无灵性，禽兽是也，若能生长有知觉又有灵性，独人耳。不论圣贤凡夫，灵性永存不灭。敬天爱人，则为善而受永福；悖天害人，则为恶而受永殃。故上帝为无始无终，万物为有始有终，神鬼与人为有始无终。自轮回之说中于人心，人至不敢杀禽兽，而反敢于杀人。甚矣，邪说之害人也。或乃谓形既朽灭，神亦飘散，人与禽兽何以别乎？其次当知死候当备。死者，人之所必不免也，而又无定候。孔子言"朝闻道，夕可死矣"，注言"生顺而死安也"，可见不闻道不可死，死必受诸苦恼矣。孟子言"夭寿不贰，修身以俟之"，备死之说也。而死之期，在朝未必能至夕，在夕未必能至朝，危矣哉！故少者当备死候焉。何也？死候面攻老耋，背攻幼稚也；老者当备死候焉，何也？幼者早死，为常见常闻，而老者久生，则未见未闻也。然死候何以当备？以审判故。凡生前所思、所言、所行，皆于死后当鞠焉。天监在上，锱铢不爽，可不惧哉？而审着何以当惧？以有地狱、天堂故。昔人云："天堂无则已，有则君子登；地狱无则已，有则小人入。"然君子二字，谈何容易？九分之善未为善，一分之恶即为恶。自非克己之密，常常简点，妄欲离地狱而升天堂，犹操豚蹄而望岁矣。然地狱必不可入，而天堂必不可不升。盖人间万苦，较之地狱，犹画火与真火也。尝观小人受刑，四顾无救，犹复呼天抢地，况地狱永苦，何以堪之？至若天堂美好，无可形容，不可谓世间之乐无所不有，但可言世间之苦大概全无耳。或曰："天堂地狱，儒者不言。"所谓"文王在上"谓何？文王在天，桀纣操莽必居地狱，可以类推也。富贵而至三公，寿考而至百岁，人生享受，如是止矣。身填沟壑，肉饱鸟鸢，人间凶祸如是止矣。岂知身后赏罚，有千万此而无算者哉？人止一生，生必有死，一脚失错，万悔难追。人不深思，故不深信。夫世主治国，且有赏罚二端以劝惩善恶。皇矣上帝，独不然乎？或疑视天梦梦，人世祸福，间或倒置，不知惟其倒置，所以必有身后之报也。不然，君子之戒慎恐惧者何故？彼小人纵肆，惟误认死后无知与轮回谬说耳，如近日流寇遍地，彼以为且顾目前，即锋刃交颈，死则已矣，或妄想转生，使其知地狱无限之苦，各有差等，罪重刑亦重，未必纵横至斯极矣。

已上数端不明，何以谓之敬天乎？愿学者姑置旧闻，细心穷理。理者，人之公师也。故敬斋先生曰："穷理非一端，读书得之最多，讲论得之最速，思虑得之最深，行事得之最实。"而世人不肯降心相从，则三雠害之耳。何谓三雠？一肉身，一风俗，一邪魔。凡灵性所爱者，理也；肉身所爱者，欲也。故曰"心为形役，乃兽乃禽"。风俗移人，众人入其中而不觉；邪魔诱人，贤者陷其阱而不知。又有广三雠说焉。凡人意见用事，便于己则是，不便于己则非，是肉身之类也。陆象山曰："此道与溺于利欲之人言犹易，与溺于意见之人言却难。"即古今相传以为正论，于天理人情未必合宜，是风俗之类也。盖初不过一人之意见，而实反于造物主之正命，虽强行之，拂人本性。若谀谄面谀之人，惟人意所向而导之邪僻，是邪魔之类也。盖朋友一伦，列于人伦，而又纪纲人伦者也。朋友道绝，无观感讲习之益，不是各执己见，便是恣情纵欲。小人方且诵其美，逢其恶，虚美薰心，实祸蔽塞矣。是以善人少而恶人多，治日少而乱日多，而大道之理甚深，谈道之名甚美，遂有似是而非一途，迷学者之向往矣。嗟乎，生死大事，非以是博名高，立门户、较长短、角胜负也，愿与学道者共商之。

敬天之学，信之一字，功之首也，万善之根也。必信天上有大主宰，为吾人大父母。细想吾身从何而生，吾性从何而赋，今日宜作何昭事，他日作何归复，真真实实，及时勉图。《诗》云："上帝临汝。"《书》曰："惟上帝不常。"非小心翼翼，对越在天，即行善俱归无用。凡为恶者，至人所不知而始大；为善者，至人所不知而始真。故曰：勿求人知而求天知，勿求同俗而求同理。不然，即使谦恭慈爱，博长者之名，轻财喜施，取好义之誉，借交急困，成任侠之品，忍辱含诉，迈容人之度，清廉寡欲，振绝俗之标，多闻善辩，称博洽之士，择言而发，规行矩步，自拟圣贤之伦，泽在斯民，声施后世，然察其隐衷，或别有所为，未闻若人可了生死，生天堂免地狱也。盖造物主聪明神圣，至明至公，察人善恶，表里纤悉毕见，岂若世人肉目可以伪售哉？即如圣谕六条，颁自朝廷，而命之于天，吾人宣讲力行，必须为朝廷，功乃更大耳。然敬天爱人，非是难事，道如康庄，人人可由。故曰：人皆可以为尧舜。富贵、贫贱、智愚、贤不肖邦，以至疲癃残疾之人，皆可入道，惟自以为是者拒人千里外耳。余尚有《敬天解》一篇，详言天学，愿就正海内魁梧长者，已前所言，犹第二义也。

明崇祯休宁县叶氏宗族《保世》

崇祯《休宁叶氏族谱》卷九《保世》，不知何人所撰。自作者序看，族谱中所载的这道家训，乃是抄录祝世禄在休宁知县任上所行乡约中的六谕宣讲，而祝世禄的六谕宣讲，又源出于罗汝芳的《圣谕演》。诠释之后所附诗，则系罗洪先的六谕诗，又不知是罗汝芳的"演义"所本有，抑或是祝世禄另行增添的。今自上海图书馆藏崇祯四年刊本《休宁叶氏族谱》卷九誊录，第1—11页。

叙曰：古称：保我子孙，必本于心。又称：子孙保之，必本于德。乃知前后相保，良有所特重。巨族之振，振以世，其家岂无所自哉？每观人立心良、行事正，家人相与，兴仁兴让，长幼有序而体恤有恩，其家未有不兴者。反是，则相睽相贼，衰败随之矣。家乘俾传之有永，特为演皇祖六谕，以示宪章。四礼仪节，以遵画一；世守家规，以昭燕贻。家乘既终，提撕彝训，后人勿以虚文视之，庶世世相承，弥昌弥炽，以光前裕后，于是乎在。作保世第九。

圣谕：恭惟我太祖高皇帝开辟大明天下，为万代圣主，首揭六言以谕天下万世。第一句是孝顺父母，第二句是尊敬长上，第三句是和睦乡里，第四句是教训子孙，第五句是各安生理，第六句是毋作非为。语不烦而该，意不刻而精。大哉王言！举修身、齐家、治国、平天下之道，悉统于此矣。二百年来，钦奉无斁，而又时时令老人以木铎董振传诵，人谁不听闻？而能讲明此道理者鲜。于是，近溪罗先生为之演其义，以启聋聩。祝无功先生令我邑时，大开乡约，每月朔望，循讲不辍，期于化民善俗，又即罗先生演义，删其邃奥，摘其明白易晓可使民由者，汇而成帙，刻以布传。虽深山穷谷，逖陬僻壤，猗欤休哉！吾家藉以兴仁让而保族滋大，其渐于教化者深也。兹特载其演义于谱，俾世世子孙奉若菁蔡，勿以寻常置之，将吾族兴隆昌炽，永保于无穷矣。

孝顺父母

如何是孝顺父母？人世间，不论贵贱贫富，这个身子，那一个不是父母生的？你们众人各各回头思想，你这身与父母身，原是一块肉、一口气、一点骨血，如何把你父母隔了一层？且说你父母如何生养你来。十个月怀你在胎中，十病九死；三年抱你在怀中，万苦千辛。担了多少惊恐，受了多少劬劳？但有些病痛，恨不得将身替代。未曾吃饭，先怕儿饥；未曾穿衣，先怕儿寒。爬得稍长，便延师教训；爬得成人，便定亲婚聚。教你做人，教你勤俭，望你兴家立业，望你读书光显。若教得你几分像人时节，便不胜欢喜。若不听教训，便死也不瞑目。及到为子的身日长一日，而父母的身日老一日了。若不及时孝顺，终天之恨，如何解得？我看今世上人，将父母生养他、教训他、婚配他，皆做该的，所以鲜能孝顺。岂知慈乌也晓得反哺，羔羊也晓得跪乳。你们都是个人，反不如那禽兽。今人不孝顺的事也多端，且只就眼前与你们说。假如父母要一件东西，值甚么紧？就生一个吝惜的心；父母分付一桩事，没甚难干，就生一个推脱的心。又有一等人，背了父母，只爱自己的妻妾、自家的儿女。自己男女死了，号天恸地，哭断肝肠。爹娘死了，哭也不痛。若是六七十岁、八九十岁死了，反以为当然。及被他人嘲骂，却道世上男子多是如此。此等样人，何不将你爱妻妾、疼儿女念头回想一想？此是豺狼枭獍，天不容，地不载。我今奉劝你们众人，快快要孝顺父母。孝顺也不难，只有两件事：第一件要安父母的心；第二件要养父母的身。如何安父母的心？你平日在家里行好事，做好人，莫撞祸，莫告状，一家安乐，父母岂不快活？凡父母所欲、所爱、所敬，一一要体父母的心，好生承奉，使父母在生一日，宽怀一日。这便是安父母的心。如何是养父母的身？随你的力量，饥则奉食，寒则奉衣，早晚好生殷勤。有事替他代劳，有疾病请医调治。这便是养父母的身。倘或父母所行有不是处，须要婉言几谏，使父母不至得罪于乡党亲戚。万一天年告终，尽心尽力，以礼殡葬。四时八节，以时祭祀。这都是孝顺父母的事。今人不能孝顺的，却又有一个病根。他说道：我本要孝顺的，怎奈父母不爱我。这益见差了。父母生出来的身，死生俱由父母，说得甚么爱憎？所以古人云：天下无不是的父母。而今世上有一等极愚极蠢的人，也晓得供菩萨，拜土地，偏不晓得家中有个老爹、老娘，就是活菩萨、活土地。若肯发一孝心，虚空神明默默护佑。况且我为人子，我亦有儿子。我若不孝顺父母，我的儿子也决不肯孝顺。古人说得好，"孝顺还生孝顺儿，忤逆还生忤逆儿"。我太祖皇帝劝百姓们孝顺父母，正欲吾民辈辈为孝子顺孙也。你若不孝顺，朝廷有律例，决不轻贷。

我劝吾民孝父母，父母之恩尔知否？怀胎十月苦难言，乳哺三年曾释手？每逢疾病更关情，才及成人求配偶。岂徒生我受劬劳，终身为我忙奔走。试读《蓼莪》诗一章，欲报罔极空回首。莫教风木泪沾襟，我劝吾民孝父母。

尊敬长上

如何是尊敬长上？这个长上不止一项，如伯叔祖、父母、伯叔父母、姑兄姊之类，便是本宗长上。外祖父母、母舅母姨、妻父母之类，便是外亲长上。乡党之间，有与祖同辈者，有与父同辈者，有与己同辈而年长者，便是乡党长上。如教学先生与百工技艺之师，便是受业的长上。本处亲临公祖父母官及学校师长，便是有位的长上。此等的人伦理名分，若天为摆列，都该尊敬他。常闻先辈家风，老成为政，百凡事长者说下来，卑幼唯唯听命。迩来风俗薄恶人家，多是少年用事，驰骋英风，任意胡行。如见族间外亲尊长有衰弱落罢的，便不伏气称谓他。见一个年高老成人，便说道古板子，不要放他在眼里。见达官长者，便说道，休要畏缩奉承他。殊不知他年纪大似你，行辈先似你，见识多似你，名位高似你。你是卑幼，他是尊长，如何敢戏狎他，欺侮他？且你有这等骄亢的心，眼底无人，必至越理犯分，做出放胆事来。世间那里安插得这等人，决非保身全家消息。所以人在天地间，除了孝顺父母，第二件就要尊敬长上。尊敬如何？行则随行，坐则旁坐，有问则谨对，有命则奉承，当揖就揖，当拜就拜。逞不得一毫聪明，性以先之；倚不得一毫富贵，相以加之。此皆是尊敬之道。

但尊敬两字，又不是外面假做的。必要一点尊敬长上的实心，外面才有尊敬长上的礼貌。今世上知尊敬的多是假粧，便与长上作个揖，也是勉强低头；与长上施一个礼，也是习个虚套。傲慢轻薄，乡里谁不恶你，远你？纵才高发达去了，亦终做不得人品。你们各各思量，快要拔去那不尊敬的真病根。且我能凡事守礼，谦谨一分，尊长必然爱重，乡党必然称誉，后生必然效慕，终身才做得个好人。所以古人说得好，爱人者人恒爱之，敬人者人恒敬之。天地生人，一代催一代。今日的长上，却是昔日的子弟。我今日虽是子弟，他日却是长上。今日我为人少，若不肯尊敬他人，后日我为人长上，人亦决不肯尊敬我。我太祖皇帝劝百姓们尊敬长上，正欲吾民个个为贤人君子也。你若不尊敬，朝廷有律例，决不轻贷。

我劝吾民敬长上，少小无如崇退让。分定尊卑不可逾，齿居先后宁容亢？诗人抑抑诵武公，尼父谆谆戒阙党。天叙天秩礼本全，行徐行疾时当讲。傲为凶德莫猖狂，谦在真心休勉强。祸福从来此处分，我劝吾民敬长上。

和睦乡里

乡里虽不是亲眷，到比那隔远的亲眷更相关。虽不是兄弟，到比那不和好兄弟更得力。有等不知事的人，只道各门别户，有甚相干。不知田地相连，屋宇相接，鸡犬相闻，起眼相见，那一件能瞒得他？是非也是乡里间易得结，冤家也是乡里间易得结。大凡人家灾祸，多是与人不和睦起。亲戚不和睦，他还顾些体面。只有乡里不和睦，决定有灾祸。所以乡里关系最紧，决要和睦。乡里却不同也，也有做官的、做吏的，极富极贵的，这是强似你的乡里。安你贫贱的分，小心尊敬，不可得罪他。也有极贫极贱的，这是不如你的乡里，存你一点怜恤之心，常要看顾周济他。也有一种极凶极恶的，这是不好的乡里，要谨防避，以礼待他，凭一点至诚心感动他，百凡让他忍他。中间或更有一等贤人君子，为善积德的好人，这是一方祥瑞、百家师表，在你比邻，却要时时去亲就，事事去请教，敬他要如父兄师长一般。又有尔我平等寻常一般样的乡里，都要你往我来，如兄如弟。早晚相见，必须谦恭，四时八节，吉凶庆吊，必须成礼。有事相托，有话商议，必须同心。患难相扶持，疾病相看问。有词讼必须尽心解散，不可搬弄扛帮。有盗贼火烛，必须协力救护，不可幸灾乐祸。不妒富欺贫，不凌孤暴寡，不讨占便宜，不妄自骄大，这便是休戚相关，一团和气，才成一个乡里。这等样人，乡里中那个不爱你敬你，称诵你？即祖父以来积衅，亦渐次消释。你家有事，那个不来趋赴你？官府见你如此尚义，亦自嘉奖你。这等人出门与人相逢，自然个个是相好的，何等快乐！今人不能和睦乡里，只是一个忌心，惟恐他人高似我。殊不知你只该自己向上做好人，何必妒忌别个？又有一等道，让了这着，乡里皆欺负我，便做不得汉子，定要争胜。你试看有受用的人，多是能吃亏的人。若一乡都怕我，便不是好事。又有一等人，见乡里待我不好，便不好待他。古人云：冤家是结的。他仇你不仇，冤家到底结不成。若他仇你，你仇他，冤深害结，必有一场大祸，岂是保身安家之道？我今且与你们说：人在家乡，犹不觉相亲。常想出外的人，听得一人似乡里口声，不问贵贱，便相亲密。又在他乡外，见一人从故乡来，便不胜欢喜。此点心是和睦的真心。人若能以出外的心待乡里中人，安得不和睦？我太祖皇帝劝百姓们和睦乡里，正欲吾民处处兴仁兴让也。你若不和睦，朝廷有律例，决不轻贷。

我劝吾民睦乡里，仁里原从和睦始。四海须知皆弟兄，一乡安得分彼此。酒熟开壶共劝酬，田联并力同耘耔。东家有粟宜相赒，西家有势勿轻使。遇逢患难必扶持，依倚何殊唇与齿。古来比屋咸可封，我劝吾民睦乡里。

教训子孙

如何是教训子孙？人家兴是好子孙；人家败是不好子孙。好与不好，只争个教与不教。世上人那一个生下来就是贤人？都是教训成的。那一个生下来就是恶人？都是不教训坏了的。所以，人家子孙，教训要紧。每常见人家爱儿子，定要好衣好食与他吃着。不思量吃着惯了，大来自家做人，便不知撙节，就是卖田卖地，也只是要吃要着。又常见人家父母疼爱儿子，怕他啼哭，尽他要，与他，尽他恼，便替他打骂出气。不思量顺从他惯了，大来自家做人，一发自由自纵，打人骂人，撞祸生事。又常见人家父母欢喜儿子，专一调笑哄他。非礼之言，只管戏狎；诡诈之事，只管作弄。不思量亵狎惯了，大来自家做人，苟且歪斜，奸盗诈伪。及到那时节，犯法到官，身遭刑宪，父母欲割舍不得，欲救他不能，恓恓惶惶，只叹得口气，悔也迟了。看来子孙如何不教，教子孙如何可不早？古人云：严父出好子。又云：桑条从小直。趁他年纪尚小，急忙教训。但教训却有个方法。今人只晓得教子孙强过人，不肯使子孙退让人。少年习气，易得骄暴，反被父母教坏了。又有识教训的，动辄说要子孙做官。这也不是。世间读书的多，做官的少。做官要命，这是教不成的；做好人却不要命，这是教得成的。劝你们有子孙，好生教训，休教他做家，先教他做人。教他做好人，先教他存好心。心好人自好，自然增福延寿，兴家立业，耀祖荣宗。我今且分别几等与你们说。大抵子孙资性生来不同，有等聪明的，延师造就，图个上进，以光显门户，此第一美事；有等愚钝的，如读书不成，切莫担阁他，急急教他务一件本分生理，为农为工为商，各守一业，都要教他存好心、做好人、明伦理、顾廉耻、习勤俭、守法度，方成个教训。又有一说，良朋好友与他相处，自然会好；浪子游徒与他相狎，自然会不好。所以古人云：近朱者赤，近墨者黑。可见教训子孙的，毕竟要慎择同伴。更有一说，人家父母便是师傅，平日家庭子孙在眼前，父母说一句话，行一件事，早早晚晚儿孙听着、看着，一一都照个影子在心田里。所以古人道：言行要留好样与儿孙。可见教训子孙的，毕竟又要先自学好。这个都是教你们儿子的说话。就是女子，也不可不教。今日我家女儿，他日是别人家媳妇。做女时，当早教之以柔顺，训之以贞静，如纺绩、厨爨、井春之类，皆当使躬执其事，切不可令其安逸。享用过了，打奴骂婢熟了，多言乱语，性子轻跳惯了，以致后来骄傲狠毒，搬弄唇舌，贻累丈夫，辱及父母。是人家不问男女，教之皆不可不慎。我太祖皇帝劝百姓们教训子孙，正欲吾民后代贤达、家门昌盛也。你若不教训，朝廷有律例，决不轻贷。

我劝吾民训子孙，子孙成败关家门。寝坐视听胎有教，箕裘弓冶武当绳。黄金万两有时尽，诗书一卷可长存。螟蛉尚能化异类，燕翼岂难裕后昆？纵使不才毋遽弃，善养还须父母恩。世间不肖从姑息，我劝吾民训子孙。

各安生理

如何是各安生理？这生理两字，生便是人的生命，理便是道理。凡人要生，必须循理，所以叫做生理。你百姓们那一个不要生？却有几个肯循理？所以说要安生理。论生理也多。俗语云：道路各别，养家一般。天地间人，那个没有生理。如读书，便是士儒的生理；耕种田地，农夫的生理；造作器用，工匠的生理；买卖经营，商贾的生理。至若人无田地，又无资本，又不能读书，不会作手艺，就与人佣工挑脚，也是贫汉的生理。各人只做自家本等事，不去妄想。这便是各安生理，个个皆可度活。就是目前未必见好，将来必有好日子。今有一等人，这件已做得好，旁边闻说别件更好，便丢了去做那一件。千般百弄，到底一事无成。又有一等人，不思前算后，只说且过眼下，游游荡荡，如痴如呆，这样人必然饥寒流落。及至没摆布，只得做歹事了。你试看那做歹事的，那个逃得法网？总是不安生理，以至于此。看来生理一日丢不得。大凡人勤谨，便生起好念头，懒惰便生起歹念头。如人有一件切己事在身上，他便无功夫去想别事；若闲步闲走，遇着一两个没正经人，便做出无端事来。就是富贵子弟，也要自家劳苦支撑，方能成立。一生尽靠不得父祖。俗语云：自在不成人。又云：安常即是福，守分过一生。这几句说得极好。曾见许多赚大钱的行险遭网，不如小买小卖的自在平稳。许多心高妄想的，分外营求，不如守业农田的长久安乐。所以，古人云：万事不由人计较，一生都是命安排。故凡人须要随我生理，安意为之，未有将你自家智术欲与那造化争衡被你胜了的。我且再与你们说破。古人云：食前方丈，不过一饱；大厦万千，夜眠八尺。休恨不如人，人尚有不如你的。就据你们平日所羡慕，皆竟是读书做官为第一好生理。岂知朝廷爵禄，虽然荣人，更能辱人。做好官流芳百世，便是好生理；做歹官遗臭万年，便是歹生理。除了读书，生理莫若农田好了。所以古人叫耕田谓之"力本"，叫买卖谓之"逐末"。若是有钱的人家，勤耕勤种，一粒落地，万颗归家，比买卖的利有千倍、万倍。园中栽桑，地里种棉，有穿的；池中养鱼，家中养牲，圃中蓄菜，有吃的。便是天年水旱，广种薄收，也可糊口。这也是最好的，何羡做官？假如无田的人家，佃得几亩，典得几坵，勤耕勤种，完了主人租，落得几斗米，须是粗茶淡饭，到比膏粱吃得有味。虽是敝衣粗布，倒比那锦绣穿得更温，妻子也不骄奢惯了，儿孙也不游荡惯了。故论本分生理，此为第一，手艺次之，买卖又次之。除此四民，更有形卜星象巧弄机术，经纪牙保暗地摸索，清客大侠鼓舌朱门，纵然猎得眼前富厚，到底终无结果，此皆不是本分生理，总不该去学他。你若不安生理，朝廷有律例，决不轻贷。

我劝吾民安生理，处世无如守分美。守分不求自有余，过分多求还丧己。荣枯得失命难逃，士农工商业莫徙。克勤克俭日常操，无辱无忧谁可比。筑岩钓渭是何人，霖雨膺扬倏忽起。三复《豳风》与《葛覃》，我劝吾民安生理。

毋作非为

如何是毋作非为？这一句话，是我太祖皇帝教百姓最切骨的言语。一部《大明律》，也只为这句话做的。如何叫做非为？凡一切不善之事，大小都叫做非为。行一切不善之事，大小都叫着非为。一部《大明律》，都是个作非为的样子。我今与你是指一个端的。凡事千差万差，只因心上一念之差。试看那凶酒赌博的、拐骗扎诈的，种种非为，渐而窃盗、强盗，甚至不孝不悌、十恶大逆，那个不是一念差走了路，犯出来枷杖、流徒、拟斩、拟绞，官府也顾恤不得你。你那时节欲悔悔不得，欲改改不及，只落得垂首丧气，甘受刑罚，何苦做这等样的人？其间也有欲昏了智、利动了心，不辨大是大非而冒为的；也有识见未定，被人哄诱而误为的；也有杯酒戏弄，惹成大事的。大抵善恶只两端，在慎于发初一念。人人各将自己心里检点，看一切作非为的心，还是有，还是无？凭你瞒得人，瞒得官，瞒不得你自己的心。你自己的心昭昭明白，天看见，鬼神看见。古人云：人间私语，天闻若雷；暗室亏心，神目如电。此等说话，字字真切。你不怕人，不怕官，难道鬼神也不怕？天也不怕？你不怕天，天决不饶你。你不怕鬼神，鬼神决不饶你。不遭官刑，必定折福损寿，克子害孙，纵然生子生孙，不与你讨债，便是与你还债。你们闲中无事时，夜半睡醒时，念头初起时，仔细思量，但有一点非为的心，作急回头，痛自省改，便是做好人、行好事的根基。古人云：诸恶莫作，诸善奉行。又云：但行好事，莫问前程。又云：平生不做亏心事，半夜敲门也不惊。替你千思万想，只是一个守着勤俭。欺心坏法事，一毫断不可做。我太祖皇帝劝百姓们毋作非为，正欲吾民不犯刑宪，保全身家也。你若作非为，朝廷有律例，断不轻贷。

我劝吾民莫非为，非为由来是祸基。只因一念微茫错，岂料终身罗网随。奸盗诈伪常相贯，徒流笞杖没便宜。纵然逃得官刑过，神明报应决无遗。古来作孽皆如此，岂尔非为独能违。及早回心犹可救，我劝吾民莫非为。

吴道观《乡约六说》

吴道观，字颛若、容若，号远田，桐城人，顺治六年（1649）进士，授商水知县，顺治十年曾重修商水县城。《乡约六说》载民国《商水县志》卷十三《丽藻志》，《中国方志丛书》华北地方第454号影民国七年刊本，台北：成文出版社1975年版，第591—598页。

圣谕有曰：孝顺父母。如何是孝顺父母？人生世间，不论贵贱贫富，这个身俱是父母生的。怀胎十月，乳哺三年，未病忧儿病，偶有些疾病，恨不将身替代。未曾吃饭，先虑儿饥。未曾穿衣，先虑儿寒。千辛万苦，养汝成人。这恩如何报答得？所以《诗经》上说："抚我育我，顾我复我，欲报深恩，昊天罔极。"迄至成人，父母年老，该汝供养，汝或听妻子之言而薄父母，或有任愚蠢之性，言语抵触父母，或有不务生理，自己衣食不敷，因而冻饿父母，或有不知王法，自蹈犯罪之事，拖累父母。种种行径，都是不孝顺父母了。本县劝尔百姓，各守本等职事，安分守己，行事诚实，勿干法网，所以安父母之心。时勤时俭，早晚供养，勿令温饱有缺，有病就请医调治，所以安父母之身。你今不孝顺，就是个现在的样子。你的儿子，自然照样不孝你。古诗云：

孝顺还生孝顺子，忤逆定养忤逆儿。这个报应，昭昭不爽。你试看天下不孝顺父母的，那得昌盛？故圣谕首揭云要孝顺父母。

圣谕有曰：尊敬长上。如何是尊敬长上？许大世界，许多人民，都是三个名分管定的，一个礼义约束的，就是这个尊敬长上四。莫忽略看了这个。长上不止一端，如伯叔祖父母、叔父母并手足兄弟之类，是本族的长上。外祖父母、姑父母、舅母姨之类，是外亲的长上。乡党之间，有与祖同辈、父同辈、己同辈而年略长者，亦谓之长上。如学教传医并百工技艺之师，便是受业的长上。比屋连居及相识年长者，便是邻近的长上。本县亲临公祖并大乡官，便是爵位的长上。以上长上，俱该尊敬。近来人至十五岁外，气壮志高，才者恃才，富者恃富，下而市井恶少恃己膂力过人，便藐视高年长者，如会聚饮酒，坐席则占上，行路则争先，相率而行，风俗大坏。本县劝尔百姓，自今以后，凡卑幼遇本族尊长，自当尽子侄之礼，虚心谦退。亲戚邻里中相会，亦必行让先，坐让右。古人云：十年以长，以父事之。五年以长，以兄事之。皆言敬长也。至于事府县道院官长，务要遵守法度，勿轻易犯法，有令必遵，有法必奉，习成淳厚，使人称为仁里，上官称为良民。这就是尊敬长上，所以这一事是第一要紧事。

圣谕有曰：和睦乡里。如何是和睦乡里？这乡里无非是父祖相交的朋友，无非是三亲六眷。一切盗贼水火之警，彼此互相救护。古语云：远亲不如近邻。孟子云：出入相友，守望相助，疾病相扶持，如遇一事，被年长者指教一句话，便得无数，力行一事，被亲友相帮一肩力，便省无限工。此是明明效验。今人比屋而居，谁无牲畜相犯？其相犯能有几？要能涵忍，勿以小忿开隙。谁人背后无人说，来说是非者，便是是非人。过耳之言不足信。即遇有事讼，大事劝小，小事劝无，勿教唆构讼。天下桑田沧海，也有个变迁。就是日月寒暑，也有个推行，贫富穷通，自是天下不齐的，但有无相资，缓急相援，自是常理。贫者勿妒忌，富者勿骄傲，彼此相安相劝，一里一保，俱系良民，保得一团和气。逢时遇节，携酒提筐，宾主交酢，如同家人聚晤一般。既无斗争怨恨之端，一方都是好人，盗贼何由而入？则和睦乡里，适所以自卫身家之法。尔百姓何惮而不为此！

圣谕有曰：教训子孙。如何是教训子孙？目前好歹，自分荣辱，不消说了，就到没世后，生得一贤子，谁不道某人积德，生此好子孙，生一不肖，谁不道某人不积德，生此不肖子孙。这三代直道，分毫不假借的。但人家生子，谁不望其强父胜祖，其中却有不肖。只缘幼小时，父兄不善教训，致令长傲饰非，习惯成自然，长大为恶，至不可挽回。本县劝尔百姓，凡有子孙者，六七岁时即择蒙师，公设学堂，各率幼童听师训诲，不论乡城，多延蒙师，以《孝经》《小学》朝授之读，昼讲与听，浅浅解说，务使童子略知孝弟廉耻大义，熏习年余，授以《四书》、一经。其中敏慧者，自能习举子业。即不聪明者，少知道理，即为农工商贾，自然知理守法，为盛世良民。以此遗子孙，较之积恶致富，以家资贻之，被不肖子孙荡废，孰得孰失？尔百姓当自知之。本县见汝商民气多蠢悍，目不识丁者恃力妄行，皆由父兄之孝［教］不先，子弟之率不谨。自后富者固当延师教子，贫民亦当设法从师。盖子弟六七岁时，习气未染，正好向学，极易孝［教］训，勿自错过时光，自误子弟。就是女儿，也不可不教训。今日为我女，长大为人妇，全要能让能顺。若不自幼教诲，蠢傲成性，以致婆媳不和，妯娌诟詈，小则斗殴，大则兴讼，岂不是家门之玷？此亦是教训子孙中一事，亦附尔百姓知之。

圣谕有曰：各安生理。如何是各安生理？这生理是人安身立命的根本也，不可不讲求。人生各有本等职业，上之为士，次则为农工商贾。士则幼而从师，长而肄业，以功名为生理。下此之民，或为农，或为工，或为商贾，途径不一，其日寻银钞岁积钱谷，以为事父母、畜妻子之资，无不同也。惟朝朝暮暮、勤勤恳恳，各安己业，功深自有厚获。若性情无常，屡多变迁，如卤莽耕田，欲地产多谷，此必不得之数也。语云：惰商必无倍利，惰工必无善器。此明明可见者。本县劝尔百姓，务照本分，各自力勤，日就己所执之业，求精求胜，自然得利，足以生活一家，才不负生理二字。不然，己不务生理，朝夕衣食，无所自出，不能忍冻忍饿，终至为非为盗，究竟犯法，不得久生。然则各安生理，诚尔百姓生死大关头，岂可不预为讲求？尔百姓其各慎之。

圣谕有曰：勿作非为。如何是勿作非为？朝廷设有法律，禁人为非。如犯强盗者斩，打死人命者杀，一切森严，历历可畏。非为之事，谁人肯做？然有一等痴顽百姓，少不经父师教训，长不会听好人言语，不知义理王法，或设巧计骗人，或倚公门镞害人，或酗酒行凶，或执迷赌博，或不勤力为农工商贾，衣食日觉缺乏，生计无资，因思歹计，强者或执刀斧行劫，弱者或掏摸偷财，种种恶端，皆属非为，所不当作者。本县今将为非缘故一一说与尔百姓听着，尔宜各自思忖，朝夕间若勤务生理，自享饱暖安逸之福。若作非为，便受徒流绞斩被枷带销之苦，天堂地狱，只在肯为之一念。孰当为，孰不当为，尔百姓五更半夜，时时静思，将此一个好头面送入法网，何为也？尔等平素端方者益加策励，平素奸邪者及时猛省，改过自新，思之戒之。

圣谕六言宣扬已毕，尔听讲百姓勿认作从来套语，人人洗心涤虑，实实体行，不负本县教诲之心，方是朝廷的好百姓。

乔时杰《训士六则》

乔时杰，字千秋，河南嵩县人，顺治丙戌（1646）科举人，顺治初任商水县教谕，与知县吴道观创修县学之明伦堂，至顺治十五年（1658）仍任商水教谕，有顺治戊戌年《赠同寅商邑令高公》诗，且参与顺治十五年《商水县志》之修纂。《训士六则》，载民国《商水县志》卷十三《丽藻志》，第599—607页。

孝顺父母。父母是吾身所从出。吾身才生下来，父母见是男儿，便喜欢，庆幸其有子。转怀拊抱，只怕他哭。我不会吃饭时节，咂父母身上津脉。又时时怕我有病，一遇我有病，父母便忧愁起来，饭也无心吃，觉也无心睡，百般生法，教我好可。一旦病好，父母方才放心。到会坐时，父母喜其会坐。到会走时，父母喜其会走。眼巴巴指望我长大成人，他到老时做个倚靠。又与我娶妻生子，做个后代。又请先生教我读书，做秀才，顶带荣身，父母的恩何等样重。今人做了秀才，便说我是天上人，那老汉老婆中甚用，不去理他，甚至还要打骂，有好物只与妻子吃穿，不管父母冻饿。到父母有病时，也不理会，把父母从前保爱，一概忘了，凡事倚靠不着，枉费一场辛苦，有话无处告诉。试想我即不知父母之恩，我未尝无儿子，晓得我爱我之子，便知当初父母也是这样爱我了。我忘父母恩，不管父母心下如何，假使我子忘我之恩，不管我心下如何，我可过得去否？这等寻思来，令人无处容身。人不孝顺，良心已死，犯上作乱，无所不为，成何风俗？成何世道？所以圣谕教人孝顺父母。孝亲之道，如谕亲于道，成个好人，又如冬暖夏凉，每日多奉好饮食，昏定晨省，出必告，反必面。顺亲之道，如父母教我做好人，我就立身端正，不作一毫非为。父母教我做好秀才，我就奋志勤学，必期文章出众，如此则父母之心便常欢喜，不烦恼，可谓孝子，可谓顺人，异日翱翔皇路，亦可以为忠臣矣。如有不遵，便是违旨。

尊敬长上。读书人存心要公而大，不可私而小。盖此心公便大，私便小。公而大，是大人度量，大学问、大识见、大作为，大故能容物，能干大事，不屑屑在己身上计较。私而小，是小人度量，小学问、小识见、小作为，小不能容物，不能干大事，只屑屑在己身上计较。然何以能公能大？惟好义而不好利之故。义者，天理之宜。好义之士，此心明于分谊，刚强不屈，真见得此身亲生之，君食之。凡吾之身，若非食君长之水土，何以得成此身？吾身之功名，若非蒙君之恩典，何以得成此名？今将此身去报君恩，尚恐报称无地，反忍以此身去抗傲君长乎？必此心时时顶戴君长，无事时早完国税以尊敬之，有事时急公赴难以尊敬之，方是个秀才。小人反是。至官长布朝廷仁政，以爱养士民，使宁室家，师长宣朝廷教泽以训化士民，使厚风俗，俱是有德于我者，皆当驯服而尊敬之也。若不顺义理而行，视长上如胡越，便是私小之小人，而为名教之罪人矣。至于伯叔父执及兄长，须执子弟之礼以事之，不可有所冒犯。言语必柔顺，交接必谦让，颜色必温和，作揖时、同坐时、同行时必依尊卑长幼之序，不可僭越，一如父亲之临我，乃称仁让之风，而为比户可封之士矣，岂不美哉？如有不遵，便是违旨。

和睦乡里。乡如同省之人、同府之人、同县之人，皆乡也。里或同村落居住，或同里甲当差，皆里也。乡里是吾之羽翼，亦即吾之一体。圣贤视万物为一体而不忍伤，况乡里乎？孟子曰：守望相助，疾病相扶持。乡里所关，最重情意联属，吾乃可恃以无恐，若彼此好构嫌隙，忌恨嫉妒，搬唆启衅，奸恶万状，人人相习，遂成薄恶之俗，沉溺于中，至死而不悟也，哀哉！要亦无人以仁义之道开明其心，故至此。今秀才固俨然士也。士为四民之道，有表率之责焉。而先自与人不和睦，何以为庶人倡乎？吾谓万物一体，非甚难事，只要存个大公无我之心，不可只顾自己，不管他人死活，须是见人有福，即如自己得福而为之庆幸，见人有祸，即如自己得祸而为之愁苦。不然，尔即嫉他有福，岂因尔之嫉而减其福？尔好乐他有祸，岂因尔之乐而更加其祸？此等心肠，徒折自己之福，丛自己之祸耳。存此心者，断不能与人和睦。和者一团和气，不乖戾，不忿争也。睦者，相亲相厚，不离心，不离德也。除去不和睦之根，便自和睦。如有不遵，便是违旨。

教训子孙。孟子曰：中也，养不中才也。养不才，故人乐有贤父兄也。旨哉斯言！人有子孙而能教之，使成个有德之人，才是为父兄道理。如任他酗酒浪荡，骜骜成性，凌傲尊长，不受箴规，以决裂为善物，以谦逊为恶德，好恶反常，狂悖不经，又或奸淫不法，大坏伦纪，惹下祸事，亡身丧家，皆父兄不教之罪也。此系父兄大恶，不是小过。我有子孙承先裕后，关系最重，必严加教训，使知礼义。在家中孝顺父母，兄弟相爱相亲，夫妻之间亦相敬如宾，便是齐齐整整一家好人家。在外边敬长上，信朋友，谦卑逊顺，好善言，喜闻过，存心行事俱在天理上，岂不是个吉祥善士？从此尔炽尔昌，自然福履绥之矣。虽然目下贫贱，后来定要富贵，不然则贫贱者亦贫贱，即富贵者不久亦贫贱矣。教训之道宜何如？须把《小学》《孝经》常常与他讲读，久之自有进益，此教训子孙之要法也。如有不遵，便是违旨。

各安生理。士农工商，各有生理。生理者，养生之理也。秀才以读书为生理，农人以庄稼为生理。工人以手艺为生理。商人以负贩为生理。安者，安分守己、勤谨乐业也。秀才以读书为事，便当安于此，而不可妄为。早起晚眠，昼夜勤苦，书中理趣，实实穷究明白，看通章主意何在，上下血脉贯通处与发端结穴处，俱要得其神情。且圣贤言语，不独是说他身上道理，便便是人人共有的道理，须要将他言语体贴到我身上，存心制行，毫不敢违，方能读书有得。至于文字，要选脉落清真、词语风雅、法度高古者熟读详玩，每读一遍，便要将此题在自心中揣摩一番。我要这等做，却去看此文是如何做，必尽得其窍妙。若我所揣摩者有合于他，亦可自信，其不合他处，便可正我之非，细心体贴，方有进益，方可放过。此便是安于读书生理。至于农人，都该安心做庄稼，不可游惰。工人尽心做器具，不可用低假之物哄人。商人求财利，须要本分公平。此便是各安生理。如有不遵，便是违旨。

毋作非为。毋者，禁止之辞。作，即是行。非是邪僻。为是干的事。非为者，不由正道不是天理路上事也。如盗窃、奸淫、酗酒、赌博等事，俱非正道。试看为盗者，那个得善终？奸淫良家妻女，往往被人杀害。且我淫人之妻女，我之妻女定被人淫，天理昭昭，自是放不过去。酗酒者荒废本业，倒街卧巷，成个无耻之徒，辱没祖宗、父母甚矣。赌博者设局骗人之钱，倾人之家，败人之产，到底自己也弄的忍饥受冻，终日漂荡，不干好事，到饥寒时便思量去做贼，触犯王法，连身命也不能保。思想起来，何如守我贫穷，就饿死也成个良民，不至辱没祖宗，何故做这勾当？虽人生俱有一死，却不要死的不值钱。为人要有廉耻，不可胡为。如有不遵，便是违旨。

孔延禧《乡约全书》

孔延禧，锦州人，贡生出身，顺治五年（1648）任泾县知县，顺治九年（1652）任山东东平知州，顺治十三年（1656）任长沙知府。随着清朝政府镇压南明的战线往西南推进并逐渐控制局势，孔延禧也在顺治十六年（1659）调任云南府知府，此后一直任职云南，顺治十八年（1661）升按察副使，分守金沧，康熙二年（1663）任云南按察使，康熙五年（1666）升右布政使。孔延禧《乡约全书》，载《清代武定彝族那氏土司档案史料校编》，中央民族学院出版社1993年版，第261—286页，有残缺。首有云贵总督赵廷臣序、云南巡抚袁懋功序，前有云南巡抚毕懋功于清顺治十八年（1661）四月初二日示下之《乡约榜》《乡约事宜条例》。宣讲文前，又有云南知府孔延禧之《乡约引》。从内容上看，作为引言的《乡约引》与郝敬《圣谕俗解》的引语很相近。正文的内容，则主要糅合了祝世禄以罗汝芳《圣谕演》为基础在休宁县推行的六谕宣讲的内容（见前文《保世》篇），以及同样以罗汝芳《圣谕演》为基础的郝敬的《圣谕俗讲》，同时也引用了一些王恕《圣训解》的内容，而所引《大清律》条文以及报应故事以及末附歌诗，与范鋐的《圣谕衍义》相近。今据《清代武定彝族那氏土司档案史料校编》誊录，第 261—286 页。

乡约引：云南知府孔延禧为遵奉宪行申严乡约以振矇瞆事。本府庄诵圣谕六言，极直截易晓，极包涵无尽，诚所谓大哉王言，大哉王心者也。本府恐尔百姓贼营之习染已深，性生之良知久锢，谨以俚言敷演成篇，务期仰答我大清皇上宣谕之宏恩，尊行王爷部院开示之至意，而又参以律条，证以报应，俾尔百姓明知若何当趋，若何当避。其兢兢遵守者，自脱法网，自植善果，本府视为良民，另具只眼。敢有明听之而明悖之，甘犯朝廷圣谕者，三尺凛如，四知可畏，纵得免于昭昭，终难逃于冥冥，本府岂忍闻见耶！幸勿以弁髦视之，而以乡约为故事也。敷演如左，肃静以听：

我皇上驱除妖氛，中外一统，做下一本书，唤作《大清律》，颁行海内与我官府。听着，这书中间说的，都是斩、绞、徒、流、鞭杖的话。你们道皇上喜欢要做这书？也只为你们百姓不肯学好，又不肯听教训，没奈何只得用刑罚。假如你百姓们个个听教训，个个学好，这一本《大清律》，当初也是不消做的。就是有了这本律，我们官府今日也是不消用的。这等思量起来，便晓得为君的千方百计，也只是要百姓为善。即今平西王与总督、抚院并各司道府县千方百计，也只是要百姓为善。从今以后，你们何不回心转头，改行从善，不犯法，不遭刑，保身家，共享太平，岂不是好事？这为善的事也多，若要明白易晓，无如圣谕的六句话。第一句是孝顺父母。第二句是尊敬长上，第三句是和睦乡里，第四句是教训子孙，第五句是各安生理，第六句是毋作非为。这六句话，每遇朔望日期，木铎老人摇铃唱叫，你们都是听得的，却不曾讲明这道理，不曾思想这意味，都做了一场空话。所以你百姓只管胡行乱做，自投法网。岂不知王法是无情的，天理是最近的。你们若不遵这六句话，那《大清律》上鞭杖徒流绞斩等罪，就都到你身上了。且不必做出来，你们才动一个念头，鬼神随即鉴知。自古及今，作善作恶的，有那一些子放过，不曾报应，只争个来早与来迟耳。我今细与你们讲说一番，仔细听着。

孝顺父母。如何是孝顺父母？人生世间，不论贵贱贫富，这个身子，那一个不是父母生的？你们今日在会的众人，各各回头思想，当日你父母未生你的时节，你的身子在何处？可是父母身上的一块肉不是？你今日莫把你做一个看，莫把你的父母做一个看。你身与你的父母，原是一块肉、一口气、一点骨血，如何把你的父母隔了一层，看做是两个的？且说你父母如何生养你来。十个月怀你在胎中，十病九死。三年抱你在怀中，万苦千辛。担了多少惊恐，受了多少劬劳？冷暖也失错不得，饥饱也失不得。但有些病痛，不怨儿子难养，反怨自己失错了，恨不将身替代，可怜可怜。未曾吃饭，先怕儿饥。未曾穿衣，先怕儿寒。爬得稍长，便延师教训。爬得成人，便定亲婚娶，教你做人，教你勤谨，望你兴家立业，望你读书光显，那曾一刻放下？若教得几分像人时节，便不胜欢喜。若是不听教训，父母一生无靠了，他便死也不瞑目也。割不断父母这等样心肠，待你儿子看来，今日这个身子，分明是父母活活分下来的，今日这个性命分明是父母息息养起来的，今日这些知觉分明是父母心心念念教出来的。满身百骸九窍，一毛一发，无不是父母之恩。为子的从头一一思想，如何报得？及到为子的身日长一日，而父母的身日老一日了，若不及时孝顺，终天之恨，如何解得？我看今日世上人将父母生养他、教训他、婚配他，皆认做该当的，所以鲜能孝顺。岂知慈乌也晓得反哺，羔羊也晓得跪乳。你们都是个人，反不如那禽兽，可叹可叹！今人不孝顺的事也多端，且就这眼前与你们说。假如父母要一件东西，值甚么紧要？就生一个吝惜的心，不肯与他。父母分付一桩事，没甚难干，就生一个推托的心，不肯从他。奉承势利的人无所不至，就是被别人骂，别人打，也有甘心忍受的。只是自己的父母骂了一句，就生一个嗔恨的心，反眼相看。又有一等人，背了父母，只爱自家妻妾，丢了父母，只顾自家儿女。自己儿女死了，偏然号天动地，哭断肝肠。父母死了，哭也不痛，还有假哭的。若是六七十岁、八九十岁死了，反以为当然，及被人嘲骂，却道世上儿子多是如此，那希罕我一个？这等样人，何不将你爱妻妾的念头、疼儿女的念头、奉承势利的念头，回想一想？此真是个豺狼枭獍，天不容，地不载，生必遭刑宪，死必入地狱。我今奉劝你们众人，快快要孝顺父母。孝顺也不难，只有两件事：第一件要安父母的心；第二件要养父母的身。如何是安父母的心？你平日在家里，行好事，做好人，莫撞祸，莫告状，一家安乐，父母岂不快活？教你妻妾，教你儿孙，大家柔声下气，小心奉承，莫要违拗，莫要触犯。父母上面有祖父、祖母，也要体父母的心，如亲爹亲娘一般。父母身边有小兄弟、小姊妹，也要体父母的心，好生加意看待，使父母在生一日，宽怀一日。这便是安父母的心。如何是养父母的身？随你的力量，尽你的家私，饥则奉食，寒则奉衣，早晚好生殷勤，遇时节以礼庆拜，遇生辰以礼祝贺，有事替他代劳，有疾病请医调治。这便是养父母的身。倘父母所行有不是处，须婉词几谏，使父母中心自然感悟，不至得罪于乡党亲戚。父母或不喜我，至于恼怒打骂，又要和言悦色，柔顺听之，不可粗言盛气，以致激怒。或将父母平日交好之人请来解劝，务使父母回心喜悦。万一天年告终，尽心尽力，以礼殡葬，四时八节，以时祭祀。这个都是孝顺父母的事。今人不能孝顺的，却又有一个病根。他说道，我本要孝顺，怎奈父母不爱我。此就见差了。刚才与你们道此身原是父母的，儿子与父母论不得是非。父母即如天，天生一茎草，春来发生也由得天，秋来霜杀也由得天。父母生出来的身，生也由得父母，死也由得父母，说得甚么长短。所以古人云：天下无不是的父母。如何说得父母不爱你，你便说不孝顺的话？而今世上有一等极愚极蠢的人，也晓得敬神，多有人家供菩萨拜土地，却不晓得家中有个老爷老娘就是活菩萨、活土地。若肯发一孝心，虚空神明，默默护佑，十分灵应。此是实话，莫便不信。况且我为人子，我亦有所生的儿子。我若不孝顺父母，后没有好样看，我的儿子亦不肯孝顺我。古人说得好：孝顺还生孝顺子，忤逆还生忤逆儿。这个报应，断然不爽。我皇上劝百姓们孝顺父母，正欲吾民辈为孝子顺孙。吾民试思：有父母的可曾孝顺与否？

你若不孝顺，朝廷有律例，决不轻贷。我今且摘几条与你们听着：

一、子孙违犯祖父母父母教令，及奉养有缺者，杖一百。

一、祖父母、父母在，而子孙别立户籍，分异财产者，杖一百。

一、居父母丧而身自嫁娶者，杖一百，离异。

一、将已死祖父母、父母身死图赖人者，杖一百，徒三年；因而诈财者，准窃盗论。

一、子孙骂祖父母、父母及妻妾骂夫之祖父母、父母者，并绞，殴者斩，杀者凌迟。

一、弃毁祖宗神主，比依弃毁父母死尸者律，斩。

以上律例这等森严，你们不孝父母的还怕不怕？省不省？假使你们逃得这王法，也决逃不得天报。我今再讲几个古人与你们听着。古时有个黄香，九岁失母，独养其父，夏则用扇凉枕，冬则以身温床被，竭力尽孝，后官至尚书。又有个王祥，事继母至孝。母欲食生鱼，时冬月，天寒冰冻，祥解衣，身卧冰上，忽有鲤跃出，后位至三公。又有个熊襄［衮］行孝，家贫不能举丧，天乃雨钱三日以助葬。又有董永卖身葬父，天降织女为妻。此等俱是孝顺父母的，各有善报。有个郑县张法义，睁目骂父，两目流血而死。有个洛阳李留哥，推母，跌落二齿，官戮于市。有个鄱阳王三十，将松木棺材换了父母自置的好棺，随被迅雷击死，倒植其尸于路。有个河南王彦伟，因父母打他，忽一夜起心欲谋害父母，当晚有鬼入室，梦魇而死。此等俱是不孝顺父母的，各有报应。

那个王法十分利害，这个天报又十分迅速。你们众人听到这些，自今以后，还有萌着不孝顺的念么？众人齐声应曰：不敢。还敢做不孝顺的事么？众人齐声应曰：不敢。乃歌曰：

我劝吾民孝父母，父母之恩尔知否。
怀胎十月苦难言，乳哺三年何释手？
每逢疾病更关情，才及成人求配偶。
岂徒生我受劬劳，终身为我忙奔走。
试读蓼莪诗一章，欲报罔极空回首。
莫教风木泪沾襟，我劝吾民孝父母。

尊敬长上。如何是尊敬长上？许大的世界，许多的人民，都只是一个名分管定，只是一个礼安排定。名分，就是这个长上了。礼，就是这个尊敬了。这个长上不止一项，如伯叔祖父母、伯叔父、姑、兄姊之类，便是本宗长上。外祖父母、母舅、妻父母之类，便是外亲长上。乡党之间，有与祖同辈者，有与父同辈者，有与己同辈而年长者，便是乡党中长上。如教学先生与百工技艺之师，便是受业的长上。本处亲临公祖父母官及学校师长，便是有位的长上。此等人伦理名分，若天为排列，都该尊敬他。常闻先辈家风，老成为政。百凡事长者说下来，卑幼唯唯听命。迩来风俗薄恶人家，多是少年用事，驰骋英风，任意胡行。如见族间外亲尊长有衰弱薄落的，便不伏气称谓他。见一个年高老成人，便说道：古板了，不要放他在眼里。见达官长者，便说道：休要畏缩、奉承他。殊不知他年纪大似你，行辈先似你，见识多似你，名位高似你。你是卑幼，他是尊长，如何敢戏狎他得，如何欺侮他得？假使他人欺忽你的父祖，你必不喜。下面人犯你，你亦不堪，何不将自己念头转想一想。且你存着这点骄傲的心，眼底无人，必至越理犯分，做出放胆事来。世间那里安插得这等人？决非保身全家消息。所以人在天地间，除了孝顺父母，第二件就要尊敬长上。尊敬如何？行则随行，坐则傍坐，有问则谨对，有命则奉承，当揖就揖，当拜就拜。逞不得一毫聪明，倚不得一毫富贵。此皆是尊敬之道。但这尊敬两字，又不是外面假做得的，是你们那一点谦谨敬惧的真心。即如你们今日在会上，你心里真有一点敬官府、尊圣谕的真心，才叫做尊敬。若只是随班行礼，没有这一点的真心，便在此听讲，总以为是个故事，口里尊敬，心中傲慢，如何成得？必要心中真有这一点尊敬长上的心，外面才有这尊敬长上的礼貌，假装不得。世上人就是知尊敬的，多是假装，外面像个谦恭，心中其实刚狠。便是与长上作个揖，也是勉强低头；便是与长上施一个礼，也是一个虚套。这等样人，人面兽心，到底干名犯义，无所不至。你们各各思量，快要拔去那不尊敬长上的真病根方好。且我能凡事守礼，谦谨一分，尊长必然爱重，乡党必然称誉，后生必然效慕，终身才做得个好人。若带些傲慢轻薄，乡党谁不恶你说你，那个怕服你？纵才高发达去了，亦终做不得人品。所以古人说得好：爱人者人恒爱之，敬人者人恒敬之。天地生人，一代催一代。［缺］

一、妻殴夫者杖一百。夫愿离者听。至折伤者，凡斗伤三等笃疾，绞；妾殴夫的正妻各加一等。

一、告其亲尊长外祖父母，虽得实，杖一百。大功杖九十，小功杖八十，思麻杖七十。若诬重者各加所诬罪三等。

一、同姓亲属相殴，虽五服已尽，而尊卑名分犹存者，卑幼加凡斗一等。

一、外姻有服，尊属卑幼，共为婚姻及娶同母异父妹，若妻前夫之女者，各以奸论，并离异。其兄之收嫂，弟亡收弟妇者，绞。

一、殴受业师者，加凡人罪三等。死者，斩。

一、奴卑骂家长者绞，殴者斩，杀者凌迟。

以上律例这等森严，你们不尊敬长上的还怕不怕？省不省？假使你逃得这王法，也决逃不得天报。我今再讲几个古人与你们听着：古时有个河南王震阳，平日待宗族乡里极厚，一日病笃死去。将殁，忽然醒起。说死时有人勾引至官府跪于阶下，上坐者去：王震阳寿虽满，谦厚有德，再寿一纪。乡人闻之，皆为感化。有个潭州周司为人好善，敬前辈如父母，待同辈如兄弟。一日因看亲过渡，至江中风渡大作，船儿溺水。及上岸，闻一渔翁说：昨夜水中有人言，明午当覆一舟，取人二十，但有周不同在上，不可坏此好人。客中人一有会解言："司字"少一画，不成"同"字。众始知船不复者，皆是周司一人之福。相与罗拜而去。比［此］等俱是尊敬长上的各有善报。

有个建安叶得孚，一日避盗将祖母丢弃，为盗所杀，祖母死时叹曰：孙不顾我，我告汝于地下。其后得孚入蜀谒韩问命，韩曰：不读书也做得官，只是君气色无些德行，待立秋后与汝说。后六十日得孚染病呕血，口不住叫："婆婆莫凌迟我"，至立秋后果死。有个洪州崇真人倚酒毁骂族叔。其叔柔懦，不能奈何，乃哭祷于本处土地社坛。后五日其人发昏，自说我不认长上，狂口骂人，舌头俱烂，卧数日死。此等俱是不尊敬长上的各有恶报。

那个王法十分利害，这个天报又十分迅速。你们众人听到这些，自今以后还敢萌着不尊敬的念么？众齐声应曰：不敢。还敢做着不尊敬的事么？众齐声应曰：不敢。乃歌曰：

> 我劝吾民敬长上，少小无如崇退让。
> 分定尊卑不可逾，齿居先后宁容亢。
> 诗人抑抑诵武公，尼父谆谆戒阙党。
> 天叙天秩礼本全，行徐行疾时当讲。
> 傲为凶德莫猖狂，谦在真心休勉强，
> 福祸从来此处分，我劝吾氏敬长上。

和睦乡里。如何是和睦乡里？宇宙间前亿万年，后亿万年，茫茫世界，千村万落何所纪极，偶得与这些人生同一时，住同一乡，岂不是有缘？古人云：八百买宅，千金买邻。可见乡里也最要紧，虽不是亲眷，倒比那隔远的亲眷更相关切；虽不弟兄，倒比那不和好的弟兄更得力。有等不知事的人，只道各家门别家户有甚相干，不知田地相连，屋宇相接，鸡犬相闻，起眼相见，一块土上脱不去，躲不开，那一件能瞒得他，那一个能孑然独立，不消要得他是非。乡里间易得冤家，乡里间易得疙瘩。凡人家灾祸，多是与人不和睦。亲戚不和睦，他还顾些体面。乡里不和睦，决定有灾祸。所以乡里关系最要紧。和睦乡里却不同：也有做官做吏极富极贵的，这是强似你的乡里，安你贫贱小心，尊敬不可得罪他；也有极贫极贱的，这是不如你的乡里，存你一点怜惜之心，常要看顾周济他；就是用工做小生意的，宁可与足不要克他，远年债尾还不起的宜宽让他；也有一种极凶极恶的，这是不好的乡里，要谨谨防避他，以礼待他，凭这一点至诚心感动他；百凡事让他，忍他；中间更有一种贤人君子，为善积德的好人，这是一方祥瑞，百家师表，在他比邻更要日日去亲就，事□□□□□□□□□□□□□。他如师长一□□□□□□□□常一般样的乡里，都要你往我来如兄弟，早晚相见必须谦恭，四时八节婚葬庆吊必须成礼。有事相托，有话商议，必须同心。有患难必须扶持，有疾病必须看问，有词必须尽心解释，不可搬弄扛帮。有盗贼火烛，必须协力救护，不可幸灾乐祸。勿容六畜作践，食人禾苗，勿容儿辈侵坏人坟墓，勿轻生以人命图赖，勿废业以赌博相亏。小有触忤，置之不问。稍有过失，劝之使解。这便是休戚相关，一团和气，才是一个乡里。这等样乡里间，那个不爱你敬你称颂你？你家有事，那个不来趋赴你？官府见你这等尚义，亦加奖你。况你出去相逢，个个是相好的，不消用得一毫心事，何等快乐！若□□□□人亦用一点心待你，时时提□□□□□□□□□□□□睦乡里，只是一个忌心，惟恐他□□□□□知你只该去做好人，自己□□□必妒忌别个。若一村都好了，更有益。又有一等人道：让了这着，乡里皆欺负我，便做不得汉，定要争胜。你试看有受用的人，多是能吃亏的人。俗言有千里人情，无千里威风。待一乡都怕我，便不是好事。又有一等人见乡里待我不好，我就去怪他。古人去：冤家是结的，他仇你不仇，冤家到底结不成。他不和睦，你只管和睦。一个愚，一个贤，到底也有悔的日子。若他仇你，你仇他，冤深害结，唇齿相连，必有一场大祸，岂是你养身全家之道？我今且与你们说：人在家间相处犹不觉，常想出外的人听得一人似乡里的声气，不问贵贱，便相亲睦，又在他乡外见一人从故乡来，便不胜欢喜。这点心是和睦的真心。人若能以出外的心待乡里众人，安得不好？我皇上劝百姓们和睦乡里，正欲吾民处处兴仁兴让也！吾民试思，各有乡里，可曾和睦了否？你若不和睦，朝廷律例，决不轻贷。我今且摘几条讲与你们听着。

一、乡党序齿，违者责五十。

一、合设耆老须于年高有德、本乡众所推服人内充选，不许罢闲官吏卒及有过之人充应。违者，杖六十。

一、凡骂人者，责一十。互骂者，各责一十。

一、殴人吐血，杖八十。折人齿指毛发者杖六十，徒一年。折肢瞎目杖一百，徒三年。瞎两目损二事以上并杖一百，流三千里。将犯人财产一半养赡，仍引持凶事例充军。

一、平治他人坟墓为田园者，杖一百。于有主坟地内盗葬者，杖八十，限令移葬。

一、把持行市专利及贩鬻之徒，通同牙行，卖物以贱为贵，买物以贵为贱，杖八十。私造斛斗秤尺不平，作弊增减者，杖八十。

一、将田宅重复典卖者，以所得价钱计脏（赃）准窃盗论，田宅从原典买主。

一、盗买冒认并虚钱实契典买及侵占他人田宅者，杖八十，徒二年。

一、受寄人财物畜产而辄费用者坐脏（赃）论减一［缺］

……因而奸占妇女者，绞。人口给还原人，债免追。

以上律例这等森严，你们不和睦乡里的还怕不怕？省不省？假使你们逃得这王法，也决逃不得天报，我今再讲几个古人与你们听着。古时有个张矗，秉性仁厚。邻人侵其居址，公曰：普天下皆王土，再过来些不妨。邻人遂坠角漏于其堂，公不问，且曰：晴日多，雨日少也。邻人生儿，恐驴声惊其儿，乃卖驴，徒行。其先墓前御祭碑为群牧儿推仆，墓人奔告，公曰：伤儿乎？曰否。公曰：语诸儿家，善护儿，无得惊。故邻家悉爱慕焉，后官至尚书。有个眉山苏仲，为人轻利好施，每每救人之急，偶值岁凶，卖田以赈其邻里乡党。至冬丰熟，人将赏之，公辞不受，由是破散矣，祖业迫于饥寒，公未尝悔，而好施愈甚。后生子曰洵，孙曰轼、曰辙。时号三苏，显名天下。此等皆是能和睦乡里的各有善报。

有个缙云吕用明，平素欺压乡里，专会哄人争竞。年方三十一岁，忽一日发狂，如被人缚打的模样，口中不住说我再不害人了，三日而死。有个湘潭蒋授，惯害乡里，一乡无不怨恨，一日病，人皆烧香嘱神，愿其速死。其妻王氏往土地庙许福保夫病好，是晚王氏梦见一人来说：你夫平日造恶，百口怨他，刑曹欲取他加罪，祈祷何用？不十日，蒋授果死。这等是那不和睦乡里的，各有恶报。

那个王法十分利害，这个天报又十分迅速，你们众人听到这些，以后还要萌着不和睦的心么？众人齐声应曰：不敢。还敢做这不和睦的事么？众人齐声应曰：不敢。乃歌曰：

> 我劝吾民睦乡里，仁里还从和睦始；
> 四海须知皆弟兄，一乡安得分彼此。
> 酒熟开壶共劝酬，田联并力同耘耔。
> 东家有粟宜相调，西家有势勿轻使；
> 遇逢患难必扶持，依倚何殊唇与齿；
> 古来比屋咸可封，我劝吾民睦乡里。

教训子孙。如何是教训子孙？人家兴也是子孙，人家败也是子孙。所以古人云：有好子孙方是福，无多田地不为贫。好与不好，只争个教与不教。世上人那一个生下来就是贤人？都是教训成的。那一个生下来就是恶人？都是教训坏了的。也有大名人家生出来的子孙辱门败户，也有将就人家立身扬名，可见全在教训。人生一世，子孙是后程。子孙不好，任你一生有天大的事业，总无交割。眼光落地，都做了一场话把。就是手艺人家，也要一个接代的儿孙，所以人家子孙要紧，有子孙的教训尤要紧。每常见人家父母爱儿子，定要好衣好食与他吃，与他穿。不思量吃惯了好的，穿惯了好的，大来自家做人便奢华惯了，不知朴节，卖地卖田是这等来。又常见人家父母疼儿子，怕他啼哭，尽他要的便把与他，尽他恼的便替他打骂出气。不思量顺从他惯了，大来自家做人，愈发自由自纵，打人骂人，撞祸生事，是这等来。又常见人家父母喜欢儿子，专一调笑，哄他非礼□□□□□□□□□争，只管作弄，不□□□□□□□□□□□□□□恶邪奸盗诈□□□□□□□□□□□□□

□□官，身遭刑母兄弟妻……某人家子孙今日……不得欲救他，又不能……气，悔也迟了……孙如何可……人云，严……从小育，趁他年纪尚小，趁他……主，急忙教训，若等他知识大了，便唤他不转。若等你年纪老了，便钤束他不下。故人家子孙，必自幼时便当思他后日，所以要时时教训他。但教训却有个方法。今人只晓得望子孙强过人，不肯使子孙退让，少年气习，易得骄暴，反被父母教坏了。又有知道教训的，动辄说要子孙读书做官，此是盛念。子孙若贤……个好人不……父母的教训。好生教训，教……家先教他做人，教他是根本。心好方得寿，兴家立业，耀祖荣宗。我今且分别几等……们说：大抵子孙资性生来……师造就。养他德业图……第一等美事。有等愚钝……务一件本分，生理为农……可，但都要立好心，都要故好人，明伦理，顾濂（廉）耻，习勤俭，守法度，切勿游手好闲，切勿纵酒赌博，切勿打閧行诈，切勿教唆起灭。诸如此类，一一戒之，方是个教训。又有一说：佳朋好友与他相处，自然会好；浪子游徒与他相狎，自然会不好。所以古人云，近朱者赤，近墨者黑。可见教子孙的，毕竟要慎择同伴，更有……师傅，平日家间子孙在眼……一件事早早晚晚儿孙听……影子在心里有胎教，又说言行……是歪邪的人便把……子孙谁肯信他？可……学好，这个教你们男子的。……可不教？今日是你女儿，他日……女时不曾教得做媳妇，自幼防闲，教之以和顺，训之以贞静，如织纺厨井臼之类，皆当使躬执其事，切不可令其安逸享用过了。打奴骂卑熟了，多言乱语，性子轻佻了，以致后来骄狼［狠］毒恶，搬弄唇舌，贻累丈夫，辱及父母。是人家不问男女，教之不可不慎。我皇上劝百姓们教训子孙，正欲吾民后代贤良，家门昌盛也。吾民试思各有子孙若不教训。朝廷有律例，决不轻贷。今摘几条〔讲与你们听着〕。

一、子孙违犯教令而祖父……杖一百。故杀者杖六……毋养母杀者，各加一等……

一、同居家长应分家财，不……

一、凡无子立嗣除依律令外……所亲爱者，若于昭穆伦序不……争。

一、许嫁女已报婚书，及有私约而辄悔者，责五十。若再许他人未成婚杖七十；已成婚杖八十。后娶者知情与同罪，女归前夫，不愿倍追财礼给还。

一、将妻妾典雇与人者。杖八十。典雇女者，杖六十。知而典者杖六十，并离异，财礼入〔官〕。〔买〕良人子女为娼优及娶娼、优为……子女者杖一百，财礼入官，子……

一、居夫丧而身自嫁杖一百，离……愿守志非女之祖父母，父……八十，其亲强嫁之者……守志。

一、收留人家迷失子女与……子孙者，俱杖九十，徒二年半……及买为妻妾子孙者，杖八十……家者，杖八十。

以上律例这等森严，你们不教训子孙的还怕不怕？省不省？假使你们逃得这王法，也逃不得这天报。我今再讲几个古人与你们听着。古时有个燕山窦禹钧生五子，于宅南建书院四十间，礼文行之儒，延至师席俱教成器，做显官，世称五桂。有个柳公绰，每早出，诸子皆晨省，读经史罢，便讲家法。夫人韩氏，以苦叶为丸，令诸子口含之，以资勤苦，后子仲郢为大官。此等俱是能教训子孙的，各有善报。

有个会稽袁淑，家财十余万，养子四人，通不教训，后长子袁伏中遭人命坐监，数年家产卖尽。三子袁伏和，四子袁伏乐，俱做富商，饮酒宿妓，不及半年疫死，本钱俱没，身尸亦无人收葬。惟二子袁伏正柔懦不出门外，仅存其身。又有个定北王瑶，生二子，长子王明，次子王白，通不教训。兄弟争产，骂父不公，持枪相杀，俱为官司打死，遂至绝祀。后瑶死。本州城隍庙有庙祝刘进，于二更时分闻庙中隐隐有人喧闹，隔壁孔视之，见一人执状，告求清明分祭。城隍大怒曰：你有子不教，致令不孝不悌，自家绝了，谁入你享祭。令鬼卒打出，其人哭去。细看，即王瑶也。此等俱是不教训子孙的各有恶报。

那个王法十分利害，这个天报又十分迅速，你们众人听到这些，自今以后还纵容你的儿子作恶么？众齐声应曰不敢。乃歌曰：

我劝吾民训子孙，子孙成败关家门。

寝坐视听皆有教，箕裘弓冶武当绳。
黄金万两有时尽，诗书一卷可常存。
螟蠕尚能化异类，燕翼岂难裕后昆。
纵使不才毋遽弃，善养还须父母恩。
世间不肖从姑息，我劝吾民训子孙。

　　各安生理。如何是各安生理？这生理二字你们众人还醒得么？生便是人的生命，理便是道理。凡人要生，必须循理，所以叫做生理。你百姓们那一个不要生，却有几个肯循理，所以要安生理，论生理也！俗语云：道路各别，养家一般。天地间人，那个没有生理？如读书便是士儒的生理，耕种是农夫的生理，造作器用是工匠的生理，买卖经营商贾的生理。至若人无田地，无资本，又不能读书，不会做手艺，就与人佣工挑脚，也是贫汉的生理。各人只做自家本业事，不去高心妄想，这便是各安生理。大的自有大成就，小的自有小下落。个个皆可度活。就是目前未必见好，将来必有好的日子。如花木生在地，虽有迟早不同，只要勤力灌溉，日至之时，自然结果成熟。今有一等人，这件尚未做得，傍边闻说别件更好，便丢了去做那一件，一心想东，又一心想西，千般百弄，到底一事无成。又有一等人，不思前想后，只说且过眼下，那管后来许多，游游荡荡，如痴如呆。这样人必然饥寒流落，及至自家也没摆布，只得做出歹事来。你试看赌博的、偷盗下贱的，那个是没生理的人。以此思想，便知生理一日丢不得。大凡人勤谨，便生起好念头，懒惰便生起妄念头。一个人有一件事在身上，他便无工夫去想别事。若闻走闻坐，遇着一两个没正经人，便做出无端的事来。就是富贵子弟顶家担业，亦不容易，也要自家劳苦支撑，方能成立，一生尽靠不得父母。俗语云为人莫要心高，又云自在不成人，又云安常即是福，守分过一生。这几句说得极好。曾见许多赚大钱的，行险遭凶，不如小买小卖的自在平稳。许多心高妄想的，分外营求，不如手艺种田的长久安乐。所以古人云：万事不由人。计较一生，都是命安排。命运好，不求自至。命运不好，枉费心机。纵使偶然侥幸，毕竟弄巧成拙。望高转低，鬼神也自等了你，终必破败。故凡人俱要随我生理安意为之，未有心三心四，将你自家智术欲与那造化争衡，能被你胜了的。我且再与你们说破。古人云：食前方丈，不过一饱，大厦千间，夜眠八尺。休恨不如人，人尚有不如你的。就据你们平日所羡慕，毕竟是读书做官的为第一好事。岂知朝廷爵禄不是容易的。那做官的人，自有做官的苦。来[未]得志时，三更灯，五更鸡。既得志时，上治君，下泽民，比你们百姓更苦几分。但不可谓读书不是上等事。若能读书上进，便是好的。除了读书，当论生理要紧。及论生理，莫若农田好了。所以古人叫耕田，谓之力本，叫买卖，谓之逐末。若是有田地有家，统领子弟奴仆勤耕力种，一粒落地，万颗归家，比买卖利有千倍万倍。园中栽桑，地里种麻，有穿的。池中蓄鱼，家中蓄牲，圃中蓄菜，有吃的。便是天年水旱，收成少些，也可糊口。眼不见官府，脚不踏城市，山中宰相，世上神仙，这也是最好的，何必羡做官？假如无田的人家租得几亩，典得几丘，勤耕苦种，完了主人租，落得几斗米，虽是粗茶淡饭，到比那膏粱吃得有味，虽是粗衣大布，到比那锦绣穿得更温，妻子也不骄奢惯了，儿孙也不游荡惯了，那农家真有许多妙处。况你们田地，数年来俱入那营庄。今清朝恩宽，将一切田地各还原主管业，照万历年间上粮。眼下虽因兵马云集，召买些籴米。俟寇盗平靖之时，自然悉行蠲免，你们莫要嗟怨。故论本分生理，此为第一手艺，次之买卖，又次之诸术。惟医、卜略可，余皆虚诳之事，不习去习他。我皇上劝百姓们各安生理，正欲民自守本分，家给人足也。更有一种游手魍魉之徒，不肯各安生理，每日好赌好吃，往往向兵丁借贷排钱。但债主原是图利的，或暗窥其妻女有姿色，哄套借贷利息，写作加二加三，或令将别人房产作当，以恣骗害。稍违限期，利上起利，一二两银，不上百日之内堆成二三十两，无力偿还，止得逃遁远方，妻子尽归债主，还要连累亲识赔偿。更兼事势穷促，投缳溺水，徒丧性命，悯不知悔，此皆不安生理之徒，可为明鉴也。吾民试思，各有生理，可能自安否？你若不安生理，朝廷有律例，决不轻贷。我今且摘几条讲与你们听着：

一、里长部内已入籍纳粮当差，田地无故荒芜，及应课种桑麻而不种者，杖八十。

一、欺隐田粮脱漏版籍者，杖一百，其田入官，所隐税粮照数的征纳。

一、民户逃避差役者，杖一百，发原籍当差，里长故纵及隐弊在己者，同罪。

一、赌博财者杖八十，摊场钱物入官，若沿街肆酗酒撒泼、开张赌博者枷号二个月。

一、越城者，杖一百；越官府公廨墙垣者，杖八十。

一、犯私盐者，杖一百，徒三年。兴贩二千斤以上者照例充军。

一、私宰自己马牛者，杖一百。故杀他人牛马杖七十，徒一年半。计赃重者，准盗论。私开圈店及知情贩卖宰杀者，问罪枷号。再犯屡犯，引例充军。

以上律例这等森严，你们不安生理的还怕不怕？省不省？假使你们逃得这王法，也决逃不得天报。我今再讲几个古人与你们听着。古时有个刘留台，自少极贫，至漳泉市水浴堂拾得一袋，浴毕，托疾卧堂中不去。次早有一人号泣而来，自言为商于外八年，只收得金八十五片，以一袋盛之，咋（昨）晚醉，与同行携到此浴。浴罢，乘月行三十里，始觉金不见。刘公遂举以还之，商以数片遗公，一无所受。及还乡，人愈薄之，责以拾金不能营生，而复来相干。刘答曰："吾平生赋分止合如此，若掩他人物以为己有，是欺心矣，必有灾祸。况商人辛勤所积，一旦失去，岂不哀哉！或不得还乡，必死于非命，其害有不可甚言者，吾是以还。惟安吾分，以过余生耳。"乡人皆叹服其行。后一举登弟，官至西京留守五十年，子孙在仕途者二十三人。有个通州马真，住东门外，夫妇以打麻鞋为业。同州有一人张鹗来说："你这买卖不赚钱，可跟我别作一个生理。"马真说："我没有别样本事，只做我这个手艺，将就过日子罢了。"当晚其妻梅元香梦到一衙门，上坐一官，提笔指梅氏曰："你夫妻能守分，不生恶念，赐你一子。"时马真无子，梅氏果有孕，生一子，后长成，做买卖致大富，马真夫妻受用不尽。此等俱是能安生理的，各有善报。

有个乐乡扬大同，有田七百五十亩，不务耕种，日逐与人下棋，将田卖尽，受苦不过，怨天恨地。后有神人变作一少年哄他说："你随我去，不愁不富。"行至一处，少年不见。忽有人高叫拿贼，众将大同缚住，方知是人家里，送官治之，即时打死，竟不知少年是何鬼神。有个梁时，贵公子，不务诗书，专务乐衣饰华美、玩好陈列，人望之如神仙。然及乱离之后，家业丧失，欲求官则无物，营生则无策，卒为流丐。此等俱是不肯安生理的，各有恶报。

那个王法十分利害，这个天报又十分迅速，你们众人听到这些，以后还敢萌着不安生理的念么？众人齐声应曰："不敢"。还敢做不安生理的事么？众齐声应曰："不敢。"乃歌曰：

> 我劝吾民安生理，处世无如安分美；
> 守分不求自有余，过分多求还丧己。
> 荣枯年失命难逃，士农工商业莫徙；
> 克勤克俭日常操，无辱无忧谁可比。
> 筑辩钓渭是何人，霖雨鹰扬倏忽起；
> 三复豳风与葛覃，我劝吾民安生理。

毋作非为。如何是毋作非为？这一句话，是我皇上教百姓们最切骨的言语。即一部《大清律》，也只为这一句话做的。如何叫做非为？凡一切不善的事，大小都叫做非为。行一切不善的事，大小都叫做非为。一部《大清律》，鞭杖徒流绞斩，以至五逆十恶，凌迟处死，都是一个做非为的样子，说不尽数不尽。我今与你们指一个端的，即如窝藏逃人，大清律法惟此极严。地方有等无籍棍徒，专意结交满兵，只图小利，一时隐匿，或被人首出，或官府查出拿获，窝藏之家，解京审明，即时处斩，将家赀入官，邻佑九家及百家长发边远充军，虽遇皇恩大赦，同五逆十恶等罪永不赦除。只因一念之差，一个念头错起，直错到那悔不得的田地。你看那枷的、杖的、向[问]徒的、问军的，累死他乡，拟绞拟斩拖尸牢洞的，分尸法场的，那个不是心粗胆大，一念差走了路，到犯出来，官府也顾恤不你，你那时节欲解救不得，欲改悔不及，只落得垂首丧气，甘受刑罚，身名污了，家业废了，父母妻子连累了，子子孙孙世世受辱，不可洗脱。何苦做这等人？其间也有欲昏了智，利动了心，不知是非之辩，而冒为的，也有识见未定，被人哄诱，不觉知非而误为的，也有杯酒戏弄，惹成大事的。大抵善恶只雨（两）端，在慎于发初一念。一念而善，则所为无不是，一念而恶，则所为无不非。方才这等样人，皆自作自受，埋怨着谁？到这个田地，方才知悔。你们众人不曾到这个田地，那晓得怕？今日怕不怕，后来也要悔。今日悔的，当初只因不怕。你今日在会上的人，各将自己心裏（里）回头打点，看一切非为的心还是有，还是无。凭你瞒得人，瞒得官，瞒不得自己的心。你自己的心昭昭明白，天看见，鬼神看见。古人："人间私语，天闻若雷。暗室亏心，神目如电。"此等说话，字字真切，莫硬不信。你若道自己乖巧，能欺官，能骗人，鬼神暗中随着你走，<u>丝毫隐不得</u>。你不怕人，不怕官，不怕法，难道鬼神也不怕，天也不怕？你不怕天，天决不饶你，你不怕鬼神，鬼神决不饶你，不遭官刑，也折福损寿，克子害孙。纵然生子生孙，不是与你讨债，便是与人还债。你看恶人子孙复败，人人畅快，以为有天理，那个怜恤他？这也只害得自己。你等回去，到那闻中无事，夜半睡醒来，念头才初起的时候，仔细思量，但有点非为的心，你自家打点。不过难以对人说的，或可与妻子说；不可使他人闻的，或可与心腹人闻；不可与天地鬼神告的，你急回头痛自省改，这便是做好人、行好事的根基。古人云："诸恶莫行，众善奉行。"又云："但行好事，莫问前程。"又云："平生莫作亏心事，半夜敲门也不惊。"替你千思万想，只是一个守着勤俭。富者长久可保，贫者逐时可度。欺心坏法事，一毫断不可做。且不论往古好作非为的人，明遭刑宪，阴遭谴戮。即如日今妖人梅阿四、张琦、尹士镰等，原系魍魉棍徒，不思顺服投诚，永为盛世之良民，安生乐业，乃敢造讹酿乱，谋反叛逆，贻累全滇。不知此念一举，天地鬼神鉴察不容，霎时间随即败露。自身拿获，夹打招认，父母兄弟妻子亦连累受苦，总皆不安生理、要作非为的榜样，可恨可哀！勿论死后坠入一十八层阿鼻地狱，永世不得脱生，即如生前拶夹拷打、杻械枷锁，受了多少苦楚！及至罪案一定，绑赴市遭碎剐凌迟，枭首示众，也只是好作非为的果报。今与你众百姓将圣谕讲明，又将作非为之祸对尔等痛说一番，尔等再仔细思量，士、商、工、农各居艺业，再不可萌一非为之想，无荣无辱，岂不是一场美事！如此天地自然默佑，朝廷自然加惠，百年长享太平，子孙永保康宁矣！我皇上劝百姓们毋作非为，正欲吾民不犯刑宪，保全身家也。吾民试思一切非为，是可作不可作？你若非为，朝廷有律例，决不轻贷！我今且摘几条讲与你们听着：

一、用财买休卖休和娶人妻者，各杖一百，离异，财礼入官。

一、强奸者绞。未成者，杖一百，流三千里。

一、凡夜入人家内无故者，杖八十，主家登时打死勿论。其已就拘执而擅杀者减。斗殴杀伤罪二等，至死者杖一百徒三年。

一、妻妾与人通奸，本夫于奸所亲获奸夫、奸妇，登时杀死勿论。其妻妾因奸同谋杀亲夫者凌迟，奸夫斩。若奸夫自杀其亲夫，奸妇虽不知情亦绞。

一、设方略而诱娶良人及略卖良人为奴婢者，皆杖一百，流三千里，不分已卖未卖，俱发边远卫充军。和同相诱为妻妾子孙者杖九十，徒二年。

一、凡侵欺系官钱粮者，并以监守自盗论，引例永远充军。

一、诈欺官私取财者，冒认诓赚局骗拐带人财物，俱准窃盗论罪，计赃重者枷号充军。

一、恐吓取财准窃盗论，凡将良民诬指为盗及寄卖贼赃，打诈控检淫辱妇女，不分首从，俱发边远永远充军。

一、斗殴杀人，不问手足他物金刃，并绞。故杀者斩。同谋共殴人致死，下手重者，绞。原谋者杖一百，流三千里。共殴之人执持凶器，发边远卫充军。戏杀误杀各以斗杀论，抵过失杀，准赎。

一、强盗得财，不分首从分赃窝主造意，皆斩。窝盗拒捕及杀伤人，固[因]盗而奸者皆斩。窃盗掏摸得财刺配，三犯者绞。如盗后分赃及接买寄赃，俱发边远充军。盗马牛畜产，以窃盗论刺配，盗田野谷麦菜准盗论。

一、凡隐匿满洲逃走家人者，须逃案先在兵部准理或被傍人告首，或失主查获或地方官查出，将隐匿之主及邻佑九家百家长尽行捉拿，并隐主家赀起解兵部，审明记簿转送刑部勘问明确，将逃人鞭一百，归还原主。隐匿犯人，处斩，其家赀无多者给失主，家赀丰厚者或全给或半给，请旨定夺处分。将本犯家赀三分之一分赏给首告人，大约不出百两之外。其邻佑九家百家长各鞭一百，流徙边远。如不系该地方官查出者，其本犯居住府州县，即坐本州县官以怠忽稽查之罪。

以上律例这等森严，你们作非为的还怕不怕？省不省？假使你们逃得王法，也决逃不得天报。我今再讲几个古人与你们听着。古时有个宜兴周处，膂力过人，不修细行，州里患之，自知为人所恶，有改励〔志〕心，谓父老曰："今时稔岁丰，如何不乐"？父老曰："三害未除，何乐之有？"处曰："何为三害？"父老曰："南山白额猛虎、长桥下蛟龙，并子为三害。"处曰："吾能除之。"乃入山射杀猛虎，投水搏杀蛟龙，遂励志好学，心存义烈，言必忠信克己，期年，州县交臂赞之。有个东海张机，为人安分守己，非理之事一毫不为，见人有生事者，即便劝化。后生一子名张元，读书聪颖，二十一岁赴选，一日途间因脚痛赶不上歇家，天色已晚，投宿于古庙，至三更时分，闻一人说父之阴德，当及此子。叩其人，不见。天明起去赴科，果中举连第，做显官。此等俱是不作非为，各有善极。

有个永福薛敷，专一替人写状，善能捏作没理的也说作有理的，家道由此致富。一日请道士郑法林做斋，进一通表，去良久，上帝看表，大怒，批言：家付火司，人付水司……厨中火起，房屋家资烧尽。半年后薛敷因过……死。有个麻阳郑和，已有一妻一妾，又去诱人妻妾，无所不为，自以为得计。三十九岁病死，子女皆无。同县沈萃英死赴阴司，见郑和身无衣服，受刀尖之苦，牌上写着：郑和不守本分，不顾廉耻，罪满日发往徽州陆通明家作一母猪。此等俱是作非为的各有恶报。

那王法十分利害，这个天报又十分迅速，你们众人听到这些以后还敢作非为么？众齐声应曰："不敢。"歌曰：

> 我劝吾民莫非为，非为原来是祸基。
>
> 只因一念微茫错，谁料终身罗网随。
>
> 奸盗诈伪常相贯，徒流鞭杖岂便宜。
>
> 抛亲弃子身难保，披枷带铐悔嫌迟。
>
> 纵然逃年官刑过，神明报应决无遗。
>
> 及早加戌犹可〔故〕，我劝吾民莫非为。

总讲。六句圣谕讲解已毕，凡我会众，切不可把今日说的当作空言，徒了故事。这六句话，真是我皇上教百姓们一点谆谆切切没奈何的心。今再与你们总讲一番。这等一句句，是从天理人心上劝化你们。若是有善根的，只消一句，便说得肝肠断尽，血泪交流，一点良心透露，便做了一个彻骨髓的仁厚君子，那里还有半点非为，到得心头？却有一等中下的人，心性傲，气量粗，善根浅，所以要第二、第三句，又教你谦谨，教你和睦。若是知痛痒的，再消这两句也转头了，还怕〔你〕们不醒悟，却又仔细叮咛你们教子教孙，安分守己。说到这里，少不得提防着了，你再不醒悟，还到那里去？末后一句斩钉削铁，咬断线头，一声□□□□□作非为，仔细想这一句，一霎……见我皇上圣意原是大慈大悲的心肠，要普天下的人个个为孝子，个个为仁人，却是本心。争奈与你们，说到没可说处，劝到没可劝处，还不醒悟，仍作非为，到这个时节，也只得用刑杖打了，也只得动刀杀了，你怨谁？所以古人云：君子点头便知，愚人千唤不转。若是省得，也不消我讲，若是省不得，可将这六句圣谕当作六句真〔言〕。〔下缺〕

魏象枢《六谕集解》

魏象枢（1617—1687），字环极，又字环溪，号庸斋，山西蔚州人，顺治三年（1646）进士，选庶吉士，顺治四年（1647）授刑科给事中，历工科右给事中、刑科左给事中、吏科都给事中、詹事府主簿、光禄寺珍羞署署正、光禄寺寺丞，顺治十六年（1659）受陈名夏牵连降调，以母老乞归，康熙十一年（1672）以大学士冯溥之荐起复贵州道监察御史，历左佥都御史、顺天府尹、大理寺卿、户部右侍郎、户部左侍郎、都察院左都御史，加刑部尚书，康熙二十三年（1684）致仕，卒谥敏果，是清初的理学名臣。《六谕集解》是魏象枢顺治十七年（1660）家居时，在家乡蔚州应蔚州知州李英之请宣讲六谕时的作品。今据陈秉直、魏象枢撰《上谕合律乡约全书》（收入《古代乡约及乡治法律文献十种》）誊录，第 501—542 页。

序

蔚州魏庸斋先生，讳象枢，字环极，庸斋其号也。登顺治丙戌进士，选庶常，改刑垣，海内翕然，谓如欧阳公之在谏台，士风一为丕变，其冰心铁面则又如胡安国之大冬严雪松柏挺然独秀者也。前先生告终养，杜埽十年，服阕之日，中堂冯太老先生荐入台班，凡所建白俱当乎时务之大，一以察吏安民、端本澄源自任。今上眷注特殷，其在朝野中外，无不闻声肃然起敬。礼癸丑夏谒选都下，僦居天宁兰若一椽，即介于先生门墙，邃承容接，大慰登龙。先生不以礼为寡讷也，辄欣然顾问曰："三年前楚中杨鹗洲先生自中州来，得之士大夫之口，屈指首推君抱，今得晤面。"握手如平生交，遂出其著作一一见示，礼亦以管见《读礼》本质证，因执谨往还，佩服威仪，喜逾畴昔。后授令海昌，别先生，惠赠篇章，以圣贤之道相为勉励，手授讲学《论语》书三章、讲约《六谕集解》一本，曰："持此化民型俗，可以无愧长吏矣。"礼再拜珍袭。甫下车，即出告绅士及通国之向上者，刻以行约，公先生一片救济苦心施于天下者，不遗于一乡也。慨自申、韩法行，上知刑而不知教，治日用偷，民生滋蹙。行先生《集解》之意，以振兴启导，俾习俗不致相蒙，人心不致澌灭，如梦方觉，省身救过，海昌庶几有敦庞古风哉。其曷敢忘先生所示而敬为之序。康熙十三年甲寅夏四月上浣之吉相州许三礼敬题。

孝顺父母

圣谕首言"孝顺父母"。父母的劬劳最深，恩爱最大，儿子与父母原是一体，十月怀胎、三年乳哺，受了多少的磨难，费了无限的辛苦。且父母一生，那一时不是为儿子计算，那一时不是疼儿子心肠？父母有衣不肯衣，与儿衣；有食不肯食，与儿食。儿子无疾病，常恐疾病，偶有疾病，求医祷神，恨不得自己替代。儿子长成，延师娶妻，置房买地，终日奔忙，养活儿子；儿子远去，牵心挂意，倚门悬望。父母一生精神、心血，都被儿子费尽，万苦千辛，如天罔极。人子思想到此，可不孝顺？这孝顺二字，原是人的天性，岂不闻孟子说："人少则慕父母，及至娶了妻、生了子，便把父母放在一边。"只因无人提醒，天性都亏尽了。大凡读圣贤书的当学圣贤，要如虞舜孺慕、文王问寝、曾子养志、子路负米那样孝顺。即未读圣贤书，思想我们那样爱惜儿子，亦当如爱惜儿子的爱养父母。从来孝顺还生孝顺子，忤逆还生忤逆儿，譬之房檐滴水，点点不错。慈乌反哺，羊羔跪乳，禽兽且知孝道，人可不如禽兽？人子有父母，凡事先禀命于父母，凡物都着父母收管，父母年老不能收管，亦须看过告过。父母饥，时时问食；父母寒，时时问衣。不可专靠媳妇奉养，还要细查媳妇们奉养如何。若有兄弟，要知奉养父母是自己便宜事，不可扳扯兄弟们轮流奉养。父母年老不可远离，纵不能学老莱子斑衣悦亲，亦当常在膝下。或有嫡庶、继母兄弟等有难处事，亦当寻一活法，越加诚敬，断无不感动的。若父母偶有过失，委曲劝解，不可冲撞，父母即打骂，只认我的不是，天下无有不是的父母。一切家产资财不可认为己物，就是自己的身子也是父母的，就是妻子也是父母的，失了妻子还可再得，若伤了父母那得再有，人子思想到此，可不孝顺？父母生下我的身子，要我读书耕田，或作买卖，或佣工做活，切不可浪荡饮酒、赌博宿娼，辱了我的身子，就是辱了父母一般，真乃不孝子。况犯了罪过，干连父母，良心何在，生不如死。至于父母去世，生辰忌日、四时八节香火祭扫，念念不忘，就是孝心。凡系父母的伯叔、舅姑、兄弟、姊妹，敬他爱他，就是敬父母、爱父母的一般。你看古来孝子乡邦尊重，神鬼呵护，不孝子必遭天诛，必受王法。试听《大清律》云：凡子孙殴祖父母、父母，妻妾殴夫之祖父母、父母者斩，杀者凌迟处死，骂者绞，奉养有缺者杖一百。人子思想到此，可不孝顺？孔子曰："孝为百行之原。"可见孝是第一美德。孔子又曰："五刑之属三千，而罪莫大于不孝。"可见不孝是第一大罪。大小人等，各遵圣谕。

歌诗

我劝吾民孝父母，父母之恩尔知否？生我育我苦万千，朝夕顾复不离手。岂但三年乳哺艰，甘脆何曾入其口。每逢疾病更关情，废寝忘食无不有。虎狼犹知父母恩，人不如兽亦可丑。试读《蓼莪》诗一章，欲报罔极空回首。谁人不受劬劳恩，我劝吾民孝父母。

尊敬长上

圣谕次言"尊敬长上"。长上不止是叔伯、兄姊、外祖、母舅、岳父母、业师该尊敬的，凡在一族之内、一乡之中，或名分尊的，或年纪长的，或在位大小官长，或德行比我尊优，都是长上，俱要尊敬。尊敬之道，凡称呼、拜揖、行坐、言语都要事事尽礼、实实敬让，即或尊长难为我，即宜忍受，不可冒犯。每见今人同胞兄弟、亲堂叔侄，或听妻子言语，或家中奴婢往往然搬弄是非，或因寸田尺土，或因斗粟一钱，争构不已，相打相告，伤和气，败家业，究竟两家俱败，有何好处？钱财事小，骨肉情重。若家业分的明白固好，即有不明，便宜也在本家，不是外人。今人于外姓人且相交厚密、亲如兄弟，于自己骨肉手足反做陌路人，岂不是愚了？俗语云："打虎还得亲兄弟。"又云："儿孙自有儿孙福。"何必相争？又如娶儿妇的人家，择婚纳礼，竭力娶来，原为孝顺公婆，或因夫妻角口，一旦轻生，女家不择婿短，故辱公婆，因幼小而害及长上，自反良心有何尊敬？且尊敬之道有施有报，我今不肯尊敬人，我若做长上时，谁尊敬我？爱人者人恒爱之，敬人者人恒敬之，这是实理。若恃才恃酒，恃富恃贵，傲慢前辈，诽谤官长，乃是最恶的风俗，不知礼义的乡党。倘然做出不良的事来，越礼犯分，法纪便容不得了。试看《大清律》云：凡弟妹殴兄姊伤者杖一百、徒三年，死者斩；侄殴叔伯父母、外孙殴外祖父母，加殴兄姊罪一等，故杀者凌迟。凡殴骂缌麻尊长以上加等杖笞。凡奴仆殴家长者斩，杀者凌迟，过失杀者绞。部民殴官长者如之。法纪何等森严！孟子曰："人人亲其亲、长其长而天下平。"可见亲亲、长长就是太平景象。有子曰："为人孝弟而犯上者鲜。"可见犯上的是不孝不弟之人。大小人等，各遵圣谕。

歌诗

我劝吾民敬长上，少小无如崇退让。分定尊卑不可逾，辈分前后无相亢。阙党欲速非求益，原壤不逊曾受杖。道路崎岖争负戴，几杖追随共偃仰。老吾老兮亲自敦，尊高年兮齿相尚。尧舜亦从仁让来，徐疾之间休轻放。凌节其如浮薄何，我劝吾民敬长上。

和睦乡里

圣谕又言"和睦乡里"。凡乡村、城市同里同街，田地相连、房屋相近，都是乡里，古人说："千金买田，万金买邻。"可见邻里极是要紧的。而今的人，往往只因小事便伤和气，或因骂猫骂狗，或因借物借衣，或因争房争地，或因闲是闲非，或因小儿顽要相嚷，两家起了忿心，有厮打的，有告状的，有官法责治的，有忘身破家的，有打死人命带了长板问了抵偿的，那时悔也悔不及了。又有几等人，或撒酒行凶、打街买巷，或引诱人家子弟赌博、宿娼，或教唆人家词讼，或拆散人家婚姻，这都是昧了良心就中取利的。又有一等买房置地之人，或短了价钱，或与了低银，或准了利息，或减了粮石，希图便宜业主、套哄成交，转眼就要告状，看你住着这房、种着这地怎么得个安稳，怎么得个久长？又有骗了人家财物、借了人家资本，反而成仇，这等人也不曾见富了几家。你细思量，不如和睦最好。人家祖父以来相处，年长的就如父兄一般，年幼的就如子弟一般，四时八节俱要往来，有强暴的宽容他，有酒醉的回避他，有嘉庆的拜贺他，有疾病的问候他，有死丧的祭吊他，有患难的扶持他，有官词的劝解他，有孤儿寡妇、老病残疾之人周济他，倘有鸡犬相犯、小儿相争，我只赔个不是，自然两家和好，何用厮打告状，惹气费钱？做秀才中了科甲，捷报一到，阖城都喜，中了的不去害他，这就是城中的和气。至于贫穷安分守礼，也不要忌嫉人家，也不要触犯人家，我的父母、妻子粗茶薄饭，欢然聚首，全没有一点祸患，这就是我一家的和气。孔子云："老者安之，朋友信之，少者怀之。"这就是满怀的和气。孟子云："天时不如地利，地利不如人和。"这就是满天下的和气。总要一个"忍"字。我不骂人、打人、告人，人要骂我、打我、告我，自有旁人说他不是，官长断他无理，鬼神察他昧心，不曾饶了一个。读《大清律》一款：凡共殴致死，下手者绞，元谋者杖一百、流三千里，余人俱杖。你看一个殴打人命，干连了多少人命？不如一忍，各保身家，还有多少阴德留与子孙。大小人等，各遵圣谕。

歌诗

我劝吾民睦乡里，自古人情重桑梓。仁人四海为一家，何乃比邻分彼此。有酒开壶共斟酌，有田并力同耘耔。东家有粟宜相周，西家有势勿轻使。见人争讼莫挑唆，闻人患难犹自己。邻里睦时外侮消，百姓亲睦自此始。亲睦比屋皆可封，我劝吾民睦乡里。

教训子孙

圣谕又言"教训子孙"。这子孙关系最重，宗枝要他接继，家业要他保守，门户要他显扬，养生送死要他奉承，怎得不教训他？大凡子孙贤，家业必兴；子孙不贤，家业必败，这是人人知道的话。子孙幼小时，便教他顺从父母、侍立兄长，不要说谎，不要骂人，不要与匪人相交，不要外边闲游，就是好衣服休着他穿，就是一切戏耍之物休着他见。六七岁时读《三字经》、乡约六条，八九岁时读《孝经》《小学》，句句与他讲说，此时童心未丧，正好引他。到长成时，若资质聪明，就投端正的先生，教他上进；若姿质庸常，教他学手艺、做买卖、种地、佣工，都是本等，只要勤俭安分便是成器的子孙，不必家家都成举人、进士。今人子孙成了举人、进士的，多因贪赃坏法败了家门，也是不能教训之过。这教训子孙全要以身为教，存好心、行好事、为君子。子孙件件要都看我的样子，我若赌博，子孙定会赌博；我若嫖娼，子孙定会嫖娼；我若行不仁不义的事，子孙定会不仁不义。就是积了万贯家财，都做浪荡花费之用，有何好处？又有一等人，不教子孙读书明理，只要欺人家、骗人家，以为聪明乖巧，又图个前程保护。而今朝廷法度森严，犯了这事就是死罪，父母、妻子都不能保，读书的人家再休起这念头了，但得子孙知孝弟、明礼义，有功名也好，无功名也（好），做个清清白白的百姓。你不闻蔚州城中前辈有一邹先生讳铭，是个百姓，他心中最明圣贤的道理，就在家中坐着，听见街上官长过来，自身站起，儿孙都随他站起，地方饥荒，捐米一百石救济，城外拾银子三百两，还与原主，上坟拜扫，遇着看田的打他，他只作揖，说"打的是"，把那恶人羞的跑了，又能积书万卷留与子孙，后来子与孙读他的书、靠他的德，两辈都是乡科，至今书香不绝，百姓人家教训子孙的都该学他。孔子云："爱之，能勿劳乎？"可见教子孙的才是爱惜。孟子云："身不行道，不能行于妻子。"可见妻子不贤，还是我的身子不正。又读《大清律》云：凡子孙故违祖父母、父母教令者，杖一百，骂者绞，殴者斩，杀者凌迟处死。子孙尤当尽心受教。大小人等，各遵圣谕。

歌诗

我劝吾民训子孙，子孙好丑关家门，周公挞禽称圣人，孔庭训鲤见鲁论。自幼何为禽犊爱，忍令子孙愚且昏。黄金满籝何足贵？一经教子言犹存。螟蛉尚能化异类，燕翼尚能裕后昆。纵使不才也难弃，教育还须父母恩。子孝孙顺乐何如，我劝吾民训子孙。

各安生理

圣谕又言"各安生理"。何谓各安生理？生是各人的营生，理是各人心中一点天理。若顺理营生，不昧良心，就是各安生理。如读书是秀才的生理，种田是农夫的生理，做买卖是商贾的生理，做手艺是工匠的生理，穷汉佣工受苦、写字抄书都是生理。凡读书的稍能度日，即当攻若［苦］读书，就是家贫，或与人训蒙，或自己设馆，寻常不责束修多少，教成徒弟不责谢礼多寡，苟能尽心教训，这也是半积阴功半养身，借此收心读书，以图上进，或中科甲，或食廪粮，自有效验。假若因贫昧心，伤了天理，即有锦绣文章，功能也不得发达了，这是秀才该安生理。凡务农的，早耕早种早锄，又多粪土，自然收成。即如连岁薄收，一则地气流转，二则兵火不到，该受这二三年困苦，而今以后人人存了良心，事事合乎天理，便是丰年之兆了。凡商贾全要勤俭公道，随时求利，不要哄人。凡工匠全要用心做活，老老实实，不要欺人，自然度日有余。凡佣工受苦的，不要说谎，不要偷盗，不要忘恩负义，人家喜欢用你，衣食自然不缺。还有做兵的不要生事害人，食粮亦可糊口，若遇用命之地，立功受赏都是有的。又有跟衙门的人，奉公守法，公门之中正好修行，不要作弊瞒官，不要昧心害人，那有流徒的重罪？这都是各安生理的，梦魂也安，父母妻子也安。有一等游手好闲，宿娼赌博，打网说事过钱，明知非理之事，希图骗人，反得大祸，只因自己作孽，昧了天理，欺的人，欺不的天，眼下有些便宜，转眼便难消受。若是个个拿出天理良心来，这一方的人都不困苦了。至于富家，不要克剥穷民，不要利上加利，饶人些须，阴德百倍，家业自然昌盛，子孙必能保守。古人云：财也大，产也大，后世子孙胆也大，祸也大；财也少，产也小，后世子孙胆也小、祸也少。试听《大清律》云：凡以私债强占人孳畜产业者杖八十，若侵算过本者坐赃论，若准折人妻妾子女者杖一百，强夺者加二等，因而奸占者绞。古语云：顺理行将去，恁天分付来。何等受用！大小人等，各遵圣谕。

歌诗

我劝我民安生理，处事无如守分美。守分不求自有余，过分多求还丧己。农者但向耕凿间，工者但向锥刀里，商者行路要深藏，贾者居市休贪鄙。饶他异物不能迁，自然家道日兴起。华胥蓬莱在人间，民生安业无如是。守分守分美何如，我劝吾民安生理。

勿作非为

圣谕终言"勿作非为"。何谓勿作非为？凡做非理非分、不公不法之事，便是作非为，如不孝顺父母、不尊敬长上、不和睦乡里、不教训子孙、不各安生理，这都是作非为。又如谋反大逆、响马强盗、杀人放火、谋害人命、斗殴伤人、图赖诈骗、服毒自缢、拐带人口、挑战良家、教唆词讼、结交窝访、捏造飞言、出入公衙硬告硬证、说事过钱、包揽上粮、侵占田地、违禁取利、行使假银、开张赌博、撒泼行凶、打街买巷、宰杀耕牛、秽污神庙、毁谤忠良、欺压良善，凡一切不仁不义、欺人害人的事，件件是作非为。世上那一个人没有良心，那一个人不知天理？若作歹事、害好人，自己心上明知不是，或因见财动念，或因见色迷心，或因被人引诱，或因主意偶差，一旦昧了天理，犯了王法，受刑问罪，丧命倾家，父母牵连，妻子离散，乡党耻笑，子子孙孙也改不得恶名。就是一两人逃过王法，天地鬼神也不曾饶过，或刑克折损，或水火恶疾，或生下败类子孙坏了门风，或生下强梁子孙惹了奇祸，祖父家资如火上烧油一时俱尽，天道报应，毫厘不爽。又有一种人，明欺寡妇孤儿钱财易骗，俗言谓之凿软木头，全不顾后来的报应，有古诗一首云："昔日曹瞒相汉时，欺人寡妇与孤儿。谁知四十余年后，寡妇孤儿又被欺。"听了这一首诗，可不警醒？又有一种人，不务士农工商的本业，或饮酒弈棋，或浪游宿娼，廉耻行止都丧去了。做这样事何益？古来义士贤人，就是饿死也有一个好名，也有几句好话留传后世，岂可浮生浮死，只吃了几碗饭、几杯酒便了却一世的事？真是可怜。古语云："宁可一日没钱使，不可一日坏行止。"又云："屈死休告状，饿死休做贼。"这才是勿作非为。总之，能知非便是能改过，不为恶便是为善，不为小人便是为君子，《四书》、五经不过是这一个道理。孔子云"君子居易以俟命"，这是不作非为的样子；"小人行险以徼倖"，这是作非为的样子，可见了人只要安命。孔子又云："益者三友，损者三友。友直、友谅、友多闻，益矣。友便辟、友善柔、友便佞，损矣。"可见人只要交好朋友。《小儿语》云：要做好人，须寻好友。引醇若酸，那得甜酒？这话何等明白！一切邪说妖术，尤不可听。早完官粮，富的富过，穷的穷过，官长并不寻你，何等受用！试读《大清律》云：凡斗殴杀人，不论手足、金刃、他物，并绞，故杀者斩。凡强盗得财者，不分首从、窝主，并斩。造妖言、妖书者斩。师巫邪术，为首者绞，从者杖一百、流三千里，里长不首者笞四十。这都是作非为的大罪，其余都是有罪的。大小人等，各遵圣谕。

歌诗

我劝吾民勿为非，非为由来是祸基。一念稍错万事裂，一朝不忍终身危。淫赌窃劫势必至，健讼纷争与诈欺，白昼难逃三尺法，暗中尤有鬼神知。力穷势败网罗入，此际堪怜悔恨迟。莫道机谋能解脱，奸雄消得几多时？及早觉迷犹尚可，我劝吾民毋非为。

范鋐《六谕衍义》

范鋐，字声皇，初为明末清初浙江绍兴府人，生平不详。范鋐《六谕衍义》，载日本学者鱼返善雄所编《汉文华语康熙皇帝遗训》（大阪屋号书店），又以《汉文华语康熙皇帝圣谕广训》为题收入《近代中国史料丛刊续编》第七辑第 61 册。前有享保六年（1721）辛丑十月十一日甲斐国臣物茂卿叙、康熙四十七年（1708）叟竺天植镜筠氏序、自序，又题"蠡城范鋐缙云注释"。《六谕衍义》于康熙十三年（1674）由琉球国的大臣程顺则带到琉球，辗转流传于日本。物茂卿《六谕衍义叙》中谈到《六谕衍义》在日本的传播状况说："独以坊刻诸书，皆华舶所赍来，崎港贾人所贸易，人人得购，学士大夫又择其可者，私自雠校授梓布于寰区，固无烦官处分。而斯乃琉球国所致，藏诸天禄石渠之上，无复兼本流落人间者，或闻其名，希一睹未由获之，故有司特奉行其事焉。"竺天植序云："余案上有《六谕衍义》一卷，程子（雪堂）翻阅再三，以为是书词简义深，言近指远，不独可以挽颓风而归淳厚，抑可以教子弟而通正音，因请余授而藏焉。……戊子（1708）夏，已竣厥事，将捧玺书言旋，乃悉依旧本捐赀付梓，属余辨其所由来。"范鋐自序云："忆余自成童居里时，亦得随宗族长者厕于宣讲之列，今则虽传六谕为首务，究竟讲者少而不讲者多。即有讲者，不过虚应故事，那得家传户晓。……近来设所寥寥，即设亦未能遍及于乡村，何况未得其人，未专其职。……余因是急思编刻《六谕衍义》，各附律例于左。……蠡城范鋐题于乐我园之自澹轩。"

孝顺父母

圣谕第一条曰孝顺父母。怎么是孝顺父母？人在世间，无论贵贱贤愚，那一个不是父母生成的？而今的人，与他说父母，他也知有父母，与他说孝顺是好事，他也知孝顺是好事。争奈孝顺的少，不孝顺的多，是何缘故？这不是他性中没有孝顺的良心，只是亏损日久了，如人在梦中无人叫醒他。试想父母十月怀胎，三年乳哺，受了多少艰难，担了多少惊怕。偎干就湿，出入提携。儿子有些疾病，为父母的祷神求医，恨不得将身替代，未曾吃饭，先怕儿饥。未曾穿衣，先愁儿冷。巴的长大成人，就定亲婚娶。儿子出门远行，牵心挂意，早去迟来，倚门悬望。一生经营算计，哪一件不是为儿子的心肠。如此深恩，怎生报答得了！人纵不知父母的恩情，但看自己养儿子便是，知道自己养活儿子的劬劳，便知父母生长自己的恩爱。知道自己责成儿子的心肠，便知父母指望自己的主意。常言道：积谷防饥，养儿代老，父母受了千辛万苦，也只指望儿子孝顺，有个后成。试看那乌鸦反哺，禽鸟尚知报本，那有为人反不知孝顺的理！但是人在初生时，一刻也离不得父母。半载周年，认得人面目，在父母怀中便喜，别人抱去便啼。自三四岁以至十四五岁，饥则向父母要食，寒则向父母要衣。以前时节人人皆知亲爱父母，及至娶了媳妇，就与父母隔了一层。生了儿子，又添了眼前许多恩爱。若遇着贤孝的妻子，就是家门之幸了。遇着不贤孝的妻子，这个在枕边说公婆的是非，那个在膝前道爹奶的厚薄。三言两语蓄积心头，反觉父母有许多不是，日深月久，妻子渐亲，父母渐疏，妻子渐厚，父母渐薄。止知房中妻儿是自己的，把两个老人家丢在堂上，冷冷清清，全然不管，绝不思想。当初十四五岁以前，何曾有妻，何曾有子？那时怀抱我的是何人？衣食我的是何人？噫！照这样人，良心死尽，并不如禽兽了。至于生母蚤亡，遇着继母，就以为不是自己的母亲，情谊疏淡，甚而纷争吵闹，心怀雠恨，把继母比作路人看待者有之。又有侧室所生的儿子，止知敬重自己的生母，或把正经嫡母忤逆不孝者，或把父亲身边姬妾轻慢作贱者有之。又有父母夫妻不和，为子者偏执意见，不能调和感化者。又有父母有过，儿子当面斥非、背后议短者。世上不孝顺的事还多，不能尽举，即此可以类推。大约孝顺父母有两件事，一要养父母的身，一是安父母的心。怎么是养父母的身？人家贫富贵贱，自有不同，各人随自己的力量，尽自己的家私，父母饥则进食，父母寒则进衣。有一种好饮食就要思想与父母吃，有一般好物件就要思想与父母用。冬夏晨昏，俱要诚心照管，又要常常查考媳妇侍奉父母如何，不可但看眼前的殷勤，不顾背后的怠慢。若有兄弟几个，大家孝顺固是极好的事。倘内中有不知孝顺的，各心只管自己尽心竭力，不可扳扯轮流养活父母，多吃我一碗饭，多穿我一件衣，是我尽我的孝心，原不是吃亏的事。俗云：养爷的未必穷，赖债的人不富。父母年高，不可远离左右，出入时须要扶持，寝歇处须加定省。父母疾病，急请好良医调治，虽至不能救药，也无安心静听之理。这便是养父母的身了。怎么是安父母的心？凡事要听父母教训，做好人，行好事，不可越理犯法，惹祸招灾。大则扬名显亲，小则安家乐业，父母心中才得欢喜。如处继母之变，虽然是继，实与母同。至于养母、庶母，也是个母。礼上有三父八母，总看在父亲的面上，须要随处尽孝，才是为子的道理。父母上边有祖父母，须要体贴父母的心，一般孝敬。父母下边有小儿女兄弟姊妹，虽不同胞，总是一气生落，须要体贴父母的心，好生爱养。古人云：父母之所敬亦敬之，父母之所爱亦爱之，正是此意。或有父母互相争闹，须要委曲调停，不可偏生向背。或遇父母有过，须要和颜悦色，下气低声，从容劝解。若父母不从，徐图感悟之法。万一父母动气打骂，也要安心忍受，曲意奉承。自古道：天下无不是的父母。父就是天，母就是地。那有为人敢与天地争是非的理？古人云：父虽不慈，子不可以不孝。要令父母在生一日，宽怀一日，这便是安父母的心了。凡为人子者，要知自己日长一日，父母日老一日，若不及时孝顺，及至父母去后，纵有三牲五鼎，父母全不看见。语云：子欲养而亲不在，追悔也是迟了。总之，世上不孝顺的人，病根全在好货财私妻子上，却不知自己的身子还是父母生养的。一切家产资财，岂敢视为己物？就是父母年高，把家事托与儿子掌管，也要一钱一物交父母看见。一出一入，听父母吩咐。自古道，父在没子财。那有儿子拘管父母的理？至于自己的妻子，谁人不知爱重，但要知妻子是后来的。若不是父母生下此身，焉得有妻子？况人失了妻子，还能再娶妻子。伤了父母，那里再得个父母来？人一思想到此，岂不悚动良心。至于父母亡后，求请高明地师，择买善地，乘时葬埋。至于祭奠，自有当尽的道理，全要一点至诚哀慕的真心，不在外边布摆个体面。贫者量家有无，不当妄费；富者随分尽情，勿得越礼。纵年深日久，须当带子孙，春秋祭扫，常常思念父母。

事死如事生，才是真心孝顺的儿子。从来能孝顺的，乡党也敬重他，官府也爱恤他。纵有意外的是非，鬼神自然呵护。不能孝顺的，乡约也疾恶他，王法也不恕他，虽一时幸免灾殃，天网恢恢，疏而不漏。故孔子曰：孝为百行之首。又曰：五刑之属三千，而罪莫大于不孝。孝顺是第一等善事，不孝顺是第一等恶事。试看朝廷法度森严，犯者不宥。不孝顺父母的律例多端，不能尽述，今择数条，请仔细看：

一、子孙违犯祖父母、父母教令，及奉养有缺者，杖一百。

一、祖父母、父母在，而子孙别立户籍，分异财产者，杖一百。

一、居父母丧，而身自嫁娶者，杖一百，离异。

一、闻父母丧，匿不举哀者，杖六十，徒一年。

一、将已死祖父母、父母身尸图赖人者，杖一百，徒三年；因而诈财者，准窃盗论；抢去财物者，准白昼抢夺论。各从重科断。

一、子孙告祖父母、父母，妻妾告夫及夫之祖父母、父母者，杖一百，徒三年。诬告者绞。〇奴婢告家长者，与子孙告祖父母、父母罪同。

一、子孙骂祖父母、父母，及妻妾骂夫之祖父母、父母者，并绞。

一、弃毁祖宗神主，比依弃毁父母死尸者律，斩。

一、子孙威逼祖父母、父母，妻妾殴夫之祖父母、父母致死者，俱依殴者律，斩。

一、子孙殴祖父母、父母及妻妾殴夫之祖父母、父母者，皆斩。杀者，皆凌迟处死。

以上律例这等森严，若有不孝顺父母的，还怕不怕？省不省？假使逃得这王法，也决逃不得天报。我且讲几个古人，听着。古时有个黄香。九岁失母，思慕哀切，独事其父。夏天暑热，用扇凉其枕簟，冬则将身温其被席，以待父睡。晨昏定省，至十五六岁以后，躬执勤苦，竭力尽孝，后官至尚书。又有个王祥，是洛阳人。父名王融，娶薛氏，生王祥。后薛氏死，再娶朱氏，生王览。祥事后母至孝。朱氏性喜李。家有李树，结子甚好，祥乃看守。时风雨大作，祥则抱树而泣，恐风雨摇落李子。后母因己子长成，妒忌前子，尝以毒药置酒中，令祥吃。其弟王览知之，即与兄同吃。后母恐毒己子，遂止此念。又以锄园挑水重事，使祥做，王览又尝与祥代做。朱氏又虐使祥妻推磨舂米，王览妻亦趋代劳。时当严寒冻河，朱母欲想活鱼吃，祥即解衣卧于冰上，其弟王览亦同兄更代而卧，竟剖冰求得鱼归。其母感悔，一家孝友。后祥官至太保，九代公卿。至今洛阳到冬来池上冰冻，中间有一块人迹不冻。这俱是能孝顺的各有善报。有个陈兴，是顺义人，家事颇富，与妻子鲜衣美食。有兄弟二人，其弟甚贫，不能供母，派弟轮供每人一日。若其弟家乏炊不能供时，此日竟饿其母，必不与饭一口。陈兴生一子，极怜爱之。母老病，终日要母扶抱孙。一日抱孙，误坠地伤额。陈兴以母故跌其孙，大怒辱骂，母惧走邻家避之，恐触兴怒。陈兴一旦妻死子绝家败，忽发狂，自嚼十指，呼号痛楚而死，尸臭莫收。此是不孝顺的必有恶报。那个王法十分利害，这个天报又十分迅速。说到这个所在，自今以后，岂可萌着不孝顺父母的心么？诗曰：

我劝世人孝父母，父母之恩尔知否。
怀胎十月苦难言，乳哺三年未释手。
每逢疾病更关心，教读成人求配偶。
岂徒生我爱（受）劬劳，终身为我忙奔走。
子欲养时亲不在，欲报罔极空回首。
莫教风木泪沾襟，我劝世人孝父母。

尊敬长上

圣谕第二条曰尊敬长上。怎么是尊敬长上？自古至今，许大的世界，许多的人民，全凭一个"礼"字安排定了。礼是甚么？是所以辨尊卑上下、长幼大小的名分。从来知礼的人多，便是个好风俗。知礼的人少，便是个恶风俗。所以，第一教人孝顺父母，第二就教人尊敬长上。长上不止一端，除自己的兄长外，如伯叔祖父母、伯叔父母、姑姊兄嫂以及五服以外之尊辈等，是本族间的长上。外祖父母、母舅、母姨、妻父母之类，是亲戚中的长上。邻里中有与祖同辈、与父同辈、与己同辈而年长者，是乡党间长上。教学先生，与那百工技艺之师，是受业的长上。本处官府，是有位的长上。缙绅先生，是先进的长上。这几条中，皆有不可易的礼，不可犯的分。尊敬的道理，一毫也差不得。奈风俗浇漓，人情奸险，把长上二字全放不在心里。自家的兄长原是共气同胞之人，当初幼年时候，无不知爱敬兄长者，及至后来或听了妻子枕边的语言，或信了亲友背后的挑弄，或因产业，或因资财，为着斗粟百钱、寸田尺土，争竞不已，殴讼交加，把个骨肉天性的人，轻则视为路人，重则看成仇敌者，往往有之。又如本族以及亲戚乡党中长上，或有钱财可依，或有势力可借，无不当面奉承，背后称赞，一切礼貌殷勤，不肯差错。及遇那困穷无告、老弱无能者，虽同是长上，而鄙薄厌弃，作贱欺凌，无所不至。又如受业的长上，自古道"一日为师，终身为父"，谁想到粗者精，拙者巧，而忘恩背义者有之。又如有位的长上，有威权可以震压我，有刑法可以处治我，不得不加尊敬，但是对面畏若神明，背后不加戒谨，或图侥幸而轻犯威严，或量尊卑而心分敬忽，如此等人，不可数计。又如先进的长上，或慕其资财而故意趋奉，或畏其权要而勉强谦恭，至于澹泊无为、权轻力少之人，分明他年纪高，分明他出仕久，大家皆指为无用老头儿，侮慢笑耻，无所不有。甚至昨厚而今疏，朝恩而夕怨。看了以上数种风俗人情，大为可叹。要知尊敬长上也有两件事，外面礼貌谦下，内要心地和平。自己的亲戚兄长是第一要紧的。自古道，诸侯必有亲戚兄长。位至公侯，还知有亲戚兄长。那有为人不该尊敬亲戚兄长的理？我想那不尊敬亲戚兄长的，与那不孝顺父母的是一个病根也。只为好货财，私妻子，就没了天理。人要绝了自私自利的心肠，方能尽尊敬兄长的真心。你试看张公艺九世和睦，得力在一"忍"字。郑内史七世不分爨，惟不听妇人言耳。凡人家兄友弟恭，同居共爨，原是极好的事，或不得已，分门另住，家产资财分得明白固好，即少有不均，便宜也在本家，断不可因钱财小事伤了骨肉至情。幸而遇着贤兄长，固当尽心尊敬，不可孤负恩情。就是兄长有性情不好的，须要委曲承顺，自能感化过来。万一不能感化，也要知他是大，我是小，只管尽了自己的弟道，自有旁人说他的是非。而今人也有外面呼兄唤长，揖让礼文，如同宾主，而内中所存者，各是一心，甚为可笑。至于族间的长上，虽有远近亲疏，皆是祖宗的支脉，俱要礼节周详，情谊浃洽。即或尊长中有恃他的名分，非礼相加，也要十分忍耐。尊长前尽礼致恭，原不叫做卑屈，不然小加大，少凌长，伤风败俗，与小人何异？若亲戚中长上各有尊卑上下，须要尽礼尽情，断不可因一言半语伤了姑舅恩情，小事私嫌，断了姻亲来往。到的乡党中长上，更不可枚举。《语》曰：孔子于乡党，恂恂如也。似这样大圣人，还要敬重长上，况以下的人？万无放肆的理。坐则隅坐，行则随行，在稠人广坐之中，务要谦和逊让，不可诈语狂言。常见能尊敬的，与长上毫无加益，自己博的个知礼君子；不能尊敬的，与长上绝无伤损，自己落了个轻薄后生，有甚么好处？至于受业的长上，师道尊严，不可轻慢，万一有师长责备过情，谦虚过礼的，为弟子者，须要尽当然的道理，断不可辜恩负义，居位并行。就是那百工之师，也是个师傅，若忘了木本水源，鬼神不宥。至于有位的长上，自古道"若要宽，先办官"，务要钱粮早完，公事早办。有教训要实意奉行，有禁约要小心遵守。就是官卑职小，也不可轻玩。常言道，是官不可欺。名分所关，如何慢的？至于待先进的长上，古人云"先达之人可尊也，献媚不可，权要之门可远也，侮慢不可"，这几句话，可为尊敬前辈之法。从来不知尊敬长上的，固不止一人。更甚者，尤有二种：一则是富豪子弟，自幼惯了性子，遂至旁若无人。一则是伶俐少年，恃着自己才能，便觉得眼中无物，却不知循规蹈矩才显的涵养深，犯分干名实见的器量小。以上件件说来，长上不止一端，把自己的兄长数在前边，是何缘故？语云：孝弟为仁之本。又曰：施由亲始。兄长与我是天伦手足，譬如根本；其他长上，是触类相通，譬如枝叶。根本坚固，枝叶自然茂盛。若不能尊敬自己的兄长，岂能真知别人的上下。所以圣人说道，其所厚者薄，而其所薄者厚，未之有也。每见世上的人，自己兄弟之间，情谊乖离，却与外人交好，虽是联盟结友，其实德行有亏。凡蹈此弊者，急当省改。

律内所载不尊敬长上的律例多端，不能尽述。今择数条，请祈细看：

一、骂兄姊者，杖一百。骂伯叔父母、姑、外祖父母，各加一等。

一、同居卑幼私擅用财者，杖一百。

一、告期亲尊长、外祖父母，虽得实，杖一百；大功，杖九十；小功，杖八十；缌麻，杖七十。若诬告者，各加所诬罪三等。○奴婢告家长缌麻以上者，与卑幼告尊长罪同。

一、弟妹殴兄姊者，杖九十，徒二年；半伤者，杖一百，徒三年；死者，斩。若侄殴伯叔父母、姑，及外孙殴外祖父母，各加一等。执有刀刃赶杀，引例充军，故杀者，皆凌迟处死。

一、妻殴夫者，杖一百，夫愿离者听。妾殴夫及正妻者，各加一等。

一、威逼期亲尊长致死者，绞。

一、兄亡收嫂，弟亡收妇者，绞。若收父祖妾及伯叔母者，各斩。

一、殴授业师，加凡人罪二等，死者绞。

一、奴婢骂家长者，绞。

一、奴婢殴家长者，皆斩，杀者皆凌迟处死。

以上律例，这等森严，若有不尊敬长上的，还怕不怕？省不省？假使逃得这王法，也决逃不得天报。我今再讲古人，听着：有个柳仲郢，是柳公绰之子，为人谦虚恭敬，凡见尊长及乡党亲戚，毕恭毕敬，其待叔父如同生父。做官时，凡遇叔于路，必下马端笏而立，候叔过，方敢上马。叔父晚归，必束带迎马前。其兄死周年，服满，犹蔬食啜粥。家人劝之，答曰："深痛在心，不能自已。"遂废食，唏嘘不自禁。其敦伦睦族如此。后官至京兆尹。此是能尊敬长上的，必有善报。

有个祝期生，是黄冈人，为人轻薄狂妄，大言不惭。每对尊长座前谐浪无忌。宾客燕会，手舞足蹈。惯喜谈人闺阃，发人阴私，坏人品行。或见人体貌不全，就讥笑他；见人衣衫蓝缕，就鄙薄他。父兄班辈，全不放在眼里，只知自大自高。晚年，期生忽然舌上生一疮，腹痛难当，水米不下，必须小刀刺破，出血数升，方能进饮食。每月几次，自是舌头枯烂而死。此是不尊敬长上的，必自有恶报。那个王法十分利害，这个天报又十分迅速，听到这个所在，自今以后，还敢萌着不尊敬长上的心么？

诗曰：我劝世人敬长上，身先尊敬为榜样。后船眼即照前船，檐前滴水毫不爽。分定尊卑岂可逾，齿居先后勿宜亢。逆理犯上刻难容，徐行后长时当讲。傲为凶德自招非，温良恭让人尽仰。满则招损谦则益，我劝世人敬长上。

和睦乡里

圣谕第三条曰和睦乡里。怎么是和睦乡里？凡城市乡村，同街共社，居址相近，地土相连，都是乡里。这些人虽比不得父母，虽不尽是长上，却自祖父以来，相交不止一日。自古道，土居三十载，无有不亲人。如人无行在外，撞着本乡的人，甚是欢喜，亲厚胜如自家骨肉一般。即此看来，乡里最是要紧的。可惜而今的人，为着些小嫌疑，伤了大家和气，或因争房争地，或因私债私钱，或因小儿戏顽，或因鸡犬走失，一件极小的事，两家起了忿心，有撕打的，有告状的，轻则惹气丢财，结仇构怨，重则打伤人命，家破身亡，事后悔也悔不及了。从来邻里不和，多起于妇人女子。东家说长，西家道短，止因彼此婆舌，搬成一场吵闹。男子汉不查个头尾，不分个皂白，听了妇人的言语，便去打街骂巷、撒泼行凶。若遇那家能忍还好，遇着不能忍的，便打作一团，骂成一块，甚至投河奔井，割颈悬梁，都是有的。一天大祸，皆因妇人而起，可不戒哉！又有那不晓事的童仆，为着自己的私忿，搬弄邻里的是非，主人听信其言，也不度情理，也不察缘由，遂至伤仁害义、破面失情者，往往有之。又有几种人，或引诱人家子弟，或折［拆］散人家婚姻，或占人土田，或唆人词讼，或明为和解而暗起风波，或意欲关通而先飞衅隙。这都是就中取利没了良心的人。又有一等买房置地者，或短人价值，或与人低银，或货物高抬，或折准利息，甚至以远年旧债利上加利，初不过三头五两的本钱，折算人家许多的产业，令那颠连危苦之人，忍气吞声，辛酸落泪，再不思想我富他贫，我安他困，反要在这些穷人身上讨便宜，于心何忍？又有或凭自己的势力，或恃交结的党援，作贱乡邻，欺凌里党，也不念桑梓之情，也不顾亲友之谊，虽图快意，实可寒心。又有用过人家财物，借了人家资本，立心坑骗，屡讨不还，反面成仇，徒昧了一点良心，也不曾富了几辈，徒落得子孙披毛戴角，填还于人。嗟乎，习俗之坏，一至于此。我想这些人也不是不爱和睦，只是见理不明。怎么是见理不明？凡与乡里不和睦者，病根大约有三：一则为损人利己，二则为争强好胜，三则为妄自尊大、目中无人。那损人利己的，止原自己快心，不管他人死活，却不知世上止有一个便宜，原是大家公共的，就譬如一条路能让人先行，固是个君子，即与人同行，也没的争竞，若是绝了别人去路，只愿自己横行，那些人争你不过，也只得忍受，待到那路逢险处，群起而推挤之，堕坑坠堑，谁肯扶持？乃知从前讨便宜处，就是吃亏的根本。不独失了人情，损人即是损己，有何好处？那争强好胜的，恃财藉势，背理丧心，不揣内里的是非，止图外边的体面，却不知忍人让物，才成豪杰，欺邻压里，不是英雄。语云：柔弱护身之本，刚强惹祸之由。人常言道：冤家路窄不多时，人怕者转而怕人。更说甚么好汉？自古道，人怕不是福，人欺不是辱。这不是谎话。那妄自尊大的，举止乖张，语言躁妄，把个邻里乡党如同儿戏，却不知好歹尽在乡评，是非全凭公论。照这样人，人家唾骂，众口交讥，失了乡情，坏了人口，亦何益矣。人能晓的此理，还是和睦的好。和睦也非难事，只要大家实行，第一不可争辩强弱，不可挑斗是非，不可攻评短长，不可轻动气恼。礼貌要谦恭，存心要平易，钱财要明白，过失要含容。这是和睦的根本。有德行者，要尊重他。有学问者，要就正他。年长是［似］我的，要敬礼他。与我同辈的，要亲厚他。年少似我的，要爱惜他。有横逆的要宽容他，有强暴的要回避他，有喜庆的要拜贺他，有疾病的要问候他，有死丧的要祭吊他，有患难的要扶持他，有冤枉的要表白他，有孤儿寡妇老病残疾之人，以及婚姻死葬、困穷无力者，要怜悯周济他。比我富贵者，不可嫉忌他。比我贫贱的，不可欺凌他。纵有以非礼加我者，只管平心和气，以礼待他，自始至终，只是忍让，就是个极不好的人，久之自然感动，这才叫做和睦乡里。古语云：敬人者人恒敬之，爱人者人恒爱之。我与乡党这样和睦，又分甚么张三、李四，分明就像一家人了，纵偶然有些公私事体，大家自然都来消释。若遇水火盗贼，大家自然合力求援。果然这样，邻里乡村岂不是个太平世界？要知和睦之道，不徒在引类呼朋，宴游聚会，须要存一段休戚相关的真意才是。而今乡里中往往有假和睦而实不和睦者，名为朋友，彼此各不同心。叫做相知，你我各怀异念。甚而朝欢暮乐，相助为非，唤长呼兄，中怀仇恨。噫，如此等人存着两样心肠，那得一团和气？古语云，和气致祥，乖气致戾。若离了这和睦二字，腔子里尽是戈矛，世路中通成荆棘，必至人人疾忌，处处怨尤，无论坏了声名，身家也难保守，可不畏欤？

律内所载不和睦乡里的律例多端，不能尽述，今择数条，请祈细看：

一、乡党序齿，违者笞五十。

一、凡骂人者，笞一百，互相骂者，各笞一十。

一、殴人吐血者，杖八十，折人齿指髭发者，杖六十，徒一年；折肋眇目、堕胎及刃伤者，杖八十，徒二年；折肢瞎目者，杖一百，徒三年；瞎两目、损二肢者，杖一百，流三千里。

一、侵占街巷道路者，杖六十，复旧。

一、平治他人坟墓为田园者，杖一百，于有主坟内盗葬者，杖八十。

一、凡买卖诸物，把持行市专利，及贩鬻之徒通同牙行卖物以贱为贵，买物以贵为贱，杖八十，私造斛斗，秤尺不平，作弊增减者，杖六十。

一、告争家财田产，但系五年以上，并虽未及五年，验有亲族分书出卖文约者，不许重分再赎。

一、毁人禾稼，伐人树木，盗人田野谷菜、麦、苹果等物，计赃准窃盗论。

一、将互争及他人田产朦胧投献官豪势要之家，与者、受者各杖一百，徒三年。

一、凡私放钱债，取利不得过三分。年月虽多，不过一本一利，违者笞杖。若强夺孳畜产业者，杖八十，追还。以债准折人妻妾子女者，杖一百，强夺者加二等，因而奸占妇女者绞，人口给亲，私债免追。○

其负欠私债，违约不还者，违三月，笞杖，每一月加一等，追本利给主。

以上律例这等森严，若有不和睦乡里的，还怕不怕？省不省？假使逃得这王法，也决然逃不得天报。我再讲古人，听着：有个王有道，是潞安人，秉性仁厚。有邻人吕大黄侵王宅地基。王有道云：千年田地八百主，就再做过来些也不妨。邻人屋檐滴水滴下王家宅内，王有道又云：天晴的日子多，下雨的日子少，就滴些也不妨。邻人新生小儿，王家有叫驴一头，恐惊小儿，乃卖驴步行。他祖坟上有谕祭碑被放牛的推倒了，看坟人来说，他就问可曾伤人否，看坟人说没有，有道曰：碑倒小事，不可有伤乡梓之情。故乡里无不欣慕，敬之爱之，后官至尚书。此是能和睦乡里的人必有善报。有个沈富民，是平越人，性最强横。父子凶暴，专好争斗，开口便骂人，动手便打人。每岁元宵，迎神出游，即乡人傩之故事。若乡人迎神往其田塍上过，他父子便持棍赶打。众人畏其凶恶，不敢回手。若遇天旱，沈家父子即强车人水，不管有分无分，而众人不敢阻。若乡人车水过田，即抢其车，塞其水。乡人畏其凶恶，亦不敢言。一乡之人，无不怕他。忽一日，雷火大作，沈家父子俱被雷火烧尽而死，此是不和睦乡里的，必有恶报。那个王法十分利害，这个天报又十分迅速。听到这个所在，自今以后，还敢萌着不和睦的心么？

诗曰：

我劝世人睦乡里，仁里原从和睦始。须知海内皆弟兄，安得邻居分彼此。从来和气能致祥，自古乡情称美水。东家有粟宜相赒，西家有势勿轻使。偶逢患难必扶持，若遇告状相劝止。同乡共井如至亲，我劝世人睦乡里。

教训子孙

圣谕第四条曰教训子孙。怎么是教训子孙？凡人家接续宗祀，保守家业，扬名显亲，光前耀后，全靠在子孙身上。子孙贤则家道昌盛，子孙不贤则家道消败，这是眼前易见、人人知道的。无论大家小户，谁不知重子孙，谁不想子孙贤？然而，子孙贤者少，不贤者多。是怎么说？

这不是他为父祖的不爱惜子孙，政是爱惜子孙，而不知所以爱惜之道，故把子孙担误坏了。何谓是爱惜之道？教训二字，一时也少不得。试看古者，妇人怀孕时，口不食邪味，目不视邪色，耳不听淫声，这叫做胎教，所以生子形容端正，聪明过人。子能吃饭，教他使右。能说话，教他言语之法。六七岁时，男女就不得同席而坐，不得共器而食。一切出入饮食，教他逊让长者，衣服不许穿用绸帛。八岁入小学，而教之以明理正心、修己治人之道。至于女子十岁时，就不得出闺门，教以针指纺织之法、裁剪衣服之道、饮食酒浆之事，一切言语容貌，俱要温恭柔顺。古人教训之法还多，不能尽述。想他当日，岂不知爱惜子孙，为什么把子孙这样拘管呢？正为不是这样拘管，就成不得个人了。故孔子曰：爱之，能勿劳乎？必定要劳苦子孙，才是真正爱惜子孙的。可惜而今有子孙者，胎教的道理全然不晓。至于生长以后，骄生骄养，使性气也不恼，他骂爹娘也不禁，他欺兄压长也不约束，他慢乡邻、辱亲友，游手好闲，任意为非，也不责治。一切饮食衣服，从其所好，满口膏粱，浑身绫帛，甚至诬赖骗诈，好争惯讼，坏尽心田，反夸子孙乖巧。加以世上妇人护短者多，见丈夫管儿孙，方才开口骂、动手打，他就拦阻嚷闹起来，因此宠坏子孙不少。又有老年得子孙者，爱之如掌上明珠，止知骄养放纵，不知教训责成。是故为子孙者，自幼至长，未曾听一句好话，未曾见一桩好事，未曾近一个好人。到大来，奢侈放肆，无所不为，轻则败坏家门，重则招灾惹祸，连父祖也做不得主了，追悔何及？又有知教训而不知道理的人，指望子孙长进，其实与担误者同。就如教训子孙读书，原是一等好事，争奈不知教以孝弟忠信礼义廉耻的道理，所教导者不过是希图前程、指望富贵、改换门庭、衣锦还乡等事，把子孙养成个谋富贵、图货利的心了，所以后来没甚么好处。试看从来子孙做了官的，不做好事，不爱百姓，往往玷辱家声，折损阴骘，甚至贪赃坏法，以致家破身亡，遗累父祖，这不全是子孙不肖之罪，是当初教训的差了。至于有女子者，自幼不知教训，及至到了人家，忤逆姑舅者有之，欺凌男子者有之，姆妯不和、姑嫂乖离者有之，御下残刻、践踏童婢者有之，甚至任性使气、好吃懒做、终朝吵闹、悬梁投井者有之。为父母者不知责成自己女儿不是，不知自反当初失教之过，一味偏怪公婆，打骂女婿，甚至视人命为奇货，无所不至。以上看来，凡溺爱而不知教训者，不是爱子孙，乃是害子孙了。要知教训子孙，全在幼年时候。常言道：教妇初来，教子婴孩。又云：小时不役，大时叫屈。趁此时童心未丧，习染未深，正好引他教训的道理，大端不出六言。自幼小时，就要教他知道，生我的是父母，是该孝顺的。年长似我的，叫做长上，是该尊敬的。左邻右舍，前村后巷，叫做乡里，是该和睦的。各人本分内事，叫做一理，是该勤谨的。违理犯法的事，叫做非为，是不该做的。祖父母、父母的教训，是该听从的。言语要教他信实，行止要教他安详，待人要教他谦恭。凡事要教他勤俭，蚤晚出入，要时时查考，不可令他浪荡胡行。吃饭穿衣，要件件吩咐，不可任他奢靡华丽。打奴辱婢，须要责成。残物害生，急当禁止。宾客前不可试他乖巧，酒席上不可任他颠狂。琵琶、胡拍、骰子、骨牌，一切戏耍之物，不可教他玩耍。自古道：近朱者赤，近墨者黑。最要紧的，不可教他与匪人相交，不可教他与邪地相近。凡该做的事，不该做的事，与他时时讲论，自然听从。如不听从，要加责治。常言道：棒头出孝儿，骄养忤逆儿。至于教训子孙读书者，只希图做官，这也不是。从来读书的多，做官的少，也有读书做官的遗臭万年，也有读书不做官的流芳百世，但论子孙贤不贤，不在做官不做官。凡有子孙资质聪明，可以读书者，须要请端方严正的先生，把圣贤道理实实教导他，果然教的子孙知道孝弟忠信，知道礼义廉耻，知道安分循理，知道畏法奉公，这就是贤子孙了。至于穷通有命，富贵在天，做官的忠君为国，洁己爱民，上受朝廷的恩荣，下留万民的歌颂，使人称道是某人之子、某人之孙，这才叫做扬名显亲。不做官的，守义安贫，循规蹈矩，上不干犯国法，下不背违清议，使人称道是某人之子、某人之孙，这也就是光前耀后。若气质愚钝不能读书的，就教他做正经的生理，为农也可，为工也可，为商贾也可，但要教他存好心，教他行好事，教他节俭辛勤，不可奢靡妄费，教他循礼守法，不可意大心高，教他义忠求利，本分生涯，不可利己损人，朋谋诈骗。至于纵酒行凶，奸淫赌博，兴词好讼，嫁害良人，诸如此类，尤当禁止。把子孙教的不惹事，不招灾，这才是真心慈爱。世上荣宗耀祖的，女子也是要紧的。古语云：女子无才便是德。不贵在能巧语，不贵在性敏才高，只要晓得做妇人的道理。凡有女子者，自幼不可骄惯了他，要教他性气和平，要教他寸心宽厚，要教他语言柔顺，要教他出入谨严，要教他知道公婆不可忤逆，丈夫不可欺凌，处姑嫂妯娌不可乖离，待媵妾奴婢不可残刻。后来嫁到人家，件件不失做媳妇的正经，方能显出父母的家教。就是他家有些纷争吵闹，也只责成自己的女儿，才是真能教训的父母。近来风俗更有一事，最为可恨。从来男婚女嫁，原有定期。古者男子三十而娶，女子二十而嫁，虽不能效法古人，也自有个时候。往往见十二三岁的人，就与他完婚嫁娶。古语云：蚤婚少聘，教之以夭。这分明是戕害子孙了。究其病根，初不过是慕名藉势，好胜图财，也不算计门当户对，也不照计女长男高，也不论对亲结义，止为一时姑容，遂至后来懊悔。爱惜子孙者，断断不可如此。至于仕宦家子孙，骄暴奢淫者多，谦卑逊顺者少。教他读书明理，是第一要紧事。又有一说，孟子曰：身不行，道不能行于妻子。为父祖者，先要做个好式样，又是教训子孙之根本。

律内所载不教训子孙的律例多端，不能尽述，今择数条，请祈细看：

一、子孙违犯教令而祖父母、父母非理殴杀者，杖一百，故杀者，杖六十，徒一年，嫡、继、养母杀者，各加一等，致令绝嗣者绞。

一、房舍服器之类，各有等第。若违式僭用，有官者杖一百，罢职，无官者笞五十，罪坐家长。若僭用违禁龙凤纹者，官民各杖一百，徒三年。

一、同姓为婚者，各杖六十，离异。

一、娶同宗无服之亲，及无服亲之妻者，各杖一百。若娶同宗缌麻亲之妻及舅甥妻，各杖六十，徒一年。小功以上，各以奸论。

一、妻在，以妾为妻者，杖九十，改正。若有妻，更娶妻者，亦杖九十，离异。其民年四十以上无子者，方听娶妾，违者笞四十。

一、妻无应出及义绝之状而出之者，杖八十，虽犯七出，有三不去而出之者，减二等，追还完聚。[附录] 条例，凡妻犯七出之条，状有三不去之理，不得辄绝，犯奸者不在此限。七出：无子、淫佚、不事舅姑、多言、盗窃、妒忌、恶疾。三不去：与更三年丧，前贫贱后富贵，有所娶无所归。

一、凡官吏娶乐人为妻妾者，杖六十，并离异。若官员子孙娶者，罪亦如之。

一、官吏宿娼者，杖六十。挟妓饮酒，亦坐此律。媒合人减一等。若官员子孙宿娼者，罪亦如之。

一、立嫡子违法者，杖八十。其嫡妻年五十以上无子者，得立庶长子。不立长子者，罪亦同。

一、乞养异姓义子以乱宗族者，杖六十。以子与异姓人为嗣者，罪同，其子归宗。

一、立嗣虽系同宗而尊卑失序，罪亦如之，其子归宗，改立应继之人。

一、娼优乐人买良人子女为娼优，及娶为妻妾，或乞养为子女者，杖一百。知情嫁卖者同罪，媒合人减一等，财礼入官，子女归宗。

一、许嫁女已报婚书及有私约而辄悔者，笞五十。若再许他人，未成婚者杖七十，已成婚者杖八十。后定娶者知情，与同罪，财礼入官，女归前夫。不愿，陪追财礼给还。

一、居父母及夫丧，而自嫁娶者，杖一百，离异。其夫丧服满，愿守志，祖父母、父母强嫁者，杖八十，期亲强嫁者，减二等，追归前夫之家守志。

一、凡私家告天拜斗，焚烧夜香，燃点天灯、七灯，亵渎神明者，杖八十。妇女有犯，罪坐家长。

一、纵令妻女于寺观神庙烧香者，笞四十，罪坐夫男。无夫男者，罪坐本妇。

一、凡僧道并令拜父母、祭祀祖先，丧服等第皆与常人同，违者杖一百，还俗。

一、僧道不给度牒，私自簪剃者，杖八十。若由家长，家长当罪。

寺观住持及受业师私度者，与同罪，并还俗。

以上律例，这等森严，若有不教训子孙的，还怕不怕？省不省？假使逃得这王法，也决逃不得天报。我今且讲几个古人，听着：有个孟夫子，字子舆，世居邹。父激公宜，娶仇氏，生孟子。三岁即丧父。孟母有贤德，同其子始居墓侧。孟子见人为筑埋事，即嬉戏学之。孟母曰：此非所以居吾子也。乃去，舍近市。孟子又学惟［为］贸易事。母又曰：此非所以居吾子也。三迁，舍学宫傍。孟子乃嬉戏为设俎豆、揖让进退之礼。母曰：此真可以居吾子矣。遂居之。稍长，就学而归，母方织机时，问曰：汝学何所至矣？答曰：自如也。母乃以刀断杼。孟子惧，问母故。母曰：子之废学，即如吾断此机矣。孟子因旦夕劝学，遂成大贤。有个柳公绰，每早起，教诸子皆要整冠束带，问安读书，并教以洒扫应对，讲家法。公权、公绰兄弟二人，皆为尚书，而诸子侄辈饮食皆蔬菜，谓其学业未成，不许食肉。夫人韩氏以熊胆和苦药为丸，令诸子口含之，以知勤苦。后仲郢亦为尚书。这俱是能教训子孙的，各有善报。有个王瑶，是大兴人，养二子，全不教训，不知法度，纵其游荡，爱如掌中之珠，后争家财，殴骂其父，被亲邻首告到官，俱被官法打死。王瑶遂孤独十数年。后瑶死，清明节一及城隍庙内。庙祝闻丹墀下有一人哭声，往窥之，见一人执状告求清明祭祀。城隍怒骂曰：你有子，生前不教，致令不孝不弟，是你自家绝嗣，谁与你祭祀？庙祝次早访之，始知是王瑶也。这是不教训子孙的，定有恶报。那个王法十分利害，这个天报又十分迅速，听到这个所在，自今以后，还敢萌着不教训子孙的心么？

诗曰：我劝世人训子孙，子孙成败关家门。良玉不琢不成器，若还骄养是病根。寝坐视听胎有教，箕裘弓冶武当绳。黄金万两有时尽，诗书一卷可常存。养子不教父之过，爱而勿劳岂是恩？世间不肖因姑息，我劝世人训子孙。

各安生理

圣谕第五条曰各安生理。怎么是各安生理？天地间的人，无论士农工商，富贵贫贱，人人皆有本等的事，这就叫做生理。人人自做本等的事，这就叫做各安。这生理二字先要晓的，生是生活之生，理是天理之理。凡人顺着理行，便是顺天，便是生机。逆着理行，便是逆天，便是死路。世上不安生理的人有两个病根，其一病在懒，其二病在贪。怎么是病在懒？凡人从小时骄惯坏了，到大来游手好闲，狐朋狗友，把自己正经的事全不放在心上。有钱时，纵酒贪花，赌钱斗牌，横行无忌，弄得手内空虚，走投无路，遂至为非作歹，一切出乖露丑的事，都做将出来，重则招灾犯法，轻则流落饥寒。至于富贵家子弟，不曾经着艰难苦楚，止知肥马轻裘，色服厚味，纵情快意，绝不思想祖宗创业之劳，并不图谋自己保守之策，只知饱暖安逸，一生受用不尽。那知道父兄不可常依，财力不可常保。一旦时移势转，流离失所，少小不努力，老大徒伤悲，这都是懒惰之病，遗累无穷。怎么是病在贪？丢了自己的事业，羡慕别人的营生，得一望十，得百望千，这山看见那山高，顾东盼西，朝更夕改，担误的这边也不行，那边也不就，千条计算，反弄的一事无成。又有那辛勤攻苦，成了个人家，算的个体面，就要意大心高，妄求非分。谁知图乐多忧，求荣反辱，这都是贪心无厌，终遗后悔，为人不安生理，有何好处？试将各安的道理，说来大家听着。如读书是为士的生理。要知诗书原是教人为圣为贤的路径，不是与人图名博利的阶梯。凡读书的，务要立志潜心，下帏攻苦，但图正谊明道，不可谋利计功，就是困穷无藉，设馆训蒙，也要知继往开来是学者分内事，不可藉口束修，坏了礼义廉耻。至于废行有命，行止在天，得志加民，固君子所愿，枉尺直寻，尤圣贤所非，须要晓的大行不加，穷居不损的道理，才是安生理。不然，只说各安读书的生理，便可掇科取第。从来皓首穷经，终老牗下者，不知凡几，生理又在哪里？士之所以异于凡民者，但看本心失不失，不论功名成不成就。到那有爵位的时候，也有各安的生理，尊卑上下，自有不同，各有当尽的职分，也矜不得学问大，也恃不得才力高，本分内不可欠缺，本分外不可增加，不可厌薄卑小而图高达，不可倚藉尊崇而作威福。《中庸》曰：在上位，不陵下；在下位，不援上。这才叫做安生理。如种田是农夫的生理，但要你终岁勤劳，不可论丰荒旱涝。古语云：十年高下一般收。又说：良农不以水旱辍耕。

又曰：粪多力勤者乃为上农，不可以佃种之田而不加粪不用力，是为惰农。这就是农夫安生理。如手艺是百工的生理，祖父传来是那一艺，儿孙就做那一艺；从小学的是这一件，到老还做这一件。若这一件不曾学为，又要学那一件。语云：人而无恒，不可以作巫医。自古道箕裘弓冶，这就是百工技艺安生理。如买卖是商贾的生理，只要你公平正直，不必论市价行情，利多也去做，利少也去做。俗言说：本少利微，强如坐。又说：家有千贯，不如日进分文。又说：见快莫赶。又说：良贾不以折本废市。这就是商贾安生理。有那一等穷人，没有土地耕种，又无买卖本钱，不会诸般手艺，少不得背负肩挑，佣工度日。俗语云：天不生无样之人。试看古人董永，以做工遇仙姬，买臣以担柴得高官，只是要安分守法，老实勤谨，自然衣食无亏，这就是贫贱人安生理。世上的人，都知羡慕富贵，不知富贵中有当安的生理。古人云：有福不可享尽，有势不可倚尽。又云：富以能施为德，贵以谦下为德。人能有德，即是生理。子路曰：处富贵而不能有益于人，不足为言。人要知富贵，周贫济乏，救患恤灾，教人负我，莫教我负人。这才是富人安生理。贵者须要乘时布德，量力行仁。程子曰：一命之士，苟存心于利物与人，必有所济。这才是贵人安生理。总之，天地间人只要安分循理，惜福知足。语云：万事不由人计较，一生都是命安排。又曰：但行好事，莫问前程。若凭人力与造物争衡，万无此理。就是那良田万顷，日食不过三餐，大厦千间，夜眠止于八尺。休恨不如人，还有不如你的。凡贪求背理的人，不过是一为图眼前富贵，一为子孙计久远，却不知人家祸患，皆由多事生来。试看那横取钱财，侵没家私，图谋产业者，殁未寒，仇家群起而报复，子孙反受其殃，亦何益矣？所以古人云：远报在儿孙，近报在己身。又云：儿孙自有儿孙福，莫与儿孙作马牛。司马温公曰：积金以遗子孙，子孙未必能守；积书以贻子孙，子孙未必能读；不如积阴德于冥冥之中，以为子孙长久之计。人能晓的这个，才是真正生理。上边说的都是男子汉的生理，至于妇人家，也有生理。而今的妇人，大约只爱吃，只爱穿，只爱金珠首饰，贫贱者东游西走，不顾营生，富贵者饱暖安逸，不知勤俭。甚至媚佛斋僧，游庵过寺，失了女箴，坏了风俗，做出非礼非义之事，往往有之。《礼》曰：夫人蚕缫以为衣服。《诗》云：为絺为绤，服之无斁。就是公侯的夫人，还要辛勤节俭，况以下者乎？凡人家妇女，须要教他德性温良，晚睡早起，烧茶煮饭，裁剪浆洗，井臼勤劳，纺织苦攻，但得荆钗布裙，何羡他珠玉金银？做些针指女工，也换的油盐酱醋，这就是妇人安生理。又有一说，从来不安生不循理的事，在淡薄微弱者尚少，在豪强富厚者偏多，在愚痴朴实者尤轻，在聪明伶俐者更甚。虽是极力谋生，其实伤了天理，甚为可惜。

律内所载不安生理的律例多端，不能尽述，今择数条，请祈细看：

一、田地无辜荒芜及应课种桑麻之类，如不种者，杖八十。

一、将自己田地移丘换段，诡寄他人及洒派等项，事发到官，全家抄没。

一、宰杀耕牛及私开圈店及知情贩卖宰杀者，问罪，枷号一月。再犯，引例充军。

一、贩私盐者，杖一百，徒三百；若有军器者，加一等；诬指平民者，加三等，拒捕者，斩。

一、凡诈为制书及增减者，皆斩；未施行者，绞。诈为察院、布政司、按察司、府州县衙门印信文书者，杖一百，流三千里。其余衙门者，杖一百，徒三年。未施行者，减一等。

一、伪造诸衙门印信及历日、符验、夜巡铜牌、茶盐引者，斩；若造而未成者，减一等。

一、私铸铜钱者，斩。伪造金银者，杖一百，徒三年。

一、军民装扮神像、鸣锣击鼓、迎神赛会者，杖一百。

一、凡侵欺官钱粮者，并以监守自盗论。

一、投匿名文书告言人罪者，绞。

一、教唆词讼及为人作词状，增减情罪，诬告人者，与犯人同罪。

以上律例这等森严，若有不安生理的，还怕不怕？省不省？假使逃得这王法，也决逃不得天报。我今且讲古人，听着。有个盛德，是泰和人，极本分，惟事耕织。人歆以厚利之事，辄曰：舍耕与织，未免机心算人，不为也。亦不诵经持斋。尝曰：口诵经而心不向善，何益哉？晚年遇白玉蟾化道人来，云：喜你实心行善，我与你点一好穴，欲富贵骤发乎？欲永远平稳乎？盛德曰：愿平稳。乃指点一穴。至今子孙蕃衍，无不温饱。这是能各安生理的，必有善报。有个薛敷，是永福人，自恃刁狡，营求非分。又专一替人写状，善于捏无作有，凡没理的事，他也说的有理，家道由此致富。一日，请道士作醮进表去，良久，忽空中飞下批云：薛敷行俭侥幸，丧心害理，家付火司。不十日，果火起，家财尽烧。半年后，双目不见。同子过江，父子落水死绝。此是不安生理的，定有恶报。那个王法十分利害，这个天报又十分迅速，听到这个所在，自今以后，还敢萌着不安生理的心么？

诗曰：我劝世人安生理，素位而行称君子。荣枯得失命安排，士农工商业莫徙。妄想心高百无成，厌常喜新没终始。艺多不精不养身，游手好闲穷到底。皇天不负苦心人，须知安分能守己。更知侥幸断难行，我劝世人安生理。

毋作非为

圣谕第六条曰毋作非为。怎么是毋作非为？天地间的事，不过是非两端。凡顺理的就叫做是，背理的就叫做非。如上面五条，父母该孝顺，不孝顺便是非为。长上该尊敬，不尊敬便是非为。乡里该和睦，不和睦便是非为。子孙该教训，不教训便是非为。生理该各安，不各安便是非为。非为的事，不止反叛大逆、响马强盗、杀人放火、谋害人命、奸淫妇女等事才叫做非为。但凡丧心无行、利己损人、败俗乱常、越理犯分、恃财凌物、倚势作威、打点钻营、教唆词讼、欺孤凌寡、残物害生、坏法妨公、左道惑众、图赖骗诈、斗殴轻生、调戏良家、拐带人口、侵占田地、包揽钱粮、出入衙门、党告党证、窝访卖访、捏造飞言、说事过钱、潜通线索、扰乱屈直、颠倒是非、行使假银、违禁取利、欠债不还、欺压良善、嫁祸受贿、攻人之短、讦人之私、谮谤妻菲、破人婚姻、离人骨肉、夺人所好、助人为非、坑骗资本、忘恩背德、幸灾乐祸、口是心非、大秤小升、短寸狭度、暴殄天物、宰杀耕牛、聚众烧香、男女混杂、纵奴欺主、宠妾凌妻、倡导奢靡、开端奔竞、好恶不当、向背乖宜，以及一切不公不法、不仁不恕、无礼无义的事，都叫做非为。想世上的人，那一个没有良心，那一个不知是非，但是责成别人的是非，尽自明白，到得自己身上，就糊涂颠倒起来，是甚么缘故？总为利之一字种植深了，只是一个占便宜的心，所以没了天理。从来作非为者，起初皆因一念之差，就做到后悔不及的田地。你看那吃打的、戴枷的、问成徒流绞斩的，解救不能，悔改不及，弄的身亡家破、父母干连，妻子离散。这样人岂是天生下来就是恶人？都只为心粗胆大，一念错走了路头，遂落的自作自受，埋怨着谁来？大约作非为的病根，不出酒色财气四字。凡人未吃酒，就是凶恶的人也还有些顾忌，只那两钟孽水下肚，就是天不怕地不怕，大呼小叫，胡行乱作，一切闯祸行凶的事，都做将出来，所以贪酒之人，最易坏事。男女有别，是风俗所关，廉耻所系。有等不消之徒，偏在此中寻消问息，止因一时放肆，遂至犯法受刑。至于柳巷花街，原无定耦，可笑那痴迷汉，斗胜争丰，把那虚情假意认作实心，往往招灾惹祸，倾家丧命，愚亦甚矣。钱财有无，皆由天命，原是强求不得。世上人只为这个臭铜，用了许多计较，费了百样机关，辱身败名，寡廉鲜耻，强索枉取，贪得无厌，甚至图财害命，截路劫人，及至天道好还，法网到来，如蛾投火，如汤泡雪。那一种好争闲气的，不顾屈直是非，一味争强角胜，好高自大，夸口逞能，常因些须小事，不能忍耐，往往惹出祸来。你看那斗殴伤人者，只为气头失手，后来披枷带锁，服罪抵债，追悔何及？这四个字，明明是作非为的根子，世间多少英雄好汉，大都断送此中。这其间又有个缘故。第一是不曾读书。人不读书，不知礼义。凡古人的作为，那个是好，那个是歹，那样是君子，那样是小人，一向全不知道，所以任意为非。也有知道往古的是非，晓的前人的邪正，只是口头称说，不肯身体力地。第二是不知法度。古语说：知法怕法。而今田夫野子，耳不闻法度之言，目不识法度之书，所以意大心高，胡为妄动。第三是希图侥幸。人一为非，原是死路。世上多有明知故作的，只说苟且一时，未必有害。岂知天网恢恢，疏而不漏。常言道：菜虫终是菜里死。又云：恶人自有恶人磨。从来那有为非尽能到头的理。第四是不择交游。平日亲近交结者，都是市井无赖，轻薄少年，彼此互相勾引，把那贪杯恋盏的，倒说是豪放，倚翠偎红的，到说是风流，打吓诈骗的，倒说是伶俐，行凶惯讼的，倒说是英雄。如此相仿相学，习与性成，不觉的引到非为路上去了。所以古人云：博览广识见，寡交无是非。又云：畏法朝朝乐，欺公日日忧。又云：凡事当审己，量力而行，不可妄想非分。人果然能读书，能守法，不侥幸，不滥交，非为的事自然少了。但是，而今的人未见善行，先求报应，这又不是。凡有所为而为，善就是利心，虽有善因，终无善果。故古人云：但行好事，莫问前程。就是为善者未必得福，而善不可不为；为恶者未必得祸，而恶断不可为。昔人有云：勿以善小而不为，勿以恶小而为之。又云：宁可一日没钱使，不可一日坏行止。又说：气死休告状，饿死休做贼。又说：少实胜多虚，千巧不如拙。这才是不作非为的人。尝看世上有三等人：有一等自暴自弃的，除了自己不肯学好，还把那循理守法的笑为愚夫，指为呆汉，却不知拙者未必全失，巧者未必全得。尝见那愚夫呆汉乐业安生，吃亏的多是聪明乖巧。语云：君子乐得为君子，小人枉自做小人。有一等委靡怠惰的，说道已是做成这样，纵然改悔也不济事，却不知人非圣贤，孰能无过，果能一念知非，就是君子。譬如行路者，错走了路途，掉背转来就归正道，所以说个放下屠刀、立地成佛。有一等懈弛宽假的，以为平生无有过失，这一件偶差也不妨事，却不知善必积而后成，恶虽小而可畏，一念为恶，就是小人。譬如登山者，一脚走错就堕深渊，所以圣人说道，细行不矜，终累大德。又有名为好善，其实不知道理的人。从来鬼神之道，福善祸淫，不是徇私受贿的。就如佛祖千言万语，原是劝化世人毋作非为。可笑世上的人也不顾礼义廉耻，也不知伦理纲常，甚至生身的父母不免饥寒，同胞的手足乖离仇恨，一切寸心惨刻，行事奸邪，无所不至，却终日里念佛看经，斋僧布施，指望着得福降祥，希图个西方净土。这就譬如种荆棘而望芝兰，岂有此理？凡好佛的人，动辄说天堂地狱，如有一个人孝顺父母、尊敬和上、和睦乡里、教训子孙、各安生理、毋作非为，却不曾念一句佛，诵一卷经，又有一个人，不孝顺父母，不尊敬和上，不和睦乡里，不教训子孙，不各安生理，惯作非为，却终朝念佛，每日看经，这二人同到阴间，一切势力钱财都用不得，是是非非，明明白白，天堂还是那个坐，地狱还是那个游？语云：万般将不去，惟有孽随身。到那时才知善恶分途，报应不爽。所以古人说道：此心即是佛，何须别处寻？又云：在家敬父母，何必远烧香。又云：明里不伤人，暗里不欺心，就是阎罗王也不消怕他。又云：慈悲胜念千声佛，作恶徒烧万柱香。所以圣贤教人恻隐，佛祖教人慈悲，神仙教人阴骘，儒释道三道，总是善念一理。又有一说，人要毋作非为的事，全要存毋作非为的心。心是根本。若外面假仁仗义，内中包贮险心，纵欺的别人，欺不的上天，纵逃了王法，逃不了鬼神。古语云：人间私语，天闻若雷，暗室亏心，神目如电。所以世上的人，有未见他大功厚德而获福者，有未见他行凶作恶而得祸者，这正是他心中善恶，有人不知而鬼神独知处。故孟子曰：君子之所以异于人者，以其寸心也。大家都要自己心上打点，有作非为的念头没有？大都人心善恶，无有他说。凡举念可以告人，就可以告鬼神，这就是善心。不可以告人，就不可以告鬼神，这就是恶心。行事善恶，亦无他说。凡行事使人欢喜感动者，就是善事；使人怨恨痛恼者，就是恶事。试看律例，专为作非为者而设。所愿者君子秉礼守义，小人畏法奉公，年高有德者以节义廉耻引进后生，少年新进者知循规蹈矩，效法长者，人人完名全节，个个保守身家。下能取重乡评，上不背违功令。这就是太平风俗，熙皞良民。

律内所载作非为的律例多端，不能尽述，今择数条，请祈细看：

一、赌博财物者，杖一百，徒三年，摊场财物入官。若沿街酗酒撒泼，开张赌坊者，仍枷号两个月，照例流徒。

一、用财买休、卖休、和娶人妻者，各杖一百，离异。

一、和奸，杖八十，有夫者杖九十。刁奸，杖一百。强奸者绞，未成者杖一百，流三千里。其和奸、刁奸，男女同罪。

一、奴及雇工人奸家长妻女者，各斩。

一、妻妾与人奸通，而于奸所亲获奸夫、奸妇，登时杀死无论。

一、妻妾因奸同谋杀死亲夫者，凌迟处死，奸夫处斩；若奸夫自杀其夫者，奸妇虽不知情，亦绞。

一、凡夜无故入人家内者，杖八十，主家登时杀死无论。

一、军民人等于各寺观神庙刁奸妇女，因而引诱逃走，或诓骗财物者，各杖一百，奸夫发三千里充军，奸妇入官为婢。财物照追。

一、僧道犯奸者，依律问罪，各于本寺观庵院门首枷号一个月发落，有犯挟妓饮酒者，俱问发原籍为民。

一、凡盗大祀神祇御用祭器、帷帐等物及盗飨荐玉帛牲牢馔具之属者，皆斩。

一、监临主守自盗仓库钱粮等物，不分首从，并赃论罪。

一、送应纳税粮课物及应入官之物，给文送运而隐匿，私自费用不纳，或诈作水火盗贼损失，欺妄官司者，并计所亏欠物数为赃，准窃盗论。

一、白昼抢夺人财物者，杖一百，徒三年；计赃重者，加窃盗罪二等，伤人者斩。

一、强盗得财，不分首从，分赃窝主、造意者皆斩；窃盗掏摸得财，刺配。三犯者绞。知盗后分赃及接买寄赃，俱发边卫充军。盗马牛畜产，以窃盗论，刺配。

一、将良民诬指为盗及寄买贼赃，打诈搜检，抢夺财物，淫辱妇女，除真犯死罪外，其余不分首从，俱发边卫永远充军。

一、防［放］火故烧房屋者，杖一百，徒三年，因而盗取财物者，斩。

一、发掘坟冢，见棺椁者，杖一百，流三千里，已开棺椁见尸者，绞。

一、斗殴杀人者绞，故杀者斩。

一、谋杀人，造意者斩，从而加功者绞，不加功者杖一百，流三千里。

一、同伴欲行谋害他人，不即阻当救护，及被害之后，不首告者，杖一百。

一、凡造畜蛊毒堪以杀人及教令者，斩。若造魇魅、符书、咒诅欲以杀人者，各以谋杀论。若用毒药杀人者，斩。买而未用者，杖一百，徒三年，知情卖药者同罪。

一、师巫假降邪神书符咒水及妄称白莲等教烧香聚众，佯修善事，煽惑人民，为首者绞，从者各杖一百，流三千里。

一、凡左道惑众之人称为善友，求讨布施，十人以上，军民人等不问来历，窃藏接引，或寺观住持容留，事发，属卫者发边卫充军，属有司者发边外为民。

一、寺观庵院不许私自创建，违者杖一百，僧道还俗，发边卫充军。

以上律例，这等森严，若有作非为的，还怕不怕？省不省？假如逃得这王法，也决逃不得天报。我今且讲古人，听着。有个宜兴人，姓周名处，膂力过人，不干正事。自知为人所恶，有改过之心。谓父老曰：今岁丰收，为何不乐？父老曰：三害未除，何乐之有？周处问曰：何为三害？父老曰：南山白额猛虎、长桥下黑麟蛟，并尔为三害。处曰：吾能除之。乃入山射杀猛虎，向水中斩了蘖蛟，遂励志改恶为善，随处与人方便，言必忠信，行必恭敬。三月之内，州县有司交荐，后竟官至兵部尚书。这是不作非为的，必有善报。有个陈三公，是武宁人，平素狂妄，口如悬河，善用刀笔，专以骗人诬人，与人争竞，一县人都怕他，俱称陈友谅出世。年四十九岁，时值三月初三日真武寿诞，庙内演戏，陈三公却也去看，忽一时发狂，如被人捆打模样，不住口说：我再不害人了，上帝老爷饶了我命罢。一庙数千人，无不惊异，抬出庙门，浑身青黑而死。此等都是作非为的，各有恶报，那个王法十分利害，这个天报又十分迅速，听到这个所在，自今以后，还敢萌着作非为的心么？

诗曰：

我劝世人莫非为，非为由来是祸基。只因一点念头错，讵料终身自吃亏。奸淫盗贼方才起，徒流绞斩即相随。抛尸露骨身难保，带锁批枷悔是迟。总然逃得官刑过，神明报应不差池。及早回心犹可救，我劝世人莫非为。

总诗

圣人之道六言是，天下太平此一书。果能实实通行去，便是唐虞三代初。

高起凤《劝民正俗歌》

高起凤，字鸣冈，奉天辽阳荫生，康熙二十三年自松滋知县升任保德州知州，升吏部考功司去。在保德州，为《劝民正俗歌》，共有十一首，除六谕之六首外，还有《兄弟》《妇道》《妻道》《妯娌》《婢仆》等五首。载康熙《保德州志》卷十二《艺文下》，国家图书馆藏民国二十一年铅印本，第 31 页下至第 32 页上。

孝顺父母。欲把亲恩数一回，天高地厚一般推。总能数尽青丝发，只有亲恩数不来。恩大如天不可当，请君终日自思量。若还不信亲恩大，君是如何痛令郎。

尊敬长上。骑马如逢长上来，莫妆不见把头歪。滚鞍下马旁边立，送过方才上马回。傲气雄心不肯休，好言相劝反成雠。如今尊长包容你，自有仇人在后头。

和睦乡里。富足人家父不知，手中也有断银时。莫因缓急难相借，就与亲朋反面皮。他乡一见故乡人，喜地欢天分外亲。反在乡邦如陌路，不知他是什么心。

教训子孙。万户千门各有途，子孙资质有贤愚。耕田未必无收获，休只劳劳靠读书。若还定要子成名，砍下黄荆五六根。前后书房都摆列，莫教虚度半时辰。

各安生理。不消说声我无田，挑水何曾不赚钱？就是篦头修脚者，也能积钞过时年。富贵穷通有命存，自从生下到如今。若教奸巧能求富，世上良民尽嗑风。

毋作非为。到处奔忙走不休，一腔肝胆大如牛。如何起灭都凭你，只恐灾来不自由。酒内宾朋摆摆开，果然闹动半边街。试看那伙兄和弟，犯法谁人肯救来。

金墩黄氏《劝民六歌》

清乾隆十五年刻印本《莆田沙堤晋江安平金墩黄氏宗谱》内有

《参政若顷家训》《劝民六歌》，不知何人所作，兹转引自陈聪艺、林铅海选编《晋江族谱类钞》，厦门大学出版社2010年版，第171—172页。

劝民六歌

一、孝顺父母。天施兮地生，父精兮母血。孕赈乳哺母劬劳，衣食周全父竭蹶。血泡养到能负薪，娶妇成人忧始辍。可怜两个为甚来，指望济得老时节。谁知生就羽毛呵，倒把爷娘甘旨阙。心酸垂泪吊西风，羔何跪乳鸦何拮？呜呼，我民兮把心摩，仔细听我孝顺歌。

一、尊敬长上。乡党兮尚齿，尊卑兮有礼。隅坐随行情所安，召必虔趋对必起。无奈当今年少行，反把高年轻毁诋。雄谈阔步任猖狂，尊者摄之气横眦。曾闻相鼠与茅鸱，幼不孙弟真可鄙。有朝轮到你老时，后生侮弄一间耳！呜呼，我民兮把礼遵，谦卑逊顺式人伦。

一、和睦乡里。同类兮聚庐，比屋兮托居。岁时伏腊亲相庆，守望追随疾与扶。自食自衣分业定，何仇何怨任欢呼。可怪枭民操武断，恣欺良善陷群愚。幽有鬼神明有法，何曾放过你些乎？不如修娇敦亲睦，落得安闲度居诸。呜呼，我民兮听我语，居乡和气当为主。

一、教训子孙。子孙兮继体，上承兮宗祀。阶前长愿长芝兰，不肖真贻门户耻。有子不教父之愆，趋庭勿废诗和礼。义方如窦尽扬名，式谷象贤众所美。今人只道爱儿孙，恣放骄淫贱锦绮。不知覆败如燎毛，三变都从姑息起。呜呼，我民兮听无傲，爱异禽犊能勿劳。

一、各安生理。天地兮生人，富贵兮前定。士农工贾各途兮，两字俭勤频谛听。他家丰足我无干，我的衣粮须自趁。安心守己莫贪求，一饱应知天不吝。妻儿乐只好应承，色笑满门承家庆。何须积玉与堆金，本分生涯有余剩。呜呼，我民兮际太平，安排快乐过平生。

一、毋作匪为。凡子孙痴愚，分外兮浪为，算来岂尽饥寒迫，也有惰游转□□，不顾目前强做去，不知刑宪已相随。做时全没些□□，□下难熬万苦亏。抬眼一观安分，官法何曾滥□□。好人不做罹天网，惹得灾来悔已迟。呜呼，我民兮□□，莫作匪为真玉女。

龙舒《秦氏家训》

龙舒《秦氏家训》原载于清秦忠纂修《［安徽龙舒］秦氏宗谱》（清咸丰二年友鹿堂木活字本）。转引自上海图书馆编，陈建华、王鹤鸣主编，周秋芳、王宏整理《中国家谱资料选编·家规族约卷》，上海古籍出版社2013年版，第395—400页。首有秦学思序，序云："人之淑身立德，固专其责于师傅，亦乐有贤父兄也。父兄之教不先，子弟之率不谨，以至判道罹法，败坏家常，而国无令民，家无令子。今撷先儒前哲所作可为鉴劝者若干条，刊于谱首，使读者有以发其好善恶恶之良、革薄从忠之习、慈爱孝弟之心、处世接物之道。贤智之士，固有裨益身心，愚不肖者亦可率而由也，所谓不出家而成教于国者，此物此志也。且风俗与气化相为转移，而气化亦与风俗为厚薄，人性与习俗亦因为远近。故王化所不及而儒生补之，气志有不足而学以补之。倘听其因循，歧于中道，不尽子弟之职，为子弟亦不可视为泛常，无关于得失也可。"

孝顺父母

人生在世上，圣贤皆可作，须从孝上做起，顺上行去。这孝顺二字，是人所最要紧的事，若是人能孝顺，就是好人，若不孝顺，便有法惩治他了。看那《大清律》上有云：一、子孙违犯祖父母、父母教令及奉养有缺者，杖一百。一、子孙骂祖父母及妻妾骂夫之祖父母、父母者，并绞，殴者斩，杀者凌迟处死。一、居父母丧而身自嫁娶者杖一百，离异。一、弃毁祖宗神主，比依弃毁父母死尸者律，斩。然则人不可不孝顺父母哉？

演曰：凡人之身，皆本之于父母。想我生之初，母命危险，父甚忧之。既生之后，三年怀抱，何等劬劳。稍知嘻笑，父母欢喜，出入顾复，谨防水火。六七岁时，为我择师。稍长，为我求婚。父母深恩，等于天地，为子的不可不孝顺。孝顺之道，养志为上，顺命次之，养口体又次之。父母之志，谁不望子做好人。能做好人，才是大孝。如子事父母，夏清冬温，昏定晨省。每食进膳称家有无，必要丰洁。父母有事，以身代劳。父母有病，请医调治。此等与不能养者诚大不同。然或自己不做好人，父母终不欢喜。又一等父母有教，尽能顺承，如教读书就学读书，教种田就学种田，教买卖就学买卖，教手艺就学手艺。此等人顺亲之命与违拗诚大不相同，然其所学或止于营利肥家，其立心非真欲做好人，亦不免辜负此身，辜负父母生我一番。事父母须要做好人，古之圣贤是极好人，立志必要为圣，为贤，其次亦要谨守礼法，做个善士。如读书做官就做忠臣，秀才就做德行之士，农工商贾亦做个良民，中心无愧，行事无失，使乡人道某人有好儿子，显亲扬名，父母岂不大欢喜，这才是养志。至于女子也要做好人，不辱其父母，才是孝顺之女。你能孝顺父母，则你的子孙亦能孝顺你。若不孝顺父母，则你的子孙亦不孝顺你。今日事父母的，就是他日儿孙样子。凡为人子，当孝顺父母。

尊敬长上

尊以礼言，礼从心出，不是书文。人凡遇尊长在上，一切称呼、拜揖、坐行、言语之间，都要事事尽礼，实实敬让，才是个好人。若不敬长上，便有法惩治他了。看那《大清律》上有云：一、弟妹殴兄姊杖九十、徒二年，伤者杖一百、徒三年，死者斩。一、侄殴叔伯父母姑、外孙殴外祖父母加殴兄姊罪一等，故杀者凌迟。一、凡殴骂师尊长以上加等杖笞。一、凡奴婢骂家长者绞，殴者斩，杀者凌迟，过失杀者绞。一、各处刁军刁民挟制官吏，陷害良善，起灭词讼，结党捏词诬告，把持官府不得行事等项，重者发边卫充军，仍于本地方枷号三个月。一、官司差人追征钱粮、勾摄公事而抗拒不服及殴所差人者杖八十，伤重者杖一百、流三千里，笃病者绞，死者斩。若逃避山泽不服追唤者，以谋叛未行论，为首者绞，为从者皆杖一百、流三千里，其拒敌官兵者不分首从皆斩，妻妾子女为奴，财产入官，父母子孙兄弟皆流三千里，然则人可不尊敬长上哉？

演曰：长上不一，有兄长，是同胞年长的。有族长，是主持一族的。有家长，是主持一家的。有尊长，是户内分尊的；有亲长，是亲戚分尊的；有师长，有友长，是德尊的；有官长，是位尊的；有乡里之长，是齿尊的。诸长上皆当尊敬。你看那小孩子见长上就晓得加敬，此一点敬心是孝顺心流出来的。要做好人，必要时时提起这敬心来。敬心所发，先在长上，如在家在外，坐则让席，行则让路，食则让先，有问则敬以对之，有命则敬以趋之，有一善则敬以法之，有一不是处则从容婉转敬以谏之，务令家中常说是顺弟，官长常说是良民，乡里长老常说是善人，不得罪于官司，不贻辱于父母。今日我能尊敬长上，他日留得样子与诸卑幼看，各知尊敬长上，自成美俗。至于女子，亦要敬丈夫，敬公婆，敬一切尊长，自然不犯礼法，做得一个贤妇。如不尊敬长上，傲慢忤逆，在家家恶之，在乡乡恶之，官司恶之，犯刑得罪，回头自想，岂不羞耻？凡为子弟当尊敬长上。

和睦乡里

凡乡村城市同街共牛，都是乡里。既谓之乡里，与我田里相连，房屋相比，切不可因些须小忿构成大衅，失了同乡共里的和睦。必须出入相友，守望相助，疾病相扶持。凡冠婚丧祭之事，俱要致敬尽礼，这才是好人。若不和睦乡里，便有法惩治他了。看那《大清律》上有云：一、凡骂人者笞一十，互相骂人者各杖一十；一、殴人吐血杖八十，折人齿指、拔人发者杖六十、徒一年，折肋、眇目、堕胎及刃伤者杖八十、徒二年，折肢、瞎目者杖一百、徒一年，瞎两目、损二肢以上并杖一百、流三千里，将犯人财产一半养膳，仍引持凶事例充军。一、凡共殴致死，下手者绞，元谋者杖一百、流三千里，余人俱杖一百；将田宅重复典卖者以所得价钱计赃，准窃盗论，田宅从原典买主。一、盗卖冒认并虚钱实契典买及侵占他人田宅者，杖八十、流三年，朦胧投献官豪世家，与者、受者各杖一百、徒三年，投献之人仍引例充军。然则人可不和睦乡里哉？

演曰：乡里是同乡共里之人，田地相连，居处相近，期夕相会，酒食相邀，有无可以相通，疾病可以相问，水火盗贼可以相救助。语曰：远亲不如近邻。所以乡里间贵和睦。想天地生人之初，同是一个太和元气，人禀此气生于世间，有何人我，有何分别，大家总一团和气，此是和睦头脑，亦是孝顺之理所包涵的。是因人心蔽塞，不见此头脑，以藩篱分彼此，一时有小忿，你也不让，我也不让，遂成大隙。我欲求胜于人，人亦求胜于我，仇仇相报，遂至荡家破产，不和之害如此。居邻务要忍小忿全和气，莫为小儿起争，莫为牲畜起争，莫为草木起争，莫为一句言语起争，莫为一事失礼起争，莫为一小人唆拨起争，莫以强凌弱，莫以富骄贫，莫以众暴寡，喜庆相贺，婚姻相助，有无相济，疾病相扶持，水火盗贼相救护。务要彼此情意浃洽流通，乃为和睦。就是女子，亦要晓些道理，善处乡邻，不得弄唇辞去，不得生计较，不得耸丈夫生气，才是贤妇。苟不能和睦乡里，则家之左右都是仇敌，一出门便落陷阱，有多少祸害来。凡处四邻，当和睦乡里。

教训子孙

人家子孙，宗支要他接续，家业门户要他承立，养生送死要他周旋，子孙一身关系非小。为父兄者，必要教训他，敦请严师，设立规矩，敛其性情，使之知礼识义，士农工商各归一业，这才是个好人。若不教训子孙，听那子孙所为，设若那子孙所行之不善，便有法惩治他了。看那《大清律》上有云：一、凡子孙故违祖父母、父母教令者，杖一百；一、房舍服器之类，各有等第，若违式僭用者，笞五十，罪坐家长；一、许嫁女已报婚书及有私约而辙悔者，笞五十，若再许他人未成婚者，杖七十，已成婚者杖八十，后娶者知情与罪同，财礼入官，女归前夫，前夫不愿，倍追财礼给还。然则人可不教训子孙哉？

演曰：子孙是祖宗血脉传下的，祖宗坟墓靠他祭扫，自己年老靠他供养，千百宗桃靠他传之不穷，所以有子孙的当教训他。今人有子孙不知教训，随子孙饮酒赌博，荒浮懒惰，后来破家荡产，固不足言。然亦有人自以为能教训子孙，知读书的也教他读书，种田的也教他种田，买卖手艺的也教他买卖手艺，然不知教他做好人，只教他机械变诈贪财赎货之事。有等妇人见小儿使性打人骂人，反说他乖，怀抱时或叫他打爷一掌，骂他一句，反目欢喜，不知后来养成骄惰，坏了他心术，将来不孝弟不忠信，必然破坏家产。必自幼教他做好人，不可惯他，稍长择明师，求良友，讲明孝弟忠信之理，如何孝顺父母、尊敬长上、和睦乡里，时时提醒他、检点他，不听就打就骂。如此教训他，必然能谨守礼法，勤务生理，凭他读书种田，买卖手艺，不拘那一行，做个好人，显亲扬名，成家保业，享有令名，谁不称道某人家有此好子孙，将来子孙持此教训之道，一代传一代，谁不称道某人家有家教，有家学，这才是会教训子孙。至于女子，亦当教训，不但教以纺绩、井臼，亦当教以孝顺、尊敬、和睦的道理，他日为人妇才能尽妇道。倘不教训，必然傲慢公婆，欺凌妯娌，搬唇舌，间骨肉，累丈夫，辱父母，为害无穷。凡为父母，当教训子孙。

各安生理

生理二字，生即是营生之生，理即是天理之理。顺理营生，方为正道。凡人只要存个天理良心，士农工商都要安自家本分，这才是个好人。若不各安生理，便有法惩治他了。看那《大清律》上有云：一、私放钱债取利，不得过三分，年月虽多，不过一本一利，若强夺去孳畜产业者杖八十，追还。以债准折人妻妾子女杖一百，强夺者加二等，因而奸占妇女者绞，人口给亲，债免追。一、田地无故荒芜者，应课种桑麻之类而不种者，杖八十。一、脱漏版籍、逃避差役者杖一百，欺隐田粮、诡计洒派等项杖一百，其田入官，所隐税粮征纳。一、私铸铜钱者绞。伪造金银者杖一百、徒三年。一、教唆词讼及为人作词状增减情罪诬告人者，与犯同罪。若受雇诬告人者，计赃以枉法从重论。投匿名文书告言人罪者绞。然则人可不各安生理哉？

演曰：人莫不欲生，有生计，有生理。如读书作文，秀才生计；耕田种地，农夫生计。经营买卖，商贾生计。造作器皿，匠人生计。下此佣工挑脚，也是他生计。然各有个道理。在理中行，则为生路。在理外行，则为死路。这生路各当安之。凡今之治生的，谁不忙忙急急日夜去做，但不知道理，心术不端，人品不好，不孝父母，不敬长上，居乡里不知和睦，有子孙不知教训，此等人必不安心顺理而行，往往理外设诈求钱，自说可以养生，其实乡里恶之，官司责之，天地鬼神祸之，岂有能生之理？须要孝敬父母、尊敬长上，和睦乡里，教训子孙，如此者念念做好人，步步行好事，其治生时，理当行则行，理不当行则不行。

其取钱时，理当取则取，理不当取则不取，随他一条生路都在道理中行，这才是各安生理。人能如此安生理，才能有利无害，有福无祸，此身可保。若妇人女子，亦要各安妇人女子的生理，晓得孝顺、尊敬、和睦、教训之道，安心勤纺绩，操井臼，以养其生，则内外有别，淫乱不生。苟不安其生理，不但衣食无从而出，必将非礼犯分，其心已死，岂能一日安其生理哉？凡人治生，当各安生理。

毋作非为

凡人做那不好的事，便是作非为。试看世上的人，那个没良心天理，只因后来或为物欲遮蔽，或为嗜好牵引，便不肯学好，做那不当为的事了。你一做那不当为的事，一时发露，便有法惩治他了。看那《大清律》上有云：一、斗殴杀人，不问手持他物、金刃，并绞，故杀者斩。同谋共殴人致死，下手者绞，元谋者杖一百、流三千里，共殴之人执持凶器，发边卫充军。戏杀、误杀各以斗殴论抵。一、谋杀人，造意者斩，从而加功者绞，不加功者杖一百、流三千里。伤而不死，造意者绞，从而加功者杖一百、流三千里。一、强盗得财，不分首从、分赃、窝主、造意，皆斩。窃盗掏摸得财刺配，三犯者绞。如盗后分赃及接买寄藏，俱发边卫充军。盗牛马畜产以窃盗论，刺配。盗田野谷麦、菜果，准窃盗论。一、和奸杖八十，有夫者杖九十，勾奸杖一百，强奸者绞，未成者杖一百、流三千里。奸幼女十三岁以下者，虽和，同强论。一、赌博财物者杖八十，摊场钱物入官。若沿街酗酒撒泼开张赌坊者，仍枷号三个月。一、师巫假降邪神书符咒水及妄称白莲等教，烧香聚众，佯修善事，煽惑人民，为首者绞，为从者各杖一百、流三千里，造妖言、妖书者斩，里长不首者笞四十。然则人可作非为哉？

演曰：非为者，非礼非法而妄为之也。如不孝顺父母，居家忤逆；不尊敬长上，欺侮尊长；不和睦乡里，逞凶生事；不教训子孙，游荡不检；不安生理，分外骗人的，凡此数端，皆非理之所当为者，亦是法之所当禁者，推之大则为叛逆，为奸淫，小则如律所称，不应而为之事，皆系非为。故终举此一条，该括甚多，又将上五言申警一番。你我在家，凡孝顺事当作之，其忤逆父母及玷辱父母，即自忖此非孝顺，乃是非为，戒而莫作。凡尊敬长上事，当作之，其违犯教令、得罪长上，即自忖此大不敬，乃是非为，戒而莫作。凡和睦乡里事当做之，其利己损人、有害于乡里，即自忖此非和睦之道，乃是非为，戒而莫做。凡教训子孙事当做之，其坏家道、随子孙游荡及欺凌卑幼，即自忖此非为我生理，乃是非为，戒而莫作。能毋作非为，则烦恼自无，身家可保，不辱父母，不累妻子，不犯官刑，不取怨于乡里，岂不快乐？若作非为，小则辱体犯刑，大则身亡家破，不但天理不容，亦且王法不赦，故当毋作非为。

南丰潋溪《傅氏族训》

南丰潋溪《傅氏族训》首《圣谕六条释文并四言诗》，次《十事说》《五伦》《五条》《家教》《延师》《习医》《妇教》等部分，撰人不详，载清傅汝澄等修《南丰潋溪傅氏九修宗谱》，清同治九年木活字本，转引自《中国家谱资料选编·家规族约卷》，上海古籍出版社 2013年版，第 450—451 页。

孝顺父母

万物本乎天，人类本乎父母。本之为义，人物皆同，而人灵于物，尤重有子，以孝弟为仁之本。孟子云：天之生物也，使之一本。大贤立言，唤醒世梦，吾辈不生于空桑，谁无父母？试看孩提初心，依恋所生，迨至长大习染，多流忤逆，顽不知省，孰知百行以孝为先，五刑以不孝为重。我高皇帝首揭此条，欲令天下兆民不失赤子之心。人人亲其亲，斯为良善。凡我族孝子顺孙，幸毋弁髦圣训，着实凛遵可也。

孝是总名，顺为孝本。色难敬养，必遵绳准。罔极洪恩，蓼莪唧惘。反哺有乌，灵耳让蠢。

尊敬长上

朝廷之长以爵，故称官长，家庭之长以齿，故称族长。贵贱不同，名分则一。是故徐行后长，便得悌名，犯上作乱，逆始微眇。每见轻薄子孙披猖焘然，族有事无定识而辄敢妄动，躬蹈不轨，已发觉而尤不伏辜，此不肖之尤者，当家法惩之。至于父事肩随，礼有明训。吾宗世习诗礼，可偃塞裾傲，不遵长幼之序，效三家村俗子规模，于汝安乎？

国学齿胄，老更巍然。居家敬长，训后崇先。事必禀行，行则随肩。名宗矩矱，后裔勉旃。

和睦乡里

周制八家井同，比闾族党，情谊依然。孟子云：出入相友，守望相助，疾病相扶持。其诠和睦之义尽之。古今世殊，乡邻无异，是故旨酒嘉肴，洽比其邻，则贫富不埒，岂是大雅。雍容悃款，礼让相率，则髦倪丕应，迺称淳俗。嗟夫，鸟同林者嘤鸣悦响，鱼同泽者联队乐游，矧吾人群桑梓，乃强凌弱，众暴寡，智欺愚，蛮触角战，戕贼构祸，渐蹈互乡［向］难言之风，可叹哉！我能恪遵皇帝诏谕，时常仁礼存心，恭敬接物，则闾左雍熙，可保百年无事矣。

礼和为贵，君子行藏。四海兄弟，矧伊同乡。枌榆谊渥，香火情长。作息耕读，周旋不忘。

教训子孙

先人有言，子孙贤，族将大，欲其贤肖，匪教曷由？然人非上智，不教而善者无有，人非下愚，教亦不善者无有。惟中人最蓄，故教亦多术。教之施行，父兄为先，师友次之。教之渐摩，模范为先，督责次之。夫中养不中，才养不才，匪徽贤父兄之名，实成令子孙之美。我辈一言一行，兢兢相顾，常留好样，子孙自然则傚，而又使之亲正人，闻正言，行正事，人人绳趋尺步，寻向上去，庶几家声日振，无忝祖宗令德。为子孙者，必兢业服行，罔敢屑越，固非徒学文讲艺从事铅椠之业图科甲之荣而始为承教云。

教诲式谷，祖父之责。躬行始化，理谕乃革。勉令迁善，无俾作慝。采菽祝蛉，诗言可绎。

各安生理

人有所生之身，必资常生之业。业之可托者，是谓生理。生理人人皆有，人人当安。如士安于学文，讲贯寻绎，不乱劳心。农檗于菑畬，火耕水耨，不惮劳力。工安于造作，君肆成事，术业日精。商安于交易，贸迁化居，蓄积日富。试观克勤克敏之夫，温饱终身，游手游食之辈，艰苦毕世，且人人各事其事，则邪念不生，非为自息。故此暨末条互相表里，圣祖教民之意，可谓淳恳矣。

百年劳生，芸芸穹壤。钱谷是营，耕凿是养。务本安分，体胖心广。优游盛世，无愧俯仰。

毋作非为

吾人一生行藏进止，皆属有为，依天坦途者所作便是。傍人欲险径者，所为即非，非之尤者，从匪彝，即（愓）淫，奸盗诈伪，丧尽良心，不顾傍人指摘，不畏官府刑罚。此等顽民，良可太息。谚云：为人不作亏心事，半夜搥门心不警。此言能安生理则身心皆安，倘操行不轨，从逆积凶，幽有监观之赫，明有讯鞠之严，丧身毁家，其渐可畏。吾宗百尔子孙，幸察浅近之言，毋蹈颠沛之误。

作德日休，众恶如崩。小人扞网，君子怀刑。修身慎行，祇惧冰兢。服膺圣训，克全令名。

新会玉桥《易氏家训黜例祠款》

新会玉桥《易氏家训黜例祠款》首《六箴演义》（即家训），次《黜例》，次《祠款》。《六箴演义》不著撰人，分三部分，首释六谕诸条目，次律，次果报事例。自其果报事例看，则多为明代以前人的事例，故疑为明人编撰。此书收入清易道藩等修《［广东新会］新会玉桥易氏族谱》，清同治十二年刻本，转引自上海图书馆编，陈建华、王鹤鸣主编，周秋芳、王宏整理《中国家谱资料选编·家规族约卷》，上海古籍出版社 2013 年版，第 469—473 页。《易氏家训》对六谕的诠解，主要是在罗汝芳《太祖圣谕演训》基础上删减而来。

孝顺父母

孝顺父母，先要安父母之心。祖父祖母，父母所尊者，敬之。兄弟子姪，父母所亲者，爱之。次要养父母之身，冬温夏清，昏定晨省，服劳奉养，无非孝也。孝父母必须和兄弟。《诗》云：兄弟既翕，和乐且耽［湛］。子曰：父母其顺矣乎！语云：孝顺还生孝顺子，忤逆还生忤逆儿。天道昭昭，点滴不差。

律：一、子孙违犯祖父母、父母教令及奉养有缺者，杖一百。一、子孙告祖父母、父母，妻妾告夫及告夫之祖父母、父母者，杖一百，徒三年。诬告者绞。一、子孙骂祖父母及妻妾骂夫之祖父母、父母者，并绞，殴者斩，杀者凌迟。

孝顺之报。宋南安苏颂知婺州，舟及桐江，水涨几覆，颂以母在，哀泣赴水挽舟，舟正及岸，奉母登岸，舟随覆。人谓孝感所致。颂官至侍郎，封赵国公，母封赵国夫人。宋李宗谔，真宗时拜谏议大夫，继母符氏少礼于谔，及丧父，谔事符氏以孝闻，爵位通显，子孙富盛。朱文恪公奉继母李氏，克尽孝道，壬寅乱剧，扶母逃窜，凡十余日，两全无恙，后公贵显。

尊敬长上

皇帝是天下人长上，一方亲临。公祖父母、学校师长是一方人长上，祖父母、伯叔父母、姑姊兄嫂是本宗长上，外祖父母、母舅、母姨、妻父母是外戚长上，先达、缙绅、贤人君子传教授业，父兄执友是乡党中有德有位、有道有年长上。你虽推尊加敬，礼恭礼让，只是天理节文，合当如此。《论语》云：为人孝弟，自无犯上作乱。可见一本良心，既然顺亲，自能敬长，非由勉强使然也。

律：一、弟妹殴兄姊，杖九十，徒二年半，伤者杖一百、徒三年，死者斩。若姪殴伯叔父母姑，各加一等，执有刀刃赶杀，引例充军，故杀者凌迟处死。一、告期亲尊长、外祖父母，虽得实，杖一百，大功杖九十，小功杖八十，若诬重者各加所诬罪三等。一、威逼期亲尊长致死者，绞；若尊长被杀，而卑幼私和者杖八十、徒二年。一、奴婢殴家长者，斩；若佣工人殴家长，杖一百、徒三年。

尊敬之报。汉马援，字文渊，兄况早卒，援行期年丧，不离墓所，敬事寡嫂，不冠不入庐，封新息侯，女为皇后，子孙贵盛。东晋颜含，字弘都，少有操行，以孝闻。兄畿死，讬梦当复生，发棺而气息甚微，阖家营视，母妻不能无倦，含乃绝弃人事，征辟不就，躬亲侍养，足不出兄户者十三年，后封西平县侯，享年九十三，子髦、孙緂皆闻人。元潭州周司，好善，见前辈如父兄，待同辈如昆弟。一日看亲渡江，风浪大作，舟几覆，幸及岸得生。闻一渔者曰：昨夜水边人言，明午当覆一舟，取命二十条，但有周不同在上，不可害此好人。众解不同为司字，始知舟之不覆，司为善之力也。杨文定公，谦谨小心，笃于操履，接吏卒亦不敢慢，尝曰：士君子一言一行无愧幽明，然后无负父母生身之恩。文定爵位通显，子孙蕃盛。

和睦乡里

天地是人之大父母，人在天地之中，好恶忧戚本自无间，况于乡里原来亲切。语云：千金置邻，五百买宅。在贤人长者，为善积德，固是一方祥瑞，大众师表，所当尊敬。其间富贵乡里，缓急或可相助，贫贱乡里，有无亦须相恤，即遇些小不平，着实含忍过去，嫌隙渐次消融，何等快乐？彼不和睦者，因有忌刻心，恐人愈己，又因有好胜心，意在过人。唇齿相连，怨深褊结，岂保身全家之道哉？

律：一、殴人吐血杖八十。折人齿指、髡人发者杖六十、徒一年。折肢瞎目者杖一百、徒三年。瞎两目、损二事以上并杖一百、流三千里。一、告争财产但系五年以上并虽未及五年、验有亲券分书出卖文约的，不许再分再赎。一、盗卖换易及冒认，若虚钱实契及侵占人田宅者，杖八十、徒二年。一、将已典已卖田宅重复典卖者，以所得钱计赃，准窃盗论，免刺，追赎还主，田宅从原主为业。若重复典卖之人及牙保知情者，与犯人同罪，追价入官。一、所典田宅等物年限已满，备价收赎，若典主推故不肯放赎者，笞四十。一、斗殴杀人者绞，故杀者斩。

和睦之报。汉平原守伏谌，琅琊人也。更始时兵起。谌谓妻曰：民饥，奈何独饱？乃共食粗粝，分财赡众，众多赖存活。谌封侯，子孙贵显。宋三衢旱，守祷不应，造二枷以奠城隍，曰：旱甚矣，神不能请，罪与守等，明日无雨，同荷此枷。是夕梦神曰：汝责吾固当，奈汝无德以感上帝，须用陈自量名奏请，或雨。且以问吏。吏曰：有之。召至以请，果雨。盖陈于乡人籴米者，授以升斗，俾其自量，人因名之，不谓果动神天如是。史良佐，南京东城人，为西城御史。每出入，怒里人不起，执数人送东城御史诘之，对曰：民等总为倪御史误矣。倪公亦南京人，在兵部时，每有舆过其门，众或走匿，辄使人谕止，曰：与汝曹同乡里，吾不能过里门下车，乃劳尔曹起耶。民等意史公犹倪公，是以无避。东城心善其言，悉解遣之。倪为尚书，谥文毅。吴县大宗伯杨翥，邻里构舍侵公宅地，雨溜坠于公庭，公不问，曰：晴天多，雨天少也。又有侵公地者，公曰：溥天之下皆王土，再过些儿也不妨。雅量厚德，大率类此。

教训子孙

古云：有好子孙方是福，无多田地不为贫。又曰：严父出好子，慈母多败儿。世上好人皆是教训而成，要他做好人，先教他存好心，养其良知良能，训之爱亲敬长，言必信，行必谨，圣经贤传，令其体认，明师良友，与为切磋，处为家珍，出为国瑞，岂不美哉！若有资性中下者，农工商贾各守一艺，使无坠落，但循理法，勤生业，同做好人、存好心足矣。至若妇女，教以贞洁和顺，勿令放逸，勿纵奢华，勿任性傲公姑、凌妯娌，勿搬唇舌，离兄弟，疏骨肉，常言教妇初来，亦如教训儿女一般。间有不肖子孙，不宜忿嫉太甚，亦不当诿之于命。父子主恩，决无可忍之心，亦无可弃之理。鸟兽虫鱼，尚可感化，况于人子，况于父子乎？

律：一、乞养异姓义子以乱宗族者，杖六十，以子与异姓为嗣者罪同，其子归宗。一、立嗣虽系同宗，而尊卑失序者罪亦如之，其子归宗，改立应继之人。一、许嫁女已报婚书及有成约而辄悔者笞五十。若再许嫁他人，未成婚杖七十，已成婚杖八十，后娶者知情与同罪，女归前夫。不愿，倍追财礼。一、祖父母、父母在而子孙别立户籍、分异财产者，杖一百。若居父母丧而兄弟别立户籍、分异财产者杖八十。

教训子孙之报。刘忠宣公教子读书，兼力务农，尝督耕雨中，曰："习勤忘劳，习逸成惰，吾苦之，将以益之也。"罗整庵官西都时留长子视家事，戒之曰：势位非一家物，须要看得破。又曰：爱好贫人，穷嚼不烂。世谓确论。杨文懿公示子茂元书曰："知汝预司刑之选，吾一喜一忧一恨。近时进士率外补，吾官京久矣，汝又幸京职，父子相聚足乐，所以喜也。凡刑官必仁厚明断，夙夜勤慎无懈，庶几寡过，否则纵有罪，虐无辜，灾及身家，毒流百姓，此所以忧也。吾幼嗜学，欲以文章道德名世，老而无成，每尝自愧，见汝颖悟，每以圣贤之学教汝，冀长而成吾志，扬吾名于不朽。不意汝仅能取仕。若在闲曹，尚可鞭策，今官于彼，将役役案牍，其暇学乎？不学少文，异日即能建勋立业，不过碌碌一俗吏耳。吾既不能为大儒，汝又为俗吏，今虽暂荣一时，终竟澌没于千百世之下，与凡民等，此所以恨也。不识汝有以解吾之忧而释吾之恨否也。"文懿一代伟人，其言足深省云。

各安生理

生乃人的生命。理是道理。凡人循理，便可安生，背理必然作死。故士必勤讲习，农必力耕种，工必专造作，商必务营运，都是自家本等事业，不须心高妄想，将来随其本分，自有归结去处，是谓各安生理。

律：一、赌博财物者杖八十，摊场钱入官。若沿街酗酒撒泼、开张赌坊者，仍枷号两个月。一、伪造诸衙门印信及茶盐引者，斩，私铸铜钱者绞，伪造金银者杖一百、徒三年，为从及知情买使者各减一等。一、览［揽］纳钱粮者，杖六十。一、私放钱债及典当财物，每月取利不得过三分，年月虽多，不过一本一利，违者杖一百。一、大造将自己田地移坵换段，诡寄他人及洒派等项，事发到官，抄没。

各安生理之报。晋黔南樵者柳应芳至酉阳山中砍柴，遇一老人，曰："汝受这贫，何不投峡口约那些人做事，免受苦辛。"芳曰："我命只该卖柴，非分事做不得，老者休怪我。"老者曰："汝到心好，我有干柴一根送你，每日只劈一块，彀你一家三四日用。"应芳依言劈向市上卖之，医者易以斗米，乃沈［沉］香木也，其人遂至优裕。宋上官模，字仲规，邵武人，以父荫官历判抚州，敦谨仁恕，不与人争，而乐于周给，待姻族久而弥笃，薄名利，绝嗜好，闭门存修，力耕自赡，不逐什一之利，非分之事虽众竞劝之不为也，闻人善亟称之，闻人不善，恻然不怡，亦不暴之于人。遇后辈必勉以务本治生，毋营求非分，人称为长者。子孙多显。少师杨荣，建宁人，世济渡为生。久雨溪涨，冲毁民房，溺者顺流而下。他舟捞取财的，少师曾祖及祖惟救人而货物无物，人嗤其愚。迨少师父生，家渐裕，忽有道者过之，曰："汝祖有阴功，子孙当贵显，宜葬吉地。"遂依所指地迁焉，今白兔坟也。少师弱冠登第，位至三公，赠三代如其官，子孙贵盛，至今多贤者。杨山章公懋曰："学者须奉身俭约。苟好奢侈，必至贪求，他日居官决不清白，居乡必至横取。"家止田二十亩，食指内外十人，常缺米，以麦屑置粥饭中。公官大宗伯，清介闻天下。从子极，官大司空，操亦相似。公卒年八十六，谥文懿，子孙至今富厚蕃盛。鲁文恪公家居，以身率物，劝化乡人。时有巨盗掠人牛马，或给为公家物，必释之。公有《四箴》行世，一曰：祖也善，孙也善，该有善报全不见，请君莫与天打算，此翁记得只性缓，积善之家终长远。二曰：祖也恶，孙也恶，该有恶报全不觉，请君莫与天激聒，此翁性缓不曾错，积恶之家终灭没。三曰：产也大，财也大，后来子孙祸也大，借问此理是何如，子孙财大胆也大，天来大事也不怕，不丧身家不肯罢。四曰：财也小，产也小，后来子孙祸也少，借问此理是何如？子孙无财胆也小，些小生业知自保，俭使俭用也过了。存斋徐相国谓人曰："昔李西涯为相，退朝方倦，夫人促公草书，公意不欲。夫人曰：'儿辈午餐无肴，需以此易腐菜。'今我家儿辈必有薄腐菜者，西涯岂易及哉？"张庄简公致仕归，见风俗奢侈，因崇俭以率后进，尝揭于屏曰："客至留饭，俭约适情，肴随有而设，酒随量而斟，虽新亲不抬饭，虽大宾不宰牲。匪戒奢侈而可久，亦免烦劳以颐生。"公清约，为缙绅表范者四十余年。

毋作非为

一切不善事都是非为，一切行不善事都是作非为。一念之差，由小成大，错到悔恨不得时节，此非为的心，任尔欺人，自欺不得。天堂地狱活活现前。古云："人间私语，天听若雷。暗室亏心，神目如电。"可不惧哉？

律：一、强夺良家妻女，奸占为妻妾及配与子孙弟姪家人者，绞。一、强奸者绞，未成者杖一百、流三千里。一、妻妾与人通奸，本夫于奸所亲获奸夫奸妇，登时杀死，勿论；其妻妾因奸同谋杀死亲夫者凌迟，奸夫斩；若奸夫因杀其夫，奸妇虽不知情，亦绞；凡奸同宗无服之亲及亲之妻者，各杖一百。若奸缌麻以上亲及亲之妻或妻前夫之女及同母异父姊妹者，各杖一百、徒三年，奸夫仍发附近充军，强者斩。若奸从父姊妹、母之姊妹及兄弟妻、兄弟子妻者，各绞，强者斩。一、诈欺官私取财，若冒认、诓赚、局骗、拐带人财物者，俱准窃盗论罪，计赃重者枷号、充军。窃盗拒捕及杀伤人、因奸而盗者，斩。窃盗掏摸得财刺配，三犯者绞，如盗后分赃及接买寄藏，俱发边卫充军。凡强盗窝主造意，身虽不行，但分赃者，斩。若不行，又不分赃者杖一百，流三千里；共谋者行而不分赃及分赃而不行，皆斩，若不行又不分赃者，杖一百。一、恐吓取财准窃盗论，凡将良民诬指为盗及诬良民寄买贼赃因而打诈搜简、淫辱妇女者，不分首从，俱发边卫永远充军。一、知强窃盗赃而故买者，以所买物计赃论，杖一百。一、发掘常人坟墓见棺椁者杖一百、流三千里，开棺见尸者绞，发未至棺椁者杖一百、徒三年。一、盗人坟茔内树木者杖八十。若计赃重于本罪者，加盗罪一等。一、谋杀人，造意者斩，从而加功者绞，不加功者杖一百、流三千里。一、斗殴杀人，不问手足他物金刃，并绞；故杀者斩，同谋共殴人致死，下手者绞，谋者流，共殴之人执持凶器边卫充军，戏杀、误杀各以斗殴论抵。一、寺观庵院除见在处所外，私自创建增置，杖一百，还俗僧道发边远充军，僧尼女冠入官为奴。若官吏军民纵令妻女于寺观神庙烧香者，笞四十，罪坐夫男。无夫男者坐本妇。寺庙住持不为禁止者同罪。凡投匿名文书告人罪者，绞，教唆词讼诬告人者与犯人同罪，受雇诬告人者计赃以枉法从重论。

不作非为之报。宁晋曹鼐为太和典史，捕盗，获一女甚美，晚至驿舍，召侍左右，数目之，心动，辄以片纸书"曹鼐不可"四字火之，如此数十次，竟夕不乱，次早遣返。及鼐登会榜廷对时，大风忽起片纸，吹坠公前，有"曹鼐不可"四字，宛公手迹若新，公惊异，下笔如神助，遂状元及第。常熟吴文恪公讷，以业医至南京，所寓邻有寡妇，少而美，夜穿壁将来奔，公亟排户冒大雨而出，迁去他所。妇大惭，亦改行从善。公位至八座，寿考终。太仓陆参政容美丰仪，天顺三年应试南京，邻女善吹箫，夜奔公，公托以疾，与期后夜，因赋诗云：风清月白夜窗虚，有女来窥笑读书。欲把琴心通一语，十年前已薄相如。迟明托故他去。是秋领乡荐，年方二十四。薛西原先生好施与，人有疾，亲为简方合药。尝解锦衣以施寒者。或曰：焉得人人而济之？先生但曰：不负此心耳。又曰：天地间福禄，若不存些忧勤惕励的心，聚他不来，若不做些济人利物之事，消他不去。信州周妇，周才美之子妇也，有贤德而慧，才美与以秤斗斛尺，轻重、大小、长短各两事，喻以出纳，其妇不悦，拜舅姑求去。才美愕然曰："吾家少裕，可供伏腊，何遽辞去？"妇曰："翁平日所为，有逆天道，妾心不安，恐后日生子败家，谓妾所出，枉负其辜。"才美曰："汝言良善，当悉毁之。"妇曰："未也。"因问所用年数，才美曰："约二十年。"妇曰："若欲留妇，必公许以大斗量出，小斗量入，小秤小尺买，大秤大尺卖，以酬日前欺瞒之数。"翁大感悟，从其言。妇生二子，皆少年科第。

张谵《上谕六解》

张谵，山东滋阳县人，举人，嘉庆四年（1799）出任山西高平县知县。《康营村上谕六解碑记》乃嘉庆五年（1800）高平县立，为知县张谵撰写，具体解释六谕，并要求朔望该绅士令"乡保"讲约。据碑记，张谵要求"各乡地保甲公举老成端方读书明理绅士二三人，预先择一公所地方，刻石其中，每逢岁时伏腊农隙之时以及朔望之日，该绅士先令乡保传知里中父老子弟，聚集一堂，为之细细讲明，俾知遵守"。碑文载王树新编《高平金石志》，中华书局 2004 年版，第 683—684 页。

第一条孝顺父母。父母恩德与天地一般，最是难报。所以为人子的必要尽孝，好衣好食必归父母，不要惹他生气。若不孝顺父母，便是禽兽。

第二条尊敬长上。凡君长、师长、官长、家长，都是在上之人。你们在下的，皆当尊之而不敢亵，敬之而不敢慢，这就是卑幼事尊长的道理。

第三条和睦乡里。邻里乡党如一家人一样，□要和气，不可打架兴讼，必以礼让为先，才是好风俗。

第四条教训子孙。凡为祖为父的，皆要教训子孙，使他知道孝悌忠信礼义廉耻，务要学成好人。

第五条各安生理。此言士农工商各有常业，为士的要读书上进，为农的要竭力耕作，为工的要专心学手艺，为商的要一意作买卖，不可一时懒散。□就是各安生理。

第六条无作非为。这是说你们百姓，凡不当为的事，断不可为，如不孝不悌、不忠不信、无礼无义、寡廉鲜耻，及一切吃喝嫖赌、行凶霸道，做贼为匪，这皆是不当为的事，你们断不可为，这就是好百姓。

谢延荣《注释六谕》

谢延荣，四川内江县人，道光二十一年（1841）进士，二十三年任芷江知县，二十九年再次担任芷江知县。公告是谢延荣第二次任芷江知县时刊刻印制的。原件系一张半普通的宣纸，高 105 厘米，宽 84 厘米，29 行 1367 字，楷书书写。该"公告"原藏于芷江县米贝乡（1956年后划归新晃侗族自治县管辖）一蒲姓村民家中。2007 年 4 月 3 日经该村民同意将其收存于芷江档案馆珍藏。参见唐召军、刘楚才《清代〈劝善要言〉诠释公告》，《档案时空》2018 年第 5 期。

孝顺父母。父母劬劳难报，人子当仰体亲心，愉色怡声，承欢侍奉，竭力孝顺。科弟［第］勤学以显亲，耕贸兴家以养亲，随境遇，随力量，不拘贫贱富贵，总求得亲欢心。凡亲有意思，都要体贴承顺；子若不得亲心，更当积诚感动。亲恼闷，言词委婉要安慰；亲疾恙，汤药扶持要耐烦；亲衰迈，饮食起居要检点。想到父母爱子，襁抱训养，费尽心血。我孝顺，使儿孙学样，亲乐含饴。家庭中，琴瑟有效亲心慰，损［埙］箎有韵亲心喜，箕帚无语亲心悦。怡然孝和，霭然聚顺，将见孝顺所感，动天格神，必有吉云拥护，瑞气蒸腾，家道永昌矣。

敬事长上。年高为长，分尊为上，同胞哥兄，同气同体，友爱天性，最为笃厚，原当敬事。行必随，坐必让，（有）事代劳；外貌仪容循礼［节］，内心亲爱要肫诚；行事恭让化争斗，出言逊顺更温和。兄弟贤过我，大家勖努力；兄弟愚过我，百忍生和气。分产时，应想我如多［生］一兄弟；养亲时，应想我如少生一兄弟；敦骨肉情，笃手足谊；妯娌相欢，姪弟相睦。由亲亲推及，如伯叔辈爱我，师保辈［诹］诲我，［及］［凡］属长上，皆当敬事。勿骄富贵欺贫贱长上，勿恃聪明慢愚朴长上。纵薄待我，总当怀亲敬心，备庄敬容；长幼上下，协和相感，礼让风行矣。

和睦乡里。万二千五百家为乡，二十五家为里。烟井层联，云村叠接，守望出入，庆贺往来，情意款洽，本该和睦。安乐相亲，危难相救，缓急相济，朋辈欢娱，戚党亲密。勿恃势力强，勿逞才干狠。勿欺人穷苦，勿憾人富厚；勿因间言语厉色动猜疑；勿因小事件忿气招嫌怨。牲畜侵踏是细故，勿起争端；儿童嚷骂是常情，勿生仇隙。人无礼，只温语称人一句好，便欢忻；我失礼，只低头认我一句错，便消融。我容人，不使人容我。我怕人，不使人怕我。终年让路，不枉百步；终身让畔，不失一段。和亲化乡党，睦姻协里邻，风俗淳厚矣。

教训子孙。我生为子，子生为孙；显扬祖德，振起宗祧，须加教训。偏爱护短，溺爱惯矣。学刻薄，学欺诳，学占便宜，定是灾殃败子；学诚实，学礼让，学吃得亏，定是昌盛佳儿。做第一等人，干第一等事。立心要正，立品要高，志气要远大，规模要阔达。读圣贤书，非艳禄位，明道理，赞天地［业］，［并］务勖名尽德性。芝草无根，玉树有种，莫虚过光阴，莫空长年岁，莫孟浪轻浮，莫张皇奢靡；莫耽逸，先［耐］［劳］；莫贪甜，先耐苦。莫未老做老人享受，莫未贵作贵人形像。家范好，穷困有兴机；家规少，富豪是败兆。贻谋积福，栽培种德，瓜瓞延绵，麟趾衍庆矣。

各安生理。资生养生，有条有理；仰事俯畜，家裕户饶，迺各相安。天地生财，供人取携。勤则物产易盈，惰则物力易匮，俭则资用常丰，奢则资费常缺。看勤俭人家，宽裕有余；看奢惰人家，窘愁不足。

振精神筹算，劳精血营谋。农工商贾，是生财大道。智愚强弱，有生活良方。顺气运取入，审力量用出。暖粗衣，饱淡饭，安分有余闲，安居多乐趣。安我心，莫眼热人；安我命，莫盘剥人。莫贪横来财，大嚼防多噎；莫图徒发家，大走防多蹶。福与祸倚，无福妄求终得祸。义与利并，非利弗取偏得利。循天理，守道理，各爱身家，各专事业，生计充裕矣。

毋作非为。非我当为，非我忍为，逾越规矩，荡轶纪纲，毋得妄作。人有善性当尽性，人有懿德宜修德。葆养心性，栽培心德。心如树根，根盛树茂，根衰树枯。心如果蒂，蒂坚果实，蒂朽果落。天大福，由心种；海深孽，由心造。为游闲，驹影虚地；为败类，狐群结伙；为穿窬，狗偷习惯；为狼贪虎暴，刚欲杀身；为蜂迷蝶舞，柔欲丧性。机谋弄巧，为［蹢］象鼹鼠，芒锋暗刺；为毒龙蜈蚣，欺世压人。伤天害理，明有显戮，幽有冥谴。对青天可畏，闻雷庭不惊；履平地可危，涉风波不惧。作善毋作恶，作德毋作伪。格心非，心境光明，心神正大，不可以有为矣。

皇祖章皇帝，开天明道，仁育正义，颁发谕训六语。词简理赅，明切谆挚，揭敦本崇实之道，扩觉世庸民之谟。小民胥应奉行，万世允宜遵守。谨录绎其义，推衍其词，非敢妄为增益，惟求宣扬皇祖德意，诰诫蚩氓，家喻户晓，触目警心，是亦提撕诱掖之意。尔绅耆析理达意，身体力行，更须详细讲明，俾村叟牧竖，咸各通晓，敦伦饬纪，革薄从忠。书曰：遒人以木铎，徇于道路，言广教也。道光二十九年知芷江县谢　刊示（芷江县印）

祥芝蔡氏《六谕同归孝顺歌》

《祥芝蔡氏家训》，原载清道光修《芝山蔡氏纯仁公派谱牒》，转引自陈聪艺、林铅海选编《晋江族谱类钞》，厦门大学出版社 2010 年版，第 152—154 页，作者蔡葵。序云："人所以立身天地间，而不与禽兽为群者，以其知礼义，惜廉耻，敦叙五伦，恩相爱，文相接，而总之自孝顺始。此太祖高皇帝就五伦衍为六谕，以教我百姓，而先之以孝顺也。

六谕同归一谕也。盖孝顺为恻怛敦恳之良心，不孝顺为傲虐骄狠之恶念。试看天下人有恻怛敦恳而不明伦循理者乎？有傲虐骄狠而不灭理犯分者乎？夫人至于灭理犯分，无论明负人非，幽被鬼责，出尔自惧，反尔心神，梦寐怀震惊而不宁。且父母有此子，其心安乎？其福长乎？若父母既没，非以其遗体行殆乎？能贻之以令名，不贻之以羞耻乎？若孝顺之心葆而勿失，则卑以自牧，谦尊而光和以处众，相好无尤，此孝此顺也。身范在庭，燕翼可贻，生计日充，横祸不及，此孝此顺也。出门无挂碍，常觉天地宽，此何等受用，何等快乐！而故不孝不顺，忤逆二人，以招天人之谴责乎。语云：人子聚百顺以事其亲。葵亦曰：子能事亲，而百顺之福自我集也。葵在官时，有教民之责，当﹝尝﹞将六谕衍而成诗歌，发其同归孝顺，于入约时叮咛而告诫焉！今教不及民矣，愿与族戚共闻其说。庶几口诵心惟，相勉相劝，上不失朝家教民至意，下成一礼义廉耻之世族云。"

六谕同归孝顺歌

子是双亲一体余，怀胎乳养倍勤渠。慈鸦反哺犹知本，不孝子孙禽不如。

尊长原属父母行，凌尊慢长愧义方。从来施敬人恒敬，父母许多受光荣。

睦家尤宜睦里邻，有无相恤胜远亲。争财争气成仇隙，好思斗狠危二人。

祖宗血食付儿孙，礼义廉耻可急论。养骄教惰归败类，玷祖辱宗不堪闻。

生理为民生活计，士农工贾各分门。安分乐业家计足，甘旨奉亲乐晨昏。

奸淫赌棍为四非，四非成罪入圜扉。毁肌断体终狱鬼，惨伤父母没依归。

佚名《宣讲拾遗》

《宣讲拾遗》六卷。扉页题"圣谕六训，宣讲拾遗，光绪八年西安省城重刻，乐善印送，愿借不吝。此板暂存钟楼南顺城巷马杂货铺。"
今存卷五"各安生理"训。其诠释方式，大抵是先有"衍说一段"，再
"旁引古今顺逆证鉴数案"，如各安生理衍说之后，下有"思亲感神"
"劝听宣讲"两则，为善报故事，又有"悍妇传法附冥案实录""毁谤
遭谴""因果实录""南柯大梦、处世格言""拒淫美报附戒淫歌"等，
则为恶报故事。今仅录其衍说。其衍说文字，基本上与《保世》无异，
而《保世》则源出于罗汝芳、祝世禄的圣谕演。

各安生理

万岁爷说，如何是各安生理？这生理二字，你们众人还省得么？生
便是人的生命，理便是道理。凡人要生，必要循理，所以叫做生理。你
百姓们那个不要生，那有几个肯循理？所以说要安生理。论生理也多，
俗语云：道路各别，养家一般。如读书便是儒士的生理，耕种田地，农
夫的生理。造作器用，工匠的生理。买卖经营，商贾的生理。至若人无
田地，无资本，又不能读书，不会作手艺，就与人佣工挑脚，也是贫汉
的生理。各人只做自家本等事，不去高心妄想。这便是各安生理，大的
有大成就，小的有小差落，个个皆可度活。就是目前未必见好，将来必
有个好的日子，如花木生在地上，虽有早迟不同，若勤力灌溉，日至之
时，自然结果成熟。今有一等人，这件已做得，旁边闻说别件更好，便
丢了去做那一件，一心想东，又一心想西，千般百弄，到底一事无成。
又有一等人，不思前算后，只说且过眼下，那管得后来许多，游游荡荡
荡，终日胡混，这样人必然饥寒流落。及至自家也没摆布，只得做歹事
了。你试看那赌博的、下贱偷盗的，那个不是没生理的人？以此思想，
便知生理一日丢不得。大凡人勤谨，便生起好念头，懒惰便生起妄念
头。如人有一件切己事在身上，他便无工夫去想别事；若闲行闲走，遇
着一两个没正经人，便做出无端事来。就是有富贵家子弟，顶一家担
业，亦不容易，也要自家劳苦支撑，方能成立，一生尽靠不得祖父。语
云：为人莫要心高。又云：自在不成人。又云：安常即是福，守分过一
生。这几句说得极好。曾见许多走空头的，行险遭凶，不如小买小卖的

自在平稳。许多心高妄想的，分外营求，不如有手艺会农田的，久享安乐。古人又说得好：万事不由人计较，一生都是命安排。命运好，作生理不求自至。即使命运不好，做着生理，也可将就过活日子，也省了许多心机，弄巧成拙。我劝你世人，须要各随本分，各安生理，安意为之，没有三心两意，将自己现成生理丢了不管，弄自家智术，欲与那造化争衡，被你胜了的，我再与你们说破。古人云：食前方丈，不过一饱；大厦千间，夜眠八尺。休恨不如人，人尚有不如你的。就据你们平日所羡慕，毕竟是读书做官为第一好事了。岂知朝廷爵禄，不是容易想的。那做官的人，自有做官的苦楚，比你们百姓更甚。除了读书，论生理莫若农田好了。古人叫耕田谓之"力本"，叫买卖谓之"逐末"。若是有田的大家，统领子弟奴仆，勤耕勤种，一粒落地，万颗归家，比买卖的利有千倍万倍。园中栽桑，地上种棉，有穿的；池中养鱼，园中蓄菜，家中蓄牲，有吃的。便是天年水旱，广种薄收，也可糊口。眼不见官府，脚不踏城市，山中宰相，世上神仙，这也是最好的，何必定要做官？假如无田的人家，佃得几亩，典得几圪，勤耕勤种，完了主人租，落得几斗米，虽是粗茶淡饭，到比膏粱吃得有味。虽是粗衣大布，到比那锦绣穿得更温，妻子也不骄奢惯了，儿孙也不游荡惯了。那农田的，真有许多妙处。故论本分生理，此为第一，手艺次之，买卖又次之，余皆虚诞之，不该去习他。万岁爷训百姓各安生理，是教你守本分，修身家齐，世间人都要有正业技艺，切不可学浪荡，作歹为非。耕与读，商与贾，皆为生理。只要你守本分，专心务一，得一善，足可为一生之计，何必要拉着东，又去扯西。你若还弃本业，义外妄取，只恐吓信的两不就，枉用心机。读书人不专心，难成大器，商与农不理正，岂能发籍。富与贵，得与失，天定之理。命运鄙，纵妄贪，终是无益，总不如听天命，安分守己。试看那务正人，无不成立。凡成家，重勤俭，不可浪费，端品行，慎言语，凶险自息，修其身，齐其家，昂昂志气，自然能振家声，福禄云集。

冷德馨、庄跛仙《宣讲拾遗》

《宣讲拾遗》六卷，雷景春、张俊良点校，华夏出版社 2013 年据

1936 年点校本。今仅录其衍说部分。其衍说文字与罗汝芳的《太祖圣谕演训》接近，但稍有修正，如改"我太祖高皇帝"为"官长们"，改"大明律"为"大清律"，第一、三、五条衍说之后有一段"宣唱"文字。其本与光绪八年本《宣讲拾遗》文字略有小的差异，末附各种案报，也较光绪八年本更多。

孝顺父母

圣谕说，如何是孝顺父母？人生在世，不论贵贱贫富，这个身子，那个不是父母生的？众人各各回头思想，当日父母未生你时节，你身子在何处？可是在父母身上做一块不是？你身与父母身，原是一块肉、一口气、一点骨血，如何把你父母，看做是两个？且说你父母如何生养你来。十个月怀你在胎中，十病九死；三年抱你在怀中，万苦千辛。担了许多惊恐，受了许多劬劳？冷暖也失错不得，饥饱也失错不得。但稍有些病痛，不怨儿子难养，反怨自己失错，恨不得将身替代。未曾吃饭，先怕儿饥；未曾穿衣，先怕儿寒。爬得稍长，便延师教训；待得成人，便定亲婚聚。教你做人，教你勤谨，望你兴家立业，望你读书光显，那曾一刻放下？若教得几分像人，便不胜欢喜。若不听教训，父母便一生无靠，死也不瞑目，死也割不断。父母这等样心肠待儿子。看来今日这个身子，分明是父母活活分下来的。今日这个性命，分明是父母时时刻刻养起来的。今日这个知觉，分明是父母心心念念教出来的。满身一毛一发，无不是父母之恩。为子的当从头思想，如何报得？及到你的身子，日长一日，父母的身子，日老一日了。若不及时孝顺，终天之恨，如何解得？我看今世上人，将父母生养他，恰是当该的，所以不能孝顺。岂知慈乌也晓得反哺，羔羊也晓得跪乳。你们都是个人，反不如那禽兽，可叹可叹！今人不孝顺的事也多端，且只就眼前与你们说段。如父母要一件东西，值甚么紧？就生一个吝惜的心，不肯与他；父母分付一件事，没甚难干，就生一个推脱的心，不肯从他。奉承有势有利的人，无所不至。就是被别人骂、别人打，也有甘心忍受的。只自己父母骂一句，就生一个嗔恨的心，反眼相看。又有一等人，背了父母，只爱自己的妻妾、自家的儿女。丢了父母，只疼自己的儿女。自己儿女死了，号天恸地，哭断肝肠。爹娘死了，哭也不恸，还有假哭的。若是六七十岁、八九十岁死了，反以为当然。何不将你爱妻妾的念头、疼儿女的念头、奉承势利的念头，回想一想？此是豺狼畜生，天不容，地不载，生必遭王法，死必入地狱。我今奉劝你们众人，快快要孝顺父母。孝顺也不难，只有两件事：第一件要安父母的心；第二件要养父母的身。如何安父母的心？你平日在家里行好事，做好人，不闯祸，莫告状，一家安乐，父母岂不快活？教你妻妾，教你儿孙，大家柔声下气，小心奉承，莫要违拗，莫要触犯。父母上面有祖父祖母，也要体谅父母的心，如亲爹亲娘一般。父母身边，有兄弟，有姐妹，也要体谅父母的心，须加意看待。使父母在一日，宽怀一日，这便是安父母的心。如何是养父母的身？随你的力量，尽你的家私，饥则奉食，寒则奉衣，早晚好生殷勤。遇时节，作庆拜，遇生辰，作祝贺，有事替他代劳，有疾病请医调治。这便是养父母的身。若或父母有不是处，须要婉言儿谏，使父母心中悔悟，不至得罪乡党亲戚。父母或不喜我，至于恼怒，又要和颜悦色，不可粗言盛气，以致激怒。或父母平时交游之人，请来劝解，务使父母回心。万一天年告终，尽心竭力，以礼殡殓，不可丢在古寺，淹弃不葬。四时八节，依时祭祀。这都是孝顺的事。世人不能孝顺的，又有一个病根。他说道：我本要孝顺，怎奈父母不爱我。此越发差了。刚才与你们说，此身原是一体的。儿子与父母，论不得是非。父母如天地一般，春来发生也由得天，秋来下霜也由得天。父母生出来身子，好也由得父母，歹也由得父母，说甚么长短？所以古人云：天下无不是的父母。今世上有一等极愚极蠢的人，也晓得祭神拜佛，也晓得供养菩萨，却不晓得家中有个老爹、老娘，就是活佛、活神仙、活菩萨。若有发心奉养父母，虚空神明默默护佑，十分灵验，此是实话。况且我亦有儿子，我若不孝顺父母，我的儿子也决不肯孝顺。古人说得好：孝顺还生孝顺儿，忤逆还生忤逆儿。但看檐前水，点点不差移。这个报应，断然不爽。凡听圣谕，切勿喧哗，男东女西，不可混杂，品行端正，气象静雅，其中情理，细心省察，引证各案，谨记心下，遇愚当讲，逢人劝化，循环报应，丝毫无差，恶者当戒，善者宜法，切勿毁谤，心除驳杂，身体力行，福禄必加。

圣谕颁行天下。第一训，先教你，孝敬爹娘。恐百姓，不体会，亲恩浩大。始终情，谆谆训，细听根芽。怀十月，乳三年，屎尿浸洒。操悴心，保佑儿，痘疹关煞。教言行，教知觉，延师训化。至弱冠，请媒妁，完婚成家。父母恩，如天高，真乃不假。体此情，事父母，孝敬宜加。论孝顺，不在与，吃穿讲话。只要你，存诚心，念念无差。第一要，安亲心，守身为大。须当要，理正业，勿犯国法。凡处世，体礼义，莫行诡诈。或是耕，或是读，修身齐家。更还要，体亲情，兄弟和睦。切莫要，听妻言，心生驳杂。父母前，须和颜，柔声讲话，念父母，心常乐，孝顺堪嘉。

附：至孝成仙、堂上活佛、爱女嫌媳、还阳自说、逆伦急报。

尊敬长上

圣谕说：如何是尊敬长上？许大的世界，许大的人民，都只是一个名分收管得定，只是一个礼体安排得定。名分就是这个长上了，礼体就是这个尊敬了。和上不止一项，如叔伯祖父母、伯叔姑娘、兄娣之类，便是本宗长上。外祖父母、母舅母姨、妻父母之类，便是外亲长上。乡党之间，有与祖父同辈者，有与己同辈而年长者，便是乡党长上。如教学先生，与百工技艺的师傅，便是受业的长上。本处亲临公祖、父母官，各上台衙门及学校师长，便是有位的长上。这些人理名分，若天上地下，一定摆列，都该尊敬他。尝闻先辈家风，凡百事长者说了，卑幼唯唯听命。近来风俗薄恶，多是少年狂妄用事，任意胡行。见亲长有衰弱落魄者，便不服气称他。见年高老成人，便说道是古板子，不要放在眼里。见达官长者，便说道休要畏缩奉承他，只管作大模大样。不该抗礼的，也强与他抗礼，以为有气岸。殊不知他年纪大似你，行辈先似你，识见多似你，名位高似你。你是卑幼，他是尊长，如何敢亵慢他，如何敢欺侮他？假如他人轻忽你的祖父，你必不喜。不面人犯你，你亦不堪。何不将你自己的念头转想一想，再行着这点骄傲的心。眼底无人，必至越理犯分，做出放胆事来，决非保身全家消息。所以人生天地间，除了孝顺父母，第二件就要尊敬长上。如何尊敬？行则随行，坐则隔坐，有问则谨对，有命则奉承，当揖就揖，当拜就拜。逞不得一毫聪明，倚不得一毫势力。这尊敬两字，又不是外面假做得的，是一点谦谨畏惧的真心。即如今日，你们心里真有一点敬官府遵讲读圣谕的心，才叫做尊敬。若则随班胡混，没有这一点真心，便听些讲读，总是故事。口里尊敬，心上傲慢，如何成得？必要心中真有这尊敬长上的心，外面才有这尊敬长上的礼貌，假装不得。又有一等人，外面假装像个谦恭，心中其实强得很。便要寻长上一个破绽，定要与长上做一个对头，咬文嚼字，无所不至。这等样人，人面兽心，到底干名犯义，成了名教中罪人。你们各各思量，快要拔出那不敬长上的真病根才好。若带些傲慢轻薄，乡里谁不恶你远你，那个服你？虽然才高，发达去了，亦然做下等人品。古人说得好：爱人者人恒爱之，敬人者人恒敬之。我今日虽是子弟，他日就是长上，我也将受别人的尊敬。今日我若不肯尊敬人，后日人亦决不肯尊敬我，将如之何？

附：贤孙孝祖、劝夫孝祖、感亲孝祖、仁慈格天、埋金全兄、贤女化母、恶婿遭谴。

和睦乡里

圣谕说：如何是和睦乡里？宇宙间茫茫大地，千村万落，何所纪极。偶然与这些人生一时，住同一乡，岂不是有缘？古人云：八百买宅，千金买邻。可见乡里最要紧的，虽不是亲眷，倒比那隔远的亲眷更相关切，虽不是兄弟，到比那不和好的兄弟更得帮助有力。有等不知事的人，只道各家门，别家户，有甚相干？不知田地相连，屋宇相接，鸡犬相闻，起眼相见，一块土上脱不去，躲不开，那一件能瞒得他？那一个能孑然独立？况且是非也是乡里间易生，冤家对头也是乡里间易得结。大凡人家灾祸，多是与人不和睦起。亲戚不和睦，他还顾些体面。只有那乡里不和睦，决定有灾祸。所以乡里关系最紧，决要和睦。乡里却不同也，有做官吏的、极富极贵的，这是个强似你的乡里，比你贫贱的，就小心尊敬，不可得罪于他。也有极贫极贱的，这是不如你的乡里，存你一点怜恤之心，常常要看顾周济他。就是趁工做小生理的，宁可与他足钱，不可克剥了他。远年债负，还不来的，宜宽让他。也有一种极凶恶的，这是不好的乡里，要谨慎防避他，却要以礼待他，凭一点至诚心感动他，化导他，凡百事让他忍他。中间或更有一等贤人君子，为善积德的邻里，只是一方祥瑞、百家的师表，在你壁邻，更要日日去亲近他，事事去请教他，待他要如父母一般，敬他要如师长一样。又有一等，与我寻常一般样的邻里，都要你往他来，如兄如弟。早晚相见，必须谦恭，四时八节，婚葬庆吊，必须成礼。有事相托，有话相商，必须同心。若患难，必相扶持；若疾病，必须看问。有词讼，必须解散，不可搬弄扛帮。有盗贼火烛，必须协力救护，不可幸灾乐祸。勿容六畜践食人禾苗，勿容儿辈侵坏人坟墓，勿轻生，以人命倾人，勿废业以赌博相戏，小有触忤，置之不闻。若有过失，劝之使改。这是个休戚相关、一团和气，才成一个乡里。这等样人，乡里中那个不爱你、敬你，称赞你？你家有事，那个不来帮你？官府见你尚义，亦有嘉奖你。况你出去，相逢个个是相好的，不消用得一毫心事，何等快乐？若你用一点机械的心待人，人亦用一点诈害的心待你，时时提防忧虑，何等苦楚？今不能和睦乡里，只是一个私心，惟恐他人高似你，殊死搏斗，不堪重负。故你只该去做好人，自己向上，何必妒嫉别个？若一村都好了，更有益。又有一等人道：让了这一个，乡里皆欺负我，便做不得汉子，定要争胜。你试看有受用的人，多是能吃亏的人。又有一等人，见乡里待我不好，便去怪他。古人说得好：他仇你不仇，冤家到底结不成。他不和睦，你只管和睦。一个愚，一个贤，到底也有悔心的日子。若他仇你，你仇他，冤深害结，唇齿相连，必有一场大祸，岂是保身安家之道？我今且与你们说：人在家间相处，犹不觉得。常出外的人，听得一人似乡里的声音，即便相亲密。又在他乡，遇见一人从吾乡来，便不胜喜悦。此点心就是和睦的真心。人若能以出外的心待乡里中人，安得不好？

　　圣谕教和睦乡里，晓谕你众百姓各自知恶：处乡里，要谦让，谨遵礼义；切不可，逞骄傲，自仗势力；常言道，官一品，不厌乡里；又说道，满招损，谦者受益；富贵者，未必能，长久富贵；贫穷者，亦未定，终不发迹；见邻长，当恭敬，他自重你；遇穷邻，多谦让，闲隙自息；劝穷邻，须守分，自把命依；切不可，见富豪，自把心欺；倘困苦，以仁义，求其周济；万不可，丧廉耻，讹骗不一；总宜立，男子志，刚强之义；莫学那，无耻徒，不论高低；贫无诌，富无骄，和睦不一；有事情，两相助，莫不安逸；长幼序，友与朋，一团和气；自然能，同欢乐，千祥云集。

附：忍让睦邻、排难解纷、慈虐异报、盛德格天、天眼难瞒、纵虐前子、阴恶遭雷。

教训子孙

圣谕说：如何是教训子孙？人家兴，也是子孙；人家败，也是子孙。古人说：有好子孙方是福，无多田地不为贫。好与不好，只争个教与不教。世上人那一个生下来就是贤人？都是教训成的。那一个生下来就是恶人？都是不教训坏的。也有大姓人家，生出来的子孙辱门败户，也有贫寒人家，生出来的子孙立身扬名，可见全在教训。人生一世，子孙是后程。子孙不好，任你有天大事业，总无交割。眼光落地，都做了一世话柄。就是手艺人家，也要一个接代的儿孙。所以，人家子孙要紧，子孙的教训也要紧。每常见人家父母心爱儿子，定要好食与他吃，好衣与他穿。不思量吃惯了好的，后来自己做人，便奢华惯了，不知搏节，卖田卖地从这等来。又常见人家父母疼爱儿子，怕他啼哭，尽他要的，便给予他，尽他恼的，便替他出气。不思量顺从他惯了，后来自家做人，一发自由自纵，打人骂人，撞祸生事，从这等来。又常见人家父母喜欢儿子，专一哄他。非礼之言，只管戏狎；诡诈之事，只管作弄。不思量亵狎惯了，后来自家做人，苟且歪斜，奸盗诈伪，从这等来。及犯法到官，身遭刑罚，家业被他破败，祖宗被他玷辱，父母兄弟妻子被他连累。旁人群聚而笑曰：此是败家子孙，今日也到这个田地。那时父母割舍不得，欲救他又不能，凄凄惶惶，只叹得几口气，悔也迟了。只此一想，子孙如何可不教，教子孙如何可不早？古人云：严父出好子。又云：桑条从小郁。趁他年纪尚小，正好做主，急忙教训。若等他知识大了，便唤他不转。故人家子孙，必自幼时，便思他后日结果，要时时教训他。但教训却有个方法。今人只晓望子孙强过人，不肯教子孙退让人。少年气习，易得骄暴，反被父母教坏了。又有知道教训的，动机要子孙读书做官。这也不是。世间读书的多，做官的少，有多少读书仕宦的，不能做一个好官，也有多少耕田隐逸的，反自己成人，替父母争口气。子孙若贤，不必做官，做官要命，这个是强不来的。劝你们有子孙的，好生教训，先教他做人，教他做好人，先教他存好心。心是根本，心好方得人好，自然兴家立业，耀祖荣宗。我今且分别几等与你们说。大抵子孙资性，生来不同。有等聪明的，延师造就，图个上进，以光显门户，此是第一等养［美］事；有等愚钝的，如读书不成，须教他务一件本分生理，为农也可，为工也可，为商也可，但都要存好心，都要做好人，明伦理，顾廉耻，习勤俭，守法度，切勿游手好闲，切勿纵酒赌博，切勿争打谲诈，切勿教唆起讼。如此一一戒之，方是教训。又一说，良朋好友与他相处，自然学好；浪子游徒与他相狎，自然学不好。古语近朱者赤，近墨者黑。可见教训子孙的，毕竟要慎择同伴，要敬师傅，以为教训根本。更有一说，平日家庭间，子孙在眼前，父母说一句话，行一件事，早早晚晚儿孙听着、看着，一一都照个影子在心里。所以古人有胎教，又说言行要留好样与儿孙。若祖父母原是歪邪的人，便把圣贤的道理，日日与子孙谆谆讲，子孙谁肯信他？可见教训子孙，毕竟要先自学好。这都教你们男子的话。就是女子，也不可不教。今日我家女儿，他日是别人家媳妇。做女时，不曾教得，到做媳妇时，学已无及，所以也要自幼防闲，教之以和谐，训之以贞静，如纺绩、厨灶、井臼之类，皆当亲执其事，切勿令其安逸。享用过了，打骂奴婢熟了，多言乱语，性子多轻佻了，以致后来骄傲毒恶，搬弄口舌，贻累丈夫，辱及父母。故人家不问男女，教之皆不可不慎。

附：异方教子、燕山五桂、教子成名、双受诰封、训女良词、阻善毒儿、天工巧报。

各安生理

圣谕：如何是各安生理？这生理二字，你们众人还省得么？生便是人的生命,理便是道理。凡人要生,必要循理,所以叫做生理。百姓们那个不要生,那有几个肯循理?所以说要安生理。论生理也多,俗语云:道路各别,养家一般。如读书便是儒士的生理,耕种田地,农夫的生理。造作器用,工匠的生理。买卖经营,商贾的生理。至若人无田地,无资本,又不能读书,不会作手艺,就与人佣工挑脚,也是贫汉的生理。各人只做自家本等事,不去高心妄想。这便是各安生理,大的有大成就,小的有小差落,个个皆可度活。就是目前未必见好,将来必有个好的日子,如花木生在地上,虽有早迟不同,若勤力灌溉,日至之时,自然结果成熟。今有一等人,这件已做得,旁边闻说别件更好,便丢了去做那一件,一心想东,又一心想西,千般百弄,到底一事无成。又有一等人,不思前想后,只说且过眼下,那管得后来许多,游游荡荡,终日胡混,这样人必然饥寒流落。及至自家也没摆布,只得做歹事了。你细看那赌博的、下贱偷盗的,那个不是没生理的人?以此思想,便知生理一日丢不得。大凡人勤谨,便生起好念头,懒惰便生起妄念头。一个人已有一件事在身上,他便无功夫去想别事;若闲行闲走,遇着一两个没正经人,便做出无端事来。就是有富贵家子弟,顶一家产业,亦不容易,也要自家劳苦支撑,方能成立,一生尽靠不得祖父。语云:为人莫心高。又云:自在不成人。又云:安常即是福,守分过一生。这几句说得极好。曾见许多走空头的,行险遭凶,不如小买小卖的自在平稳。许多心高妄想的,分外营求,不如有手艺会农田的久享安乐。古人又说得好:万事不由人计较,一生都是命安排。命运好,作生理不求自至。即使命运不好,做生理,也可将就过活日子,也省了许多心机,弄巧成拙。我劝你世人,须要各随本分,各安生理,安意为之,设有三心两意,将自己现成生理丢了不管。古人云:食前方丈,不过一饱;大厦千间,只眠七尺。休恨不如人,人尚有不如你的。就依你们平日所羡慕,一定是读书做官为第一好事了。岂知朝廷爵禄,不是容易想的。那做官的人,自有做官的苦楚,比你们百姓更深。除了读书,论生理不若农田好了。古人叫耕田谓之"力本",叫买卖谓之"逐末"。若是有田的大家,统领子弟奴仆,勤耕勤种,一粒落地,万颗归家,比买卖的利有十倍万倍。园中栽桑，地上种棉，有穿的；池中养鱼，园中蓄菜，家中蓄牲，有吃的。便是天年水旱，广种薄收，也可糊口。眼不见官府，脚不踏城市，山中宰相，世上神仙，这也是最好的，何必定要做官？假如无田的人家，佃得几亩，典得几垅，勤耕勤种，完了主人租，落得几斗米，虽是粗茶淡饭，倒比那膏粱吃得有味。虽是粗衣大布，到比那锦绣穿得有趣，妻子也不骄奢惯了，儿孙也不游荡惯了。那农田的，真有许多妙处。故论本分生理，此为第一手艺，次之如买卖，余皆虚诳之事，不该去习他。

一训百姓各安生理，是教恁守本分，修身齐家。世间人都要有正业技艺，切不可学浪荡，作歹为非。耕与读，商与贾，皆为生理。只要你守本分，专心务一，得一善，足可为一生之计，何必要拉着东，又去扯西。你若还弃本业，义外妄取，只恐两不就，枉用心机。读书人，不专心，难成大器。商与农，不理正，岂能发积？富与贵，得与失，矢定之理。命运舛，纵妄贪，终是无益。总不如，听天命，安分守己。试看那，务正人，无不成立。凡治家，须勤俭，不可浪费。端品行，慎言语，凶险自息。修其身，齐其家，昂昂志气。自然能，振家声，福禄云集。

附：思亲感神、劝德宣讲、悍妇传法、毁谤遭谴、因果实录、南柯大梦、拒淫美报。

毋作非为

圣谕说：如何是毋作非为？这一句话，是官长教百姓们最切骨的言语。一部律条，也只为这句话做的。如何叫做非为？凡一切不善之事，大小都叫作非为。一部《大清律》，笞杖徒流绞斩，以至五逆、十恶，都是一个作非为的样子，说不尽数不尽。我今与你是指一个端的。凡事千错万错，只因心上一念之差。一个念头错起，直错到那悔不得的田地。你看那枷的杖的，问徒问军，累死他乡的，拟绞拟斩，分身法场的，那是不是心粗胆大的。一念差走了路，到犯出来，官府也顾恤不得你。你那时节，欲解救不得，欲改悔不及，只落得垂头丧气，甘受刑罚。身名污了，家业废了，父母妻子连累了，子孙世世受辱，不可湔洗了。何苦做这等样人。其间也有利欲熏心，不知是非而冒为的，也有识见未定，被人哄诱的，也有杯酒戏弄，惹成大事的。方才这等样人，皆自作自受，埋怨着谁？到这个田地，方才知悔，不曾到这个田地，那晓得怕。你们众人，各将自己心里打点一回，看一切作非为的心，还是有，还是无？凭你瞒得人，瞒得官，瞒不得自己的心。你自己的心，昭昭明白，天看见，鬼神看见。古人云：人间私语，天闻若雷；暗室亏心，神目如电。此等说话，字字真切。你若道自己乖巧，能欺官欺人，鬼神暗中随着你走，丝毫瞒不得。你不怕官，不怕人，不怕法，难道鬼神也不怕？天也不怕？你不怕天，天决不怕你。你不怕鬼神，鬼神决不饶你。不遭官刑，也要折福损寿，克子害孙，纵然生子生孙，也是与你讨债的。你看恶人子孙覆败的，人人畅快，以为有天道，那个可怜他，终究是害了自己。你等空闲无事时，夜半睡醒时，念头初起时，仔细思想，但有一点非为的心，你自家打点不过，难对人说的，或可与妻子说，不可使他人听的，或可与腹心人听，不可与天地鬼神告的，急着回首，痛自改悔。这便是做好人、行好事的根基。古人云：诸恶莫作，诸善奉行。又云：但行好事，不问前程。又云：平生不做亏心事，半夜敲门不吃惊。替你千思万想，只是一个守看一个勤俭。百事小心，富贵长久可保，贫贱逐时可度。欺心坏法的，一毫切不可做，牢记牢记。

附：善恶异报、改道呈祥、谋财显报、阴谋遭谴、悔过愈疾、偿过分明、劝盗归正、双善桥记。

石含珍《圣谕六训》

石含珍，生平不详。《圣谕六训》，今存卷三利部、卷四贞部，分别载"和睦乡里、教训子孙""各安生理，毋作非为"四条谕言的诠解。卷题下题"西蜀川东报国坛原本，哲士石含珍编辑，孙鸣正字，蒙阳后学范大雄校录，方显宗敬录"。每卷释六谕之一，先是一段问答歌话式的解说，之后为附案。解说以问答的方式进行，答语则四句一组，每句十字，呈"三/三/四"这样的节奏，应该是适合吟唱的"歌话"。附案则主要是善报与恶报，先讲故事，然后是一段长长的歌话。

有意思的是，《圣谕六训》的每一条诠释，都分为谕男和谕女，则可对
男女分讲。

和睦乡里

谕男。

世祖章皇帝作和睦乡里这一条圣谕，是教我们百姓人人都有乡里、
个个总要和睦的意思。这意思又如何说法？听我从头讲来。

第三训，又教人和睦乡里。我皇上设此条，教化痴迷，盖处世，和
为贵，人当谨记。原不可，逞凶恶，乡里被欺。

问云：皇上总教我们和睦乡里。

这乡里为何要和睦呢？

你试想，天地间，宽大无比。土又多，人又广，远近□□。

偶然与，这些人，同住乡里。真有缘，才遇着，和睦是宜。

这乡里中，又有哪些人呢？

有与你，是朋友，或是亲戚。你不来，我就往，常不分离。

看起来，这乡里，是宜和气。切不可，起争端，把人相欺。

这乡里也有与我无亲戚朋友的，未必都要和睦？

就说是，他与你，不是亲戚。比亲戚，隔远的，总更好的。

况古话，说得有，人当谨记。是远亲，又不如，近邻相依。

他与我各家门别家户，全不相干，要与他和睦做甚？

你不知，屋相接，又连田地。一睁眼，就相见，眼角□□。

凡有事，都还望，他来帮你。说甚么，不相干，各东各西。

依你说来，是要和睦才好，怎奈我们乡里中，不有一个好人，教我
怎样和法？

那有个，一乡人，都无好的？到是你，与众人，全不合宜。

依我说，人到好，怪你自己。且问你，乡里人，又有那些？

我们乡里中有等有钱人，以财仗胆，刻薄我们穷人，一文不舍，借
换不通，真真可恶，教我怎样和法？

有钱人，原要把，贫穷周济。切不可，刻薄人，不济缓急。

但是你，穷人要，安分守己。莫因他，不借换，就起□疑。

这就算要和睦，但我们乡里中，又有等有功名人，耍他声势，欺压我们白身人，实在可恼，教我怎样和法？

□古道，富贵人，不压乡里。切不可，仗功名，乡里被欺。

但你要，尊敬他，尽你情理。须想着，三十东，四十河西。

这就算要和睦，但我们乡里中，有等尖铧人，常生巧计，套哄我们本分人，真正可恶，教我们又怎样和法？

尖铧人，那一个，后有发籍？切不可，套哄人，欺枉庸愚。

但你要，莫信他，假情假义。守本分，他还是，枉用心机。

这就算要和睦，但我们乡里中，又有等狡猾人□□钱，他总不还，甚至还要骗我们的账目，教我怎样和法？

欠账人，今不还，二世的。切不可，骗人钱，脸面不惜。

但你要，替他想，果还不起。又不妨，宽让他，多少收些。

你看我们乡里中，又有等凶恶人，耍他横豪，欺凌我们软弱人，恶如虎豹，一乡不得安生，教我怎样和呢？

凶恶人，无好死，上有天理。切不可，耍横豪，惯把人欺。

但你要，莫惹他，总要忍气。不与他，结仇恨，祸患自息。

你看我们乡里中，有一等当讼棍的，凡有人得罪他，就要告状，且唆人争讼，一乡不得安静，又怎样和睦？

争讼人，多半是，害倒自己。切不可，打官司，争论高低。

但你要，和乡里，争讼自息。莫与他，论是非，忍让是宜。

你看我们乡里中，又有等霸恶人，不争人田边，就占人地角，且有强占地界、砍伐树木的，教我怎样和去？

霸占人，那一个，后能发积？切不可，争田地，占人屋基。

但你要，让与他，没来头的。千年田，八百主，何用心机？

你看我们乡里中，有等小气人，倘得罪着他，就不准我放水过他沟，牵牛过他路，教我又怎样和法？

普天下，皆王土，何分此彼？原不可，阻沟路，乡里□□。

但因你，得罪他，当去陪礼。他自然，不与你，来论高低。

我们乡里中，又有等不学好的人，每每偷我田中的粮食，甚至有人守住，他都还要估着挛，又怎样和法？

宜饿死，莫做贼，须顾名义。切不可，盗人物，摸狗抓鸡。

但你要，送他些，待以厚意。他感化，自不来，偷你东西。

我们乡里中，弊习也多，难以细说，听你说来，乡里固要和睦，依我一想，也要大家和睦才好。但他都不与我和睦，未必我又要与他和睦不成？

他不知，就不去，与他和气。这乡里，终无有，和睦之期。

当要想，世间人，贤愚不一。你先要，做榜样，与他学习。

我就做些和睦乡里的榜样，未必他就会学我做来？

凡百事，你与他，交接以礼。他欺你，你让他，莫论高低。

待他好，他自会，回心转意。那还有，在乡里，把你相欺？

依你说好到好，但是让他，反说你怕他，他更得意了。

你让他，他还要，再来欺你。这等人，真所谓，禽兽东西。

倘若你，去同那，禽兽论理。岂不是，也与他，一样痴迷。

你教我又如何处他法呢？

他就是，来欺你，你要忍气。须想到，吃亏处，是占便宜。

况饶人，非痴汉，谦能受益。你虽然，被人欺，天是不欺。

到底要和睦才好，但问你又有那些是和睦的事呢？

如乡里，有冠婚，以及丧祭。必须要，送个礼，帮忙做些。

如乡里，有患难，望你救济。必须去，扶持他，念切提携。

再有那些呢？

如乡里，有不安，染了病疾。必须去，看问他，情莫忍离。

如乡里，有争端，告状讲理。必须去，劝散他，免费心机。

还有哪些呢？

如乡里，被盗贼，望你追逼。必须去，挛获他，以靖地基。

如乡里，被火烧，望你打熄。必须去，救护他，燃眉之急。

除此之外呢？

凡往来，要相亲，一团和气。你见我，我见你，笑笑嘻嘻。

莫论是，莫论非，同关休戚。这就是，和乡里，雍睦可期。
但是我们和睦可有甚么好处呢？

能和睦，一乡人，爱你敬你。凡出入，人都不，把你相欺。
若官府，见了你，这等尚义。必定要，加奖你，名姓高题。
倘不和睦，又有那些不好呢？

倘不和，一乡人，恨你骂你。凡出入，人都要，把你相欺。
若官府，见了你，绝情寡义。必定要，处治你，法难□□。
到底要和睦才好，是这样，我们从此遵行就是！

果遵行，就成个，仁美之里。普天下，可太平，共乐雍熙。
庶不负，圣天子，化民厚意。我和你，为百姓，圣训谨依。
问答如此分明，看来人人都要谨遵圣谕，和睦乡里才好。
附案：解忿愈疾、飞龙拔宅。

和睦乡里

谕女。

你试想，四海内，广大无比。田土宽，人物广，远近不一。
忽然与，这些人，同乡共里。真皆是，有缘法，幸遇同居。
乡里中又有哪些人呢？

有与你，成姊妹，或成亲戚。他不来，你就去，人所不离。
三年邻，割股亲，古言说备。切不可，因小事，争闹不息。
也有与我不成亲戚姊妹的，未必也要和睦？

虽然说，你与他，不成亲戚。总比你，远亲戚，还更好的。
一睁眼，就相见，出门就遇。凡有无，可相通，和睦是宜。

看来要和睦乡里才好，但有一等有钱人，凡事刻薄人，擅自不能借我钱米，可恼已极。

……又有一等手脚不好的人，每每偷我园中小菜，痛恨不了，怎样和法？

凡做人，要常存，人情天理。原不可，偷人菜，爱小利息。
但你要，送他些，待以仁义。感化他，自不来，偷你东西。
又有一等妒妇，向他借手足器皿，使使都不得，十分恼人，怎样和法？

王十万，借撬锄，常闻古语。世道上，哪一家，行行制齐？

但你要，莫因此，就起妒嫉。以和气，感化他，乃为第一。

你看我们乡里中，莫说大人不好，连他的娃娃出来，都是相欺我的娃娃，实在可恨，怎样和法？……

但和睦乡里有哪些好处呢？

一乡人，能和睦，个个欢喜。凡百事，人也不，把你相欺。

自古道，男儿家，横事不遇。全仗着，家中有，贤良妾妻。

若不和睦乡里人，又有那些不好呢？

若不和，一乡人，恨你骂你。一切事，人人皆，把你相欺。

且连累，你丈夫，祸事不息。因小事，失大事，又扫脸皮。

既是如此，我们从此遵行就是！

果能够，遵圣谕，和睦乡里。就从此，相亲爱，万事皆吉。

□□□，□□□，□□□□。男和女，老与幼，共乐雍熙。

附案：睦邻发籍、骂鸡遭谴。

教训子孙

谕男。

世祖章皇帝作教训子孙这一条圣谕，是教我们百姓人人都有子孙，个个总宜教训的意思。这意思怎样说法呢？待我从头讲与你们听。

第四条，又教人，子孙要教。我皇上，为甚么，设立此条？

□□事，是一个，齐家之道。家可齐，国可治，共乐熙朝。

□上总教我们教训子孙，这子孙为何要教训呢？

□□□，□□□，□□□□。不但说，单与你，承宗接桃。

□□□，□□□，□□□□。□□孙，好不好，路有两条。

……

怎样见得要教训呢？

你且看，富贵家，子孙不少。多辱门，又败户，竞成饿莩。

你又看，贫贱家，子孙不少。有光前，又裕后，竞能翻梢。

这是甚么缘故呢？

这就是，由父兄，教与不教。故所以，为子孙，有低有高。

看起来，有子孙，是宜开导。先望你，为父兄，家教有条。

教到要教，但是我的娃娃，眼时还小，就教他也不晓得，等他长大来，晓得事，我自然教他了。

□□孙，自小时，就要管倒。若等他，长大来，性大难教。

是桑条，从小握，古人可考。望子孙，后来好，就在今朝。

……

他要吃好饮食，我买与他，这穿吃二字，是正经的。

娃娃家，溺爱他，穿吃太好。定是个，排子客，败家根苗。

况衣禄，早用完，死得定早。虽爱他，反害他，早赴阴曹。

穿吃好就算要不得，你又看我的娃娃，小小的就思得把家，见人家的好什物就阴倒偷回来。

头一件，就怕他，手脚不好。说甚么，会把家，在外打捞。

小偷针，大偷金，定成强盗。犯王法，必送命，决不恕饶。

这些都要不得，又要那些才好呢？

要教他，学习些，廉节忠孝。存好心，说好话，礼义莫抛。

□□□，□子孙，□□王道。要趁早，他小时，性善好教。

□□□有何教法呢？

教子孙，有次序，父兄须晓。自古来，这次序，只有三条。

一胎教，二身教，三以言教。这才是，教子孙，义方莫抛。

我先问你，甚么叫胎教呢？

胎教礼，是教你，胎前知晓。凡天忌，与人忌，休把欢交。

总宜要，节房欲，贪淫不好。能禁忌，生的儿，人品清高。

又何谓天忌人忌呢？

有行房，戒期帖，历历可考。凡圣诞，与八节，谨记心包。

亲忌日，己生辰，虚痨醉饱。举大概，说与你，切不可抛。

这是胎教之法，既是如此，我又问你，甚么叫身教呢？

身教是，父母身，为坊为表。凡做事，有榜样，照倒儿曹。

□□好，为父母，先要学好。你教训，必从之，古话并包。

……弟兄和气嘞?

□子孙,弟兄和,不吵不闹。你先要,尽友恭,常念同胞。
你能和,他弟兄,照样学了。那还有,一家人,相骂相啖。
我又望子孙夫妇和睦嘞!

望子孙,夫妇间,彼此和好。你先要,相敬爱,琴瑟和调。
你能和,他夫妇,照样学了。那还有,不和睦,得罪年高。
这些都是身教之法,我又望子孙交几个好朋友。

望子孙,交朋友,跟好学行。你先要,择其善,慎于结交。
凡往来,皆好人,正名公道。他自会,学你做,亲近贤豪。
我又望子孙勤快嘞!

望子孙,要勤快,睡晚起早。你先要,莫懒惰,凡事勤劳。
□□□,他自会,照样学了。那还有,好闲游,浪荡终朝。
……我又望子孙不多事,不与人嘶嚷打架,兴词告状嘞!

望子孙,不多事,与人和好。你不可,与外人,乱打乱啖。
凡百事,忍让人,不把状告。他自会,学你做,万祸皆消。
听你讲来,这身教之法,是人人都皆要的。

这身教,本是个,上行下效。要如此,子孙们,才依你教。
若不然,训谆谆,听若藐藐。身不正,令不行,空把舌饶。
要有身教,然后可以言教。我又问你,甚么叫言教呢?

这言教,是讲妥,时时训诰。切莫说,今不教,又待明朝。
耳常提,面常命,好言开导。他自然,把你言,记在心包。
那些是言教之法呢?

头一件,兴宣讲,就是顶好。常统率,你一家,大小儿曹。
□圣谕,原来是,第一圣教。他听了,自晓得,报应昭昭。
……要怎样教呢?

□□□,□□□,□□□□。我如今,且与你,分别几条。
□□□,□□□,□□□□。随其分,量其力,不可混淆。
……

□□□,□□□,□□□□。莫护短,莫溺爱,爱能勿劳。

□□□，□□□，□□□□。能如此，必定是，一举登高。
□□又有愚蠢的呢？

愚蠢的，教训他，庄稼要晓。学手艺，学生易，都是可教。
总教他，做好人，存心要好。能如此，富可保，贫可翻梢。
又有那些宜教呢？

敬天地，礼神明，恭敬常抱。孝父母，敬长上，伦理莫抛。
笃宗族，和乡里，忍让宜要。守王法，戒非为，时时教招。
那教训又有那些好处呢？

若子孙，教得好，兴家有兆。名可成，利可就，事事顺梢。
上足以，事父母，衣暖食饱。下足以，蓄妻子，好不清高。
再有那些好处呢？

能教训，不但说，子孙克肖。人都要，尊敬你，教子有条。
□子孙，得官职，准请旌表。修牌坊，立匾额，万古名标。
□□□□□那些不好处呢？

□□□，□□□，□□□□。败家叶，丧身家，皆由不教。
□□□，□□□，□□□□。为父母，难道说，尔不心憔。
……呢？

□□□，□□□，□□□好。人皆要，咒骂你，养儿不教。
□□□，□□□，□□父老。生受刑，死受罪，家业永消。
看来总要教训才好。既是这样，我们从此遵行就是。

□遵行，不出家，国能成教。就从此，平天下，举手之劳。
庶不负，圣天子，教民厚道。我和你，为百姓，谨遵盛朝。
问答如此分明，看来人人都要谨遵圣谕，教训子孙才好。
附案：勤俭传家、溺爱不明。

教训子孙

谕女。

世祖章皇帝作教训子孙这……行，即女子亦要遵行。

讲圣谕，第四条，□□□□。□□□，又劝女，谨记心包。
有子孙，教家好，兴家有兆。倘若是，不教训，败家根苗。

问云：教训子孙，是父兄之事，妇人那能教训？

昔孟母，择邻处，历历可考。好村邻，才居住，养正儿曹。

今孟子，配圣人，德位不小。全赖娘，义方教，成了贤豪。

又何见得要教训呢？

有许多，娘爱子，心肝阿宝。玉不琢，不成器，如何下梢。

有许多，娘爱女，□□□□。□□□，□工事，糊混终朝。

小时不教训，又便如何？

也有的，娘把儿，一味护倒。□□□，□□□，□娘不教。

此乃是，木匠枷，自作自造。坑死儿，□娘□，咬死阴曹。

······

看来有儿女不可不教！

教子孙，第一要，□□□□。□□□，□教礼，子多蠢包。

行胎教，是教你，胎前知晓。教的好，生的儿，身品高超。

那些是胎教之法呢？

怀胎妇，莫同宿，贪淫不好。若贪淫，子多浊，产难多遭。

能戒淫，不但说，胎毒希少。生的子，又清秀，疮毒不招。

这是胎教之法，还有那些？

怀胎妇，心要正，莫信邪教。凡心肠，不好的，一概莫交。

能如此，生的子，□□□□。□□□，□坚固，恶孽皆消。

除此之外呢？

怀胎妇，身要正，不可歪倒。□□□，□□□，□□□□。

坐要端，睡要正，身体常保。□□□，□□□，□□□□。

这也是胎教之法，还有□□□？

怀胎妇，眼要正，不可□□。

······

再有那些是胎教之法呢？

怀胎妇，耳要正，恶言戒了。□□□，□□□，□□□□。

宜听些，阴骘文，善恶果报。□□□，□□□，□□□□。

除此之外呢？

怀胎妇，口要正，□□□□。□□□，□饮食，清淡为高。

吃狗肉，生哑巴，咿呀喊叫。吃牛肉，生忤逆，心性横刀。

还有那些吃不得呢？

吃兔肉，生缺嘴，破了像貌。吃姜蒜，主双指，手又会乔。

总宜要，依此法，禁忌得好。自受胎，到十月，都要莫抛。

……子孙教得好，有那些好处呢？

有子孙，教得好，书读明了。若上进，颁诰封，把你名标。

或种田，也能够，衣暖食饷。做手艺，做生易，亦能翻梢。

女儿教得好呢？

有姑孃，教得好，常守妇道。人人皆，称奖你，家教有条。

倘能够，全节□，□□旌表。□□□，立匾额，万古名标。

附案：显新扬名、护短受屈。

各安生理

谕男。

世祖章皇帝作各安生理这一条圣谕，是教我们百姓人人都要衣食，个个总宜要各人安其生理的意思。这意思怎样说法？待我从头讲与你们听。

第五训，又教人，各安生理。我皇上，作此条，所为甚的？

因生理，是一个，衣食之计。安生理，方能够，足食丰衣。

问云：皇上总教我们百姓，要各安生理。这生理二字，又如何讲法呢？

夫生者，是生活，安而不易。原不可，忽想东，忽又想西。

这理字，是天理，道理情理。若外了，此三理，有损无益。

既是如此，又怎样安法呢？

聪明人，苦读书，第一生理。学业深，文章好，金榜名题。

天不负，苦心人，入学中举。名也成，利也就，何等清奇。

这是聪明人的生理，愚顽人又如何安法呢？

愚顽人，就该去，耕田种地。读书外，的生理，耕为第一。

种田人，工牛水，粪草多积。你误他，他误你，怨得谁的？

种田固是第一件好事，但我不有田产可耕嘞。

无田产，就该要，去学手艺。铜铁匠，泥木工，百工技艺。

除此外，做生易，皆是生理。只要你，存良心，发财有期。

我想到去学手艺，又无人栽培，做生易，又无资本嘞。

帮人家，做活路，穷人生理。或长工，或小工，人所不离。

论道路，虽不同，养家则一。大生理，小生理，各有所宜。

依你说来，这士农工商就是生理，除此以外可有了？

除此外，皆非为，不可去习。故古来，只四民，未讲别的。

人总要，务本业，安分守己。大有成，小有就，何必改移。

我安这一行生理，总聚不倒钱，大约老守一行不得！

就眼前，未见好，后自遂意。你不可，起外心，妄图便宜。

如像那，栽树木，迟早不一。时日到，自有个，结果之期。

后来虽有好处，我想不如趁早改行好了。

你只说，望好处，舍此求彼。因此上，心在东，心忽在西。

殊不知，用尽了，千谋百计。终久是，一无成，枉用心机。

改了行另寻生理，未必也不得吗？

凡艺多，不养家，古言说备。是心多，不成事，俗语常题。

安生理，切莫要，三心二意。当思想，人无恒，难作巫医。

是这样安生理，也就难了，但是人又何必定要安生理，不如闲耍些时，要过许多的自在日子。

凡人生，原不可，辞劳就逸。你为何，不顾后，只顾然眉。

自古道，吃山崩，皆由坐地。人若是，无生理，就有死期。

依你说来，是图闲耍不得的？

凡为人，图闲耍，是一大弊。逸思淫，且忘善，古言不虚。

又道是，人家中，无生活计。能吃尽，斗量金，那怕富余。

又有那些闲耍不得呢？

读书人，图闲耍，功名难取。名不成，利不就，安望发籍？

务农人，图闲耍，荒芜田地。无收成，岂不是，冻饿子妻？

除此之外呢？

手艺人，图闲耍，误了活计。一家人，吃无米，穿戴无衣。

生易人，图闲耍，利从何取？又从何，得些来，御寒充饥？

人到受饥寒又打什么主意呢？

人到了，受饥寒，有何主意？是饥寒，起盗心，偷人东西。

若犯案，送与官，要受刑具。岂不是，自误自，怨得谁的？

看来为人不安生理，是自误自了。

不但说，自误自，至此尽矣。还要落，万世的，骂名常题。

况官府，见了你，不安生理。必把你，先责打，后问端的。

依你说来，无论士农工商，都要各安一行生理，以求衣食。衣食足，方可遂生的。

读书人，要求生，须循天理。切不可，贪外事，图小利息。

凡读书，原不可，专把名取。常讲求，四民首，人品顾惜。

这是读书人要安生理，务农人又如何安法呢？

务农人，要求生，须循天理。切不可，贪外事，天时失宜。

凡耕耘，及收藏，莫忘四季。怕天年，有水旱，积谷防饥。

这是务农人要安生理，手艺人又如何安法呢？

手艺人，要求生，须循天理。切不可，耍淫巧，暗把主欺。

凡人人，造器皿，总宜精细。或点工，或包工，竭尽心力。

这是手艺人要安生理。买卖人又如何安法呢？

买卖人，要求生，须循天理。货要真，价要实，童叟无欺。

切不可，使奸巧，贪图大利。是孽钱，归孽路，枉用心机。

这是生意人要安生理，做苦活人又如何安法呢？

为顾工，要求生，须循生理。切不可，好躲懒，主人被欺。

人将钱，请你做，你要尽力。吃人饭，忠人事，分内所宜。

到底安生理有那些好处呢？

读书人，安生理，所求如意。务农人，安生理，足食丰衣。

手艺人，安生理，家成业立。买卖人，安生理，致富称奇。

既是这样，我们从此遵行就是。

果遵行，不但说，民安生理。就从此，安天下，太平有期。

庶不负，圣天子，安民厚意。我和你，为百姓，圣训谨依。

问答如此分明，看来人人都要谨遵圣谕，各安生理才好。

附案：全家福、殃及妻儿。

各安生理

谕女。

世祖章皇帝作各安生理这一条圣谕，不独男子要遵行，即女子亦要遵行的。又从何遵行呢？听我道来。

讲圣谕，第五条，各安生理。劝了男，又劝女，条分缕析。

况朝廷，屡颁行，耕织图记。凡官绅，及庶民，敢不遵依？

问云：未必妇人都要安生理吗？

男和女，都皆要，勤劳四体。衣与食，人人要，在所不离。

男既耕，女要织，衣食乃备。何况是，耕足食，织乃足衣。

又何见得要安生理？

何不想，君夫人，贵重无比。犹勤苦，亲蚕缫，尚不就逸。

何况是，百姓们，岂可儿戏？倘若是，不寻生，如何下席？

又如何安法呢？

夫读书，你为人，要守礼义。切不可，逞娇态，去把夫迷。

或经刷，或织纺，家务亲理。我挑灯，或佐读，乃谓贤妻。

若丈夫做手艺生易呢？

倘丈夫，做手艺，你要仔佃。烹茶饭，操家务，饲养猪鸡。

夫买卖，你为人，不可大意。习剪裁，做针线，同把家积。

若丈夫是做庄稼呢？

倘若是，你丈夫，耕种田地。或耕耘，或收藏，同夫竭力。

切不可，好懒惰，恶劳就逸。种桑麻，种菜园，补缀缝衣。

耕田固是好事，但不有田园嘞。

或帮人，做活路，穷人生理。或纺线，或绩麻，都有进益。

虽生理，各不同，穿吃则一。男要爬，女要聚，自古常题。

男爬女聚到晓得的，但安生理又有那些好处呢？

士人妻，安生理，丈夫欢喜。夫一心，专读书，家务托妻。

天不负，苦心人，入学中举。那时节，随夫贵，何等清奇。

别的好处呢？

农夫妻，安生理，丈夫遂意。男一担，女一头，何愁富余？

天不负，苦心人，余柴剩米。家一心，铜变金，足食丰衣。

除此之外呢？

工匠妻，安生理，乃合夫意。夫一心，造精工，诚实不欺。

手艺高，人争请，交道接礼。每年间，要广进，许多利息。

别的好处呢？

商贾妻，安生理，丈夫自喜。心不多，能守得，发财有期。

但你要，莫滥费，同把财聚。惜福人，有饭吃，古言不虚。

看来不论士农工商，家有内助，安其生理，皆有好处。若不安生理，又可有坏处呢？

读书人，不安生，因妻无义。夫读书，常怨嚷，空房孤凄。

有许多，丢诗书，终朝游戏。到后来，一无成，追悔何及？

别的呢？

耕田人，不安生，坏事由你。春不耕，夏不耘，在家陪妻。

你误他，虽一时，误你一季。无收成，拿甚么，御寒充饥。

除此之外呢？

手艺人，不安生，大半由你。夫出外，常怨嗟，夫妻拆离。

自古道，人家中，无生活计。能吃尽，斗量金，那怕富余？

别的呢？

买卖人，不安生，因妻昧理。夫出门，做生易，怨嚷不息。

有许多，陪妖精，埋头在起。名不成，利不就，坏事由妻。

看来妇人不安生理，坏事不浅。既是如此，我们从此一一遵行就是。

果遵行，不但说，民安生理。就从此，安天下，身修家齐。

方不枉，万岁爷，安民美意。普天下，男和女，圣训谨依。

问答如此分明，看来人人皆要谨遵圣谕，各安生理才好。

附案：拣银不昧、瞒金亡身。

勿作非为

谕男。

世祖章皇帝作勿作非为这一条圣谕，是教我们百姓人人都有作为，只可为是，不可为非的意思。这意思怎样说法，待我从头讲与你们听。

第六训，戒非为，勿作有命。我皇上，设此条，却是何因。

因造有，大清律，王法严谨。禁非为，本是个，刑期无刑。

问云：皇上总教我们勿作非为，到底非为二字怎讲？

这非字，与是字，相反而论。这为字，与作字，相通之情。

凡不是，所当作，作了犯分。这就是，叫非为，讲得分明。

又为什么不可作呢？

非为事，就犯了，皇上功令。一经出，必定要，照律施行。

或斩绞，或徒流，王法已定。故所以，教勿作，免受罪刑。

听你说来，这王法到有些畏怕的。

是王法，本吓人，谁敢犯禁？又莫说，我皇上，以刑治民。

论皇上，设王法，心原不忍。故所以，颁圣谕，先来指明。

皇上颁行圣谕，是何意思呢？

你试想，前五训，先讲孝顺。敬长上，和乡里，教训子孙。

又教人，安生理，民志可定。这本是，免非为，本正源清。

为甚么又说勿作非为呢？

这都是，又恐人，不遵教训。或为非，或作歹，梗顽性情。

故教人，戒非为，保重性命。论王法，不得已，照律施行。

看来这王法都是皇上不得已才用的，故先教我们百姓莫作非为之事，免犯法律，但我们犯了王法，未必就晓得不成。

就是说，逃得脱，都是侥幸。到底你，成了个，罪犯一名。

况鬼神，随你走，丝毫无隐。终久是，会犯的，恶贯满盈。

就是犯案也说不来了。

这是你，未犯时，心肠硬劲。不怕人，不怕神，不怕官尊。

怕只怕，到后来，失悔不尽。那王法，如火炉，那怕铁心？

官有那些刑法呢？

你看那，受刑杖，披枷锁颈。你看那，发远方，流徒充军。

你看那，收监卡，回文批定。或问绞，或问斩，法场分形。

这些王法所治甚么人呢？

所治的，作非为，充很豪棍。平素来，不怕官，不顺人情。

到此时，犯了法，要他性命。才晓得，无可救，后悔不赢。

他悔甚么呢？

悔当日，作非为，而今才信。有父母，有妻儿，不得相亲。

只落得，甘受刑，垂首丧命。玷祖宗，辱子孙，千载骂名。

看来这非为之事，实在作不得的，但那些是非为呢？

贪美色，犯奸淫，非人本等。这就是，犯王法，要问罪刑。

况淫为，万恶首，必有报应。你淫人，人淫你，天理环循。

这淫人妻女就是非为，还有那些？

贪赌博，坏心术，非人本等。这就为，犯王法，要问罪名。

凡摇宝，与打牌，一概宜禁。也免得，败家产，带坏儿孙。

这赌钱就是非为，外可有了？

做盗贼，偷抢人，非人本等。这就是，犯王法，决不容情。

宜饿死，莫作贼，各宜思忖。那有个，作盗贼，不犯之人。

做盗贼就是非为，别的呢？

当窝家，勾引人，非人本等。这就是，犯王法，问罪不轻。

窝娼盗，窝赌博，一概戒尽。也免得，牵连你，有命难存。

当窝家就是非为，除此之外呢？

乱杀人，乱放火，非人本等。这就是，犯王法，要问罪刑。

凡身旁，带有刀，都是犯禁。杀了人，要抵命，不可粗心。

杀人放火，本是非为，还有那些？

宰耕牛，与贩卖，非人本等。这就是，犯王法，律犯充军。

吃牛肉，也有罪，与杀同论。须想牛，养人恩，耕田苦辛。

宰吃耕牛，就是非为，外可有了？

好吃酒，多误事，乱人心性。总宜要，莫过量，不可醉昏。

有许多，酒醉后，伤人性命。到后来，犯王法，追悔不赢。

好吃酒，就是非为，别的呢？

有好吃，鸦片烟，更是犯禁。又伤财，又废事，损人血精。

你但看，乡街中，饥寒受困。多半是，为吃烟，误了光阴。

好吹烟就是非为，除此之外呢？

好告状，与报人，及当讼棍。一费钱，二受气，三要受刑。

宜肯在，乡里中，把气忍定。切不可，去公衙，争论输赢。

好打官事就是非为，还有那些？

谈闺阃，造口过，是非争论。凡百祸，从口出，要谨口唇。

有许多，为句话，伤人性命。到后来，犯了法，治罪不轻。

造口过，就是非为，外可有了？

非为事，也甚多，难以讲尽。凡一切，不好事，总不可行。

如不孝，与不弟，更宜严禁。总不可，伤天理，昧己瞒心。

看来凡非为之事，都是不可作的。怎样是勿作之法？

这勿作，是教你，坐守本分。凡作事，对得人，勿愧影衾。

闲暇时，把心头，仔细思忖。看非为，有不有，省察分明。

倘若有非为之事呢？

有非为，急宜要，改悔干净。论皇天，原不谴，悔罪之民。

过不改，是谓过，古话当信。过能改，复无过，古言宜遵。

倘若不有非为之事呢？

无非为，这就是，你的万幸。又还要，能遵守，勉力奉行。

恶不作，善常为，去邪归正。无亏心，半夜里，敲门不惊。

这就是勿作非为之法，但不作非为，又可有好处呢？

若不作，非为事，有好报应。人尊敬，官称奖，是个良民。

人既好，自然有，积善余庆。能光宗，能耀祖，所愿遂心。

是这样，我们从此遵行就是。

果遵行，就从此，伦常克尽。亲其亲，长其长，天下太平。

庶不负，圣天子，谆谆教训。我和你，为百姓，永远遵行。

问答如此分明，看来人人都要谨遵圣谕，勿作非为才好。

附案：双善桥、装贼报怨。

勿作非为

谕女。

世祖章皇帝作勿作非为这一条圣谕，不独男子要遵行，即女子亦要遵行的，又从何遵行呢，听我道来。

第六训，又教人，非为要禁。劝了男，又劝女，次第讲明。

论妇女，闻王化，乃是万幸。总宜要，谨遵守，莫负圣心。

问云：皇上又为何作此条圣谕呢？

因非为，是犯了，朝廷律令。故所以，教勿作，自有来因。

恃恐尔，愚夫妇，痴迷不醒。因而里，颁圣谕，唤醒万民。

又哪些是非为之事呢？

第一是，有双亲，不知孝顺。这就是，叫非为，犯律不轻。

有许多，忤逆人，自投陷井。生必要，遭王法，死堕幽阴。

别的呢？

第二是，有丈夫，不知恭敬。这就是，作非为，要问罪名。

有许多，侮慢人，谋毒夫命。犯了案，只落得，斩绞分形。

除此之外呢？

第三是，犯邪淫，不顾品行。这就是，作非为，要问罪刑。

有许多，无廉耻，糊行任性。到后来，遭惨报，失悔不赢。

别的呢？

第四是，自轻生，命不要紧。吃毒药，吞芙蓉，狗肺狼心。

有许多，图骗赖，自把命尽。这就是，非为事，犯罪不轻。

除此之外呢？

第五是，盘是非，言语不谨。说张长，道李短，惹祸妖精。

有许多，长舌妇，口舌当令。到后来，遭恶报，自招灾迍。

别的呢？

第六是，爱富贵，嫌贫心性。做不做，吃要吃，怨嚷难听。

凡吃饭，不同桌，夜不同寝。恨不能，夫早死，另嫁夫君。

再有哪些是非为事呢？

第七是，放泼虫，不守礼信。骂公婆，謟伯叔，又啳乡邻。

有许多，泼蛮妇，耍横拼命。这就是，非为事，造罪不轻。

除此之外呢？

第八是，好打扮，不守贞静。好穿红，爱着绿，卖弄妖精。

有许多，为艳妆，误了性命。故所以，古人言，冶容诲淫。

还有那些是非为呢？

第九是，刻儿女，恶毒心性。溺女儿，刻媳妇，薄待子孙。

有许多，狠毒人，谋毒儿命。这就是，作非为，干怒天心。

除此之外呢？

第十是，有闺门，不能守定。爱赶街，看灯戏，烧香看春。

非为事，也太多，万言难尽。凡一是，不合理，就不可行。

依你说来，凡不合道理的事，都是非为，切不可作，但问你，那些是当为的事呢？

有父母，与公婆，好好孝顺。能克尽，妇人道，双亲欢欣。

有丈夫，与伯叔，以礼尊敬。切不可，侮慢他，自惹罪刑。

别的呢？

妇人家，第一要，贞节守定。论妇道，从一终，古称千金。

如嫁夫，不遂意，听天安命。随夫贵，随夫贱，忍耐存心。

再有那些，是当为的事呢？

凡处世，戒多言，谨口要紧。合理话，才可说，非礼勿云。

若丈夫，家贫苦，前生注定。切不可，常怨嚷，爱富嫌贫。

除此之外呢？

妇人道，不可放，泼蛮疲性。也免得，空造孽，取笑乡邻。

穿与戴，要朴素，红绿当禁。原不可，抹胭粉，粧成妖精。

别的呢？

有儿女，原是要，耐心抚领。切不可，刻待他，徒造罪刑。

分内外，守闺门，幽闲贞静。倘若是，干外事，惹祸不轻。

但不作非为事，又可有好处呢？

果不作，非为事，妇道克尽。宜室家，乐妻帑，喜气盈庭。

方不枉，万岁爷，颁此六训。普天下，男和女，永远遵行。

问答如此分明，看来人人皆要谨遵圣谕，勿作非为才好。

附案：女现男身、梦中伸冤。

海南黄氏《演训民六谕》

原称《族规家训之演训民六谕》，似录自海南黄氏之族谱，见 http://www.huang0898.com/portal.php? mod＝view&aid＝925（2018 年 2 月 19 日）。

孝顺父母。仰维前训，首导民孝。孝原百行，伦先五教。父生母鞠，图报罔效。服劳奉养，顺志尤高。

尊敬长上。一体宜分，始分兄弟。兄长弟幼，尊卑斯出。犯上误宪，凌长不议。国治家齐，天伦攸序。

和睦乡里。人生在世，天合至亲。族群以居，亲人毗邻。相友相助，乡间联婚。周官大行，惟睦是云。

严训子孙。吾身委蜕，而为子孙。继体守成，守藉后昆。教家无法，以儿为豚。授业课程，切宜谆谆。

各安生理。凡人之生，有生之理。肉血衣皮，生民伊始。士农工商，四业可居。经营无懈，不寒不饥。

莫作非为。人所当知，求本务业。非理非法，亟宜干涉；放辟奢侈，贾祸甚捷。为善最乐，诚实是福。

乐昌天堂《邓氏家训》

乐昌天堂邓氏支出宜章九羊。据《天堂邓氏族谱世录》载，其祖系九羊始迁祖纶山公之曾孙、绳正公之长子，于元至正年间由九羊迁居乐昌天堂。其所奉始迁祖大概即第一世应成，生子一。应成之子由九羊迁居天堂等处。《乐昌天堂邓氏族谱》载宗规十四条、家训六条。其家训六条即诠释六谕而成，惜不知其所创时代。苗仪、黄玉美《韶关族谱家训家规集萃》辑录，参见《韶关族谱家训家规集萃》，暨南大学出版社 2018 年版，第 12—13 页。有节略，但节略原因不详。

家训

孝顺父母。如何是孝顺父母？父兮生我，母兮育我，其恩莫比，受尽多少辛苦。保抱持携，日望长成，光显门户。为子者，不思此身从何得来，却怀私意……反生忤逆，不求报答，此等人天必不佑。为孝子者，小必听顺父母，言语句句都要看实奉行，家贫必力求奉养，有疾必亲侍汤药，有事必身代劳苦。……我不孝亲，谁肯孝我？俗语云："孝顺还生孝顺子，忤逆还生忤逆儿。"天理昭昭，断然不错。尽礼不可有伤父母，方名孝顺。今日试思，吾辈有父母，曾孝顺否？

恭敬长上。如何是恭敬长上？人生有父族、母族，其次又有妻族，又其次乡党邻里。凡与祖考父兄同辈者，皆是长上。长上虽有亲疏不同，都当亲敬。……是故辈长于我者，我当执卑幼之礼，不相侮相凌。同姓异姓，有势无势，都能一般逊让，方是真能尊敬。今日试思，有长上的，会尊敬否？

和睦邻里。如何是和睦邻里？是与我邻近常往来的，不论大户小户，同在一处住居，不论好人歹人，都是同胞一般，都当骨肉相处。将心比心，视人犹己，患难相救，有无相通，庆吊必时，取与必慎，不可妒富厌贫，欺孤虐寡，自恃门第，妄生较量。我能爱人，人便爱我。纵其强梁，务以理胜。或即少有欺侮，犹当舍忍。又或旧人仇恨，曾论是非，人谁无过，都当消解，只保眼前一团和气，方是真能和睦。今日试思各人乡里，曾和睦否？

教训子孙。如何是教训子孙？今人谁不愿子孙长进，强似自己，然多不遂愿者。盖自小不曾教得，或是溺爱，过于姑息，或是嗔嫌，任其懒惰，又或教无方法，责效太速，吝啬费用，不肯延师，遂成放旷。殊不知人生个个能做好人的，须在饶有知觉时教他爱亲敬长，务惜廉耻，成童时教他歌诗习礼，务守规矩，酒色财气不可沾染，进退应对俱有节奏。九德皆当遵行，六经皆当熟诵，勿任戏狎，勿弄玩好，更不许说人短长，勿慕富贵，侮慢前辈，结交匪人。有不听者，不可便劝怒心，递生弃绝，仍当渐渐设法引导，务尽为父兄之道，方是知得教训。今日试思，各人子孙，曾用心尽力教训否？

各安生理：如何是各安生理？凡做人在天地，只有士农工商四样，各有职业，都是一世受用的生理。但为工农商的用力经营，自顾一身，其生理小，为士的读书明理，关系国家治乱，其生理大。生理小的要安分守己，不要懒惰；生理大的安贫守道，着实在圣贤路上行。能如此，即是一世的好人，一家的好子孙；若游手好闲，为僧为僧，为优为伶，为胥为隶，流离颠悖，狠恶强梁，辱蔑祖宗，便是不安生理。……今日试思，各人所安生理何在？

毋作非为。如何是毋作非为？是道理不当为的，法律必问罪，如干名犯义，窝盗朋奸，飞诡钱粮，拐诱子女，扛帮词讼，欺骗财物，过例取索，挟势把持，掘掘是非，喇唬放横，此等人上犯王法，下累父母妻子，生不该与之序尊卑，死不得容之入家庙。……俗说："做贼只因偷鸡起。"……今日试思，各人曾犯非为否？

南雄松溪《董氏家规》

南雄松溪董氏，据《松溪董氏族谱序》称，系河中晋陇西郡公后裔，自河中徙江西抚州临川，十四传至清然，清然九世至玮，为乐平流坑派。最后徙居南雄孝弟街者，为由荐举任南雄州参军的董玮，是为保昌董姓始迁祖。董玮孙宗成，由城徙本邑水松山坑，是为松溪始祖。其族谱载家训家规，列作圣谕六条，作氏族戒规并引，苗仪、黄玉美《韶关族谱家训家规集萃》辑录，参见《韶关族谱家训家规集萃》，暨南大学出版社2018年版，第174—176页。

圣谕

引：所载圣谕六条，所以教民善至矣。为子孙者，遵守勿替，则仁让行于家，德礼暨于国。此规与此谱俱永，董氏不其允孚于休耶？

一、孝顺父母。父天母地，恩深罔极，深和愉惋，乃为孝顺。十月怀胎之苦，三年乳哺之劳，遇疾病每添忧惧，稍知觉则增喜，欣入怀抱，朝夕顾复，养之衣食，与之婚配，遗之田里，勤之训诲，何可不孝顺也？出必告，反必面，所游必有常，所习必有业，酒食必养志，疾病必扶持，命召无诺，食享无慨，立身行道，显亲扬名。敬亦敬，而爱亦爱，终则慎，而远则追。厚继如嫡以念父，事庶若慈而同母。爱则喜而不忘，恶则劳而不怨。爱僻曲为顺从，有过善为几谏，勿面顺而心非，勿幼慕而离，勿以妻子移心，勿以富贵忽情，即见背早而有继父，亦当酌尽子道。若少忤逆得天地，乳羊哺乌不若，重违圣谕也，父母告而罚之。

二、尊敬长上。尧舜道，在孝弟，疾徐行，别敬肆。家有严君，尊莫逾焉。官司临之，分为上矣。族里戚友之伯仲乎吾高祖、吾祖父，与先乎吾而季长以倍者，十年五年以长者，皆所当敬也。无论亲疏远近，无论富贵贫贱，见必拱手，行必随后，坐必就隅，有问必对，有劳必服，侍饮必候出，通讯必谦卑，即燕居乍见亦然。勿以老耄孤独而忽之，勿以贫乏危难而轻之，勿纵侠奴悍婢而辱侮之，勿挟艳势阜赀而凌压之，勿恃博学宏才而骄诳之。有一于此，皆违圣谕也，被纪者告于祠而罚之。

三、和睦乡里。里仁为美，智者择处。故家遗俗，百姓亲睦。邻里之人，毋论与我祖父兄弟世为婚姻，即侨寓新徙之家，亦有同井之义，皆所当和睦也。出入相友，守望相助，庆吊相遗相酬，贫乏相周恤，疾病相扶持。勿以毫末升斗之利违义，勿以儿童妇女之语拂心，勿以畜牲践踏之故伤情。宁人负我，毋我负人。至于宗族，情义尤厚，即逢宿怨，亦顾名义，倘口密（蜜）腹剑，机械挤倾，结党串众，逞凶诈骗，皆违圣谕也，鸣鼓于祠而攻之。

四、教训子孙。庭训诗书，圣有垂宪。中材能养，父兄称贤。待教而善者，中材尽然。吾之子孙与兄弟之子孙、族人之子孙，无论长幼男女，皆所宜教训也。婴孩习以幼仪，闺闱娴以姆训，非苟正其句读。弱冠课其艺文，隆延明师，广致贤友，日诵格言，以熟其耳目，时陈理义以卷其心志，即未致身荣显，亦称大方。子弟若宴安纵肆，骄志凌傲，弛马试剑，未尝学问，酒色财气，流连荒亡，其渐必凶而身家者，皆违圣谕也。子孙固尔不肖不教训者，不能以寸。

五、各安生理。勤苦之人，苍天不负，因天顺地，随求有获。大臣法，小臣廉，士而学，农而耕，工而造作，商而贸迁，幼小而蒙养，老耄而端慎，女妇而贞静，奴婢而忠顺，皆生理所当安也。法以帅百僚，廉以肃官箴。爵位日增，名誉日起，学必耕讲读而肆艺文，仕可进。其耕必时犁耘而防旱潦，秋成有获。工毋作淫巧而致毁尽，既廪自丰。商毋心垄断而欺滥恶，财自恒足。贞静者，妇道母仪必著，蒙者聪明之慧日增。端慎者年康宁不衰，忠顺者衣食子女必遂。不然，事放纵而甘逸安，奸巧而凭口舌，何所终身而资俯仰？皆违圣谕也，告于众而罚之。

六、毋作非为。孽作于自，罪不可逭；缪（谬）差一念，毫厘千里。如贪酷奔竞，忤逆叛悖，滥受投嘱，讬公事妒害忠良，剥削贫乏，纵势横放，索诈常例，舞文改卷，教唆词讼，包揽飞洒，拖欠陷累，越律逞凶，酗酒赌博，诘诱拐带窝藏，毁骨占坟，强奸挟娶，妖术鼓簧，聚众结党，迎神赛会，扮戏宿娼，优隶贱身，僧道斩嗣，巧使诋假，淫秽伦常，高抬谷价，孽造诽谤，霸占水利，交结匪类，大秤小斗，出轻收重，局骗僭害，谋财负命，杀人放火，穿壁凿墙，凡此非为，皆犯圣谕也。有则改之，无则加勉，勿以小善无益而不为，勿以小恶无伤而为之。小惩大戒，恶积罪盈，天灾必罹，国法不贷。

后　记

　　呈现在读者面前的这部《明清时代六谕诠释史》，是我在2018—2022年完成的国家社科基金一般课题"明清时代六谕诠释史研究"的成果。实际上，如果追溯最早写这本书的意愿的话，是在21世纪初看到周振鹤先生的《圣谕广训集解与研究》。在此之后，我便开始陆续收集一些关于明代六谕的诠释文本，价格合理时还会在网络上购入一些。2015年，我在《安徽师范大学学报》2015年第5期发表了第一篇相关论文，即《圣谕的演绎：明代士大夫对太祖六谕的诠释》，其中已蕴含了本书的基本线索。同年在江西南城县召开的纪念罗汝芳诞辰500周年学术研讨会上，我提交了《罗汝芳"六谕"诠释的传播与影响》一文，开始对若干六谕诠释文本做个案研究。到2017年，之前一项国家社科基金研究课题"明代科举体制下的经学与地域研究"完成，于是便筹划将这一研究计划进行扩充，并在2018年的国家社科基金申报中获批。接下来的五年时间里，研究的主要精力便投放于此。

　　从2017年到2024年，我陆续在《安徽史学》《西南大学学报》《吉林大学社会科学学报》《原生态民族文化学刊》《美术》等期刊上发表了《论六谕与明清族规家训》《王恕的六谕诠释及其传播》《清代的六谕诠释传统》《儒家伦理与图像叙事——钟化民〈圣谕图解〉对明太祖六谕的诠解》《晚明秦之英〈六谕解〉碑及其图像研究》。一些相关论文是在集刊上发表的，如发表在中国社会科学院古代史研究所明史研究室主办的《明史研究论丛》上的《六谕与明清时期的基层教化》

《晚明乡约宣讲与六谕诠释》，发表在复旦大学历史系主办的《明清史评论》上的《明代的纲目体六谕诠释文本》，发表在中国明史学会王阳明研究分会主办的《阳明文化研究》上的《诗以寓教：明儒罗洪先六谕歌的传播》，以及发表在中国政法大学法律古籍整理研究所主办的《中国古代法律文献研究》上的《六谕与晚明宗藩的教化——以李思孝〈皇明圣训解〉为例》。《明清时代圣谕对乡约的渗透》则收入《人文价值的再发现及新诠释：第六届中韩人文学论坛文集》之中。《明太祖六谕的经典化、通俗化与图像化》的小文，结项时发表在《中国社会科学报》的国家社会基金专栏中。陆续刊发的论文，很多都构成本书上编的章节。对所有研究过程中邀约我撰写阶段性成果的友人，以及为这些论文发表付出努力的编辑老师，我深怀谢意。

本书下编是资料，是这十余年中收集到的六谕诠释文本的汇编。大部分资料并不稀见，只是它们相对分散地布落在明清文集、地方志、家谱之中，也有部分是单独刊行的。把它们收集到一起，一字一字地输入，过程虽然缓慢，但却同时也是一个研究过程。一些反复出现的语句，会勾起我对文本间相互影响的联想及考察。现在收入下编的 67 种文本，是我现在能找到的全部。像台北陈熙远先生研究过藏在史语所的清初翟凤翥《乡约铎书》，就没有收入，其间几次想借会议的机会到台北做一做抄录工作，但恰巧几次都没有成行。我不敢奢望能够完整地收录明清两代的所有六谕诠释文本，也深知任何一项研究都不会有尽头。《明清时代六谕诠释史》成稿时所收录的文本，很可能只是明清时代六谕诠释的一小部分，更多的诠释文本湮没在历史的长河之中，或者因为我的鄙陋而没有发现。近日有幸作为中国历史研究院朱鸿林学者工作室结项的评审专家，读到工作室编辑的《中国古代乡约文献汇编》，其中收录的六谕诠释文本如万历年间道州知州张安庆的《道州乡约集》、明末山阴王应遴《王应遴杂集》内所收《仁让乡约》、明末清初吴应箕的《圣谕六条家训注》等，均是我之前未曾寓目的。海量的明清族谱，还会有多少这一类文献呢？这倒是会激励我在这项研究上继续做一些增补的工作。

　　书稿在完成后，获得了中国社会科学院创新工程出版资助，得以顺利出版。谨向这一过程中所有评审专家和工作人员致以谢意。出版过程中，编辑李凯凯同志为本书的编辑出版做了大量细致认真的工作。但是，书中如有错误之处，应由我本人承担。

陈时龙